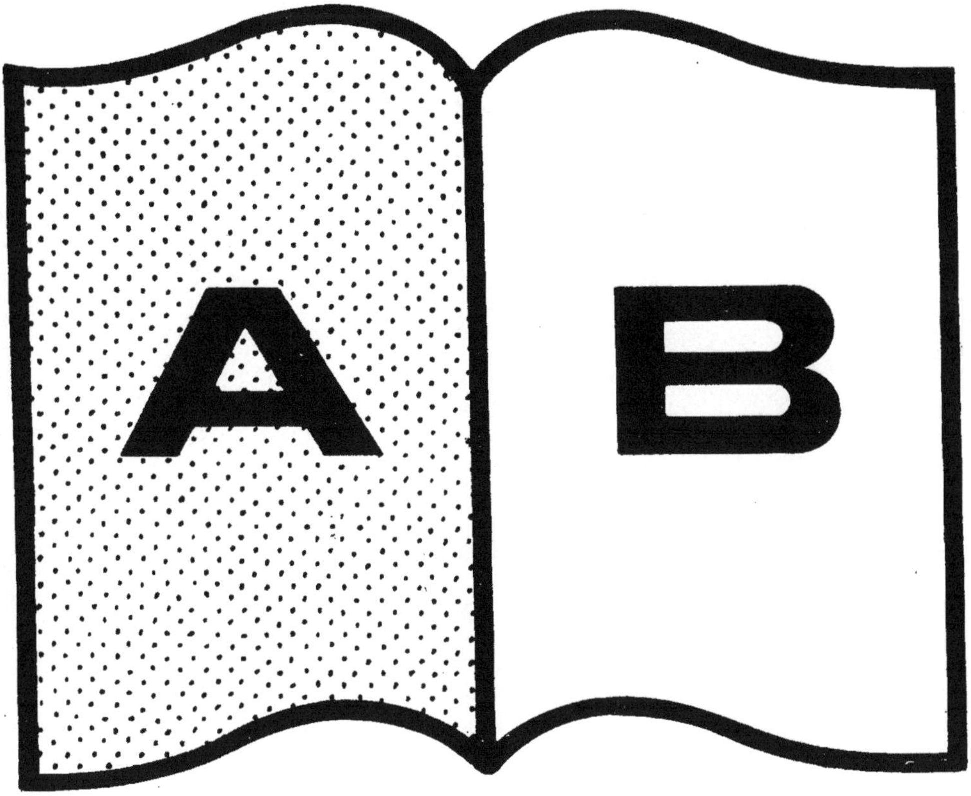

Contraste insuffisant

NF Z 43-120-14

LES GUIDES BLEUS

NORMANDIE

Prix: 10 fr

HACHETTE

CARTE-INDEX
DES ROUTES DU GUIDE
Les numéros noirs renvoient aux routes du guide.
Les chiffres désignent les pages où se trouvent les plans et les cartes hors texte.
Les villes dont le nom est souligné ont un plan en noir
Les localités encadrées ne sont pas décrites
LA MANCHE
Cherbourg
St Lô
Caen
le Havre
Dieppe
Rouen
Amiens
Beauvais
Pontoise
Mantes
Evreux
Dreux
Chartres
Maintenon
PARIS
Abbeville
Rennes
le Mans
Bordeaux
Carte générale dans la pochette

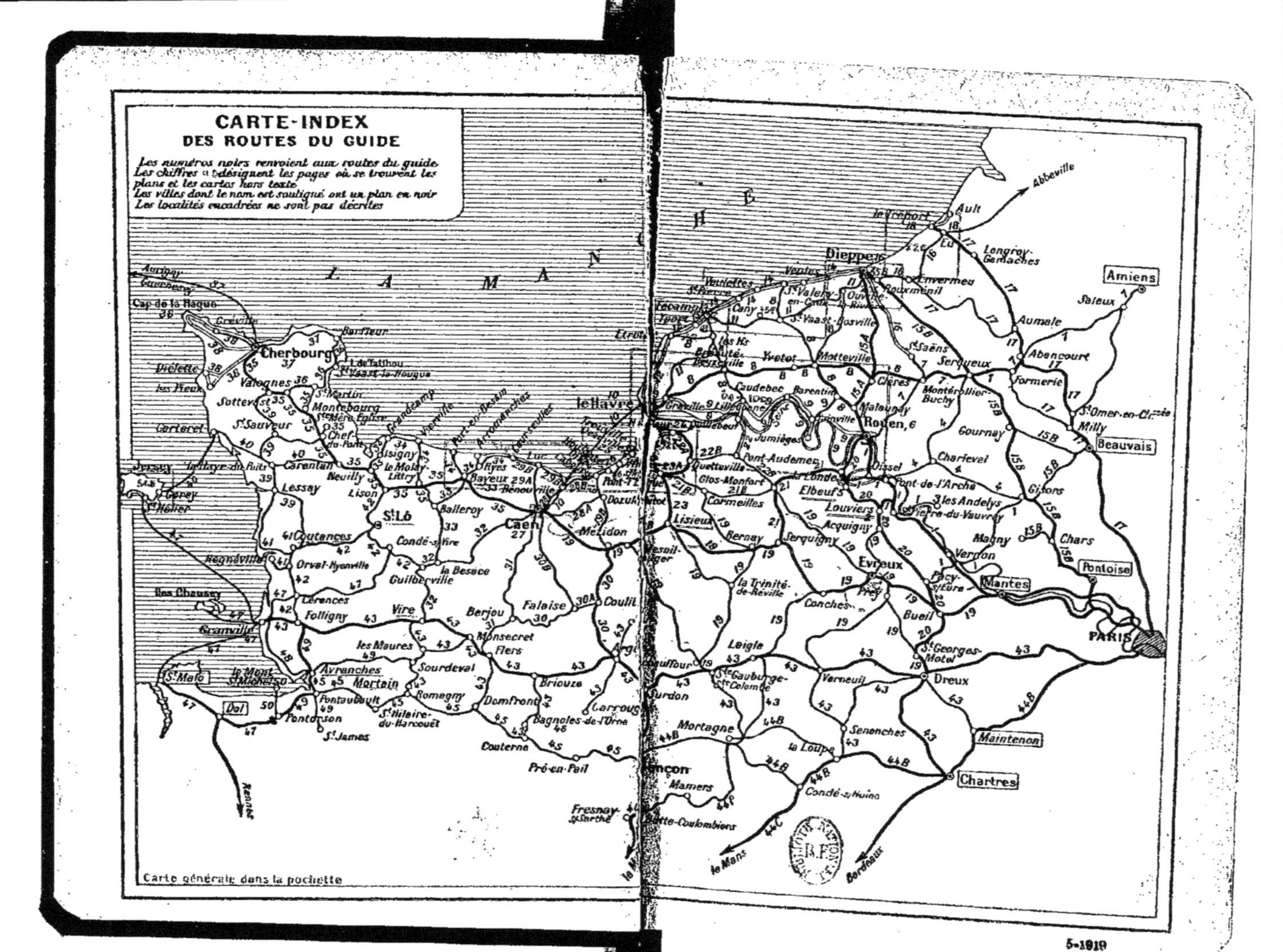

5-1919

NORMANDIE

NORMANDIE

41 CARTES ET 31 PLANS

Patronages officiels :

TOURING CLUB DE FRANCE

OFFICE NATIONAL DE TOURISME

CLUB ALPIN FRANÇAIS

T.C.F. — C.A.F. — O.N.T.

LIBRAIRIE HACHETTE ET Cie

79, Bd SAINT-GERMAIN, PARIS

1919

COMMENT SE SERVIR DU GUIDE

L'Itinéraire général de la France, de la collection des Guides, comprend 14 volumes. Chacun est divisé en un certain nombre de chapitres consacrés aux villes importantes, aux centres de tourisme, aux routes principales. Ces chapitres portent un numéro d'ordre, répété en chiffres gras **[15]** *sur chaque feuillet du guide, en titre courant, à côté de la pagination.*

Ces numéros d'ordre sont également portés sur la carte-index *imprimée sur la garde, en tête du livre. Pour trouver rapidement un itinéraire donné, le lecteur n'aura qu'à en chercher le numéro sur la carte-index puis à feuilleter les pages du volume pour y retrouver le même numéro.*

Du reste, s'il veut se rendre compte du plan général *du guide, il consultera utilement la* table méthodique *placée au début et qui donne la liste détaillée des matières, dans l'ordre même où elles sont traitées.*

*S'il s'agit de chercher, non plus un itinéraire, mais une localité, un site, un point géographique, etc., il suffit de consulter comme un dictionnaire, à la fin du guide, les pages de l'*Index alphabétique.

Les itinéraires sont décrits, autant que possible, dans le sens correspondant au plus grand courant de voyageurs. Le touriste qui parcourra une route dans le sens contraire à celui où elle est décrite, fera de lui-même les changements nécessaires, notamment pour les indications relatives à la droite ou à la gauche, aux montées ou aux descentes.

Tous les plans, *en noir ou en couleurs, sont divisés en carrés, repérés en marge par une lettre dans le sens vertical et par un chiffre dans le sens horizontal. Cette lettre et ce chiffre, reproduits dans le texte à la suite du nom d'un monument — exemple : la cathédrale (Pl. B 2) — permettent de retrouver immédiatement ce monument sur le plan : en suivant verticalement la colonne indiquée par la lettre et horizontalement celle indiquée par le chiffre, on trouvera, à l'intersection, le carré dans lequel il est situé.*

Toutes les mentions et recommandations contenues dans les Guides Bleus sont gratuites.

PRÉFACE

Cette nouvelle édition du guide de Normandie a été soigneusement revue, corrigée et refondue sur un plan nouveau. Mes collaborateurs MM. *A. Dauzat* et *Gaston Beauvais*, et moi-même, nous avons revu sur place toutes les villes, les stations balnéaires et les localités intéressantes. Outre nos observations personnelles, nous avons pu utiliser un grand nombre de documents, de notes et de corrections qui nous ont été obligeamment fournis par MM. les Secrétaires de mairie et des Syndicats d'initiative, les curés, les conservateurs de musées, etc. Parmi ces collaborateurs bénévoles nous nous faisons un plaisir de citer particulièrement : MM. *Geispitz*, secrétaire de la Chambre de Commerce, *C. Minet*, conservateur du musée des Beaux-Arts, *Léon de Vesly*, directeur du musée des Antiquités, *Picquet*, directeur du musée Commercial, à Rouen ; *Georges Lebas*, conservateur du musée, à Dieppe ; *Legros*, délégué du T.C.F., à Fécamp ; *Bellanger*, secrétaire-adjoint de la mairie, et *Boisson*, conservateur du musée, au Havre ; *Chaperon*, secrétaire de la mairie et le lieutenant *des Gachons*, attaché militaire près du gouvernement belge, à Sainte-Adresse ; *Coulon*, directeur du musée, à Elbeuf ; *Ferjus-Caron*, libraire, aux Andelys ; *Lambert*, conservateur du musée, à Évreux ; *Paul Marion*, receveur des finances, à Pont-Audemer ; *Léchauguette*, secrétaire du Syndicat d'initiative et de la Chambre de Commerce, *Ménégoz*, conservateur du musée de peinture, *Sauvage*, secrétaire de la Société des Antiquaires de Normandie, à Caen ; *Boudet*, président du Syndicat d'initiative, à Bayeux ; *Herrmann*, secrétaire du Syndicat d'initiative, à Vire ; *Guillot*, conservateur du musée, à Saint-Lô ; *Maurice Storez*, architecte, à Verneuil ; *Chevalier*, secrétaire de la mairie et *Coste*, conservateur du musée Percheron, à Mortagne ; *Adam*, secrétaire du Syndicat d'initiative, à Granville ; *Bergevin*, trésorier du Syndicat d'initiative, à Avranches.

Enfin M. *H. Prentout*, le distingué professeur d'histoire de la Normandie à l'Université de Caen, a bien voulu écrire, en tête de ce volume, une introduction générale où il a résumé, à l'usage des touristes, ses savantes études personnelles et les plus récentes recherches de l'érudition sur cette province à la fois si bien dotée par la nature et si riche au point de vue de l'art et de l'histoire.

A tous, j'adresse ici l'expression de ma sincère gratitude.

Mais, malgré tant d'efforts et de précieux concours, je dois avertir les lecteurs que notre travail, accompli pendant la guerre, s'est heurté à bien des difficultés provenant des circonstances et dont leur indulgence devra tenir compte : beaucoup d'hôtels, de casinos, d'établissements publics ont été transformés en hôpitaux temporaires; partout les prix d'hôtels ont subi et subiront encore des fluctuations qui ne nous permettent d'indiquer aucun tarif en ce moment; les services des chemins de fer, des voitures publiques, etc., ont été complètement bouleversés; certains musées, châteaux, etc., ont été provisoirement fermés aux visiteurs. Pour tous ces renseignements, d'ordre pratique, nous nous excusons de ne pouvoir donner que des indications imprécises ou sujettes à variations, et nous prions nos lecteurs de vouloir bien les vérifier et de s'informer eux-mêmes.

Nous espérons en outre que ceux-ci, au lieu d'exercer sur notre effort une critique stérile, voudront bien l'encourager et y contribuer eux-mêmes en nous envoyant leurs observations, en nous signalant les erreurs ou les omissions qu'ils auraient pu relever, et nous les en remercions à l'avance.

MARCEL MONMARCHÉ,
Directeur des Guides Joanne.

1er mars 1919.

TABLE MÉTHODIQUE

PREMIÈRE SECTION

DE PARIS A ROUEN, A DIEPPE ET AU TRÉPORT.

DEUXIÈME SECTION

De Paris a Cherbourg.

TROISIÈME SECTION

DE PARIS A GRANVILLE ET AU MONT-SAINT-MICHEL.

CARTES ET PLANS

CARTES

PLANS

ABRÉVIATIONS

alt.......... altitude.
arrond...... arrondissement.
asc......... ascenseur.
auj......... aujourd'hui.
av.......... avenue.
bd.......... boulevard.
bifurc. .... bifurc.
c........... centimes.
ch.......... chambre.
chauff...... chauffage central.
ch. de fer.. chemin de fer.
chev........ cheval.
ch.-l. de c.. chef-lieu de canton.
cl.......... classe.
corresp..... correspondance.
départ...... département.
dep......... depuis.
dim......... dimanche.
dr.......... droite.
E........... est.
env......... environ.
fr.......... franc.
g........... gauche.
gar......... garage d'autos.
h........... heure.
hab......... habitants.
haut........ hauteur.
hect........ hectares.
hôt. .... hôtel.
j........... jour.
k........... kilomètres.
kilog....... kilogrammes.
m........... mètres.
min .... minutes.
N .... nord.
O........... ouest.
omn .... omnibus.
ouv......... ouvert.
p........... page.
pers........ personne.
pl. .... place.
Pl.......... plan.
pron...... . prononcez.
t........... tonnes.
rest........ restaurant.
r........... rue.
rep......... repas.
ret......... retour.
s........... siècle.
S........... Sud.
sem .... semaine.
serv........ service.
S .... Saint.
Ste......... Sainte.
suppl....... supplément.
T.C.F....... Touring Club de France.
t. l. j...... tous les jours.
v. c........ vin compris.
v. n. c ..... vin non compris.
V .... voir.
vap......... vapeur.
voit .... voitures.
voit. publ.. voiture publique.
vol .... volumes.
†........... mort.

PRÉCIS GÉOGRAPHIQUE HISTORIQUE ET ARTISTIQUE

par H. Prentout,
Professeur à la Faculté des Lettres de l'Université de Caen.

Aperçu géographique. — Ce nom évoque l'image d'un pays vert, humide et gras, d'un sol accidenté, varié dans ses aspects pittoresques, baigné, pénétré par la mer sur laquelle descendent les prairies herbeuses ou que dominent ailleurs de hautes falaises, pays plantureux, pays des pommiers et du cidre, de l'élevage et du bétail.

A vrai dire, pourtant, il n'y a pas, au point de vue géographique, de région normande. Une par son climat et par ses productions, la Normandie se rattache au moins à deux grandes régions géographiques, celle du bassin de la Seine et celle de l'Armorique; elle est à la fois tournée vers la capitale, centre du bassin parisien, et inclinée vers la mer. Elle-même a deux centres : Rouen, dans la vallée de la Seine; Caen, à un point de rayonnement, de convergence des pays de l'ouest. « Ces deux villes, dit un vieux poète latin, sont la tête et le cœur de la Normandie. »

Dès le XIVe siècle apparaissent dans l'histoire les expressions de Haute et de Basse Normandie. A cette époque, aucune considération géographique ne dicte ces expressions, aucune science ne délimite ces régions; ce sont des relations économiques qui groupent les pays autour de chaque capitale plutôt que des relations administratives. Pourtant elles se sont perpétuées à travers les âges, car elles répondent à une vérité scientifique. Il y a bien au moins deux Normandies, celle des terrains calcaires, à l'aspect tabulaire, coupée profondément par la vallée de la Seine, région de plateaux, Vexin, Caux, entourée sur la lisière par des vallées accidentées : pays de Bray à l'est, Roumois à l'ouest. Il y a la Normandie des terrains primitifs, granits, schistes et grès, à l'aspect plissé, aux profondes vallées; elle se développe depuis les hauteurs qui surplombent la Campagne d'Alençon jusqu'au Roule qui commande Cherbourg et jusqu'au sommet qui supporte Avranches et domine la baie du Mont-Saint-Michel — et c'est là un site incomparable.

Il est difficile de déterminer exactement les limites de ces deux régions; en réalité une bande de terrains jurassiques enveloppe les terrains primaires, une succession de Campagnes soude les deux Normandies; aussi est-on quelquefois porté à distinguer une Normandie moyenne, pays de plaines ou de molles ondulations, qui lierait la Normandie orientale, limitée à la vallée de la Seine, à la Normandie occidentale des plissements primaires. Mais il faut bien reconnaître que cette expression rarement employée n'a pas prévalu et que la Normandie moyenne est généralement rattachée à la basse Normandie ou partagée entre les deux Normandies [1].

Chacune des grandes régions renferme des *pays* variés. En Haute-Normandie, l'Epte sépare l'Ile-de-France du *Vexin*, pour la possession duquel il s'est livré tant de batailles au temps des premiers Capétiens et des ducs de Normandie, rois d'Angleterre : c'est le pays des terres à blé, des grandes fermes, de la charrue traînée par les bœufs blancs marqués de roux, chantés par Pierre Dupont. Entre le Havre, Dieppe et Yvetot s'étend le *Caux*; ce plateau se termine sur la Manche par des falaises abruptes, Etretat, Vaucottes, Petites-Dalles, Fécamp, Yport, Saint-Valery, ou par des vallées profondes, les *valleuses*, parfois brusquement interrompues; des fermes, enveloppées sur leurs quatre côtés de leurs rangées d'arbres et de fossés, égayent l'aspect monotone du plateau. Vers la frontière picarde, le *Bray*, pays herbeux, est constitué par une dépression. Le *Roumois* s'espace sur les deux rives de la Seine : c'est le grenier de Rouen. Sur la rive gauche de la Seine, en partant des frontières du pays Chartrain et de la Beauce, nous notons successivement : le *Thimerais* entre l'Eure et l'Avre, et la *Campagne Saint-André* entre l'Avre et l'Iton, moins pittoresques et moins normands; plus au nord s'étendent le *pays d'Ouche* à l'ouest de l'Iton, la *plaine du Neubourg*, autre grenier à blé. Enfin, en arrivant vers la mer, les verdoyantes vallées de la Risle, de la Touque, de la Dive, forment le *pays d'Auge* et le *Lieuvin* aux gras pâturages, aux maisons de bois disséminées; cette région se termine sur l'estuaire de la Seine, par la Corniche normande de Honfleur à Trouville, sur la Manche, par la série des stations de bains de mer qui se déploient de Trouville à Cabourg avec Deauville, Villers, Houlgate, Dives. Plus à l'ouest les grandes campagnes se succèdent du nord au sud : la *Campagne de Caen* avec ses villages ramassés autour d'un clocher toujours pittoresque dont les carrières d'Allemagne, de Calix, ont fourni

1. VIDAL DE LA BLACHE (*Tableau de la géographie de la France* dans l'*Histoire de France* de Lavisse, t. I, p. 1, Paris, 1903), rattache la description de toute cette Normandie moyenne et même une partie de la Basse Normandie à la Haute Normandie. — M. BIGOT, dans la *Revue de Géographie* (1913), considère que la Basse Normandie s'arrête aux talus qui dominent le pays d'Auge. De même M. DE FÉLICE dans *la Basse Normandie* (Paris, 1907), M. ANGOT DES ROTOURS (*la Région bas-normande*, Caen, 1905), l'arrêtent à la vallée de la Touque; M. SION s'est écarté de la tradition et a employé l'expression de Normandie orientale pour désigner la Haute Normandie, mais en la limitant à la vallée de la Seine (*Les paysans de la Normandie orientale*, Paris, 1908).

Ces frontières sont en réalité difficiles à tracer et aussi celles des pays. Il faut bien se figurer qu'il y a entre les pays de vastes régions sans nom et que les noms que nous allons employer dans cette description, s'ils ne sont pas des inventions des géographes et des géologues, ont reçu des savants une extension et des limites que l'usage n'avait jamais précisées, ou bien même sont inconnus des paysans.

les matériaux, et le génie normand, la coupe élancée, l'aspect infiniment varié; elle s'arrête sur la mer par les basses falaises du Calvados et une nouvelle ligne de stations balnéaires. Cette région des plaines se prolonge au nord-ouest par l'étroit *Bessin* aux pâturages coupés de haies vives; puis vient des deux côtés des Veys une région à demi inondée, protégée par des digues, sorte de Hollande, pour la partie occidentale de laquelle on a employé récemment le nom de Penesme.

Au delà et à l'ouest se déroulent les massifs montagneux du *Perche* dont Mortagne est le centre avec les monts d'Amain, la forêt d'Andaine, le pays d'Houlme, le Passais, région de Domfront, le Bocage, le Mortainais, l'Avranchin. Le Mortainais, avec la pittoresque vallée de la Cance dans un pays granitique, a été décrit par René Bazin. Le *Bocage* traverse l'Orne par une série de défilés resserrés avant de gagner la plaine de Caen; ce sont les sites renommés de Pont-d'Ouilly, de Clécy, de la boucle du Hom à Thury-Harcourt, par lesquels ce pays dispute au Mortainais le nom de « Suisse normande ». Au delà de la région basse des marais de Carentan, de la Douve, de la Taute, qui isolent ce que l'on appelait au moyen âge le Clos du Cotentin, on entre dans une région ondulée, celle des cinq montagnes. Elle domine à l'ouest une côte régularisée qui offre des dunes appelées « mielles »; au nord, l'échancrure très profonde de la rade de Cherbourg s'ouvre entre la péninsule de la Hague, désolée par le vent, et la péninsule de Barfleur.

Ce qui fait l'unité de ces pays, distincts par leur composition géologique, c'est le climat humide, humide d'ailleurs avec des degrés : le Bocage attirant les nuages de l'Atlantique, les précipitations y sont plus abondantes. Ce climat essentiellement maritime, doux, avec des saisons tardives, sans brusques écarts, détermine les conditions économiques; il fait de la Normandie une terre des plus fertiles : blé dans les campagnes, sarrasin dans les terres moins riches de l'ouest, mais surtout et de plus en plus un pays d'élevage. Que l'on parcoure le Bray, le pays d'Auge, le Lieuvin, le Bessin, les prairies du Cotentin, que l'on suive la ligne de Paris à Granville qui traverse le sud de la Normandie, ce sont partout prairies encloses de haies ou d'arbres, avec les vaches normandes enfouies parfois comme dans le pays d'Auge dans l'herbe verdoyante auxquelles viennent se joindre, dans la plaine de Caen et d'Alençon, les beaux chevaux normands. La Normandie est naturellement le pays du beurre, — le beurre d'Isigny est le plus célèbre, — du fromage; il a été chanté par ses poètes, Paul Harel, Wilfrid Challemel, et célébré jusqu'en Amérique où « s'en vont, dit un savant américain, le pont-l'évêque à la pâte ferme, le camembert coulant, le neufchâtel crémeux[1] »; moins voyageurs, mais populaires, sont le livarot, le petit lisieux. Enfin toute prairie comporte un plant de pommiers; ces pommiers tordus par le vent s'avancent jusqu'à la mer; il y a des crus renommés, cidre du pays d'Auge, du Bessin; mais gardons-nous d'éveiller les susceptibilités locales!

1. HASKINS, *The Normans in Europæan history*, 1915.

La Normandie a été au moyen âge et sous l'ancien régime un pays industriel. La pêche est la grande industrie de la région côtière; la grande pêche de Terre-Neuve était pratiquée à Fécamp, à Dieppe, autrefois à Honfleur. L'industrie textile était florissante à Rouen et autour de Rouen, à Elbeuf surtout, à Caen où le pillage de 1346 porta un coup terrible à la draperie, à Vire, à Lisieux, à Louviers. La faïence de Rouen était renommée. L'industrie normande subit une première crise à la Révocation de l'Edit de Nantes (1685); une seconde après le traité de commerce avec l'Angleterre (1786), qui fit de la faïence rouennaise un objet de collections et de souvenirs. Elle se releva avec le blocus continental. Au XIXe siècle elle est restée généralement prospère en se concentrant. L'industrie dentellière si originale, si artistique à Caen, à Bayeux, à Argentan, à Alençon, après une dépression de trente années renaît, au début de ce siècle, grâce à d'intelligentes initiatives. Si la raffinerie a disparu au cours du XIXe siècle, l'industrie métallurgique avant la guerre paraissait appelée au plus bel avenir grâce aux mines découvertes dans toute la Basse-Normandie (p. 321). Toute cette région minière sera desservie par un chemin de fer spécial qui l'unira aux hauts fourneaux de Caen, à proximité du canal de Caen à la mer: un bassin deviendra l'exutoire de cette région et fera de la capitale de la Basse-Normandie un grand port commercial digne de prendre rang auprès du Havre et de Rouen[1].

De ces deux grands ports, l'un est fluvial, il dessert la région industrielle si riche qui l'entoure et aussi alimente le bassin parisien; l'autre est maritime, c'est la tête de ligne de nos relations avec l'Amérique; il alimente aussi la grande ville industrielle qui, dès avant la guerre, s'étendait dans la plaine d'alluvions au pied de la côte de Graville que domine une abbaye romane. Devenus pendant la guerre, l'un base anglaise et américaine, l'autre base anglaise et capitale de la Belgique, le Havre et Rouen ont vu se développer dans de gigantesques proportions leurs industries et leur population; ces villes ont pris de plus en plus et garderont en partie leur caractère de villes exotiques. Le Havre, fondé par François Ier, est une ville moderne; mais nous souhaitons que Caen et Rouen restent, en se développant, des villes normandes et sachent préserver avec leurs vieux quartiers et leurs fiers monuments les traces de leur glorieuse histoire.

Aperçu historique. — En effet, si la Normandie a une personnalité des plus accentuées, elle le doit à son histoire si originale; elle-même est une œuvre de l'histoire; elle est l'œuvre des Romains d'abord, des Normands ensuite. Avant l'invasion romaine, elle est partagée en un grand nombre de populations celtiques ou ligures regardant vers la Belgique ou vers l'Armorique; leur nom se retrouve dans celui des pays et des villes : *Caletes*, Caux; *Veliocasses*, Vexin;

1. Voir DEVAUX, *Rapport sur le mouvement industriel.* Assises de Caumont. Session de 1913, t. I.

Eburovices, Evreux; *Bajocasses*, Bayeux et Bessin; *Lexovii*, Lisieux et Lieuvin; *Abrincateni*, Avranches. Mais Rome fait de ces pays une province, elle la traverse de ses routes rectilignes, *chemins haussés* encore visibles dans la campagne normande, la couvre de ses *fana*[1] ou petits temples, de ses villas qui ont précédé les nôtres sur un littoral aujourd'hui disparu. Vers 385, la IIe Lyonnaise a les limites qui seront celles de la province ecclésiastique de Rouen, puis du duché de Normandie qui comprit toute cette province, moins l'archidiaconé de Pontoise ou Vexin français. Elle a été évangélisée à partir du IIIe siècle par St Martin et St Germain qui ont laissé leur nom à tant de paroisses de Basse-Normandie et qui, suivant un dicton, partagent la Normandie avec Ste Marie, pour laquelle les Normands ont toujours eu un culte particulier; ils célébraient Notre-Dame lors de la fête de l'Assomption par des mitouries, des puys, palinods ou concours de poésie, à Dieppe, à Rouen, à Caen.

Envahie par les Francs par terre, par les Saxons par mer, la IIe Lyonnaise vit disparaître une partie de ses cités les plus florissantes : Vieux (*Aregenua*), capitale des Viducasses, près de Caen, célèbre par l'inscription dite de Torigni, aujourd'hui à Saint-Lô; les autres se resserrent : Bayeux (*Augustodurum*), Lillebonne (*Juliobona*). Mais peu de noms de lieux en somme rappellent la domination franque ou les colonies saxonnes, quelques noms en *hem* ou en *ham* : Ouistreham, Estreham qui pourraient être scandinaves. Les Bretons qui l'ont envahie par l'ouest ont laissé plus de traces : migrations des Bretons d'Armorique chassés de leur pays au Ve siècle et qui s'établissent dans l'Hiémois (*Osismii*), conquête bretonne de l'Avranchin et du Cotentin et même sans doute du Bessin et de la Campagne de Caen au IXe siècle. Que de Bretteville en Normandie!

A ce moment même commence la conquête normande. Elle se développe en deux phases successives : invasions, destruction des abbayes et des églises, pillages de 820 à 911, puis établissement définitif à cette date de la bande des Normands de Rollon qui d'abord ne reçoit pas toute la Normandie, mais s'établit de l'Epte à l'estuaire de la Seine et tout particulièrement dans le pays de Caux, dans le triangle compris entre le Havre, Yvetot et Dieppe.

911, c'est la date de création du duché, la date initiale de notre histoire; le millénaire a été célébré en 1911 par un congrès qui attira à Rouen les savants de toutes les parties du globe et les Normands de toutes les Scandinavies[2]. Puis de 911 à 1014, les Vikings de Norvège, de Danemark et même de Suède, les Danois d'Irlande, les Danois d'Angleterre, continuent de pénétrer dans le pays; la bande d'Olaf le Norvégien et de Lacman le Suédois que Richard II appelle en 1013 contre Eudes de Chartres, est la dernière dont l'histoire nous ait laissé le souvenir.

1. Voir DE VESLY, *les Fana ou petits temples de la région gallo-romaine* (Rouen, 1909, in-8).
2. *Congrès du Millénaire de la Normandie, 911-1911. Compte rendu des travaux* (Rouen, 1912), et ABBÉ TOUFLET, *le Millénaire de la Normandie, souvenirs* (Rouen, 1912).

Si les Celtes et les Ligures ont nommé nos rivières : Dive, Touque, Risle, Orne, Odon, Aure, Douve, les Vikings ont nommé nos ports, nos baies : Dieppe (*deep*, profond), Fécamp (*fiskr*, pêcherie); nos vallées, les Dalles, Oudalle; les endroits près d'un ruisseau, Caudebec, Criquebec, le Bec Hellouin; près d'un courant, du flot, du flux, Honfleur (*Honnefleu*), Barfleur, Barfleur; les pointes, le Hoc; les îles, le Hom (boucle de l'Orne près de Thury-Harcourt); les endroits du pays de Caux où il y a des étangs, Alvimare, Saussenzemare, etc.; ceux où il y a de la terre gazonnée, Turretot, Hectot, Criquetot; les maisons, Etainhus; les demeures passagères, « bœuf » (du norois *bud*), *bye*, Criquebeuf, Elbeuf, Hambye; les terrains défrichés, Thuit-Hébert; la forêt, forêt de la Londe; et les villages (*torp*), Clitourp. De ces envahisseurs germaniques ou scandinaves descend cette population blonde aux yeux bleus ou pers, au nez busqué : « Ma race au nez rusé », dit un poète, Mme Delarue-Mardrus. Elle domine dans le Caux, la région côtière du Calvados, dans le pourtour du Cotentin, elle pénètre par les vallées et s'oppose à la population brune, trapue, aux yeux bruns apparentée aux Beaucerons ou aux Bretons, qui règne dans la région intérieure : arrondissements d'Évreux, de Falaise, Alençon, Mortagne, Mortain, sud de l'Avranchin où les noms de lieu en *ey* sont à finale celtique : Ducey.

Dès le temps du duc Guillaume Longue-Épée (931-942), successeur de Rollon, la vieille langue noroise n'était plus parlée à Rouen; le duc envoya son fils, Richard Ier, l'apprendre à Bayeux. Elle n'a subsisté que dans le vocabulaire maritime, qui est en grande partie scandinave, et dans quelques termes : le *bruman*, le fiancé; *colin*, cabane; *dalot*, ruisseau; *loquet*, clef; *déganner*, se moquer, ou dans des mots qui désignent des aspects physiques, les *Mielles*, dunes du Cotentin, enfin dans les noms d'hommes si caractéristiques de notre province : Turquetil, Toutain, Touroude, tous venus de Thor, divinité scandinave; Anquetil, Engerand, Angérard, Auzouf, Burnouf, Bunouf, Fouques, Havart, Héroult, Heuzey, Osmont, Ingouf, Youf, Yver (Ivar), etc.

Cette population scandinave est chrétienne; en 1014, Olaf est baptisé à Rouen et va porter la foi chrétienne en Norvège; par la Normandie, la Norvège se rattache à la civilisation occidentale. Mais les Normands n'ont pas aboli le goût des aventures : en 1016 commence l'émigration vers l'Italie méridionale, qui aboutit à la fondation du royaume des Deux-Siciles. Un demi-siècle plus tard, la Normandie est française. C'est un poème national composé en Normandie, *la Chanson de Roland*, œuvre du Normand Théroude ou Touroude, que chante le poète Taillefer, à la bataille d'Hastings (1066). Si comme le dit une chanson populaire, « c'est les Normands qu'a conquis l'Angleterre », ce sont des Normands francisés; ils vont apporter en Normandie notre art roman et gothique, la langue et la littérature françaises. Ils y ont aussi introduit, comme dans le royaume des Deux-Siciles, des institutions originales caractéristiques de la Normandie. La république militaire, égalitaire, démocratique qu'était une bande de vikings s'était transformée rapidement en une monarchie féodale avec des obligations militaires strictes, des institutions centrales : cour du duc, Echiquier, à la fois cour des comptes et tribunal supérieur. Ce sont ces institutions, cette monarchie forte et centralisée que les Normands ont transportées en Angleterre. Ainsi se fonde l'Etat anglo-normand.

Moins d'un siècle plus tard, la Normandie est devenue le cœur de ce que l'on a appelé l'empire angevin, qui s'étend de la mer du Nord au golfe de Gascogne, des *Borders* d'Ecosse aux Pyrénées. Mais, en 1204, à la suite d'une longue lutte, la Normandie est reconquise par les rois de France et très facilement elle accepte la domination capétienne; c'est d'ailleurs l'époque de sa plus grande prospérité que celle qui s'étend entre la réunion à la France et le renouvellement des guerres anglaises (1204-1346). Il y eut là un siècle et demi de richesse, de constructions, d'épanouissement.

Un siècle de guerres d'occupation étrangère lui succéda (1346-1450); la Normandie fut ravagée par les bandes anglaises et navarraises, mise à feu et à sang, puis reconquise une première fois par Charles V; après une trentaine d'années de répit et de renouveau, elle retomba sous la domination anglaise; elle fut alors une Alsace-Lorraine qui ne cessa de protester, même de lutter les armes à la main contre l'oppresseur (1415-1450). L'Université de Caen créée pour l'angliciser (1432) ne put y parvenir. La Normandie accueillit avec joie, avec enthousiasme, l'armée tard venue du libérateur Charles VII; ce fut la Reconquête.

L'histoire de la province ne se sépare plus de celle de la France, la Renaissance y brille d'un vif éclat, la Réforme la pénètre profondément, elle est troublée par les guerres de religion, les luttes du jansénisme. Elle subit une crise économique entre 1560 et 1660, elle se relève sous Colbert, elle souffre de la Révocation de l'Edit de Nantes, pour se relever de nouveau au XVIIIe siècle, sous la domination des intendants qui résident à Rouen, Caen et Alençon.

La Normandie perd avec le partage en départements toute individualité administrative (1790).

Caractère normand; mœurs et coutumes. — La Normandie reste un pays à physionomie nettement distincte : elle n'a plus de Parlement, elle n'a plus son droit coutumier, sa Charte aux Normands auxquels elle était si attachée. Les Normands n'ont rien perdu hélas! de leur goût pour la chicane, de leur avarice, de leur amour excessif pour la possession du sol. Jusqu'alors le Normand était resté marin, aventurier, colonisateur; il a contribué pour une large part à la colonisation du Canada, voire même à celle des Antilles et de l'Ile de France. Du jour où, pour garder le patrimoine intact, les familles diminuent, le Normand devient routinier autant qu'un bureaucrate, la main d'œuvre se raréfie, il abandonne la culture pour l'élevage, grande tentation dans ce pays humide! L'alcool est une autre tentation qui contribue à ruiner la race, à lui enlever sa fécondité, son activité. Le Normand propriétaire tend à user et à abuser du sol et de ses produits. Ses défauts se développent et si ses rares qualités de jugement, de bon sens se conservent, ses facultés créatrices s'étiolent; sa moralité moyenne s'abaisse. Chez le Normand toutefois se maintient au plus haut degré le patriotisme, et ces qualités qui faisaient de lui, au jugement de Napoléon, un excellent soldat; il est vaillant, dévoué, tenace. Les soldats et les marins normands ont ajouté une belle page à l'histoire de leur pays pendant la Grande Guerre[1] et la population s'est montrée infiniment charitable, généreuse et accueillante aux réfugiés.

Bon sens, ténacité et bravoure, voilà les qualités que le Normand a gardées de son riche passé; elles peuvent lui assurer un bel avenir. Il est attaché aussi, par tradition, à la foi de ses ancêtres; il est d'ailleurs bien plus catholique que clérical et parfois plus religieux que catholique, encore qu'il ait conservé avec sa foi en la Vierge le goût des pèlerinages aux sites renommés auxquels préside Notre-Dame-de-Bon-Secours au-dessus de Rouen, Notre-Dame-de-Grâce au-dessus d'Honfleur; le Mont-Saint-Michel cessant d'être une abbaye n'est plus qu'un lieu de pèlerinage artistique. Les confréries, les *charités*, sociétés mutuelles pour les inhumations, se maintiennent encore dans l'Eure et dans l'Orne.

Les chemins de fer et le cabaret ont tué les vieilles coutumes, les jeux, jeu de la *crosse*, jeu de la *soule*, qui sont devenus les jeux anglais et nous reviennent aujourd'hui dans les grandes villes sous cette forme et avec des noms anglais, mais qui étaient autrefois la saine distraction des villages. La danse a disparu. Le voyageur anglais Dibdin ne verrait plus danser les belles Cauchoises dans tous leurs atours; car les beaux costumes normands, les hauts bonnets caractéristiques de chaque pays, les fichus, les bijoux normands, les esclavages et les croix d'or sont devenus reliques familiales ou objets de musées; on ne les admire plus à la foire de Caen. Seules subsistent les armoires normandes qui contenaient le trousseau de la mariée : vieilles armoires du XVIIIe et du XIXe siècle, aux volets surmontés de colombes se becquetant et symbolisant l'amour conjugal, armoires d'antan plus larges encore, aux quatre panneaux, coffrets de mariage du XVIe siècle.

Les légendes se perdent; quelques-unes subsistent, accrochées à quelque site pittoresque du Bocage et de la vallée de la Seine, telle que la côte des Deux-Amants (p. 25). Les progrès de la grande industrie tuent la veillée qui se tenait autour du métier. La Normandie n'a conservé de ses mœurs anciennes que son goût pour la bonne chère, ses repas plantureux alimentés par tous les produits du pays, moutons de pré salé, tripes à la mode de Caen et de la Ferté-Macé, vol-au-vent à la crevette[2]. Ses foires sont renommées, foires à

1. Le 3e corps d'armée a été cité tout entier à l'ordre du jour de l'armée ainsi que la 87e division, formée de territoriaux de la Manche et des départements bretons limitrophes, qui s'est couverte de gloire sur l'Yser où elle a mérité le nom d'*épatante*. Le 329e régiment de réserve du Havre a la fourragère : de nombreux régiments ont été cités ou recités à l'ordre du jour : 305e, 228e, etc.

2. Voir dans notre anthologie, *la Normandie* (Paris, Laurens, 191[illegible]) MASSON DE SAINT-AMAND, *Un repas normand à Beuzeville en 1820*; console de toutes les restrictions.

chevaux surtout, foires de Caen, de Bernay, foire de la Croûte à Coutances, etc. Pays d'élevage du cheval, pays producteur de chevaux de cavalerie de demi-sang, elle a aussi ses champs de courses célèbres, à Caen cette belle prairie que célébra Barbey d'Aurevilly, à Trouville, à Dieppe, etc.

Patois; littérature; grands hommes. — La Normandie francisée de bonne heure n'a plus guère de patois bien caractéristiques; elle n'a jamais eu de littérature en langue populaire et tout effort pour en créer une est un peu artificiel; mais il y eut une littérature anglo-normande, et des plus brillantes, dans le siècle qui suivit la conquête de l'Angleterre. Wace « remembra

... des ancesseurs
Les feiz et les diz et les meurs.

Les légendes bretonnes furent alors introduites d'Angleterre en Normandie et c'est à Fécamp, le Saint-Denis des ducs, qu'ont été chantées les amours de Tristan et Yseult. Au temps de la reconquête française du xve siècle, elle eut Alain Chartier, poète patriote, et Robert Blondel; elle chanta ses Vaux de Vire; au xvie siècle, Vauquelin de la Fresnay écrivit un art poétique; au xviie, la province donna à la France le père de la poésie classique, Malherbe, et Corneille, le maître du théâtre; puis des rêveurs, l'abbé de Saint-Pierre, Bernardin de Saint-Pierre; plus tard des tragiques encore, Casimir Delavigne et Ancelot. La Normandie est surtout remarquable par sa belle pléïade de romanciers : Flaubert, qui a pris à nos campagnes le paysage, les caractères, les mœurs de *Madame Bovary*; Barbey d'Aurevilly qui a emprunté à l'histoire des Chouans des héros plus grands que nature comme ceux de Corneille; Octave Mirbeau, Maupassant qui ont scruté avec âpreté les défauts et les vices de l'âme paysanne, mais exalté le paysage normand. Enfin la Normandie est le pays des historiens, des chercheurs: l'esprit critique de cette race défiante, combiné avec l'amour du sol natal et la fierté de son glorieux passé, a produit de nombreux chartistes dont le plus illustre est Léopold Delisle. Citons auprès de lui, pour ne parler que des morts, Siméon Luce, Léon Gautier, de la Sicotière, Louis Passy, Charles de Beaurepaire.

Elle est aussi de bonne heure le pays des économistes; Nicolas Oresme au moyen âge, Montchrestien au xvie siècle, Boisguillebert et Boulainvilliers au xviie, Le Play au xixe. Elle est un pays de remueurs d'idées; elle a vu naître un des penseurs qui ont eu la plus grande influence sur notre conception du monde, Laplace, un de nos plus grands géologues, Elie de Beaumont, le fondateur de l'archéologie, Arcisse de Caumont, un de nos meilleurs historiens, Albert Sorel, qui est en même temps un grand homme de lettres, et un des fondateurs des universités françaises, Louis Liard.

Aperçu artistique. — La Normandie a donné le jour à toute une lignée de peintres: un classique, Poussin, contemporain de Corneille

(p. 20); des portraitistes, Tournières et Robert Lefèvre; un peintre de batailles, Géricault (p. 41); plusieurs dynasties de peintres religieux, les Jouvenet, les Restout, les Lemonnier. Mais ce n'est qu'au XIXe siècle que la Normandie même, ses aspects, ses paysages, son sol, vert dans les pays humides, brun, violet dans le Bocage, ses herbes et ses plants de pommiers, ses coteaux et ses moutons ont inspiré toute une école de peintres vraiment normands: Millet, le peintre des paysans (p. 418), Hamelin, Boudin, Morel-Fatio, Renouf, Maurice Courant, Tesnières, peintres de marine; le dernier peignit aussi nos plages et nos villes normandes; les animaliers, Marais, Voisard-Margerie, Rame, Motelay.

La province a des musées renommés : ceux de Caen (p. 332) et de Rouen (p. 57), ceux même du Havre (p. 119), de Bayeux (p. 374), d'Alençon (p. 501) sont dignes d'intérêt. Toujours soucieuse de conserver ou de recueillir les restes de son brillant passé, elle a de beaux musées archéologiques, celui de Rouen dirigé avec tant de compétence par M. de Vesly (p. 67), et le musée fondé lors du Millénaire dans l'église Sant-Laurent (p. 64), celui de la Société des Antiquaires à Caen (p. 330). Bayeux offre à notre admiration la célèbre tapisserie (p. 371), monument incomparable pour l'histoire de la conquête de l'Angleterre, l'histoire du costume, des armes et de la civilisation au moyen âge[1]. Honfleur a le musée du Vieux Honfleur (p. 288).

La Normandie eut aussi ses graveurs, depuis Michel Lasne jusqu'à Charles Léandre, peintre, dessinateur, lithographe, qui, avec sa verve narquoise, digne de Mirbeau, a si bien rendu les paysans normands.

Admirablement doués pour la littérature et la peinture, les Normands le sont moins pour la musique. Elle n'y est point populaire comme dans les Flandres. Rouen se glorifie de Boïeldieu, l'auteur de *la Dame Blanche*, et Caen d'Auber. Il y a aujourd'hui en Normandie un mouvement musical, dont le centre est à Rouen.

Mais si la province a manifesté dans tous les genres un incontestable génie artistique, elle est surtout le pays des belles églises et des beaux châteaux. Un bénédictin, Bernard de Montfaucon, disait qu'en fait d'églises anciennes, « on n'en trouve point de plus magnifiques qu'en Normandie ».

Les carrières des hautes collines qui dominent la Seine près de Vernon, celles qui dominent le cours de l'Orne fournissaient à la Normandie les matériaux de ses cathédrales, de ses abbayes; les forêts de Brotonne, de la Londe, de Balleroy, lui donnaient la charpente de ses églises avant qu'on ne les voûtât, les palissades de ses châteaux avant qu'on ne les fît de pierre, et plus tard la matière des stalles ornées du XVIe et du XVIIe siècle.

Les Normands savaient travailler le bois et les métaux, mais ils apprirent sans doute des Français l'art de l'architecture; le premier architecte connu, Gondulph, vint du Vexin. Il élève l'abbaye aux

1. Voir H. Prentout, *Caen et Bayeux*, collection des villes d'art célèbres, Paris, Laurens, 1909, in-8.

Dames à Caen (p. 335) et en Angleterre Rochester et la Tour de Londres. L'école normande de l'époque romane a des caractères qui ont été bien mis en lumière : remarquable entente de la composition architecturale, de l'effet d'ensemble, si frappant encore aujourd'hui à l'abbaye aux Dames, quand on se place dans le chœur. Les plans sont simples; le Normand ne cherche que ce qu'il peut réaliser, il ne semble pas avoir tenté de voûter la nef en pierre avant l'emploi de l'ogive; il n'élève tout d'abord que des charpentes en bois. « Les artistes très avisés, a dit M. Enlart, n'ont voulu aborder que des programmes qu'ils fussent certains de bien remplir; tout chez eux est fermement voulu, et nettement obtenu; leurs édifices sont vastes, clairs, simples, harmonieux, puissants et solides. » La tour-lanterne carolingienne subsiste, mais il y a souvent deux tours à la façade, des tribunes couvrent les bas-côtés, des arcatures encadrent les fenêtres.

L'art roman en Normandie a aussi élevé quelques belles églises paroissiales, dépendances de ces abbayes, comme Ouistreham appartenant à l'abbaye aux Dames, Cheux appartenant à l'abbaye aux Hommes. Aux grandes basiliques abbatiales l'art gothique donna ce qui leur manquait : la voûte. Il couvrit les nefs principales par des voûtes sexpartites, telles que celles de Saint-Étienne de Caen (p. 327). Ce fut aussi l'art des cathédrales. Celle de Bayeux (p. 368), en partie détruite par l'incendie de 1105, est refaite grâce à Philippe d'Harcourt et aux travaux d'une longue série d'évêques. Lisieux (p. 257) est rebâti au XIIe siècle et au XIIIe; à ce dernier siècle appartiennent Rouen (p. 48), Coutances (p. 438) et Sées (p. 488). A côté des cathédrales, les collégiales : Écouis, les Andelys, Saint-Hildevert à Gournay-en-Bray. La richesse générale permet partout la construction de belles églises paroissiales[1]. Notons encore l'étonnant chœur de l'église de Norrey (Calvados), dépendance de l'abbaye de Saint-Ouen de Rouen (p. 390).

Mais l'école normande est moins caractérisée à l'époque gothique qu'à l'époque romane; au XIIIe siècle, la Normandie est entrée dans le domaine royal; on y trouve moins une école spéciale que des dispositions particulières, par exemple le chevet droit terminant les églises du vieux Saint-Étienne (p. 330) et de Saint-Michel-de-Vaucelles à Caen. L'une des beautés de l'art ogival, en Normandie, c'est l'élévation, l'audace et l'infinie variété des clochers, surtout dans les diocèses de Bayeux et de Sées. Comme l'a remarqué M. Lefèvre-Pontalis[2], la vallée de la Dive, où s'arrêtent les carrières de calcaire, forme une limite à la fois naturelle et artistique. Aux belles tours romanes sur plan carré, bâties sur le porche comme celle de Basly, aux clochers romans latéraux de Saint-Michel-de-Vaucelles de Saint-Loup-Hors viennent s'ajouter des clochers tels

1. A Caen, Saint-Pierre, Notre-Dame-de-Froide-Rue; à Dieppe, Saint-Jacques; à Saint-Lô, Notre-Dame, etc. Quantité même de villages ont des églises remarquables : Audrieu, Tour.

2. Dans les 2 volumes du *Congrès de la Société française d'archéologie, Congrès de 1908*.

que celui de Saint-Pierre de Caen (p. 323), le plus beau de France, au dire de l'annaliste de Bras[1]. L'art gothique va couronner de flèches élancées, encadrées de clochetons, de *fillettes*, les tours romanes de Saint-Etienne de Caen, de Bayeux, de Coutances, etc.

La Normandie, ouverte aux invasions scandinaves qui n'avaient rencontré aucune résistance, se couvrit à l'époque féodale de châteaux : les ducs eux-mêmes élevèrent les plus remarquables pour contenir les barons rebelles, pour défendre leurs frontières de la Bresle, de l'Epte, de l'Avre. Ce furent tantôt de vastes forteresses : ainsi le château de Caen (p. 335), commencé par Guillaume, continué par Henri Ier, offrait une enceinte considérable, flanquée de tours semi-circulaires ; on y avait accès par deux portes fortifiées, avec mâchicoulis ; la porte dite de Secours subsiste encore. Dans un angle s'élevait le donjon, haute tour carrée, détruite en 1793. Cette position du donjon sur une partie de l'enceinte était une des caractéristiques de l'architecture militaire normande. On la retrouve au Château-Gaillard (p. 24), la plus belle forteresse élevée par les Plantagenets, dont les ruines imposantes se dressent encore au-dessus des Andelys et de la vallée de la Seine. Gisors (p. 182), avec son donjon polygonal élevé sous l'angevin Henri II, marquait un progrès défensif sur les donjons ronds ou carrés.

Après les guerres anglaises, le duché, sortant enfin de ses ruines, put reprendre les grands travaux ; il fallut refaire partiellement beaucoup d'églises[2]. Les nefs de Pont-Audemer, de Vernon, de Pont-de-l'Arche s'élevèrent alors ; Verneuil (p. 458) est un centre artistique des plus intéressants ; le chanoine Fillon y fit dresser la fameuse tour de la Madeleine ; c'est encore au flamboyant qu'appartiennent les jolis porches de Saint-Maclou de Rouen (p. 53), de Notre-Dame d'Alençon (p. 500), une des tours de la cathédrale d'Evreux (p. 235), une des absides de Notre-Dame-de-Froide-Rue à Caen.

Cependant cette province, réputée à tort comme routinière, est bientôt pénétrée par l'art nouveau importé d'Italie. La Renaissance s'affirme d'abord par des monuments importés, des tombeaux à Saint-Etienne de Caen (tombeau des Martigny, aujourd'hui disparu), des reliquaires et des statues, à Fécamp. Si le palais archiépiscopal de Gaillon (p. 10) est encore français par son plan d'ensemble, parce qu'il continue les travaux entrepris par un des prédécesseurs des d'Amboise, le cardinal d'Estouteville, il est italien par la décoration : statues, médaillons qui ornent les galeries ; par les vastes jardins, les portiques, les fontaines. Cependant l'art gothique flamboyant enfanta à Rouen, avant de disparaître, ce dernier chef d'œuvre, le palais de justice (p. 42)

Puis la mode nouvelle finit par l'emporter dans les hôtels ou châteaux des riches abbés, des bourgeois enrichis[3].

1. Et de Notre-Dame-de-Froide-Rue, d'Ifs, de Norrey, de Saint-Pierre-sur-Dives.

2. A Caen, Saint-Étienne-le-Vieux, Saint-Jean, Saint-Pierre, Saint-Michel-de-Vaucelles.

3. A l'hôtel Bourgtheroulde à Rouen, bâti par l'abbé d'Aumale, à

Au chœur de Saint-Pierre de Caen (p. 324), on innove, on dédouble les nervures, on en vient à construire de véritables plafonds de dalles, système déjà employé au porche du Vieux Saint-Étienne. Au croisement des nervures, des clefs pendantes artistement travaillées marquent l'habileté du sculpteur. Ce système est porté au plus haut point de perfectionnement à Tillières-sur-Avre (p. 458)[1].

L'art classique triomphe décidément au portail de Notre-Dame aux Andelys (p. 21) et on retrouve toutes les étapes de l'art de la Renaissance dans la si curieuse église de Saint-Gervais et de Saint-Protais à Gisors (p. 180).

Puissants et hardis architectes, les Normands n'ont guère affirmé leur personnalité dans le décor sculpté. La sculpture est sobre dans les abbayes romanes; le chapiteau à godrons, venu des pays du nord, est caractéristique de la province; il y a quelques chapiteaux historiés à la Trinité de Caen; des types grimaçants, des personnages à grandes moustaches se voient aux écoinçons de la cathédrale de Bayeux, ainsi que des animaux affrontés d'une inspiration tout orientale. A l'époque gothique, nos cathédrales n'ont pas fait leur place à ces grandes scènes du Jugement dernier que l'on admire à Bourges, à Chartres, etc., mais la sculpture symbolique, historique et biblique a déroulé ses légendes, ses vies de saints, ses histoires, ses leçons dans la série des admirables petits bas-reliefs qui ornent à Rouen le soubassement des portails de la Calende et des Libraires[2] (p. 50). A Rouen, à Verneuil, il y eut, au xve et au xvie siècles, des ateliers renommés; au xvie siècle apparaît à Caen un atelier franco-italien; Jean Goujon y travailla peut-être. En tout cas, le grand artiste prend part à la décoration de Saint-Maclou de Rouen en 1540.

Quelques belles fresques ont été retrouvées; l'art du vitrail n'a pas produit les chefs-d'œuvre que l'on admire à Chartres ou à Bourges; mais il est de belles verrières à Saint-Lô, à Notre-Dame d'Alençon, à Caudebec, à Pont-de-l'Arche, à l'église Sainte-Foy de Conches[3].

Aussi que de monuments offrent à l'admiration du touriste les villes normandes! Rouen est une capitale, elle s'étage fièrement sur les collines avec sa cathédrale, la basilique de Saint-Ouen, ses nombreux clochers, et la forêt des mâts de ses navires. Caen, avec son château et ses abbayes, Caen la ville aux églises, disaient les marins du moyen âge, est aussi la ville du Conquérant; elle est chère à ce titre aux Anglais et aux Américains qui viennent en foule la visiter[4]. La

l'hôtel d'Ecoville à Caen, ainsi qu'à l'hôtel de la Monnaie construit pour les Le Valois et pour Duval de Mondrainville; dans la plaine de Caen à Fontaine-Henri, à Lasson.

1. La Renaissance met encore sa marque au porche et à de hardis contreforts de l'église de la Trinité à Falaise; à Bayeux, elle élève la tour de Saint-Patrice; à Coutances, celle de Saint-Pierre; à Argentan, l'église Saint-Germain.

2. Louise Pillion, *Les portails latéraux de la cathédrale de Rouen*, Paris, 1907.

3. Sur toute l'histoire artistique, voir H. Prentout, *la Normandie*, Collection des Anthologies, Paris, 1914, chez Laurens.

4. Voir *Caen et Bayeux* (collection des villes d'art célèbres).

Normandie a aussi un bel ensemble, et varié, de villes moyennes : centres des vieux pays et villes des cathédrales, Lisieux, Evreux, Sées, Bayeux, Alençon, celle-ci capitale d'un petit État ; villes frontières : les villes picardes, Aumale, le Tréport, Eu ; les cités militaires de la frontière du Vexin et de l'Ile-de-France, Gisors, Verneuil. La Seine baigne des villes gracieuses, Vernon avec son église, son vieux port, les Andelys avec sa collégiale et le Château-Gaillard, Caudebec, chère aux touristes. La province a de vieilles villes industrielles, villes des draperies, des tanneries, Elbeuf, Louviers, Rugles, Laigle, Pont-Audemer ; et des cités pittoresques fièrement perchées sur les hauteurs du Bocage, ligne de forteresses qui va de Falaise jusqu'à Avranches, en passant par Argentan, Domfront, Mortain et Vire ; plus au nord, se trouvent Coutances et les petites villes paisibles et ensommeillées du Cotentin chantées par Barbey d'Aurevilly, Valognes, Saint-Sauveur-le-Vicomte, Périers, Montebourg. Enfin elle a la mer et les ports animés de la côte, Le Tréport, Saint-Valery, Dieppe, Fécamp, Honfleur, Granville, Cherbourg. Toutes ces villes de Normandie réunissent en un tout harmonieux leurs cathédrales, leurs églises paroissiales, leurs châteaux, les beaux hôtels du XVIIe et du XVIIIe siècles où se logeaient l'aristocratie, la bourgeoisie urbaine, et aussi leurs halles et leurs vieilles maisons de bois[1].

Et ces vieilles maisons de bois, on les voit aussi « au milieu des herbages », comme le dit le poète Gustave Le Vavasseur qui a évoqué en termes saisissants le paysage normand :

Aux faites des maisons de bois
On voit pousser les graminées ;
L'iris frangeant les cheminées,
D'astres bleus constelle les toits
De nos vieilles maisons de bois.

Autour de nos maisons de bois,
Les verts pommiers bordent la route ;
On entend la vache qui broute
Et son souffle effleure parfois
Le seuil de nos maisons de bois.

Puisse la population normande conserver toutes ses qualités d'aujourd'hui, retrouver ses vertus d'antan ! puisse-t-elle se multiplier

Dans les vieilles maisons de bois !

Puisse-t-elle en même temps dans les cités maritimes, industrielles et commerçantes retrouver le génie entreprenant et organisateur de la race ! Nos vaillants et tenaces soldats sont à présent rentrés glorieux et vainqueurs

Dans les vieilles maisons de bois !

1. Voir les halles de Dives, les maisons de bois à Caen, rue Saint-Pierre et rue de Geôle, l'hôtel Caradas et les maisons de la rue du Bac à Rouen, la célèbre rue aux Fèvres à Lisieux, les maisons de la rue Saint-Jean et de la rue Saint-Malo à Bayeux, etc.

De ceux qui tombèrent pour la France, pour la terre normande, pour le foyer, pour les vieilles maisons de bois, le souvenir ne périra point

Dans les vieilles maisons de bois!

H. PRENTOUT.

Notes bibliographiques.

Outre les ouvrages géographiques et les publications parues au moment du Millénaire, déjà cités en note dans l'introduction (p. XIV à XXV), les touristes consulteront avec fruit :

Histoire de Normandie, par A. ALBERT PETIT, dans la collection des « Vieilles Provinces de France », chez Boivin, Paris, 1911; — *la Normandie*, par H. PRENTOUT, dans la collection des anthologies illustrées des « Provinces françaises », chez Laurens, Paris, 1914; — *Rouen*, par ENLART, dans la collection des « Villes d'art », chez Laurens; — *la Normandie et ses peintres*, par J. HEUZEY. Paris, 1909.

Les touristes plus curieux d'histoire trouveront une bibliographie abondante pour les ouvrages antérieurs à 1910 dans : *la Normandie*, de H. PRENTOUT, collection des « Régions de la France ».

Beaucoup de romanciers ont décrit les sites normands ou étudié les mœurs du pays. Citons : — FLAUBERT, *Madame Bovary*; — GUY DE MAUPASSANT, *Notre Cœur* (campagne normande, Avranches, Mont-Saint-Michel); *Bel-Ami* (Rouen); *Pierre et Jean* (Le Havre); — BARBEY D'AUREVILLY, *l'Ensorcelée*, *le Prêtre marié*, *la Vieille Maîtresse* (le Cotentin); — ANATOLE FRANCE, *Pierre Nozière* (Eu et Vernon); — ABEL HERMANT, *le Cavalier Miserey* (Rouen); — ALBERT SOREL, *la Grande Falaise* (presqu'île de la Hague); — JEAN LORRAIN, *les Lepillier* (Fécamp); *Très Russe* (Yport); — JEAN REVEL, *Contes Normands*, *les Hôtes de l'estuaire*; — PAUL VAUTIER, *John le Conquérant* (Caudebec); — ALPHONSE KARR, *passim*.

Parmi les poètes mentionnons : Saint-Amant, Francis Sarazin, de Boisrobert, Chênedollé, Casimir Delavigne, VICTOR HUGO (*Les Contemplations* : Villequier, Jersey, etc.); — FÉRET, *la Normandie exaltée*, Paris, 1902; — GUSTAVE LE VAVASSEUR, *Poésies complètes*; — PAUL HAREL, *Gousses d'ail et Fleurs de serpolet*; — WILFRID CHALLEMEL, *le Promenoir*; — HENRI DE REGNIER, *le Miroir des Heures*; — Mme DELARUE-MARDRUS, *Horizons*.

RENSEIGNEMENTS GÉNÉRAUX

Époque de voyage.

La Normandie se visite de préférence pendant l'été. La saison des bains de mer dure de juin à fin septembre. La saison bat son plein en août : c'est le moment où les hôtels sont bondés. Juillet et août sont très agréables, car les fortes chaleurs sont rares en Normandie; septembre est parfois frais et pluvieux. L'automne est doux sur la côte occidentale du Cotentin (région de Granville).

Au printemps les vergers normands offrent un coup d'œil ravissant, en mai, au moment de la floraison des pommiers.

Plan de voyage.

Que le voyage dure quelques jours ou plusieurs semaines, nous recommandons de préparer l'itinéraire avec l'indicateur des chemins de fer, l'édition la plus récente du guide de la région qu'on va visiter, et, autant que possible, pour un voyage d'une certaine durée, avec quelques-uns des ouvrages publiés sur cette région (p. XXVII). L'emploi du temps étant ainsi à peu près réglé d'avance, il en résultera une double économie de temps et d'argent et on aura réduit au minimum les contretemps et l'imprévu fâcheux. De plus on ne risquera pas de laisser de côté tel monument ou tel site qu'il faut avoir vu. Enfin, tout en étant plus agréable, le voyage aura été en même temps instructif, ce qui n'est jamais à dédaigner.

Ce qu'il faut voir en Normandie. Stations balnéaires et thermales.

Les PLAGES des nombreuses localités du littoral constituent une des principales attractions de la Normandie. En voici la liste, par ordre géographique, avec renvoi aux pages du guide où l'on trouvera les renseignements qui les concernent; les centres balnéaires les plus importants sont indiqués en lettres grasses.

CHANGEMENTS

survenus au cours de l'impression

Rouen. — ***Renseignements pratiques*** (p. 38-40) : BAINS, ajouter : *Bains en pluie*, rue du Pré, 63. — BANQUES, ajouter : *Banque nationale de Crédit*, rue Jeanne-d'Arc, 40 ; *Crédit du Nord*, même rue, 68. — MUSIC-HALL : le *George's Hall* est aujourd'hui l'*Apollo*. — CINÉMAS, ajouter : *Eden*, rue Jeanne-d'Arc, 42.

Industries : Aux principales industries il faut ajouter le raffinage des pétroles et la métallurgie qui a déjà pris un grand développement. En outre deux usines pour la fabrication des matières colorantes vont s'installer aux environs.

Description : PALAIS DE JUSTICE (p. 44) : Le bas-relief dont il est parlé à la 6e ligne est moderne ; c'est le tableau de la Chambre du Conseil (même page, 18e ligne) qui a été donné par Louis XII à l'Échiquier.

CATHÉDRALE (p. 49) : Pour monter à la flèche il suffit de s'adresser au concierge de la Cour des Libraires ou au suisse de service ; pourboire.

SQUARE SOLFÉRINO : Le buste de Guy de Maupassant est de *Verlet* et non de Verlot.

TOUR DE JEANNE D'ARC (p. 66) : Les soubassements sont enclavés et visibles dans un immeuble voisin : entrée rue Jeanne-d'Arc, 102.

BOURSE (p. 71) : Les bas-reliefs de Jadoulle représentent le Commerce et la Justice. Dans la salle de la Chambre de commerce, un seul tableau de Lemonnier.

COURS BOÏELDIEU (p. 72) : Les concerts militaires ont lieu maintenant dans les jardins publics.

Grand-Quevilly (p. 80). — Hauts-fourneaux en construction.

De Rouen à la Bouille (p. 82). — Le service *de Rouen à la Bouille* et escales fonctionne comme avant la guerre.

Les prix sont : 1re cl., 1 fr. 80 ; 2e cl., 1 fr. 50. — BILLETS D'ALLER ET RETOUR (aller par le bateau ; retour par le chemin de fer) : 1re cl., 4 fr. 10 ; 2e cl., 3 fr. 05 ; 3e cl. 2 fr. 35. Les billets de 3e cl. donnent droit à la 2e cl. sur le bateau.

De Rouen au Havre (p. 94). — Le service *de Rouen au Havre* sera effectué du 1er juin au 30 septembre 1919.

Les prix sont les suivants :

De Rouen à *Villequier*, *Quillebeuf*, *le Havre* et vice versa : 1ère cl., 14 fr. 10 ; 2e cl., 10 fr.

De Rouen à *Caudebec* et vice versa : 1ère cl., 10 fr. ; 2e cl., 7 fr. 50.

Du Havre à *Quillebeuf*, *Villequier*, *Caudebec* et vice versa, 1ère cl., 10 fr. ; 2e cl., 7 fr. 50.

Les départs de Rouen et du Havre ont lieu alternativement tous les deux jours. Pour l'horaire, consulter l'indicateur Chaix.

Des BILLETS D'ALLER ET RETOUR à prix réduits, par ch. de fer et bateau, de Paris et de Rouen, donnent le droit d'effectuer une fois, à l'aller ou au retour, le voyage par bateau de Rouen au Havre ou inversement.

	1ère cl.	2e cl.	3e cl.
Paris - Le Havre	50 fr. 25	36 fr. 50	27 fr. 45
Rouen - Le Havre . . .	23 fr. 75	17 fr.	14 fr. 90

Les billets de 3e cl. donnent droit à la 2e cl. sur le bateau.

Les prix ci-dessus ne comprennent pas le timbre de quittance.

RESTAURANT à bord : déjeuner 8 fr., vin compris.

La Bouille (p. 97). — *Albert Lambert*, auteur et artiste dramatique, né à Rouen en 1847, est mort en 1918.

Yainville (p. 102). — Hauts-fourneaux en construction.

Saint-Victor-l'Abbaye (p. 174). — L'abbaye a été fondée en 1051 et non en 1501.

Trouville (p. 293). — L'hôtel des *Roches-Noires* ouvert le 1er juillet 1919.

De Carteret à Jersey (p. 435). — Le service suspendu pendant la guerre à la suite de la réquisition du bateau, sera repris au mois d'août 1919. Pour l'horaire et les prix des places, consulter le livret Chaix. Comme par le passé, des billets simples et aller et retour, à destination de *Saint-Hélier* (Jersey), valables sur les chemins de fer de l'État, le bateau et le Jersey Eastern Railway, seront émis au départ des gares de *Paris*, *Rouen*, *Chartres*, *Le Mans* et *Angers*.

Granville (p. 514). — Le *Normandy-Hôtel* ouvert le 1er juillet 1919.

PREMIÈRE SECTION

(*Du Tréport au Havre*).

DEUXIÈME SECTION

(*De Honfleur à Montmartin*).

TROISIÈME SECTION

(*De Donville à Genêts*).

Presque toutes les plages normandes sont bien aménagées pour le bain, avec cabines, location de costumes, maîtres-baigneurs, etc. Nous indiquons, à chaque plage, sa composition, *sable* ou *galet*, ainsi que le genre de pêche auquel on peut s'y livrer. Quant aux *casinos*, ils sont nombreux, et on s'y livre à

PRINCIPALES CURIOSITÉS MONUMENTALES DE LA NORMANDIE

MANCHE — CALVADOS — ORNE — EURE — SEINE INF^RE

LÉGENDE

- Monument Mégalithique.
- Cathédrale.
- Eglise. Abbaye.
- Château.
- Donjon. Monum^t commémoratif.
- Ruines Romaines.

L. Hermann del^t

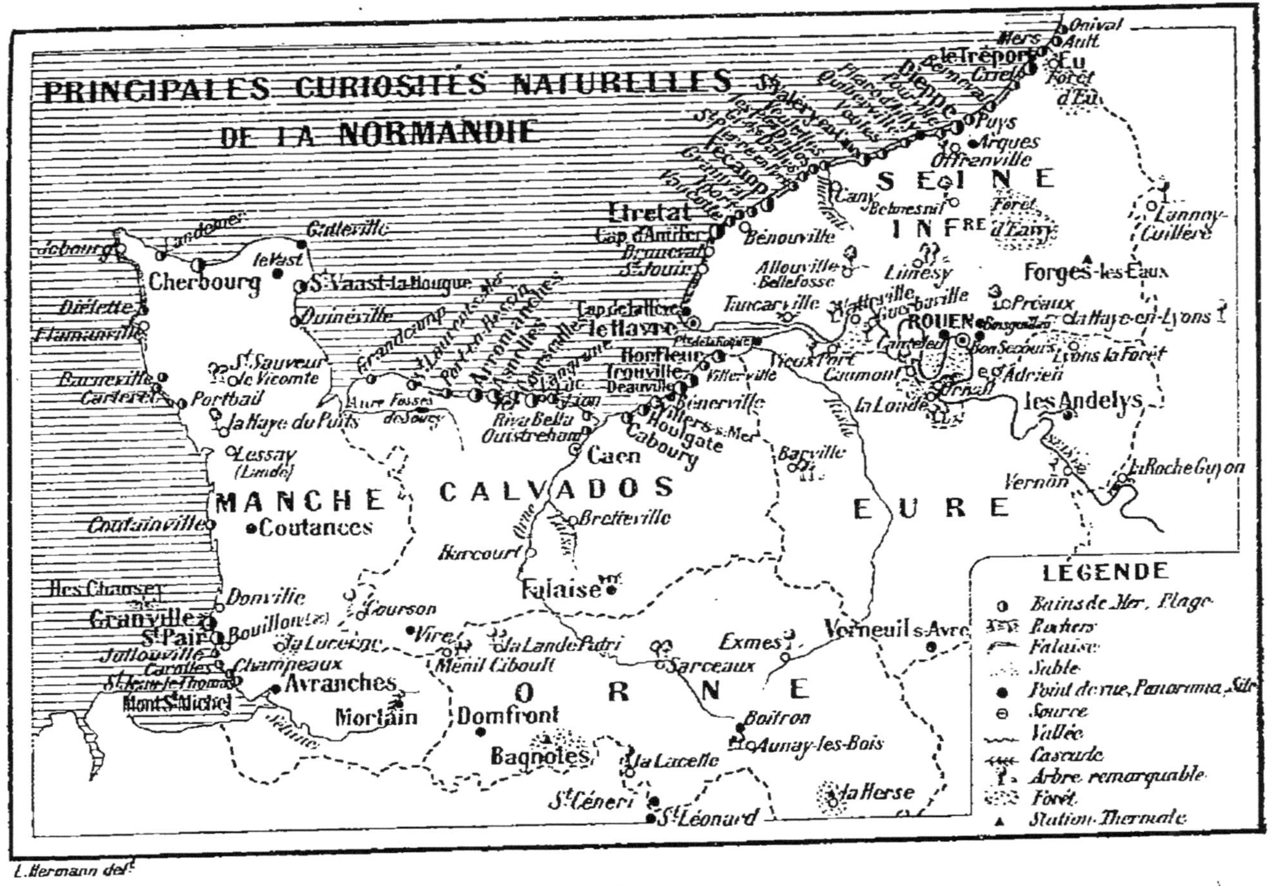
PRINCIPALES CURIOSITÉS NATURELLES
DE LA NORMANDIE
MANCHE
CALVADOS
ORNE
EURE
SEINE INFRE
Cherbourg
Coutances
Granville
Avranches
Mortain
Domfront
Bagnoles
Falaise
Caen
Cabourg
Houlgate
Trouville
Deauville
Honfleur
le Havre
Etretat
Fécamp
Dieppe
le Tréport
Eu
Forêt d'Eu
Rouen
Les Andelys
Vernon
La Roche Guyon
Forges-les-Eaux
Lyons la Forêt
Verneuil s-Avre
Exmes
St Céneri
St Léonard
Mont St Michel
Iles Chausey
LÉGENDE
Bains de Mer, Plage
Rochers
Falaise
Sable
Point de vue, Panorama, Site
Source
Vallée
Cascade
Arbre remarquable
Forêt
Station Thermale
L. Hermann delt

divers jeux de hasard; beaucoup ont été fermés pendant la guerre et affectés aux blessés.

Les STATIONS THERMALES ne sont pas nombreuses en Normandie. On en trouve toutefois deux importantes : *Forges-les-Eaux* (p. 187), recommandée pour l'anémie, et *Bagnoles-de-l'Orne* (p. 509), dont les eaux sont efficaces notamment contre les affections du système veineux. Les deux localités, entourées de bois, offrent en outre des environs pittoresques.

Comme PORTS DE MER intéressants ou pittoresques à visiter, il faut citer *Dieppe* (p. 195), point de transit avec l'Angleterre, *Fécamp* (p. 147), *Le Havre* (p. 112), que ses transatlantiques et le mouvement intense de sa navigation mettent hors de pair, *Honfleur* (p. 284), un des rares ports normands qui aient conservé leur aspect ancien, *Caen* (p. 318), qui est une ville maritime en même temps qu'une ville d'art, *Port-en-Bessin* (p. 383), charmant petit port de pêche, *Saint-Vaast-la-Hougue* (p. 401), qui doit un aspect particulier à ses remparts construits par Vauban, *Cherbourg* (p. 495), port militaire et port transatlantique, *Granville* enfin (p. 513), dont le rocher pittoresque et les vieux remparts rappellent à la fois Monaco et surtout Saint-Malo.

Parmi les CURIOSITÉS NATURELLES qui, en dehors de la côte, sont dignes surtout de retenir l'attention du touriste, nous citerons : la forêt d'Eu (p. 219); la *forêt de Lyons* (p. 29); la Seine à Vernon (p. 5), aux Andelys (p. 20), à Pont-de-l'Arche (p. 13) et à Elbeuf (p. 32); les environs de Rouen (p. 68); la *descente de la Seine*, de Rouen au Havre (p. 93).

Sur la rive gauche de la Seine : *Falaise* et *Vire* dans des sites pittoresques (p. 356 et 476); le pays agreste qui s'étend entre Alençon et le Mans et qui est connu sous le nom d'Alpes Mancelles (p. 503); la vallée moyenne de l'Orne aux environs de Clécy (p. 362) et la région de Mortain (p. 482), qui revendiquent également le surnom de *Suisse normande*; Domfront sur son éperon rocheux (p. 506); les environs de Cherbourg (p. 412) et la *presqu'île de la Hague* (p. 415), aux landes sauvages et désertiques; *Avranches* (p. 530), qui commande, de sa colline, un admirable panorama.

Comme VILLES D'ART, *Rouen* (p. 37) et *Caen* (p. 318) doivent être tirés hors de pair, pour le nombre, l'importance et la beauté de leurs monuments. Il convient de nommer également Evreux (p. 234), Louviers (p. 15) pour son église Notre-Dame, Pont-Audemer (p. 275) pour ses vitraux de l'église Saint-Ouen, *Lisieux* (p. 253) unique pour ses vieilles maisons, *Sées* (p. 487) petite ville épiscopale à la belle cathédrale, *Bayeux* (p. 366) qui possède une des plus magnifiques cathédrales de Normandie et de

France, Valognes (p. 396) qui a conservé de vieux hôtels du XVIIe s., témoins d'une splendeur disparue, *Coutances* (p. 435) pour ses remarquables édifices religieux, dont une cathédrale de premier ordre, *Saint-Lô* (p. 448) pour sa belle église. Quant au *Mont-Saint-Michel* (p. 536), outre sa merveilleuse situation naturelle, il constitue un des ensembles architecturaux les plus universellement célèbres.

Les VIEUX CHATEAUX, ruinés ou bien conservés, les ANCIENNES ABBAYES pittoresques, abondent en Normandie. Nommons sommairement : le château de Gisors (p. 182), le château de Dieppe (p. 202) et son voisin, le *château d'Arques* (p. 194); le château de Gaillon (p. 10); le *Château-Gaillard* (p. 24), aux Andelys; les *abbayes de Saint-Wandrille* et *de Jumièges* (p. 105 et 103) entre Rouen et le Havre, et les ruines de Tancarville (p. 111); la vieille église de Cricquebœuf (p. 291), entre Honfleur et Trouville; le *château d'Anet* (p. 269); le château d'O (p. 468), près d'Argentan; les châteaux de *Falaise* (p. 358) et de Domfront (p. 507); le château de Torigni-sur-Vire (p. 453); le *château de Balleroy* (p. 378), près de Bayeux, et celui de Tourlaville (p. 414), près de Cherbourg; les ruines de l'abbaye d'Hambye (p. 522) et celles de l'abbaye de la Lucerne (p. 520), proche de Granville et d'Avranches.

Budget de voyage.

Les dépenses de voyage varient nécessairement suivant les goûts et les habitudes de chacun. Il est difficile de donner des chiffres, surtout à une époque où les prix sont extrêmement variables. Notons que la Normandie, surtout l'est et la région côtière, a été particulièrement touchée par la hausse des denrées, surtout par suite du séjour prolongé de nombreuses troupes anglaises. Un touriste modeste, pour un séjour d'une certaine durée, peut tabler sur un minimum de vingt francs par jour. La dépense sera forcément bien plus élevée pour des voyages rapides.

Chemins de fer; billets à prix réduit.

Sauf quelques lignes des Chemins de fer départementaux, les lignes de Normandie appartiennent toutes au *réseau de l'Etat*; le Tréport seul et la ligne de Rouen-Amiens dépendent du réseau du Nord. La gare Saint-Lazare dessert les lignes de Dieppe, Rouen-Le Havre, Caen-Cherbourg; celle des Invalides est généralement réservée aux trains de Granville; celle de Montparnasse dessert la ligne de Chartres-Le Mans.

Le prix des billets que nous donnons dans le cours du guide

sont ceux des tarifs en vigueur en mars 1919 (comprenant l'augmentation de 25 p. 0/0 et l'impôt de 12 p. 0/0 établis en 1918).

Tous les billets à prix réduit, à l'exception des aller et retour ordinaires et de certains billets de famille, *ont été suspendus depuis 1917*, aussi bien les *billets circulaires* que les *billets dits de bains de mer*; les trains de plaisir n'existent plus depuis 1914. Les billets à prix réduit seront de nouveau remis en vigueur après la guerre, mais sur de nouvelles bases : le voyageur se renseignera pour les tarifs aux bureaux des gares ou des agences.

Voitures et omnibus du chemin de fer. — Les chemins de fer de l'Etat mettent à la disposition du public des coupés et omnibus, automobiles ou à chevaux, desservant Paris et sa banlieue. Les commandes doivent être adressées : 86, rue de Rome (téléph. 514-83), aux gares Saint-Lazare (514-96), Montparnasse (705-22) ou des Invalides (724-49). La demande doit régulièrement être faite 48 heures à l'avance, au minimum. Pendant le fort de la saison balnéaire, il est prudent de l'adresser plusieurs jours d'avance; il est donné suite dans l'ordre de réception.

Transport des bagages a domicile. — Un service spécial pour l'enlèvement et le transport des bagages à domicile, pour leur pesage et leur enregistrement, est organisé à Paris, par la Société des « Voyages Duchemin », r. de Grammont, 20.

Commandes. — Au départ, écrire ou s'adresser au bureau de la rue de Grammont, 20, 24 heures à l'avance, avec envoi de 2 fr. 50 en timbres ou mandat pour les commandes par lettre. — A l'arrivée, s'adresser au bureau de la Société, aux gares Saint-Lazare, Montparnasse ou des Invalides.

Compartiments a couchettes. — Des compartiments de 1re classe, à couchettes, circulent ordinairement, aux trains de nuit, sur les lignes de Paris à Dieppe, Caen et Cherbourg. Ces places peuvent être retenues d'avance (s'adresser aux gares Saint-Lazare, Montparnasse ou des Invalides).

Bureaux de renseignements et agences de voyage.

Bureaux de renseignements. — Un *bureau central des chemins de fer de l'Etat*, consacré avant la guerre à la délivrance des billets de bains de mer, billets circulaires, cartes d'abonnements balnéaires, est installé gare Saint-Lazare, au 1er étage (salle des Pas-Perdus), côté de la cour de Rome. On y délivre également des billets ordinaires, pour tous les trains de la journée et de la nuit, ce qui évite l'attente aux guichets. Un bureau similaire fonctionne à la gare Montparnasse.

Bureaux succursales dans Paris : — r. de l'Echiquier, 17 ; — bd et impasse Bonne-Nouvelle ; — r. du Perche, 9 ; — r. du Bouloi, 17 ; — r. du Quatre-Septembre, 10 ; — r. de Palestro, 7 ; — pl. Saint-André-des-Arts, 9, et r. Hautefeuille, 2 ; — pl. de la Bastille (bâtiment du chemin de fer de Vincennes) ; — r. Sainte-Anne, 4-8 ; — r. Molière, 7 ; — r. de Longchamp, 20.

Un *bureau de renseignements des Guides Joanne*, à la librairie Hachette, boulevard Saint-Germain, 79, est ouvert au public, de 9 heures à 18 heures. Les touristes y reçoivent gratuitement tous les renseignements désirables, relatifs à leur voyage et au pays qu'ils comptent parcourir.

Agences de voyage. — Les agences de voyage délivrent des billets de chemin de fer aux mêmes conditions que les compagnies. Elles organisent en outre des voyages à forfait, à prix fixe par jour, avec coupons qu'il suffit de présenter dans les hôtels correspondants. Ce système a l'avantage de permettre d'établir d'avance, avec certitude, son budget de voyage.

Les principales agences sont : — *Agence Nationale de Voyage*, bd des Capucines, 12 ; — *Lubin*, bd Haussmann, 36 ; — *Duchemin*, r. de Grammont, 20 ; — *Voyages Universels*, direction : r. du Faubourg-Montmartre, 17 ; — bureaux de vente : r. du Faubourg-Montmartre, 17, et r. Auber, 10 ; — *Voyages Modernes*, av. de l'Opéra, 4 ; — *Administration des Grands-Voyages* (Le Bourgeois et Cie), r. du Helder, 1, et bd des Italiens, 38 ; — *Voyages Pratiques*, r. de Rome, 9 ; — *Cook*, pl. de l'Opéra, 1 ; — *Dean et Dawson*, r. de Rivoli, 212. — La *Compagnie internationale des Wagons-lits et des Grands Express Européens*, bd des Capucines, 5, délivre aussi des billets de chemins de fer.

Le bureau de renseignements des Guides Joanne, bd Saint-Germain, Paris (*V.* ci-dessus) délivre les mêmes billets et se charge également des voyages à forfait.

Cyclisme et automobilisme.

Les *routes* normandes sont belles et bien entretenues, et la circulation automobile y est intense ; le voyage à bicyclette y est facile. On trouve, dans les principaux centres, des automobiles à louer, à l'heure, au kilomètre ou à la journée. De même, les loueurs de voitures sont nombreux ; leurs prix, notamment autour de Honfleur, de Trouville et autres grands centres de la côte entre la Seine et Caen, sont très élevés.

Hôtels et locations meublées.

La Normandie est une des régions de la France où le touriste trouve les meilleurs *hôtels*. Outre les établissements de grand luxe ou de tout premier ordre que l'on rencontre dans les centres balnéaires célèbres, comme Dieppe, Etretat, Trouville-Deauville, Villers-sur-Mer, Houlgate, Cabourg et Granville, pour ne nommer que les principaux, les hôtels normands sont partout propres et convenables. S'ils sont naturellement plus simples dans les petits centres balnéaires ou dans l'intérieur du pays, il est rare que les lois de l'hygiène n'y soient pas observées. La nourriture y est saine, comme il convient dans un pays de production et d'élevage. L'eau est le plus souvent excellente et provient presque partout d'adduction de sources.

Le seul inconvénient des hôtels normands est la foule, la cohue presque, qui les envahit dans le fort de la saison, principalement en août. Les prix, à cette époque, montent parallèlement et il arrive souvent que tous les tarifs ordinaires soient suspendus, tant que dure cette poussée formidable que la Normandie doit, en grande partie, à sa proximité de Paris. Il peut être utile alors de s'occuper d'avance de se retenir un gîte.

D'une façon générale, les prix sont plutôt élevés et ils ont suivi la hausse générale qui s'est produite surtout depuis 1916. Étant données les variations actuelles des tarifs qui suivent celles du cours des denrées, il nous a été impossible d'indiquer des prix. Abstraction faite, bien entendu, des hôtels de luxe, dont les prix oscillent entre 30 à 60 fr. par jour, et même davantage, il est rare que dans les plus humbles centres balnéaires la pension quotidienne descende au-dessous de 10 à 12 fr. Les prix diminuent un peu en s'éloignant de Paris; dans la presqu'île du Cotentin on trouve encore quelques petits « trous pas chers », à l'instar des petites plages bretonnes.

Nous rappelons que toutes les mentions et recommandations contenues dans le texte des guides Joanne sont entièrement gratuites. Nous avons classé les hôtels en plusieurs catégories et, dans chacune d'elles, nous avons marqué d'un astérisque (*) les maisons qui nous ont été recommandées par nos lecteurs dont nous sollicitons l'avis. Mais il n'y a là qu'une simple indication, car les circonstances de temps et de saison, les changements de propriétaires, les exigences des voyageurs peuvent influer sur les jugements portés. En outre, pour que les touristes puissent fixer plus aisément leur choix, nous avons mentionné les établissements qui, par leur tenue, ont été diplômés par le

T.C.F. *ou ont mérité le panonceau de notre grande association de tourisme.*

La boisson du pays est le cidre. C'est la seule que l'on verse dans la plupart des hôtels; le vin est en supplément. Il y a cependant des exceptions, que nous indiquons autant que possible.

La plupart des hôtels balnéaires proprement dits ferment l'hiver; beaucoup ouvrent à partir de Pâques, ou à Pâques, pour refermer ensuite et rouvrir en juin ou juillet. Ils ferment leurs portes fin septembre ou début d'octobre. Un grand nombre d'entre eux ont été réquisitionnés pendant la guerre et transformés en hôpitaux militaires.

Ce que nous venons de dire des hôtels s'applique également aux *locations meublées*. La grande plage normande offre, à l'instar de la Côte d'Azur, les plus belles et les plus riches villas, munies de tout le confort, de tout le luxe moderne. Cependant on trouve un peu partout des installations plus modestes, où l'on peut vivre facilement chez soi, l'approvisionnement en vivres étant, en général, abondant et facile. De toute façon, et pour les petites comme pour les grosses locations, les prix sont en août à peu près triples de ce qu'ils sont en juillet et en septembre; ces trois mois réunis constituent la *saison* entière. Ajoutons que, comme pour les hôtels, les prix diminuent à mesure que l'on s'éloigne de Paris. Au delà de Caen surtout, ils deviennent plus modérés.

Foires et marchés.

Nous donnons, pour les principales localités, l'indication des foires et des marchés les plus caractéristiques, dans l'intention de rendre service à plusieurs catégories de touristes. Les uns recherchent ces réunions pour y faire des études de mœurs et de couleur locale, pour y retrouver les derniers vestiges des anciennes coiffes, qui deviennent de plus en plus rares. D'autres, au contraire, évitent de visiter une ville un jour d' « assemblée », alors que les tables d'hôte sont encombrées par des marchands exubérants, d'une sélection relative, que les églises sont parfois fermées, surtout par mauvais temps, afin de ne pas servir de refuge, et que les gardiens de musées sont peu disposés à accueillir les visiteurs.

Syndicats d'initiative.

Les Syndicats d'initiative, en Normandie, sont encore à leurs débuts; la plupart ont vu leur activité interrompue par la guerre. Nous les signalons à chaque localité, en indiquant aussi les autres endroits (mairies, agences, etc.) où le touriste peut obtenir des renseignements gratuits, soit de vive voix, soit par écrit (en joignant un timbre pour la réponse).

Au début de l'année 1918, dix-huit Syndicats d'initiative ont constitué une « Fédération régionale des Syndicats d'initiative de Normandie » comprenant dans sa zone d'action les départements de la Seine-Inférieure, de l'Eure, de Calvados, de l'Orne et de la Manche.

Secrétaire général : M. Monticone, président du Syndicat d'initiative de Deauville. Secrétaires ajoints : M. Liégard, secrétaire général du Syndicat d'initiative de Caen et du Calvados, et M. Gaston Lévy, secrétaire général du Syndicat d'initiative de Rouen et haute Normandie. Le siège social de la Fédération est provisoirement fixé au Touring-Club, à Paris.

Associations de tourisme.

Le Touring-Club de France. — Fondé en 1890, le T. C. F. est la plus grande association de tourisme du monde entier; il compte aujourd'hui 150,000 membres. Les fonctions de président ou de membre du conseil d'administration ne sont pas rémunérées : l'influence du T. C. F. est d'autant plus grande, les œuvres qu'il a créées d'autant plus prospères, que son but unique est de faire bénéficier le pays tout entier des immenses richesses du tourisme. On estimait, avant 1914, à 500 millions par an le chiffre d'affaires créées par le seul passage des touristes en France.

L'association, reconnue d'utilité publique le 30 novembre 1907, consacre une grande partie de ses ressources à la réalisation des grandes idées générales qui sont liées au tourisme : création d'une industrie hôtelière, hygiène, reboisement, amélioration des villages, conservation des sites, etc.

Chaque membre reçoit gratuitement : l'insigne, une carte d'identité et le service régulier de la *Revue mensuelle*. Il bénéficie des remises consenties dans un grand nombre d'hôtels affiliés; des éditions spéciales des guides Joanne; des remises sur les cartes du T. C. F., etc.; des annonces dans la *Revue* pour les objets de tourisme qu'il désire acheter ou vendre (1 fr. la ligne); des avis que peut lui donner le Comité de contentieux sur les questions intéressant le tourisme; des renseignements et conseils que peuvent lui donner plus de 3,000 délégués, placés dans tous les chefs-lieux, sur les curiosités artistiques ou naturelles de la contrée, sur les routes, les hôtels, les mécaniciens, les garages, etc.

Il a libre passage aux frontières pour sa bicyclette ou sa motocyclette. Pour son automobile l'Association lui délivre un triptyque qui lui donne libre passage en douane, etc.

Pour faire partie du T. C. F., il faut se faire présenter par deux parrains, membres de l'Association, ou, à défaut, indiquer des références sérieuses. Le montant annuel de la cotisation est de 6 fr. pour les nouveaux sociétaires de nationalité française, 10 fr. pour les nouveaux sociétaires de nationalité étrangère, quelle que soit leur résidence.

Les cotisations nouvelles versées à partir du 1er octobre donnent acquit pour l'année suivante. Le rachat de la cotisation, qui donne droit au titre de membre à vie, peut être effectué moyennant le versement de 120 fr. pour les Français, et 200 fr. pour les étrangers. Le titre de membre fondateur comporte un versement minimum de 500 fr.

Le siège du T. C. F. est : avenue de la Grande-Armée, 65.

Club alpin français. — Le Club alpin français, fondé sur l'initiative d'Adolphe Joanne, qui fut à l'origine un de ses présidents, forme une association composée de sections répandues sur tout le territoire.

Le Club alpin français a pour but de propager la connaissance des pays de montagne et des régions pittoresques de la France et des colonies, d'en faciliter l'accès et de faire bénéficier ses membres des spectacles grandioses et des saines fatigues que procurent les séjours et les excursions en montagne.

Il édifie des refuges pour les alpinistes dans les lieux élevés ainsi que des châlets-hôtels ou des refuges gardés accessibles à tous les touristes.

Il construit des sentiers ou établit des poteaux indicateurs dans les hautes vallées pour faciliter les courses et les ascensions.

Il installe, partout où il en est besoin, des organisations de guides et porteurs pourvus du brevet du Club alpin français.

Il a inauguré les sports d'hiver qui se sont développés rapidement grâce à son action. Un concours international de ski est organisé par lui chaque année dans une région différente.

S'inspirant de sa devise « pour la Patrie par la montagne », il a voulu former pour le pays une jeunesse énergique, saine et vigoureuse, et a institué, dans ce but, des caravanes scolaires dont le succès va toujours grandissant.

Il tient chaque année un congrès dans une région pittoresque du territoire et organise de grandes excursions collectives.

Chaque année, des réunions, des conférences, des expositions artistiques de caractère alpestre ont lieu sous ses auspices.

Il offre de précieux avantages à ses membres par les facilités qu'il leur procure dans les compagnies de chemins de fer et dans les hôtels des pays montagneux.

Il publie une revue mensuelle illustrée, *la Montagne*, que reçoivent gratuitement ses membres.

Quiconque aime la montagne doit faire partie du Club alpin français.

Pour devenir membre du Club, il convient d'être présenté par deux membres de l'association au président d'une section.

La cotisation annuelle est de 10 fr. Les sections perçoivent en outre une cotisation spéciale dont elles ont fixé le chiffre, lequel varie, suivant la section, de 2 à 10 fr.

Des réductions sont faites aux femmes des membres du Club et aux mineurs.

Pour tous renseignements et communications, s'adresser à M. le Secrétaire général, rue du Bac, 30, Paris, VIIe.

Office National du Tourisme. — L'Office National du Tourisme a été créé par la loi du 8 avril 1910 et réorganisé en 1917. Il est investi de la personnalité civile et de l'autonomie financière.

Il est est administré par un Conseil d'administration désigné par le ministre des Travaux publics.

L'Office National du Tourisme a pour mission de rechercher tous les moyens propres à développer le tourisme, de provoquer et, au besoin, de prendre toutes mesures tendant à améliorer les conditions de transport, de circulation et de séjour des touristes.

Il coordonne les efforts des groupements et industries touristiques, les encourage dans l'exécution de leur programme, provoque toutes initiatives administratives et législatives en vue du développement du tourisme en France.

Il favorise les relations entre les administrations publiques, les grandes compagnies de transports, les syndicats d'initiative, les syndicats professionnels.

Il organise la propagande à l'étranger, provoque la création de bureaux de renseignements touristiques en France et à l'étranger en vue de faire connaître les sites, les monuments de France, la valeur curative de ses eaux thermales, de ses stations climatiques et balnéaires.

Le siège de l'Office National du Tourisme est : rue de Surène, 17.

Les meilleures cartes.

Quoique nos itinéraires d'excursions aient été établis avec la plus grande précision possible, une bonne carte est leur complément indispensable. Le touriste pourra ainsi s'assurer de son chemin et éviter de se perdre, ou tout au moins de faire des pas inutiles.

La carte la plus claire, la plus pratique pour la majorité des

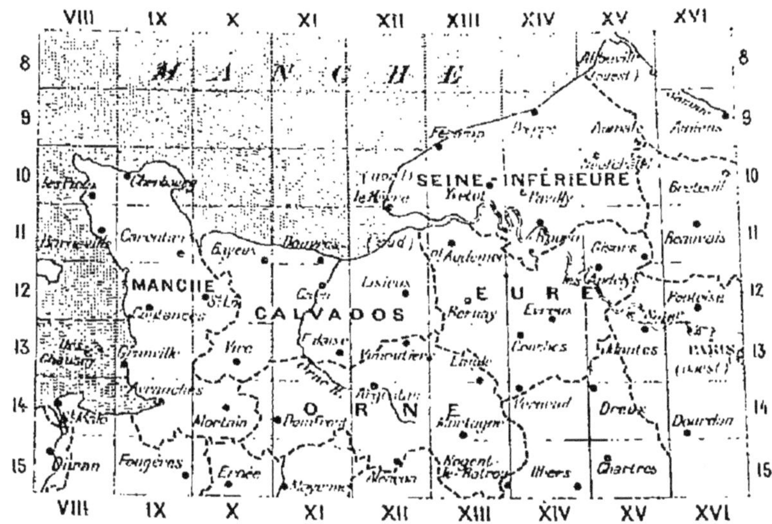

touristes, cyclistes et automobilistes est celle du *Service Vicinal*, à l'échelle de 1/100,000^{e} (1 centimètre pour 1 k.), publiée par le ministère de l'Intérieur et éditée par la librairie Hachette, au prix de 80 c. la feuille (1 fr. 05 avec cartonnage). Elle est imprimée sur papier du Japon, pouvant se plier sans se couper, et est tirée en cinq couleurs, ce qui en rend la lecture facile (envoi franco de la feuille d'assemblage, sur demande adressée à la librairie Hachette, boulevard Saint-Germain, 79, Paris).

Si l'on veut une carte plus détaillée et plus précise, spécialement pour la configuration du terrain, et à l'usage des excursions à pied, on prendra la *carte de l'État-Major* au 1/80,000^{e} (en vente dans les principales librairies; 45 c. le quart de feuille, non cartonnée).

NOTIONS MÉTÉOROLOGIQUES A L'USAGE DU TOURISTE

Au matin d'une excursion, la première préoccupation du touriste est d'interroger le ciel : fera-t-il une belle journée de soleil, ou bien des nuages chargés de pluie ou gros d'orage ne viendront-ils pas interrompre et gâter le plaisir de la promenade? Les quelques renseignements météorologiques que nous allons donner permettront de prévoir d'une façon générale le temps du jour au lendemain. La méthode que nous proposons est la recherche de la probabilité du temps par la physionomie du ciel et des nuages, la marche des instruments météorologiques, l'observation de la courbe barométrique et thermométrique sous la forme de diagrammes.

1° Les nuages. — Les principaux nuages sont : les *cirrus*, qui se présentent dans le ciel sous forme de filaments blancs sans ombre, échevelés en longues traînées indiquant par la base où ils se ramifient la direction des courants supérieurs. Ces nuages sont formés de paillettes de glace et planent dans les régions supérieures de l'atmosphère vers 10,000 mètres d'altitude.

Les *cirro-cumulus*, constitués également de paillettes de glace, sont faciles à reconnaître par leur forme en losanges, séparés les uns des autres par des bandes de ciel bleu qui se croisent.

Les *alto-cumulus*, inférieurs aux nuages précédents comme altitude, ont la forme des cirro-cumulus, mais sont arrondis et ombrés. Ils se suivent souvent en longues files donnant au ciel l'aspect pommelé bien connu. Ces nuages sont constitués de gouttelettes d'eau.

Le voile de *cirro-stratus*, de couleur blanchâtre, suit généralement en cas de dépression ou d'orage la succession des nuages précédents. Lorsque ce voile s'assombrit, de couleur grise, il prend le nom de voile d'*alto-stratus* et plane dans l'atmosphère à une hauteur moyenne de 5,000 mètres.

Le *cumulus*, nuage bien connu, se remarque par les belles journées; de couleur blanche, sa partie supérieure s'arrondit en dôme tandis que sa base ombrée est toujours horizontale.

Lorsque dans le ciel passent des cumulus seuls non dominés

Cumulus : annonce de dépression orageuse.

Orage proche.

Annonce d'une dépression : ciel couvert de cirro-cumulus et alto-cumulus, vu à travers un verre noir en fixant le soleil.

Belle journée chaude. Évaporation.

Belle nuit. Clair de lune. Radiation de la chaleur vers les espaces interplanétaires.

Matin. Brouillard. S'il tombe, le temps sera beau.

Si le brouillard monte, il formera des nuages, mais la pluie sera prochaine.

Lorsque le soleil se lève derrière un rideau de nuages, il ventera dans la journée.

Ciel pâle et pur le matin avec de la rosée, il fera beau

Lorsque le soleil se couche derrière un rideau de nuages il fera mauvais temps le lendemain.

Mais lorsqu'il réapparaît à l'horizon, il fera beau.

par des nuages supérieurs, cela est signe de beau temps. Mais lorsque au-dessus d'eux se présente un voile de cirro-stratus ou d'alto-stratus, le cumulus généralement se transforme en *cumulo-nimbus*, s'assombrit, dilate ses dômes en forme de colonnes qui s'écrasent et s'applatissent au contact du voile d'alto-stratus et se transforment en nuages orageux d'où tombe la pluie de courte durée.

Le *stratus* n'est pas encore très défini. Le mot stratus désigne beaucoup plus une forme de nuage qu'une constitution. On rencontre des stratus dans le fond des vallées coupant horizontalement les formes arrondies des cumulus. Dans ce cas le stratus est un nuage allongé de couleurs variables; mais où l'on remarque le plus communément le stratus, c'est au coucher du soleil. Il forme alors de longues bandes parallèles à l'horizon, blanches, jaunes, rouges, selon la nature et l'humidité de l'atmosphère. Le stratus n'amène pas la pluie.

2° La couleur du ciel. — *Il fera beau* lorsque le ciel est pâle le matin au lever du soleil et qu'on remarque de la rosée sur le sol; lorsque le vent tourne dans le sens du soleil, c'est-à-dire de l'Est à l'Ouest; lorsque le ciel est orangé au coucher du soleil et que le disque solaire est visible à l'horizon quelques moments avant de disparaître.

Il fera mauvais temps lorsque le ciel est coloré le matin, que le soleil se lève caché derrière un rideau de nuages. Dans ce cas il ventera, lorsque les vents vont dans le sens contraire de la marche du soleil et lorsque le soleil est caché derrière un rideau de nuages au moment où il va disparaître à l'horizon.

3° Les brouillards. — Lorsque par une belle journée ensoleillée et chaude il y a évaporation au-dessus d'un lac, d'une rivière, d'un terrain marécageux ou humide et que la nuit qui suit est éclairée par la lune, la radiation nocturne vers les espaces interplanétaires élève la vapeur d'eau qui se condense en brouillard. Ce brouillard reste à la surface de la terre jusqu'à ce que la température s'élève, en dilate la masse et la fasse monter dans le ciel sous forme de nuages. Dans ce cas où le brouillard ne tombe pas dans la matinée où il s'est formé, il pleuvra quelques jours plus tard.

4° Les instruments météorologiques. — Nous conseillons aux touristes l'emploi de quatre instruments faciles à transporter et qui pourront leur rendre de très grands services pour la prévision du temps.

1° *Un petit baromètre anéroïde de poche.* — Une remarque à faire au sujet de cet instrument, c'est qu'il faut attacher peu d'importance aux titres inscrits sur son cadran. Pluie, variable, beau, etc., l'observation du baromètre doit se faire en considérant la marche de l'aiguille, soit en hausse, soit en baisse, variations qui peuvent se faire dans l'espace de l'un des titres indiqués en variant dans la longueur de ce titre et amenant une pluie de courte durée en s'abaissant de quelques millimètres.

Nous donnons plus loin une méthode pratique de faire des observations barométriques àl aide de diagrammes.

2° *Le thermomètre.* — Le thermomètre recommandé pour le

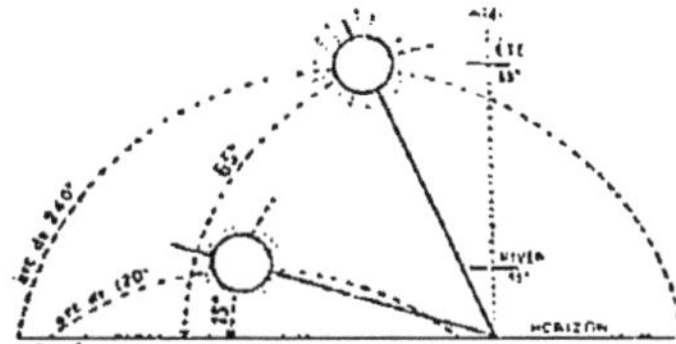

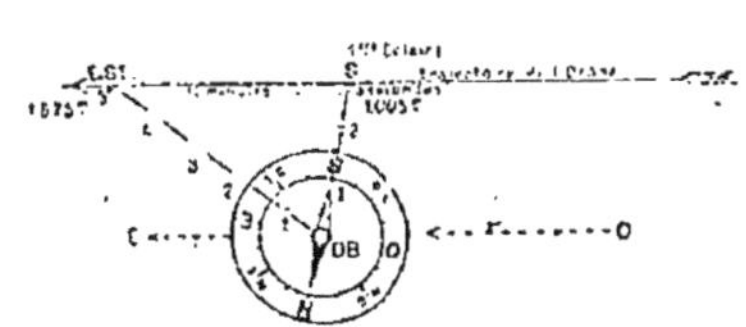

touriste est le thermomètre « Fronde », construit en verre, terminé à sa partie supérieure par une petite boucle à laquelle on fixe une petite ficelle de 50 à 60 cm. de longueur avec laquelle on fait tourner le thermomètre à la manière d'une fronde. Au bout de deux ou trois minutes, la température qu'on lit sur l'instrument indique le degré de l'air ambiant qui est la température juste du milieu ou l'on se trouve.

3° *La girouette orientée.* — La girouette se compose de deux petites palettes mobiles formant angles, dont le sommet correspond à l'axe sur lequel elle pivote. Une petite tige se prolongeant dans le sens de la bissectrice est équilibrée à l'aide d'un contrepoids permettant à l'instrument une extrême mobilité. Cette girouette est supportée par un arc en cuivre surmontant une boussole marine composée d'une rose mobile, permettant l'orientation rapide. Il est facile, dans un terrain découvert, ayant placé cet instrument sur le pied d'un appareil photographique ou sur un rocher isolé, de trouver la direction des vents de terre donnée par la petite girouette pivotant au-dessus de la rose aimantée. Pour la recherche des courants supérieurs, on prendra comme point d'observation un objet fixe et élevé, soit le sommet d'un poteau, la cime d'un arbre, le rocher dominant le sommet d'une montagne ; établissant l'orientation de ce point fixe à l'aide d'une boussole, on considère alors la marche des nuages passant sur ce point fixe et par là la direction des courants supérieurs. Cette observation est de toute importance; sachant que ce sont les courants supérieurs qui font le temps, il est utile de savoir dans chaque région quel est la direction des vents favorables à la pluie ou au beau temps. En général, pour la plus grande partie de la France, ce sont les vents du sud-ouest qui amènent la pluie et les dépressions. Dans les régions montagneuses, la direction du vent est très variable; il est utile alors de connaître l'influence des vents locaux.

5° Les Diagrammes. — Une méthode fort simple pour la prévision du temps est l'inscription des diagrammes de la pression barométrique et de la température. Sur des feuilles spéciales imprimées contenant pour une semaine ou pour un mois, en général, les diagrammes de pression barométrique et, au-dessous, de la température à 9 heures du matin, on fait un point à l'intersection du jour d'observation et de la pression barométrique et aussi de la température. En réunissant tous les jours les points faits à l'heure d'observation, on forme des courbes et l'on remarque que :

1° Lorsque les lignes ont de la tendance à se rapprocher lentement l'une de l'autre, cela est signe de mauvais temps.

2° Si elles s'éloignent lentement l'une de l'autre, le beau temps est probable. Si elles se rapprochent brusquement l'une de l'autre, cela est signe d'orage. Si elles s'éloignent brusquement, le temps sera beau mais de courte durée.

3° Si les lignes en oscillant se rapprochent l'une de l'autre, une dépression suivra. Si elles s'éloignent en oscillant l'une de l'autre, le temps se remettra lentement. Le parallélisme des lignes indique un temps moyen, fixe, beau ou mauvais.

Nous considérons comme mauvais temps le vent, la pluie, l'orage, la tempête, etc.

Il est à souhaiter que le touriste soucieux de mener à bien son voyage emploie les simples méthodes que l'on vient d'exposer ici, et nous sommes assurés qu'il trouvera dans la météorologie un auxiliaire précieux et une fidèle compagne.

André des Gachons.

NORMANDIE. CARTE DES CHEMINS DE FER

MANCHE

Southampton

Southampton

Jersey

Cherbourg

Valognes

Coutances

St Lô

Bayeux

CAEN

Le Havre

Dieppe

Abbeville

Doullens

AMIENS

Yvetot

Neufchâtel

ROUEN

BEAUVAIS

Pont-Audemer

Lisieux

Louviers

les Andelys

ÉVREUX

Pontoise

Mantes

VERSAILLES

PARIS

Sceaux

Rambouillet

Dreux

CHARTRES

Mortagne

Mamers

ALENÇON

Argentan

Falaise

Vire

Mortain

Avranches

Granville

Domfront

Mayenne

Fougères

Vitré

LAVAL

RENNES

LÉGENDE

Etat

Nord

Lignes d'intérêt local, à voie normale, à voie étroite, chemin de fer sur route

CAEN — Chef lieu de Département

Dreux — d'Arrondissement

Lison — Station de bifurcation ou station terminus

Bron — Autres stations, haltes ou arrêts

Ports de navigation

Les stations dont les gares sont pourvues de Buffets-Hôtels ont un souligné double ; le souligné simple indique les gares ayant un Buffet ; les soulignés en pointillé les gares où il y a une Buvette.

T-18 Imp. Monrocq, Paris.

PREMIÈRE SECTION

DE PARIS AU HAVRE, A DIEPPE ET AU TRÉPORT

VALLÉE DE LA SEINE, VEXIN, BRAY, PAYS DE CAUX

---

1. — DE PARIS A ROUEN

Chemin de fer : Etat, 136 k. pour Rouen Rive-Gauche et 140 k. pour Rouen Rive-Droite : cette dernière gare est la principale et la seule où s'arrêtent les express et les rapides. Trajet en 2 h. env. par rapide (1re cl.), en 3 h. env. par express et trains directs (en temps normal). Prix, pour l'une ou l'autre gare : 21 fr. 90, 14 fr. 75, 9 fr. 65. — Nous donnons seulement une description abrégée du parcours de Paris à Mantes et de la ville de Mantes. Pour plus de détails, *V.* le Joanne : *Environs de Paris*.

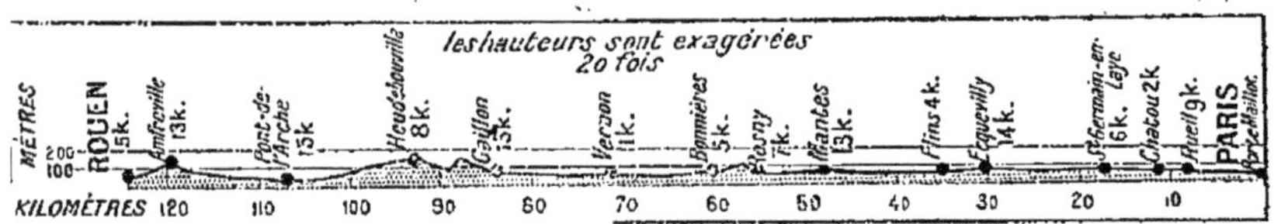

Routes : Trois itinéraires principaux : 1° 118 k., le plus direct, par la route nationale 14, mais éloigné de la vallée de la Seine, sur le plateau du Vexin, par : 29 k. *Pontoise* ; 56 k. *Magny-en-Vexin* ; 96 k. *Fleury-sur-Andelle* ; 108 k. *Boos* ; — 2° 128 k., plus intéressant, sur la rive g. de la Seine, par : 9 k. *Rueil* ; 18 k. *Saint-Germain-en-Laye*; 48 k. *Mantes* ; 55 k. *Rosny-sur-Seine* ; côte de Chanteloup, très dure de 10 0/0, puis descente de 6 0/0 sur (60 k.) *Bonnières-sur-Seine* ; 72 k. *Vernon* ; 86 k. *Gaillon* ; 109 k. *Pont-de-l'Arche* ; — 3° 132 k., de beaucoup le plus pittoresque. A Saint-Germain, traverser la forêt : 23 k. *Poissy* ; 29 k. *Triel* ; pour éviter le mauvais pavé de Vaux, traverser, sur un pont suspendu payant, la Seine, qu'on franchit de nouveau à (36 k.) *Meulan* ; parcours très pittoresque par *Oinville et Sailly* et longue et rapide descente sur (56 k.) *Vétheuil* ; 62 k. *La Roche-Guyon*, côte de 10 0/0 ; 64 k. *Gasny* ; 74 k. *Vernonnet*, en face de Vernon ; route plate ; on passe au pied du Château-Gaillard ; 91 k. *Les Andelys* ; côte de 2 k., forte descente et côte de 8 0/0 ; 110 k. *Amfreville* ; 4 k. de descente à 8 0/0, pont sur l'Andelle, et montée de 12 0/0 ; 123 k. *Boos* ; belle descente sur Rouen, 10 0/0, vue splendide.

Entre Paris et Mantes, certains trains passent par Argenteuil et la rive dr. de la Seine, spécialement les rapides et express, d'autres par Poissy et la rive g.

A. Par Argenteuil. — On passe sous le tunnel des Batignolles et on franchit la Seine avant (5 k.) *Asnières*. — Après les villas et jardins de *Bois-Colombes* et *Colombes*, on aperçoit Argenteuil à g., avant de traverser une seconde fois la Seine, sur un pont tubulaire.

10 k. *Argenteuil*. — La voie longe à dr. la base d'une petite chaîne de collines où se montre (17 k.) *Cormeille-en-Parisis*; à g. vue étendue sur la vallée de la Seine dont on se rapproche à (18 k.) *la Frette-Montigny* pour en suivre désormais la rive dr. — 20 k. *Herblay*. — 25 k. *Conflans-Sainte-Honorine*. On franchit l'Oise sur un viaduc métallique : belle vue à g. sur le confluent de la Seine et de l'Oise. — 30 k. *Andrésy-Chanteloup*. — 34 k. *Triel*, dont on voit à g. l'église pittoresque. — La voie traverse un petit tunnel sous la colline de Meulan et un viaduc sur l'Aubette avant (43 k.) *Meulan-Hardricourt*. — Après (55 k.) *Limay* (p. 3), la voie franchit la Seine et rejoint la ligne de la rive g. — 57 k. *Mantes-station*. — 58 k. *Mantes-Gassicourt*, *V*. ci-après.

B. Par Poissy. — La ligne de Mantes par Poissy laisse la précédente à dr. après (5 k.) *Asnières*. — On franchit la Seine après (9 k.) *La Garenne-Bezons*, et une seconde fois après (16 k.) *Sartrouville* : belle vue sur le fleuve divisé en deux bras, à g. vers Saint-Germain-en-Laye, à dr. sur le pont et le château de Maisons-Laffitte.

17 k. *Maisons-Laffitte*. On traverse la forêt de Saint-Germain. — 22 k. *Achères*, bifurc. pour Pontoise et ligne de Grande-Ceinture. On sort bientôt de la forêt.

27 k. *Poissy*. On aperçoit à g. l'église Notre-Dame. La voie longe, au pied de jolis coteaux, la rive g. de la Seine parsemée d'îles boisées; nombreuses villas. — 30 k. *Villennes*. — 35 k. *Vernouillet*, en face de Triel. — 41 k. *Les Mureaux*, en face de Meulan. — On franchit la Mauldre avant (49 k.) *Epône-Mézières*. — 57 k. *Mantes-station*.

58 k. *Mantes-Gassicourt* (buffet; omn.), bifurc. pour Evreux-Caen-Cherbourg (p. 234), gare principale desservant Mantes.

Mantes (hôt. : *du Grand-Cerf*; *du Rocher-de-Cancale*; *Moderne*), ch.-l. d'arrond. de Seine-et-Oise, ville de 8,821 hab., dans un site agréable, sur la rive g. de la Seine, au débouché du vallon de la Vaucouleurs.

Si l'on descend du train à la halte de Mantes-station, on suivra la rue Porte-aux-Saints qui aboutit rue Gambetta, à côté de la poste.

En sortant de la gare, on prend à dr. la rue du Chemin-de-Fer et l'avenue de la République, qui conduit en 10 min. à la place de la République. On continue à dr. par la rue Gambetta, qui longe à dr. le square Brieussel-Bourgeois, au fond duquel se trouve le *musée Duhamel* : antiquités, poteries, meubles. Continuant la rue Gambetta qui passe devant la poste, et son prolongement, la rue de la Sangle, on prend à g. la rue de l'Eglise.

L'*église Notre-Dame, de la fin du XIIe s., avec additions des XIIIe et XIVe s., est un des plus beaux spécimens du gothique primitif; elle a subi d'importantes restaurations. On remarque surtout la façade, avec ses trois magnifiques portails et ses deux tours d'où la vue est fort belle, et à l'intérieur la *chapelle de Navarre*, au S. du chœur.

En sortant de l'église, laissant à g. le théâtre (XVIIIe s.) dont le rez-de-chaussée sert de marché au poisson, on suit la rue de la Chausseterie, puis la rue de la Mercerie qui passe devant l'*hôtel de ville*, restauré au XVIIe s., et l'ancien *Auditoire royal* (XVe s.), qui offre une façade intéressante; en face, fontaine de la Renaissance, et, au delà, place Saint-Maclou, où se dresse la *tour Saint-Maclou (XIVe-XVIe s.) : dernier reste d'une église détruite pendant la Révolution, elle fut commencée avec le produit du halage des bateaux qui passaient sous le pont de la ville les dimanches et jours de fête.

De la place Saint-Maclou, la rue Nationale descend à la Seine. A g., sur le quai, ancienne *porte de l'Etape*, transformée en maison d'habitation; à dr., *porte aux Prêtres*, ancienne poterne couronnée de mâchicoulis, et au delà, vieilles tanneries pittoresques. En face, un double pont en pierre, le pont de Mantes, appuyé sur une île plantée de grands arbres, conduit à Limay, qui fait face à Mantes sur la rive dr. de la Seine.

Limay, ch.-l. de c. de 1,731 hab., au pied du coteau des Célestins, possède un *vieux pont*, réservé aux piétons, des XIIe-XVe s., situé à dr. en venant de Mantes, et une *église* remarquable, du XIe s., remaniée, à deux nefs presque égales, avec un beau clocher du XIIe s. : on y monte par les rues du Vieux-Pont, de Paris et de l'Eglise. De l'église, on peut monter en 10 min. sur le *coteau des Célestins* : belle vue, château (ancien couvent; on ne visite pas), ermitage Saint-Sauveur creusé dans un rocher dominant la Seine.

De Mantes a Vétheuil (12 k. N.-O.; voit. publique 1 fr. 25; belle excursion). — La route passe par Limay (*V.* ci-dessus) et, prenant à g., longe la rive dr. de la Seine. Après (6 k.) *Dennemont*, on laisse à g. la boucle de la Seine et on monte sur une hauteur qui offre une vue superbe sur la vallée, de Mantes aux ruines de la Roche-Guyon. On redescend vers la Seine, qu'on longe.

12 k. *Vétheuil*, dans une agréable situation sur la rive dr. de la Seine, au débouché d'un vallon, au pied de pittoresques falaises crayeuses. L'*église, très remarquable, est une ancienne collégiale du XIIe s. : le chœur, de style gothique primitif, date de cette époque; la nef, plus haute et plus étroite, a été reconstruite au XVIe s.; la *façade, de la plus belle Renaissance, a deux portes à vantaux sculptés, et un trumeau supportant une admirable statue de la Charité; le portail S., également de la Renaissance, est abrité sous un porche profond et offre au trumeau une belle statue de la Vierge; la tour centrale est de 1350. A l'intérieur, nombreuses fresques, statues, boiseries et stalles sculptées, fonts baptismaux du XIIe s.

On peut prolonger l'excursion jusqu'à la Roche-Guyon à 6 k. de Vétheuil. La route fort pittoresque longe la rive dr. de la Seine, parsemée d'îles boisées, au pied de coteaux crayeux escarpés et bizarrement découpés. — 16 k. *Haute-Isle*, avec de nombreuses habitations creusées dans le rocher, dont Boileau a parlé dans son Épître à Lamoignon; la curieuse petite église, dont le clocher pointe au flanc de la colline, est également creusée dans le rocher.

18 k. *La Roche-Guyon* (V. ci-dessous), d'où l'on peut aller reprendre le train à Bonnières ou à Gasny (p. 8).

Après Mantes on suit toujours la rive g. de la Seine.

63 k. *Rosny-sur-Seine*, sur la rive g. de la Seine, avec un château entouré d'un beau parc. Dans l'*église* moderne (1891), Chemin de croix et Fuite en Égypte peints par *Corot* de 1839 à 1844.

Le *château*, que l'on ne visite pas, est de l'époque d'Henri IV. Il a été construit par le célèbre ministre Rosny, duc de Sully, qui était né à Rosny en 1560. Ce fut pour lui que le fief de Rosny fut érigé en marquisat par Henri IV. Ce dernier s'était retiré au château après la journée d'Ivry où Sully fut blessé et il y fit de nombreux séjours jusqu'à la prise de Paris. Sous la Restauration, le château appartint à la duchesse de Berry qui en faisait son séjour habituel. Il est maintenant la propriété de M. Paul Lebaudy.

A l'intérieur, belles tapisseries de Gobelins, de Beauvais et série de tapisseries provenant de l'atelier royal du faubourg Saint-Germain, de la Planche, antérieur aux Gobelins. Ces tapisseries, faites pour une petite fille de Sully, représentant l'histoire de Psyché d'après les cartons de *Van Coxcyen*, dit le Raphaël Flamand. Elles ont été tissées vers 1620. Dans la salle de billard, tableau représentant l'apothéose de Napoléon. — Près du château, au bord de la Seine, chapelle octogonale avec deux toiles de *Ribera*.

En suivant la grande route de Paris, qui longe le parc, on arrive à une grille qui s'ouvre sur une cour plantée d'arbres, derrière laquelle s'élèvent de vastes bâtiments où la duchesse de Berry avait établi un hospice et qui servent auj. d'orphelinat de jeunes filles. Dans la *chapelle*, située au fond d'une autre cour entourée d'une colonnade, on peut voir, derrière l'autel, un monument funéraire en marbre, supportant la statue de St Charles, par Rutxiel, et renfermant le cœur du duc de Berry. De là, une avenue de 1 k. aboutit à l'entrée principale du château : grille ornée d'armures et d'armoiries du XVIIIe s.

Au delà de Rosny on laisse à g. la *forêt de Rosny* (1,950 hect.). — Coupant le grand méandre que la Seine décrit au N. vers la Roche-Guyon, la voie traverse le tunnel de Rolleboise (2,046 m., dont 800 taillés dans le roc). L'église de *Rolleboise*, des XIIe et XVe s., en partie creusée dans la colline, occupe une position pittoresque; de l'ancien château fort il reste une tour d'où l'on voit un magnifique panorama.

69 k. *Bonnières-sur-Seine* (hôt. *de la Poste*, T. C. F., chauff., jardin), ch.-l. de c. de 1,342 hab., situé près de la rive g. de la Seine.

DE BONNIÈRES A LA ROCHE-GUYON (8 k. N.-E.; voiture publique 85 c.; excursion recommandée). — La route traverse (2 k.) *Freneuse*, renommé pour ses navets, remonte la rive g. de la Seine et franchit le fleuve sur un pont suspendu devant la Roche-Guyon.

8 k. **La Roche-Guyon** (hôt. *de la Maison-Rouge*), 632 hab., sur la rive dr. de la Seine, au pied de coteaux crayeux, se présente, avec son château et les ruines qui le dominent, sous l'aspect le plus pittoresque. En arrivant on voit à dr. la mairie et une fontaine dont l'inscription

latine constate que l'eau a été amenée par le duc Alexandre de la Rochefoucauld en 1742; à g. les écuries du château, précédées d'une belle grille. Le *château*, qu'on ne visite pas, bâti au pied d'une grande falaise, est en grande partie moderne. Quelques parties semblent être du XVe s., notamment les tourelles de la porte d'entrée principale et cette porte elle-même, précédée de l'escalier du Cardinal. Une terrasse supportée par 10 arcades règne à la hauteur du 1er étage. On gravit l'escalier du Cardinal, au bas duquel sont deux chevaliers bardés de fer. Dans la salle des Gardes : portrait des ducs de la Rochefoucauld : poêle en faïence de Rouen: table en marbre d'Italie; table sur laquelle a été signée la Révocation de l'édit de Nantes. Dans la salle de billard, portraits, dont plusieurs sont signés de Mignard, Rigaud, De Troy, Nattier, etc. Au petit salon : lustre et glace en vieux Venise; dessus de portes peints. Au grand salon : dessus de porte en marbre de Carrare, représentant la Fortune et la Science; tapisserie par Andran et Cozette. Dans la chambre de Henri IV : lit du roi, tapisseries, commode de Boulle. Le **donjon*, reste de l'ancien château, fut construit en 998 par un seigneur nommé Guy (au cas-régime : Guyon); il fut rebâti à la fin du XIIe s. et pris par les Anglais en 1419. Ce donjon, chef-d'œuvre de l'architecture militaire, présente un profil triangulaire. Il est cylindrique à l'intérieur. Des souterrains sont taillés dans le roc.

En tournant à g., au sortir du château, on va visiter l'*église*, XVe ou XVIe s., renfermant, à dr. du maître-autel, le *tombeau de François de Silly*, duc de la Roche-Guyon († 1627), surmonté de la statue agenouillée du duc, devant lequel, sur un coussin, repose sa petite fille emmaillotée. Maison de convalescence fondée en 1850 par le comte de la Rochefoucauld, pour les enfants convalescents des hôpitaux de Paris. A côté, orphelinat Fortin.

La Roche-Guyon n'est qu'à 2 k. 5 de Gasny (p. 8), station du ch. de fer de Vernon à Gisors. La route qui y conduit monte à flanc de coteau pour franchir la crête étroite qui sépare en ce point la Seine de l'Epte; du sommet de la côte, **panorama* superbe sur les deux vallées; on redescend dans la vallée de l'Epte à Gasny.

La voie longe la rive g. de la Seine au pied de jolis coteaux; à g. *Jeufosse* : église des XIIIe et XVIe s. avec vitraux anciens; chapelle de pèlerinage de N.-D.-de-la-Mère. Après *Port-Villez*, on entre en Normandie, en face du confluent de l'Epte et de la Seine.

80 k. **Vernon**, ch.-l. de c. de 8,733 hab., sur la rive g. de la Seine, au S. de laquelle s'étend la forêt de Bizy, est relié par un pont à Vernonnet situé sur la rive dr. au pied des collines que recouvre la forêt de Vernon. La ville est coupée ou environnée de boulevards ombragés de tilleuls taillés en berceau.

Omnibus : — des hôtels et pour la ville.

Hôtels : — A LA GARE : *du Chemin-de-fer* (simple, rep. à la carte); — EN VILLE : *du Soleil-d'Or*, pl. de Paris, T.C.F. (gar.); *de Paris*, pl. de Paris, T.C.F. (gar.); *d'Evreux*, pl. d'Evreux, 7; *de la Poste*, pl. d'Evreux, 5; *des Sports*, sur le quai (rest.: friture, matelote; enseigne : « vaut mieux boire ici qu'en face »); *des Fleurs*, r. Carnot, 63, T.C.F. (10 ch.; électr., bains, gar.).

Poste : — pl. d'Evreux.

Loueur de voitures et d'autos : — *Cadot*, r. d'Albuféra.

Histoire. — Aux premiers temps de la domination normande, Vernon eut des comtes dont un, Adjutor, est honoré comme saint et dont le dernier, en 1196, céda le fief à Philippe Auguste, avec le consentement de Richard Cœur de Lion, qui en abandonna la suzeraineté. Les premiers États de Normandie se tinrent à Vernon, en 1452. — Le 5 octobre 1870, les Allemands parurent à Vernon. Le 22, pendant plus d'une heure, ils envoyèrent des obus sur la ville. De petits combats eurent lieu aux environs; du 22 au 26 nov. notamment, 1,500 mobiles de l'Ardèche firent essuyer à l'ennemi d'assez graves échecs dans la forêt (*V.* ci-dessous le monument commémoratif).

A Vernon sont nés : *Michel de la Vigne*, médecin de Louis XIII (✝ 1648); sa fille *Anne de la Vigne*, une des « Précieuses » et poétesse (✝ 1681); *Pierre Letellier*, peintre, neveu et élève de Poussin; le sculpteur *Drouilly* (XVIIe s.); *Suzanne Brohan* (1807-1887), de la Comédie-Française.

Industrie. — Vernon a un important parc de construction militaire, situé à l'O., au delà du ch. de fer de Gisors.

Dans la rue de la Station, qui s'ouvre en face de la gare, on prend à dr. la rue Emile-Loubet, puis à g. la rue d'Albuféra, qui traverse la ville et la place d'Evreux, pour aboutir à la Seine. A dr. de la place d'Evreux, où se trouve la poste, l'avenue Gambetta, ombragée de tilleuls, conduirait à l'avenue Thiers.

Cette avenue est continuée à dr., au delà de la voie ferrée, par l'avenue de l'Ardèche, qui croise le ch. de fer de Pacy-sur-Eure et aboutit au *monument des gardes mobiles* de l'Ardèche, par Jal, encadré des magnifiques futaies du parc de Bizy (p. 8). En prenant, à dr. du monument, la rue de Chaufour on longe le parc du château jusqu'à l'entrée, d'où l'on peut regagner Vernon, soit par la route d'Évreux ou par la rue de Bizy, soit par l'avenue des Capucins.

Au delà de la place d'Évreux, on continue la rue d'Albuféra.

A g., la rue des Ecuries-des-Gardes passe près de la *tour des Archives* (à dr.), de 1123, ronde à mâchicoulis, restaurée : pour visiter, s'adresser au concierge de l'hôtel de ville.

Un peu plus loin, la rue d'Albuféra est traversée par la rue Carnot, qu'on prend à dr. et qui conduit à la place Adolphe-Barette, sur laquelle l'hôtel de ville fait face à l'église.

L'hôtel de ville est un édifice moderne (1895), avec square dans lequel se voit le buste en bronze d'*Adolphe Barette*, ancien maire de Vernon, par Miserey.

L'église Notre-Dame, bel édifice gothique, en majeure partie du XVe s., offre une façade ornée d'arcatures à jour, d'une rose formée de 4 rosaces à réseau bizarre et de 2 tourelles sculptées avec gargouilles. Grand et beau *portail à voussures sculptées; statue de la Vierge au trumeau. Le portail et les sculptures sont du XIVe s., à l'exception des bas-reliefs du trumeau, qui sont des copies de 1860. Au N., à la 4e travée, une porte du XVe s. s'ouvre sous un porche sculpté. La tour centrale est du XIIe-XIIIe s. La toiture de l'abside est surmontée d'un épi en plomb du XVe s. Sous la fenêtre terminale de la chapelle de la Vierge, une statuette du XIVe ou XVe s. est renfermée dans une niche plus moderne, portant cette inscription : « Notre-Dame des Neiges, 1794 ».

L'intérieur date de diverses époques. Le chœur, primitivement roman, comme l'attestent la plupart des piliers, est plus ancien et plus bas que la nef, ainsi que le transept. Il a subi des remaniements peu heureux : remarquer les deux piliers de consolidation, à dr. et à g., qui coupent chacun une arcade. Il est entouré d'un déambulatoire et de chapelles de la dernière période gothique.

Nef. — La nef, avec élégant triforium et grandes verrières supérieures, offre de belles proportions. Elle a été refaite au xive s. — La **tribune de l'orgue*, soutenue par une console en pierre de la Renaissance, date du xvie s. ; ses sculptures représentent David et les Sibylles. Sous la tribune, deux *tapisseries* flamandes du xviie s. ont pour sujets la Chasteté de Joseph et la Charité de l'empereur Marcien. Les piliers des trois premières travées de la nef supportent chacun deux statues d'Apôtres, œuvres de *Decorchemont*.

Bas-côté dr. — 1re chapelle (2e travée) : à dr., Vierge Glorieuse, du xve s.; au-dessous, monument du curé Moulin (✝ 1866). — 2e chap. : **vitrail* du xvie s. : en bas, 4 sujets de la Vie de St Jean-Baptiste; en haut, Naissance de J.-C., le Christ mourant, Résurrection, Apparition du Christ à Madeleine après la Résurrection. — 3e chap. : vitrail restauré, à 4 personnages, dont St Louis; à dr., figurine grotesque sculptée sous la retombée d'un arc. — 4e chap. : *vitrail* à 8 sujets : de g. à dr. et de bas en haut : Sermon sur la Montagne, Transfiguration, St Pierre marchant sur les eaux, la Cène, Apparition aux Apôtres, Incrédulité de Thomas, les Disciples d'Emmaüs; 5e chap. : curieux panneau en bois sculpté (xvie ou xviie s.).

Transept dr. (6e chap.). — 2 petits tableaux de l'école flamande; *tapisserie* du xviie s., Election de St Ambroise au siège épiscopal de Milan.

Chœur. — Grand autel (1650), provenant de la chartreuse de Gaillon.

Pourtour du chœur. — De dr. à g. : *porte* de la sacristie, de la Renaissance; dans la sacristie, tableau en forme de triptyque (la Passion), portraits du maréchal de Belle-Isle et du duc de Bourbon-Penthièvre, vitrail moderne de la Sainte-Famille d'après Murillo; — chapelle de la Vierge, du xive s.; 2e chap. après la chap. de la Vierge, Résurrection, attribuée à *Ann. Carrache*; en face de cette chapelle, sur un des piliers romans du pourtour du chœur, **tapisserie* du xviie s. : trait de piété de Rodophe de Habsbourg.

Transept g. — **Tapisserie* : Daniel dans la fosse aux lions.

Bas-côté g. (en descendant). — 1re chap. : la Cène, bois peint; — tapisserie du xviie s., Triomphe de la Vertu, au-dessus du portail N.; — 1re chap. après cette porte, tombeau, avec statue agenouillée, très engoncée, de Marie Maignart, femme d'un conseiller du roi, ✝ 1610; au pilier en face, épitaphe en latin. — Chap. des fonts baptismaux : petite fresque mutilée de 1687; à g. *bénitier* du xve s.

A g. de l'église, maison en bois de la fin du xve s.

En continuant la rue Carnot au delà de l'église, on arrive à la place de Paris, où se trouvent le théâtre et les deux principaux hôtels; le boulevard de g. descend à la Seine.

En revenant sur ses pas par la rue Carnot, on rejoint la rue d'Albuféra, au delà de laquelle, au coin de la rue Carnot et de la rue du Pont, une vieille maison à double encorbellement offre, à l'angle, un curieux groupe en bois sculpté (xve ou xvie s.).

Descendant la rue d'Albuféra à dr., on parvient au pont en pierre de Vernonnet de 7 arches, en aval duquel le chemin de fer de Gisors franchit la Seine sur un pont de fer à treillis, de 5 travées. Au centre du pont de pierre une croix sculptée marque la limite des paroisses de Vernon et de Vernonnet. Du côté de Vernon, un quai ombragé, agréable promenade, longe la Seine en face des collines au sommet boisé; îlots boisés en aval et en amont du pont.

En face de Vernon, sur la rive dr., au pied de hautes collines coupées par des fronts de carrière et couronnées par la forêt de Vernon, **Vernonnet**, station du ch. de fer de Gisors (*V.* ci-dessous), a gardé un *donjon*, du XIIe s. (on ne visite pas l'intérieur), appelé les Tourelles, ayant fait partie d'un château fort qui défendait le passage du pont fortifié, dont on voit les restes un peu en amont du pont actuel : sur la première pile, pittoresque masure avec corps en encorbellement sur des poteaux obliques. A dr. de la façade de l'église subsiste la porte de l'ancienne église, de la Renaissance. — En haut de la côte Saint Michel le camp dit de César, n'est probablement pas antérieur à l'invasion normande. — Sur les coteaux s'étend la *forêt de Vernon* où, dans un site charmant (2 k. N.), coule la fontaine de Tilly, qui alimente le village d'eau potable. On peut aussi y visiter, à g. du chemin de Panilleuse, non loin d'une maison de garde, le chêne phénoménal de la Mère-de-Dieu, dont le tronc a 4 m. 90 de tour; à côté, petit monument érigé en ex-voto (1890).

A 1,200 m. S.-O. de la gare de Vernon est le *château de Bizy* où l'on se rend soit par la rue de Bizy aboutissant à la grille de Bizy, soit par l'allée des Capucins et la route d'Evreux aboutissant à la grille du Roy qui borde le rond-point de Vénus dans le parc. Créé au XVIIIe s. par le maréchal de Belle-Isle, ce domaine reçut en 1742 la visite de Louis XV et de Mme de Pompadour. Après la mort du maréchal, il appartint successivement au comte d'Eu, au duc de Penthièvre et au roi Louis-Philippe. Il est actuellement la propriété du marquis d'Albuféra, petit-fils du maréchal Suchet qui s'était fixé dans ce pays. Outre les grilles, statues, cascades et chemins d'eaux vives (sources de la Tonelle, de Penthièvre, Princesse, Duchesse, Comtesse), qui ornent son parc, il subsiste de l'ancien château du XVIIIe s. les importants communs construits sur le plan de la Grande et de la Petite Ecurie de Versailles par Pierre Coutant, architecte du Régent. Le château, reconstruit dans la seconde moitié du XIXe s., contient les admirables *boiseries* du XVIIIe s. du château de Bercy et a été raccordé aux bâtiments anciens par le rétablissement exact de la cour intérieure d'après les plans de Le Nôtre, retrouvés dans les archives. — Le *parc*, ouvert les dim. et jours fériés (demande au secrétariat du domaine, entrée par la grille de Bizy, de 13 à 18 h. et en semaine exceptionnellement sur demande adressée d'avance au secrétariat), se joint à la *forêt de Bizy* où les sites des Valmeux et du tombeau de Ste Mauxe, but de pèlerinage, sont justement renommés.

De Vernon, on peut faire une belle excursion jusqu'à *la Roche-Guyon* (14 k. E.; p. 4), en allant par Vernonnet, Giverny et Gasny (on peut prendre le ch. de fer jusqu'à Gasny, *V.* ci-dessous), et en revenant par Bonnières (p. 4).

De Vernon a Gisors (ch. de fer Etat, 40 k. en 1 h. 30 env.; 5 fr. 70, 4 fr. 20, 2 fr. 75). — La voie franchit la Seine en aval de Vernon. — 2 k. *Vernonnet* (*V.* ci-dessus). — On remonte la rive dr. de la Seine jusqu'au confluent de l'Epte. — 5 k. *Giverny* (hôt. *Bailly*, tennis) où réside une petite colonie de peintres, dans des maisonnettes entourées de jardins. — La voie remonte la vallée de l'Epte qui avait été assignée pour limite, avec la Bresle, aux compagnons de Rollon, et qui a formé, depuis lors, la frontière de la Normandie. — 10 k. *Gasny*, église de 1480. A 2 k. 5, la Roche-Guyon (p. 4). — 17 k. *Bray-Ecos*, dont la station est dominée à l'O. par le château ruiné de Beaudemont; vastes carrières, abandonnées au XVIe s.; à 5 k. S.-E., *Ecos* (hôt. : *du Cheval-Rouge*; *des Trois-Couronnes*, T.C.F.), ch.-l. de c. de 526 hab. : église du XIIIe s. A 2 k. N. d'Ecos, le *château de Chesnay-Haguest* a été reconstruit dans le style du XVe s. par le vicomte de Puligny.

20 k. *Aveny-Montreuil :* dolmen de Dampmesnil ou du Trou-aux-Loups; pont du XVe s. sur l'Epte. — 25 k. *Les Bordeaux-Saint-Clair* (hôt. *de la Gare*, T.C.F.). A *Saint-Clair*, église du XIIIe s.; ruines d'un château et ermitage ayant, dit-on, été habité par St Clair, qui y aurait été martyrisé en 881. — 27 k. *Guerny* : église mérovingienne; chêne de Notre-Dame.

30 k. *Dangu* : laminoir à zinc; fabrique de dominos. Le *haras*, qu'on visite, installé dans un bel établissement agricole (500 hect. de prairies, 600 hect. de terres labourables), appartient au baron Beyens : 45 min. de la gare au haras en tournant à dr. et en traversant tout le village. *L'église* offre un porche et un portail du XIVe s.; au transept dr. on remarque une verrière en grisaille, de 1580, et les statues des Apôtres (XVIe ou XVIIe s.) dans des niches ornementées. — A 3 k. 5. S.-O. de Dangu, *l'église* de *Vesly* possède un retable du XVIIe s., en pierre sculptée, et de charmantes statues anciennes : la Vierge (XIVe s.), St Maurice et le donateur (début du XVIe s.), St Jacques de Compostelle (XVIe s.).

On arrive à la gare de Gisors-ville, puis à la gare principale de *Gisors* (40 k.; p. 179).

DE VERNON A PACY-SUR-EURE (ch. de fer Etat, 20 k. en 45 min. env ; 3 fr. 15, 2 fr. 10, 1 fr. 40; route 15 k., par *la Heunière*, à 142 m. d'alt.). — Le ch. de fer, remontant le vallon du Grand et du Petit-Val, se développe à mi-côte des collines portant la forêt de Bizy. — 13 k. *Douains-Blaru*. A *Blaru*, à dr., tour, reste d'un château féodal. A 1 k. 5. N. env. de Douains, le hameau de *Brécourt*, avec château Louis XIII, a donné son nom à une bataille appelée « la bataille sans larmes », parce que nul n'y fut blessé ou tué. Les fédéralistes de l'Ouest, défendant la cause des Girondins, avaient été attaqués près de Pacy par les sans-culottes, le 14 juillet 1793; à la première décharge, ils prirent la fuite. « Les Bretons et les Normands étaient commandés par Puysaye, les conventionnels par Robert Lindet et le général Humbert. Les premiers avaient Vernon pour objectif; ils occupaient le hameau de Brécourt; il y avait là un château bien garni de vin et de cidre; on pilla, on but, on s'endormit. Humbert prévenu quitta Vernon au milieu de la nuit et attaqua Brécourt et Douains. Les fédérés, sans riposter, levèrent le pied et coururent jusqu'à Evreux, d'où ils étaient partis le matin; ils y arrivaient avant le jour. 30 hommes seulement, postés à Cocherel, furent relevés par un dragon nommé Lampérière et emmenés à Evreux en bon ordre. » (Ardouin-Dumazet.)

On descend à travers la forêt de Pacy. — 20 k. *Pacy-sur-Eure* (p. 269).

Au delà de Vernon, on laisse à dr. le parc de construction militaire, et on continue à suivre la rive g. de la Seine, aux îles nombreuses. Sur la rive dr. se montre à mi-côte le château de la Madeleine, ancienne propriété de Casimir Delavigne, puis de la baronne Thénard, qui l'a légué à l'hospice de Vernon, pour les pauvres du département. — Au delà, *Pressagny-l'Orgueilleux* : église du XVe s., prieuré de la Madeleine, fondé au XIe s.; dans la chapelle, tombeau de St Adjutor, mort en ce lieu après avoir pris part à la 1re croisade.

88 k. *Le Goulet*, halte. En face, sur la rive dr. de la Seine, Notre-Dame-de-l'Isle, avec portail roman à l'église. Plus loin, à *Port-Mort*, église moderne, style XIIIe s.; barrage important sur la Seine; à *Châteauneuf*, ruines d'une chapelle, où fut célébré le mariage du prince Louis, plus tard Louis VIII, et de Blanche de Castille. Au sortir de Port-Mort, à dr. sur le bord

de la route des Andelys, menhir, haut de 3 m., appelé Gravier de Gargantua.

94 k. *Gaillon-Aubevoye*, station desservant, à 2 k. S., **Gaillon**, (omnibus, ; hôt. : *du Soleil-d'Or*, T.C.F.; *d'Evreux*), ch.-l. de c. de 2,612 hab., situé au pied et sur le penchant d'une colline. Dans la rue Grande, sont la mairie et l'église, près de laquelle se voit une grande *maison* en bois du XVe s.

Une rue à dr. monte à l'ancien *château* des archevêques de Rouen, en grande partie démoli à la Révolution, reconstruit en 1812 pour servir de maison centrale de détention et occupé actuellement par l'armée. De l'ancien château subsistent le porche d'entrée, une tour d'escalier, un beffroi d'horloge, des arcades murées et la chapelle basse. On peut, en temps de paix, demander à visiter.

Ce château occupe l'emplacement d'une forteresse gallo-romaine, qui fut donnée par Philippe Auguste aux archevêques de Rouen. C'est comme archevêque de Rouen que Georges d'Amboise en devint possesseur en 1494; cardinal et premier ministre de Louis XII, il fit commencer, en 1500, sur les fondements du château du moyen âge, déjà reconstruit au XIIIe s. par Eudes Rigaud et au XVe s. par le cardinal d'Estouteville, les travaux d'un magnifique palais. Les chantiers furent dirigés par Pierre Fain, un des plus habiles architectes de son temps. Michel Colombe, malgré son âge avancé, le Milanais Laurent de Mugiano et Jean Juste de Tours vinrent y tailler de délicates sculptures. Tout était à peu près terminé à la mort du cardinal, en 1510. De ces richesses artistiques les plus précieuses épaves se trouvent à Paris, soit à l'Ecole des Beaux-Arts, où s'élève l'ancienne entrée intérieure, soit au musée du Louvre, où sont conservés un St Georges terrassant le Dragon, par Colombe, et le torse d'une statue de Louis XII, par Laurent de Mugiano. L'archevêque Fr. de Harlay avait établi une imprimerie dans le château en 1642. En 1669 les évêques de Normandie s'y réunirent dans la chapelle pour examiner les *Maximes des Saints*, de Fénelon, qui furent condamnées.

A 3 k. S.-O. de Gaillon, colonie pénitentiaire, agricole et industrielle, des Douaires.

De la gare de Gaillon, une route qui franchit la Seine à *Courcelles-sur-Seine* conduit directement à (8 k. N.) *les Andelys* (p. 20). Une voiture publique (2 fr. 50) assure actuellement ce trajet, mais sera peut-être supprimée après la guerre (s'informer).

Au delà de Gaillon on s'éloigne momentanément de la Seine, qui décrit un méandre allongé vers les Andelys en formant une presqu'île que la voie coupe par les tunnels du Roule (1,720 m.), et de Vénables (399 m.); puis elle côtoie de nouveau le fleuve au pied de collines crayeuses.

107 k. **Saint-Pierre-du-Vauvray** (hôt. *du Chemin-de-Fer*, T.C.F.), petit bourg de 647 hab., sur la rive g. de la Seine, coupée de plusieurs îles. Le pont, qui s'était écroulé un peu avant la guerre, n'a pas encore été reconstruit (1919); on traverse la Seine sur un bac.

DE SAINT-PIERRE-DU-VAUVRAY A LOUVIERS (ch. de fer, Etat, 8 k. en 15 min. ; 1 fr. 15, 85 c. et 55 c.; route 7 k. S.-O. par le chemin en terrain plat qui suit le ch. de fer, ou 4 k. par un chemin plus direct, qui s'élève à 120 m. d'alt. et franchit le dos de collines séparant la Seine de l'Eure).

— Le ch. de fer et la route décrivent une grande boucle pour contourner les hauteurs qui séparent la vallée de la Seine de celle de l'Eure. — 3 k. *Le Vaudreuil*, au tournant des vallées de la Seine et de l'Eure, station desservant *Saint-Etienne-du-Vauvray*, où se trouve la gare, ainsi que les deux bourgs, à 1 k. et 1 k. 5 N., de *Saint-Cyr-du-Vaudreuil* (hôt. *Moderne*, T.C.F.) et de *Notre-Dame-du-Vaudreuil* (hôt. *de N.-D.-du-Vaudreuil*, T.C.F.) : église avec portail roman du XIIe s.; statue de Raoul Duval, député († 1887). — On découvre, à dr., les hauteurs que couronnent les forêts de Pont-de-l'Arche et de Louviers, et l'on remonte la vallée de l'Eure jusqu'à *Louviers* (8 k.; p. 15).

DE SAINT-PIERRE-DU-VAUVRAY AUX ANDELYS (ch. de fer, Etat, 17 k. en 30 min. env.; 2 fr. 65, 1 fr. 80, 1 fr. 15; route 15 k., par : 1 k. 5 Andé et 5 k. Muids, où la route de terre rejoint la voie ferrée et, comme elle, longe la Seine jusqu'aux Andelys). — La ligne franchit la Seine sur un pont à treillis et on remonte la rive dr. — 7 k. *Muids* : église des XIIe et XVIe s. avec fonts baptismaux du XIVe; au cimetière, croix du XVIe s.; moulin ancien, pittoresque, sur la Seine. — La voie, d'où l'on aperçoit à dr. les ruines du Château-Gaillard, court entre la rive dr. de la Seine et les falaises dominant le fleuve. — 12 k. *La Roque*. A g., sur les hauteurs, chapelle de la Roquette avec petit clocher cylindrique du XIIe s. — 15 k. *La Vacherie*, hameau au débouché d'un vallon boisé dans la vallée de la Seine. — 17 k. *Les Andelys* (p. 20).

On voit s'ouvrir à g. la vallée de l'Eure; la voie longe à g. cette rivière qui coule désormais dans le large val de la Seine, limité à g. par les hauteurs portant les forêts de Louviers et de Pont-de-l'Arche, à dr. par les coteaux escarpés qui dominent *Amfreville-sous-les-Monts* et qui se terminent au débouché de la vallée de l'Andelle par un magnifique promontoire, d'une silhouette caractéristique, appelé la Côte des Deux-Amants (légende, p. 25).

114 k. *Léry-Poses*. A *Léry*, à g., sur la rive g. de l'Eure, intéressante église des XIe et XIIe s., d'un style roman très pur; croix du XIVe s.; chapelle du XIIIe s., convertie en habitations; fabrique de papier. *Poses* est à 3 k. à dr., au bord de la Seine (p. 26). — La voie franchit la Seine sur 6 arches, près de l'embouchure de l'Eure, devant *le Manoir*; puis laisse à dr. *Alizay*, où l'on voit une église avec litre funèbre, et, en dehors, une statue tombale d'une dame de Rouville, XVIe s. A g. restes (XVIIIe s.) du château de Rouville.

119 k. **Pont-de-l'Arche** (omnibus; hôt. *de Normandie*, T.C.F., sur le quai), ch.-l. de c. de 1,921 hab., situé à 1 k. 5 à g., sur la rive g. de la Seine, que traverse un pont en pierre de 9 arches. Arrêt recommandé pour la visite de l'église et la promenade à l'abbaye de Bon-Port.

Histoire. — Pont-de-l'Arche doit son nom aux arches d'un grand pont qu'y fit construire Charles le Chauve, et qui, refait au XVe s., a subsisté jusqu'en 1850. Ce prince avait là un palais qui, avec la ville naissante, fut donné par ses successeurs à l'abbaye de Jumièges. Pont-de-l'Arche fut plus tard une des clefs de la Normandie et subit de nombreux sièges dont le dernier eut lieu à l'époque de la Fronde.

En quittant la gare on tourne à g. pour passer au-dessus du ch. de fer. Au delà du hameau du Fort on franchit la Seine, sur le *pont* d'où l'on aperçoit toute la ville en face, à dr. l'église et les restes des remparts, notamment une tour ronde restaurée, comprise dans une propriété privée. A l'extrémité du pont, à g., est l'hôtel de Normandie, fréquenté par les peintres; plusieurs artistes y ont laissé des études. A g. s'ouvre sur le quai la ruelle pittoresque de l'Abbaye, avec de vieilles demeures.

Dans l'axe du pont, la rue Hyacinthe-Langlois monte à la place du même nom, sur laquelle se voit le buste en bronze d'*Eustache-Hyacinthe Langlois* (1777-1837), dessinateur, graveur, archéologue, dont la maison natale porte un médaillon. De la place une courte rue à dr. mène à l'église.

L'**église* gothique du XVe s. est célèbre par ses verrières des XVIe-XVIIe s. Le portail donne, comme le côté N. de l'édifice, sur le presbytère. Le côté S., seul visible, est percé de cinq fenêtres séparées par un contrefort décoré de niches sculptées. Au-dessus de ces fenêtres règne une charmante galerie. A l'O., du côté du portail, une tour tronquée est percée à sa base d'une porte à voussures et trumeau sculptés.

NEF. — Orgue, donné par Henri IV; chaire en bois sculpté (la Vierge et les Evangélistes), du XVIIIe s.; au-dessus du banc-d'œuvre, St Michel terrassant le démon, groupe de l'époque Louis XIII.

BAS-CÔTÉ DR. — Voûtes du XVIe s., à pendentifs. — 1re travée : vitrail du XVIe s. refait : légende de St Nicolas. — 2e : *vitrail* du XVIe s., figurant : en haut, Jésus tenté par Satan; au milieu, la Multiplication des pains; en bas, la Seine, le château, le pont et la ville de Pont-de-l'Arche : des groupes de chevaux attelés à des câbles halent des bateaux sous le pont, et toute la population les aide à tirer aux cordes. — 3e : vitrail de 1606, Résurrection de Lazare. — 4e : vitrail en grisaille, refait. — 5e : *vitrail* du XVIe s., la Vierge, Ste Anne, Ste Elisabeth et Ste Monique; cette dernière figure est moderne.

CHŒUR. — 46 *stalles* en chêne du XVIIe s., provenant de l'abbaye de Bon-Port et dont l'entourage est orné de 12 lions accroupis. Maître-autel surmonté d'un retable en bois sculpté, du XVIIe s., à colonnes torses avec statues de Dieu le Père, de plusieurs anges, de St Vigor et de St Louis. Sur l'autel, tabernacle en bois doré à nombreuses figurines; au-dessus, groupe en marbre de N.-D. des Arts, par la duchesse d'Uzès. Vierge du XIVe s.

BAS-CÔTÉ G. (en descendant). — Chapelle à l'extrémité et en haut du bas-côté : vitrail, Arbre de Jessé de la fin du XVIe s.; sur l'autel, tableau représentant l'Institution du Rosaire : 100 personnages, époque Louis XIII. — 5e travée : vitrail en grisaille, sur fond jaune d'or, la Vierge entourée des Symboles de ses litanies, XVIe s. — 4e : vitrail en grisaille, époque Louis XIII. — 3e : vitrail du XVIe s., Baptême du Christ, en partie refait. — 2e : vitrail du XVIe s., Mort de la Vierge, en partie refait; contre le 1er pilier à dr., épitaphe du XVIe s. — Chapelle des fonts baptismaux : cuve baptismale en pierre, du XVIe s.

Dans la sacristie, *boiseries* apportées de Bon-Port, et la Résurrection, tableau de Le Tourneur (1642).

ENVIRONS. — **L'abbaye de Bon-Port** se trouve à 1 k. 5 O. de Pont-de-l'Arche, près d'un bras de la Seine. On s'y rend : soit en prenant en haut de la Grande-Rue à dr. la route d'Elbeuf; soit en suivant sur le quai, en face de l'hôtel de Normandie, un chemin qui longe la Seine et joint la route précédente après avoir contourné le cimetière à g. A dr. de la route se détache une avenue de marronniers aboutissant à la grille du parc dans lequel s'élèvent les bâtiments conventuels, auj. convertis en habitation.

L'abbaye de Bon-Port, de l'ordre de Cîteaux, fut fondée en 1190 par Richard Cœur de Lion, qui, poursuivant un cerf à travers la Seine et se trouvant en danger de périr avec sa monture, fit vœu, si son cheval parvenait à l'autre rive, « à bon port », d'ériger un monastère à l'endroit où il aborderait. L'abbaye a été restaurée de nos jours; on ne visite pas; mais on peut, par un sentier en dehors des murs, en apercevoir une partie.

De l'église abbatiale (XIIIe s.) il ne subsiste que les bases des piliers. Au corps de logis principal se voient les corbeaux en pierre qui soutenaient la charpente du cloître primitif, charpente remplacée au XVIIIe s. par des voûtes en berceau. Le réfectoire, de 1250 env., est bien conservé. Le chevet, bordant un bras de la Seine, offre une large ouverture à 4 baies très élancées, que surmontent trois petites roses. L'intérieur reçoit le jour de fenêtres à lancettes, divisées par des meneaux. Parallèlement au réfectoire s'étendent les bâtiments claustraux. La salle capitulaire est divisée en salle à manger et vestibule. Au 1er étage, la bibliothèque conserve des boiseries de l'époque Louis XVI. Les murs d'enceinte conservent les tourelles qui existaient en 1702 et dont parle Th. Corneille.

Bon-Port a compté parmi ses commendataires Jean Casimir, roi de Pologne, le poète Philippe Desportes et le cardinal Melchior de Polignac, qui y composa son poème l'*Anti-Lucrèce*.

Au S. de Pont-de-l'Arche, sur les hauteurs, s'étend la *forêt de Bord* ou *de Pont-de-l'Arche* (3,524 hect.) qui appartient à l'État et offre de jolis sites. A l'E. du canton de la Voie-Blanche, près de la route de Paris, on découvre toute la vallée de l'Eure, au milieu de laquelle s'élève le château de Vaudreuil. A l'O. du canton des Épinières, le regard embrasse toute la vallée de la Seine jusqu'à Rouen.

De Pont-de-l'Arche a Gisors, p. 25.

Distances par la route, de Pont-de-l'Arche à : Bourgtheroulde, 22 k. ; Elbeuf, 11 k. ; Evreux, 34 k. ; Gaillon, 24 k. ; Louviers, 11 k. ; le Neubourg, 28 k. ; Paris, 107 k. ; Rouen, 17 k. ; Saint-Pierre-du-Vauvray, 10 k.

Au delà de Pont-de-l'Arche, la voie dépasse à dr. *Igoville*, qui a un château ruiné, et *Sotteville-sous-le-Val* où on voit au cimetière une croix du XIIe s.; puis, coupant l'étroit méandre que la Seine décrit à l'O. vers Elbeuf, on passe un tunnel de 400 m., et l'on rejoint le fleuve dont on franchit les deux bras sur un grand pont métallique parallèle au double pont de la route.

126 k. **Oissel** (buffet; hôt. : *du Cheval-Noir*; *du Chemin-de-Fer*, T.C.F.), gros bourg industriel de 4,712 hab., sur la rive g. de la Seine, avec des maisons en briques, des filatures, des tissages et des teintureries. Dans l'enclos du manoir de la Chapelle (XVIe s.) une pyramide Renaissance, soutenue par 4 colonnes et haute de 8 m., couvre la margelle d'un puits.

D'Oissel a Elbeuf et a Glos-Montfort (ch. de fer de l'État, 10 k. pour Elbeuf; 1 fr. 50, 1 fr. 05, 70 c., et 40 k. en 1 h. 15 env. pour Glos-Montfort, 6 fr. 25, 4 fr. 20, 2 fr. 75). — 2 k. *Tourville-la-Rivière*, sur la rive dr. de la Seine. Église avec tour Renaissance, inachevée, renfermant un autel en bois (XVIIIe s.), provenant des Dominicains de Rouen, et des tableaux intéressants, notammment un Jouvenet. Au cimetière, on voit une croix en pierre du temps de Louis XIII. Chapelle gothique en granit, du XVIe s., avec vitrail de l'époque.

10 k. *Elbeuf-Saint-Aubin*, station située près de *Saint-Aubin-Jouxte-Boulleng*, 3,518 hab. (clocher du XVIe s., reste d'un prieuré de Bénédictins) et à 1 k. 5 de la ville d'Elbeuf (p. 32), à laquelle la relie un tram électrique. — Après avoir traversé la Seine sur un pont de 6 travées, on entre dans la forêt de la Londe et on passe dans le tunnel d'Orival, long de 395 m. — 11 k. *Orival*, dominé par des roches trouées de cavernes (p. 37). La voie traverse 2 tunnels (80 et 100 m.) et rejoint, un peu avant la Londe, la ligne de Rouen à Serquigny.

18 k. *La Londe*, station en pleine forêt, qui dessert (3 k. au N.) le village de la Bouille (p. 96), et (6 k. 5) Bourgtheroulde (p. 273). La *forêt de la Londe*, vaste de 2,154 hect., accidentée et pittoresque, est composée de chênes, charmes et hêtres. On visite généralement cette forêt en venant de Rouen par la Bouille (p. 82) ou en partant d'Elbeuf. Le village de *la Londe*, 952 hab., à 6 k. S.-E. de la gare, possède une église des XIe, XIIe, XVIe et XVIIIe s., avec bas-reliefs Renaissance encastrés dans les parois extérieures des murs, une croix en pierre de 1560 et les restes d'un château. Au delà de La Londe, la ligne continue vers Glos-Montfort et Serquigny (p. 273).

Au delà d'Oissel on parcourt la plaine de la rive g. de la Seine où s'élèvent de nombreuses usines et que borde à g. la forêt de Rouvray; à dr., la Seine est dominée sur la rive dr. par de belles collines crayeuses, où l'on remarque surtout les falaises et la chapelle de Saint-Adrien (p. 76).

130 k. *Saint-Etienne-du-Rouvray*, bourg industriel de 6,448 hab.: église du XVIe s., avec tableaux du XVIIe; manoir de Madrillet, XVe et XVIIe s.; manufacture de coton. La localité est aussi reliée à Rouen par un tram (p. 76). Un bac qui traverse la Seine permet de gagner directement en face Saint-Adrien (p. 76). Dans le cimetière a été inhumé le prince Frédéric-Charles de Prusse, aviateur, âgé de 24 ans, décédé le 6 avril 1917, à la suite de la chute de son appareil, à l'hôpital anglais de Saint-Etienne-du-Rouvray. — On dépasse à g. les asiles d'aliénés de Quatremares et de Saint-Yon; on aperçoit à dr. les hauteurs et la basilique de Bon-Secours, qui dominent Rouen.

134 k. *Sotteville-lès-Rouen*, 21,026 hab. (tram pour Rouen), prolongation du faubourg Saint-Sever de Rouen, est une agglomération de fabriques et d'usines, spécialement de tissages et de filatures; grands ateliers du chemin de fer. — A g., se détache l'embranchement qui aboutit à (136 k.) la gare de Rouen-Rive-Gauche, ou de Saint-Sever (buffet) dans le faubourg du même nom, et voisine de la gare de Rouen-Orléans.

La voie franchit la Seine sur un viaduc métallique appuyé sur l'île Brouilly et récemment lancé à côté de l'ancien pont qui subsiste encore (1919) : belle vue sur Rouen à g., sur les coteaux de Bonsecours à dr. On traverse la montagne Sainte-Catherine dans un tunnel de 1,040 m. Puis on franchit la vallée de Saint-Hilaire sur un viaduc de 600 m., et l'on passe au-dessus du ch. de fer de Rouen à Amiens (réseau du Nord), avant de pénétrer dans un nouveau tunnel.

140 k. *Rouen* (gare Rive-Droite ou de la Rue-Verte, en reconstruction; buffet), p. 37.

2. — LOUVIERS

CHEMIN DE FER : 115 k. de Paris (État; gare Saint-Lazare), par la ligne de Rouen jusqu'à (107 k.) Saint-Pierre-du-Vauvray où on change de train (p. 10) : 17 fr. 95, 12 fr. 15, 7 fr. 90. Louviers est également desservi par la ligne de Rouen à Orléans (p. 268).

ROUTE : 99 k. de Paris par : 72 k. *Vernon*; 86 k. *Gaillon*; 94 k. *Heudebouville* où l'on quitte la route nat. pour prendre à g.

Louviers, ch.-l. d'arrond. de l'Eure, de 10,209 hab. (les *Lovériens*), dans la vallée de l'Eure, centre industriel riche et prospère, doit un aspect particulier aux jardins verdoyants de ses faubourgs qui s'entremêlent aux fabriques. En dehors de son intéressante église, la vieille ville a conservé beaucoup de maisons anciennes en bois à encorbellement.

Omnibus de ville.
Hôtels : — **du Mouton d'Argent* (Pl. *a* B4), Grande-Rue, 59-61, T.C.F.; *Hostellerie du Grand-Cerf* (Pl. *b* B4), r. du Matrey, 17 (25 ch.; chauff., auto à louer).
Café : — *du Théâtre*, pl. Ernest-Thorel.
Poste : — r. de la Poste, près de l'église Notre-Dame.
Banques : — *Société Générale*, Grande-Rue, 51; *Comptoir d'Escompte*, Grande-Rue, 57.
Garages : — *Bouquet*, pl. Ernest-Thorel; *Cottard*, Grande-Rue, 64.
Spécialité : — andouillettes.

Histoire. — Louviers était au IXe s. *Loveris*, nom que les écrivains latins du XIIIe s., en raison du site verdoyant de la ville et de la douceur de son climat, modifièrent en *Locus Veris*, c'est-à-dire *lieu* ou *séjour du printemps*.

Louviers, qui ne fut dans le principe qu'un manoir des ducs de Normandie, fut cédé (1197) par Richard Cœur de Lion à Gauthier de Coutances, archevêque de Rouen. C'était déjà au XIIIe s. une ville manufacturière.

Bien que fortifiée par Charles V, elle fut prise au XVe s. par les Anglais, qui s'y maintinrent une vingtaine d'années. Mais en 1440 les habitants de Louviers les chassèrent non seulement de leur ville, mais aussi de Pont-de-l'Arche, de Verneuil et d'Harcourt, et contribuèrent ainsi pour une bonne part à l'affranchissement de la Normandie. Charles VII leur accorda, pour les récompenser, des privilèges si considérables que leur ville fut appelée *Loviers-le-Franc*. La ligue du Bien-Public suscita de graves désordres à Louviers au début du règne de Louis XI; Louis de Bourbon la reprit aux alliés (1465), au nom du roi, et Louis XI y fit mettre à mort le sire d'Esternay, un des plus audacieux perturbateurs de la Normandie.

Pendant les guerres de Religion, les Huguenots ne réussirent pas d'abord à s'emparer de Louviers; mais le Parlement, qui s'y était établi en 1562, après la prise de Rouen par les protestants, se montra si cruel et si injuste envers les Calvinistes, que le maréchal de Biron marcha sur cette ville et s'en empara en 1591. Après la mort de Henri III, Louviers embrassa la cause de la Ligue; mais Henri IV devint maître de la ville par trahison. Pendant les troubles de la Fronde le duc d'Harcourt occupa Louviers au nom du roi.

A Louviers est né le peintre *Jean Nicolle* (1610-1650).

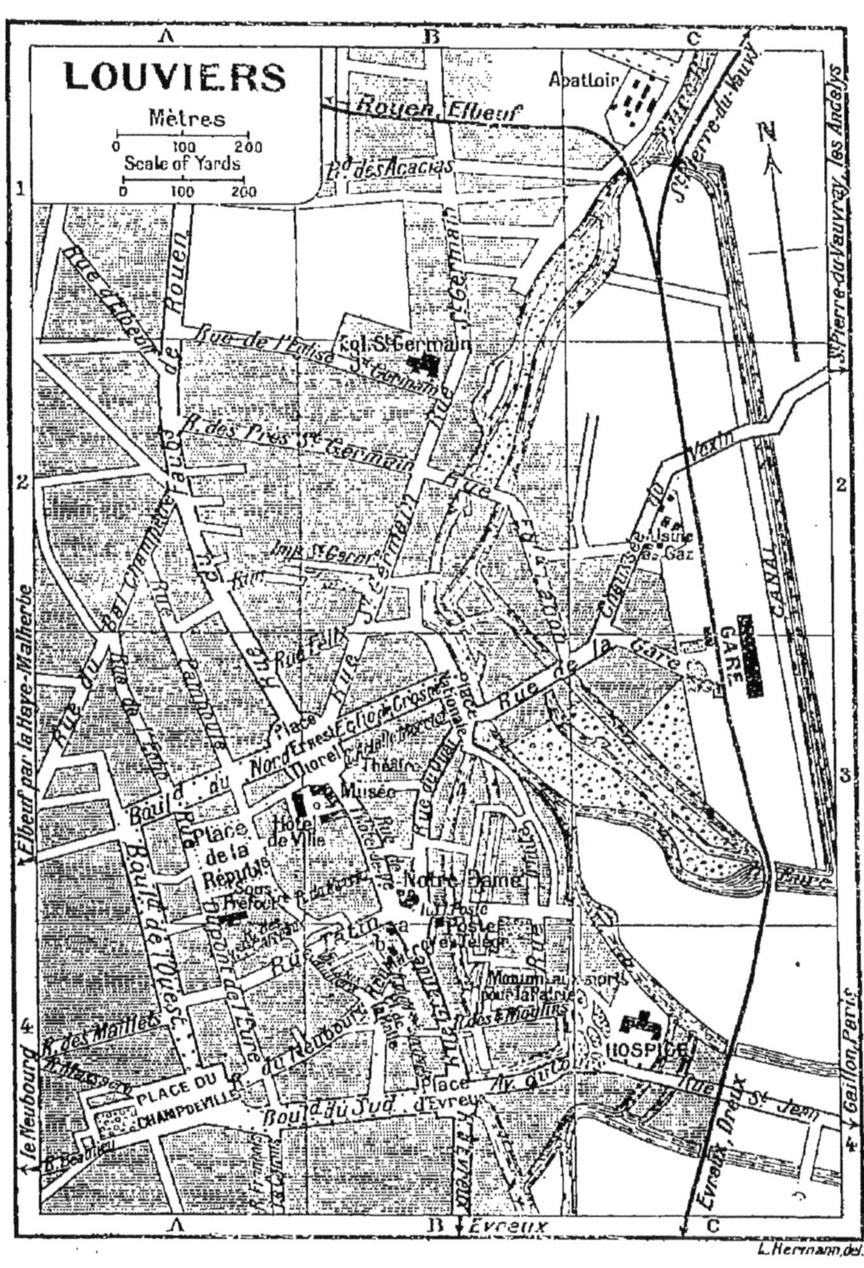
LOUVIERS
Mètres
0 100 200
Scale of Yards
0 100 200
Abattoir
Rouen, Elbeuf
Bd des Acacias
Rue de Rouen
Rue d'Elbeuf
Rue de l'Eglise St Germain
Eglise St Germain
R. des Prés St Germain
Rue St Germain
Rue du Bal Champêtre
Imp. St Gervais
Rue Félix
Place Ernest Thorel
Bould du Nord
Théâtre
Musée
Hôtel de Ville
Place de la République
Sous-Préfecture
Notre Dame
Poste
Rue Tatin
Boul. de l'Ouest
R. des Maillets
Place du Champ de ville
Boul. du Sud
Place d'Evreux
Rue de la Gare
GARE
CANAL
Usine à Gaz
Chaussée du Vexin
Rue St Jean
HOSPICE
R. des Moulins
Elbeuf par la Haye-Malherbe
le Neubourg
St Pierre-du-Vauvray, les Andelys
Gaillon, Paris
Evreux, Dreux
Evreux
L. Hermann, del.

Industrie. — Louviers est surtout renommé pour la fabrication des draps : draps dits « nouveautés » pour pantalons, draps vulgaires, flanelles écossaises. Louviers possède, comme complément à cette industrie, des filatures de laine, d'importantes fouleries, des fabriques de cardes, de machines et mécaniques à carder, filer et tisser, de confections et lingerie pour l'armée.

La rue de la Gare est bordée de manufactures et de fabriques, avec maisons d'habitation en briques, qu'entourent de beaux parcs et jardins; après avoir passé un premier bras de l'Eure, elle en franchit un second, et débouche sur la petite place Nationale : vue agréable, à g., sur la rivière ombragée de grands arbres.

La rue du Quai, la 2e à g., amène au chevet de l'église Notre-Dame; la rue Grande, qui fait suite, contourne l'église en laissant à g. la poste (rue de la Poste) et forme un carrefour sur lequel donne la face latérale Sud, la plus belle.

L'église Notre-Dame, qui renferme d'intéressantes œuvres d'art, est un bel édifice gothique, mais irrégulier, construit au XIIIe s., puis agrandi, remanié et en quelque sorte rhabillé avec luxe aux XVe et XVIe s. Le contraste est frappant entre la nudité du chevet qui est rectangulaire avec deux bas-côtés, et la richesse de la façade latérale Sud. Au chevet, une élégante tour carrée, du XVe s., peu élevée, se termine par une balustrade à jour et quatre pinacles à crochets.

La face latérale Sud borde la petite place où la rue Grande se réunit à la rue de l'Hôtel-de-Ville; sa décoration, de la fin du XVe s., est un des chefs-d'œuvre de l'art gothique flamboyant. Le **porche* est merveilleux, avec ses clefs pendantes, ses niches, ses piliers sculptés et ses pinacles; les vantaux de sa porte double, en bois sculpté, sont de la Renaissance. Quatre fenêtres à g. du porche et deux à dr., élégamment décorées, sont surmontées d'une balustrade ajourée et d'arceaux. Des statues expressives, de petites dimensions, représentant des rois, des évêques et des saints ornent les piliers du porche et ceux qui séparent les fenêtres. On remarquera les gargouilles et les pinacles très ornementés.

La façade principale avec un portail très simple du XIVe s. à deux bases, remanié en 1607, est surmontée à g. d'une grosse tour carrée inachevée, à deux étages d'arcades lancéolées; des arcs-boutants ajourés étayent le vaisseau central; à dr. est un joli petit portail du gothique flamboyant, surmonté d'une élégante balustrade ajourée.

L'intérieur a 5 nefs, avec piliers cylindriques à chapiteaux; le 1er bas-côté g. ne commence qu'après la chapelle de Challange.

NEF. — Contrastant avec l'extérieur, la nef est l'œuvre du XIIIe s., dont elle a la simplicité robuste. Le triforium et les fenêtres hautes sont de la plus gracieuse originalité. Vitraux modernes. Le côté dr. de la nef est fortement incliné. Curieux *chapiteaux* des piliers, à l'ornementation desquels se mêlent des têtes humaines. Au-dessus des piliers, *statues des Apôtres*, en pierre, du XVIe s. Chaire en bois sculpté, du XVIIe s., dont 2 palmiers supportent le dais.

BAS-CÔTÉ DR. — Le second bas-côté, qui est de style flamboyant, a été rajouté au XVe s.; il correspond, au dehors, à la belle face latérale de l'église; ses 5 premières fenêtres sont ornées de *vitraux* du XVIe s., restaurés. — A la chapelle des fonts baptismaux, curieuse *fresque* murale du XVIe s., restaurée, figurant un St Christophe gigantesque, qui porte le Christ sur son épaule.

Le double bas-côté dr. se termine à la hauteur du chœur par une chapelle double, avec pilier central richement sculpté, offrant une statue de la Trinité, au-dessus d'un bas-relief qui représente St Hubert et le cerf légendaire. — Dans la chapelle de dr., *tombeau* sculpté, avec statue couchée, d'un religieux (fin du XVe s.); ce tombeau passe, sans preuves d'ailleurs, pour celui du sire d'Esternay, gouverneur de Normandie et rebelle à l'autorité royale, que Louis XI fit coudre dans un sac et jeter dans l'Eure. Dans la chapelle de g., autel moderne, avec 5 petits bas-reliefs du XVe s., en marbre, peints et dorés, figurant la Passion.

CHŒUR. — Deux gros piliers ont été gauchement consolidés. La tour centrale forme une magnifique *lanterne* au-dessus du chœur : sur la paroi en face, Christ en croix entre les 2 saintes Femmes; à g. joli motif décoratif d'une petite fausse porte de la Renaissance; à dr. beau balcon, avec tourelle en encorbellement. — 2 tableaux de l'époque Louis XIII : Nativité, à dr., et Adoration des Mages, à g. — Une grille de fer forgé encadre le chœur et le haut des bas-côtés. Lutrin de fer forgé. Au-dessus du maître-autel, statue moderne, en marbre, de la Vierge et de l'Enfant Jésus par *R. Verlet*.

BAS-CÔTÉ G. — En haut, encastrés dans un autel moderne, bas-reliefs en bois peint et doré, de la fin du XVe s., figurant des Scènes de la Vie du Christ et de celle de la Vierge. Plus loin, 2 vitraux du XVe s., restaurés. Dernière chapelle : sous l'autel, remarquable *mise au tombeau* en pierre, du XVe s. A dr. et à g. de l'autel, sous des dais modernes, 2 groupes de bois sculpté, du XVe s., et Pietà de même époque, au pilier de g. Sur l'autel, encadrées de boiseries modernes, 3 *statues* anciennes du Christ enchaîné entre les 2 saintes Femmes. — 4 beaux *vitraux*, de la fin du XVe s., à la fenêtre principale : Christ en croix, la Vierge et l'Enfant Jésus, St Nicolas et les enfants dans la fournaise.

Sous la tour qui est à g. du portail est la *chapelle de Challange*, haute et carrée, voûtée à 8 nervures avec une énorme clef de voûte. On y remarque les statuettes agenouillées des fondateurs; à dr. de l'autel, belle statue ancienne. A côté de la chapelle de Challange, vitrail ancien restauré.

Sortant de Notre-Dame par la face latérale, on prend à dr., après l'hôtel du Mouton-d'Argent, la vieille rue du Matrey, où, au n° 17, l'hôtel du Grand-Cerf occupe une belle maison ancienne, de 1479, restaurée. Un peu plus loin, à g., au n° 18, à l'entrée de la place de la Halle, une autre *maison* de la Renaissance, époque Louis XII, a des corniches et entablements de bois sculpté, avec médaillons.

A l'extrémité opposée de la place de la Halle, on aperçoit une vieille maison en bois sur des piliers. A g., au coin des rues de la Laiterie et du Marché-aux-Œufs, est un groupe pittoresque de *vieilles maisons* avec quelques sculptures mutilées aux entablements.

En descendant la rue de la Laiterie, prolongée au delà de la rue Grande par la rue des Quatre-Moulins qui traverse les deux bras de l'Eure, on arriverait au square ombragé du Champ-de-Mars, qui précède l'hospice, et où s'élève le *monument aux morts pour la patrie*, de R. Verlet.

La rue du Matrey se prolonge par la rue de Neubourg, où l'on remarque quelques vieilles maisons à pignons, et qui conduirait à la vaste place du Champ-de-Ville et à son petit square.

De la rue du Matrey, en face de la place des Halles, on prendra la rue aux Huiliers. Au coin de la rue des Grands-Carreaux, vieille maison en bois, à double encorbellement, avec corbeaux sculptés. Après un coude à dr. puis à g., on débouche sur la place de la République, ombragée de très vieux marronniers (bancs); à l'extrémité à dr. une courte rue conduit à la place Ernest-Thorel, sur laquelle se trouve le musée.

Le *musée* constitue avec l'hôtel de ville un ensemble de constructions modernes en briques entourant une vaste cour, avec kiosque à musique. A l'angle de la place et de la rue de l'Hôtel-de-Ville, par laquelle on entre à la mairie et qui ramènerait à Notre-Dame, on voit au mur le buste de E. Thorel (1842-1906).

Le musée est bien installé et mérite une visite : entrée libre le dim., les autres jours s'adresser au concierge de l'hôtel de ville; pourboire.

Au rez-de-chaussée, 2 salles à dr. renferment des faïences, des meubles dont un lit à baldaquin de l'époque Henri III. A g. une 1re salle contient, outre des faïences et des meubles anciens, un bas-relief contemporain d'Alexandre et provenant des ruines d'Éphèse, un cabinet en marqueterie, de la Renaissance italienne; à la suite, 3 salles de peintures avec bons tableaux modernes.

Au 1er étage, 2 salles sont consacrées à la peinture et dans 2 autres petites salles on voit des dessins, des gravures et de belles tapisseries des Gobelins, du XVIIe s.

De la place Ernest-Thorel la rue Achille-Mercier, qui passe à côté du théâtre, ramène à la place Nationale et à la gare.

De la place Ernest-Thorel, la rue Saint-Germain conduirait, à 600 m., à l'*église Saint-Germain* dont le chœur date du XVe s. — Au bord de l'Eure, promenade de l'Ermitage; canotage.

Pinterville, à 2 k. 5 au S. de Louviers, en remontant la vallée de l'Eure par la route d'Évreux, a conservé, près de l'église, les restes d'un ancien couvent, avec portes en bois à personnages sculptés. Au cimetière, croix du XVe s. Le château, du XVIIIe s., fut habité quelque temps par Bernardin de Saint-Pierre.

A 4 k., au *Testelet*, sur la lisière de la forêt de Bord, vestiges d'une villa gallo-romaine.

De Louviers a Elbeuf et Rouen, p. 266-268 en sens inverse; a Dreux, p. 268-272; a Évreux, par Acquigny, p. 242.

Distances par la route, de Louviers à : Les Andelys, 22 k.; Bernay, 48 k.; Dreux, 65 k.; Elbeuf, 15 k. par la forêt de Louviers, 17 k. par la Haye-Malherbe; Lisieux, 72 k.; Mantes, 51 k.; Mortagne, 108 k.; Paris, 107 k.; Pont-Audemer, 56 k.; Pont-de-l'Arche, 11 k.; Pont-l'Evêque, 77 k.; Rouen, 28 k. par Pont-de-l'Arche, 34 k. par Elbeuf.

3. — LES ANDELYS

Chemin de fer : 121 k. de Paris (Etat : gare Saint-Lazare), par (107 k.) Saint-Pierre-du-Vauvray, où on change de train (p. 10); 19 fr. 40, 13 fr. 10, 8 fr. 55.

Route : 104 k. de Paris, par : 71 k. *Vernon* (p. 5), où on traverse la Seine, pour descendre la rive dr.; 82 k. *Port-Mort*; on arrive au Petit-Andely en passant sous les ruines du Château-Gaillard (p. 24). — On peut également suivre la grande route de la rive g. jusqu'à (86 k.) *Gaillon* où l'on prend à dr. la route qui croise le ch. de fer près de la gare et la Seine à *Courcelles*.

Les Andelys, ch.-l. d'arrond. de l'Eure, de 5,530 hab., forment une cité jumelle, composée de deux villes distantes l'une de l'autre de 1 k. env. : le Grand-Andely et le Petit-Andely. Le Grand-Andely se trouve dans la vallée du Gambon et au débouché du vallon de Paix qui descend d'Ecouis; le Petit-Andely borde la rive dr. de la Seine, dominé par les superbes ruines du Château-Gaillard.

Omnibus : — r. de la Madeleine, au Grand-Andely : *de la ville à la gare*; pour *l'école d'infanterie*; pour *Gaillon* (se renseigner).

Hôtels : — à la gare : *de la Gare*, simple; — Au Grand-Andely : *des Trois-Marchands*; — Au Petit-Andely : **de la Chaîne-d'Or*, Grande-Rue, 56, T.C.F. (38 ch.; jardin et terrasse sur la Seine, électr., bains, gar.); *Belle-Vue* (18 ch.; gar.); *de Normandie*; *des Fleurs*, T.C.F.

Poste : — r. Lelièvre, au Grand-Andely.

Syndicat d'initiative : — renseignements gratuits chez M. *Ferjus-Caron*, libraire, pl. Notre-Dame, au Grand-Andely.

Histoire. — Le Grand-Andely doit, selon la tradition, son origine à un monastère fondé, vers 526, par la reine Clotilde. La situation de la ville, sur les limites de la France et de la Normandie, l'exposa à de nombreuses dévastations. Prise par Louis le Gros en 1119, elle tomba ensuite au pouvoir de Richard Cœur de Lion qui, pour remplacer le château de Gisors, cédé à Philippe Auguste par le traité de Louviers, en 1196, éleva sur un rocher dominant la rive dr. de la Seine le Château Gaillard et en défendit les abords par une tête de pont assez vaste pour que des habitants pussent y bâtir leurs maisons et une église : telle fut l'origine du Petit-Andely. Les deux Andelys furent pris par Henri V (1419); en 1449, Charles VII les reconquit d'une manière définitive. En 1468, Charles de Melun, convaincu de trahison, fut décapité, aux Andelys, par ordre de Louis XI. On n'a plus dès lors à signaler que la mort(1562), d'Antoine de Bourbon, roi de Navarre, blessé au siège de Rouen et la prise de cette ville par Henri IV, en 1591.

Aux Andelys sont nés : — *Adrien Turnèbe*, philologue († 1565); l'intendant *de Tourny* († 1761); l'aéronaute *Blanchard* (1753-1809), qui perfectionna les aérostats, inventa le parachute et, en 1785, passa le premier la Manche en montgolfière; le peintre *Chaplin* (1825-1891).

Le grand peintre *Nicolas Poussin* (1594-1665), est né au hameau de Villers, à 3 k. S.-E. du Grand-Andely.

Industrie. — Manufacture d'orgues, moulinerie de soie et sucrerie.

Les deux villes communiquent par un boulevard sur lequel donne la place de la Gare. En quittant la station il faut tourner à dr. pour aller au Petit-Andely (200 m.), à g. pour se rendre au Grand-Andely (1 k.).

Le Grand-Andely s'étale entre deux coteaux. Quittant la gare, on longe d'abord un square où se trouve le monument de *Sellenik*, chef de musique de la garde républicaine (1826-1893), par Ducuing; en avant du square, buste du peintre *Chaplin*, par Leroux. Le boulevard, bordé de jardins et de villas, aboutit à la place Nicolas-Poussin ou de l'Hôtel-de-Ville, où s'élève la *statue de Nicolas Poussin*, par Brian.

L'*hôtel de ville* a été construit sur l'emplacement de la maison de Thomas Corneille.

Les deux frères Pierre et Thomas Corneille avaient épousé les deux filles de Mathieu Lampérière, lieutenant au présidial des Andelys. La maison du beau-père devint la propriété de Thomas, qui y mourut en 1709. Plusieurs fois vendue, elle fut achetée par la ville, en 1858. Dix ans plus tard, on la jetait à bas, pour élever l'hôtel de ville actuel sur ses fondations; seul l'escalier formant tourelle a été conservé et présente encore son aspect primitif.

On voit à l'hôtel de ville un tableau de **Poussin*, Coriolan fléchi par sa mère, et un dessin, l'Adoration des bergers, copie d'une des œuvres les plus célèbres du maître. Signalons aussi : une copie du Diogène de Poussin et celle de son portrait qui est au Louvre; trois grandes toiles provenant de la chapelle Sainte-Clotilde : Aurélien remettant à Clotilde l'anneau de Clovis, Mariage de Clotilde et de Clovis, le Plan de l'église d'Andely présenté à Ste Clotilde; un portrait de Fouquet; des dessins et gravures relatifs à l'aéronaute Blanchard; une vue d'Andely au XVIIIe s.

La *bibliothèque* (2,500 vol.) comprend notamment des documents sur Poussin et son œuvre.

Au fond de la place, à dr., la rue Lelièvre mène à la poste; à g. la rue Grande conduit à l'église Notre-Dame, en passant devant l'*hôtel du Grand-Cerf*, édifice de la première moitié du XVIe s., construit sur des caves voûtées, et dont la façade en bois est couverte de sculptures. Au début de 1918 l'immeuble était en vente mais des démarches étaient faites par les Beaux-Arts et le T.C.F. en vue d'obtenir sa conservation.

La cheminée de la salle du café est ornée de dessins en forme de guirlande et d'un blason plusieurs fois répété. Au fond de la cheminée, une plaque de fonte (1632) offre les armes de la famille de Croixmare et les insignes épiscopaux. La porte de la salle donnant sur la cour est précédée à l'intérieur par un tambour à panneaux sculptés. D'autres boiseries ouvragées, des XVe et XVIe s., se voient dans diverses parties de l'habitation. C'est, dit-on, dans une des salles de cet hôtel que mourut Antoine de Bourbon. Walter Scott et V. Hugo ont logé à l'hôtel du Grand-Cerf.

L'église Notre-Dame, surmontée de trois tours, date des XIIIe et XIVe s. Au XVe s. appartiennent la tour centrale, le transept S. où l'on admire le style flamboyant dans toute sa richesse et les chapelles S. Le portail N. et les chapelles du même côté sont du plus beau style de la Renaissance. Depuis 1860, l'édifice a été l'objet d'une restauration complète, qui a porté notamment sur les sculptures de la porte principale. La façade, qui offre la sobriété du gothique pur, est surtout remarquable par son grand portail au tympan sculpté, entre deux portes latérales murées. Au pilier, Vierge à l'enfant. Un petit édicule Renaissance, avec de belles lucarnes, est accolé au chevet.

L'intérieur a 3 nefs, avec des piliers fuselés à chapiteaux et un élégant triforium; le chœur est haut et étroit. 35 fenêtres sont garnies de **verrières* de la Renaissance, dont quelques-unes portent la date de 1540. Le grand vitrail terminal du chœur date du XIVe s. Les vitraux de la haute nef figurent des scènes de l'Ancien Testament, de la Création à Moïse.

NEF. — En entrant on passe sous le *buffet d'orgue*, de la Renaissance (1573), tout en chêne sculpté. Plafond décoré d'arabesques; aux 14 panneaux de la tribune, Vertus chrétiennes, Arts libéraux, Sciences et divinités mythologiques; aux 5 grands panneaux de la partie inférieure du buffet, Daniel, Samuel, David, Ezéchiel et Salomon; dans la partie supérieure, 7 cariatides et divers motifs d'ornementation. L'orgue a été refait par Cavaillé-Coll. — A dr. en entrant, sous l'orgue, bénitier du XVe s. Au rez-de-chaussée de la tour S., groupe en pierre du XVIe s., Ensevelissement du Christ, provenant de la chartreuse de Gaillon; à côté, tombeau du XIIIe ou du XIVe s., dans lequel est couchée une statue du Christ; au mur, tombe du XIIIe s.

BAS-CÔTÉ DR. — 1re travée : monument en blocage (XVIe s.) figurant un rocher sur lequel sont représentés des animaux, des arbres, une rivière, et terminé par une forteresse au sommet; ce bloc servait, dit-on, de piédestal à une statue de St Christophe. — 1re chapelle ou chap. des fonts-baptismaux (1re et 2e travée) : croix en bois avec animaux, XIVe s.; tombe de Gabriel Le Prévost, fondateur du collège d'Andely; vitraux, histoire de Ste Clotide. — 2e chap. de St-Joseph : grand *vitrail*, légende de St Léger. — 3e chap. : autel moderne, à retable, style du XVe s. — 4e chap. : *Regina Cœli*, toile de *Quentin Varin*, le premier maître de Poussin; vitrail, la Vierge; fresque du XVIe s. — 5e chap. : *vitrail* à cinq personnages, St Sébastien, St Jean-Baptiste, un évêque, la Vierge, St Jean l'Évangéliste. — Chap. Ste Anne (la dernière) : 3 statues anciennes, XIIIe, XIVe et XVIe s. : une Sainte Femme et deux Ste Clotide dont une en pierre dorée.

TRANSEPT DR. — Rose avec *vitrail* du XVe s.

CHŒUR. — Le chœur est entouré d'une grille. *Stalles*, fin du XVe s., avec sculptures à sujets bizarres ou grotesques. — 1re et 2e travée (2e collatéral) : 3 verrières : le Crucifiement; Vie de la Vierge (3 scènes); le Christ percé de la lance, les Disciple d'Emmaüs, l'Incrédulité de St Thomas (1766). — 3e et 4e travées (1er collatéral) : *vitrail* de la Vie de St Pierre, se continuant au vitrail de la 4e travée et au vitrail terminal (XIVe s.). — Chapelle de la Vierge, XVIIe s. : autel provenant de la chartreuse de Gaillon; au retable, l'Enfant Jésus retrouvé dans le Temple, peinture attribuée à *Jacques Stella*. — Tabernacle en bois doré, avec 2 appliques de cuivre fondu et ciselé et chandeliers, restes de l'ancien autel majeur (époque Louis XVI). — Sacristie (fin du XIIIe s.) : relique de Ste Clotide; chasuble du XVIe s. — 1re chapelle après la sacristie : tableau de *Léger*, Apparition de la Vierge et de l'Enfant Jésus à St Dominique et à Ste Catherine de Sienne; 2 tableaux : St Luc, Docteur méditant sur la mort; chandelier pascal en bois sculpté (XVe s.). — 2e chap. : 3 tableaux, dont une Adoration des bergers (école française du XVIe s.).

TRANSEPT G. (Renaissance) — La Cène, d'après Poussin; Martyre de St Claire, par *Quentin Varin*.

BAS-CÔTÉ G. — 1re chap. après le transept : Martyre de St Vincent, par *Quentin Varin*. — 2e chap. : crucifix en bois au-dessus de l'autel. — 3e chap., de Jeanne-d'Arc : oratoire des morts pour la patrie, 1914-1918; tableau de *Léonard*, d'après Noël Coypel, Jésus chez Marthe et Marie; au-dessus d'un confessionnal, peinture sur bois (Moïse) attribuée à

Quentin Varin. — 5e chap., de Sainte-Clotilde : autel en marbre blanc et brèche violette, avec statue de la sainte, en pierre (XVIIIe s.).

Le 1er étage de la tour S. renferme une collection d'anciennes statues, des fragments de moulures et d'inscriptions, des débris de bois sculptés.

A g. de l'église, et séparée d'elle par la rue Général-Fontanges de Couzan, chapelle Sainte-Clotilde, du XVIIe s.; on ne visite pas.

Au S. de la ville, à l'ombre d'un tilleul séculaire de 4 m. 15 de tour, et au-dessous d'une statue de Ste Clotilde, entourée d'ex-voto, jaillit une *source* dite *fontaine de Sainte-Clotilde* (entrée, 30 c.), dont la sainte changea l'eau en vin, suivant la légende, pour réparer les forces des maçons qui travaillaient à la construction de l'église. Le 2 juin de chaque année une procession a lieu de l'église à la fontaine : on baigne une statuette en vermeil, contenant les reliques de la sainte, puis on jette plusieurs brocs de vin. La piscine est partagée par un mur en deux parties, afin de permettre aux hommes et aux femmes de se baigner séparément. La source, limpide et très froide (6° à 7°), est légèrement ferrugineuse et calcaire.

A 1 k. 5 en amont du Grand-Andely, dans la vallée du Gambon, est une école d'enfants de troupe ou école préparatoire d'infanterie.

Le Petit-Andely borde la rive dr. de la Seine, aux îles verdoyantes; le pont en pierre qui le traverse, au-dessous du promontoire qui porte le Château-Gaillard, doit être remplacé par un pont suspendu.

Le boulevard qui, de la gare, conduit au Petit-Andely, passe devant les écoles et débouche sur la place Saint-Sauveur, plantée d'arbres, limitée à g. par l'église. Une colonne, avec médaillon par Ducuing, a été élevée en 1911, à l'aéronaute Blanchard (*V. Histoire*, p. 20), près de sa maison natale.

L'*église Saint-Sauveur*, bâtie en 1197, est précédée d'un porche en bois, du XIVe s., imbriqué d'ardoises; au trumeau, statue du Christ du XIVe s., restaurée. La nef est très courte : l'église est presque en forme de croix grecque. On remarquera les fenêtres en lancettes et le développement des arcs-boutants.

Au maître-autel, 6 chandeliers en cuivre ciselé, de l'époque Louis XIV; au transept dr., autel du XVIIe s., de l'abbaye de Mortemer; au centre du retable, Adoration des bergers, d'après Philippe de Champaigne. Au transept g., au banc d'œuvre, petit *tableau sur bois* (XVIIe s.) figurant la Procession de St Sauveur. Orgue de l'abbaye du Trésor. Chaire en bois sculpté, du XVIIe s. Dans la sacristie, la Vierge, tableau de l'école espagnole.

Le clocher possède 2 cloches aux inscriptions gothiques : l'une, de 1462, avec l'image du Christ en croix et de St Michel terrassant le démon; l'autre, de 1600.

Derrière la place Saint-Sauveur, un joli quai, où l'on trouve des barques à louer, longe la Seine, en face de l'île du Château, au centre de laquelle se trouvent les débris du château du Gouverneur, construit par Richard Cœur de Lion en 1196. Un pont reliait l'île au Petit-Andely.

Le vaste bâtiment que l'on remarque sur le bord de la Seine, en aval du Petit-Andely, est l'hospice Saint-Jacques, fondé en 1784 par le duc de Penthièvre, au pied de la roche Saint-Jacques. La chapelle, en rotonde, est surmontée d'un dôme. Dans la chambre où fut reçu le duc de Penthièvre, en 1785, on a placé son portrait dans le costume de grand amiral. On conserve à l'hospice d'intéressantes archives, des reliques de St Evode, des chasubles anciennes et des fauteuils en tapisserie du XVIIe s.

Le Petit-Andely est dominé par la montagne que couronnent les ruines de la forteresse du Château-Gaillard.

Le ****Château-Gaillard**, très beau spécimen de l'architecture féodale du XIIe s., offre une vue magnifique sur la vallée de la Seine (10 min. de la gare au pied du château, puis 15 min. jusqu'au donjon; rampes et garde-fous dans les ruines, récemment restaurées).

Le Château-Gaillard fut fondé et nommé par Richard Cœur de Lion : commencés en 1196, les travaux étaient achevés 13 ou 14 mois après. Jean Sans Terre, qui lui succéda, ne sut pas le défendre en 1204, contre Philippe Auguste, qui le prit d'assaut après un siège de 5 mois. En 1313 le Château-Gaillard servit de prison à Marguerite de Bourgogne, épouse de Louis X, et à Blanche, épouse de Charles le Bel, toutes deux déclarées coupables d'adultère. La première y fut étranglée par ordre de son mari devenu roi : la seconde alla finir ses jours dans l'abbaye de Maubuisson. En 1331. David Bruce, roi d'Ecosse, venant chercher un asile en France, habita le château; Charles le Mauvais y fut enfermé en 1355. En 1603, la forteresse fut démantelée par ordre de Henri IV, qui en donna les démolitions au cardinal de Bourbon, archevêque de Rouen, pour la construction de son château et de la chartreuse de Gaillon. Le donjon ne fut détruit que par Richelieu.

Pour monter aux ruines, on suit la rue Grande, origine de la route de Gaillon, qui passe devant la façade de l'église. Après avoir dépassé l'hôtel Belle-Vue, et un peu avant le bureau de l'octroi, on gravit à g. un chemin dit de Richard Cœur de Lion, qui, se terminant par un sentier assez raide, monte en lacets sur la motte énorme et accidentée du château; prendre des précautions en longeant le bord de l'escarpement du côté du fleuve. On découvre soudain un très beau *coup d'œil : la Seine, qui, serpentant sur un vaste espace, forme de nombreuses îles; à l'extrême horizon, la maison centrale de Gaillon et le clocher élancé de Saint-Aubin; plus près, le village de Tosny et, aux pieds des ruines, le Petit-Andely.

Il reste des débris importants des trois *enceintes* de l'ancienne forteresse. Des fossés, en partie taillés dans le roc, défendaient du côté des terres chacune de ces enceintes, qui communiquaient par des ponts-levis dont on voit les traces. Les murs de l'enceinte intérieure, la seule bien conservée, dont les fondations reposent sur des rochers de 8 à 10 m. d'élévation, offrent des saillies rondes semblables à des tours et presque contiguës. Un escalier moderne à rampe conduit à une ancienne poterne, par où l'on entre dans cette enceinte et, de là, par une brèche, dans le *donjon*, cylindrique, qui fait corps avec l'enceinte du côté du fleuve. Celui-ci se composait d'une salle ronde, au rez-de-chaussée, et de 4 étages, dont le mur énorme a 4 m. 50 à la base. De la fenêtre du donjon qui domine la Seine sur un vertigineux à-pic, magnifique panorama. Des casemates, dont la plus grande a sa voûte supportée par 12 gros piliers carrés (XIIe s.), s'ouvrent dans un des côtés du fossé qui séparait la seconde enceinte de la troisième. — Au bas de l'escarpement qui plonge sur la Seine se voient les ruines d'un colombier en forme de tour; un souterrain, dont l'issue se trouve au pied du donjon, du côté du fleuve, débouchait près de cette tour.

Distances par la route, des Andelys à : Amiens, 98 k.; Beauvais, 61 k.; Clermont-de-l'Oise, par Beauvais 87 k., par Gisors 81 k.; Dieppe, par Rouen 98 k., par Clères 87 k., par Bellencombre, 83 k.; Droux, 71 k.; Evreux, 35 k.; Gisors, 28 k.; Gaillon, 12 k. (gare, 10 k. 5); Louviers, 22 k.; Mantes, 45 k.; Neufchâtel, 63 k.; Paris, 99 k.; Pontoise, 67 k.; Rouen, 36 k.; Vernon, 22 k.

4. — DE PONT-DE-L'ARCHE A GISORS FORÊT DE LYONS

Chemin de fer : Etat, 51 k. en 2 h. env.; 8 fr. 45, 5 fr. 70, 3 fr. 70.

Route : 51 k., en suivant la vallée de l'Andelle, par : 16 k. *Fleury-sur-Andelle*, 18 k. *Grainville*, 25 k. *Ecouis*, un des points culminants (158 m.) du plateau du Vexin normand, et 39 k. *Etrépagny*.

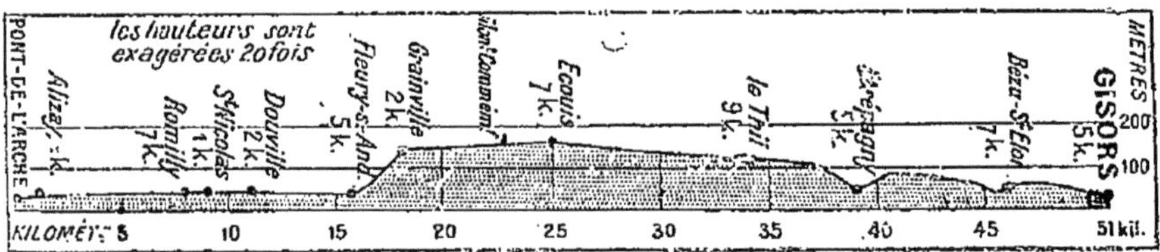

6 k. *Pitres*, au débouché de la vallée de l'Andelle sur la rive dr. de la Seine, dominé à l'E. par la *côte des Deux-Amants*, qui doit son nom à une curieuse légende; du sommet, très belle vue près d'un château.

Un seigneur du pays avait promis sa fille, merveilleusement belle, à un jeune chevalier, s'il pouvait la porter sans se reposer au sommet de la colline. Le chevalier, par un effort surhumain, réussit dans son entreprise, mais tomba mort en arrivant au but. La jeune fille, au désespoir, le souleva dans ses bras et se précipita avec lui du haut du rocher. — Pitres, autrefois Pistes (*Pistæ*), posséda un palais royal qui fut détruit par les Normands. Trois conciles furent réunis en 861, 864 (ou 863) et 869 par Charles le Chauve; le second fut en même temps une sorte d'assemblée nationale, à laquelle avaient été convoqués les leudes et les comtes : ce fut dans cette assemblée que le roi de France rendit le célèbre édit de Pistes qui, en ordonnant aux officiers de la Couronne et aux comtes de fortifier les hauteurs contre les pirates normands, détermina la construction des châteaux et favorisa l'établissement de la féodalité.

La voie franchit l'Andelle, pour en remonter la vallée industrielle. — 7 k. *Romilly-sur-Andelle*, 1,705 hab., station reliée par un petit embranchement de 3 k. au S. à *Poses*, 899 hab., petit port sur la Seine, avec un barrage mobile (4 m. de hauteur de chute).

10 k. *Pont-Saint-Pierre* (hôt. *de l'Union*, T.C.F.). Le château, du XVe s., est entouré de fossés et précédé d'une avenue d'arbres séculaires. Ruines d'un château fort illustré durant les guerres de Philippe Auguste et de Jean Sans Terre. Vieux forts construits par les ducs de Normandie pour la défense de la vallée de l'Andelle. Eglise du XIIIe s.

Une route de 4 k. monte, au N.-O., à travers la *forêt de Longboël* (1,500 hect.), à *la Neuville-Champ-d'Oisel*, village long de 3 k. 5, dont l'église, du XIIIe s., renferme 55 stalles en chêne du XVIIIe s., un baptistère du XIIIe s. et un tableau, Jésus apparaissant à St Pierre, par Sacquespée. Au carrefour des deux grands chemins, croix de la Renaissance.

On dépasse, à g., Douville, près des restes du château de Longempré (XIIIe s.).

14 k. **Radepont**, 783 hab., à g., dans un charmant site de la vallée de l'Andelle, qui sépare ici le pays de Caux du plateau du Vexin.

Radepont dut jadis son importance à son château fort; Richard Cœur de Lion en augmenta les défenses en 1196; mais Philippe Auguste le prit sur Jean Sans Terre, sept ans plus tard.

En sortant de la gare on tourne à dr., puis à g., pour traverser le village et la vallée de l'Andelle. En franchissant la rivière on aperçoit sur la rive dr. un *château* moderne, dans le style du XVIIe s. En vue de la colline ombragée, d'où émerge la flèche de l'*église*, avec retable du XVIe s. et autres objets d'art provenant de l'abbaye de Fontaine-Guérard (*V.* ci-dessous), on aperçoit le pavillon en rotonde habité par le concierge du château qui laisse entrer dans le parc. A dr. un sentier monte aux ruines du *vieux château* (fin du XIIe s.), situé sur un monticule couvert d'arbres. Un édicule en forme de temple antique a été érigé, en 1790, dans le domaine par le duc de Penthièvre, en souvenir de l'hospitalité qu'il avait reçue du marquis de Radepont pendant la Révolution.

De la forteresse, un chemin qui suit la prairie conduit, sous une voûte de feuillage, à une enceinte de rochers d'où jaillissent trois sources formant des cascades. Le chemin s'élève ensuite et l'on aperçoit, au sommet du coteau, l'ancienne chapelle Saint-Bernard.

De là on descend au fond d'une gorge où l'on trouve (30 min. de l'entrée du parc) les ruines de l'**abbaye de Fontaine-Guérard* recouvertes d'arbustes et de lierre, entourées de saules et de sycomores. Ce monastère, fondé comme prieuré en 1198 pour les religieuses de Cîteaux, fut érigé en abbaye sous St Louis, qui en fit reconstruire les bâtiments. Les constructions actuelles sont des XIIIe, XVIe, et XVIIe s. En face des ruines s'élève une chapelle du XVe s. recouvrant une crypte romane antérieure à la fondation du prieuré et que précède un long tunnel taillé dans le roc. Fontaine-Guérard fut, en 1399, le théâtre d'un événement tragique. Guillaume de Léon, seigneur de Hacqueville, en fit forcer les portes par ses valets et y fit assassiner par eux son épouse, Marie de Ferrières, qui s'y était réfugiée pour se soustraire aux mauvais traitements dont elle était l'objet de la part de son mari; celui-ci, pour échapper à la vengeance des parents de la jeune femme, fut contraint d'ériger une chapelle expiatoire à St Michel.

A 3 k. S., entre les forêts de Bacqueville et de Bonnemare, *château de Bonnemare*, du temps de Henri III : médaillons et reliefs rappelant Charles VII et Agnès Sorel: à côté, chapelle dédiée à St Christophe.

16 k. *Fleury-sur-Andelle* (hôt. : *du Vexin*, T.C.F.; *de l'Union*; *de la Place*; *du Commerce*), ch.-l. de c. de 1,457 hab., dominé par des coteaux boisés, entouré de prairies et composé d'une large rue que bordent des maisons à toits d'ardoise, possède une église moderne, de style gothique, renfermant un tableau de *G. Courbet*, le Couronnement de la Vierge, et un buste de Pouyer-Quertier, place de la République (1909). Filatures, tissages, scierie mécanique, fabrique de talons en bois. Du haut de la côte S., très belle vue sur la vallée et la forêt de Lyons. — De Fleury-sur-Andelle à Rouen, route 23 k. (p. 82 en sens inverse).

18 k. **Charleval** (hôt. : *Charles-IX*, T.C.F., gar.; *du Cheval-Blanc*, gar.; *de la Gare*, simple, pens. de famille), bourg propre et tranquille au confluent de l'Andelle et de la Lieure, dans un site agréable, est un bon point de départ pour faire des excursions et promenades dans la forêt de Lyons. La localité s'appela Noyon jusqu'au jour où Charles IX y fit bâtir un château qui n'a jamais été achevé et lui donna son nom actuel. Minoteries, fabriques de casquettes.

L'église a une porte romane et le chœur ogival; devant le chœur, une petite poupée à musique, habillée en enfant de chœur, joue un cantique pour 10 c. Dans l'ancienne ferme royale se voit une construction de la Renaissance, avec salle dite de Charles-IX, à cheminées monumentales.

De Charleval aux Andelys, route 16 k. S.

DE CHARLEVAL A SERQUEUX (ch. de fer Etat, 36 k.; 5 fr. 65, 3 fr. 80, 2 fr. 50). — La voie remonte la vallée de l'Andelle, bordée à dr. par la forêt de Lyons. — 6 k. *Perriers-les-Hogues*. A g. *Perriers-sur-Andelle*, filature de coton; à dr. les Hogues (p. 29). A g. *Perruel*, où un tissage est établi dans les bâtiments (XVIIe s.) de l'abbaye de l'Isle-Dieu, fondée pour des Cisterciens en 1187.

9 k. *Vascœuil* (pron. *Vacœuil*), dans un joli site, près du confluent du Crevon et de l'Andelle, le long de la rive dr. de l'Andelle. Vieux château de la Forestière; église, de style roman, en partie du XIe s., renfermant

le tombeau de Jovinien, fondateur de l'abbaye de l'Isle-Dieu; à l'entrée de la forêt de Lyons, maison romane du Grand-Essart.

12 k. *Croisy-sur-Andelle*, à dr., où se termine la forêt de Lyons. — 16 k. *Morville-la-Haye. Morville* est à 1 k. 5 à g.; *La Haye* à 2 k. à dr. — 19 k. *Nolleval-la-Feuillie*. La station est à Nolleval (p. 189). *La Feuillie* (p. 30) est à 4 k. 5 S.-E. (voit. de corresp.), à 178 m. d'alt.

25 k. *Sigy-Argueil*. La station est à Sigy (p. 189). A 3 k. S.-E., *Argueil* (hôt. *du Lion-d'Or*, T.C.F.), ch.-l. de c. de 410 hab., sur un affluent de l'Andelle, est dominé à l'E. par le mont Sigy (184 m., belle vue), au S. par le mont Sauveur (203 m.). Le château (XIIIe, XVIe et XVIIe s.), entouré de belles pelouses, est précédé, à l'E., d'un parc magnifique. Dans l'église, deux grands tableaux en relief, sur bois, et un bel autel proviennent de l'abbaye de Bellosanne.

28 k. *Rouvray*. Au delà, la voie s'écarte légèrement de l'Andelle.

34 k. *Forges-Etablissement-Thermal*, station desservant Forges-les-Eaux (p. 187). — 36 k. *Serqueux*, bifurc. pour Paris, Dieppe, Rouen et Amiens, p. 189.

22 k. *Ménesqueville-Lyons* (petit café près de la gare), station desservant Lyons-la-Forêt à 7 k. 5 (voit. publ.); le village de Ménesqueville est à 500 m. à g., à la jonction de la Lieure et du Fouillebroc. — Suite de la ligne, p. 31.

Pour se rendre à Lyons, on franchit la voie ferrée et on suit tout droit; au 2e carrefour on oblique à dr., et on remonte la vallée de la Lieure, dans un paysage frais de prairies entre des collines boisées. — 2 k. 8 (borne 4 k. 4 de Lyons). Entrée du château de Rosay, dont on aperçoit bientôt une aile, puis l'arrière, à g. dans le parc.

Le village de *Rosay* est situé en partie le long de la rivière, qui coule entre des jardins et des cressonnières près de l'église et du château, et en partie sur la hauteur à g. On franchit la Lieure sur un pont rustique, d'où l'on voit la façade en briques du *château* (Louis XIII), bâti dans un beau parc qu'on peut demander à visiter, et où la rivière forme des pièces d'eau ainsi que de petites chutes sous de grands arbres. Rosay est le berceau de la famille de Marigny, dont firent partie Enguerrand de Marigny, et son frère, archevêque de Rouen. L'église (1507), à tour romane, est entourée d'un cimetière dont la Lieure baigne les murailles.

3 k. 8. *Le Roule*. — 5 k. *Vilaine* (café). On passe en forêt. A la sortie on voit devant soi, à g., le bourg de Lyons.

7 k. 5. **Lyons-la-Forêt**, ch.-l. de c. de 1,000 hab., est une petite localité propre et calme, bâtie sur le penchant d'une colline qui domine la rive g. de la Lieure naissante, et est entouré par les hautes futaies de la forêt domaniale de Lyons. C'est un centre d'excursions dans un beau pays forestier et accidenté, et une petite station estivale appelée à prendre de l'extension.

Omnibus : — à la gare de Ménesqueville.

Hôtels : — **de la Licorne*, dipl. T.C.F. (18 ch.; électr., bains, jardin, terrasse, tennis); *du Grand-Cerf* (un peu moins cher; 20 ch.).

Maisons, appartements et chambres meublés : — prix modérés;

quelques maisons prennent des pensionnaires; s'adr. au Comité d'initiative.

Cycles et autos : — *Guillaume*, mécanicien.

Distractions et sports : — pêche à la truite.

Comité d'initiative : — renseignements gratuits à la mairie.

Histoire. — En 929, Guillaume le Conquérant fit construire près de Lyons un château, qui devint par la suite un château fort d'une grande importance. Philippe Auguste le prit en 1193 et en 1203. La ville s'étendait autrefois dans la vallée. Le bourg actuel est bâti autour de l'ancien château, dont il reste quelques vestiges. — A Lyons est né le poète *Isaac de Benserade* (1613-1691), qui fut un des commensaux de l'hôtel de Rambouillet et membre de l'Académie française.

Le bourg forme une longue rue de près de 1 k. A l'entrée à g., sur la rive dr. de la Lieure, l'*église*, à une seule nef remaniée, du XIIe s., à laquelle a été ajouté un vaisseau à 3 nefs au XVe s., renferme un tableau, la Pentecôte, attribué à J. Jouvenet, des vitraux modernes, une chaire à panneaux de la Renaissance, un lutrin du début du XVIIe s.

Dans le local de la justice de paix, au 1er étage de la mairie, sont conservées de belles tentures en fil et un tableau du XVe s. : le Christ en croix, la Vierge et St Jean. Au sommet et à l'extrémité du bourg, petite place, avec de vieilles halles en bois; là se trouvent les hôtels.

A *Castel-Vieil*, habitation de l'inspecteur des forêts (demander à visiter), se voient : un marronnier de 7 m. de tour, un tilleul superbe et une tour du XIIIe s., reste d'une ancienne construction.

Forêt domaniale de Lyons. — Cette forêt, la plus belle hêtraie de France (10,614 hect.), fut, au moyen âge, la chasse favorite des ducs de Normandie. On peut, en suivant l'itinéraire ci-dessous, visiter en trois promenades les plus belles parties du massif forestier. — *N. B.* Se munir de la carte du service vicinal ou de l'Etat-Major.

1re PROMENADE : route 31 k. N.-O., aller et ret. — De l'hôtel de la Licorne, on descend à g. jusqu'au pont de la Lieure, que l'on franchit : à dr., l'église; on monte en forêt, à g., par le raccourci de la vieille route, pour joindre plus haut la route neuve, qui décrit un grand coude. — 3 k. Les Taisnières, hameau sur le plateau. — 7 k. *Les Hogues*. A g. du terre-plein de l'église, belle vue sur la vallée industrielle de l'Andelle et ses nombreuses filatures. Sources qui vont joindre l'Andelle, sauf celle de Saint-Honorine, qui disparaît sous terre après 1 k. de cours. Descente en forêt dans la vallée de l'Andelle, que l'on franchit à (10 k.) Vascœuil (p. 27), station du ch. de fer de Charleval à Serqueux, pour en remonter la rive dr.

13 k. 5. *Ellant-sur-Andelle*. — 14 k. 5. *Le Héron*, au débouché de la vallée du Héron dans celle de l'Andelle; dans une île de cette rivière, ruines féodales de Malvoisine. A l'intersection des routes, *château* du marquis de Pommereu d'Aligre, dont le parc descend dans le vallon boisé du Héron : la visite complète du parc et du château ne peut se faire qu'à la fête patronale du village, le 1er dim. de sept.; mais, en tout temps, les étrangers peuvent voir le parc, en s'adressant au régisseur dont la maison, surmontée d'une statue de la Vierge, est à dr. de la route, au delà des restes d'une église incendiée. — On remonte la vallée du Héron, le long des grillages du parc, jusqu'à un chalet en face duquel, sur un tertre gazonné, se trouve une chapelle sépulcrale, dans le style de la chapelle royale de Dreux; puis on redescend par la même route, pour franchir l'Andelle au pont d'Elbeuf-sur-Andelle.

20 k. *Croisy-sur-Andelle*, où l'on peut trouver à déjeuner. La route laisse le gros du village et l'église à dr. On rentre en forêt et, immédiatement. après avoir dépassé Croisy, on laisse la route nationale s'élever à g., pour prendre, en face d'une carrière de marne, le joli chemin du (23 k.) val Saint-Pierre, dépression sèche dans le plateau tapissé par la forêt, et où se trouvent quelques fermes. Un peu à l'E. du val Saint-Pierre est le hameau du Petit-Val, près duquel se trouve le Bourdigale, hêtre magnifique ayant 5 m. 55 de tour et 36 m. de haut.; il semble âgé de 400 ans env. Après avoir remarqué à dr. la butte aux Anglais, on rentre dans les belles futaies de la forêt.

27 k. 5. *Le Tronquay* (*V.* ci-dessous). — 31 k. *Lyons-la-Forêt.*

2e Promenade : route 36 k. N.-E., 56 avec la Rouge-Mare. — De Lyons on suit au N. la route du Tronquay. — 1 k. Au bas de la côte on laisse à dr. la route de *Lorleau*, avec château du XVIIIe s., situé aux sources de la Lieure et dont on voit le clocher.

3 k. 5. *Le Tronquay*. On peut entrer dans l'école pour voir la plaque commémorative de la délivrance des paroissiens du Tronquay, admis à porter la fierte de St Romain de Rouen, à l'occasion du combat livré le 23 avril 1612, entre les dits paroissiens et le seigneur de la Fontaine du Houx, tué dans ce combat; d'autres plaques rappellent que Pierre Guarin, religieux, savant orientaliste (1678-1729), et l'ingénieur Nicolas-Thomas Brémontier (1738-1809) sont nés au Tronquay.

8 k. 5. Château de Richebourg : restes d'une habitation élevée par Charles IX; avenue de sapins. Quittant la route nationale, on prend à g. l'embranchement de la Feuillie.

9 k. *La Feuillie* (hôt. *du Commerce*), petite bourgade de 1,129 hab. Souterrains d'un château de Philippe le Bel, dont il reste en outre quelques murs en briques, reconstruits au XVIe s.; église de 1293 avec clocher central à flèche d'ardoise très effilée, haute de 54 m.; au cimetière, croix sculptée du temps de Henri IV. Sur la route de Rouen, hêtre Lepère, âgé de 3 siècles, ayant 3 m. 85 de tour et 35 m. de haut. A 4 k. 5. N.-O. du bourg, station de Nolleval-la-Feuillie (p. 28).

De la Feuillie on revient (9 k. 5) à la route de Gournay que l'on suit vers la g. — 12 k. 5. On bifurque à dr. — 18 k. Bezancourt. — 22 k. *Bézu-la-Forêt*, d'où l'on se fera conduire, en 10 min. env., au *manoir de la Fontaine du Houx* (XVIe s.; demander à visiter la chambre dite d'Agnès Sorel; pourboire au concierge), entouré de fossés et garni de tourelles : bel escalier; tour avec place du pont-levis et poterne; dans le vestibule, tapisserie provenant du château ou ancienne verrerie de la Haie; chapelle tapissée de lierre. — On revient ensuite à Bézu.

26 k. 5. Bosquentin. — 29 k. *Fleury-la-Forêt*. A 10 k. E. de Fleury, près du hameau de la *Rouge-Mare*, commune de Martagny, *monument commémoratif* élevé aux trois gendarmes et au civil tués le 16 sept. 1914 par un groupe de sapeurs allemands qui voulaient faire sauter le pont d'Oissel, et qui furent pris un peu plus loin : la croix en chêne a été offerte par un maître de scierie, le Christ par le Touring-Club, la balustrade en chêne a été exécutée par un soldat ébéniste, et l'écusson tricolore a été peint par un mobilisé. — De retour à Fleury, on passe à côté du beau château de Fleury (1645), précédé d'une avenue de hautes futaies séculaires.

32 k. (52 avec la Rouge-Mare) *Beauficel*. — 36 ou 56 k. *Lyons-la-Forêt.*

3e Promenade : route 15 k. S. — Passant derrière l'hôtel de la Licorne, on entre en forêt par *Croix-Mesnil* (1 k.) : château Louis XIII, ancienne demeure du grand maître des eaux et forêts; puis, aux *Maisons-Blanches* (2 k.; maison forestière), on prend la route de *Besguet* (2 k. 5). On y tourne à dr. par la route de Puchay; sur cette route un poteau indique, à g., le chemin du Gros-Chêne, appelé aussi chêne de la Lande ou de l'Homme-Mort (4 m. 60 de tour), âgé de 300 ans env.

Ayant repris la route de Puchay on y trouve (5 k.) à dr. la route de Sainte-Catherine, et sur cette dernière, à dr., un sentier sous bois conduisant aux sources du Fouillebroc ou Fulcrand, le ruisseau de Mortemer (deux sources), dont on descend le petit vallon enclavé dans la forêt. On passe à la *chapelle Sainte-Catherine* : pèlerinage ; niche avec statuette au bord de l'eau. Selon la croyance populaire, les jeunes filles qui y portent un bouquet, font dire une messe et accomplissent une neuvaine, se marient dans le courant de l'année ; elles font alors porter à Ste Catherine les épingles de leur voile de mariée.

7 k. *Abbaye de Mortemer* (1134), de l'ordre de Cîteaux, auj. propriété privée, dans un site pittoresque. Les bâtiments d'habitation du XVIIe s. ont été restaurés de nos jours. On visite (demande de carte), dans le parc, les ruines de l'église, du XIIIe s., dont un côté du transept est debout avec belle rosace, les murs du cloître aux belles fenêtres gothiques, et un pigeonnier.

On passe au *Gouffre*, ouverture circulaire d'env. 50 m. de circonférence sur une profondeur de 6 ou 7 m., envahie par la végétation, et à côté d'une carrière de sable joignant une source et un ruisseau qui se perd dans le Gouffre, pour aboutir (9 k.) à la ferme des Fiefs : dans la cour, chêne ayant 4 m. 70 de tour. De là on descend dans la vallée de la Lieure, pour rejoindre (10 k. 5) la route de Ménesqueville à Lyons, en face de l'entrée du château de Rosay (ci-dessus, p. 28).

DISTANCES PAR LA ROUTE, de Lyons à : les Andelys, 20 k. ; Dieppe, 80 k. ; Elbeuf, 43 k. ; Evreux, 60 k. ; Fleury-sur-Andelle, 11 k. ; Gournay, 23 k. ; Louviers, 41 k. ; Paris, 107 k. ; Rouen, 33 k.

Au départ de Ménesqueville, la voie ferrée dessert (25 k.) *Lisors-Verclives*, dans une vallée profonde, dominée par la forêt. Dans l'église, boiseries provenant de l'abbaye de Mortemer ; ancien château de Bois-Préaux. On parcourt le plateau du Vexin.

30 k. *Saussay-Ecouis*, station desservant à 6 k. O. (voit. de corresp. 1 fr., avec 30 kilog.) *Ecouis* (hôt. *de la Justice-de-Paix*, T.C.F.), situé dans un pays riche en blé, mais dépourvu d'eau. L'**église*, qui a été élevée sur un des points culminants du Vexin (152 m.), a été fondée par Enguerrand de Marigny, dont on voit les armes sur un écusson porté par un ange au sommet du pignon de la façade, ainsi qu'au grand vitrail du transept N., et a été consacrée en 1313 ; la belle chapelle à dr. au bas de la nef date de 1528. Le portail est orné, au trumeau, d'une statue de la Vierge et flanqué de deux clochers du XVe s. Au fond du chœur, entouré de boiseries sculptées des XVIe et XVIIe s., à g. du maître-autel qui porte une Vierge en marbre du XVIe s., se voit le mausolée en marbre de Jean de Marigny, archevêque de Rouen et frère d'Enguerrand.

Entre Ecouis et (3 k. N.-O.) la ferme de Brémule, petit monument commémoratif (1872) de l'engagement du 14 oct. 1870, entre 12 hussards français et 100 cavaliers allemands. — A 1,500 m. S.-E. d'Ecouis, hameau de *Mussegros*, avec un château du XVIIIe s., renfermant une tenture curieuse, qui représente une vue à vol d'oiseau du château, de la paroisse de Mussegros et de plusieurs paroisses voisines.

33 k. *Le Thil*, à 1 k. à g., à 114 m., restes d'un cimetière mérovingien.

38 k. *Étrépagny* (hôt. : *du Lion-d'Or*, T.C.F.; *Saint-Pierre*), ch.-l. de c. de 2,365 hab., sur la Bonde. On remarque à l'église une statue tumulaire du XIVe s. Hôtel de ville, de style Louis XIII. Château du XVe s. — A *Saint-Martin-au-Bosc*, château du XVIIIe s. — A 3 k. S.-O., *château de Vatimesnil*; dans le parc, mélèze, planté vers 1780.

D'Étrépagny a Tourny (route 20 k. S.). — 3 k. 5. *Gamaches* : souterrains et traces d'un château féodal. — 8 k. *Les Thilliers-en-Vexin* (hôt. *du Cheval-Blanc*, T.C.F.) : château de Boisdenemets, construit sous Louis XIII, dans un parc dessiné par Mansart. — 13 k. *Fontenay* : château de Beauregard, où naquit en 1639 l'abbé de Chaulieu, célèbre par ses poésies anacréontiques. — 20 k. *Tourny* : église en partie du XVe s.

46 k. *Bernouville*, au château ruiné, dans la vallée de la Bonde. — 47 k. *Bézu-Saint-Eloi*, près du confluent de la Bonde et de la Levrière : église avec parties romanes du XIIe s.; restes de la tour de la Reine-Blanche. — On descend par le vallon de la Levrière vers la vallée de l'Epte, où l'on joint à dr. la ligne de Vernon au-dessous de *Neaufles-Saint-Martin* : ruines d'un donjon construit en 1182 par Henri II d'Angleterre; la Croix-Percée, du XIIIe s.; château des XVIIe et XVIIIe s., transformé en haras. Après avoir franchi l'Epte, on dépasse à dr. l'ancien château de Vaux, auj. ferme, construit sur les plans de Mansart.

48 k. *Gisors-Ville* (p. 179). — 54 k. *Gisors-Etat-et-Nord* (buffet; p. 179).

5. — ELBEUF

Elbeuf, ville de 18,290 hab. (les *Elbeuviens*), ch.-l. de c. de la Seine-Inférieure, est situé sur une boucle de la Seine, au pied de hauteurs en hémicycle, que couronnent les forêts de Rouvray, de la Londe et de Pont-de-l'Arche. La vue d'ensemble la plus belle de la ville et du pays qui l'entoure est celle que l'on a de la halte du ch. de fer d'Elbeuf-Rouvalets, sur la ligne de Rouen à Dreux (p. 267).

Ville manufacturière, avec port fluvial sur la Seine, elle offre peu d'intérêt aux touristes, en dehors de ses deux églises, qui ont de beaux vitraux anciens. On peut faire, dans les environs, quelques intéressantes excursions.

Gares : — deux gares sur la ligne de Rouen à Dreux (p. 267) : la gare principale, *Elbeuf-Ville*, la plus centrale, et la halte d'*Elbeuf-Rouvalets*, à 1 k. au N.; — station d'*Elbeuf-Saint-Aubin*, sur la ligne d'Oissel à Glos-Montfort (p. 13), à 1 k. 5 de la ville (tram).

Hôtels : — à la gare : *Excelsior* (café-rest., jardin); — en ville : *Grand-Hôtel* (Pl. *a* B-C2), r. Henry, 31, près de l'hôtel de ville, T.C.F. (jardin); *de l'Univers* (Pl. *b* C3), r. de la Barrière, 53.

Restaurants et cafés : — *Brasserie Nationale*, café-rest., r. de la

Barrière, 55; *Taverne Alsacienne*, r. de la Barrière, 30.

Poste : — r. de la Barrière, 93.

Banques : — *Banque de France*, r. de Paris; *Crédit Lyonnais*, r. de la Barrière, 83; *Société Générale*, r. de la Barrière, 16; *Comptoir d'Escompte*, r. de la Barrière, 58.

Voitures de place : — prix à débattre.

Trams électriques : — réseau urbain, 15 c. et 10 c.; aller et ret. 20 c. et 15 c. — Tram pour *Orival*, 30 c. et 20 c.; aller et ret. 40 et 30 c.; pour *Saint-Pierre-les-Elbeuf*, mêmes prix.

Autogarage : — *Godefroy*, r. de l'Hospice, 1.

Théâtres et cinémas : — *Théâtre municipal* (Select cinéma); *Cinéma-théâtre Gaumont*, r. de la Barrière, 20; *Théâtre-cirque Omnia*.

Histoire et Industrie. — Elbeuf existait aux premiers temps de l'occupation normande; son nom primitif paraît avoir été Hollebof. C'était au XIIIe s. le centre d'un fief, érigé en 1338 par Philippe de Valois en comté, et en 1582 par Henri III en duché pour la famille de Guise. Ce fut un duc d'Elbeuf, Emmanuel-Maurice, qui découvrit, en 1713, en Italie, les ruines d'Herculanum.

Mais l'histoire d'Elbeuf est surtout celle de son industrie, la fabrication des *draps*, qui a dû probablement son origine à la nature du sol environnant, peu fertile, mais favorable à l'élevage du mouton. Dès la seconde moitié du XIIIe s. il est fait mention de ses lainages, et au XVe s. les drapiers étaient assez riches pour orner leurs églises de magnifiques verrières. Au XVIe s., la cité comptait plus de 80 fabricants; au XVIIe, sa prospérité atteignit son apogée, grâce au régime de Colbert. La révocation de l'édit de Nantes porta un coup sensible à l'industrie elbeuvienne, qui déclina jusqu'à la fin du XVIIIe s., mais qui, après la Révolution, prenait un nouvel essor. Jusqu'en 1870 tout le tissage se faisait à la main, dans la campagne environnante; mais l'expansion rapide des grandes cités du nord et l'immigration alsacienne, qui suivit la guerre franco-allemande, provoquèrent une transformation. Le métier à bras disparut et les ouvriers des champs durent abandonner leurs petits cottages pour la ville et la fabrique.

Elbeuf tire maintenant ses laines de la Plata pour les neuf dixièmes; le reste, de l'Australie. Outre les ateliers de tissage, on compte à Elbeuf de grandes teintureries, des filatures de laine, des ateliers de « retordage », de manipulation de déchets, des sècheries, des fabriques de cardes, des savonneries, des imprimeries.

Une Ecole pratique d'industrie drapière est destinée à former des contremaîtres et à initier les fils des industriels aux connaissances techniques.

En sortant de la gare d'Elbeuf-Ville, on trouve en contre-bas l'avenue Gambetta, que continue la rue Saint-Jacques. On remarque de grandes manufactures de draps, construites en briques de deux tons, percées de larges baies vitrées, et encadrant parfois des cours fleuries, ornées d'arbres et de pelouses. A dr., la place Lécallier est ornée d'une fontaine avec buste de L. Dautresme, ancien ministre (1826-1892).

La rue Saint-Jacques aboutit à la rue de la Barrière, artère centrale de la ville, que l'on suit vers la g.; on peut prendre un tram jusqu'à l'église Saint-Etienne (1 k.). On y rencontre d'abord le cinéma-théâtre, puis le lycée, à dr., et plus loin, à g., l'hôtel de l'Univers et la poste : en face, gare du tram.

Au delà, laissant à dr. la rue de la Nation et l'église Saint-Jean (p. 36), la rue de la Barrière se continue par la rue de la

République qui, passant la petite rivière du Puchot, amène à l'église Saint-Étienne, à g.

L'église Saint-Etienne, commencée en 1517, dans le style flamboyant, a été reprise en 1630, terminée seulement en 1708, et a subi, au cours de ces divers travaux, toutes sortes de défigurations. Le chœur est surélevé, le portail de g. a été aveuglé; le portail de la façade, du XVIIe s., est sans intérêt; du côté dr. et à l'abside, quelques belles gargouilles et quelques ornements du XVIe s. Devant la façade, ancien Christ en pierre sur un affreux piédestal.

NEF. — La voûte a été remplacée par une charpente. Les piliers gothiques ont été retaillés et se terminent, à la place des chapiteaux, par des fleurons qui ressemblent à des couronnes ducales. Aux bas-côtés, clefs de voûte à pendentifs, de la Renaissance. Buffet d'orgue de la Renaissance, provenant d'une église de Rouen. Chaire du XVIIIe s.

BAS-CÔTÉ DR. — Au bas, cuve baptismale de 1750, faite avec des marbres rapportés d'Herculanum par le duc d'Elbeuf, Emmanuel-Maurice. — Les premières fenêtres ont des vitraux modernes; sous la 5e fenêtre, grotte de N.-D. de Lourdes, en pierres brutes. 6e fenêtre : **vitrail de St Hubert*, de 1500, magnifique et occupant toute la fenêtre; à la base, charmante frise décorative; — 7e fenêtre : *St Sébastien, sa vie et son martyre en 6 panneaux; — chapelle terminale, 3 *verrières du XVIe s. : Vie de St Roch, donnée par les Drapiers, Vie de St Nicolas, Vie de St Pierre.

CHŒUR. — Une grande boiserie du XVIIe s., supportant un Christ, encadre le chœur, dont les voûtes ont de belles nervures gothiques; 2 étages de larges et belles verrières. Toute la partie intérieure du chœur a reçu, au XVIIe s., une riche décoration de marbre rouge veiné de blanc; le maître-autel, de style Louis XV, est de la même époque; sur les piliers, des peintures en médaillons figurent les Evangélistes. — Les 6 fenêtres sont garnies de *vitraux* anciens. Verrière centrale : Vie d'un Évêque et Martyre de St Étienne. Côté dr. : à la fenêtre supérieure, superbe **vitrail* du Crucifiement : en dessous, Invention ou Découverte de la Croix et sujet accessoire de la Décapitation de St Jean-Baptiste. Côté g. : Histoire du chef de St Jean-Baptiste.

BAS-CÔTÉ G. — Chapelle terminale ou de la Vierge, garnie de *vitraux* anciens figurant l'Histoire de la Vierge. Au chevet : Mort, Assomption, Couronnement de la Vierge. Côté dr. : Ste Anne, mère de la Vierge, la Vierge-Mère, Saintes-Femmes et Apôtres. Côté g. : Naissance de J.-C., Adoration des Mages, Circoncision, Présentation.

1re fenêtre du bas-côté : très beau **vitrail* ancien, Arbre de Jessé; — 2e fenêtre : Visitation; Baptême de J.-C. par St Jean, Décollation de St Jean. — 3e fenêtre : Fuite en Egypte, Joseph faisant de la menuiserie dans la maison de Nazareth, Ste Catherine, St Maurice, Ste Barbe.

Au bas du bas-côté g. : à dr. *saint-sépulcre* (Christ couché sur un tombeau), en bois de la fin du XVIe s., et Pietà du XVIIe s. dans la chapelle, oratoire des morts pour la patrie (1914-1918).

Derrière l'église Saint-Etienne est un ancien *jardin public*, en bois taillis, avec une petite terrasse d'où l'on découvre la ville et ses fabriques. Fermé depuis la guerre, il a été livré en partie à la culture.

Si l'on continuait la rue de la République au delà de l'église Saint-Etienne, on y trouverait (2e à g.) la rue des Rouvalets, qui remonte

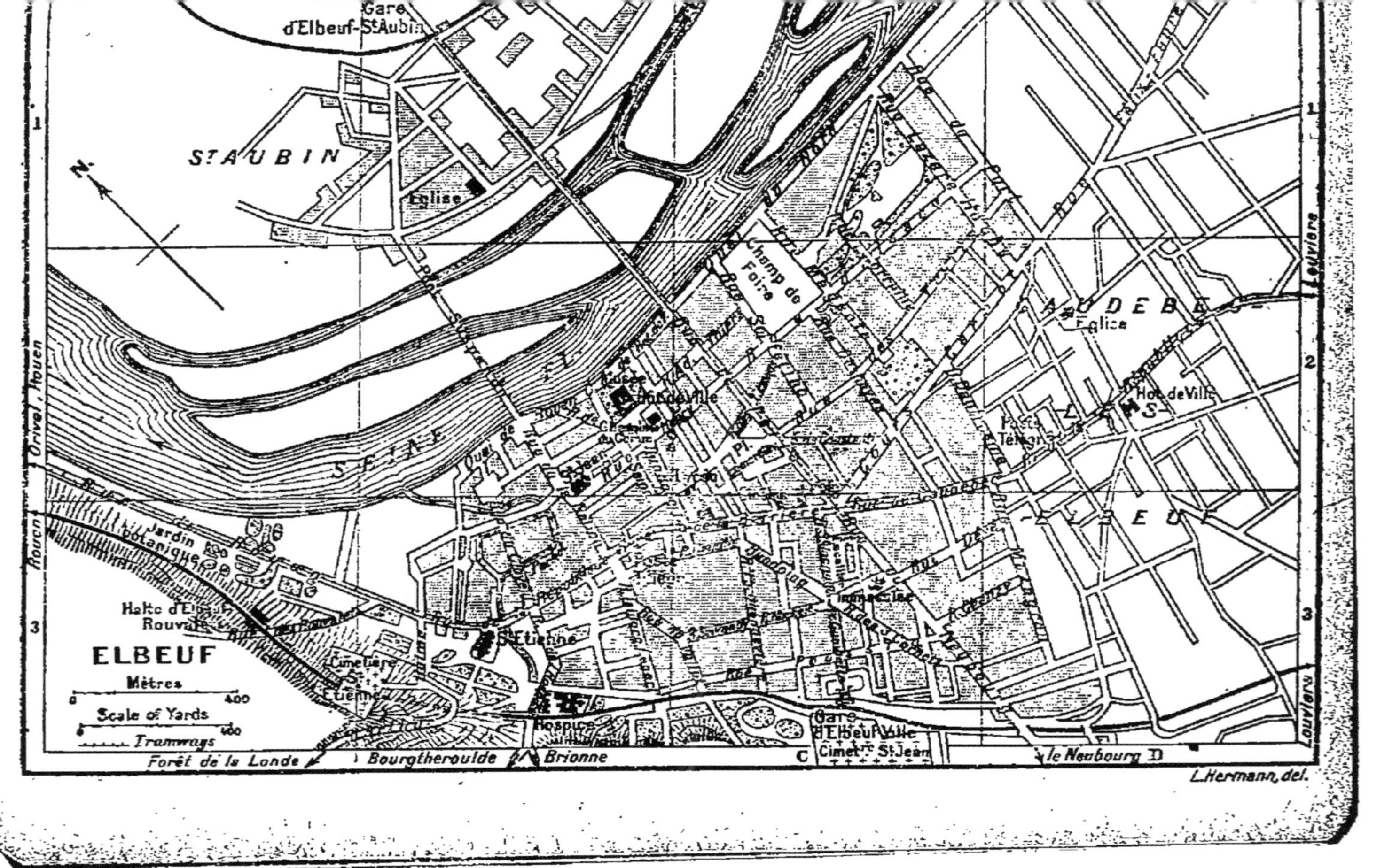
ELBEUF
Mètres
0
400
Scale of Yards
0
400
Tramways
Gare
d'Elbeuf-St Aubin
St AUBIN
Eglise
Champ de Foire
Halte d'Elbeuf
Rouvalets
Jardin
botanique
Cimetière
St Etienne
Hospice
Gare
d'Elbeuf Ville
Cimetre St Jean
Hot de Ville
Eglise
Rouen
Orival, Rouen
Louviers
Forêt de la Londe
Bourgtheroulde
Brionne
le Neubourg
C
D
1
2
3
L.Hermann, del.

directement à la halte du même nom (p. 267; vue magnifique), voisine du *jardin botanique* de la Société des sciences naturelles d'Elbeuf.

Plus loin, la rue de la République conduirait à Orival (2 k. de Saint-Etienne, tram; p. 37).

De Saint-Etienne on revient sur ses pas, par la rue de la République, jusqu'au carrefour de la rue de la Barrière. Là, on prend à g. la rue de la Nation, qui amène à l'église Saint-Jean; au n° 67, maison à poutres sculptées.

L'*église Saint-Jean*, entre deux petites places, commencée au XIVe s., reprise au XVIIe et XVIIIe s., a une jolie tour-clocher, terminée par un petit dôme de pierre, avec une décoration gothique et qui offre quatre étages d'arcades uniques entre des contreforts ouvragés. Portail Henri-III, de style néo-grec. Les côtés et le chevet, nus et sans intérêt, accusent la décadence de l'architecture religieuse du XVIe au XVIIIe s.

L'intérieur offre une disposition curieuse : des pilastres corinthiens de la Renaissance séparent les arceaux gothiques. Beau buffet d'orgue sculpté, du XVIIe s., et chaire de même époque. Au bas-côté dr., beaux *vitraux* du XVIe s., en partie restaurés, aux 4 premières fenêtres. Jolies stalles sculptées, du XVIIe s. A la chapelle absidale, autel en bois sculpté et doré, avec reliquaires du XVIIe s.; *vitraux* du XVIe s., restaurés, aux 2 premières fenêtres de dr. et de g. Au bas du bas-côté g., Pietà du XVIIe s.; *vitraux* les plus anciens et provenant d'une église antérieure, aux 1re, 3e et 5e fenêtres.

En continuant la rue de la Nation, on voit à g., au n° 28, une vieille maison de bois, puis on arrive à la Seine, au port fluvial et au pont suspendu, qui relie Elbeuf à Saint-Aubin et à la gare de ce nom (p. 14). Du pont, jolie vue à g. sur la Seine et les coteaux boisés, en arrière sur Elbeuf et les hauteurs.

Suivant le quai en amont vers la dr., sans passer le pont, on trouve l'hôtel de ville, qu'entoure un petit *jardin public*, avec le buste de Victor Grandin, manufacturier elbeuvien (1817-1849). Au delà, le Grand-Pont, ou Pont-Neuf, traverse la Seine vers Saint-Aubin.

L'*hôtel de ville*, dont la façade donne sur la place du même nom, du côté opposé à la Seine, est un édifice moderne, en pierre et brique. Il renferme au rez-de-chaussée, au fond de la cour vers la Seine, le **musée**, que dirige M. Coulon, et qui est surtout consacré à l'histoire naturelle.

C'est, à cet égard, un des plus remarquables de province. On regardera surtout la collection d'oiseaux, qui comprend presque toutes les espèces d'Europe (450) et beaucoup d'exotiques; la plupart des espèces y sont représentées à tout âge et dans toutes leurs séries; une collection d'œufs et de nids y est adjointe. Les mammifères d'Europe y sont presque tous représentés. Riches séries de reptiles, poissons, crustacés, mollusques, échinodermes, etc.; faune de la Manche presque complète. Collection remarquable d'insectes, notamment de coléoptères français (5,000 espèces), de papillons, d'hyménoptères (2,500 espèces); histoire de l'abeille; insectes du cerisier, du rosier et du chêne; nids d'insectes. Minéraux et roches de Normandie. Collection très complète de fossiles (5,000 espèces). — Collection d'algues et de mousses de Normandie. —

Archéologie préhistorique et ethnographie. — Section des Beaux-Arts (8e salle), sans intérêt. — Laboratoire de recherches.
Un guide général et des catalogues ont été édités sous les auspices de la Société d'études des Sciences naturelles.

Sur la place de l'Hôtel-de-Ville est le Cercle du Commerce, de 1866, avec fronton sculpté, et rue Henry le Grand-Hôtel.
La rue Robert, face à l'hôtel de ville, ramène à la rue de la Barrière et à la gare.

ENVIRONS. — **1° Roches d'Orival** (route 2 k. N.-O. d'Elbeuf à Orival; tram 30 c. et 20 c., aller et ret. 40 c. et 30 c.). — On quitte Elbœuf par la rue de la République, qui passe devant l'église Saint-Etienne (p. 34), puis côtoie la Seine.
2 k. *Orival*, long village de 1,018 hab., faubourg d'Elbœuf. Chapelle du XVIe s. De nombreuses grottes, creusées dans la falaise crayeuse, et en partie habitées, se succèdent le long de la Seine jusqu'à (3 k.) *Port-du-Gravier*, où l'on croise le ch. de fer de Serquigny à Oissel, au tournant de la Seine, qui est coupée au delà par plusieurs îles.
De Port-du-Gravier on peut : — soit continuer à longer le fleuve par la route, jusqu'à Oissel (7 k. 5 au delà; p. 13); — soit (recommandé), prendre à dr. du vallon que remontent la route de Rouen et le ch. de fer, on se faisant renseigner ou accompagner, le chemin qui gravit le faîte des falaises et conduit à la *Roche-Foulon*. Une foule de rochers percés de cavernes offrent les formes les plus bizarres et les plus tourmentées. On dépasse la petite mare aux Anglais et les ruines du *château Fouet* (XIIe-XIIIe s.), attribué à Richard Cœur de Lion, puis on atteint la *Roche-du-Pignon*, aiguille de rocher, haute de 60 m. env., qui domine la Seine et la route d'Oissel, par laquelle on peut redescendre ensuite.

2° Chêne de la Vierge (route 3 k. 5 N.-O.) — On sort d'Elbeuf par la rue de la République et la rue de l'Hospice, à g., un peu avant l'église Saint-Etienne, et on passe sous le ch. de fer. Après avoir monté la rue de Bourgtheroulde, on tourne à dr. par la rue de la Londe, puis on entre dans la forêt du même nom. En deçà du hameau de la Bergerie on tourne à dr. pour gagner le *chêne de la Vierge*, dont le tronc a 3 m. 80 de tour; il est situé près d'une maison de garde, en haut de la côte Saint-Ault, d'où l'on a une très belle vue sur Elbeuf.

D'Elbeuf à *Rouen*, par la forêt de Rouvray ou par la vallée de la Seine, p. 81; — à *la Bouille*, 10 k. 5 N.-O., par Orival et Port-du-Gravier (3 k.; ci-dessus : 1°), la forêt de la Londe et le château de Robert le Diable (7 k. 5; p. 98); — à *Pont-de-l'Arche*, 11 k. N.-E., par la vallée de la Seine et *Criquebœuf-sur-Seine* (7 k.), qu'on laisse un peu à g.; fouilles entreprises au Câtelier : vestiges d'une cité gallo-romaine. Pour Pont-de-l'Arche, p. 11.

DISTANCES PAR LA ROUTE, d'Elbeuf à : Evreux, 38 k.; le Havre, 75 k.; Louviers, 16 k.; Paris, 124 k.; Pont-Audemer, 41 k.

6. — ROUEN ET SES ENVIRONS

ROUEN, ville de 124,987 hab. (les *Rouennais*), une des principales de France, ancienne capitale de la Normandie, ch.-l. du départ. de la Seine-Inférieure, est le siège d'un archevêché et du quartier général du 3e corps d'armée. La ville proprement dite, avec tous ses monuments, est située sur la rive droite de la Seine et encerclée de collines. Sur la rive gauche du fleuve s'étend l'important faubourg Saint-Sever, surtout industriel.

Bien que les sinuosités de la Seine le mettent à 127 k. de la mer, Rouen est un port maritime intérieur, dont la guerre a encore accru l'importance. Le fleuve, déjà fort large à Rouen, devient vers son embouchure un véritable bras de mer et les navires peuvent le remonter en une seule marée.

Par son admirable situation, par ses églises, dont les clochers pointent de partout vers le ciel, par ses monuments civils, ses musées, ses rues pittoresques aux vieilles demeures, ses environs verdoyants où les belles excursions sont nombreuses, Rouen, la « cité gothique » par excellence, est une des villes d'art les plus intéressantes de France et d'Europe, en même temps qu'un centre industriel et commercial, plein d'activité et de vie.

Gares : — Rive Droite de la Seine : *gare Rive-Droite* ou *de la rue Verte*, la principale, actuellement en reconstruction, buffet (État : station de la ligne de Paris au Havre); *gare du Nord* (Nord ; ligne d'Amiens, par Serqueux), bd Gambetta.

Rive Gauche : *gare Rive-Gauche* ou *Saint-Sever*, buffet (État : ligne de Paris), au faub. Saint-Sever (quai d'Elbeuf); *gare d'Orléans* (État : lignes de Serquigny et d'Évreux; Orléans : par Elbeuf, Dreux et Chartres), au faub. Saint-Sever (place Carnot).

Ces quatre gares sont reliées entre elles par des trams; on y trouve des voitures de place et, aux trois gares de Rive-Droite, Rive-Gauche et Orléans, l'omnibus de ville (*V.* ci-dessous). Pas d'omnibus d'hôtels.

Omnibus de ville : — à la gare Rive-Droite, à l'arrivée des trains, jusqu'à 20 h., 60 c.; 1 fr. 50 par 100 kilog. de bagages.

Hôtels : — Gare Rive-Droite : *de Dieppe*, r. Verte, 22-24, T.C.F., renommé pour sa cuisine; *Victoria*, r. Verte, 10; ces deux hôtels disparaîtront avec l'agrandissement de la gare; *du Chemin-de-fer-de-l'Ouest*, r. Verte, 23 (jardin); *de l'Europe*, r. Verte, 2.

Gare d'Orléans : *Barette*, pl. Carnot, 35-37 (45 ch.; électr., chauff., terrasse, salle de fêtes).

Gare du Nord : du *Chemin-de-fer-du-Nord*.

En Ville : de 1er ordre : **de la Poste* (Pl. *a* B2), récemment reconstruit, r. Jeanne-d'Arc, 72, T.C.F. (rep. à prix fixe et à la carte; 120 ch.; 50 salles de bains privées, asc., chauff.); **d'Angleterre* (Pl. *b* B3), cours Boïeldieu, 6-8, sur le quai (70 ch.; asc., location d'autos, toutes langues); — confortables : **de France* (Pl. *c* C2), r. des Carmes, 85-103 (114 ch.; électr.; chauff.); *de Paris* (Pl. *d* C3), quai de Paris, 50 (asc., gar.); *du Nord* (Pl. *e* B2), r. de la Grosse-Horloge, 91, T.C.F. (75 ch.; bains, chauff., gar., jardin d'hiver); *de la Couronne* (Pl. *f* B2), pl. du Vieux-Marché, 31; — simples : *du Vieux-Palais*, pl. Henri-IV, T.C.F.; *de Rouen et du Commerce*, r. du Bec, 19, près du palais de justice; *de Lisieux*, r. de la Savonnerie, 4 (50 ch.; électr., gar.; *V.* p. 72); *de Normandie*, r. du Bec, 9 (chauff.); *de Bourgogne*, r. Thouret, près du palais de justice (30 ch.; bains, gar., électr., salons particuliers); *Moderne*, pl. Lafayette; *de Bordeaux*, pl. de la République, 3; *Jamet*, quai d'Elbeuf; *Calende*, pl. de la Calende.

Hôtel meublé : — *des Carmes*, pl. des Carmes, 33 (34 ch., on ne sert que le petit déj.; chauff., bains).

Pensions de famille : — *Mme Lemercier* (Family-House), r. Beauvoisine, 107 (12 ch., arrangements pour familles); *Dumagnou*, r. de Bourg-l'Abbé, 23.

Restaurants : — *de la Cathédrale*,

r. des Carmes, 8 (1er ordre, carte et prix fixe); *de l'Opéra*, r. des Charrettes, 10 (concert au dîner); *de l'Omnia*, pl. de la République, 2; *brasserie Paul*, r. du Grand-Pont, 77; *Britannia*, r. de la Grosse-Horloge, 12; — modestes : *de la Cour-Martin*, r. du Grand-Pont, 10 (rep. à prix fixe et à la carte; terrasse; clientèle de famille); *de la Bourse*, cours Boïeldieu, 5; *de l'Escargot*, r. de la Champmeslé, 5; *de Paris*, r. de la Grosse-Horloge, 95; *Petit Palais-Royal*, r. de la République.

Principaux cafés : — *Victor*, cours Boïeldieu (au théâtre des Arts); *de la Bourse*, cours Boïeldieu; *du Commerce*, pl. de la République; *brasserie de l'Opéra*, r. des Charrettes, 10; *brasserie Paul*, r. du Grand-Pont, 77, etc.

Poste : — r. Jeanne-d'Arc, 45, de 8 h. à 20 h., sauf dim. et fêtes; — bureaux secondaires : cours Boïeldieu, à la Bourse; pl. de l'Hôtel-de-Ville; r. Pouchet, 2, près de la gare Rive-Droite; bd des Belges, 22 bis; r. Armand-Carrel, 48; pl. de l'Eglise Saint-Sever; — recettes auxiliaires : r. Saint-Hilaire, 101; r. Saint-Julien, 132; av. du Mont-Riboudet, 118. — Télégraphe et téléphone : quai Boïeldieu, à la Bourse, de 7 h. à 21 h.; mêmes bureaux secondaires que pour la poste.

Bains : — *de la Bourse*, r. Nationale, 4; *de l'île Lacroix*, r. Centrale, 61 (école de natation); *Corneille*, bd des Belges, 23.

Banques : — *Banque de France*, r. Thiers, 32; *Comptoir National d'Escompte de Paris*, r. Jeanne-d'Arc, 33; *Crédit Lyonnais*, r. Jeanne-d'Arc, 48; *Société Générale*, r. Jeanne-d'Arc, 34; *Comptoir d'Escompte de Rouen*, pl. de la Pucelle, 15.

Voitures de place : — Stations : aux gares, pl. Cauchoise, pl. du Vieux-Marché, pl. Henri-IV, quai de Paris.

Tarif : pour 3 pers. la course, 1 fr. 50 de 6 h. à minuit, 2 fr. 50, après minuit; l'heure, 2 fr. le j., 3 fr. après minuit; 20 c. par colis. — Hors barrières, la course : 1 fr. 70 et 2 fr. 70; l'heure : 2 fr. et 3 fr., 2 fr. 50 et 3 fr. 50 pour quelques points plus éloignés. Il n'est pas dû d'indemnité de retour. — Pour Petit-Quevilly, avenue de Caen (rond-point), Sotteville, 2 fr.; Bapeaume, Bon-Secours, Déville, Mont-aux-Malades, 2 fr. 50; Amfreville, Bois-Guillaume, Mont-Saint-Aignan, 3 fr.; Quatre-Mares, Canteleu, Dieppedalle, 3 fr. 50. Il n'est pas dû d'indemnité de retour.

Taxi-autos : — Stations : quai de la Bourse, pl. de l'Hôtel-de-Ville près de Saint-Ouen, pl. du Vieux-Marché.

Tarif urbain et suburbain : prise en charge, 1 fr., tarif kilométrique, 0 fr. 60; heure d'arrêt, 3 fr.; supplément pour prise en charge après minuit, 1 fr.; indemnité de retour pour les communes suburbaines, 2 fr.

Trams électriques : — Réseau urbain (il dessert les 4 gares de Rouen, et ses principales artères, ainsi que les faubourgs), 15 c. et 10 c. Correspondance : réduction de 5 c. pour le second tram. Les trams s'arrêtent, sur simple signe, devant les poteaux peints en blanc.

Réseau hors les murs : — **1.** Gare du Nord à Maromme, 50 c. et 20 c.; — *2.* Quai Gaston-Boulet à Darnétal, 20 c. et 15 c.; — *4.* Jardin des Plantes à Bois-Guillaume, 40 c. et 25 c.; — *12.* Barrière Saint-Maur au Champ de courses, 20 c. et 15 c.; — *13.* Place Carnot au funiculaire de Bon-Secours et à Amfreville, 30 c. et 20 c.; — *16.* Pont Corneille à Bon-Secours et Mesnil-Esnard, 50 et 40 c., aller et ret. 85 c. et 60 c.; — *18.* Pont Corneille à Mont Saint-Aignan, 30 c. et 20 c.; — autres lignes pour Bapeaume, Grand-Quevilly, Petit-Quevilly, Sotteville, les cimetières de l'Ouest et du Nord, etc.

Funiculaire de Bon-Secours : — 1er mai-30 sept.; corresp. avec le tram d'Amfreville (*V.* ci-dessus); 25 c.; suspendu pendant la guerre.

Autobus : — pour le *Val-de-la-Haye*, par Dieppedalle et Biessard, départ du café de la Bourse, cours Boïeldieu (service suspendu pendant la guerre).

Voitures publiques : — une ou plusieurs fois par j. pour : *Saint-*

Martin-de-Boscherville et *Duclair*, départ r. des Charrettes, 135 (services suspendus pendant la guerre).

Autogarages : — *Catois*, r. du Donjon; *Ménager*, r. des Charrettes, 20; *Pizetta*, quai du Havre, 18; *Renault*, r. des Charrettes, 48.

Vedettes-automobiles : — pour *Saint-Adrien* (40 c.) et *Port-Saint-Ouen* (50 c.), avec escales (suspendues pendant la guerre).

Bateaux : — pour *la Bouille*, p. 82; — *le Havre*, p. 93. Services suspendus depuis la guerre; excursions annoncées par affiches.

Théâtres : — *des Arts*, quai de la Bourse (généralement fermé l'été); *Français*, pl. du Vieux-Marché.

Music-halls : — *Folies-Bergères* (spectacles variés), île Lacroix; *Tivoli*, r. Centrale, 35 (île Lacroix); *George's Hall*, r. des Carmes, 85.

Cinémas : — *Omnia*, pl. de la République; *Innovation*, r. de la Grosse-Horloge; *Renaissance*, r. Saint-Hilaire; *Royal-Palace*, r. de la Savonnerie.

Cirque : — pl. du Boulingrin.

Courses : — à l'hippodrome des Bruyères (à 2 k.), en mai, juillet et octobre (suspendues pedant la guerre).

Foire de Saint-Romain : — du 19 au 23 octobre, chevaux et bestiaux; fête foraine les 20 jours suivants.

Spécialités : — Sucre et gelée de pommes; canards à la rouennaise (les canards de Rouen et de Duclair sont d'une race spéciale particulièrement savoureuse).

Syndicat d'initiative : — renseignements gratuits, r. Saint-Lô, 40 *bis* (au musée commercial, près du palais de justice).

Histoire. — Dès l'époque gauloise Rouen, appelé par les indigènes *Ratumagos*, par les Romains *Rotomagus*, était la capitale des Véliocasses ou habitants du Vexin. Les Romains y établirent une garnison et un préfet militaire. St Mellon fut, vers 260, l'apôtre et le premier évêque de Rouen. Parmi ses successeurs, il faut citer : l'évêque Prétextat, assassiné au pied des autels par ordre de Frédégonde, pour avoir célébré le mariage du prince Mérovée avec Brunehaut (585); St Romain († 638), patron de Rouen, célèbre par la guerre de destruction qu'il déclara aux derniers temples païens et par le « miracle de la Gargouille »; St Ouen, l'ami d'Ebroïn.

Les pirates scandinaves, dits Northmans (hommes du Nord) puis Normands, conduits par Oger le Danois, remontèrent la Seine jusqu'à Rouen en 841 et, le 14 mai, livrèrent la ville au pillage. En 876, une nouvelle invasion eut lieu sous la conduite du célèbre Rollon, qui établit à Rouen le centre de ses courses guerrières. Charles le Simple, impuissant à le réduire, lui céda en 912, par le traité de Saint-Clair-sur-Epte, la région qui prit désormais le nom de Normandie. Rollon, baptisé à Rouen et devenu le gendre du roi de France, fut dès lors le bienfaiteur du pays dont il avait été le fléau. Cet événement a été célébré à Rouen, en 1911, sous le nom de millénaire de la Normandie.

Les ducs de Normandie ne tardèrent pas à entrer en lutte avec leur suzerain. Guillaume le Conquérant avait conquis l'Angleterre, en 1066, et d'interminables guerres devaient résulter de l'antagonisme avec les rois de France. En 1193, Philippe Auguste vint assiéger Rouen. Il échoua, mais pour réussir en 1204.

Puis ce furent les désastres de la Guerre de Cent Ans. En 1419, après sept mois de blocus et d'assauts, Rouen, abandonné par Charles VI, dut capituler. On avait mangé les chevaux, les chiens et les rats; on avait vainement jeté hors de la ville 12,000 bouches inutiles, vieillards, femmes et enfants, qui moururent de faim entre les remparts assiégés et le camp ennemi.

Cependant le sentiment national s'était réveillé en France et bientôt Jeanne d'Arc allait « bouter l'étranger hors de France ». On sait comment, après s'être jetée dans Compiègne assiégé, elle fut prise dans une sortie par le bâtard de Vendôme; celui-ci la vendit à Jean de

Luxembourg, à qui les Anglais la payèrent à leur tour 10,000 livres. L'héroïne fut amenée à Rouen et emprisonnée dans une des tours du château (p. 66). Son procès fut instruit par l'infâme Cauchon et on lui fit signer, par fourberie, une rétractation dont elle ignorait le contenu. Elle fut condamnée à la prison perpétuelle. Mais les ennemis voulaient sa mort. Un de ses geôliers lui ôta pendant son sommeil ses habits de femme et elle fut contrainte de revêtir ces habits d'homme auxquels elle avait promis de renoncer. Les juges la condamnèrent, comme relapse, à être brûlée vive.

L'exécution eut lieu aussitôt, le 30 mai 1431. Sur une charrette escortée de 800 Anglais, armés de lances et d'épées, elle fut conduite à la place du Vieux-Marché (p. 41). Le bûcher y avait été dressé, ainsi que deux tribunes, l'une pour l'évêque Cauchon et pour les juges ecclésiastiques, l'autre pour le bailli et les juges séculiers. Une telle émotion étreignait les assistants, tandis qu'elle priait et serrait contre sa poitrine la croix de l'église Saint-Sauveur, qu'on lui avait apportée, que les Anglais la firent saisir par des hommes d'armes et traîner au bourreau. Alors elle pâlit, se troubla et ne put s'empêcher de s'écrier : « O Rouen, tu seras donc ma dernière demeure ! » Bientôt les flammes l'enveloppèrent et elle mourut en invoquant ses saintes, sans une parole de haine, sans un mot de reproche pour le triste roi qui l'avait abandonnée.

L'année d'après, le maréchal de Boussac tenta en vain de reprendre Rouen. Ce ne fut qu'en 1449 que la capitale de la Normandie, défendue par Talbot, investie par Dunois, livrée par sa population elle-même qui avait pris les armes contre les Anglais, fit enfin retour au roi de France. Le 10 novembre, Charles VII y faisait son entrée triomphale.

En 1499, le roi Louis XII réorganisait à Rouen la Cour judiciaire de l'Echiquier de Normandie et faisait construire pour elle le magnifique monument qui est devenu le palais de justice actuel.

Rouen souffrit des guerres de religion. Dans la nuit du 15 au 16 avril 1562, les Huguenots se rendirent maîtres de la ville, qui resta six mois en leur pouvoir. Après plusieurs assauts l'armée catholique et royale reprit Rouen, qu'elle livra au pillage. Les représailles y furent sanglantes et la Saint-Barthélemy y entassa les victimes.

Rouen subit l'occupation allemande du 5 décembre 1870 au 22 juillet 1871.

Pendant la guerre de 1914-1918, Rouen resta en dehors de l'avance extrême des Allemands, qui essayèrent en vain de faire sauter le pont d'Oissel (p. 13 et 30). L'agglomération rouennaise devint l'un des plus grands centres de concentration des troupes anglaises, qui installèrent dans la banlieue, au Champ de Courses, à Bois-Guillaume, à Petit-Quevilly, etc., d'immenses camps, véritables villes remarquablement organisées avec tentes, baraquements confortables, jardins, poste, téléphone, infirmeries, sports, etc.

Rouen a donné le jour à de nombreux personnages connus ou célèbres. Nous citerons : — écrivains et artistes : le grand *Corneille* (1606-1684); son frère *Thomas Corneille* (1625-1709) ; le poète *Pradon* (1632-1698), rival malheureux de Racine; *la Champmeslé* (1644-1698), actrice célèbre, interprète de Racine ; l'érudit *Le Pesant de Bois-Guillebert* († 1714) ; *Fontenelle*, qui devint centenaire (1657-1757) ; le journaliste *Armand Carrel* (1800-1836) ; l'acteur *Bocage* (1801-1863) ; *Gustave Flaubert* (1821-1880) ; — peintres : *Jean Letellier* (1614-1676), neveu du Poussin ; *Jean Jouvenet* (1647-1717); *Jean Restout* (1692-1768); *Géricault* (1790-1824); *Court* (1798-1865); *Cauchois* (1852-1911) ; — architecte : *J.-F. Blondel* (1705-1774), qui eut une grande influence sur l'architecture de la seconde moitié du XVIIIe s. ; — musiciens : *Boïeldieu* (1775-1834) ; *Ch.-F. Lenepveu* (1840-1910); — savants : le botaniste et médecin de Louis XIII, *Gui de la Brosse* († 1641), qui créa le Jardin des Plantes de Paris ; le voyageur *R. Cavelier de la Salle* (✝ 1687), qui reconnut le Mississipi et donna à la France la Louisiane; le chimiste *Dulong* (✝ 1838); le naturaliste *Pouchet* (✝ 1873).

Industrie et Commerce. — La principale industrie de Rouen est celle de la filature et du tissage du coton. Plus d'un million de broches fonctionnent soit dans ses murs, soit dans les communes suburbaines. Chaque année, plus de 30 millions de kilog. de coton brut sont convertis en tissus divers, par 22,000 métiers, dont 9,000 mécaniques. Parmi ces tissus, une des spécialités de Rouen est celle des indiennes, étoffes à bon marché, pour vêtements, tentures, foulards et cravates. La fabrication annuelle des indiennes est d'env. 100,000 pièces de 90 à 95 m. On dénomme rouenneries les cotonnades brochées, les calicots et toiles de coton, les croisés et coutils, les mouchoirs. Leur production atteint 80 millions par an. L'industrie de la filature et du tissage du coton se double d'une foule d'industries complémentaires : usines d'apprêt, de blanchiment, d'impression, de teinture; usines de produits chimiques et de savons.

Parmi les autres industries florissantes à Rouen ou dans sa banlieue, il faut citer les filatures de lin, de chanvre et de jute, les fabriques de retelles, la confection des vêtements.

Pour le port (maritime et fluvial), p. 70 et 73.

Orientation et emploi du temps. — Les curiosités importantes de Rouen se groupent sur le pourtour d'un quadrilatère dont la cathédrale occupe à peu près le centre et dont les côtés sont formés par quatre grandes artères : la rue Jeanne-d'Arc, qui descend de la gare Rive-Droite, le quai de la Bourse, la rue de la République et la rue Thiers. Le touriste de passage qui ne dispose que d'une demi-journée peut avoir une impression générale de la ville et un aperçu des principaux monuments en réduisant et modifiant l'itinéraire I ainsi qu'il suit : palais de justice, Vieux-Marché; descendre la rue Jeanne-d'Arc jusqu'à la Seine pour voir l'animation des quais et revenir sur ses pas jusqu'à la rue de la Grosse-Horloge; Grosse-Horloge, cathédrale, Saint-Maclou, Saint-Ouen. Mais, quiconque veut connaître Rouen et visiter ses musées devra lui consacrer au moins trois jours.

Itinéraire I : la vieille ville et ses monuments. — De la gare Rive-Droite, la rue Verte conduit à la ligne circulaire des boulevards qui délimitent la vieille ville; à g., *statue d'Armand Carrel*, par A. Lefeuvre (1887). On continue par la *rue Jeanne-d'Arc*, grande artère moderne et animée, percée dans le vieux Rouen, et qui descend vers la Seine.

La rue Morand à g., puis (1re à g.), la rue Philippe-Auguste conduiraient en quelques pas à la tour de Jeanne d'Arc (p. 66).

On passe devant le square Solférino (à g.) derrière lequel est le musée des Beaux-Arts (p. 57), et on traverse la rue Thiers qui conduirait à g. à l'hôtel de ville (p. 57) et à Saint-Ouen (p. 55). Après l'hôtel de la Poste à g. et le bureau central des postes à dr., on aperçoit aussitôt à g., sur la place Verdrel, l'un des plus célèbres monuments de Rouen, le palais de justice : on prendra la rue aux Juifs, à g. après la place, sur laquelle donne la façade principale, pour entrer par la cour d'honneur.

Le ****palais de justice**, chef-d'œuvre de l'architecture gothique dans sa dernière période, avec additions et remanie-

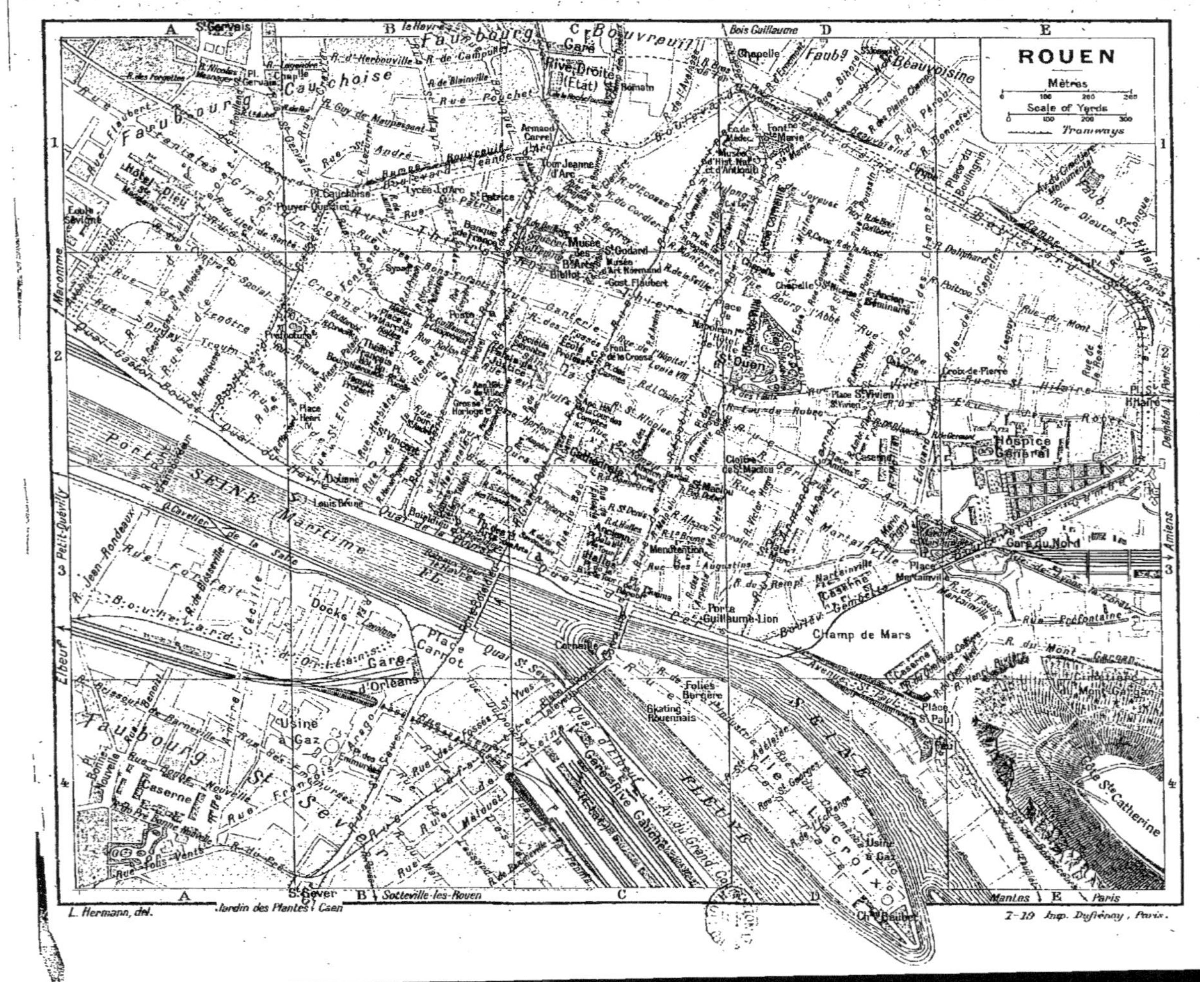
ROUEN
Mètres
Scale of Yards
Tramways
L. Hermann, del.
7-10 Imp. Dufrénoy, Paris.
Seine
Gare du Nord
Gare Rive Droite (État)
Gare Rive Gauche
Gare d'Orléans
Champ de Mars
Hospice Général
Faubourg Cauchoise
Faubourg Bouvreuil
Faubourg St Sever
Faubourg Beauvoisine
Ile Lacroix
Côte Ste Catherine
Place du Boulingrin
St Ouen
Hôtel Dieu
Jardin des Plantes / Caen
Sotteville-lès-Rouen
Petit-Quévilly
Elbeuf
Maromme
Amiens
Darnétal
Paris
Mantes
Le Havre
Bois Guillaume
St Gervais
St Sever

ments du XIXe s., se compose d'un bâtiment principal, construit en 1499, sous Louis XII, pour l'Échiquier de Normandie, par Roger Ango et Roulland le Roux, l'auteur du grand portail de la cathédrale, et qui est flanqué de deux ailes en retour d'équerre : l'aile g. qui renferme la salle des Pas-Perdus (*V.* ci-dessous), destinée à l'origine à servir de lieu de réunion aux marchands, date de la même époque (1493), à l'exception de l'escalier d'angle, refait en 1903 par l'architecte Selmersheim ; l'aile droite a été rebâtie de 1842 à 1852 par l'architecte Grégoire, à la place d'une construction hétéroclite du XVIIIe s. qui s'était écroulée partiellement en 1812. Enfin la partie de l'édifice qui donne sur la place Verdrel a été construite en 1880 pour le tribunal civil par l'architecte Lefort.

La *façade* de la cour d'honneur est justement célèbre. Longue de 66 m., elle se compose de 3 étages : un rez-de-chaussée, légèrement surbaissé, d'une architecture très simple ; au-dessus, un premier étage, avec de belles fenêtres à coins arrondis et à croisées de pierre ; enfin, les lucarnes, se détachant sur la pente du toit, et où se reportent tout l'effort, toute la richesse de l'ornementation : balcon à jour, arcades couplées deux à deux, gâbles, pinacles et gargouilles. Les 20 statuettes qui s'y alignent sont modernes (1840) ; on a figuré parmi elles, vers la dr., Louis XII, Anne de Bretagne, Georges d'Amboise, François Ier, la Justice, etc. ; on ignore ce que représentaient celles qu'elles ont remplacées. Les grandes lucarnes ont été également refaites en majeure partie, ou restaurées à la même époque. — L'arrière-face du même bâtiment, qui donne directement sur la rue Saint-Lô, où conduit un passage voûté, est fort belle également et contemporaine de la façade sur la cour, avec une ornementation un peu plus simple.

Entrée libre, en haut de l'escalier d'angle, dans la salle des Pas-Perdus. L'aile g., en bordure de la cour d'honneur, est occupée tout entière par l'ancienne salle des Procureurs, auj. ***salle des Pas-Perdus**, restaurée en 1876. C'est un admirable vaisseau gothique, de 49 m. de long, large de 16 m. ; sa voûte hardie, en charpente, a la forme d'une carène renversée. A chaque extrémité, à l'étage supérieur, deux fenêtres ogivales flamboyantes à balustrade ajourée. On remarque les niches des murs auj. vides de leurs statues, aux élégantes sculptures, et les petits volets, en chêne ajouré, des fenêtres. Ces volets ont été refaits de nos jours, sur le modèle de l'un d'eux (début du XVIe s.) qui subsiste encore. A l'extrémité est la table de marbre, siège de la juridiction des eaux et forêts, où Pierre Corneille fut avocat ; en 1906, à l'occasion du troisième centenaire de la naissance du poète, on a placé dans la salle une inscription commémorative avec médaillon.

Pour la suite de la visite, s'adr. au concierge qui se tient dans la salle des Pas-Perdus (rémunération). La partie moderne de l'aile g. est occupée par le Tribunal civil. On y remarque 2 tableaux du XVIIIe s. : le Triomphe de la Justice, par *Dehais*, et les Armes de France et de Navarre, magnifique peinture de *Van Loo* (XVIIIe s.).

La **salle des Séances du Parlement**, ancienne Grand Chambre du Parlement de Normandie, auj. Cour d'assises, se trouve dans le corps central de la cour d'honneur. Cette vaste salle rectangulaire, où furent tenus plusieurs « lits de justice » royaux, notamment par Louis XII, par

François Ier et par Henri II, où Charles IX se déclara majeur, fut commencée en 1508 et a été restaurée en 1857-1860. Elle est remarquable surtout par son **plafond à caissons*, qui date de Louis XII, en chêne sculpté et doré, avec d'admirables et légers pendentifs. Les vitraux, les tentures et 2 médaillons, figurant Louis XII et Georges d'Amboise, sont modernes. Derrière le siège du président, un beau bas-relief de pierre, de style gothique, représente, dans un encadrement ornementé, le Christ en croix, entre la Vierge et St Jean : il est ancien et avait été donné par Louis XII, en 1499, à l'Echiquier de Normandie. On a placé de chaque côté 2 statues, la Force et la Justice.

Le *Cabinet des délibérations* de la Cour d'assises est installé dans la tourelle hexagonale de la façade; il a un plafond Louis XVI blanc et or.

Sur le vestibule d'entrée s'ouvrent, dans la partie moderne du palais : la *Salle des appels correctionnels*, avec un tableau du Jugement de Salomon, par *Mignard*; la *Salle des audiences solennelles*, avec un plafond peint par *Laugée* (la Justice invoquée), 2 tapisseries modernes des Gobelins (la Justice et l'Indulgence, d'après Raphaël); la *Chambre du Conseil*, avec un Christ en croix entre les deux Saintes femmes, tableau d'un primitif inconnu, donné par Louis XII à l'Echiquier de Rouen.

On peut aller voir, autour du palais de justice, quelques maisons anciennes ou restes architecturaux.

Au n° 51 de la rue aux Juifs, une plaque indique l'emplacement de l'atelier de Laurent Maury, qui fut le principal éditeur de Corneille. — Au n° 11 de cette même rue, à son extrémité opposée, maison natale du peintre Jouvenet (1647-1717).

Rue Saint-Lô, où donne l'arrière-face du palais de justice, en face du passage voûté, le n° 40, siège des Sociétés Savantes, est un hôtel de 1717 : très belle porte d'entrée, où se voit au fronton l'image du soleil de Louis XIV; jolie cour, belle rampe d'escalier en fer forgé.

Au 40 *bis*, la Société libre d'émulation, du commerce et de l'industrie possède les locaux du *Syndicat d'initiative* (renseignements gratuits), une salle de lecture et un intéressant *musée commercial et industriel* : entrée libre de 9 à 12 h. et de 14 à 18 h. La salle de lecture et bibliothèque offre un recueil très riche de catalogues, périodiques, guides et documents commerciaux de toute sorte; on remarque une collection d'échantillons allemands. Le musée est un des plus complets du genre : histoire de la fabrication des tissus à Rouen, avec collections de tissus; vitrines de Sèvres, histoire d'une assiette; vitrine du Creusot, préparation du minerai de fer; histoire d'un verre, d'une bouteille (industries régionales); le tissage du lin; les utilisations de l'amiante; « chefs-d'œuvre » de maîtres de corporations du XVIIIe s.; équerre, truelle et marteau dont s'est servi Louis-Philippe pour poser la première pierre de la statue de Corneille; curieux assemblages en bois; œufs brodés (fantaisie); collections de bois et de marbres, etc.

Au n° 22 de la rue Saint-Lô, vers la dr., subsiste le portail (XIVe s.) de l'ancienne église Saint-Lô. — Près de la place Verdrel, rue Percière, n° 11, maison de la Renaissance.

Revenant sur la place Verdrel, on prend, en face du palais de justice, la rue Rollon, qui amène à la *place du Vieux-Marché*. C'est sur cette place que fut brûlée Jeanne d'Arc, le 30 mai 1431 (p. 41). Une plaque commémorative et un plan gravé, placés à l'angle d'un des pavillons des Halles Centrales, ainsi qu'une autre plaque encastrée dans le trottoir, indiquent l'endroit exact du supplice, au chevet de l'ancienne église Saint-Sauveur, auj. disparue. La place, jadis beaucoup plus étroite, a été élargie en 1860. Sur le terre-plein asphalté s'éleva, jusqu'en 1841, le pilori de Rouen, où l'on exécutait les criminels. Sur la place se trouve également la façade principale du *théâtre Français*, ancien Jeu de Paume élevé en 1793.

1° Si, de la place du Vieux-Marché, on suivait la rue Pierre-Corneille, ancienne rue de la Pie, on trouverait sur une maison l'inscription suivante : « ICI ÉTAIENT LES MAISONS OU SONT NÉS LES DEUX CORNEILLE : PIERRE LE 6 JUIN 1606; THOMAS LE 25 AOUT 1625 » ; buste en bronze, par Caffieri. — La rue Pierre-Corneille aboutit à la *préfecture*, édifiée au XIXe s. sur une partie de l'ancien couvent des Jacobins.

2° De la place du Vieux-Marché, la rue de Crosne, où se voient plusieurs hôtels du XVIIIe s., aboutit à l'hôtel-Dieu, qui remonte en partie à 1649, et dans un pavillon duquel naquit, en 1821, le romancier Gustave Flaubert. — Contre l'hôtel-Dieu, l'*église Sainte-Madeleine*, terminée en 1781 par l'architecte Le Brument, offre, au fronton, la Charité, bas-relief par Jadoulle; elle renferme une Conversion de St Paul, par *Restout*, et, aux bas-côtés, 2 tableaux de Vincent : à dr., Guérison de l'aveugle; à g., Guérison du paralytique, ainsi qu'une grande tapisserie des Flandres du XVIe s., Ganelon trahissant Charlemagne.

3° A la place du Vieux-Marché aboutit la rue de la Prison. Suivant cette rue on rencontre, à l'angle de la rue des Bons-Enfants, la *synagogue*, installée dans l'ancienne église de Sainte-Marie-la-Petite, du XVIe s. — Dans la rue des Bons-Enfants se voient (n° 132) la maison natale de Fontenelle (1657) et une vieille auberge normande, appelée auj. hôtel des Bons-Enfants. Dans cette même rue on trouve (2e à g. en venant de la rue de la Prison) la rue Etoupée, au n° 4 de laquelle est la maison de la Cité de Jérusalem, de 1580. — Enfin, dans la rue Sainte-Croix des Pelletiers qui, de la rue des Bons-Enfants (1re rue à dr. en venant de la rue de la Prison) ramène à la place du Vieux-Marché, l'ancienne église du même nom est convertie en magasins : une fontaine, de 1634, appartient au style Renaissance.

De la place du Vieux-Marché on gagne, au S.-E., la place de la Pucelle, où l'on crut voir longtemps l'emplacement du bûcher de Jeanne d'Arc. La *fontaine de la Pucelle*, construite en 1755, se compose d'un piédestal triangulaire, orné de dauphins supportant une statue de Jeanne d'Arc, en « style noble », par P.-A. Slotdz : l'héroïne est figurée sous l'image de Bellone, tête nue, tenant un bouclier et une épée.

L'***hôtel du Bourgtheroulde**, sur la place de la Pucelle, n° 15, date du début du XVe s. et fut élevé pour Guillaume le Roux, seigneur du Bourgtheroulde, près Rouen. Il fut terminé par ses fils et appartient, comme le palais de justice, à la transition du gothique et de la Renaissance. Le Comptoir d'Escompte de Rouen l'occupe auj. La façade extérieure, avec lucarnes, écussons et armoiries de Le Roux, a été restaurée ou refaite en 1885. La cour intérieure, où on peut entrer, est surtout remarquable. Un bâtiment à deux étages a de grandes lucarnes ornementées, à pinacles gothiques, en dessous desquelles sont sculptés des bas-reliefs. Sur les murs se voit la salamandre de François Ier. Une tourelle, à pans coupés, avec un superbe épi de faîtière en plomb, figurant une touffe de chardons, est couverte de bas-reliefs : jeu de la main-chaude, scènes de pêche et tonte des moutons. A l'intérieur, qu'on ne visite pas, un cabinet ancien a gardé son plafond de bois, à pendentifs, et d'anciennes peintures murales. — En retour d'angle et bordant la cour, une galerie à un seul étage est d'une époque un peu postérieure et accuse nettement le style Renaissance. On y admire, à la frise supérieure, une série de bas-reliefs symboliques et mystiques, empruntés aux Triomphes de Pétrarque : 1er et 2e, détruits : 3e, Triomphe de la Mort; 4e, Triomphe de la Renommée; 5e, Triomphe du Temps; 6e, Triomphe de la Divinité. Au soubassement, d'autres bas-reliefs, assez frustes, mettent en scène la fameuse entrevue du camp du Drap d'Or, qui eut lieu entre François Ier et le roi d'Angleterre, Henri VIII, le 7 juin 1520. Les armes d'Éléonor d'Autriche indiquent que cette galerie ne fut exécutée qu'après le mariage de cette princesse avec François Ier, en 1530.

Un peu au delà de l'hôtel du Bourgtheroulde, l'ancienne *église Saint-Eloi* est occupée par le temple protestant. Du XVIe s., elle a une tour de style Renaissance. On y voit un bel orgue et un autel de marbre du XVIIIe s. Près d'une petite porte, sur le côté S., un cénotaphe du XVIe s. porte cette inscription : ICI GIT UN CORPS SANS AME PRIEZ DIEU QU'IL EN AIT L'AME. — Rue Saint-Eloi, no 30, ancien hôtel des Monnaies, du XIVe s.

Au delà de la place de la Pucelle, à g., s'ouvre la vieille rue de la Vicomté, une des plus pittoresques de Rouen; à g., au coin de la rue aux Ours, maison du XVe s. La rue de la Vicomté amène à l'église Saint-Vincent.

L'église Saint-Vincent, célèbre par ses vitraux, fut bâtie de 1511 à 1556, en grande partie par Guillaume Touchet; elle appartient au style flamboyant. Le portail principal a été construit par Ambroise Harel, avec porche élégant, surmonté d'une terrasse et d'un balcon à jour; on y voit au tympan un bas-relief mutilé du Jugement dernier. Le portail latéral S., de 1515, a été restauré; il a des vantaux en bois sculpté, de la Renaissance, provenant de l'ancienne église détruite de Saint-André-aux-Febvres (p. 47). La tour carrée est inachevée.

A l'intérieur, 5 nefs; magnifiques **vitraux* de la Renaissance. Ce sont :

BAS-CÔTÉ DR. : Au-dessus de la porte du portail latéral, vitrail du Jugement dernier. — 3 vitraux des plus beaux : 1o vitrail des Chars, de 1515, figurant le Triomphe de la Religion à Rouen; 2o Vie de Ste Anne; 3o les Vertus. Dans cette même chapelle, boiseries de la Renaissance. — Aux deux travées suivantes, avant la chapelle absidale : Martyre de St Vincent et Vie de Jésus-Christ.

CHAPELLE ABSIDALE : Vitrail du Crucifiement.

BAS-CÔTÉ G. : Au pourtour du chœur : 2 vitraux de la Vie de Jésus-Christ. — Grande chapelle N. du chœur : à l'abside, vitrail des Œuvres de Miséricorde, signé d'*Engrand Le Prince* et de son fils Jean, de 1530 env.; vitraux de St Jacques, St Vincent, St Nicolas, St Jean-Baptiste, Ste Anne, des deux Le Prince (1525); curieux vitrail de St Antoine de Padoue : pour convaincre un incrédule, il fait adorer l'hostie par un âne. — Au-dessus de la porte N., Attributs de la Passion (1585). — A la 2e fenêtre de la nef, Arbre de Jessé de 1506, provenant de l'église Saint-Godard; Glorification de la Vierge, de Jean Le Prince.

On remarque encore dans l'église : le maître-autel du chœur, de style Louis XIV, avec Anges adorateurs par Caffieri; la dalle tombale de

Geoffroy de Réaume, maire de Rouen († 1309). Des tapisseries de la Renaissance et du XVIIIe s. sont enfermées à la sacristie.

De l'église Saint-Vincent, la rue Jeanne-d'Arc, à dr., conduirait aux quais (p. 70). En la remontant au contraire à g., on trouve bientôt à g. la *tour Saint-André*, haute de 32 m., de style gothique, bâtie de 1542 à 1546, reste de l'ancienne église de Saint-André-aux-Febvres. Elle est entourée d'un petit square où a été remontée la *façade* en bois sculpté d'une ancienne maison de la Renaissance, dite de Diane de Poitiers.

Aussitôt après la tour, on croise la rue aux Ours, qui va à dr. vers la cathédrale. On y remarque plusieurs maisons du XVIIIe s.; au no 26, une tour gothique du XVIe s., reste de l'ancienne église Saint-Cande-le-Jeune : on la voit du trottoir des numéros impairs; au no 61, la maison natale de Boïeldieu, avec buste; au no 56, la maison natale du chimiste Dulong.

Remontant toujours la rue Jeanne-d'Arc, qui ramènerait au palais de justice, on prend à dr. la rue de la Grosse-Horloge, où l'on voit aussitôt, en face de soi, le groupe pittoresque de bâtiments qui lui a donné son nom.

La ***Grosse-Horloge**, flanquée à dr. d'une tour de beffroi, est un petit édifice de la Renaissance (1511) qui enjambe la rue par une arche surbaissée, et qui est surmonté d'un grand toit à lucarnes restauré en 1891. Sur chaque face, un cadran en plomb doré, d'une riche ornementation, est encadré de deux pilastres; il n'a qu'une seule aiguille et montre les figures du zodiaque, ainsi que la lune et ses phases; le mouvement de l'horloge est de 1447 et a été restauré en 1893. Le dessous de l'*arcade* est richement sculpté; dans le médaillon central, des hauts-reliefs figurent, sous la forme d'un berger dont la tête est auréolée, le Christ en Bon Pasteur, au milieu d'un troupeau de brebis. Au sommet du toit, 3 épis portent le soleil, la lune et les armoiries de Rouen.

La tour du *beffroi*, gothique, construite en 1389-1390 par Jean de Bayeux, est carrée avec des fenêtres à arc brisé et des contreforts; elle était autrefois terminée par une aiguille de plomb que remplaça, en 1711, la disgracieuse coupole ronde actuelle.

Pour monter dans la tour, s'adresser à la boutique voisine. On gravit un escalier tournant de 200 marches, en bas duquel une inscription rappelle la date de la construction. La tour renferme deux cloches anciennes, l'une, la Rouvel, ou Rembol, dite encore la cloche d'Argent, bien qu'il n'y entre aucune parcelle de ce métal, fondue au XIIIe s. par Jean d'Amiens, sonna le couvre-feu à neuf heures du soir, chaque jour depuis cette époque jusqu'en 1904. Fêlée cette année-là, elle a été remplacée, pour la sonnerie du couvre-feu, par sa voisine, la Cache-Ribaud, qui est de même date.

Enfin le beffroi abrite la *Grosse-Horloge* qui a donné son nom à tout l'édifice : c'est une horloge de fer construite en 1385 par Jean de Felains; elle passe pour la plus vieille du monde et marche encore avec une parfaite régularité.

Dans l'angle, entre le beffroi et l'arcade de la Grosse-Hor-

loge, une *fontaine* monumentale est adossée à une loggia de la Renaissance. Elle est ornée d'un fronton sculpté en haut-relief : Alphée et Aréthuse, et décorée de pilastres que surmontent des groupes d'enfants. Elle a été élevée en 1732, sur les plans de Jean Defrance, par les soins de François de Montmorency, duc de Luxembourg, dont elle porte les armes.

En continuant la rue de la Grosse-Horloge, qui était jadis la principale artère de Rouen, et qui est restée un beau coin, à la fois animé et bien conservé, de ville ancienne, on voit à g., à l'angle de la rue Thouret, une partie de l'ancien *hôtel de ville* de Rouen, construit en 1607 par Jacques Gabriel, bisaïeul de J.-Ange Gabriel, le célèbre architecte de Louis XV, et divisé auj. en plusieurs habitations. Sur la façade de la rue Thouret, buste de Thouret, député aux États généraux de 1789, par Guilloux.

Au n° 73, en face de la rue Thouret, s'ouvre le passage d'Etancourt, où l'on peut voir, donnant sur une cour, l'ancienne maison du Gouvernement : le côté g. de la cour est Renaissance : les 3 autres côtés sont ornés de 13 grandes statues, du XVIIe s., de dieux et de déesses.

Plus loin on dépasse à g. la rue du Bec, où s'arrêtaient jadis les diligences de Paris et du Havre et où sont les plus anciens hôtels de Rouen (hôtels modestes). On arrive sur la place Notre-Dame, en face de la cathédrale.

La **cathédrale Notre-Dame**, une des plus belles églises de France, est un spécimen de l'art gothique à ses diverses périodes, depuis le style du XIIIe s. jusqu'au flamboyant. Elle fut commencée en 1201 ou 1202, sur l'emplacement d'un édifice roman détruit par un incendie en 1200, par Jean d'Andely, auquel succéda, en 1214, Enguerrand ou Ingelram. Elle fut terminée seulement en 1530, par la grande façade ; la flèche métallique centrale date du XIXe s. Les noms de la plupart des artistes qui ont travaillé au monument nous ont été conservés.

La **grande façade* (XVIe s.), qui donne sur la place de la Cathédrale, offre un magnifique spécimen du gothique flamboyant, avec ses pinacles, ses arcatures à jour, ses balustrades, ses niches, sa grande rose, ses trois portes et ses 300 statues, statuettes ou figurines. Elle a été exécutée de 1507 à 1530, par les architectes Jacques et Roulland Le Roux, sous les deux cardinaux Georges Ier et Georges II d'Amboise, dont la cathédrale abrite le tombeau. La porte centrale offre au tympan un Arbre de Jessé, sculpté par Desobaulx ; elle a des vantaux en bois sculpté de la Renaissance, par Colin Castella. La porte de dr. ou porte Saint-Etienne, avec bas-relief représentant la Lapidation de St Etienne, et la porte de g. ou porte Saint-Jean, avec bas-reliefs figurant la Danse de Salomé, la Décollation de St Jean-Baptiste et la Tête de St Jean apportée à Salomé, datent du XIIIe s. et sont, dans la façade, les seuls restes de cette époque. La largeur totale de la façade, y compris les deux tours, est de 56 m. De grands travaux de restauration, qui se terminent actuellement du côté g., ont été entrepris de nos jours pour enrayer l'effritement et la dégradation qui étaient allés en s'accentuant depuis un terrible ouragan de 1683.

A dr. et à g. s'élèvent deux tours. La *tour Saint-Romain*, à g., la plus ancienne et la plus simple dans son ornementation, romane à sa base et du style de transition en son milieu (XIIe s.), date de l'église primitive, consumée en 1200; le faîte a été achevé de 1465 à 1477, en style flamboyant. Cette tour, qui atteint 75 m. avec la toiture, renferme de belles salles intérieures, l'horloge et la sonnerie des cloches, parmi lesquelles le Gros Bourdon pèse 7,500 kilog. — La tour de dr., la célèbre **tour de Beurre*, haute de 77 m., de style flamboyant, a été bâtie de 1485 à 1507, avec l'argent des dispenses accordées aux fidèles pour l'usage du beurre en carême : d'où son nom.

La *tour centrale*, qui porte la flèche au carré des transepts, a été construite et remaniée du XIIIe au XVIe s. La flèche actuelle, qui a remplacé l'ancienne flèche en charpente et en plomb détruite par la foudre en 1822, est en fonte et en bronze, ainsi que ses 4 clochetons.

Œuvre hardie, elle fut commencée en 1827 par l'architecte Alavoine; sa construction, interrompue en 1848, fut terminée en 1877, par Barthélemy et Desmarest. Elle pèse 740,000 kilog.; sa pointe est à 156 m. du sol; il y a 423 marches jusqu'à la lanterne. Elle est entièrement ajourée et l'ascension n'en est pas à recommander aux personnes sujettes au vertige; pour cette ascension, une autorisation doit être demandée à M. Auvray, inspecteur diocésain, r. des Arsins.

Sur le flanc dr. de la cathédrale, le *portail de la Calende* date de la fin du XVe s.; il a été restauré de 1854 à 1866; le faîte en est surchargé d'ornements. Les vantaux de la porte sont anciens. Les petits bas-reliefs à compartiments sous les statues du portail figurent l'histoire de Jacob et de Joseph, la Vie de St Romain et de St Ouen, le Mauvais Riche et le Lai d'Aristote. Au tympan, l'histoire de Jésus et la Passion. Au 1er pignon on voit le Pèsement des âmes; sous le dais du 2e pignon, Jésus et la Vierge entourés d'anges. — Entre le portail de la Calende et la tour de Beurre, à la 8e travée de la nef (6e fenêtre extérieure), s'ouvre la porte des Maçons, du XIVe s., avec statuettes aux voussures et, au tympan, bas-relief de la Présentation de Jésus au Temple. — Au delà du portail de la Calende est l'ancien Archevêché adossé au chevet de la cathédrale (p. 53). On revient à la façade.

A g. de la façade s'ouvre la *cour d'Albane*, ancien cloître du chapitre, où on a récemment aménagé un petit square, en dégageant un ensemble pittoresque de vieilles maisons tapissées de lierre et de vigne vierge, qui forment avec la cathédrale un joli décor du moyen âge. Dans le square, qui doit être prochainement ouvert au public, on a placé divers fragments de sculptures gothiques.

En continuant à g. à contourner la cathédrale par la vieille rue Saint-Romain bordée d'anciennes maisons à pignons, on arrive à dr. à l'entrée de la belle et fameuse **cour des Librairies* précédant le portail du même nom. On y pénètre de la rue Saint-Romain par un magnifique *avant-portail* de pierre, œuvre de G. Pontifz (fin du xve s.); il est formé de deux arcades que surmonte un double couronnement ajouré; les vantaux des portes furent exécutés par Le François et L'Hôtelier. La cour, dont les bâtiments latéraux ont été construits du xiiie au xve s., doit son nom aux boutiques des libraires et des relieurs qui s'y trouvaient à g. Dans le bâtiment de dr., œuvre également de Pontifz (1464-1484), était installée la bibliothèque des chanoines, auj. Faculté de théologie. Les arcades des anciennes boutiques sont en majeure partie murées.

Le *portail des Libraires*, entouré à dr. et à g. de belles arcatures, et qui donne accès au transept dr. de la cathédrale, date, comme le portail de la Calende, de la fin du xve s. (1430-1470). Au tympan, inachevé, bas-relief du Jugement Dernier; sur le côté g., au-dessus du portail, statues anciennes de Ste Geneviève et du Jugement de Salomon. A dr. et à g. du portail, en bas, série de petits médaillons sculptés figurant des sujets satiriques : la Terre qui joue du violon, l'Huître et les plaideurs, etc. Au pilier central, statue d'évêque. Au-dessus du portail est un balcon à jour, surmonté de la belle rose du transept. Le portail est flanqué de 2 tours carrées, inachevés.

L'intérieur est éclairé par 130 fenêtres et 3 roses. Dans leur ensemble, la nef, le chœur et l'abside appartiennent au style ogival normand du xiiie s. Les bas-côtés ont reçu une décoration plus ornementée aux xive et xve s. Enfin la Renaissance est venue marquer son empreinte par quelques belles œuvres d'art. La hauteur des voûtes est de 28 m.; la longueur totale du vaisseau est de 135 m. — Pendant la guerre, les vitraux, ainsi que ceux de Saint-Ouen et de Saint-Patrice, ont été déposés et mis à l'abri des gothas.

Nef. — On remarquera la sveltesse des colonnettes des piliers. Au-dessus court une galerie de larges arcades, puis une fausse galerie surmontée de verrières. Buffet d'orgue sculpté, des xviie et xviiie s. Au-dessus, la *rose* de la façade est garnie de vitraux du xvie s., figurant le Père Eternel entouré d'Anges qui tiennent des instruments de musique et des instruments de la Passion. En face de la chaire, Christ en plomb, de *Clodion* (xviiie s.).

Bas-côté dr. — Chapelle Saint-Etienne sous la tour de Beurre, souvent fermée; s'adresser au sacristain, petite rémunération. Beau *vitrail*, à g. (xvie s.) : le Christ fait toucher ses plaies à St Thomas; retable d'autel, moderne, style du xve s.; à dr., jolie piscine sculptée, avec les statuettes de St Etienne, St Martin et St Laurent; à dr. et à g., tombeaux, avec statues, du président Groulard et de sa femme; deux tombes gravées, des xiiie et xive s. — 6e travée, chapelle Sainte-Colombe ou des Innocents, décoration du xviiie s. : retable en marbre, Nativité du Christ; en face, 5 panneaux en albâtre (xviiie s.) : Annonciation, Visitation, Fuite en Egypte, Sainte-Famille, Assomption. Dans le dallage du bas-côté, une dalle funéraire effacée est consacrée à Jacques Turgis, Robert Tallebot et Jacques Le Brasseur, injustement condamnés par le Présidial des Andelys, en 1627. — 7e travée : autel et décoration de bois sculpté et doré, de l'époque Louis XIII, avec peintures anciennes. — 8e travée : inscription tumulaire du marin R. de la Salle. — 9e travée, chapelle

Sainte-Marguerite : vitrail (XVIe s.), la Passion; monument de l'archevêque Thomas (1826-1894), par A. Guilloux (1911). — 10e travée : chapelle Petit-Saint-Romain : *vitrail* (XVIe s.), Vie de St-Romain; *tombeau de Rollon*, avec statue du XIIIe s. A l'autel, Résurrection (XVIIIe s.).

TRANSEPT DR. — A dr. de la porte, chapelle du Grand-Saint-Romain, avec retable en bois doré, du XVIIe s., et *vitrail* (XVe-XVIe s.) de la Vie de St Romain.

A g. de la porte, 2 magnifiques **vitraux* de la Renaissance, avec des sujets symboliques. — A g. chapelle Saint-Joseph, avec (à dr.) un Christ ancien en pierre, vénéré, très réaliste. — A dr., chapelle Jeanne-d'Arc : autel moderne surmonté de sa statue, entre deux allégories, le tout en marbre blanc; à dr., dans une niche, monument de Mgr Fuzet, ancien primat de Normandie, par Gauquié (1917). Devant la chapelle, dans une vitrine, broderie, or et argent, exécutée par les dames de Rouen et représentant Jeanne d'Arc.

Belle lanterne au carré du transept.

CHŒUR. — C'est la partie de l'église qui offre le style du XIIIe s. le plus simple et le plus pur. Piliers cylindriques à chapiteaux. Aux fenêtres supérieures, au fond, 3 **vitraux* du XVe s. : au centre, le Christ en croix; 96 *stalles*, exécutées de 1457 à 1469, aux frais du cardinal d'Estouteville et sous la direction du sculpteur Philippot Viart : leurs sculptures représentent les principales professions de l'époque et leurs instruments.

POURTOUR DU CHŒUR. — On ne visite qu'en dehors des heures des offices, et seulement sous la conduite du suisse. — Contre la grille du chœur, tombeau moderne, avec statue dans le style du XIIIe s., renfermant le cœur du célèbre roi d'Angleterre et duc de Normandie *Richard Cœur de Lion* (✝ 1199). — Chapelle Saint-Barthélemy, en hémicycle, avec clôture de pierre du XVe s. et vitrail du XIIIe s. Entre cette chapelle et celle de la Vierge, vitraux du XIIIe s.

Chapelle de la Vierge, à l'abside, construite de 1302 à 1320; fermée, sauf pendant les offices; s'adr. au sacristain, rémunération. — Les *vitraux* (XIVe et XVe s.) des murs de dr. et de g. représentent la série des 24 archevêques de Rouen honorés comme saints. Autel du XVIIe s., avec *Adoration des Bergers, par *Philippe de Champaigne*. Au mur de dr. : ***tombeau des cardinaux d'Amboise*, chef-d'œuvre de la Renaissance, élevé de 1518 à 1525, sur les dessins de Roulland le Roux, par les sculpteurs Desobaulx, Regnaud Thérouin, Jean Chaillou, André Le Flament, Mathieu Laignel et Jean de Rouen. Au soubassement, 6 statuettes, la Foi, la Charité, la Prudence, la Force, la Justice et la Tempérance, sont séparées par des pilastres ornés de figures de moines. Sur le tombeau, statues agenouillées du cardinal d'Amboise, Georges Ier (✝ 1510), archevêque de Rouen et ministre de Louis XII, œuvre de *Jean Goujon*, et de son neveu Georges II, qui fit élever le monument. Derrière les statues, bas-relief représentant St Georges terrassant un dragon, et 6 statues : un évêque, la Vierge, St J.-Baptiste, St Romain, un religieux, un archevêque bénissant. De chaque côté, 2 statuettes d'archevêques, dans des niches élégantes. Au-dessus du tombeau, dais sculpté; statuettes des Apôtres, des Prophètes et des Sibylles. — Au pied du monument, une dalle tumulaire recouvre les restes du cardinal de Cambacérès (✝ 1818). Au mur de g. : tombeau du cardinal de Croy (✝ 1844); *tombeau de Pierre de Brézé*, tué à la bataille de Montlhéry, 1465, (1488-1492), presque entièrement refait de nos jours. Entre les deux, **tombeau de Louis de Brézé*, mort en 1531, petit-fils du précédent, sénéchal de Normandie, et qui épousa en secondes noces Diane de Poitiers. Ce tombeau, œuvre de 1er ordre de la Renaissance, lui fut élevé par sa veuve, de 1536 à 1544. Sous l'arcature du sommet, qu'encadrent 4 cariatides, Louis de Brézé est figuré en armure, sur son palefroi. Au-dessous on voit le corps du « gisant »; à g., Diane de Poitiers est agenouillée; à dr., la Vierge.

Au delà de la chapelle de la Vierge on trouve : sous une arcature, cénotaphe de l'évêque Maurille (✝ 1235) : *vitrail* du XIIIᵉ s. ; *tombeau du cardinal de Bonnechose*, avec sa statue en marbre, par Chapu, et la statue en bronze de la France chrétienne, par Carlus ; tombeau moderne de Henri Court-Mantel, roi d'Angleterre et duc de Normandie, inhumés dans la cathédrale en 1184 ; *vitraux* à petits personnages, du XIIIᵉ s. : l'Enfance du patriarche Joseph et la Légende de St Julien l'Hospitalier qui a inspiré le conte de Flaubert.

TRANSEPT G. — Dans le dallage sont encastrées plusieurs dalles tumulaires, en partie effacées, parmi lesquelles celles de Jean de Bayeux, archevêque de Rouen au XIᵉ s., et du chanoine Denis Gastinel, un des juges de Jeanne d'Arc. A g., en regardant le portail, Mise au tombeau (tableau) ; à l'encoignure, charmant *escalier de pierre*, de la Renaissance, exécuté de 1478 à 1480, sur l'ordre du cardinal d'Estouteville, par l'architecte G. Pontifz et par les sculpteurs Desvignes et Chennovière : il conduisait à la bibliothèque des chanoines et au trésor.

BAS-CÔTÉ G. en venant du transept. — 1ʳᵉ chapelle, chapelle Sainte-Anne : *tombeau de Guillaume Longue-Épée*, duc de Normandie, fils de Rollon, mort assassiné en 943, avec statue du XIIIᵉ s. — 2ᵉ chap., chapelle Saint-Nicolas : grille de fer forgé, du XVIIIᵉ s. — 4ᵉ et 5ᵉ chap. : restes de vitraux du XIVᵉ s. — 6ᵉ chap., chapelle Saint-Sever : *vitrail* du XIVᵉ s., dont le panneau inférieur, du XVᵉ ou XVIᵉ s., représente des scènes de la Passion. — 7ᵉ chap., chapelle Saint-Jean : vitrail du XIVᵉ s. à sa partie supérieure, du XVᵉ ou XVIᵉ s. à sa base ; tableau de la Descente de Croix, par *Jouvenet* (XVIIᵉ s.). — 8ᵉ chapelle : restes de vitraux du XIVᵉ s.

La cathédrale possède de belles tapisseries d'Aubusson et des Gobelins, exposées, lors des grandes cérémonies, aux piliers de la nef.

Sur la place Notre-Dame, à l'angle de la rue Ampère, se voit l'ancien *Bureau des Finances*, édifié en 1505 par Roulland Le Roux, aux frais du financier Thomas Bohier. De style de transition, avec un grand toit et des lucarnes gothiques, il a ses deux façades décorées de pilastres et d'arabesques, de médaillons formés de couronnes, d'écussons en grande partie effacés, de niches surmontées de dais et de l'écu de France. A l'intérieur, *musée de dessin industriel* : entrée, r. Ampère, 2, t. l. j. sauf dim. et jours fériés, de 10 h. à 16 h.

De l'autre côté de la place, au nº 14 de la rue des Carmes, dans la cour, ancien *hôtel de la Chambre des Comptes*, bel édifice de la Renaissance, de 1544. L'ancienne chapelle sert auj. de passage public entre la rue des Carmes et la rue Saint-Romain ; à la voûte, belles clefs sculptées à pendentifs.

De la place Notre-Dame on reprend au N. la rue Saint-Romain qui passe devant la cour des Libraires (p. 50) et qui, au delà, longe le mur de l'archevêché. En face du nº 50, deux plaques de marbre, sur le mur extérieur de la chapelle de l'archevêché, rappellent que dans cet édifice fut tenue la dernière séance du procès de Jeanne d'Arc, brûlée vive le lendemain, et que plus tard y fut prononcée sa réhabilitation. Plus loin, au nº 28, curieuse petite rue des Chanoines.

La rue Saint-Romain croise ensuite la large rue de la République qui conduit à dr. aux quais de la Seine (p. 70), à g. à Saint-Ouen et à l'hôtel de ville (p. 55).

En bordure de la rue de la République, à dr., s'étend une des façades des vastes bâtiments de l'*ancien archevêché*, auj. désaffecté et occupé pendant la guerre par des troupes anglaises. Il fut édifié au XVe s. pour les cardinaux d'Estouteville et Georges Ier d'Amboise, et remanié aux siècles suivants. Adossés au chevet de la cathédrale, ces bâtiments reviennent en retour d'angle, par la rue des Bonnetiers, où se trouve le grand *portail* d'entrée, construit sous Louis XIV et attribué à Mansart. — A l'intérieur : cour d'honneur et jardin; salle des Etats, où est une suite de tableaux de *Hubert-Robert* (vues de Rouen, Dieppe, Gaillon et le Havre), donnés au XVIIIe s. par le cardinal de la Rochefoucauld; l'assemblée des Notables, présidée par Louis XIV, siégea dans cette salle, en 1650; chapelle avec vitraux en grisaille du XVe s.; belle cave du XIIe s. et vaste cuisine, aux voûtes gothiques reposant sur un pilier central.

Continuant la rue Saint-Romain au delà de la rue de la République, on arrive à la place Barthélemy, où s'élève Saint-Maclou. — A dr. de Saint-Maclou, rue Eugène-Dutuit, l'ancien presbytère est attenant à une élégante *maison* en bois, du XVe ou XVIe s.

L'**église Saint-Maclou** (ordinairement fermée de midi à 14 h.), commencée en 1437, terminée dans les premières années du XVIe s., appartient tout entière au style flamboyant, dont elle est un des meilleurs et des plus riches spécimens. La pierre en est ajourée et fouillée à l'infini. Pierre Robin, maître-maçon du roi, en donna les plans. Les libéralités des deux cardinaux d'Amboise en permirent l'achèvement et le second consacra l'église en 1521. Elle est dédiée à St Maclou (ou St Malo), évêque du diocèse d'Alet (diocèse actuel de Saint-Malo) au VIe s. Le *clocher*, qui a remplacé une ancienne flèche de bois et plomb détruite en 1794, a été exécuté en 1868-1870, par Barthélemy père; la pointe de la flèche est à 82 m.

La façade est enveloppée d'un *porche* à cinq pans, avec cinq arches ogivales surmontées de pignons aigus. Sous ce porche s'ouvrent 3 portes, dont deux ont de magnifiques **vantaux* sculptés de la Renaissance. A la porte de g., dite porte des Fonts, ces vantaux, attribués à *Jean Goujon*, offrent la Légende du Bon Pasteur et des allégories des Quatre Saisons. Sur la porte centrale sont figurés la Circoncision et le Baptême du Christ; au-dessus, 8 statuettes symboliques. Le revers de ces portes est également sculpté, mais avec moins de finesse. Au tympan de la porte principale, *bas-relief* du Jugement Dernier. — Sur le flanc g. de l'église, rue Martainville, la porte du transept offre 2 *vantaux* de même époque et de même style que les précédents.

L'intérieur est tout en hauteur, avec 3 nefs très courtes à 3 travées, et d'une architecture élégante, plus simple que celle de l'extérieur; il est malheureusement déparé par de lourds ornements en bois sculpté et doré, du XVIIIe s. — Le *buffet d'orgue* est de 1521; le balcon de la tribune, avec figurines assises des Arts libéraux, est supporté par 2 colonnes en marbre noir, avec chapiteaux sculptés en marbre blanc, œuvre de *Jean Goujon*; la charmante tourelle de l'escalier, de style flamboyant, en pierre découpée, a été construite de 1510 à 1528 par

P. Gringoire. — L'église a conservé de superbes **vitraux* de la Renaissance. Les deux plus beaux sont aux transepts : au transept g., Arbre de Jessé, sur fond bleu; au transept dr., le Crucifiement. D'autres, en grisaille, se voient aux chapelles absidales. D'autres encore, fort beaux, aux fenêtres supérieures du chœur, figurent notamment St André. La grande rose, au-dessus de l'orgue, en est également garnie, et diverses fenêtres en ont des restes plus ou moins complets. — Dans la 3e chapelle g. du pourtour, beaux confessionnaux sculptés.

Au tournant de la façade de Saint-Maclou, à l'angle de la place Barthélemy et de la rue Martainville, est l'ancienne fontaine de Saint-Maclou, de la Renaissance, dégradée. En suivant la rue Martainville, on y trouve, au no 168, le curieux cloître de Saint-Maclou.

Le **cloître ou aître de Saint-Maclou** (du latin *atrium*, cour intérieure) est occupé auj. par une institution; s'adresser au concierge, pourboire. Edifié de 1526 à 1533, par Denis Lesselin et de nombreux sculpteurs, à part le côté dr. qui date de 1640, il est un des derniers restes des anciens charniers du moyen âge. La cour centrale, où était le cimetière désaffecté en 1790, forme un rectangle de 48 m. sur 32. Elle est entourée de *galeries* en bois, soutenues par des colonnes de pierre, à chapiteaux historiés, dont les sculptures presque entièrement brisées figuraient la Danse macabre; au-dessus des colonnes court une frise ornementée de crânes, de tibias et de divers outils de fossoyeur. Ces galeries, dont les ouvertures sont auj. murées, servaient autrefois d'abri à de petits marchands et de promenoir.

Au delà du cloître de Saint-Maclou, la rue Martainville conduirait à la place du même nom, avec square, et au boulevard Gambetta, où est à g. la gare du Nord.

Du cloître de Saint-Maclou on revient sur ses pas à la place Saint-Barthélemy, devant l'église Saint-Maclou, où on prend à dr. la vieille rue Damiette : au no 30, porte de l'ancien *hôtel de Senneville* (XVIe-XVIIe s.), où mourut en 1674 lord Clarendon, chancelier de Charles Ier d'Angleterre. Dans la rue qui lui fait suite, et qui conduit directement à la place de l'Hôtel-de-Ville et à l'église Saint-Ouen, au no 4, jolie porte sculptée de la Renaissance.

Un petit circuit intéressant conduira par la rue Eau-de-Robec à l'église Saint-Vivien, d'où l'on pourra pousser jusqu'à la Croix-de-Pierre.

La *rue Eau-de-Robec*, qu'on prend à dr. après la rue d'Amiens, est une des plus anciennes et des plus curieuses de Rouen. Elle est bordée à g., en deçà et au delà de la place Saint-Vivien, par le ruisseau noirâtre du Robec, en grande partie couvert, le long de vieilles maisons dont chacune a un pont, une passerelle ou une terrasse, des marches et des balustrades pittoresques. Parmi les maisons les plus anciennes, signalons : près de l'entrée, à g., no 186, une façade avec bas-relief de la fin du XVIe s. : à dr., no 223, au 1er étage, sculptures de l'époque de Louis XIII; plus loin à dr., no 203, qui menace ruine; no 185, à double encorbellement, avec imbricatures formant des dessins; à g., no 134, maison de 1601 avec salamandre sculptée au-dessus de la porte; place Eau-de-Robec, no 4-6, cour d'une maison gothique, intéressantes sculptures.

Sur la place Saint-Vivien, qui coupe en deux la rue Eau-de-Robec, s'élève l'*église Saint-Vivien* (XIVe-XVIe s.), de style flamboyant, avec un clocher de pierre du XIVe s.; le portail qui donne sur la place est moderne. Elle renferme un beau retable en marbre, du XVIIIe s., figurant le Thabor et provenant de l'ancienne église des Cordeliers; le buffet d'orgue sculpté, du XVIIe s., est attribué à l'un des frères Anguier.

Sur le flanc g. de l'église, la rue Saint-Vivien conduit à la *Croix-de-Pierre*, de 1515, à trois étages, refaite en 1871, par les architectes Barthélemy et Fulconis, sur le modèle de la fontaine ancienne, très détériorée et qui a été reportée dans le jardin du musée d'Antiquités. A l'angle de la place et de la rue Edouard-Adam, buste, par A. Guilloux, d'Edouard Adam, inventeur de l'appareil à distiller les vins (1880). La rue Edouard-Adam conduirait à l'hospice général, fondé en 1572 par Claude Groulard, président du Parlement de Rouen.

De la Croix-de-Pierre, on revient par la rue Saint-Vivien qui conduit au delà de l'église Saint-Vivien, à la place de l'Hôtel-de-Ville.

La place de l'Hôtel-de-Ville, sur laquelle s'élèvent l'église Saint-Ouen et l'hôtel de ville, est ornée d'une *statue* équestre *de Napoléon Ier*, par Vital Dubray, inaugurée en 1865 : le bronze a été fondu avec des canons pris à Austerlitz; sur le piédestal, un bas-relief représentant la Visite de Bonaparte à l'établissement Sévennes, au faubourg Saint-Sever, a été exécuté d'après un dessin d'Isabey, qui est au musée de peinture.

En face de l'église Saint-Ouen, sur la g., la rue de l'Hôpital, qui offre au n° 1 un hôtel de la Renaissance, conduit, à l'angle de la rue des Carmes (à g.) à la fontaine de la Crosse, avec statue de la Vierge, reconstruite en 1861 en style gothique. Cette rue est prolongée par la rue Gauterie, qui compte nombre de vieilles maisons en bois, et qui aboutit rue Jeanne-d'Arc.

L'****église Saint-Ouen**, remarquable édifice de style gothique normand, terminé de nos jours, fut élevée sur l'emplacement d'une église romane dépendant d'une abbaye très ancienne, reconstituée par St Ouen, au VIIe s. Le monument actuel fut commencé par le chœur, en 1318, par l'abbé Marc d'Argent; il fut repris aux transepts, au XVe s., par l'architecte Alexandre de Berneval et par son fils; il se termina au XVIe s., sauf pour la grande façade qui est moderne.

La grande façade, restée inachevée, fut reprise sur un plan différent et élevée, de 1846 à 1851, par l'architecte Grégoire. L'œuvre moderne est demeurée visiblement inférieure à l'œuvre ancienne. A la naissance du pignon, six niches abritent les statues, de la plus complète fantaisie, de Clotaire Ier, de Richard Ier et Richard II, ducs de Normandie, de la reine Mathilde, de Philippe le Long et de sa femme, bienfaiteurs de l'ancienne abbaye; les deux tours, trop maigres, sont, avec leurs flèches, hautes de 76 m. — Sur le flanc dr. de l'église s'ouvre, sur le square qui la borde, le beau **portail des Marmousets*, du XIVe s.; les sculptures du tympan figurent l'Assomption de la Vierge, son Ensevelissement et sa Glorification. Il est précédé d'un porche à pendentifs, du début du XVe s., que surmonte une salle renfermant le Chartrier ou bibliothèque paroissiale. Au-dessus se voit la magnifique rose du transept. — Au centre de l'église, sur la croisée du transept et de la nef, s'élève la **tour centrale*, haute de 82 m., de style gothique flamboyant. Elle est flanquée, à ses angles, de 4 tourelles et se termine par une couronne de pinacles aigus, d'où son autre nom de tour Couronnée. Un beffroi en charpente y supporte les cloches, dont l'une de 4,000 kilog., fondue vers 1700. — Il faut aller voir aussi, un peu plus loin dans le square, la belle abside de l'église, avec ses contreforts, ses pinacles et les chapelles rayonnantes du chœur. Sur le flanc g. de l'édifice, au transept et contiguë à l'hôtel de ville, une petite tour à deux étages, dite la Chambre des Clercs, date du XIe s. : c'est le seul vestige de l'église romane qui précéda l'église actuelle. Restes d'un cloître, des XIIIe et XVe s., de l'ancienne abbaye.

L'intérieur, qui date, pour le chœur du XIVe s. et pour la nef du XVe s., a une unité de style parfaite. L'ensemble donne une belle impression de légèreté et de clarté, avec ses hauts piliers fuselés et ses larges verrières. Le vaisseau a une longueur de 137 m. et une hauteur de 33.

Au bas de la nef, bénitier de marbre, où l'église se réfléchit comme dans un miroir. Buffet d'orgue sculpté de 1630. Au triforium et aux hautes fenêtres, **vitraux* des XIVe, XVe et XVIe s., représentant à dr. des Scènes de l'Ancien Testament, à g., des Scènes du Nouveau Testament. — Au transept dr. on remarque les vitraux du XVIe s. et la belle rose du portail des Marmousets. — Le chœur est entouré d'une admirable **grille*, de fer forgé et doré, du XVIIIe s. Les fenêtres supérieures sont garnies, comme celles de la nef, de **vitraux* du XIVe au XVIe s. — S'adresser au sacristain (rémunération) pour visiter le déambulatoire. La plupart des chapelles sont également ornées de *vitraux* anciens. 3e chapelle, ancienne chapelle Royale : Mort de St François, tableau attribué à *Le Sueur*. -Chapelle absidale : tombeaux modernes de Nicolas de Normandie, fils de Richard II et oncle de Guillaume le Conquérant, et de l'abbé de Roussel, dit Marc d'Argent, 23e abbé de Saint-Ouen, qui fit commencer en 1318 l'église actuelle. 9e chap. : la Flagellation, tableau de *Marigny*, âgé de 22 ans. 10e chap. : retable en bois sculpté, du XVIIIe s., avec statue de Ste Cécile; tombeau d'Alexandre de Berneval († 1440) et de son fils, architectes et maîtres de l'œuvre de l'église au XVe s. — Au transept g. tableau de la Visitation, par *Deshayes*, et de l'Ouverture de la Porte Sainte, à Rome, par *Pierre Léger*, peintre rouennais. — A la 1re travée du bas-côté g. en venant du transept : tableau de la Multiplication des Pains, par *Hallé*.

Pour l'ascension de la tour centrale, s'adresser au sacristain (rémunération). Visite des cloches et belle vue de la plate-forme terminale (82 m.).

Sur le flanc dr. et autour de l'abside de Saint-Ouen, le *jardin de l'hôtel de ville* est l'ancien jardin de l'abbaye de Saint-Ouen transformé : kiosque, musique militaire le dim. soir. Ce fut dans la partie du jardin attenant à la place que Jeanne d'Arc eut à faire une abjuration solennelle, comme le rappelle une inscription commémorative à l'entrée. Au point culminant du jardin, au fond de l'allée à dr. de Saint-Ouen, est érigée une copie, offerte en 1911 par les Danois, de la pierre runique élevée en 970 en Jutland par Harold à la Dent bleue; la traduction de l'inscription se lit au pied, sur une dalle. Près du grand bassin, ancien méridien de la Bourse, œuvre de P. Slodtz (XVIIIe s.), transféré à cette place en 1827; il est orné d'un médaillon de Louis XV et d'un groupe dont le principal personnage figure le Temps et sera prochainement restauré. Statues en bronze : Nessus enlevant Déjanire, par Schœnewerk ; Moissonneur, par Perrey, et Jeune homme bandant son arc; statue en pierre : Rollon, par Arsène Letellier.

L'*hôtel de ville*, en bordure de la place, est relié au transept g. de l'église Saint-Ouen. Il occupe d'anciens bâtiments de l'abbaye du même nom, construits au XIIIe s. pour servir de dortoirs et de réfectoire aux religieux ; l'administration municipale y fut installée en 1800. La façade date de la Restauration; les sculptures allégoriques du fronton, que supportent des colonnes néo-grecques, sont l'œuvre de Dantan.

Dans le vestibule, statues en marbre de Pierre Corneille, par *Cortot*, et de Jeanne d'Arc sur son bûcher, par *Feuchère*. — Dans la salle des Cérémonies, portraits de personnages célèbres, né à Rouen. — Bel escalier de pierre, de la fin du XVIIIe s. : sur le 1er palier, dans une niche, statue de Louis XV jeune, par *J.-B. Le Moyne*. Un autre bel escalier, de même époque, a une *rampe* magnifique de fer forgé. Ces deux escaliers sont l'œuvre de Le Brument. — En haut du grand escalier, bustes de Thouret, député de Rouen (1746-1794) et de Fontenay, maire (1745-1806); plaques commémoratives de la fondation de la commune de Rouen (1171) et du millième anniversaire de la fondation du duché de Normandie (1911). Balcon d'honneur donnant sur la place. — La *salle du Conseil Municipal* a été décorée par *Paul Beaudouin* de 6 grands panneaux peints, figurant des scènes de l'Histoire de Rouen : 1° St Victrice jette les fondations de l'église Saint-Etienne sur l'emplacement actuel de la cathédrale; 2° Le port de Rouen est plein de navires étrangers; 3° Origine de la commune de Rouen : les corps de métiers, pour résister aux violences dont ils étaient victimes, se réunissent sur la place publique et jurent de défendre leurs privilèges; 4° Le sire de Préaux faisant amende honorable au maire Dubosc et aux pairs et bourgeois de la ville de Rouen; 5° Siège de Rouen : le peuple de Rouen jurant de mourir plutôt que de se rendre à merci; 6° Enrôlement des volontaires sur la place Notre-Dame.

En face de l'hôtel de ville, la rue Thiers, belle voie moderne, ramène à la rue Jeanne-d'Arc (p. 42).

ITINÉRAIRE II : LE QUARTIER NORD, LES MUSÉES. — Partant du croisement de la rue Jeanne-d'Arc et de la rue Thiers (p. 42) on entre dans le square Solférino, sur lequel donne la façade du musée des Beaux-Arts.

Dans le square on remarque un petit lac à cascade, le *buste de Guy de Maupassant*, par Verlot, près du musée à dr., et le *monument des frères Bérat*, chansonniers, par A. Guilloux.

Le ***musée des Beaux-Arts**, un des meilleurs musées de France, occupe un vaste édifice moderne, construit par Sauvageot. La façade offre un pavillon central, avec dômes ; à l'entrée, statues assises du peintre Nicolas Poussin, par Hiolle, et du sculpteur Michel Anguier (XVIIe s.), par Tournois. Elle est décorée, ainsi que les faces latérales, de bustes d'artistes normands : Géricault, Lasne, Restout, Court, Jouvenet, Descamps, Lemonnier, Pesne, Houel. Aux deux pavillons d'angle, frontons de Bartholdi : Architecture et Sculpture. L'arrière-face de l'édifice abrite la bibliothèque (p. 65).

Le musée des Beaux-Arts, fondé sous Napoléon Ier en 1801-

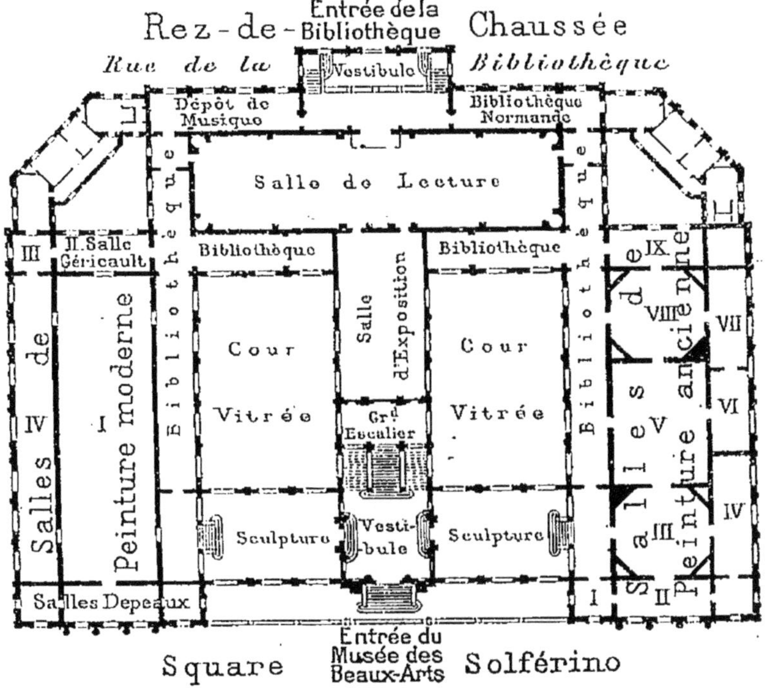

1809, installé dans le monument actuel en 1880, contient un millier de tableaux, des diverses écoles anciennes et modernes, et des œuvres de sculptures surtout modernes. La collection de céramique est intéressante pour l'art de la faïence rouennaise.

Le musée, fermé le mercredi, est ouvert les autres jours de 10 h. à 17 h. du 1er avril au 30 sept., de 10 h. à 16 h. du 1er oct. au 31 mars. Entrée gratuite les jeudis, dim. et jours fériés; 1 fr. par pers. les lundi, mardi, vendredi et samedi. Conservateur, M. C. Minet.

Rez-de-chaussée. — Vestibule : *Gustave Doré*, Alexandre Dumas père; *Ernest Dubois*, le Pardon; *Allouard*, Beaumarchais; *Marino*, Caïus Gracchus; *Laheudric*, Christ au tombeau.

Aile droite. — **Galerie de sculpture** : *Guilloux*, Orphée expirant (marbre); *Félix Martin*, Mort d'un jeune tambour; *Marguet de Vasselot*,

Christ mort; **David d'Angers*, Armand Carrel; *Caffieri*, Thomas Corneille; *Etex*, statue funéraire du peintre Géricault, couchée sur un sarcophage, avec bas-relief, en bronze, figurant le Radeau de la Méduse; **David d'Angers*, statue tombale du général Bonchamps (l'original est à l'église de Saint-Florent-le-Viel, Maine-et-Loire); *Gérôme*, la Douleur. — Au milieu de la salle : **Caffieri*, statue de Pierre Corneille; *Charpentier*, Lutteurs; *Pradier*, Bacchante; *Just Becquet*, la Seine à sa source; **Chapu*, Monument à Gustave Flaubert, inauguré en 1890 dans le square Solférino (une gracieuse figure de femme, figurant la Vérité, est assise en dessous du masque de l'auteur de *Salammbô* et de *Mme Bovary*).

Au fond de la salle, escalier : sur la balustrade, *bustes de Bonaparte, par *Canova*, et de E.-H. Langlois, par *David d'Angers*. Cet escalier donne accès sur un palier où sont des toiles de Diaz y Carreno, d'après *Velasquez* (Buveurs) et *Rubens* (Fontaine d'amour).

Salles de peinture ancienne. — Salle I (à dr.) : *Goyen*, Marine; *Sal. Ruysdaël*, Paysage; *Lely*, Portrait de femme.

Salle II : *Huysmans*, Ravin dans une forêt; *Thulden*, Albert, archiduc d'Autriche, et sa femme; *J. Ruysdaël*, un Torrent.

Salle III : *Berghem*, Concert sur une place publique; *J. Ruysdaël*, Paysage; *Ducq*, Estaminet hollandais; *Guardi*, la Villa Médicis; *P. Mignard*, Repos de la Ste Famille; *J.-B. Corneille*. Résurrection de Lazare; *Descamps*, son portrait; *Lemonnier*, Mort de Niobé et de ses enfants; *De Troy*, Assomption; *Fragonard*, les Blanchisseuses; **Rigaud*, Louis XV; *Martin*, Vue de Rouen; *A. Pesne*, la Femme aux Pigeons (portrait de la fille du peintre); *De Troy*, Suzanne et les Vieillards; *Volaire*. Eruption du Vésuve en 1779; *Simon Vouet*, Apothéose de St Louis; **P. Mignard*, Mme de Maintenon; *Ducreux*, son portrait; *Pietro Longhi*, Partie de cartes.

Salle IV : *Martin de Vos*, Histoire de Rebecca (sur bois); *Van Bosch*, Arrivée d'une sorcière au sabbat; *Lely*, Henriette de France; *Coninxlo*, Circoncision, Scène de la Vie du Christ; *Porbus le Jeune*, Fête chez le duc de Mantoue.

Salle V : *Snyders*, Chasse au sanglier; *Largillière*, l'avocat Patru; *E. Le Sueur*, Songe de Polyphile; **Jouvenet*, Mort de St François; *Restout*, un Chartreux; *Ec. française*, Pierre Corneille; *Poussin*, Vénus et Enée; **Louis David*, Mme Vigée-Lebrun; *P. Mignard*, Ecce Homo; *Ec. de Fontainebleau*, Diane au bain; *De Troy*, la Duchesse de La Force; *Jouvenet*, son portrait; *Van Goyen*, Marine, Paysage; *Lemonnier*, Peste de Milan; *Jordaens*, Tête de vieillard; *De Keyser*, Leçon de musique, **Gérard David*, la Vierge et l'Enfant entourés d'anges et de saintes (une des plus belles œuvres du musée); *P. Véronèse*, Vision; *Caravage*, Philosophie; **P. Véronèse*, St Barnabé guérissant les malades; **Pérugin*, Prédelle (le tableau, qui surmontait cette prédelle et qui représente l'Ascension est au musée de Lyon) : Adoration des Mages, Baptême de Jésus-Christ (les 10 personnages portent la marque de l'exécution de Raphaël), Résurrection (les six dormeurs du premier plan seraient de Raphaël); *Annibal Carrache*, St François d'Assise; *Ec. espagnole*, St Pierre pleurant; *Le Guerchin*, Visitation; **Ribera*, le Bon Samaritain; **Velazquez*, l'Homme à la mappemonde.

Salle VI : **Dessins* de Carrache, Prudhon, Fragonard, Greuze, le Guerchin, Houel, Huet, Jouvenet, Lemonnier, Le Sueur, P. Mignard, Moreau le Jeune, Natoire, Pajou, Restout, Hubert Robert, Suvée, Jos. Vernet, Vien, Vouet, Watteau. — Portrait au pastel, par *Jos. Vivien*, de Samuel Bernard, le riche banquier de Louis XIV; *Cochin*, Vue de Rouen (pour « les Ports de France »).

Salle VII : *Stella*, Ste Anne conduisant la Vierge au temple; *Sacquespée*, Martyre de St Adrien; *Tournières*, Automne, Eté; *Hubert Robert*, Cascades de Tivoli, Marine; *Jouvenet*, Jésus présenté au Temple; *Pri-*

matice, Diane de Poitiers; *Voiriot*, Fontenelle; **Lancret*, Baigneuses; *Oudry*, Chevreuil poursuivi par des chiens; *Desportes*, Chasse au cerf; *Lahire*, Nativité; *Largillière*, une princesse de Rohan; *Jouvenet*, son portrait; *Largillière*, portrait d'homme; **Hubert Robert*, Monuments et ruines; *Jouvenet*, Ex-voto; *Vien*, Tête de Vieillard; *Largillière*, portrait.

SALLE VIII : *Caravage*, St Sébastien soigné par Irène; *Feti*, le Christ mort; *Herrera*, Vision de St Jérôme; *Bassan*, Adoration des Bergers.

SALLE IX : Rouen au XVIIe s.; *Boilly*, Scène de la vie publique de M. de Fontenay, ancien maire de Rouen; *Boullongne*, Jésus et la Samaritaine, les Vendeurs chassés du Temple.

On revient au vestibule d'entrée.

AILE GAUCHE. — **Galerie de sculpture** : *Bernstamm*, buste en marbre de Flaubert; *Marqueste*, Cupidon; *Simart*, Oreste (marbre); *Marquet de Vasselot*, Corot; *Carlier*, l'Industrie (statuette offerte à Pouyer-Quertier); **Rude*, statue tombale de Godefroy Cavaignac; *Marx*, le Temps. — Au milieu de la salle : *Leroux*, Rachel; *Le Harivel-Durocher*, la Jeune fille et l'Amour; *Pollet*, Eloa, la sœur des anges; *Marioton*, Chactas.

On monte au péristyle; sur la balustrade, bustes de Pierre Corneille, par *Grandin*, et de Fontenelle, par *Romagnesi*. En haut s'ouvrent des salles de peinture.

Au péristyle : *Ch. Mozin*, Port de Rouen en 1855; *Pelouse*, la Seine à Poses. — Médailles et plaquettes par *Roty*, *Chaplain* et *Eugène Ferret*.

Salles de peinture moderne. — SALLE I : *Renouf*, le Pilote; *Ziem*, Stamboul; *Albert Pasini*, Pâturage sur la route de Téhéran à Tabriz; *Palizzi*, Traite des veaux en Normandie; *Chaplin*, Partie de loto; **Rosa Bonheur*, Cheval dans un pré; *Meissonnier*, Cheval bai (étude); *Hildebrandt*, Après l'orage, Soleil couchant; *Guillemet*, Plage de Villers; *Roybet*, Tête de jeune homme époque de Henri III; *Flameng*, les Vainqueurs de la Bastille; **Daubigny*, Bords de l'Oise; *Ribot*, Supplice d'Alonzo Cano; *Court*, portraits de Boissy d'Anglas et de M. de Bondy; **Daubigny*, Ecluse dans la vallée d'Optevoz; *Cibot*, Mort de Prétextat, évêque de Rouen; *G. Courbet*, Paysage (étude); **Troyon*, Vaches à l'abreuvoir; *Court*, Boissy d'Anglas présidant la Convention le 1er prairial, an III; *Stevens*, Métier de chien; *Tabar*, Supplice de Brunehaut; *De la Rochenoire*, Marché d'animaux; *Barillot*, la Barrière; *Rochegrosse*, Andromaque; *Ziem*, Trinquetaille au crépuscule; *Ph. Rousseau*, Chiens couplés; *J.-Fr. Millet*, Officier de marine; ***Eugène Delacroix*, Justice de Trajan (un des plus beaux tableaux du maître); *Clairin*, Massacre des Abencérages; **Corot*, Etangs de Ville-d'Avray; *Jules Lefebvre*, Grisélidis; *Fromentin*, Moisson en Provence; **Corot*, Vue à Ville-d'Avray; *Luc-Olivier Merson*, St Isidore laboureur; *Benner*, Baigneuses; *Ziem*, Environs de la Haye; *Vollon*, le Singe du peintre; *Ferrier*, Ste Agnès martyre; *Couture*, le Fou; **Ingres*, la belle Zélie; *Harpignies*, Dénicheurs de nids; *Le Poittevin*, les Amis de la ferme; *Cormon*, les Vainqueurs de Salamine; *Boissard de Boisdenier*, Episode de la retraite de Russie; *Bellangé*, Charge de Kellermann à Marengo; *Julien Dupré*, un Chemin au Mesnil; *Boulanger*, Supplice de Mazeppa.

SALLE II (SALLE GÉRICAULT) au fond de la grande salle : plusieurs toiles importantes du grand peintre rouennais : *Officier de guides chargeant (esquisse), les Suppliciés, portrait d'un cuirassier, *Cheval arrêté par les esclaves, tête de forgeron, tête de chevreuil, la Tempête, portrait du peintre Eug. Delacroix, étude de tigres. — 56 dessins de Géricault et 30 lithographies.

SALLE III : *Luminais*, Retour de la Chasse; *Ch. Mozin*, Entrée du port de Trouville.

SALLE IV : *Dalaphard*, Mélancolie; *Bergeret*, Homards et crevettes; *Patrois*, Jeanne d'Arc conduite au supplice; *Morel-Fatio*, Incendie de la « Gorgone »; *Sebron*, Rues de New-York (curieuse scène de mœurs);

Le Poittevin, Montée de Bénouville; *Giraud*, Joueurs de boules à Pont-Aven; *Calame*, Etude du torrent; *Dubufe*, Mme Rampal; *Glaize*, la Pourvoyeuse Misère; *Nozal*, Fin de journée; *Zacharie*, la Femme aux pigeons.

SALLE V (SALLE FRANÇOIS DEPEAUX) : Collection léguée en 1909 : tableaux de *Fantin-Latour*, *Guillaumin*, *Claude Monet*, *Raffaelli*, *Renoir*, *Sisley*, etc.

On se retrouve dans la grande salle I, d'où l'on revient au vestibule d'entrée du musée de céramique.

1er étage. — ESCALIER : au 1er palier, statue de **P. Puget*, Hercule

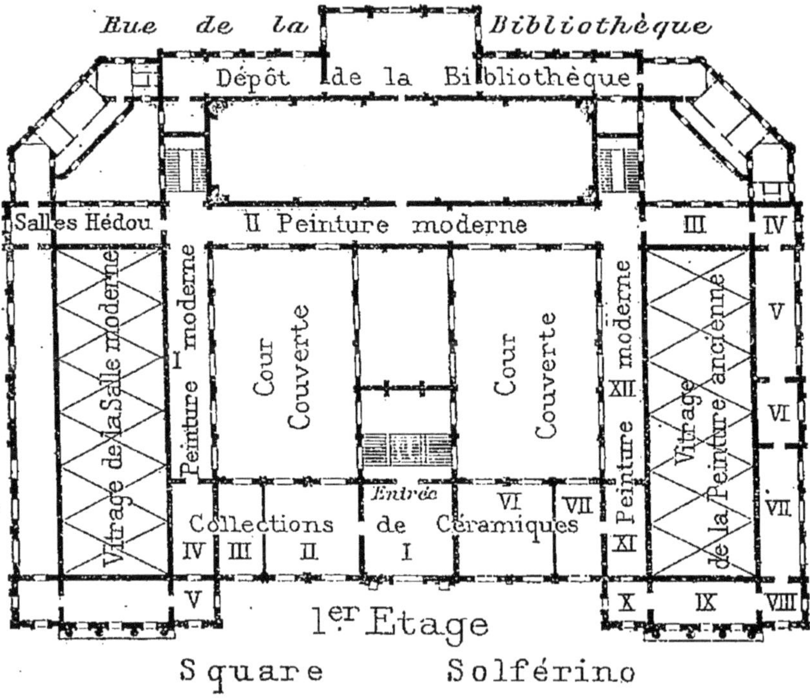

terrassant l'Hydre de Lerne, qui ornait une fontaine dans le parc du château de Vaudreuil; fresque de *Puvis de Chavannes*, « Inter artes et naturam »; au 2e palier, à dr. et à g. de l'entrée du musée, 5 panneaux du même artiste représentent la Poterie grossière et la Poterie artistique.

Le **musée de céramique**, un des plus riches d'Europe, est installé dans des salles ornées de boiseries du XVIIe s., provenant de l'ancienne salle des Merciers-drapiers aux halles de la Haute-Vieille-Tour; il a eu pour origine en 1864 l'acquisition de la collection de faïences rouennaises d'André Pottier, augmentée du don de l'abbé Cochet. Dans la classification, on s'est surtout attaché à montrer les phases successives de la fabrication de la *faïence de Rouen* (XVIe-XVIIIe s.). Le classement commence, en entrant dans la 1re salle, par l'apogée de la fabrication des faïences rouennaises, offrant les spécimens décoratifs les plus remarquables. La salle à g. est consacrée à ses débuts : cette industrie fut introduite à Rouen, dans le faubourg Saint-Sever, à la fin du XVIe s., par Masseot Abaquesne. La salle de dr. montre ses diverses transformations et son déclin.

1re SALLE : boiseries de l'époque de la Régence. Globes terrestres peints par Pierre Chapelle en 1725, sur des piédestaux supportés par des lions et armés des figures des Vents en ronde-bosse. Vitrine de bijoux normands, offerts par Léon Brière. — 2e SALLE (période de début de la fabrication des faïences) : faïences hollandaises, parmi lesquelles le célèbre *violon en faïence de Delft*, allemandes, italiennes; faïences de Nevers, Moustiers, Sinceny, Clermont, Saint-Cloud, Marans (XVIIe et XVIIIe s.). — 3e SALLE : terres vernissées et faïences de Bernard Palissy et de ses continuateurs; faïences nivernaises de la période révolutionnaire. Ustensiles ayant servi à la fabrication des faïences de Rouen. — 4e SALLE à dr. de la 1re salle (transformations de la fabrication des faïences rouennaises). Cheminée et colonne de cheminée, du style rocaille. — 5e SALLE (début et déclin de la fabrication) : porcelaines primitives françaises et européennes; porcelaines tendres artificielles, notamment celle de Rouen, la première fabriquée en France, et porcelaines dures, porcelaines de Saxe, faïences fines anglaises, faïences porcelaines décorées au feu de moufle (XVIIIe s.), de Strasbourg, Marseille, Sceaux, Niederviller. — 6e SALLE : carrelages en faïences hollandaises (XVIIIe s.); panneau en faïence d'Alcora (Espagne); céramique japonaise (collection Grandidier) : objets égyptiens, grecs, romains, arabes, pour l'étude de la céramique polychrome. Les applications de l'émail sur terre et métal (vitrine). — 7e SALLE : spécimens de la manufacture de Sèvres.

Salles de peintures, à la suite de la 6e salle de céramique.

SALLE I : *Latouche*, Décembre (Normandie); *Triquet*, Communiantes (printemps); *Philippe Rousseau*, Fromages; *De Boisfremont*, Mort de Cléopâtre; *Court*, le prince de Croy, archevêque de Rouen; *Sebron*, Saint-Marc à Venise; *Ronmy*, Siège de Paris par Henri IV.

Avant de passer dans la salle II, on voit à g. deux salles renfermant la COLLECTION donnée en 1905 par JULES HÉDOU : tableaux, meubles, miniatures, dessins.

SALLE II : *Avial*, Charlotte Corday; *Carle Vanloo*, la Vierge et l'Enfant; *Restout*, Résurrection de Lazare; *Cabasson*, St Romain domptant la gargouille; *Ch. Lefebvre*, Mort de Guillaume le Conquérant.

SALLE III : *Luigi Loir*, Crue de la Seine à Paris; *Blanche*, Fillette au chapeau; *Lesrel*, Gentilshommes dans un tripot; *Pelouse*, Effet de lune (Bretagne); *Isenbart*, Ruisseau du Val-Noir (Doubs); *Laugée*, Truand; *Cabat*, Lac en Italie; *Viollet-le-Duc*, Vallée de Jouy; *Laurens*, Jardins abandonnés d'Arschef (Perse); *Court*, Rigolette; *Joy*, Jeanne d'Arc; *Court*, Glaneuse.

SALLE IV : *Bellet*, Souvenir du Dauphiné; *Ary Scheffer*, Armand Carrol mort; *Bellangé*, Gustave de Maupassant, le père de l'écrivain.

SALLE V : *Lapostolet*, Avant-port de Dunkerque; *Davant*, St Bonaventure et la pourpre cardinalice ; *A. Fourié*, Mort de Mme Bovary; *Legrip*, Mort du poète Malfilâtre; *Demarest*, Aux péris en mer; *Sebron*, Chutes du Niagara; *Laugée*, Ste Elisabeth; *Auguin*, 2 paysages.

SALLE VI (salle Marjolin-Scheffer) : études et dessins de maîtres modernes (*Flandrin*, *Troyon*, etc.).

SALLE VII : *Besson*, le Christ consolateur; *Dameron*, le Petit bras de la Seine à Villennes ; *Schnetz*, Inondation; *Thivier*, les Mercenaires au défilé de la Hache; *Hoffbauer*, les Gueux; *Diéterle*, le Calvaire de Criquebœuf, la Valleuse; *Fourié*, Repas de noces à Yport; *Binet*, Matinée de septembre à Saint-Aubin; *Hillemacher*, les Assiégés de Rouen en 1418; *Court*, la marquise de Chasseloup-Laubat.

SALLE VIII : *Court*, Jeune fille au miroir, le général Lafayette;

Courant, la Barque à Godebi; *Glaize*, Auguste Vacquerie; *Lavieille*, Crue de la Corbionne à Bretoncelles; *Court*, M. Hébert, ancien garde des sceaux; *Dubourg*, Marché de Sainte-Catherine à Honfleur; *La Rochenoire*, Etudes de têtes de vaches.

SALLE IX : petits tableaux d'*Azé* et *Lottier*; *Ziem*, Crépuscule; *Rivey*, Tête de Turc; *Baron Gros*, Tête d'homme; *Baron Renault*, Ariane et Thérèse.

SALLE X : dessins d'architecture de *Chédane*, *Lecœur*, *Sauvageot*, *Paulme* (monuments du pays). Gravures et lithographie de *Chauvel* (legs de 1910).

SALLE XI : quelques peintures, portraits au pastel, aquarelles.

Du musée des Beaux-Arts on traverse le square Solférino; sur la dr., en face, après avoir croisé la rue Jeanne-d'Arc, on prend la rue Saint-Patrice, qui conduit en quelques pas à l'église de ce nom.

L'église Saint-Patrice fut bâtie vers 1535, dans le style flamboyant, et dédiée à St Patrice, apôtre de l'Irlande au ve s. Le portail a été refait de nos jours et de médiocres sculptures y représentent des épisodes de la vie du saint.

L'intérieur est simple et élégant. Les **vitraux*, qui font la renommée de l'église, ont été exécutés de 1538 à 1625, sous François Ier, Henri II et Louis XIII. Ils sont mêlés à des vitraux modernes sans valeur.

NEF. — Buffet d'orgue sculpté, du XVIIe s. Chaire de la Renaissance, provenant de Saint-Lô.

BAS-CÔTÉ DR. — 1re travée : vitrail de la Vie de St Jean-Baptiste, 4 sujets du haut anciens; les 4 derniers sujets, par Cabas, ont été exécutés à Sèvres, en 1839. 2e travée : Nativité du Christ (haut du vitrail ancien, 3 panneaux du bas modernes) et Adoration des Mages (moderne). 4e travée : Visitation, Compassion et Histoire de Job (vitrail ancien). — Chapelle de la Passion, à 2 nefs : la fenêtre de dr. est moderne, ainsi que les 3 fenêtres de g. Les 3 fenêtres latérales sont anciennes, sauf le bas du 3e vitrail, et fort belles : fenêtre de dr. (1re), la Femme Adultère (1549) provenant de Saint-Godard; fenêtre du milieu (2e), Scènes de l'Ancien et du Nouveau Testament; fenêtre de g. (3e), les œuvres de Miséricorde : la Justice et la Vérité s'embrassant. Dans cette même chapelle, tableau de la Passion, de l'*école de Bassan*, et Ste Justine, par *Mignard*, à dr. du confessionnal.

CHŒUR. — Stalles anciennes. Lourd baldaquin en bois doré et autel du XVIIe s.; de chaque côté, 2 bas-reliefs en marbre, encadrés. Les 3 vitraux du chœur sont anciens et magnifiques. Au centre : le Crucifiement; vitrail de g. en haut, le Baiser de Judas, puis Jésus devant Pilate, Jésus flagellé, le Portement de Croix et Ste Véronique; vitrail de dr., sujets symboliques, parmi lesquels on distingue, en bas, l'Arbre de Science, au-dessus l'Agneau Pascal.

BAS-CÔTÉ G. — A g. du chœur, superbe et curieux vitrail symbolique exécuté sous Charles IX et figurant, sur un char, le Triomphe de la loi de Grâce; en bas, les Démons; à g., Adam et Eve. La chapelle voisine est entièrement garnie, à ses 3 fenêtres terminales et à 3 de ses fenêtres latérales, de vitraux anciens représentant des vies de saints; seule la 7e fenêtre, celle du bas, est moderne. 1re fenêtre latérale (4e fenêtre de la chapelle), Vie de St Louis (1583); 2e fenêtre latérale, Légende de St Eustache (1543); 3e fenêtre latérale : Salutation Angélique (1538). Dans cette même chapelle, tableau de St Pierre guérissant un boiteux, par *Nicolas Poussin*, à dr. du confessionnal.

Les 3 fenêtres suivantes, au bas-côté proprement dit, ont également des vitraux anciens. 1re travée, en venant de la chapelle précédente :

Martyre de Ste Barbe (1540); 2e travée, Légende de St Patrice; 3e travée, Histoire de Job, provenant de l'église Saint-Godard.

En continuant la rue Saint-Patrice se voit, au n° 36, une maison de l'époque Louis XIII. Le lycée Jeanne-d'Arc (lycée de filles) occupe un bel hôtel du XVIIe s., avec façade sculptée, dit *hôtel de la Porte-d'Arras*. Au delà, la rue Saint-Patrice rejoint la rue Thiers qui se termine, peu après, à la place Cauchoise. Sur cette place s'élève le *monument de Pouyer-Quertier*, filateur et député de Rouen, ministre des finances en 1871 et l'un des signataires du traité de Francfort, par Alph. Guilloux (1894).

De la place Cauchoise, la rue Saint-Gervais conduirait (5 à 10 min. env.) à l'*église Saint-Gervais*, moderne, de style roman, avec des peintures de Savinien Petit et le monument de l'abbé Lefebvre, fondateurs de l'école des sourds-muets de Rouen (1909). Elle n'a d'intéressant que son ancienne *crypte* romane (s'adresser au sacristain) : très remarquable, elle remonte à l'époque carolingienne; St Mellon y fut enseveli, en 311, et son successeur Avitien (✝ 325) y repose encore dans un tombeau qui est un but de pèlerinage. Cette crypte, contemporaine des catacombes romaines, passe pour un des plus anciens édifices chrétiens que possède la France. On revient à la place Cauchoise.

On revient par la rue Thiers au square Solférino. Aussitôt après le musée des Beaux-Arts, on voit à g., à l'angle de la rue de la Bibliothèque, la fontaine avec *buste* en marbre du poète *Louis Bouilhet*, né à Cany (1824-1869), par l'architecte Sauvageot et le sculpteur Guillaume. A côté de l'ancienne église Saint-Laurent est le *monument de Gustave Flaubert*, par Bernstamm (1907).

L'ancienne **église Saint-Laurent*, auj. désaffectée et occupée par le musée d'Art normand, a été récemment restaurée. C'est un joli et fin édifice du style flamboyant, construit de 1444 à 1554. La balustrade qui court au comble de la nef, sur le flanc g., est faite de lettres gothiques formant ces mots : POST TENEBRAS SPERO LUCEM (après les ténèbres j'espère la lumière). La tour, considérable relativement à l'église, a été élevée de 1490 à 1501 et appartient au même style; elle a 37 m. de haut et se terminait autrefois par une flèche, abattue par un ouragan.

Le *musée d'Art normand* fut créé en 1911 à la suite d'une exposition organisée lors des fêtes du millénaire normand. Ces intéressantes collections d'histoire et d'art régional se sont rapidement enrichies. Fermé le mercredi, le musée est ouvert les autres jours de 10 h. à midi et de 14 h. à 16 h. d'oct. à mars, à 17 h. d'avril à sept. Entrée gratuite les mardi, jeudi, dim. et jours de fête; 1 fr. par pers. les lundi, vendredi et samedi.

Dans la galerie centrale (nef) : Adam et Ève, statues du XIVe s.; précieux fragments de sculptures du XIVe au XVIIIe s.; réduction d'un navire des anciens pirates normands; reproduction d'anciennes maisons scandinaves; reproduction des cloches de la Grosse-Horloge; maquettes et reconstitutions : Saint-Maclou, fontaines de Rouen, hôtel de ville projeté au XVIIIe s., etc.

Aux galeries latérales (bas-côtés) : intérieurs normands, avec meubles, costumes et objets locaux.

Au 1er étage : *ferronnerie d'art* : pièces remarquables de la collection Le Secq des Tournelles; collection de tissus rouennais; œufs brodés (fantaisies); objets préhistoriques; souvenirs des fêtes du millénaire normand; maquettes et reconstitutions : le Vieux Marché en 1525; le château de Robert le Diable à Moulineaux, etc.

La rue de la Bibliothèque est bordée par la *bibliothèque municipale*, qui forme l'arrière-face du vaste édifice moderne où se trouve installé le musée des Beaux-Arts. Elle comprend une salle de lecture et de travail et une salle d'exposition.

Outre les heures d'étude de la salle de lecture, indiquées par une affiche, on visite t. l. j., de 14 h. à 16 h., sauf les lundis et jours de fête.

Le grand escalier est décoré de peintures de *Paul Beaudouin*, représentant l'Histoire du Livre : 1° le Livre ouvert à tous; 2° le Signe : signes primitifs tracés sur la pierre et aperçus par des peuplades errantes sur une des rives de la Seine; 3° le Papyrus : Phéniciens apportant l'écriture alphabétique aux peuples fixés sur les bords de la Seine; 4° le Manuscrit : Bénédictins écrivant sous la dictée du Lector, dans un monastère de Rouen, au XVe s.; 5° l'Imprimerie : une imprimerie rouennaise à la fin du XIXe s. Quatre panneaux sont consacrés à 4 grandes figures rouennaises : Corneille, Fontenelle, Bois-Guillebert et Flaubert.

La bibliothèque renferme 133,000 vol. et 3,600 manuscrits. Elle compte au nombre de ses raretés : le missel de Robert Champpart, archevêque de Londres en 1050; le bénédictionnaire qui servait lors du couronnement des rois anglo-saxons : l'évangéliaire de Jumièges, du XIIe s., par le moine Rainaud; la *Consolation* de Boëce, traduite par Jean de Meung, beau manuscrit du XVe s. aux armes de Charles II de Lorraine; le sacramentaire d'Œthelgar; le *Missale secundum usum insignis ecclesiæ Rothomagensis* (1499), in-folio, sur vélin, à 2 colonnes, en caractères gothiques; les Heures flamandes, avec calendrier et 65 miniatures; le *Livre d'Ivoire*, relié dans un diptyque byzantin; la Description de l'entrée de Henri II; l'*Ovide moralisé* du XIVe s.; les *Heures en lettres d'argent* sur papier noir du XVe s.; la *Traduction d'Aristote* de Nicolas Oresme, avec de curieux tableaux du même temps; un Coutumier de Bretagne de 1484; le graduel de Daniel d'Eaubonne, manuscrit gr. in-folio, chef-d'œuvre d'art et de patience; le *Livre des Fontaines*, écrit, peint et dessiné par Jacques Lelieur (1525); le *Recueil de poésies* palinodiques avec ses 15 grandes miniatures de 1520; 400 incunables.

Elle possède aussi : la collection de gravures Liber : pièces historiques; histoire des mœurs et du costume, du XVIe s. à l'Empire; la collection de portraits normands du Dr Baratte; les dons Dutuit et Hédou, gravures et ouvrages d'art; une collection d'iconographie et de topographie locales : plans, cartes, monuments; des collections d'autographes, un beau vase de Sèvres; le modèle en carton de la statue de Voltaire, sculpté par Houdon, modèle qui a figuré dans la fête de la translation des restes de Voltaire au Panthéon en 1791; un modèle de l'église Saint-Ouen; un tissu arabo-persan du XIIe s.; une reliure en pâte; des collections de médailles et de sceaux; les manuscrits de Boïeldieu; la collection chinoise de l'amiral Cécille.

Au delà de la bibliothèque, on trouve à dr. sur la petite place Saint-Godard, **l'église Saint-Godard**, édifice gothique des XVe-XVIe s. Sa tour carrée, avec colonnes ioniques et portes gothiques en bois sculpté, aux armes des Brézé, date de la Renaissance et est inachevée.

L'intérieur, très simple et léger d'aspect, est couvert en bois, avec des poutres transversales dont l'une porte le Christ.

BAS-CÔTÉ DR. — Beau confessionnal du XVIIe s., en bois sculpté, et petite chaire sculptée de l'époque Louis XIII. A la chapelle de la Vierge, en haut du bas-côté dr., cénotaphe, avec statue de marbre, de Charles et Pierre de Becdelièvre, l'un colonel sous Louis XIII, l'autre président de la Chambre des Aides de Normandie. A cette même chapelle, **vitrail* terminal de 1535, figurant l'Arbre de Jessé; ses couleurs et son ensemble décoratif sont splendides. A côté, *vitrail* latéral, de la Vie de la Vierge, dont 6 panneaux sont anciens et fort beaux.

CHŒUR. — Peintures murales par *Le Hénaff*, figurant le Sacerdoce chrétien, prédit, exercé et transmis.

BAS-CÔTÉ G. — A la chapelle Saint-Romain, en haut du bas-côté g., **vitrail* terminal de 1555 : la Vie de St Romain. Le vitrail latéral, son voisin, représente les Apparitions Évangéliques; il a 7 panneaux anciens et 2 modernes (ceux de g. des 1er et 2e rangs).

Sous cette chapelle s'étend une crypte très ancienne, refaite au XVIe s., où furent inhumés St Godard, au Ve s., et St Romain, au VIe.

Derrière Saint-Godard est la maison natale, avec inscription, de Jules de Blosseville, navigateur et naturaliste (1802-1833). — On prend la rue Beffroy sur la g., puis à dr. la rue Bouvreuil qui offre au n° 4 une maison de style Louis XIII.

La **tour de Jeanne-d'Arc*, à g., faisait partie de l'ancien château de Rouen, bâti en 1207 par ordre de Philippe Auguste. C'est dans ce château que fut amenée Jeanne d'Arc lorsque, ayant été faite prisonnière, le 24 mai 1430, pendant une sortie hors de Compiègne assiégé, le sire de Luxembourg l'eut livrée à Bedford, régent d'Angleterre, moyennant 10,000 livres. Le château se composait alors d'une enceinte flanquée de 7 tours, dont l'une, dite tour vers les Champs, ou tour de la Pucelle, servit de prison à l'héroïne jusqu'au 30 mai 1431, date de son supplice (p. 41) : détruite en 1809, les soubassements en ont été retrouvés en 1908, ainsi qu'un puits central, profond de 12 m. Ces restes sont auj. enclavés dans un immeuble voisin.

La tour actuelle est l'ancien donjon qui se trouvait au milieu de l'enceinte. Jeanne d'Arc y comparut plusieurs fois devant ses juges, et y fut menacée de la torture le 9 mai 1431. C'est une haute tour cylindrique, haute de 25 m. et entourée de fossés d'un côté; son sommet est encerclé de hourds en bois et coiffé d'un toit en poivrière; elle a été restaurée de 1866 à 1879. Du côté de la rue moderne du Donjon, elle porte une plaque de marbre où est figuré le plan de l'ancien château (1914). On entre du côté de la rue Bouvreuil, par un jardinet. Entrée gratuite; pourboire au gardien qui accompagne.

A l'intérieur où un petit *musée Jeanne d'Arc* est en formation, on visite la salle basse, où Jeanne d'Arc aurait été interrogée et mise en présence des instruments de torture. Au centre, groupe en plâtre de Jeanne d'Arc libératrice, par Antonin Mercié, modèle de celui qui est érigé devant la maison de Jeanne d'Arc, à Domrémy. Vitrines de statuettes, gravures, dessins, chenêts de 1204 et souvenirs divers relatifs à la Pucelle. Ancien puits du donjon, cheminée et cachot présumé de Xaintrailles, compagnon d'armes de Jeanne d'Arc.

On continue la rue Bouvreuil, prolongée au delà du boulevard Beauvoisine par la rue du Champ-des-Oiseaux, qui conduit à l'église Saint-Romain voisine de la gare Rive-Droite (à g.).

L'*église Saint-Romain*, dédiée à St Romain, patron de Rouen, ancienne chapelle du couvent des Carmes (1676-1730), est un beau spécimen de l'art Louis XIV. La tour, en plomberie, a été refaite en 1877.

Riche décoration blanc et or, avec pilastres de marbre rouge et nombreuses ciselures de cuivre. La coupole centrale est ornée de fresques modernes, de *Dupuy-Delaroche*, figurant des épisodes de la vie du saint. Sous le maître-autel, tombeau de St Romain, en marbre rouge, provenant des carrières de Thorigny (Calvados). Derrière le maître-autel, belles orgues dorées. En haut du bas-côté dr., couvercle des fonts baptismaux, avec bas-reliefs de la Renaissance figurant la Passion; il provient de l'ancienne église Saint-Etienne-des-Tonneliers. Dans la lanterne qui le surmonte, la Résurrection. Toutes les fenêtres sont garnies de *vitraux* anciens, la plupart de la Renaissance, et provenant d'anciennes églises disparues. Plusieurs sont bien conservés. Au transept dr. : Baiser de Judas; au bas-côté dr., après le transept : Job sur son fumier; au bas-côté g. : Jésus enchaîné. Beaux confessionnaux sculptés. Nombreux tableaux des XVIIe et XVIIIe s.

On revient, par la rue du Champ-des-Oiseaux, au boulevard Beauvoisine qui conduit à g. à la place Beauvoisine; au delà, Cirque de Rouen. Là on prend, à dr., la rue de la République, une des grandes artères de la ville, qui amène à la fontaine Sainte-Marie.

La *fontaine Sainte-Marie*, ou Château-d'Eau, renferme le réservoir général de distribution des eaux de Rouen. Elevée en 1879, elle est l'œuvre de l'architecte de Perthes et du sculpteur Falguière. Le motif central figure la Ville de Rouen, sur une proue de navire, flanquée des 2 rivières du Robec et de l'Aubette. A dr. et à g., groupes de l'Agriculture (un jeune paysan appuyé sur un bœuf) et de l'Elevage (un cavalier près d'un cheval). En arrière, dans une niche, jolie statue de la Source.

Voisin de la fontaine Sainte-Marie, le *jardin archéologique*, où sont déposés des débris divers d'anciens monuments de la ville, est entouré par l'Ecole de Médecine et de Pharmacie, l'Ecole des Sciences et des Lettres et par les musées d'antiquités et d'histoire naturelle.

Le ***musée d'antiquités** occupe le cloître et les bâtiments (1681-1691) d'un ancien couvent des Visitandines; il appartient au département. Il est ouvert t. l. j. sauf le lundi, de 10 h. à 16 h. l'hiver, à 17 h. l'été; entrée gratuite. C'est l'un des plus intéressants de France. Conservateur, M. Léon de Vesly.

Il y a 2 entrées : l'une, du début du XVIe s., dans le jardin, donne sur la rue Beauvoisine et est ornée d'une statue de Diane Chasseresse, du XVIe s.; l'autre, sur le même jardin, est fermée et offre des sculptures du XVe s., ainsi que les vantaux de porte en chêne sculpté, de la Renaissance, provenant de l'abbaye de Saint-Amand. On remarque dans le jardin : les façades gothiques, en bois, de l'abbaye de Saint-Amand et d'une ancienne maison de la rue Bon-Espoir : une façade d'une maison de la rue Damiette; l'ancienne pyramide de la fontaine de la Croix-de-Pierre; des statues des XIIIe et XIVe s., provenant de la cathédrale et des églises de Rouen.

On entre dans un vestibule où sont des inscriptions funéraires, une tombe provenant de Jumièges, des restes d'un saint-sépulcre du XVIe s., et d'où quelques marches donnent accès dans la galerie Cochet.

Galerie I ou Galerie Cochet : armes mérovingiennes; monnaies gauloises en or et en argent; méreaux du chapitre de la cathédrale; ustensiles du moyen âge en bronze; verrières du XIIIe au XVIIe s., notamment le vitrail (1543) de l'ancienne corporation des Orfèvres, figurant St Eloi, et des médaillons de 1609 (les Mois) provenant de l'église de Montigny; étalons de poids et mesures à l'usage de Rouen, du XVIe au XVIIIe s.; dans la vitrine d'orfèvrerie religieuse, coupe en émail de Limoges de 1547; croix-reliquaire du XIIe s., donnée par l'impératrice Mathilde à l'abbaye du Valasse, bras reliquaire de Saint-Saëns, crosse émaillée du XIIIe s., plaque émaillée du XIIe s. (le prophète Osée); poterie moyen âge; bronzes, verres, fibules, anneaux, agrafes et vases mérovingiens; boisseau-étalon de la ville de Bolbec, créé en vertu d'une charte de Philippe le Bel, de l'abbaye de Jumièges et du marché de Duclair; moulage du couvercle du baptistère de l'église de Saint-Romain (p. 67); ivoires du XIIe au XVIe s., Vierge du XIIe s.; *tau ou crosse d'abbé du XIIe s., provenant de Jumièges; *oliphant du XIe s.; *boîte à hostie du Ve ou du VIe s.; coupe d'émail peint, exécutée en 1547, par Pierre Raymond; statue tombale de Henri Court-Mantel, roi d'Angleterre et duc de Normandie, inhumé dans la cathédrale en 1184 (p. 52); gémellions avec émaux champlevés des XIIIe et XIVe s.; *cristal de roche gravé (Baptême du Christ), de l'époque lotharingienne; *tabernacle et support de lutrin en bois sculpté du XVIe s.; épi en faïence du XVIe s. (fabrique de Manerbe près Lisieux); Vierge en pierre, du XVe s.

A l'extrémité de la galerie, à dr. :

Galerie II ou Galerie Langlois : médailles historiques, relatives à la Normandie : médailles de la Révolution, de l'Empire et de la Restauration : verreries du XVe s., provenant de l'église des Augustins; plombs du moyen âge, enseignes de pèlerinages et ex-voto; sceaux et empreintes de sceaux d'époques diverses; poteries du moyen âge; triptyque sculpté et doré du XVe s.; clefs et ferrures; collection de serrures du XIVe au XVIIIe s.; coffre des arbalétriers rouennais, bahuts sculptés; retables sculptés des XVe et XVIe s., peints et dorés, dont l'un, provenant de l'église de Fresquienne (près Pavilly), figure le Calvaire.

Galerie III ou Galerie de la Mosaïque, communiquant avec la galerie Cochet, comme la salle Deville (V. ci-dessous) avec la galerie Langlois, par une porte munie d'une grille du XIVe s., provenant de la cathédrale : cheminées composées avec les charpentes des maisons de P. et Th. Corneille; vases romains; lampes et céramiques antiques; grand cippe tumulaire de Lillebonne; sarcophages, inscriptions et sculptures antiques; monnaies; antiquités scandinaves; silex, poteries gauloises; *mosaïque* (Orphée charmant les animaux; aux angles, bustes des Saisons) découverte en 1838 dans la forêt de Brotonne; buste d'un Romain en marbre; lampes funéraires; statues et sculptures découvertes dans les bains et théâtre romains de Lillebonne; deux remarquables stèles, à deux personnages, et sarcophage romain trouvés à Rouen.

Salle IV ou salle Deville : idoles et statuettes antiques en terre cuite; vases étrusques; clefs et statères de l'époque romaine; statuettes en bronze, gauloises et romaines : *petit Mercure assis, découvert à

Epinay près de Neufchâtel-en-Bray; statuette de gladiateur combattant; casques, parmi lesquels un casque normand ou scandinave, trouvé aux environs de Falaise; collection de monnaies appelée Trésors de Caudebec-lès-Elbeuf, de Bos-Normand et du Tot; collection d'armes, haches et objets divers, de l'époque du bronze; collections de verreries et céramiques antiques; torques et objets en bronze de l'époque romaine; vitrine de statuettes de Tanagra. — A côté, SALLE des antiquités égyptiennes et coptes.

GALERIE V ou SALLE CORNEILLE : lectionnaire de la fin du XVe s.; boiseries et sculptures sur bois; retable de l'église d'Ambourville (fin du XVe s.); plaques de cheminées; médaillon de P. Corneille, par Jadoulle; baignoire en marbre du XVIe s., de l'hôtel du Bourgtheroulde.

SALLE VI ou SALLE DE LA QUÉRIÈRE : objets trouvés dans les fouilles de l'ancienne abbaye de Saint-Ouen; *cheminée en bois sculpté, composée de fragments provenant de maisons des rues Saint-Nicolas (n° 16) et des Champs-Maillets (n° 16); panneaux en bois sculpté du XVIe s., provenant de maisons de la rue de la Grosse-Horloge; meuble Louis XII, fait de panneaux provenant du palais de justice et sur lequel est placé un modèle de l'église Saint-Ouen.

SALLE VII : *mosaïque*, Daphné poursuivie par Apollon, provenant de Lillebonne; vitrines contenant des pièces de céramique italienne et hispano-moresque, une coupe en verre arabe et des bassins en cuivre orientaux gravés et incrustés d'argent des XIVe, XVe et XVIe s., des tissus précieux et des vêtements sacerdotaux; uniforme de sénateur de M. Pouyer-Quertier; tapisseries, du temps de Charles VIII ou de Louis XII, avec légendes aux armes de France; une autre (1560) provenant du château d'Anet, aux chiffres et attributs de Diane de Poitiers; tenture Louis XIV : Pastorale allégorique en broderie à l'aiguille, exécutée à Saint-Cyr sous la direction de Mme de Maintenon; tissus français, italiens et orientaux, des XVe et XVIe s.; chape du couronnement de Louis XV; dalmatique de drap d'or, donnée par Ferdinand et Isabelle à la cathédrale de Grenade; meubles des XVIe-XVIIIe s., dont un beau cartonnier, surmonté d'une pendule de Boulle avec la figure du Temps, et un cabinet Louis XIII en ébène sculpté; bassin du XIVe s. incrusté d'argent, travail de Mossoul.

GALERIE VIII : émaux et étains; armes et armures du moyen âge; canne à épée avec laquelle le ministre Roland de la Platière se tua dans le bois de Coquetot, près Rouen, en 1793; verres anciens dont un de Venise avec figure; mouvement d'horloge du XIVe s., provenant de l'église Saint-Vivien; sculptures de maisons du XVIe s.; cheminée en bois sculpté du XVIe s., etc.

Dans la COUR intérieure : porte de la maison de Corneille, à Rouen, rue de la Pie; buste de l'abbé Cochet, par Izelin; sculptures en pierre, motifs d'architecture, statues, bas-reliefs, pierres tumulaires et épis de faîtière en plomb.

Le *muséum d'histoire naturelle* a été créé en 1828 par le docteur Félix Pouchet, naturaliste rouennais, dont le buste, par F. Devaux, orne le vestibule. Il est ouvert t. l. j., de 10 h. à 17 h. l'été, à 16 h. l'hiver; le lundi, ouverture à midi; gratuit les jeudis, dim. et jours fériés; les autres j., 50 c. par pers.

Au 1er ÉTAGE : anatomie comparée; squelettes de baleines et de girafes; mammifères fossiles; momies d'ibis et de chats sacrés; préparations en cire du chirurgien Laumonier; médaillon de Georges Pouchet. — Au 2e : mammifères, reptiles, poissons, mollusques; minéraux, roches fossiles. — Au 3e : mollusques, annelés, radiaires; oiseaux, notamment de la Nouvelle-Hollande; série de nids; fossiles trouvés dans la côte Sainte-Catherine : le plus remarquable est l'Ammonites rotomagensis; — salle avec diorama représentant une ferme des environs de Rouen. — Au 4e : anthropologie et ethnographie.

Du musée d'antiquités, on descend la rue de la République, que bordent à g. le *petit collège de Joyeuse* et le *lycée Corneille*. Ils occupent l'ancien collège des Jésuites et un bâtiment de l'ancien séminaire, fondé par le cardinal de Joyeuse.

Dans la COUR D'HONNEUR, modèle en plâtre de la statue de Corneille, par David d'Angers, érigée sur le pont Corneille (p. 73). Le *parloir* est l'ancienne salle des Actes, avec mobilier et boiseries de l'époque Louis XV; le plafond est orné de peintures, par Zacharie.

La *chapelle* (entrée rue Bourg-l'Abbé, à g.) est l'ancienne église des Minimes; la première pierre fut posée par Marie de Médicis (1614); elle fut achevée en 1656. Au portail, statues de Charlemagne et de St Louis. A l'intérieur, Christ en croix, par Jouvenet; dans une chapelle à g., *mausolée* en marbre du cardinal de Joyeuse.

Si l'on continuait la rue Bourg-l'Abbé, on atteindrait, par la rue Saint-Nicaise (3e à g.), l'*église Saint-Nicaise*, du XVIe s. : elle a conservé des *vitraux* de 1555 et un retable du XVIIe s. Tout près, rue Poisson, est l'ancien séminaire. Entre les rues Saint-Nicaise et de la République, au no 31 de la rue Coignebert, maison natale d'Armand Carrel.

A dr. de la rue de la République, en face de la rue Bourg-l'Abbé, se trouve la place de la Rouge-Mare, avec l'ancienne *chapelle* du couvent de Saint-Louis, de 1683. Cette place, où se tient le marché au beurre, est ainsi nommée d'après le combat qui se livra sur son emplacement, en 949, et dans lequel Richard Ier, duc de Normandie, fit éprouver une sanglante défaite à Othon, empereur d'Allemagne, à Louis IV, roi de France, et à Arnould, comte de Flandre, coalisés contre lui.

La rue de la République ramène ensuite à la place de l'Hôtel-de-Ville et à Saint-Ouen (p. 55 et 57). Au delà, elle passe devant l'ancien archevêché (p. 53), situé à l'abside de la cathédrale, pour aboutir aux quais de la Seine.

ITINÉRAIRE III : LES QUAIS DE LA SEINE. — Descendant la rue Jeanne-d'Arc jusqu'à la Seine, on débouche sur le quai de la Bourse, centre de l'animation du port maritime.

Le **port maritime** est situé à 127 k. du Havre et de l'embouchure de la Seine; les navires peuvent remonter le fleuve et arriver à Rouen en une seule marée, soit par leurs propres moyens, soit, pour les voiliers, à l'aide de remorqueurs qui les prennent en vue du Havre. Il couvre 50 hect. et comprend le Bassin aux bois, le Bassin aux pétroles et le Port des Yachts, destiné à recevoir les yachts de plaisance. Des docks, hangars et magasins bordent ses quais, garnis de grues fixes ou mobiles, et que des voies ferrées relient aux différentes gares. Des lignes régulières rattachent Rouen aux principaux ports d'Europe, à la Corse, à l'Algérie, au Maroc et à l'Amérique.

Le port maritime s'arrête au pont Boïeldieu, en amont duquel s'étend le port fluvial (ci-après, p. 73).

Le port de Rouen a pris une extension considérable depuis la guerre, surtout pour le ravitaillement de Paris. Il a dépassé le tonnage de Marseille, prenant la tête des ports de France : en 1916, le total des marchandises embarquées et débarquées a atteint 8,088,101 tonnes (9,743,456 tonnes si l'on y joint le trafic de la base anglaise), contre 7,887,643 tonnes pour Marseille. La houille à elle seule dépasse le quart de l'importation globale de la France dans une année normale.

Des travaux d'agrandissement considérables, en cours d'exécution, comportent : l'approfondissement de la Seine pour donner aux navires un mouillage de 9 m.; le creusement de deux darses, avec 4.000 m. de quais, dans les prairies Saint-Gervais, et la construction d'un nouveau pont transbordeur; une gare de triage au N. de ces bassins; en aval, des quais jusqu'à Croisset; un nouveau bassin à Petit-Couronne.

En suivant le quai à dr., on passe devant l'*hôtel des Douanes*, construit en 1838, par Isabelle. La grande porte et le couronnement sont ornés des Attributs du Commerce. A la façade, 2 bas-reliefs de *David d'Angers* symbolisent les Génies du Commerce et de la Navigation.

Dans la cour intérieure a été placé le *fronton de l'ancienne Douane, de *Nicolas Coustou* (1726). Il représente le Commerce : au centre, Mercure coiffé d'un casque ailé, tient un caducée à la main. C'est un des plus beaux morceaux de sculpture ornementale de l'art classique.

Sur le quai, près de la douane, buste de Louis Brune, sauveteur rouennais (1807-1843), par F. Devaux.

Au delà s'étend le quai du Havre et se détache sur le ciel la haute silhouette métallique du pont transbordeur.

Le *pont transbordeur* est le premier de ce genre qui ait été construit en France. Œuvre de l'ingénieur Arnodin (1898-99), il se compose de deux pylônes, hauts de 60 m., supportant un tablier long de 150 m. et qui est lui-même à 50 m. au-dessus de l'eau. A ce tablier est suspendue et roule sur des rails, mue par l'électricité, une nacelle qui transporte les voyageurs d'une rive à l'autre (10 c. et 5 c.; ascension des pylônes, 50 c.). Les plus hauts navires peuvent circuler sous le pont.

On revient sur ses pas et on contourne le quai de la Bourse au delà de la rue Jeanne-d'Arc.

La *Bourse* ou palais des Consuls occupe un vaste monument, en partie ancien, où sont installés la bourse, la chambre et le tribunal de commerce, ainsi que le bureau central des télégraphes et téléphones. La façade sur le quai est moderne et a été construite par l'architecte Lefort (1894); fronton sculpté par Verlet. L'autre face, qui donne sur la rue Nationale, de style Louis XV, est l'œuvre (1734) de l'architecte Blondel. Cette partie de l'édifice avait été bâtie pour la juridiction consulaire de Rouen.

A l'intérieur (s'adresser au concierge, pourboire), on remarque l'escalier monumental, avec statue de Louis XV, par *Coustou*. — 1er ÉTAGE : à l'entrée des galeries, bas-reliefs figurant des Enfants, par Jadoulle. Salle de la Chambre de commerce : boiseries; 2 tableaux de *Lemonnier*, peintre rouennais, représentent le Commerce (1791). Salle des tableaux, contenant 3 toiles de *Schopin*, parmi lesquelles la Visite de Louis-Philippe. Dans la partie neuve, cabinet du président avec plafond de

Paul Baudouin, la Seine et ses affluents; vases de Sèvres, tapisseries des Gobelins. Bibliothèque, avec plafond de *Paul Baudouin*, la Ville de Rouen recevant le tribut des nations étrangères; tableau de *Lemonnier*, Réception de Louis XVI en 1786; bas-relief de *Denys Puech*, la Seine.

A côté de la Bourse, sur le quai, *statue de Boïeldieu*, en bronze, par Dantan jeune. — Derrière la Bourse, rue Nationale n° 41, l'ancienne *église Saint-Pierre-du-Châtel*, de style ogival (XVIe s.), avec vantaux de la Renaissance figurant la Vie de St Pierre, est transformée en écurie.

Au delà de la Bourse, le quai se double du *cours Boïeldieu* planté d'arbres. C'est la partie la plus animée des quais : musique militaire jeudi et dimanche en temps de paix; hôtel d'Angleterre, nombreux cafés; en face, ponton des bateaux de la Bouille et du Havre.

A l'angle de la rue Grand-Pont se trouve le *théâtre des Arts* qui datait de 1776 et qui fut incendié en 1876. Reconstruit en 1882, par Sauvageot, il a un fronton sculpté par Chapu. Le plafond de la salle figure l'Apothéose de Corneille, par Léon Glaize. Les peintures du foyer sont de Baudouin et Millet; celles de l'escalier, de Demarest. Le théâtre contient 1,500 places; on y joue le répertoire lyrique et dramatique.

En face de la rue Grand-Pont, le *pont Boïeldieu*, de 240 m. de long, avec 3 arches en acier, conduit à la place Carnot, en face de la gare d'Orléans, et d'où on peut se rendre à la gare de l'Etat Rive-Gauche ou au jardin des plantes (p. 74).

Dans la rue Grand-Pont on trouve aussitôt à dr. la rue de la Savonnerie, où la *fontaine Lisieux* fut édifiée en 1518, par Jacques Le Lieur, échevin et poète rouennais. A demi détruite, elle représente le Mont Parnasse et Apollon, avec les Muses, qui autrefois jetaient de l'eau par leurs instruments de musique. Cette fontaine est adossée à l'hôtel de Lisieux, ancien manoir des évêques de Lisieux, où est mort l'évêque Cauchon, qui instruisit le procès de Jeanne d'Arc.

Sur la petite place des Arts, curieux *logis de Caradas*, maison du XVIe s., à mâchicoulis.

Un peu plus loin dans la rue Grand-Pont à g., la petite rue Saint-Etienne-des-Tonneliers offre une maison du XVIe s. en bois sculpté.

Continuant à longer la Seine par le quai de Paris, en amont du pont Boïeldieu, on arrive à la place de la République, qui fait face au pont Corneille. Sur la place, l'Omnia Cinéma (ancien Alhambra) a, sur la façade, les Figures de la Danse, par Guilloux. La place de la République communique par la courte rue Raquette, à g., avec la place de la Basse-Vieille-Tour, où se tient le marché aux poissons, et d'où l'on passe sur la place de la Haute-Vieille-Tour par un couloir pratiqué sous le monument de Saint-Romain.

Le *monument de Saint-Romain* est un charmant édicule de pierre de la Renaissance (1542), sorte de loggia à colonnes et à fronton grec, avec une petite lanterne au sommet et deux escaliers latéraux. Depuis le VIIe s. jusqu'en 1790, la châsse ou *fierte* contenant les reliques de St Romain, un des premiers évêques et patron de Rouen, était tous les ans, le jour de l'Ascension, apportée en procession à ce petit édicule; là, un condamné à mort, désigné par le Chapitre de la cathédrale, recevait le reliquaire et l'élevait en l'air au-dessus de la foule : il était alors gracié et mis en liberté.

La place de la Haute-Vieille-Tour, pittoresquement animée, le vendredi, par un marché en plein air où viennent des paysannes des environs, est bordée d'un côté par la halle aux grains (XVIIe s.) et par les anciennes halles de Rouen, renfermant l'École des beaux-arts, les magasins de décors du théâtre des Arts, divers syndicats et sociétés. La Bourse du travail est moderne, avec haut-relief allégorique, par A. Guilloux : la Ville de Rouen protégeant ses enfants; des fresques, par P. Baudouin, y figurent le Travail ancien et moderne.

La *rue de l'Épicerie*, qui part de la place de la Haute-Vieille-Tour, est une des plus vieilles de Rouen; elle a des maisons à pignon du XVIe s. et aboutit au flanc de la cathédrale, à la place de la Calende, où elle fait angle avec la rue du Bac. — Dans la rue du Bac, aux n°s 28 et 30, groupe de 5 maisons du début du XVIIe s. A l'angle de la rue des Fourchettes, une maison gothique, à pans de bois, du XVe s., offre au 1er étage un buste de la Vierge et de l'Enfant Jésus.

A l'entrée de la rue de la République, du côté opposé à la place de la Haute-Vieille-Tour, la rue des Augustins a gardé, au n° 44, dans la cour de l'hôtel des Augustins, les restes d'une ancienne église du XIVe s. — Dans la rue Louis-Brune qui, de l'autre côté de la rue de la République, fait suite à la rue des Augustins, se voit la remarquable *maison des Fours-Banaux* de 1585 : dans la petite cour a été transportée une façade sculptée d'une maison Henri II, qui dépendait de l'ancien hôtel de ville.

Si l'on continuait à suivre le quai au delà de la place de la République, d'où un tram conduit à Bon-Secours (p. 74), on trouverait la belle *porte Guillaume-Lion*, de style Louis XV, avec bas-relief et fronton sculpté, d'une large facture, par Claude Le Prince (1749). C'est un reste de l'ancienne enceinte.

En face de la place de la République, on prend le *pont Corneille* ou pont de pierre, qui traverse la Seine en s'appuyant sur l'extrémité de l'île Lacroix. Commencé en 1813, la première pierre en fut posée par l'impératrice Marie-Louise, il ne fut terminé qu'en 1835 et a coûté 10 millions; sa longueur totale est de 260 m. Sur le terre-plein, belle *statue de Corneille*, d'après le modèle laissé par David d'Angers, élevée par souscription publique en 1834.

L'*île Lacroix* est longue de 1 k. env. On y trouve les music-halls de Tivoli et des Folies-Bergères. L'île est en majeure partie occupée par des établissements industriels et maritimes. Dans les deux bras de la Seine qui la baigne est le port fluvial.

Le **port fluvial** qui couvre 16 hect., fait suite au port maritime, dont le sépare le pont Boïeldieu. Il relie Rouen avec Paris et les canaux du bassin de la Seine; les marchandises y sont transbordées dans des péniches. C'est surtout dans le bras droit de la Seine, au Pré-au-Loup, en bas de la colline de Bon-Secours, que stationne la batellerie.

Le pont Corneille aboutit aux quais d'Elbeuf (à g.) et Saint-Sever (à dr.). Au delà du quai d'Elbeuf, voisin de la gare État Rive-Gauche, on trouverait, en bordure de la Seine, le *Grand-*

Cours, vaste promenade ombragée d'arbres centenaires, créée en 1649 par le duc de Longueville; sur ses pelouses se tiennent les concours régionaux d'agriculture et le concours hippique. — Le quai Saint-Sever aboutit à la place Carnot (p. 72).

Toute cette rive g. de la Seine, comprise sous le nom de *faubourg Saint-Sever*, est entièrement industrielle. La principale industrie est celle de la filature et du tissage de coton (p. 42).

La rue La-Fayette (tram), à la suite du pont Corneille, comme la rue Saint-Sever (tram), à la suite du pont Boïeldieu, amène à l'*église Saint-Sever*, moderne, en style Renaissance.

Au delà de l'église Saint-Sever, à dr., par la rue Saint-Julien, on arriverait à l'église Saint-Clément, moderne, en style roman, avec fresques de Dupuy-Delaroche et Philippe Zacharie. En face, se trouve la *fontaine du Bienheureux J.-B. de la Salle* : le groupe principal, par Falguière, représente l'abbé de la Salle (1651-1719), fondateur des Frères des Ecoles chrétiennes, enseignant aux enfants; au piédestal, 2 bas-reliefs en bronze, par Legrain, figurent l'abbé secourant les malades et Jacques II visitant ses écoles; l'architecte est de Perthes.

Au delà de l'église Saint-Sever, à g., la longue rue d'Elbeuf conduit, dans un quartier neuf bien habité, au beau *jardin des plantes*, fondé en 1839 dans l'ancien parc de Trianon, agrandi depuis. Il couvre auj. 10 hect., avec de nombreuses serres et d'agréables avenues. Il renferme l'Ecole botanique et l'Ecole d'arboriculture, le buste d'Eugène Noël, littérateur et naturaliste (1816-1899), par A. Guilloux, et une curieuse pierre runique.

En continuant l'avenue (tram), on arriverait au champ de courses (café-rest.), où a été installé pendant la guerre un vaste camp anglais des deux côtés de la route d'Elbeuf.

L'ascension de la **colline de Bon-Secours** est le complément indispensable de la visite de Rouen, à cause du magnifique panorama qu'elle offre sur le cours de la Seine, sur la ville et ses monuments : c'est là qu'il faut monter pour avoir de Rouen une inoubliable impression d'ensemble; on y visite en outre un sanctuaire célèbre de la Vierge et un monument de Jeanne d'Arc.

La colline de Bon-Secours, dont le plateau est à 161 m. d'alt. et porte la commune de *Blosseville-Bon-Secours*, se termine par un hardi cap crayeux, dit *côte Sainte-Catherine* ou *mont Gargan* (144 m.), découpé entre la rive dr. de la Seine et le vallon de Robec et dominant à pic la ville au S.-E. On y monte :

A. Par la route (2 k. 8; on peut prendre une voiture de place, ou le tram électrique, ligne du Mesnil-Esnard partant du pont Corneille, 30 c. et 40 c.; aller et ret. 55 c. et 65 c.). — On sort de Rouen par le quai de Paris et l'avenue Saint-Paul qui longe à g. le Champ de Mars, puis passe devant l'église Saint-Paul, moderne, de style roman; le chœur roman primitif (xie-xiie s.) sert de sacristie. A 200 m. plus loin, on laisse à dr. la route basse d'Eauplet et l'on prend à g. la route de Bon-Secours qui s'élève au flanc des escarpements crayeux de la côte Sainte-Catherine, et domine le cours de la Seine, avec l'île Lacroix, l'île Brouilly et les deux viaducs du chemin de fer. — 1 k. 8 (du pont Corneille) : à g. se détache la vieille route, escarpée, qui contourne un joli vallonnement où s'étagent des villas, et monte directement à Blosseville-Bon-Secours. A dr., la nouvelle route (route nat. n° 14 de Rouen à Paris), plus douce pour les voitures, continue à s'élever en corniche au-dessus de la Seine, sur un parcours de 2 k. env., avec des vues de plus en plus belles et étendues; elle passe au-dessous de la basilique et sous la voie du funiculaire et rejoint l'ancienne route sur le plateau, à l'entrée du *Mesnil-Esnard*, à 800 m. env. au delà de la basilique. Bien que ce trajet soit plus long c'est celui que nous recommandons aux voitures et aux automobiles à cause de la vue. — Le tram électrique, dont le tracé est également pittoresque, s'élève entre l'ancienne et la nouvelle route, décrit un lacet dont le coude est porté par de grands murs de soutènement, et va rejoindre l'ancienne route, derrière la basilique. On descend à l'arrêt de la rue de la Mairie qui conduit à dr. à l'église.

B. Par le funiculaire (25 c.; arrêté pendant la guerre; s'informer). — Un funiculaire partant du faub. Eauplet sur la rive dr. de la Seine à 2 k. env. du pont Corneille, monte directement à la terrasse de la basilique; on peut se rendre à la gare basse du funiculaire, soit par le tram d'Amfreville (15 c. et 10 c.) partant de la pl. Carnot, soit par les bateaux-vedettes de Saint-Adrien, jusqu'au ponton d'Eauplet-funiculaire (20 c.); la gare supérieure du funiculaire est à 120 m. au-dessus de la Seine.

L'*église de Bon-Secours*, due au zèle du curé Geoffroy († 1868), fut construite par Barthélemy (1840-1842). C'est un des premiers essais tentés au XIXe s. pour remettre en honneur le style gothique du XIIIe s. La tour est haute de 58 m. Le portail O. est décoré de sculptures par Jean Duseigneur, de Paris. L'intérieur est entièrement peint ou doré. Les 15 ogives du sanctuaire sont décorées de peintures ayant trait à l'Eucharistie, soit dans l'Ancien, soit dans le Nouveau Testament. Le maître-autel, en bronze doré, et la chaire sont richement décorés. Les 58 fenêtres sont ornées de verrières, dessinées par l'abbé Arthur Martin.

Le *monument de Jeanne d'Arc* (entrée, 25 c.) fait face à l'église, sur le plateau des Aigles. Il a été construit de 1890 à 1892, sur les plans de l'architecte J. Lisch, en style Renaissance. L'édicule principal, haut de 20 m., est surmonté d'une statue de St Michel, dorée, haute de 3 m.; il abrite la statue de Jeanne d'Arc, en marbre, par *Barrias* : elle est tête nue, en armure et les mains liées; des enfants portent les écussons des compagnons d'armes de l'héroïne. Sous les édicules latéraux, statues de Ste Marguerite, par Pépin, et de Ste Catherine, par Verlet. En avant, une terrasse est soutenue par un grand mur. En dessous du monument, crypte de N.-D.-des-Soldats.

De Bon-Secours à Saint-Adrien et Port-Saint-Ouen (p. 76).

Environs de Rouen.

Les environs de Rouen sont fort beaux et desservis par de nombreux moyens de locomotion, trams, chemins de fer, bateaux. Pour les voitures de louage, il faut compter 15 à 20 fr. pour la demi-journée, 25 à 30 fr. la journée entière. Pour les taxi-autos, qui marchent au compteur, tarif, p. 39. — Aux excursions groupées ci-dessous, il faut joindre les principales escales de la descente de la Seine décrites p. 93 à 112.

1° Saint-Adrien et Port-Saint-Ouen (4 k. 5 S.-E. de Rouen à Amfreville, tram 30 c. et 20 c., départ de la place Carnot. Bateaux-vedettes de Rouen à Port-Saint-Ouen, avec escales, 50 c.). — La route fait suite, à Rouen, au quai de Paris. Le trajet par la Seine est parallèle. — 1 k. On coupe le ch. de fer de Paris.

2 k. (du quai de Paris). Eauplet, d'où monte le funiculaire de Bon-Secours (*V.* ci-dessus). La Seine, coupée d'îles, continue à être bordée, à g., par des hauteurs qui atteignent 130 et 160 m. ; à dr., s'étendent des plaines basses, les derniers faubourgs de Rouen et Sotteville.

4 k. 5. *Amfreville-la-Mi-Voie*, gros bourg industriel, aux nombreuses usines; maisons de campagne; bac sur la Seine.

5 k. 5. *La Poterie*. En face, sur la rive g. de la Seine, on aperçoit Saint-Étienne-de-Rouvray, dominé par les hauteurs boisées de la forêt du Rouvray. — De la Poterie se détache le chemin de (1 k. 5) *Belbeuf*, sur la hauteur, à 129 m. *L'église*, du XVe s., renfermant une cuve baptismale en pierre du XIIIe s., et un autel de marbre Louis XV, est entourée par le cimetière où l'on voit un if centenaire et, dans une petite annexe, les sépultures des marquis de Belbeuf. Beau *château* du XVIIIe s., construit sur les plans de Soufflot; il est entouré d'un parc, où l'on aperçoit le colombier, du XVIe s. De Belbeuf, on peut faire de charmantes promenades dans les bois qui s'étendent jusqu'au promontoire dominant à pic Saint-Adrien : panorama magnifique sur la vallée de la Seine; on peut également descendre par un joli chemin creux, ombragé, à la source du Becquet d'où l'on gagne Saint-Adrien.

7 k. 5. *Saint-Adrien* (hôt. : *du Soleil-d'Or; Saint-Adrien*; nombreuses guinguettes), petite localité pittoresque, sur la rive dr. de la Seine, au débouché du vallon du Becquet, dominé par un superbe promontoire crayeux, dans lequel est à demi creusée une pittoresque chapelle (XIIIe s.), but de pèlerinage à Ste Barbe. Un joli chemin remontant le vallon sur 2 k. conduit à la source du Becquet au fond d'un beau cirque de collines.

De Saint-Adrien on peut traverser la Seine en bac et gagner (1 k.) Saint-Étienne-de-Rouvray (p. 14; station du ch. de fer de Paris-Rouen, ou tram pour Rouen).

9 k. 5. *Port-Saint-Ouen*, où s'arrête le service fluvial. La Seine, au delà, décrit une longue boucle vers Elbeuf (12 k. par la route directe; p. 32) et Pont-de-l'Arche (7 k. par la route directe; p. 11).

2° Bois-Guillaume, Mont-Saint-Aignan et forêt Verte (2 k. 5 N.-E. de Rouen à Bois-Guillaume; 3 k. S. de Mont-Saint-Aignan à Rouen; — trams : du jardin des plantes à Bois-Guillaume, 40 c. et 25 c., par la pl. Beauvoisine et la côte de Neufchâtel comme la route; du pont Corneille au Mont-Saint-Aignan, 30 c. et 20 c.). — On quitte Rouen par la place Beauvoisine et la route de Neufchâtel. — 1 k. 5 (de la place Beauvoisine). *Bihorel*, où on prend à g. la route de Bois-Guillaume.

2 k. 5. *Bois-Guillaume*, commune de 3,632 hab., au bord d'un plateau, à 155 m. L'église a une nef du XVIe s., avec de jolies piscines de pierre sculptée dans le transept. — A Bois-Guillaume (descendre à l'arrêt Prévôtière) se trouve dans un beau parc la maison de retraite Boïeldieu, pour artistes, musiciens, hommes de lettres et autres professions libérales, fondée par Mme Samson-Boïeldieu, petite-fille du célèbre compositeur. On y visite le *musée Boïeldieu* (50 c.; de 14 à 16 h. en hiver, de 14 à 17 h. en été), où sont réunis un certain nombre de souvenirs du maître : son portrait, d'après Boilly; son lit, son piano, la montre de Napoléon à Austerlitz, des autographes, etc. — A g. du charmant chemin de Bois-Guillaume à Isneauville (4 k. N.-E.; p. 84), se voit le château de Bois-l'Abbé, moderne, sur l'emplacement d'un château du XVIe s., dont il reste la porte et une chapelle.

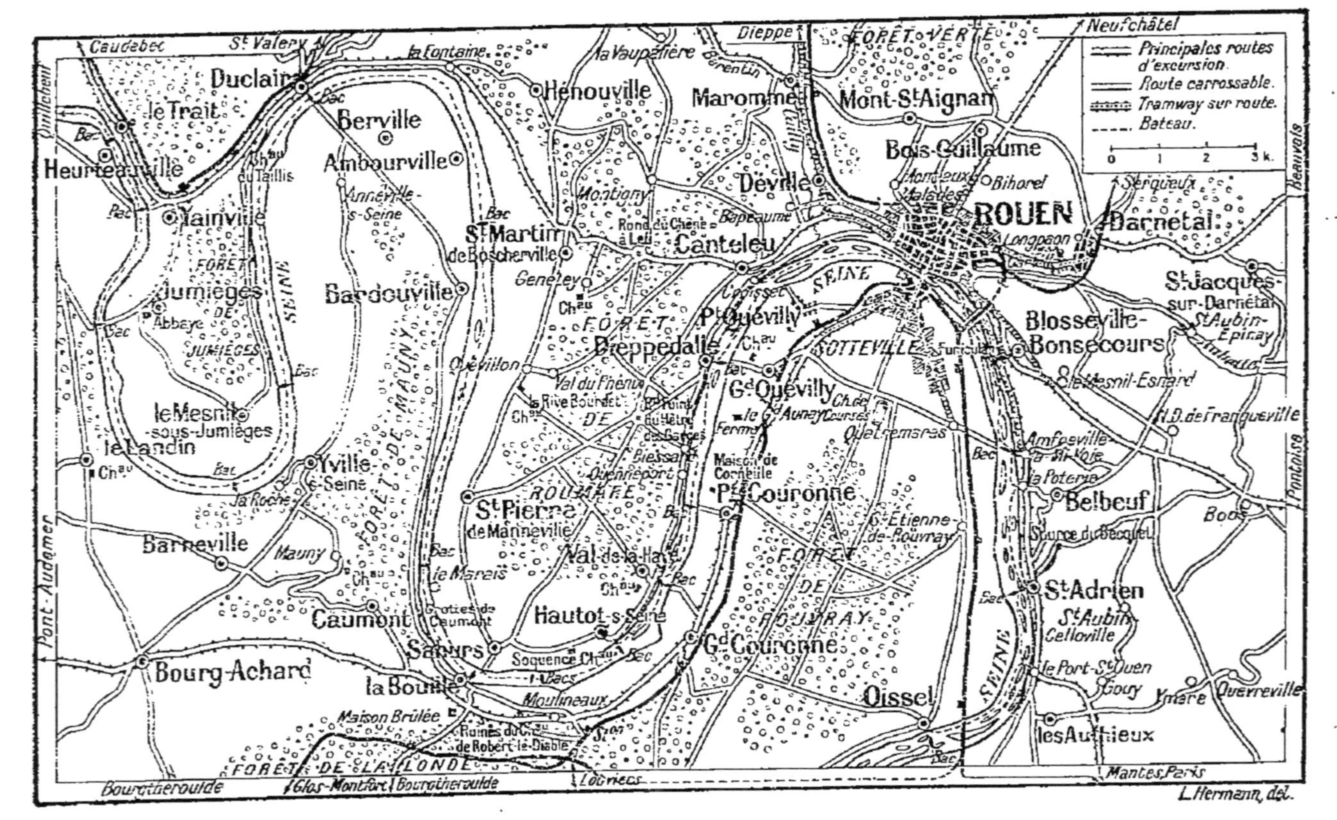
Principales routes d'excursion.
Route carrossable.
Tramway sur route.
Bateau.
0 1 2 3 k.
Caudebec
St Valery
Duclair
le Trait
Heurteauville
Yainville
Jumièges
Abbaye
FORÊT DE JUMIÈGES
le Mesnil-sous-Jumièges
le Landin
Berville
Ambourville
Anneville-s-Seine
Bardouville
Yville-s-Seine
la Roche
Barneville
Mauny
FORÊT DE MAUNY
Caumont
Grottes de Caumont
Sahurs
Bourg-Achard
la Bouille
Maison Brûlée
Ruines du Chau de Robert-le-Diable
Moulineaux
FORÊT DE LA LONDE
Bourgtheroulde
Glos-Montfort
Pont-Audemer
Oissel
Orival
la Fontaine
Hénouville
la Vaupalière
Maromme
Mont-St Aignan
Bois-Guillaume
Déville
Canteleu
St Martin de Boscherville
Genetey
Montigny
Quevillon
Val du Fhénu
la Rive Bourdet
FORÊT DE ROUMARE
St Pierre de Manneville
Val-de-la-Haye
Hautot-s-Seine
Soquence
le Marais
Dieppedalle
Pt Quevilly
Gd Quevilly
Pt Couronne
Maison de Corneille
Gd Couronne
St Étienne-de-Rouvray
FORÊT DE ROUVRAY
Sotteville
SEINE
Dieppe
FORÊT VERTE
Neufchâtel
ROUEN
Bihorel
Darnétal
Longpaon
Beauvais
St Jacques-sur-Darnétal
St Aubin-Épinay
Blosseville-Bonsecours
le Mesnil-Esnard
N.D. de Franqueville
Amfreville-la-Mi-Voie
la Poterie
Belbeuf
Boos
Source du Becquet
St Adrien
St Aubin Celloville
le Port-St Ouen
Gouy
Ymare
Quevreville
les Authieux
Pontoise
Mantes Paris
Louviers
Bac
L. Hermann, del.

De Bois-Guillaume à Saint-Aignan la route descend dans le profond ravin que domine le pays, pour remonter ensuite sur la côte opposée.

5 k. 5. *Mont-Saint-Aignan*, 4,316 hab., sur un plateau de 160 m.; église avec tourelle d'escalier de la Renaissance. — 1 k. 5 S. On entre dans la *forêt Verte* qui couvre 1,424 hect. Accidentée, elle s'étend vers le N., sur une profondeur de 5 k.; elle mesure 6 k. de large, entre Isneauville, à l'E., et la vallée du Cailly, à l'O.

De Mont-Saint-Aignan, la route de Rouen traverse (7 k.) le village de *Mont-aux-Malades*. En 1174 Henri II d'Angleterre y fonda, en action de grâces de la levée du siège de Rouen par Louis VII, un prieuré de chanoines de St Augustin. Il en reste des bâtiments moins anciens (4 pavillons Louis XIII) et l'église, ancienne chapelle, dédiée à St Thomas de Cantorbéry, dit le Martyr; un frère de Corneille, Augustin, en fut prieur. Le chœur et la nef sont romans (fin du XIIe s.), avec remaniements du XIVe s.; les bas-côtés sont gothiques (XIVe-XVe s.). Le village est dominé par le mont aux Malades : belle vue sur Rouen.

8 k. 5. On arrive à Rouen par la rue et la barrière Saint-Maur (tram pour la ville) et le boulevard Jeanne-d'Arc.

8° Darnétal et château de Martainville (3 k. 5 N.-E. de Rouen à Darnétal; tram, 20 c. et 15 c.; station du ch. de fer de Rouen à Amiens; route 11 k. 5 N.-E. de Darnétal à Martainville. Il est préférable de prendre à Rouen une voiture, 20 fr. env., ou un taxi-auto, tarif, p. 39). — On quitte Rouen par la rue et la place Saint-Hilaire; on passe à g. près de l'église Saint-Hilaire, moderne, avec peintures relatives à la vie du saint, par Perrodin, élève de Flandin.

3 k. 5 (de la place Saint-Hilaire). **Darnétal**, ch.-l. de c. de 7,218 hab., ville industrielle, dans une vallée arrosée par l'Aubette et le Robec. Le tram aboutit à la place de l'Hôtel-de-Ville. On aperçoit à dr. l'*église de Carville* (1512-1514), de style gothique flamboyant, avec chapelles latérales, porche et gargouilles sculptées; la *tour* de l'église, que termine un petit beffroi en charpente, couvert d'ardoises, passe pour avoir servi d'observatoire à Henri IV, lors du siège de Rouen. Si on suit, au delà de la place, la grande rue de Darnétal on trouve à g. une rue menant à l'*église de Long-Paon*, bel édifice gothique du XVIe s., restauré; à l'intérieur, charpentes en bois, avec peintures. Monument aux morts pour la patrie, avec statue de la France guerrière, par A. Guilloux.

De Darnétal, 2 routes qui se rejoignent au hameau de la *Table-de-Pierre* (147 m.) conduisent à Martainville.

6 k. 5. On laisse à dr. une bifurc. de 1 k. vers *Saint-Jacques-sur-Darnétal* : église moderne, de style roman; au cimetière, croix ornée, de la fin du XVIe s. — 11 k. 5. On voit à dr. une belle allée de hêtres, précédant la ferme de Beaulieu, bâtie sur les ruines d'un ancien prieuré dont il subsiste quelques bâtiments du XVIe s.

15 k. *Martainville-Epreville*, avec une église de 1679 : baptistère du XIIIe s. Le **château de Martainville*, commencé en 1485, est une imposante construction qui marque la transition entre le gothique et la Renaissance. Il est bâti en pierres et briques entremêlées, entouré de fossés et flanqué aux angles de 4 grosses tours rondes, avec toits en poivrière. La grande porte, avec vantaux sculptés du XVIe s., s'ouvre sous une tourelle à pans coupés, qui se termine par une petite lanterne et qui, au 1er étage, renferme la chapelle. Le corps central du château a un grand toit d'ardoises, des lucarnes ornementées et de magnifiques corps de cheminées en briques : curieux dessins et arabesques. Le colombier, dans le jardin, est bien conservé. A l'intérieur, vastes cheminées, avec torsade de terre cuite; crémaillère de la cuisine (XVIe s.); meubles des XVIe et XVIIe s.; tentures de cuir et tapisseries d'Aubusson; glaces de Venise; portraits des anciens seigneurs.

De Martainville on peut poursuivre jusqu'à (3 k. 5 N.-E.) *Ry* (hôt. *de la Rose-Blanche*, T.C.F.). L'église a un clocher dont la base est du XIIe s. et un charmant porche en bois sculpté, décoré de statuettes, de la Renaissance; au chœur, dalle tumulaire du XVe s. et boiseries du XVIe s. à l'autel; chaire ancienne aux panneaux sculptés. C'est à Ry qu'a vécu la femme qui a servi de type à Flaubert pour *Mme Bovary*; elle est ensevelie au cimetière.

4° Canteleu, forêt de Roumare et Saint-Martin-de-Boscherville (4 k. O. de Rouen, barrière du Havre, à Canteleu; bateau de la Bouille, escale de Croisset, 35 c. et 30 c., à 1 k. de Canteleu; service public interrompu depuis la guerre, de Rouen à Saint-Martin par Canteleu, départ de l'hôtel de Londres, rue des Charrettes, 135; voiture de louage, 20 fr. env. pour l'ensemble de l'excursion, ou taxi-auto, p. 39). —. On sort de Rouen par le quai du Havre, le quai Gaston-Boulet et la barrière du Havre (tram). La route continue à longer la Seine.

3 k. (de la barrière du Havre). *Croisset* (p. 95). A l'entrée de Croisset, la route de Canteleu s'ouvre à dr. et s'élève en serpentant.

4 k. *Canteleu*, 3,600 hab., occupe le sommet d'une colline d'où l'on jouit d'une vue magnifique sur la vallée de la Seine, décrite par Maupassant dans *Bel Ami*. L'église, du XVe s., avec chœur et transept modernes, a une belle porte sculptée. Le château, du XVIIe s. (on ne visite pas), a été bâti par Mansart et a appartenu à Nicolas Langlois de Motteville, mari de Mme de Motteville, qui a laissé des Mémoires bien connus. Il est auj. diminué de deux ailes et renferme d'intéressantes collections.

De Canteleu la route traverse la belle *forêt de Roumare*, qui appartient à l'État et couvre 4,017 hect. Elle renferme de nombreux cerfs et occupe toute la boucle de la Seine, de Canteleu à Saint-Martin-de-Boscherville. Elle est percée de belles routes auxquelles on accède, soit par la route de Canteleu, soit par les escales de Dieppedalle, Biessard ou le Val-de-la-Haye, du bateau de la Bouille (p. 95-96).

6 k. 5. *Étoile du Chêne-à-Leu*, dans la forêt de Roumare, au carrefour de huit routes. Le chêne à Leu (c'est-à-dire à loup), auquel la légende rapporte que Rollon, premier duc de Normandie, suspendit ses colliers d'or et les y laissa un an, sans qu'ils fussent volés, a été détruit par un incendie. — Une route forestière de 12 k. S.-O. se détache, à g., de l'étoile du Chêne-à-Leu et, traversant la forêt dans sa plus grande longueur, vient aboutir à la Seine, en face de la Bouille (bac; p. 96).

9 k. (11 k. du centre de Rouen). **Saint-Martin-de-Boscherville** (hôt. *du Val-Saint-Léonard*, T.C.F.) où l'on retrouve la vallée de la Seine, 629 h., offre les restes intéressants de son ancienne abbaye de Bénédictins. *L'abbaye de Saint-Georges-de-Boscherville* fut fondée vers 1050, par Raoul de Tancarville, précepteur, puis chambellan de Guillaume le Bâtard, duc de Normandie, dit Guillaume le Conquérant. *L'*église*, qui en subsiste, bâtie vers 1100 ou 1110, est un des plus remarquables spécimens du style roman normand à son apogée. Son clocher central, carré et trapu, a été coiffé d'une haute flèche couverte d'ardoises. Les 2 élégantes tours de la façade ont été terminées à la fin du XIIe s. Devant le grand autel, dalle tumulaire d'Antoine le Roulx († 1535), dernier abbé régulier; au transept dr., confessionnal sculpté. Voisine de l'église, la **salle capitulaire*, construite de 1157 à 1211, a une entrée remarquable à 3 arcatures romanes, ornée de cariatides de toute beauté; chapiteaux historiés : Sacrifice d'Isaac, Moïse tenant les Tables de la loi, Passage du Jourdain. Une ferme occupe les autres restes de l'abbaye; s'adresser au sacristain, près de la mairie, pour visiter.

A 1 k. E. au-dessus de Saint-Martin, à 90 m., est enclavé dans la forêt de Roumare le pittoresque hameau de *Genetay* : belle vue sur la Seine, sapinière, nombreuses promenades; ancienne maison de Templiers (XIIIe s.), pressoir, chapelle rustique de Saint-Gourgon (XVIe s.)

qui fut longtemps célèbre par une assemblée annuelle et le nombre de ses étalagistes (fête le 9 sept.); puits naturel ou « aven », dit le Grand-Puchot; vestiges de l'ancien château. — De Genetay on regagne directement la route de Canteleu, au carrefour.

A 3 k. 5 S.-O. de Saint-Martin, à *Quevillon*, joli château de la Rivière-Bourdet habité, de 1723 à 1725, par Voltaire, qui y écrivit *la Henriade*.

De Saint-Martin on peut poursuivre jusqu'à Duclair (9 k. N.-O.; p.102), par une route qui passe au-dessous de *Hénouville*, ruines du château du Bellay (1630), et qui rejoint la Seine au hameau de *la Fontaine* (5 k. de Saint-Martin) : débris de la chapelle Sainte-Anne, grottes habitées, rochers dits la chaise de Gargantua.

***5° Le Petit-Quevilly, Petit-Couronne et forêt de Rouvray.** — *A*. Route, 7 k. de Rouen (pl. Carnot) à Petit-Couronne, par Grand-Quevilly (4 k.): entre le bourg et la Seine, château des ducs de Montmorency, du XVIIIe s. On trouve la maison de Corneille à l'entrée de Petit-Couronne, en contre-bas et à dr. de la route.

B. Ch. de fer, ligne d'Elbeuf (gare d'Orléans); 9 k., 1 fr. 30, 95 c., 60 c.). — Le ch. de fer contourne le faubourg Saint-Sever et suit la vallée de la Seine, à 1 k. 5 du fleuve.

3 k. **Le Petit-Quevilly**, gros bourg industriel de 16,682 hab., est aussi relié à Rouen par un tram. *L'église Saint-Pierre*, de la fin du XVe s., agrandie en 1865, renferme un chemin de croix polychrome avec encadrements gothiques, une pierre murale avec inscription rappelant la consécration du monument (1509) au mur g., une piscine à dr. du maître-autel, et 2 bas-reliefs du XIVe ou XVe s. à g. de l'autel de la Vierge. La chapelle de l'hospice est l'ancienne *chapelle Saint-Julien*, remarquable édifice du style de transition roman-gothique, reste d'une maladrerie fondée vers 1183 par Henri II, roi d'Angleterre : la nef et le chœur, sans transept ni bas-côtés, sont voûtés en berceau; les voûtes du chœur sont revêtues de précieuses **peintures* des XIIe-XIIIe s., bien conservées, Naissance et Baptême du Christ, Adoration des mages, Fuite en Égypte, dans des médaillons encadrés de rinceaux à fleurons. La maladrerie fut transformée ensuite en un couvent de Chartreux, qui disparut lors de la Révolution : il en reste les ruines d'un cloître du XVIIe s. Rue Rosa-Bonheur, près de la mairie, la *porte de Diane*, un peu dégradée, sortie des ateliers de Jean Goujon, est un beau morceau de la Renaissance, avec son bas-relief figurant Diane couchée. Nombreux jardins maraîchers, cultures de choix. Filatures, tissages, fabriques de produits chimiques, etc.

5 k. *Le Grand-Quevilly*, 2,458 hab., tram pour Rouen : château de Montmorency, du XVIIIe s., avec magnifique avenue et beau parc; ferme du Grand-Aulnay, appartenant aux hôpitaux de Rouen, qui la reçurent en don de Richard Cœur de Lion, en 1197.

9 k. **Petit-Couronne** (auberge *du Grand-Corneille*). Le chemin de la gare descend à la route de Rouen, qu'on traverse pour trouver *l'église*, de 1694, avec un petit clocher d'ardoises; à l'intérieur, chaire sculptée du XVIIe s. et autel de même époque, ainsi que 2 tableaux aux autels des croisillons de dr. et de g. On longe, vers la dr., la place de la Mairie, pour prendre la rue de la République, qui amène (15 min. de la gare env.) à la **maison de Corneille**. Construite en 1544, elle fut achetée par le père du poète, le 7 juin 1608; Corneille en hérita en 1639. La maison fut vendue, deux ans après sa mort, en 1686, à Jacques Voisin, sieur du Neubosc, puis acquise, en 1871, par le département de la Seine-Inférieure et restaurée en 1878, pour être transformée en un *musée cornélien*. On visite t. l. j. de 9 h. à 18 h., du 1er avril au 1er oct.; le reste de l'année, jusqu'à 16 h.; petit pourboire.

A dr. de la porte d'entrée, sur la rue, une grosse pierre est le montoir du poète, où il mettait le pied pour enfourcher son cheval ou sa mule.

On entre dans la cour intérieure, qui a conservé son intimité, avec le jardinet et le verger. On y voit le four à pain, la mare, le puits à margelle et l'abreuvoir de pierre. Une dalle, en forme de table ou de pierre druidique, provient du père de Corneille, qui était avocat général à la table de marbre des Eaux et Forêts de Rouen; la tradition veut que le poète aimât à s'y installer pour écrire ses vers.

La maison est une jolie maison normande, à poutres apparentes, à toit de tuiles et à lucarnes. Derrière la maison est une tourelle carrée, à pignon. L'intérieur a été remeublé avec des objets contemporains du poète, ou lui ayant appartenu, et divers souvenirs y ont été réunis.

Rez-de-chaussée. — Salle à manger, avec buste de Corneille, par *Caffieri*, d'après l'original de la Comédie-Française, à Paris; chaises de l'époque, de style Louis XIII; dallage ancien, avec faïences émaillées. — Cuisine et office-buanderie, où sont déposées les couronnes et les palmes apportées lors du 3e centenaire de la naissance de Corneille (1906). Au rez-de-chaussée et au 1er étage, belles *cheminées* à manteau, qui sont de l'époque, avec grands chenêts de fer ou de cuivre.

1er étage. — Salon de réception : *portraits de Corneille*, d'après Lebrun et Mignard; gravure du portrait de Corneille, par Meissonier, retouché par lui : maquette de l'Apothéose de Corneille, par Frémiet. Meubles anciens : *fauteuil* à oreilles, recouvert de tapisserie (Jason à la conquête de la Toison d'or); fauteuils carrés, recouverts de cuir, du Parlement de Normandie; table à pieds tournés; armoire de chêne; coffre à bois; bassinoire et soufflet. *Porte* de la maison de Corneille à Rouen. — Chambre à coucher de Corneille et de ses enfants : diverses vitrines; esquisse de la statue de Corneille, à Rouen, par *David d'Angers*; collection de portraits du poète; volumes, brochures et ouvrages le concernant; requête manuscrite, portant la *signature de Corneille*, relative à sa situation d'avocat du roi aux sièges généraux de l'Amirauté et des Eaux et Forêts de Normandie : la requête est adressée à M. Charles Icard, avocat au Conseil privé de sa Majesté; Imitation de Jésus-Christ, avec notes de Corneille; fauteuil ayant appartenu au père de Corneille.

2e étage. — Curieuse charpente du grenier.

La maison voisine fut habitée par Thomas Corneille, frère du poète. — Dans la Grande-Rue (route de Rouen), une ancienne maréchalerie, avec son vieux puits, est contemporaine de Corneille.

De Petit-Couronne on peut visiter la *forêt de Rouvray*, qui couvre 3,239 hect. et qui, enveloppée dans une boucle de la Seine, est percée de nombreuses routes. On gagne le Rond de Montmorency (3 k. S.-E.), à 72 m., carrefour de huit routes. De là : — la 3e route à dr. conduirait (5 k. S.-E.) à Oissel (p. 13), où l'on retrouve la Seine et d'où l'on peut rentrer à Rouen, soit par la route (11 k. N.) d'Oissel, soit par le ch. de fer (ligne de Paris-Rouen); — la 3e route à g. ramène (3 k. N.-E.) à Saint-Étienne-du-Rouvray (p. 14), où l'on retrouve la Seine et d'où l'on peut rentrer à Rouen, soit par la route (6 k. N.), soit par le ch. de fer (ligne de Paris-Rouen), soit par un tram.

De Petit-Couronne on peut aussi descendre à la Seine (1 k.), qu'on traverse sur un bac, pour trouver le bateau de la Bouille à Rouen : escales de Biessard, 1 k. 5 N., ou du Val-de-la-Haye, 1 h. 5 S.

6° Elbeuf. — Par la route : 1°, 19 k. S.-O., route accidentée, par la forêt de Rouvray, où on longe à dr. (5 k.) le champ de manœuvres de Rouen; on passe ensuite (11 k.) au village des *Essarts* (*hôtellerie du Grand-Saint-Hubert*, T.C.F.), au delà duquel on entre dans la forêt de la Londe; on y rencontre (15 k.) le ch. de fer de Glos-Monfort, puis on rejoint (16 k.) la Seine, que l'on contourne par Orival (17 k.; p. 37), pour atteindre (19 k.) Elbeuf; — 2°, 21 k. S.-O., par Sotteville (3 k.), Saint-Étienne-de-Rouvray (6 k.), Oissel (11 k., p. 13); traversée de la Seine), Tourville-la-Rivière (12 k., p. 13).

Par le ch. de fer (Etat), 22 k. en 35 à 45 min. env.; 3 fr. 45, 2 fr. 30, 1 fr. 50. — Pour le trajet, p. 266-267, et pour la description d'Elbeuf, p. 32.

7° La Bouille et forêt de la Londe, une des excursions les plus en faveur des environs de Rouen : — Par la route : 1°, 17 k. S.-O., par Grand-Quevilly (4 k.; p. 80), Petit-Couronne (7 k.; p. 80), Grand-Couronne (10 k.) et Moulineaux (14 k. 5; p. 97); — 2°, 17 k. S.-O., par la route qui suit la rive dr. de la Seine et traverse les localités desservies par le bateau; passage sur le bac, qui prend les voitures et autos à la Bouille.

Par chemin de fer : 1°, ligne d'Elbeuf (gare d'Orléans), 15 k. en 30 min. env. (2 fr. 35, 1 fr. 60, 1 fr. 05), jusqu'à la station de la Bouille-Moulineaux (p. 267), distante de 4 k. de la Bouille; courrier postal, 1 ou 2 fois par j.; — 2°, ligne de Serquigny (gare d'Orléans), 21 k. en 40 min. env. (3 fr. 30, 2 fr. 20, 1 fr. 45) jusqu'à la station de la Londe, située dans la forêt du même nom, à 3 k. 5 de la Bouille.

Par le bateau à vapeur, itinéraire recommandé; service interrompu pendant la guerre (départ du pont Boïeldieu; 6 voyages env. par j. dans chaque sens), 18 k. S.-O., en 1 h. 30 env., 1 fr. et 80 c. Billets d'aller et retour (aller par le bateau; retour facultatif par le bateau ou le ch. de fer) délivrés de mai à oct. : 2 fr. 50, 1 fr. 75, 1 fr. 25.

Pour l'itinéraire par le bateau, p. 94-96; pour la description de la Bouille et de la forêt de la Londe, p. 96-97.

Eviter de faire l'excursion un dimanche ou un jour de fête, pendant l'été : les Rouennais se portent en foule vers toute cette banlieue et c'est une véritable cohue dans les trains et dans les bateaux.

8° Jumièges, Saint-Wandrille et Caudebec : — Par la route : 25 k. 5. O. de Rouen à Jumièges par Canteleu (4 k.; p. 79), la forêt de Roumare et Saint-Martin-de-Boscherville (9 k.; p. 79), Duclair (18 k.; p. 102), le château du Taillis, de la Renaissance (20 k.), et la gare de Yainville (22 k.). A 3 k. S.-O. de Yainville (25 k. 5 de Rouen), Jumièges et abbaye de Jumièges, p. 102; — 12 k. N.-O. de Yainville-gare à Caudebec, par (9 k. 5) Caudebecquet, d'où une route de 1 k. N.-E. conduit à l'abbaye de Saint-Wandrille (p. 105). Description de Caudebec-en-Caux, p. 106. — De Caudebec au Havre : 52 k., par Lillebonne (15 k.; p. 110), Tancarville (23 k.; p. 111) et Harfleur (45 k.; p. 91).

Par chemin de fer : 17 k. de Rouen à Barentin (ligne du Havre) où on change de train; 19 k. de Barentin à Yainville-Jumièges (l'été, voit. de corresp. pour Jumièges, 3 k. S., 50 c.), 28 k. Saint-Wandrille et 29 k. Caudebec-en-Caux, p. 106. — De Rouen à Yainville-Jumièges, 5 fr. 15, 3 fr. 80, 2 fr. 50; à Saint-Wandrille, 7 fr. 05, 4 fr. 75, 3 fr. 10; à Caudebec, 7 fr. 20, 4 fr. 85, 3 fr. 15.

Par le bateau à vapeur l'été, tous les 2 jours (service de Rouen au Havre, interrompu pendant la guerre; p. 91 et suivantes), escale de Caudebec-en-Caux, 67 k.; 5 fr. et 3 fr. 75; buffet à bord.

Billets mixtes, d'aller et retour, val. 3 j., de Rouen à Caudebec : bateau à l'aller, ch. de fer au retour, avec arrêts facultatifs à Saint-Wandrille et à Yainville-Jumièges. C'est, pour cette excursion, quand les services de bateaux seront rétablis, la combinaison la plus pittoresque et la plus pratique.

Bateau d'excursion, l'été, de Rouen à Jumièges, le jeudi ou le dimanche, annoncé par journaux et affiches.

9° Fleury-sur-Andelle par la route (23 k. E.-S.-E.). — On suit la route de Blosseville-Bon-Secours, parcourue par le tram jusqu'au (4 k.) *Mesnil-Esnard*, 1,482 hab., clocher Renaissance. — 7 k. *Saint-Pierre-de-Franqueville* : église avec grand triptyque du XVIe s. et boiseries du XVIIe; château Louis XIII. — 9 k. 5 *Boos* (hôt. *Le Blond*, T.C.F.), ch.-l. de c. de 546 hab., où se voit, à côté de l'église qui possède 6 stalles Renaissance, un ancien *manoir*, en partie du XIIIe s., transformé en ferme, ayant appartenu aux abbesses de Saint-Amand de Rouen; de ce manoir, entouré d'un mur en briques, dépend un *colombier, petite merveille du XVIe s., offrant sous sa corniche gothique une rangée de briques émaillées, de Masseot Abaquesne, avec portraits de châtelains, châtelaines et pages. — 18 k. *Bourg-Beaudouin* : château de Coquetot, dans l'avenue duquel le ministre Roland, à la nouvelle de l'exécution de sa femme, se donna la mort, le 15 novembre 1793.

23 k. *Fleury-sur-Andelle*, station de la ligne de Pont-de-l'Arche à Gisors (p. 27), d'où l'on peut se rendre : soit à (12 k. N.-E.) Lyons-la-Forêt et dans la forêt avoisinante (p. 28); soit à (35 k. E.-N.-E.) Gisors (p. 32 et 179); soit à (15 k. S.-S.-E.) Les Andelys (p. 20).

De Rouen a Glos-Montfort et Serquigny, p. 272; a Elbeuf, Louviers et Dreux, p. 266; a Amiens, V. ci-dessous; a Dieppe, p. 173; a Saint-Valery, p. 85-87; a Fécamp et a Etretat, p. 85-89; au Havre, p. 85.

Distances par la route, de Rouen à : Amiens, par Neufchâtel 118 k., par Forges-les-Eaux 117 k.; les Andelys, 38 k.; Beauvais, 77 k.; Bornay, 58 k.; Caudebec, 38 k.; Dieppe, 60 k.; Duclair, 21 k.; Elbeuf, 19 k.; Forges-les-Eaux, 44 k.; Gournay, 49 k.; le Havre, 88 k.; Lisieux, 82 k.; Louviers, 28 k.; Mantes, 77 k.; Neufchâtel, 46 k.; Paris, 125 k.; Pont-de-l'Arche, 17 k.; Yvetot, 46 k. par Duclair, 36 k. par Barentin.

7. — DE ROUEN A AMIENS

Chemin de fer : Nord, gare du Nord, bd Gambetta, 117 k. en 1 h. 50 à 4 h. env.; 18 fr. 30, 12 fr. 35, 8 fr. 05.

Route : 115 k. La route quitte Rouen par une rampe, pour courir sur un plateau (170 à 180 m.) jusqu'à (30 k.) *Saint-Martin-Omonville*; ensuite pays accidenté, grande descente aux (39 k.) *Essars*, puis vers (46 k.) *Neufchâtel* dans la vallée de la Béthune. Succession de montées et de descentes, en passant par : 57 k. *Mortemer*; 71 k. *Aumale*; 88 k. *Poix*.

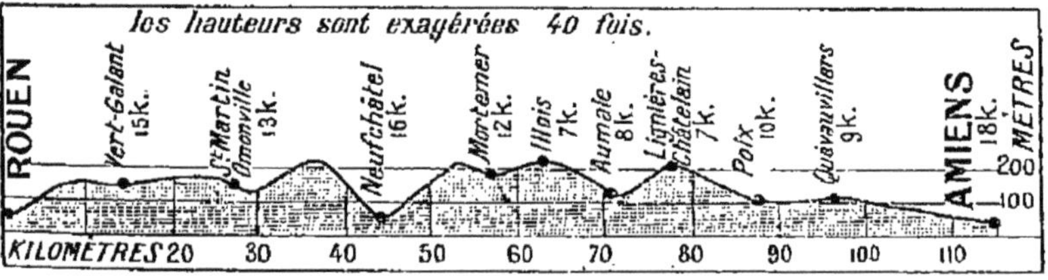

De Rouen, la voie ferrée longe d'abord à dr. le pied de la côte Sainte-Catherine. Après avoir passé dans le vallon de la Clairette, sous la ligne de Paris au Havre, elle franchit, sur un viaduc en pierre, une partie de la ville de Darnétal et l'Aubette.

4 k. *Darnétal* (p. 78). La voie, après avoir traversé la petite rivière de Robec, s'engage dans une étroite vallée. — 7 k. *Saint-Martin-du-Vivier*, moulins pittoresques. A dr., *Fontaine-sous-Préaux*, dont le château est à g.; sources du Robec.

11 k. *Préaux-Isneauville*. *Préaux* est à 2 k. 5 à dr. : église avec stalles du XVIe s. et pierres tombales, XIIIe-XIVe s., provenant de l'ancien prieuré de Beaulieu. Si, en sortant de la gare, on quitte le chemin de Préaux pour pénétrer à g. dans la *forêt de Préaux* (400 hect.), on y rencontre une allée d'épicéas conduisant (1 k.) aux ruines du château de Préaux, jadis siège d'une des principales baronnies de Normandie. A 3 k. 5 à g., *Isneauville*, à la lisière de la forêt Verte, a une *église* du XVIe s., avec clocher du XIIIe, verrières de 1553 et peintures murales du XVIIe s.; maisons du XVIe s.

16 k. *Morgny*, à 2 k. à dr. de la station.

A 3 k. S.-E. de Morgny, *Blainville-Crevon* (hôt. *de France*, T.C.F.), dans la pittoresque vallée du Crevon, a une intéressante **église* de style flamboyant, ancienne collégiale fondée en 1489 par Jean d'Estouteville. Belles fenêtres à meneaux; portail surmonté d'une rose et précédé d'un porche. A l'intérieur plusieurs *statues anciennes, notamment St Michel terrassant le dragon, statue géante en bois près du bénitier (XVIe s.), Ste Anne et la Vierge enfant (XVe s.) dans la chapelle latérale N., le groupe du Père Eternel recevant dans ses bras son fils immolé, dans le chœur; grille du chœur (XVIIIe s.); 42 *stalles sculptées du XVe s.; trois anciens vitraux au fond du chœur. — Ruines du château des sires de Blainville. — Jolie vue sur la vallée, de la ferme Bovary sur la hauteur.

La voie parcourt en ligne droite un vaste plateau. — 20 k. *Longuerue-Vieux-Manoir*. A *Longuerue* (1 k. à dr.), église du XVIe s. et château du XVIIe s. — La voie atteint 185 m. d'alt. en face d'*Ecalles*, que l'on voit à g. avec son église du XIIIe s.; puis 192 m. à *Estouteville*, à dr. : église avec stalles de la Renaissance.

27 k. **Montérollier-Buchy**. *Buchy* (voit. de corresp., 50 c.; hôt. *du Havre*, T.C.F.), ch.-l. de c. de 872 hab., est à 3 k. à dr.; l'église a un chœur du XVIe s. et des vitraux de la Renaissance. *Montérollier* est à 3 k. 5 à g.; l'église renferme un tableau de l'Assomption, par Jouvenet.

DE MONTÉROLLIER-BUCHY A SAINT-SAENS (ch. de fer du Nord, 11 k. N. 1 fr. 70, 1 fr. 15, 75 c.). — La ligne dessert d'abord (6 k.) *Omonville* et suit la vallée de la Varenne. — 8 k. *Saint-Martin* : à l'église, 2 bas-reliefs en albâtre du XVe s.

11 k. *Saint-Saëns* (hôt. : *de Rouen*; *de la Poste*), ch.-l. de c. de 2,256 hab., sur la Varenne. Eglise moderne, de style roman, avec vitraux des XIVe-XVIe s. et 3 retables en pierre du XVIIe s. Tanneries; scieries, bois de chauffage.

Au N. de Saint-Saëns s'étend la vaste *forêt* domaniale *d'Eawy*, (6,559 hect.), qui, bordant la vallée de la Varenne, s'élève à 204 m. Elle est en majeure partie plantée de hêtres; on y trouve aussi quelques vieux chênes. Elle est traversée par l'allée des Limousins, qui commence à Maucomble à 4 k. N.-E. de Saint-Saëns, et qui a 14 k. en ligne droite, pour rejoindre ensuite la vallée de la Varenne à Muchedent (p. 209).

DE MONTÉROLLIER-BUCHY AU HAVRE, par Motteville, p. 85-87.

32 k. *Mathonville-Neufbosc*. Tunnel de 1,488 m. — 36 k. *Sommery* : l'église a un clocher du XIIIe s. avec flèche du XVIe; belle vue. — La voie entre dans le pays de Bray (p. 184).

45 k. **Serqueux** (buffet), où on croise la ligne Paris-Dieppe (p. 189).

52 k. *Gaillefontaine* (hôt. : *de la Poste*; *du Lion-d'Or*). Le bourg est à 3 k. N. de la station (voit. de corresp., 50 c.). L'*église*, du XIIIe s., renferme un retable en bois sculpté, avec bas-relief représentant la Cène, et des fonts baptismaux du XIIe s. Sur l'emplacement d'un ancien *château*, dont il reste une triple enceinte avec tronçons de murailles et fossés, s'étendent d'agréables promenades; de la motte du donjon, belle vue. — A 1 k. 5 O., restes du *prieuré de Clair-Ruissel* : cloître en bois, avec portes du XVIIe s.

La voie, quittant le pays de Bray, s'élève à 228 m. sur un plateau. — 60 k. *Formerie* (hôt. *du Cygne*, T.C.F.), ch.-l. de c. de 1,394 hab.; bifurc. pour Milly (réseau du Nord). — La voie traverse *Blargies*, où naît à g. la vallée de la Bresle.

66 k. **Abancourt** (buffet), où on croise la ligne Paris-Tréport (p. 212). — 69 k. *Romescamps*. — 72 k. *Fouilloy*, ruines d'un château. — 86 k. *Poix*, ch.-l. de c. de 1,146 hab.; beau viaduc. — 109 k. *Saleux*, bifurc. pour Saint-Omer-en-Chaussée et Beauvais (réseau du Nord).

117 k. *Amiens*, *V.* le Joanne : *Nord-Ardennes*.

8. — DE ROUEN AU HAVRE

(*V. la carte, p. 100.*)

Chemin de fer : 88 k. en 1 h. 30 env. par le rapide (1re cl.), en 2 h. env. par les express ou trains directs; 13 fr. 75, 9 fr. 30, 6 fr. 05. — *De*

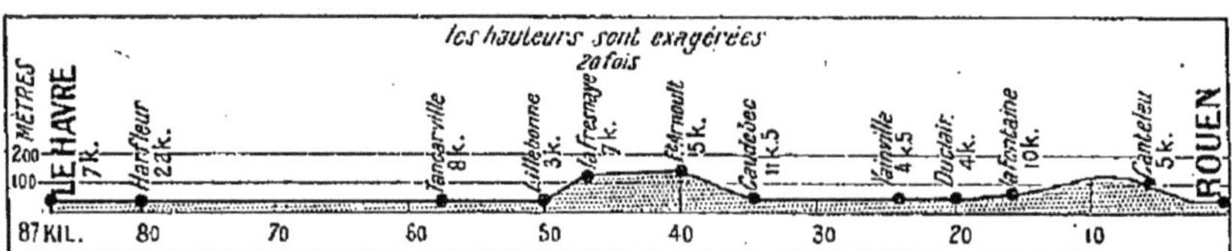

Paris au Havre : 228 k., en 3 h. par le rapide, en 4 h. à 4 h. 30 par express (horaires d'avant-guerre); 35 fr. 65, 24 fr. 05, 15 fr. 70. Pour les billets de bains de mer et trains de plaisir, s'informer aux gares.

Route : suivant la vallée de la Seine, p. 101.

Bateau a vapeur : descente très recommandée de la Seine, p. 94.

140 k. de Paris à *Rouen* (Rive-Droite), p. 1 à 14. — Au départ de Rouen, le ch. de fer du Havre passe sous un tunnel, au delà duquel on découvre à g. une belle vue sur Rouen et la Seine. On remonte la vallée du Cailly.

146 k. *Maromme* (hôt. *de Dieppe*), centre industriel de 4,128 hab. L'église est moderne, de style gothique. une vieille maison, dite *la Poudrière*, porte le buste (1903) du maréchal Pélissier (1794-1864), qui y est né.

Maromme est relié à Rouen par un tram (30 c. et 20 c.), qui dessert (2 k.) *Deville*, où Voltaire a écrit, en 1731, sa tragédie *la Mort de César*;

manufactures; croix au cimetière (XVIe s.); fontaine Saint-Siméon, pèlerinage.

149 k. **Malaunay** (buffet, hôt. *de la Poste*, T.C.F.); bifurc. pour Dieppe, p. 157. La station dessert à g. le Houlme et à 2 k. à dr. Malaunay, dans la vallée du Cailly. Ce sont deux gros bourgs industriels : filatures et tissages.

La voie franchit la vallée du Cailly sur un viaduc de 8 arches. long de 70 m., haut de 22 m.; belle vue à dr. sur Malaunay. Elle passe sous le tunnel de N.-D.-des-Champs, de 2 k., puis descend vers la vallée de la Sainte-Austreberthe, qu'on traverse sur le beau *viaduc de Barentin*, de 27 arches, long de 500 m., haut de 50 m., sous lequel passe la ligne de Caudebec.

157 k. **Barentin** (hôt. : *du Chemin-de-Fer*, T.C.F.; *du Grand-Cerf*, T.C.F.), ville industrielle de 6,201 hab. Eglise moderne, de style roman. Chapelle Saint-Hellier (XVIe s.), pèlerinage. Bifurc. pour Caudebec, p. 94.

Au delà de Barentin, on domine à dr. le ruisseau de Sainte-Austreberthe. — 159 k. *Pavilly* (hôt. *Image-Saint-Pierre*, T.C.F.), ch.-l. de c. de 3,328 hab., que dessert aussi le ch. de fer de Caudebec (p. 94). On y voit une église du XIIIe s. et une chapelle de la fin du XIe, restes d'une abbaye de femmes, fondée vers 660, convertie en 1091 en prieuré de Bénédictins. L'abbaye eut pour abbesse, au VIIe s., Ste Austreberthe, dont le ruisseau qui arrose Pavilly porte le nom; il s'appelait jadis l'Esne, nom qui se retrouve dans celui du château de l'Esneval, à tourelles, élevé de 1469 à 1478. Monument aux morts pour la patrie, par A. Guilloux. Industries textiles et métallurgiques.

A 4 k. N.-E., en remontant la vallée du même nom, le village de Sainte-Austreberthe est voisin d'une fontaine, but de pèlerinage.

Par un petit tunnel (165 m.) on gagne un plateau accidenté.

170 k. **Motteville** (hôt. *du Chemin-de-Fer*), gare importante, dessert un modeste village à g. Le château, dont le parc est coupé par le ch. de fer, date de Henri IV; la comtesse de Motteville a publié, au XVIIe s., des Mémoires intéressants. L'église est des XIIe et XVIIe s. Au cimetière, bel if et tombeaux de la famille de Germiny.

De Motteville a Montérollier-Buchy (ch. de fer, Etat, 42 k. E.; 6 fr. 55, 4 fr. 45, 2 fr. 90). — 5 k. *Saussay-Saint-Martin*. A 3 k. 5 S., *Limésy* a une église dont le chœur est roman et un château des XIIIe et XVIIe s., avec un beau parc : des sapins, datant la plupart de 1780 à 1785, y entourent en cercle une pelouse dénommée la salle Verte. — 13 k. *Saint-Ouen-du-Breuil*.

22 k. **Clères**, où on croise la ligne de Rouen à Dieppe (p. 174) et où un ch. de fer départemental conduit (30 k.) à Ouville-la-Rivière (p. 137). — 30 k. *Bosc-le-Hard* (hôt. *du Commerce*, T.C.F.), à 500 m. à dr. A 3 k. 5 E. de la station, *Cottévrard* a une église des XIIe et XVIe s., dont le clocher a été fait avec des pierres provenant de la tour Saint-Nicolas de Rouen; à l'intérieur, dalles tumulaires de chevaliers de la famille Marc d'Argent. — 36 k. *Critot* (à 1 k. à dr.), dont l'église a conservé un baptistère du XIIe s. A 2 h. 5 S.-E., *Rocquemont*, dont l'église, des

XIe et XIIe s., a une charpente sculptée, de 1532, et un baptistère octogonal du XIIIe s.

42 k. *Montérollier-Buchy* (bifurc. pour Saint-Saëns, p. 84), où l'on rejoint la ligne de Rouen à Amiens, par Serqueux (p. 84).

De Motteville a Ouville-la-Rivière (ch. de fer départemental, 33 k. N.-N.-E.). — Stations sans intérêt pour les touristes. Pour Ouville, p. 137.

De Motteville a Saint-Valery-en-Caux (ch. de fer Etat, 32 k. N.-N.-O.; 5 fr., 3 fr. 40, 2 fr. 20). — La ligne parcourt un plateau ondulé, bien cultivé. — 6 k. *Grémonville*, halte : église du XVIIIe s., château Henri-IV. — 12 k. *Doudeville* (omn. 40 à 60 c.; hôt. : *de la Gare*, T.C.F.; *de France*; *Saint-Jean*), ch.-l. de c. de 2,418 hab. *Eglise*, des XIIIe et XVIe s., restaurée, où est conservé, dans le caveau des anciens seigneurs, le cœur du maréchal de Villars; château construit par le maréchal de Villars; château moderne. — A 11 k. N.-E., en passant par *Saint-Laurent-en-Caux* (9 k. 5), où on voit au cimetière une croix ornée de 1603, *Bretteville-Saint-Laurent* a une église, en partie du XIIe s. avec sculpture du XVIe s., figurant le Christ et la Vierge, et un château bâti en 1730.

20 k. *Saint-Vaast-Bosville* (auberge à la gare), station isolée en plein champ; bifurc. pour Dieppe et pour Fécamp, p. 137. *Saint-Vaast* est à 1 k. à dr. *Bosville* est à 1 k. 5 à g. : sur la place de l'Eglise, médaillon en bronze de Cherfils, député du baillage de Caux aux Etats généraux de 1789. A 2 k. E. de Saint-Vaast, *Hautot-l'Auvray* a une église avec tour du XIIIe s., retable du XVIIe s., bas-relief en albâtre du XVIe s., pierres tombales, et, au cimetière, une croix de 1635.

On dépasse à dr. le château de Catteville (XVIIe s.), à g. Sassoville (*V.* ci-dessous). — 25 k. *Ocqueville*, halte desservant 1 k. 5 à g. le village de ce nom, qui a une église Henri-IV, avec jolie tour et tableau du XVIIe s., et à 1 k. 5 S.-O., *Sasseville* : église du XVIe s., avec joli baptistère et poutres sculptées; au cimetière, croix ornée, de 1545.

27 k. *Néville*. L'*église*, du XVIe s., avec tour de 1677, possède un buffet d'orgue sculpté, de la Renaissance, un tableau de Ribera (1650), un maître-autel en marbre rouge provenant d'une abbaye de Picardie, et, à la sacristie, des restes d'une Passion, en bois sculpté, du XVIe s. Au cimetière, croix de 1582. De l'ancien château, habité par les Bréauté au XIIIe s., il ne reste que quelques vestiges et deux énormes piliers du pont-levis qui encadrent la route de Saint-Valery. La croix du sire de Bréauté, auj. croix Hellouin, du XVe s., aurait été élevée à l'endroit où nos soldats furent vaincus par les Anglais. Croix de la Rose (XVe s.). — La voie descend ensuite le vallon verdoyant de Saint-Valery.

32 k. *Saint-Valery-en-Caux*, p. 163.

Au départ de Motteville la ligne continue à parcourir le plateau.

178 k. **Yvetot** (hôt. : *des Victoires*, T.C.F.; *du Chemin-de-Fer*, à la gare, voit. à louer; *de la Ville-du-Havre*; *de l'Aigle-d'Or*), à g. de la station, ch.-l. d'arrond. de la Seine-Inférieure, de 7,126 hab., est une petite ville sans grand intérêt, avec des fabriques de tissus de laine et de cotonnades.

Histoire. — L'histoire d'Yvetot n'offre d'intéressant que le titre de « roi » dont les seigneurs étaient revêtus au XVe et au XVIe s., titre qu'ont popularisé les bons mots de Henri IV et une chanson célèbre de Béranger. « De cession en cession la royauté d'Yvetot arriva en 1688 à la famille dauphinoise et lyonnaise d'Albon, dont le chef actuel, marquis d'Albon, a encore droit à ce titre honorifique. » (A. Dumazet.)

Yvetot est situé à peu près au centre du **pays de Caux**, région formant en grande partie le département de la Seine-Inférieure. Le Grand-Caux entre le Havre, Rouen et Dieppe, le Petit-Caux entre Dieppe et la vallée de la Bresle sont deux plateaux agricoles aux riches cultures, se terminant sur le front de la Manche par une entaille verticale qui se dresse à plus de 100 m. au-dessus des flots. Çà et là les falaises s'interrompent par des échancrures appelées « valleuses ». Les villages, très étalés, constituent un ensemble de vastes fermes, encloses dans des haies et des rideaux d'ormes ou de hêtres. Les habitants du pays de Caux, les Cauchois, sont ceux qui ont le mieux conservé le caractère et les mœurs de leurs ancêtres; ils passent, plus que tous autres, pour symboliser le type classique du Normand.

De la gare la rue de la République, longeant à g. l'ancien séminaire, aboutit à une rue portant à g. le nom de rue Carnot, à dr. celui de rue Pasteur. Dans celle-ci s'ouvre à g. la rue des Victoires, conduisant à l'*église* (1766-1771).

Autel en marbre, provenant des Chartreux de Rouen; dans la sacristie boiseries en chênes du XVIIe s., enlevées à l'abbaye de Saint-Wandrille; chaire de 1786, sculptée par Pottier, de Rouen.

La rue Carnot mène à la place d'Armes, où est la halle aux grains, et à dr. de laquelle la petite place de la Rille, où s'élève le tribunal de commerce, est longée par la rue du Calvaire, la plus large d'Yvetot. Celle-ci conduit à g. à la poste et à l'entrée de la route de Rouen. La rue Thiers, qui débouche perpendiculairement dans la rue du Calvaire, en face de la place de la Rille, conduit à la place de l'Hôtel-de-Ville et au cimetière. Au delà de la place d'Armes, la rue Carnot aboutit à la promenade du Champ-de-Mars.

Service public (11 k. S.; 2 fr. 25) pour Caudebec, p. 106; départ rue Pasteur. On passe près d'*Auzebosc* et de *Mauleorier*; description de la route et des localités, p. 108.

La voie continue à traverser de hauts plateaux vallonnés.

184 k. *Allouville-Bellefosse* (café-rest. *Doguet*), à 2 k. à g. de la station. L'*église* ogivale (XVIe s.) offre des restes de verrières, une chapelle seigneuriale, servant de sacristie, et les statues de St Quentin et de St Eutrope, sur des socles du XVIe s.

Un peu à dr. de l'entrée de l'église se trouve le fameux **chêne d'Allouville*, l'arbre le plus célèbre de Normandie. Le tronc, complètement creux, a 9 m. 80 de tour, à 1 m. du sol; la hauteur de l'arbre est de 18 m. env.; des tiges de fer relient entre elles les principales branches. Ce chêne, vieux de huit siècles, contient deux chapelles superposées (demander la clef) : la chapelle inférieure, dédiée à Notre-Dame-de-la-Paix, est revêtue à l'intérieur de lambris en chêne modernes, ainsi que la chapelle supérieure, dite du Calvaire.

A 3 k. S.-O., le château de Bellefosse, du XVIIIe s., est précédé d'une belle avenue. — A 2 k. N.-E., *Valliquerville* a une église avec joli clocher gothique du XVIe s., à pyramide ajourée.

189 k. *Foucart-Alvimare*. *Foucart* est à 1 k. à dr.; à l'église, des

xie et xvie s., baptistère du xiiie s. *Alvimare* est à 1 k. 5 à g. : dans l'enclos d'une ferme qui occupe un manoir de la Renaissance, chapelle des Blanques, de 1518.

Du ch. de fer, on voit à g. le petit clocher (xviiie s.) de *Bolleville*, église des xiiie et xvie s. Le Père Richard-Simon, helléniste du xviie s., dont, au dire de Voltaire, les ouvrages « étaient lus de tout le monde », fut dix ans curé de Bolleville.

197 k. *Bolbec-Nointot* (hôt. *du Chemin-de-Fer*), station à 3 k. N.-E. de Bolbec (p. 90; voit. de corresp., 50 c.), que desservent d'autre part la station suivante de Bréauté-Beuzeville et la ligne de Lillebonne. *Nointot* est à 1 k. à dr. de la station.

Raffetot, à 2 k. 5 N.-E. à dr., a une *église* avec clocher du xiiie ou xive s. et un chœur du xvie s. A l'intérieur : 16 médaillons sculptés sur bois, de la Renaissance; fonts baptismaux en pierre, de 1607, où sont sculptées, en médaillons, des scènes de l'enfance du Christ; dans une chapelle du début du xviie s., tombeaux des anciens seigneurs. Au cimetière, pierres tombales curieuses, dont l'une du xive s.

La voie s'engage sur le *viaduc de Mirville*, en briques, long de 524 m., avec 48 arches, dont la plus haute a 35 m., et sous lequel passe l'embranchement de Lillebonne.

203 k. **Bréauté-Beuzeville** (buffet), station desservant Bréauté, à 3 k. à dr., et Beuzeville, à 1 k. 5 à g.

De Bréauté-Beuzeville a Fécamp (ch. de fer, État, 20 k. N.; 3 fr. 15, 2 fr. 10, 1 fr. 40). — 7 k. *Grainville-Ymauville*. A l'église d'Ymauville, baptistère de la Renaissance. A 5 k. N.-E. *Angerville-Bailleul* a une église avec clocher à flèche du xviie s. : à l'intérieur Trinité en albâtre, provenant de Fécamp. A 800 m. N. du bourg, château de 1543 restauré et remanié; au-dessus des pavillons d'angle, les statues en plomb des Vertus Cardinales. — A 1 k. 5 N.-O. de la station, *Bretteville*, avec une église des xiie-xive s., est la patrie du conventionnel et historien Bailleul (1762-1843).

12 k. **Les Ifs** (hôt. *de la Gare*, voitures de louage pour Fécamp, Yport, Etretat), bifurc. pour Etretat et pour le Havre, ci-dessous et p. 133. Près de la station, château des Ifs, époque de François Ier. A 2 k. N.-E., *Tourville* : à l'église, on remarque des fonts baptismaux du xvie s. — A 1 k. 5. E., ruines du château de Mesmoulins, dans la vallée du ruisseau de Ganzeville.

La voie descend ensuite vers Fécamp, que l'on contourne par deux petits tunnels.

20 k. *Fécamp* (bifurc. pour Dieppe), p. 147.

De Bréauté-Beuzeville a Etretat (ch. de fer, Etat, 27 k. N.-O.; 4 fr. 20, 2 fr. 85, 1 fr. 85; on change souvent de train aux Ifs, s'informer). — 12 k. De Bréauté-Beuzeville aux *Ifs*, V. ci-dessus. La ligne d'Etretat se dirige vers l'O. — 18 k. *Froberville-Yport*, station desservant Yport (3 k. N.-O.; voit. de corresp. : 50 c.; p. 145) et Vaucottes (2 k. O. d'Yport, p. 144). — 21 k. *Les Loges-Vaucottes-sur-Mer*, station desservant *Vaucottes* (p. 144; 4 k. 5 N., voit. de louage à la gare; on s'y rend également par Froberville-Yport, *V.* ci-dessus). *Les Loges* sont à g. de la station; l'église, du xvie s., a des fonts baptismaux du xiiie s. et le fût sculpté d'une ancienne croix du xvie s. — 24 k. *Bordeaux-Bénouville*. Bordeaux-Saint-Clair est à 1 k. à g.; église du xiiie s., romaniée. Bénouville est à 1 k. à dr. (p. 143). — 27 k. *Etretat* (p. 139).

De Bréauté-Beuzeville a Lillebonne (ch. de fer, Etat, 15 k. S.;

2 fr. 35, 1 fr. 60, 1 fr. 05; route 14 k., par 1 k. 5 Beuzeville et 6 k. Bolbec). — La ligne descend vers le fond du vallon que traverse le viaduc de Mirville (*V.* ci-dessus). — 1 k. *Mirville*, halte avec une petite *église* dont le chœur est du XIIIe s.; en haut du pignon, bas-relief du Christ en croix; tombe du XIIIe s.; baptistère en pierre du XVIe s. On passe sous le viaduc.

7 k. *Bolbec-ville*, gare de Bolbec. Bolbec est aussi desservi par la station Bolbec-Nointot, de la ligne de Paris au Havre (*V.* ci-dessus), située à 3 k. N.-O. (voit. publ., 50 c.).

Bolbec (hôt. : *de Fécamp*, T.C.F., chauff.; *de France et Moderne*, chauff.; *d'Europe*), ch.-l. de c. de 11,080 hab., petite ville industrielle, qui possède de nombreuses filatures et tissages de coton, est située sur la rivière de Bolbec, à la jonction de 4 vallons.

L'église, dont l'intérieur rappelle le style de Saint-Sulpice à Paris, a, aux deux transepts, deux autels à retables sculptés modernes; chapelle de la Vierge, avec autel à retable en bois sculpté et doré du XVIIe s. L'hôtel de ville, avec une belle salle du Conseil, s'élève au milieu d'un *jardin public* orné de deux sculptures provenant de l'ancien parc de Marly, près Paris : statue de Diane, en marbre, et groupe représentant les Arts relevés par le Temps. Les filatures les plus importantes se trouvent à l'extrémité de la rue Fauquet-Lemaître. Dans cette rue une école maternelle porte le nom de Léon Desgenetais, ancien maire, dont le buste se voit à la façade. En septembre, courses de chevaux. — A 6 k. 5 S.-O., par la route de Saint-Romain-de-Colbosc (raccourcis pour les piétons), on voit au village des *Trois-Pierres*, dans le cimetière, un if, vieux de 900 ans env., qui renferme une petite chapelle dédiée à Notre-Dame-des-Malades, but d'un pèlerinage, le 4 mai.

Au delà de Bolbec on passe dans un long tunnel et l'on descend la vallée de la rivière de Bolbec, à la base de coteaux boisés, entrecoupés de petits vallons.

10 k. *Gruchet-le-Valasse*, 1,765 hab., centre industriel. De l'*abbaye du Valasse* ou du Vœu, de l'ordre de Cîteaux, fondée en 1177, il subsiste des bâtiments où l'on remarque une salle du XIIe s. et une cheminée du XIIIe. Église du XVIe s. avec boiseries sculptées, maître-autel en marbre, et pierre tumulaire de l'abbé P. Boutren (1546), provenant de l'ancienne abbaye. — 12 k. *Le Becquet*, halte, hameau au pied de hauteurs dénudées, de 133 m.

15 k. *Lillebonne* (p. 110).

Au départ de Bréauté-Beuzeville, la ligne du Havre continue à parcourir le plateau de Caux. — 208 k. *Virville-Manneville*. — 211 k. *Etainhus-Saint-Romain*, station desservant Saint-Romain-de-Colbosc, à 4 k. à g. (*V.* ci-dessous), et *Etainhus*, à 2 k. à dr. : église romane. A 2 k. N.-E. d'Etainhus, *Graimbouville* a une église du XIe s., remaniée au XIVe. A 2 k. 5 N. de Graimbouville, château de Goustimenil, du début du XVIIe s.

Saint-Romain-de-Colbosc (route 4 k. S.-E. et tram à vap. 40 c.; hôt. : *du Nom-de-Jésus*, T.C.F.; *du Havre*), ch.-l. de c. de 2,069 hab., est situé dans une plaine fertile, parsemée de fermes et de châteaux. Au cimetière, croix de pierre, de 1528. *Chapelle* d'une léproserie du XIIe s., convertie en grange, avec restes de peintures anciennes. Ruines féodales, dites Château-Robert. A 1 k. 5 S.-O., vieux *château de Gromesnil*. Monument commémoratif du combat du 18 déc. 1870.

A 5 k. S.-E. de Saint-Romain, le hameau de *Saint-Jean-d'Abbetot* a une curieuse **église* de la 1re moitié du XIe s. Autour du chœur règnent des sièges de pierre, dont les entre-colonnements sont ornés de peintures, les Apôtres, du XIIe ou du XIIIe s.; celle du cul-de-four, au-dessus de l'autel, figure le Christ bénissant, avec les symboles des Evangélistes. Sous le clocher d'autres fresques du XVIe s. représentent le Ciel, le Jugement dernier, le Pèsement des âmes, St Martin, Ste Catherine, Ste Anne et Ste Marguerite. Dans la crypte, une troisième série de peintures, les unes du XIe ou du XIIe s., les autres du XVIe, a été restaurée en 1856.

De Saint-Romain à Tancarville, 10 k. S.-E., p. 111.

La voie ferrée descend dans le vallon de Saint-Laurent, par lequel elle va déboucher dans la vallée de la Seine, à Harfleur. — 218 k. *Saint-Laurent-Gainneville. Saint-Laurent-de-Brèvedent*, à 500 m. à dr., en deçà de la station, a une église avec clocher du XIIe s. A 1 k. 5 N.-O. de la station, sur une hauteur, *Saint-Martin-du-Manoir* a une église avec chœur des XIIe et XIIIe s. et fonts baptismaux du XIIIe, et un manoir du XVIe s.

Au sortir d'une tranchée apparaissent Harfleur, la pointe du Hoc, la Seine et son immense embouchure. On dépasse, à dr., le château de Colmoulins (p. 130) sur un coteau boisé.

222 k. **Harfleur** (hôt. : *du Commerce*, neuf; *Trianon*, avec café, T.C.F.; café *de Paris*; tous r. de la République), petite ville industrielle de 3,320 hab., à l'issue de la vallée de la Lézarde, avec un port sur le canal de Tancarville, est dominée par la superbe flèche en pierre de son clocher. On y vient en excursion du Havre (tram., p. 131); il y a une autre gare sur la ligne du Havre à Dieppe (p. 133).

Histoire. — Harfleur occupe l'emplacement supposé d'un ancien port des Gaulois Calètes, dénommé *Caracotinum*. Des restes gallo-romains ont été trouvés dans des fouilles et se voient au musée du Havre.

Dès le IXe s., Harfleur, avec son port à l'embouchure de la Seine, était une des cités maritimes les plus importantes de Normandie. La ville fut souvent attaquée par les Anglais, qui s'en emparèrent en 1415 en expulsant un millier de familles. Ils furent chassés en 1435 par le sire de Montérollier, Jehan de Grouchy, avec l'aide de 104 paysans : une statue élevée à Jehan de Grouchy rappelle cet événement. A partir du XVIe s. Harfleur déchut à cause de l'envasement de l'estuaire de la Seine, et surtout par suite de la concurrence du Havre naissant.

Industrie et Commerce. — Auj. le port de Harfleur, relié au canal de Tancarville, a repris une certaine importance. Outre l'abri qu'il offre à un certain nombre de bateaux pêcheurs, il expédie ou reçoit de la houille, des bois, et sert au trafic des établissements industriels établis dans le pays. La Société Schneider du Creusot a installé d'importants ateliers d'artillerie au S.-E. de Harfleur; et, plus près de la ville, un vaste polygone d'expériences pour les canons. — La Société nautique l'Aviron organise des régates en temps de paix.

Que l'on vienne par l'une ou l'autre gare ou par le tram, on gagne d'abord la rue de la République, que suit le tram, sur laquelle se trouvent les hôtels et les principaux cafés, et qui conduit à l'église, la curiosité principale de Harfleur.

L'église est un joli monument de style flamboyant, datant des XVe et XVIe s. Le flanc de l'édifice sur la rue de la République a de belles fenêtres, les 2 premières malheureusement défigurées, et un porche sculpté, du gothique rayonnant. Le grand portail, mutilé et abîmé, date de 1635. Il est dominé par une tour sculptée, à crochets et à pinacles, que couronne une belle *flèche en pierre, haute de 83 m., qui sert de point de repère aux navires. A dr. du grand portail, porte de la Renaissance un peu effritée, et petite tourelle polygonale.

A l'intérieur, simple et élégant, on remarquera la grande largeur de l'édifice par rapport à la longueur; les nefs sont d'égale hauteur, le chœur sans abside. Les piliers sont pour la plupart sans chapiteaux, les clefs de voûtes intéressantes et assez variées.

Au bas-côté dr. : 1re chapelle, grand retable à colonnes torses, XVIIIe s.; à dr. de l'autel, pierre tombale double, d'un seigneur et de sa femme (1390); 2e chapelle : tombe du XVIe s., encastrée dans le mur et restaurée; oratoire des morts pour la patrie (1914-1918); 3e travée : buffet d'orgue, avec bas-reliefs de la Renaissance, à g. duquel se lit l'épitaphe de Jean d'Engelheim, blessé à mort par les Anglais, en 1567. — Au bas-côté g. à la chapelle des fonts baptismaux (1re chap.), niche sculptée. — D'autres chapelles offrent des crédences du XVe s.; celle du grand autel est du XIVe s., ainsi que la fenêtre au-dessus.

En face du flanc N. de l'église, la rue de la République est bordée par les murs du parc de l'ancien château, baigné par la Lézarde. Le château, qu'on ne visite pas, est une construction en pierre et brique, de 1650, restaurée par Viollet-le-Duc.

Rue de la République, au delà de l'église et du même côté, on peut voir le portail de l'ancienne *maison du Roi*, qui datait de François Ier.

De la façade de l'église, se dirigeant au S., la rue des 104, ainsi nommée d'après les 104 paysans qui délivrèrent la ville (*V. Histoire*, p. 91), offre à g. une vieille maison en bois, et conduit à la petite place des 104 qui est le centre de Harfleur. A dr. de cette place est un petit pont sur la Lézarde, d'où l'on a une **vue pittoresque*, vulgarisée par la gravure et la peinture, des maisons et du clocher qui se reflètent dans l'eau. La vue est encore plus jolie à un tournant du quai de la Douane, en descendant le canal à dr. Le pont est continué par la rue de l'Eure, qui offre quelques vieilles maisons en bois.

De la place des 104, en continuant tout droit au S., on passe devant une vieille maison à façade imbriquée d'ardoises, et on arrive au *port*, sur la Lézarde canalisée, réuni au canal de Tancarville par un embranchement de 800 m.

Enfin à g. de la place, à l'opposé du pont sur la Lézarde, la route de Tancarville passe devant la *mairie*, ancien hôtel de la Rose, où l'on remarque une tourelle restaurée du XVe s. dans laquelle est l'escalier d'entrée. Un peu plus loin, sur une place plantée d'arbres, on voit à g. la salle des fêtes, au centre la *statue de Jehan de Grouchy*, le libérateur de Harfleur, par P. Lenordez. — Tancarville est à 21 k. 5 (p. 111).

Gonfreville-l'Orcher (route 3 k. S.-E., recommandé). — Au delà de la place où se trouve la statue de Jehan de Grouchy, on suit pendant quelques minutes, la route de Tancarville, où on rencontre à g. le boulevard du Midi, puis au bout de celui-ci, à dr. (écriteau), la rue ou route d'Orcher. Cette route s'élève peu à peu au-dessus de celle de

Tancarville, jusqu'à 91 m. d'alt., et découvre une *vue magnifique* sur l'estuaire de la Seine : vers la dr., on voit les maisons blanches du village ouvrier Schneider et les grandes usines de guerre de Harfleur et du Hoc; au delà, le Havre et la mer; le canal de Tancarville est séparé de la Seine par de vastes prés marécageux; au delà du fleuve, large de 7 k., on distingue Honfleur et la côte vers Trouville.

3 k. *Gonfreville-l'Orcher* (hôt.-rest. *Terrasse-d'Orcher*). On arrive à la petite place de la Mairie, plantée de tilleuls : plaque au poète havrais Toutain Mazevile (1813-1898); buste du sénateur Raoul Ancel.

Continuant au delà de cette place, on trouve l'église, moderne, qui a conservé, à l'entrée du chœur, 2 chapiteaux romans de l'ancienne église. Du terre-plein, belle vue sur le vallon d'Orcher.

Au delà de l'église, et peu après, on voit à dr. l'entrée du château.

Le *château d'Orcher* appartient à la famille de Mortemart. Il est entouré d'un parc admirable où l'on peut circuler en s'adressant au garde. De la porte d'entrée, une magnifique allée droite, dans une haute futaie, conduit à la *terrasse*, qui domine de 90 m. env. l'estuaire de la Seine : à dr., les maisons ouvrières Schneider, Harfleur et le Havre; en face, Honfleur et la côte de Grâce vers Trouville. La terrasse, longue de 600 m., aboutit au château (entrée interdite), précédé des communs, et qui est sans grand caractère. Transformé au XVIIe s., il a remplacé une ancienne forteresse du XIIIe s., dont il reste une tour carrée.

De Gonfreville-l'Orcher on peut revenir à Harfleur par une autre route, de 5 k. plus courte pour se rendre à la gare : tournant le dos à la Seine, on rejoint (1 k. 5) la route de Saint-Romain; on prend celle-ci vers la g. et (3 k.) laissant à dr. la *ferme de Bainvilliers*, charmant manoir de la Renaissance, on atteint la gare de Harfleur.

Au départ de Harfleur, la voie se rapproche à dr. de la côte de Graville. — 226 k. *Graville-Sainte-Honorine*, lieu de villégiature des Havrais, échelonne ses maisons sur les pentes du plateau de Graville (tram pour le Havre; p. 129).

228 k. *Le Havre* (buffet), p. 112.

9. — LA VALLÉE DE LA SEINE DE ROUEN AU HAVRE

La vallée inférieure de la Seine, de Rouen au Havre, est une des beautés touristiques de la France, et peut soutenir avantageusement la comparaison avec la descente du Rhône ou la descente du Rhin. Outre l'aspect pittoresque des rives, si variées avec les grands méandres du fleuve dans son cadre de forêts, de falaises et de collines parsemées de bourgs et de villages, cette région renferme des curiosités archéologiques de premier ordre : les célèbres ruines des abbayes de Jumièges et de Saint-Wandrille, principales étapes du voyage; Caudebec, remarquable par son église et par le phénomène du mascaret; Lillebonne et son théâtre romain, Tancarville et son vieux château.

La grande ligne de Paris au Havre, qui est tracée sur le plateau de Caux, ne touche malheureusement en aucun point la vallée de la Seine, et seul un petit embranchement partant de Barentin dessert, d'une façon assez incommode, la partie comprise entre Duclair et Caudebec. C'est le bateau qui permet le mieux d'avoir une impression d'ensemble et d'apprécier toute la beauté des rives. Mais c'est la route qu'on suivra de préférence pour visiter les principales localités de la région.

Nous décrivons ci-dessous ces trois itinéraires.

1° De Rouen à Caudebec par le chemin de fer.

CHEMIN DE FER : Etat, 46 k. de Rouen à Caudebec, par *Barentin*, où on change de train; 7 fr. 20, 4 fr. 85, 3 fr. 15.

17 k. de Rouen à *Barentin*, p. 85-86. La voie suit d'abord la ligne du Havre, dont elle se détache en descendant à dr. dans la vallée du ruisseau de Sainte-Austreberthe. — 19 k. *Pavilly-ville*, station pour Pavilly, desservie d'autre part par la ligne du Havre (p. 86). Le train fait tête à queue et traverse un peu plus loin le ruisseau pour passer sous le grand viaduc du Barentin (p. 86). — 22 k. *Barentin-ville*. On descend la vallée de la Sainte-Austreberthe. — 24 k. *Villers-Ecalles*, halte. — 26 k. *Le Paulu*.

32 k. *Duclair* (p. 102), desservi également par le bateau comme la plupart des stations suivantes. La voie longe un moment la Seine et passe près du château du Taillis (p. 102). On contourne, à mi-côte, les hauteurs qui portent la forêt du Trait.

36 k. *Yainville-Jumièges*, station desservant, à 1 k. à g., le village de Yainville (p. 102), et 2 k. 5 au delà, Jumièges et sa célèbre abbaye (p. 102; l'été, voit. de correspondance). La ligne longe la Seine à g., et à dr. la forêt du Trait. — 37 k. *Le Trait*, halte (p. 104). — La forêt du Trait, longue de 9 k., s'étend jusqu'à Saint-Wandrille.

42 k. *Mailleraye-sur-Seine* (p. 104). Une route de 3 k. S.-O. (voit. de corresp.), avec bac, relie la station au village, sur la rive opposée de la Seine.

45 k. *Saint-Wandrille*, halte près du hameau de Caudebecquet (p. 105) qui dessert, à 1 k. 5 N. le petit village de Saint-Wandrille-Rançon et sa célèbre abbaye (p. 105). — 46 k. *Caudebec-en-Caux*, p. 106.

2° La descente de la Seine en bateau de Rouen au Havre.

BATEAU A VAPEUR : 127 k. En temps normal, l'été du 1er juin au 1er oct., tous les 2 jours pour le Havre avec escales à *Caudebec*, *Villequier* et *Quillebeuf*; 6 services par jour pour *La Bouille*, avec arrêts aux escales intermédiaires. *Tous les services sont interrompus pendant la guerre*, en dehors de quelques bateaux d'excursions, annoncés par affiches. — Prix avant la guerre : de Rouen à Caudebec, 5 fr. et 3 fr. 75; à Villequier, Quillebeuf et le Havre, 7 et 5 fr.; billets mixtes

DEAUVILLE
TROUVILLE
Villerville
LE HAVRE
Ste Adresse
Cap et Phares de la Hève
EMBOUCHURE DE LA SEINE
Forêt de Touques
Côte de Grâce
Harfleur
HONFLEUR
Canal de Tancarville
Fiquefleur
Beuzeville
la Roque
Tancarville
la Risle
Marais Vernier
Quillebeuf
Port Jérôme
Lillebonne
Pont Audemer
SEINE
Aizier
Villequier
Forêt de Brotonne
Caudebec
Routot
St Wandrille
Forêt du Trait
Bourg Achard
Jumièges
Forêt de Jumièges
Duclair
SEINE
Forêt de Mauny
la Bouille
Moulineaux
St Martin de Boscherville
Forêt de Roumare
Dieppedale
Canteleu
Croisset
SEINE
Gd Couronne
Maromme
Pt Couronne
Forêt du Rouvray
Forêt Verte
Sotteville
ROUEN
Bon Secours
Darnetal

d'aller et ret. de Rouen au Havre, un voyage par bateau, l'autre par ch. de fer : 14 fr. 10, 12 fr. 10, 10 fr. 10, 8 fr. 50, selon classes. — Trajet de toute beauté, quoique un peu long; très recommandé.

On embarque à Rouen au pont Boïeldieu, rive droite. Le bateau passe sous le pont transbordeur. A dr. la rivière de Cailly, qui descend de Maromme et dont on aperçoit la jolie vallée dominée à l'O. par la forêt de Roumare, débouche dans la Seine, dont les deux bras entourent les îles Rivelt, Potier, Sainte-Barbe et Grandin. On découvre en arrière une belle vue sur Rouen et, à l'horizon, l'église et les hauteurs de Bon-Secours. Sur la g., en face de la petite île Rivelt, usines du Petit-Quevilly (p. 80). En face, sur la rive dr., château et église de Canteleu.

4 k. 5. **Croisset** (escale; rive dr.; hôt. *Colange*; cafés-restaurants et guinguettes). — A l'entrée, route de Canteleu (p. 79), dont dépend Croisset. A l'extrémité du pays, au delà d'une grande usine en briques qui a remplacé la maison d'habitation de Flaubert, en bordure de la route et de la Seine est le **pavillon Flaubert**; on visite. C'est un minuscule pavillon carré de l'époque Louis XV, de 2 fenêtres sur chaque face, et qui n'a qu'un rez-de-chaussée; un balcon de fer forgé borde la route. Il dépendait de l'ancien hôtel-Dieu. C'est dans ce pavillon que Gustave Flaubert, l'auteur célèbre de *Madame Bovary* et de *Salammbô*, composa presque toutes ses œuvres. Il y est mort foudroyé, en plein travail, le 7 mars 1880. Dans le jardin, buste du poète Louis Bouilhet. A l'intérieur du pavillon : buste de Flaubert, par Bernstamm; son médaillon original, par Chapu; objets divers ayant appartenu à l'écrivain : sa grande table de travail, son fauteuil à dossier gothique, encrier, plumes d'oie, pipe, lettres, manuscrits, cadran solaire, Bouddha doré. — Au hameau du Cul-de-Chien, une porte de style Louis XIII, revêtue de lierre, est le seul reste d'un château.

Au delà de l'escale de Croisset on aperçoit du bateau le pavillon Flaubert (*V.* ci-dessus). — Sur la rive g. du fleuve, vastes chantiers de Normandie, pour la construction des navires, dépendant de la Société des chantiers de Saint-Nazaire. — On longe à dr. la grande île Sainte-Barbe ombragée de peupliers et bordée de saules; derrière celle-ci, la falaise blanchâtre est percée de nombreuses grottes et excavations ayant, au temps de la gabelle, servi d'entrepôt pour le sel et utilisées auj. par des industries diverses. Puis on voit, du même côté, les grands bâtiments de l'ancien couvent de Sainte-Barbe, fondé en 1472, reconstruit au XVIIIe s., et que surmonte un petit clocher.

6 k. *Dieppedalle* (escale; rive dr.; cafés-restaurants et guinguettes); commerce de fruits, surtout de prunes. Bac pour la rive g. de la Seine et Grand-Quevilly (p. 80). En arrière de Dieppedalle, forêt de Roumare.

8 k. (escale; rive dr.) *Biessard*.

De Biessard on peut accéder à la forêt de Roumare (p. 79) par le

chemin dit la cavée de Biessard, qui amènerait (1 k. 5 N.-O.) au rond-point du Hêtre-des-Gardes, carrefour de sept routes. En continuant au contraire à longer la Seine par la route, on trouverait, à 2 k. au delà de Biessard, le bac de Petit-Couronne (p. 80), station du ch. de fer de Rouen à Elbeuf, sur la rive g. du fleuve.

A dr. *Quenneport* et ses ateliers de construction, situés sur la lisière de la forêt de Roumare; à g. Grand-Quevilly, Petit-Couronne, Grand-Couronne, derrière lesquels s'étend la forêt de Rouvray.

11 k. 5. *Val-de-la-Haye* (escale; rive dr.). Maison du XVIe s., avec cadran solaire où on lit « *Hora ruit* » (l'heure se précipite); le château de Sainte-Vaubourg, moderne, recouvre des caves du XIIIe s.

Du Val-de-la-Haye, on accède également à la forêt de Roumare; une route de 2 k. 5 N.-O. y conduit au rond-point de la Commanderie, ainsi nommé d'après une ancienne commanderie de Templiers, à 110 m. d'alt., dont il reste la grange dimeresse et des murs d'enceinte. — *Colonne de Napoléon Ier*, sur la route, au bord de la Seine, se composant d'un fût cannelé, à chapiteau dorique, surmonté d'un aigle. Edifiée le 15 août 1844, elle rappelle que c'est à cette hauteur que les cendres de Napoléon, rapportées de Sainte-Hélène, furent, le 9 déc. 1840, transbordées du bateau à vapeur *Normandie*, qui les avait lui-même reçues de la frégate *Belle-Poule*, sur un bateau plus petit, la *Dorade*, qui les remonta jusqu'à Paris. — Bac pour la rive g.

13 k. 5. *Hautot* (escale; rive dr.). A l'église, chœur du XVIe s., avec restes de vitraux du XIIIe s. A dr. château de Soquence, moderne, dans le style Louis XII. Bac pour la rive g.

15 k. 5. *Sahurs* (escale; rive dr.) dissémine ses maisons sur une longueur de 2 k. Eglise en partie romane. Château de Trémauville, moderne. *Manoir* et *chapelle de Marbeuf*, de 1525, dite aussi de Notre-Dame du Vœu : Anne d'Autriche, lors de la naissance de Louis XIV, en 1638, y fit offrande, à la suite d'un vœu, d'une statue de la Vierge en argent, du poids de l'enfant; à l'intérieur, boiseries sculptées. Bac pour la rive g. — Sur la rive g. de la Seine, dominée par des hauteurs boisées, on voit en silhouette sur le ciel les ruines pittoresques et restaurées du *château de Robert le Diable* (p. 98).

18 k. **La Bouille** (escale; rive g., bac; hôt. : *Saint-Pierre*; *de la Forêt*, T.C.F.; *de la Poste*; fritures et matelotes; pâtisseries locales), but d'excursion favorite des Rouennais, est un ancien port maritime, qui armait au long cours, et un bourg de 502 hab., dans une situation pittoresque, alignant ses maisons le long du fleuve, au pied des escarpements de plus de 100 m. d'alt. que couronne la forêt de la Londe et qui se terminent à la Seine par des falaises crayeuses et blanchâtres. Le ponton des bateaux dépose les voyageurs à l'entrée d'une place au fond de laquelle se voit l'église.

L'*église*, de style gothique, commencée en 1423, terminée au XVIe s., a été restaurée de nos jours; le clocher est moderne.

L'intérieur fin et élégant, est presque entièrement l'édifice primitif.

On y remarque, au bas-côté dr., un très beau et curieux *vitrail* en grisaille, de style Renaissance et exécuté au début du XVIIe s.; il figure St Brice, évêque de Tours, revenant de pèlerinage dans sa ville épiscopale, en l'an 444. Le vitrail de l'abside est du XVe s. dans sa partie supérieure; le bas est moderne : il figure le Calvaire.

Près de l'église, maison qu'habita le chancelier Séguier, avec statuette de St Michel à la façade.

En suivant le quai en aval, on trouve la poste, puis une maison où une plaque indique que le romancier *Hector Malot* (1830-1907) est né à la Bouille. Si l'on prenait au contraire la rue qui s'ouvre à côté du bureau de poste et qui, inclinant vers la dr., s'élève par un chemin creux au sommet de la colline à laquelle s'adosse la Bouille, on trouverait, au faîte, la *maison Albert Lambert*, dite le Nid, habitée par les deux comédiens Albert Lambert père et fils. Elle a été extérieurement décorée, par le père, de diverses sculptures. Elle renferme un petit musée normand, dont on vend des vues dans le pays.

A. — De la Bouille on peut regagner, à 3 k. S.-O. la station de la Londe (ligne de Rouen-Serquigny), par la route de Bourgtheroulde; raccourci du chemin de la Vieille-Côte, pour les piétons. Cette route s'élève par des lacets au-dessus de la Bouille et atteint à 1 k. 5 un carrefour, offrant une belle vue, et d'où se détache à g., la route faîtière de la gare de la Bouille-Moulineaux (*V.* ci-dessous), à l'entrée de la forêt de la Londe. Au carrefour, la Maison-Brûlée est une ancienne auberge incendiée par la célèbre bande des « Chauffeurs », à la fin du XVIIIe s. (hôt. *de la Maison-Brûlée*, T.C.F., matelotes renommées). Le *monument du Mobile*, avec statue de bronze par Aimé Millet, y rappelle les noms des mobiles et francs-tireurs tombés à cette place, les 3 et 4 janvier 1871.

3 k. Station de la Londe (p. 14), en pleine *forêt de la Londe*, à 60 m. Cette forêt, très pittoresque, avec de vastes vallonnements, n'est qu'imparfaitement percée de routes, mais on peut y faire à pied d'intéressantes promenades. A 2 k. E. de la gare, magnifique cépée de hêtres, de 11 bras, haute de 22 m., plantée en 1773 et dite le *Bel-Arsène*. Un chemin forestier de 4 k. S.-E. relie la gare de la Londe à la halte du Hêtre-à-l'Image (ligne de Rouen-Elbeuf : p. 267), voisine du *hêtre à l'Image*, hêtre de 3 m. 60 de tour, qui porte une statuette de la Vierge. — A 5 k. 5 S.-O. de la gare, par une belle route, on gagnerait Bourgtheroulde (p. 273).

B. — De la Bouille on peut regagner (courrier postal, 2 fois par j.) la gare de la Bouille-Moulineaux (ligne de Rouen-Elbeuf), par deux routes :

1° (4 k. E.-S.-E.), par la route de Rouen, qui se tient au fond de la vallée de la Seine jusqu'au village de **Moulineaux** (3 k.; hôt. *Moulineaux*). Charmante petite *église* gothique du XIIIe s., à dr. de la route, à flèche d'ardoises effilée : fonts baptismaux du XIIe s.; **jubé* en bois sculpté, du XVe et XVIe s., avec croix portant Jésus entre les deux Saintes-Femmes; au-dessus du maître-autel, précieux *vitrail* du XIIIe s., à petits personnages, sur fond gros bleu, donné par Blanche de Castille; les autres vitraux ont été faits de nos jours, dans le même style. Dans le cimetière qui entoure l'église, if plusieurs fois centenaire, de 2 m. 30 de tour. Petit manoir du XVIe s. dit le *Logis*, avec chapelle. A la mairie, petit *musée* de souvenirs de la guerre de 1870. — De Moulineaux, la route monte à dr., directement à la gare (p. 267).

2° (4 k. E.-S.-E.), par la route de Rouen, que l'on suit d'abord pendant

1 k.; là on prend la bifurc. de dr., qui s'élève sur la côte en serpentant. — 3 k. Ruines du *château de Robert le Diable*, construit au XIe s. par les premiers ducs de Normandie, ruiné au XVe s. par les Anglais, et dont les tours crénelées, restaurées de nos jours, commandent un splendide panorama sur la vallée de la Seine. Au carrefour qui se trouve au faîte de la côte, sur une sorte de promontoire d'où l'on a une belle vue sur la vallée, *monument de Moulineaux*, d'assez mauvais goût, par Franquet et Foucher, à la mémoire des combats des 3 et 4 janvier 1871 : on y voit une tête de Bismarck, avec deux ailes de chauve-souris. — On laisse à dr., à ce carrefour, la route de la Maison-Brûlée (2 k.; *V.* ci-dessus *A*) et celle d'Elbeuf (8 k.), par Orival (5 k.), qui s'enfonce dans la forêt de la Londe, pour continuer la ligne de faîte et atteindre, parmi de beaux ombrages, la station de la Bouille-Moulineaux (p. 267).

Au delà de la Bouille, où la Seine s'est resserrée, on voit à g. les *carrières de Caumont*, dont les hautes parois blanchâtres donnent à l'eau du fleuve de curieux reflets; ces carrières sont percées de grottes et de longues galeries souterraines. La Seine, décrivant un immense contour, longe à g. la base des coteaux (72 m. d'alt.) qui portent la forêt de Mauny (950 hect.), couronnée par le château moderne de Caumont.

24 k. *Le Val-des-Leux* (rive g.); carrières d'où sortirent, au XVIe s., les pierres de construction des églises de Rouen et de la basse Seine. — Puis on dépasse un certain nombre de hameaux et de villages : 25 k. *Beaulieu* (à g.); 26 k. *Quevillon* (à dr.) et le *château de la Rivière-Bourdet*, habité, de 1723 à 1725, par Voltaire, qui y écrivit la *Henriade*; — 28 k. *Bardouville* (à g.) et le château du Corset-Rouge; — 29 k. *Saint-Martin-de-Boscherville* (à dr., p. 79), que couronnent les hauteurs boisées de la forêt de Roumare; — 31 k. *Ambourville* (à g.). Sur la rive opposée, *Hénouville* (p. 80) est situé au faîte de collines escarpées, de 131 m. d'alt., qui se rapprochent de la Seine et l'enserrent bientôt de ce côté, tandis que la rive g. devient plate et marécageuse.

33 k. *La Fontaine* (rive dr., p. 80), hameau où tourne la boucle de la Seine. Grottes habitées. Rochers dits la *Chaise de Gargantua*.

36 k. *Duclair* (rive dr., escale; p. 102), dans un joli site au pied des falaises, station du ch. de fer de Barentin à Caudebec (p. 94).

Le bateau laisse à dr. le château du Taillis (p. 102), en face d'Anneville, et longe à dr. la forêt de Jumièges. — 43 k. 5. *Mesnil-sous-Jumièges* (rive dr.; p. 102).

45 k. 5. *Yville-sur-Seine* (rive g.) : église avec clocher du XIIe s.; au cimetière, croix du XIIIe s.; château du XVIIIe s., que posséda le célèbre financier Law; vieux manoir en bois du XVe s. — La Seine décrit une forte courbe à la Roche, et ses rives, plates sur la dr., se relèvent sur la g., à 138 m. d'alt.

50 k. *Le Landin* (rive g.) et château du même nom, en face de *Conihout-de-Jumièges*, où se célébra longtemps la fête du Loup-Vert et où l'on voit un houx énorme ayant 1 m. 43 de circonférence à 1 m. du sol et 12 m. 50 de haut. — On longe à g. la forêt de Brotonne. Le lit de la Seine est très étranglé; bientôt

les belles ruines de l'abbaye de Jumièges apparaissent à dr. derrière les arbres.

53 k. *Jumièges* (rive dr., escale pour les bateaux d'excursion), où l'on visite les ruines fameuses de l'abbaye (p. 102).

Au delà de Jumièges on voit à dr. (55 k. 5) Yainville (p. 102; bac), où on retrouve, sur la rive dr., la route de Rouen au Havre, qu'on a quittée à Duclair, et le ch. de fer de Barentin à Caudebec, qui longent parallèlement la forêt du Trait. On passe (57 k.) entre Heurteauville à g. et le Trait (p. 104; bac) à dr.

60 k. 5. *Mailleraye-sur-Seine* (rive g.), relié par un bac à la gare (p. 104).

65 k. *Caudebecquet* (rive dr.; escale pour les bateaux d'excursion), à l'entrée du vallon de Saint-Wandrille, dont les ruines abbatiales, à 1 k. 5 N.-E., sont aussi fameuses que celles de Jumièges.

67 k. *Caudebec-en-Caux* (rive dr., escale; p. 106), qui aligne le long du fleuve ses maisons dominées par le clocher. On aperçoit ensuite à dr. la chapelle de Barival (p. 109). — 71 k. *Villequier* (rive dr., escale; p. 109), au pied de coteaux boisés.

La Seine s'élargit dans une plaine basse; on rejoint à g. la forêt de Brotonne (p. 104). — 80 k. 5. *Aizier* (rive g.) : église du XIIe s., portail et abside remarquables; au cimetière, croix de 1520. — On laisse à g. (rive g.) Vieux-Port, et, sur les coteaux à dr., Saint-Maurice-d'Ételan (p. 109) et Petiville.

90 k. **Quillebeuf** (rive g.; escale; hôt. *d'Angleterre*), port de pêche et de cabotage au ras de l'eau, dans une curieuse situation, est relié à *Port-Jérôme* par un bac électrique. La langue de terre qui le porte et s'élève à 27 m. est enveloppée d'un côté par le fleuve, de l'autre par de vastes marais. — On peut se rendre à Quillebeuf de Lillebonne (p. 110; 6 k. N. de Port-Jérôme) ou de Pont-Audemer (14 k. 5, p. 275).

Histoire. — Quillebeuf, capitale du *Roumois* du XIIIe au XVIIIe s., fut en grande partie reconstruit après les guerres de religion, qui l'avaient ruiné. Par reconnaissance pour Henri IV, que cette ville avait été, en Normandie, la première à saluer roi de France, et qui avait largement coopéré à son rétablissement, elle prit quelque temps le nom de *Henricopolis* ou *Henricarville*. Marie de Médicis pendant sa régence en fit démolir les fortifications.

L'*église*, dédiée à Notre-Dame de Bon-Port, a une nef romane, du XIe s.; la grosse tour centrale et le portail sont de cette même époque.

A l'intérieur, tribune de l'orgue, en bois sculpté, du XVe s. Au chœur, de style gothique, vitrail figurant une Procession de Confrères de la Charité, en costumes Henri IV.

Le *port*, qui abrite de nombreuses barques de pêche, est en même temps la principale station de pilotage de la basse Seine. C'est là que les navires marchands, arrivant soit de la pleine mer par l'estuaire de la Seine, soit du Havre par le canal de Tancarville, prennent un pilote pour remonter jusqu'à Rouen.

La passe de Quillebeuf fut longtemps réputée comme fort dangereuse; les nombreux naufrages ou échouages qui s'y produisaient l'avaient fait dénommer le « cimetière des navires ». Dès 1777, la Chambre de commerce de Rouen y avait fait établir un magasin de sauvetage. Un phare et un feu fixe rouge sont installés auj. à Quillebeuf; un autre phare à feu blanc s'élève en aval sur l'autre rive.

C'est à Quillebeuf que commence, aux grandes marées, le curieux phénomène du mascaret (p. 106).

Le marais Vernier (circuit de 24 k. S.-O., aller et ret.). — On passe par Saint-Aubin-sur-Quillebeuf (1 k.). On arrive au hameau et au château des *Basses-Terres*; à 3 k. 5 N.-O. (à dr.), un chemin de piétons conduirait à la pointe de la Roque (p. 101), avec 2 feux fixes. — Tournant à g. aux Basses-Terres, on contourne le marais par une route longeant la base des collines en fer à cheval qui le bordent. On traverse le village de *Marais-Vernier* (11 k. 5) qui a une église du début du XIIe s., et une série de hameaux, puis on arrive (18 k.) en vue de la Grande-Mare (*V.* ci-dessous), d'où l'on regagne Quillebeuf.

Le *marais Vernier* est une plaine d'alluvions de 4,500 hect. Cette plaine, basse et humide, occupe le fond d'un ancien golfe, en forme de fer à cheval et d'une étonnante régularité, qui échancrait la rive g. de l'estuaire de la Seine. L'ancien rivage est marqué, sur tout le pourtour, par une ligne de collines aux versants boisés, qui s'élèvent à plus de 100 m. au-dessus du marais et forment le rebord du plateau du Roumois. Le marais Vernier, coupé de canaux d'assèchement, comprend deux parties distinctes : le marais proprement dit et la plaine. La plaine est une zone d'alluvions récentes qui forme une vaste étendue de pâturages de premier ordre, nourrissant de nombreux bestiaux. Le marais, qui est la partie la plus anciennement desséchée, occupe le fond du golfe et se trouve limité au N. par la *digue des Hollandais*, qui a été construite par une compagnie de Hollandais, appelés vers 1607 par Henri IV. Le sol qui remplit l'espace compris entre cette digue et les collines est constitué par un lit de tourbe. La partie la plus basse, à l'E., est occupée par un étang poissonneux (2 k., sur 800 m.), la *Grande-Mare*, dans lequel se déversent les canaux d'assèchement et qui s'écoule lui-même dans la Seine, par le canal de Saint-Aubin. Les canaux, tracés en ligne droite, ressemblent aux wateringues de la Flandre. Autour de la Grande-Mare, la terre n'est guère bonne qu'à faire croître de grands roseaux qu'on utilise pour couvrir les toits. Mais à mesure que l'on s'éloigne, le sol devient bon pour le pâturage et, au pied même de la digue et des collines, il se prête admirablement à la culture. C'est là que se trouvent les « courtils », beaux jardins maraîchers où poussent des légumes renommés qui alimentent pour une part notable le port de Honfleur, grand expéditeur de primeurs pour l'Angleterre. Sur toute la surface du marais sont disséminés des criques et des abîmes, dépressions au fond tourbeux, en quelque sorte flottant, où disparaîtrait inévitablement celui qui aurait l'imprudence d'y descendre. A la fin de septembre, ces grandes étendues d'herbes sauvages ont dans leur ensemble une belle et curieuse teinte rougeâtre : rien d'impressionnant comme de traverser alors le marais, à la chute du jour, poursuivi par les moustiques et enveloppé d'un immense silence.

Au delà de Quillebeuf, la Seine tourne et s'élargit peu à peu; sur la g. s'étend le vaste marais Vernier, strié de canaux (*V.* ci-dessus). — 96 k. *Tancarville* (rive dr.) et pointe de Tancarville, boisée, portant le château du même nom (p. 111), et s'avançant

DE ROUEN AU HAVRE.

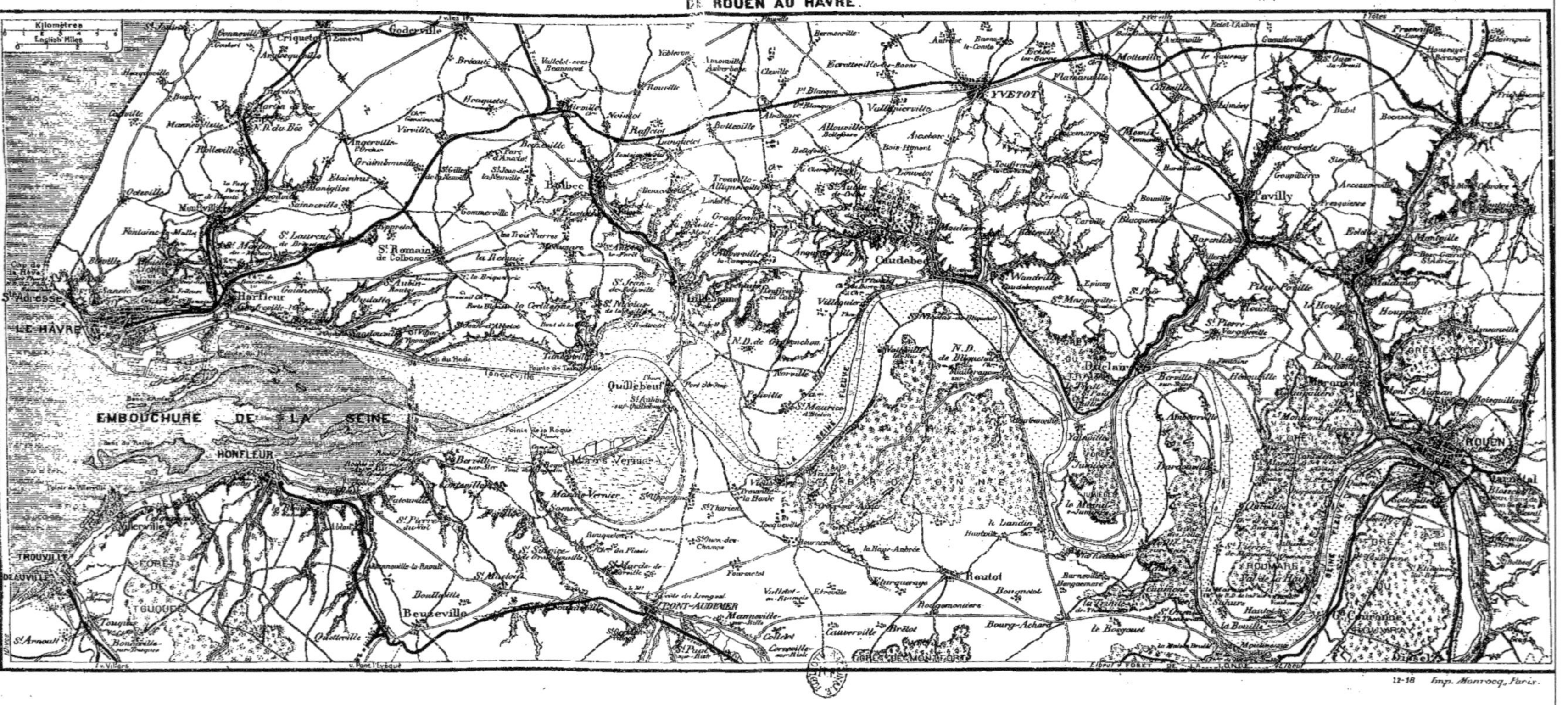

12-18 Imp. Monrocq, Paris.

jusqu'à la Seine, comme un éperon, au milieu des vastes plaines d'alluvion qui l'entourent; phare.

Laissant à dr. le canal, on découvre le large estuaire du fleuve et la mer. — 100 k. *Pointe de la Roque* (rive g.; p. 278) avec 2 phares, terminant le marais Vernier et dominant l'embouchure de la Risle, qui vient de Pont-Audemer. — 105 k. *Berville-sur-Mer* (rive g.). Les rives s'écartent de plus en plus et, laissant à g. Honfleur, que dominent les hauteurs boisées de la côte de Grâce, le bateau se rapproche de la rive dr. du fleuve.

118 k. *Pointe du Hoc* (rive dr.), derrière laquelle est Harfleur (p. 91), et usines Schneider. Les chantiers et les docks du Havre apparaissent. — 126 k. On franchit la passe de l'avant-port du Havre, entre ses deux jetées. On voit en face la ville et Frascati; à g., la côte de Sainte-Adresse et phare de la Hève.

127 k. *Le Havre* (p. 112). On passe successivement, à g., devant la petite jetée, le sémaphore, puis devant les pontons des bateaux de Trouville et d'Honfleur, pour aborder à l'extrémité du Grand-Quai.

3° De Rouen au Havre par la route.

La route la plus courte de Rouen au Havre (88 k., route nationale n° 14) suit de près le tracé du chemin de fer à travers le plateau de Caux, par : 3 k. *Maromme*, 17 k. *Barentin*, 36 k. *Yvetot* et 47 k. 5 *Bolbec*. Mais les touristes ne manqueront pas de suivre la route décrite ci-dessous, infiniment plus intéressante, qui suit la vallée de la Seine et qui a seulement 2 k. de plus. Cette route coupe les trois grands méandres de la Seine : si on a le temps, il est recommandé de suivre les boucles du fleuve par les routes latérales qui s'embranchent à g. (au S.) : le parcours total est alors de 125 k., soit 35 k. de plus.

On sort de Rouen par les quais de la Bourse, du Havre et l'avenue du Mont-Riboudet; pour plus de détails jusqu'à Saint-Martin-de-Boscherville, p. 79. Côte de 2 k. 5 à 5 0/0 avant 6 k. Canteleu (4 k. de la barrière du Havre). On traverse la forêt de Roumare; belle descente à 8 et 4 0/0 vers (11 k.) *Saint-Martin-de-Boscherville* (p. 79).

Avant la côte de Canteleu une route à g., recommandée, longe la rive dr. de la Seine au pied des hauteurs boisées de la forêt de Roumare; on voit sur l'autre rive les agglomérations de Petit-Quevilly (p. 79), Grand-Quevilly (p. 80) et Petit-Couronne, bac (p. 80). — 9 k. de la bifurc. On entre dans le Val-de-la-Haye (p. 96), dont on laisse à dr. le château et l'église. On voit sur la rive g. Grand-Couronne (p. 80) relié par un bac, puis Moulineaux. — 12 k. 5 Hautot (p. 96), où on cesse de longer la Seine; 15 k. Sahurs (p. 96) en face de La Bouille, bac. La route remonte vers le N., à 1 k. env. de la Seine. — 19 k. 5 *Saint-Pierre-de-Manneville* : belle église du XVIe s., avec peintures naïves de 1600 et restes de vitraux. — 23 k. Quevillon (p. 98); 26 k. Saint-Martin-de-Boscherville, où l'on rejoint l'itinéraire ci-dessus.

Au delà de Saint-Martin la route, en plaine, se rapproche de la Seine qu'elle longe à g. après le hameau de (17 k.) La Fontaine (p. 80).

21 k. **Duclair** (escale du bateau, p. 98 et station du ch. de fer, p. 94; hôt. : *de la Poste*, dipl. T.C.F., chauff., gar., bains, voit. d'excurs. ; *du Chariot-d'Or*, T.C.F.; *de Rouen*; *des Trois-Piliers*; — loueurs de voit.; le service de voit. pour Rouen fut interrompu pendant la guerre), ch.-l. de c. de 2,014 hab. et petit port de commerce, est situé dans un joli site, au pied de falaises, à l'embouchure de l'Austreberthe dans la Seine. On y vient beaucoup de Rouen, en partie de plaisir, manger des fritures et des canards à la rouennaise.

L'*église* gothique, des XIVe-XVIe s., a un clocher roman avec flèche et un intéressant portail latéral de la Renaissance.

A l'intérieur, le vaisseau central et le chœur sont du gothique rayonnant (XIVe s.), les bas-côtés du XVIe s. On remarque : des *colonnes* gallo-romaines en marbre, spécialement celle qui est sous le clocher; des pierres tombales des XIIIe-XVIe s.; des *statues* du XIIIe s., parmi lesquelles celle de la Vierge; des bas-reliefs de la fin du XVe s.; deux verrières du XVIe s. en haut du bas-côté g.

Les quais bordent le *port*, où l'on embarque surtout des fruits pour l'Angleterre. Bac à vapeur sur la Seine : départ toutes les h., 10 c.; prend les autos. De la *promenade du Câtel* on jouit d'une belle vue.

Les *rives de la Seine*, bordées de falaises où se creusent des habitations, offrent de magnifiques promenades. Si on passe en bac, sur l'autre rive de la Seine, une route (1 k. 5) bifurque : à g. vers *Berville-sur-Seine* (1 k.), église du XVIe s., avec tombe du XVIIe; à dr. vers *Anneville* (1 k.), église avec autel du XVIIIe s. et vitraux du XVIe s., en continuant au delà vers Yville-sur-Seine (7 k. 5 d'Anneville, p. 98).

Au delà de Duclair, la route directe s'éloigne peu à peu de la Seine, et, montant légèrement, laisse à dr. (23 k. 5) le *château du Taillis*, de la Renaissance, coupe la boucle du fleuve entre les forêts du Trait au N. et de Jumièges au S., et passe devant la station d'Yainville-Jumièges (25 k.; à dr.; p. 94). A 400 m. plus loin, bifurc. où l'on prend à g. la route qui par (1 k.) *Yainville*, où l'on voit une église romane du XIe s., conduit à (3 k. 5) Jumièges.

A 500 m. de Duclair, la route de g., plus intéressante, longe la Seine pendant 7 k. env., pour tourner à l'O. en face d'un bac qui conduirait à Yville (p. 98). — 7 k. 6. Le *Mesnil-sous-Jumièges* : ruines d'un manoir du XIIIe-XVe s., où Agnès Sorel mourut en 1450. — 12 k. 5 Jumièges.

Jumièges (escale pour les bateaux d'excursion, p. 99; *hôt. *des Ruines*, T.C.F., gar.; bac sur la Seine), village de 928 hab., situé sur la rive dr. à 1 k. du fleuve, est célèbre par les ruines magnifiques de son abbaye. Exportation de fruits, volailles et légumes pour l'Angleterre.

Histoire. — L'abbaye, une des premières de Normandie en richesse et en puissance, fut fondée vers l'an 655 par St Philbert. A peine fondée, elle recueillit dans ses murs, dit la légende, deux jeunes fils de Clovis II, qui, pour s'être révoltés contre leur mère Bathilde, eurent les « nerfs » des jambes coupés et furent abandonnés dans une barque au courant de la Seine; ces jeunes princes, connus dans l'histoire sous le nom d'Énervés de Jumièges, moururent bientôt après leur entrée dans l'abbaye. Selon une autre version, les « Énervés » seraient Tassillon et Théodore, ducs de Bavière, que Charlemagne fit enfermer à Jumièges. Les rois de France avaient droit de gîte à Jumièges, qui appartenait aux Bénédictins; Charles VII y séjourna souvent avec Agnès Sorel, sa favorite, qui possédait elle-même dans le voisinage le manoir du Mesnil où elle mourut (*V.* ci-dessus), et qui légua son cœur à l'abbaye.

Les ***ruines de l'abbaye** sont entourées de jardins pittoresques. La propriétaire, Mme Lepel-Cointet, habite l'ancienne *maison abbatiale*, du XVIIe s. Pour visiter, sonner à la grille d'entrée; le concierge accompagne; pourboire.

Les restes de la grande **église abbatiale** romane (1040-1067) dédiée à Notre-Dame, sont imposants. Le *portail* se compose d'un avant-corps en saillie sur le pignon, et de deux *tours*, de 52 m. de haut, carrées, sauf les étages supérieurs, de forme octogonale plus ou moins régulière. La nef, privée de ses voûtes, a conservé ses bas-côtés et une partie de ses murs latéraux avec des restes de tribunes. On admire le *grand arc* en plein cintre qui soutient un pan entier de l'ancienne tour centrale (41 m. de haut). Du chœur, reconstruit au XIIIe s., avec un rond-point et des chapelles carrées, il n'est demeuré que des lambeaux de murs, deux chapelles absidales et des substructions qui suffisent pour reconstituer le plan.

Contre le flanc S. de l'église abbatiale se développe l'*église Saint-Pierre*, avec bas-côtés, construite au XIVe s., à la place et en prolongement d'une église carolingienne (936), dont il reste un fragment, le portail O. La chapelle Saint-Martin (XVe s.) s'appuie à son tour sur l'église Saint-Pierre.

On remarque encore : la *salle capitulaire* (XIIIe s.), renfermant des tombes d'abbés ou de prieurs; l'ancienne salle des Hôtes, du XIIe s., remaniée au XVe, pour servir de *salle des Gardes* aux appartements de Charles VII; une crypte avec piliers octogones, XVIIe s.; des caves voûtées, du XIIIe s.; des ruines de bâtiments divers; les murs d'enceinte, du XIIe et du XIVe s. Le centre du cloître, auj. détruit, est indiqué par un bel if.

Dans un bâtiment composé de l'ancien logement du portier et des communs de l'abbaye, avec des additions dans le style du XIVe s., a été établi un *musée*.

Une salle du rez-de-chaussée est consacrée au *musée lapidaire*, qui comprend : des chapiteaux, statues, bas-reliefs mutilés; des pierres tombales de plusieurs abbés de Jumièges, parmi lesquelles celle de *Nicolas Leroux*, 59e abbé, l'un des juges de Jeanne d'Arc; la pierre, avec épitaphe, qui recouvrait le cœur d'Agnès Sorel; les statues tombales des Énervés de Jumièges, sculptées au XIIIe s.; des statues de papes, en pierre, du XIVe s.; la clef de voûte de l'ancienne chapelle Saint-Martin, représentant St Philbert avec un loup. — Dans deux salles du rez-de-chaussée et dans la grande salle du 1er étage est installée une autre collection, composée en grande partie d'objets provenant de l'abbaye ou s'y rapportant : meubles, tableaux, armures, étoffes, bijoux, médailles, deux beaux épis du XVIe s., en faïence du Pré-d'Auge. — De la salle du 1er étage on monte dans l'ancienne *salle de réception des étrangers*, précédemment salle des Dames : cette salle située au-dessus de la voûte de la grande porte extérieure de l'abbaye, est remarquable par l'ampleur de ses proportions; on y voit une cheminée sculptée, une Vierge en pierre du xve s., des tapisseries des Gobelins, des bahuts, etc.

L'*église* paroissiale *Saint-Valentin*, située sur un coteau à l'extrémité du village, a une triple nef romane du xiie s. et un chœur Renaissance (1539) édifié par les soins de l'abbé de Fontenai et resté inachevé; il est raccordé à la nef par des constructions sans style. L'édifice est dans un triste état de délabrement; il est question de le restaurer.

A l'intérieur, naïves statues en bois peint et restes de vitraux du xvie s.; en bas du bas-côté g., *saint-sépulcre* en bois sculpté, du xve s.; curieux tableau de St Valentin délivrant Jumièges d'une invasion de rats.

Jumièges s'adosse à la *forêt de Jumièges*, distante du bourg de 1 k. 5 E., et qui borde la Seine sur une longueur de 5 k. La chapelle de la Mère-de-Dieu est un lieu de pèlerinage pour les fiévreux.

Au delà de la bifurc. d'Yainville, la route se dirige au N.-O. entre la Seine à g. et la voie ferrée à dr. — 28 k. *Le Trait* (halte du ch. de fer, p. 94; bac), au pied de la forêt du Trait qu'on continue à longer à dr. *Eglise* avec saint-sépulcre et bas-reliefs en albâtre du xvie s. Ruines d'un *château* du xiie s. Un vaste *chantier* de constructions navales, commencé en 1917 et couvrant 80 hect., comprendra 6 cales et 3 cales sèches et pourra construire des navires de 18,000 tonnes; les premiers lancements sont prévus pour 1919. Une cité ouvrière considérable est en formation : véritable petite ville, édifiée en style normand, sur les plans de M. Gustave Majou, architecte, et pourvue des installations les plus modernes.

La route s'éloigne de la Seine. Après avoir traversé la voie ferrée, on laisse à g. (33 k.) la halte de Mailleraye, puis le chemin qui par un bac (2 k.) conduit (3 k. 5, rive g.) au village du même nom.

Mailleraye-sur-Seine, dénommée jadis Guerbaville, a une église du xvie s. avec bénitier Renaissance et statue du xviie s. De l'ancien château qui était avant la Révolution le siège d'un marquisat érigé en 1698, il reste la *chapelle* de 1589 : verrières des xve et xvie s., christ en ivoire, stalles Louis XIII et tribunes pour les châtelains.

A 1 k. N. de Mailleraye, *église de Notre-Dame-de-Bliquetuit* (xie au xvie s.) avec fonts baptismaux romans. — De Mailleraye on visite (S.-O.) la vaste *forêt de Brotonne* (6,758 hect.), qui appartient à l'Etat. Entrecoupée de profonds vallons et de belles routes, elle présente des massifs de hêtres magnifiques. Parmi les arbres remarquables on cite les *Trois-Hêtres* ou hêtre de la Houssaie, haut de 34 m. 25, qui a 5 m. 50 de tour, et le *Chêne-Cuve*, 6 m. 60 de tour.

Longeant toujours la voie ferrée, la route atteint le hameau de Caudebecquet près de la station de Saint-Wandrille; dans le voisinage, la grotte Milon aurait été habitée, au viiie s. par le saint de ce nom. Une route à dr. conduit, à 1 k. 5, aux célèbres ruines de l'abbaye.

L' *__abbaye de Saint-Wandrille__ offre des restes remarquables de l'architecture monastique gothique à travers son évolution du XIIe au XVIe s., dans un cadre magnifique de verdure et de grands arbres. On visite le lundi et le jeudi, de 10 h. à 17 h.; 50 c. par pers.; une personne seule, 1 fr.; le produit des entrées est pour les pauvres.

Fondée vers 648 par St Wandrégisile ou Wandrille, disciple de St Colomban, et appelée primitivement Fontenelle, du nom de la petite rivière qui en baigne les murs, l'abbaye fut très florissante au moyen âge, mais tomba en décadence au XVIe s. Dans la nuit du 20 au 21 déc. 1641, la tour de la grande église s'effondrait. Les Bénédictins de Saint-Maur, qui l'occupèrent du XVIIe s. à la Révolution, restaurèrent ce qui pouvait être sauvé et firent construire de vastes bâtiments. Au XIXe s. un industriel y installa une filature; puis l'abbaye fut achetée en 1863 par le marquis de Stackpool, et revint plus tard aux Bénédictins, qui la quittèrent à la suite de la loi sur les associations. Achetée par M. Julien Chappée, du Mans, elle est louée au distingué écrivain belge Maurice Mæterlinck, qui y a donné des représentations théâtrales.

On entre par un *portail* Renaissance, flanqué de deux échauguettes, d'où une allée de tilleuls conduit à une grande *porte* Louis XV, avec tympan arrondi, qu'une haute muraille relie à deux pavillons. Au delà, une terrasse à balustrade, en hémicycle, domine le ravissant *jardin creux*, envahi d'herbe, avec une petite vasque entre de grands ifs.

Les bâtiments du XVIIe s., habités par M. et Mme Mæterlinck, forment les deux ailes de l'abbaye et sont reliés par le réfectoire qui sert de passage. On y voit, au rez-de-chaussée, une belle cuisine (XVIIe s.) et dans l'aile E. un grand salon (XVIIIe s.) et la salle capitulaire ornée de boiseries Renaissance. Le cabinet de travail de l'écrivain, au 1er, dans l'ancienne bibliothèque des moines, a une belle cheminée en bois bruni et des boiseries Louis XIV et Louis XV. Les caves renferment des dalles tumulaires du XIIIe s. Le rez-de-chaussée donne de plainpied dans l'ancien réfectoire, auquel accède, à la partie supérieure, une galerie construite par le marquis de Stackpool.

Le **réfectoire** est une magnifique salle voûtée, de 33 m. de long, du XIIe s. (romano-gothique) dans sa partie inférieure, du XVe s. dans sa partie haute, et éclairée par 8 belles fenêtres flamboyantes. On remarque surtout le *lavabo* sculpté, chef-d'œuvre du début de la Renaissance, à côté d'une *porte* élégante de la même époque, qui donne sur le cloître.

Le **cloître* (XIVe-XVIe s.), dont la cour est envahie par des herbes folles et des plantes grimpantes, renferme des débris de sculptures provenant de l'église, à laquelle donnait accès une superbe **porte* sculptée du XIVe s. : à g. de cette porte, Vierge de la même époque, dite de Fontenelle; en avant, tombe du XIIIe s. Les ruines, enguirlandées de lierre, de l'*église abbatiale*, construite de 1248 à 1342, sont très pittoresques.

Sur la colline boisée qui domine la vallée et dans le parc même de l'abbaye, la chapelle ou *oratoire de Saint-Saturnin*, à croisillons arrondis, bâtie vers le milieu du XIe s., offre un curieux appareil en arête de poisson. Du pied de la chapelle, vue magnifique.

Dans le village de Saint-Wandrille, on visite l'*église paroissiale*, des XIe-XIIIe s.; le chœur, agrandi de nos jours et orné de vitraux modernes, offre, dans une petite chapelle, un joli triptyque du XVIe s. Signalons aussi un baptistère à colonnettes du XIIIe s.; des châsses avec reliques, dans une chapelle en haut du bas-côté dr.; 2 triptyques du XVIe s. dans la nef; une croix en pierre sculptée du XVIe s.; 34 *statues* du moyen âge provenant de diverses églises de la région.

Au delà de Caudebecquet, la route, longeant toujours la Seine à g., gagne bientôt Caudebec, point terminus du ch. de fer de Barentin (p. 94).

38 k. **Caudebec-en-Caux** (escale du bateau; hôt. : **de la Marine*, sur le quai, dipl. T.C.F., jardin; *du Havre*, T.C.F., sur le quai; *de France*; *du Commerce*), ch.-l. de c. de 2,176 hab., est une petite ville pittoresque et un port de cabotage, au débouché d'un vallon boisé sur la rive dr. de la Seine, et relié à la rive g. par un bac à vapeur (t. l. heures; prend les autos). Sur la rive g. s'étend au loin la forêt de Brotonne. C'est du fleuve principalement que Caudebec, avec ses maisons qui s'alignent sur le quai, dominées par la flèche aiguë de l'église, présente un aspect charmant. Les touristes viennent surtout à Caudebec pour y voir le *mascaret* (*V.* ci-dessous); l'église est remarquable.

Histoire. — Caudebec fut jusqu'à la Révolution la capitale du pays de Caux. Au XVe s. il s'y établit des fabriques de gants et de chapeaux de feutre renommés, dits « caudebecs ». Mais la révocation de l'édit de Nantes porta à son industrie un coup mortel. Auj. ses tanneries et corroieries lui ont rendu une certaine importance. — Caudebec est la patrie de *Thomas Basin*, évêque de Lisieux (1412-1491), qui a écrit une « Histoire de Charles VII et de Louis XI », et des peintres *Sacquespée* (1625-1688) et *Sebron* (1801-1879).

Le port, sûr et commode, importe du charbon et exporte des bestiaux, œufs et légumes.

Par les grandes marées, il s'y produit une barre mobile, appelée **mascaret*, formée par le flux de la mer remontant la Seine et entrant en conflit avec le courant naturel du fleuve. Avant l'arrivée du mascaret, les navires sont obligés de quitter les quais où ils sont amarrés, pour faire face au flot, qui pourrait les prendre de côté et les briser. L'énorme vague écumante arrive, barrant le fleuve sur 300 m. de largeur, à une vitesse qui varie de 6 à 10 m. à la seconde, selon l'amplitude de la marée. Plusieurs vagues obliques lui succèdent et frappent violemment sur les quais; ces vagues, dites éteules, sont ordinairement au nombre de deux, trois ou quatre. Le mascaret se produit tous les mois, un jour et demi après les nouvelles lunes; mais il n'offre toute son ampleur et un aspect véritablement impressionnant qu'aux grandes marées d'équinoxe, en mars, et surtout en septembre.

Sur le quai, où l'on vient de la gare par la rue Henry-Bailleul, on trouve à dr. la rue de l'Hôtel-de-Ville. A l'hôtel de ville, petit *musée* : antiquités, histoire naturelle, silex taillés, peintures, débris de sculptures, vues anciennes de Caudebec.

A l'extrémité de la rue de l'Hôtel-de-Ville on prend à g., au fond de la place des Halles, la rue des Halles, qui offre des maisons anciennes, de même que la rue de la Cordonnerie; elle aboutit à dr. à la Grande-Rue.

En suivant celle-ci à g. on dépasse la *rue de la Boucherie*, pittoresque avec sa petite rivière et ses maisons à porche, parmi lesquelles l'ancienne *maison des Templiers*, du XIIIe s., à façade de pierre sculptée, avec gargouilles : c'est le siège social des Amis du Vieux Caudebec; puis on atteint l'église. En face du côté N. de l'édifice, maison du XVe s. et, au delà, à g., autre maison du XVe s. avec inscription relatant la mort, le 1er sept. 1484, de Guillaume Letellier (*V.* ci-dessous).

L'église Notre-Dame, des XVe et XVIe s. (1426-1515), est une des plus belles du diocèse de Rouen. Elle appartient, dans son ensemble, au gothique flamboyant; commencée sur les plans de Guillaume Letellier, elle a été terminée à la Renaissance. Le *grand portail*, où apparaissent quelques détails de la Renaissance, est un chef-d'œuvre de délicatesse. Dans une galerie à jour qui règne autour de l'édifice, des lettres de 1 m. de haut écrivent une partie du *Magnificat* et du *Salve Regina*. La **tour* (54 m.), dont les trois étages superposés figurent une tiare, est la plus belle de Normandie après la « tour de beurre » de Rouen; la flèche octogonale a été refaite en 1886; les fragments les plus intéressants de l'ancienne flèche ont été recueillis dans le musée. Une des cloches date de 1552.

NEF. — *Tribune de l'orgue* (1559), en pierre avec sculpture Renaissance. Les portes latérales, à dr. et à g. de l'orgue, ont leurs tympans formant fenêtres, avec vitraux anciens représentant l'Adoration des Mages, la Cène et une Procession. En haut de la nef, les 2 verrières anciennes au-dessus du maître-autel représentent : à dr., le Couronnement de la Vierge et St Paul; à g., le Christ en croix et St Pierre.

CÔTÉ DR. — 1re chapelle, vitrail de la Renaissance : Vie de Moïse; piscine du XVe s. — 2e : vitrail de la Renaissance : la Samaritaine, un Miracle de J.-C. et la Transfiguration; crédence sculptée. — 5e (8e travée), vitrail du XVIe s. : Légendes de saints, notamment de St Hubert; statue en pierre (XVe s.) de St Nicolas. — 6e (9e travée), restes d'un vitrail du XVe s., en partie refait en 1566; statue de Ste Madeleine; statuettes de Ste Rose et de Ste Clotilde (XVe ou XVIe s.). — 1re chap. absidale, servant de sacristie : à l'entrée, boiserie du XVIIIe s. provenant de Saint-Wandrille. — 2e chap. absidale : Pietà du XVe s.; *saint-sépulcre* du XVIe s., avec un dais ouvragé.

CHAPELLE DE LA VIERGE : 4 statues anciennes; au-dessous du vitrail de dr., seul ancien, pierre obituaire de Guillaume Letellier, architecte de l'église; magnifique *clef pendante* de 1 m. 50; crédence du XVIe s.

CÔTÉ G., en descendant. — 1re chap. de l'abside : retable à colonnes torses du XVIIIe s. — 2e : table en pierre du XVIIe s. — 1re chap. de la nef : Vierge du XVe s. — 2e : vitrail à 4 personnages, du XVe s. — Au-dessus de la porte N., vitrail à 4 personnages, du XVe s. — 3e : vitrail à 4 personnages, du XVe s.; Vierge du XVIe ou du XVIIe s. — 4e et 5e : vitraux à personnages, du XVe s. — 6e : crédence du XVIe s.; Vierge du XIVe s.; au vitrail, Arbre de Jessé (la Vierge est moderne). — Chapelle des Fonts-Baptismaux : vitrail, Vie de St Jean-Baptiste; fonts baptismaux avec couvercle en baldaquin, de la Renaissance, orné de bas-reliefs du XVIe s.

En sortant de l'église par la porte S. on se trouve sur la

place de l'Eglise; à dr. maison natale du peintre Sebron. Au fond de la place, la rue des Belles-Femmes aboutit au quai, planté de beaux arbres. Sur ce quai sont les hôtels principaux, des restaurants et cafés, et la poste.

De Caudebec, on peut faire une agréable excursion à *Sainte-Gertrude* (3 k. 5 N.-O.), village situé dans le vallon, dominé par les forêts de Saint-Arnoult et de Maulevrier, qui s'ouvre à Caudebec et qu'arrose le double ruisseau d'Ambion et de Sainte-Gertrude. *L'église* est du XVIIe s. : le chœur, terminé par une abside triangulaire, offre une clef de voûte composée d'anges et d'enfants suspendus, une tombe du XVIe s., des niches, des socles, des dais sculptés et un tabernacle en pierre; dans le transept S., tableau d'A. Sacquespée, né à Caudebec (p. 106). — Excursion recommandée à Villequier (p. 109); 4 k. O.-S.-O., voit. publ. à la gare de Caudebec 1 fr.; on passe à la chapelle de Barival (p. 109).

De Caudebec a Pont-Audemer, par la forêt de Brotonne (route 28 k. S.-O.) — On passe la Seine en bac. — 1 k. 5. *Saint-Nicolas-de-Bliquetuit*. Si l'on bifurquait à Saint-Nicolas par la route de dr., on passerait au hameau de *l'Angle* (1 k. 5), chêne à la Vierge, avec petite chapelle, où l'on vient en procession; puis à *Vatteville* (3 k. 8) : *église* avec nef de la Renaissance, chœur gothique, tour et vitraux du XVIe s., litre funèbre extérieure et piliers ioniques provenant sans doute d'un temple antique; un donjon ruiné est le seul reste d'un ancien château; deux vieux manoirs, dont l'un est appelé le *Fré du Roi*, en souvenir de François Ier, qui y séjourna en 1535 et 1540. Au delà de Vatteville la route se rapproche de la Seine et atteint *Aizier* (12 k., p. 99), d'où on rejoint (15 k. 5 de Saint-Nicolas) la route directe, 1 k. 5 avant Bourneville (*V.* ci-dessous).

4 k. On entre dans la vaste forêt de Brotonne (p. 101), que l'on traversera pendant 9 k. — 7 k. Le *Rond-Victor*, carrefour où on laisse à g. les 2 routes de Mailleraye-sur-Seine et de Routot. — 8 k. 5. Carrefour Mortemart. — 13 k. 5. On sort de la forêt. — 18 k. *Bourneville* (hôt. *de la Pomme-d'Or*, T.C.F.); on prend à dr. en entrant dans le village, puis à g. après l'église. — 22 k. *Fourmetot* : église de la fin du XIIe s., avec clocher roman remarquable. — 28 k. *Pont-Audemer*, où l'on arrive par le pont sur la Risle (p. 275).

De Caudebec a Yvetot (11 k. N.; voit. publique, 2 fr. 25). — La route remonte le pittoresque vallon de Caudebec et s'élève sur le plateau du pays de Caux où elle laisse à g. (4 k.) *Maulévrier* : dans l'église, du XVIe s., cuve baptismale du XIIe, saint-sépulcre du XVIe et vitraux anciens; château ruiné. — 6 k. On laisse à g. *Louvetot* : enceinte retranchée du *Vieux-Louvetot* et tombelle. — 8 k. A g. *Auzebosc* : église des XIIIe et XVIIe s.; château ruiné et château du XVIIIe s. avec charmant oratoire. — 11 k. *Yvetot*, p. 87.

Distances par la route, de Caudebec à : Bolbec, 23 k.; Bourg-Achard, 22 k. (passage en bac); Duclair, 17 k.; Le Havre, 50 ou 52 k.; Jumièges, 14 k. par Caudebecquet et Yainville, 14 k. par Mailleraye-sur-Seine et la forêt de Brotonne en passant deux fois la Seine, à Caudebec et à Jumièges; Rouen, 38 k.

De Caudebec, la route directe de Lillebonne, longue de 16 k., s'éloigne de la Seine pour gravir une côte en lacets de 6 0/0, dans la forêt de Saint-Arnoult, au-dessus du vallon de Sainte-Gertrude. La route parcourt un plateau de 140 m. d'alt. — 43 k. (de Rouen) *Saint-Arnoult* : église des XIIIe et XVIe s., avec beau retable et bon tableau du temps de Louis XIII; croix de pierre, à personnages, du XVIe s. — 48 k. *Auberville-la-Campagne*; au cimetière, jolie croix sculptée du XVIIe s. — 50 k. *La Frenaye*. On descend dans la vallée de Lillebonne. — 54 k. Lillebonne (p. 110).

Les touristes suivront de préférence la route de la vallée, étroite et sinueuse, qui a seulement 5 k. de plus, et qui longe la Seine au delà de Caudebec. Elle passe devant la chapelle de *Notre-Dame-de-Barival* ou *Barre-y-Va* : fondée en 1260, rebâtie sous Louis XIV et fréquentée en pèlerinage par les marins, elle possède des verrières du XVIe s. et de 1612. Un peu plus loin, du même côté, est le château de la Martinière ou villa Roulleau, derrière lequel une roche en forme de chaire est appelée le Pain bénit.

4 k. 5 (de Caudebec) **Villequier** (escale du bateau ; hôt. *de France*, T.C.F. ; bac sur la Seine), au pied de coteaux boisés, est célèbre par le terrible accident qui, le 4 sept. 1843, causa la mort de la fille de Victor Hugo, Léopoldine, de son mari Charles Vacquerie et d'un jeune cousin, noyés au cours d'une partie de barque en Seine : le souvenir de ce drame inspira au poète quelques-unes des plus belles pièces des *Contemplations*, notamment « A Villequier ». Les restes des victimes reposent au cimetière. La maison où habitaient les Hugo et les Vacquerie, et qui appartient toujours à cette dernière famille, se voit sur le quai.

L'*église*, du XIIe s. et surtout du XVIe, renferme : des *verrières* du début du XVIe s., St Nicolas, Ste Catherine, St Eustache, Scènes de la Passion, Vie de St Jean-Baptiste, Arbre de Jessé, Légendes de la Vierge et de St Pierre, Combat naval ; une curieuse statue équestre de St Martin dans la chapelle à dr. du chœur, et une cuve baptismale ancienne. Au cimetière, nombreuses tombes des familles Hugo et Vacquerie. Un château Louis XV, où on monte du village par le parc, quand il est ouvert, s'élève dans la verdure sur une hauteur ; beau panorama.

Après Villequier, la route continue d'abord à longer la Seine, puis s'en éloigne en contournant au sud la base du haut plateau qui domine la boucle marécageuse du fleuve. Côte de 1 k., un peu dure, avant (6 k. de Caudebec) *Norville*, qui a une *église* des XVe-XVIe s., avec clocher à flèche de pierre de la fin du XVe s. A 1 k. plus loin, à g., est le *château d'Etelan*, de la fin du XVe s., dont la chapelle a des vitraux anciens. — 8 k. 5 *Saint-Maurice d'Etelan* : l'église, du XVe s., a un reliquaire invoqué pour les rhumatismes. La route, depuis Norville, longe la crête S. du plateau, qui offre une belle vue sur la vallée. — 11 k. 5 *Petiville* ; croix sculptée du XVIe s. La route descend et se dirige vers le N.-O. — 15 k. Saint-Georges-de-Gravenchon, hameau de la commune de *Notre-Dame-de-Gravenchon* qui a, à 2 k. N.-E., une église du XIIIe s., avec portail du XVIe s. et flèche gothique du XVIIe s. Une route de 3 k. à g. de Saint-Georges conduit à *Port-Jérôme*, sur la Seine, relié par un bac électrique à Quillebeuf (p. 99). — La route de Lillebonne continue au N.-O., et, après avoir rejoint au (18 k. 5) hameau du Mesnil, à 5 k., la route de Port-Jérôme à Lillebonne, atteint bientôt (21 k.) Lillebonne où elle rejoint la route directe de Caudebec.

Lillebonne (hôt. : *de France*, T.C.F. ; *du Cirque-Romain*; *du Commerce*; loueurs de voitures; station terminus du ch. de fer de Bolbec, p. 90), ch.-l. de c. de 5,656 hab., est situé dans la vallée de la rivière de Bolbec, à 4 k. de la Seine, au pied de coteaux boisés.

Histoire. — C'est une ville d'origine gauloise, que les Romains, sans doute en souvenir de Jules César, nommèrent *Juliobona*, d'où le nom actuel. Lillebonne fut la capitale des Calètes ou habitants du pays de Caux, puis déchut après les grandes invasions. La ville fut relevée par Guillaume le Conquérant, qui en fit une place forte. — Il a été découvert à Lillebonne de nombreuses antiquités gallo-romaines, notamment une statue de femme de grandeur naturelle en marbre, des bronzes et deux splendides mosaïques, le tout transporté au musée des Antiquaires de Rouen. Lillebonne est la patrie du poète *Albert Glatigny* (1839-1873) dont le buste, par A. Guilloux, a été inauguré il y a quelques années.

Si l'on vient de la gare, la rue du Havre conduit à la rue Thiers, qu'il faut suivre jusqu'à la rue du Marché, menant (à g.) à l'église, précédée de la place du Marché.

L'*église Notre-Dame*, gothique, a un clocher haut de 55 m., y compris sa flèche dentelée, et qui date du XVIe s. Le portail et une partie de la nef sont de la même époque. La partie supérieure de la nef et le chœur sont modernes. On remarque, au bas-côté dr., un bas-relief en marbre provenant de l'ancienne église paroissiale de Saint-Denis et deux verrières du XVIe s. : l'une figure un arbre de Jessé; l'autre le Baptême du Christ, Salomé portant la tête de St Jean-Baptiste, Job, etc. Les stalles (XVIIe s.) proviennent du Valasse (p. 90).

Au fond de la place, à g. commence la rue Léon-Gambetta qui rencontre à g. la rue Victor-Hugo conduisant à l'hôtel de ville, où est un petit musée municipal, et aux restes du ***théâtre antique**, qui semble remonter à l'époque des Antonins. C'est le reste antique le plus important de la Normandie; il a été déblayé en 1840. Les gradins ont disparu et le vallonnement seul du terrain subsiste. De forme semi-circulaire, l'édifice mesurait, dans son grand axe, 110 m.; le petit axe est de 80 m. Le tour extérieur des gradins a 205 m. Ce qui reste de la construction est en moellons et en tuf, avec chaînes de brique. Des représentations y sont données l'été; Mounet-Sully y a joué notamment l'*Œdipe roi* de Sophocle. Dans l'enceinte du théâtre sont des ruines de bains romains.

Au delà de la mairie, à g., s'ouvre un parc qui renferme un château moderne et les **ruines* du vieux *château*, fondé par Guillaume le Bâtard, le futur Guillaume le Conquérant, et reconstruit au XIIe s. par les comtes d'Harcourt, alors possesseurs de Lillebonne; s'adresser au concierge, pourboire. Il reste du vieux château : une partie de l'enceinte, formant terrasse; une tour crénelée, peu élevée, dont l'intérieur a été restauré et meublé; une portion de tour hexagonale envahie par le lierre; un beau donjon cylindrique de 17 m. de diamètre avec des murs de 4 m. d'épaisseur, entouré d'un fossé et surmonté d'une plate-forme : belle vue.

De Lillebonne, deux routes qui se rejoignent à Harfleur, et sensiblement de même longueur, conduisent au Havre.

La route la moins intéressante (28 k. 5) remonte le vallon boisé du ruisseau de Bolbec, puis traverse le plateau (133 m. d'alt.) par : 11 k. 5 *la Remuée* dont le cimetière a une croix du XVIIe s.; 15 k. *Saint-Romain de Colbosc* (p. 90); 23 k. 5 *Gainneville*, qui a une église des XIIIe et XVIe s. à flèche de pierre : à l'intérieur, piscine gothique dans la chapelle qui est sous le clocher.

Les touristes suivront la route de la vallée, qui descend au S. de Lillebonne, parallèlement à la route de Port-Jérôme qu'on laisse un peu à l'E. La route tourne à l'O., à 2 k. de la ville, pour longer à g. les marécages de la Seine et gagner (61 k. 5) la base de l'éperon qui porte le château de Tancarville.

Le village de *Tancarville*, 703 hab. (hôt. *de la Marine*, au port) se compose de trois agglomérations : le bas-Tancarville; le village proprement dit, où est l'église; le port de Tancarville, à l'entrée du canal. Le bas-Tancarville se trouve au débouché d'une jolie vallée boisée, au-dessous du château; celui-ci est bâti sur une falaise haute de près de 50 m. et isolée, du côté E., par une gorge où serpente à travers bois la route de Saint-Romain.

Le **château de Tancarville**, partie du moyen âge, partie de l'époque Louis XIV, est un des plus intéressants de la région.

Ce château, qui semble avoir été élevé par Henri Ier, roi d'Angleterre, passe pour avoir été fondé, vers le milieu du Xe s., par un seigneur normand nommé Tancrède, dont il prit le nom : *Tancredi villa*. Grâce à la position stratégique de la forteresse, le fief prit rapidement une grande importance, qu'augmentèrent les dons et privilèges accordés par Guillaume le Conquérant à Raoul de Tancarville, son ancien précepteur, devenu son chambellan. Celui-ci fonda, vers 1050, l'abbaye de Saint-Georges-de-Boscherville, près Rouen. La lignée masculine des Tancarville s'étant éteinte en 1305, leurs biens passèrent à la famille de Melun, puis à celles d'Harcourt, de Longueville, de Montmorency et de la Tour d'Auvergne. Ce fut Louis de la Tour-d'Auvergne, comte d'Évreux, qui fit en partie reconstruire le château, de 1710 à 1717. Le propriétaire actuel est le comte de Lambertye. Le château de Tancarville a été habité et chanté par Pierre Lebrun (1785-1873).

On monte au château par un joli chemin sous bois. On visite d'ordinaire; s'adresser au concierge, pourboire. — L'entrée du château est flanquée de deux *tours* de 16 m. de haut, défendues par un boulevard (XVe s.) et reliées par une courtine de 4 m.; celle de dr. est recouverte de lierre. Les constructions de la vieille forteresse datent du XIIIe s. dans leur ensemble; quelques parties remontent au XIe et au XVIe s. On remarque : la terrasse, offrant une belle vue, et aux extrémités de laquelle sont à g. la *tour de l'Aigle* (27 m. de haut) flanquée d'une tourelle octogone, à dr. le *château neuf*, bâti de 1710 à 1717 et reconstruit de nos jours; la *tour du Diable* ou du Lion, avec des murs épais de 6 m.; dans les bâtiments ruinés de l'ancien manoir, la *salle des Gardes* ou des Trois-Cheminées, superposées et ornées de colonnes; la chapelle et la tour Coquart (XVe s.). L'angle S. est défendu par la *tour Carrée*, haute de 20 m., à 4 étages; restes de peintures murales du XIVe et du XVe s. C'est la partie la plus ancienne des ruines.

Dans le bois, au fond du ravin qui borde le château, se trouve l'*ancienne église* de Tancarville, restaurée pour servir de pied-à-terre de chasse.

Le *port*, situé au joint du canal de Tancarville et de la Seine, abrite un poste de torpilleurs de la défense mobile de la Seine; une usine hydraulique fait fonctionner l'écluse et le pont-tournant.

Le *canal de Tancarville au Havre*, long de 25 k., a été creusé pour permettre aux chalands de la Seine de venir au Havre et d'en sortir, sans avoir à affronter la mer à l'embouchure du fleuve. Entièrement rectiligne au milieu de vastes marais, sauf une courbure à Harfleur, il est traversé par 11 ponts-tournants et aboutit, au Havre, au bassin de l'Eure.

La route du Havre contourne la pointe qui porte le château, en touchant un instant à la Seine à côté de l'écluse du canal; faisant une longue courbe vers le N.-O., elle longe la base des coteaux en s'éloignant du fleuve et du canal, pour rejoindre celui-ci au (72 k.) cap du Hode; pont tournant. A 1 k. plus loin, on laisse à dr. une route de 3 k. N.-E. qui monte à *Saint-Vigier d'Imauville* : église romane. — 76 k. On laisse à dr. une route de 2 k. N.-E. conduisant à *Oudalle*, au-dessus d'une jolie vallée boisée avec un étang; croix de pierre sculptée (XVIe s.). — 79 k. On passe sous le château d'Orcher, à dr. (p. 93). — 83 k. *Harfleur* (p. 91), où l'on rejoint la grande ligne de Rouen au Havre.

88 k. *Le Havre* (*V.* ci-dessous).

10. — LE HAVRE ET SAINTE-ADRESSE

CHEMIN DE FER : État, 228 k. de Paris au Havre : p. 1 à 14 pour le trajet de Paris à Rouen; p. 85 à 93 pour le trajet de Rouen au Havre, ainsi que pour le prix des divers billets.

ROUTE : 211 k. de Paris, p. 1 et 101.

LE HAVRE, ville et port de 136,159 hab., ch.-l. d'arrond. de la Seine-Inférieure, est bâti dans une magnifique situation, sur la rive dr. et à l'embouchure de la Seine. La ville, prolongée au N.-O. par Sainte-Adresse, s'étend sur des terres alluviales entre l'estuaire du fleuve au S., et une ligne de hauteurs, au N., qui se terminent vers la mer par les falaises du cap de la Hève.

C'est une cité vivante, prospère et animée. Le trafic du port s'élève à près du quart du commerce maritime de la France. Le Havre est notamment notre grand marché au coton et le point de départ des transatlantiques de New-York. La ville est moderne dans son ensemble et sans monuments anciens bien remarquables.

Le Havre est aussi un centre balnéaire important, offrant, à côté des plaisirs de la mer, toutes les ressources et les distractions d'une grande ville, tout le mouvement de ses navires. Le climat est sujet à variations. Si la ville est en effet, par sa ceinture de collines, protégée des vents du nord et du nord-est, elle est exposée aux vents d'ouest: ceux-ci, jusqu'à l'exécution récente des grands travaux de protection, rendaient parfois le port d'un accès difficile.

Le Havre est un centre excellent d'excursions, sur la côte nord ou vers Rouen, ou encore, en passant la mer, vers Honfleur et Trouville. Aussi le mouvement des touristes y est-il considérable.

Buffet : — à la gare.

Omnibus de ville : — 50 c.; la nuit, 60 c.; bagages en plus. L'omnibus n'est pas tenu de desservir certains quartiers éloignés.

Hôtels : — À LA GARE : **Terminus*, cours de la République, 23, dipl. T.C.F. (70 ch.; chauff., confort moderne); *Parisien*, cours de la République, 1 (26 ch.; chauff.); *de Strasbourg*, bd de Strasbourg, 211 (chauff.); *de la Concorde*, cours de la République, 26 (chauff.); *de Roubaix*, cours de la République, 19; *de France*, cours de la République, 21.

EN VILLE : DE PREMIER ORDRE : **Frascati* (Pl. *a* B4), r. du Perrey, 1, à l'entrée du port, sur la mer (200 ch.; hôpital temporaire pendant la guerre); **Tortoni* (Pl. *b* C3), pl. Gambetta, en face du bassin du Commerce (72 ch.; rest. en plein air, chauff., salles de bains); *Continental* (Pl. *c* C4), chaussée des États-Unis, sur la mer, T.C.F. (service à la carte: asc.); *Moderne* (Pl. *d* C2), bd de Strasbourg, 81, en face de la poste, dipl. T.C.F. (120 ch., chauff., gar., bains, confort moderne); *de Normandie* (Pl. *e* C3), r. de Paris, 106-108, T.C.F. (100 ch.; asc.).

MOINS CHERS : *d'Angleterre* (Pl. *f* C2), r. de Paris, 124, T.C.F. (chauff.; réquisitionné pour l'armée américaine pendant la guerre); *de Bordeaux* (Pl. *g* C2), pl. Gambetta, 17; *des Négociants* (Pl. *h* C2-3), r. Corneille, 1-7 (80 ch.; chauff.; réquisitionné pour l'armée américaine pendant la guerre); *des Armes-de-la-Ville* (Pl. *i* C3), r. d'Estrinomville, 27 (chauff.); *Nouvel-Hôtel* (Pl. *j* C3), r. de Paris, 82 (50 ch.; chauff.); *de l'Amirauté* (Pl. *k* C3-4), Grand-Quai, 43, aux bateaux de Trouville et Honfleur (50 ch.).

MODESTES : *Hamon*, pl. Gambetta, 16 (chauff.); *Bellevue*, pl. Gambetta, 15 (chauff.); *du Plat-d'Argent*, pl. Richelieu et r. Émile-Zola; *Suisse*, quai des Casernes, 2; *de Provence*, quai Notre-Dame, 21, près du bateau de Rouen (12 ch.; électr., terrasse); *du Ruban-Bleu*, pl. de l'Arsenal, 19 (hôtel de tempérance, clientèle de familles; rep. à la portion, 10 ch.); *du Bras-d'Or*, r. Thiers, 41; *de l'Avenir*, r. de Paris, 43; *Bourel*, r. Édouard-Larue, 2.

MEUBLÉ : *de Russie*, r. de Bordeaux 42.

Pour les hôtels de Sainte-Adresse, p. 124.

Restaurants : — aux hôtels; au *café Majestic*, pl. Gambetta (à la carte); restaurants à bon marché pl. Gambetta et sur le Grand-Quai : *A la Belle-Vue*, pl. Gambetta, 14; etc.

Principaux cafés : — *brasserie Tortoni*, à l'hôt. Tortoni; *Majestic*; *des Fleurs*, tous trois pl. Gambetta; *de la Grande-Poste*, bd de Strasbourg, à côté de la poste; à *l'hôtel Moderne*, bd de Strasbourg, 81;

Guillaume Tell, pl. de l'Hôtel-de-Ville; *de Paris*, r. de Paris; etc.

Villas, chambres et appartements meublés, avec vue de mer : — boulevard Maritime (maisons modernes, prix élevés) et rue du Perrey (prix modérés).

Poste : — bureau central, *postal et télégraphique*, bd de Strasbourg, 110 (doit être transféré r. de la Bourse) : service télégraphique de nuit; — *bureau central téléphonique*, à la Bourse.

Bains chauds : — *Frascati*, r. du Perrey, 1 (hôpital temporaire pendant la guerre); *Saint-François*, r. du Grand-Croissant, 3; d'*Ingouville*, r. Ernest-Renan, 6; *établissement hydrothérapique*, r. du Docteur-Gibert, 45.

Banques : — *Banque de France*, r. Thiers, 22; *Crédit Lyonnais*, pl. de l'Hôtel-de-Ville, 21, et bd de Strasbourg, 73; *Comptoir d'Escompte*, r de la Bourse, 2; *Société Générale*, pl. Carnot, 2; *Crédit Foncier*, quai d'Orléans, 11 *bis*; *Banque de Mulhouse*, bd de Strasbourg, 93; *Lloyd anglais*, pl. de l'Hôtel-de-Ville; *Foreign Bank and Exchange*, r. Victor-Hugo, 111.

Voitures de place (à chevaux) : — Tarif de ville : la *course*, 2 fr. de 7 h. à 22 h., 3 fr. de 22 h. à 7 h.; l'*heure*, 3 fr. de 7 h. à 22 h., 4 fr. de 22 h. à 7 h.; — *bagages* (sauf ceux à main) : 50 c. jusqu'à 30 kilog.; 1 fr., de 30 à 50 kilog.

Tarif pour la côte, sans dépasser les limites de la ville : la *course* ou l'*heure*, 4 fr. de 7 h. à 22 h., 5 fr. de 22 h. à 7 h.

Tarif de banlieue, tarif de jour (7 h. à 22 h.) : pour l'*entrée de Sainte-Adresse*, la course 2 fr. 50, l'h. 3 fr.; pour *Sanvic* jusqu'à la rue Gambetta, la course 3 fr., l'h. 3 fr. 50; pour *Notre-Dame-des-Flots* et les *phares de la Hève*, la 1re heure 4 fr., chaque heure en sus 3 fr. (la nuit moitié en plus); au *palais des Régates*, la course 3 fr.; à l'*Hostellerie de Sainte-Adresse*, la course 3 fr. 50; 25 c. en sus pour les courses au S. du canal de Tancarville.

Taxis-autos (tarif affiché dans chaque voit.) : — Tarif de ville : de 7 h. à 22 h. : l'*heure*, prise en charge 2 fr. 25, par k. parcouru 55 c.; la *course*, jusqu'à concurrence de 2 k. 1 fr. 75, par hectomètre en sus 0 fr. 055; — de 22 h. à 7 h. : l'*heure*, prise en charge 2 fr. 75, par k. parcouru 65 c.; la *course*, jusqu'à concurrence de 2 k. 2 fr. 25, par hectomètre en sus 0 fr. 065.

Tarif de la côte, sans dépasser les limites de la ville : tarif précédent augmenté de 50 c.

Tarif de banlieue : de 7 h. à 22 h. : l'*heure*, prise en charge 3 fr. 50, par k. 65 c.; la *course*, tarif de ville augmenté de 1 fr. — De 22 h. à 7 h., à l'heure seulement : prise en charge 4 fr., le k. 65 c. — Supplément de 25 c. au sud du canal de Tancarville.

Trams électriques : — 15 c. et 10 c.; pour la correspondance, demander un bulletin en payant sa place dans le 1er tram; le supplément (5 c.) est payé dans le 2e tram.

(**1**) De la *jetée* à *Graville*, par la r. de Paris et l'hôtel de ville; (**2**) de la *jetée* à la *gare* par les rues Aug.-Normand, de Bordeaux et la pl. Gambetta; (**3**) de la *jetée* à *la Hève* par la r. Aug.-Normand et le bd Albert-Ier; (**4**) de l'*hôtel de ville* à *la Hève* par le bd Albert-Ier; (**5**) de l'*hôtel de ville* au *Nice-Havrais* par le bd Albert-Ier; (**6**) du *Rond-Point* à *Sainte-Adresse* et aux phares, par la gare, l'hôtel de ville et la r. Saint-Roch; (**7**) de la *gare* à *Sanvic* et *Bléville* par les bds de Strasbourg, Albert-Ier et la r. Guillemard; (**8**) du *Grand-Quai* aux *grands bassins* par l'hôtel de ville et la gare; (**9**) de l'*hôtel de ville* aux *chantiers de la Méditerranée*; (**10**) du *bd de Graville* à *Sanvic* par les quais, l'hôtel de ville et la r. de Metz; (**11**) du *Rond-Point* à *Notre-Dame*, par le bassin de la Barre; (**12**) de la *pl. Gambetta* au *cimetière Sainte-Marie* par l'hôtel de ville et la r. de Metz; (**13**) de la *rue de Normandie* au *cimetière Sainte-Marie* et au bois des Hallates.

De la *jetée* à *Montivilliers* par Graville et Harfleur : 75 c. et 50 c., aller et ret. 1 fr. 20 et 80 c.

Funiculaire : — *Nice-Havrais*, de la place Thiers à la *Côte d'Ingouville* : 10 c.

Autogarages : — *Maillard*, bd de

Strasbourg, près la gare; *Loubry*, r. Dicquemard, 37; *G. Lefèvre*, cours de la République, 89.

Bateaux à vapeur (compagnie normande de navigation à vapeur, Grand-Quai, 55), pour : *Honfleur*, 2 fois par j., 2 fr., 1 fr. 50, 1 fr.; *Trouville*, t. l. j. l'été, 3 fr. 25, 2 fr., 1 fr. 25; *Caen*, t. l. j., buffet à bord et 4 fr., aller et ret. (4 j.) 8 fr. et 6 fr.; *Carentan* et *Isigny*, *Boulogne*, *Dunkerque*, consulter les affiches. Les heures de départ varient suivant la marée. — Le service pour Rouen a été interrompu pendant la guerre.

Services maritimes pour l'étranger : — se renseigner dans les agences.

Bains de mer : — *bains Decker*, r. du Perrey, 81; *école de natation*, r. du Perrey, 99; *bains Maritimes* et *bains Marie-Christine*, bd Marie-Christine.

Casino : — *Marie-Christine*, bd Maritime, avec théâtre (réquisitionné pendant la guerre).

Théâtre : — *Grand-Théâtre*, pl. Gambetta.

Cinémas : — *Théâtre-cirque Omnia*, bd de Strasbourg, 155; *Gaumont*, pl. Gambetta; *Select-Palace* (ancien Skating), bd de Strasbourg; *Kursaal*, r. de Paris, 22; *Olympia*, r. du Chillou.

Syndicat d'initiative : — à l'hôtel de ville, renseignements gratuits; — *Fédération normande de tourisme*.

Histoire. — Sur l'emplacement actuel du Havre a existé un camp romain appelé *Constantina Castra*; il était voisin d'une bourgade appelée Lodurum, dont le nom se retrouve dans le faubourg de Leurre. Au XVe s., l'ensemble de la plaine du Havre était encore occupé par de vastes marais, où se pratiquait l'industrie du sel. Une humble chapelle, dite Notre-Dame de Grâce, était un but de dévotion pour les marins. Ce fut en l'honneur de ce petit sanctuaire que François Ier, en 1517, donna le nom de *Havre-de-Grâce* au port maritime qu'il fit creuser, pour suppléer à l'insuffisance des ports de la Seine, Caudebec, Harfleur et Lillebonne, qui s'ensablaient. Ce port, créé sous la direction de Guyon-le-Roy, commandant de Honfleur, était très avancé en 1520, lorsque le roi le visita. Mais, dans la nuit du 15 janvier 1525, la marée détruisit la plupart des maisons récemment construites, noya un grand nombre d'habitants et fit sombrer plusieurs navires. Les constructions furent reprises avec une nouvelle ardeur. Huit ans plus tard, François Ier faisait bâtir au Havre le célèbre navire la *Grande-Françoise*, véritable colosse qui jaugeait 2.000 tonnes : n'ayant pu être mis à la mer immédiatement, parce qu'on dut attendre une forte marée, il fut, dans l'intervalle, pris par les flots et brisé à quai; de ses débris furent construites plusieurs maisons quai de la Barre.

C'est au Havre que se fit, en 1545, le fameux armement destiné à aller attaquer la flotte anglaise dans l'île de Wight. Le vaisseau-amiral le *Philippe*, de 1,200 tonnes et de 100 canons, brûla accidentellement dans une fête donnée en présence de François Ier. La flotte, composée de 176 voiles, n'en poursuivit pas moins son expédition et, après plusieurs tentatives infructueuses, revint désarmer au Havre.

Henri II, accompagné de Catherine de Médicis et de sa cour, visita le Havre, que la peste venait de désoler, mais qui s'était enrichi de nouvelles constructions, exécutées sous la direction de l'architecte italien Hieronimo.

En 1562, les protestants appelèrent les Anglais. Les troupes de Warwick expulsèrent ceux qui les avaient appelées; mais, peu après, les Anglais furent chassés du Havre par le connétable de Montmorency et Brissac (1563). Quelque temps après, les murs de la ville furent exhaussés et l'on construisit un nouveau fort, dit citadelle de Charles IX.

Sous Henri III, le duc de Villars avait fait du Havre un des remparts de la Ligue, ce qui ne l'empêcha pas de céder la ville à Henri IV. Son frère, qui lui succéda comme gouverneur, devint un objet d'horreur, lorsqu'il eut fait assassiner les trois fils de Jean-Claude

Raoulin, avocat (1599); une épitaphe dans l'église Notre-Dame (p. 118) rappelle ce souvenir. Henri IV, étant venu au Havre en 1603, répondit aux députés de la ville qui voulaient lui offrir une fête : « Employez mieux votre argent en le donnant à ceux qui ont souffert de la guerre; ils y trouveront leur compte et moi le mien. »

Sous Richelieu, les travaux d'agrandissement du Havre prirent un nouvel essor. On éleva une citadelle; le port fut creusé, élargi, revêtu en pierre, et le Havre devint un des trois chefs-lieux de la marine de l'Ouest. La citadelle servit (1650) de prison aux princes de Condé, de Longueville et de Conti. Colbert ouvrit une ère nouvelle à la prospérité du Havre, dont le port, grâce à Vauban, devint accessible à des vaisseaux de fort tonnage. En 1694, les Anglais firent une nouvelle et vaine tentative pour s'emparer de la ville.

Louis XVI fit entreprendre de nombreux travaux, continués après les guerres du premier Empire et repris sous Napoléon III. Ces travaux ont été achevés récemment par la construction de nouvelles digues protégeant l'entrée du port et le rendant accessible par tous les temps.

La population du Havre, depuis le début du siècle dernier, a rapidement augmenté : la ville, qui avait 16,000 hab. seulement en 1800, et 27,000 en 1850, dépasse auj. Rouen.

Au Havre sont nés : *Georges de Scudéry* (1601-1667) et sa sœur *Madeleine* (1607-1701); *Bernardin de Saint-Pierre* (1737-1814); *Casimir Delavigne* (1793-1843); le sculpteur *Beauvallet* (1750-1818); l'acteur *Frédérick Lemaître* (1800-1876); l'abbé *Cochet*, archéologue (1812-1875). Des inscriptions indiquent leurs maisons natales. Enfin le Havre revendique comme enfant d'adoption, bien qu'il soit né à Paris, Félix Faure (1841-1899), armateur au Havre, mort président de la République.

Industrie et Commerce. — Outre le mouvement de son port et les divers entrepôts qui en dépendent (p. 122), le Havre a des chantiers de construction de navires (chantiers Augustin Normand, r. du Perrey; p. 122), et divers établissements industriels, dont les principaux sont les usines métallurgiques de la Société des Forges et Chantiers de la Méditerranée, et les Ateliers Schneider, succursale du Creusot, pour la fabrication des canons.

N. B. — Si l'on arrive au Havre par le bateau de Caen, Trouville, Honfleur ou Rouen, on débarque au Grand-Quai (p. 121), où l'on prend, à l'angle du musée (p. 119), la rue de Paris, qui passe devant Notre-Dame (p. 118), pour traverser la place Gambetta et aboutir place de l'Hôtel-de-Ville (p. 117).

En face de la gare s'ouvre le large *boulevard de Strasbourg*, qui longe à g. les casernes Kléber et Eblé, puis à dr. le *palais de justice* (1876), de style néo-grec, renfermant le tribunal civil et le tribunal de commerce : en avant, à g. et à dr., 2 lions en pierre et 2 petits obélisques. Un peu plus loin à dr., est la *sous-préfecture*, moderne, en pierres et briques, de style Louis XIII.

A la sous-préfecture fait face la place Carnot, au fond de laquelle s'élève la *Bourse*, bâtie en 1880, par l'architecte L. Lemaître. Le fronton sculpté figure la Ville du Havre commerçant avec le monde.

A l'intérieur, belle salle carrée, d'env. 36 m. de côté, avec galerie circulaire vitrée. La Bourse renferme en outre les salles des Chambres syndicales des courtiers maritimes, des agents de changes et des courtiers en marchandises, le Comité des assureurs maritimes, la Société de géographie commerciale du Havre, un salon de lecture et de

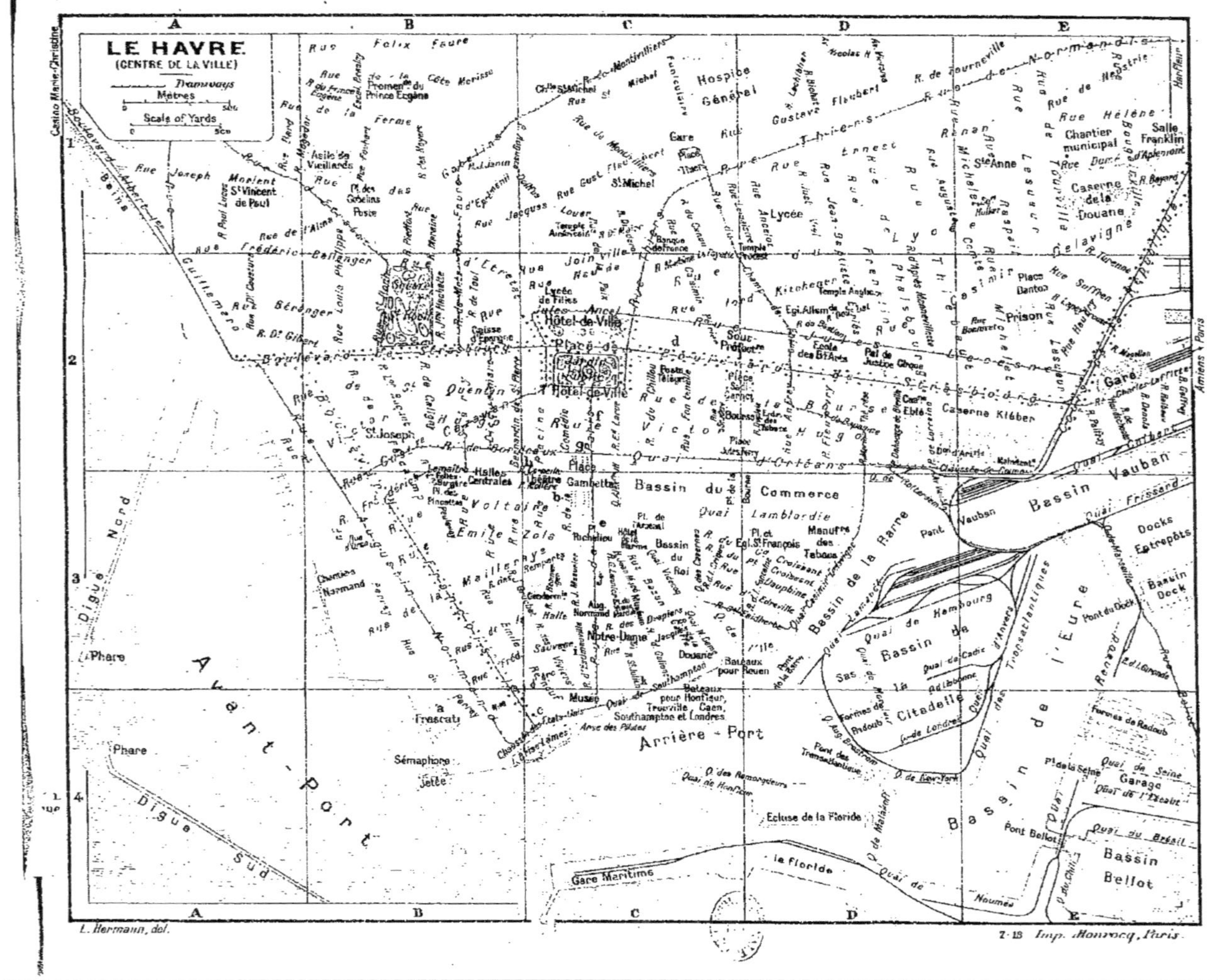

LE HAVRE
(CENTRE DE LA VILLE)
Tramways
Mètres
Scale of Yards
Casino Marie-Christine
Hôtel de Ville
Place Gambetta
Bassin du Commerce
Bassin de la Barre
Bassin Vauban
Bassin de l'Eure
Bassin Bellot
Arrière - Port
Avant - Port
Digue Nord
Digue Sud
Citadelle
Gare
Gare Maritime
Hospice Général
Lycée
Sous Préfecture
Caserne Kléber
Prison
Notre-Dame
Musée
Halles Centrales
Frascati
Sémaphore
Jetée
Phare
Docks Entrepôts
Quai des Transatlantiques
Écluse de la Floride
Harfleur
Amiens Paris
L. Hermann, del.
7-13 Imp. Monrocq, Paris.

renseignements, des salles pour échantillons, la Chambre de commerce, la salle des ventes publiques de marchandises en gros, une grande salle pour un musée-type des divers produits du globe. La Bourse n'a pas de corbeille; elle est ouverte de 9 h. à midi et de 14 h. à 18 h. Dans les dépendances, *bureau central des téléphones.*

Au delà de la place Carnot on rencontre, à g., le bureau central des *postes et télégraphes*, peu avant la place de l'Hôtel-de-Ville.

La place de l'Hôtel-de-Ville est occupée à son centre par un *jardin public*, avec kiosque à musique, quelques bassins et fontaines, et de médiocres statues en fonte figurant les Saisons.

L'*hôtel de ville*, de 1859, été construit par l'architecte Brunet-Debaines en style Renaissance. Au pavillon central, médaillons de François Ier et de la République. Le fronton est surmonté des figures symboliques du Commerce et de la Navigation, soutenant un écusson aux armes de la Ville. Le sommet du campanile est à 42 m.

Au N.-E. de la place commence la rue Thiers, qui conduirait au funiculaire d'Ingouville (p. 129).

Au delà, le boulevard de Strasbourg conduit au boulevard Albert-Ier (p. 124) à dr., en face du terre-plein de la nouvelle jetée ou digue du Nord.

Face à l'hôtel de ville, de l'autre côté du jardin public, la *rue de Paris*, l'artère du Havre la plus animée, conduit, en quelques pas, à la *place Gambetta*, carrée, bordée à dr. par des maisons à arcades, au centre desquelles est le *théâtre*, de 1844. Sur les terre-pleins se tient le marché aux fleurs.

A dr. et à g. du théâtre, les rues Corneille et Molière conduiraient aux Halles centrales, intéressantes à l'heure où arrive la marée : poissons, mollusques, etc.

A g. de la place Gambetta, dans deux jardinets, les *statues de Bernardin de Saint-Pierre* et de *Casimir Delavigne*, en bronze vert, par *David d'Angers*, précèdent le bassin du Commerce, par où l'on peut commencer la visite du port (p. 122).

Au delà de la place Gambetta, en continuant à suivre la rue de Paris, on trouve à g. la place du Vieux-Marché, où s'élève le monument d'Augustin Normand, armateur havrais (1839-1906), en marbre et bronze, par Bénet (1911).

Au fond de la place, le **muséum d'histoire naturelle** occupe l'ancien palais de justice, simple et élégant édifice à fronton, de style Louis XV (1758). Entrée gratuite les dim. et jeudi, les autres j. 1 fr.; ouvert de 10 à 12 h. et de 14 h. à 16 ou 17 h., selon saison.

Rez-de-chaussée (paléontologie, géologie, minéralogie, préhistoire). — Dans le vestibule, très intéressante **momie de femme*, provenant des fouilles de M. Gayet, à Antinoë (Egypte, IVe s. de l'ère chrétienne) : elle a conservé sa robe richement brochée, ses sandales, les coussins brodés de violet qui soutenaient sa tête dans la tombe, les palmes et les menus objets ensevelis avec elle.

Deux salles à g. consacrées à la minéralogie : dans la salle sur la rue, magnifique *éponge* en forme de coupe, haute de plus de 1 m.; dans la salle sur la cour, une vitrine contient de beaux cristaux de quartz blanc, jaune et vert, et d'améthyste.

Les salles de dr. sont consacrées aux fossiles. A signaler, dans la 3e salle, vitrine du milieu : un énorme bassin, avec vertèbres, de l'*omosaurus*, trouvé en 1898, à la base des falaises d'Octeville, près du Havre; devant une fenêtre, un *squelette de palæochelis* (cap de la Hève, 1863). Dans la dernière salle, squelette de l'*ours des cavernes*; énorme ammonite trouvée en 1914.

1er ÉTAGE (anatomie, zoologie). — Sur le palier, *armes* pour la pêche; tableaux reproduisant les périodes géologiques. — Dans la salle de dr. beau phoque barbu des mers arctiques; 2 morses du détroit de Behring et lion marin. — Dans le corridor d'arrière : girafe, beaux fourmiliers et curieuse collection de *tatous* et de *pangolins*, animaux à écailles, à grande queue et à petite tête. — Dans la 1re salle à la suite : *squelettes* de globicéphale conducteur et d'hypérodon (le Havre, 1856 et 1895), curieux poisson dit le *voilier des Indes* (Brésil), limules d'Amérique, bizarre crustacé qui ressemble à une poêle à frire; dans la 2e, belle *autruche-chameau* du cap de Bonne-Espérance et 2 énormes tortues des îles Comorre.

Un escalier, dont le vestibule est orné d'étoffes d'Antinoë, des fouilles Gayet, conduit au 2e ÉTAGE, consacré à l'ethnographie : mannequins habillés de costumes divers; bateaux; *baignoire de bois* d'un roi du Congo; idoles; collection de vases péruviens; précieuses collections de la Nouvelle-Zélande et des Nouvelles-Hébrides : arcs, flèches, fétiches, *avant de pirogue* incrusté de nacre.

Au delà de la place du Vieux-Marché et du même côté, on trouve dans la rue de Paris l'**église Notre-Dame**, construite de 1574 à 1638, sur les plans plus ou moins déformés de l'architecte Nicolas Duchemin, monument bâtard, Renaissance et gothique, terminé sous Louis XIII.

La base du *grand portail* (1605 à 1638) appartient à la dernière période de la Renaissance, contemporaine de Henri IV : elle est ornée de colonnes annelées, et des Renommées ailées sont sculptées au-dessus des deux petites portes; le haut du portail, de l'époque Louis XIII, appartient au style jésuite, avec un lourd fronton courbe. A dr. du grand portail s'élève une grosse tour carrée, de style gothique, antérieure à l'église actuelle (1539); son faîte est déformé par un petit campanile, postérieur et sans style. Sur le flanc g. de l'église, rue des Drapiers, un petit *portail* latéral, mutilé et délabré, qui appartient à l'œuvre primitive de la Renaissance, est dit portail de l'Ave-Maria : il est orné de fines colonnes ioniques et offre deux galeries de pierre, superposées; dans leurs balustrades est découpée, en lettres gothiques, la phrase : *Quis ut Deus? Ave Maria, gratiâ plena.* Au-dessus se voit une statuette du Père Eternel. Les niches, au-dessus de la porte d'entrée, vides auj., étaient occupées par les statues des Prophètes.

L'intérieur offre des colonnes et pilastres de la Renaissance soutenant des arceaux ronds, tandis que les voûtes demeurent gothiques, avec des clefs de voûte sculptées en pendentifs. — *Buffet d'orgue* de style Louis XIII, en chêne sculpté, don de Richelieu. Chaire du XVIIe s. — 1re chapelle du bas-côté dr. : retable en chêne sculpté, du XVIIe s., avec beau tableau de St Joseph et de l'Enfant Jésus. — Sur le pilier qui est à g. avant la balustrade du chœur, épitaphe de Nicolas Duchemin, architecte de l'église, qui la commença en 1574 et la continua jusqu'à sa mort, en 1598. A dr., monument de Mgr Duval, évêque de Soissons († 1897). — A la chapelle absidale, à dr., boulet lancé par la flotte anglaise, en 1759; 6 beaux *panneaux* du XVIIe s., peints sur bois; vitraux modernes, relatifs à l'histoire du Havre. — A la 3e chapelle du bas-côté g., sous la 2e fenêtre, *épitaphe* à demi effacée de trois jeunes officiers de la milice bourgeoise du Havre, Isaac, Pierre et Jacques Raoulin, victimes de la jalousie du gouverneur Villars; celui-ci, soupçonnant l'un d'eux de relations criminelles avec sa femme, les fit assassiner tous trois dans son palais sous ses yeux (1599).

La rue de Paris aboutit au port, à l'anse des Pilotes. A g. est le Grand-Quai, à dr. le musée, suivi de la jetée.

Le ***musée** est installé dans un médiocre monument qui date de 1845; au-dessus de la façade, statues de la Peinture, de l'Histoire, de la Science et de la Sculpture. C'est un de nos bons musées de province; il possède un certain nombre d'œuvres remarquables. Des agrandissements sont projetés. — Ouvert, du 1er mai au 30 sept. les dim., lundi, mardi, jeudi, de 10 h. à 12 h. et de 14 h. à 17 h. 30; du 1er oct. au 30 avril, les dim. et jeudi de 10 h. à 12 h. et de 14 h. à 16 h.; gratuit les dim. et jeudi, 50 c. les lundi et mardi, 1 fr. les jours de non ouverture. Conservateur : M. Boisson.

A dr. et à g. de la porte d'entrée : vieux canons trouvés dans le port, en 1507, et provenant d'un vaisseau de guerre anglais coulé à cette place; épis provenant de la « tour de Richelieu », démolie en 1790.

Rez-de-chaussée. — VESTIBULE (sculpture) : à dr., bas-relief en pierre du XVIe s. Portement de croix de Ste Hélène. *Oudiné*, Psyché endormie; *Mulot*, Armide; *St-Marceaux*, moulage en plâtre du tombeau du Président Félix Faure (au Père-Lachaise). A g., jarre hispano-mauresque du VIIIe s.; *Sanson*, Mater dolorosa; *Diéterle*, la Poussée, la Veuve; *David d'Angers*, buste du général Rouelle; *Deloye*, buste de Frédérick Lemaître.

Sous-sol. — GALERIE ARCHÉOLOGIQUE. A l'entrée, beau meuble de marqueterie. Vitrine à dr. de la porte : poteries de la Gaule romaine et franque; jolie statuette de Vénus; belle *urne* de verre, trouvée à Bréauté. Vitrine de faïences : curieuses pièces de 1793, figurant les Mois de l'année. Vitrine : charmante statuette de *bœuf*, en terre cuite, de l'époque gallo-romaine, destinée aux sacrifices, et petit trépied provenant du temple romain de Harfleur. Vitrine à la suite, devant la fenêtre : colliers mérovingiens, en pâte de verre, et boucles d'oreilles, en bronze; épingles à cheveux à l'usage des dames mérovingiennes.

Vitrine au milieu de la salle : *pignon* de toiture, en terre émaillée (Gaule romaine); magnifique *jarre* hispano-mauresque, du VIIIe s. Curieux *vase funéraire* de terre cuite, ou dolium, de Caudebec (Gaule romaine), avec le petit vase de verre qui y était enfermé et qui contient encore les ossements brûlés.

Autour de la salle : pierres tombales, sculptures, sarcophage mérovingien.

Entresol. — Sur le palier : *Clairin*, la Grande Vague; *Thomas*, Nature morte.

SALLE DE G., dite SALLE DU HAVRE. — *Collection Boudin*, offerte par le père du maître honfleurais : 240 études de paysages, marines et animaux et 8 tableaux. Documents d'art et d'histoire locale : portraits, vues, plans, gravures. Études d'artistes havrais : *Herman Léon*, Lice au chenil ; *Pelouse*, Paysage. Reconstitution en plâtre de la *porte Richelieu*, démolie en 1790, et plan du Vieux Havre, par Harcourt.

SALLE DE DR. (gravure). — *Sauvage*, François Villon à la question. Collection des œuvres d'*Alphonse Lamotte*, ancien conservateur du musée ; lithographies de *Mauron* et de *Detaille* ; gravure sur bois de *Leveillé* ; gravures et parchemins divers. *Le Plafond de Mignard, gravure du XVIIIe s., par *Audran*, don de M. Victor Berchut. Décoration des Invalides de *Ch. Le Brun*, gravures par *Aveline*, *Duflos* et *Desplaces*. Le Jugement dernier, gravure de *Jean Cousin*. Vitrine de médailles et plaquettes des XVIIe s., par *Guill. Dupré* ; XVIIIe et XIXe s., par *Roty*, *Daniel Dupuis*, *Alphée Dubois*, *Hannaux*.

GRAND ESCALIER. — A l'entrée, *Louis XVI et Henri IV, par *David d'Angers* ; *Dumont*, François Ier ; *Saint-Marceaux*, Félix Faure, buste ; *Renouf*, Pont de Brooklyn ; *Roll*, Scène d'inondation à Toulouse.

1er Etage. — VESTIBULE : *amphore* panathénaïque (700 ans avant J.-C.). Tableaux et dessins.

SALLE DE DR. (tableaux modernes). — *Pissaro*, 2 vues du Havre ; **Claude Monet*, Étang aux nénuphars, Falaise de Varengeville, Westminster (trois très belles toiles, vibrantes de lumière) ; *Boudin*, Le Havre par gros temps ; *Rafaëlli*, Quimperlé ; *Forain*, les Amateurs ; *Dawant*, les Misères de la guerre ; *Pils*, Soldats ; *Beyle*, Sauvetage à Dieppe ; *Dawant*, les Invalides ; *Billardet*, Mort du petit Savoyard ; *L. du Paty*, Guerre de 1870 ; *Pointelin*, le Soir ; **Célestin Nanteuil*, la Tentation (1850 ; charmant tableau de l'école romantique).

Suivent des œuvres, anciennes pour la plupart : *Van Hove*, Intérieur hollandais (XVIIe s.) ; *W. Van den Velde*, Marine ; *A. Cuyp*, Petite fille et chèvre ; *Jongking*, Marine ; *Murillo* (?), Un jeune homme ; *Ribera*, St Pierre ; *Zurbaran*, Moine priant ; **Ribera*, St Sébastien ; 3 dessins de *Boucher* (2 femmes nues et un homme) ; *Greuze*, dessin à la sépia pour son tableau de l'Accordée du Village ; dessins de *Prudhon*.

Dans la salle : *cheminée* de l'ancien logis du Roi, en bois garni de faïence, datant de Charles IX ; curieux coffres de fer forgé, époque de François Ier.

GRANDE SALLE CENTRALE (tableaux anciens). — **Solimena*, Simon le Magicien ; *A. del Sarto* (?), la Vierge et l'Enfant ; *Guido Reni*, Ste Catherine ; *Le Corrège* (?), St Jérôme ; *Tiepolo*, Ravissement d'un saint ; **B. Luini* (?), la Vierge et l'Enfant ; *Bronzino*, Cosme de Médicis ; *Guardi*, place Saint-Marc à Venise ; **Le Primatice*, Adam et Ève ; *Manfredi*, l'Enfant prodigue vendant son bien (il est en costume du XVIe s. et est entouré d'usuriers) ; ***Van Dyck*, St Sébastien (une des plus belles toiles du musée ; le corps est admirable d'abandon douloureux et des anges viennent enlever les flèches dont il est transpercé) ; *Huysmans*, Paysage ; *H.-K. Balen*, Retour de chasse ; *Pierre Breughel*, Intérieur d'une ferme flamande (curieux tableau) ; *Huysmans*, Paysage ; *Van Dyck*, copie du Combat des Amazones de Rubens ; *H. Rigaud*, portrait d'homme (époque Louis XIV) ; *Janet Clouet*, Jeune fille de la cour du roi de Navarre ; *Fragonard*, Tête de jeune homme ; *Baudouin*, étude pour son tableau l'Epouse Indiscrète ; *Inconnu*, Dame du XVIe s. ; *Mme Vigée le Brun*, pastel d'elle-même ; *Largillière*, portrait d'un sculpteur ; *Hubert Robert*, Incendie à Rome ; **Simon Vouet*, Ensevelissement du Christ (très belle toile, merveilleusement colorée) ; *Lépicié*, Vieillard lisant ; *J. Vien*, Loth et ses filles (œuvre de l'art charmant et pervers du XVIIIe s.).

Suivent des tableaux modernes : *Henner*, Femme couchée ; *Dameron*, Vallée d'Auge ; *Troyon*, Moutons, Soleil couchant ; *J. Benner*, Jeunes pêcheurs ; *A. de Neuville*, Soldat anglais ; *Ziem*, Venise ; *Georges Michel*, Nuage d'orage ; *J.-P. Laurens*, l'Interdit ; *Thomas Couture*, l'Enfant prodigue et (un peu plus loin) Le Fou ; *Gustave Courbet*, Clairière aux cerfs (le dessin en est médiocre) ; **Géricault*, Tête de dogue.

Dans la salle : superbe *meuble* de *Boulle* et écritoire, en écaille rouge et cuivre découpé; bahut de la Renaissance; moulage de la tête de *Napoléon* par Antomarchi (à Sainte-Hélène).

PETITE SALLE AU BORD DE L'EAU. — Tableaux et objets divers; beau *canapé* indien, en bois de teck, du XVIIIe s.

SALLE DE G. (consacrée aux artistes havrais ou ayant séjourné au Havre). — En partant du vestibule en haut de l'escalier : *Yvon*, Jésus chasse les marchands du Temple, sept cadres renfermant les dessins des Sept Péchés capitaux. — Mur de dr. : *J.-F. Millet*, Claude Langevin (collectionneur havrais). Magnifique **miniature* sur parchemin, page du missel de Thomas James, évêque de Dol (XVe s.; la fraîcheur des couleurs et des ors est admirable). *L. Boilly*, Tête de Jeune homme (XVIIIe s.; charmant dessin). — Mur du fond : *E. Benner*, Vénus apparaît aux Grâces; *Bigot*, Vieux coq (aquarelle). — Mur de g. : *Edmond Morin*; Marché aux fleurs de la Madeleine (costumes de l'époque du 2e Empire), *Galbrund*, trois portraits au pastel; *Boudin*, série d'études; *M. Benner*, Femme nue (dans des voiles jaunes); *Renouf*, Falaise d'Oudailles; *M. Courant*, Vieux bassins de Honfleur, quai de Trouville, La Hève.

Dans la salle : coffres gothiques; collection de *porcelaines* : vieux-Chine, Japon, Saxe et Rouen; belle collection de *numismatique*.

En face du musée, l'anse des Pilotes sert d'abri aux bateaux pêcheurs. A g. est le *Grand-Quai*, très animé, où sont de nombreux restaurants, des marchands de perroquets; maisons anciennes, couvertes d'ardoises. Là se trouvent les accostages des bateaux de Honfleur, Trouville et Caen, de Southampton et Londres, et, plus à g., de Rouen, près de l'angle où commence le quai Notre-Dame (p. 118).

Si l'on prend au contraire à dr., on trouve la *Chaussée des Etats-Unis*, avec l'hôtel Continental et les brise-lames à claire-voie précédant la place Guynemer, terre-plein situé à l'amorce de la jetée, où se trouve le Pavillon de sauvetage et des signaux : tableau des heures de la pleine et de la basse-mer; disques métalliques ajourés, indiquant la hauteur de l'eau. A la façade du pavillon : buste du sauveteur Durécu; plaque de bronze avec les noms des marins du canot de sauvetage morts en mer, le 26 mars 1882, en portant secours à un navire en perdition; médaillon de H.-C. Lecroisey, qui commandait le canot.

Au delà s'étend l'ancienne *jetée*, promenade habituelle des touristes, où l'on vient assister au spectacle pittoresque de l'entrée et de la sortie des navires, notamment des transatlantiques. Cette jetée marquait, jusqu'à une époque récente, l'entrée du port; celle-ci, mal protégée contre les vents d'ouest, était parfois impraticable. C'est pour obvier à cet inconvénient qu'ont été construites les deux longues digues, *digue du Sud*, à g., de 1 k. 5 de développement, et *digue du Nord*, à dr., de 800 m. de long, qui s'avancent comme deux antennes jusqu'à 800 m. du rivage et entourent le nouvel avant-port. Elles portent chacune un phare haut de 15 m., à feu fixe blanc sur la digue du Sud, à éclats rouges sur la digue du Nord. La passe d'entrée est large de 300 m.

De la jetée on voit à dr. les hangars des hydravions de

défense maritime, puis le vaste hôtel Frascati (concerts; l'entrée est au n° 1 de la rue du Perrey).

Au delà de Frascati se trouve le quartier des pêcheurs, nommé longtemps la Ville-en-Bois et actuellement en pleine transformation.

Suivant la rue du Perrey, qui a conservé encore son ancien aspect, on y rencontre à g. au n° 67 les chantiers Normand, pour la construction des navires : c'est de ces chantiers, fondé par Augustin Normand, que sortit le premier naviro à hélice Decker. Au delà, au n° 81, sont les bains de mer, avec estacade et cabines; au n° 99, école de Natation, autre établissement de bains. Dans diverses maisons de la rue chambres meublées à prix modérés, avec vue de mer.

La rue du Perrey, comme la rue Augustin-Normand ou le boulevard François-Ier qui lui sont parallèles, aboutit à l'amorce de la digue du Nord et au boulevard Albert-Ier, qui longe la mer vers le casino, les bains de mer Marie-Christine et Sainte-Adresse. Par le boulevard de Strasbourg, à dr., on regagnerait au contraire la place de l'Hôtel-de-Ville en passant à g. devant le joli square Saint-Roch, avec kiosque à musique; il est orné du buste de J. Tellier (1863-1889) par Bourdelle et de 2 statues, Rebecca par Fabisch, le roi Lear par Mulot.

Le **port** du Havre, le second port maritime français (après Marseille), a accusé en 1916 un trafic de 5,069,000 tonnes, qui s'élève à 6,422,219 tonnes si l'on compte le trafic de la base anglaise. Il joue un rôle de premier ordre dans les transactions mondiales comme marché du café, du coton, des laines, des cuirs; il importe de la houille et des céréales et exporte de nombreux objets manufacturés français, surtout en Amérique. La guerre lui a donné une nouvelle extension comme port d'importation du charbon anglais et comme ligne d'étapes anglaise.

Le port se compose de *deux avant-ports*, le nouveau, à l'O., en face de la pleine mer, protégé par deux jetées convergentes (*V.* ci-dessus), et l'ancien, au S., où est l'embarcadère des bateaux pour les ports de la Manche (p. 115), et de *dix bassins à flot*, communiquant entre eux par des écluses, d'une superficie de 77 hect. avec 12,311 m. de quais, sans compter le onzième bassin en construction à l'aval du canal de Tancarville, qui est le débouché de la navigation fluviale de la Seine. Les docks du bassin de l'Eure, à eux seuls, peuvent contenir 130,000 tonnes de marchandises. — Un nouveau projet d'agrandissement du port du Havre, comportant 200 millions de crédits, a été déposé par le gouvernement à la fin de 1916.

N. B. — Les touristes qui veulent avoir un aperçu rapide des principaux bassins, après avoir jeté un coup d'œil sur le bassin du Commerce et l'Arsenal (*V.* ci-dessous), prendront une voiture ou le tram, aller et ret., jusqu'au bassin de l'Eure, où on peut d'ordinaire visiter un transatlantique.

On part de la place Gambetta (p. 117).

Le *bassin du Commerce* est un long rectangle, encastré dans les maisons, avec 1,200 m. de quais et admirablement abrité. Il couvre 5 hect.; une partie est réservée aux yachts.

En suivant quelques pas le quai de dr., en tournant le dos au théâtre, on trouve la petite place de l'Arsenal, où l'*Arsenal et hôtel de la Marine*, un des rares monuments anciens du Havre, est un joli petit édifice Louis XIV (1669). La façade est ornée

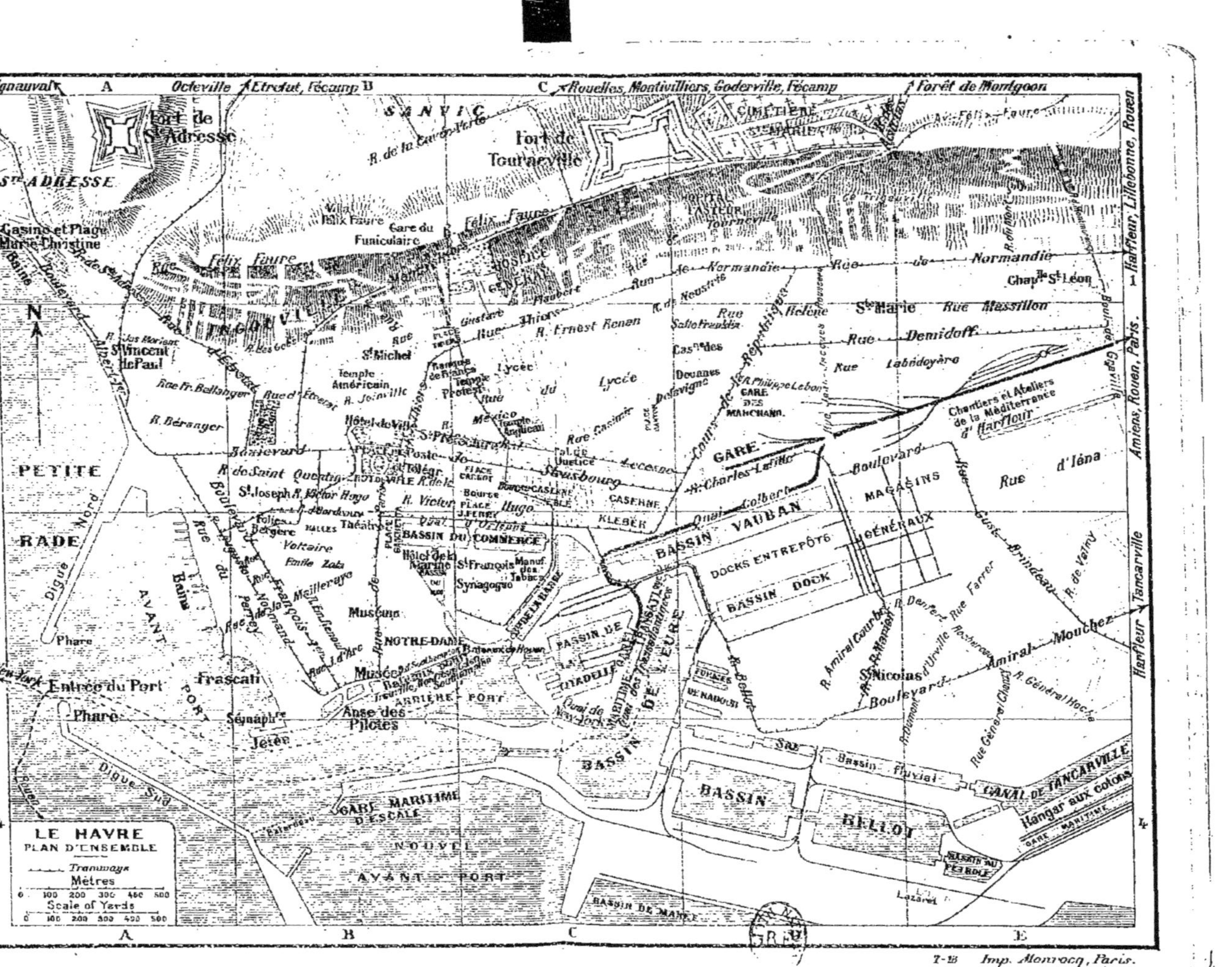
LE HAVRE
PLAN D'ENSEMBLE
Tramways
Mètres
Scale of Yards
Fort de Ste Adresse
Fort de Tourneville
SANVIC
STE ADRESSE
INGOUVILLE
Casino et Plage Marie-Christine
PETITE RADE
AVANT PORT
Entrée du Port
Phare
Frascati
Jetée
Anse des Pilotes
ARRIÈRE PORT
NOTRE-DAME
Musée
Muséum
Hôtel de Ville
Théâtre
BASSIN DU COMMERCE
BASSIN VAUBAN
DOCKS ENTREPÔTS
BASSIN DOCK
MAGASINS GÉNÉRAUX
GARE
BASSIN DE L'EURE
BASSIN BELLOT
CANAL DE TANCARVILLE
Hangar aux cotons
GARE MARITIME D'ESCALE
NOUVEL AVANT PORT
BASSIN DE MARÉE
CIMETIÈRE STE MARIE
Cours de la République
Rue de Normandie
Rue d'Iéna
Boulevard Amiral Mouchez
Digue Nord
Digue Sud
Chantiers et Ateliers de la Méditerranée
vers les Phares et le Nice Havrais
Octeville, Etretat, Fécamp
Rouelles, Montivilliers, Goderville, Fécamp
Forêt de Montgeon
Harfleur, Lillebonne, Rouen
Amiens, Rouen, Paris
Harfleur, Tancarville
New York
T-15 Imp. Monrocq, Paris.

de proues et de trophées nautiques; pavillon de l'horloge, à colonnettes; belle porte sculptée. L'Arsenal touche au petit *bassin du Roi*, ou Vieux-Bassin, un des plus anciens du Havre et qui est réservé aux caboteurs. Il est bordé de vieilles maisons pittoresques et de cabarets à l'usage des marins.

En continuant dans le même sens par les quais Videcoq et Notre-Dame, on pourrait voir des maisons anciennes rue Saint-Jacques et rue des Drapiers (rues transversales); on remarquera dans cette dernière rue une maison d'angle qui est ornée d'une sirène. Sur le quai se trouve la maison des Marins; le bureau des Douanes est situé à l'angle du Grand-Quai qu'on rejoint (p. 121).

Prenant à g. le pont tournant en face de la rue des Drapiers, on arrive dans l'îlot de maisons appelé quartier Saint-François, habité par les marins, avec d'innombrables débits et de vieilles ruelles malodorantes. On suit en face la rue Faidherbe, puis à g. la rue de la Fontaine, qui conduit à l'*église Saint-François* : commencée en 1542, elle a un chœur du XVIIe s., une façade et un clocher de 1841; à l'intérieur chapelle de la Vierge, avec bas-reliefs en bois sculpté figurant la Vie de St François d'Assise; tableau de la Mort de St Joseph, par A. Devaux.

Derrière l'église est la manufacture des tabacs, qu'on peut visiter en demandant l'autorisation au directeur. De la manufacture un pont, à la jonction des bassins du Commerce et de la Barre, amène au quai d'Orléans (*V.* ci-dessous).

De la place Gambetta, le tram qui conduit au bassin de l'Eure longe le nord du bassin du Commerce par le quai d'Orléans; il contourne ensuite à dr. le *bassin de la Barre*, qui couvre 5 hect. et a 1,180 m. de quais. Puis il touche à g. l'extrémité du *bassin Vauban* (7 hect., 1,940 m. de quais), proche de la gare. On laisse à dr. le *bassin de la Citadelle* (6 hect., 1,320 m. de quais), ainsi nommé parce qu'il a été construit sur les terrains de l'ancienne citadelle du Havre, et on arrive, à dr., au bassin de l'Eure.

Le **bassin de l'Eure*, qui couvre 21 hect. avec 2,050 m. de quais, est, avec le bassin Bellot (*V.* ci-dessous), le plus vaste du Havre. L'un et l'autre reçoivent les navires de la ligne de New-York. Pour la visite d'un paquebot s'adresser sur place, au bureau de l'exploitation de la Compagnie : ticket, 50 c., au profit de la Caisse de Secours des marins naufragés.

Au delà du bassin de l'Eure on trouverait, au S.-E., le *bassin Bellot* (21 hect.; 2,655 m. de quais). C'est au bassin Bellot et au bassin de l'Eure qu'aboutit le canal de Tancarville (p. 112), qui permet aux bâtiments de commerce se rendant à Rouen de gagner directement la Seine.

Enfin l'on pourrait, du bassin de l'Eure, en passant le pont-tournant qui est à l'entrée du quai de New-York, gagner la gare maritime transatlantique, située à l'amorce de la digue du Sud, qui marque l'entrée du port du Havre : un embranchement de la voie ferrée relie directement cette gare à la ligne de Paris et amène les trains à quai. Il y a, pour arriver à l'extrémité de la digue, 2 k. env. du quai de New-York : cette promenade, longue, mais recommandée, offre une vue magnifique sur le Havre.

Sainte-Adresse, commune de 3,622 hab., véritable prolongement du Havre, avec sa vaste plage, ses jardins et ses innombrables villas, s'échelonne vers le cap de la Hève, et comprend : la station balnéaire, qui s'étend sur la côte et regarde la mer, en bordure de la plage Dufayel, dite encore le « Nice Havrais »; le bourg, qui occupe au revers de la côte un vallon profond et verdoyant, avec de très belles propriétés, mais sans vue de mer; enfin, entre les deux, la Côte proprement dite, qui domine l'un et l'autre versant et porte sur son arête la chapelle Notre-Dame-des-Flots et le Pain de Sucre.

Hôtels : — ENTRE LE HAVRE ET SAINTE-ADRESSE : *Marie-Christine*, près du casino (ambulance pendant la guerre); *du Jardin-d'Hiver*, r. de Sainte-Adresse, derrière le casino; *Villa Marcia*, pension de famille, r. des Bains, 34.

AU NICE HAVRAIS : — **des Régates*, en bordure de mer, T.C.F., 1er ordre, rouvert en 1917; *hostellerie de Sainte-Adresse* (siège du gouvernement belge pendant la guerre); *Beau-Séjour*, r. Désiré-Dehors, 42 (modeste).

AU BOURG DE SAINTE-ADRESSE : *des Phares*, r. du Havre, 29 (l'été; 30 ch.); *Manoir-Hôtel*, r. de Vitanval, 34, T.C.F. (rep. à la carte : jardin).

AUX PHARES DE LA HÈVE : plusieurs hôtels-restaurants et guinguettes.

Restaurant (au bourg de Sainte-Adresse) : — *de la Broche-à-Rôtir*, au carrefour de la rue du Havre et de la rue de Vitanval (rep. à la carte); *Pradier* (et café) au rond-point de l'octroi.

Cafés : — *A Trianon*, route Albert-Ier, 1 (salon de thé, rotonde sur la mer); *Beauséjour* et *Bellevue*, route Albert-Ier, 3 et 5, tous deux dominant la mer; *Mania*, route Albert-Ier.

Agence de location : — au rond-point de l'octroi (extrémité du boulevard Albert Ier); *agence Dufayel*, sur la plage du même nom.

Poste : — r. du Havre.

Trams électriques du Havre : — *Hôtel-de-Ville-Hève* (15 c. et 10 c.); *Hôtel-de-Ville-Phares de la Hève* (30 c. et 25 c.); *Hôtel-de-Ville-Nice Havrais* (30 c. et 25 c.); *Jetée-Hève* (15 c. et 10 c.); *Rond-point* (cours de la République); *Sainte-Adresse* par Ignauval (25 c. et 20 c.).

Casino : — à la plage Dufayel (hôpital anglais pendant la guerre).

Histoire. — Sainte-Adresse ne fut longtemps qu'un hameau de pêcheurs, au bord de la mer, et un petit village dans un vallon abrité. Son nom primitif fut *Quief-en-Caux* c'est-à-dire « cap de Caux ».

Bernardin de Saint-Pierre séjourna à Sainte-Adresse; une rue du bourg porte le nom de sa vieille servante Marie Talbot, immortalisée par un récit, où il conte la réception qu'elle lui fit au retour d'un long exil. Le poète Casimir Delavigne, les peintres Troyon et Thomas Couture, l'auteur dramatique Ponsard habitèrent ensuite le pays. Alphonse Karr contribua surtout à le mettre en vogue.

Sainte-Adresse a pris, depuis le début du siècle, un développement considérable et atteint presque le cap de la Hève.

Pendant la guerre, Sainte-Adresse est devenu le *siège du Gouvernement belge*, auquel a été conféré le privilège d'exterritorialité. Les ministres belges arrivèrent au Havre le 13 octobre 1914, à 20 h., par le steamer *Pieter de Coninck*. Ils furent reçus par M. Augagneur, ministre de la Marine, et M. Morgand, maire du Havre, au milieu des acclamations d'une foule enthousiaste. Ils y sont restés jusqu'après la signature de l'armistice et sont rentrés à Bruxelles en décembre 1918 après l'évacuation de la Belgique par les Allemands.

Le ***boulevard Albert-Ier** (ancien *boulevard Maritime*), bordé par une balustrade de fonte, est une belle voie moderne, enso-

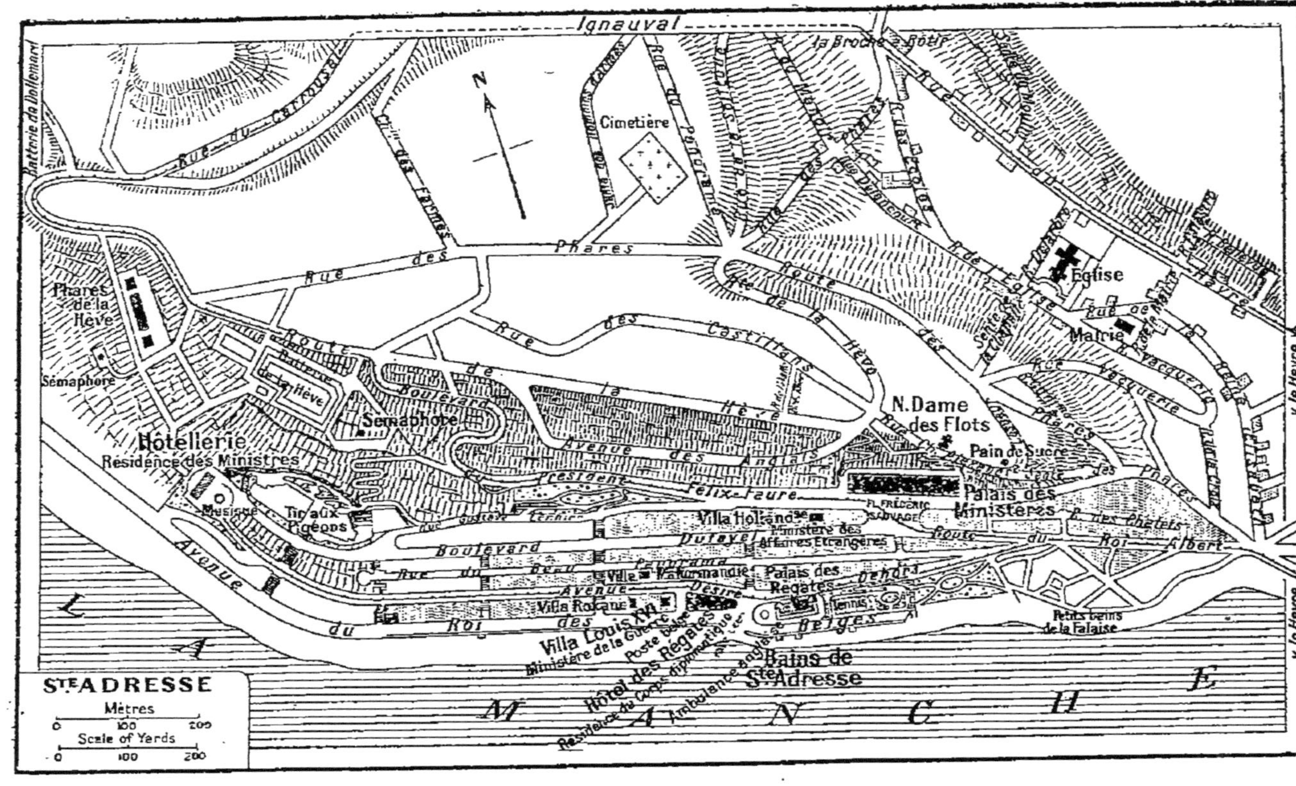

STE ADRESSE
Mètres
0 100 200
Scale of Yards
0 100 200
Batterie de Dollemard
Phares de la Hève
Sémaphore
Hôtellerie
Résidence des Ministres
Tir aux Pigeons
Musique
Sémaphore
Cimetière
Ignauval
N
Rue des Phares
Route de la Hève
Rue des Castillans
Boulevard
Avenue du Roi des Belges
Villa Louis XVI
Ministère de la Guerre
Villa Rohaut
Hôtel des Régates
Poste
Résidence du Corps diplomatique
Ambulance anglaise
Bains de Ste Adresse
Villa Hollandaise
Palais des Régates
Palais des Ministères
Pain de Sucre
N. Dame des Flots
Félix Faure
Église
Mairie
Petits Trains de la Falaise
Avenue du Roi Albert
v. le Havre
v. le Havre
M A N C H E

leillée et bien abritée des vents du nord, qui longe la mer en arc de cercle et sert de trait d'union entre le Havre et Sainte-Adresse : la vue y est magnifique. Il part de l'extrémité du boulevard de Strasbourg. On y rencontre à dr. le *casino Marie-Christine*, avec théâtre, concerts, jeux divers : il doit son nom à la reine d'Espagne Marie-Christine, qui habita une villa voisine; il a été transformé en hôpital anglais pendant la guerre,

En contre-bas s'étend la *plage de bains*, du même nom, avec galets à marée haute, sable à marée basse; c'est la plus fréquentée du Havre : établissement de bains, avec cabines et costumes, estacade, maîtres-baigneurs. De nombreuses cabines-maisonnettes en bois, appartenant à des Havrais, ou qui leur sont louées au mois, se suivent tout le long de la grève; elles servent de pied-à-terre pour passer la journée, cuisiner, manger, et même coucher.

Au delà, le boulevard Albert-Ier se relève et aboutit au rond-point de l'octroi (2 k. de la place de l'Hôtel-de-Ville), qui marque la fin du Havre et l'entrée de Sainte-Adresse.

Au rond-point de l'octroi, entouré de cafés, restaurants, pâtissiers et agences de location, on a devant soi une fourche de deux routes, suivies chacune par un tram : celle de dr. conduit au bourg de Sainte-Adresse, celle de g. au Nice Havrais; l'une ou l'autre conduit également aux phares de la Hève (*V.* ci-après). En descendant à la mer, à g., par la sente Alphonse-Karr, on arriverait aussitôt à la petite plage de la Falaise, pourvue de cabines.

En face, entre les deux routes, un bon raidillon accessible seulement aux piétons, monte en 10 min. au *Pain de Sucre*, petit monument conique, point en blanc et entouré d'une grille, qui sert de point de repère aux marins. C'est un cénotaphe élevé par la veuve du général Lefebvre-Desnouettes en mémoire de son mari, mort dans un naufrage sur les côtes d'Irlande le 22 avril 1822.

Voisine du Pain de Sucre, la *chapelle N.-D.-des-Flots* est moderne, de style gothique. A l'intérieur la statue vénérée de la Vierge, auréolée d'étoiles, se dresse dans un renfoncement, au-dessus de l'autel; nombreux ex-voto : plaques de marbre, tableaux de navires et de naufrages; sous l'autel de dr., bizarre monument sculpté d'un officier de marine. — Dans de petites boutiques, vente de cierges et de médailles.

La **vue* est magnifique. On découvre le Havre à g.; en face, Honfleur et Trouville et, par temps clair, la côte vers Cabourg, Courseulles et jusqu'à la pointe de Barfleur, derrière laquelle est Cherbourg.

De la chapelle N.-D.-des-Flots on peut continuer à suivre le faîte de la côte jusqu'aux phares de la Hève (2 k. env., restaurant un peu au delà de la chapelle), ou redescendre par un chemin cimenté, en zigzag, vers la plage Dufayel que l'on voit au-dessous de soi; ou encore redescendre à l'opposé dans le vallon et au bourg de Sainte-Adresse.

Du rond-point de l'octroi, on prend la route de g., route Albert-Ier, qui prolonge le boulevard Albert-Ier en dominant la mer et pénètre dans un quartier neuf créé de toutes pièces depuis une douzaine d'années. Au bout de 200 m. environ, à la hauteur d'une ancienne redoute à g., la route bifurque, suivie de chaque côté par un tram : celle de g., rue Désiré-

Dehors, descend au Nice Havrais et à la plage Dufayel, tandis que celle de dr. monte au plateau de la Hève.

La rue Désiré-Dehors longe à g. les terrains du casino, où a été installé pendant la guerre un campement britannique, puis le *casino* (hôpital anglais pendant la guerre). Le tram suit la rue Désiré-Dehors jusqu'au rond-point en terrasse où s'élève, isolée, dans un très beau site, l'*hostellerie*, siège du gouvernement belge pendant la guerre. A pied, il vaut mieux tourner à g., entre le casino et l'hôtel des Régates, pour prendre, aussitôt à dr., la belle **avenue du Roi-des-Belges*, digue-promenade cimentée qui domine la plage Dufayel, et d'où l'on a une vue d'ensemble du Nice Havrais.

Le **Nice Havrais,** le quartier neuf de Sainte-Adresse, tout en villas, créé par le commerçant parisien Dufayel († 1916), dont la plage porte le nom, est exposé en plein midi et aménagé, en terrasses abritées qui s'étagent en amphithéâtre sous les hauteurs escarpées de la Hève, et qui sont desservies chacune par une avenue parallèle à la mer.

La *plage* de galets, très vaste, a un établissement de bains et de nombreuses cabines.

L'hôtel des Régates, rouvert au public en 1917, fut pendant deux ans (1914-1916) la résidence du corps diplomatique accrédité auprès du gouvernement belge.

A l'extrémité du bâtiment, à l'angle de la rue Ernest-Daniel, le bureau de poste avait été concédé en partie à l'administration belge qui y avait ouvert un guichet pour la délivrance des timbres belges et l'affranchissement des correspondances. Cet affranchissement était resté taxé au tarif intérieur pour la partie de la Belgique non encore envahie, et au tarif étranger pour tous les autres pays, y compris la France.

En continuant à suivre la plage, on passe aussitôt devant la villa Louis XVI, où avait été installé le ministère de la guerre belge : dans la cour avaient été placés deux *minenwerfer* (lance-bombes) allemands. A la suite, on voit la villa Roxane, qui fut la résidence de M. de Broqueville, président du conseil belge.

La chaussée cimentée se poursuit le long de la mer, pendant 500 m. env. : belle promenade qui tourne vers le cap de la Hève (*V.* ci-dessous), dominée par des escarpements rougeâtres (105 m. d'alt.), dans un site sauvage.

A marée basse ou à mi-marée, on peut contourner la base du cap entre les galets, les rochers et les flaques d'eau, en ayant soin de ne pas se laisser surprendre par le flot. Ce coin est riche en étoiles de mer, zoophytes et varechs de toutes sortes. Parmi les débris écroulés que roule la mer, on a trouvé de nombreux fossiles qui ont enrichi le muséum du Havre et celui de Paris.

Par des escaliers et des raidillons, on peut regagner, d'un point quelconque de la plage Dufayel, le boulevard Félix-Faure pour monter au cap et aux phares de la Hève. Ce boulevard part de la place Frédéric-Sauvage, où aboutit la route du roi Albert-Ier, et où l'on voit à dr. le grand immeuble Dufayel, où étaient installés les services de plusieurs ministères belges. Derrière cet édifice, des escaliers et des chemins en zigzag montent à la chapelle Notre-Dame des Flots et au Pain de Sucre (p. 126).

Près de la place, sur le boulevard Dufayel qui conduit à l'hostellerie (p. 127), s'élève la villa Hollandaise, qui fut le siège du ministère belge des Affaires étrangères pendant la guerre.

On continue, en suivant les rails du tram, par le boulevard Félix-Faure, qui monte en lacets. La vue s'étend de plus en plus.

On arrive au sommet du plateau du ***cap de la Hève** (3 k. du rond-point de l'octroi), où la route rejoint celle qui vient du Havre par le vallon et le bourg de Sainte-Adresse. Le cap de la Hève (105 m. d'alt.), un des plus beaux points de la côte normande, est défendu par de nombreux ouvrages fortifiés. Il porte un sémaphore, un poste de télégraphie sans fil et deux phares jumeaux. On y trouve des restaurants et guinguettes.

Les *phares de la Hève*, hauts de 20 m., en pierre et quadrangulaires, datent du XVIIIe s.; ils ont été allumés le 1er nov. 1775. Le phare Sud est le seul que l'on visite (rémunération au gardien); on monte à son sommet par un escalier de 102 marches, accédant à la plate-forme, que surmonte une lanterne vitrée. Il est éclairé à l'huile minérale et, d'une faible portée (8 milles), ne sert que pour la rade du Havre. Le phare Nord est le véritable feu de la Hève; on ne le visite pas sans une autorisation personnelle de l'ingénieur des phares. Il est éclairé à l'électricité (feu blanc, à éclipses) et sa puissance lumineuse, évaluée à 2,500,000 becs Carcel, peut être visible, par temps clair, à une distance de 52 milles.

On peut s'avancer, sur le gazon qui couvre le cap, jusqu'au bord de la falaise; se garder des éboulements et d'une chute qui serait fatale. On jouit d'une **vue admirable* sur l'embouchure de la Seine et sur la côte opposée de Honfleur et de Trouville; par temps clair, on suit la ligne côtière vers Cabourg et Courseulles; par temps très clair, on distingue la pointe de Barfleur (p. 405).

Des phares de la Hève on peut rentrer au Havre : — soit en suivant le faîte de la côte vers la chapelle N.-D.-des-Flots et le Pain de Sucre (2 k. env.; p. 126), d'où l'on redescend au boulevard Albert-Ier; — soit (tram) par Ignauval, le vallon et le bourg de Sainte-Adresse (7 k. 5 des phares à la place de l'Hôtel-de-Ville) : c'est l'itinéraire ci-dessous en sens inverse.

Bourg de Sainte-Adresse. — Du rond-point de l'octroi (p. 120), les trams pour le bourg de Sainte-Adresse et Ignauval prennent à dr. la rue du Havre qui s'enfonce, en perdant de vue la mer, dans le vallon verdoyant de Sainte-Adresse: belles villas dans des jardins. On trouve à dr. la poste et à g. l'église de Sainte-Adresse, grand édifice moderne, de style gothique. A g., au n° 2 de la rue de la Mairie, plaque commémorative sur la maison qui fut habitée par Alphonse Karr.

La rue de Vitanval continue la rue du Havre et amène à une place où est le restaurant de la Broche-à-Rôtir, et où les trams de Sainte-Adresse ont leur terminus; ceux qui portent la mention Ignauval continuent. — 1 k. 5 du rond-point de l'octroi. Manoir-Hôtel : la rue de Vitanval devient la rue d'Ignauval, qui traverse la petite agglomération de ce nom, dépendant de Sainte-Adresse. Puis la route s'élève en serpentant vers le cap de la Hève et les phares.

3 k. 5. Cap de la Hève, où l'on retrouve le tram et la route qui viennent du Havre par la côte (*V.* ci-dessus).

ENVIRONS DU HAVRE.

(*V. la carte, p. 100.*)

1° **Sanvic.** — On prend à la place de l'Hôtel-de-Ville le tram de Sanvic-Bléville (20 c. et 15 c.), qui suit le boulevard de Strasbourg, puis le boulevard Albert-Ier, où il tourne à dr., par la rue Guillemard, continuée par la rue Clément-Marical. On arrive à l'église de Sanvic, moderne, de style roman.

Sanvic, commune de 10,235 hab., lieu de villégiature des Havrais, a de nombreux jardins et de grands arbres, avec de belles villas. C'est la patrie de l'abbé Cochet, archéologue (1812-1875). — Un chemin creux conduit de l'église au fort de Sainte-Adresse ; belle vue.

2° **Ingouville ou la Côte, et forêt de Montgeon.** — De la place de l'Hôtel-de-Ville on prend la rue Thiers, qui amène à la place Thiers, où le funiculaire (10 c.) aboutit à la rue Félix-Faure. Cette rue longe le rebord des collines d'Ingouville couvertes de jardins et de villas, entre lesquelles, çà et là, on découvre de belles *vues* sur le Havre, le port, la baie de Seine et la côte du Calvados. L'église d'Ingouville a une nef du XIIe s. et un chœur du XVIe.

Si, à la sortie de la gare supérieure du funiculaire, on suit cette rue à g., on ne tarde pas à apercevoir à dr. au n° 43 la villa Félix-Faure.

Si, de la gare, on suit au contraire la rue à dr., on ira passer devant le fort de Tourneville avant d'atteindre le cimetière Sainte-Marie, terminus d'un tram partant du Havre, et desservi aussi par le tram de Montivilliers. Du cimetière, la rue Pasteur redescendrait à la rue de Normandie, en laissant à dr. l'hôpital Pasteur, tandis que la rue des Acacias conduit à (1 k. env.) la *forêt de Montgeon*, acquise en 1902 par la ville du Havre et offrant une jolie promenade très fréquentée par les Havrais.

D'Ingouville, il est recommandé de continuer (3 k. du fort de Tourneville) vers Graville-Sainte-Honorine (ci-dessous, 3°), où conduit le tram qui passe rue de Normandie, en bas de la côte.

3° **Graville-Sainte-Honorine** : 4 k. N.-E. de la place de l'Hôtel-de-Ville, où l'on prend le tram Jetée-Graville (30 c. et 20 c.). On peut prendre aussi le tram de Montivilliers (même parcours et même prix) ou le ch. de fer (ligne Havre-Paris, p. 93, et Havre-Dieppe, p. 132).

De la place de l'Hôtel-de-Ville, la route et le tram suivent la rue Thiers, puis la rue de Normandie, pour aboutir à la mairie de Graville, d'où l'on aperçoit à g., à mi-côte, l'église Sainte-Honorine.

Graville-Sainte-Honorine, commune de 16,405 hab., a de nombreux jardins maraîchers et des vergers de poiriers, abritant des plants de fraisiers. — Au delà de la mairie, en face de laquelle est la nouvelle église Notre-Dame de Bon-Secours, on continue à suivre la route nationale, on trouve à g. la rue de l'Église, chemin rapide et encaissé entre des haies. En haut de ce chemin on voit : à g., un escalier donnant accès à l'église ; à dr., un chemin contournant le mur de soutènement du cimetière et conduisant à l'entrée dite du Prieuré. De ce côté, sur une *terrasse* dominant l'embouchure de la Seine, une *statue* colossale en bronze de 6 m. 40, dite la Vierge Noire, a été élevée à Notre-Dame de Grâce par les Havrais, en reconnaissance de sa protection pendant l'invasion allemande (1870-1871). Dans l'enclos renfermant cette statue, abside en cul-de-four, reste d'une chapelle.

L'**église de Sainte-Honorine* est le reste d'une ancienne abbaye, construite dans la seconde moitié du XIe s. A g. est accotée une tour romaine, en partie ruinée. A dr. est l'entrée de la *cour de l'abbaye*, bâtiment de 1633 : beau balcon en fer forgé, qui forme une terrasse d'où l'on a une vue magnifique. A l'extérieur de l'église on remarque le *portail*, fenêtre et porte du XIIIe s., et les transepts, notamment celui du N. ; curieuse frise à personnages. Au centre de l'église se dresse une tour romane. Les bas-côtés, au delà des transepts, sont du XIIIe s.

A l'intérieur, belle nef à piliers : *chapiteaux* figurant divers animaux et des guerriers normands. Au bas-côté dr., tableau sur bois, de la fin du XVIe s., Mort de la Vierge. Au transept dr., *retable* en chêne sculpté, avec 4 colonnes torses entourées de pampres (XVIIe s.); devant d'autel à rinceaux de bois sculpté et doré, du temps de Louis XIV ; tableau de la Naissance de la Vierge (fin du XVIe s.). Dans le chœur : pierre tombale, placée en 1872, recouvrant les restes de Guillaume Malet et de son épouse, fondateurs du prieuré de Graville (XVIIIe s.). A l'extrémité du bas-côté g., autel de Ste Honorine, près duquel est son *tombeau*, sarcophage en pierre, avec couvercle et grande ouverture qui permettait de voir les restes de la sainte.

Le cimetière, à g. de l'église, renferme les sépultures de Léon Buquet l'auteur de la « Normandie poétique », et de la famille Lefèvre, dont deux enfants ont de touchantes épitaphes en vers, composées par Victor Hugo.

Au pied de l'abbaye se voient les restes du *château* des Malet, sires de Graville. L'ancienne chapelle de *Notre-Dame-des-Neiges* (XIIIe s.) sert de grange. A côté a été construite récemment une nouvelle église dédiée à N.-D. des Neiges.

Il existe à Graville une verrerie à bouteilles et d'importantes usines; forges et chantiers de la Méditerranée. Champ de courses.

De Graville on peut continuer (trams) vers Montivilliers (ci-dessous, 4°) ou vers Harfleur (ci-après, 5°).

4° **Montivilliers** (ch. de fer, Etat, ligne de Dieppe, p. 132, 10 k. en 20 min. env. ; 1 fr. 55, 1 fr. 05, 70 c.). — Deux itinéraires routiers : 1° (10 k. N.-E.). De la place de l'Hôtel-de-Ville, on suit la rue Thiers jusqu'à la rue de Montivilliers, à dr., qui précède la place Thiers et qui, tournant bientôt vers la dr., s'élève sur la côte d'Ingouville. On coupe le funiculaire, puis on passe devant le fort de Tourneville et devant le cimetière Sainte-Marie (2 k. 5). A l'extrémité du cimetière on tourne à g., par la rue des Acacias, et l'on atteint (3 k. 5) la forêt de Montgeon, que l'on traverse (p. 129). — 6 k. Rouelles (p. 133). On passe devant l'église et l'on franchit le ruisseau de Rouelles. On atteint la vallée de la Lézarde, que l'on remonte sur sa rive dr., parallèlement au ch. de fer jusqu'à (10 k.) Montivilliers (p. 133).

2° (11 k. 5; tram, 75 c. et 50 c., aller et ret. 1 fr. 20 et 80 c.). Le tram part de la jetée, passe à la place de l'Hôtel-de-Ville et suit la rue Thiers, puis la rue de Normandie, pour arriver à Graville-Sainte-Honorine (4 k., ci-dessus 3°). Le tram suit la route de Harfleur, parallèle au ch. de fer qu'elle coupe, peu avant (6 k. 5) Harfleur (p. 91). On coupe à nouveau le ch. de fer (ligne de Paris) et on remonte sur sa rive g. la vallée de la Lézarde, parallèlement à la ligne de Dieppe. On laisse à dr. de la route le château de Collemoulins, moderne, de style Renaissance : tableaux; bois de lit et canapé ayant appartenu à Jean Bart. D'un château plus ancien subsiste un colombier cylindrique. — 11 k. 5. *Montivilliers* (p. 133).

5° **Harfleur, Gonfreville-l'Orcher, château de Tancarville** (pour Harfleur, ch. de fer, État, ligne de Dieppe, 95 c., 65 c., 40 c., halte à 500 m. du bourg; ligne de Paris, 1 fr. 10, 75 c., 50 c., station à 1 k. du bourg; — tram 6 k. 5, 45 c. et 30 c., aller et ret. 70 c. et 50 c.). — Pour Harfleur et Gonfreville-l'Orcher, p. 91 et 93. Du château d'Orcher la route, à 17 k. au delà, conduit à Tancarville (p. 111).

7° **Honfleur** (bateau à vapeur 14 k. S.-E., en 35 min. env.; passerelle 2 fr., 1re cl. 1 fr. 50, 2e cl. 1 fr.; les départs ont lieu 2 à 3 fois par j., selon saison; l'heure varie avec la marée; on peut aller et revenir le même jour : excursion recommandée; la navigation, presque entièrement dans l'estuaire de la Seine, est d'ordinaire très douce.) — Du Grand-Quai, où l'on s'embarque, on sort du port du Havre entre les deux longues digues du Nord et du Sud. Vers la dr., on voit se développer toute la côte, en arc de cercle : boulevard Albert-Ier, plage de Sainte-Adresse, cap et phares de la Hève. En face apparaît Honfleur, à g. de la côte de Grâce, qui domine le port et se prolonge à dr. vers Trouville. Vers la g. s'ouvre l'estuaire de la Seine, bordé de larges marais, que dominent sur la rive dr. les hauteurs et le château de Gonfreville-l'Orcher; dans une dépression on aperçoit le clocher de Harfleur.

Le bateau aborde à quai, au centre même de la ville (p. 286).

On peut, de Honfleur, gagner Trouville par la route (p. 290); service d'autos après la guerre) ou le ch. de fer par Pont-l'Évêque (indirect, p. 279-283) et revenir au Havre par le bateau de Trouville.

8° **Trouville** (bateau à vapeur 14 k. S.-O., en 40 min. env.; passerelle 3 fr. 25, 1re cl. 2 fr., 2e cl. 1 fr. 25; les départs ont lieu 1 ou 2 fois par j., selon saison; l'heure varie avec la marée; on peut généralement aller et revenir le même jour : la traversée est rude par mauvaise mer). — Laissant à g. l'estuaire de la Seine, Honfleur et la côte de Grâce, aux pentes boisées, on voit, du même côté, la côte et les rochers de Villerville. Vers la dr., la vue s'étend vers Houlgate et Cabourg, vers l'embouchure de l'Orne et jusque vers Langrune.

On aborde à Trouville à marée haute par le chenal de la Touques, qui amène au quai Vallée près de la place du Casino (p. 295); à marée basse à la jetée des Anglais, située à l'extrémité N.-E. de Trouville (p. 295).

9° **Caen** (bateau à vapeur 49 k. S.-O., dont 33 k. en pleine mer et 16 k. dans la rivière de l'Orne, en 3 h. env.; 1re cl. 6 fr., 2e cl. 4 fr.; aller et ret., val. 4 j., 3 fr. et 6 fr.; gratuits, 40 kilog.; en sus, 1 fr. 50 par 100 kilog.; buffet à bord; les départs ont lieu 1 fois par j.; l'heure varie avec la marée). — On peut combiner l'emploi du bateau et celui du ch. de fer, en se rendant à Caen par bateau, puis de Caen à Trouville par ch. de fer; à Trouville, on reprend le bateau du Havre.

Le vapeur passe, à proximité de la côte, devant Trouville, puis devant Deauville, Villers-sur-Mer, Houlgate et Cabourg. — 33 k. Escale à l'embouchure de l'Orne, à *Ouistreham* (p. 343), desservant les stations balnéaires de la côte de Caen. De Ouistreham, le bateau emprunte tantôt le canal de Caen à la mer, tantôt le cours de l'Orne, qui sont parallèles et coulent parmi des prairies ombragées de grands arbres.

39 k. Escale de l'*écluse et pont tournant de Ranville*, proche de la station de *Bénouville* (p. 340), des ch. de fer départementaux de Caen à Cabourg et de Caen à Riva-Bella, Luc-sur-Mer et Langrune.

Du Havre a Étretat. — *A, par le chemin de fer* : État, 53 k.; 8 fr. 30, 5 fr. 60, 3 fr. 65; on change de train aux Ifs, p. 132-135 et 89.

B, par la route : 26 k. N.-E. (les services d'autos seront rétablis après la guerre). — 2 k. *Sanvic*, p. 129; 3 k. Bléville; à g., 7 k. 5, *Octeville* (hôt.

du Havre, T.C.F.) à 2 k. de la mer; 10 k. Erqueville; 12 k. Le Tronquay. — 12 k. 5. *Cauville*, à 500 m. à g. : église à clocher roman et, dans un vallon descendant à la mer, réservoir d'eau douce d'où l'eau s'élance en cascades. 16 k. Epaville. — 18 k. On laisse à g. une route vers *Saint-Jouin*, distant de 2 k. (p. 138). — 22 k. *La Poterie*; à g. routes de Bruneval, p. 139, et du cap d'Antifer, p. 143. — 23 k. Eglise du Tilleul. Descente rapide de 2 k. 5. — 26 k. *Etretat*, où l'on arrive par la rue du Havre (p. 139).

DU HAVRE A AMIENS (ch. de fer, Etat et Nord, 190 k.; 29 fr. 70, 20 fr. 05, 13 fr. 05). — On suit la ligne de Paris jusqu'à Motteville (p. 87 à 93 en sens inverse); de Motteville à Montérollier-Buchy, p. 86-87; de Montérollier-Buchy à Amiens, p. 84-85.

DU HAVRE A ROUEN, *par le chemin de fer* p. 85 à 93; *par la Seine ou par la route de la vallée* p. 93 à 101, en sens inverse; A PONT-AUDEMER EN BATEAU, p. 278 en sens inverse; A DIEPPE, *V.* ci-dessous; LE LITTORAL DU HAVRE A FÉCAMP, p. 138.

DISTANCES PAR LA ROUTE, du Havre à : Caen, par le bac de Quillebeuf, Pont-Audemer et Pont-l'Évêque, 128 k.; Caudebec, 50 k.; Dieppe, par Fécamp (route de la côte) 109 k., par Doudeville 102 k.; Fécamp, 42 k.; Lillebonne, 35 k.; Paris, 211 k.; Rouen, 86 k.; Saint-Valery-en-Caux, 76 k.; Trouville, par le bac de Quillebeuf et Pont-Audemer, 94 k.; Yvetot, 51 k.

11. — DU HAVRE A DIEPPE

CHEMIN DE FER : Etat, 116 k. en 4 h. à 5 h. env. en 1914; 18 fr. 15, 12 fr. 25, 8 fr. — La ligne du Havre à Dieppe, par Fécamp, dessert la côte et ses diverses stations balnéaires, à l'aide des embranchements ou des services publics qui s'en détachent; c'est son principal intérêt touristique. Peu de trains.

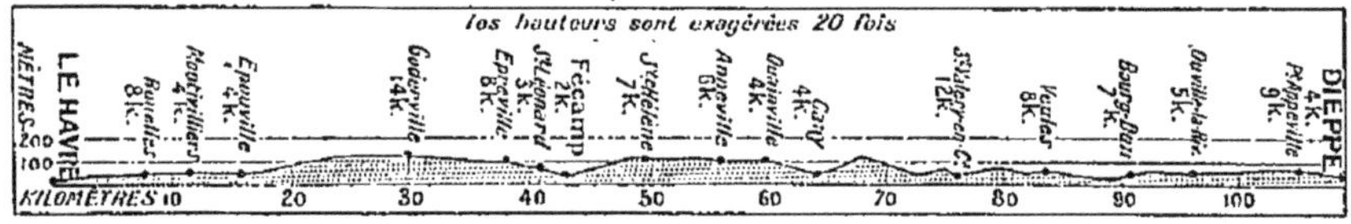

ROUTE : 109 k. 43 k. du Havre à Fécamp, soit par *Etretat* (26 k.; trajet p. 131); soit par 12 k. *Montivilliers*, 16 k. *Epouville* et 30 k. *Goderville*. — 43 k. *Fécamp*; montée de 2 k. à 8 0/0; 60 k. *Ouainville*; 64 k. *Cany*; côte de 2 k. à 12 0/0; 76 k. *Saint-Valéry-en-Caux*; la route s'élève à nouveau par une côte de 2 k. puis descend dans le vallon de Veules; 84 k. *Veules-les-Roses*; nouvelle côte de 2 k.; 91 k. *Bourg-Dun*; descente rapide; 96 k. *Ouville-la-Rivière*; on remonte sur la falaise; 105 k. *Petit-Appeville*; 109 k. *Dieppe*.

Un autre itinéraire très accidenté, plus long de 20 k., passe devant toutes les plages. Les stations balnéaires se trouvant à l'extrémité de vallons, il faut toujours descendre pendant 2 k. en moyenne pour arriver, et remonter d'autant en les quittant pour atteindre le plateau du pays de Caux.

Le ch. de fer emprunte d'abord la ligne de Paris, dessert *Graville-Sainte-Honorine* (3 k.; p. 129), puis bifurque à g. — 6 k.

Halte de *Harfleur*, distante de Harfleur de 500 m. (p. 91). On remonte la vallée de la Lézarde; à g., nombreux camps britanniques pendant la guerre.

8 k. Halte de *Rouelles* (à 500 m. à dr., château de Collemoulins, p. 130), desservant Rouelles à 2 k. à g., dans le gracieux vallon du ruisseau de Rouelles, voisin de la forêt de Montgeon. L'église date des XIIe, XIIIe et XIVe s.; elle a un clocher moderne, et un porche en bois de la Renaissance. A 1 k. 7 N., se trouve le château d'Epremesnil, du XVIIIe s. A 2 k. 5 N.-O., en remontant la vallée, le village de *Fontaine-la-Mallet* possède une église en partie romane. — 9 k. Halte de *Demi-Lieue*, desservant les villas de la vallée.

10 k. **Montivilliers** (à la gare, *café de Paris* et *taverne Alsacienne*; en ville, hôt. : *Fontaine*, T.C.F.; *de Normandie*), anciennement *Mostiervillier*, ch.-l. de c. de 5,944 hab., est une petite ville industrielle, située sur la Lézarde, entre deux collines boisées. Nombreuses blanchisseries, huileries et minoteries; aux XIVe-XVe s., la ville fabriquait des draps renommés.

En sortant de la gare, on prend en face la rue Casimir-Perier, puis à g. la rue Gambetta qui aboutit à la place Carnot où sont la mairie et l'église.

L'**église** est le reste d'une abbaye de religieuses fondée en 682 par Waratton, maire du Palais, et St Philbert de Jumièges, abbaye dont il subsiste aussi des bâtiments, auj. brasserie, du XVIIIe s. avec débris du XIIIe s., renfermant quelques peintures de cette époque. Cette église romane, altérée au XVIe s. par des remaniements en style gothique, et par l'addition au N. d'un second vaisseau, également gothique, pénétrant la première, s'est écroulée partiellement en 1888 à la suite d'un incendie. Restaurée depuis lors, elle offre de remarquables morceaux d'architecture et présente, malgré son défaut d'unité, un grand intérêt archéologique.

A la façade on voit à dr. un porche roman surmonté d'une fenêtre rayonnante; au milieu, un beau **clocher* roman à clochetons, avec 3 étages d'arcatures, et où l'on monte par un escalier ouvragé du XVe s.; à g. un remarquable **porche* rayonnant, à 3 arches, avec un beau portail au tympan richement sculpté et aux vantaux de l'époque. Le porche, sous lequel est l'oratoire des morts pour la patrie, est l'avant-corps de l'annexe gothique. Sur le carré du transept, la tour centrale de l'édifice, courte et trapue, est romane.

A l'intérieur, on est frappé par l'aspect disparate des deux nefs latérales : celle de dr., romane, sombre et étroite; celle de g., flamboyante, aussi large que la nef centrale, et brusquement étranglée à la 2e travée. La partie dr. de la grande nef a gardé ses belles arcades romanes avec les étroites fenêtres supérieures; à g., sauf une arcade romane près du transept, les colonnes et arcs ont été refaits maladroitement; le vaisseau est couvert en bois. Dans la 3e chap. de la nef à g., *peinture* sur agate, attribuée à Ph. de Champaigne; petit *tableau sur cuivre* du XIIIe s. Au transept, voûtes sur croisées d'ogives, des premières qui aient été exécutées en Normandie. Le carré du transept (XVIe s.) a des voûtes à nervures. Le chœur, primitivement roman, a subi des remaniements. Derrière l'église, école professionnelle dont quelques parties ont appartenu au monastère.

Entre l'église et la mairie on prend la rue Félix-Faure, continuée par la rue du Faubourg-Assiquet, où se trouve à dr., au n° 7, après le terminus du tram, le *musée-bibliothèque*, ouvert le dimanche de 9 h. à midi.

Il possède des antiquités romaines et du moyen âge, des sculptures, un ancien coq du clocher de l'église, 10,000 volumes en partie relatifs à l'histoire de la Normandie ou à celle de Montivilliers, et des manuscrits du moyen âge et des trois derniers siècles provenant de l'ancienne abbaye. L'un de ces manuscrits, à la suite d'une Histoire de Montivilliers, rédigée en 1617, par le confesseur des religieuses, contient la mention écrite jour par jour, de la main des abbesses, des noms des étrangers qui ont visité l'abbaye, de 1601 à 1660.

En face du musée monte le chemin creux qui conduit au cimetière, à 8 à 10 min. de l'église, à dr. du chemin.

Le **cimetière de Brise-Garet* a conservé, à g. de l'entrée, la curieuse *galerie* en bois de son ancien charnier (1562-1602) : aux entablements des piliers, sculptures en bois assez dégradées, représentant des attributs et des sujets funèbres; sous la galerie, tombes modernes, et pierre tombale du XVIe s. à l'extrémité, vers une ancienne chapelle fermée, transformée en dépôt de couronnes dans laquelle un bas-relief représente la Résurrection de Lazare. Dans le cimetière, on remarque, vers le milieu un *calvaire* de 1589, avec socle restauré, élégant édicule à pinacles avec 4 statues.

Au retour, de la place où est le bureau terminus du tram, on peut : — aller à dr. à la promenade du Champ-de-Foire, où l'on voit des restes de *remparts* et les ruines de la *chapelle Saint-Germain*, du XVe s., et d'où l'avenue Victor-Hugo ramène à la gare; — ou bien prendre à g. l'agréable promenade dite *sente des rivières* qui, par un joli sentier, conduirait (2 k. env.) à Epouville (*V.* ci-dessous).

Au delà de Montivilliers, le ch. de fer continue à remonter la vallée de la Lézarde.

13 k. *Epouville* (hôt. *de la Gaîté*, T.C.F.). L'église a un chœur du XIIIe s., un clocher de l'époque de transition et une nef romane, une piscine du XVIe s. et des fonts baptismaux romans. A 2 k. 5 E., *Manéglise* : église avec curieuses sculptures.

15 k. *Rolleville*. L'église renferme la statue de Ste Clotilde; fontaine Sainte-Clotilde, où l'on plonge les enfants délicats; près de l'église, *manoir* de 1576, restauré en 1896, avec plusieurs belles cheminées Renaissance, et colombier du XVIe s. — A 2 k. 8 N., *Saint-Martin-du-Bec* : dans l'église, fonts baptismaux du XIIe s. et mausolée des Romé de Fresquienne, présidents au parlement de Rouen; à la source de la Lézarde, original *château du Bec*, du XVIe s., flanqué de 2 tours circulaires et dont la façade a des mosaïques noir et blanc.

Quittant la vallée de la Lézarde, la voie s'élève sur un haut plateau. — 19 k. *Turretot-Gonneville*. A Turretot, église romane et du XIIIe s. Gonneville (p. 144) est à 3 k. au N. — 24 k. *Criquetot-l'Esneval* (hôt. : *Nouvel-Hôtel*, à la gare; *de Normandie*, pl. de l'Hôtel-de-Ville), ch.-l. de c. de 1,360 hab. Château Louis XII, avec boiseries sculptées. Eglise avec clocher roman. Château de Mondeville, dont dépend la *ferme d'Alezonde*, ancien manoir ayant appartenu à John Falstaff, célèbre favori du roi d'Angleterre, Henri V.

27 k. *Ecrainville* : église romane; vaste souterrain de Maucomble. Au Val-Mielle, vieille auberge du XVIIe s.

31 k. *Goderville* (hôt. *d'Europe*, T.C.F.), ch.-l. de c. de 1,486 hab. A l'église, reconstruite en 1860, en style roman, 4 statues d'anges du XVIe s., en marbre. *Manoir* du XVe s., avec tours et fossés. Château moderne de Cretot, près duquel est une motte énorme, couverte de hêtres et de sapins.

37 k. **Les Ifs** (buffet) : bifurc. pour Etretat, p. 89; pour Bréauté-Beuzeville, p. 89. On emprunte, au delà des Ifs, la ligne de Bréauté-Beuzeville-Fécamp (p. 89).

44 k. **Fécamp** (p. 147). Au delà de Fécamp, rebroussant chemin, on remonte la vallée de Valmont. — 46 k. *Fécamp-Saint-Ouen* (p. 155).

50 k. *Colleville-Sainte-Hélène*, à l'extrémité d'une jolie vallée latérale : à l'église, moderne, Vierge en ivoire. — Au-dessous du château de Hougerville, en partie du temps de Henri III, s'ouvre la gorge dite *vallon d'Orival*, avec de nombreuses substructions romaines, appelées la ville d'Orival.

55 k. **Valmont** (hôt. : *de France*, T.C.F.; *du Commerce*), à dr., ch.-l. de c. de 828 hab., est situé sur la rivière de ce nom, bordée de prairies, entre des collines couvertes de bois. La route venant de la gare monte à la place du Marché, où est située l'église, moderne (1860).

A l'intérieur, autel gothique en bois, œuvre d'un menuisier d'Eletot; dans la chapelle de la Vierge, qui termine le bas-côté g., *devant d'autel*, en bois sculpté et peint, du XVIe s. : Annonciation et Adoration des Mages; dans le chœur, statues en pierre de saints et d'évêques (XVIe s.), notamment un moine d'une belle expression.

A dr. de l'église est l'entrée du parc, par où l'on monte sur la colline où s'élève le *château* des sires d'Estouteville, qui ont possédé Valmont de la fin du XIe s. jusqu'au XVIIe et qui en firent leur principale résidence. Cette importante forteresse féodale, plusieurs fois prise et reprise durant la guerre de Cent Ans, fut reconstruite au XVe et XVIe s. Seul, le donjon carré en briques, à contreforts, remonte à l'époque de Guillaume le Conquérant; toutefois les fenêtres, les cheminées et le couronnement sont aussi du XVe s. Le public n'est admis à visiter que l'ancienne prison et les oubliettes dans le donjon.

La galerie de François Ier, formant auj. le château habité par M. de la Morandière, serait un beau spécimen de la Renaissance si elle avait été moins défigurée. Le parc est planté d'arbres magnifiques, décoré de ruines couvertes de mousse, d'élégants pavillons et de bassins alimentées par des eaux vives.

Pour aller à l'abbaye, il faut revenir vers la gare, traverser la rivière et le ch. de fer, puis tourner à dr.

L'abbaye fut fondée en 1169, par Nicolas d'Estouteville, pour des religieux bénédictins; on ne visite pas.

De la nef de l'*église*, qui datait de la fin du XIIe s. et qui, dévastée par un incendie en 1671, tomba d'elle-même vers 1730, il ne reste que les arrachements tenant au chœur. Celui-ci, commencé vers 1525 aux frais de la famille d'Estouteville, célèbre dès le XVe s. par son goût pour les arts, est remarquable. Le style gothique y domine dans le rond-point et ses chapelles, alors que la Renaissance l'emporte dans les gros piliers et dans l'abside centrale, où l'on remarque le triforium à colonnettes ioniques. Le chœur est découronné et abandonné à la ruine.

Seule est conservée intacte la **chapelle de la Vierge*, appelée aussi chapelle de Six-Heures, parce que, dit-on, la messe y était, chaque jour, célébrée à 6 h.; située dans l'axe, elle est plus grande que les autres chapelles du rond-point.

Elle est ornée de 5 *verrières* de 1552, d'une clef de voûte sculptée, et renferme : au-dessus de l'autel, un *groupe en pierre, Salutation angélique, attribué à *Germain Pilon*; à dr. une piscine surmontée d'un bas-relief brisé; sur les côtés, les *tombeaux*, avec statues couchées en albâtre de Nicolas d'Estouteville (tombeau refait en 1524), fondateur de l'abbaye, de Jacques d'Estouteville († 1489) et de sa femme Louise d'Albret († 1489); au milieu, la dalle tumulaire d'un autre seigneur d'Estouteville, du XVe s., et de sa femme; divers fragments de sculptures provenant de l'abbaye, notamment un chapiteau historié de la fin du XIIe s., représentant le Massacre des Innocents.

A 3 k. 5 N.-E., *Theuville-aux-Maillots*, où se voit, près de l'église, un *manoir* du XVIe s., avec 2 tours rondes, dépendant d'un château du XVIIe s.

61 k. *Ourville* (hôt. *de France*, T.C.F.) à 2 k. à dr., ch.-l. de c. de 1,002 hab. : église avec vitrail du XVIe s. et baptistère, en pierre sculptée, du XIIIe s.

65 k. *Grainville-la-Teinturière* (la gare est au hameau de Mautheville), à 2 k. 5 à dr., dans la vallée de la Durdent, a vu naître *Jehan de Béthencourt*, qui acheva la découverte des îles Canaries, dont il devint gouverneur pour l'Espagne. Église, avec clocher de la Renaissance, où a été inhumé, en 1425, Jehan de Bethencourt.

A 500 m. N.-E. de la gare, beau **château de Cany*, attribué à Mansart, de l'époque de transition des styles Louis XIII et Louis XIV, propriété des Becdelièvre et des Montmorency-Luxembourg. En pierre et briques, avec de grands toits d'ardoise, il est entouré d'eau et encerclé d'un beau parc. On ne visite pas l'intérieur.

La voie descend la vallée de la Durdent, et laisse à dr. le château de Cany.

68 k. *Cany* (hôt. : *du Commerce*, T.C.F., voit. de louage; *de la Poste*; *de France*), station qui dessert Veulettes (9 k. N.-O., p. 161), ch.-l. de c. de 1,653 hab., est situé dans la jolie vallée de la Durdent, boisée de hêtres; pêche à la truite. On tourne à g., en sortant de la gare, pour gagner la Grande-Rue. L'*église*

est du XVIe s., de style Renaissance; l'intérieur est couvert en bois; sous le clocher, 2 bas-reliefs en bois sculpté, du XVIe s. Sur la place du Marché, buste, par F. Devaux, du poète *Louis Bouilhet* (1824-1869), né à Cany.

75 k. **Saint-Vaast-Bosville**; bifurc. pour Saint-Valery (p.87).

82 k. *Héberville*, à 2 k. S.-E. à dr. A 2 k. S.-O. de la station, *Anglesqueville-la-Bras-Long* : dans l'église, des XVIe et XVIIIe s., avec tour du XIIIe, bas-relief en albâtre du XVIe s. et pierres tombales du XIIe au XVIIe s.; au cimetière, croix de 1635. A 2 k. N.-E. de la station, *Bourville* a une église avec vitraux du XVIe s.

On descend dans la vallée du Dun.

88 k. *Saint-Pierre-le-Viger-Fontaine-le-Dun*, station qui dessert Veules-les-Roses (7 k. N.-O.; p. 167). A *Saint-Pierre-le-Viger* (1 k. à dr.), église des XIIIe et XIXe s., avec un clocher du XVIe. — *Fontaine-le-Dun* (hôt. *de l'Espérance*, T.C.F.), à 1 k. au delà de Saint-Pierre, ch.-l. de c. de 440 hab., est ainsi nommé d'après le voisinage de l'ancienne source du Dun, qui jaillit auj. à 2 k. plus bas. *L'église* (XIe, XIIIe et XVIe s.) renferme : des fonts baptismaux gothiques, du XVe s.; 2 tableaux rappelant des faits du moyen âge; une inscription en l'honneur de Pierre Cochon, chroniqueur normand du XVe s., qui n'a rien de commun avec le trop célèbre juge de Jeanne d'Arc. Une tombe en grès, du XIVe s., avec croix sculptée, a été placée en 1912 devant la porte principale de l'église.

A 3 k. N.-E. de Fontaine-le-Dun, *Gruchet-Saint-Siméon* a une église des XVIe et XVIIe s., avec baptistère en pierre sculptée, du temps de Henri IV.

93 k. *Luneray* (hôt. *du Cheval-Blanc*, T.C.F.), 1,554 hab., a des fabriques de rouenneries et de toiles. Luneray fut le berceau du protestantisme dans le pays de Caux, où le colporteur Vénable, envoyé de Genève par Calvin, distribuait en foule de petits livres prônant la Réforme. — La voie descend vers la Saâne.

97 k. *Gueures-Brachy*, station desservant Gueures à 1 k. N.-E., et Brachy, à 3 k. S., dans la vallée de la Saâne : tissages de toiles. — On descend la rive g. de la Saâne, que l'on franchit ensuite.

101 k. *Ouville-la-Rivière* (hôt. *de la Poste*), station qui dessert les bains de mer de Quiberville (4 k. 5 N.-O., p. 170) et de Saint-Aubin-sur-Dun (7 k. 5 N.-O., p. 169), est situé dans une vallée de prairies et de vergers. *Église* du XVIe s., avec clocher du XIe; dans la chapelle S., retable en bois du XVIIe s. et fonts baptismaux du XVe s. Château moderne, beau parc. Duquesne habita à Ouville une maison auj. démolie.

D'Ouville-la-Rivière à Motteville, p. 87.

108 k. *Offranville* (hôt. *de la Gare*, T.C.F.), ch.-l. de c. de 1,529 hab., dont les maisons sont disséminées sur une vaste étendue, est situé au milieu de hêtres touffus, sur les hau-

teurs de la rive g. de la Scie. *Eglise*, bâtie de 1517 à 1616, de style ogival, avec une flèche en charpente; belle *verrière* dans la sacristie, Création et chute de l'homme (1re moitié du XVIe s.). Au cimetière, porte armoriée, près d'un *if* datant, dit-on, des croisades, et mesurant 7 m. de tour. A 200 m. de l'église, château de 1737 avec magnifique hêtraie.

On descend vers la Scie, que l'on domine à dr., parallèlement au ch. de fer de Paris-Dieppe. — 110 k. *Petit-Appeville* (p. 173), où l'on rejoint la ligne Paris-Dieppe. On passe sous un tunnel, au sortir duquel on découvre Dieppe.

116 k. *Dieppe* (buffet), p. 195.

12. — LE LITTORAL DU HAVRE A FÉCAMP; ÉTRETAT

(*V. la carte, p. 142.*)

Le plateau du pays de Caux se termine, en bordure de la mer, du Havre au Tréport, par de hautes falaises crayeuses que coupe le débouché des vallées ou « valleuses ». Dans ces échancrures naturelles se sont développés des ports, petits ou grands, et la plupart des stations balnéaires; quelques-unes de celles-ci sont sur le plateau. La plupart de ces localités, à part Etretat, Fécamp, Saint-Valery, Dieppe et le Tréport, sont desservies par des gares situées à une certaine distance à l'intérieur.

Saint-Jouin-sur-mer (gare à Etretat, 9 k. N.-N.-E., p. 139; pas de voit. publ.; hôt. : **de Paris* ou *de la Belle-Ernestine*, T.C.F., recommandé, toute l'année, jardin, voit. de louage; *de Normandie*; voit. de louage *Avenel*), village de 1,207 hab., d'aspect florissant, est situé sur la falaise, au milieu de vergers, à 122 m. d'alt. et à 500 m. de la mer. Jolies maisons de campagne. Eglise avec chœur de la fin du XIIIe s. et clocher de 1753; château de la Marguerite, avec porte du XVIIe s.

L'hôtel de Paris, tenu pendant plus d'un demi-siècle par Mlle Ernestine Aubourg († 1918), à l'extrémité d'une avenue à g. en entrant dans le village, est un des principaux attraits de Saint-Jouin et un but pour les touristes, qui y viennent déjeuner ou dîner. Des tables et des tonnelles sont installées dans le verger qui entoure l'hôtel. Un petit *musée* est installé dans la salle à manger et le salon : meubles, étoffes et faïences; peintures et dessins de Corot, Nozal, Landelle, Dantan, Loir, Lambert; 19 albums d'*autographes* des célébrités du siècle, notamment d'Offenbach, Suzanne Brohan, Alexandre Dumas fils, Maupassant, Isabelle II, reine d'Espagne, Castelar, ministre espagnol, et un nouvel album contenant des autographes des ministres et ambassadeurs belges de Sainte-Adresse et de généraux anglais.

On va à la *plage* en 10 min., soit par le chemin de la valleuse

Boucherot, qu'on prend à g. à l'entrée du bourg, en face du calvaire, soit par le chemin qui longe l'église et la grande villa de M. Besnard.

Une jolie route de 3 k. N. encaissée entre des châtaigniers avec échappées sur la mer à g., conduit à Bruneval (*V.* ci-dessous). Une route de 9 k. E., qui part du calvaire et traverse (2 k.) la route du Havre à Etretat, mène par (5 k.) Gonneville (p. 144) à Criquetot-l'Esneval (p. 135). Distance du Havre par la route, 20 k.

Bruneval (gare à Etretat, 6 k. 5 N.-E., *V.* ci-dessous; pas de voit. publ.; hôt. *du Beau-Minet*, 15 ch., gar., auto; quelques villas à louer; approvisionnement et poste à Saint-Jouin; cabines à la plage; petit *casino*, fermé pendant la guerre) est une très petite station balnéaire, tranquille, dans un vallon d'un aspect assez sauvage, aux pentes revêtues de taillis, qui débouche sur la mer par une fissure élargie pour le passage de la route.

La plage, bordée de galets, découvre à marée basse des rochers et des varechs; elle est encadrée par des falaises imposantes, hautes de 116 m. à l'E. et de 102 m. à l'O.

Etretat est à 6 k. 5 au N.-E. : on revient à l'entrée du vallon de Bruneval pour prendre à g. du calvaire un chemin rocailleux montant en pente douce à (2 k. 5) *La Poterie*, village à 1 k. duquel on retrouve la route du Havre à Etretat.

A 2 k. N. de Bruneval par le chemin de la falaise, à 4 k. 5 par la route de voiture, qui passe par la Poterie et laisse à dr. la route d'Etretat, se trouve le cap d'Antifer (p. 143).

ETRETAT, station terminus de ch. de fer (p. 89), petite ville et port de pêche de 1,973 hab., est une station balnéaire mondaine et très fréquentée, à l'issue d'un vallon ouvrant sur la mer. Etretat doit sa célébrité à ses falaises, les plus belles de la côte normande, percées d'arches naturelles. On y trouve toutes les ressources désirables, de belles villas et des hôtels de 1er ordre. La vie y est élégante et plutôt chère.

Voies d'accès : — 230 k. *de Paris* (Etat, gare Saint-Lazare) en 5 h. env. par express; 35 fr. 95, 24 fr. 25, 15 fr. 80. Billets d'aller et retour ordinaires (les billets de bains de mer sont actuellement suspendus) : 53 fr. 90, 38 fr. 80, 25 fr. 30. Description du trajet, p. I à 14 et 85 à 89.

Omnibus de ville : — 40 c.; avec 30 kilog., 50 c.; 10 c. en plus, par 10 kilog.; la nuit, 50 c. et 60 c. — *Omnibus des hôtels* (prix variables).

Commissionnaires : — 1 fr. par 100 kilog.

Hôtels : — De grand luxe : — **Les Golf-Hôtel* (*de la Plage* et *Roches-Blanches*), sur la mer (hôpitaux militaires anglais pendant la guerre).

1er ordre : — *Blanquet*, T.C.F., r. Mathurin-Lenormand, sur la mer (l'été; 65 ch.; électr., bains, gar., jardin); *Hauville*, à l'extrémité de la r. Alphonse-Karr, sur la mer, T.C.F. (l'été; 100 ch.; rest. sur la plage, gar.; l'annexe, à l'angle de la r. A.-Boissaye est occupé par une colonie des orphelins de la guerre); *d'Angleterre*, r. du Havre, 35 (l'été).

Plus simples : — **Omont*, à la villa Ramade, r. du Havre, 16, T.C.F. (toute l'année); *des Deux-Augustins et Normandie*, pl. du Marché (toute l'année; *de la Paix*, pl. du Marché (rest., bar américain).

Restaurants : — aux hôtels *Blanquet* et *Hauville*.

Maison meublée : — *Lavillon-Perrey*, angle de la pl. du Marché et du bd Lourdel.

Agence de location : — *L. Coquin*, r. Alphonse-Karr, 27; *Mme Chambrelan*, r. de l'Abbé-Cochet, 6.

Poste : — r. du Havre, 25 : l'été de 7 h. à 21 h.; fermée le dim. à midi.

Voitures de place : — de la gare à domicile, 1 fr. 50 (1 chev.) et 2 fr. 50 (2 chev.); bagages, 1 fr. 50; la *course en ville*, 2 et 3 fr.; l'*heure en ville*, 3 et 4 fr.

Loueurs de voiture : — *Deschamps*, r. du Havre, 14; *H. Omont*, r. du Havre.

Services publics : — voit. publ. pour *Fécamp*; service d'auto pour *le Havre* (interrompu pendant la guerre).

Voitures d'excursions : — excursions collectives l'été, voir les affiches.

Bains de mer : — cabines et costumes. Bains de mer chauds.

Casino : — fermé pendant la guerre.

Golf : — sur la falaise d'aval, 30 hect. vallonnés; homme, 7 j., 20 fr.; 1 mois, 40 fr.; saison, 75 fr.; dame, 15 fr., 25 fr., 45 fr. Entrées : joueur, 5 fr.; promeneur, 1 fr.

Tennis-club : — journée, 2 fr.; 7 j., 15 fr.; 15 j., 20 fr.; 1 mois, 30 fr.; saison, 35 fr.; — *Petit-tennis*, saison, 10 fr.

Syndicat d'initiative : — à la mairie.

Histoire. — Au milieu du siècle dernier, Etretat n'était encore qu'une bourgade de pêcheurs, aux toits de chaume. Le célèbre peintre Isabey y vint un des premiers, y peignit de nombreuses « marines », mais se garda d'y attirer ses amis. Vinrent d'autres peintres, Le Poittevin et Mozin, et le peintre anglais Stanfield : eux aussi gardèrent jalousement au pays sa tranquillité. Ce fut Alphonse Kaar qui fit la fortune d'Etretat, dont il chanta la louange dans ses romans, avec un tel enthousiasme qu'il éveilla la curiosité publique. Guy de Maupassant, à son tour, vint habiter le pays et contribua à le mettre à la mode.

Il y a deux siècles à peine, le vallon d'Etretat était parcouru par une petite rivière qui faisait tourner de nombreux moulins. Elle s'est, depuis, creusé un lit souterrain et on ne la voit plus apparaître que parmi les galets de la plage (p. 142).

Le sol d'Etretat, légèrement plus bas que le niveau des hautes mers, est protégé par sa digue de galets et par des maçonneries qui bordent la grève. Tous les ans, le jour de l'Ascension, a lieu la *Bénédiction de la mer* : le clergé bénit la mer et lui enjoint de respecter ses limites.

L'avenue de la Gare, qui est la route de Bénouville et d'Yport, et qui suit le Grand-Val d'Etretat, descend jusqu'à un carrefour où l'on voit à g., un peu en retrait, la charmante église Notre-Dame.

L'**église Notre-Dame*, romane et gothique, intéressante au point de vue archéologique, date des XIe et XIIIe s. Elle offre un joli portail roman (XIe s.), orné de sculptures, de rinceaux et de statuettes : remarquer les chapiteaux des colonnes latérales; au tympan effrité se voit le Christ entre les animaux des Evangélistes. Sur les façades latérales, corniche portée par des modillons.

A l'intérieur, la première partie de la nef est romane (XIe s.), avec des piliers cylindriques et trapus, des arcades en plein cintre ornementées en dents de scie et en frettes crénelées; les voûtes supérieures sont gothiques. — La suite de la nef, le carré du chœur, où la *tour* de l'église forme lanterne sur plan carré, portée sur 4 gros piliers et éclairée par

8 fenêtres ogivales, et le chœur sont du style gothique normand du XIIIe s. Leurs ogives et leurs fines colonnettes contrastent avec la vieille nef romane. — En haut du bas-côté g., bénitier du XIIIe s.

De ce carrefour, la rue Notre-Dame, à dr., bordée de belles villas avec jardins, conduit à la place du Marché, d'où le court boulevard Charles-Lourdel, sur lequel est l'hôtel de la Plage, aboutit à la place Victor-Hugo et à la mer.

On arrive à une petite terrasse sablée, bordée de villas, et à dr. de laquelle est l'hôtel des Roches-Blanches ; à g. est l'entrée du casino. La plage est en contre-bas. Deux magnifiques falaises encadrent la grève : à dr., la *falaise d'Amont* (*V.* ci-dessous), avec la chapelle N.-D.-de-la-Garde ; à g., la *falaise d'Aval* (p. 142), avec son arcade naturelle.

Le *casino*, avec salle de bal et de théâtre, concerts, petits-chevaux et baccarat, borde la grève, en terrasse, et la coupe en deux sections. Un établissement de bains de mer chauds est annexé au casino. Un important tennis en dépend également, situé hors la ville, sur la route du Havre.

La *plage*, en pente rapide, permet les bains à toute heure ; précautions nécessaires. Elle est entièrement tapissée de petits galets arrondis, dont les plus gros ne dépassent guère un œuf de poule, dont les moindres sont de la taille d'œufs de moineaux. La mer ne se retire pas à plus de 60 m.

Passant devant le casino par la plage, ou en arrière par la petite rue Adolphe-Boissaye, on longe les hôtels Blanquet et Hauville, dont la façade est ornée d'un buste d'Alphonse Karr, médiocre camaïeu à fond bleu, et l'on arrive à la seconde partie de la grève, qui est l'ancien et pittoresque quartier des pêcheurs. On remarque surtout les curieuses *caloges*, vieilles embarcations, noires et goudronnées, couvertes d'un toit de planches, qui servent de magasins aux pêcheurs pour ranger leurs filets et leurs engins. Les barques, auxquelles la mer n'offre aucun abri, sont tirées sur la grève après chaque sortie, à l'aide de cabestans. C'est là, sur le perré, qu'a lieu la vente du poisson à la criée.

En arrière des caloges, s'ouvre la *rue Alphonse-Karr* ; c'est la plus vivante d'Étretat, avec de nombreuses boutiques à l'usage des baigneurs. Elle amène à la rue du Havre, où se trouve la poste, et qui conduit vers la dr. à la route du Havre, et à g. à la place Casimir-Perier, où est l'hôtel de ville. De cette place, la rue Monge ramènerait à la place du Marché, tandis qu'en continuant à suivre la rue du Havre on retourne à la gare.

ENVIRONS. — 1° **Falaise d'Amont** (promenade à pied, pittoresque, mais assez fatigante). La falaise d'Amont est celle du N.-E.

Si, de la plage, on suit vers la dr. le pied de la falaise d'Amont à marée basse, on arrive en 10 min. env. au *Chaudron*, après une marche un peu pénible sur les galets. C'est une sorte de renfoncement de la falaise, où la mer écume à marée haute, comme une eau qui bout : d'où le nom de l'endroit. Une échelle de fer, toute rouillée et rongée par l'eau de mer, donne accès à un tunnel qui, traversant la falaise de part en part, aboutit, à sa partie supérieure, près de la chapelle N.-D.-de-la-Garde. L'escalade de l'échelle est difficultueuse, surtout pour les femmes, et il est plus facile d'en descendre, en prenant la promenade dans le sens contraire.

En ce cas, et c'est la meilleure façon de visiter la falaise d'Amont, on prend sur la plage, au delà de l'hôtel des Roches-Blanches, un escalier taillé dans la falaise, auquel fait suite un sentier gazonné. On atteint ainsi, à 86 m. d'alt., la *chapelle N.-D.-de-la-Garde* ou des Marins, moderne, de style gothique, qui est suivie du sémaphore. De là, un autre sentier descend dans la valleuse d'Amont, vers une sorte de fissure où sont entaillées des marches; celles-ci amènent à la base de la falaise, au lieu dit le Banc à Cuves, en vue de l'arche de rocher dite *porte d'Amont*, sous laquelle on ne peut jamais passer à pied sec, et du dôme naturel, dit la *cave à la Mère Féret*. Près de cet endroit se déversent, par un souterrain, les eaux pluviales d'Etretat.

Un tunnel, creusé à travers la falaise, descend au trou du Chaudron (*V.* ci-dessus), où une échelle de fer permet, tant bien que mal, de sauter sur la grève à marée basse.

Vers la dr., à 1 k. env., on aperçoit en mer la roche Vaudieu, en face de laquelle se creuse dans la falaise le *trou à Romain*, où un déserteur se réfugia en 1803; grâcié l'année d'après, il revint sur cette falaise et se précipita dans les flots. — Pour la suite de la côte dans cette direction, ci-après, 4°, p. 143.

2° Falaise d'Aval (promenade à pied, pittoresque, un peu fatigante, mais très recommandée). La falaise d'Aval encadre Etretat au S.-O.

On suit à marée basse la grève vers la g., au delà des caloges, et on passe à proximité du curieux et pittoresque *lavoir* où les femmes battent leur linge pour l'étaler ensuite à plat sur les galets. C'est ici qu'aboutit la rivière qui, jadis, coulait à l'air libre dans le vallon d'Etretat et qui s'est depuis creusé un lit souterrain. En écartant les galets, les blanchisseuses retrouvent l'eau douce. Continuant à suivre la grève avec précaution, parmi les rochers glissants, couverts de goémons et de coquillages, et les trous d'eau où l'on voit de nombreuses actinies rouges, ou fleurs de mer, on trouve un ancien parc aux huîtres, taillé dans le roc, en 1777, par ordre du marquis de Belvert, pour la reine Marie-Antoinette; il sert de réserve et l'élevage ne s'y pratique plus. En face de soi, on voit se creuser dans la falaise une vaste caverne tapissée de galets; c'est le *trou à l'Homme*, qui doit son nom à un naufragé dont le corps y fut déposé par la mer; il est pavé de galets et tapissé de mousse. Au delà s'ouvre la superbe ***porte d'Aval** en forme d'arcade ogivale: à pleine eau, les marins passent dessous avec leurs bateaux. Devant la porte d'Aval se dresse une sorte d'obélisque naturel, haut de 70 m.; c'est l'*aiguille d'Etretat*. On ne peut traverser la porte d'Aval et poursuivre par la grève qu'à l'époque des grandes marées.

On aperçoit alors une crique de toute beauté, dite le *Petit-Port*. Elle est encadrée à dr. par la porte d'Aval, à g. par **la *Manneporte** (du latin *magna porta*, grande porte), arche plus formidable encore. La falaise à son faîte, est à 90 m.; les rocs blancs sont formés d'une pâte calcaire avec silex. Le site peut passer pour une des merveilles naturelles de la France. A marée basse, on peut franchir facilement la Manneporte, au delà de laquelle se développe une nouvelle crique, difficilement accessible, que termine la pointe de la Courtine, celle-ci cachant le cap d'Antifer (p. 143).

Au retour, à marée basse et lors des grandes marées seulement, on peut regagner directement Etretat par la grève, en passant sous la porte d'Aval.

Il est préférable de revenir par le faîte de la falaise, au moyen d'un escalier de bois de 160 marches muni d'une rampe, qu'on trouve au

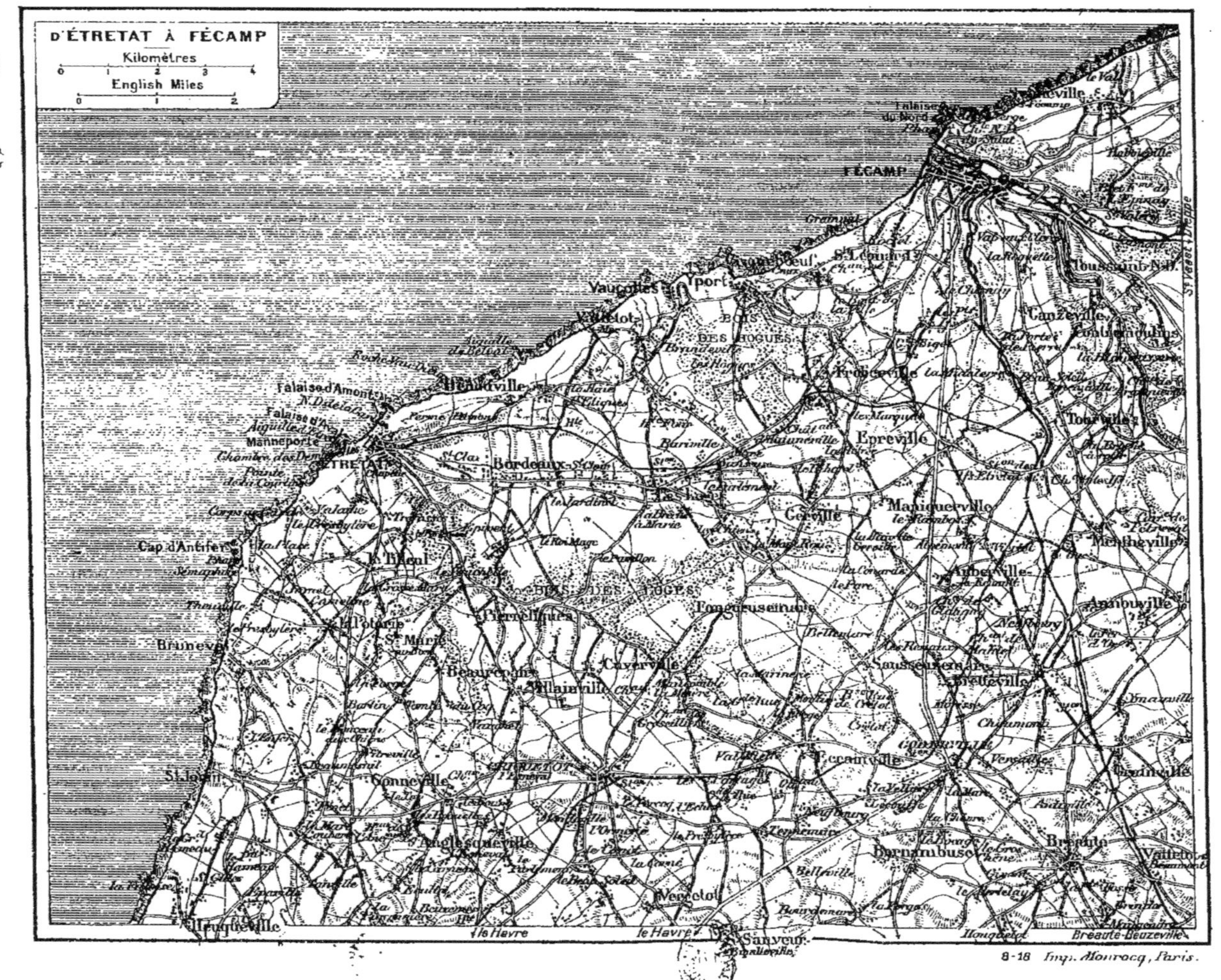

8-18 Imp. Monrocq, Paris.

fond de la crique du Petit-Port. Sur ce point la falaise a près de 85 m. Quand on est parvenu au sommet, on gagne à g., par une crête de gazon entre deux précipices, la *Chambre aux Demoiselles*, grotte creusée dans la partie supérieure d'une vertigineuse aiguille de rocher. Du plateau et de la pointe de la falaise, vue splendide sur Etretat.

On revient à la plage par un étroit sentier public qui descend entre les grillages du golf et aboutit à la rue du Docteur-de-Miraumont, ou bien en suivant le bord de la falaise et en descendant au lavoir (*V.* ci-dessus) par un escalier, actuellement en mauvais état, qui passe sous un petit épaulement de rocher.

3° Cap d'Antifer : 4 k. S.-O. à pied (un peu fatigant) en ligne directe par le sentier de la falaise; mais il faut compter avec les nombreux vallonnements du terrain. Départ d'Etretat par le faîte de la falaise d'Aval et la crique de la Manneporte. — 2 k. On laisse à dr. la *Pointe de la Courtine*, haute de 90 m., avec les ruines d'une ancienne batterie. — 4 k. On traverse un large vallon, solitaire et sauvage, au fond duquel est un corps de garde de douaniers, et qui ouvre sur la mer et la plage d'Antifer, encadrée de falaises. On remonte sur l'autre face du vallon, pour gagner le cap d'Antifer, que domine son phare.

Par la route on pourra utiliser le service d'autos d'Etretat au Havre, lorsqu'il fonctionnera, jusqu'à l'église du Tilleul; voiture de louage : 20 fr. env. — 1 k. 5. On laisse à g. le château de Tréfossés, de 1771. — 2 k. 5. Eglise du Tilleul, où l'on quitte la route du Havre pour tourner à dr. — 4 k. 5. *La Place*, hameau. — 5 k. 5. Cap d'Antifer.

Le *cap d'Antifer*, haut de 110 m., est un énorme promontoire de roches blanches, auxquelles est superposée une couche de terre rougeâtre. Il porte un phare en granit, muni d'une sirène de brume, à air comprimé. Un sémaphore en est voisin. Le cap est en outre le point d'immersion de câbles télégraphiques sous-marins. Près du cap, le Roc aux Guillemots doit son nom aux oiseaux qui le fréquentaient jadis et qui ont été stupidement détruits. Vers la dr., s'étend la plage d'Antifer, par où l'on accède à la mer.

Du cap on pourrait poursuivre, à pied, par le chemin de la falaise (2 k. S.; 40 min. env.), jusqu'à Bruneval (p. 139); en voiture il faut revenir jusqu'au village de la Poterie (2 k. S.-O. du cap), où l'on reprend la route de Bruneval (2 k. 5 S.-O. de la Poterie).

4° Falaises de Bénouville : ch. de fer (ligne de Paris) jusqu'à la station de Bordeaux-Bénouville (p. 89), qui est à 1 k. de l'église de Bénouville.

3 k. 7 N.-E. par la route qui commence à l'extrémité de la rue Notre-Dame, passe devant la gare, et monte en corniche pendant 3 k. jusqu'aux premières maisons de *Bénouville*, d'où l'on peut gagner à pied la falaise, vers la g. A Bénouville, château Louis XV.

3 k. 5 d'Etretat à Bénouville par le chemin de la falaise, mais il faut compter avec les vallonnements du terrain (ci-dessus 1°).

De Bénouville deux valleuses pittoresques descendent à la mer : la *valleuse de Saint-Ange*, déchirure de la falaise, avec un escalier et un tunnel qui amènent jusqu'à la grève, parmi les éboulis de rochers; la *valleuse du Curé*, la plus agreste, avec escalier et tunnel. On peut descendre par l'une, suivre la grève de galets et remonter par l'autre.

L'aiguille de Belval, qui se trouve à peu près dans l'axe du clocher de Bénouville, est un colossal monolithe, détaché de la falaise et battu sans cesse par les vagues. Elle est voisine du Banc de Sainte-Anne, banc de récifs où naufragea, en 1766, le marquis de Créquy, exilé de France.

De Bénouville on peut, en passant par (5 k. 7) Vattetot-sur-Mer (p. 145) poursuivre jusqu'à Vaucottes (4 k. env. N.-E. de l'aiguille de Belval, par le chemin de la falaise; 7 k. 3 par la route de voiture), p. 144.

5° **Bois des Loges** (route 5 k. 5 S.-E.). — On s'y rend directement d'Etretat, par le vallon du Grand-Val et la chapelle anglaise (500 m.), le Parlement, hameau (2 k.), le Vauchel, hameau (3 k.). — 4 k. On laisse à dr. la route de Pierrefiques. — 5 k. 5. Bifurc. de 4 routes, dans le *bois des Loges*, où l'on trouve de jolis ombrages.

En prenant la bifurc. de g. on peut : — soit en tournant peu après, par le premier chemin à g., regagner Etretat (5 k. 5 de la bifurc.) par Saint-Clair (p. 89); — soit continuer jusqu'aux Loges (p. 89; 3 k. 5 de la bifurc.), station du ch. de fer d'Etretat (6 k. d'Etretat par la route).

6° **Gonneville, Criquetot** (circuit de 21 k., aller et ret.; on pourra utiliser, après la guerre, le service d'autos d'Etretat au Havre, jusqu'à la ferme Pinel à 3 k. O. de Gonneville). — On quitte Etretat par la route du Havre. — 2 k. 5. Eglise du Tilleul. — 3 k. On laisse une bifurc. à dr., pour la Poterie et Bruneval (ci-dessus, 3°). — 4 k. 5. On quitte la route du Havre, pour bifurquer à g. — 6 k. On laisse à g. une route de 1 k., qui conduirait au village de Beaurepaire.

8 k. 5. *Gonneville* (hôt. *Aubourg*), où l'église renferme quelques vieilles statues et des fonts baptismaux octogones en pierre, du XIIIe s. Le principal attrait est l'hôtel Aubourg, tenu par le frère d'Ernestine Aubourg, de Saint-Jouin (p. 138); on y vient déjeuner ou dîner et on y voit une sorte de musée : meubles et faïences, tableaux, autographes.

11 k. 5. *Criquetot-l'Esneval* (p. 135), station de la ligne Havre-Dieppe. De Criquetot on revient vers Etretat, par la route des Loges.

14 k. On laisse à dr. Cuverville, village au delà duquel on atteint le bois des Loges (ci-dessus, 5°). — 15 k. 5. Bifurc. où on laisse à dr. la route des Loges (p. 89) et à g. une route vers Gonneville. — 17 k. On laisse à g. la route de Pierrefiques, puis on traverse 2 hameaux. — 20 k. 5. On passe près de la chapelle anglaise, pour arriver à Etretat (21 k.), par le vallon du Grand-Val.

D'Etretat a Yport. — Route 10 k. N.-E., par Bénouville (3 k. 5; ci-dessus, 4°), Vattetot (5 k. 7; *V.* ci-dessous) et Vaucottes (7 k. 5; *V.* ci-dessous), qu'on laisse à g. pour traverser un plateau puis descendre une pente rapide et en lacets dans le vallon d'Yport (10 k., p. 145).

Ch. de fer d'Etretat à Froberville (p. 89), qui est à 3 k. S.-E. d'Yport voit. de corresp.).

D'Etretat a Fécamp (l'été, service de voitures). — Deux routes : l'une, de 17 k. N.-E., la plus accidentée, par *Yport* (10 k.; *V.* ci-dessus). De l'église d'Yport, on remonte sur la face opposée du vallon et on s'élève en pente rapide (tournant brusque) dans le bois des Hogues, jusqu'à 80 m. d'alt. — 12 k. 5. On laisse à g. Criquebeuf-en-Caux, à 96 m. d'alt. — 15 k. *Saint-Léonard* (p. 155). — 15 k. 5. Bifurc. : la route de dr. amène à Fécamp (17 k.), à la place Thiers; la route de g. conduit à la plage de Fécamp (17 k.; p. 153).

L'autre route (17 k.) passe d'abord par *Bordeaux-Saint-Clair* (4 k.; p. 89). — 6 k. *Les Loges* (p. 89). — 7 k. 5. On croise le ch. de fer. — 9 k. 5. On dépasse, à dr., le château d'Hainneville. — 10 k. 5. *Gare de Froberville.* — 11 k. 5. Eglise de Froberville. — 15 k. *Saint-Léonard* (p. 155). — Au delà de Saint-Léonard, comme ci-dessus.

Ch. de fer d'Etretat aux *Ifs* (p. 89) où l'on change de train pour Fécamp. — 23 k. d'Etretat à *Fécamp*, 3 fr. 60, 2 fr. 45, 1 fr. 60.

Vaucottes (gare à 4 k. 5, aux *Loges-Vaucottes*, station de la ligne des Ifs à Etretat, p. 89; pas de voit. publ.; voit. de louage aux Loges; — hôt. *Simon Guest*, gar.; chalets et logements meublés : s'adresser à M. Duford, bd Saint-Michel, 47, Paris;

fournisseurs à Yport ou à Vattetot), très petite station balnéaire, qui est comme une dépendance d'Yport (*V.* ci-dessous). Les villas sont disséminées entre les arbres sur les pentes de la valleuse qui s'adosse d'un côté au bois des Hogues, et de l'autre aboutit à la mer.

La *plage*, comme celle d'Yport, est irrégulière; selon le vent et la mer, qui en brasse les fonds, elle offre du galet ou des bancs de sable.

Près de la ferme des Ferrières, on se fera montrer, sur le plateau couvert de bruyères, des buttes et des fossés, dits *ferrières*. Ces trous sont l'œuvre des Gaulois, ou, plus vraisemblablement, des habitants, qui, pendant le cours du moyen âge, en extrayaient des pierres faites de cailloux agglomérés, ou « poudingues », avec lesquels ils fabriquaient des meules; on voit une de ces meules au musée de l'hôtel de ville de Fécamp.

Le centre communal de Vaucottes est *Vattetot-sur-Mer*, où on monte en lacets (1 k. 7 de la bifurc.), par la route d'Etretat. On y trouve des chambres et logements meublés. *L'église* a un clocher bâti vers 1194, restauré en 1896 par Bœswillwald, avec flèche et clochetons du XIVe s.; la nef est couverte en bois; les arcades du carré du chœur sont du XIIIe s.; le chœur a une abside romane, en cul-de-four; une statue crucifiée de Ste Wilgeforte attire de nombreux pèlerins, surtout le lundi qui suit la St-Pierre.

De Vattetot à Bénouville et à Etretat, p. 143; à Yport, p. 144.

Yport, bourg de 1,852 hab., petite station balnéaire et port de pêche, est situé dans une crique, au débouché d'un vallon boisé.

Le pays, animé par le va-et-vient des pêcheurs, est pittoresque et attire de nombreux artistes. On y trouve des chalets à louer, ainsi qu'à se loger chez l'habitant. Les ressources sont suffisantes et les prix sont modérés.

Voies d'accès : — ch. de fer Etat, 220 k. de Paris à *Froberville-Yport*, en 5 à 6 h. env. par express; 34 fr. 40, 23 fr. 20, 15 fr. 15. Billets d'aller et retour ordinaires (les billets de bains de mer sont actuellement suspendus) : 51 fr. 55, 37 fr. 15, 24 fr. 20. Description du trajet, p. 1 à 14 et 85 à 89.

Gare : — à Froberville, route 3 k. S.-E.; voit. de correspondance toute l'année (à l'hôt. Tougard).

Hôtels : — *Duboc*, pl. du Grand-Puits, T.C.F.; *Vve Tougard*, rue Emmanuel-Foy, avec pavillon sur le port; *Vve Loisel-Tougard*, sur le port.

Pension de famille : — *Morisse*, sur la plage.

Agence de location : — *Dutot*, r. Emmanuel-Foy.

Poste : — pl. du Grand-Puits.

Loueurs de voitures : — *Grenier*, pl. du Grand-Puits; aux hôtels.

Voitures publiques : — pour la gare (*V.* ci-dessus); pour *Fécamp*.

Autogarage : — *Le Febvre*, r. Nunès, 16.

Bains de mer : — bain complet 1 fr. 25, cabine seule 45 c.; bains de mer chauds 1 fr. 75; bains de varech 2 fr.

Casino : — fermé pendant la guerre.

Tennis : — r. de la Gare.

De la gare de Froberville-Yport, située à 3 k. au village de Froberville, la route atteint (1 k.), le bois des Hogues; à 1 k. 5 on bifurque à g. pour descendre dans le vallon d'Yport.

En arrivant, à g. la rue A.-Nunès passe devant l'église, construite en 1838, en style roman, par les habitants d'Yport ; chacun versa non seulement sa souscription, mais encore contribua personnellement à l'extraction et au charroi des matériaux nécessaires.

En continuant, on arrive à la place du Marché, contiguë à la place du Grand-Puits, où on prend à g. la rue Emmanuel-Foy, qui conduit à la mer.

Le petit *port*, où les barques de pêche, à marée basse, sont tirées au cabestan, est blotti entre deux falaises : celle de g. forme la pointe Chicart, qui fait à Yport un abri naturel contre les vents d'ouest et sous laquelle on pêche le homard. A dr., la ligne des falaises se développe vers Fécamp.

La *plage*, située entre la jetée et la pointe Chicart, est irrégulière : sous l'action de la mer et des vents, elle présente tantôt une grève de galets, tantôt une partie en bancs de sable. Elle découvre assez loin, à marée basse, des rochers tapissés de varechs et de goémons, où les barques circulent dans un chenal qui leur a été creusé.

Un modeste *casino*, avec petits-chevaux, s'élève sur une terrasse rapportée, à l'abri d'une petite jetée. Il est voisin de la vente à la criée, qui ne manque pas de pittoresque, et d'un établissement de bains de mer chauds.

Derrière le casino commence, par une pente carrossable, le boulevard de la Plage, qui accède aux chalets.

ENVIRONS. — 1° **Bois des Hogues.** — Promenade habituelle des baigneurs, il s'étend sur une longueur de 3 k., entre Yport et le ch. de fer d'Etretat.

On y accède soit par la route de la gare de Froberville, soit par la route de Vaucottes, où l'on tourne à g., à 1 k. env. d'Yport, pour gagner la ferme des Hogues. Du plateau de la ferme (102 m.) où se voient d'anciennes ruines, on peut gagner le bois des Hogues, à g. vers Froberville, à dr. vers Vaucottes et Vattetot-sur-Mer. Belles hêtraies, fougères, etc.

2° **Vaucottes.** — On se rend à Vaucottes : — soit à pied par un chemin plus court qui s'élève sur la falaise de g. : — soit par une route de 3 k. 3, avec montée raide en lacets, qui commence près de l'église; raccourci pour les piétons ; à dr. corderies; à mi-côte, belle vue à dr. sur Yport. Du plateau, descente de 1 k. 5 en lacets, avec tournants brusques; Vaucottes apparaît à dr., avec ses villas et sa plage. En bas, tourner à dr. : la mer est à 600 m.

Pour Vaucottes et Vattetot, p. 144.

DE FROBERVILLE-YPORT A DIEPPE, PAR LES IFS, p. 89 et 135-138.

D'Yport à Fécamp, p. 156 en sens inverse; d'Yport à Bénouville et Etretat, p. 144 et 143 en sens inverse.

13. — FÉCAMP ET SES ENVIRONS

CHEMIN DE FER : État, 222 k. de Paris en 5 h. env. par express, horaire d'avant-guerre ; 34 fr. 70, 23 fr. 40, 15 fr. 25. Billets d'aller et ret. ordinaires (les billets de bains de mer sont actuellement suspendus) : 52 fr. 05, 37 fr. 45, 24 fr. 40. — Description du trajet, p. 1 à 14 et 85 à 89.

ROUTE : 194 k. de Paris par : 125 k. *Rouen* (p. 1) ; 131 k. *Maromme* ; 143 k. *Barentin* ; 161 k. *Yvetot* ; 167 k. station d'*Allouville-Bellefosse*, où l'on tourne à dr., pour filer en ligne droite ; 174 k. on laisse à g. Fauville ; 181 k. *Ypreville-Biville* ; 190 k. 5. *Toussaint*. — On arrive à Fécamp par la rue des Forts et l'église de la Trinité.

FÉCAMP, ville de 17,383 hab. (les *Fécampois*), port important et station balnéaire fréquentée, est situé sur la Manche et la rivière de Fécamp formée par les ruisseaux de Valmont et de Ganzeville. Fécamp s'étend en profondeur, jusqu'à 3 k. du rivage, dans un vallon assez étroit entre deux rangs de collines nues, couvertes de landes, se terminant à la mer par deux hautes falaises blanchâtres. A l'extrémité de cette vallée se creuse le port, dont les quais sont toujours très animés. Fécamp offre de nombreuses ressources : on peut y vivre à tous prix, à l'hôtel ou en location.

Aux environs nombreuses excursions (p. 154).

Omnibus : — des hôtels à la gare, 50 c.

Hôtels : — A LA GARE (toute l'année) : *de la Gare et Moderne* ; *du Café Anglais* (rep. à prix fixe), tous deux av. Gambetta.

EN VILLE (toute l'année) : **Canchy* (Pl. *c* B4), pl. Thiers, 10, T. C. F. (chauff.) ; *du Chariot-d'Or* (Pl. *e* B4), pl. Thiers, 7 (annexe de l'hôt. Canchy ; cercle militaire belge pendant la guerre) ; *du Grand-Cerf*, r. des Forts, 10, près de l'église ; *du Commerce*, r. Jacques-Huet, 63, près du marché ; *de l'Univers*, pl. Saint-Étienne, 5.

PRÈS DE LA MER : 1er ordre : *des Bains et de Londres* (Pl. *a* A2) (loué aux réfugiés belges pendant la guerre) ; *d'Angleterre* (Pl. *b* A2), r. des Corderies, 91, (l'été ; 45 ch. ; bains, gar., jardin) ; — plus simple : *de la Plage* (Pl. *d* A2), r. des Bains.

Pensions de famille : — *Villa Waroquet*, r. Georges-Cuvier, 39, sur la mer (mai à oct., 20 ch. ; bains, grand jardin ;) *Delbende*, r. Charles-Le Borgne 20.

Restaurants : — aux hôtels ; *Drony*, av. Gambetta ; *de la Martinique*, pl. Saint-Étienne ; *du Progrès*, *Duhamel*, quai de la Vicomté.

Agence de location : — *Floch*, r. Théagène-Boufart, 33.

Poste : — pl. Adolphe-Bollet (provisoirement av. Gambetta, 7) 7 h., (8 h. l'hiver) à 19 h. ; fermée le dim. à 10 h. (11 h. l'hiver).

Banques : — *Banque de France*, r. Georges-Cuvier ; *Crédit Lyonnais*, r. Félix-Faure, 24 ; *Société Générale*, pl. Saint-Étienne, 2.

Tramways : — de l'abbaye au casino ; du casino à Saint-Ouen ; service du théâtre (ne marchent plus depuis la guerre).

Autogarages : — *Garage central*, r. de l'Inondation, 16 ; *Garage moderne*, r. Georges-Cuvier ; *Hanin*, r. Théagène-Boufart ; *Rouen*, pl. Thiers.

Voitures à louer : — *Drony*, av. Gambetta (pour la ville : 3 fr. la 1re h., 2 fr. les suivantes) ; *Letellier*, pl. Saint-Étienne ; aux principaux hôtels.

Voitures publiques : — pour *Sassetot*, *Petites-Dalles*, *Saint-Martin-aux-Buneaux*, départ pl. Saint-Étienne ; *Etretat*, *Yport*, départ chez Drony, av. Gambetta ; *Saint-Pierre-en-Port*, départ chez Burette, av. Gambetta. En temps de paix, service d'autos pour les Grandes-Dalles.

Bateaux et promenades en mer : — s'adresser au bureau de renseignements.

Bains de mer : — au casino; bain complet, 1 fr. 10.

Bains de mer chauds : — au casino; 1 fr. 50; bains de varech, 2 fr.

Casino : — fermé pendant la guerre; quelques représentations cinématographiques en tournée; entrée 25 c. dans les jardins.

Sports et distractions : — *tennis*, sur la côte de Renéville (s'adresser au casino); — *régates*, devant le casino, 3 jours fin juillet; — *courses de chevaux*, sur l'hippodrome (côte de la Vierge), 1re quinzaine d'août; — *stand* au Bois-de-Boulogne, route d'Etretat; — *terrain de jeux*, ferme du Colombier, quartier Saint-Valery.

Spécialités : — *liqueur Bénédictine*; diverses *pâtisseries*.

Cercles : — *de la Concorde*, à l'hôt. Canchy; *des Etrangers*, au casino; *militaire*, pl. Thiers.

Bureau de renseignements gratuits : — chez M. Legros, r. de l'Inondation, 16.

Histoire et Légende. — D'après la légende, au Ier siècle de notre ère un bateau mystérieux, creusé dans le tronc d'un figuier, aurait été poussé par les flots sur la grève où s'élevait la petite bourgade devenue auj. Fécamp : dans le bateau une boîte de plomb aurait contenu des gouttes du sang de Jésus-Christ, recueillies à sa mort par un de ses disciples, Joseph d'Arimathie. La renommée de cette relique attira de nombreux pèlerins, et un premier monastère de femmes fut fondé, vers 660, par St Wanong, ou Waningo. Après avoir été détruit par les pirates scandinaves, ce monastère fut relevé à la fin du xe s., et devint une abbaye d'hommes, l'une des plus riches et des plus puissantes de la Normandie; des moines Bénédictins s'y installèrent et y subirent de rudes assauts, durant la guerre de Cent Ans.

Parallèlement à l'abbaye se développait le port, qui prospéra surtout jusqu'au xvie s., époque à laquelle le Havre se mit à le concurrencer et à le faire décroître à son profit. En nov. 1651, Charles II, roi d'Angleterre, vaincu par Cromwell et venant demander asile à la France, débarqua à Fécamp.

L'abbaye fut saccagée à la Révolution et ses moines dispersés; mais la relique du Précieux-Sang, conservée à l'église abbatiale de la Trinité (p. 151), attire encore auj. de nombreux fidèles, principalement le mardi de la Trinité et le jeudi suivant.

A Fécamp sont nés le peintre *Lemettay* (1726-1760) et le romancier *Jean Lorrain* († 1911) dont on peut voir la tombe au cimetière.

Industrie et Commerce. — Fécamp est le premier port de France pour la pêche de la morue à Terre-Neuve et en Islande; au retour, les Fécampois se livrent à la pêche du maquereau et du hareng. Nombreux établissements industriels : saleries de morue; fabriques de cordages et de biscuits de mer; chantiers de construction de navires; huileries; distillerie de la Bénédictine.

La gare est située en contre-bas du terre-plein où passe l'avenue Gambetta, à laquelle montent des marches ou une rampe pour les voitures. Prenant à g. l'avenue Gambetta, on trouve aussitôt la caisse d'épargne (1893), puis l'église Saint-Etienne.

L'*église Saint-Etienne*, du xvie s. (1500), appartient au style flamboyant. La façade a été refaite de nos jours. Sur le flanc dr., le *portail latéral* flanqué de 2 tourelles octogonales offre au tympan un bas-relief, très effrité, figurant le Martyre de St Etienne. L'église est surmontée d'une tour carrée moderne (1887) sur la croisée du transept; belle vue du sommet.

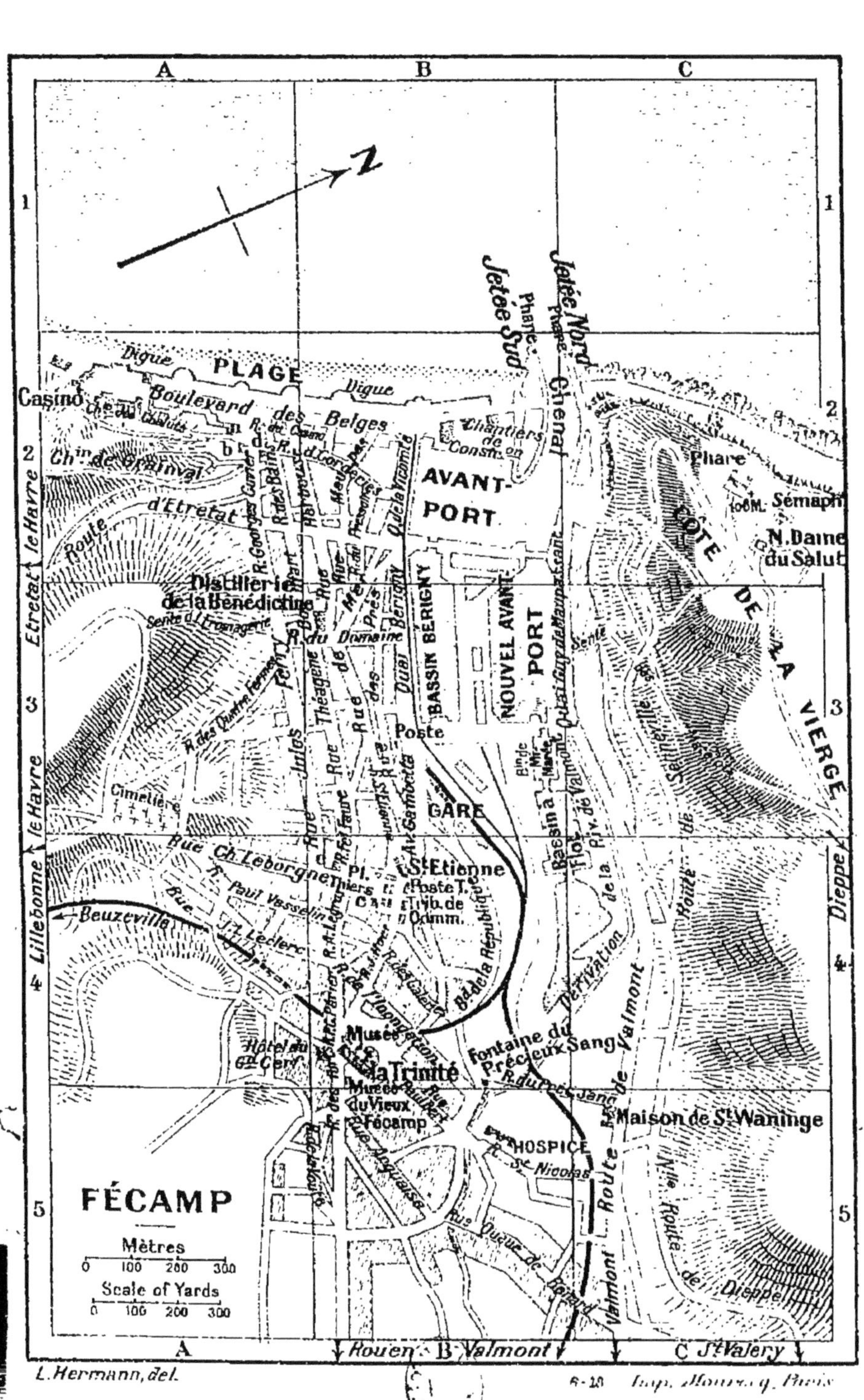
FÉCAMP
Mètres
0 100 200 300
Scale of Yards
0 100 200 300
A
B
C
1
2
3
4
5
N
PLAGE
Digue
Casino
Boulevard des Belges
Chin de Grainval
Route d'Etretat
Distillerie de la Bénédictine
Sente d'Eranagerie
R. des Quatre Fermes
Cimetière
Rue Ch. Leborgne
R. Paul Vasselin
Rue J. J. Leclerc
Beuzeville
Etretat, le Havre
Lillebonne, le Havre
Rue Jules
Rue Théagène
Rue de Prés
Quai Bérigny
Rue du Domaine
Jetée Nord
Jetée Sud
Phare
Chenal
Chantiers de Consn
AVANT-PORT
BASSIN BÉRIGNY
NOUVEL AVANT PORT
Poste
GARE
Av. Gambetta
Pl. Thiers
St Etienne
Poste T.
Trib. de Comm.
Bd de la République
Musée
La Trinité
Musée du Vieux Fécamp
Hôtel du Gd Cerf
Fontaine du Précieux Sang
Maison de St Waninge
HOSPICE
R. St Nicolas
Rue Queue de Renard
Dérivation
Route de Valmont
Nlle Route de Dieppe
Phare
Sémaphore
N. Dame du Salut
CÔTE DE LA VIERGE
Dieppe
Rouen
Valmont
St Valery
L. Hermann, del.
Imp. Monrocq, Paris

L'intérieur offre une nef très courte, aux lignes fines et élégantes, et où 4 énormes piliers supportent la tour du clocher. Belle chaire du XVIIe s. — Au bas-côté dr., au-dessus de la porte, statue de St Martin coupant son manteau pour le donner à un pauvre. — Au bas-côté g. (3e chap.), tableau de la Flagellation (XVIIIe s.), par *Lemettay*, peintre fécampois, et boiseries modernes, style du XVIe s. — Les colonnes gothiques du chœur ont été défigurées; peintures modernes, sur toile marouflée, représentant à dr., St Etienne distribuant aux pauvres les trésors de l'église, par Bassot, Guérison d'un paralytique par les apôtres Pierre et Jean et Funérailles de St Etienne, par Charrier; à g., St Léon arrête Attila et Conversion de St Paul, par Bassot; Entrée de Jésus à Jérusalem, par Charrier. Peinture de face : Martyre de St Etienne, tableau ancien (auteur inconnu). — Au transept sud, bénitier du XVIe s.; vitraux modernes de Boulanger.

Passant devant l'église Saint-Etienne, on trouve la petite place du même nom : à g., derrière l'église, halles et marché; derrière les halles, poste et tribunal de commerce. Un peu au delà, à dr., est la place Thiers, centre de la ville.

De la place Thiers, la rue Ch.-Leborgne, route du Havre, conduirait au cimetière, où se voit le monument de Rose Anaïs « la mère des sauveteurs », avec buste par Vasselot.

A l'extrémité g. de la place Thiers s'ouvre la rue Alexandre-Legros, continuée par la rue Casimir-Perier, qui mène à la place de l'Hôtel-de-Ville et à l'église de la Trinité.

Entre la rue Alexandre-Legros et la rue Casimir-Perier, la rue de l'Inondation, à g., conduirait en quelques min. à la *fontaine du Précieux-Sang* (p. 148), dans une cour, encastrée dans une petite chapelle.

La place de l'Hôtel-de-Ville est bordée par ce qui reste des bâtiments de l'ancienne abbaye des Bénédictins, supprimée à l'époque de la Révolution. Sur le côté g. de la place, une vaste construction rectangulaire, du XVIIIe s., est l'ancien moulin de l'abbaye; il est occupé auj. par l'usine électrique et par une maison d'habitation renfermant des salles voûtées à colonnes. En face on voit l'ancienne église abbatiale, flanquée, vers le milieu, des bâtiments qui abritent l'hôtel de ville et le musée. En face du grand portail, on aperçoit, derrière le presbytère, les vestiges intéressants du *château des ducs de Normandie*, Xe-XIe s.

L'*église de la Trinité ou **de l'Abbaye**, magnifique édifice du style gothique normand primitif, est un monument de premier ordre, aux formes simples et robustes, riche en remarquables œuvres d'art. Commencée de 1082 à 1107, elle date en majeure partie de 1175 à 1225 et marque le début de l'art gothique normand. — Sur le carré du transept s'élève une *tour* carrée, sans flèche, haute de 64 m. Deux autres tours s'élevaient à la façade; leurs assises seules subsistent. La façade de l'église, hétéroclite, a été juxtaposée au XVIIIe s.; elle est de style néo-grec, avec une porte de style Louis XV. Sur le flanc dr. de l'église, rue des Forts, *porche* gothique, du XIIIe s. L'église est fermée de midi à 14 h.

L'intérieur, très sobre d'ornementation, est fort beau et dégage une impression de puissance. L'église est longue de 127 m. La nef, qui a 23 m. de hauteur de voûte, rappelle par sa disposition celle de l'abbaye aux Hommes, de Caen (p. 327); à dr. et à g., au-dessus des arcades des bas-côtés, court une galerie à colonnettes et sans balustrade, avec de jolies roses à jour, semblable à une galerie de cloître. Elle servait sans doute de promenoir aux religieux.

Nef. — On descend par un escalier de 12 marches. 2 grandes coquilles forment les bénitiers. Beau buffet d'orgue, de 1746, provenant de l'abbaye de Montivilliers. Entre la 8e et la 9e travée, restes d'un jubé du xvie s. détruit en 1802, de style flamboyant; les statues ont été refaites. Contre le pilier de dr., inscriptions à la mémoire de Philippe-du-Fossé (21e abbé; 1372-1380), d'Estold-d'Estouteville (23e abbé; 1390-1423) et de Jean de Grémonville (25e abbé; 1440-1467).

Transept dr. — *Chapelle de la Dormition* : groupe en pierre polychromée, la *Mort de la Vierge, exécuté sous Louis XII par Robert Chardon, moine de Fécamp, et remarquable par la vérité de l'expression et le réalisme des personnages. De chaque côté, à dr. et à g. de l'autel, 2 autres petits *groupes sculptés*, également remarquables, proviennent de l'ancien jubé. A dr., *tabernacle* en pierre sculptée, du xve s., très dégradé, œuvre de l'abbé Gilles de Durémont, un des juges de Jeanne d'Arc, ou d'Alexandre de Barneval (1420). En avant de ce tabernacle et sous le même petit édicule gothique, se voit une pierre portant en creux une empreinte : d'après la légende, un ange descendit du ciel pour s'y poser, au xe s., lorsque le duc de Normandie, Guillaume Longue-Épée, eut relevé l'abbaye détruite par les pirates scandinaves.

Chapelle des fonts baptismaux : restes de vitraux anciens, aux armes de la maison de Lorraine, dont plusieurs membres furent abbés de Fécamp, de 1518 à 1643; retable en pierre des Trépassés, de la fin du xvie s., avec deux moines agenouillés sculptés en ronde-bosse.

Carré du transept. — La tour extérieure forme lanterne et les piliers y fusent d'un seul jet jusqu'à la hauteur des fenêtres de la nef.

Chœur. — Au côté dr. du chœur les tribunes ont été supprimées, au début du xive s., afin d'élever la hauteur des voûtes du pourtour du chœur. Le même remaniement devait être exécuté du côté g., et des deux côtés de la nef. — Au chœur (si les grilles sont fermées, s'adresser au sacristain, rémunération) : *stalles* en chêne, de France (1748). Deux autels, dont l'un cache l'autre : 1°, un grand *maître-autel*, de style Louis XV (1751), avec toute une décoration de marbre rouge, un magnifique Christ et des flambeaux de cuivre ciselé; 2°, derrière cet autel, bel **autel de la Renaissance* en marbre blanc, surmonté d'un retable, œuvre de l'italien Pace Gaggini (xvie s.), avec 5 bas-reliefs dont deux à dr. et à g. rappellent le souvenir des ducs de Normandie, Richard Ier et Richard II, bienfaiteurs de l'abbaye. Au-dessus, une grande châsse, en marbre blanc, à laquelle sont accotées les statues de St Taurin et de Ste Suzanne, contient des reliques de saints. Les deux autels sont couverts d'un baldaquin en bois doré du xviiie s., avec figures et consoles sculptées par France, s'appuyant sur les 6 colonnes du rond-point que l'on a déformées pour en faire des piliers carrés revêtus de marbre.

Pourtour du chœur. — Il est différent d'aspect, à dr. et à g. du chœur. Le côté dr., plus élégant et plus riche, a été repris au début du xive s.; les tribunes du 1er étage ont été détruites et les voûtes haussées. De fins faisceaux de colonnettes ont remplacé les piliers trapus du xiiie s. Toutes les chapelles du pourtour du chœur ont des **clôtures de pierre*, de la Renaissance, d'une merveilleuse délicatesse, principalement du côté dr. : colonnettes carrées, avec chapiteaux en feuilles d'acanthe, rinceaux de feuillage, charmants écussons avec de petits anges nus qui semblent plutôt des Amours.

La 1re chapelle sert de passage, par une porte de la Renaissance, pour aller à la sacristie, qu'on peut visiter : boiseries et armoires du XVIIe s.; — 2e chap., du XVe s. (Saint-Martin): retable médiocre, du XVIIIe s., en bois sculpté, figurant la Vision de St Martin; le couronnement, en arc de cercle, est de la Renaissance; statue équestre de St Martin. — 3e chap. (Notre-Dame-de-Bon-Secours) : charmants rinceaux, avec poissons, de la clôture de la chapelle: retable en pierre finement sculpté, à colonnes torses, du XVIIe s. (style Louis XIII); sous la fenêtre, 10 petits *bas-reliefs* romans, provenant d'un tombeau et figurant la Vie de Jésus, sont curieux par l'allure des personnages, le costume et le mobilier de l'époque, contemporaine des premiers Capétiens. — 4e chap. (des Saints-Patrons) : au-dessus de la porte de la clôture, 2 anges portant la tête de St Jean-Baptiste, ronde-bosse de la Renaissance, comme le reste de la clôture; tombeau à arcatures, avec bas-reliefs et statue, de Thomas Ier (12e abbé; 1297-1307). — Entre cette chapelle et la suivante (Saint-Joseph), *tombeau* à arcatures, avec bas-reliefs et statues, de Robert de Putot (1326). A g. de la chap. Saint-Joseph, **tombeau*, à arcatures, de Guillaume IV de Putot (✝ 1217): grande *verrière* des XVe et XVIe s., en partie cachée par un retable Louis XIII, à fines colonnes torses, encadrant de mauvais bas-reliefs modernes.

Chapelle de la Vierge (chapelle absidale) : *verrières* anciennes : à la 1re fenêtre de dr., belle verrière des XVe-XVIe s.; les autres, plus anciennes, à petits personnages, sont des XIIIe et XIVe s.; la plus intéressante est à la fenêtre du mur de g. et marque le début de l'art du vitrail; *boiseries* sculptées, de 1748, provenant des dossiers des stalles du chœur : sur l'un des panneaux de dr., entre le 3e et 4e médaillons, curieux Christ voilé, que l'on distingue avec attention, le voile qui le cache modelant le corps; à l'autel, Assomption d'après Poussin.

En face de la chapelle de la Vierge, adossé à l'autel du chœur, charmant **tabernacle* en marbre blanc, exécuté au XVIe s. par un artiste italien : niches à coquilles, abritant de petits personnages dont les têtes, brisées à la Révolution, ont été refaites; délicieuses têtes d'anges; à l'archivolte, Résurrection du Christ. Dans ce tabernacle, est enfermée la relique du Précieux-Sang (p. 148). Au-dessus, châsse de marbre des ducs de Normandie.

7e chapelle (Saint-Pierre) : entrée de la *crypte* du XIIIe s., de style gothique primitif, ancien chartrier qui s'étend sous la chapelle absidale et sert auj. de vestiaire aux chantres; s'adresser au sacristain, rémunération. La porte par laquelle on y accède est ornée de sculptures du XVe s., de style flamboyant, œuvre de Robert Chardon : on y voit l'R et le C de son nom et la feuille de chardon sert de motif décoratif. — A cette chapelle et à la suivante, qui a conservé sa voûte en cul-de-four, se voient les parties les plus anciennes de l'église, de l'époque romane (XIe s.) : pleins cintres et colonnes cylindriques à chapiteaux sculptés.

8e chap. (Saint-Nicolas) : tombeau du XIIIe s. avec statue couchée, sous une arcade dans la muraille, de Richard d'Argences (7e abbé; ✝ 1223); retable du début du XVIIIe s. et à dr., jolie niche Renaissance.

9e chap. (Saint-Pierre et Saint-Michel) : retable du XVIIe s.

10e chap. (du Sacré-Cœur) : tombeau (XVIe s.) de Guillaume de Dijon (1er abbé régulier de Fécamp; 1000-1031); au-dessous, épitaphe de L.-A. Blandin, dernier moine de Fécamp (✝ 1848). Cette chapelle n'en forme qu'une avec la suivante, plus profonde que les autres; un pilier isolé, à filets prismatiques, soutient la retombée des voûtes; au fond, 3 arcades simulées sont ornées de rinceaux de vigne avec grappes habilement exécutés.

Transept g. — Grand *calvaire* formé de figures en pierre du XVe s. provenant du jubé démoli en 1803. Sous l'autel, Christ au tombeau, provenant d'un ancien calvaire de Fécamp. De chaque côté de l'autel, 2 groupes charmants de personnages agenouillés, provenant de l'ancien jubé. Curieuse *horloge* de 1667, par Ant. Beysse, au cadran peint, indiquant l'amplitude des marées; au-dessus. une boule qui tourne sur elle-même figure les phases de la lune; un visage représente la pleine lune.

BAS-COTÉ G. — A dr., Mère de douleur, groupe en pierre du XVIe s. Contre un des piliers de la nef, statue de la Vierge consolatrice, du XVIIe s.

ASCENSION DE LA TOUR. — S'adresser au sacristain, 50 c. par pers. : de 9 h. 30 à midi et de 14 à 17 h. La tour est haute de 64 m.; vue magnifique.

Sur la place de l'Hôtel-de-Ville, l'*hôtel de ville* occupe, ainsi que le lycée et le musée, d'anciens bâtiments de l'abbaye, accotés au flanc g. de l'église, et qui datent de la fin du XVIIIe s. Dans le jardin de l'hôtel de ville, monument de *Jean Lorrain*, par Saladin (1912).

Le **musée** est public les lundi, jeudi, samedi, dim. et fêtes, de 14 h. à 17 h.; les autres j. et heures, s'adresser au concierge, pourboire. Conservateur : M. Delbaude.

L'escalier a une rampe en fer forgé. Au 1er étage, une boiserie du XVIIe s. forme la porte de la justice de paix. Sur le palier du 2e étage : *L. Olivié*, Serment de Brutus; *Benet*, la Falaise; *Watelin*, Marais de Boves; *G. Landelle*, Été au bord de l'étang. — 1re SALLE : *Lemettay*, Naufrage; *David*, Atelier de peinture; *Ch. Landelle*, Mounet-Sully; au milieu buste de Ch. Hue, fondateur du musée, et un groupe de *Poitevin*, le Vengeur. — 2e SALLE : *Diaz*, Femme portant des fleurs; *Largillière*, Gentilhomme; plusieurs paysages cauchois de *Diéterle*. — 3e SALLE : *Outin*, Piété filiale; *Dawant*, Mort de Thomas Becket; *G. Sauvage*, Berceau de Spartiate; *Badin*, Paresseuse; *Guillemet*, Moret; *Mirevelt*, A. Paré; *Le Poittevin*, Prairie; *Pinchart*, Sommeil de l'enfant. — 4e SALLE : *Ch. Diéterle*, P. Casimir-Perier; *d'après Véronèse*, Noces de Cana, bonne copie; *J.-P. Laurens*, Homère; *L. Cogniet*, Pâris blessé; *Cordouan*, Port de Toulon; *Holbein*, Vieille dame; *Van der Heyden*, Ville de Hollande; *De Troy*, Étang fin novembre. — 5e SALLE, à dr. : gravures et quelques tableaux, notamment : *Moreau le Jeune*, Collation.

La *bibliothèque* est attenante aux salles du musée : 20,000 vol.; mêmes j. et h. d'entrée que le musée. On peut y voir une restitution du jubé de l'église de la Trinité; de vieux plans de Fécamp; des épitaphes et plaques tombales d'anciens abbés; une collection de journaux révolutionnaires; des objets de curiosité divers.

Sur le flanc dr. de l'église de la Trinité s'ouvre la rue des Forts. On y voit, en face du portail latéral de l'église, au n° 10, l'hôtel du Grand-Cerf qui occupe la *maison* dite des *Fleurs-de-Lys*, anc. hôtellerie de l'abbaye (XVIe s.)

Le **musée du Vieux-Fécamp** (au n° 19 de la rue des Forts, public le jeudi et le dim., de 14 h. à 16 ou 17 h. selon saison, les autres j. 25 c.) appartient à une société privée. Il occupe deux maisons qui entourent une cour d'où l'on a la meilleure vue de la remarquable abside de l'église de la Trinité.

L'une des maisons, l'ancienne *maîtrise*, dépendait de l'abbaye. Elle a conservé ses murs épais, son escalier de pierre en vis, ses vieilles salles à grandes cheminées, ses plafonds à poutres apparentes. Diverses reliques du passé, pierres sculptées, ferronnerie, etc., y ont été disposées. — L'autre maison renferme le musée proprement dit.

Dans une salle du rez-de-chaussée, vitrines de faïences et antiquités diverses : urne de porcelaine ayant contenu le cœur du comte Thiboutot, dernier gouverneur de Fécamp ; joli bas-relief d'albâtre, du début du xve s., provenant de l'abbaye. Aux murs, vue de Fécamp. *Sarcophage* mérovingien trouvé rue des Murs.

Au 1er étage : 1re salle : collection Dessolle, silex taillés. — Salle Constantin, à dr. : monnaies françaises et étrangères. — Salle Le Borgne, à g. : *collection minéralogique* et nombreux *objets préhistoriques*, belle série de pointes de flèches et de pointes de lances, en silex taillé. Dans la vitrine du milieu, curieux *objets gallo-romains*, en bronze, sonnettes, vases, casseroles, et en terre cuite : charmantes statuettes et figurines d'animaux, chevaux, bœufs, cochons, qui servaient d'offrande dans les sacrifices, où elles tenaient lieu de l'animal qu'elles représentaient ; deux *évangéliaires* enluminés. — Une dernière salle contient un *intérieur normand* reconstitué : lit, métier, rouet, horloge et grande cheminée.

Au 2e étage, un petit *musée industriel des pêches et du commerce maritimes* est installé dans deux salles, l'une consacrée à la pêche à Terre-Neuve, l'autre à la pêche au hareng et au maquereau.

Au delà du musée du Vieux-Fécamp, belle *maison* en bois (xvie s.) à l'angle des rues Arquaise et de la Barricade.

La rue des Forts se continue au delà par la route de Rouen.

On y trouverait, à dr., la rue Saint-Léger, où s'ouvre à g. l'étroite rue de la Voûte : au n° 6 de celle-ci, des débris de l'ancien jubé de l'église de la Trinité sont encastrés dans la *maison Morillon*.

On revient sur ses pas à la place Thiers, par la rue Casimir-Perier et la rue Alexandre-Legros.

De la place on gagne la plage par la rue Félix-Faure et la rue Théagène-Boufart. Au n° 108 la *distillerie de la Bénédictine* occupe de vastes bâtiments en pierres et briques, élevés en 1892 par l'architecte C. Albert, en style gothique et Renaissance. L'immeuble est occupé depuis la guerre par un hôpital militaire français.

En temps ordinaire on délivre les tickets d'entrée dans le vestibule. On visite la distillerie dans les caves, d'une superficie de 5,000 m., les salles des foudres, d'embouteillage, d'étiquetage et de cachetage des bouteilles. — Le *musée*, au 1er étage, renferme dans 5 salles de riches collections et un certain nombre d'objets provenant de l'ancienne abbaye de Fécamp : sculptures, ivoires, manuscrits, émaux, meubles, ferronnerie, etc.

Au delà, à dr., dans le square public de la Bénédictine s'élève une *fontaine* en fer forgé, par F. Marrou, avec statues de la Renommée et du moine Vincelli.

La rue des Bains, qui fait suite à la rue Théagène-Boufart, conduit à la rue et au boulevard des Belges, bordé par une très belle *digue-promenade* cimentée, revêtue de grès flammés, avec bancs : longue de 800 m. sur 10 m. de large, elle relie le casino à la jetée. Le *casino* à g. est un important et bel établissement avec salle de théâtre contenant 1,000 places, salle des fêtes où sont les petits-chevaux, salons de lecture, terrasse.

De la digue un escalier descend sur une promenade en ciment où s'alignent, en contre-bas de la terrasse du casino, les cabines de bains. La *plage* a un fond de galets et, à marée basse, de sable; on se baigne à toute heure; la pente est assez rapide. Un établissement de bains, dépendant du casino, donne des bains de mer chauds, des bains de varech, des pulvérisations d'eau de mer. Au delà s'élève la falaise du Sud, parsemée de beaux chalets. C'est la partie la plus aristocratique de Fécamp. Du sommet de cette falaise la vue est magnifique.

A dr. la digue se termine à l'entrée du port, qui s'ouvre entre les deux *jetées* du Sud, à dr., et du Nord, à g., avec brise-lames; toutes deux portent un petit phare. Le chenal d'entrée est large de 70 m. Au delà, se dresse la falaise du Nord, à pic et haute de 106 m., qui porte le grand phare, le sémaphore et la chapelle N.-D.-du-Salut (p. 155). Vers la g., on aperçoit sur l'horizon (13 k.) l'arche d'Etretat et, plus près, Yport dans un creux de la falaise (5 k.).

Le *port*, profondément enfoncé dans le vallon de Fécamp, offre, avec ses bassins intérieurs, un sûr abri à la flottille des *terre-neuviers* qui partent chaque année pour aller pêcher la morue, à Terre-Neuve ou en Islande. La plupart ne ramènent pas à Fécamp tout le produit de leur pêche, mais vont le débarquer à Bordeaux et même à Cette, où existent d'importantes sècheries de morues. La rude saison de la pêche à la morue une fois terminée, les marins fécampois ne restent pas inactifs. Sur 200 bateaux plus petits, ils pêchent, dans les eaux de la Manche, le hareng et le maquereau et draguent les huîtres.

Le port comprend un *avant-port* (160 m. de large, 410 de quais) le *bassin Berigny* (900 m. de quais), un *nouvel avant-port* parallèle à ce bassin, et auquel font suite un *bassin de mi-marée* (300 m. de quais) et un *bassin à flot*.

On revient à la gare ou à la place Thiers par les quais de la Vicomté et Berigny : sècheries de morues. Rien de pittoresque comme le va-et-vient des pêcheurs, les groupes de « ramendeuses » occupées à réparer les filets, le radoub des bateaux et les chantiers de construction, où les carcasses de bois des carènes sont rivées à grands coups de maillet.

Environs de Fécamp.

1° **Falaise du Nord.** — Promenade à faire à marée basse lorsque la mer se retire assez pour que l'on puisse circuler à pied sec. A la base de la haute falaise du Nord (à l'E.) on peut aller visiter, en suivant les galets, la caverne du *Trou-au-Chien*, creusée par les flots et dont la voûte repose sur des piliers, courts et massifs. On y rencontre également d'autres curiosités naturelles, la *Porte-au-Roi*, le *Domaine-des-Géants*, la *Porte-à-la-Reine* et le *Trône-de-la-Reine*. Enfin on pourrait continuer, en ayant soin de ne pas se laisser surprendre par la marée, à suivre la base de la falaise jusqu'à la valleuse de Senneville (4 k. de la jetée de Fécamp), par où l'on remonterait à Senneville (p. 157) et d'où l'on reviendrait à Fécamp par le faîte des falaises et la chapelle N.-D.-du-Salut (*V.* ci-dessous).

Une route de voiture de 1 k. 5, qui prend sur la rive dr. du port, s'élève en lacets, par la côte de la Vierge, jusqu'au sommet de la falaise du Nord. Les piétons prendront la sente des Matelots, ruelle avec escaliers qui s'ouvre entre les nos 64 et 66 du quai Guy-de-Maupassant. La falaise, ou *cap Fagnet*, dit aussi le Heurt de Fécamp, est la plus élevée de la côte normande. Elle atteint 106 m. d'alt. près de la chapelle N.-D.-du-Salut et 126 m. à 1 k. au delà, vers Senneville. La *chapelle de N.-D.-du-Salut*, ou de Bourg-Baudoin, est le reste (chœur et transept N.) d'une ancienne église, érigée au XIe s. par le comte Baudoin, reconstruite aux XIIIe et XIVe s. On voit encore l'amorce d'un clocher du XIIIe s. A l'intérieur, retable du XVIIe s. La chapelle est un but de pèlerinage fréquenté, surtout le 25 mars et le mardi après la Trinité. En avant s'étend le champ de courses de Fécamp. Voisins de la chapelle s'élèvent un sémaphore et un *phare*, à feu fixe (18 milles de portée), en correspondance avec le phare d'Ailly, près de Dieppe, et ceux de la Hève, au Havre.

Sur le faîte de la falaise s'élevait jadis le *fort Baudoin*, construit en 1591 et dont le capitaine de Bois-Rosé s'empara, quelques années après, par un coup d'audace inouï. Un soldat de la garnison lui jeta en bas de la falaise une échelle de corde, qu'il escalada avec 50 hommes; ceux-ci hésitant au milieu de leur périlleuse ascension, il les contraignit à continuer, le poignard sur la gorge.

On pourrait poursuivre ensuite, en traversant le val Saint-Nicolas et le val au Hareng, jusqu'à Senneville (3 k. de la chapelle : p. 157), d'où l'on reviendrait à Fécamp par la route de Dieppe, ou à pied par la grève si la marée le permet.

2° Grainval. — A pied, par la grève, à marée basse, 1 k. 5 S.-O. du casino de Fécamp : marche sur les cailloux assez fatigante.

2 k., par le sentier qui suit le faîte de la falaise. On y monte par la rue d'Yport ou chemin de Grainval, qui s'ouvre entre l'hôtel d'Angleterre et l'hôtel de la Plage, et laisse à g. la *ferme-modèle Dargent* (lait et rafraîchissements) entourée de grands arbres. Un escalier descend à la plage de Grainval.

3 k. 5 par la route d'Etretat : elle part, près de la plage, de la rue Cuvier, peu après le chemin de Grainval. — 2 k. *Saint-Léonard*, village entouré d'arbres, avec une église construite du XIIe au XVIe s. et clocher du XIe s. On y quitte la route d'Etretat pour tourner à dr. et gagner la valleuse de Grainval.

Grainval (hôt. : *des Roches*; *Lemaréchal*, avec tonnelles, voit. de louage) est une petite station balnéaire où les Fécampois viennent en partie de plaisir. Le vallon très étroit est riant, avec des villas, des prairies et des jardins. Tous les ravitaillements viennent de Fécamp. Des sources ont été en partie captées pour alimenter Fécamp, où elles sont amenées par un aqueduc qui traverse le vallon. A g. une source s'échappe de la falaise et tombe en cascatelles parmi la mousse. De la plage on aperçoit à dr. Fécamp et ses jetées.

3° Ferme, source et bois de l'Epinay (route 3 k. E. de la place Thiers). — On sort de Fécamp par la rue des Forts et la route de Rouen. — 2 k. Au carrefour des Quatre-Routes, on bifurque à g., pour croiser le ch. de fer de Dieppe, à la station de *Fécamp-Saint-Ouen* : église du XIe s., convertie en habitation. On suit la vieille route de Toussaint et on passe non loin d'un château d'eau que fit construire, au XIIIe s., Guillaume de Putot, 11e abbé de Fécamp, pour amener à l'abbaye une belle source pure. Cette source, ainsi que la fontaine Gohier, qui l'avoisine, alimente Fécamp auj. encore. Tout proche se trouve l'établissement de pisciculture du Nid-de-Verdier. — 3 k. La *ferme* et le *bois de l'Epinay* sont une ancienne dépendance de l'abbaye de Fécamp. La ferme date du XVIe s. Dans la cour de la ferme et dans les prairies voisines jaillissent de belles sources, dont l'une est ferrugineuse. Du milieu du bois on découvre un charmant panorama.

4° **Val-aux-Clercs**, ainsi nommé parce qu'il servait de lieu de promenade aux clercs de l'abbaye. On se rend dans ce joli vallon boisé en prenant, à l'intersection des rues de l'Inondation et Alex.-Legros, la rue J.-L.-Le Clerc (plaque indicatrice), puis la rue du Val-aux-Clercs. Dans le vallon à dr., carrière riche en fossiles. Les religieux avaient tenté d'y acclimater la vigne, à la côte des Vignes.

5° **Vallée de Ganzeville** (route 21 k. S.-E., aller et ret.; on peut utiliser la ligne de Paris, jusqu'à la station des Ifs, p. 89, qui n'est qu'à 5 k. de Bec-de-Mortagne). — On sort de Fécamp par la rue des Forts et la route de Rouen. — 2 k. A Fécamp-Saint-Ouen on laisse à g. la route de Rouen, pour remonter la vallée de la rivière de Ganzeville : l'entrée est dominée par une sorte de promontoire, où il reste des fossés et retranchements, dits *camp du Canada*, d'un ancien camp romain.

4 k. 5. *Ganzeville*. L'église a un clocher gothique, avec flèche en pierre du XVIIe s. Au cimetière, croix ornée du XVIIe s. *Château* de pierres et briques, de 1604, élevé sur des caves voûtées datant du XIIe s. Dans un îlot de la rivière, des ruines, dites la *Prison de guerre*, sont les seuls restes d'un ancien château du XVe s. — Sur la côte qui domine Ganzeville, à g. à 1 k. N.-E., le village de *Toussaint*, situé sur la route de Rouen, a une église romane, avec chœur et transept de la Renaissance, et vitraux du XVIe s. Au cimetière, croix ornée de 1560. — La route de la vallée est ombragée des futaies qui entourent le *château de Franqueville*, XVIIe s.; les bords de la rivière sont plantés de vieux chênes.

9 k. 5. *Bec-de-Mortagne* : église des XIe, XIVe et XVIe s. La rivière de Ganzeville, qui prenait autrefois sa source à 2 k. en amont, jaillit auj. sous les fondations de l'église. Château du Vieux-Câtel, défiguré. — De Bec-de-Mortagne on pourrait continuer à remonter la vallée jusqu'à *Daubeuf* (2 k.), où se trouve un beau château (XVIIe s.).

De Bec-de-Mortagne on revient sur ses pas pendant 1 k. 5, pour bifurquer à g. par la route d'Épreville, que l'on suit pendant 2 k. 5. — 13 k. 5 (de Fécamp). On quitte la route d'Épreville qui conduirait (1 k. 5) à la station et au château des Ifs (p. 89), pour tourner à dr. par la route de Tourville. — 15 k. Tourville (p. 89); après 3 hameaux, on laisse à g. le Val-aux-Clercs (ci-dessus, 3°), pour aboutir à Fécamp, à l'église de la Trinité.

6° ***Valmont** (ch. de fer et route 28 k. S.-E., p. 135), l'excursion classique de Fécamp.

De Fécamp a Yport. — Ch. de fer de Fécamp aux *Ifs* (p. 89); aux Ifs, changement de train et ligne d'Etretat jusqu'à la station de *Froberville*, à 3 k. S.-E. d'Yport (voit. de corresp.).

A pied, 5 k. 5 S.-O. du casino de Fécamp, par la falaise, le chemin de Grainval (ci-dessus, 2°); au delà de la valleuse de Grainval on continue à suivre le faîte de la falaise, à 500 m. env. de la mer. — 3 k. 5. On longe, à g., *Criquebeuf-en-Caux* : église avec clocher du XVIe s. et flèche de pierre du XVIIe s.; ruines d'un ancien château. On descend vers Yport (p. 145).

7 k. 6 par la route (l'été, service de voitures) : on part par la route d'Etretat, que l'on peut gagner : soit de la plage, où elle part de la rue Cuvier; soit de la place Thiers, par la rue Ch.-Leborgne : aussitôt après le cimetière, tourner à dr. — 3 k. 2. Saint-Léonard (ci-dessus, 2°). — 4 k. On quitte la route d'Etretat, pour prendre à dr. la route d'Yport. — 4 k. 9. Criquebeuf-en-Caux (*V.* ci-dessus). — Une descente rapide, avec tournant brusque sous les ombrages du bois des Hogues, amène à Yport (7 k. 6; p. 145).

De Fécamp a Dieppe, p. 135 à 138; au Havre, p. 132 à 135 en sens contraire; a Etretat, p. 144 en sens inverse.

DISTANCES PAR LA ROUTE, de Fécamp à : Dieppe, 65 k. ; le Havre, 44 k. ; Paris, 194 k. ; Pont-Audemer, 54 k. ; Saint-Valery-en-Caux : 32 k. par Bondeville, Ouainville et Cany, 35 k. par Colleville, Valmont, Gerponville, Berthcauville, Mautheville et château de Cany, Cany ; Veulettes, 23 k. par Bondeville, Ancretteville, Sassetot et Saint-Martin-aux-Buneaux, 26 k. par Saint-Pierre-en Port, Sassetot et Saint-Martin-aux-Buneaux.

14. — LE LITTORAL DE FÉCAMP A DIEPPE

DE LA GARE DE FÉCAMP A SAINT-PIERRE-EN-PORT. — On tourne à dr. par l'avenue Gambetta, et, prenant à dr. de nouveau, on traverse un pont entre le nouvel avant-port et le bassin de mi-marée. On arrive ainsi aux quais de la rive droite, qu'on remonte à dr., pendant 500 m. A 1 k. de la gare, on arrive à un carrefour d'où 2 routes conduisent à Saint-Pierre-en-Port :

La route de g. (13 k. 5), accidentée mais pittoresque, qui se dirige vers la mer, s'élève sur le faîte de la falaise et passe au-dessous du phare, du sémaphore et de la chapelle N.-D.-du-Salut, à 105 m. d'alt. (p. 155); vue admirable. A dr. les tribunes du champ de courses. — 5 k. 5. *Senneville*, avec une église en partie du XIIIe s. et clocher de la Renaissance ; au cimetière, croix du XVIe s., restaurée. A 1 k. N.-E. du bourg, la valleuse ou Echelle de Senneville aboutit à la mer, au bord de laquelle on peut descendre. — 9 k. 5. *Eletot*. Au cimetière, en face du portail de l'église, tombeau du curé Desliens écrasé, en 1861, par la chute du clocher. D'Eletot, raccourci à g. pour les piétons. — La route descend dans un vallon planté de hêtres. Au bas de la côte, le chemin à g. se dirige vers la plage de Saint-Pierre, tandis que la route, remontant sur le plateau, conduit au bourg.

Au carrefour de Fécamp, si l'on prend à dr. la route de Dieppe, on s'élève, en laissant à g. un camp anglais, par une longue courbe, de 2 k. sur le faîte du plateau. — 5 k. 5. *Bondeville*, à 116 m. d'alt. Au cimetière, fût de la croix, de la Renaissance. On bifurque à g. vers (7 k.) Eletot, où l'on rejoint le premier itinéraire.

Saint-Pierre-en-Port, petite station balnéaire, se compose de deux parties : la plage, avec un certain nombre de villas ; le bourg, où on loge chez l'habitant. Les prix, dans leur ensemble, sont peu élevés.

Le pays est accidenté, boisé et pittoresque.

Gare : — à *Fécamp* (prix, de Paris, p. 147) ; l'été, voit. publ. 1 fr. 50, et service d'auto de l'hôt. des Terrasses ; on peut utiliser les services des Grandes-Dalles (V. ci-dessous).

Hôtels : — *des Terrasses*, au bord de la mer, T.C.F. ; *Chicot*, au bourg, Grande-Rue ; *de la Boule-d'Or*, au bourg.

Bains de mer : — bain complet, 1 fr. 25 ; *bains de mer chauds* et *bains de varech*.

Casino : — à la plage (modeste).

Services publics : — l'été pour *Fécamp* et les Grandes-Dalles.

Le gros bourg de Saint-Pierre-en-Port, de 1,352 hab., est situé sur un plateau, à 90 m. d'alt. L'*église*, moderne, a gardé un clocher du XIIIe s. ; au porche, on remarque un monument funéraire (XIVe s.) d'un curé, figuré à genoux ; à dr. statue de la Vierge, du XIVe s.

La station balnéaire est en contre-bas dans un vallon aux

grands arbres. La *plage*, encadrée de falaises, est bordée de galets. La mer se retire à 500 m. env., découvrant des rochers tapissés de varechs et des bancs de sable; pêche à l'équille aux basses mers des grandes marées. Un petit *casino* est accoté à la falaise. Etablissement de bains : bains de mer chauds, bains de varech.

De Saint-Pierre aux *Grandes-Dalles* (*V.* ci-dessous), 2 k. par le sentier des piétons qui suit le faîte de la falaise; l'excursion par la route (2 k. 8) est plus agréable : après avoir laissé à g. le sentier près d'une croix en pierre de 1623, on descend dans le vallon, et au bas de la côte on quitte la route de Sassetot pour tourner à g.; la mer est à 800 m.

A 2 k. S. se trouve *Ecretteville*, dont l'église a gardé un fragment de vitrail du XVe s.; dans le cimetière, on remarque une croix ornée, à pied sculpté, de 1522.

Valmont est à 8 k. S.-E. de l'église de Saint-Pierre, par : 1 k. 5, *Ecombarville*, belle hêtraie, et 5 k. *Angerville-la-Martel* : église, avec clocher en pierre du XVIe s.; l'intérieur a 3 nefs d'ordre dorique, plusieurs statues du XVIe s., Ste Barbe, St Pierre, St Jean, Ecce Homo; restes d'un vitrail ancien au fond de l'abside figurant la Passion, Ste Barbe, St Martin, St Jean, une Pietà, la Vierge-Mère; à l'entrée du chœur, 2 panneaux avec maximes évangéliques. Près de l'église, ancien manoir du XVIe s. Foire importante le dernier dim. de septembre. — A l'église d'Angerville on tourne à g. puis, 1 k. plus loin, à dr. Pour Valmont, p. 135.

Les Grandes-Dalles, petite station balnéaire, sont un hameau de pêcheurs, dans une étroite valleuse où ont été construits un important hôtel et un certain nombre de chalets; les baigneurs de goûts modestes se logent chez l'habitant. On se ravitaille principalement à Sassetot (2 k. 5; p. 161), d'où viennent les fournisseurs, pendant la saison.

Gares : — à *Cany* (p. 136, et p. 160 pour les prix), à 11 k. 5 S.-E., voit. de corresp. 2 fr. et voit. de louage; — à *Fécamp* (p. 147), à 14 k. S.-O., auto de l'hôt. de la Plage l'été, après la guerre; voitures des entreprises Letellier et Tocque, de Fécamp; — à *Valmont* (p. 135), à 9 k. 5 S., station la plus proche, mais sans service de voit.

Hôtel : — *de la Plage* (fermé pendant la guerre : colonie des enfants de l'Yser).

Agences de location : — *Boudot*; *Levasseur*.

Poste : — à l'hôt. de la Plage.

Bains de mer : — cabines 50 c. et 25 c.; pour la saison, 60 fr. les grandes et 35 fr. les petites; costumes 40 c.; — *Bains de mer chauds* à l'hôtel de la Plage.

11 k. 5 de la gare de *Cany* : on suit la route des Petites-Dalles jusqu'à (9 k.) Sassetot-le-Mauconduit (p. 161), où on la laisse à dr. Par un vallon verdoyant on descend une longue côte de 1 k. 5 au bas de laquelle, quittant la route de Saint-Pierre-en-Port, on bifurque à dr., pour descendre dans la valleuse des Grandes-Dalles.

14 k. de la gare de *Fécamp* (p. 147), par Saint-Pierre-en-Port (p. 157).

9 k. 5 de la gare de *Valmont* (p. 135), par (7 k.) Sassetot, d'où on continue comme ci-dessus.

En descendant la valleuse boisée des Grandes-Dalles, on trouve tout près de la mer l'usine électrique et le puits artésien qui alimente le pays d'eau potable; la nappe d'eau jaillit

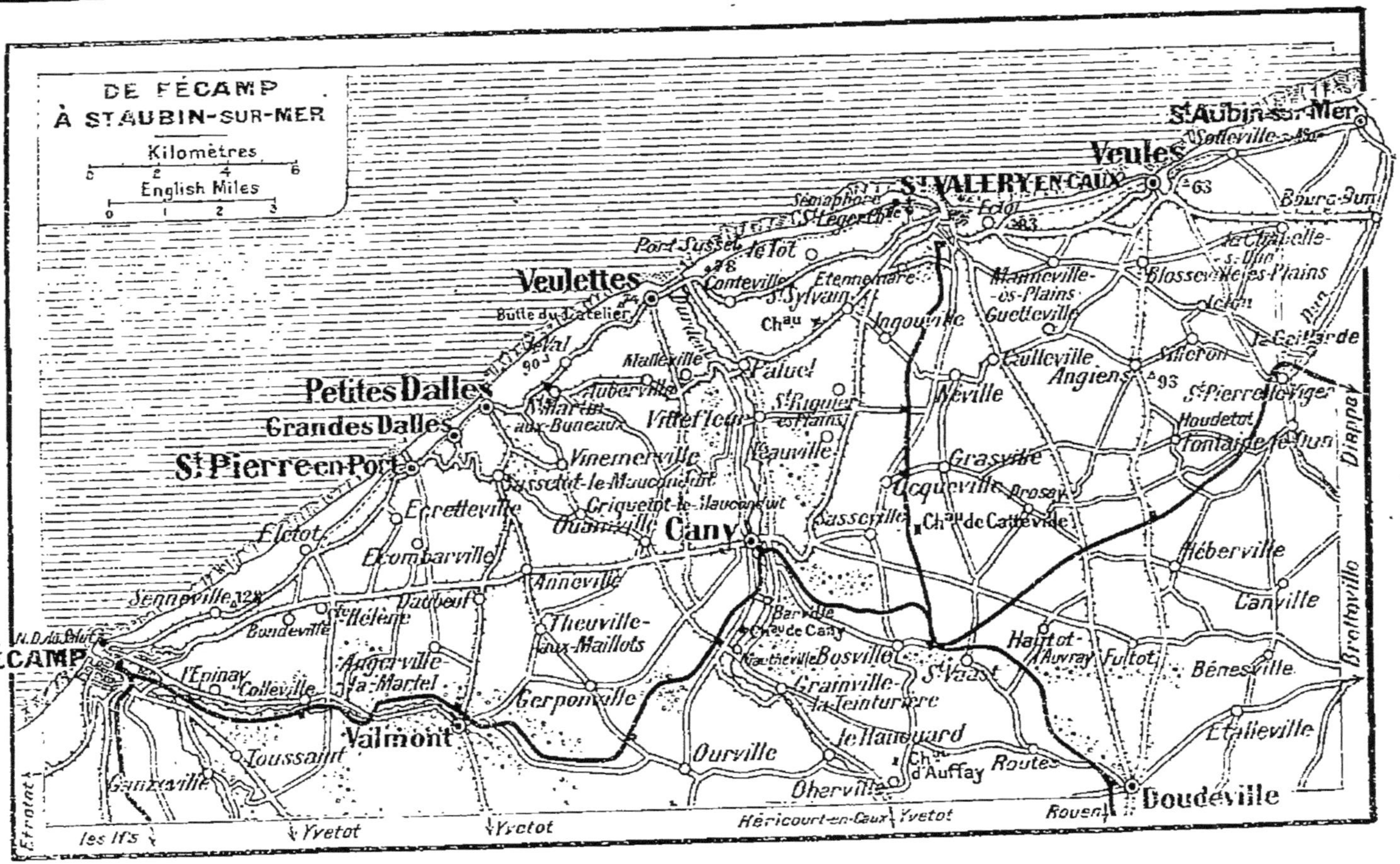

DE FÉCAMP
À ST AUBIN-SUR-MER

Kilomètres
0 2 4 6
English Miles
0 1 2 3

de 172 m. de profondeur et à 3 m. 50 de haut. A l'extrémité de la rue, rotonde avec balustrade en ciment armé, contre laquelle vient battre la mer à marée haute.

En bordure de la mer, qui forme une crique de petite dimension entre deux hautes falaises, on trouve l'hôtel de la Plage, voisin d'un jardin public, avec tennis, et une toute petite digue en ciment armé, où sont rangées les cabines. La *plage*, bien abritée des fortes lames, est bordée de galets; elle découvre à marée basse du sable et des rochers tapissés de varechs. La pêche de la crevette rouge y est abondante et facile.

Derrière la falaise de dr. se cache, dans un vallon parallèle à celui des Grandes-Dalles, la station balnéaire voisine des Petites-Dalles (*V.* ci-dessous).

Des Grandes-Dalles les promenades principales sont : 1° *Saint-Pierre-en-Port*, S.-O., par la route de 2 k. 8 (p. 157), ou, à pied seulement, (2 k.) par le chemin qui monte à 87 m. sur la falaise de g. et rejoint la route 500 m. avant Saint-Pierre; — 2° Les *Petites-Dalles* (*V.* ci-dessous), par une charmante route de 5 k. N.-E. en remontant la valleuse, et en prenant à g. à Sassetot pour traverser le beau parc et les hêtraies du château de Sassetot; ou, à pied seulement, par un chemin gazonné de 1 k. 5 N.-E. qui passe sur la falaise, à 80 m., et descend par une pente raide près de l'hôtel des Pavillons, ou encore par la grève à marée basse; — 3° *Valmont* (9 k. 5 S.) p. 135.

On peut faire en outre les mêmes excursions que des Petites-Dalles (p. 161).

Les Petites-Dalles, station balnéaire fréquentée, dans un joli site, se composent de chalets, échelonnés dans un vallon verdoyant, qui s'ouvre sur la mer entre deux falaises. La campagne environnante est fort belle. Pendant l'été, on trouve aux Petites-Dalles les principaux fournisseurs; les approvisionnements se complètent à Sassetot (p. 161), qui est le principal centre communal.

Gare : — à *Cany*, 11 k. 5 S.-E. (p.136); l'été, voit. de corresp. 1 fr. 50, omnibus et autos des hôtels; — *de Paris à Cany*, 30 fr. 80, 20 fr. 80, 13 fr. 55; aller et ret. ordinaires (les billets de bains de mer sont actuellement suspendus) : 46 fr. 15, 33 fr. 25, 21 fr. 65; — à *Fécamp*, 18 k., voitures des entreprises Letellier et Tocque.

Hôtels : — *des Bains*, T.C.F. (fermé pendant la guerre : colonie des enfants de l'Yser); *des Pavillons* T.C.F. (fermé pendant la guerre : colonie serbe); *Ledun*.

Agence de location : — *Dutot*.

Bains de mer : — cabine 30 c.; bain complet 1 fr. *Bains de mer chauds*.

Tennis : — route de Sassetot.

De la gare de Cany, la route des Petites-Dalles traverse d'abord Cany (p. 136), puis les deux bras de la Durdent et s'élève à l'O. par un petit vallon à 112 m. — 4 k. *Ouainville* : au cimetière, croix du XVIe s. — 6 k. *Criquetot-le-Mauconduit* : église avec clocher du XVIe s.

De Criquetot, 2 routes d'égale longueur :

Bifurc. de dr., par : 8 k. *Vinemerville*; à mi-chemin, croix ornée, à personnages, du XVe ou XVIe s.. Vinemerville a une église des XVIe et XVIIe s. : à l'intérieur statues anciennes de Ste Anne et de Ste Barbe, stalles du XVIIIe s., bénitier du XVe s., dont le pédicule sculpté présente St Pierre, St Martin et Ste Barbe; et un manoir du XVIIe s., entouré d'une enceinte flanquée de pavillons. — La route passe ensuite à (10 k.) Vinchigny, avant d'atteindre les Petites-Dalles.

Bifurc. de g., par : 9 k. *Sassetot-le-Mauconduit* (hôt. *du Commerce*), à 90 m. d'alt. Église moderne, avec baptistère du XIIIe s., et précédé d'une croix à fût torse de 1555. Beau château Louis XV, en briques et pierre, entouré d'un parc que coupe la route; l'impératrice Élisabeth d'Autriche y séjourna, en 1884. A Sassetot on laisse à g. la route des Grandes-Dalles (p. 158), pour descendre par une superbe avenue de grands hêtres. — 11 k. 5. Les Petites-Dalles.

La route qui vient de Cany, soit par Sassetot, soit par Vinemerville, aboutit à l'unique rue des Petites-Dalles, ou Grande-Rue, qui suit le fond du vallon et conduit à la plage.

La *plage*, bordée de galets, est abritée du côté de la haute mer par une digue naturelle de rochers. Au delà des galets on trouve, à marée basse, des étendues de sable fin, où on pêche la crevette, principalement au pied de la falaise de l'O.

La salle des Fêtes de l'hôtel des Bains sert de casino.

Les bois qui couvrent les versants des vallons offrent des buts de promenade fréquentés. On va, à 3 k. 5, aux gorges boisées appelées fonds de Sassetot. Outre Sassetot et Vinemerville (*V.* ci-dessus), les Grandes-Dalles (p. 158), d'où l'on peut poursuivre jusqu'à Saint-Pierre-en-Port, sont les excursions favorites des baigneurs. Valmont (p. 135) est à 9 k. 5 S. et le château de Cany (p. 136) à 11 k. S.-E.

Une route de 8 k. N.-E. conduit à *Veulettes*. Par une longue côte en lacets, qu'abrège un raccourci pour piétons montant sur la falaise de dr. et rejoignant la route au hameau du Val, on atteint (1 k. 7) le hameau de Vinchigny. — 2 k. 6. *Saint-Martin-aux-Buneaux* (hôt. *du Commerce*, T.C.F.), gros village de 1,252 hab., dont le nom rappelle les Bunel, seigneurs du lieu aux XIIe-XIIIe s. *L'église*, des XVIe-XVIIe s., a deux nefs, couvertes en bois, l'une de style flamboyant, l'autre du XVIIe s.; à l'intérieur, retable en bois doré à colonnes torses, et baptistère de la Renaissance dont le pied est orné de statuettes. *Château* du XVIe s., en brique, précédé d'une belle avenue, avec grande porte d'entrée cintrée de la fin du XVIe s. A 2 k. N.-O. de Saint-Martin, une petite valleuse solitaire débouche dans la mer, par un escalier naturel passant sous une arcade de roches, entre des falaises déchiquetées. — On tourne à g. en longeant le cimetière. La route descend au (3 k. 9) hameau du Val, dans un creux boisé, puis s'élève; à g. la mer. On laisse le Yaume à g., et après (6 k. 5) le hameau du Mesnil, la route, par de grands lacets offrant une belle vue, descend à Veulettes.

Veulettes, jolie station balnéaire, est un petit village de 356 hab., situé au pied de la falaise, au débouché d'un vallon d'arbres et de prairies, parallèle à la large vallée de la Durdent. C'est dans ce vallon, suivi par la route de Malleville, que s'échelonnent les villas, sur le flanc des coteaux. Les principaux approvisionnements se trouvent à Veulettes; ils se complètent à Cany.

Gare: — à *Cany* (p. 136), 9 k. S.-S.-E.; l'été voit. de corresp. 1 fr. 50; — *de Paris à Cany*, p. 160.

Hôtels : — *de la Plage* avec 2 annexes, T.C.F. (formé pendant la guerre); *des Bains* (jardin, voit.).

Agence de location : — *Neveu*.

Bains de mer et *bains de varech*

dans un petit établissement attenant au casino.

Casino: — fermé pendant la guerre.

Tennis : — derrière l'hôtel de la Plage.

Histoire et Légende. — D'après la légende, une ville importante, auj. ensevelie sous les sables, aurait jadis existé à l'embouchure de la Durdent; ses murs seraient parfois visibles à marée basse. Tout ce qu'on sait de précis, c'est qu'au moyen âge existait un port qui portait le nom pittoresque de *Claquedent* : il semble avoir été détruit par des tempêtes. Ce nom de Claquedent est resté à la partie de la côte comprise entre le Pont-Rouge et la falaise de l'E., parce que, exposée aux vents d'ouest, elle est plus froide que la partie opposée de la grève, appelée par contraste la *Lombardie*. — Napoléon avait songé à établir à Veulettes un port de guerre; les plans même en avaient été dressés.

De la gare de Cany, la route de Veulettes descend la rive dr. de la Durdent, aux eaux abondantes et limpides. — 1 k. *Caniel*, hameau avec chapelle du XVIIe s. où l'on amène les enfants, à la fête du 1er sept., pour les guérir de la peur. Grands arbres et paysages agrestes.

3 k. 5. *Vittefleur*. Église du XVe s., avec chœur du XIIIe et clocher incliné; à l'intérieur stalles du XVIe s. et statue en bois peint de Ste Wilgeforte. Au cimetière, croix ornée, en pierre, de 1617. Manoir du XVIe s., dit *hôtel de la Baronnie*, avec tourelles et fossés.

5 k. *Paluel*. Église Saint-Martin, du XVIe s.; à l'intérieur, curieuses statues de saints. Au cimetière, croix de 1620. — A dr. une route monte au hameau de *Janville* : chapelle bâtie à l'endroit où aurait été trouvée une statue de la Vierge qui, transportée à l'église de Paluel, serait revenue d'elle-même au lieu de la découverte. Cette chapelle, auprès de laquelle est une croix de 1619, est voisine d'un *château*, du XVIIe s., avec tourelles carrées et ancien colombier au fond d'un beau parc. — 8 k. La route, arrivée à la mer, bordée de galets, passe la Durdent sur un pont de fer, dit le Pont-Rouge. — 9 k. Veulettes.

La *plage* s'étend sur 1 k. 2 entre l'embouchure de la Durdent à l'E. et la butte du Catelier à l'O.; formée de galets avec des bancs de sable à marée basse, elle est bordée par un petit casino, qu'un coup de mer a, depuis la guerre, à moitié démoli. Les quelques pêcheurs de Veulettes s'abritent sous de pittoresques caloges, anciens bateaux recouverts d'une toiture goudronnée. On pêche à Veulettes les moules, les crevettes et l'équille au pied de la falaise O. On pêche la truite dans la Durdent.

Des courses de chevaux ont lieu tous les ans, au mois d'août, dans les prairies de la Durdent, à 400 m. de la plage.

L'*église* de Veulettes, à 1 k. de la plage, est située à mi-côte, au milieu des ormes. Elle date du XIIe s., avec un chœur du XIIIe s.; elle a été agrandie de nos jours. Le clocher a été refait en 1893. La corniche de la nef est ornée de têtes grimaçantes; au-dessus de la fenêtre de la sacristie, écusson gravé de 1635. A l'intérieur les piliers ont des chapiteaux de style byzantin; une belle arcade sépare la nef du carré du chœur. Au cimetière, croix du XVIe s.

La *butte du Câtelier*, située sur la crête de la falaise, en bordure de la mer, est creusée de grottes dites tombeau de Gargantua. On y voit aussi un ancien oppidum romain, dont subsistent des fossés et retranchements. Du sommet (74 m. d'alt.), belle vue sur Veulettes et la vallée.

ENVIRONS. — **1° Vallée de la Durdent** (route 44 k. S.-E. aller et ret.; on peut utiliser la voiture de Veulettes, jusqu'à la gare de Cany, et le ch. de fer de Cany à la station de Grainville). — On quitte Veulettes par le Pont-Rouge (0 k. 9) et on remonte la rive dr. de la Durdent jusqu'à (8 k.) Cany, station du ch. de fer (p. 136) : on laisse le bourg à g. et, passant sous le ch. de fer, on continue à remonter la rive dr. de la Durdent. — 10 k. *Barville*, ancienne église de 1527, restaurée au XIXe s. On dépasse, à g., le château de Cany et (12 k.) on laisse à dr. la bifurc. de Mautheville. — 13 k. 5 *Grainville-la-Teinturière* (p. 136). La vallée se resserre. — 16 k. *Le Hanouard* : près de l'église, fontaine où la légende conte que St Denis aurait étanché sa soif et administré le baptême. — 18 k. *Oherville*, que domine l'église, bâtie aux XIe et XVIe s., remaniée au XVIIe s. et restaurée de nos jours. Sur le plateau, au delà de l'église, pittoresque *château d'Auffay*, de la Renaissance (1532).

20 k. *Héricourt-en-Caux* (hôt. *Saint-Denis*, T.C.F.) est dominé par son église, moderne, avec crypte ancienne, baptistère du XIIIe s. et tombe de 1305. Derrière l'église, monument d'un comte de Beauvoir. Sur la rive g. de la Durdent, hameau de *Saint-Riquier* : église avec crypte gothique, taillée dans le roc; au cimetière, croix du XVIe s. — Une route de 10 k. S.-E. passe (1 k. 5) près du château de *Boscob* à dr., élevé en partie aux XVIe et XVIIe s., avec de belles avenues et la chapelle Saint-Gilles, et qui appartenait aux comtes de Beauvoir; cette route relie Héricourt à Yvetot (p. 87).

De Héricourt, on revient sur ses pas jusqu'à Grainville-la-Teinturière (28 k. 5 de Veulettes) où on passe sur la rive g. de la Durdent. — 32 k. *Mautheville*, station de ch. de fer et beau château de Cany (p. 136). — 35 k. *Cany* (p. 136). On traverse le bourg et on passe devant l'église, pour continuer à suivre le flanc g. de la vallée. — 40 k. Bifurc. où l'on peut revenir à Veulettes (44 k.) : soit en regagnant la route de la rive dr. à Paluel (route plate); soit en montant à g. à *Malleville-les-Grès* : église du XVIe s.; croix de 1554. A 1 k. 5 S.-O. de Malleville, *Auberville-la-Manuel*, dans un site pittoresque, a conservé un vieux manoir du XVIe s. avec tourelles, fossés et 2 belles portes.

2° Saint-Valery-en-Caux. — A pied, 8 k. N.-E., en gagnant le sentier de la falaise de dr., au delà du Pont-Rouge. On passe (3 k.) près de *Port-Sussel*, petite dépression de la falaise, où se trouve la grotte du même nom. Puis on atteint (7 k. et 7 k. 5) le sémaphore de Saint-Valery et le joli petit clocher de Saint-Léger (p. 166), pour continuer à longer la falaise et descendre sur Saint-Valery : vue magnifique.

10 k. par la route. Au delà du Pont-Rouge (0 k. 9), la route s'élève à flanc de falaise pendant 1 k. 4 : belle vue sur les pâturages de la Durdent et sur l'hémicycle de Veulettes. — 2 k. 5. *Conteville* : église des XIIIe et XVIe s. : au chœur, peintures figurant la Vie d'Abraham; curieux baptistère en plomb, du XIIIe s.; bénitier du XVe s. Au cimetière, croix de 1551. — 4 k. *Berthéauville*; 5 k. 5. *Le Tot*. — 8 k. 5. On laisse à g. le chemin du hameau et du clocher de Saint-Léger. — 10 k. *Saint-Valery* (*V.* ci-dessous), où l'on arrive par le quai du Havre.

De Veulettes aux *Petites-Dalles*, p. 161 en sens inverse.

Saint-Valery-en-Caux (pron. *Val'ry*), ch.-l. de c. de 3,202 hab. (les *Valericais*), petit port animé et station balnéaire fréquentée, est une petite ville pittoresque, environnée de belles campagnes et située dans une échancrure de hautes falaises. Les ressources y sont nombreuses; on y trouve des villas, mais surtout beaucoup d'appartements et de logements meublés.

Gare : — terminus de la ligne de Motteville (p. 87); — *de Paris* 202 k., 5 à 6 h. par express; 31 fr. 55, 21 fr. 30, 13 fr. 90; aller et ret. ordinaires (les billets de bains de mer sont actuellement suspendus): 47 fr. 35, 34 fr. 10, 22 fr. 20.

Hôtels : — DE 1er ORDRE : *de la Plage et du Casino*, en face du casino, sur la mer (ouvert l'été; 60 ch.); *de la Paix*, quai d'Amont, 1 (ouv. l'été; 63 ch.; bains).

PLUS SIMPLES : **des Bains*, pl. du Marché, T.C.F.(toute l'année; 20 ch.; gar., location d'autos); *de Paris*, quai d'Amont, 6; *de France*, quai d'Amont (toute l'année); *Hennetier*, pl. de l'Hôtel-de-Ville; *de l'Aigle-d'Or*, r. de Dieppe, 6 (40 ch.).

MODESTES : *de la Gare*, en face de la gare; *café du Commerce*, quai d'Amont, avec chambres.

Pension de famille : — *villa des Noyers*, cours de l'Ouest.

Agences de location : — *Delhais*, cours de l'Est, 4; *Derouen*, quai d'Amont, près de l'hôtel de Paris.

Poste : — r. Nationale.

Banque : — *Société Générale*, r. Neuve, 9.

Garage : — *Santars*, cours de l'Est.

Voitures publiques pour : — *Veules-les-Roses*.

Bateaux pour : — *Dieppe*, l'été (V. affiches).

Bains de mer : — cabine 25 c., costume 80 c.; — bains chauds et bains de varech à l'établissement du casino.

Casino (exploité par la ville) : — prix d'entrée en temps normal : 1 fr. jusqu'à 18 h., 1 fr. 25 après 18 h.; journée entière 1 fr. 50.

Syndicat d'initiative.

Histoire et Commerce. — Le bourg se forma autour d'un monastère créé au début du VIIe s. par St Valery, qui fondait en même temps, à l'embouchure de la Somme, une autre abbaye d'où est né Saint-Valery-sur-Somme. La ville primitive était à une certaine distance de la mer, aux alentours de la gare actuelle; l'église, qui s'y trouve encore, en est le témoignage. Distinct de la ville, le port se développa en bordure de la mer, dès le XIe s. A partir des guerres de religion, la population de l'ancienne ville émigra vers le quartier maritime. En 1612, les pêcheurs de Veules, chassés par les envahissements de la mer, vinrent se fixer à Saint-Valery. Le port connut, aux XVIIe et XVIIIe s., une grande prospérité. Il décrut à partir des guerres de l'Empire et par suite de la concurrence de Fécamp.

Port de pêche et cabotage, il n'a plus qu'une importance tout à fait secondaire. Notons les saleries de harengs et de maquereaux, et l'exportation des galets en Angleterre, pour la fabrication des faïences dites « terre de fer ».

En sortant de la gare, située à 1 k. de la mer, on débouche en face du vaste bassin de retenue, qui sert de réservoir d'eau pour nettoyer le port. Ce bassin est bordé par deux boulevards plantés d'arbres, le cours de l'Ouest, à g., et le cours de l'Est, à dr.

Suivant à dr. le cours de l'Est, en laissant en arrière la route de Veules, on longe le bassin pour aboutir à la place de l'Hôtel-de-Ville, centre de Saint-Valery, en face de l'hôtel de la Paix. Le pont tournant, à g., fait communiquer la place avec le quai du Havre, rive g. du port : on y voit une maison en bois de la Renaissance, avec poutres apparentes et couvertes de sculptures, dite *maison de Henri IV*, où le roi aurait logé; une inscription indique qu'elle fut bâtie, en 1540, par « Guillaume Ladiré, à qui Dieu donne bonne vie ». Traversant en face de soi la place de l'Hôtel-de-Ville, on arrive à la place du Marché, qui lui fait suite, et à l'extrémité de laquelle se trouve la *cha-*

pelle N.-D.-de-Bon-Port : pittoresque avec son grand toit d'ardoises et son petit clocher, elle appartient au style gothique et date des XIIIe-XVIe-XVIIe s.

A l'intérieur : belle *charpente en bois*, semblable à une carène de navire, avec poutres transversales; le clocher repose sur de gros piliers cylindriques du XIIIe s. Copie, en pierre blanche, de la Descente de Croix de Bouchardon (XVIIIe s.); autel du XVIIIe s., avec tableau de l'époque, dans le genre de Hubert-Robert : la Vierge secourt les pêcheurs pendant la tempête.

Sur l'arrière-face de la chapelle s'étend la petite place de la Chapelle, où se trouve, à côté du bureau de tabac, le vieux logis de la *Cour-Papelorcy* : entrée par une voûte.

A dr. de cette place, à l'abside de la chapelle, on laisse en arrière la rue Nationale, qui remonte vers la poste, pour prendre l'étroite rue des Bains. Cette rue traverse le quartier des pêcheurs percé d'autres rues étroites; chambres et logements meublés. Elle amène derrière le casino, dont l'entrée est à g., et à dr. duquel est la plage des bains.

La *plage*, formée de galets à marée haute avec fond de sable à marée basse, s'appuie à dr. à la falaise d'Amont, dont la ligne blanchâtre et nette se prolonge jusqu'à la petite dépression où l'on aperçoit Veules-les-Roses. La plage, à laquelle est annexé un établissement de bains chauds, se développe devant la terrasse, longue de 130 m., du *casino* : petits-chevaux, baccara, café, cercle, théâtre et concert.

Passant devant ou derrière le casino, on arrive vers la g. à l'extrémité du quai d'Amont, au *port* et à l'avant-port qui découvrent à marée basse des vasières grises. Le port, abrité des vents d'ouest, s'ouvre en mer par un long chenal, entre 2 jetées, partie en maçonnerie, partie en estacades, que terminent 2 petits phares; c'est la promenade habituelle des baigneurs. A l'entrée de la jetée O., calvaire accompagné de 2 statues agenouillées. A g. s'élève à pic la falaise d'Aval.

De la jetée, on revient à la place de l'Hôtel-de-Ville par le quai d'Amont qui longe l'avant-port et le bassin à flot.

Pour se rendre à l'église paroissiale, on retournera par le cours de l'Est à la gare, qu'on laisse à dr. pour suivre le boulevard Carnot ou route de Doudeville, puis le 2e chemin à g., bordé de chalets, dit rue de l'Eglise, et son prolongement, la rue d'Ectot, qui aboutit à l'église (500 m. de la gare).

L'église est située dans le quartier du Vieux-Saint-Valery, appelé encore auj. « la Ville » (*V. Histoire*). Bâtie sur les ruines d'un ancien prieuré, elle date des XIIIe et XVIe s. et est pittoresque, dans un joli décor d'arbres, avec un clocher inachevé. Le grand portail, de 1535, a une grande fenêtre ronde de la Renaissance; à dr. est une petite porte gothique. Devant l'église, croix avec fût sculpté de la Renaissance.

L'intérieur, simple et élégant, appartient au style ogival, avec des piliers sans chapiteaux; les voûtes ont été refaites de nos jours. Chaire et 4 *confessionnaux* du XVIIIe s., richement sculptés. Deux grands tableaux anciens, aux bas-côté dr. et g., représentent l'Ensevelissement du Christ et l'Assomption. Au bas-côté g., *tryptique* moderne, par P. Jazet, figurant des Épisodes de la vie de St Valery. Deux vitraux modernes, au bas-côté dr., sont également consacrés au saint.

ENVIRONS. — **1° Veules-les-Roses** : 6 k. 5 N.-E. par le chemin de la falaise, que l'on prend soit à Saint-Valery même, à dr., soit en passant par la gare et l'église paroissiale et par Ectot (1 k. 5 de la gare); — 7 k. 7 par une route qui monte par une côte de 2 k. 7 sur le plateau dénudé; descente de 1 k. 5; à g., tennis: en bas prendre la rue Carnot, la mer est à 800 m.; — 9 k. 5 par la gare et *Manneville-ès-Plains* (4 k. 5), joli village dans la verdure : église moderne avec sacristie du XVIe s.; ancien presbytère avec sculptures; manoir fortifié de 1460, dont les murs portent des inscriptions modernes. C'est la route que suivent les voitures de corresp. de Saint-Valery à Veules, *V.* ci-dessous.

2° Bois d'Etennemare (1 k. 2 S.-O.). — On s'y rend par la rue d'Etennemare, à dr. du cours de l'Ouest (plaque indicatrice). Ce bois s'étend sur les pentes d'une colline et offre de beaux ombrages. On y trouve plusieurs courts de tennis.

3° Clocher de Saint-Léger (3 k. aller et ret.). — Partant de la place de l'Hôtel-de-Ville, on passe le pont tournant et on gagne le quai du Havre, où l'on prend la rue Saint-Léger ou route de Veulettes. A g. dans cette rue la rue des Pénitents mènerait en quelques minutes à l'*hospice*, installé dans un ancien couvent, qui dépendait de l'abbaye de Fécamp et qui a conservé une partie d'un *cloître* du XVIIe s., aux piliers carrés et aux arceaux trapus; on peut y entrer.

Continuant à suivre la rue Saint-Léger on prend au delà des dernières maisons (1 k.), un chemin à dr. qui monte au hameau rustique de *Saint-Léger* : toits de chaume, murs en terre battue. On le traverse vers la g., pour tourner à dr. aux dernières maisons. On se trouve sur le faîte de la falaise d'Aval de Saint-Valery, où le pittoresque petit *clocher de Saint-Léger* (XVIIe s.) s'élève en pleins champs. Supporté par 4 piliers, dont la voûte ogivale formait porche, il est le seul reste de l'ancienne chapelle du même nom; on y amène encore les enfants tardifs à marcher et on leur fait faire le tour des ruines en répétant : « Bon saint Léger, donnez-y le pied léger! »

Du clocher, et surtout du sémaphore voisin, on jouit d'une vue magnifique; le vallon de Saint-Valery disparaît dans la cassure de la falaise.

Du sémaphore on pourrait poursuivre vers la g. le sentier de la falaise, qui est à pic, jusqu'à Veulettes (7 k. du sémaphore; p. 161). On regagne au contraire Saint-Valery en suivant à dr. le sentier de la falaise; très belle vue à la descente.

4° Cany (route de 13 k.). — Départ de Saint-Valery par la route du Havre, qui s'élève, en laissant à g. la gare et le bois d'Etennemare, à 73 m. d'alt. — 3 k. 5. Bifurc. où on laisse à dr. *Saint-Sylvain*, avec église des XIIIe et XVIe s.; au cimetière, croix en pierre, en 1519. On prend la route de g. — 5 k. On croise une route allant à g. à *Ingouville-sur-Mer* : église du XIIIe s.; calvaire en bronze, par Préault, d'où l'on a une vue magnifique; à dr. on irait, à 1 k., au château d'Anglesqueville, du XVIIe s. — 6 k. 6. On laisse à g. *Saint-Riquier-ès-Plains* : église de 1630, avec statue de Ste Catherine et de St Hermès, du XVIe s. — 7 k. 5. On laisse à dr. Veauville, à 91 m. d'alt. — 12 k. 5. Gare de Cany, au delà de laquelle on traverse la vallée de la Durdent. — 13 k. *Cany* (p. 136).

DE SAINT-VALERY A FÉCAMP, p. 87 et 135-137, ch. de fer 43 k., avec changement à Saint-Vaast-Bosville; route, p. 132; A VEULETTES, p. 163.

Veules-les-Roses, jolie station balnéaire, est pittoresquement située dans une cassure de la falaise, au fond d'un long vallon verdoyant baigné par un ruisseau limpide. C'est un petit bourg bien approvisionné, à prix modérés, où l'on trouve des chalets et de nombreux logements et appartements meublés. Les jardins y sont luxuriants.

Gares : — à *Saint-Valery*, 7 k. 7 O. (p. 164); voit. de corresp. 1 fr.; l'été, autos des hôtels; — à *Saint-Pierre-le-Viger*, 6 k. 5 S.-E., sur la ligne de Dieppe à Fécamp (p. 137); voit. publ. 1 fr., départ de l'hôt. des Tourelles à Veules.

Hôtels : — *des Bains*, près de la mer, T.C.F. (120 ch.; jardin); **des Tourelles*, r. Carnot, bon.

Plus simples : *de France et de la Place*, pl. du Marché; *Modern-Hôtel*, à l'entrée de la route de Dieppe; *de Rouen*, pl. de l'église (modeste).

Agences de location : — *A. Collé*, r. Victor-Hugo; *Levaillant*, r. Carnot, en face de la poste; *Mme Féron*, r. de la Mer.

Poste : — r. Carnot, en face de l'hôt. des Tourelles.

Bains de mer : — cabines et costumes; bains de mer chauds.

Loueurs de voitures : — aux hôt. des Bains, de France, de Rouen.

Voitures d'excursion : — l'été, pour *Dieppe* (*V.* affiches).

Casino : — entrée 30 c.

Cinéma : — *Pathé*.

Tennis : — 5 courts, sur la route de Saint-Valery.

Histoire. — Veules était jadis un port de pêche important. En 1612, il était déjà à moitié ruiné par les envahissements de la mer, qui obstruaient le port; les habitants se transportèrent à Saint-Valery et à Dieppe. Le 23 juin 1753, un ouragan terrible détruisit ce qui restait de bateaux. Ce fut la fin de Veules comme port de pêche, mais le site charmant de cette petite localité devait faire sa fortune comme station balnéaire.

Que l'on vienne de Saint-Valery (p. 163), de Saint-Pierre-le-Viger ou de Dieppe, on aborde Veules par l'extrémité du vallon opposé à la mer et par la rue Carnot, ancienne Grande-Rue. Suivant la rue Carnot, on y trouve d'abord un petit pont, qui traverse la rivière de Veules.

La rivière, longue de 1,175 m., naît et se jette à la mer sur le territoire de la même commune; elle a pour origine une source abondante et reçoit la source Maignet. Ses flots sont clairs et rapides. On y pêche des truites.

On gagne les *cressonnières* en tournant à g., avant de passer le pont, pour traverser bientôt la rivière sur un petit pont de pierres plates On suit en face de celui-ci la rue du Château, qui tourne à g., dans un frais vallon très ombragé. Les cressonnières verdoient, dans un joli site, sur un fond de gravier peu profond. Des femmes y circulent, chaussées de sabots surélevés sur des patins.

Traversant la rivière, on entre dans le bourg et on passe devant la poste à g., puis l'hôtel des Tourelles, à dr., qui occupe un ancien presbytère, à porte gothique, avec 2 tourelles du XVIe s. Un peu au delà, à g., est l'église Saint-Martin.

L'**église Saint-Martin* appartient au style gothique des XIIIe et XVIe s. Le *clocher*, carré, date du XIIIe s. Sur le flanc g., avant le petit porche, se détache la sacristie, avec un balcon ajouré, de style flamboyant; son toit est surmonté d'une curieuse croix double de pierre, ancienne cheminée. Sur les flancs g. et dr. de l'église, 2 fûts de pierre sculptés portent deux croix de fer.

L'intérieur a 3 nefs, terminées en 1528. Le vaisseau central et les bas-côtés, aux arcades gothiques, sont couverts de charpentes de bois de 1609, avec des poutres transversales, emboîtées dans des gueules de goules, et de petits sujets sculptés en culs-de-lampe. Un certain nombre de piliers ont été repris à la Renaissance et ornés de colonnettes, de figures plus ou moins bizarres, de motifs décoratifs parmi lesquels des coquilles Saint-Jacques. Buffet d'orgue de la Renaissance (1618). — Le carré du chœur, qui supporte le clocher, a de fines et gracieuses colonnettes, défigurées par une fâcheuse peinture. A g. du maître-autel, statue de St Thomas, d'un travail naïf. — En bas du bas-côté dr., groupe en plâtre du XVIIIe s., l'Ensevelissement du Christ. — En bas du bas-côté g., fonts baptismaux de la Renaissance peinturlurés; en haut du bas-côté, au-dessous d'une statue de Ste Claire, inscription de 1272, relatant en vers français la fondation de la chapelle de Notre-Dame.

Au delà de l'église on monterait à la place du Marché.

De l'église, reprenant la rue Carnot, qui devient rue Victor-Hugo, on dépasse l'hôtel des Bains et on arrive au *casino* : théâtre, concerts, petits-chevaux. Au delà du casino, à dr., un ancien moulin de mer a été transformé en établissement de bains chauds.

On traverse la rivière de Veules qui se précipite dans la mer parmi les galets, et on arrive à la petite *plage*, mêlée de galets et de sable, et encastrée entre deux falaises; à g. on voit Saint-Valery. Des rochers bas, couverts de mousse et de varech, émergent à marée basse. On pêche la crevette et l'équille qui abondent aux époques de grande marée.

Du moulin de mer, par la rue du Moulin-de-Mer, puis par la rue Mélingue, à dr., dans laquelle on prend la 2e sente à g., on gagne en quelques minutes le vieux cimetière Saint-Nicolas, qui renferme les *ruines* de l'ancienne église du même nom avec chœur du XVIe s., envahies par le lierre ainsi qu'une belle *croix* ornée, en grès, du XVIe s., à petits personnages.

ENVIRONS. — 1° **Sotteville-sur-Mer** : 2 k. N.-E., par la grève à marée basse, ou par le sentier de la falaise de dr. ; — 3 k. N.-E. par une route qui prend à l'entrée de Veules, au carrefour des routes de Dieppe et de Saint-Valery, et monte, par une côte de 1 k., sur le plateau.

Sotteville-sur-Mer (hôt. *de Sotteville*, dipl. T.C.F.), est un village aux maisons disséminées dans les arbres, situé sur le faîte de la falaise, avec une église du XVIe s. On descend à la mer par un escalier de bois de 190 marches, établi dans une entaille pittoresque de la falaise. — A 3 k. 5. N.-E. est Saint-Aubin-sur-Dun (p. 169).

2° **Blosseville, Silleron, Saint-Pierre-le-Viger et Bourg-Dun** (19 k. ou 22 k. 5 S. et S.-E., selon route, aller et ret.). — On quitte Veules par la route de Saint-Valery, où l'on bifurque presque aussitôt à g. par la route de Blosseville.

2 k. *Blosseville-sur-Mer*, charmant village enveloppé d'arbres. L'**église*, gothique, est entourée du cimetière; elle date du XVIe s., avec un clocher du XIIe s. A l'intérieur, qui est couvert en bois : au bas-côté g., fonts baptismaux de la Renaissance (1529) et tableau de 1645; dans la nef, statue équestre de St Martin, d'un travail naïf; **vitraux* anciens. Les plus intéressants sont au chœur et à g. du chœur : la verrière centrale (1543), au-dessus de l'autel, figure le Christ en croix entre les 2 larrons. A g. du chœur, une autre belle verrière figure la Vierge et

son fils descendu de la croix. Au bas-côté g., 2 autres vitraux anciens représentent, en quatre sujets chacun, la Légende de St Lézin.

On continue par la route d'*Angiens*, où est une église romane, avec clocher du XVIe s.; on la laisse à dr. aux dernières maisons de Blosseville, pour tourner à g. par la route d'Iclon. — 4 k. 5. *Iclon*, à g. de la route, a une petite église du XVIe s., ombragée de grands arbres; à l'intérieur, bénitier de grès, du XIVe s. On tourne, à Iclon, par la 2e route à dr. — 5 k. 5. *Silleron*, hameau avec l'intéressant *manoir de Silleron*, du XVIe s.: pour visiter, demander autorisation en faisant passer sa carte. Le mur d'enceinte, flanqué de pavillons, est percé de portes ornementées; chapelle.

8 k. *Saint-Pierre-le-Viger*, station de ch. de fer de Dieppe-Fécamp (p. 137), dans la vallée du Dun. On descend la vallée du Dun. — 10 k. *La Gaillarde*, avec une église du XVIe s.; portail du XIIe s. — 12 k. *Saint-Pierre-le-Vieux*.

12 k. *Bourg-Dun* (hôt. *de Dieppe*, T C.F.). est un petit village qui possède une jolie **église* construite du XIe s. à la Renaissance. La porte et le bas-côté S. sont de la Renaissance; le transept et le bas-côté N. sont du XIe s.: le clocher, du XIIIe s., se termine par une flèche du temps de Louis XIII. La nef, longue de 45 m., est de la fin du XIIe s., avec de gracieux chapiteaux; le transept S., ou *chapelle du Saint-Sépulcre*, est un chef-d'œuvre du style flamboyant, avec une voûte magnifique; le chœur, du style de transition, communique avec une belle chapelle du XIVe s.; à dr. de l'autel, stalle sculptée; adossés aux piliers de la tour centrale, beaux restes d'un jubé gothique, détruit au XVIIIe s.; fonts baptismaux de la Renaissance avec 8 panneaux sculptés en bas-relief; restes de vitraux de la Renaissance; retable d'autel, sculpté et doré.

De Bourg-Dun on peut revenir directement à Veules (19 k.) par la Chapelle-sur-Dun (15 k.) et, à 1 k. avant Veules, à 500 m. à g., à la bifurc. de la route de Saint-Pierre-le-Viger, par la *chapelle du Val* (XIIe-XIIIe s.), restaurée.

De Bourg-Dun on peut continuer à descendre la vallée du Dun. — 14 k. *Flainville*, hameau : manoir du XVe s. et chapelle du XIVe s. avec peintures murales; ancien calvaire. — 15 k. On laisse à dr. une route vers Quiberville (*V.* ci-dessous) et on remonte sur le flanc g. de la vallée. — 16 k. Saint-Aubin-sur-Mer ou sur-Dun (*V.* ci-dessous). — 19 k. 5. Sotteville-sur-Mer. — 29 k. 5. Veules.

3° Dieppe : 24 k. N.-E., par (4 k.) la Chapelle-sur-Dun (*V.* ci-dessus), (7 k.) Bourg-Dun (*V.* ci-dessus) et (12 k. 5) Ouville-la-Rivière (p. 137). Itinéraire recommandé, très accidenté, 25 k., par : 3 k. Sotteville, 6 k. 5 Saint-Aubin, 10 k. 5 Quiberville, 13 k. Sainte-Marguerite, 17 k. Le Mesnil-Varengeville, 21 k. Pourville (*V.* ces noms). Pour Dieppe, p. 195.

Saint-Aubin-sur-Dun ou *Saint-Aubin-sur-Mer*, qu'il ne faut pas confondre avec son homonyme du Calvados (p. 348), est une très petite station balnéaire située à 400-800 m. env. de la mer, à l'embouchure du Dun.

Gares : — à *Ouville-la-Rivière*, 7 k. 5 S.-E., station de la ligne Dieppe-Fécamp (p. 137); pas de voit.; — à *Saint-Pierre-le-Viger*, 9 k. S.-S.-O., même ligne; l'été, auto de l'hôt. des Bains; — on peut venir aussi de *Saint-Valery*, 15 k. S.-O. par Veules (p. 167), ou de *Dieppe*, 18 k. 5 N.-E. (p. 195).

Hôtel : — *des Bains* (bonne cuisine).

Pension de famille : — *Jentel*.

Villas et logements meublés : — à prix modérés; s'adresser à la mairie.

L'église, en partie des XIIe et XVIe s., a une tombe de 1307. A l'angle du cimetière, une route de 400 m., bordée de villas, conduit à la plage.

Une route de 3 k. 5 O. conduit à *Sotteville* (p. 168) par une côte, une descente de 1 k. sur le hameau du Mesnil-Gaillard, une nouvelle montée et une descente sur Sotteville; on tourne à dr. en arrivant dans le bourg, et à la 1re bifurc. on prend à g.

Une autre route mène, en 4 k. O., à *Quiberville*. On prend la belle avenue du château de Saint-Aubin, appartenant à Mme Houteville, qui permet de se promener dans le parc; puis on tourne à g. et, avant de franchir le Dun, on laisse à dr. la route de Bourg-Dun. Une montée raide, suivie d'un long palier, amène à Quiberville (*V.* ci-dessous).

Quiberville, petite station balnéaire, en plein développement, est disséminée dans les arbres et s'étage sur la colline dominant le large vallon de prairies de la Saâne.

Gares : — à *Ouville-la-Rivière*, 4 k. 5 S.-O. (p. 137); omn. du 1er juill. au 1er oct.; — à *Dieppe*, 16 k. E.-N.-E. (p. 195), voit. 12 à 15 fr.

Hôtels : — *du Casino*, sur la plage, T.C.F. (l'été; gar., voit. d'excurs., jardin, tennis); *des Bains et de la Plage*, sur la plage (jardin, tennis, voit. d'excurs.).

Café-restaurant : — *Varin*.

Agence de location : — *Roy*.

A 1 k. env. au-dessous du village s'étend, sur une largeur de 2 k., la belle *plage*, de sable avec un cordon de galets, où sont les deux hôtels, et que bordent une digue cimentée et un chemin de planches. Nombreuses cabines; viviers à poissons et à crustacés; à marée basse, rochers à moules. On pêche dans la Saâne des truites saumonées.

Le village et l'église sont sur la colline : côte 1 k. L'église renferme des fonts baptismaux du XIIIe s. et une tombe de 1363. Au cimetière, cercueils de pierre du XIIe ou XIIIe s. A côté de l'église, croix ancienne; autre croix, de 1551, sur la place de la Mairie.

La route d'Ouville-la-Rivière (4 k. 5 S.-O.) laisse à g., à 3 k., la route de *Longueil*, petit village dans un site charmant : église du XVIe s., avec vitraux de cette époque et armoiries des anciens seigneurs. De là on peut regagner directement la route de Dieppe, soit à Sainte-Marguerite (*V.* ci-dessous) soit près de Varengeville (*V.* ci-dessous).

Une route de 3 k. E., après avoir traversé la Saâne près de son embouchure souterraine dans les galets, mène par une longue côte à **Sainte-Marguerite** (hôt. : **du Balcon-Fleuri*, 18 ch.; gar., voit., rep. au jardin à volonté; *des Étrangers*, plus simple; pension de famille *La Sapinière*). Cette localité possède une intéressante *église*, en partie romane : une partie de la nef et un des bas-côtés de l'abside, curieuse par ses arcatures, sont du XIe s., le reste est du XVIe s.; **maître-autel* en pierre, du XIIe s., le plus vieux et le plus beau du diocèse de Rouen; fonts baptismaux de la Renaissance. En face de l'église, dans un joli vallon, ancienne propriété du peintre Roll. Le château de la Tour a un colombier Renaissance. Une station romaine était établie jadis sur la butte de Nolent : à peu de distance du corps de garde de douaniers, des fouilles ont amené la découverte d'une villa romaine, d'un cimetière gallo-romain et de sépultures; on montre 3 *mosaïques* provenant de ces fouilles. — De Sainte-Marguerite, on peut se rendre à 5 k. S. à la gare d'Ouville-la-Rivière (p. 137).

A 2 k. 5 N.-E. de Sainte-Marguerite se trouve le **phare d'Ailly*, où l'on se rend en continuant pendant 1 k. env. la route de Dieppe pour tourner ensuite à g. en face de l'hôtel des Sapins; on peut y aller aussi, en 1 k. 5, en suivant le sentier de la falaise qui aboutit au sémaphore. Le phare d'Ailly s'élève au bord d'une falaise de 77 m., au cap des Roches. Construit en 1775, il se compose d'une tour quadrangulaire, surmontée d'une plate-forme circulaire, avec un feu d'une portée de 28 milles; pour visiter, s'adresser au gardien, rémunération. A côté du phare, un bâtiment renferme la machine à vapeur qui actionne la sirène en temps de brume. Une bouée, dite la Vache à Mallet, flotte en outre à 2 k. en mer.

En continuant la route de Dieppe au delà du chemin du phare d'Ailly, on arrive, 2 k. plus loin, à Varengeville.

Varengeville-sur-Mer (gare à Dieppe, 9 k. E., service d'autos l'été; hôt. *du Télégraphe*, entre la poste et la mairie, simple et bon, tonnelles), est situé à 83 m. sur un plateau; il n'y a pour ainsi dire pas de centre communal : les maisons sont disséminées le long des chemins ombragés de beaux arbres. Villégiature champêtre.

Quatre vallons descendent vers la mer : 1° au carrefour du Mesnil, un chemin va au vallon du Petit-Ailly; 2° au carrefour de la mairie, le chemin de dr. conduit à (1 k. 3) l'église, isolée, en partie des XIIIe ou XVIe s., posée sur la falaise, près du cimetière où est une croix ancienne; en sortant, prendre à g. un sentier qui descend à la gorge dite port des Moustiers; 3° le vallon de Morville et 4° le vallon de Vasterival.

Varengeville-Plage (hôt. : *de la Terrasse*, à la lisière du bois de Morville, T.C.F., occupé par une colonie d'enfants belges; *des Sapins*, sur la route du phare d'Ailly; chalets et petites maisons à louer) est une petite station balnéaire dans la valleuse de Vasterival, entourée de collines que couronnent des bois de pins : jolis chalets; chapelle desservie le dimanche l'été; promenades dans le bois de Morville qui s'étend entre Vasterival et les Moustiers. Les autos qui desservent la station en temps normal s'arrêtent à l'hôtel de la Terrasse, un peu après la Volière, colonie de vacances rouennaise.

Pour aller à Varengeville-plage (2 k. 5 de la mairie) on prend, au carrefour de la mairie, la route de Sainte-Marguerite, puis à dr. la route du phare d'Ailly, enfin, de nouveau à dr., la route de Vasterival.

Au carrefour de la poste, en prenant au S. le chemin frais et ombragé de Tous-les-Mesnils, puis à 600 m. à g. une allée d'arbres, on arrive au manoir d'Ango.

Le **manoir d'Ango** (1530-1545), construit par le célèbre armateur dieppois de ce nom (p. 197) et transformé en ferme, est un ensemble de constructions pittoresques de la Renaissance, entourant une cour où l'on pénètre par deux entrées et à une extrémité de laquelle est un colombier en briques rouges et noires, formant mosaïque. L'entrée du côté de Dieppe se composait de deux arcades inégales; la plus petite a été bouchée. Cette entrée est comprise entre deux tourelles terminées par 3 pans égaux.

Dans la cour on voit à dr. une porte cintrée donnant accès, par la tourelle octogone de l'escalier, à une loggia à 4 arcades, ornementée de sculptures. Dans la salle au-dessus de l'entrée se voit une belle cheminée. Les bâtiments qui servent auj. d'étables et de bergeries, renfermaient peut-être les appartements les plus somptueux du manoir, si l'on en juge par l'ornementation extérieure d'arabesques et feuillages, traités avec un goût parfait et une délicate sobriété. On y trouve la date de 1542.

En continuant vers l'E. dans Varengeville la route de Dieppe, on passe devant le château Schlumberger, et on laisse plus loin à dr. la route de Hautot; la route forme une charmante allée. On descend un vallon boisé; à dr., bois de Hautot, promenade des baigneurs de Pourville. On descend sur Pourville (4 k. de Varengeville, *V.* ci-dessous) en dominant la vallée de prairies et l'embouchure de la Scie; à dr., Petit-Appeville (p. 173).

Pourville, petite station balnéaire élégante, en plein développement, entre deux falaises à l'issue de la vallée de la Scie, a été créée par un certain nombre d'artistes, qui y ont autrefois séjourné : Mme Pierson, de la Comédie-Française, Marguerite Ugalde, l'acteur Baron, le poète Jean Richepin.

Gare : — à *Dieppe*, 5 k. E. (p. 195) : l'été, services d'autos, départ. de la pl. du Puits-Salé.

Hôtels : — **Grand-Hôtel et du Casino* (de 1er ordre); *de la Maison-Rouge* (l'été; 20 ch.; gar. électr.); *des Falaises* (Pâques au 1er oct.; 12 ch.); *de la Terrasse*.

Pensions de famille : — *villa des Deux-Routes* (l'été; jardin, gar., électr.); **chalet Albion*; l'été; 30 ch.; verger, potager).

Restaurants : — *du Grand-Hôtel*; *de la Plage*; *des Tonnelles*.

Agences de location : — *Bilbaut*, près du pont; *Brunel*, près de l'église.

Loueur de voitures : — *Foulon*.

Bains de mer : — cabines et costumes.

Casino : — concerts et jeux.

Golf : — sur la route de Dieppe.

En venant de Dieppe par la route (p. 208), on traverse la Scie, qui va se jeter dans la mer par un énorme tube de fonte cimenté, à travers le bourrelet de galets qui borde le rivage. Puis on trouve à g. la petite église, moderne, construite en galets et en silex; un peu au delà on arrive à une charmante croix ornée du XVIe s.

C'est sur cette face de la vallée que s'étagent la plupart des villas. Le Grand-Hôtel, où quelques peintres ont laissé des « pochades », et le casino, qui y est enclos, bordent la plage : bande de galets, sable à mer basse.

On va à Dieppe par une route de 4 k. E. (p. 208); en haut de la falaise, presque en face de l'entrée du golf (p. 208), un raccourci à dr. abrège de de 1 k. (p. 208). On entre par la rue du Faubourg-de-la-Barre.

De Pourville on peut remonter la vallée de la Scie jusqu'au *Petit-Appeville* (2 k.); à 1 k. au delà on trouverait la station de la ligne Paris-Dieppe et Havre-Dieppe (p. 175). On voit au cimetière une croix ornée, de 1510, et à côté, le curieux *aqueduc de Toustain* : l'entrée est derrière l'église; le permis de visiter est délivré à la mairie de Dieppe par l'ingénieur-voyer, sur demande écrite; un fontainier envoyé de Dieppe accompagne, rémunération; le souterrain est sec et très propre, mais il est prudent de se munir de vêtements chauds. Ce souterrain, long de 5 k., a été creusé au XIVe s. par le maître fontainier de Rouen, Pierre Toustain, afin d'amener à Dieppe les eaux des sources de Saint-Aubin-sur-Scie (4 k. en amont d'Appeville), où elles étaient captées dans une première conduite. Au prix de mille difficultés et après 23 ans de travail, les eaux jaillirent enfin, en 1558, sur la place du Puits-Salé, à Dieppe, au chant du *Te Deum*. Ce souterrain communiquait également avec le château de Dieppe, par une porte auj. murée. L'eau n'y coule plus.

A mi-chemin du souterrain, on rencontre une sorte de grotte, dite la Salle de Marbre ou Salle de la duchesse de Berry; une fête maçonnique et féministe y eut lieu, avec illuminations, le 25 août 1788.

15. — DE PARIS A DIEPPE

A. — Par Rouen.

Chemin de fer : État, 201 k. en 3 h. 40 env. par rapide ou express, en 6 h. env. par train direct (horaire d'avant-guerre): 26 fr. 25, 17 fr. 70, 11 fr. 55; aller et ret. ordinaires (les billets de bains de mer sont actuellement suspendus) : 39 fr. 40, 28 fr. 35, 18 fr. 50. Les trains de plaisir qui partaient de Paris tous les dimanches, de juin à sept., seront rétablis.

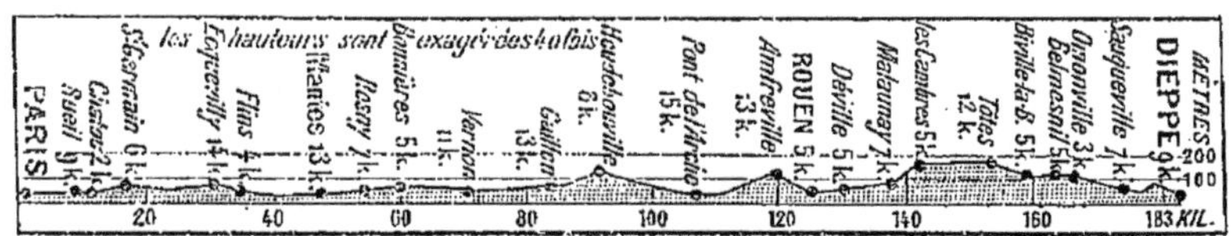

Route : 183 k. par 125 k. *Rouen* (p. 1), 137 k. *Malaunay* (p. 86); montée raide sur un plateau, à 170 m. d'alt. et croisement du ch. de fer de Motteville à Clères; 154 k. *Tôtes*; 164 k. *Belmesnil*; descente à *Dieppe* par la vallée de la Scie et 176 k. *Saint-Aubin-sur-Scie*.

140 k. de Paris à *Rouen*, p. 1 à 14. Au delà de Rouen, on emprunte d'abord la ligne du Havre. — 146 k. *Maromme* (p. 85).

149 k. **Malaunay** (buffet; p. 86), bifurc. de la ligne du Havre, qu'on laisse à g. au delà du viaduc de Cailly (70 m. de long, 29 m. de haut, 8 arches) jeté sur la vallée du même nom.

155 k. *Monville* (hôt. *de la Poste*, T.C.F.), 2,989 hab., au confluent de la Clérette et du Cailly. *Eglise* avec clocher du XIIe s.; à l'intérieur, beau chœur du XVIe s., avec vitraux de même époque, pierre tombale de 1476.

Excursion de 14 k. E.-N.-E à Cailly : la route remonte, entre les collines boisées, l'étroite vallée de Cailly. — 8 k. *Fontaine-le-Bourg*, 1,119 hab. Eglise des XIe et XVIe s. : dans l'abside, chapitaux historiés. Château ruiné. Manoir du XVIe s. A l'extrémité de la rue principale, fontaine du XVIe ou XVIIe s., avec une Pietà sculptée. — 11 k. *Gouville*, hameau près de l'étang de Montreuil. — 12 k. 5. *Saint-Germain-sous-Cailly* : restes d'un château du XIIIe s. ; château en briques, XVIIe et XVIIIe s. — 14 k. *Cailly* (hôt. *de la Rose*, T.C.F.), à peu de distance de la source de la rivière de Cailly. Restes d'un château du moyen âge. Château moderne, avec de belles serres. De Cailly on peut regagner (4 k. 5 N.-E.) Critot, station de la ligne du Havre à Amiens (p. 86), ou (4 k. 5 S.-E.) Longuerue-Vieux-Manoir, station de la ligne de Rouen à Amiens (p. 84).

La voie domine à dr. la vallée de la Clères. Du même côté, *château de Clères*, des XVe et XVIe s., restauré en 1865 : communs en bois gothiques ; à l'intérieur, salle pavée en briques émaillées du XVIe s. ; dans le parc, restes de l'ancien château fort. Henri IV y coucha, dit-on, quelques jours après la bataille d'Arques.

161 k. **Clères** (hôt. *du Cheval-Noir*), ch.-l. de c. de 820 hab., à la source de la Clérette. Eglise avec chapelle seigneuriale du XVIIe s. De Clères à Motteville et à Amiens, p. 86 et 84. — La voie s'élève sur le plateau de Frichemesnil, puis entre dans la vallée de Cache-Fêtu.

171 k. *Saint-Victor-l'Abbaye*, sur une hauteur. De l'abbaye de Bénédictins fondée en 1501 par un seigneur de Mortemer, il reste une salle capitulaire (XIIIe s.), aux colonnes sculptées. Dans une niche, au chevet extérieur de l'église, statue (XIIIe s.), en pierre coloriée, de Guillaume le Conquérant ; dans le chœur, tombe du XIIe s. — Tout près de la station de Saint-Victor, à g., l'église de *Saint-Maclou-de-Folleville*, des XIIe et XIIIe s., renferme une chaire de la Renaissance et un banc seigneurial, souvenirs des Giffard de la Pierre, dont le vieux manoir en briques (XVIe s.) se voit sur la colline opposée.

La Scie, qui prend sa source à 200 m. env., coule dans une charmante vallée que le ch. de fer descend jusqu'à Dieppe.

176 k. *Auffay* (hôt. *de l'Aigle-d'Or*, T.C.F.), 1,491 hab. L'église (XIIIe et XIVe s.), ruinée par la foudre en 1867, a été restaurée ; diverses *croix* du cimetière et des chemins sont classées. L'ancien presbytère, qui dépendait, ainsi que l'église, d'un prieuré fondé en 1068 par Richard d'Heugleville avec le bourg lui-même, a une cheminée en pierre sculptée du XVIe s.

185 k. *Longueville* (hôt. *du Cheval-Blanc*, T.C.F.), ch.-l. de c. de 702 hab. Ruines du château (XIe, XIVe, XVe et XVIe s.), qui fut possédé par Du Guesclin, puis par le Bâtard d'Orléans, comte de Dunois. Filature de coton.

A 10 k. O. (voit. de corresp., 1 fr.) Bacqueville : — La route passe par (5 k.) *Belmesnil*. A l'*église* du XVIe s., vitraux de 1573 et 1575 ; curieux antiphonaires et graduels manuscrits, de 1719 à 1778, écrits et notés par les seigneurs du lieu. Dans une cour de ferme, à *Soquentot* (2 k. 5 de Belmesnil), chêne dont le tronc mesure 8 m. 85 de tour.

10 k. *Bacqueville* (hôt. *du Commerce*, T.C.F.), ch.-l. de c. de 1,914 hab., sur la rive dr. du ruisseau de la Vienne, affluent de la Saâne. Eglise

du XVIe s., avec buffet d'orgue Henri IV et peinture figurant la légende d'un sire de Bacqueville.

La voie dépasse, à g., *Dénestanville*, dans un des sites les plus riants de la vallée : *église* en partie du XIIe s., avec vitraux du XIIIe s. et cuve baptismale sculptée de la Renaissance.

189 k. *Anneville-sur-Scie* : fontaine de Saint-Ribert, pèlerinage.

194 k. *Saint-Aubin-sur-Scie*. Eglise des XIIe et XVIe s., avec fonts baptismaux de cette dernière époque. Source du Gouffre, qui alimente d'eau potable les fontaines de Dieppe.

Une route de 2 k. S.-E. conduit au **château de Miromesnil** ; on ne visite pas. En pierres et briques, du XVIIe s., avec restes gothiques, c'est une des plus belles demeures de la Normandie. Érigé en marquisat par Louis XIV, il était encore sous Louis XVI la propriété du ministre de la Justice, A.-T. de Miromesnil, renversé par Brienne en 1787, et qui, en 1788, rédigea l'acte de suppression de la « question » ou torture « préparatoire ». En 1850, le château était loué au père du romancier Guy de Maupassant, qui y naquit cette année-là et y passa sa première enfance. La chapelle, gothique, du XVIe s., a des boiseries sculptées, un vitrail de 1583, quatre belles statues du XVIe s. et une grille de fer forgé, aux armes du ministre de Louis XVI. Un parc, aux magnifiques avenues, entoure le château.

Le château de Miromesnil est sur le territoire de *Tourville-sur-Arques* (1 k. 5 E.), dont l'église est en partie du XVIe s., avec des boiseries sculptées et des fonts baptismaux de cette époque.

198 k. *Petit-Appeville* (hôt. *de la Gare*), où se raccorde la ligne du Havre à Dieppe. Derrière l'église, entrée du curieux souterrain, dit aqueduc de Toustain, qui autrefois fournissait d'eau la ville de Dieppe (p. 173).

La voie s'engage dans le tunnel d'Appeville (1,643 m.), à la sortie duquel on aperçoit Dieppe et la falaise blanche du Pollet.

201 k. *Dieppe* (p. 195).

B. — Par Pontoise.

Chemin de fer : Etat, 168 k., en 4 h. env. par express, en 6 h. env. par train omnibus (horaire d'avant-guerre). Les prix des divers billets sont les mêmes que ci-dessus, *A* (p. 173).

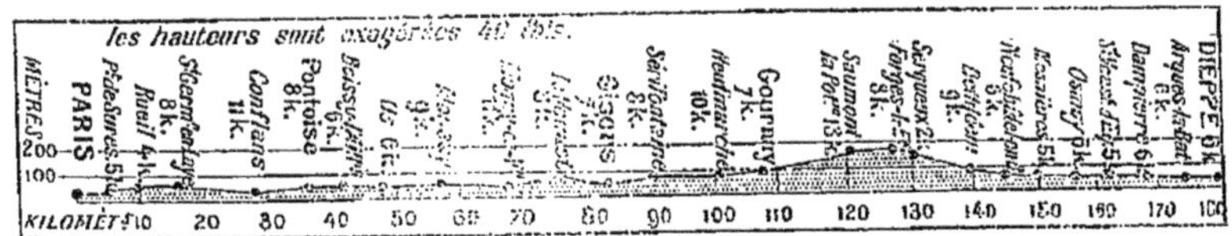

Route : 180 k. par *Pontoise* (35 k., par Suresnes et Saint-Germain), 48 k. *Us* ; 57 k. *Moussy* ; 68 k. *Magny-en-Vexin* ; 83 k. *Gisors* A partir de Gisors on suit la vallée de l'Epte, comme le ch. de fer, par : 108 k. *Gournay*, et 127 k. *Forges-les-Eaux*. De Forges jusqu'à Dieppe, la route suit constamment la voie ferrée et traverse les mêmes localités (*V.* ci-après).

De la gare Saint-Lazare on suit la ligne de *Poissy-Mantes* jusqu'à (22 k.) *Achères* (p. 2), d'où on tourne au nord pour franchir la Seine avant (23 k.) *Conflans-fin-d'Oise* (bifurc. pour Mantes et Argenteuil). — 27 k. *Eragny-Neuville*, bifurc. pour Conflans-Sainte-Honorine (p. 2).

Pontoise (hôt. : *de Pontoise*, *de la Gare*, tous deux à la gare; loueurs de voit. : *Banquard*; *Vve Constant*; *Langlois*, autos), ch.-l. d'arrond. de Seine-et-Oise de 9,023 hab., est bâti en amphithéâtre sur la rive dr. de l'Oise au débouché du vallon de la Viosne. Pour plus de détails, *V.* le Joanne : *Environs de Paris*. Bifurc. pour Valmondois, Persan-Beaumont et pour Paris (gare du Nord).

En face de la gare, la rue Thiers conduit directement au centre de la ville. Mais pour visiter celle-ci, mieux vaut prendre, à dr. de la place, la rue Carnot qui longe le ch. de fer et arrive à l'Oise. Remontant à g. le quai Fontaine, on passe devant l'*hôtel-Dieu*, dont la chapelle renferme la Guérison du paralytique par *Ph. de Champaigne* et un remarquable petit vitrage peint. On dépasse le pont en fer, qui relie la ville à Saint-Ouen-l'Aumône et offre une vue pittoresque sur la ville haute. On gravit ensuite à g. la rue et les degrés du Pothais, et à dr. la rue de la Roche qui aboutit à la place de l'Hôtel-de-Ville, d'où la rue Lemercier conduit au musée.

Le *musée* occupe un hôtel, du style de transition entre le gothique flamboyant et la Renaissance, bâti de 1477 à 1483 par le cardinal Guill. d'Estouteville. Il est ouvert du 1er avril au 1er oct. les jeudis et dim. de 13 à 17 h., le sam. de 9 h. à 11 h., les lundis de Pâques et de la Pentecôte; les autres j., s'adresser au concierge.

Il renferme au rez-de-chaussée de bons tableaux de l'école de Ph. de Champaigne, de Léopold Robert, Th. Rousseau, des études de Corot et P. Delaroche, des collections archéologiques et paléontologiques, d'anciens meubles; — au 1er étage, des estampes et dessins : on remarquera une gravure de Callot, deux sanguines de Greuze, des études de Proudhon et Meissonnier; — au 2e étage, des pastels modernes et toiles peintes de Jouy. — Dans la cour, divers débris de sculptures, des moulages et un dolmen. — Importante bibliothèque.

La rue de l'Hôtel-de-Ville longe l'église Saint-Maclou; à côté, la statue du général Lecler, par Lemot, domine l'escalier qui descend à la rue Thiers.

L'église Saint-Maclou offre une belle façade gothique et Renaissance, avec triple portail et tour latérale terminée en 1592 par Pierre Lemercier, architecte de Saint-Eustache de Paris. A l'intérieur le bas-côté N. a une décoration Renaissance de style italien; le transept est gothique (XIIe-XVe s.) ainsi que le chœur; les chapelles sont des XIIIe, XVe et XVIe s.

Comme œuvres d'art, on remarque : une Descente de croix, de Jouvenet, au-dessus du banc d'œuvre; d'anciennes statues de Ste Madeleine et de la Vierge aux chapelles de dr.; des vitraux du XVIe s. aux chapelles de g.; et surtout, à la 1re chapelle de g., un beau *saint-sépulcre* Renaissance à 8 personnages.

En face de l'église, un passage voûté conduit au jardin public, dont le *labyrinthe*, au fond à g., offre une belle vue sur le vieux Pontoise et la vallée. On sort du jardin par la rue de l'Eperon, qu'on descend à g.; on prend à dr. la rue de la Coutellerie qui conduit à l'*église Notre-Dame*, du XVIe s., but de pèlerinage : à l'intérieur, tombeau de St Gautier, de 1154, et chapelle de la Vierge avec Vierge du XIVe s. et inscription votive en lettres d'or. De Notre-Dame, la rue Carnot ramène en quelques minutes à la gare.

Au delà de Pontoise la voie remonte la vallée de la Viosne, affluent de l'Oise. — 32 k. *Osny*, avec une église en partie du XIIIe s. On franchit trois fois la Viosne; tunnel de 155 m. — 35 k. *Boissy-l'Aillerie.* — 37 k. *Montgeroult-Courcelles.*

40 k. *Us-Marines.* La station est au village d'Us-(hôt. *du Héron*, T.C.F.). A 500 m. N.-E., dolmen de Dampont. — A 5 k. N. (voit. de corresp., 50 c.), *Marines* (hôt. : *de Paris*, T.C.F.; *du Dauphin*), ch.-l. de c. de 1,651 hab., est situé au centre de l'ancien Vexin français. A l'église, la chapelle Saint-Roch, du XVIe s., recouvre une crypte. Château, avec bel escalier, ayant appartenu au chancelier Sillery, ministre de Henri IV.

Une route de 4 k. 5 S.-O. d'Us (voit. de corresp., 60 c.), conduit à *Vigny* dans le joli vallon de l'Aubette. On y voit un beau *château*, de style gothique, construit au début du XVIe s. par Georges d'Amboise; il est entouré d'un parc de 36 hect.

44 k. *Santeuil-le-Perchay* : église des XIIe et XIIIe s.

48 k. *Chars* (café-rest. *de la Paix*, T.C.F.), 1,128 hab., sur la Viosne. L'*église* date des XIIe et XVIe s. Les portions anciennes, du XIIe s., appartiennent à l'époque de transition du roman et du gothique. Elle renferme la pierre tombale de Jeanne de Ferrières, XIVe s.

De Chars a Magny-en-Vexin (ch. de fer, Etat, 13 k.; 2 fr. 05, 1 fr. 35, 90 c.). — 5 k. *Bouconvillers. Eglise* avec clocher roman octogonal et cloche de 1555; à l'intérieur, tableau de la Sainte-Famille par Vignon. Château, en partie de l'époque Louis XIII, avec quelques restes d'un château féodal plus ancien.

9 k. *Nucourt.* L'*église* construite du XIIe au XVIe s., a des fonts baptismaux de la Renaissance et un *retable* en pierre, de même époque, dont les volets peints, figurant la Vie de St Quentin, décorent auj. deux autels et le mur d'une chapelle. — Le ch. de fer descend vers Magny, par la vallée de l'Aubette.

13 k. **Magny-en-Vexin** (hôt. : *de la Gare*; *du Grand-Cerf*, T.C.F.), ch.-l. de c. de 1,893 hab., est la patrie du peintre Santerre (1658-1717). L'**église* est du XVe s. et de la Renaissance : le portail et le campanile, les chapelles S. et les deux bras du transept sont de cette dernière époque. Dans le croisillon S., anc. chapelle seigneuriale, avec trois statues en marbre blanc ayant fait partie du mausolée de Nicolas Villeroy, ministre de Henri IV, et du monument funéraire de Mme de Laubespine; au retable, débris du même mausolée encadrant une belle Vierge du XIVe s.; fonts baptismaux (1534), avec baldaquin et statues

de la Renaissance; Madeleine, par Santerre; dans le croisillon N., tombeau en forme de pyramide (1788) du curé Dubuisson avec un beau bas-relief par Dejoux et une épitaphe composée par Condorcet. — Quelques *maisons* intéressantes, notamment rue de l'Hôtel-de-Ville : à l'angle de la rue Carnot, une maison Henri II (1555); au nº 7, l'ancienne hôtellerie de l'Ecu-de-France; au nº 15 l'ancien hôtel du marquis de Guéry, époque Louis XIII; au nº 10 rue de Villeroy, maison à étages en encorbellement avec caves du XIIIe s.; rue de Crosne, hôtel Louis XVI (1786), bâti par l'architecte Damesme.

Une route de 10 k. N.-O., passe à (2 k.) *Saint-Gervais*, qui a une église des XIIe, XIIIe et XVIe s., avec tour romane à flèche de la fin du XIIe s., et façade de la Renaissance (1550), puis à (5 k. 5) *la Chapelle-en-Vexin*, pour relier Magny à Bordeaux-Saint-Clair, station du ch. de fer de Vernon à Gisors (p. 9).

Au delà de Chars, après un tunnel de 71 m., la voie quitte la vallée de la Viosne pour s'élever sur un plateau qui s'étend entre la Viosne et la Troësne. — 53 k. *La Villetertre* : église du XIIe s., avec chapiteaux romans, aux sculptures bizarres; monument mégalithique appelé Pierre-Frite. — 55 k. *Liancourt-Saint-Pierre*, avec église des XIIe, XIIIe et XVIe s., à dr., sur la voie romaine dite Chaussée de Brunehaut. On descend dans la vallée de la Troësne.

61 k. *Chaumont-en-Vexin* (hôt. *du Grand-Saint-Nicolas*, T.C.F.), ch.-l. de c. de 1,538 hab., au pied d'une colline dont le sommet (134 m.) offre un vaste panorama. La station est près de *Laillerie* : 2 maisons romanes. L'**église* est gothique (XVIe s.), avec une tour Henri II et un portail flamboyant; à l'intérieur, stalles et vitraux du XVIe s. La mairie, l'école et la gendarmerie occupent un ancien couvent de Récollets. Au centre de la ville, sur la place de la Foulerie, énorme platane séculaire. Près de l'emplacement de l'ancien château, une chapelle moderne, encadrée de sapins, contient la statue tombale mutilée de Guillaume de Chaumont († 1543) et une tombe du XIVe s.

A 1 k. 5 O. de la station, dans la vallée boisée de la Troësne, la fontaine de Saint-Eutrope est un but de pèlerinage.

A 2 k. 5 O. de Chaumont, sur la rive dr. de la Troësne, à *la Bertichère*, se voient une chapelle du XIe ou du XIIe s. et un vieux château (XVe-XVIe s.). 1 k. au delà de la Bertichère, à *Gomerfontaine*, restes d'une abbaye fondée par des Cisterciens, sous le règne de Philippe Auguste.

66 k. *Trie-Château* (hôt. *de l'Ecu*), près du confluent de l'Aunette et de la Troësne, est desservi aussi par le ch. de fer de Gisors à Beauvais (p. 184). Le bourg était défendu au moyen âge par une forteresse dont il subsiste des souterrains voûtés du XIIIe ou du XIVe s., une porte fortifiée du XVe s. et une *tour* ronde de la même époque, où J.-J. Rousseau reçut l'hospitalité du seigneur de Trie, qui était alors le prince de Conti. Un monument de Jean-Jacques Rousseau, par Gréber, a été érigé à l'écrivain, en 1900, en souvenir de ce séjour. L'église des XIIe, XIIIe et XVIe s., offre une charmante façade romane. L'hôtel de ville, ancienne maison de justice du XIIe s., a des fenêtres romanes à colonnettes. Fabrique de brosserie fine, tannerie. Patrie du

conventionnel Ch.-A. Dupuis (1742-1812). — A *Trie-la-Ville* (1 k. N.-E.), dans la vallée de l'Aunette, église avec chœur roman et nef du XVIe s. — Dans la garenne de Trie (2 k. S.-E.), dolmen dit la *Pierre-Trouée*, dont la pierre du fond a été percée d'un trou circulaire; à 250 m., menhir de 4 m. de haut.

69 k. **Gisors** (buffet), ch.-l. de c. de 5,508 hab., est une petite ville pittoresque, avec de nombreux restes du passé, au milieu de belles verdures; elle est arrosée par les trois rivières de l'Epte, de la Troësne et du Réveillon.

Gares : — *Gisors-embranchement*, gare principale (toutes les lignes); *Gisors-ville* (ligne de Pont-de-l'Arche et de Vernon).

Hôtels : — A LA GARE : *Moderne*, T.C.F. (25 ch.; chauff., bains, gar., électr., terrasse, voit.). — EN VILLE : *de l'Écu-de-France*, r. Cappeville (28 ch.); *des Trois-Poissons*, idem.

Poste : — r. de l'Hospice.

Loueurs de voitures : — *Cauville*; *Lemaître*; *Nord*.

Histoire. — Gisors n'était aux Xe et XIe s. qu'un petit château féodal. Sa position stratégique le signala à l'attention de Guillaume le Roux, fils et successeur de Guillaume le Conquérant, en 1097. Il l'acquit pour en faire une forteresse solide, sentinelle avancée de la Normandie vers l'Ile-de-France. Cette forteresse fut disputée entre les rois de France et leurs puissants vassaux. De nombreux pourparlers eurent lieu à Gisors, en 1177, 1180, 1183, 1186 et 1190, sous un orme situé entre la ville et Trie-Château. A la suite des traités d'Issoudun et de Louviers, en 1196, la place de Gisors et les deux forteresses voisines, de Neaufles (p. 32) et de Dangu, furent remises à Philippe Auguste, qui, l'année suivante, faillit perdre la vie à Gisors : le pont, sur la Troësne, s'écroula subitement tandis qu'il le traversait avec son escorte. Le pont porte encore une Vierge dorée en mémoire de cet événement (*V.* ci-dessous).

Une ville s'était développée autour du château. Au XVe s., le duc de Clarence s'en emparait; Charles VII la lui reprenait en 1449. En 1527 François Ier donna le domaine de Gisors à sa belle-sœur, Renée de France, fille de Louis XII, à l'occasion de son mariage avec le duc de Ferrare. Sous la Ligue, la ville se donna au duc de Mayenne, mais après la bataille d'Ivry (1590) tomba au pouvoir de Henri IV.

Au XVIIIe s., Gisors fut donné (1719) au petit-fils du célèbre surintendant Fouquet, en échange de Belle-Ile-en-Mer (Bretagne), et fut érigé en duché en 1742. Ce fief passa ensuite au comte d'Eu et au duc de Penthièvre. C'était un des sept grands bailliages de Normandie et un chef-lieu d'élection. En 1792, le duc de la Rochefoucauld y fut massacré.

Industrie. — Grand établissement de blanchisserie et teinturerie de coton. L'élevage des chevaux est important dans la région.

Si l'on arrivait par la station de *Gisors-Ville*, qui est aussi le point d'accès de la route de Paris, on suivrait le faubourg de Paris, qui traverse le Réveillon, puis franchit la Troësne sur deux ponts : du second, vue charmante, à dr., sur la rivière et les grands arbres qui s'y baignent; une statue dorée de la Vierge remplace l'ancienne Vierge érigée à cette place par Philippe Auguste, inscription commémorative (*V.* ci-dessus : *Histoire*). On atteint ensuite la rue de Paris : au n° 26, maison à poutres sculptées de la Renaissance; on arrive enfin à l'abside de l'église Saint-Gervais et à la rue du Bourg (*V.* ci-après).

On suit en face de la gare l'avenue de la Gare, à l'extrémité de laquelle on prend à g. la rue de Dieppe. Celle-ci, dans laquelle on aperçoit à dr., sur leur motte, les ruines du vieux donjon, aboutit à la rue dite faubourg de Cappeville, artère centrale de Gisors.

Suivant cette rue vers la dr., on passe un bras de rivière qui réunit la Troësne à l'Epte, sur un petit pont : à dr. et à g., vue agréable; à g., à la maison d'angle, n° 62, Pietà ancienne dans une niche. On entre en ville par la rue Cappeville, qui fait suite, pour aboutir, en passant devant les deux hôtels, à la place principale de Gisors, où coule la rivière de l'Epte.

De cette place s'élève la large rue du Bourg, qui est la route des Andelys et de Rouen, où se tient le marché, et qui conduirait directement à l'église Saint-Gervais par la rue Saint-Gervais (2e à g.), et au château par la rue de Penthièvre (1re à dr.).

Laissant en face la rue du Bourg, on prend à g., avant de passer le pont de l'Epte, la rue pittoresque du Fossé-aux-Tanneurs, qui longe la rivière, bordée sur l'autre rive de maisons et de jardins. On y trouve bientôt à g., sur une petite place en retrait, le théâtre, ancienne chapelle (XVIIe s.) du couvent des Carmélites, puis la rue de l'Hospice qui amène à la poste, à g., à l'angle de la rue Boullanger, où se trouve l'hôtel de ville.

L'*hôtel de ville* est installé dans les vieux et pittoresques bâtiments, couverts de tuiles brunes, d'un ancien couvent des Carmélites (XVIIe s.), encadrant une cour-jardin avec statue de la République en bronze. Le bâtiment du fond a une galerie couverte au rez-de-chaussée et est orné, au centre, d'une tourelle en rotonde.

Pour le *musée*, s'adresser au concierge, à g. ; pourboire. Il est au 2e étage et offre peu d'intérêt; il renferme quelques fragments de sculptures, des oiseaux empaillés, des monnaies et des médailles. La *bibliothèque* y est attenante ; on y remarque un plan de Gisors, de 1744.

De l'hôtel de ville on regagne la rue de l'Hospice, où on laisse à g. l'hospice et sa chapelle moderne, pour revenir à la rue du Fossé-aux-Tanneurs.

Suivant celle-ci vers la g., on y trouve au n° 20 une *maison* du XVIe s., portant sur la poutre transversale qui court au-dessus du rez-de-chaussée, l'inscription : IHS O SALUTARIS HOSTIA QUÆ CŒLI PANDIS OSTIUM (Jésus, ô hostie salutaire, qui ouvres la porte du ciel); sur une frise, trois jongleurs. On arrive ensuite à la rue de Paris, qui conduirait à g. à la gare de Gisors-ville (*V.* ci-dessus) et qui, à dr., mène à l'abside de l'église Saint-Gervais, dont on gagne, à g., la façade.

L'***église Saint-Gervais**, construite du XIIIe au XVIe s., manque d'unité de style, mais n'en est pas moins un monument des plus intéressants. Elle forme comme une vivante leçon architecturale, qui commence au style gothique primitif, puis, passant ensuite au gothique flamboyant, aboutit finalement à la Renaissance, celle-ci représentée à toutes ses périodes d'évolution les plus typiques. Blanche de Castille fit commencer la première construction, en 1240. Les remaniements et les adjonctions de la Renaissance débutèrent en 1497, puis furent repris en 1541, à la suite d'un écroulement de la nef; trois générations d'artistes, les Grappin, aidés par des sculpteurs venus de Beauvais, y travaillèrent.

Le *portail principal*, très remarquable, est de la Renaissance. A sa partie inférieure, qui date de François Ier et a été exécutée de 1537 à 1542, il offre une porte double, séparée par une colonnette, avec de beaux vantaux sculptés figurant les Apôtres. Au-dessus, une voûte cintrée, aux riches caissons, abrite un bas-relief représentant un arbre de Jessé; aux angles de l'encadrement, et au-dessus, des figures en haut-relief, de grande allure et de large facture, rappellent celles de la cour du Louvre, à Paris. La partie supérieure, continuée sous Henri II, de 1558 à 1562, se compose d'un balcon, d'où s'élèvent des colonnettes cannelées, encadrant trois arches élégantes en plein cintre. Un autre balcon à jour, flamboyant, court à la base du toit et d'autres restes gothiques se voient aux montants de dr. et de g. de cette façade. A dr. et à g. sont 2 *tours*. Celle de g. est gothique, avec reprise d'ornements de la Renaissance. Celle de dr., inachevée, date de Henri II.

Sur le flanc dr. de l'édifice, le portail Sud appartient au style flamboyant, ainsi que, au flanc g., le *portail Nord*, le plus beau des deux. La pierre y est ajourée en pendentifs et rinceaux enchevêtrés à l'infini. La porte double est ornée, en son milieu d'une statue de la Vierge et de l'Enfant Jésus et a de superbes *vantaux* de la Renaissance : remarquer les têtes dans des médaillons et les bas-reliefs figurant la Vie de la Vierge. Au-dessus du portail, une troisième tour, inachevée, terminant la nef, porte l'horloge et un petit beffroi.

L'abside de l'église, avec ses chapelles rayonnantes, ses arcs-boutants, ses pignons à crochets et ses gargouilles sculptées, appartient pareillement au style flamboyant.

NEF. — Elle est voûtée sur croisées d'ogives avec des colonnes à nervures, sans chapiteaux; quelques piliers portent une ornementation de la Renaissance, notamment au bas de la nef à dr., le pilier octogone des Marchands, de 1526 : sur le fût, personnages sculptés figurant les différents corps de métiers. Au bas de la nef, *tribune d'orgue* en pierre sculptée, de la Renaissance (époque de Henri II), avec des hauts-reliefs de grand style, du même art que ceux du portail extérieur. Sous la tribune sont encastrés, de chaque côté de la grande porte, 3 petits bas-reliefs, dont un arbre de Jessé, à g. Chaire et banc d'œuvre en bois sculpté, du XVIIe s. A son extrémité, vers le chœur, la nef est étranglée par une haute arcade ogivale.

BAS-CÔTÉ DR. — 1re chapelle, sous la tour, ou chapelle des fonts baptismaux : un vaste bas-relief de pierre, encadré de pilastres cannelés, haut de 15 m., large de 7, figure un *Arbre de Jessé* (fin du XVIe s.). En face, retable de bois sculpté, avec tableau de la Glorification de la Vierge, du XVIIe s. Débris sculptés de l'ancien jubé de 1570. Débris de vitraux du XVIe s. Charmante tourelle d'angle de l'*escalier de l'orgue*, de la Renaissance. Tableaux médiocres, des XVIe et XVIIe s. — 2e chap. : beaux restes d'un *vitrail* du XVIe s. figurant la Vie de St Claude et donné en 1526 par la corporation des Tanneurs. — 3e chap. : statue funéraire en pierre figurant un cadavre décharné couché dans son cercueil, encastré dans le mur, de 1525. — 5e chap. : restes de vitraux du XVIe s. — 6e chap. : tableau moderne du Christ à la colonne (1865). — Dans tout le bas-côté, belles nervures des voûtes, clefs de voûtes et pendentifs. Entre le bas-côté dr. et le chœur, au dernier pilier de g., avant le transept, bas-relief en pierre du XVIe s., figurant l'Ensevelissement du Christ.

TRANSEPT DR. — Les transepts sont du XVe s. et appartiennent au style flamboyant, avec un élégant balcon ajouré.

CHŒUR. — Le chœur, la partie la plus ancienne de l'édifice, est du XIIIe s. (1240); le style gothique normand s'y montre dans toute sa simplicité et sa pureté. De chaque côté de l'arc qui encadre l'autel ont été plaqués 2 bas-reliefs de la Renaissance (époque de Henri II).

POURTOUR DU CHŒUR. — **Verrière* en grisaille, de la Renaissance, représentant l'Histoire de la Vierge, œuvre de 1er ordre, par la pureté et la finesse du dessin, par la noblesse et la grâce des figures. — Belle arcade surbaissée du XVe s. encadrant jadis un saint-sépulcre. Au mur, 28 *panneaux* peints, en 1603, par Louis Poisson : Légende des Sts Gervais et Protais, plus 4 Scènes de la Naissance du Christ. Les panneaux du centre servent de portes à une armoire; derrière, Scènes de la Vie du Christ et Légende de l'Hostie vendue au Juif. Colonnes avec chapiteaux à personnages, du XVe s. — *Chapelle de la Confrérie de l'Assomption*, restaurée et repeinte, gothique, avec sculptures de la Renaissance (XVIe s.); au-dessus de l'autel, la Vierge et les Attributs de ses litanies; à dr., les Donateurs.

BAS-CÔTÉ G. — 1re chapelle, en partant du transept : intéressante *fresque* de 1561, restaurée et figurant le Portement de croix. — 3e chap. : beau *vitrail* de 1530 représentant la Vie des Sts Crépin et Crépinien et leur Martyre. — 4e chap. : Christ, peinture du XVIIe s.; reste d'une fresque du XVIe s. : série de petits portraits. — 5e chap. : sculpture peinte représentant Ste Avoye emprisonnée.

SACRISTIE — Un *registre* sur parchemin, orné de miniatures et d'armoiries, contient les noms des frères et sœurs de la confrérie de l'Assomption de l'église de Gisors, du 20 août 1476 à 1776. La liste commence par le roi Charles V, la reine, les ducs de Bourgogne, de Berri, etc.

Du grand portail de l'église Saint-Gervais, la rue Saint-Gervais ramène à la rue du Bourg, que l'on traverse pour prendre, presque en face, la rue de Penthièvre, qui conduit au château.

Si l'on remontait vers la g. la rue du Bourg, jusqu'à son extrémité, on trouverait la place de Blanmont, où s'élève, à dr., la statue en marbre du général de Blanmont (né à Gisors; 1770-1846), par Desbœuf, à côté du commencement de la promenade du Château (*V.* ci-après). Au delà de la place s'amorcent les routes de Neaufles et Dangu (bifurc. de g.) et celle d'Étrépagny (bifurc. de dr.); cette dernière passe près du cimetière, où est un monument commémoratif de la guerre 1870-71.

Le ***château** appartient à la ville; en arrivant par la rue de Penthièvre, on trouve à g. la loge du gardien qui fait visiter le donjon et les tours, pourboire; le reste de la promenade est libre. Les ruines, entremêlées d'arbres, couvrent 3 hect.; c'est un des plus beaux spécimens de l'architecture militaire normande des XIe et XIIe s. Il fut commencé en 1097 (p. 179, *Histoire*), sous la direction de Robert de Bellême, le plus habile architecte militaire de l'époque. Des remaniements et adjonctions eurent lieu sous Henri Ier et Henri II d'Angleterre, puis, après la conquête de la Normandie, par les soins de Philippe Auguste.

Pénétrant à l'intérieur de la vaste enceinte, entourée de murailles et transformée en un *jardin public* aux beaux ombrages, on trouve d'abord à dr., l'*esplanade* qui domine Gisors. Sur cette esplanade deux bâtisses hétéroclites, du XVIIIe s., à demi effondrées, sont d'anciennes halles.

Au centre de l'enceinte se dresse, sur sa motte, le vieux et puissant **donjon**, de fière allure; on y monte, au milieu des broussailles, par un sentier en spirale. Il date du début du XIIe s. et a la forme d'un octogone légèrement irrégulier; ses murs ont 2 m. d'épaisseur. L'escalier n'y partait pas du rez-de-chaussée, dont la porte est moderne, mais du 1er étage, où on le gagnait extérieurement à l'aide d'une échelle. Tout autour se développe une enceinte de murailles circulaires, à contreforts, dans laquelle subsiste l'abside romane (XIIe s.) d'une petite chapelle dédiée à St Thomas de Cantorbéry. Accolée au donjon, une *tourelle* octogonale date du XVe s.; on y monte par un escalier de 80 marches. Du sommet, vue magnifique sur Gisors et sur la campagne environnante : on aperçoit vers l'O. la tour de Neaufles, distante de 4 k. et qui était raccordée au château de Gisors par un souterrain existant encore en partie; au N.-E., on voit le château de Trie-Château.

On visite ensuite, du côté de la ville, une première *tour*, sous laquelle était autrefois le pont-levis, véritable entrée du château, fermée auj. de ce côté par des propriétés privées. Puis, par une courtine fortifiée qui offre une vue pittoresque sur les vieux toits de la ville et sur l'église Saint-Gervais, on gagne la **tour du Prisonnier**. C'est une grosse tour cylindrique, haute de 29 m., qui date de Philippe Auguste et qui, par la suite, fut prison d'Etat. Elle a 3 étages, dont les plafonds voûtés sont soutenus par des nervures gothiques. La *salle inférieure* servait de cachot; on y voit de curieux dessins et graffiti exécutés dans la pierre tendre de la muraille à l'aide d'un clou ou de quelque caillou coupant. Il semble qu'il y ait là le travail de deux prisonniers différents : les dessins de dr. en entrant sont plus à fleur de pierre; ceux de g. plus profondément entaillés. Les sujets aussi sont différents : à g., ils figurent toute la série des scènes de la Passion, jusqu'à la pendaison de Judas; à dr. ce sont des sujets non religieux : un bal, un tournoi, etc. Ces sculptures paraissent, par les costumes, contemporaines de la Ligue; on remarquera qu'elles se trouvent, les unes et les autres, dans le rayon de jour de chaque meurtrière, seul éclairage des prisonniers. On voit aussi les trous creusés dans les murs, à l'aide desquels les prisonniers se hissaient, des pieds et des mains, vers le peu d'air et de lumière de ces meurtrières. On voit encore, aux autres étages de la tour, une ancienne cheminée et un vieux four.

On fera le tour intérieur de l'*enceinte* générale du château, pittoresque et bien conservée. En son milieu, du côté opposé à la ville, s'ouvre une porte, autrefois moins haute, le sol ayant été abaissé : elle donne accès à la promenade extérieure du château.

Sortant du château par la porte ci-dessus de l'enceinte, du côté opposé à la ville, on trouve la magnifique *promenade du château*, aux grands arbres touffus, qui enveloppe extérieurement les vieilles murailles et leurs fossés. En tournant à g., on arriverait à la place de Blanmont (p. 182), en haut de la rue du Bourg. En prenant à dr., on descend, en suivant extérieurement les hautes murailles, au bord pittoresque de l'Epte, que l'on passe sur un petit pont, pour tourner à dr. et se retrouver, en bas de la rue du Bourg, au centre de la ville.

DE GISORS A BEAUVAIS (ch. de fer, Nord, 34 k. N.-E.; 5 fr. 30, 3 fr. 60, 2 fr. 35). — La voie remonte la vallée de la Troësne, parallèlement à la ligne de Paris, jusqu'à (3 k.) *Trie-Château* (p. 178). — 5 k. *Chaumont-Trie-la-Ville*, station desservant Trie-la-Ville (p. 179) au N., et Chaumont (p. 178) au S., desservi aussi par la ligne de Paris à Dieppe. On s'élève sur le plateau au N.-E. — 9 k. *Boutencourt*. Au S. *Jaméricourt* : église du XIIe s. avec boiseries du XVIe. — 11 k. *Le Vaumain* : château de la Renaissance. — 16 k. *La Bosse* : dans l'église, Passion en bois doré du XVIe s. et tombeau d'Hélène d'O (1613); bifurc. pour Méru, *V.* le Joanne : *Nord-Ardennes*. — 17 k. *Le Vauroux*. Au S., *La Houssoye*, dont l'église, en partie du XIVe s., a des stalles et boiseries sculptées du XVIe s. La voie monte et passe, dans un tunnel de 1,200 m., sous la colline du Point-du-Jour. — 22 k. *Auneuil*, ch.-l. de c. de 1,459 hab. — 26 k. *Saint-Léger-en-Bray* : dans l'église, vitraux du XVIe s. — 27 k. *Rainvillers*. La voie descend du plateau de Bray dans la vallée de l'Avelon. — 30 k. *Goincourt*. — On rejoint la ligne de Beauvais au Tréport à : 32 k. *Pentemont-Saint-Just*. — 34 k. *Beauvais* (p. 211).

DE GISORS A VERNON, p. 8-9; A PONT-DE-L'ARCHE, p. 25 à 32.

DISTANCES PAR LA ROUTE, de Gisors à : les Andelys, 29 k.; Beauvais, 32 k.; Dieppe, 97 k.; Ecouis, 28 k.; Evreux, 60 k.; Gournay, 23 k.; Mantes, 37 k.; Paris, 83 k.; Pontoise, 47 k.; Vernon, 34 k.

Au delà de Gisors la voie suit les collines de la rive g. de l'Epte. — 72 k. *Eragny-Bazincourt* : château du XVIe s.

77 k. *Sérifontaine*, 1,473 hab. *Eglise* du XIIe s. et surtout des XVe et XVIe s., vitraux du XVIe s. et retable du XVIe s. où des Sibylles tiennent les instruments de la Passion. Château moderne, de style gothique. Fonderie et laminage de cuivre.

81 k. *Amécourt-Talmontier*; l'église a conservé des parties romanes du XIe s. — 86 k. *Neufmarché* : église du XIIe s., style de transition, avec porche roman et portail orné de sculptures; ruines d'une forteresse du XIIe s. et maison du XIIIe.

Le ch. de fer dépasse : à g., *Wardes*, château du XVIIe s., patrie de St Germer; à dr., *Saint-Pierre-ès-Champs* : église en partie du XIIIe s.; sur le mont des Boulards, restes d'un camp établi en 1419 par les Anglais. On arrive dans le pays de Bray.

Le pays de Bray est intéressant au point de vue géologique : un vaste plissement du sol a relevé les couches de craie en les disloquant; puis l'érosion des eaux courantes a enlevé peu à peu les couches supérieures et mis au jour les couches jurassiques.

Le Bray a env. 70 k. de longueur, sur 15 à 16 k. de largeur moyenne; Beauvais et Neufchâtel occupent les points extrêmes du grand axe. Il est délimité des deux côtés par des falaises de craie où se reconnaissent les diverses couches superposées d'argile, de sable et de grès. Le fond de la vallée est mamelonné et divisé en une foule de vallons, dont chacun est arrosé par un ruisseau. Le Bray est couvert de pâturages où les eaux entretiennent une verdure luxuriante; de grandes haies divisent tous ces herbages, parsemés de maisonnettes, de fermes et de hameaux. Les parties sablonneuses ou moins fertiles sont couvertes de forêts et de landes; dans les plus basses se trouvent quelques marais.

94 k. *Gournay-Ferrières*; la gare est sur la commune de *Ferrières*, dont le château date de 1730.

Gournay (hôt. : *Nouvel-Hôtel*, dipl. T.C.F., bd Montmorency; *du Nord*, pl. Nationale; *du Lion-d'Or*, r. Notre-Dame; *du Cygne*; idem), ch.-l. de c. de 4,411 hab., dans la vallée de l'Epte.

Industrie et Commerce. — Il existe à Gournay deux fabriques considérables de fromages dits « petits suisses ». Sa race de volailles de basse-cour, ancienne et réputée, a le plumage noir et blanc.

De la gare, commune à l'Etat et au Nord, on prend à dr. pour longer le ch. de fer jusqu'au passage à niveau. Là, on tourne à g., pour suivre la longue rue de Ferrières, qui traverse d'abord un petit bras mort de l'Epte. On passe ensuite, après le nº 106, sur un pont, à g. duquel apparaît *le Gouffre*, petite chute provenant d'une différence de niveau de la rivière de chaque côté de la rue : la vue en est plus jolie du boulevard en contre-bas. Après avoir dépassé à g. une minoterie, la rue de Ferrières aboutit à la rue transversale de l'Eglise, où l'on voit à dr. l'église Saint-Hildevert.

L'*église Saint-Hildevert*, romane et gothique (XIe au XIIIe s.), offre à sa façade trois portes gothiques, refaites, avec bas-reliefs modernes. Les deux tours ont un toit d'ardoises.

La nef a des arcades romanes et des voûtes gothiques; les chapiteaux des colonnes présentent une grande variété d'ornementation : palmettes, feuillages, treillis, pointillés, rinceaux géométriques; à l'avant-dernier groupe de piliers, du côté dr., curieuses figures grimaçantes; aux piliers du groupe suivant, têtes ailées. Au-dessus de l'arcade centrale, qui sépare la nef du chœur, 2 figures d'anges, en bas-relief, ont été accolées au XVIIe s. Le *buffet d'orgue*, de la Renaissance (1538), a de jolies sculptures, notamment celles de la balustrade : figures en bas-relief des Apôtres. Banc-d'œuvre sculpté, du XVIIe s.

Au transept dr., Miracle de St Hildevert, tableau par Accard (1856); procession des reliques de St Hildevert, par P. de Mortemart, ayant pour fond une vue de Gournay. Le chœur est gothique; à l'entrée, 2 boiseries du XVIIe s. : à dr., Descente de croix; à g., Assomption.

Sortant de l'église, on reprend en face la rue de l'Eglise, que l'on continue au delà de la rue de Ferrières. C'est la voie centrale de Gournay. Elle amène à la place Nationale, où s'élève une *fontaine* de 1780, surmontée d'un obélisque terminé par une boule.

De la place Nationale, la rue Notre-Dame conduit à l'hôtel de ville et à la poste. En tournant à g. après l'hôtel de ville, on arrive aux *boulevards*, qui ont remplacé les remparts. Agréablement ombragés, munis de bancs et bordés de jolies propriétés, ils aboutissent à la place du Pavillon et à la *porte de Paris*, du XVIIIe s., formée de deux petits pavillons et de deux piliers, en pierre et brique, surmontés de vases de pierre, par laquelle entre en ville la route de Paris, en laissant à g. le faubourg du même nom. — De là on gagne la suite des boulevards, qui ramènent directement à la gare.

A 2 k. S., *fontaine* ferrugineuse, carbonatée, *de Jouvence*, avec petit pavillon, à laquelle conduit une allée d'arbres séculaires. Cette fontaine, appartenant à l'hospice, fait partie du domaine dit ferme des Malades. Près de là, le bois de la Garonne offre de jolis paysages.

Saint-Germer (route 7 k. S.-E., ou ch. de fer à 2 k. S. de la halte d'Orsimont, ligne de Beauvais, *V.* ci-après), bourg de 1,082 hab., doit sa célébrité à une *abbaye* fondée vers 650, par St Germer. Il en reste une porte fortifiée du XIVe s., un bâtiment du XVIIIe s., l'église et la Sainte-Chapelle. L'**église* est un des plus anciens édifices gothiques : mêlée encore de roman, elle est du plus haut intérêt pour l'histoire de l'art; elle fut commencée entre 1150 et 1155. La nef a perdu quatre travées durant la guerre de Cent Ans. Le chœur offre des tribunes romanes, un triforium et des chapelles rayonnantes, dont une, à dr., renferme un autel roman. La chapelle de l'axe fut ouverte au milieu du XIIIe s., pour faire place à l'élégant couloir qui conduit à une *Sainte-Chapelle*, analogue de style à celle de Paris, et dont quelques vitraux présentent les armes de St Louis. — A 3 k. E., château de Morval (Louis XIII).

De Gournay a Beauvais (ch. de fer, Nord, 30 k. E.; 4 fr. 70, 3 fr. 15, 2 fr. 05). — La ligne monte lentement à l'est vers les hauteurs de Bray. — 5 k. *Orsimont*, halte la plus voisine de Saint-Germer (*V.* ci-dessus), à 2 k. S. A 1 k. 4 N.-E. de la halte, *Goulancourt*, où l'on voit les belles ruines d'un château du XIIIe s., dépend de *Senantes* (1 k. 3 plus loin), dont l'église, du XVe s., a un intéressant saint-sépulcre. — 7 k. *Saint-Germer*, à 3 k. du village de ce nom (au S.-O.). — 9 k. *Cuigy-Coudray*. — 12 k. *Blacourt-Espaubourg*. — 14 k. *La Chapelle-aux-Pots* : importante fabrication de poteries, dont l'origine remonte à l'époque gallo-romaine. — 15 k. *Ons-en-Bray*. — 17 k. *L'Hayère*. — 20 k. *Becquet-Saint-Germain*. — 22 k. *Saint-Paul* : église en partie romane, avec porte et chapitaux du XIe s.; restes d'une abbaye. — 25 k. *Goincourt*. — 30 k. *Beauvais* (p. 211).

Distances par la route, de Gournay à : Amiens, 71 k.; Argueil, 18 k.; Beauvais, 30 k.; Dieppe, 74 k.; Évreux, 70 k.; Forges-les-Eaux, 21 k.; Gisors, 23 k.; Neufchâtel, 38 k.; Paris, 108 k.; Rouen, 49 k.

Au delà de Gournay la voie, continuant à suivre la vallée de l'Epte, laisse à g. *Cuy-Saint-Fiacre* : église du XIIe s.; au cimetière, croix monolithe sculptée, du XVIe s., haute de 6 m. Plus loin à g., hameau de *Beuvreil* dont l'*église*, du XIe s., a un porche en bois du XVIe s., avec briques émaillées, un baptistère du XIIIe s., un bénitier armorié et un autel en pierre de la Renaissance; près de l'église, ancien château des Huguenots (XVe s.), transformé en ferme. Beuvreil dépend de (2 k. 5 O.) *Dampierre* : église des XIIe et XVIe s., avec voûte en bois, sculptée et peinte, de 1504, et chaire du XVIIe s.

101 k. *Gancourt-Saint-Etienne*. La voie s'élève le long de la rive dr. de l'Epte et dépasse à dr. *Doudeauville* : l'église, de XVIe s., a 2 autels en bois, à retables et baldaquins de la Renaissance, et 2 bas-reliefs du XVe s. Après avoir atteint l'altitude de 155 m., on commence à descendre et, décrivant une grande courbe, on traverse *Haussez* : église du XIIe s., modifiée au XVIe avec restes de vitraux.

109 k. *Saumont-la-Poterie*, à 2 k. à g. : église avec chœur à charpente sculptée et chapelle seigneuriale du XVIe s.; retable Louis XIII. A dr., à 3 k. 5 N.-O. de la station, *Pommereux* possède une église, des XIIe et XIIIe s., remaniée au XVIe, avec un lutrin en bois sculpté, de 1554, et un retable Louis XIII avec délicates sculptures dorées.

116 k. **Forges-les-Eaux**, importante station thermale, ch.-l. de c. de 2,056 hab., est aussi desservie par 2 autres gares : la gare de *Forges-Etablissement-Thermal*, de la petite ligne de Charleval à Serqueux (p. 28), et celle de *Serqueux* (p. 189; 2 k. 5 N.; omnibus pour Forges), en correspondance avec le réseau du Nord.

Billets : — *de Paris*, 18 fr. 15, 12 fr. 25, 8 fr.; les billets de saison sont actuellement suspendus.

Omnibus de ville : — de la gare au bureau de l'omnibus 30 c., avec 30 kilog. 50 c.; de la gare à l'établissement thermal 50 c., avec 30 kilog. 80 c.

Hôtels : — *du Parc*, r. des Eaux-Minérales (1er ordre; hôpital militaire pendant la guerre); *Continental*, r. des Eaux-Minérales, 110, T.C.F. (1er ordre; hôpital militaire pendant la guerre); *du Mouton*, r. de la République, T.C.F.; *du Lion-d'Or*, pl. Brévière, 11-13.

Agences de location : — *Duguet*, r. de Gournay; *Lefebvre*, pl. de l'Hôtel-de-Ville.

Autogarage : — *Bourdot*, r. de Gournay, 10.

Loueurs de voitures : — *Colombel*; *Chapelle*.

Casino : — entrée jusqu'à midi, 50 c.; pour le reste de la journée, 1 fr.; toute la journée, 1 fr.

Histoire. — Forges semble avoir tiré son nom de forges gallo-romaines; ce fut sans doute jadis le centre d'une industrie ayant laissé des traces dans divers noms de lieux des environs : les Ferrières, les Forgettes, les Minières, le Bout d'Enfer, etc.

Les eaux minérales de Forges ont été découvertes, ou retrouvées, en 1573, par le chevalier de la Varenne. Louis XIII et Anne d'Autriche, avec Richelieu, séjournèrent à Forges en 1632; la reine, qui n'avait point d'enfant, après dix-huit ans de mariage, était venue demander aux eaux de Forges un remède contre sa stérilité; six ans après elle mit au monde Louis XIV. Les trois sources de Forges se nomment encore, en souvenir de cette visite : la Royale, la Reinette, la Cardinale. Le dauphin et la dauphine, en 1694, vinrent aussi à Forges. On compte encore parmi les visiteurs célèbres : Mlle de Montpensier (1661), Mme de Sévigné, la duchesse de Chartres (1772), mère de Louis-Philippe, Voltaire, Buffon, Marivaux, la marquise du Deffand, Mme de Genlis, les duchesses d'Angoulême et de Berri, Napoléon Ier.

De la gare, qui est à 10 min. du bourg et à 20 min. de l'établissement thermal, on tourne à g. pour croiser le ch. de fer au passage à niveau, puis continuer jusqu'à la place Brévière au centre de laquelle est le buste de *Brévière*, graveur (1797-1869).

Autour de cette place, centre du bourg, rayonnent cinq routes: celle de dr. conduit à la gare de Serqueux (p. 172); celle de g. ou rue de Gournay laisse à dr. le marché couvert et une nouvelle salle des fêtes. On continue, droit devant soi, par la route de Buchy, qui prend le nom de rue de la République, continuée par la rue des Eaux-Minérales. On passe devant l'hôtel du Mouton, à la salle à manger ornée de « pochades » et de tableaux dont un de Corot, puis place de l'Hôtel-de-Ville. L'église est moderne, de style gothique. Bordée de villas et de maisons louées aux baigneurs, la route passe sous le ch. de fer de Serqueux à Charleval laissant à g. la gare de Forges-Etablissement-Thermal, pour atteindre l'établissement thermal, entouré de son parc.

L'*établissement thermal* comprend cabines de bains, salles de douches et piscine. La saison dure du 1er juin au 1er oct. La durée de la cure est de 30 jours.

Les eaux de Forges sont froides (7°) et ferrugineuses. On les emploie en boisson, bains et douches. Toniques et reconstituantes, elles sont efficaces contre l'anémie sous ses diverses formes.

Le *parc* où jaillissent les 3 sources (Royale, Cardinale et Reinette), a été pris sur le bois de l'Epinay : entrée libre pendant la saison; hors saison, 50 c.; réservé aux blessés pendant la guerre. Il couvre 10 hect. et est arrosé par la rivière de l'Andelle, qui y forme un lac avec une petite île : pêche et canotage. On y trouve une ferme où on vend du lait, un kiosque à musique, des courts de tennis et le chêne dit de Mme de Sévigné. Une villa meublée est louée aux baigneurs.

Un *casino*, réservé aux blessés pendant la guerre, s'élève au-dessus de l'établissement thermal. C'est un important édifice, avec salle des fêtes formant théâtre, salons de lecture et jeux de hasard. Sous la terrasse a été aménagée une grotte en rocaille, où est distribuée l'eau des sources. Dans les prairies contiguës, camps anglais avec boxes pour chevaux blessés.

EXCURSIONS. — **1° Bois de l'Epinay et abbaye de Beaubec.** — Le *bois de l'Epinay*, sur lequel a été pris le parc de l'établissement thermal, s'étend vers le N.-O., suivi du bois de Léon et du bois des Moines, sur une longueur de 6 k. Il est coupé de nombreuses routes et traversé par le ch. de fer de Serqueux à Rouen.

Entre le bois de Léon et le bois aux Moines (6 k. de l'établissement thermal, par l'Epinay et le Mesnil), se trouve l'ancienne *abbaye de Beaubec*. Cette abbaye de Cisterciens fondée en 1127, incendiée en 1383, restaurée à partir de 1450, a été supprimée à la Révolution. Il en reste le colombier, la ferme, le parloir, l'ouvroir, le four, l'infirmerie, la grande porte, construite sous Louis XVI, et la chapelle de Sainte-Ursule, consacrée en 1266 par Eudes Rigaud, restaurée en 1780; au-dessus de la porte de l'O. de cette chapelle, une rose du XIVe s. est surmontée d'une statue sépulcrale du XIIIe s.

Ces ruines sont au S. du *mont Gripon*, offrant un beau panorama, et dépendent de la commune de *Beaubec-la-Rosière* (4 k. N.-E. de l'abbaye) : dans l'église, de 1770, pèlerinage à St Laurent et à St Vimer; devant l'église, croix sculptée du XVe s. A la Rosière, église du XIIIe s.

De Beaubec-la-Rosière à Forges, par Serqueux et la route directe, 4 k.

2° Château de Riberpré (4 k. N.-E.) entouré d'eaux vives, qui dépend de (2 k. au delà) *Thil-Riberpré* : église en partie du XIIIe s. avec stalles, lambris et retable sculpté, provenant de l'abbaye de Clair-Ruissel, près Gaillefontaine (p. 85).

3° Argueil et Sigy (circuit de 44 k. S.) — Après avoir traversé une partie de la *forêt de Bray*, on aperçoit à dr. le clocher de (5 k.) *la Ferté-Saint-Samson*, village bâti sur une éminence où l'on monte par un bon chemin qui se détache à dr. de la route, à 3 k. 5 de Forges. L'église, dont l'abside est un reste de la collégiale fondée au Xe s. par Gautier de Gournay, et qui couronne un mamelon (193 m.), est précédée du cimetière : beau panorama. Derrière l'église, sur une motte féodale nommée la Côte des Châteaux, magnifique point de vue et vestiges d'une forteresse. La Ferté était au moyen âge le siège d'un tribunal de haute justice, dont relevaient 55 paroisses du pays de Bray. On y voit encore le tribunal, la prison, la maison du lieutenant criminel et le tertre où l'on brûlait.

De l'église on descend au hameau de Saint-Samson, dont l'église a un baptistère du XIIIe s., par un petit chemin qui aboutit au S.-E. du cimetière et qui rejoint la route d'Argueil, en face du mont aux Fourches (137 m.), motte où étaient dressées jadis les fourches patibulaires.

10 k. *Argueil* (p. 28). — 11 k. 5. *Fry* : église des XIIIe et XVIe s., avec cuve baptismale de cette dernière époque. — 13 k. *Le Mesnil-Lieubray* : château de Normanville, XVe s. — 16 k. *Montagny*, chapelle du XIIIe s., dans la vallée de l'Andelle.

17 k. *Nolleval* (hôt. *du Commerce*, T.C.F.), église du XIIIe s., dans un joli paysage. — 18 k. 5. *Boulay* : tilleul dont le tronc a 8 m. de tour. — 22 k. *Morville*. — 24 k. *Le Héron* (p. 29).

34 k. *Sigy*, sur la rive dr. de l'Andelle. De l'abbaye de Sigy (XIe s.), auj. ferme, il subsiste l'*église*, des XIIIe et XVe s., avec beau chœur (XIIIe s.) : à l'intérieur, boiseries du XVIe s. Sigy est relié à Forges par une route qui, remontant la vallée de l'Andelle, dominée par des coteaux boisés, passe par (37 k.) *Rouvray-Catillon* : à l'église, tombeau du XIIIe s.; château du XVIe s.; dans un bois, fontaine Saint-Samson, but de pèlerinage. C'était au moyen âge le siège d'une puissante baronnie. On joint, non loin de l'établissement thermal, la route de Dieppe, qui entre dans le bourg de Forges (44 k.) par une large rue en pente.

Distances par la route, de Forges à : Aumale, 26 k.; Beauvais, 51 k.; Dieppe, 53 k.; Eu, 58 k.; Formerie, 15 k.; Gournay, 21 k.; Neufchâtel, 17 k.; Paris, 127 k.; Rouen, 42 k.

119 k. **Serqueux** (buffet), croisement avec la ligne du Havre et Rouen à Amiens, p. 84. Des omnibus relient Serqueux à Forges-les-Eaux (2 k. 5 S.; p. 187). La voie descend vers la Béthune, qu'elle atteint près de Mesnil-Mauger, et dont elle suivra désormais la vallée jusqu'à Dieppe.

128 k. *Nesle-Saint-Saire*. *Nesle-Hodeng*, à dr., possède une église des XIIe et XIIIe s. et une salle capitulaire, vestige de l'abbaye de Bival, fondée au XIIe s. pour des religieuses cisterciennes. A g., *Saint-Saire* a une église avec crypte et portail du XIe s., clocher du XIIIe s., le reste du XIVe s.; à l'intérieur, verrière ancienne; c'est le lieu de naissance du comte de Boulainvilliers, historien (1658-1722). Du même côté, *Neuville-Ferrières* : église avec chœur du XIIIe s.; ancien château avec parties du XIIIe s.

134 k. **Neufchâtel-en-Bray** (hôt. : *du Lion-d'Or*, T.C.F.; *du Grand-Cerf*; *de Dieppe*; *du Grand-Turc*), ch.-l. d'arrond. de la Seine-Inférieure, 4,195 hab., est bâti à mi-côte sur la rive dr. de la Béthune, au milieu de riches pâturages. C'est un centre agricole important : foires et marchés; fabrication des fromages dits bondons de Neufchâtel.

Histoire. — Neufchâtel, d'origine mérovingienne, s'appela *Driencourt* avant la construction de son château, en 1106, par Henri Ier, duc de Normandie et roi d'Angleterre. Ce château, après de nombreux sièges, fut démantelé par ordre de Henri IV, en 1595; on reconnaît encore son emplacement à de puissants terrassements et à la motte du donjon. — A Neufchâtel est né le lieutenant-colonel *Driant*, gendre du général Boulanger, écrivain et homme politique, tué devant Verdun (1855-1916).

A dr. de la place de la Gare la rue de la Gare, puis la rue Félix-Faure conduisent à la principale artère de la ville, qui, d'abord sous le nom de Grande-Rue-Fausse-Porte, conduit à la place de l'Église.

L'*église Notre-Dame* (XIIe, XIIIe, XVe et XVIe s.), avec une grosse tour du XVIe s., inachevée et surmontée d'une flèche, offre un portail élégant, mais mutilé, de la fin du XVe s.

A l'intérieur, buffet d'orgue du XVIIe s., à corbeilles et palmettes; dans la nef, au-dessus des arcades du transept, 2 grands tableaux (époque Louis XIV), Scènes de la vie de Jésus; chœur du XIIIe s., avec jolie galerie à colonnettes; dans le transept dr., *saint-sépulcre* de 1491; 2 clefs de voûte sculptées; au 4e pilier du bas-côté dr., N.-D. de Délivrance, statuette du XVIe s.

Au delà, la Grande-Rue-Notre-Dame qui offre à l'entrée, à g., une *maison* en bois, amène à la place de l'Hôtel-de-Ville.

L'ancienne abbaye des Bernardines est occupée par l'*hôtel de ville*, le musée et la bibliothèque, les tribunaux et une école.

Le *musée d'antiquités* possède des tableaux, statues, bustes, des bas-reliefs de la Renaissance, des pierres tumulaires, des vases, des médailles, une collection de carreaux émaillés du XIIIe au XVIe s., des armes gallo-romaines, une croix byzantine.

La *bibliothèque* se compose de 10,000 vol. On y remarque : une Bible manuscrite du XIIIe s.; une Bible polyglotte, provenant de l'abbaye de Foucarmont; un album des assignats et un album des timbres royaux depuis leur origine; un scel et contre-scel en argent, ayant probablement appartenu à Louis II, duc de Longueville, comte de Dunois.

En face de l'hôtel de ville s'ouvre la rue du Château, au fond de laquelle on aperçoit, derrière une grille, l'emplacement de l'ancien château, planté d'arbres, sur une motte élevée.

Hors de la ville, à l'extrémité de la rue Saint-Jacques, se trouve le château moderne de Mme de Janzé, dont la longue avenue de vieux marronniers aboutit à la route de Foucarmont. Au cimetière, monument aux morts pour la patrie, par Constant Martin et Monlon

A 11 k. E. (corresp.) *Mortemer* est situé près de la source de l'Eaulne, à 132 m., dans une belle vallée. En 1054 les Français, commandés par le comte Eudes, frère de Henri Ier, roi de France, y furent battus par Guillaume le Conquérant. Ruines d'un château des XIIe et XIIIe s., avec donjon : collection d'antiquités trouvées dans la région. — De l'autre côté de la route, le hameau d'*Épinay*, où l'on a trouvé une telle quantité de substructions antiques que l'on y voit l'emplacement d'une ville disparue, appelée le Vieux-Neufchâtel, dépend de la commune de *Sainte-Beuve-en-Rivière*. L'église de Sainte-Beuve (XIIe, XIIIe et XVIe s.) renferme : un chapiteau antique, en marbre, servant de bénitier; les restes d'une Passion en bois sculpté des XVe ou XVIe s. et 8 statuettes d'Apôtres du XVIe s. La croix du cimetière date de la Renaissance.

De Neufchatel a Dieppe par l'Aliermont (route 39 k.). — La route s'élève sinueusement sur un plateau : belle vue sur la vallée du Bray; on traverse la *forêt du Hellet* (2,000 hect.) dans toute sa longueur.

13 k. *Croixdalle*, à 197 m., sur le *plateau d'Aliermont*, long de 15 k., mais fort étroit, qui s'étend entre la vallée de l'Eaulne et celle de la Béthune. Une grande rue, la route que nous décrivons, parcourt ce

curieux plateau sur presque toute sa longueur ; elle est bordée de maisons, d'ateliers, de fermes, depuis Croixdalle jusqu'à Saint-Nicolas ; on fabrique spécialement des pièces ou instruments d'horlogerie et de chronométrie L'Aliermont, couvert de forêts, fut donné par Richard Cœur de Lion, en 1196, à l'archevêque de Rouen, Gautier le Magnifique, en échange de la colline du Château-Gaillard. C'est alors que furent fondés les cinq villages actuels, dont les habitants, moyennant quelques privilèges, furent chargés de défricher le pays.

15 k. 5. *Sainte-Agathe-d'Aliermont* : église du XIIIe s., avec clocher de 1584; piscine et fonts baptismaux de la Renaissance. — 26 k. *Saint-Nicolas-d'Aliermont* (hôt. *de Dieppe*), 2,475 hab., près de la forêt d'Arques : église des XIIIe et XVIe s., remontant en partie à la création des villages de l'Aliermont vers 1200. — On traverse une partie de la forêt d'Arques, et l'on descend dans la vallée de la Béthune. — 32 k. *Archelles* (p. 195); 33 k. *Arques* (p. 192); 39 k. *Dieppe* (p. 195).

DISTANCES PAR LA ROUTE, de Neufchâtel à : Abbeville, 57 k. ; Amiens, 71 k. ; Beauvais, 61 k. par Gaillefontaine ou 67 par Forges ; Blangy, 28 k. ; Dieppe, 35 k. ; Londinières, 14 k. ; Mantes, 90 k. ; Paris, 151 k. ; Pontoise, 96 k. ; Rouen, 46 k. ; le Tréport, 44 k. ; Yvetot, 58 k.

Au delà de Neufchâtel on voit à g. *Quiévrecourt*, à 1 k. 5 O. : église des XIIe et XIIIe s., avec statues et sculptures des XVe et XVIe s. et boiserie représentant la Vie de St Ribert, 3e abbé de Saint-Valery-sur-Somme au VIIe s.

139 k. *Mesnières-en-Bray*. Le **château*, qu'on visite, flanqué de 4 tours, est une magnifique construction de la Renaissance. Il renferme auj. une école d'agriculture, horticulture, ajustage, menuiserie et électricité, ainsi qu'une école d'enseignement primaire supérieur.

A g. de la cour d'honneur, à laquelle on accède par un vaste perron circulaire, la *salle des Quatre-Tambours* est décorée de peintures (1660) représentant les dames de Mesnières et des scènes de chasse. De là, par une double porte, on passe dans une *grande salle* dont les poutrelles et les caissons sont revêtus de peintures mythologiques (1668). Derrière les arcades du rez-de-chaussée règne tout le long de la façade une *galerie* où, sur des consoles ornementées, reposent des cerfs en pierre pourvus de bois naturels. Au centre de la galerie est un vestibule, aux colonnes corinthiennes, donnant accès dans une *chapelle*, dont les boiseries (XVIe s.) proviennent de l'abbaye de Préaux. Dans la tour E., la *chapelle du château* a conservé ses vitraux du XVIe s., ainsi que des statues remarquables du Christ et des Évangélistes. — Le *parc* a été dessiné par Le Nôtre.

143 k. *Bures-en-Bray*, sur la rive g. de la Béthune. *Église* des XIIe-XIIIe s., modifiée au XVe ; clocher du XIIe s., flèche de 60 m.

Dans le transept à g. (chap. de la Vierge) : sépulcre et bas-relief, l'Assomption, du XIVe s. Dans le mur N. du chœur, inscription du XIIe s., relative à la consécration de l'église de 1168. Statue de St Étienne (XIIIe s.). Fonts baptismaux du XIVe s., sculptés, surmontés d'une pyramide en bois de la Renaissance.

On voit à Bures une maison en briques du XVe ou du XVIe s. et l'ancien manoir de Tourpes, du XVIe s., transformé en ferme.

145 k. *Osmoy*. *Église* des XIIe, XIIIe et XVIe s., dont les parties

les plus anciennes, de style roman, sont intéressantes par leur architecture et l'authenticité de leur date, 1170, donnée par une inscription. — On traverse Saint-Valery-sous-Bures; près de Maintru, manoir-ferme de la Valouine, de 1602.

150 k. *Saint-Vaast-d'Equiqueville.* Près de l'église (XIe, XIIIe et XVe s.) qui a des boiseries sculptées de la Renaissance, tombes du XIVe s. et maison du XIIIe s. appelé la Doyenné.

157 k. *Dampierre-Saint-Nicolas* : château de Senarpont; manoir en partie du XVIe s. A dr., *Saint-Aubin-le-Cauf* : église en partie du XIIIe s., où étaient les statues du président Groulard et de sa femme, qui ont été transportées à la cathédrale de Rouen; château du XVIe s., en ruines. A g., près de la Varenne, *Martigny* : à l'église, baptistère du XVIe s.

On longe le pied des collines couronnées par la forêt d'Arques, puis on franchit la Béthune et la Varenne en amont de leur confluent; à g., on découvre la masse imposante du château d'Arques.

162 k. **Arques-la-Bataille** (hôt. : *de l'Entente-Cordiale*; *du Château-d'Arques*, 8 ch.; *du Commerce*; *du Chemin-de-Fer*, T.C.F.; chambres et appartements meublés). bourg de 1,598 hab., célèbre par la victoire du 21 sept. 1589, qui donna à Henri IV le trône de France. Son site dans la vallée où la Varenne, ou rivière d'Arques, se réunit à la Béthune, son église et surtout les ruines de son château y attirent de nombreux touristes. C'est un centre industriel important.

Histoire. — Le château d'Arques fut construit, au XIe s., par Guillaume de Talou, oncle de Guillaume le Conquérant. En 1204, Philippe Auguste le visita. En 1257, St Louis vint à Arques et y séjourna 4 jours. En 1419, les Anglais s'emparèrent du château, après la prise de Rouen, et n'en furent chassés qu'en 1449. En 1544 et 1545, François Ier vint à Arques et fit renforcer la forteresse, qui tomba ensuite au pouvoir de la Ligue.

Après l'assassinat de Henri III, à Saint-Cloud, par Jacques Clément, Henri de Navarre était devenu de droit Henri IV, roi de France; mais le trône était à conquérir. Son principal adversaire était le duc de Mayenne, qui tenait la Normandie avec les troupes de la Ligue et qui avait promis aux Parisiens de leur amener le Béarnais « lié et garrotté ». Une rencontre décisive eut lieu, le 21 sept. 1589, un peu en dessous de la ville, là où la vallée d'Arques rejoint celle de l'Eaulne. Les forces de Henri IV étaient inférieures en nombre, mais le château d'Arques était en son pouvoir. Au moment où ses troupes fléchissaient, les canons du château, dont un épais brouillard empêchait le tir depuis le matin, entrèrent en jeu, le temps s'étant soudain éclairci; ils tirèrent sur les ennemis, creusant « de belles rues dans leurs escadrons et bataillons ». Henri IV profita du désarroi pour rallier les siens, et Mayenne se replia en désordre sur Dieppe.

Au XVIIe s., le vieux château fut à peu près abandonné. Quant au bourg, désolé par une peste, il comptait à peine, en 1611, 500 familles réduites à mendier. En 1647, le jeune Louis XIV visita Arques, en compagnie de sa mère, Anne d'Autriche, et de Mazarin. Au XVIIIe s., le château servit de carrière tant aux particuliers qu'aux religieuses Bernardines d'Arques, qui furent autorisées à en prendre les pierres pour reconstruire leur couvent.

En 1836, la « bande noire » voulut acheter ce qui demeurait debout, pour le raser et trafiquer du sol. Mme veuve Reiset se porta adjudicataire et sauva les ruines, que l'État racheta à son fils, en 1868, pour 60,000 fr. et qu'il possède depuis cette époque.

Industrie et Commerce. — Une importante usine de soie artificielle, près de la gare, occupe 1,500 ouvriers et ouvrières; on y travaille jour et nuit. Une autre usine fabrique des briquettes de charbon de terre. Enfin une scierie mécanique est installée un peu en amont.

Peu après la gare on tourne à g., pour entrer dans le bourg et franchir l'Arques. La première rue à dr. mène à l'église.

L'église est une fine et gracieuse construction de style flamboyant, commencée vers 1515 en pleine Renaissance par Nicolas Bédiou, maître maçon; elle fut terminée, dans le même style, en 1633. Elle est faite, malheureusement, de deux parties inégales : le chœur et le transept, qui forment la partie la plus haute, la plus hardie et la plus ancienne (1515-1574); la nef, aussi élégante, mais beaucoup plus basse, qui ne fut reprise qu'en 1852. Celle-ci a deux charmants porches sculptés, sur le flanc g. et le flanc dr.; un balcon à jour court à la base du toit; nombreuses gargouilles. Le grand portail a une porte malencontreuse, de 1780, en style néo-grec. A dr., jolis meneaux d'une fenêtre, en forme d'étoile; au-dessus, bel arc-boutant ajouré. Le clocher porte les dates de 1616, 1628, 1633; il est coiffé d'un toit d'ardoises en forme de fer de hache. Devant le portail, charmante croix ornée, du XVIIe s., en style Renaissance. — Si le sacristain est absent de l'église, on s'adressera chez lui, route de Dieppe, près du calvaire à l'entrée d'Arques, pour visiter le chœur, ordinairement fermé; rémunération.

La nef est gothique; elle est couverte en bois, avec frises sculptées et clefs de voûte pendantes, de style Renaissance; les ogives des bas-côtés s'appuient sur des piliers polygonaux. Les belles fenêtres du transept sont en partie murées; au croisillon dr., statue de St Michel, du XVIIe s., en costume Louis XIV, et petit bas-relief du XVe s.

Le chœur est précédé d'un magnifique **jubé*, de 1540 env., du plus pur style de la Renaissance, œuvre de tout premier ordre, par la grâce du dessin et la finesse de l'exécution. Il se compose de trois portes arrondies, encadrées de colonnes grecques cannelées; la porte centrale a une voûte à compartiments géométriques; au-dessus des arcades court un entablement à colonnettes. A dr., une tourelle, avec un escalier en spirale et de petits pilastres à chapiteaux corinthiens et ioniques, monte au sommet du jubé.

Le chœur est fermé à dr. et à g. par des grilles de bois de 1613, d'un travail plus fruste que le jubé. De style flamboyant, il est merveilleux de sveltesse, avec ses hautes fenêtres à réseaux et ses clefs de voûtes sculptées. Une **clôture* de pierre, de la Renaissance, aussi remarquable que le jubé, encadre le maître-autel; des arceaux ont été aveuglés pour installer, en arrière, la sacristie. Sur les colonnes, des figurines représentent : le Baiser de Judas, Pilate sur son trône, Jésus battu de verges, Pilate se lavant les mains, Jésus crucifié, St Thomas. Les deux portes latérales ont conservé leurs belles boiseries sculptées; elles sont surmontées, à leur fronton, de charmantes petites têtes de Diane avec son croissant; leur cintre est encadré de bas-reliefs non moins délicats. Le chœur a gardé à son chevet 5 **verrières* de la

Renaissance. Celle du centre, au-dessus de l'autel, très belle, figure un arbre de Jessé; au-dessus, Vie de la Vierge. Celle de dr. représente la Cène. Les deux verrières de g. ont pour sujet l'Annonciation (1579) et, au-dessus la Présentation au temple.

A g. du chœur, *chapelle de la Vierge*, avec boiseries de 1613, piscine et porte de 1544. A dr. du chœur, *chapelle Saint-Nicolas*, avec boiseries, inscription commémorative de la bataille d'Arques et buste de Henri IV : c'est dans cette chapelle que le Béarnais aurait rendu grâce à Dieu de sa victoire, sa qualité de huguenot lui ayant interdit l'entrée du chœur. Au-dessus de l'autel, statuette en marbre blanc (début du XVIe s.) du Père Eternel.

Un peu au delà de l'église, à dr. de la route de Dieppe, l'ancien couvent des Bernardines, reconstruit en 1768 avec une partie des murs du vieux château, est auj. propriété privée.

En sortant de l'église, on tourne à g. par la route d'Offranville, qui monte à la place de la Mairie. A dr. de cette place, deux maisons de la Renaissance, en brique, avec croisées de pierre; dans la rue qui est en contre-bas de la place, à g., maison du XVIIIe s., blanche et carrée, où est né le naturaliste *Ducrotay de Blainville* (1777-1852) : plaque commémorative et médaillon de bronze. En haut de la place, à g., on prend une petite rue où s'ouvre presque aussitôt à dr. un chemin creux, qui amène aux ruines du château.

Le **château (*V. Histoire*, p. 192) qui, dans sa partie ancienne, date du XIe s., s'élève sur une haute butte gazonnée; il est entouré d'un rempart de terre et d'un fossé profond, qui font ressortir la majesté et le pittoresque des ruines. L'entrée est flanquée de deux tours rondes, en silex bruts, noyés dans du ciment, et à assises de brique; elles datent, ainsi que la première partie de l'enceinte, de François Ier.

Avant de visiter le château, il est recommandé d'en faire le *tour extérieur*. En suivant, vers la dr., le remblai gazonné qui l'encercle, on voit dans son ensemble la vieille forteresse, envahie de lierre et d'arbustes, ses tours et son rempart à demi éventrés; le paysage environnant, prairies largement vallonnées, bois et touffes de hêtres, est fort beau. Puis, tournant à l'extrémité du promontoire qui porte les ruines, on découvre en amont toute la vallée d'Arques. On revient, par le flanc g. du château, jusqu'à l'entrée.

Le château est propriété de l'Etat; sonner à la porte d'entrée : le concierge vient ouvrir et accompagne; petite rémunération.

On pénètre d'abord dans la *1re enceinte*, la moins ancienne, celle qui date de François Ier; à g., en entrant, restes de la chapelle. L'intérieur des ruines est gazonné. — On passe ensuite dans la 2e *enceinte*, qui remonte au XIe s. et fut élevée par Guillaume de Talou. Sur l'arrière-face de la porte d'entrée de cette enceinte, un bas-relief de 1689, restauré en 1845, représente Henri IV à cheval : le mors du cheval, l'épée et l'éperon de fer sont de 1845. — Puis on arrive à la partie qui était l'ancien *donjon*. Une petite *tour* a conservé une porte romane et est intérieurement garnie de boiseries anciennes : cheminée moderne; portraits intéressants de Guillaume le Conquérant, de François Ier, de Henri IV et de Louis XIV enfant; poteries, armes et objets divers, trouvés dans les fouilles du château. On monte sur cette tour, d'où l'on découvre un *admirable panorama* : en face, la vallée d'Arques, vers Martigny, et la jonction des deux vallées de la Varenne et de la Béthune; vers la g., au fond de la vallée, l'usine de soie artificielle et, sur le versant opposé, la forêt d'Arques; au tournant de celle-ci, sur un tertre gazonné dominant la plaine où la vallée d'Arques se réunit à celle de l'Éaulne, se dresse l'obélisque commémoratif de la bataille d'Arques : il marque la place où Henri IV se serait tenu pendant la bataille, qui se livrait dans la plaine; enfin à l'horizon, vers Dieppe, au N.-O., on aperçoit la mer, distante seulement de 6 k. 5.

Du château on redescend au bourg, d'où l'on peut faire la promenade de la forêt d'Arques.

Pour gagner la *forêt d'Arques*, on traverse le passage à niveau du ch. de fer et on coupe la vallée sur une chaussée, ancienne voie romaine, qui amène (1 k.) au petit village d'*Archelles* : petit manoir du XVIe s. — La route de g., route de Martin-Église, contourne la colline qui porte la forêt et passe près de l'*obélisque commémoratif* de la bataille d'Arques, inauguré en 1827 par la duchesse de Berry, sur le tertre d'où Henri IV aurait dirigé le combat (*V.* ci-dessus). Au delà on atteindrait (3 k. 5 d'Arques) *Martin-Église* (p. 209), station du ch. de fer de Dieppe au Tréport, dans la vallée de l'Éaulne. La forêt d'Arques (972 hect.) occupe un plateau qui s'élève à 118 m. d'alt., entre la vallée d'Arques et celle de l'Éaulne. Elle a de belles futaies et est percée de nombreuses routes forestières, qui y rendent la promenade agréable et facile.

D'Arques à Neufchâtel-en-Bray, par l'Aliermont, p. 190.

Au delà d'Arques le ch. de fer traverse l'Eaulne près de son confluent avec la rivière d'Arques. — 164 k. *Rouxmesnil* (bifurc. pour le Tréport, p. 209). De là jusqu'à Dieppe, la vallée est couverte des innombrables baraquements d'un immense camp anglais que des voies ferrées relient au port.

168 k. *Dieppe* (buffet), *V.* ci-dessous.

16. — DIEPPE ET SES ENVIRONS

DIEPPE, ville de 23,973 hab. (les *Dieppois*), ch.-l. d'arrond. de la Seine-Inférieure, est située sur la Manche à l'embouchure de la rivière d'Arques, dans une large échancrure de hautes falaises crayeuses. Cité industrielle, port de pêche et de commerce (bois et charbons), port de transit direct entre la France et l'Angleterre par Newhaven, Dieppe est aussi un centre balnéaire très fréquenté, surtout par les Parisiens et les Anglais; c'est le point de la côte le plus proche de Paris. L'animation y est toujours grande. Les hôtels y sont nombreux et de tout ordre.

La ville, qui fut presque entièrement rebâtie après le bombardement de 1694, est agglomérée entre les bassins et le vieux château féodal campé sur le penchant de la falaise.

Gare : — Buffets à la *gare de l'Etat* et à la *gare maritime*. — Omnibus de la gare 30 c., avec bagages 50 c.; la nuit 50 c. et 80 c.; — Commissionnaires : 50 kilog. 50 c.; valise 40 c.

Hôtels : — les tarifs sont susceptibles d'augmentation en août; ils sont suspendus pendant la période des courses; le vin n'est pas compris dans le prix des repas, le cidre est à discrétion.

A la gare : — *Terminus* (Pl. *p* C4), quai de l'Entrepôt, T.C.F. (toute l'année; bains, chauff., gar.).

En ville : — Hôtels de grand luxe, en bordure de la mer; ils ouvrent du printemps à l'automne; tous ont été réquisitionnés plus ou moins longtemps pendant la guerre : **Grand-Hôtel* (Pl. *a* D2), r. Aguado, 59-61, à l'angle de la r. de la Rade, T.C.F. (150 ch.; gar. et atelier de réparations, bains, chauff.); **Royal* (Pl. *b* B2), r. Aguado, 15 (200 ch.; bains, gar., chauff., jardin, tennis); *Regina-Palace* (Pl. *c* A2), r. Aguado, 1, en face du casino (hôpital anglais); *Métropole* (Pl. *d* B2), r. Aguado, 24 (hôpital anglais); *de l'Alliance et de Grande-Bretagne* (Pl. *e* B2), r. Aguado, 10 (hôpital français).

Confortables : *des Etrangers et Continental* (Pl. *f* C2), r. Aguado, 33 (fermé); *Beau-Rivage* (Pl. *g* C2), r. Aguado, 32 (l'été); *de la Plage et Windsor* (Pl. *h* B2), r. Aguado, 20 (mai à oct.; 40 ch.; arrangements pour familles); *du Rhin et Newhaven* (Pl. *i* B2), r. Aguado, 12 (l'été, 45 ch.); *d'Angleterre et du Chariot-d'Or* (Pl. *j* A3), r. de la Barre, 39-41 (50 ch.); *Brighton* (Pl. *k* B2), r. de la Halle-au-Blé, 4; *du Globe* (Pl. *l* C2), r. Duquesne, 8 (occupé par la Salvation Army pendant la guerre); *de Paris* (Pl. *m* A2), pl. Camille-Saint-Saëns, 1 (réservé aux femmes auxiliaires anglaises pendant la guerre); *du Soleil-d'Or* (Pl. *n* A3), r. Gambetta, 4, T.C.F. (bains, gar.); *de la Paix* (Pl. *o* B3), pl. du Puits-Salé.

Plus simples (ouverts toute l'année) : *de Normandie* (Pl. *q* A3), r. de la Barre, 113; *du Commerce* (Pl. *r* B3), pl. Nationale, 2 (35 ch.); *des Voyageurs*, r. de la Halle-au-Blé, 28; *du Grand-Cerf*, r. de la Halle-au-Blé, 16; *du XIXe-Siècle*, r. de la Halle-au-Blé; *d'Orléans*, r. du Pont, 2; *Moderne*, Arcades de la Poissonnerie, 21.

Modestes : *du Bœuf-à-la-Mode*; *des Arcades*, arcades de la Poissonnerie; *Sevestre*, quai Duquesne, 46.

Pensions de famille : — *Maison de famille*, r. Aguado, 4; *des Indes*, r. Aguado, 40 (27 ch.; électr., jardin); *Parisienne*, r. Jehan-Véron, 3 (leçons de français); *Bellevue*, r. Aguado, 35 (de juin à oct.; 50 ch., on ne sert que le petit déj.; bains, gar., terrasse); *Villa Beauséjour*, r. de Chastes, 6; *Villa Henri-IV*, r. Aguado, 56.

Restaurants : — *brasserie du Casino* (fermé); *Select*, pl. de la Barre (1er ordre); *du Rocher-de-Cancale*, r. de la Morinière; *Bourgeois*, r. de la Barre, 50; aux arcades de la Poissonnerie et sur les quais du port.

Cafés : — *des Tribunaux*, *de Rouen*, pl. du Puits-Salé; *Suisse*, Grande-Rue, 1; *Grande-Brasserie*, r. Victor-Hugo, 8.

Maisons meublées : — 1er ordre, sur la mer, r. Aguado, 41, 46 et 64.

Agences de location : — *Patin*, r. d'Ecosse, 105; *Mallet*, Grande-Rue, 131.

Poste : — r. Victor-Hugo, 14.

Bains : — *Bains de mer* : Grands bains et Petit Etablissement, en face du casino (tente et bain de pied 75 c.; linge 1 fr. 05 pour hommes, 1 fr. 20 pour dames; moins cher aux Petits bains; location de tentes et cabines-salons); — *bains chauds* d'eau douce et d'eau de mer, pl. Camille-Saint-Saëns (1 fr.; hydrothérapie).

Banques : — *Banque de France*, r. Victor-Hugo, 12; *Crédit Lyonnais*, Grande-Rue, 48; *Société Générale*, pl. de la Barre; *Comptoir d'Escompte*, r. d'Ecosse, 125.

Voitures de place : — *stations* à la gare, pl. Saint-Saëns, r. Claude-Groulard, pl. de la Bourse; *tarif* : course 1 fr., l'h. 2 fr., la nuit 3 et 4 fr.; le tarif n'est pas appliqué les jours de courses; prix à débattre pour les courses hors la ville. — TAXIS-AUTOS : mêmes tarifs; la marche au taximètre n'est admise qu'en dehors de la ville.

Loueurs d'autos : — *Duffrin*, r. Aguado, 63; *Meyer*, au casino; *garage Moderne*, r. Gambetta, 12.

Voitures d'excursions : — t. l. j. départ de la pl. du Puits-Salé, ou des arcades de la Poissonnerie au café Suisse, pour *Arques*, *Martin-Église*, etc. : consulter les affiches.

Voitures et autos publics : — pour *Puys*, 60 c.; *Berneval*, 1 fr. 50, colis 50 c.; le *golf*, 75 c. et *Pourville*, 1 fr.; *Varengeville*, 3 fr.; plusieurs départs par jour, se renseigner au café Suisse.

Bateaux d'excursions : — pour *le Tréport*, 2 fr., aller et ret. 3 fr.; *Saint-Valery*, mêmes prix.

Services maritimes : — de Dieppe à *Newhaven*; — de Dieppe à *Londres*; — *de Paris à Londres* par Dieppe, s'informer.

Casino : — fermé pendant la guerre.

Théâtre : — places de 1 à 5 fr.

Sports : — *golf*, à 2 k., sur la route de Pourville; 18 trous, 65 hect.; 1 j. 2 fr. 50, la sem. 10 fr., 1 mois 25 fr.; — *tennis*, dans les jardins du casino, 18 courts; tennis-club, r. Toustain, 8; — *tir aux pigeons*, av. de Bréauté; *stand de tir*, r. de Blainville; — *pêche* : crevettes et moules; truites dans les cours d'eau de la campagne.

Régates : — en juillet; — courses à l'aviron.

Courses : — 5 journées, fin août, à l'hippodrome de Rouxmesnil, route d'Arques.

Histoire. — Une cité gauloise et romaine, dite cité de Limes (p. 207), et située sur le faîte de la falaise de l'E., à 2 k. 5 N.-E. de Dieppe, semble avoir été l'origine de la ville actuelle. Celle-ci apparaît au xe s. et son importance commence dans la seconde moitié du xiie. Son nom de Dieppe (*Deppa* dans le latin du moyen âge) vient de la même racine germanique que l'anglais *deep*, profond, par allusion à la profondeur de son port, où les navires peuvent entrer à toute heure de la marée.

De Philippe Auguste à François Ier les rois de France, comprenant la valeur de ce port, comblèrent les habitants de faveurs. Les Dieppois n'eurent, sur la côte française de la Manche, d'autres rivaux que les Malouins. A Dieppe, comme à Saint-Malo, se formèrent des corsaires et des explorateurs hardis qui parvinrent, au xive s., jusqu'à la côte du Cap-Vert, en Afrique, tandis que les pêcheurs allaient chercher la morue jusqu'en Islande et en Norvège. Une bourgeoisie industrieuse et commerçante faisait de Dieppe un des premiers marchés de France.

En 1339, un coup de main livra aux Dieppois le port de Southampton, qui fut pillé; en 1372, ils contribuèrent au succès du combat naval de la Rochelle. Aussi encoururent-ils les ressentiments des Anglais qui, devenus les maîtres de la ville en 1420, après la bataille d'Azincourt, la traitèrent en cité rebelle. En 1435, aidés par leur ancien gouverneur, le capitaine Desmarets, les Dieppois ressaisirent leur ville et construisirent aussitôt le château, dans lequel ils donnèrent asile à de nombreux Cauchois, pareillement soulevés.

François Ier entreprit à Dieppe des travaux considérables, continués sous ses successeurs. Dieppe était alors à l'apogée de sa puissance. L'un de ses armateurs les plus célèbres, *Ango*, en 1530, envoyait une flottille ravager le Portugal, menacer Lisbonne et obliger le roi de ce pays à lui accorder satisfaction pour des navires pillés et capturés en pleine paix. A Dieppe, il faisait construire à ses frais trois chapelles du chœur de l'église Saint-Jacques.

Les guerres religieuses du xvie s., bien que très meurtrières à Dieppe, furent toutefois moins funestes qu'une peste qui, de 1668 à 1670, lui enleva près de 10,000 personnes, que la révocation de l'édit de Nantes et qu'un bombardement terrible, en 1694, par la flotte anglo-hollandaise. Louis XIV entreprit de faire rebâtir la ville, à peu près détruite. Mais les habitants ne s'entendirent pas avec l'architecte ; ses plans déplurent aux riches commerçants et industriels, qui transportèrent ailleurs leurs établissements. Dieppe se releva lentement de ce désastre.

Au début du XIXe s., sous la Restauration, la duchesse de Berry mit à la mode ses bains de mer, qui devaient devenir pour la ville une nouvelle fortune. La construction des lignes de Rouen à Dieppe (1848) et de Paris à Dieppe par Pontoise (1860), puis le service quotidien pour Newhaven accrurent la prospérité de la ville. Après la guerre de 1870, au cours de laquelle la ville fut occupée deux fois par les Allemands, de grands travaux transformèrent le port.

La guerre de 1914-1918 a renouvelé l'animation de Dieppe, dont l'aspect est devenu plus cosmopolite et où les Anglais ont installé d'importants services, sans parler d'un immense camp dans la vallée d'Arques (p. 195). Avec les réfugiés et les troupes britanniques, la population a presque doublé, et les prix ont subi une forte hausse. Dieppe retirera de la guerre le bénéfice d'un agrandissement de ses bassins, où ont été réparés des navires torpillés, d'un meilleur outillage des quais et d'une amélioration des voies ferrées qui les desservent.

A Dieppe sont nés : l'armateur *Jean Ango* (1480-1551), dont nous avons déjà parlé; les navigateurs *Jean Cousin* qui passe pour avoir découvert la côte du Brésil, en 1488, *Jean Parmentier* mort à Sumatra, en 1530, *Jean de Ribault* massacré par les Espagnols en Floride en 1565, *Charles Le Moyne de Longueil* (1626-1683), un des héros de la Nouvelle-France, qu'il défendit contre les Iroquois, *Gabriel de Clieu* (1687-1774) qui introduisit aux Antilles la culture du caféier; les jurisconsultes *Groulard* (1551-1707) et *Houard* (1725-1802); l'illustre amiral *Duquesne* (1610-1688); le peintre *Guillaume Le Marchand* (1673-1720); le chimiste *Descroizilles* (1751-1825); le voyageur, naturaliste et antiquaire *Noël de la Morinière* (1765-1822); le peintre *P. Graillon* (1809-1872), les sculpteurs *E. Benet* et *Ernest Dubois*, nés en 1863.

Industrie et Commerce. — Dieppe est renommée pour ses ouvrages d'ivoirerie, dont on trouve en ville de nombreux magasins et au musée des pièces anciennes, très remarquables. Il s'y fabrique également des dentelles. Une importante manufacture des tabacs, que l'on peut visiter, occupe un nombreux personnel, surtout féminin (p. 205). — Les 2 foires de Dieppe se tiennent, le 16 août et les 7 j. suivants, et le 1er décembre; celle-ci, qui dure 15 j., date de 1695 et fut instituée pour venir en aide aux habitants ruinés par le bombardement de 1694.

En sortant de la gare on a en face le bassin Bérigny, qu'on laisse à g., pour passer sur un pont-tournant, entre ce bassin et le bassin Duquesne.

Le *bassin Bérigny*, le plus reculé du port, a 3 hect. 60 et 940 m. de quais; il reçoit de nombreux bateaux charbonniers. Le *bassin Duquesne* (4 hect.) qui lui fait suite, communique par un pont à écluse avec l'arrière-port, qui est relié au S. au bassin de demi-marée, continué lui-même par un grand bassin à flot, et au N. par un chenal à l'avant-port. *L'arrière-port*, qui a 4 hect. et 280 m. de quais, est destiné aux navires de fort tonnage; l'Arques y débouche par un canal souterrain; une passerelle le sépare des vastes chantiers de construction de navires.

L'avant-port est relié directement à l'arrière-port au S. et au bassin Duquesne au S.-O.; il a 6 hect. 50 et 870 m. de quais. Au N.-O. est la gare maritime, où accostent les bateaux de Newhaven; à l'E., au faubourg du Pollet, stationnent les barques de pêche. Un chenal, large de 75 m. et qui conserve 7 m. de profondeur en morte eau, accède à la

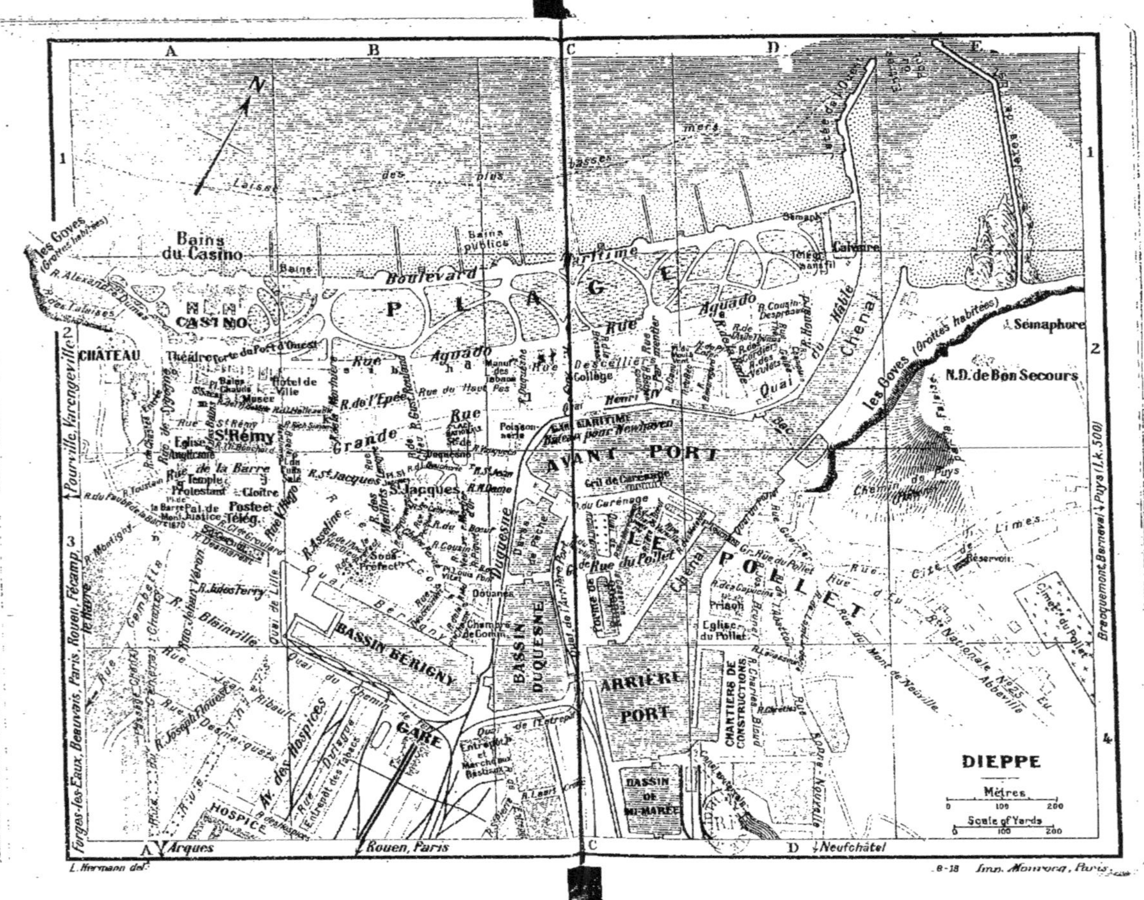
DIEPPE
Mètres 0 100 200
Scale of Yards 0 100 200
Forges-les-Eaux, Beauvais, Paris, Rouen, Fécamp, le Havre
Pourville, Varengeville
Bracquemont, Berneval, Puys (1.k.500)
Arques
Rouen, Paris
Neufchâtel
CHÂTEAU
CASINO
Bains du Casino
Bains publics
Boulevard Maritime
PLAGE
Rue Aguado
BASSIN BÉRIGNY
BASSIN DUQUESNE
ARRIÈRE PORT
AVANT PORT
BASSIN DE MI-MARÉE
GARE
CHANTIERS DE CONSTRUCTIONS
LE POLLET
Chenal
les Goves (Grottes habitées)
N.D. de Bon Secours
Sémaphore
Jetée de l'Ouest
Grande Rue
S.t Jacques
S.t Rémy
Quai Duquesne
Quai Henri IV
Av. des Hospices
HOSPICE
Entrepôt des Tabacs
Cimetière du Pollet
L. Hermann del.
8-18 Imp. Monrocq, Paris

mer entre deux jetées : celle de l'O. a 850 m. de long, celle de l'E. 530 m. Cinq phares signalent l'entrée du port, un des plus sûrs et des plus profonds de la Manche, et où les navires ont entrée à toute heure de la marée; mais l'accès en est souvent difficile par les gros temps.

A l'angle du quai Bérigny s'élève la Chambre de commerce : de chaque côté de la porte, statues de Descelliers, créateur de l'hydrographie en France, par Ernest Dubois, et de l'armateur Jean Ango par E. Benet. On suit tout droit le quai Duquesne, en longeant le bassin du même nom, séparé par une traverse d'une darse de pêche, et on arrive aux Arcades de la Poissonnerie et à la *poissonnerie* : chaque matin le débarquement des chalutiers, l'étalage du poisson sur le sol, la vente à la criée ne manquent pas de pittoresque; on y rencontre quelques types intéressants de vieux pêcheurs.

Laissant en face la rue Duquesne qui mène à la plage, et à dr. le quai Henri-IV, on prend à g. la *Grande-Rue*, voie vivante, animée, bordée de nombreux magasins dont quelques-uns vendent de jolis ouvrages d'ivoirerie. A l'angle des Arcades et de la Grande-Rue, le café Suisse est le point de départ, l'été, de diverses voitures d'excursions.

La *place Nationale*, qu'on trouve bientôt à g., est ornée au centre d'une *statue de Duquesne* par Dantan aîné, et bordée à l'E. de maisons du XVIIIe s. Là se tiennent le marché le samedi et les deux foires d'août et de décembre. Au fond de la place s'élève l'église Saint-Jacques.

L'*église Saint-Jacques a été commencée au XIIIe s. et terminée au XVIe; les parties les plus anciennes, portails N. et S. du transept, sont du plus pur style gothique normand. A côté du portail N., la porte des Sibylles, auj. aveuglée, offre un élégant arc surbaissé. La tour centrale, qui s'élève à la croisée des transepts, a été défigurée au XVIIe s. par un clocheton d'ardoise. Tout le flanc de l'édifice qui borde la place Nationale est de style flamboyant; une balustrade court au-dessus des chapelles des bas-côtés et de l'abside, ainsi qu'à la base du toit; des pinacles à crochets surmontent les arcs-boutants de la nef, et de nombreuses gargouilles se mêlent à ces sculptures, la plupart très effritées. Le *portail O.*, commencé en 1300, très mutilé, est orné d'une rose refaite au XVIIe s., d'une statue moderne de St Jacques par E. Benet, et dominé par une *tour* carrée, haute de 41 m. 60 et très ornementée : on y monte par un escalier de 232 marches. A l'angle g. de la façade, remarquer 2 curieuses gargouilles du XIVe s. : un triton barbu et une sirène canalisant l'eau des pluies par les seins.

L'intérieur offre un magnifique vaisseau, svelte et élancé, qui se rattache en majeure partie au bel art normand du XIIIe s. : faisceaux de fines colonnettes, chapiteaux d'une ornementation à la fois sobre et élégante, arcades ogivales en forme de conque et en partie de style Renaissance. Au-dessus des arcades de la nef et du chœur règne une galerie à jour; au-dessus de celle-ci court une charmante frise de chardons, précédant l'ouverture des grandes fenêtres. Le *buffet d'orgue* est de 1675; la chaire, de même style, est de 1670.

Bas-côté dr. — Au bas du bas-côté dr., *chapelle du Saint-Sépulcre*, de 1612, avec une admirable **clôture de pierre* ajourée, du plus beau gothique flamboyant; une banderole s'y enroule dans des branches d'arbres défeuillées; le petit pignon central est fait de feuilles de chardon et encadre une couronne d'épines; le cintre de la porte est encerclé de feuilles de vigne et de raisins, d'une merveilleuse délicatesse. Le saint-sépulcre est un moulage moderne, exécuté sur la Mise au tombeau de l'église d'Eu (xve s., p. 216). Au-dessus, vitrail du xvie s. Anges portant les instruments de la Passion. — A la 3e chap., plaque de cuivre à la mémoire de R. Reid, évêque d'Orkney, député d'Ecosse au mariage de Marie Stuart, décédé à Dieppe en 1558. — Après la 5e chap., tourelle du xiiie s. avec porte couronnée en accolade. Toutes les chapelles des bas-côtés dr. et g. ont leurs clôtures de pierre, du même style flamboyant et d'un dessin varié, modernes, mais d'une bonne exécution.

Chœur. — Le chœur, du xiiie s. comme la nef, a été repris lui aussi par l'ornementation flamboyante, puis par celle de la Renaissance, à laquelle il doit notamment ses belles clefs de voûte ajourées. Les stalles, de style gothique, sont modernes.

Pourtour du chœur. — Trois des chapelles du chœur ont été bâties de 1535 à 1550, avec leurs remarquables clôtures de pierre, dans le style de la Renaissance, aux frais de l'armateur Ango; d'autres, plus anciennes, ont une ornementation flamboyante. Des clôtures modernes, Renaissance ou flamboyantes, ont terminé l'ensemble de la décoration.

4e chapelle ou chapelle du Sacré-Cœur : magnifiques nervures des voûtes ogivales; la clôture, de style Renaissance, est moderne.

Sacristie des enfants, ancienne chapelle Saint-Yves, où l'on accède par une porte de la Renaissance et où se voit la *tombe* de l'armateur Ango (✝ 1551); son oratoire, qui donnait sur cette chapelle, existe encore et on y pénètre par une petite porte dans le mur.

Chapelle absidale. Remarquable ornementation de style flamboyant, aux murs latéraux de la chapelle : colonnettes aux fleurs merveilleuses, cordon où s'entremêlent des fruits, des feuilles de chêne et de petits animaux; entre les fenêtres, 6 niches à demi sculptées d'une grande beauté, vides auj. de leurs statues; belle arcade d'entrée : se retourner dans la chapelle pour la voir. Vitraux modernes de Lusson. A dr. et à g. de l'entrée, 2 plaques de marbre noir rappellent le souvenir de Jean Ango et de Richard Simon (1630-1712), prêtre de l'Oratoire.

2e travée après la chap. de la Vierge : *Monument du Trésor*, ornementation murale d'une grande magnificence où la coquille Renaissance se mêle à l'arc en tiers point; une frise de petites figurines (1530) représente les peuples exotiques, visités ou conquis par les Dieppois, du xive au xvie s. A l'intérieur, qui sert de sacristie du clergé, on peut voir un bel escalier de chêne sculpté, de la Renaissance.

Chapelle des Noyés, avant le transept g. : épitaphes de Geoffroy Martel, sire de Longueil, capitaine de Pontoise, tué à la bataille de Poitiers (1356), et de Guillaume de Longueil, tué à celle d'Azincourt (1415).

Bas-côté g. — Chapelle de N.-D.-de-Bon-Secours ou des Marins, avec 3 arcades; petits bateaux et ex-voto offerts par les marins; boiseries sculptées. — Chapelle des Sibylles ou des fonts baptismaux, de la Renaissance, dont les 12 niches sont vides de leurs anciennes statues, Sibylles ou Apôtres.

L'église renferme des tableaux anciens, la plupart du xviie s.

De l'église Saint-Jacques on prend en face la rue Saint-Jacques qui laisse à dr. la rue Lemoyne où se trouve une école dentelière fondée en 1826, et on arrive à la *place du Puits-Salé* : à dr., hôtel de la Paix, dans une maison du xviiie s.; à g., rue

Victor-Hugo, où se trouve la poste. De cette place partent l'été les autos de Pourville et les chars-à-bancs d'excursion.

Au delà de la place du Puits-Salé on continue par la rue de la Barre, qui fait suite à la Grande-Rue. Au n° 6, le temple protestant français occupe l'ancienne chapelle des Carmélites, dont le cloître, auj. mutilé, est compris dans les bâtiments de l'usine d'électricité : on visite (n° 63) avec autorisation de l'ingénieur. Un peu plus loin, à dr., la rue des Bains conduit à l'église Saint-Remy.

L'église Saint-Remy bâtie de 1522 à 1640, a un grand portail de style Louis XIII, avec 2 ordres de colonnes superposés, et est flanqué d'une tour à toiture d'ardoise. Le portail latéral N. est de 1609; celui du S., de 1643, de style Renaissance, est intéressant.

NEF. — Ensemble imposant, mais sombre, malgré les jours de souffrance au-dessus des arcades; énormes piliers, dont les chapiteaux sont faits de cercles concentriques. Au bas de la nef, à dr. bénitier de granit du XVIe s. et beau *buffet d'orgue*, avec tribune sculptée (1737-1740).

BAS-CÔTÉ DR. — 1re chapelle : Naissance du Christ, tableau du XVIIe s. — 2e chap. : Descente de croix, par *Guichard* (1840), bon tableau de l'école romantique.

CHŒUR. — Le carré du transept, avec ses faisceaux de fines colonnettes, et le chœur, avec ses gros piliers et ses ogives, auraient comme la nef tous les caractères du style gothique normand des XIIIe et XIVe s., si là encore les chapiteaux ne venaient détonner. Ceux des gros piliers du chœur, élevé de 1522 à 1531, ont une ornementation Renaissance : mascarons, feuilles d'acanthe et petits personnages, parmi lesquels des Amours. Aux piliers qui entourent l'autel, boiseries sculptées et dorées du XVIIIe s.

POURTOUR DU CHŒUR. — Chapelle Saint-Laurent : jolie clôture de pierre, dans le style Renaissance, moderne ; Vierge peinte et dorée, XVIIe s. — Chapelle absidale ou de la Vierge : sur les côtés, niches avec pinacles sculptés d'une grande finesse ; des deux côtés de l'autel, sous des arcades Renaissance, sont placés les tombeaux, à dr., de René de Sygogne et de son fils Charles-Timoléon ; à g., d'Emar de Chastes († 1603) et de Philippe de Montigny (1685), tous anciens gouverneurs de Dieppe; sur l'autel, retable à statues, du XVIIe s., avec Circoncision peinte par *Le Marchand* (1679); vitraux modernes, par Boulanger. — Chapelle suivante, dite de l'Ange Gardien : clôture de style Renaissance (1893); sur l'autel, Ange Gardien, peinture par *Le Marchand*. — Après cette chapelle, *monument du Trésor* (1533-1540), auj. sacristie, de la Renaissance, avec de charmantes arabesques, des figurines d'Amours et des statuettes, parmi lesquelles les Muses, en partie brisées. — Chapelle après le Trésor : 2 tableaux du XVIIe s. et restes d'ornementation de la Renaissance (1538).

TRANSEPT G. — Grand tableau de la Cène, du XVIIe s., et Jésus au jardin des Oliviers, tapisserie de même époque, par *Cathelouze*, exécutée avec des rognures de laine.

BAS-CÔTÉ G. — Chapelle Saint-Nicolas, avec 2 tableaux du XVIIe s.; celui de l'autel figure la Nativité.

La rue de la Barre, à laquelle on revient, laisse à dr. l'église anglicane et aboutit à un carrefour : à dr. la rue de Sygogne allant à la plage, et la rue de Chastes montant au château; en face la rue Toustain, continuée par la rue du Faubourg-de-la-Barre, où s'amorce la route de Pourville; à g. la place de la Barre où s'élèvent le *palais de justice* et, au centre, dans l'axe de la rue Gambetta, route de Rouen et de Paris, le *monument aux morts pour la patrie* par E. Benet (1908). La façade du palais donne sur le square Carnot, où est un kiosque à musique, et qui se prolonge jusqu'au bassin Bérigny.

Entre la rue Gambetta, le square Carnot et la gare, s'est créé tout un quartier nouveau, desservi par les rues Chanzy, Thiers, etc., bordées de maisons modernes. Sur le coteau O., nombreuses habitations avec jardins, destinées aux locations balnéaires.

En montant la rue de Chastes, entrecoupée de marches, on voit d'abord, à g., la *tour* carrée (XIVe s.), avec restes d'ornements gothiques, de l'ancienne église Saint-Remy, reconstruite en 1515. Puis on longe le rempart, avec petites tourelles d'angle à la Vauban, avant d'arriver à l'entrée du château.

Le ***château** est un édifice féodal pittoresque, bien situé au bord de la falaise : vu de la plage, il fait grand effet avec ses quatre tours, son donjon et ses tourelles. Il a été bâti en 1435 ou 1443 par Desmarest, à l'exception d'un donjon cylindrique, du XIIIe s., primitivement isolé, aujourd'hui flanquant un angle; on remarquera les 2 belles courtines à mâchicoulis, et, en avant, à la pointe de la 1re enceinte, la tour-porche de l'ancienne église Saint-Remy (*V.* ci-dessus). Le château a servi de caserne jusqu'en 1898, puis fut acheté par la ville qui projeta d'y installer le musée; pendant la guerre, les Anglais y ont tenu garnison. En temps ordinaire, on le visite de 8 h. à 11 h. 30 et de 13 h. 30 à 17 h. : sonner à la porte; le concierge accompagne, pourboire.

On accède d'abord à une terrasse, à dr., d'où l'on domine la ville, ses vieux toits et ses clochers; vers la dr. on voit la vallée d'Arques, à g. le casino et la mer. A g. de cette terrasse se dressent les hautes murailles du château, faites de couches alternées de pierre, de briques et de silex; 2 tours sont coiffées de toits en poivrière; 2 autres tours, dont la *tour du Guet*, sont sur la face qui regarde la mer; toutes étaient primitivement couronnées de mâchicoulis. Les grandes fenêtres carrées, qui s'ouvrent dans les murs du château, ont été percées au XVIIe s.

A l'intérieur, on visite : l'intérieur des tours aux murs énormes; une belle salle souterraine du XVIe s., voûtée en berceau, dite *salle des Gardes*; des cachots, dont l'un servit encore sous le 2e Empire; dans une petite cour, une maison de la Renaissance, à poutres sculptées; des appartements intérieurs, qui furent boisés au XVIIe et XVIIIe s. pour recevoir les rois de France lorsqu'ils venaient à Dieppe : un certain nombre de pièces ont gardé les jolies sculptures de leurs glaces et les marbres de leurs cheminées, la plupart de l'époque Louis XV; la terrasse supérieure, d'où l'on a la même vue que de la terrasse inférieure, mais plus étendue; un bel escalier de fer forgé, de l'époque de Louis XIV; dans la courette où débouche cet escalier, une porte ogivale, ancienne entrée de la forteresse, avec les rainures des chaînes du pont-levis.

Un souterrain de 2,600 m., creusé au XVIe s., et auj. muré de ce côté, partait du château; il renferme les anciens conduits des fontaines qui alimentaient la ville. Il aboutit au Petit-Appeville, d'où se fait sa visite (p. 173).

Sortant du château, on redescend, par le même chemin, au carrefour de la Barre.

Si l'on remontait, pendant quelques minutes, la rue Toustain, on trouverait à dr. la rue de la Citadelle, qui s'élève sur les glacis extérieurs du château, dont on découvre alors l'autre face, pittoresque et bien conservée. Le chemin aboutit à la falaise et est sans issue.

Au N. du carrefour, la rue de Sygogne conduit au casino; on la suit jusqu'à la 3e rue à dr., la rue du Port-d'Ouest, qui passe derrière l'hôtel Régina et mène à la place Camille-Saint-Saëns, où une auge en granit rouge, pleine d'eau courante, a été placée à la mémoire du roi d'Angleterre Édouard VII, « protecteur des animaux ». A g., le *théâtre*, construit en 1900 : les plafonds de la salle et des foyers sont de Jobbé-Duval; au foyer vitré, statue de Saint-Saëns par Marqueste; au foyer du 1er étage, buste d'Alex. Dumas père par E. Dubois, portrait de Félix Litvine par Ed. Saïn, et tableau de Madeleine Lemaire, le Char des Fées. La place communique avec la plage par la porte du Port-d'Ouest (p. 204).

En prenant à l'E. la rue de l'Hôtel-de-Ville qui longe l'établissement des bains chauds, on arrive à l'*hôtel de ville*, construction carrée, sans caractère, au fond d'une cour précédée d'une grille. Du côté opposé, la façade donne sur un jardinet qu'on peut traverser pour gagner la plage.

Pour visiter s'adresser au concierge; pourboire. Dans le vestibule, statue de Duquesne, par J. Graillon. Dans l'escalier, deux copies du Don Quichotte de *Coypel*; un grand tableau de *Haquette*, le Départ pour Terre-Neuve; une toile de *Tardieu*, Henri IV à Ivry. Au 1er étage, Dieppe en 1853, par *Holstein*.

La *bibliothèque*, au 2e étage, est ouverte, l'été de 13 h. à 17 h., l'hiver de 12 h. 30 à 16 h. Elle compte 40,000 volumes, dont quelques incunables. A la porte, maquette de la Défense de Rouen, par E. Bonet.

A g. de l'hôtel de ville, un bâtiment en brique renferme le **musée**, public, sauf le lundi, de 11 h. à 17 h. du 15 mai au 15 sept., et du 1er oct. au 15 mai les mardis, jeudis, sam. et dim. de 11 h. à 15 h. Catalogue, 1 fr. Conservateur, M. Georges Lebas.

Rez-de-chaussée. — Dans le vestibule, fragments de sculptures, chapiteaux, consoles, etc., provenant de fouilles locales ou d'anciens édifices de la ville; débris de bombes lancées par la flotte anglo-hollandaise, en 1694; modèles de vaisseaux, maquette du Pardon, d'E. Dubois.

Dans l'escalier, faïences, gravures; Age d'or, haut-relief de E. Bénet.

1er étage. — Salle Féret, à dr. du palier : anciens *costumes* pollotais, intéressant *carrelage* vernissé, à personnages, de la Renaissance, provenant de la maison de Jean Ango; plans et vues anciens de Dieppe.

Salle Abbé-Cochet, avec le buste de cet archéologue († 1875), par Blard. A dr. de la porte, *autographe de Duquesne* (celui du haut). Dans la 1re armoire à dr., collection Julien Rouland de poteries du Pérou; vases des XIIIe-XVe s., croix processionnelle de style byzantin. Dans la 2e armoire, vases, monnaies romaines, objets provenant de sépultures franques. Au mur, ethnographie africaine et péruvienne. — Dans la vitrine du fond, camées, pierres fines, sceaux; à côté, plans en relief du camp gaulois dit de César. — Dans la 1re armoire à g., céramique et *vases de verre* vert gallo-romains, statuettes de Vénus, lampes funéraires. Dans la 2e, *colliers* de femmes de l'époque franque; sculptures du XVe s. et de la Renaissance, vases funéraires. Une vitrine à g. du buste de l'abbé Cochet, contient des objets exotiques, des silex, fossiles, etc. Dans la vitrine du milieu de la salle, monnaies.

MUSÉE SAINT-SAENS, à g. du palier : Souvenirs et collections donnés par Saint-Saëns, né à Paris en 1835, mais d'une famille originaire de Rouxmesnil, près Dieppe. Dans la 1re salle, mobilier musical du compositeur; son portrait par Mathey; dessins et croquis par *Henri Regnault*; curieuse pendule dite révolutionnaire; dans la vitrine du milieu, *autographes* et partitions manuscrites. Dans la 2e salle, présents honorifiques, décorations, photographies de voyages et quelques tableaux.

SALLE HARDY : belle collection d'oiseaux; à remarquer le *grand pingouin*, un des 6 exemplaires de cette espèce qui restent en France.

Dans l'escalier, entre le 1er et le 2e étage, curieuse *mappemonde de Henri II*, exécutée à Arques, en 1546, par Pierre Descelliers

2e étage. — Dans la 1re salle à g., gravures modernes; Obsession, plâtre par *Bénet*.

SALLE CENTRALE : *Fantin-Latour*, Paysage; *Bellan*, la Famille inquiète (intérieur de pêcheurs hollandais) : **Boudin*, Falaise de Dieppe : *Pécrus*, Rouen; *Vollon*, Nature morte; *Cl. Gelée*, Marine; *Ph. Rousseau*, les Confitures de prunes; *Brugnière*, Eglise Saint-Jacques; *Baquette*, Bénédiction de la mer; *Roll*, Printemps; *M. Sauvaige*, Crépuscule à Camaret; **F. Thaulow*, Rivière à Manéhouville; *Renaudin*, Varennes en Argonne; *Pissaro*, Avant-port de Dieppe; **Jundt*, Retour de la fête; *De Broutelles*, un Soir à Dieppe; *Isabey*, Marché de village. — Au centre, vitrine de Sèvres; bustes de Napoléon Ier, Alex. Dumas fils; Fièvre, petit bronze par *Roger Bloche*. — Les deux portes de dr. et de g. sont encadrées de colonnes en bois sculpté de la Renaissance. Au-dessus de la porte de dr., Judith, par *Ph. Zacharie*.

SALLE LEMARCHAND, à dr. : *Ecole flamande*, Seigneurs et mendiants; **Giordano* (attribué à), Hercule aux pieds d'Omphale; *Ecole de Van Dyck*, Jésus-Christ et St Jean-Baptiste; *Ecole française du* XVIe s., Jugement dernier; *Ecole hollandaise*, Tête de St Jean-Baptiste; **F. Lemoine*, Tête de vieillard; *Mérat*, Etretat l'hiver. — Sculpture : *Cugnot*, Messager d'amour; *Garnier*, Pêcheur endormi. — Deux vitrines d'*ivoires*, produits de l'ancienne industrie dieppoise.

SALLE GRAILLON, à g. : *G. Courbet*, portrait de M. G. Rouland; **Graillon* (peintre dieppois de l'école romantique), études et petits tableaux; 2 curieux tableaux en trompe-l'œil, Fleurs et fruits, Poissons; *Vollon*, Poissons de mer; *Guiand*, Inauguration de la statue de Duquesne à Dieppe (1844); *A. de Dreux*, Nègre et cheval noir; **J.-E. Blanche*, l'Enfant couchée; *E. Froment*, Amour captif, Amitié (deux gracieux panneaux); *Dubois-Brahonnet* (copie), Duchesse de Berry (curieux costume de la Restauration); *Lambinet*, Dieppe en 1867; *Hersent*, Louis-Philippe. — Sculpture : *J. Falguière*, Tarcisius, martyr chrétien; *Aizelin*, Vestale; *Choppin*, Mort de Britannicus; *Dubois*, le Pardon.

SALLE FLOUEST, à dr. de l'escalier : dessins aquarelles et pastels par *Flouest*, *Vigée-Lebrun*, etc.; buste en terre cuite de Flouest, attribué à Poirson, élève de Houdon.

Du musée on revient à la place Saint-Saëns, pour passer sous la *porte du Port-d'Ouest*, dernier débris des anciennes défenses de Dieppe, qui date du XVIe s. Du côté de la place une maison lui a été accolée; sur son autre face, elle a conservé son aspect féodal, avec ses 2 petites tours à toits pointus, jadis couronnées de mâchicoulis, construites en assises alternées de pierre et de silex.

On se trouve alors en face du *casino*, en pierres et briques, d'un vague style mauresque. Deux groupes de pavillons abritent des boutiques, un bar-pâtisserie et la brasserie du Casino. L'intérieur de l'enceinte renferme une salle des Fêtes avec plafond peint par Mathon, des salles de jeu (baccara) et de lecture, un cercle, des jardins avec tennis. Devant la façade du casino s'étendent les Bains du Casino ou Grands-Bains, sur une plage de galets, qui découvre une bande de sable à marée basse; on se baigne de préférence à demi-marée.

Vers la g., apparait la falaise qui porte le château (p. 202), dont on a une belle vue d'ensemble.

Si, au delà du casino, vers la g., on suivait le bord de la mer pendant quelques instants, par la rue Alexandre-Dumas, on arriverait au pied de la falaise, où se creusent deux ou trois excavations, hautes et profondes. Ce sont les *Goves* ou *Gobes*, habitées par une population misérable; on peut entrer : donner quelques sous. Ces derniers représentants des anciens troglodytes, à deux pas de la vie et du luxe modernes, nous reportent à l'âge des cavernes. Au delà, on atteint la grève, qu'on peut suivre, à marée basse, jusqu'à Pourville (p. 172).

La **plage** comprend non seulement la bordure de galets que la mer laisse à découvert, mais aussi l'espace gazonné, long de 1,200 m., large de 200, compris entre la rue Aguado, la jetée de l'O. et le pied de la falaise qui porte le château. Du côté de la grève court le *boulevard Maritime* dont le large trottoir est bordé d'une main courante entrecoupée de rotondes avec bancs et d'escaliers; sur les parterres se trouvent de petits abris carrés où sont aussi disposés des bancs. La *rue Aguado* présente une rangée de belles constructions, hôtels et villas. A l'angle de la rue Duquesne, qui relie la plage à l'avant-port, la *manufacture de tabacs* occupe un nombreux personnel féminin et produit annuellement 1,240,000 kilog. de tabac; on visite t. l. j. à partir de 14 h. l'été.

La rue Aguado et le boulevard Maritime amènent à la jetée de l'Ouest, très fréquentée par les baigneurs, qui viennent y assister à l'entrée et à la sortie des bateaux. A dr. on aperçoit le sémaphore et la chapelle de N.-D.-de-Bon-Secours, puis, dans un creux de la falaise, à 2 k., la petite plage de Puys (p. 206), et au delà la ligne des falaises jusqu'au Tréport.

Suivant, vers la ville, le quai qui borde le chenal d'entrée du port, on y rencontre d'abord un grand calvaire de bois. Puis, continuant le quai du Hâble, on voit, sur l'autre rive, le quai et le *faubourg du Pollet*, quartier des pêcheurs. Là aussi, la falaise est creusée de goves, ou grottes habitées (*V.* ci-dessus).

Le quai du Hâble se continue par le quai Henri-IV : là se trouvent l'ancienne et la nouvelle *gare maritime*, où arrivent les trains de l'Etat et où abordent les paquebots de Newhaven. En face de la gare maritime, le *collège* (école de marine) a été bâti en 1700, sur l'emplacement de la maison de l'armateur

Ango, incendiée pendant le bombardement de 1694; sa chapelle (fermée) renferme un tableau attribué à Parrocel.
On revient à la gare par le quai Duquesne.

Environs de Dieppe.

Les environs de Dieppe offrent d'intéressantes excursions et sont bien desservis par de nombreux services collectifs de breaks ou d'automobiles qui, l'été, partent journellement de la place du Puits-Salé ou des Arcades de la Poissonnerie (café Suisse), d'ordinaire vers 13 h. 30; consulter les affiches. Pour les voitures de louage il faut compter, en saison, 15 à 20 fr. la demi-journée, 25 à 30 fr. la journée. Les taxis-autos marchent au kilomètre : demander le tarif aux chauffeurs.

Des excursions en mer se font par vapeurs (*V.* affiches) : au Tréport, et à Saint-Valery-en-Caux (p. 163); en rade et le long des côtes, les dim. et jours de fête (1 fr. 50). Pour les courses en bateau à voile, s'adresser aux marins, sur le quai de la Poissonnerie (prix à débattre).

Arques-la-Bataille (p. 192) est l'excursion indispensable de Dieppe. On s'y rend, soit par le ch. de fer, ligne de Paris (p. 192) en 15 min. env.: soit par la route, 6 k. S.-E. (voit. d'excurs. l'été, qui vont souvent jusqu'à Martin-Église : dép. de la pl. du Puits-Salé ou du café Suisse).

La route de Dieppe à Arques sort de la ville par la rue Thiers, passe près de l'hospice, puis longe constamment le ch. de fer, en remontant comme lui la rive g. de la vallée de la rivière d'Arques. Elle passe devant le château de Rosendal, à dr., laisse à g. le *champ de courses* et traverse (2 k. 5) le hameau de *Bouteilles* : petit manoir de Haquemé-nouville, de la fin du XVIe s., en grès et silex. Un peu au delà, au bord de la route, à g., croix de la Moinerie, du XVe s. — 4 k. 5. On dépasse la station de Rouxmesnil (p. 195). — 6 k. On arrive à l'entrée d'Arques-la-Bataille, à un calvaire; à g. de la route, maison du sacristain qui fait visiter le chœur de l'église. La bifurc. de dr. conduit directement au château; il vaut mieux suivre celle de g., qui amène d'abord à l'église, où l'on prendra notre description d'Arques, p. 193.

D'Arques à Martin-Église, par Archelles et l'obélisque commémoratif, p. 195. De Martin-Église (p. 209) la route de Dieppe (5 k.) redescend sur sa rive dr. la vallée de la Scie. On peut se rendre directement de Dieppe à Martin-Église en 12 min. env., par la ligne du Tréport (p. 209).

A 3 k. 5 N.-E. **Puys** est une petite station balnéaire tranquille, plutôt aristocratique, dans un vallon verdoyant entre deux falaises. Le voisinage de Dieppe, où se font les approvisionnements, a contribué à son développement.

Gare : — *à Dieppe*; voit. publ. l'été, 60 c., plusieurs fois par jour, départ du café Suisse; voit. de louage, 8 à 10 fr.
Hôtels : — *Château de Puys*; *de la Plage* (fermés pendant la guerre); *des Fauvettes*; hôt.-rest. *de la Mésange*.
Cafés : — *Au Vert-Buisson*; *au Camp-de-César*, collations, vignots.
Agence de location : — *L. Roy*.
Loueur de voitures : — *Demouchy*.
Tennis : — av. Mathias-Duval.

On sort de Dieppe par le quai du Carénage et le pont tubulaire qui amène au Pollet. On y prend la Grande-Rue du Pollet, route d'Eu et du Tréport, où l'on bifurque à g. par la rue Cité-de-Limes qui s'élève sur le faîte de la falaise. Au bas de la 1re côte, laissant à dr. le chemin de Bracquemont on prend à g. l'av. Mathias-Duval qui conduit à la plage.

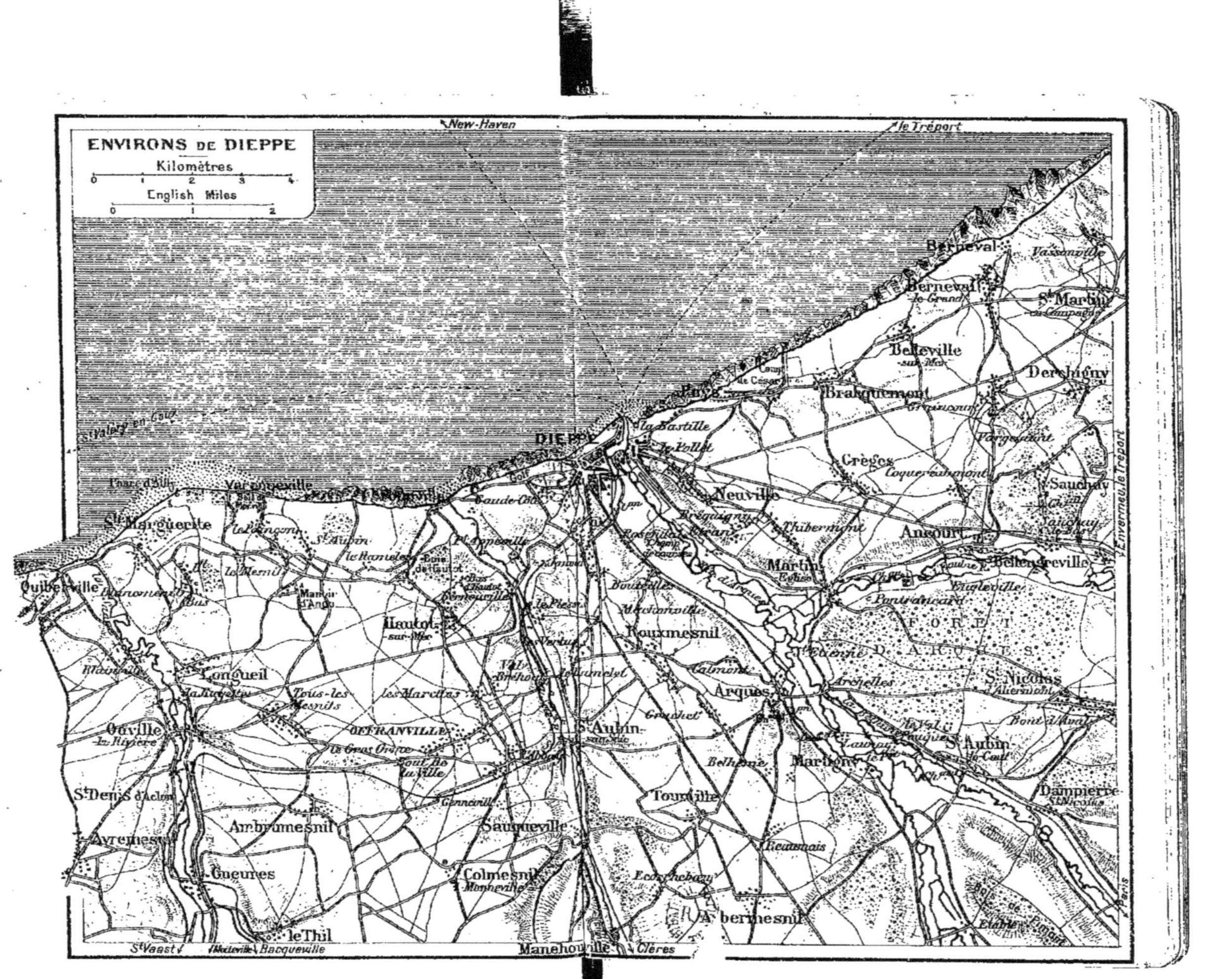
ENVIRONS DE DIEPPE
Kilomètres
0 1 2 3 4
English Miles
0 1 2
New-Haven
le Tréport
DIEPPE
Berneval
Berneval le Grand
St. Martin en Campagne
Belleville sur Mer
Derchigny
Braquemont
Graincourt
la Bastille
le Pollet
Grèges
Neuville
Thibermont
Ancourt
Bellengreville
Martin Église
Sauchay
Envermeu, le Tréport
Varengeville
Ste. Marguerite
Quiberville
Hautot sur Mer
Longueil
Ouville la Rivière
Tous-les Mesnils
les Marettes
OFFRANVILLE
St. Aubin
St. Denis d'Aclon
Ambrumesnil
Avremesnil
Gueures
le Thil
Sauqueville
Colmesnil Manneville
Rouxmesnil
Arques
Archelles
St. Nicolas d'Aliermont
St. Aubin le Cauf
Martigny
Tourville
Dampierre St. Nicolas
Ecorchebœuf
Abbémesnil
St. Vaast
Bacqueville
Manehouville
Clères
Paris
F O R E T D' A R Q U E S
Bois de l'Épinay

Les piétons gagneront Puys de préférence par le chemin de la falaise, 2 k. N.-E. Au Pollet on tourne à g. par le quai du Pollet, que l'on suit quelques instants, jusqu'à la place du Petit-Fort. On y prend la rue du Petit-Fort, puis la rue de la Bastille, entrecoupée de marches, qui amène au sommet de la falaise, à la *chapelle N.-D.-de-Bon-Secours*, moderne, avec de petits bateaux en ex-voto, voisine du sémaphore. On continue à suivre la falaise jusqu'au vallon du Puys (2 k.); ne pas s'approcher du bord, à cause des terres qui s'en détachent.

Puys doit sa fondation à Alexandre Dumas fils, dont le père y mourut le 5 déc. 1870, et qui y attira des écrivains et des artistes, Montigny, directeur du Gymnase, Mme Carvalho, qui y est morte en 1895. Les villas sont entourées de jardins; une chapelle moderne est desservie l'été.

La *plage*, de galets, avec sable à marée basse, est entourée de bancs de roches couverts de moules; on pêche aussi la crevette. Il est dangereux de circuler au pied des falaises après l'épi N.-E.

A l'E. de la plage, un chemin s'élève sur la falaise (rue Mathias-Duval), en passant derrière les vastes bâtiments de l'hôtel du Château-de-Puys. Il conduit en quelques minutes, au delà des dernières villas, au pied d'un haut vallonnement herbu que l'on voit à g.; passant un peu plus loin par une brèche ouverte dans le remblai, on se trouve sur un haut plateau dominant la mer, dans une vaste enceinte curieusement bosselée de monticules, qui représentent d'anciennes tombelles. C'est ce qu'on appelle le *Camp de César* ou, plus exactement, la *Cité de Limes*.

Il y avait jadis dans cette sorte de camp retranché une agglomération d'habitants, gauloise, puis romaine, plus ancienne peut-être, qui semble avoir été l'origine de Dieppe. Les fouilles ont livré des restes d'habitations, des sépultures gauloises, romaines et mérovingiennes, et même des haches en silex, qui témoigneraient d'une époque plus reculée. Un fort noyau de population demeura dans la Cité de Limes jusqu'au moyen âge, puis se fondit en partie dans Dieppe naissant, en partie se dispersa.

On suit distinctement encore les lignes de l'enceinte, occupée auj. par des pâturages, et qui s'étend sur une largeur de 1 k. 5; elle englobe un petit vallon qui incline vers la mer et est fermée à l'E. par le retour d'équerre du remblai, au delà duquel on aperçoit le clocher du petit village de Bracquemont (*V.* ci-dessous), où l'on peut descendre directement.

De Puys une agréable route, encaissée entre des haies d'arbres, qui laisse à g. le Camp de César, conduit, par une montée à 2 k. 5, de la plage à Bracquemont, où l'on continue à g.; puis 2 k. plus loin sur le plateau, à *Belleville-sur-Mer* (104 m. d'alt.), où un petit vallon descend à la mer. Après l'église, qui a un clocher du XIIIe s., on tourne à dr. et aussitôt après à g. A 7 k. de Puys, à Berneval-le-Grand, on tourne à dr. à l'angle du bureau de tabac : le chemin qui suit tout droit, en passant devant l'église, est impraticable aux voitures; il conduit sur la falaise.

Berneval est une petite station balnéaire familiale. Le centre communal est *Berneval-le-Grand*, sur le plateau, église du XIIIe s.; de là un vallon au N.-E. descend en pente rapide vers *Berneval-le-Petit*, au bord de la mer, à 1,500 m. env.

Gare : — à *Dieppe* (9 et 11 k. S.-O.); voit publ. 1 fr. 50, colis 50 c., départ. de l'hôt. de la Plage.

Hôtels : — *de la Plage* (30 h.; jardin); **Grand-Hôtel*, T.C.F., bon (grand jardin, tennis).

Pensions de famille : — *Maupin*; *du Petit-Vallon*.

Agences de location : — *J. Bonnet*; chambres, au bureau de tabac.

Autogarages : — *des Acacias*; *Baudère*.

Tennis-club.

9 k. de Dieppe par la route directe, 11 k. pour la plage. On sort par le faubourg du Pollet, où on laisse à g. la route de Puys, pour suivre celle d'Eu et du Tréport; on s'élève à 82 m. d'alt., en laissant à dr. *Neuville* : église de la seconde moitié du XVIe s. avec 2 beaux vitraux, l'un du XVIe s., restauré, l'autre de 1620; maisons de la Renaissance; ferme ancienne. — 1 k. 5. *La Fourche* : on laisse à dr. la bifurc. d'Envermeu. — 3 k. et 3 k. 5. On laisse à g. deux routes vers Puys. — 4 k. On laisse à dr. la route de (1 k.) *Grèges*, église du XVIe s. avec fonts baptismaux romans; à g. celle de Bracquemont (p. 207). — 6 k. 5. On laisse à g. la route de Belleville-sur-Mer (p. 207). — 8 k. On laisse à dr. *Graincourt*, église avec petite porte romane et fonts baptismaux du XVIe s., pour prendre à g. la route de Berneval (p. 207).

La *plage*, où des bancs de roches se découvrent à marée basse, est encadrée de deux hautes falaises, de 100 m. et 106 m.; elle est dominée par une petite terrasse sur laquelle s'alignent les cabines de bains. Une route tracée sur le versant O. dessert les villas construites à mi-côte, et franchit la valleuse sur un pont de 3 arches. Une chapelle de 1830 est un but de pèlerinage.

Une route de 13 k. N.-E. conduit à Criel (p. 229) par (6 k. 5) *Biville-sur-Mer*, où l'on voit une église avec chœur élégant et restes de vitraux du XVIe s. C'est sur le territoire de cette commune, dans un petit ravin solitaire, la gorge de Parfonval, appelée depuis *gorge de Pichegru*, que débarquèrent, le 21 août 1803, Georges Cadoudal, Pichegru et plusieurs autres chefs du parti royaliste : parvenus au sommet de la falaise, où ils se firent hisser avec des cordes, ils se tinrent cachés quelque temps dans la ferme de la Neuvillette (1 k. 5 N.-E. de Biville).

A 4 k. 5 S.-E. de Berneval-le-Grand, *Derchigny* a une église du XVIIe s., avec autel de marbre exécuté à Gênes, et un château bâti au XVIIIe s. par l'armateur dieppois De Clieu, qui importa le caféier aux Antilles.

De Dieppe au phare d'Ailly par Pourville (l'excursion complète, sur route, recommandée, est de 32 k. env. aller et ret. S.-O.; Pourville peut faire l'objet d'une excursion distincte; on peut aussi prolonger jusqu'à Quiberville. Voitures et autos publics, p. 197; voit. de louage, prix à débattre). — On sort de Dieppe par la place et le faubourg de la Barre, où commence la route de Pourville. A g. les piétons prennent un raccourci montant directement au golf. La route s'élève à 90 m. d'alt., sans vue sur la mer, jusqu'au sommet de Caude-Côte; vue en arrière sur Dieppe et la vallée d'Arques. Au sommet, à dr., château moderne, dit le Pré Saint-Nicolas, de style gothique, dans lequel est encastrée la jolie façade sculptée d'une maison du XVe s.; plus loin, à g., hôpital anglais.

1 k. 5. *Golf de Dieppe.* Le jeu (entrée à dr. de la route), qui enclôt, de Dieppe à Pourville, 65 hect. de falaises, comprend 18 trous finement gazonnés, et est renommé parmi les amateurs de France et d'Angleterre. On y trouve une maison de thé, où l'on peut déjeuner et luncher; les visiteurs paient 1 fr. par pers.; on y joue aussi au tennis. Un professeur est attaché à l'établissement.

2 k. On trouve à g. la vieille route, qui sert pour les piétons de raccourci; la route de voitures descend par les longs lacets de la Grande-Côte vers le vallon de Pourville (4 k.) : belle vue sur Pourville et la baie.

Pour Pourville et la suite de la route vers le manoir d'Ango, le phare d'Ailly et Quiberville, p. 171 à 173 en sens inverse.

De Dieppe a Saint-Saens (route 31 k. S.-S.-E.). — On suit la vallée de l'Arques par Arques (6 k., p. 192) jusqu'à (8 k. 5) Martigny (p. 192), et on continue en remontant au S. la vallée de la Béthune. — 12 k. On croise la route d'Étables, à l'E., à Saint-Germain-d'Étables, à l'O.; la vallée se resserre. — 14 k. 5. *Torcy-le-Petit* : dans l'église, en partie du XIIIe s., boiseries de la Renaissance.

16 k. *Torcy-le-Grand*, dominé à l'O. par le bois Saint-Ribert, d'où sort, à mi-côte, la fontaine miraculeuse de ce nom, où St Ribert, au VIIe s., aurait administré le baptême. Ruines d'un château du XVe et XVIe s., dans une île de la Varenne. Église du XVIe s., avec restes de vitraux dans le chœur. — A 1 k. plus loin la route passe sur la rive dr. de la Varenne. — 19 k. 5. *Muchedent* : dans l'église, à l'O. de la route, on voit 2 retables de la Renaissance, des peintures de 1645 et des pierres tombales du XVIe s. — Après deux hameaux, on laisse à l'O., à 24 k. 5, sur un coteau, *Saint-Hellier* : fontaine « miraculeuse » où St Hellier se serait désaltéré au VIe s.

28 k. 5. *Bellencombre* (hôt. *de Dieppe*, T.C.F.), ch.-l. de c. de 677 hab. Ancien château du XIe s., sur une motte entourée de fossés. De l'ancien prieuré de Tous-les-Saints il reste le chœur de l'église (XIIe s.). — 30 k. 5 *Rosay* : église en partie des XIIe et XIIIe s., avec une Adoration des bergers, peinture de Sacquespée.

31 k. *Saint-Saëns* (p. 84), tête de ligne de la voie ferrée pour Montérollier-Buchy.

De Dieppe au Tréport (ch. de fer Etat, 45 k. en 1 h. 20 env., 7 fr. 05, 4 fr. 75, 3 fr. 10; route 28 k. par Graincourt, Biville-sur-mer et Criel). — La ligne du Tréport emprunte d'abord celle de Paris et remonte la vallée d'Arques en longeant à g. le vaste cantonnement anglais. — 4 k. *Rouxmesnil* (p. 195), station au delà de laquelle on bifurque à g., pour franchir la rivière d'Arques et remonter le beau vallon de son affluent l'Eaulne. On voit à dr. la forêt d'Arques.

6 k. *Martin-Église* (hôt. *du Clos-Normand*, T.C.F.), a une église des XIIe et XIIIe s., avec dalle tumulaire d'un prêtre (1466). Grange du XIIe s. A 1 k. N.-O., manoir de Thibermont, du XVIIIe s.; à 1 k. N.-E., ferme de Palcheul, ancien manoir du XVe s., restauré. Belles excursions dans la forêt d'Arques (p. 195). Source ferrugineuse. Pêche à la truite, dans l'Eaulne.

On dépasse ensuite, à dr., le château de Pontrancard, à la façade de briques avec tourelle, qui a remplacé un château plus ancien, assiégé en 1472 par Charles le Téméraire. La forêt d'Arques, de ce côté, couronne les hauteurs. — 9 k. *Ancourt.* Église avec clocher du XIIIe s.; à l'intérieur chapiteaux sculptés, verrières et baptistère de la Renaissance.

11 k. *Sauchay-Bellengreville.* Sauchay-le-Bas, près de la station, a une église romane avec crypte et autel de pierre romans du XIe s., et une croix ornée ancienne au cimetière, et dépend de Sauchay-le-Haut, situé sur la hauteur, avec un château précédé de belles avenues; à 2 k. N.-E., château de la Veauvaye, avec beau puits. Bellengreville est à 1 k. en amont, dans la vallée.

15 k. *Envermeu* (hôt. : *d'Aumale*; *de Dieppe*, bon), ch.-l. de c. de 1,463 hab. : église gothique, du XVIe s. Ligne d'Envermeu à Aumale, p. 213. A 2 k. 5 O., sur l'autre rive de l'Eaulne, château d'Hybouville, de la Renaissance. — Au delà d'Envermeu la ligne quitte la vallée de l'Eaulne et remonte le vallon du ruisseau de Bailly-Bec, pour tourner ensuite vers le N. — 22 k. *Saint-Quentin-Bailly-en-Rivière*, village à 3 k. S.-E.

30 k. *Touffreville-Criel*, station desservant Touffreville-sur-Eu, à 1 k. N.-O., près d'un ancien camp romain, et, 2 k. au delà (voit. de corresp., du 1er juillet au 30 sept.), Criel-sur-Mer (p. 229). — La ligne franchit sur un viaduc, la rivière d'Yères.

35 k. *Saint-Rémy-Boscrocourt*. A 5 k. N.-O., Mesnil-Val (p. 227). A 2 k. N.-E., *Etalonde*, où l'on voit dans l'église, un bénitier de la Renaissance et un baptistère de pierre de 1563. — On descend vers la vallée de la Bresle et l'on croise la rivière, après avoir passé sur la ligne Paris-Tréport, que l'on rejoint à Eu-Triangle.

41 k. *Eu* (p. 215). — 45 k. *Le Tréport* (p. 220).

De Dieppe a Neufchatel par l'Aliermont, p. 190 en sens inverse; au Havre par Fécamp, p. 132 à 138, en sens inverse; au Havre par Rouen, p. 173-175 et 85-93 en sens inverse; a Londres par Newhaven, V. le Joanne : *Angleterre*.

Distances par la route de Dieppe à : Abbeville, 63 k.; Amiens, 95 k.; les Andelys, 91 k.; le Havre, 101 k., par (73 k.) Bolbec; Mantes, 135 k.; Neufchâtel, 35 k.; Pontoise, 135 k.; Rouen, 60 k.; Saint-Valery-sur-Somme, 56 k.; Yvetot, 46 k.

17. — DE PARIS AU TRÉPORT

Chemin de fer : Nord, 183 k. en 3 h. par rapide (1re et 2e cl.), en 3 h. 30 à 4 h. par express (toutes classes); horaires d'avant-guerre : 28 fr. 60, 19 fr. 30, 12 fr. 60. Billets d'aller et ret. ordinaires, 42 fr. 90, 30 fr. 90, 20 fr. 15; les billets de famille, les billets de bains de mer, les billets des dimanches et jours de fête (trains de plaisir), actuellement suspendus, seront rétablis.

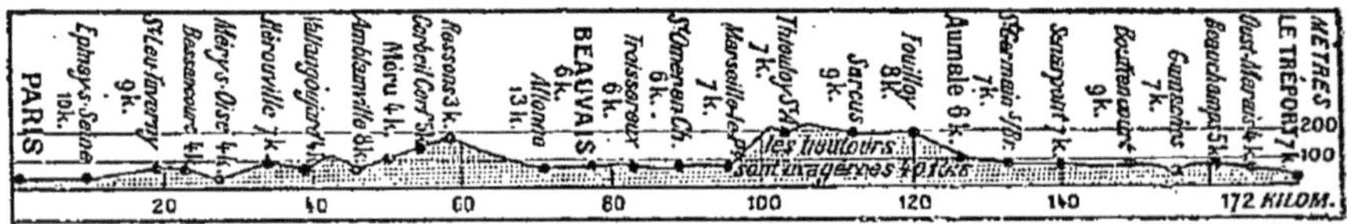

Route : 172 k., par 77 k. *Beauvais* (par Saint-Denis et Beaumont; 6 k. de plus par Saint-Germain, Pontoise et Méry); montée à 130 m. d'alt., puis descente vers la vallée du Petit-Thérain; 96 k. *Marseille-le-Petit*. Rampe vers (100 k.) *Fontaine-Lavagnane* et jusqu'à 203 m. d'alt. : 108 k. *Grandvilliers*; 126 k. *Aumale*, où l'on atteint la vallée de la Bresle, que l'on suit dès lors, parallèlement au ch. de fer en passant par (168 k.) *Eu*.

La ligne du Tréport passe par : 7 k. *Saint-Denis*, 10 k. *Epinay*, puis croise la vallée de l'Oise à (37 k.) *Persan-Beaumont* (bifurc. pour Pontoise, p. 176), s'élève par (53 k.) *Méru* (hôt. *du Centre*, T.C.F.) jusqu'au tunnel du Coudray-Belle-Gueule, de

1,455 m., à 171 m. d'alt., pour redescendre dans la vallée du Thérain.

79 k. **Beauvais** (buffet; hôt. : **de France et d'Angleterre*, T.C.F., 1er ordre; *Continental*, T.C.F.; *de l'Ecu*; hôt.-rest. **Rochette-Livel*, T.C.F.), ville de 19,841 hab., ch.-l. du départ. de l'Oise, sur le Thérain, est une des vieilles cités les plus intéressantes du Nord de la France. Pour la description détaillée, *V.* le Joanne : *Nord et Ardennes.*

De la gare on prend à g. l'avenue de la République et la rue de la Manufacture-Nationale : au n° 18, *maisons des Carreaux* du XVIe s.; plus loin, *manufacture nationale de tapisseries*, visite intéressante. La rue Engrand-Leprince aboutit à **l'église Saint-Etienne** : la nef et le transept, du début du XIIe s., marquent l'origine du style gothique, avec de beaux détails romans au N.; vaste chœur gothique du XVIe s. avec magnifiques **verrières* de l'époque. Par la rue Malherbe, on arrive à la place de l'Hôtel-de-Ville : maisons anciennes; hôtel de ville, avec une lourde façade du XVIIIe s.; statue de Jeanne Hachette. De là les rues de la Tuilerie et Saint-Pierre montent à la cathédrale.

La ****cathédrale Saint-Pierre**, bien qu'il n'en ait été exécuté que le chœur et le transept, est un édifice de premier ordre, dépassant tous les monuments gothiques par la hauteur vertigineuse de sa voûte (47 m.); le chœur a été commencé en 1227; le transept, contemporain de Louis XII et de François Ier, a la même hauteur, et son style flamboyant est d'une richesse et d'une délicatesse merveilleuses; vantaux des grandes portes, d'une sculpture également très riche; quelques anciens vitraux; anciennes tapisseries et œuvres d'art diverses; *horloge astronomique*, de l'ingénieur Vérité (1866).

Contre la cathédrale, *église de la Basse-Œuvre*, de la fin du Xe s.; plus à l'O., et plus bas, **palais de justice**, ancien palais épiscopal (XIVe-XVIe s.), appuyé sur deux tours gallo-romaines. Au N.-E. de la cathédrale, musée d'art et d'antiquités. Autour de la cathédrale, et en diverses parties de la ville, *maisons anciennes*, dont certaines remontent au milieu du XIIe s.

De Beauvais a Gisors, p. 181; — a Gournay, p. 186.

Au delà de Beauvais, la ligne du Tréport remonte la vallée du Thérain. — 85 k. *Montmilles-Fouquenies*. A Montmille, église du XIe s.; restes d'un prieuré.

91 k. *Milly*, au confluent du Thérain et du Petit-Thérain : église avec chœur du XIVe s.; château ruiné.

De Milly a Formerie (ch. de fer départemental, 32 k. N.-O.). — La ligne remonte la vallée du Thérain. — 6 k. *Crillon* : château des XVIe et XVIIe s., bâti par les ducs de Boufflers.

12 k. *Gerberoy*, ancienne petite place forte, pittoresque, où il ne reste plus que 192 hab. Les anciens fossés sont ombragés d'ormes magnifiques. Dans l'église, du XVe s., belles statues de même époque et autel en marbre. Un souterrain et des pans de murs ruinés sont les restes d'un ancien château fort démantelé en 1593.

13 k. *Songeons* (hôt. *de l'Ecu*), ch.-l. de c. de 914 hab., a un château

de 1720, avec parc antérieurement dessiné par Le Nôtre. — 22 k. *Saint-Samson-la-Poterie* : sous l'église, crypte du XIe ou du XIIe s., avec fontaine dédiée à Ste Radegonde. — 32 k. *Formerie* (hôt. *du Cygne*, T.C.F.), ch.-l. de c. de 1,391 hab.

La voie remonte la vallée du Petit-Thérain, ou Thérinet. — 95 k. *Saint-Omer-en-Chaussée*, avec une église du XVe s.; bifurc. pour Amiens. — 101 k. *Marseille-en-Beauvaisis* (hôt. *de la Croix-d'Or*, T.C.F.), ch.-l. de c. de 725 hab. A l'église, chœur, porte et vitraux du XVIe s. Chapelle de même époque, but de pèlerinage. — 104 k. *Fontaine-Lavagnane* : château ruiné, du XIVe s. La voie monte sur le plateau (210 m. d'alt.), qui sépare le bassin de la Seine de ceux de la Somme et de la Bresle.

112 k. *Grandvilliers* (hôt. *de France et d'Angleterre*), ch.-l. de c. de 1,723 hab. A l'église, fonts baptismaux gothiques. Monument du général Saget. A 3 k. S. E., *Cempuis*, où se trouve l'orphelinat Prévost, du départ. de la Seine. A 1 k. S. de Cempuis, *le Hamel* : église avec vitraux du XVIe s. — 120 k. *Feuquières-Broquiers*. — 122 k. *Moliens*.

126 k. **Abancourt** (buffet), où on croise la ligne Rouen-Amiens, p. 85. — 132 k. *Gourchelles*. — 134 k. *Quincampoix*, dans un vallon par lequel on descend dans la vallée de la Bresle, où sont installées une douzaine de verreries fabriquant des flacons pour pharmaciens et parfumeurs.

137 k. **Aumale** (hôt. *du Chapeau-Rouge*, T.C.F.), ch.-l. de c. de 2,412 hab., est situé sur la rive g. de la Bresle, qui sépare le pays de Bray du plateau du Vimeu.

Histoire. — Aumale était une seigneurie importante, constituée vers la fin du Xe s. et érigée en duché en faveur de la famille de Guise en 1546. Place forte, elle fut assiégée et prise par le duc de Normandie, Guillaume le Roux, en 1089, et par Charles le Téméraire, en 1472. Henri IV fut vaincu sous ses murs, par les Espagnols, en 1592; gravement blessé, le roi ne dut son salut qu'au dévouement du vicomte d'Aumale, capitaine de la ville.

L'église, reconstruite de 1508 à 1610, offre un chœur et un transept fort beaux, une tour élégante et un portail attribué à Jean Goujon.

La nef a un *buffet d'orgue* de la fin du XVe s., provenant de l'abbaye de Séry, près Blangy. Chaire du XVIIe s. : 16 figures de saints et d'évangélistes. — Dans le bas-côté dr., au-dessus de la porte latérale, Adoration des bergers, tableau moderne donné par Louis-Philippe. — Au transept dr. restes d'une verrière du XVIe s.; tableau des Disciples d'Emmaüs; petite abside latérale, avec restes de vitraux du XVIe s.; confessionnal Louis XIV; petit retable en bois sculpté du XVIIe s.

Le chœur a des voûtes hardies. Contre le pilier, à l'entrée à dr., Tête de Christ, peinture du XVIIe s.; en face, Hérodiade portant la tête de St Jean, bonne peinture de l'école italienne (?). Retable du maître-autel, de 1737. Caveau sépulcral. — La voûte de l'abside est fort curieuse : de l'intersection de ses nombreuses nervures descendent de grands et remarquables *pendentifs*, dont sept sont formés de grandes statues de saints. En haut des fenêtres de l'abside, bustes de singes.

Dans le transept g., fragments d'une verrière du XVIe s. ; beau tableau de la Vierge et l'Enfant Jésus adorés par un seigneur et sa femme, vêtus de costumes espagnols ou flamands du XVIe s.; petite abside latérale g. : médaillons sculptés à personnages, formant clefs de voûte aux intersections des nervures. Au bas-côté g., sous une arcade du XVe s., restaurée, Mise au tombeau moderne remplaçant un ancien saint-sépulcre; traces de peintures murales du XVe s. : Résurrection, Pèsement des âmes, Jugement dernier.

L'*hôtel de ville*, des XVIe et XVIIe s., a une belle salle du conseil; il est flanqué d'une tourelle octogonale. L'Ecole départementale des Enfants-Assistés occupe un ancien collège ecclésiastique.

Sur une colline à l'O. qui offre de jolis points de vue, promenade du Grand-Mail, dépendance du bois d'Aumale; le Petit-Mail sert de jeu de paume.

Aux environs : à 1 k. S.-E., le *Bois-Robin*, avec un château du XVIIIe s.; — à 1 k. 5 N.-E., le *Cardonnoy*, avec une chapelle, en partie du XIIIe s., où est vénérée une statue de la Vierge trouvée, suivant la légende, dans un champ de chardons, d'où le nom de la chapelle; — au N., le *Vieux-Château*, ruiné par Charles le Téméraire (1472), et le *bois de Beaucousin*; — à 1 k. N. *Sainte-Marguerite* a des bâtiments ruraux du XVIIIe s., seuls restes de l'abbaye d'Auchy, dite aussi d'Aumale, fondée vers l'an 1000 par Garinfroy, le premier seigneur connu d'Aumale.

D'AUMALE A ENVERMEU (ch. de fer, réseau Economique, 52 k.).— La voie franchit la Bresle pour se diriger vers l'O. — 6 k. *Roupied*, halte. — 9 k. *Illois* : retranchement célèbre au moyen âge sous le nom de Fossé du Roy; château du XVIIe s.; au cimetière de Coupigny, croix en pierre, de la Renaissance. — 13 k. *Les Landes-Caulé-Sainte-Beuve*. Dans l'église de Caulé, retable en bois du XVIIe s. — 17 k. *La Verrerie*, halte dans la basse forêt d'Eu. — 19 k. *Rétonval*. On descend dans la vallée de l'Yères, rivière que l'on franchit.

22 k. *Villers-Foucarmont*. A 1 k. N., *Foucarmont* conserve les ruines d'une abbaye de Cisterciens, fondée en 1129 par les comtes d'Eu, qui y furent inhumés. L'église (XVIe s.) renferme des stalles et boiseries de 1660, un curieux autel et une belle charpente de 1580. La chapelle gothique de l'Epinette date du XVIe s. — 27 k. *Les Essarts-Varimpré-Catengeville*. Eglise où est vénérée une Larme du Christ ou de la Vierge, provenant de l'abbaye de Foucarmont. Dans la chapelle de Varimpré, retable du XVIe s. Verrerie à flacons de Varimpré, fondée en 1582. — 31 k. *Clais-Smermesnil*. A l'église de Smermesnil, transept Renaissance et fonts baptismaux du XIIIe s. Château du XVIIe s. On descend dans la vallée de l'Eaulne.

39 k. *Londinières* (hôt. *du Lion-d'Or*, T.C.F.) ch.-l. de c., 1,088 hab., sur l'Eaulne, a une église des XVIe-XVIIe s. L'église de *Boissay*, hameau de cette commune, offre un portail de la Renaissance avec buste de François Ier et deux salamandres.

On descend, sur la rive dr., la vallée de l'Eaulne. — 43 k. *Wanchy-Capval*. Eglise de Wanchy, des XIe-XIIe s. et de la Renaissance; croix romane dans le cimetière. A l'église de Capval, du XIIe s., 2 bas-reliefs sur bois, de la Renaissance. — 46 k. *Douvrend*.

52 k. *Envermeu*, où l'on croise la ligne Dieppe-Tréport (p. 210).

DISTANCES PAR LA ROUTE, d'Aumale à : Abbeville, 55 k.; Amiens, 44 k., par (17 k.) Poix; Beauvais, 49 k.; Dieppe, 59 k.; Eu, 46 k.; Neufchâtel, 25 k.; Paris, 130 k.

Au delà d'Aumale on dépasse à g. Sainte-Marguerite (*V.* ci-dessus). — **142 k.** ***Ellecourt-Guemicourt***. A dr., *Saint-Germain-sur-*

Bresle : dans l'église, tombeau du XIIIe s. ayant renfermé le corps de St Germain, dit l'Ecossais, martyrisé par les Saxons sur les bords de la Bresle, en 480. — 145 k. *Vieux-Rouen*, dont l'église, des XIIe et XIIIe s., a été bâtie en partie sur les substructions d'un temple de Jupiter. Dans des bois, donjon polygonal et autres restes d'un château appelé Malaputenam. — 148 k. *Bouafles*.

150 k. *Hodeng-Senarpont*. A *Senarpont*, situé à la jonction du Liger et de la Bresle, ruines d'un château des XVIe, XVIIe et XIXe s.; dans l'église, tombeau d'un seigneur de Mouchy. En face de Senarpont, sur la rive g. de la Bresle, hameau de *Guimerville* : église du XVIe s., vitraux de l'époque.

155 k. *Nesle-Normandeuse*, qui a un château de 1750 et deux verreries, dont une à Romesnil, est à l'extrémité de la haute forêt d'Eu, et dans le petit vallon de la fontaine Saint-Pierre, à l'origine duquel se trouve (1 k. 5 S.-O.) *Pierrecourt* dont l'église du XVIe s., partie gothique, partie Renaissance, a un beau tableau de l'école italienne. A dr. au delà de la Bresle, *Neslette*: dans l'église, bas-relief en marbre du XIIe ou XIIIe s., figurant la Vierge et les apôtres.

159 k. *Blangy* (hôt. *de la Poste*), ch.-l. de c. de 1,892 hab., entre les deux bras de la Bresle. Deux tours des anciens remparts. L'*église Notre-Dame*, des XIIIe et XVIe s., a un beau *portail* du XVIe s., récemment restauré, et une belle nef à 8 travées de la même époque; dans les chapelles du transept, autel et lambris, en chêne sculpté, du XVIe s.; dans la chapelle du Saint-Sépulcre, groupe de statues figurant l'Ensevelissement du Christ; pèlerinage de N.-D.-de-Délivrance. Hôpital fondé par la duchesse de Montpensier (1685). Maison en bois de la Renaissance.

A 1 k. S., manoir de Fontaines, de la Renaissance. A 1 k. 5 N.-O. *Séry* a des restes, remaniés et convertis en château, d'une abbaye de Prémontrés, fondée vers 1120.

163 k. *Monchaux* : château ruiné; à l'église, des XIIIe et XVIe s., fonts baptismaux monolithes sculptés, du XIIe s. A *Soreng*, église du XIIe s.

167 k. *Longroy-Gamaches*; bifurc. pour Longpré, réseau du Nord. L'église de Longroy a un chœur du XIIe s. et renferme un baptistère de 1552; château ruiné. — *Gamaches* (hôt. *du Commerce*, T.C.F.), ch.-l. de c. industriel de 2,290 hab., sur la rive dr. de la Bresle, au confluent de la Vimeuse, a une église des XIIe, XIIIe et XVe s., avec beau portail, clocher flamboyant et cuve baptismale de la Renaissance; vieilles halles.

168 k. *Longroy*. A 2 k. N.-O., au milieu des restes de l'abbaye du Lieu-Dieu, fondée pour des Cisterciens en 1191 et en partie transformée en ferme, un moulin fait face à *Gousseauville*, hameau sur la rive g. de la rivière : château ruiné; église du XIIIe s. — La voie longe à g. la lisière de la forêt d'Eu.

172 k. *Incheville* : église avec chœur du XIIe s.; chapelle Saint-

Martin-au-Bas, ancien prieuré, des XIIe et XVIIe s. En face, *Beauchamps* : au presbytère, reliquaire du moyen âge, avec morceau de la vraie croix; un peu plus loin, *Bouvaincourt* a une chapelle de Saint-Sauveur, but de pèlerinage où les paysans amènent leurs bestiaux. — 174 k. *Forêt d'Eu*. A dr., *Oust-Marais* : dans l'église, Christ au tombeau. — 177 k. *Ponts-et-Marais*. — 179 k. *Eu-la-Mouillette*.

180 k. **Eu**, ville de 5,651 hab., ch.-l. de c., situé à 4 k. de la mer, dans la riante vallée de la Bresle, qui formait anciennement la limite de la Normandie et de la Picardie. Un certain nombre de baigneurs s'installent à Eu, relié au Tréport et à Mers par le ch. de fer et par un tram électrique.

Hôtels : — *Grand-Hôtel*, en face de la gare (neuf; chauff., bains); *de la Gare*, T.C.F. (chauff.); *du Commerce et du Cygne*, T.C.F. (chauff.); *de France*, pl. Saint-Jacques.

Café-restaurant : — *des Sports*, Grande-Rue, 31.

Tram : — pour la *ville*, 15 c. et 10 c.; *le Tréport*, 30 c. et 20 c.

Omnibus ou autobus : — l'été, pour *Ault* et *Onival*.

Autogarage : — *Petelle*, chaussée de Picardie, 124.

Agence de location : — *Cléré*.

Poste : — r. de la Poste, 6.

Histoire. — Eu, l'ancien *Aucum*, a appartenu aux maisons féodales de Normandie, de Brienne, d'Artois, de Nevers, de Clèves, de Guise, à Mlle de Montpensier, cousine de Louis XIV, au duc du Maine, à son fils le comte d'Eu, puis au duc de Penthièvre. La fille de celui-ci épousa, sous Louis XVI, le duc d'Orléans, Philippe-Egalité, père du roi Louis-Philippe. La famille d'Orléans a conservé jusqu'à nos jours ses possessions d'Eu, sauf la confiscation temporaire dont elles furent l'objet sous le second Empire. Brûlée entièrement, sauf les églises, en 1475, par ordre de Louis XI, qui voulait empêcher Edouard IV d'Angleterre de s'en emparer, assiégée en vain par les protestants de Dieppe en 1562, la ville d'Eu fut prise par Henri IV le 6 sept. 1589 et reprise huit jours après par le duc de Mayenne.

Eu est la patrie des frères *Anguier*, sculpteurs : François (1604-1669), dont le chef-d'œuvre est le mausolée du duc de Montmorency, à Moulins; Michel (1612-1668), qui travailla aux sculptures du Val-de-Grâce de Paris et à celles de la porte Saint-Denis.

L'avenue de la Gare traverse, au pont de la Trinité, le déversoir de la Buzine (à dr.) dans le port d'Eu, puis deux bras de la Bresle. On prend ensuite à dr. le boulevard Hélène, puis à g. la rue de la Poste, aboutissant près de l'hôtel-Dieu, dont la *chapelle* a une jolie porte d'entrée; à l'intérieur, clôture et orgue de style Louis XIII, Descente de croix attribuée à Lebrun.

On atteint ensuite la chaussée de Picardie, continuée par la rue de l'Abbaye, qui donne accès sur la place du Président-Carnot où se trouvent la halle, l'église et l'hôtel de ville. L'*hôtel de ville* renferme le musée-bibliothèque, où l'on remarque la charte communale de la ville, de 1151, et une collection d'oiseaux; dans le sous-sol, morceaux d'architecture provenant de la restauration de l'église.

L'***église Saint-Laurent**, ancienne collégiale, une des belles églises de Normandie, s'élève sur un emplacement qui, formant terrasse au N., est soutenu de ce côté par de grands murs en briques, avec contreforts. Dédiée à St Laurent O'Tool, archevêque de Dublin, mort au monastère d'Eu en 1181, elle fut bâtie de 1186 à 1230. Elle offre un des premiers types de l'art gothique normand du XIIIe s. Les tours manquent malheureusement. L'édifice fut profondément remanié au XVe s. Une restauration générale a eu lieu de nos jours.

NEF. — L'intérieur de l'église, y compris le chœur, a 80 m. de long., 17 m. de larg. et 21 m. d'élévation. La nef, d'une sobriété fine et élégante, a un triforium simulé, surmonté d'une claire-voie. *Banc d'œuvre* (XVIIe s.), dont le baldaquin est supporté par deux cariatides en bois sculpté; *chaire* sculptée de même époque.

TRANSEPT DR. — Colonne torse du XVe s. Fonts baptismaux, en pierre, du XVe s. Au-dessus de l'autel, tableau du XVIIe s., la Ville d'Eu. Dans le mur au-dessus du confessionnal, dalle portant une inscription en caractères gothiques, constatant une fondation faite par Charles d'Artois, comte d'Eu. Dans le mur du fond de la chapelle, bas-relief et épitaphe de 1462.

CHŒUR. — Contre les grands piliers, à l'entrée du chœur, 4 colonnes funéraires de marbre de couleur (XVIIIe et XIXe s.) supportent des urnes en bronze; sur les deux premières, devise et armes des d'Orléans. Sur la seconde à dr., épitaphe de Louis-Auguste de Bourbon, prince de Dombes, prince légitimé (petit-fils de Louis XIV et de Mme de Montespan; 1700-1755); sur celle de dr., épitaphe de Catherine de Clèves, duchesse de Guise (1633). Du même côté, près de l'autel et sur une dalle de marbre noir, épitaphe (XVIe s.) de Philippe d'Artois, connétable de France (✝ 1397). Derrière et au-dessus du maître-autel, châsse contenant les reliques de St Laurent. Le chœur est clos d'une balustrade de pierre ajourée (1540).

POURTOUR DU CHŒUR. — Les Disciples d'Emmaüs, peinture de l'école italienne. Une porte à encadrement sculpté (XVe s.), surmontée d'une statuette de Dieu le Père, donne accès par un escalier de 5 marches, dans la chapelle du Saint-Sépulcre, du XVIe s. On y voit une belle **Mise au tombeau* à personnages sculptés, du XVe s., avec des traces de peintures et de dorures, et sous un baldaquin de pierre flamboyant. En face, tête de Christ avec une inscription en vers.

Chapelles suivantes : portrait de St Charles Borromée; Vierge au Rosaire, peinture du XVIIe s. — Chapelle absidale ou de la Vierge : **Vierge* avec l'enfant Jésus, en bois, que François Anguier offrit à sa ville natale pour sa réception dans la corporation des maîtres sculpteurs.

TRANSEPT G. — A l'autel, petit bas-relief en terre cuite (fin du XVIe s.) : l'Ensevelissement du Christ. Curieuse sculpture peinte et dorée : l'Adoration des Mages. Tableaux : St Sébastien et Descente de croix (XVIIe s.).

BAS-CÔTÉ G. — Sous une arcade surbaissée, *tombeau* et épitaphe de Nicolas Saint-Ouen ou de Melleville (✝ 1504) avec bas-relief mutilé.

La CRYPTE, du XIIe s., longue de 31 m. et large de 6 m. 40, est une véritable église souterraine : elle comprend cinq travées rectangulaires, éclairées chacune par deux baies ouvertes sur le déambulatoire, et une travée absidale à sept pans; elle a été restaurée en 1828 sur l'initiative du futur roi Louis-Philippe, qui y fit installer, sur de lourds sarcophages, les statues des membres de la famille d'Artois, les hommes à gauche, les femmes à droite. Pour la visite, s'adresser au sacristain; rémunération 50 c. Les **statues*, anciennes et remarquables, représentent : St Laurent (XIIIe s.); Charles d'Artois (✝ 1471); Philippe d'Artois, connétable (✝ 1397), en marbre blanc, une des plus belles; Philippe d'Artois statue d'enfant (✝ 1397); Charles d'Artois, fils de Jean, statue d'enfant (✝ 1368); Jean d'Artois (✝ 1386), en marbre blanc; Isabelle de Melun

(✝ 1389), femme de Jean d'Artois, en marbre blanc; Isabelle d'Artois, sa fille (✝ 1379), statue refaite en partie; Jeanne de Saveuse (✝ 1448), 1re femme de Charles d'Artois; Hélène de Melun (✝ 1472), 2e femme de Charles d'Artois. Au milieu, une table de marbre indique la sépulture du duc d'Aumale (1708) et du prince Louis-Auguste de Bourbon (✝ 1755).

TRÉSOR. — Buste de St Laurent en argent, de 1640; Vierge de 1636, également en argent, dite N.-D. du Vœu; aube et nappe d'autel, qui auraient été brodées par Mme de Maintenon.

Contre le terre-plein S. de l'église, une fontaine en granit (1875) a été érigée par le comte de Paris en souvenir de la restitution du château d'Eu à sa famille.

A dr. de l'hôtel de ville, la place Carnot se prolonge par la place d'Orléans, bordée par les communs du château.

Le **château**, qu'on ne visite pas, occupe l'emplacement d'un ancien château fort, élevé par Charlemagne ou par ses successeurs, pour arrêter les incursions des Normands.

Rollon Ier, duc de Normandie, après y avoir rendu hommage, en 927, à Charles le Simple, y perdit la vie, vers 932, en le défendant contre le roi de France, Raoul, successeur de Charles. Guillaume le Conquérant qui y célébra ses fiançailles, s'en empara, en 1049, et y eut plus tard une entrevue avec Harold. D'après une tradition, Jeanne d'Arc, prisonnière des Anglais et transférée du Crotoy à Rouen, y fut enfermée, dans une prison, dite Fosse aux Lions, sur l'emplacement de laquelle une tourelle moderne, recouverte de lierre, est appelée *tour de Jeanne d'Arc* : on y a placé la statue de la Pucelle, par la princesse Marie d'Orléans, ainsi que des œuvres d'art, statuettes, tableaux, souvenirs historiques se rapportant à l'héroïne.

L'ancien château fut détruit en 1475 par un incendie; le comte Jean de Bourgogne fit élever, sur l'emplacement actuel de la chapelle, une maison ordinaire. Le château actuel fut commencé en 1578, par Henri de Guise, le Balafré, d'après les plans des frères Leroy, de Beauvais. Lorsque Mlle de Montpensier, cousine de Louis XIV, en prit possession, en 1661, il n'y avait encore de construites que l'aile dr. et la moitié du corps de logis du fond, donnant sur la Bresle. On doit à cette princesse : la création du parc, dont les terrasses furent dessinées par Le Nôtre; la construction du kiosque situé à l'extrémité de ce parc et d'où l'on découvre une très belle vue sur la mer; enfin une collection de tableaux qui ornaient encore les appartements sous Louis-Philippe et qui passent pour avoir inspiré à celui-ci l'idée du musée historique de Versailles.

Après avoir servi d'hôpital en 1795, le château fut à moitié détruit. C'est alors que furent abattus le corps de logis en retour qui contenait l'escalier et la salle des Gardes, et le petit château construit par Mlle de Montpensier, près de la maison actuelle du jardinier. Lorsque Louis-Philippe, alors duc d'Orléans (1821), eut pris possession de ce domaine, il y fit exécuter d'importants travaux, sous la direction de l'architecte Fontaine. Devenu roi, il en fit une de ses résidences favorites et y reçut deux fois la visite de la reine d'Angleterre, Victoria (1843 et 1845).

Dévasté le 11 nov. 1902, par un incendie qui n'épargna que l'aile dr. et la chapelle, le château a été restauré par le comte d'Eu.

Le château d'Eu se compose d'un vaste bâtiment en brique, à pilastres en pierre, présentant une façade longue de 90 m. La chapelle est ornée de vitraux, exécutés à la manufacture de Sèvres, d'après les dessins de Chenavard et de Paul Delaroche. Le *parc*, dessiné par Le Nôtre, agrandi sous Louis-Philippe, comprend 46 hect. : c'est un des plus beaux de France; il renferme plusieurs bassins alimentés par les eaux de la Bresle. A l'entrée, près de la chapelle, on remarque des hêtres magnifiques, au milieu desquels Louis-Philippe, s'appuyant sur une tradition erronée, a fait placer une table de marbre avec cette inscription : *c'est ici que les Guises tenaient conseil au XVIe siècle.*

Sur la place Carnot s'ouvrent plusieurs rues : la rue du Tréport est suivie par le tram; la Grande-Rue offre au n° 87 une maison de 1573 et mène à la caserne Drouet; la rue de Miribel, où l'on voit au n° 8 une maison de style Louis XIII et à l'angle de la rue de la République, une porte sculptée de l'ancien couvent des Ursulines (1618), conduit au Champ de Mars, où deux tours informes en galet sont les restes de la *porte de l'Empire* (XIIIe s.); la rue du Collège conduit au collège.

Sur la place du Collège a été érigé, en 1908, le buste du sculpteur Michel Anguier, par E. Bénet.

Le *collège* est une ancienne maison de Jésuites, élevée vers 1582 par Catherine de Clèves, épouse de Henri de Guise. C'est une charmante construction où se combinent la brique et la pierre. On remarque à la porte intérieure les armoiries des maisons de Guise, de Lorraine et de Clèves. Entrant dans le collège, on tourne à dr., pour visiter sa chapelle (25 c.).

La *chapelle* (1624) est un intéressant spécimen du style Louis XIII; portail de style jésuite, entre 2 tourelles.

A l'intérieur, **mausolées* en marbre *du duc de Guise*, dit le Balafré, et *de Catherine de Clèves*, exécutés au début du XVIIe s. par un artiste inconnu : ce sont deux hauts cénotaphes, avec bas-reliefs représentant l'un les batailles du duc, l'autre les vertus de la duchesse; au-dessus, des statues en marbre blanc figurent le duc et la duchesse agenouillés, et couchés; des deux côtés, statues de la Force et de la Religion, de la Prudence et de la Foi. Fonts baptismaux du XVe s. : St Ignace, tableau ancien de style espagnol; chaire du XVIIe s. où prêcha Bourdaloue. La chapelle a plusieurs cryptes.

Le *port* d'Eu se compose d'un bassin de 160 m. de long sur 40 de large. Il importe principalement des charbons et des bois du Nord; il exporte des fruits, légumes, planches sciées, briques, draps. Il est relié au Tréport par un canal, profond de 4 m. et long de 3 k.

ENVIRONS. — **Chapelle Saint-Laurent** (1 k. 5 N.) : On s'y rend par la chaussée de Picardie, la place d'Amiens, le faubourg de la Chaussée et, après avoir croisé à niveau le ch. de fer, un petit chemin s'ouvrant derrière un café. Située au point culminant du plateau qui domine Eu au N., sur la rive dr. de la Bresle et près de la route d'Abbeville, cette chapelle, fondée vers 1640 et reconstruite la dernière fois en 1875, attire un grand nombre de pèlerins. Elle a été bâtie à l'endroit où s'arrêta, dit-on, pour se reposer, St Laurent, archevêque de Dublin, venu en France au XIIe s. afin de solliciter, en faveur des Irlandais, la protection de Henri II, roi d'Angleterre, et du roi de France. De cette chapelle, comme de la route d'Abbeville et de celle de Saint-Valery, on découvre une belle vue.

Du faubourg de la Chaussée part la route de la Croix-au-Bailli, à g. de laquelle la grande et belle *ferme de la Maladrerie* est l'ancienne Maladrerie des Glands, fondée en 1660, par Mlle de Montpensier; plus loin, à g. (4 k. d'Eu), château de la Motte où Louis-Philippe passa les premières années de son enfance. La *Croix-au-Bailli* a des logements meublés et petites maisons à louer, à 3 k. 5 au S.-E. de la plage du Bois de Cise (p. 230).

La **forêt d'Eu**, rachetée par voie d'expropriation avec participation de l'Etat (15 juillet 1914), vaste de 9,390 hect., se compose d'un grand nombre de massifs, dont deux principaux : le plus considérable, dit haute forêt d'Eu, situé entre les vallées de la Bresle et de l'Yères, se développe du N.-O. au S.-E.; l'autre, dit basse forêt d'Eu, occupe les pentes, plissées en patte d'oie, du plateau de 230 m. autour des sources de l'Yères, entre la vallée de l'Aulne naissante et les vallons descendant à la Bresle. La forêt, entrecoupée de plaines de culture, s'étend des environs d'Eu au N.-O., jusqu'aux environs d'Aumale au S.-E. et de Neufchâtel, sur 30 k. de distance; sa largeur n'est que de 5 à 6 k. La forêt est giboyeuse en sangliers, chevreuils, renards, lièvres et lapins. Dans la haute forêt le comte de Paris avait fait construire dans l'enclave, autrefois verrerie de Sainte-Catherine, un établissement complet pour la chasse à courre, avec écuries, vastes chenils pour le vautrait, remise pour les voitures, four à pain et chambres pour les piqueurs. On voit aussi dans la haute forêt la verrerie et le château de la Grande-Vallée.

Itinéraire I (route 22 k.) — Sortant d'Eu par la Grande-Rue, la rue de Normandie, la place Mathomesnil et la route de Neufchâtel, on passe sous le ch. de fer d'Eu à Dieppe; puis on prend sur la g. un chemin qui mène à la forêt par la ferme des Hayettes et (4 k. d'Eu) *Saint-Pierre-en-Val* : dans l'église, retable, attribué aux frères Anguier, provenant d'une église d'Eu. Dans la forêt, à (6 k.) la ferme de la Madeleine, au point de rencontre du chemin d'Eu à Blangy par Beaumont-sur-Eu, commence la *route Clémentine*, qu'il faut suivre. Elle contourne, en lacets et sous forme de corniche, les ravins du versant O. de la vallée de la Bresle. La partie de la forêt qu'elle traverse est pittoresque et sauvage; le hêtre atteint une grande hauteur. La route Clémentine conduit au plateau appelé *mont d'Orléans*, entouré de pins.

Du mont d'Orléans on descend par un chemin en lacets à (7 k. d'Eu) *Incheville* (p. 214), où l'on a le choix pour retourner à Eu, si l'on ne prend pas le ch. de fer, entre deux routes de longueur à peu près égale et longeant toutes deux la voie ferrée à peu de distance. La première, plus fraîche en été et un peu plus courte, mais moins bonne pour les voitures, suivant la rive normande (rive g. de la Bresle), longe la forêt et le *Bois-l'Abbé*, en partie défriché, où on voit des ruines romaines, entourées de magnifiques hêtres (se renseigner à la ferme); elle passe à l'extrémité S. de Ponts-et-Marais et au hameau de Harancourt. La seconde route, par la rive picarde (rive dr. de la Bresle), traverse des prairies et joint, à l'extrémité O. de Beauchamps (p. 215), la route de Beauvais au Tréport.

Itinéraire II (route 28 k.) — Si du mont d'Orléans on ne veut pas gagner Incheville, il faut suivre l'avenue (écriteaux) conduisant à la maison forestière de *la Madeleine*, où l'on trouve du lait. De cette maison on va rejoindre, au Val Mayeux et près de l'ancien *prieuré de Saint-Martin-au-Bosc*, avec chapelle des XIIe et XVIe s. et faisanderie, donné par les comtes d'Eu à l'abbaye du Bec, la *route Adélaïde*, longue voie très sinueuse sur laquelle se rencontrent le Rond du Père de famille, le carrefour de Nemours, le Rond Adélaïde avec petit obélisque offrant un médaillon en marbre de Mme Adélaïde, élevé par Louis-Philippe en 1843, le Rond des Bœufs, le Mont-Frison et le carrefour de la Reine, d'où l'on peut aller prendre, à la station de Longroy-Gamaches (p. 214), le ch. de fer pour Eu ou le Tréport.

D'Eu a Dieppe, p. 209-210; a Neufchatel, par l'Aliermont, p. 190; a Abbeville, V. le Joanne : *Nord et Ardennes*.

Distances par la route, d'Eu à : Abbeville, 32 k.; Blangy, 22 k.; Dieppe, 30 k.; Neufchâtel-en-Bray, 41 k.; Paris, 180 k.; le Tréport, 4 k.

Au delà d'Eu, la ligne, longeant le canal maritime d'Eu au Tréport, franchit plusieurs fois la Bresle, qui sépare les départements de la Seine-Inférieure et de la Somme.

183 k. *Le Tréport-Mers* (buffet-hôtel), *V.* ci-dessous.

18. — LE TRÉPORT ET MERS

LE TRÉPORT, petite ville de 4,899 hab., qui marque vers le nord le terme de la Normandie, est en même temps un port de pêche et de cabotage et une station balnéaire très fréquentée. Sa situation est pittoresque, à l'embouchure de la Bresle, qui y coupe le grand front des falaises crayeuses du pays de Caux. Sa proximité de Paris, la rapidité des communications, l'organisation de nombreux « trains de plaisir » en temps de paix, du samedi soir au lundi matin, y attirent pendant la saison une grande foule et, certains jours de fête, une véritable cohue. Les ressources y sont nombreuses et on y vit à tout prix.

La ville se divise en deux parties : la ville basse, formée de rues parallèles où s'alignent de petites maisons uniformément bâties en brique, et la ville haute, construite sur le versant N.-E. du plateau, où l'église s'élève à mi-côte.

Le Tréport a comme annexe naturelle *Mers-les-Bains* qui n'en est séparé que par la largeur du port. Un certain nombre de baigneurs logent en meublé à Eu, relié au Tréport par le ch. de fer et le tram électrique.

Billets : — de Paris, p. 210.

Commissionnaires : — dans les limites de l'octroi, 25 kilog. 50 c., 50 kilog. 75 c., 100 kilog. 1 fr., au-dessus de 500 kilog. 50 c. par 100 kilog.

Hôtels : — *Trianon*, sur la falaise, à Tréport-Terrasses (hôtel de luxe; hôpital anglais pendant la guerre). — En ville presque tous les hôtels sont en bordure du port, les principaux ferment l'hiver et ouvrent aux fêtes de Pâques : *de la Plage* (Pl. *a* B4), esplanade de la Plage et pl. de la Batterie (70 ch.; bains, gar., terrasse); **des Bains et de France* (Pl. *b* B4), pl. de la Batterie, T.C.F. (45 ch.; bains, gar.); *Regina* (Pl. *c* B4), r. de la Rade; — plus simples : *Belle-Vue*, quai François-1er, 1, T.C.F. (40 ch.); *du Commerce*, r. du Commerce, 3-5 (35 ch.); *du Musoir*, r. de Paris, 2-4 : *Moderne*, quai François-1er, T.C.F.); *du Parc-aux-Huîtres*, quai de la République; *de Calais*, r. de Paris, 1-3; *de Rouen*, pl. de l'Hôtel-de-Ville; *Mathieu*, pl. de la Poissonnerie (avec restaurant); *du Pont-Tournant*, quai de la République; *du Lion-d'Or*, r. de Paris, 13 (toute l'année; 20 ch.; cuisine bourgeoise); *de la Poste*, r. de l'Angainerie (rep. à prix fixe); — à la gare, plusieurs hôtels très simples : *de Picardie*, *de Normandie*, *de la Gare*, etc.

Restaurants : — nombreux et à prix modérés, pl. de la Gare, r. de

Paris, r. de Dieppe, r. Suzanne.

Locations meublées : — Deux grandes *maisons meublées*, comprenant chacune une-centaine de chambres et de logements : *Grand-Chalet*, quai de la République (hôpital militaire pendant la guerre); *Maison Levillain*, pl. du Marché, 1 (demander le tarif).

Agences de location : — *Levillain*, pl. du Marché; *Pallatin*, quai François-Ier, 42.

Poste : — r. de Paris, 9.

Bains de mer : — complet pour dames 1 fr. 40, hommes 1 fr. 25; cabines 30 c.; droit de passage par les escaliers pour les personnes venant du dehors en costume de bain, 15 c. : — BAINS CHAUDS : *Etablissement municipal*, r. d'Orléans, 5, hydrothérapie.

Voitures de place : — la course 1 fr. 50, l'h. 2 fr., après minuit 2 et 3 fr.; en banlieue l'h. 2 fr. 50, après minuit 3 fr. 50; pour les excursions, débattre le prix. — TAXI-AUTOS, sur le port, 50 c. le k.

Trams électriques : — de la gare à la *plage*, 15 et 10 c.; à *Mers*, 20 et 15 c.; à *Eu*, 30 et 20 c.

Funiculaire : — p. 225.

Services d'autos : — pour *Mesnil-Val*, 75 c., aller et ret. 1 fr.; pour *Ault* et *Onival*, quai François-Ier, 4 fr., aller et ret. 7 fr.

Bateaux de promenade : — en vue de la côte, excursions par voiliers, 1 fr.; vapeur pour Dieppe, aller et ret. 3 fr. 50 et 5 fr. : consulter les affiches.

Casino : — hôpital militaire pendant la guerre.

Cinémas : — *Modern*, r. Amiral-Courbet, 31; *Kursaal*, rampe Gobelin.

Sports : — golf, tennis, hockey, croquet, aux Terrasses.

Histoire. — Le Tréport, dont le nom, signifiant « port de l'autre côté » (d'Eu), a été traduit par *Ulterior Portus* en latin du moyen âge, n'apparaît qu'au XIe s., à l'époque où le port d'Eu, qu'il devait remplacer, commençait à s'ensabler. Robert Ier, 2e comte d'Eu, y fonda en 1036 l'abbaye de Saint-Michel, de l'ordre de Saint-Benoît. A la fin du XIe s., Robert Courte-Cuisse, fils de Guillaume le Conquérant, partit du Tréport pour aller disputer à son frère, Guillaume le Roux, le trône d'Angleterre : il fut vaincu et réduit à signer la paix. A cette même époque, le comte d'Eu, Henri Ier, détourna vers le Tréport le cours de la Bresle qui, jusque-là, coulait au pied de Mers. Au XIIe s., le comte Henri II accorda la liberté de commerce à tous les navires venant à Eu et au Tréport, ce qui contribua à la prospérité de ces deux villes. En 1475, le comte d'Eu, Charles d'Artois, fit commencer le canal maritime qui rectifie, entre Eu et le Tréport, le cours sinueux de la Bresle. Aux XIVe, XVe et XVIe s., le Tréport eut à souffrir des invasions des Anglais; son ancienne église fut ruinée par eux en 1545; les Huguenots saccagèrent ce qui en restait, le 24 juillet 1562.

De nos jours, Louis-Philippe reçut deux fois au Tréport la reine d'Angleterre, Victoria (1843-1845), qu'il hospitalisa au château d'Eu.

Industrie et Commerce. — Outre le mouvement maritime de son port (*V.* ci-dessous), le Tréport fait une expédition considérable de galets aux fabriques de faïence anglaises.

LA VILLE BASSE. — Au sortir de la gare, qui est commune aux réseaux du Nord et de l'Etat, on laisse à dr. la route de Mers (p. 226, tram), pour tourner à g. et passer le pont-tournant qui sépare l'avant-port, à dr., du bassin à flot, à g., auquel aboutit le canal maritime d'Eu.

On contourne l'avant-port par le quai de la République : belle vue d'ensemble sur la colline au flanc de laquelle s'élève l'église Saint-Jacques, sur la falaise qui porte l'hôtel des Terrasses, et sur l'entrée du port.

Traversant sur un pont-écluse l'embouchure de la Bresle,

on atteint le *quai François-Ier*, où accostent les barques de pêche et que l'on suit vers la dr. : il est bordé d'hôtels, de restaurants et de petites boutiques. On passe au pied d'une double rampe, qui monte à l'église et à la ville haute (*V.* ci-dessous) pour arriver à la place de la *Poissonnerie*, où a lieu chaque jour la vente à la criée; on y voit une grande croix de fer forgé, de 1846, par Franconville.

Dépassant la poissonnerie, on trouve la *place de la Batterie*, centre du mouvement, au delà de laquelle on voit l'entrée du port, le casino et la plage.

Le **port** comprend : 1° le *chenal*, long de 250 m., large de 55 m., profond de 5 m. 50 en morte eau ordinaire et 6 m. 75 en vive eau, resserré entre 2 *jetées* dont l'une à claire-voie, celle de l'Est, porte un feu rouge permanent, et l'autre, celle de l'Ouest, la plus fréquentée, porte un feu de marée blanc et vert; 2° l'*avant-port*, de 6 hect. 5, bordé de quais sur 410 m. à l'O. et 210 m. à l'E., relié par des rails à la gare du ch. de fer; 3° un *bassin à flot*, long de 296 m., formé par un épanouissement de l'entrée du canal maritime d'Eu; 4° un *bassin de retenue*, de 12 hect., à sec à marée basse sauf sur le parcours du lit de la Bresle qui s'y déverse; le long de ce bassin sont des chantiers pour la construction et la réparation des navires.

Le *casino*, élégante construction en brique et pierre, avec ornements de faïences émaillées, renferme une salle de théâtre, une salle de jeu, un palmarium relié par une galerie vitrée, longue de 75 m., à la salle des fêtes; au 1er étage et au sous-sol sont des salles de danse, de lecture, d'escrime, d'hydrothérapie, etc.; dans les jardins sont installés 2 courts de tennis.

La *plage*, de sable et de galets, s'étend en face et au delà du casino, jusqu'au pied de la falaise. Elle est bordée, avec ses cabines et son établissement de bains, par l'*esplanade de la Plage* avec d'élégantes villas. Au no 5, derrière le casino, maison des ducs d'Orléans, construite sous Louis-Philippe pour ses enfants; elle appartient auj. à M. Schneider.

A l'extrémité de l'esplanade (no 37), la courte rue Saint-Antoine conduit au funiculaire des Terrasses (p. 225).

La Ville Haute. — Sur le quai François Ier s'élève une double rampe, rampe du Musoir et rampe Napoléon, qui aboutit à une petite esplanade, dite le *Musoir*. De cette esplanade, à g., un chemin de piétons avec escaliers de 72 marches, monterait directement à l'église. On prendra, en face, la rue de Paris qui monte, en passant devant la poste, vers le carrefour de la place du Marché, où s'élève une curieuse **croix* de grès sculpté, de 1618 : le fût est chargé de fleurs de lis, d'étoiles et de vannets en relief; le chapiteau, formé de têtes d'anges ailés, supporte un croisillon, avec, à la face E., le Christ crucifié, une Mater dolorosa et St Jean, et à l'autre face la Vierge, St Jacques et St Laurent.

En tournant à g. on suit la rue Abbé-Vincheneux en haut de laquelle s'élève à dr. une *maison* de style Renaissance, ancien presbytère du xvie s. avec poutres sculptées; on arrive à la

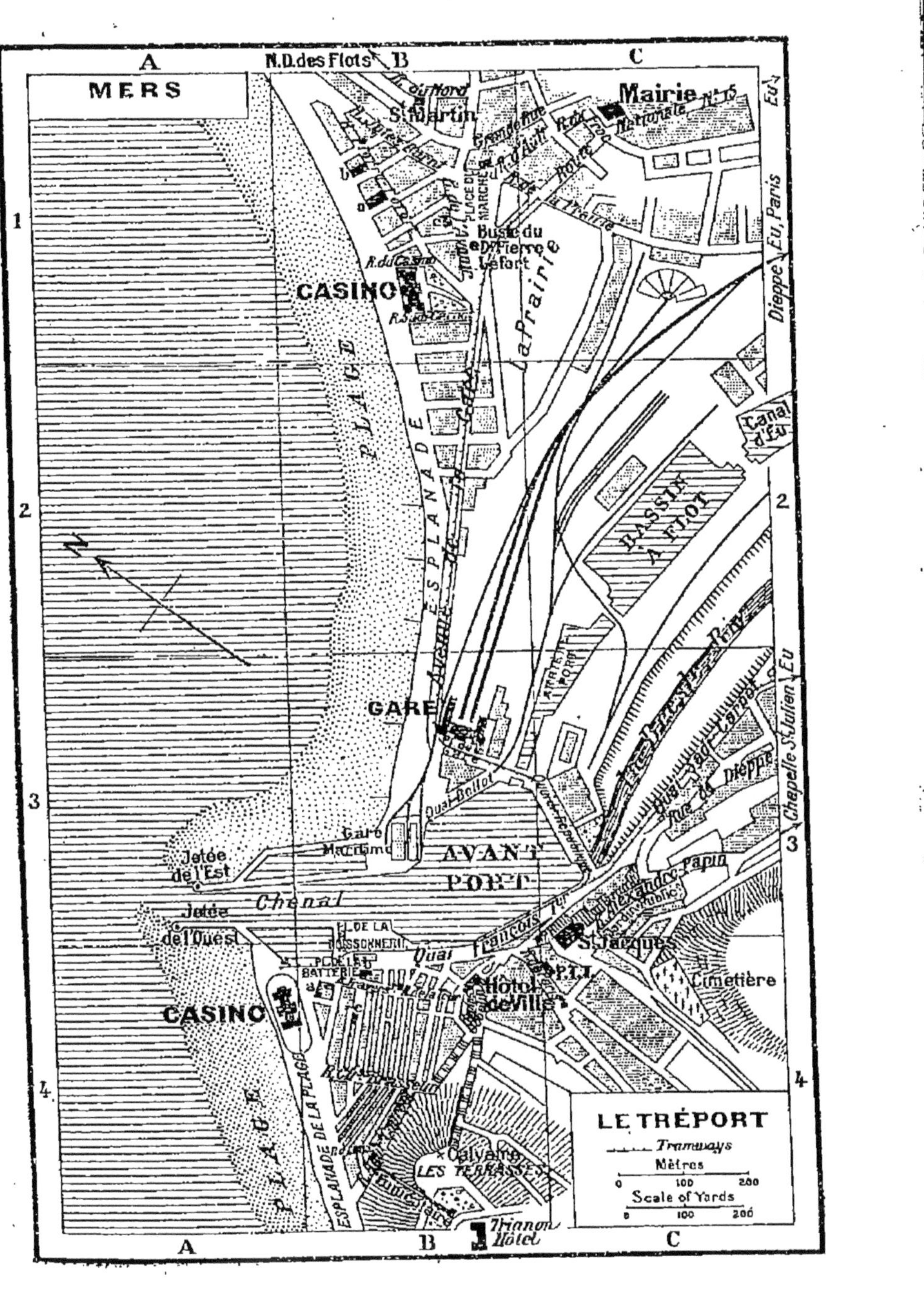

MERS
N.D. des Flots
St Martin
Mairie
Grande Rue
Place du Marché
Buste du Dr Pierre Léfort
CASINO
La Prairie
PLAGE
ESPLANADE
Dieppe
Eu, Paris
Canal d'Eu
BASSIN A FLOT
GARE
Quai Bellot
Gare Maritime
Jetée de l'Est
AVANT PORT
Chenal
Jetée de l'Ouest
Quai François Ier
Rue Alexandre Papin
Chapelle St Julien
Eu
St Jacques
Cimetière
P.T.T.
Hôtel de Ville
CASINO
PLAGE
ESPLANADE DE LA PLAGE
Calvaire
LES TERRASSES
Trianon Hôtel
LE TRÉPORT
Tramways
Mètres
0
100
200
Scale of Yards
0
100
200
A
B
C
1
2
3
4

place de l'Eglise, où se tient un autre marché, et où se présente de flanc l'église Saint-Jacques.

L'église Saint-Jacques a remplacé deux églises antérieures, construites à cette même place : la 1re s'écroula en l'an 1360, à la suite d'une furieuse tempête qui sapa la falaise; c'est alors que furent établis les murs d'appui, renforcés depuis, qui soutiennent encore l'édifice du côté du port. La 2e, reconstruite trois ans après, fut détruite à son tour, tant par les Anglais, en 1545, que par les Huguenots, en 1562. L'église actuelle, édifiée dans la seconde moitié du XVIe s., est de style flamboyant. Une importante restauration a eu lieu en 1857.

Un porche moderne (1846) auquel aboutit l'escalier qui monte directement des rampes du port, abrite le *portail* principal, œuvre charmante du XVIe s. avec son quintuple encadrement en anse de panier, aux fines sculptures de feuillages, d'arabesques et de coquilles Saint-Jacques. Le trumeau qui sépare les deux baies porte une statue de la Vierge, au-dessus d'un bénitier. La *tour*, restée inachevée à une hauteur de 30 m. env., est ornée, à son sommet, de 3 statues de St Pierre, St Jean l'Evangéliste et St Jacques; elle est flanquée d'une tourelle d'escalier octogonale. Les murs extérieurs des bas-côtés de l'église sont faits d'une sorte de damier de grès et de silex.

NEF. — L'intérieur est élégant, avec des piliers sans chapiteaux et de minces nervures qui montent du sol jusqu'à la voûte. On remarque surtout de magnifiques **clefs de voûte* sculptées, aux pendentifs ornementés; ailleurs, des rosaces plaquées à la voûte sont semblables à des voiles de guipure. Devant le chœur, grand tableau, Jésus sur le lac de Génézareth, par *Aublet* (1877).

BAS-CÔTÉ DR. — Belles clefs de voûte, comme dans la nef; la 1re est ornée de 4 petits personnages. En bas du bas-côté, tableau moderne du Christ et Madeleine. En haut, maquette de la statue de St Jean-Baptiste de la Salle, par *Falguière* (le monument est à Rouen); chapelle Saint-Nicolas, avec jolie crédence en pierre sculptée et plaque de marbre noir, de 1777, rappelant la fondation de l'abbaye du Tréport, au XIe s.

CHŒUR. — Il est plus bas que la nef. Au dessus de l'orgue, dais élégant du XVe s., provenant de l'abbaye du Tréport.

BAS-CÔTÉ G. — En haut du bas-côté: chapelle de la Vierge, avec statue moderne de la Vierge, sur l'autel, par *Franceschi*; à la voûte, petite lampe votive, en argent, ayant la forme d'un navire, sur la coque duquel sont figurés le Christ, sa mère et les Apôtres, offerte par la reine Marie-Amélie, femme de Louis-Philippe, lors du départ de son fils, le prince de Joinville, pour l'expédition du Mexique (1838). — Chapelle N.-D.-de-Pitié, avec *retable* de pierre, du XVIe s., figurant le Christ mort sur les genoux de sa mère; à côté, St Jean, à la tête du Christ, Ste Madeleine à ses pieds, Nicodème et Joseph d'Arimathie; la peinture a été refaite. Dans la même chapelle, au mur qui est derrière l'autel, *retable* du XVIe s., aux fines sculptures, empâtées de couleur, figurant la Sainte Vierge et les Emblèmes symboliques de ses litanies.

Sortant de l'église par le portail latéral, la rue Alexandre-Papin, à g., amène en quelques pas au *jardin public*, d'où l'on a une vue magnifique sur le Tréport, Mers et la mer. Dans ce jardin subsistent des vestiges de l'ancienne abbaye du Tréport; un fût de colonnes, dans un parterre, porte un cadran solaire.

Au delà du jardin public on trouverait l'ancienne *chapelle Saint-Julien*, reste d'un hôpital du XVIe s., où l'on voit, à côté de la porte, une cuve baptismale, du XIIe s., avec 4 têtes mutilées; puis un petit Monument aux morts pour la patrie, par Rattier, et l'hôpital. Plus bas, dans la verdure, est l'orphelinat pour les filles des marins morts en mer.

On revient sur ses pas à l'église Saint-Jacques et, soit par les marches qui partent du porche, soit par la rue Abbé-Vincheneux et la rue de Paris, on redescend à la place du Musoir, en haut des rampes du quai. Là, tournant à g., on trouve la petite place de l'Hôtel-de-Ville et l'*hôtel de ville*, pittoresque, en mosaïque alternée de silex et de brique rouge, qui a été restauré en 1882. Le bâtiment central est carré, avec un beffroi; à sa dr., une tour carrée de 1563, sous laquelle est une voûte, où passe la rue; à g., tourelle en poivrière. Pour visiter, s'adresser au concierge: pourboire.

On visite la salle du conseil ornée de tableaux : Entrée du Tréport à marée basse, par *Noncleré*; les anciens Monuments du Tréport rapprochés fictivement, par *Pernot*. — Au 1er étage, modeste *musée-bibliothèque*, ouvert le jeudi, de 14 h. 30 à 15 h. 30, entrée au delà de la voûte. On y voit différents tableaux, Fondation de l'ancienne abbaye du Tréport, portrait du duc de Penthièvre († 1793), un plan du Tréport, de 1760, des silex taillés, des médailles, quelques antiquités locales.

Passant sous l'hôtel de ville, on continue par la rue de l'Angainerie, d'où la rue de la Tour descend à la place Notre-Dame, par un dédale de petites rues aux maisons de brique, nombreux logements meublés. La rue Traversière ramène à la place de la Batterie et aux quais.

LES TERRASSES. — On monte aux Terrasses par le funiculaire ou à pied.

Le funiculaire (montée 25 c., dim. et fêtes 40 c., descente 15 c. et 25 c.) est situé rue Amiral-Courbet, n° 23. La courte rue Saint-Antoine, qui part du n° 37 de l'esplanade de la Plage, y conduit directement. Le funiculaire passe en tunnel à travers la falaise et débouche à son sommet, près d'un grand calvaire : belle vue. — Deux escaliers peuvent être utilisés par les piétons : l'un de 360 marches, fatigant, proche du funiculaire et de la rue Amiral-Courbet, commence à l'extrémité de la rue Ch.-Brasseur, qui part du n° 19 de l'esplanade de la Plage; l'autre, préférable, a son amorce à la place de l'Hôtel-de-Ville, à la rampe Gobelin, qui s'élève d'abord en plan incliné; il ne compte que 95 marches.

Les ***Terrasses** sont situées sur la haute falaise qui domine le Tréport, à une altitude de 100 m. env. On dénomme ainsi de vastes terrains acquis par une Société, qui a fait édifier un grand et luxueux hôtel, et tracé, en terrasses, des parterres à la française se développant sur 2 k. : beau vase aux Paons, par Cain; la plupart des autres vases et des motifs décoratifs sont des reproductions de Versailles, en fonte et en ciment armé. Des stands de sports ont été établis, ainsi qu'un golf de 18 trous d'un seul tenant. La circulation sur les Terrasses, occupées par un camp britannique, est interdite pendant la guerre sans permission de l'autorité militaire.

Du bord de la falaise, on jouit d'une *vue de toute beauté : on domine, vers la dr., le Tréport, que l'on surplombe; au delà, la vue s'étend au loin vers Cayeux et les dunes de l'embouchure de la Somme. Sur le plateau environnant, qui couvre le sommet du mont Huon, les terrains ont été lotis et commencent à se bâtir.

Mers-les-Bains, 1,741 hab., station balnéaire fréquentée, séparée du Tréport par la Bresle et située dans le départ. de la Somme, se compose d'un quartier de belles maisons et de villas modernes, dans la plaine et en bordure de la mer, et du vieux bourg en arrière, s'échelonnant entre la plaine et le sommet du plateau.

Arrivée : — billets, p. 210; pour les commissionnaires, voitures et trams, p. 200.

Hôtels : — *du Casino et Majestic* (Pl. *a* B1), sur la digue (toute l'année; 70 ch.); *Bellevue et Beau-Rivage* (Pl. *b* B1), sur la digue, à l'angle de la r. de la Plage (70 ch.; gar.); *Royal et des Bains* (Pl. *c* B1), pl. du Marché; *de la Plage* (Pl. *d* B1), pl. du Marché, 15, T.C.F. (toute l'année); *Trianon*, av. de la Gare, 5, T.C.F.; *de Mers*, r. de l'Avenir, 15 (toute l'année); *du Commerce*, pl. du Marché; *du Lion-d'Or*, r. d'Ault, 47.

Agences de location : — *Dupont*, av. de la Gare, 42; *Duponchel*, pl. du Marché; *Garel*, r. Jules-Barni, 1; *Vve Languerre*, r. Nationale, 16.

Poste : — r. de la Prairie, 19.

Bains de mer : — complet pour hommes 1 fr. 20, pour dames 1 fr. 40; cabine 50 c.; *bains chauds*, r. du Casino; *établissement du docteur Michelet*, r. Buzeaux, 16.

Autogarages : — *Dewez*, av. de la Gare; *Martin*, r. Faidherbe.

Casino : — fermé depuis la guerre; 6 courts de tennis dans le jardin.

Syndicat d'initiative : — s'adresser à la villa Picarde, sur la digue : renseignements gratuits.

De la gare, commune avec le Tréport qu'on laisse à g., on tourne à dr. et on atteint l'*Esplanade*, dallée en partie et munie de bancs, longue de 1,500 m. et bordée de chalets à balcons de bois et à clochetons. La *plage*, avec bande de galets puis beau sable, s'étend en arc de cercle jusqu'aux escarpements de la falaise, que commencent à escalader les chalets et qui protège Mers des vents de nord-est. Au centre de la plage on trouve le *casino*, dont la salle des Fêtes est un bâtiment ayant figuré à l'Exposition universelle de 1889.

Du casino, la rue du Casino ou la rue Sadi-Carnot conduisent à une vaste place de 7 hect., encore en partie gazonnée et dite *la Prairie*. Sur la place du Marché, qui lui est attenante, s'élève le buste, par Sporrer, du médecin *Pierre Lefort*, né à Mers (1767-1843). A cette même place aboutit la rue Jules-Barni, aux nombreux magasins, et l'une des plus vivantes de Mers.

La mairie, située sur la route nationale n° 15, plantée de

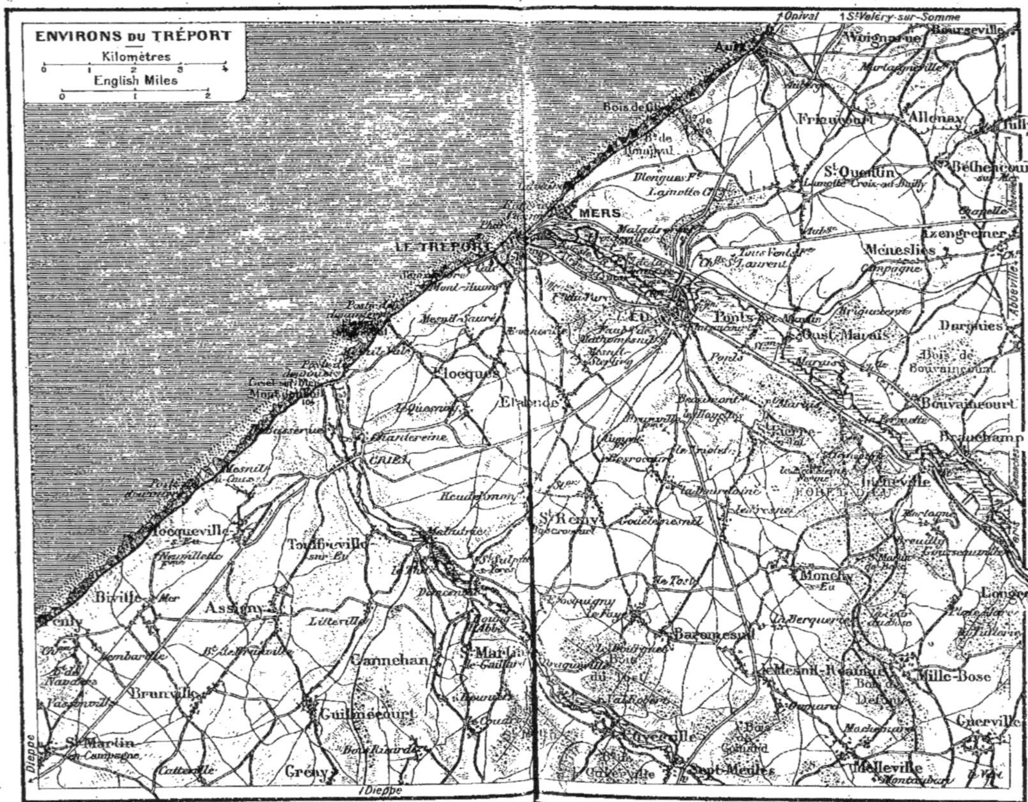

ENVIRONS DU TRÉPORT

Kilomètres

0 1 2 3 4

English Miles

0 1 2

LE TRÉPORT

MERS

Eu

Ault

Onival

St Valéry-sur-Somme

Bourseville

Woignarue

Friaucourt

Allenay

St Quentin

Béthencourt

Azengremer

Méneslies

Dargnies

Bouvaincourt

Beauchamp

Ponts-et-Marais

Oust-Marais

Criel

Flocques

Étalondes

St Remy

Touffreville

Mesnil

Tocqueville

Biville

Assigny

Penly

Brunville

Cannehan

Guilmécourt

St Martin-en-Campagne

Greny

St Martin

Cuverville

Sept-Meules

Baromesnil

Monchy

Longroy

Mille-Bose

Guerville

Melleville

Dieppe

Abbeville

Gamaches

beaux arbres, possède un petit *musée*: collection d'objets de l'âge de la pierre polie, trouvés sur la falaise.

La rue du Froc, la rue d'Ault et la Grande-Rue composent le quartier du vieux Mers. A l'angle de la rue Brûlée et de la Grande-Rue, une croix de fer, moderne, repose sur un socle roman. *L'église Saint-Martin*, du XVe s., a un clocher moderne et renferme un retable de 1675, donné par le comte de Launay, gouverneur du comté d'Eu.

La rue du Nord, puis un sentier passant devant le pavillon des colonies scolaires de Paris, montent sur le faîte de la falaise où a été érigée, en 1878, sur un énorme piédestal en brique, la statue dorée de Notre-Dame-des-Flots ou de la Falaise.

Environs du Tréport et de Mers.

Le Tréport et Mers sont reliés à *Eu* (p. 215) : par le ch. de fer, Nord ou Etat, 45 c., 30 c., 20 c.; — par le tram, 30 c. et 20 c.; — pour les piétons, 3 k. 5 par le chemin de halage du canal Maritime; — par la route, 4 k. du Tréport. La route remonte la rive g. de la Bresle et passe entre les deux fermes du Bois-du-Parc, à dr., et de Sainte-Croix-de-Flamanville, à g.; près de celle-ci, une *chapelle* du XIe s., fondée par Robert Ier, deuxième comte d'Eu, a été restaurée par Viollet-le-Duc. A 4 k. de Mers, la route remonte la rive dr. de la Bresle, passe près de la ferme de Froideville et, un peu avant de traverser la rivière et le ch. de fer pour entrer dans Eu, laisse à g. la ferme de la Maladrerie et la chapelle Saint-Laurent (p. 218).

Le Tréport est le point d'accès de plusieurs stations balnéaires desservies par des services de voitures et d'autos.

Mesnil-Val, à 4 k. O., dans une situation pittoresque au fond et sur les flancs d'une petite valleuse ouverte dans la falaise, est une station balnéaire modeste, en voie de développement, où l'on peut vivre à prix modérés.

Gare : — au *Tréport* (p. 220), route 5 k. 5 N.-E.; l'été, service d'autos, 75 c., bagages 100 kilog. 2 fr.

Hôtels : — *Villa des Roses* (15 ch.; gar., jardins, terrasses, voit. aux trains); *la Chaumière*, r. de la Mer.

Poste : — à Criel.

Casino : — gratuit; avec restaurant.

Bains de mer : — au casino, terrasses étagées : cabine de 10 à 20 fr. par mois.

Du Tréport la route, qui est celle de Dieppe, s'élève au S.-O. par une côte longue et assez rapide jusqu'au mont Huon. A 96 m. d'alt. (1 k. 5), elle bifurque à dr. vers Mesnil-Saurel (2 k. 5), où elle laisse à 600 m. à dr. *Floques* : église des XIIIe et XIVe s., avec tombeau du corsaire Jacques Sore et vitrail de 1551. On traverse (4 k. 5) le hameau de Mesnil-Val, d'où l'on continue vers la mer (5 k. 5). — Les piétons abrègeront par un chemin de 3 k. S.-O. Du Tréport, on gagne, par les escaliers ou par le funiculaire, le sommet de la falaise de Tréport-Terrasses dont on suit les allées jusqu'au sémaphore, puis le chemin des douaniers longe la clôture du golf et suit le bord de la falaise qui s'incline doucement vers la coupure vive du Val-Joli.

En venant du Tréport par la route, on rencontre d'abord le *bourg* de Mesnil-Val. A la *Ferme-Eglise*, chapelle de 1690, avec

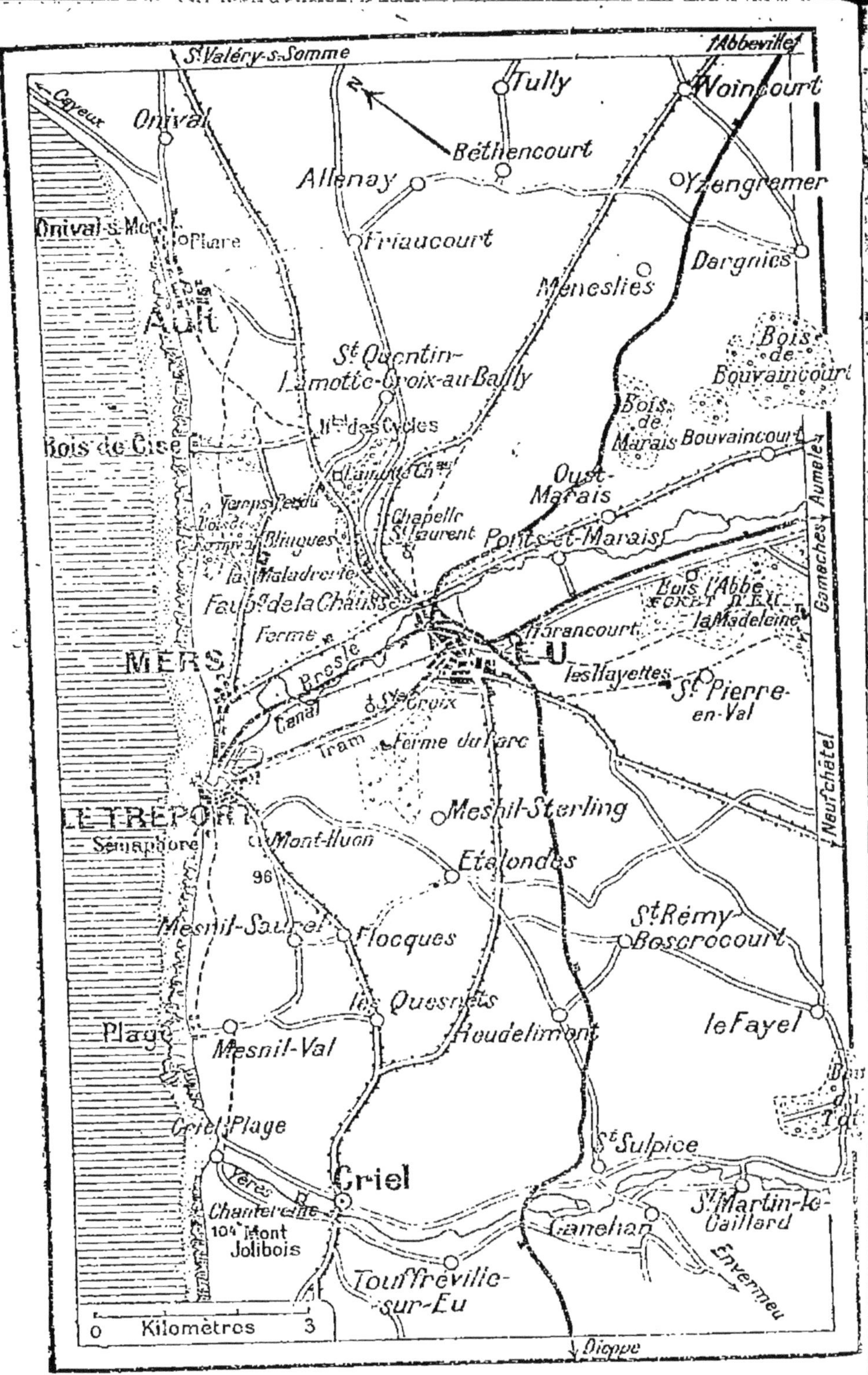

ENVIRONS DU TRÉPORT.

sculptures sur bois et les statues de pierre, blasonnées, de la famille Estancelin.

Au delà, les villas s'échelonnent sur la longue rue de la Mer, dominée des deux côtés par des coteaux et des falaises, qui contourne un jardin public, en étages, et débouche sur la plage par une sorte de petit défilé. La *plage*, avec cabines, est bordée de galets et découvre du sable à marée basse. Les rochers sont couverts de varechs et de moules. A dr. et à g., on peut gravir la falaise par des escaliers. Le *casino*, avec restaurant, est assez curieux par son intérieur en forme de grotte.

De Mesnil-Val (bourg) on peut se rendre à Criel-Plage par un chemin de piétons de 1 k. 5; un autre chemin de 3 k., qui s'embranche à g. sur le précédent, peu après les maisons, conduit à Criel-Bourg. — De Mesnil-Val (bourg), la route de voitures revient en arrière, pour passer par le hameau des Quesnets et descendre vers Criel-Bourg (5 k.); de Criel-Bourg à Criel-Plage, 2 k. (*V.* ci-dessous).

Criel-sur-Mer se compose, comme Mesnil-Val, de deux agglomérations, le bourg, à 2 k. de la mer, et la plage, petite station balnéaire tranquille, où les ravitaillements viennent du bourg ou de Touffreville.

Gares : — à *Touffreville-Criel*, 3 k. S.-E. du bourg (p. 210); voit. de corresp. l'été jusqu'à Criel-Plage ; — au *Tréport*, 8 k. N.-E. du bourg (p. 220); voit. de corresp. l'été.

Hôtels : — *de la Plage* (20 ch. ; gar., téléph.); *Bellevue* (pens. de famille).

Chambres et logements meublés : — à la *maison Dusaussay*, dépendance de l'hôtel Bellevue; on ne fournit pas le linge.

Chalets meublés : — s'adresser à l'hôtel Bellevue.

Poste : — au bourg.

Le bourg, de 1,067 hab., dans la vallée de l'Yères où l'on pêche la truite, a une église gothique, des XIVe et XVe s., en partie reconstruite de nos jours. L'hospice a été fondé en 1645, par Mlle de Montpensier, dans l'ancien château de Briançon, du XVIe s. Un peu en amont de Criel, ruines de l'église et du château du Baile.

Du bourg de Criel, 2 routes partant toutes deux de la Grande-Rue conduisent, de chaque côté de la vallée, à Criel-Plage. La meilleure est celle de la rive g. de l'Yères; une passerelle traverse la rivière à son embouchure, La route de dr. passe près du château moderne de Chantereine.

Criel-Plage a un petit casino dépendant de l'hôtel de la Plage. A l'E. s'élève le mont Criel ou mont Jolibois, haut de 104 m. : belle vue. A l'O., un sentier monte au sommet de la falaise à (1 k. 5) Mesnil-Val (p. 227), d'où l'on peut gagner directement le Tréport.

De Criel on peut faire une belle promenade en remontant la vallée de l'Yères, en amont de Criel et de Touffreville, vers Canehan (5 k. S.-E. de Criel-Bourg) et 2 k. au delà *Saint-Martin-le-Gaillard*, où se voient : une intéressante *église* des XIIe, XIIIe, XVIe s. (dont la face O. a été refaite de nos jours, à l'intérieur piliers sculptés, clefs de voûte, fonts baptismaux du XVIe s., clocher de 1509); les restes d'une maladrerie du XVe s.;

les ruines d'un château, possédé au xve s. par Jean de Béthencourt, aventurier normand et conquérant des Canaries, qui fut seigneur de Saint-Martin.

Bois-de-Cise, à 3 k. N.-E. de Mers, est une agréable petite station balnéaire dans un vallon boisé, bien abrité. Elle tire son principal attrait de la verdure qui l'entoure et qui arrive presque à la grève, rendue accessible par une ample coupure artificielle de la falaise.

Gares : — au *Tréport-Mers*, 3 k. 5 S.-O. (p. 220); prix des billets de Paris p. 210; l'été, autos publics et voit. d'excurs.; tram projeté; — à *Eu*, 5 k. S. (p. 215), voit. de corresp. l'été, 1 fr.

Hôtels : — *de la Plage*, T.C.F.; *du Casino* (fermé); *des Fougères*.

Pensions de famille : — *Cure d'air Sainte-Madeleine* ; *Loret*.

Villas et petites maisons meublées : — à louer, en petit nombre.

Poste : — pendant la saison.

Casino : — entrée gratuite.

Des rampes, au delà du square Dusautoy formant des terrasses étagées, permettent de descendre à la *plage*, de galets, sable et rochers, par une coupure entaillée dans la falaise; à dr. trou profond appelé trou du Diable.

On peut, par la grève, rejoindre à marée basse Mers (3 k. S.-O.) ou Ault (2 k. 5 N.-E.); se tenir à distance de la falaise de crainte des chutes de pierres.

Ault, ch.-l. de c. du départ. de la Somme, de 1,831 hab., est une station balnéaire simple et tranquille, située au fond d'une étroite valleuse échancrant les falaises.

Gares : — au *Tréport-Mers*, 6 k. 5 S.-S.-O. (p. 220); prix des billets de Paris, p. 210; l'été, autos de corresp. 1 fr. 25, et voit. d'excurs.; — à *Eu*, 7 k. S. (p. 215); voit. de corresp. l'été 1 fr.; — ch. de fer en construction d'Ault à Woincourt, station de la ligne Tréport-Abbeville.

Hôtels : — **Saint-Pierre*, T.C.F., près de la plage; *de France*, pl. du Marché; *de Paris*, Grande-Rue.

Agences de location : — *Palpied*, r. du Hamel, 29; *Bassez*, pl. de l'Eglise.

Poste : — Grande-Rue, 37.

La Grande-Rue, où l'on voit au n° 22, dans la cour, une vieille façade à pans de bois, passe près de l'*église Saint-Pierre*, des xve-xvie s., bâtie en grès et silex : tour avec gargouilles sculptées et tourelle hexagonale où monte l'escalier. La Grande-Rue se termine par un petite terrasse, dominant les toits du casino construit en contre-bas sur une digue. La *plage* ou *perroir*, bordée de galets, découvre à marée basse une vaste étendue de sable, parsemé de rochers; la mer se retire à 500 m. env. — L'industrie principale d'Ault et de tout le canton est la serrurerie, fine et commune, qui emploie env. 4,000 ouvriers.

Entre Ault et Onival se termine la longue ligne de falaises crayeuses et blanchâtres qui, depuis le Havre, borde la mer sans autre interruption que les cassures des ports et des embouchures de rivières. Du *phare* (23 m. au-dessus du sol, 101 m. au-dessus de la mer), situé à mi-route d'Ault et d'Onival, se développe une vue immense sur les plaines d'alluvion qui s'étendent vers Cayeux et la baie de la Somme; pour visiter, s'adresser au gardien, rémunération.

Onival, dépendance communale d'Ault, est une station balnéaire fréquentée, située sur les dernières pentes des falaises normandes, dominant une plaine basse et fertile, légèrement marécageuse. On y trouve de nombreuses villas en brique qui s'étagent au flanc du vallon, face à la mer.

Gares : — au *Tréport-Mers*, 9 k. S.-O. (p. 220); prix des billets de Paris, p. 210; l'été, autos de corresp., 2 fr., et voit. d'excurs.; — à *Eu*, 9 k. 5 S. (p. 215); l'été service de corresp., 1 fr. 30.

Hôtels : — *Continental* (l'été); plus simples : *de la Plage*, T.C.F., face à la mer (40 ch.; gar., écuries); *des Deux-Plages*; *de la Paix* (l'été); *Terminus*.

Agences de location : — *Chernier*; *Monborgne*, pl. du Centre.

Poste : — pl. du Centre.

La *plage*, bordée d'un bourrelet de galets, sous une petite digue, découvre à marée basse une vaste étendue de sable. L'eau se retire de 7 ou 800 m. env. Il y a des cabines et un kursaal. De l'esplanade part une belle voie qui monte à la place du Centre, puis par une succession de paliers jusqu'en haut du coteau où s'élève le phare (*V.* ci-dessus).

D'Onival une route de 8 k., en bordure de la mer, gagne *Cayeux*, puis (6 k. au delà) la pointe du Hourdel, qui marque l'embouchure de la Somme et fait face au Crotoy. De la pointe du Hourdel la route rejoint, à 9 k. de la pointe, *Saint-Valery-sur-Somme*. D'Onival à Saint-Valery, 16 k. par la route directe. — Pour la description de Cayeux, Saint-Valery et région environnante, *V.* le Joanne : *Nord-Ardennes*.

Distances par la route, du Tréport ou de Mers à : Abbeville, 35 k.; Beauvais, 98 k.; Dieppe, 28 k.; Incheville, 10 k.; Neufchâtel, 44 k.; Paris, 162 k.

DEUXIÈME SECTION

DE PARIS A CHERBOURG

LIEUVIN, PAYS D'AUGE, CALVADOS, BESSIN, COTENTIN

---

19. — DE PARIS A CAEN

Chemin de fer : Etat, 239 k. en 4 h. 30 env. par express (horaire d'avant guerre); 37 fr. 35, 25 fr. 20, 16 fr. 45; aller et retour ordinaires, 56 fr., 40 fr. 35, 26 fr. 30. Les billets dits de bains de mer sont actuellement suspendus.

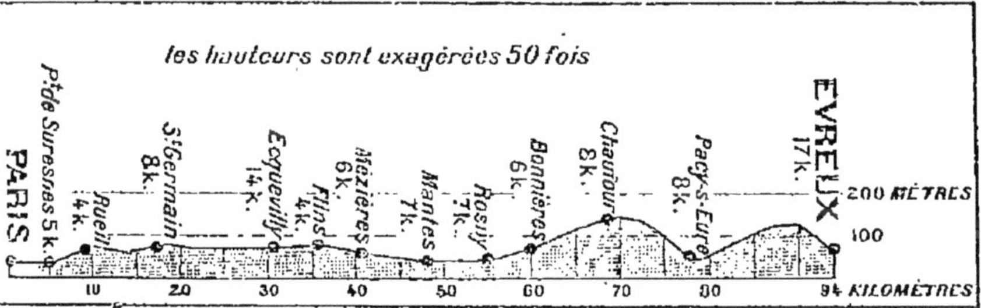

Route : 215 k. par 48 k. *Mantes* (p. 1) : 55 k. *Rosny*, la grande côte de *Rolleboise* ; 60 k. *Bonnières* ; au delà on quitte la vallée de la Seine et la route de Rouen pour monter à g. sur un plateau puis descendre dans la vallée de l'Eure que l'on croise à (77 k.) *Pacy-sur-Eure* ; montée sur le plateau et descente, avec belle vue, sur (91 k.) *Évreux* ; on quitte la vallée de l'Iton par une grande côte, puis on parcourt la plaine unie

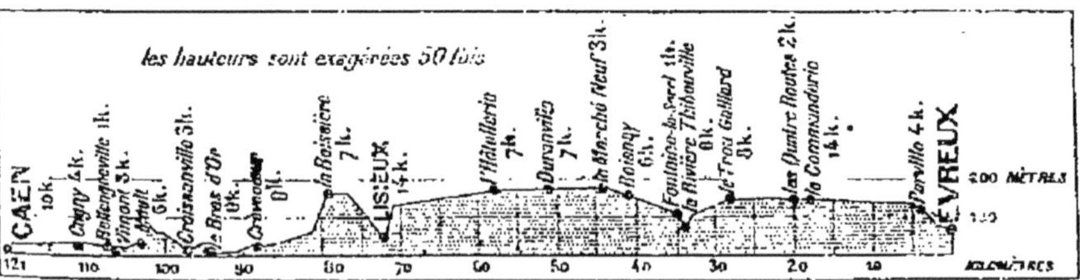

du Neubourg ; 114 k. *Les Quatre-Routes*, où on laisse à dr. la route du Neubourg ; après (125 k.) *Perriers-la-Campagne*, descente rapide en lacet dans la vallée de la Risle ; 130 k. 5 *Fontaine-la-Soret* ; on remonte sur un plateau uni ; 154 k. *L'Hôtellerie*, et descente de 2 k. vers la vallée de la Touques; 167 k. *Lisieux*, puis côte de 2 k.; après (174 k.) *la Boissière*, prendre la route de g. qui descend dans la vallée d'Auge par : 181 k. *N.-D.-de-Livaye*; 184 k. *Crèvecœur*; 187 k. *Carrefour Saint-Jean*, où l'on tourne à g. pour croiser la Vie, puis la Dives et le Laison; 199 k. *Moult*; 202 k. *Vimont*.

58 k. de Paris à *Mantes-Gassicourt* (buffet), p. 1-2. On laisse à g. Buchelay, dominé par le château de Magnanville et l'on pénètre dans la forêt de Rosny; à g., château des Beurons. La voie s'éloigne de la vallée de la Seine. — 66 k. *Ménerville*; sources de l'Alouette et des Boquets, Tunnel de Boissy-Mauvoisin (792 m.). — 71 k. *Bréval* (hôt. *des Voyageurs*, T.C.F.). La voie descend l'Eure par le vallon du ru de Radon.

76 k. *Gilles-Guainville*. A *Gilles*, clocher Renaissance et château de Vitré, XVIe s. A *Guainville*, ruines d'une forteresse du XVe s., église du XVIe s. — La voie entre en Normandie et débouche dans la jolie vallée de l'Eure. A g., château de Primart (XVIIIe s.).

81 k. **Bueil** (hôt. *Moderne*, T.C.F.), sur la rive dr. de l'Eure, où on croise la ligne de Rouen à Dreux, p. 269. — Sur la rive g. *Neuilly*, avec les restes d'un manoir fortifié et un château en brique et pierre, de l'époque de Henri IV, est dominé par la forêt de Mérey (700 hect.). Un peu plus loin, sur la rive dr., le hameau de *Lorey* a un petit château du XVIIIe s., et une ancienne église, devenue chapelle privée, renfermant des sculptures de Dantan jeune.

La voie franchit l'Eure au S. de *Mérey*, où un château ruiné a un parc avec des murs flanqués de tours. On remonte un vallon sec. — 92 k. *Boisset*; sur un coteau, à dr., l'ancienne église d'*Orgeville* renferme le tombeau du président Bonjean, victime de la Commune (1871). Tunnel de 285 m.

102 k. *Saint-Aubin-du-Vieil-Evreux*, où se détachent les lignes d'Evreux à Dreux et à Verneuil (p. 241). Le Vieil-Evreux est regardé comme l'emplacement de la ville gallo-romaine de *Mediolanum*, qui donna naissance à Evreux. — La voie descend dans la vallée de l'Iton, traverse les tunnels de Nétreville (1,788 m.) et de la Justice (362 m.) et entre aussitôt en gare d'Evreux.

108 k. **EVREUX**, ville de 18,957 hab. (les *Ebroïciens*), ch.-l. du départ. de l'Eure, siège d'un évêché, est situé dans la vallée de l'Iton, qui s'y partage en trois bras, et au N. de la forêt d'Evreux. La ville, bien tenue, a d'intéressants monuments.

Omnibus : — des hôtels.
Hôtels: —*du Grand-Cerf* (Pl. *a* C3), r. de la Harpe, 14, T.C.F. (50 ch.; chauff., gar., collections anciennes); *Moderne* (Pl. *b* C3), r. Chartraine, 23, T.C.F. (gar., chauff., jardin); *de la Biche* (Pl. *c* D4), r. Joséphine, 17, T.C.F. (40 ch.; chauff., gar., terrasse); *du Rocher-de-Cancale* (Pl. *d* C3), Grande-Rue, 35 (30 ch.; chauff., gar., bains, écuries); *de la Gare*, à la gare (18 ch.; café, chauff., terrasse).
Voitures de place : — à la gare.
Loueurs de voitures : — *Richard*. r. de la Harpe, 46 (chevaux et autos); *Farges*, r. Joséphine, 39.
Poste : — r. du Meilet, 20.
Banques : — *Banque de France*, r. de la Banque; *Crédit Lyonnais*, r. Chartraine, 10.

Histoire. — La ville gauloise d'Evreux, capitale des « Aulerques Ebu-

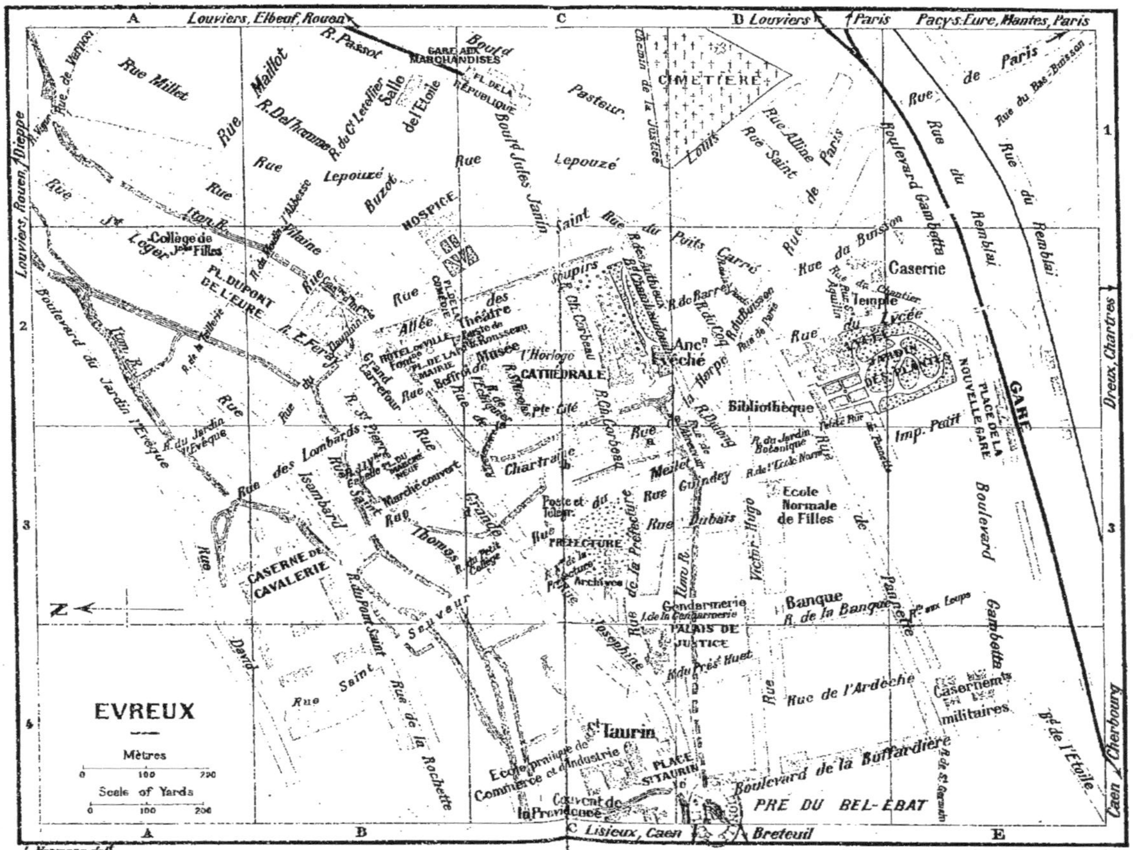

EVREUX

Mètres
0 100 200
Scale of Yards
0 100 200

Louviers, Elbeuf, Rouen
Louviers
Paris
Pacy-s-Eure, Mantes, Paris
Louviers, Rouen, Dieppe
Dreux, Chartres
Caen, Cherbourg
Lisieux, Caen
Breteuil

GARE AUX MARCHANDISES
PL. DE LA RÉPUBLIQUE
CIMETIÈRE
HOSPICE
Collège de Jnes Filles
PL. DUPONT DE L'EURE
HÔTEL DE VILLE
Musée
CATHÉDRALE
Théâtre
Anc. Évêché
Bibliothèque
Caserne
Temple
Lycée
JARDIN DES PLANTES
PLACE DE LA NOUVELLE GARE
GARE
École Normale de Filles
Marché couvert
Poste et Télégr.
PRÉFECTURE
Archives
Gendarmerie
PALAIS DE JUSTICE
Banque
CASERNE DE CAVALERIE
Casernements militaires
St Taurin
PLACE ST TAURIN
École pratique de Commerce et d'Industrie
Couvent de la Providence
PRÉ DU BEL-ÉBAT

Rue Millet
Rue Maillot
R. Delhomme
R. du Cl Letellier
Salle de l'Étoile
Rue Lepouzé
Rue Buzot
Boul. Jules Janin
Pasteur
Rue Lepouzé
Rue Saint Louis
Rue Alline
Rue de Paris
Rue du Puits Carré
Rue du Buisson
Boulevard Gambetta
Rue du Remblai
Rue du Bas-Buisson
Rue Iton
Rue St Léger
Rue Vilaine
Boulevard du Jardin l'Évêque
R. du Jardin l'Évêque
Rue des Lombards
Isambard
Rue St Pierre
Rue Grande
Rue Chartraine
Rue Dubais
Rue Joséphine
Rue de la Préfecture
Rue Victor Hugo
Rue de l'Ardèche
Boulevard de la Buffardière
Rue de la Rochette
Rue Saint Sauveur
Rue David
Bd de l'Étoile
Boulevard Gambetta

L. Hermann delt
2-18 Imp. Monrocq, Paris.

rovices » et appelée *Mediolanum*, paraît s'être élevée sur le plateau du Vieil-Evreux, à 6 k. S.-E. (*V.* ci-dessus). Dès le temps d'Auguste la ville romaine occupait l'emplacement actuel : les murailles d'enceinte du ve s. se reconnaissent en plusieurs endroits ; des dérivations de l'Iton permettent de suivre la direction des fossés. Les fondations de ces murailles ont été faites, en plusieurs endroits, avec des fragments de colonnes et de bas-reliefs des premiers temps de l'occupation romaine. Un certain nombre de ces fragments sont déposés au jardin des plantes (*V.* ci-dessous). — L'évêché d'Evreux fut fondé par St Taurin, vers la fin du ive s. Le comté d'Evreux fut créé en 990, pour une branche cadette de la maison ducale de Normandie, et appartint ensuite à la famille de Montfort-l'Amaury, qui, en 1198, céda ses droits aux rois de France. En 1307 Philippe le Bel donna le comté en apanage à son frère Louis.

Entre temps, Evreux avait été ruiné en 892 par les pirates, pris en 943 par Hugues le Grand, comte de Paris, en 962 par Thibaud, comte de Blois, peu après par les troupes du duc de Normandie soutenues par les Danois, puis brûlé, en 1119, par Henri Ier d'Angleterre. La ville fut, en outre, victime en 1193 d'un horrible guet-apens, organisé par Jean sans Terre. Ce prince avait, pendant l'absence de Richard Cœur de Lion, vendu Evreux au roi de France ; voulant ensuite réparer sa faute aux yeux de son frère qui arrivait de Palestine, il imagina de réunir à sa table, dans le château, qu'il s'était réservé, les chefs de la ville. Il les fit tous massacrer, courut sur la garnison qu'il fit également égorger, et lorsque Philippe Auguste, pour le punir, accourut à Evreux, il prit la fuite, abandonnant les habitants à la colère du roi de France. En 1365, lorsque les troupes royales voulurent prendre Evreux, le gouverneur livra la ville aux flammes avant de la quitter. Evreux et son comté furent confisqués sur Charles le Mauvais en 1378.

En 1793, Evreux, à l'instigation du conventionnel Buzot, prit parti pour les Girondins et fut occupé un moment par l'armée de Puisaye, qui l'évacua après le combat de Vernon. En 1810 une partie de l'ancien comté fut constituée, sous le titre de duché de Navarre (du nom du château de Navarre, sur le territoire d'Evreux), en majorat, pour l'impératrice Joséphine, après son divorce.

A Evreux sont nés : *Guillaume d'Evreux*, un des moines les plus savants du xiie s. ; *Simon Vigor*, archevêque de Narbonne, éloquent prédicateur (1515-1575) ; *Le Bailli de Chambray*, un des marins les plus célèbres de l'ordre de Malte (1687-1756) ; le girondin *Buzot* (1760-1794).

Evreux fait un commerce important de céréales. Foires principales : Saint-Taurin, 11 août, 8 j., et Saint-Nicolas, 6 décembre, 2 j.

De la gare, qui domine le vallon de l'Iton, où se trouve Evreux, on a en face de soi (un peu vers la dr.) la porte du jardin des plantes, par où les piétons descendent en ville. — Les voitures prennent, un peu au delà, la rue du Lycée.

Le *jardin des plantes* est ombreux et en plan incliné. On entre par le haut et on descend à g. ; à dr., près d'une petite grotte, est une statue de bronze, la *Diane de Gabies*, fondue par les frères Keller (époque de Louis XIV) et provenant du château de Navarre. On descend toujours à g. et on passe, à g., près de débris lapidaires : fragments de sculptures de l'ancienne enceinte gallo-romaine, margelle gothique d'un ancien puits du couvent des Capucins. Vers le bas, kiosque à musique. Un peu plus loin, à dr. et à g. du jardin, deux autres statues fondues par les Keller, d'après l'antique : Hercule et Télèphe,

Antinoüs. Dans un petit bâtiment, serres et *bibliothèque* de la Société des sciences, arts et belles-lettres de l'Eure.

Cette bibliothèque possède un évangéliaire dont la reliure en bois, autrefois garnie d'argent, est décorée de figures byzantines en cuivre et en os, et sur lequel, aux XVIIe et XVIIIe s., les dignitaires de la cathédrale signaient une profession de foi lors de leur installation. Ce volume contient, en outre, des cahiers interposés où se trouvent les formules de serment que prononçaient les évêques, abbés et abbesses du diocèse.

On sort du jardin vers la dr. de la bibliothèque, près d'un petit musée d'histoire naturelle. Puis, par la rue de Pannette, on longe un côté du lycée, en brique, élevé sur l'emplacement d'un ancien couvent de Capucins, et qui en a conservé le *cloître* à voûtes de bois; on regagne ensuite la rue du Lycée, par où arrivent les voitures et que l'on suit vers la g.

A la rue du Lycée fait suite la rue de la Harpe, où s'ouvre à dr. le boulevard Chambaudoin, planté d'arbres, qui offre une jolie vue sur l'ancien évêché avec mâchicoulis, remanié de ce côté (p. 238), sur ses jardins en contre-bas dans les anciens fossés, et sur le flanc de sa cathédrale.

Continuant la rue de la Harpe, on traverse l'Iton et on dépasse l'hôtel du Grand-Cerf, pour trouver à dr. la rue Charles-Corbeau qui amène à la cathédrale; maisons et lavoirs pittoresques sur l'Iton, à dr.

La ***cathédrale Notre-Dame** est intéressante pour l'histoire de l'art en Normandie, car on y trouve, outre des vestiges romans, le style gothique à ses diverses périodes et l'art de la Renaissance. L'édifice, par contre, manque d'unité. — Une première église, de style roman, fut commencée en 1030, consacrée en 1072, incendiée en 1119 par le roi d'Angleterre, Henri Ier : il n'en reste que les arcades longitudinales des deux dernières travées de la nef et le mur du transept dr. Le monument actuel, qui lui succéda, subit durant le cours de sa construction toutes sortes de remaniements. La nef, d'abord plus basse et refaite en style roman, au XIIe s., fut surélevée à partir de 1202, dans le style gothique, alors à son début. Le chœur fut entrepris en 1275; il fut soudé au transept par une travée évasée, entouré d'un rond-point complet, et bâti avec toute l'élégance du style ogival parvenu à son apogée. Puis, aux XVe et XVIe s., c'est le flamboyant qui met sur tout le monument sa riche parure : de 1511 à 1574 Ambroise et Gabriel Le Veneur s'occupèrent de restaurer les arcs-boutants de la nef, de rhabiller somptueusement les chapelles latérales, d'en refaire les fenêtres et d'exécuter les façades des croisillons. Enfin arriva la Renaissance, qui se donna carrière au grand portail et poursuivit son œuvre jusque sous Louis XIII. D'importantes restaurations ont eu lieu au XIXe s., notamment en 1872-78 et en 1896.

La *tour centrale* avec sa flèche de plomb, fine et élégante, est haute de 81 m.; élevée par le cardinal de la Balue, elle date de 1467 et appartient au style flamboyant. Le *grand portail*

Renaissance est d'une belle ordonnance quoique asymétrique, mais détonne avec le reste de l'édifice : il a 2 tours, dont l'une se termine par une coupole et une lanterne de pierre; l'autre a reçu un lourd couronnement moderne. — La face latérale de la cathédrale, qui borde la place, offre, avec ses pinacles, ses meneaux et ses rosaces, la plus riche ornementation flamboyante. Le *portail latéral*, flanqué de 2 tourelles très ouvragées, et offrant un fouillis de pierre ajourée, est malheureusement privé de ses statues. La porte en bois sculpté est de même style.

Au vestibule du grand portail, beau *plafond de bois*, de la Renaissance, à caissons et à arabesques.

La longueur totale de la cathédrale est de 108 m.; sa largeur, au transept, de 31 m. Les voûtes sont hautes de 21 m. à la nef, de 24 m. au chœur; elles ont été refaites en ciment.

NEF. — La nef est sobre d'aspect, en opposition avec le transept et le chœur; elle a des arcades romanes des XIe et XIIe s., avec chapiteaux sculptés. Un triforium gothique est surmonté de larges fenêtres. Boiseries sculptées de l'*orgue*; au-dessous, portes avec attributs de la Musique. La *chaire* sculptée du XVIIe s., œuvre de Guillaume du Tremblay, avec 6 anges en cariatides, provient de l'abbaye du Bec.

BAS-CÔTÉ DR. — Chapelle des fonts baptismaux : grille en bois sculpté Henri II; vitrail en partie du XIIIe s. Les chapelles suivantes, ainsi que celles du bas-côté g., fermées par des clôtures de même époque, ont des restes de vitraux anciens (XIIIe-XVIe s.), enchâssés dans des grisailles modernes. Dans la plupart de ces chapelles, élégantes crédences gothiques, à dais pyramidal. Dans la 4e chap., tableau de l'Education de la Vierge, par *Descours*.

TRANSEPT DR. — Les croisillons ont une galerie à jour et toute une riche ornementation flamboyante. De même à la croisée, où la tour centrale forme lanterne. — Au transept dr., rose avec *vitrail* du XVIe s., Couronnement de la Vierge : au-dessous, d'autres vitraux figurent des Apôtres, avec les instruments de leur martyre; dans un autre vitrail, portrait de Louis XI. Tableau de Jésus au jardin des Oliviers.

CHŒUR. — Il est plus large que la nef. A dr. et à g., aux piliers, colonnes torses, belles grilles de fer forgé, du XVIIIe s. *Stalles* du XIVe s., avec bas-reliefs. *Vitraux* des XIVe et XVe s.; dans un des vitraux du côté dr. est figuré Charles le Mauvais.

POURTOUR DU CHŒUR. — On y pénètre des croisillons par 2 belles *grilles* de bois, de l'époque de Henri II. La plupart des chapelles offrent des grilles semblables. — Portes doubles, avec arcs en anse de panier, de la petite sacristie (XVe s.). — Chapelle du Trésor (1re chap.) : grille, avec ferrures et marteau de fer, du XVe s.; armoire en bois sculpté, à ferrures. — 2e chap. : au-dessus de l'autel, médaillon en pierre, la Vierge dans une gloire, avec huit personnages agenouillés. — 4e chap. : *grille* en bois sculpté (Renaissance). — 5e chap. : restes de vitraux anciens. — Chapelle de la Vierge, profonde, à 3 travées (6e chap.) : 9 **vitraux* du XVe s. : Vies du Christ et de la Vierge, au fond magnifique Arbre de Jessé; dans le couronnement des fenêtres, les 12 Pairs de France assistant au sacre de Louis XI, fondateur de cette chapelle. — 8e chap. : au soubassement d'une grille du XVe s., petits bas-reliefs avec figures symboliques. — 9e et 10e chap. : grilles modernes; à la 10e, vitrail du XVe s. — 12e chap. : au soubassement de la grille, du XVe s., figures d'animaux.

TRANSEPT G. — Au-dessus de la porte, belle ornementation flamboyante; 2 petites portes sculptées, l'une gothique, l'autre de la Renaissance (1620) : A la rose, vitrail du XVIe s. : Jugement dernier. Tableau de Jésus livré par Judas.

Bas-côté g. — Vitraux anciens, restaurés : panneaux des XIIIe et XIVe s. ; la bordure est moderne. Dernière chapelle : grille de la Renaissance. Au bas, *Mise au tombeau*, dans une niche du XVIe s.

L'ancien *évêché* est attenant à la cathédrale; on entre par l'impasse qui est voisine du grand portail ; s'adresser au concierge, pourboire. Construit en 1481, par l'évêque Raoul du Fou, Henri IV y séjourna en 1603; c'est un beau monument flamboyant, fortement remanié dans sa partie postérieure; le lycée y a été transféré pendant la guerre. De fines sculptures de pierre, feuillages et armoiries, décorent les murs et les frontons des fenêtres; tourelle à pans.

On visite les jardins, installés en partie dans les fossés des anciens remparts d'Évreux. L'évêché est, de ce côté, garni de mâchicoulis. Un *cloître* gothique a été en partie reconstruit; jolies clefs de voûte. La *salle des Évêques* est ornée des portraits de tous les évêques d'Évreux, depuis St Taurin. Une autre salle est garnie de tapisseries.

Face au portail latéral de la cathédrale s'ouvre la rue de l'Horloge qui amène à la place de l'Hôtel-de-Ville. Dans cette rue, à dr., avant le musée, se trouve la *maison du Grand-Veneur*, à la tourelle garnie de lierre, qui a été acquise par la ville : sonner à la porte du musée; on ne visite que la cour.

Ce vieux logis, qui date de 1691, est une ancienne maison bourgeoise ; il n'a d'intéressant que sa *cour* pittoresque, avec rampe d'escalier et curieux chapiteaux de fer forgé. Un cerf sculpté est accoté à un treillage.

La place de l'Hôtel-de-Ville est décorée d'une *fontaine* moderne, avec groupe sculpté de pierre et marbre, figurant l'Eure au centre et ses deux affluents, le Rouloir et l'Iton, par Decorchemont. Autour de la place se voient la tour de l'Horloge, l'hôtel de ville, le théâtre et le musée.

La *tour de l'Horloge*, ou *beffroi*, haute de 44 m., date de 1490. C'est un élégant édifice flamboyant, avec un balcon ajouré et un fin campanile de bois, terminé par une boule de cuivre doré. La cloche est de 1406; elle eut pour parrain le dauphin Louis, fils de Charles VI, et porte deux inscriptions en vers.

L'*hôtel de ville* est moderne, en pierre et brique (1890); dans la salle des Fêtes, plafond peint par Ch. Denet : le Premier Mariage civil célébré à Évreux. Il renferme la bibliothèque : nombreux manuscrits, parmi lesquels le missel de Raoul du Fou, évêque d'Évreux au XVe s. — Le théâtre est de 1903 : à la façade, bustes de Corneille et de Boïeldieu; au foyer, peintures de Ch. Denet, Drame et Comédie. Entre le théâtre et le musée, jardin public, avec buste de *Ph. Rousseau*, peintre, par Gérôme.

Le **musée** occupe le rez-de-chaussée et le 1er étage d'un bâtiment moderne; il est intéressant. Il est public les dim. et jeudi, de midi à 16 h.; les autres j., 50 c. par pers., s'adresser au concierge, r. de l'Horloge. Conservateur, M. Lambert.

Rez-de-chaussée. — 1re salle : Sculpture. — Femme jouant avec son enfant, marbre, par *Hugues*; David devant Saül, marbre, par *Icard*;

Dans la rue, plâtre, par *Lefebvre*; groupes en marbre de Médée, par *A. Cordonnier*, et de la Chasse au Nègre, par *Félix Martin*; fronton du Temple de l'Amour, de l'ancien château de Navarre, se composant d'un **bas-relief* qui représente la lutte de deux Amours : c'est un précieux travail italien, de la Renaissance, regardé par certains comme un marbre antique. Pavés émaillés trouvés à Saint-Germain de Navarre; inscription, pavés et briques provenant de l'église mérovingienne de Saint-Samson. La Risle, statue plâtre, par *Decorchemont*. Monnaies romaines (350 kilog.) trouvées en 1890 dans les fondations de l'hôtel de ville. Magnifique console Louis XIV. Tombes gravées des XIIIe et XVe s.

SALLE DES ANTIQUES (à dr.). — Objets de l'époque gallo-romaine trouvés à Évreux, entre autres une *coupe* en verre ciselé du IVe s. Objets de la même époque, découverts au Vieil-Évreux, notamment une belle statue en bronze (90 cent. de haut) de **Jupiter Stator* et un Hermaphrodite. Médaillon en or de Caracalla. Bague mérovingienne, en or. Collection de monnaies gauloises; curieux bracelets gaulois. Objets funéraires, trouvés dans les déblais de la station de Muids. Antiquités préhistoriques (âge de la pierre). Collection de médailles romaines, dite trésor militaire d'Évreux.

SALLE JOUEN (à g.), ainsi nommée d'après un chanoine d'Évreux qui a légué sa collection au musée, en 1885. — Faïences rouennaises; meubles (XVIIe et XVIIIe s.), boiseries, cheminée et prie-Dieu sculptés; deux médaillons en faïence, de *Luca della Robbia* : têtes d'homme et de femme sur fond bleu, avec guirlandes de fruits et feuillages; 4 grisailles, Enfance de Bacchus, attribuées à *Boucher*.

Dans la vitrine du milieu : Ivoires sculptés. **Mitre de Jean de Marigny*, archevêque de Rouen (1317-1357) : sur les deux faces, personnages brodés en or, argent et couleurs sur fond de soie verte; c'est un monument capital de l'art du tissu au XIVe s. Manche de la crosse de Jean de Marigny, en bois, couvert de scènes sculptées. Crosse du XIIIe s.

Cartel Louis XV en cuivre ciselé; manuscrits à enluminures, des XIe, XIIe, XVe et XVIe s. (missel de Gabriel Le Veneur); médailles et sceaux; soufflet de l'impératrice Joséphine; fusil du duc de Bouillon. Pendule par Anquetin, donnant l'heure dans tous les pays.

1er étage. — 1re SALLE (à dr.) : Gravures et estampes. Moulage des portes du Baptistère de Florence. Faïences de Rouen et tableaux : *Ch. Denet*, Christ en croix; **Ph. de Champaigne*, la Mère Angélique Arnauld; *Lefèvre*, portrait; *Cassagne*, Sous-bois. — 2e SALLE : PEINTURE : *Ravaut*, St Benoît ressuscite un enfant; *Ludovic Mouchot*, Vénus victorieuse; *Ary Scheffer*, Dupont de l'Eure, Charles Dupont enfant; *Ribot*, Leçon de géographie; *Hillemacher*, Scène du « Bourgeois Gentilhomme »; *Denet*, Hoche en 1789; *Binet*, Soirée d'hiver; *Vafflard*, Dernière bénédiction de l'évêque Bourlier à Évreux en 1821; *Appert*, portrait de Poussin; *Renouf*, Intérieur de ferme; *Andrea Sacchi*, St François en extase; *Foulongne*, le Collier; *Taunay*, Sully blessé à Ivry; *Lantara*, 2 paysages. Deux jolis secrétaires Louis XVI. — 3e SALLE. *Guignard*, Réquisitions en Beauce; *Weerts*, Assassinat de Marat; *Benner*, Repos; *Paul Flandrin*, Souvenir de Provence; *Tattegrain*, la Côte à noyés; *Pelouse*, Paysage (environs de Honfleur).

Si l'on passait entre l'hôtel de ville et le théâtre, on trouverait l'*allée des Soupirs*, très ombreuse et bordée par une dérivation de l'Iton, et qui traverse la place de la Comédie. Au delà de celle-ci, à dr., la rue Saint-Louis est bordée par l'hospice, qui garde dans sa chapelle le monument en marbre du duc de Bouillon († 1792), élevé par les princes de Rohan.

En suivant vers la dr. la rue Saint-Louis, on gagnerait le cimetière, où se trouve le *monument aux morts pour la patrie*, entouré de canons. Il renferme aussi le tombeau de *Jules Janin*, homme de lettres, dont la femme était originaire d'Évreux, et de son beau-père, le président Huet : bustes de tous deux.

Reprenant, au delà de la place de l'Hôtel-de-Ville et de la tour de l'Horloge, la rue de l'Horloge, on arrive à la rue Grande, que l'on suit vers la g. Au n° 30, *maison des Quatre-Fils-Aymon*, de la Renaissance; l'enseigne en bas-relief n'est qu'un moulage de l'original. La rue Grande coupe la rue Chartraine, qui rejoint à g., en passant devant l'hôtel Moderne, la rue de la Harpe vers la gare, et aboutit à dr. à la caserne Tilly, dominée par la Côte Saint-Michel, falaise calcaire trouée de grottes.

On continue à suivre la rue Grande, à g. de laquelle est la rue du Meilet, avec la poste, et à laquelle fait suite la rue Joséphine : à l'angle g. de la rue Saint-Sauveur, qui s'ouvre à dr., Vierge ancienne. La rue Joséphine amène au *palais de justice*, moderne, construit sur l'emplacement de l'ancien séminaire des Eudistes, dont il reste la lourde façade centrale et la chapelle, où siège la Cour d'assises.

Au palais de justice, et à g. de la rue Joséphine, commence la rue de la Préfecture, qui conduirait à la *préfecture*, installée dans l'ancien petit séminaire (1763-1768); elle est entourée d'un beau parc et attenante au pavillon des Archives : manuscrits, cartulaires, sceaux.

Poursuivant la rue Joséphine, on arrive à l'église Saint-Taurin, sur une place, à dr., plantée de tilleuls.

Saint-Taurin est l'église d'une ancienne abbaye de Bénédictins, fondée en 1026, sur l'emplacement du tombeau de St Taurin, 1er évêque d'Évreux. Elle a conservé de cette époque des restes romans et a été remaniée, dans son ensemble, au XVe s., en style flamboyant. D'autres retouches eurent lieu à la Renaissance. La *tour* carrée gothique, inachevée, a été couronnée d'un toit. La façade, banale et disparate, est du XVIIe s. et de style gréco-romain. Le portail latéral, très mutilé, a une porte en bois sculpté. Au transept subsistent des fenêtres romanes, avec ornements en dents de scie; au-dessus, grande fenêtre Renaissance, restaurée. L'abside est romane.

L'intérieur appartient dans son ensemble au style flamboyant. La nef a un triforium, gothique à g., de la Renaissance à dr. A dr., à la retombée des voûtes, culs-de-lampes du XVIe s., à figures grotesques. A g., arcs et colonnes romanes, à chapiteaux, ainsi qu'au mur du bas-côté g., avec petites arcades murées à chapiteaux. En bas du bas-côté dr., curieux bénitier, dont la vasque est supportée par un énorme escargot à tête humaine (XIIIe s.). En bas du bas-côté g., fonts baptismaux de la Renaissance. Le transept dr. sert de sacristie : boiseries sculptées du XVe s.

Le chœur date du XIVe s. et a des *vitraux* du XVIe s. : Légende de St Taurin. Sous le chœur (s'adresser au sacristain, pourboire), petite *crypte* romane, du XIe s., où se trouvait le tombeau de St Taurin; on y conserve la belle **châsse* du XIIIe s., contenant ses reliques : son ornementation est gothique, avec personnages. A la chapelle de dr. du chœur : restes de vitraux du XVe s.; jolie piscine gothique; groupe en terre cuite, du XVIe s., figurant le Crucifiement. A la chap. de g. du chœur, un bas-relief en bois, du XVIe s., figure les Litanies de la Vierge.

Au delà de Saint-Taurin la rue Joséphine se termine à la route de Caen ombragée d'ormes magnifiques, plantés au XVIIIe s., et au vaste pré de Bel-Ebat, qui sert aux revues de la garnison et aux foires. Laissant à dr. la route de Caen et l'avenue de Breteuil, qui conduirait à Navarre (*V.* ci-dessous), on peut prendre le boulevard de la Buffardière qui longe le pré de Bel-Ebat et qui, suivi par le boulevard Gambetta, remonte à la gare.

PROMENADES. — 1° A 1 k. 5 N.-O., les bois de *Saint-Michel*, hameau d'où l'on a une belle vue, avec chapelle Saint-Michel-des-Vignes, fondée dans la 1re moitié du XIe s. et mal restaurée; à 3 k. N., château de Garambouville, bâti au XVIe s. qui appartint jadis à l'évêché d'Évreux. — 2° A 1 k. 5 S.-E., *le Buisson*, hameau situé à proximité du champ de manœuvres de la cavalerie et où a lieu, au mois de juillet, une fête champêtre : restes d'un manoir du XVe s.. — 3° La *forêt d'Évreux*, traversée dans sa partie N.-E. par une large avenue qui part de la route de la Madeleine pour descendre au Fond-Potier et aboutir à la route de Breteuil, entre Saint-Germain-de-Navarre et Arnières. — 4° A 2 k. O. *Navarre* (départ par la rue Joséphine et la place Saint-Taurin), où le champ de courses a été créé sur l'emplacement d'un domaine qui fut, en 1810, donné par Napoléon à Joséphine, avec titre de duché. Le château, démoli en 1834 par les spéculateurs, avait été bâti de 1676 à 1689 par Geoffroy-Maurice, duc de Bouillon, sur les ruines d'une grande forteresse féodale qui y avait été élevée et où résidait habituellement Charles le Mauvais, comte d'Évreux et roi de Navarre. C'est en souvenir du royaume de Navarre que Charles avait donné ce nom au château et au village. Une colonne, à l'entrée du champ de courses, indique l'emplacement de l'ancien château. On voit à Navarre : une maison de campagne, qu'on ne visite pas, entourée d'un joli parc et où Marmontel a résidé; une école normale; un asile départemental d'aliénés, pour 800 malades; une fonderie-laminerie de cuivre.

D'ÉVREUX A DREUX (ch. de fer, Etat, 43 k.; 6 fr. 70, 4 fr. 55, 2 fr. 95) — Le chemin de fer de Dreux se détache à dr. de la ligne de Paris à (6 k.) *Saint-Aubin-du-Vieil-Évreux* (p. 234), pour se diriger vers le S. — 10 k. *Prey* : à l'église, porte sculptée du XVIe s.; à côté, ancien manoir servant de ferme. — 18 k. *Saint-André* (hôt. *du Cheval-Blanc*, T.C.F.) ch.-l. de c. de 1,613 hab., au milieu de la vaste plaine ou plateau de Saint-André. Eglise du XVIe s. — 22 k. *Osmoy* : château du XVIIIe s. — 34 k. *Saint-Georges-Motel*, bifurc. pour Rouen, par Louviers (p. 272). — 43 k. *Dreux* (p. 456).

D'ÉVREUX A VERNEUIL (ch. de fer, Etat, 54 k.; 8 fr. 45, 5 fr. 70, 3 fr. 70). — 10 k. d'Évreux à *Prey*, *V.* ci-dessus. — 14 k. *Grossœuvre* : église du XVIe s.; ruines d'un château. — 17 k. *Avrilly* : ruines d'un château féodal. — 26 k. *Damville*, ch.-l. de c. de 1,231 hab., sur l'Iton : église gothique du XVIe s., avec tour de la Renaissance et fragments de vitraux du XVe s, A g., *Gouville* : joli château de Chambray, bâti sous Henri IV; gracieuse chapelle et porte à tourelles, restes d'un château du XIIIe s.

36 k. *Condé-sur-Iton*, près du confluent des deux bras de l'Iton. Le *château* à tourelles des évêques d'Évreux, rebâti de 1511 à 1552, par Ambroise Le Veneur, habité par le cardinal Duperron, a été restauré de nos jours. Le parc, de 143 hect., avec magnifiques pièces d'eau, traversé par l'Iton, a été dessiné par Le Nôtre. Un second château, moderne, est entouré, vers le N., d'une large terrasse en brique, avec balustrade en fer forgé provenant du château de Navarre (*V.* ci-dessus). Au S., en face du parc du château de Mauny (XVe s.) et au-dessus du parc de Condé, menhir, haut de 4 m., appelé la Pierre de la Gour.

39 k. **Breteuil** (hôt. : *du Paradis*, T.C.F. ; *du Lion-d'Or*), ch.-l. de c. de 2,278 hab., à l'extrémité E. de la forêt du même nom, sur la rive dr. de l'Iton qui y forme un étang. L'avenue de la Gare, qui longe à g. une ancienne usine, traverse l'Iton et des prairies. En la suivant on rencontre à dr. la rue Verte, qui conduit à l'église romane, couverte en bois, avec tribune sculptée de l'orgue (XVIe s.) et surmontée au centre d'une grande tour carrée formant lanterne à l'intérieur. En face de l'église s'ouvre la Grande-Rue, menant à la place, où l'on voit à g. la rue Gambetta venant directement de la gare; au centre, une colonne est surmontée du buste du banquier Laffitte, ancien propriétaire du château, dont on aperçoit la grille d'entrée et dont les dépendances renferment une maison de la Renaissance (1651). Près de la place est l'hôtel de ville, moderne, en style gothique, dont la façade est longée par la rue Ribot, conduisant à une promenade; à l'entrée de celle-ci, monument du peintre *Théodule Ribot* (1823-1891) par Auscher et Decorchemont. — Dans les environs de Breteuil, notamment entre le bras de l'Iton et la forêt, s'étend une campagne d'herbages divisée en de petits enclos fermés par des haies. « Dans ces enclos sont des maisons en colombage, couvertes en chaume; une des façades est percée de larges fenêtres vitrées. Ce sont autant de petites forges où travaille un ménage entier. Ces forges fabriquent des articles de sellerie : mors, gourmettes, chaînes, clés de collier, boucles, ardillons, bridons, attelles, étriers, éperons, mousquetons, goupilles, filets, etc. Quelques-unes font des étriers de spahis, c'est-à-dire ces étriers rapportés d'Algérie par les touristes comme un échantillon de la ferronnerie arabe. » (A.-DUMAZET.)

Au delà de Breteuil la voie franchit plusieurs bras de l'Iton. — 54 k. *Verneuil* (p. 458).

D'ÉVREUX A ROUEN PAR ACQUIGNY ET LOUVIERS (ch. de fer, Etat, 71 k.; 11 fr. 10, 7 fr. 50, 4 fr. 90; on change généralement de train à Louviers). — On peut prendre le ch. de fer, soit à la gare principale d'Evreux, soit à la halte de la rue Maillot. La ligne descend la vallée de l'Iton. — 4 k. *Gravigny*, halte : église du XVIe s. La voie traverse l'Iton. — 6 k. *Caër*, halte, petit hameau au pied de hauteurs de 145 m.; à dr., *Normanville*, église du XVe s. — 10 k. *Saint-Germain-des-Angles*. La voie coupe à nouveau l'Iton. — 13 k. *Brosville*. La vallée se resserre. — 15 k. *Le-Homme-la-Vacherie*. On coupe deux fois l'Iton. — 18 k. *Hondouville*, à 2 k. en deçà de la station. — 20 k. *Amfreville*. La vallée de l'Iton rejoint celle de l'Eure. — 23 k. *Acquigny* : bifurc. pour Dreux et pour Rouen, p. 268.

D'ÉVREUX A GLOS-MONTFORT (ch. de fer Etat, 48 k.; 7 fr. 50, 5 fr. 05, 3 fr. 30). — La ligne traverse l'Iton et sa vallée. — 8 k. *Gauville-la-Campagne*. La voie parcourt de hauts plateaux. — 13 k. *Bacquepuis*, station desservant le village de ce nom et, à 2 k. 5 S.-E. *Sacquenville*, qui a une église du XVe s.; dans une ferme voisine, ruines d'un château fort du XVIe s. — 16 k. *Quittebeuf*. A 5 k. N., *Saint-Aubin-d'Ecrosville* a, dans l'église, un tableau en relief de 1546, figurant 4 scènes de la Passion. Sur la place, buste, par Decorchemont, du Dr Auzoux (1797-1880) qui s'occupa de la fabrication des pièces anatomiques. — 20 k. *Sainte-Colombe-la-Campagne* (hôt. *du Bœuf-d'Or*, T.C.F.), à 2 k. à g.

25 k. **Le Neubourg** (hôt.: *de Beuvron*, chauff., gar., cuisine recommandée par le club des Cent, omn. à tous les trains, voit. d'excurs., on parle anglais; *de la Poste*), gros bourg renommé par l'importance de ses foires et de ses marchés, ch.-l. de c. de 2,587 hab., est situé sur un plateau fertile et était autrefois une importante place fortifiée. Cette place fut assiégée et prise d'assaut, en 1118, par Henri Ier, roi d'Angleterre. Le mariage de Marguerite de France, fille de Louis VII, avec le fils aîné de Henri II, y fut célébré en 1160. En 1193 Philippe Auguste s'en empara; en 1198 Jean sans Terre brûla la ville, qui plus tard fut occupée

par les Anglais. En 1590 les Ligueurs d'Evreux s'en rendirent maîtres. Le Neubourg était la capitale d'un petit pays appelé la Campagne de Neubourg. Cette ville est la patrie de Dupont de l'Eure (1767-1855), homme politique.

De la gare, située à l'entrée de la route de Louviers, part la rue Carnot, continuée par la rue de l'Hôtel-de-Ville, qui passe entre l'hôtel de ville, à dr., et la poste, pour aboutir à l'église et à la place Dupont-de-l'Eure. *L'église* (xvie s.) offre cette particularité que les bas-côtés se rejoignent à angle droit, derrière le maître-autel : chaire et lutrin du xviie s. Sur la vaste place Dupont-de-l'Eure où s'élève la statue, par Decorchemont, de *Dupont de l'Eure*, président du Gouvernement provisoire, en 1848, se tient, le mercredi, le marché aux grains le plus important du départ. de l'Eure. A cette place fait suite la place du Château, bordée par les restes d'un *château* où, dit-on, furent joués en France, sous Louis XIV, les premiers opéras : belle fenêtre et hautes murailles du xive s., flanquées de tours avec mâchicoulis; porte intérieure, ornée d'élégants chapiteaux du xiiie s. Une école d'agriculture a été installée dans le voisinage. Il existe au Neubourg une source minérale, la source Sanson, dont l'eau sert au traitement du diabète et de l'albuminurie. — A 4 k. N.-O., par une belle allée dans les bois qui laisse à g. (3 k. 5) *Vitotel* avec une intéressante église, le château du *Champ-de-Bataille* (xviie s.) s'élève sur le lieu où Guillaume Longue-Epée battit ses vassaux révoltés en 935.

Au delà du Neubourg le ch. de fer parcourt un pays plus accidenté et boisé. — 30 k. *Villez-Sainte-Opportune-du-Bosc*, halte desservant (1 k. à dr.) le château du Champ-de-Bataille (*V.* ci-dessus). — 34 k. *Harcourt-la-Neuville-du-Bosc*. A 3 k. S., *Harcourt* (hôt. *du Commerce*, T.C.F.) a conservé les ruines imposantes d'un château avec bâtiment central et donjon de la fin du xvie s., jadis siège d'un duché. Le domaine, qui a de vastes plantations de pins, appartient à la Société nationale d'Agriculture. L'église offre un chœur du xiie s. et des fonts baptismaux du xive s. — La voie descend le vallon du Bec. — 37 k. *Calleville*. — 41 k. *Saint-Martin-Brionne*; Brionne (p. 274) est à 4 k. à g.

43 k. **Le Bec-Hellouin**, au pied d'une colline boisée, dans un joli vallon, a conservé de son ancienne et célèbre **abbaye*, transformée en dépôt de remonte, la *tour Saint-Nicolas* commencée en 1457, le *logis abbatial*, flanqué d'une tourelle, et des bâtiments du xviie s., ou du xviiie s., transformés en caserne ou quartier Burey : un cloître de 1666, converti en écuries, y est enclavé. Contre ces bâtiments, en face de la tour, subsistent de belles arcatures du xve s., reste de l'église. — L'abbaye fut fondée en 1034, à Bonneville-Appetot, par le bienheureux Herlain, ou Hellouin, seigneur de ce village, qui en fut le 1er abbé. Elle fut transférée en 1040 sur son emplacement actuel et dut sa renommée, durant toute la seconde moitié du xie s., à deux Italiens qui y vinrent successivement : Lanfranc et St Anselme, deux des philosophes les plus illustres du moyen âge. Lanfranc fonda les écoles du Bec et présida à la reconstruction du monastère; de là il passa au gouvernement de l'abbaye de Saint-Etienne de Caen, puis à celui de l'église de Cantorbéry; Anselme succéda à Lanfranc comme directeur des écoles et à Hellouin comme abbé; plus tard il devait encore succéder à Lanfranc comme primat d'Angleterre. Guillaume le Conquérant enleva à l'abbaye ses meilleurs sujets, pour leur conférer des dignités ecclésiastiques dans son royaume; il donna, par compensation, aux moines du Bec de nombreux prieurés en Angleterre. Dès le milieu du xiie s., le Bec commence à décliner; il perd son influence et ne conserve que ses richesses, qui permirent de rebâtir somptueusement l'église, pendant les xiiie et xive s. Le schisme de Henri VIII priva l'abbaye de tous ses bénéfices au delà de la Manche; elle-même fut

saccagée par les huguenots; la réforme de Saint-Maur la sauva au XVIIe s. et lui permit de subsister jusqu'à la Révolution. — *L'église* paroissiale du bourg (XIVe s.) renferme : la tombe du bienheureux Hellouin; au maître-autel, un bel émail, le Christ descendu de la croix, et, dans le chœur, des sculptures des XVe et XVIe s. provenant de l'abbaye.

Au delà du Bec-Hellouin on débouche dans la vallée de la Risle. — 45 k. *Pont-Authou-les-Essarts* (hôt. *du Cheval-Noir*). — 48 k. *Glos-Montfort* : bifurc. pour Serquigny, Pont-l'Évêque, Rouen, p. 273, pour Pont-Audemer et Honfleur, p. 275.

Distances par la route, d'Évreux à : Alençon, 19 k ; les Andelys, 34 k.; Beauvais, 96 k.; Bernay, 48 k. par la route directe, 63 k. par Conches et Beaumont-le-Roger; Conches. 18 k.; Dreux, 43 k.; Gaillon, 22 k.; Houlgate, 108 k.; Laigle, 51 k.; Lisieux, 72 k.; Louviers, 23 k.; Mantes, 46 k.; le Neubourg, 25 k.; Nonancourt, 29 k.; Pacy-sur-Eure, 17 k.; Paris, 94 k.; Pont-Audemer, 57 k.; Rugles, 45 k.; Sées, 98 k.; Trouville, 108 k.; Vernon, 31 k.

Au delà d'Évreux la voie remonte la vallée de l'Iton. A dr., asile des aliénés et hameau de Navarre (p. 241); petit tunnel (188 m.). A g., sur le flanc du coteau, *Arnières* : au cimetière, jolie statue de jeune fille, par Decorchemont. A dr. *Bérengeille* : petit château de la Musse, en brique, sur un mamelon.

117 k. *La Bonneville*, avec une église du XVe s. qui a des verrières du XVIe, un vaste étang, quelques restes de l'abbaye de la Noë, fondée en 1144 par l'impératrice Mathilde, et une grange du XIIIe s., qui dépendait de ce monastère. A dr., *Glisolles* : église avec des statues gothiques; château (XVIIIe s.) des ducs de Clermont-Tonnerre, avec collection de portraits historiques et parc planté de pins; ce château avait parmi ses dépendances le fief de Heurteloup, dont la motte se voit à g., entourée d'un retranchement, sur la pointe d'un mamelon.

126 k. **Conches** (buffet; hôt. *de la Croix-Blanche*, T.C.F.), ch.-l. de c., petite ville de 2,396 hab., est situé sur une colline escarpée, allongée, qu'entoure l'Iton et sous laquelle le ch. de fer passe en tunnel.

Histoire. — La ville a pour origine une abbaye et un château, fondés en 1035, par un seigneur nommé Roger. Bientôt ceinte de murailles, qui ne l'empêchèrent pas d'être prise par Philippe Auguste, la cité naissante fut possédée par la maison de Courtenay et les comtes d'Artois, avant d'être réunie, en 1343, au domaine des ducs de Normandie. En 1355 le roi Jean donna le comté de Conches à son gendre Charles, comte d'Evreux et roi de Navarre, mais le lui reprit peu de temps après; en 1357, la ville fut emportée d'assaut par les troupes du duc de Lancastre et de Philippe de Navarre, qui livrèrent aux flammes le château et l'abbaye. En 1371, Conches, assiégé par Du Guesclin, ne se rendit qu'après une longue résistance. La ville fut saccagée par les Ligueurs en 1590; l'endroit par lequel les réformés se sauvèrent s'appelle encore la Côte aux Huguenots. En 1651, la vicomté de Conches fut donnée, en échange d'autres principautés, au duc de Bouillon, dont la famille la conserva jusqu'à la Révolution. — A Conches est né *Guillaume de Conches*, grammairien et philosophe (1080-1150).

A dr. de la gare s'ouvre une avenue qui passe, à dr., devant la promenade du Parc, où, à l'extrémité, la Grande-Mare sert de réservoir aux eaux de la ville, et conduit à la rue principale de Conches, ou rue Sainte-Foy. Cette rue, par la place Carnot, mène vers la dr. à l'église et au vieux château,

L'***église Sainte-Foy*, des xve et xvie s., appartient au style flamboyant. Elle est dominée par une tour, haute de 55 m., avec sa flèche en bois et plomb, reconstruite en 1851. Beaux vantaux gothiques des deux portes, en bois sculpté (xve s.).

L'intérieur est élancé, avec de fines colonnes sans chapiteaux. La nef est couverte en bois. Aux bas-côtés et au chœur, nombreuses clefs de voûte ornementées. — Au bas-côté dr., statue de St Roch, en bois, du xvie s. (repeinte) : **vitraux* du xvie s. : la Pâque, le Sacrifice de Melchisédech, la Manne, le Pressoir allégorique, l'Institution de l'eucharistie, Jésus tenant l'eucharistie et entouré des 4 évangélistes. Plaque commémorative en cuivre. — Chapelle Saint-Michel, avec *retable* du xve s., où de petites sculptures de marbre figurent la Passion. *Vitrail* ancien, St Michel et St Sébastien. — Sept fenêtres du chœur ont des **vitraux* d'Aldegrever, élève d'Albert Dürer, restaurés en 1879 et partagés chacun en 6 médaillons : en haut, scènes de la vie de Jésus; en bas, vie et martyre de Ste Foy. Au bas-côté g., **vitraux* du xvie s. : de haut en bas : Patronage de la Vierge (allégorie remarquable), Nativité de Jésus, Vierge entourée de figures allégoriques, Annonciation, Triomphe de la Vierge, Nativité de la Vierge, la Vierge et St Romain. Dans la chapelle en haut du bas-côté, contre une piscine, Crucifiement, en marbre (xve s.).

La sacristie, ancienne chapelle de la Trinité, construite sous Henri II, contient les écussons de familles illustres et un beau *lutrin* de la Renaissance, avec colonnes ornementées et personnages sculptés.

A dr. de l'église, une petite place, formant terrasse, domine la vallée de l'Iton; de là un chemin à dr. conduirait aux ruines du vieux château.

On continue à suivre la rue Sainte-Foy qui a plusieurs *maisons* du xve s. : la plus remarquable est au n° 209, avec figures sculptées; celle occupée par le café Sainte-Foy recouvre une cave ogivale, à pilier central. La 1re rue à g. amène à une porte gothique, sans doute entrée de l'ancien château, et passe sous l'*hôtel de ville*, qui renferme la bibliothèque provenant d'une ancienne abbaye de Bénédictins, devenue auj. l'hôpital (à l'extrémité opposée de la rue Sainte-Foy) : manuscrits et livres précieux, monnaies romaines, sculptures sur bois.

On débouche dans un joli jardin public tracé devant l'hôtel de ville, dans l'enceinte du *vieux château*, et orné du buste en bronze de *Lampérière*, médecin (1813-1890), par Decorchemont. Un sentier circulaire, bordé de haies, monte au *donjon*, qui date du xiie s. et qui est accompagné de plusieurs tours ruinées. — On revient sur ses pas par le même chemin.

Du donjon on peut descendre par de jolis sentiers, dans la vallée de l'Iton, vers les moulins des Fontaines et de l'Abbé.

Vieux-Conches et Sources du Rouloir (1 h. 15 env.). — De la promenade du Parc, il faut suivre à dr. un chemin qui domine la gare et longe la voie ferrée sur la lisière de la forêt. Du premier carrefour que l'on rencontre, un chemin à dr. descend jusqu'au niveau de la vallée;

beaux herbages. Le Rouloir forme un petit étang près de la Forge et non loin de la maison d'habitation de la fonderie de Conches, près de laquelle on doit suivre à dr. la route de Damville, qui traverse la rivière, puis une petite plaine cultivée. — 2 k. *Le Vieux-Conches*, hameau. Après la seconde maison s'ouvre un chemin qui pénètre dans la *forêt de Conches*, vaste de 6,000 hect. Après 6 ou 8 min. de marche on aperçoit à g. un terrain découvert et gazonné, où l'on remarque des ondulations profondes, des débris et des restes de murailles, et appelé les ruines du *Vieux-Château*. De là on domine une vallée déserte, dont le Rouloir occupe le fond, formant une sorte d'étang, d'env. 100 m. de largeur. Ici s'arrête la route de voiture. Les sources du Rouloir se trouvent à env. 150 m. sur la dr. — Du Vieux-Château on peut regagner Conches par un sentier sous bois, qui contourne le vallon à mi-côte et va déboucher sur la route de Lyre à 3 k. env. en deçà de la ville.

De Conches a Laigle (ch. de fer Etat, 39 k.; 6 fr. 10, 4 fr. 10, 2 fr. 70). — La voie se dirige en ligne droite au S.-O., à travers la forêt de Conches. — 4 k. *Sainte-Marthe*, halte. — 10 k. *Le Fidelaire*, mines de fer.

16 k. *Lyre*, station desservant *la Neuve-Lyre* (hôt. *du Cygne*, T.C.F.), avec église du XIIIe s., fonderie de cuivre, tréfileries de laiton, et à 1 k. N. *la Vieille-Lyre*, avec vestiges de l'abbaye bénédictine de Lyre, fondée en 1046, villages voisins situés sur la rive dr. de la Risle. Le Palinod de la Lyre, académie fondée en 1909 et présidée par l'évêque d'Evreux, organise des concours de poésie dont les prix sont des lyres d'or et d'argent. — La voie parcourt un plateau sur lequel s'étendent les forêts de Breteuil et de Conches, dont elle traverse plusieurs parcelles.

20 k. *Neaufles-sur-Risle* : mégalithe dit Pierre de Gargantua; tréfilerie de fer, laminoirs, fabriques d'agrafes, épingles et articles de sellerie. A dr., *Ambenay* : clocher du XVIe s.; château moderne de la Rivière; ancien manoir fortifié des Siaules ou Mauny, avec beau plafond en chêne au 1er étage et restes de peintures; tréfilerie, fabriques d'épingles, boucles et dés.

27 k. *Rugles-Bois-Arnault*. A 500 m. à dr., **Rugles** (hôt. *de l'Etoile*, T.C.F.), est un ch.-l. de c. de 1,925 hab., situé dans la vallée de la Risle. La rue de la Gare aboutit à un carrefour où s'ouvrent à g. la Grande-Rue, en face la rue Notre-Dame, à l'extrémité de laquelle est l'*église Notre-Dame*, servant de magasin : portail du début du XVIe s.; charpente en bois du XVIe s.; l'abside est antérieure au Xe s. Suivant la Grande-Rue, on traverse la rivière, puis on voit à dr. l'**église* paroissiale, du XVIe s. avec nef du XIIIe s. : l'ensemble est du style gothique de la dernière époque; elle est flanquée d'une tour du XVe s., décorée de statues. A dr., la *chapelle du Sacré-Cœur* a deux belles fenêtres et des voûtes du XVIe s. à pendentifs. Continuant à suivre la Grande-Rue, on voit s'ouvrir à dr. une rue conduisant à l'hospice et à la promenade de la Garenne. — Rugles est, avec Laigle, le centre de l'industrie des épingles en France; d'autres articles y sont aussi fabriqués : dés à coudre, pointes, anneaux et chevilles.

33 k. *Saint-Martin-d'Ecublei*, station de la ligne de Granville (p. 463). — 39 k. *Laigle* (buffet) p. 463.

Distances par la route, de Conches à : Bernay, 45 k.; Breteuil, 15 k.; Evreux, 18 k.; Louviers, 40 k.; Paris, 112 k.; Verneuil, 27 k.

Au delà de Conches, la voie traverse un plateau. — 133 k. *Romilly-la-Puthenaye* : château de la Charbonnière, attribué à Mansart.

A 7 k. O.-S.-O. *la Ferrière-sur-Risle* (hôt. *du Croissant*, T.C.F.) a une église avec retable sculpté de la Renaissance. A 4 k. O. de la Ferrière, *donjon de Thevray* (1489), polygonal, avec un toit d'ardoise élevé, chargé de lucarnes et de panonceaux en plomb. La Ferrière est à 4 k. 5 du Fidelaire, station du ch. de fer de Conches à Laigle (*V.* ci-dessus).

La voie franchit la Risle, dont elle descend la vallée, en laissant à g. la forêt de Beaumont-le-Roger.

144 k. **Beaumont-le-Roger** (hôt. : *du Lion-d'Or*, T.C.F.; *de Paris*, r. Saint-Nicolas; *de la Gare*; rest. *Moderne*, pl. de l'Eglise), ch.-l. de c. de 2,092 hab., sur la rive dr. de la Risle, entre des prairies et des hauteurs boisées auxquelles il est adossé.

Histoire. — Beaumont, érigé en comté-pairie en 1328, par Robert d'Artois, remonte au xe s. Le prieuré fut fondé en 1080 par Roger, de qui la ville a pris son surnom, et donné à l'abbaye du Bec (p. 243). Roger construisit le château, pris par Philippe Auguste en 1192, par Richard Cœur de Lion en 1194, et de nouveau par Philippe en 1199. De 1651 à 1790, Beaumont fit partie des domaines de la famille de Bouillon.

En sortant de la gare, on oblique bientôt à g. par la rue Jules-Prior; à g. avenue Albert-Parissot, promenade publique, au fond cité ouvrière. Bordée de villas et de jardins, la rue Jules-Prior traverse ensuite le faubourg de Vieilles. A g., ancienne église Notre-Dame, XVIe s. : le vaisseau défiguré a été transformé en entrepôt; par derrière, tour carrée découronnée. Au delà de Vieilles, on franchit les deux bras de la Risle, on passe la place Carnot, et on arrive à l'église Saint-Nicolas.

L'**église Saint-Nicolas**, des XIVe, XVe, XVIe s., précédée d'une terrasse dominant une petite place, est flanquée d'une grande tour carrée à plusieurs étages de fenêtres. Le portail de l'O. (Renaissance), par lequel on entre, est sans intérêt; celui du S., généralement fermé, est un beau spécimen de flamboyant (XVe s.) avec vantaux en bois sculptés de même époque. Sur la face S., contreforts richement sculptés et gargouilles. Dans une niche, à la naissance du toit de la tour, un guerrier en bois, surnommé « Regulus », sonne les heures en frappant sur un timbre placé derrière lui. Au bas de la tour est scellée une pierre tombale, haute de 2 m. env., sur laquelle sont gravées les images de deux époux bienfaiteurs du prieuré de Beaumont († 1300).

La nef et le chœur ont été surélevés, le chœur entièrement refait, au XVIe s. La NEF, actuellement couverte en bois, a gardé les arcs doubleaux, remaniés, de la voûte primitive. Belles boiseries de l'orgue; chaire à rehauts incrustés d'ébène. A g. de la 1re fenêtre du bas-côté dr., statue du XVe s., N.-D. de la Délivrande.

Le CHŒUR, très lumineux avec de longues fenêtres absidales en lancettes, n'a pas de déambulatoire complet, mais seulement deux bas-côtés. A la 1re fenêtre du bas-côté dr. du chœur, la 3e après le portail, *vitrail* de la fin du XVe s. : en haut, la Trinité, les Apôtres, en bas les Evangélistes. A la fenêtre suivante, la partie supérieure du *vitrail*, Résurrection de Lazare, est du XVe s., de même que l'abbé et l'évêque agenouillés en bas dans les angles de la fenêtre. — Au centre du chœur, autel en marbre rouge; au fond, aux deux premières fenêtres à dr. et à g., *vitraux* du XVIe s., Nativité, Annonciation, en partie restaurés. — Au bas-côté g., à la voûte, pendentifs et cartouches sculptés, dont l'un porte les croissants entrelacés de Diane de Poitiers. **Vitraux* du XVIe s. : dans la chapelle de la Vierge, Légende de Théophile et Noces de Cana, de 1550; dans les deux suivantes, en descendant : la Passion, et Entrée de Jésus à Jérusalem, restauré.

Au BAS-COTÉ G. de la nef, pendentifs à la voûte; *vitrail* du XVIe s., Histoire de St Christophe, 2e fenêtre après le chœur. En bas, à dr. de l'entrée, *tableau ancien*, Jésus et la Samaritaine.

En sortant de l'église on suit à dr. la rue Saint-Nicolas, qui traverse toute la ville. On y voit à g., une maison de brique à encadrements de pierre avec vestige d'échauguette, datant de Henri IV, ancienne résidence des ducs de Bouillon.

Un peu plus loin, sur la dr., la rue longe les murailles et la porte d'entrée du ***prieuré de la Trinité**, magnifique ruine dont les murs sont soutenus par d'énormes contreforts entre lesquels ont été élevées, au XVe s., de curieuses *maisons* en bois, faisant saillie sur la rue. On entre par un chemin public, sous un porche surbaissé, surmonté d'une fenêtre éventrée : un *couloir monumental* de 5 travées, où subsistent 3 arcs doubleaux, et à g., des fenêtres béantes murées à la base, qui ont conservé leurs arcatures supérieures et l'encadrement des roses, conduit à l'emplacement occupé autrefois par l'abbaye. Après avoir longé à dr. des contreforts de soutènement, on arrive à des maisons, où l'on tourne à dr.; on voit bientôt à g., dans un mur énorme adossé à la colline, des entrées de caveaux, dont l'un renferme un puits et quelques débris de statues. Le sentier, bientôt encombré d'herbes, arrive enfin aux **ruines de l'église abbatiale* (XIIIe s.), d'accès difficile, mais extrêmement pittoresques, dans un fouillis d'arbustes, de ronces et de lierre. Au fond se dresse l'ossature d'un vaste porche; à g. arcades, dont une murée, à fines colonnettes.

Revenant à la rue Saint-Nicolas, on continue au delà des contreforts, puis on tourne à g. pour gagner, en quelques minutes le *pont des Etangs*, ancien et remanié, avec piles à éperons, à la jonction des deux bras de la Risle : jolie vue sur les ruines encadrées dans un paysage pittoresque.

En revenant par la rue Saint-Nicolas jusqu'à l'église, on pourra suivre la rue au delà de la place pour voir quelques vieilles maisons en bois, sans grand intérêt.

Beaumontel, à 1 k. au delà des ruines, sur la route de Bernay, qui descend la rive dr. de la Risle, a une intéressante *église* des XVe, XVIe et XIXe s., dans le cimetière, sur le versant d'un coteau planté de sapins et offrant une belle vue; le clocher à flèche, du XVe s., est surmonté d'une statue moderne de St Pierre. — En remontant la Risle, on voit le petit château du Homme, non loin des ruines d'un château du XIIIe s. dans la forêt de Beaumont.

DISTANCES PAR LA ROUTE, de Beaumont-le-Roger à : Bernay, 17 k.; Elbeuf, 31 k.; Evreux, 46 k.; Louviers, 37 k.; Paris, 140 k.; Verneuil, 46 k.

149 k. **Serquigny** (buffet; hôt. : *des Voyageurs*; *du Soleil-d'Or*; *de la Gare*), 1,189 hab., sur la rive g. de la Charentonne. L'*église* a un portail roman et une chapelle de la Renaissance,

avec 3 verrières de l'époque. Sur le promontoire, à la rencontre de la Risle et de la Charentonne, camp antique de Saint-Marc. *Château* du XVIIe s., avec tours, ponts-levis, fossés et avenue de vieux arbres, longue de 400 m. — De Serquigny à Glos-Montfort et à Rouen, p. 272 en sens inverse.

La voie ferrée, remontant la vallée de la Charentonne, où sont de nombreuses usines, longe à g. la forêt de Beaumont; du même côté, *Fontaine-l'Abbé*, avec un château Louis XIII. A dr., *Courcelles* (château); puis *Menneval*, avec un château des XVIIe et XIXe s. et une église des XIIIe et XVIe s. (tombe de 1312). De nombreuses villas se montrent à dr. sur le flanc des coteaux boisés; on remarque celle des Trois-Vals, de style arabe.

159 k. **Bernay** (hôt. : *du Lion-d'Or*, r. Thiers, T.C.F., omn., chauff.; *du Cheval-Blanc et d'Angleterre*, r. d'Alençon, gar., chauff., jardin; *de France*, chauff.), ville de 7,883 hab., ch.-l. d'arrond. de l'Eure, à 105 m. d'alt., dans une vallée arrosée par la Charentonne et le Cosnier. Sur le coteau qui la domine au N. et qui offre une belle vue, s'élève un calvaire (1844). Importante filature de coton.

Histoire. — Au début du XIe s., la duchesse Judith de Bretagne fonda à Bernay un monastère de Bénédictins. Au XIIe s. une forteresse y fut bâtie. Charles le Mauvais s'empara de la place, en 1357, et livra aux flammes l'église Sainte-Croix. En 1563 les protestants pillèrent la ville et l'abbaye et massacrèrent le clergé. Quelques années plus tard, Bernay, occupé par la Ligue, fut assiégé et pris par François de Bourbon, duc de Montpensier, gouverneur de Normandie pour Henri II. La peste exerça dans la ville de grands ravages en 1596.

Le 21 janvier 1871, la garde nationale fit un effort héroïque, mais inutile, pour empêcher l'occupation de la ville par les Allemands, qui y entrèrent le lendemain et y séjournèrent jusqu'au 10 mars; un monument a été élevé sur le lieu du combat, à g. de la route de Broglie.

A Bernay sont nés : le trouvère *Alexandre de Bernay*, qui vivait sous Philippe Auguste et dont le poème sur « Alexandre le Grand », composé de 17,952 vers, marque l'origine du vers de 12 syllabes appelé « alexandrin »; les deux frères *Lindet*, conventionnels : Thomas, évêque constitutionnel de l'Eure (1743-1823); Robert, membre du Comité de Salut public, ministre des Finances sous le Directoire (1746-1825); l'antiquaire et historien *Auguste Le Prévost* (1787-1859).

La *foire fleurie* commence le vendredi qui précède la Passion et dure 8 j.; il s'y vend les plus beaux chevaux de Normandie. Foire aux laines, le 8 juillet; foire aux chevaux, le dernier samedi de décembre.

En sortant de la gare, on a en face le théâtre, à dr. la petite gare départementale (ligne de Cormeilles, p. 252). On suit à g. le boulevard Dubus, puis, aussitôt à dr. la rue de Morsan, qui aboutit à la rue d'Alençon : à g., collège dans un ancien couvent; à côté, maison du XVIe s., à poutres sculptées. En suivant cette rue à dr. on arrive à la rue Thiers qui lui fait suite et dont une maison, au n° 6, du XVIe s., avec rez-de-chaussée refait, offre des poutres et corniches sculptées. La rue Thiers laisse à dr. la rue Auguste-Le-Prévost, qui a au n° 8 une *maison* du XVIe s., et à g. la rue des Charrettes qui offre plusieurs anciennes maisons en bois, notamment au n° 11; elle aboutit à l'église Sainte-Croix.

L'**église Sainte-Croix*, détruite en 1357, rebâtie en 1374, agrandie en 1497, est dominée par une tour sculptée du xve s., privée de sa flèche, dont la chute, en 1687, endommagea la nef; le portail est de style classique.

Le transept et les deux nefs latérales sont seules voûtées. On remarquera la largeur des arcades du transept et la grande légèreté de l'architecture. — Le chœur, avec doubles bas-côtés, est orné de statues d'Apôtres et d'Evangélistes (xve s.), provenant de l'abbaye du Bec (p. 243), et d'un *maître-autel* en marbre rouge, exécuté en 1685 d'après les dessins d'un moine de la même abbaye. Le tabernacle porte un Enfant Jésus couché sur la paille de la crèche, en marbre blanc, attribué à *Puget*. Le devant d'autel est décoré d'un bas-relief en bronze doré, qui figure Jésus succombant sous le poids de la croix.

On remarque aussi : deux pierres tombales (xve s.) d'abbés du Bec, relevées sous l'orgue; les boiseries de l'orgue avec panneaux de la Renaissance, figurant des musiciens; la chaire dont trois panneaux du xviie s. représentent des Evangélistes; un saint-sépulcre, à g. du chœur, moulé sur celui de la Madeleine de Verneuil (p. 459). Dans le transept dr., à g. de la porte de la sacristie, *pierre tombale*, peinte et dorée, de Guillaume d'Auvilars, abbé du Bec (1418).

La sacristie, moderne, renferme une boiserie Louis XIV, provenant de l'ancien château de Malouy, et plusieurs tableaux, parmi lesquels la Visitation et Jésus apparaissant à Madeleine, attribués à *Jacques Stella*.

En face du n° 39 de la rue Thiers s'ouvre, au coin d'une vieille maison en bois, la rue Saint-Nicolas (à dr.), allant à la place de l'Hôtel-de-Ville. Sur la place, ornée d'une statue, par Guilloux, de *Jacques Daviel*, inventeur de l'opération de la cataracte, subsistent les bâtiments d'une abbaye, fondée vers 1013, par Judith de Bretagne, saccagée pendant les guerres de religion, reconstruite en 1628 pour les Bénédictins de Saint-Maur. Ces bâtiments renferment l'hôtel de ville, la bibliothèque, les tribunaux, la sous-préfecture, une salle de conférences et de fêtes, la prison.

L'ancien réfectoire, auj. *salle du tribunal civil*, offre des voûtes gothiques, du xviie s., avec pendentifs sculptés et charmantes consoles.

La *bibliothèque* (10,000 vol. env.) possède un fonds précieux d'ouvrages anciens, provenant principalement des couvents des Bénédictins, des Pénitents, des Cordeliers et de l'abbaye du Bec.

Le *logis abbatial* (xve et xviiie s.), bâti en pierres et en briques disposées en échiquier, est occupé par la caisse d'épargne, la justice de paix et le *musée* : ce dernier attenant à l'hôtel de ville par derrière, donne sur la place Carnot; s'adresser au concierge, pourboire.

Au rez-de-chaussée, pierres tombales; plaques de cheminées; ex-voto du xve s. provenant de la Couture; Jeune Martyr, plâtre par *Decorchemont*; collection ethnographique, Egypte et Asie; Femme couchée, marbre par *E. Lévêque*; sarcophage de Judith de Bretagne.

Au 1er étage, 1re salle : haches en silex, poteries antiques. — 2e salle : gravures et moulages. — Cabinet : Evêque terrassant des soldats, peinture de l'école italienne du xve s. — 3e salle (peinture) : *Dalobre*,

Pyrame et Thisbé; *Lecointe*, le Figuier maudit; *Ec. vénitienne* du XVe s., un Procurateur de Saint-Marc; *Callet*, Rétablissement du culte; *L. Dupré*, Camille et les Gaulois; *Diaz*, Paysage; *Peter Neefs*, Intérieur d'église; Portrait du duc de Bourgogne enfant attribué à *Mignard*; *Brakenburgh*, Sabbat. — 4e salle : **collection de céramique ancienne* (spécimens remarquables de vieux Rouen); bahuts sculptés; fac-similés du trésor de Berthouville, ustensiles et vases en argent, dont les originaux sont au Louvre; buste d'enfant, en marbre; défense de narval; pavés du château d'Ecouen, au chiffre du connétable Anne de Montmorency, fabriqués à Rouen en 1542.

L'*église de l'abbaye*, transformée en halle au blé, puis en magasin militaire, fut bâtie au XIe s. Les piliers sont romans; les voûtes, en coupole, datent du XVIIe s. Derrière l'église, la place de l'Abbatiale sert de marché. — Sur la place de l'Hôtel-de-Ville s'ouvre la rue de la Sous-Préfecture, où est la poste; la sous-préfecture est auj. rue de l'Equerre.

Pour aller à l'église de la Couture, on revient à la gare, au delà de laquelle on continue le boulevard, puis on prend à dr. pour traverser un passage à niveau, et on suit tout droit, le long de la rivière, la rue de la Couture. On voit bientôt apparaître, à dr., l'église dans un cimetière (10 min. de la gare).

**Notre-Dame-de-la-Couture*, des XIVe-XVIe s., longue de 65 m., forme un ensemble pittoresque avec ses toitures et ses pignons et les larges fenêtres rayonnantes du transept et de l'abside. La porte de la façade, est de style flamboyant; à g. tourelles à clochetons; à dr. lourde tour carrée avec jolie flèche en bois, revêtue d'ardoise, et accompagnée de tourelles ainsi que d'abat-son très apparents. On entre sur le flanc g. par un porche à pinacles de la Renaissance surmonté d'une Vierge.

On descend par un escalier dans la nef, dont les piliers et arcades ont été fâcheusement peints. L'église a subi des agrandissements successifs; seuls les bas-côtés sont voûtés; l'exhaussement est très visible au transept, où ont été conservés d'anciens arcs. A l'entrée de la nef, à dr., Vierge vénérée, XVIIe ou XVIIIe s., avec ex-voto. Au pourtour du chœur, chapelles rayonnantes, dont deux, 1re et 2e, ont des *vitraux* du XVIIe s. et deux autres, 4e et 5e, du XVIe s.; voûtes à nervures entre-croisées, avec pendentifs. Parmi les vitraux des bas-côtés et du chœur on remarque au transept g. un vitrail du XVIe s., St Jean, St Michel, la Madeleine, le Christ, qui a été restauré. La chaire offre des panneaux en bois sculpté, de l'époque Louis XIII.

A l'extrémité N.-O. de la ville est l'hospice, fondé en 1697; il renferme un beau portrait de Mme de Ticheville, la fondatrice, à l'âge de quatre-vingt-six ans, par Descours, de Bernay (1747). — A l'E. a été élevée, en exécution d'un vœu fait en 1870, une statue de la Vierge.

ENVIRONS. — 1° *La Barre-en-Ouche*, à 17 k. S.-E. (voit. de corresp. 2 fr. 20), est la patrie de l'oculiste J. Daviel (p. 250). Plaque commémorative de Jean le Blond, seigneur de Branville, poète et historien (XVIe s.). — On peut s'y rendre (4 k. de plus) par : 13 k. *Beaumesnil* (hôt. *Drouet*, T.C.F.), ch.-l. de c. de 509 hab., dont le *château* (1633-1640), avec hautes toitures, lucarnes sculptées, grandes façades à briques rouges, est précédé de vastes jardins; il appartenait à la famille de l'écrivain Xavier de Maistre et a été vendu, pendant la guerre, au Gouvernement anglais qui a exploité les bois. D'un autre château plus ancien il ne reste que la motte couverte de buis et appelée le donjon.

2° *Bouffey* (7 k. E. env. aller et ret.) : par le boulevard de la Gare monter au champ de courses, visiter l'*église* (XIIe s.) de Haut-Bouffey, traverser le hameau de la Broutinière et revenir par le bois de Bouffey.

3° *Caorches* (pron. *Corches*; à 3 k. O.) : on sort de la ville par la route d'Alençon; quand celle-ci bifurque on prend l'embranchement de dr., pour le suivre quelques min., avant de prendre à dr. un chemin qui longe à g. la voie ferrée, puis la franchit sur un pont. Non loin du pont on voit s'ouvrir à g., près d'une Vierge surmontant un massif de rocaille, une allée qui traverse, jusqu'à Caorches, des bois de sapins et de charmilles. L'église de Caorches est un petit édifice pittoresque du XIIIe s., à toiture et flèches d'ardoise.

4° *Le Villeret*, commune de Berthouville à 12 k. N., ancienne cité gallo-romaine où fut trouvé en 1830 le *trésor* dit *de Bernay*, comptant 69 pièces d'argenterie, actuellement à la Bibliothèque Nationale, et provenant d'un temple de Mercure. Des fouilles ont été entreprises récemment par M. Babelon et le Père de la Croix.

De Bernay a Cormeilles (ch. de fer départemental, 29 k.). — 12 k. *Drucourt*. — 14 k. *Thiberville* (hôt. *du Lion-d'Or*, T.C.F.), ch.-l. de c. de 1,200 hab., fabrication de rubans, fil, coton, sergés, etc. A 3 k. N.-E., *Barville*, où se voient, dans le parc du château, un épicéa de 30 m. et un cèdre. — 22 k. *Piencourt-Bailleul*. A Bailleul, église romane et château ruiné — 29 k. *Cormeilles* (p. 273) où l'on rejoint la ligne de Glos-Montfort à Pont-l'Evêque.

De Bernay a Sainte-Gauburge (ch. de fer Etat, 47 k.; 7 fr. 35, 4 fr. 95, 3 fr. 25). — La voie traverse la Charentonne, pour en remonter la vallée. — 5 k. *Saint-Quentin-des-Isles* : château moderne. A 2 k. 5 E., Saint-Aubin-le-Vertueux, et à 2 k. S.-E., au delà, à *Longrais*, dans la haie d'une cour de ferme, houx de 20 m. de haut, dont le tronc a 1 m. 70 de tour.

12 k. **Broglie** (hôt. *de la Poste*, T.C.F.), ch.-l. de c. de 1,017 hab., est situé sur la Charentonne, au pied d'une colline boisée. Appelé Chambrais à l'origine, il doit son nom actuel à la famille piémontaise de Broglie (*Broglio*), à qui il fut donné en 1716 et pour laquelle il fut, en 1742, érigé en duché-pairie. — En sortant de la gare on tourne à g., pour traverser un passage à niveau, puis franchir la Charentonne; au delà du pont, une petite rue à dr. conduit à l'église. L'**église*, avec flèche de bois élancée, a le chœur et le côté g. de la nef romans (XIIe s.), les bas-côtés des XVe et XVIe s.; les 2 fenêtres en haut de la nef principale sont ornées de têtes de clous, de tores et de dents de scie romanes; plusieurs verrières du XVIIIe s., notamment dans la chapelle absidale et dans le bas-côté dr., où l'on remarque aussi une statue de St Michel. A g. de l'église, dans la rue latérale, buste en bronze d'*Augustin Fresnel*, l'inventeur des phares lenticulaires, né à Broglie (1788-1827). Derrière l'église, *maison* ancienne à curieuse corniche en bois sculpté. Contre le mur postérieur de la mairie, située en face de l'église, médaillon en terre cuite de *J.-F.-L. Mérimée*, peintre, professeur de chimie à l'Ecole polytechnique, né à Broglie en 1757. — Le *château*, qu'on ne visite pas, de l'époque de Louis XIV, est construit en silex, avec chaînes et encadrements de poudingue. Le maréchal de Broglie y mourut en 1745. On voit, adossés à ce château, des pans de murailles de l'ancien *château féodal*, flanqué de deux grosses tours et recouvert de lierre. Le parc, de 60 hect. env., a été dessiné par Gosse, paysagiste normand.

16 k. *La Trinité-de-Réville* : bifurc. pour Lisieux (p. 263). On aperçoit à g. la flèche effilée de l'église, sur un coteau dominant le confluent de

la Guiel et de la Charentonne. Moulinage de soie. — 30 k. *La Ferté-Fresnel* (hôt. *Ganivet*, T.C.F.), ch.-l. de c. de 404 hab., à 2 k. 5 S.-E., sur le plateau de l'Ouche, près d'une forêt de 400 hect. : ruines d'un château bâti par Guillaume le Conquérant; dolmen dit la Pierre-Couplée; château moderne. — 38 k. *Saint-Evroult-Notre-Dame-du-Bois* (hôt. *du Perron*, T.C.F.) : ruines d'une abbaye; monument d'Orderic Vital (1912). — On traverse la forêt de Saint-Evroult.

41 k. *Echauffour* (hôt. : *de la Gare-de-l'Ouest*), 1,148 hab., patrie et résidence du poète normand Paul Harel, qui y naquit en 1854 et y tint l'auberge du Grand-Saint-André. Eglise avec croix processionnelle de l'époque Louis XV. *Château du Vieil-Echauffour* (XVIIIe s.): tour du XVIe s.; beau parc. Deux menhirs au champ des Crouttes; ruines d'un dolmen près de la route de Sainte-Gauburge. D'Echauffour à Mesnil-Mauger, p. 264-265 en sens inverse. — Du ch. de fer on aperçoit à g., puis à dr., le clocher d'Echauffour. — 47 k. *Sainte-Gauburge* (p. 465).

DISTANCES PAR LA ROUTE, de Bernay à : Alençon, 86 k.; Argentan, 68 k.; Beaumont-le-Roger, 17 k.; Caen, 80 k.; Conches, 41 k.; Dreux, 73 k.; Elbeuf, 42 k.; Evreux, 61 k.; Falaise, 67 k.; Laigle, 49 k.; Lisieux, 30 k.; Louviers, 52 k.; Mortagne, 72 k.; Paris, 157 k.; Pont-Audemer, 31 k.; Pont-l'Evêque, 44 k.; Rouen, 58 k.; Sées, 65 k.

AU DELÀ DE BERNAY on passe dans un tunnel de 340 m. A g., à 5 k. S.-O. de Bernay, *Saint-Victor-de-Chrétienville* dont l'église a des vitraux des XIVe et XVIe s., et château de Plainville (1754). — 174 k. *Saint-Mards-de-Fresne*. La voie descend dans une vallée (quelques usines) qu'elle suit jusqu'à Lisieux. — 182 k. *Courtonne-la-Meurdrac*, halte. Dans l'église, trois autels du XVIIe s. et lutrin du XVe; restes d'un château. A g., château de Gouvies. A *Glos*, restes d'un aqueduc romain; *église* des XIe et XIIe s. avec stalles Louis XIV, provenant de l'abbaye de Cormeilles, lutrin et retable Louis XV, Christ en ivoire et curieux bénitier; *manoir* du XVIe s. avec salle avec pavage émaillé; sablières offrant d'intéressants fossiles.

191 k. **LISIEUX** (buffet), ch.-l. d'arrond. du Calvados, ville de 15,948 hab. (les *Lexoviens*), est situé dans la verdoyante vallée de la Touques, à la jonction des vallons de l'Orbec ou Orbiquet et du Sirieux. C'est en même temps une ville industrielle, aux maisons de brique, et une vieille cité pittoresque, aux anciens logis du moyen âge et de la Renaissance, types parfaits des vieilles maisons normandes. Certaines de ses rues sont au nombre des restes les mieux conservés du passé. La visite de Lisieux s'impose au cours d'un voyage en Normandie.

Omnibus : — des hôtels.

Hôtels : — à la gare : *Moderne*, r. de la Gare, 6; *de la Gare*, simple; — en ville : **de Normandie* (Pl. *a* C2), r. au Char, 25, T.C.F. (36 ch.); *de France et d'Espagne* (Pl. *b* B2), Grande-Rue, 121, T.C.F. (35 ch.; bains, chauff., gar.); *du Maure*, r. de Livarot, 21, dans une ancienne maison normande (23 ch.).

Cafés : — pl. Thiers et Grande-Rue.

Poste : — pl. Thiers.

Voitures de place : — pas de tarif.

Autogarages : — *Guerry*, bd Duchesne-Fournet, 8; *Juste*, r. de Caen.

Théâtre : — r. au Char.

Société du Vieux-Lisieux.

Syndicat d'initiative : — président M. Morière, r. du Bouteillier, 22.

Histoire. — Lisieux, l'antique *Noviomagus*, capitale des *Lexovii*, dont elle prit plus tard le nom, fut le siège d'un évêché, du VIe s. à la fin du

XVIIIe; des conciles y furent tenus en 1055 et 1106. En 1136, Geoffroy Plantagenet fit le siège de Lisieux, dont il ne devint maître qu'en 1141 après une longue lutte où la famine réduisit la population à d'horribles extrémités. C'est dans la cathédrale de Lisieux que fut célébré en 1152 le mariage de Henri II et d'Eléonore d'Aquitaine. Prise par Philippe Auguste en 1203, la ville jouit ensuite d'une longue paix. Au commencement de la guerre de Cent Ans, les évêques de Lisieux, seigneurs du comté, firent élever une forteresse qui entoura la cathédrale, le manoir épiscopal et leurs dépendances. Ce ne fut qu'à partir de 1407 qu'on vit autour de la cité des fortifications dont l'emplacement se trouve auj. marqué par les boulevards. En 1562 les protestants s'emparèrent de Lisieux qui, pendant la Ligue, appartint tour à tour aux deux partis.

Lisieux compte parmi ses évêques : le chroniqueur *Fréculfe* (IXe s.); *Jean de Dormans*, chancelier de Jean le Bon et de Charles V; *Nicolas Oresme*, érudit (XIVe s.); *Pierre Cauchon*, d'abord évêque de Beauvais, qui, chassé de sa ville épiscopale par la population indignée de son alliance avec les Bourguignons, joua le rôle principal dans le procès de Jeanne d'Arc et fut nommé ensuite (1432) évêque de Lisieux; le chroniqueur *Thomas Bazin* (XVe s.); le prédicateur *Philippe Cospeau*, qui vivait sous Louis XIII.

A Lisieux sont nés : le jurisconsulte *Drosai* (XVIe s.); le *Père Zacharie de Lisieux*, de son nom Ange Lambert, théologien et écrivain satirique, né en 1596; l'astronome *Jean Lefèvre* († 1706); l'archéologue *Raymond Bordeaux* (1821-1877). — *Guizot* fut député de Lisieux à la Chambre, de 1830 à 1848.

Industrie. — L'industrie consiste dans les cuirs et le travail de la laine (1,000 à 1,200 ouvriers), des déchets surtout, destinés à obtenir les tissus à bas prix, draps et feutres, appelés « renaissance »; la cidrerie s'est beaucoup développée. Dans la banlieue, des usines tissent le lin et font la cretonne. La fabrication des toiles tend à disparaître. Lisieux fait un grand commerce de bestiaux, fruits, œufs, volailles, cidre, beurre et fromages.

Sortant de la gare on prend à g. la rue de la Gare, puis la rue d'Alençon qui lui fait suite. Celle-ci traverse un bras de l'Orbiquet et, au delà des boulevards Sainte-Anne à g. et Emile-Demagny à dr., devient rue du Pont-Mortain.

On arrive en quelques pas à la halle aux grains, à g., en face de laquelle s'ouvre à dr. la **rue aux Fèvres** (forgerons), une des plus intéressantes de Lisieux. Ses maisons à pignons et à poutres apparentes sont de l'époque de transition gothique-Renaissance, ou de la Renaissance. On y remarque les n°s 35-33, au delà desquels on passe un autre bras de l'Orbiquet sur un petit pont du XVIe s.; à dr. la rivière est bordée par des lavoirs pittoresques.

On rencontre ensuite, à dr., le n° 21, dit manoir Formeville, et (n° 19) la **maison de la Salamandre*, appelée aussi manoir de François Ier : on sait que la salamandre était l'emblème de ce roi. Ce logis, gothique et Renaissance, offre de nombreuses sculptures; parmi celles-ci on distingue une énorme salamandre au pignon central, ainsi qu'au rez-de-chaussée, au-dessus d'un singe parodiant, devant un pommier, le péché d'Eve; à dr. et à g., 2 autres statuettes en bois; à g., jolie porte à arc en accolade. Au 1er étage, on voit à dr. une petite

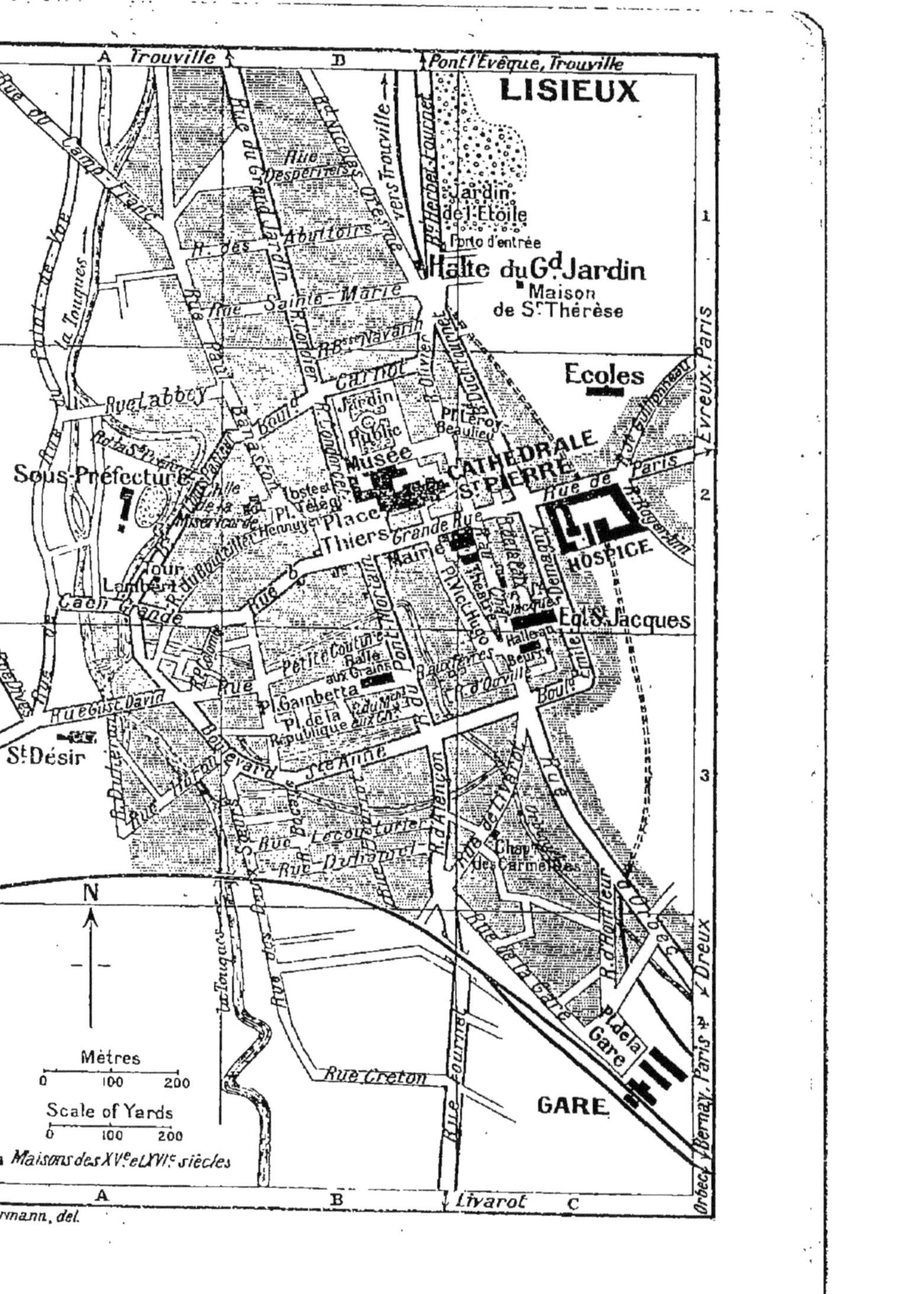
LISIEUX
Trouville
Pont l'Évêque, Trouville
Jardin de l'Étoile
Halte du Gd. Jardin
Maison de St. Thérèse
Écoles
CATHÉDRALE ST. PIERRE
Musée
Jardin Public
Sous-Préfecture
HOSPICE
Égl. St. Jacques
Place Thiers
Grande Rue
Mairie
Pl. Gambetta
Pl. de la République
St. Désir
Tour Lambert
Rue Labbey
Rue Creton
GARE
Pl. de la Gare
Chapl. des Carmélites
Rue Le Couturier
Rue Ste Anne
Evreux, Paris
Orbec, Bernay, Paris, Dreux
Livarot
Mètres
0 100 200
Scale of Yards
0 100 200
Maisons des XVe et XVIe siècles
N
A B C
1 2 3 4

cariatide fort réaliste et, à g., un homme sauvage, tout poilu, sujet fréquent à cette époque. On peut pénétrer dans la cour intérieure, qui est curieuse, par la porte du n° 19. L'intérieur de la maison (demander la permission d'entrer) a de grandes cheminées, des poutres et poutrelles sculptées.

La rue aux Fèvres aboutit à la place Victor-Hugo, à g., et à la place du Marché-au-Beurre, à dr., bordée par l'église Saint-Jacques. La place Victor-Hugo, longue et elliptique, a des *maisons anciennes*; on remarque les n°s 48, 42, 45, 43, 22, 7, 5, 3, 1. La place du Marché-au-Beurre a, au n° 12, une *maison* avec de beaux épis de faîtière; une autre belle *maison* est à l'angle de la rue d'Ouville, à l'extrémité dr. de la place. La rue d'Ouville, parallèle à la rue aux Fèvres, possède aussi de vieux logis, sales et pittoresques; le ruisseau coule au milieu de la rue.

L'*église Saint-Jacques*, construite de 1496 à 1501, par Guillemot de Samaison, est de style flamboyant. Sa dédicace est de 1540. Elle est ornée, sur les côtés, de nombreux pinacles à crochets et d'une balustrade à jour. La tour est inachevée.

Nef. — L'intérieur appartient à la belle époque du flamboyant. Les piliers sont sans chapiteaux : les deux premiers à l'entrée de la nef sont énormes; un beau triforium court le long de la nef; celle-ci aboutit directement au chœur, sans transept. Les 5e, 7e et 8e fenêtres de g. de la nef ont gardé de beaux **vitraux* du XVIe s. en partie restaurés; le vitrail de la 5e fenêtre représente la Grande Prostituée de Babylone, celui de la 8e la Légende de St Jacques. A plusieurs piliers, traces de fresques et d'inscriptions funéraires du XVIe s. Clefs de voûte de la Renaissance. On a retrouvé, sous le badigeon, les peintures, datées de 1552, dont elles étaient décorées : rinceaux, enroulements avec figures, blasons des notables qui ont concouru à la construction de l'édifice. Boiseries de l'orgue, modernes, exécutées dans le style fleuri du XVe s. par M. Léonard de Lisieux.

Chœur. — 40 *stalles* hautes de la Renaissance, à panneaux sculptés; sous les sièges, jolies sculptures en consoles, toutes de motifs différents; 30 *stalles basses* Louis XIV, provenant de l'abbaye du Val-Richer. Au-dessus du maître-autel, **vitrail* de la Renaissance, le Christ entre les deux larrons.

Bas-côté dr. — A la 2e travée (chapelle de Saint-Ursin), un *tableau sur bois*, refait en 1681 sur l'original, retouché en 1815, représente « comment les reliques de M. sainct Ursin furent apportées par miracles en cette ville, en l'an 1055 »; beau *vitrail* de 1525, la Vie de St Ursin; 3e travée : restes d'une fresque du XVIe s., la Sainte-Trinité.

Bas-côté g. — Fragments de vitraux anciens, aux 1re, 2e et 6e chapelles.

Sur le flanc g de l'église Saint-Jacques, la rue Saint-Jacques a des *maisons* anciennes, aux n°s 10 et 6, celle-ci couverte d'ardoise.

On prend à dr., en sortant de Saint-Jacques, la rue au Char, où se trouvent l'hôtel de Normandie, des maisons anciennes aux n°s 32 et 30, et le théâtre. Elle aboutit à la Grande-Rue, ou route de Paris : voir, à dr., la curieuse entrée de la rue de la Paix, où les faîtes des vieux logis se rejoignent presque.

A l'extrémité de la Grande-Rue, toujours à dr., l'hospice a conservé dans sa chapelle les ornements sacerdotaux de Thomas Becket (XIIe s.).

Descendant la Grande-Rue vers la g., on passe d'abord devant l'hôtel de ville, en partie de 1713, en pierre et brique, précédé d'une grille. Puis on trouve un certain nombre de maisons anciennes (nos 29, 31, 33, 47, 49) avant d'arriver à la place Thiers. Dans la Grande-Rue, en bordure de la place Thiers, *maisons anciennes*, aux nos 77, 79, 83; belle *maison d'angle*, occupée par un pharmacien : poutres sculptées, cariatides de bois, têtes émergeant de la façade.

Continuant à suivre la Grande-Rue, on y trouverait d'autres maisons anciennes, aux nos 113, 115, 117, 139 et 141; au no 112, maison natale, avec plaque, de Pierre le Camus, peintre (né en 1790). Au delà de cette maison, à dr., rue du Bouteiller avec (no 9) une fontaine de 1785 accolée au couvent de la Providence. La Grande-Rue aboutit au pont sur la Touques; jolie vue à g. sur l'église Saint-Désir. A dr., une petite promenade plantée d'arbres, dite boulevard Louis-Pasteur, longe la rivière, bordée de maisons avec des ponts; on y trouve à dr. la *tour Lambert*, encastrée dans des hangars, reste des remparts du XVe s. Plus loin, à g., la rue de la Sous-Préfecture amènerait à la sous-préfecture, ancien couvent des Dominicains, de 1777, au milieu d'un beau parc.

La rue de Caen, au delà du pont, fait suite à la Grande-Rue. Elle traverse un autre bras de la Touques, puis tourne à g., pour amener à la rue Gustave-David, où se trouve l'église Saint-Désir.

L'église Saint-Désir fait partie d'un ensemble de constructions en pierre et brique, du XVIIIe s., ancien couvent de Bénédictines; de style Louis XV, elle a été raccourcie de ses premières travées, effondrées. A l'intérieur elle offre un aspect monumental, un peu froid, avec des ornements du genre « rocaille ». Au maître-autel, le Christ et les Anges sont de Paulet, artiste normand; du même artiste est aussi la grande statue d'ange qui sort, au-dessus du cintre, d'une auréole de rayons et qui tient une banderole. Consoles sculptées Louis XV. Derrière le maître-autel, le chœur, réservé aux religieuses, était autrefois séparé du reste de l'église par une clôture; on y a installé un autre autel, provenant de l'église Saint-Jacques, avec de lourdes sculptures figurant l'Assomption de la Vierge.

De l'église Saint-Désir on continue la rue Gustave-David, pour repasser la Touques; on y reprend ensuite la rue Pierre-Colombe, 2e à g., qui ramène à la Grande-Rue et à la place Thiers, à dr.

L'église Saint-Pierre, ancienne cathédrale, place Thiers, est la première église gothique construite en Normandie, ce qui la rend particulièrement intéressante pour l'histoire de l'art. Commencée, vers 1160 sans doute, par l'évêque Arnoul (1141-1881), sur l'emplacement d'une église romane incendiée en 1136, en majeure partie terminée en 1218, elle fut reprise au cours du XIIIe s. à la suite d'un incendie et agrandie alors à l'E. par la construction d'un chœur plus allongé avec déambulatoire et chapelles; les six chapelles qui bordent le bas-côté N. furent ajoutées au XIVe s.; les chapelles du bas-côté S. datent du XVe s., ainsi que la grande chapelle absidale de la Vierge.

La façade, précédée d'un perron de 18 degrés, est surmontée de deux tours inégales, dissemblables et percée de trois portes; la grande porte centrale a été mutilée et dépouillée de toutes ses sculptures, mais les petites portes latérales à tympan trilobé sont fort élégantes, surtout celle du S. La tour Nord (40 m.)

quoique inachevée, est un type remarquable du XIIIe s., avec son unique étage ajouré de hautes lancettes géminées; la face qui regarde l'ancien palais épiscopal offre une riche décoration qui formait autrefois le fond d'une grande salle gothique contiguë. La tour Sud, malgré l'aspect roman de ses trois étages à baies en plein cintre, ne date que du XVIe s.; elle a été couronnée en 1579 d'une flèche en pierre dentelée haute de 70 m.

A la croisée, une tour centrale, dont le couronnement est de 1452, forme lanterne. Les croisillons sont bordés d'un collatéral du côté du chœur; celui du Sud a une jolie façade où s'ouvre le portail du Paradis (XIIe s.) entre deux épais contreforts couronnés de pinacles; le croisillon Nord, sans portail, a également des contreforts à pinacles. La longueur totale de l'édifice est de 110 m., la hauteur sous voûte atteint 20 m. dans la nef, et 29 m. 90 sous la lanterne. M. l'abbé V. Hardy a publié en 1918 une magnifique monographie du monument (imprimerie Frazier-Soye, Paris).

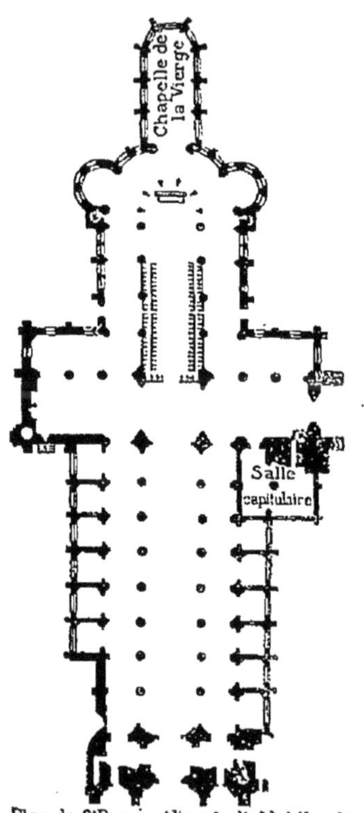

Plan de St Pierre, d'après l'abbé Hardy

L'intérieur, avec ses puissants piliers cylindriques à chapiteaux de feuillages, est d'un aspect robuste, sobre et sévère, surtout dans la nef et les transepts, où s'affirme dans toute sa pureté le style gothique primitif de la fin du XIIe s.; le chœur, d'un style plus avancé, accuse déjà les caractères du gothique normand du XIIIe s.

Bas-côté dr. — Aux 2e, 3e et 4e fenêtres, *vitraux* du XVe s. : Pentecôte, Couronnement de la Vierge, Ascension. — 1re chap. : tableau de St Pierre prêchant, par *Larrieu*. 2e chap. : St Paul devant l'Aréopage, par *Lagrenée*. 3e chap. : Délivrance de St Pierre par l'ange, par *Taillasson*. 4e chap. : Extase de St Jérôme, et Ste Cécile, par *P. Guérin*. 5e chap. : la Cène, par *M. Descours*, et Ste Anne faisant lire la Vierge : autel moderne, en argent plaqué et repoussé, avec cabochons. 6e chap. : Résurrection de Thabite, par *Le Monnier* (1770). 7e chap. : l'Ange gardien, par *E. Krug* (1875). 8e chap. : Apothéose de St Charles (XVIIIe s.). Chaire de 1854, style du XIIIe s. Orgue de Cavaillé-Coll (1871). Le chœur est fermé par une grille de fer forgé (1864).

Transept dr. — Vitrail du XVe s. : St Pierre crucifié. Au mur de dr., *bas-relief* du XVe s. : le Donateur est agenouillé devant la Vierge et lui est présenté par St Sébastien. Tambour de la porte, dont le riche *plafond* à caisson (fin de la Renaissance), sous le porche, provient, ainsi que les autres boiseries, d'une ancienne tribune, dite de Ste Cécile, qui servait aux musiciens de la cathédrale.

Chœur. — La tour centrale forme une belle lanterne à l'entrée du chœur. *Stalles* du xvie s. — Jolies arcatures au déambulatoire. Aux fenêtres, vitraux de Laurent Gsell, en style du xiiie s. La chapelle absidale, ou chapelle de la Vierge, a été refaite au xve s. (1432-1442), par les soins de Pierre Cauchon, le trop fameux juge de Jeanne d'Arc, alors évêque de Lisieux, qui y fut inhumé dans un caveau, près de l'autel; à g., statue en marbre de Jeanne d'Arc, par Desvergnes, sur l'emplacement du tombeau de Cauchon (1912); au mur, élégantes arcatures. 8 *bas-reliefs* du xve s., encastrés dans le mur, dont deux, à g. de l'autel, figurent la Passion et la Résurrection; ils semblent provenir d'un ancien jubé, construit dans la cathédrale à la Renaissance, et détruit en 1682; verrières de 1856.

Transept g. — 2 sépultures en arcades, dans l'épaisseur du mur; à g., 2 statues mutilées; en dessous, 5 médaillons, *anges* en bas-relief; en avant, tombe avec statue brisée d'un évêque. Au-dessus des autels St Pierre et St Paul, 2 vitraux du xiiie s. : scènes de la vie de St Jean Porte-Latine, Martyre de St Sébastien, attribué à A. Carrache. — A la sacristie : portraits d'évêques de Lisieux et de curés de la cathédrale. Dans la haute sacristie, *trésor* : vitrail du xiie s., portrait de Léonor Ier de Matignon, bréviaire de Mgr de Condorcet, 2 statues en bois doré du xviie s. (Ste Ursule et N.-D. de Liesse).

Bas-côté g. — En descendant : 1re chap. : St Pierre guérissant les malades, par Robin, et Présentation de la Vierge. 2e chap. : Pietà (xviie s.). 3e chap. : confessionnal sculpté (xviie s.); ancienne croix en bois sculpté. 4e chap. : dalle tumulaire du xive s.; Présentation au Temple (xviiie s.). 5e chap. : tableau de la Visitation (xviie s.). 6e chap. : l'Annonciation, tableau du xviie s. En bas du bas-côté, monumental crucifix en bois sculpté, moderne, avec serpent enroulé autour de la croix, sur un autel en bois sculpté.

Attenant à la cathédrale, l'ancien *palais épiscopal* se compose de constructions diverses. La façade, sur la place Thiers, est en pierre et brique, de style Louis XIII, avec des toitures d'ardoise; elle a été élevée par l'évêque Cospeau, aumônier de Louis XIII. L'édifice renferme le tribunal, le musée et la bibliothèque (*V.* ci-après); une aile a été ajoutée récemment à g. pour recevoir la poste; il est question d'y transférer la bibliothèque pour agrandir le musée.

Passant sous le portail voûté avec porte à panneaux anciens, on se trouve dans la cour Matignon : à dr. est le tribunal; s'adresser au concierge, sous le portail, pourboire.

Le tribunal a reçu un lourd fronton néo-grec et un péristyle à colonnes. Un escalier, avec *rampe* en fer forgé, du xviie s., aux armes des Matignon, mène à la *Chambre Dorée*, dite aussi appartement du Roi, qui était le salon de réception des évêques de Lisieux. La décoration de cette pièce, du xviie s., est remarquable. Très beau plafond, peint et doré, où sont représentées les armes de l'évêque Léonor II de Matignon; médaillons en grisaille, par Calville (1643), encadrés de guirlandes de fleurs et fruits, et de femmes-sphinx. Même décoration des fenêtres. Au-dessus de la cheminée, la Découverte du feu, par *Jacques Stella*. Aux trumeaux, 3 peintures anciennes : Tobie et l'Ange; la Manne dans le désert; l'Ane de Balaam. Portrait du duc de Bourgogne, en costume romain, par *Rigaud*.

Derrière le tribunal, ancienne cour de la Gendarmerie, d'où l'on a une belle vue sur le flanc g. de la cathédrale, et où subsistent quelques restes de l'habitation féodale des premiers évêques de Lisieux.

Au fond de la cour Matignon, un escalier monte au jardin public, sur lequel donne une autre façade de l'ancien évêché, du milieu du XIXe s., avec des colonnes et un fronton. C'est dans ce bâtiment qu'est installé le musée.

Le *musée* renferme quelques bonnes œuvres d'art et des objets intéressants. Il est public le dim. et le jeudi. de 13 h. à 16 h.; les autres j. et heures, s'adresser au concierge du tribunal, pourboire; entrée sur la façade du jardin.

Dans l'escalier, en bas, moulage du Lion de Barye, puis des bas-reliefs de l'Arc de Triomphe, de Paris, et de ses 2 Renommées, par *Pradier*. — Tableaux et gravures.

1re Salle. — Les vitrines du milieu renferment des poteries, vases de verre et objets divers gallo-romains, trouvés à Lisieux et aux environs : on y remarque de charmantes statuettes, en terre cuite blanche, figurant des Vénus et des Junon; à signaler aussi des colliers mérovingiens et de nombreuses petites sonnettes de bronze. Coq en cuivre, du clocher de l'église Saint-Pierre, daté de 1818. Bas-reliefs de l'Arc de Triomphe de Paris, par *Champonnier*. Renommées de l'Arc de Triomphe et fronton de l'église de la Madeleine, au-dessus de la fenêtre, par *Pradier*.

2e Salle (de dr. à g.). — *Rook*, Sur la falaise; *Salles*, Poste à Lisieux; *Picabia*, Port de Villeneuve; *Boudin*, Paysage; *Lanoüe*, Ile de Caprée (époque de 1830); *Flandrin*, Jésus et les petits enfants; *Laure*, Milton dictant le « Paradis Perdu »; *Dubufe*, Tobie ensevelit les morts; *Cormon*, Femme nue; *P. Colin*, la Ferme Groult, à Criquebeuf; *Hesse*, la Liberté (beau tableau de l'école romantique; 1848); *Coignard*, Bestiaux à l'abreuvoir; **Carrache* (attribué à), les Pestiférés; *Inconnu*, Vierge du XVIe s. (sur bois); *Gué*, Louis de Bourbon-Condé, à la cour de François II, est accusé de conspiration et comparaît devant les Etats assemblés; *E. Duchesne*, Charlotte Corday; *Gosse*, J. Le Hennuyer, évêque de Lisieux, sauvant les protestants du massacre de la Saint-Barthélemy; *Dubufe*, portrait; *Heusse*, Guizot; *Mouanteuil*, Mont Saint-Michel (curieuse vue du mont et de l'abbaye, en 1840, lorsque n'existaient ni la digue, ni la flèche de l'abbaye); *Weisz*, Fiancée slave.

Sculpture : *Chevalier*, les Martyrs; *Molchnecht*, Vénus à la coquille.

Le *jardin public*, qui est en partie l'ancien jardin à la française de l'évêché, avec de vieux arbres, un bassin à jet d'eau et un kiosque à musique, offre une belle perspective sur les tours de la cathédrale et le musée.

Si, traversant le jardin public, on en sort par le boulevard Carnot, que l'on prend à dr., on trouve la rue Olivier qui mène, à g., au boulevard Herbet-Fournet, route de Trouville. En contre-bas, à g., par le boulevard Nicolas-Oresme, on gagnerait la *gare du Grand-Jardin*, station de la ligne de Trouville, où le ch. de fer sort du tunnel par lequel il passe sous Lisieux.

Suivant le boulevard Herbet-Fournet, on y trouve presque aussitôt, à dr., l'entrée du jardin de l'Etoile. Le *jardin de l'Etoile*, où l'on entre sans sonner, par la porte blanche, appartient à une société d'actionnaires et est réservé aux abonnés; les touristes sont admis à le visiter sur demande à la concierge. Il est accidenté et pittoresque, avec des arbres magnifiques, des pelouses, des charmilles, un tennis. — A la sortie du jardin, un petit chemin, à g., monte, en quelques min. à la maison natale de la sœur Thérèse : on peut visiter; on y vient en pèlerinage.

Environs. — A 2 k. S.-E., sur la route d'Orbec, *les Pavements*, construction du XVIe s., auj. maison de ferme; — à 3 k. S.-E., à *Beuvillers*, manoir du XIVe ou XVe s.; — à 4 k. O., au delà de *Saint-Désir*, établissement horticole de Pommeraie; — à 6 k. N.-E., *Hermival*, église des XIe et XIIIe s., château du XVIe s.; — à 12 k. E., *Fumichon*, château du XVIe s., flanqué d'une grosse tour; — à 13 k. E., *Marolles*, église, château et maison du XVIe s.; — à 13 k. N.-E., *Moyaux*, église des XIIe et XIIIe s. avec tour romane, château Louis XIV avec tapisserie représentant l'Histoire d'Annibal.

A 4 k. N.-N.-O., *Ouilly-le-Vicomte*, dont l'*église*, construite en petit appareil, est une des plus anciennes de la Normandie (IXe ou Xe s.) : lutrin en bois sculpté, du XVIe s., maître-autel et retable en bois de la Renaissance, fonts baptismaux du XVe s.; manoir en bois, du XVIe s. A 2 k. 5 au N., *Coquainvilliers* a une *église* du XIIIe s., avec porte sculptée, piscine du XVIe s., lutrin en bronze, les ruines du *manoir de Prie* (XVIe s.) et le *manoir du Pontif*, avec tapisseries Renaissance représentant des épisodes de la Jérusalem délivrée. — Près de Coquainvilliers, la Touques reçoit à g. le ruisseau de *Manerbe*, qui baigne, à 4 k. env. du chemin de fer, le village de ce nom, dont l'*église* (XVe s.) offre des vantaux de porte ornés de sculptures du XVIIe s., un maître-autel du XVIIe s. avec retable de la même époque, des vitraux de la Renaissance, des confessionnaux formés de fragments de retables sculptés (XVIe s.) et un chœur pavé de dalles tumulaires. Le château, situé en face de l'église, est moderne. Il ne reste que les communs de l'ancien château, qui datait de Louis XIV.

Norolles, à 7 k. N., sur le penchant du coteau boisé qui ferme la vallée de la Touques à l'E., à 1 k. 5 du ch. de fer de Trouville, est situé sur le bord d'un ruisseau dans une gorge pittoresque. L'église offre une nef et un chœur gothique, un portail du XVIe s., des traces de litre funèbre à l'extérieur, un autel du XVIIe s. provenant de la chapelle du manoir de Prie, dans le transept N.; des statues du moyen âge et des pierres tombales; dans la chapelle du transept N., un banc d'œuvre de la Renaissance; un tabernacle du XVIIIe s. dans la chapelle du transept S. Signalons aussi : le manoir de la Pelletière (XVIIe s.); le château du Malon (XVIe s.), avec porte flanquée de 2 tourelles; la ferme de la Vallée (XVIe s.) : au centre de la façade, tourelle carrée, cheminée Renaissance, solives ornées de sculptures.

La route qui conduit à Norolles laisse à 4 k. (1 k. 8 à dr.) *Rocques*, où une route directe de 4 k. conduit à Lisieux, dans une situation pittoresque au pied de coteaux boisés : l'*église* a un chœur et une tour carrée du XIIIe s., un remarquable porche en bois du XIIIe s. avec salamandre, et à l'intérieur un porte-cierges Louis XIII en bois sculpté. La route de Norolles laisse ensuite à g. le château de Bouttemont (XVIe et XVIIIe s.).

Sur le territoire de Norolles, à 2 k. S.-E. de la station de Breuil-Blangy (p. 280), le château moderne de *la Montellerie* est une reconstitution d'un ancien manoir normand, en pierre et en bois : magnifiques boiseries, panneaux sculptés et cheminées en marbre Renaissance, tapisseries. — 2 k. plus loin, le *château de Combrel* est une jolie construction de l'époque Louis XIII, d'un grand caractère, que précède un jardin français orné de groupes et de vases provenant d'Italie : tapisseries, plafond provenant du palais Vandramin de Venise, boiseries qui fermaient le chœur des chanoines dans la cathédrale de Lisieux.

Le Val-Richer (11 k. O.). — On suit la route de Caen jusqu'à (6 k.) *la Boissière* : dans l'église, tabernacle du XVIIe s.; 1 k. plus loin, on laisse la route à g. pour prendre à dr. le chemin de Saint-Ouen-le-Pin.

Entre la Boissière et l'embranchement on laisse à dr. le chemin du (2 k. 6) *Pré-d'Auge*, village qui fut aux XVIe et XVIIe s. le centre d'une fabrication importante de poteries, dont les produits remarquables étaient recherchés dans toute la Normandie, notamment les brillants épis, en terre cuite émaillée, qui couronnaient les faîtes des manoirs et des maisons bourgeoises, et qui rivalisaient par l'originalité de la composition et l'éclat du coloris avec les faïences de Bernard Palissy. Dans l'église, maître-autel Louis XV, avec un tableau, St Sébastien, donné par Guizot. Beaux ifs à l'entrée du cimetière. Au pied du coteau qui porte l'église, fontaine, but de pèlerinage, à côté de laquelle le tronc d'un vieux chêne renferme une statue en pierre de St Méen.

9 k. *Saint-Ouen-le-Pin* conserve, dans son église, un lustre en cristal et un autel Louis XV, avec parement en toile peinte provenant du Val-Richer, des tableaux, des autels ornés de peintures, un groupe en pierre, Ste Anne et la Vierge. Dans le cimetière repose Guizot.

11 k. Restes de l'*abbaye du Val-Richer*, transformés en château, que l'on peut visiter, par le célèbre ministre et historien Guizot, qui y a écrit plusieurs ouvrages et qui y est mort, au mois de sept. 1874. Le domaine du Val-Richer est une des plus importantes exploitations agricoles de la Normandie. Il compte 75 hect. de prés et 100 hect. de bois. L'abbaye, fondée pour des Cisterciens vers l'an 1167, eut pour premier abbé Thomas, qui avait été moine de Clairvaux et disciple de St Bernard. Ruinée par les guerres aux XIVe et XVe s., désorganisée au XVIe s. par la Réforme, elle fut reconstruite au XVIIe s. Les restes des bâtiments conventuels ont été restaurés. L'ancien carrelage à dessins de l'église, retrouvé dans un grenier, a été disposé en bordure de fenêtres. Dans le vestibule est encastrée dans le mur la pierre tombale de Dominique Georges, abbé réformateur du Val-Richer, qui avait été transformée pendant la Révolution en auge d'écurie, et que les propriétaires actuels, petits-enfants de Guizot, ont retrouvée en 1913. Au rez-de-chaussée se trouvent la bibliothèque et le salon, avec des bustes, des portraits de famille et des portraits offerts à Guizot par lord Aberdeen, la reine Isabelle d'Espagne, le roi Louis-Philippe. Au 1er étage, la chambre à coucher de Guizot est restée telle qu'au jour de son décès; à côté, son ancien cabinet de travail renferme de nombreux volumes, parmi lesquels des publications de bibliophiles et un livre avec dédicace, offert par la reine Victoria.

Fervacques (13 k. S.; on peut combiner la visite de Fervacques avec celle des châteaux de Mailloc et de Mesnil-Guillaume, p. 263, en une demi-journée.) — On croise le ch. de fer de Paris à Caen pour parcourir sur la rive dr. la vallée de la Touques, parsemée de fermes de construction ancienne. On suit la route de Livarot jusqu'au point (4 k.) où cette route rencontre la Touques, en face de *Saint-Martin-de-la-Lieue* : église en partie carolingienne, avec statue en bois de St Martin, du XVIe s.; à *Saint-Hippolyte*, 1 k. 5 N.-N.-O., petit manoir du XVe s., avec colombier du XVIe. — Laissant alors à dr. cette route, qui franchit la rivière, on reste sur la rive dr., que l'on continue à remonter. Sur la rive g., *Saint-Germain-de-Livet* avec un château des XVe et XVIe s. (3 k. S. de Saint-Martin).

7 k. *Saint-Jean-de-Livet* : église romane, avec fragments carolingiens et deux anciennes statues d'évêques; colombier hexagonal d'un ancien manoir; chapelle Sainte-Barbe-des-Bois, XVe s. — 9 k. *Prêtreville* : manoir de Querville, XVIe et XVIIe s. — En face du château de Caudemone (rive g.), entouré de futaies, la Touques, se partageant en deux bras, forme une île, au delà de laquelle on laisse à dr. Auquainville, puis Saint-Aubin-d'Auquainville, sépulture de famille du marquis de Custine.

13 k. *Fervacques* : église avec tour romane et grand retable du XVIIe s. Le *château*, qu'on visite seulement avec une autorisation spéciale, est précédé d'une magnifique avenue d'ormes centenaires et entouré en partie par la Touques; c'est une construction des XVe, XVIe et XVIIe s., édifiée en grande partie par Guillaume de Hautemer, maréchal de Fer-

vacques, pour y recevoir le roi Henri IV, dont la chambre avec le mobilier a été conservée. Il appartient à la comtesse de Montgomery, qui y a réuni des objets d'art et des antiquités.

DE LISIEUX A LA TRINITÉ-DE-RÉVILLE (ch. de fer Etat, 32 k.; 5 fr., 3 fr. 40, 2 fr. 20). — Le ch. de fer se détache de la ligne de Paris à la halte de Glos, pour remonter, sur la rive g., la vallée d'Orbec. — 6 k. *Le Mesnil-Guillaume* : château du début du XVIIe s. acheté en 1915 par M. Charles Humbert, sénateur de la Meuse. — 8 k. *Saint-Martin-de-Mailloc*, fabriques de draps et de fromages.

11 k. *Saint-Pierre-de-Mailloc* : église de 1769, avec un lutrin du XVIe s. A g., le ***château de Mailloc**, une des plus vieilles baronnies normandes, propriété du comte de Colbert-Laplace, offre des traces de constructions de diverses époques; il est flanqué de 4 grosses tours rondes, à mâchicoulis et créneaux, portant chacune le nom d'un des quatre villages dont il est le plus rapproché, Saint-Pierre, Saint-Julien, Saint-Martin, Saint-Denis-de-Mailloc, qui dépendaient autrefois de la baronnie. Pour la visite, s'adresser au régisseur.

Au 1er étage, chambres à coucher : tableaux de *Van der Werff* (1659-1722) et de *Fragonard*; plusieurs tableaux modernes; François Ier, par *Decaisne*; épée de Charles-Quint; buffet sculpté de la Renaissance. Salon et salle de billard : tableaux de *Ruysdaël*, le Champ de blé; de *Backhuysen*, *Bassan*, *Marilhat*, etc.; statuettes antiques en bronze; bronzes et terres cuites modernes. Grand salon blanc : tapisseries anciennes, Scènes de la « Jérusalem délivrée »; buste du savant *Laplace* et de son fils, le général marquis de Laplace. Salle à manger dans une tour : portrait de Catherine de Maintenon. — Dans l'escalier, tapisserie du XIVe s., Jupiter et Danaé; rampe en fer forgé. — Sur le palier, meuble en marqueterie italienne; armes du XVIe s. — Au 2e étage, chambres à coucher : dessus de portes genre Watteau; meuble Louis XV; lit Henri II. Bibliothèque, composée en partie de celle du savant Laplace : statue en plâtre de Laplace, par *A. Barbé* (1846); au-dessus, portrait du même, en costume de chancelier du Sénat, par *Naigeon*; armes du général de Laplace. Autre bibliothèque dans la tour.

12 k. *La Chapelle-Yvon*, filatures. — 16 k. *Saint-Martin-de-Bienfaite* : église du XVe s.; restes d'un château : petit château du XVIIe s.; filatures.

19 k. **Orbec** (hôt. *de Lisieux*, T.C.F.), petite ville de 2,974 hab., ch.-l. de c., possède des rues anciennes et curieuses et plusieurs *hôtels* des XVIIe et XVIIIe s. Le ch. de fer passe au bas d'une colline boisée, à g. de la vallée; la ville est sur la colline opposée. Entre les deux s'étendent les prairies parcourues par l'Orbiquet. L'avenue de la Gare franchit la rivière et conduit à la rue de Livarot, qui aboutit dans la rue Grande, où sont les hôtels. En suivant à dr. cette dernière, la principale d'Orbec, on rencontre à dr. la rue Guillionnière (à l'angle, maison du XVIe s., en brique et en bois), à g., la rue de Geôle (à l'angle, maison ancienne), puis le beffroi en brique de l'hospice, ensuite à dr. la rue Carnot allant à l'hôtel de ville, et du même côté l'*hôtel de l'Equerre*, maison en bois du XVe s. La rue Grande aboutit à l'église.

L'*hospice* (XVIe s.) a une chapelle du XVe s., dont la façade gothique en brique est dominée par un intéressant petit clocher (XVIe s.).

L'*église Notre-Dame* (XVe s.) est accompagnée à g. d'une grosse tour carrée du XVIe s., ornée sur une des faces d'une statue en pierre de la Vierge, et surmontée elle-même d'une tour du XVIe s. Dans le bas-côté dr., 3 beaux *vitraux* du XVIe s., arbre de Jessé, etc.; dans le bas-côté g. (1re travée), tableau allégorique (XVIIe s.) et chapelle des fonts baptismaux; sous le clocher, qui surmonte ce bas-côté g., Assomption, toile du XVIIIe s.; à la dernière travée formant un faux transept, *vitrail* du XVIe s. : Vie de St Jean-Baptiste. Remarquable *buffet d'orgue* (XVIe s.)

En amont d'Orbec, l'Orbiquet n'est plus un ruisseau manufacturier, mais un des cours d'eau les plus ingénieusement aménagés de la France pour les irrigations. Sa principale source, à (2 k. S. d'Orbec) *la Folletière*, où l'on voit un if énorme au cimetière, est d'une extrême abondance. La rivière est alimentée aussi à son origine par le ruisseau de *Friardel*, qui baigne les débris d'un prieuré : église du XIIIe s., avec peintures murales.

23 k. *La Folletière* (*V.* ci-dessus). Le paysage sec et pierreux, avec bois de pins et sapins, contraste avec les grasses vallées voisines. — 26 k. *La Chapelle-Gauthier*. On descend vers la vallée de la Charentonne, plus profonde et plus sévère que celle de l'Orbiquet.

32 k. *La Trinité-de-Réville* (p. 253) où l'on rejoint la ligne de Bernay à Sainte-Gauburge.

DE LISIEUX A TROUVILLE-DEAUVILLE ET A HONFLEUR, p. 280 à 283.

DISTANCES PAR LA ROUTE, de Lisieux à : Alençon, 88 k.; Argentan, 69 k.; Bernay, 30 k.; Caen, 49 k.; Chartres, 133 k.; Cherbourg, 169 k.; Dreux, 83 k.; Evreux, 72 k.; Falaise, 46 k.; Honfleur, 31 k.; Houlgate, 29 k.; Laigle, 54 k.; Louviers, 72 k.; Mortagne, 87 k.; Paris, 166 k.; Pont-Audemer, 36 k.; Pont-l'Evêque, 17 k.; Rouen, 82 k.; Sées, 68 k.; Trouville, 29 k.; Villers-sur-Mer, 35 k.

EN QUITTANT LA GARE DE LISIEUX, on découvre la ville, à dr., et l'on traverse la Touques pour s'élever par le vallon du Surieux jusqu'au tunnel de la Motte (2,528 m.). Au delà, à dr., *la Houblonnière* : dans l'église, des XIIIe et XVe s., cuve baptismale du XVe s. A g., *Lécaude* a une église du XIIe s., avec croix byzantine, et un manoir du XVIe s. A dr., *Monteille* est dominé à l'O. par les restes du château de Mont-à-la-Vigne (XVe et XVIe s.). On franchit les deux bras de la Vie.

209 k. *Mesnil-Mauger* (hôt. *de la Vérité*, T.C.F.), où la Viette rejoint la Vie. *Eglise* avec tour romane et chœur du XIIIe s.; restes de vitraux des XIIIe et XVIe s.; retable Louis XIV; fonts baptismaux du XVe s. *Ferme du Coin*, en bois (XVe-XVIe s.), entourée de fossés pleins d'eau.

A 9 k. N.-N.-E., *Cambremer* (hôt. *Patin*, T.C.F.) est un ch.-l. de c. de 891 hab., jadis une des 7 baronnies de l'évêché de Bayeux : église avec clocher du XIIe s.; manoir du Bais.

DE MESNIL-MAUGER A SAINTE-GAUBURGE (ch. de fer, Etat, 63 k.; 9 fr. 85, 6 fr. 65, 4 fr. 35). — On remonte la rive g. de la Vie. A g., *Grand-Champ* : château des XVIe et XVIIe s., en partie en bois.

15 k. *Livarot* (hôt. *de Paris*, dipl. T.C.F.), est un ch.-l. de c. de 2,281 hab., sur la Vie, près de vastes prairies. Les fromages de Livarot, ainsi que les beurres, sont l'objet d'un commerce considérable. Eglise avec nef et façade des XVe et XVIe s. Maisons anciennes. Manoir de la Pipardière, en pierre et en bois (fin du XVe s.).

On dépasse ensuite, à g., au sommet d'une colline, le château de Neuville (XVIIIe s.) entouré de grandes futaies. — 21 k. *Sainte-Foy-de-Montgomery*, village qui a donné son nom à l'une des plus illustres familles normandes. A côté d'un manoir en bois, de la fin du XVIe s., une motte et des retranchements sont les seuls restes du château de Montgomery, qui fut le centre d'un comté dont relevaient 150 fiefs.

24 k. **Vimoutiers** (hôt. *du Soleil-d'Or*, T.C.F.), petite ville de 3,151 hab., ch.-l. de c. sur la rive g. de la Vie, entre des collines boisées, au milieu de riches pâturages. Vers l'an 1040, Alain de Bretagne, allant assiéger le châtelain de Montgomery, révolté contre lui, fut empoisonné à Vimou-

tiers où il s'était arrêté. Dans le transept de l'église, grandes statues de saints, des XVIe et XVIIe s. Deux maisons en bois, dont l'une est ornée de sculptures Henri III. Grand commerce de fruits et surtout de fromages dits de *Camembert*, village à 5 k. S.-O. — A 1 k. S.-O., village des Champeaux, dont dépend (1 k. au delà) la *ferme du Ronceray*, où Charlotte Corday naquit le 27 juillet 1768. C'est une maison à poutres apparentes, isolée au milieu d'un verger de vieux poiriers. — A 3 k. 5, au delà du Ronceray (11 k. 5 de Vimoutiers) petit village d'*Ecorches* : dans l'église, fonts baptismaux sur lesquels Charlotte fut baptisée; l'acte de baptême est conservé à la mairie. A 6 k. N.-O. d'Ecorches, 1 k. au delà de Saint-Gervais-des-Sablons, le vieux *manoir de Glatigny*, en pierre et bois, entouré d'eau, a été également habité par Charlotte Corday.

Au delà de Vimoutiers, la voie quitte la vallée de la Vie pour se diriger vers l'E. et traverser la chaîne de collines qui sépare les vallées de la Vie et de la Touques.

33 k. *Ticheville-le Sap*. A *Ticheville*, sur la rive g. de la Touques, église avec porte du XIe s. et tableau, la Trinité, de Jean Jouvenot; chapelle d'un ancien prieuré (XIVe s.). *Le Sap* (hôt. *de l'Ecu-de-France*, T.C.F.), à 6 k. E., avec église du style de transition, est un village industriel et commerçant de 1,243 hab., sur un plateau de 243 m., entre la Touques et l'Orbec. — La voie remonte la vallée de la Touques. — 46 k. *Gacé* (hôt. *de l'Etoile-d'Or*, T.C.F.). ch.-l. de c. de 1,743 hab., petite ville industrielle, avec les restes d'un château (XVIe s.) où naquit le maréchal de Matignon (1647-1729). — 51 k. *Cisai-Saint-Aubin*, ruines d'un château du XVIe ou XVIIe s.

57 k. *Echauffour*, où l'on rejoint la ligne de Bernay (p. 253).

Au delà de Mesnil-Mauger la voie franchit la Dives près d'*Ecajeul* : église romane et restes d'un prieuré (3 k. S.-E. de Mézidon).

216 k. **Mézidon** (buffet; hôt. : *du Chemin-de-fer*, T.C.F.; *d'Europe*) est un ch.-l. de c. de 1,425 hab., sur la Dives.

DE MÉZIDON A TROUVILLE-DEAUVILLE (ch. de fer, État, 51 k.; 7 fr. 95, 5 fr. 40, 3 fr. 50). — La ligne, se dirigeant vers le N., dessert : 2 k. *halte de Mézidon*, plus rapprochée du bourg que la gare principale. — 5 k. *Magny-le-Freule*, sur la Dives : église du XIIe s. La voie s'éloigne de la Dives. — 7 k. *Bissières*. — 8 k. *Lion-d'Or-Croissanville*. Près de la gare, château de la Chapelle (XVIIe s.). *Croissanville* est situé sur le Laison, dont on domine à g. la vallée; — 9 k. *Méry-Corbon* : église romane; manoir de Montfreule, XVIe s. — La voie, regagnant la vallée de la Dives, franchit cette rivière. On entre dans la *vallée d'Auge*, renommée par ses vergers, ses herbages et ses bestiaux.

14 k. *Hotot-en-Auge*. Eglise des XIIe et XVe s., avec restes de vitraux de la Renaissance, tombe du XVIe s., statue gothique de Ste Apolline et, sous la chaire, statue du XIIIe s. Château du XVIe s., flanqué de tourelles. — A 3 k. 5 E., *Victot-Pontfol*. A Victot, château de la fin du XVIe s. et haras, un des plus célèbres de la Normandie, domaine de 200 hect. d'herbages arrosés par la Dorette.

16 k. *Beuvron-en-Auge*, près d'un ruisseau limpide, le Douet : maison en bois du XVe s.; de la motte de Clermont, qui domine toute la vallée d'Auge, magnifique panorama.

20 k. **Dozulé-Putot** : bifurc. pour Caen (p. 340). A 1 k. S.-E., *Putot-en-Auge* a une église avec chœur roman du XIIe s.; la porte principale offre un triple rang d'archivoltes richement ornementées et, au tympan, un bas-relief de la Passion. A 3 k. E., *Dozulé* (voit. de corresp.; hôt. *du Lion-d'Or*) est un ch.-l. de c. de 834 hab., formé d'une longue rue, avec

des maisons en briques à damiers; église moderne, de style gothique. Courses de chevaux, en sept. Importants marchés et foires.

25 k. *Brucourt-Varaville* (p. 317).

28 k. *Dives-Cabourg*, station desservant Dives, à l'E. (p. 312) et Cabourg, à l'O. (p. 314); bifurc. pour Bénouville-Caen, p. 340. — Pour la suite de l'itinéraire jusqu'à Trouville-Deauville, p. 302 à 312 en sens inverse.

De Mézidon a Falaise et Argentan, p. 353.

Au delà de Mézidon, la voie franchit le Laison, près de *Canon*, à 3 k. O. : église du XIIIe s.; château moderne, avec petit château du XVIIe s. dans le parc; lieu de naissance du naturaliste *Elie de Beaumont* (1798-1874). On franchit la Muance.

225 k. *Moult-Argences*. A *Moult* (hôt. *des Voyageurs*, T.C.F.), église avec chœur du XIIe s. *Argences*, à 3 k. N.-E., est un bourg de 1,447 hab., avec l'ancienne église Saint-Patrice (XIe, XIIe et XVe s.), qui ne sert plus au culte. Au S.-O. d'Argences, *Vimont*, où l'archéologue Arcisse de Caumont a fait ériger une colonne commémorative de la victoire remportée au Val-ès-Dunes, en 1047, par Guillaume le Conquérant et le roi de France Henri Ier, sur les seigneurs du Cotentin et du Bessin.

231 k. *Frenouville-Cagny*. A *Frenouville*, église des XIIe et XIIIe s., et borne milliaire dans le parc du château. A *Cagny*, église des XIIe et XIVe s.; bâtiments (XVIIe s.) d'un ancien prieuré, disposés autour d'une tour et d'une église romane, qui sert d'écurie et de bûcher; château de la fin du XVIe s. — La voie descend dans la vallée de l'Orne.

239 k. *Caen* (buffet), p. 318.

20. — DE ROUEN A DREUX ET A CHARTRES (ORLÉANS)

Chemin de fer : Etat, *gare d'Orléans*, pl. Carnot, 156 k. jusqu'à Chartres, en 4 h. 30 env.; 24 fr. 40, 16 fr. 45, 10 fr. 75; — 232 k. jusqu'à Orléans; avant la guerre un express quotidien partant de Rouen-Rive-Droite reliait directement Rouen à Orléans en 5 h.; 36 fr. 25, 24 fr. 45, 15 fr. 95.

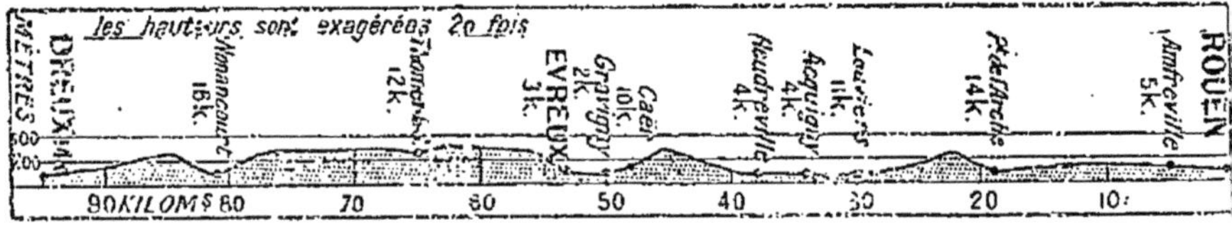

Route : 93 k. par (17 k.) *Pont-de-l'Arche*, d'où on monte à 129 m. d'alt., à travers la forêt de Pont-de-l'Arche; descente dans la vallée de l'Eure à (28 k.) *Louviers*; 6 k. de plus en passant par (12 k.) Elbeuf. Au delà de Louviers, traversée de l'Iton, que l'on retrouve à Caër après s'être élevé à 110 m. A partir d'Evreux, route droite, sur un plateau de 150 m. d'alt., jusqu'à *Nonancourt*, où l'on franchit l'Avre.

Le ch. de fer sort de Rouen par le faubourg Saint-Sever. — 3 k. *Petit-Quevilly* (p. 80). — 5 k. *Grand-Quevilly* (p. 80). — 9 k.

Petit-Couronne (p. 80). — 12 k. *Grand-Couronne* (hôt. *Saint-Pierre*), ch.-l. de c. de 1,429 hab., dominé par la forêt de Rouvray : *église* avec clocher et chœur du XVIe s.; fabriques de dentelles. De vastes prairies communales nourrissent un grand nombre de vaches laitières. — On domine à dr. la vallée de la Seine.

15 k. *La Bouille-Moulineaux* (hôt. *de la Gare*), station isolée avec un petit hôtel, à 57 m. d'alt., à l'entrée de la forêt de la Londe. Elle dessert le village de Moulineaux et la Bouille, but d'excursion des Rouennais, les dimanches et jours de fête.

De la gare, 2 routes conduisent à la Bouille : — *A*. La route directe (4 k. N.-O.; courrier postal, 2 fois par j.) descend (bifurc. de dr.) à travers la forêt de la Londe et atteint (1 k.) la petite localité de *Moulineaux* (p. 97). On y prend, à g., la route qui vient de Rouen et qui, suivant le fond de la vallée, amène à la Bouille.

B. Route pittoresque et recommandée (4 k. 5 N.-O.) : On prend à la gare la bifurc. de g., qui se tient sur la hauteur, dans la forêt de la Londe, dominant par intervalles la vallée de la Seine. — 1 k. 5. *Monument de Moulineaux* (p. 98), d'où l'on découvre un magnifique panorama et les ruines pittoresques, restaurées, du **château de Robert le Diable* (p. 98). Au carrefour du Monument on laisse à g. deux routes, celle de la Maison-Brûlée (2 k. 5 au delà, p. 97), par où l'on pourrait également gagner la Bouille, et celle d'Elbeuf (8 k. 5, 5 k. 5 par Orival) qui s'enfonce dans la forêt; on descend à dr. vers la Seine et on atteint la Bouille.

Pour la description de *la Bouille*, p. 96-97.

Au delà de la gare de la Bouille-Moulineaux, le ch. de fer traverse un tunnel, sous la forêt de la Londe. On débouche dans une vallée accidentée et boisée, où on laisse à dr. le viaduc en brique de la ligne de Glos-Montfort et Serquigny (p. 273). — 17 k. *Le Hêtre-à-l'Image*, halte isolée dans la forêt de la Londe (p. 97), à 3 k. N.-O. du village de la Londe (p. 14).

Après un nouveau tunnel, on débouche tout à coup sur les hauteurs d'Orival. Le panorama est très beau : on domine à g. la Seine, bordée de falaises blanches encastrées dans la verdure, la boucle majestueuse que décrit le fleuve, d'Oissel à Elbeuf, et, au delà, une vaste plaine.

21 k. *Elbeuf-Rouvalets*, halte sur la hauteur, d'où l'on a la plus belle vue sur Elbeuf et le paysage environnant. On passe en tunnel sous le cimetière Saint-Étienne, puis on voit à g. Elbeuf et les cheminées de ses usines; à dr., dans un parc, l'ancien château des ducs d'Elbeuf, reconstruit au XVIIIe s.

22 k. **Elbeuf** : description p. 32. D'Elbeuf à Oissel et à Glos-Montfort, p. 13-14.

Au delà d'Elbeuf, le ch. de fer domine la large vallée de la Seine. — 24 k. *Caudebec-lès-Elbeuf*, gros bourg manufacturier, relié à Elbeuf par un tram. Eglise du XVIe s.; fabriques de draps; nombreuses maisons éparses dans des jardins. — 25 k. *Saint-Pierre-lès-Elbeuf*, gros bourg manufacturier, relié à Elbeuf par un tram, à l'issue de la vallée de l'Oison et en bordure de la forêt de Pont-de-l'Arche. Magnifique saule pleureur à la gare. Eglise moderne de style roman. Filatures et tissage, fabrique de produits d'amiante, grande briqueterie.

On quitte la vallée de la Seine pour s'élever entre bois et prairies. — 31 k. *La Haye-Malherbe-Montaure.*

A 2 k. N.-O., château d'Argeronne, de 1650. A 1 k. à g. de la station, *Montaure*, petite ville où logeaient jadis de nombreux tisserands, avant leur absorption par les manufactures d'Elbeuf. Eglise gothique, du xve s. : nef en bois, avec *statue en pierre peinte et dorée du xve s., la Vierge et l'Enfant; tour romane (xie s.) et crypte avec fontaine miraculeuse. Devant l'église, croix ornée, de la Renaissance.

On traverse un plateau de céréales. — 34 k. *Tostes-la-Vallée* (pron. *Tôtes*; hôt. *du Cygne*), halte desservant le village de ce nom, à 2 k. 5 N.-E. (à g.).

L'hôtel du Cygne est situé dans l'ancienne poste aux chevaux : Flaubert et Maupassant y ont séjourné; l'intérieur, avec faïences et meubles anciens, est curieux à visiter.

Le ch. de fer traverse ensuite la forêt de Louviers, puis descend vers la vallée de l'Eure, dominée par des hauteurs boisées; belle vue à g. — 41 k. *Saint-Germain*, halte desservant un faubourg de Louviers. — On traverse l'Eure.

42 k. **Louviers** (buffet), p. 15 : bifurc. pour Saint-Pierre-du-Vauvray et Paris, p. 10.

Le ch. de fer remonte la vallée de l'Eure et laisse à g. *Pinterville* : près de l'église, restes d'un couvent, avec porte en bois sculpté; au cimetière, croix du xve s.; château du xviiie s., habité quelque temps par Bernardin de Saint-Pierre.

48 k. **Acquigny**, dans un beau site, à la jonction des vallées de l'Eure et de l'Iton. A l'église, belles boiseries et riches reliquaires. Au cimetière, chapelle bâtie sur les tombeaux de St Maure et St Vénérand, martyrs (vi^e s.). Château de la Renaissance, époque de François Ier. D'Acquigny à Evreux, p. 242.

A dr., s'ouvre la vallée de l'Iton, que remonte le ch. de fer d'Evreux. — 52 k. *Heudreville*, église en partie romane. — 57 k. *La Croix-Saint-Leufroy* : maison abbatiale du xviiie s., reste de l'abbaye de la Croix, fondée en 788; dans l'église paroissiale, des xve et xvie s., anciens fonts baptismaux sculptés et tableaux du xviie s. provenant de l'abbaye. — 60 k. *Autheuil-Authouillet.* A Authouillet, église avec boiseries du xviie s. et statues anciennes; au cimetière, croix du xve s. — 62 k. *Chambray-Fontaine-sous-Jouy* : château bâti sous Henri IV.

65 k. *Jouy-Cocherel*, station desservant *Jouy-sur-Eure*, qui a une église en partie du xve s., avec restes de vitraux du xvie, et le hameau de *Cocherel*, qui, le 16 mai 1364, a été le théâtre d'une bataille dans laquelle Du Guesclin vainquit les troupes des rois d'Angleterre et de Navarre, et fit prisonnier Jean de Grailly, captal de Buch, qui les commandait; ce fait d'armes est rappelé par un monument qui s'élève sur la g. de la route de Hardencourt à Cocherel, à quelques centaines de m. au S.-O. de l'Eure. A Cocherel, maison de campagne de M. Aristide Briand, ancien président du Conseil : petite maison normande

rustique. — 69 k. *Menilles* : église avec portail à statuettes du temps de Louis XIII; château du XVIe s.

72 k. *Pacy-sur-Eure* (hôt. : *du Lion-d'Or*, T.C.F.; *Saint-Lazare*, T.C.F.), ch.-l. de c. de 2,182 hab., sur la rive dr. de l'Eure, qui y devient navigable. En juillet 1793, le général de Puisaye et les insurgés normands y furent défaits par les troupes de la Convention. Eglise des XIIe au XIVe s.; maison du XVIe s.; monument du député Isambert (1909). De Pacy-sur-Eure à Vernon, p. 9.

77 k. *Hécourt*. — 79 k. *Breuilpont* (hôt. *du Grand-Saint-Martin*) a un château du XVIIIe s.

83 k. **Bueil**, où on croise la ligne Paris-Caen, p. 234. A 3 k. S., *Garennes* (hôt. *Hannebicque*, T.C.F.) : restes des retranchements du camp occupé par le duc de Mayenne, la veille de la bataille d'Ivry; fabrique d'instruments de musique. — La voie traverse l'Eure.

88 k. *Ivry-la-Bataille* (hôt. *Saint-Martin*, T.C.F.), 1,203 hab., sur la rive g. de l'Eure, qui y forme une île. Vestiges d'une triple enceinte et de fortifications. Restes d'une abbaye, fondée en 1071, détruite à la Révolution, et dont fut abbé commendataire le célèbre architecte Philibert Delorme : portail du XIIe s., à statues et statuettes. Eglise (XIVe-XVIe s.) avec un portail latéral, auj. muré, attribué à Philibert Delorme. Fabriques d'instruments de musique, de billes en ivoire et de peignes.

Ivry était jadis une place forte qui fut prise en 1119 par Louis le Gros, en 1193 par Philippe Auguste, en 1418 par Talbot; on appelle encore butte Talbot une butte sur laquelle était placée, dit-on, l'artillerie anglaise. Dunois la fit démanteler, en 1449. Appelé autrefois Ivry-la-Chaussée, Ivry a pris le nom d'« Ivry-la-Bataille » depuis la victoire que Henri IV y remporta sur la Ligue, le 14 mars 1590. Un obélisque commémoratif a été élevé sur le territoire d'Epieds.

92 k. *Ezy-Anet*. La gare est située au petit bourg d'Ezy. Anet (voit. de corresp.) est à 2 k. S.-E.

A 1 k. 5 N.-E., *Saint-Germain-de-la-Trinité* a une fontaine abondante, voisine d'une chapelle souterraine du XIIIe s., but de pèlerinage.

En face de la gare on suit la Grande-Rue d'Ezy, qui est la route d'Anet : grottes habitées; fabriques d'instruments de musique et de peignes. Cette route traverse plusieurs bras de l'Eure, qui serpente dans une vallée verdoyante.

Anet (hôt. : **de Diane*, dipl. T.C.F., 28 ch., spécialité de pâtés; *de la Rose*; *du Cheval-Blanc*), ch.-l. de c. de 1,395 hab., est situé entre l'Eure et la Vesgre, au pied de la forêt de Dreux.

Le ***château** se visite les dim. et jeudi de 14 h. à 17 h., quand le propriétaire, le vicomte de Leusse-Moreau, y réside.

Il fut bâti aux frais de Henri II, pour Diane de Poitiers, par Philibert Delorme, en 1552, décoré par Jean Goujon, Germain Pilon et Jean Cousin. L'œuvre de Delorme se composait d'un corps principal, flanqué de deux ailes qui encadraient une cour d'honneur fermée par un portique. La décoration centrale de la façade du fond de la cour, haute de 22 m., se voit dans la cour de l'Ecole des beaux-arts, à Paris; elle offre un des premiers exemples de la superposition des trois ordres : dorique, ionique et corinthien, tant de fois reproduite depuis lors. L'admirable *fontaine de Diane*, en marbre blanc, chef-d'œuvre de Jean Goujon, orne auj. une salle du Louvre. Le château a été en partie détruit à la Révolution; il n'en subsiste que la porte d'entrée et ses dépendances, une aile de bâtiment, la chapelle, restaurée, et la chapelle sépulcrale.

En arrivant à Anet, on tourne à g. et on parvient immédiatement à l'entrée du château, après avoir dépassé la chapelle sépulcrale. Au delà, promenade de la Friche, vaste pelouse rectangulaire entourée d'allées de tilleuls.

La *grande porte* d'entrée, précédée d'un pont en pierre, à dr. et à g. duquel sont les anciens fossés, est à elle seule un monument remarquable par son architecture harmonieuse et son ornementation; belles cheminées. Cette porte, en forme d'arc de triomphe, offre à son tympan, encadré par une belle archivolte, une copie de la Nymphe de Fontainebleau, célèbre bas-relief en bronze de Benvenuto Cellini, auj. au musée du Louvre. Au-dessous se lisent deux vers latins : PHŒBO SACRATA EST ALMÆ DOMUS AMPLA DIANA, VERUM ACCEPTA CUI CUNCTA DIANÆ REFERT (à Phœbus est consacrée cette vaste demeure de la gracieuse Diane, mais elle est faite pour recevoir celui [Henri II] à qui Diane se reconnaît redevable de tout). Au-dessus, un attique avec horloge entre deux niches est surmonté d'un groupe en bronze, figurant un Cerf entouré par des chiens.

La porte passée, on voit à dr. la chapelle, à g. le château, décoré de pilastres ioniques avec trophée central. Partout, dans la décoration extérieure et intérieure, reviennent les D et les H entrelacés, et le croissant de Diane.

Dans le vestibule, meuble sculpté servant de vestiaire; table en marbre rouge provenant du réfectoire des Cordeliers d'Anet. L'escalier a été construit sous Louis-Joseph de Vendôme (1680) et exécuté d'après les dessins du sieur Desgaux, inspecteur des bâtiments du roi, par un maçon d'Anet. Belle rampe. Banquettes de la Renaissance.

1er étage. — La plupart des salles du château offrent des boiseries, panneaux, plafonds, serrures et heurtoirs, merveilles de ciselure, datant de l'époque ou reconstitués d'après les originaux. — SALLE DES GARDES, dont tout l'ameublement est ancien : *tapisseries* de la fabrique de la Trinité, à Fontainebleau, aux armes et attributs de Diane : Histoire de Latone, Sacrifice d'Iphigénie, Mort de Méléagre, Mort d'Orion; 2 *cheminées* Renaissance, avec émaux, représentant l'ancien château et la porte transportée à l'École des beaux-arts; bas-reliefs d'après *J. Goujon*; candélabres en fer forgé; portraits du duc de Vendôme et du duc de Penthièvre; panneaux de portes du château d'Ecouen; portrait de Henri II, dont l'original était au château d'Azay-le-Rideau; allégorie de Diane. Au-dessus des portes, camaïeux; aux caissons du plafond, armoiries des possesseurs du château depuis son origine. Chenets anciens. Lustres en cristal de Venise. — CHAMBRE A COUCHER ou CHAMBRE D'HONNEUR : lit dit de Diane de Poitiers; bahut de l'ancien mobilier de son hôtel d'Orléans; tapisserie au petit point (Salomon). — Dans une tourelle, cabinet de toilette avec petits vitraux italiens.

On descend par un escalier en bois où se trouvent divers documents anciens, tapisseries, panneaux remontant à l'origine du château.

Rez-de-chaussée. — SALLE DE BILLARD : collection importante de gravures anciennes; remarquer la caricature de Mme de Maintenon; 4 pastels de *Clouet*; deux meubles italiens de la Renaissance. — PETIT

SALON DU FOND : *vitraux* italiens du XVe s., dont l'un offre des « charges » de Henri II et de Diane. — BIBLIOTHÈQUE : Diane à sa toilette, copie d'un tableau ancien; portrait de la nourrice de Charles IX, femme d'Anet que Diane avait envoyée à Catherine de Médicis sur la demande de Henri II; vitraux en grisaille. — SALON BLEU : cheminée avec cartouche en bronze (Henri II) et garniture ancienne; 3 bandes de tapisserie au petit point (scènes bibliques); vitrine de livres provenant de l'ancienne bibliothèque d'Anet : reliures aux armes de Diane, dont une seconde vitrine renferme une mèche de cheveux; 2 salières d'un ancien service de table de la même. — SALON ROUGE : meubles Renaissance, dont l'un entre les fenêtres, sculpté par *J. Goujon*; pendule Renaissance; chenets anciens; plafond du roi Henri II.

On revient dans le vestibule d'entrée, à g. duquel on visite une petite SALLE DE FAÏENCES : plats de *Bernard Palissy*; service japonais du duc de Penthièvre; brocs en cristal de Henri II; tableau ancien, Souper à l'époque de la Renaissance. — SALLE A MANGER : *tapisseries flamandes* (Chasses); *cheminée* en bois sculpté : cariatides de *Puget*, médaillon par *J. Goujon*; pendule, copie d'après celle du palais de justice à Paris; surtout de table Renaissance, en argent, avec deux coupes de mariage.

Un hémicycle, percé au fond de trois arcades, donne accès au bâtiment du Gouvernement, qu'on ne visite pas et qui renferme la salle à manger et le salon de Diane : plafond sculpté, peint et doré; parquet en mosaïque de citronnier, thuya, ébène et chêne.

La *chapelle*, en forme de croix grecque, est précédée d'un péristyle et couronnée d'une coupole : peintures du XVIe s.; mosaïque; sous les voussures des archivoltes et sur les pendentifs, belles sculptures de *J. Goujon*; porte richement sculptée, aux armes de France et de Diane de Poitiers.

Derrière la chapelle sont le pavillon de la Vénerie et la porte de Charles le Mauvais, précédée du pont de pierre que la princesse de Condé fit construire (1728-1723) en remplacement de l'ancien pont-levis. Le pont donne sur la route d'Oulins et Mantes. Le Boulingrin, dessiné par Le Nôtre, est devenu propriété particulière, ainsi que le vaste potager qui lui est contigu. — La *chapelle sépulcrale*, bâtie vers la fin du XVIe s. par Diane de Poitiers pour recevoir son tombeau, transporté par la suite au palais de Versailles, offre une belle façade avec incrustations de marbre.

En face du château s'ouvre la rue principale d'Anet ou rue Diane-de-Poitiers, où sont la mairie et l'hôtel de Diane. En haut de cette rue, à dr., la rue Philibert-Delorme conduit à l'*église*, édifice du XVIe s., précédée d'une avenue de tilleuls. Dans le cimetière, colonne en pierre de 1555 surmontée d'une croix.

Sur les collines qui couronnent Anet commence la *forêt de Dreux* (3,256 hect.). Elle est traversée dans toute sa longueur, par la route d'Anet à Dreux (15 k. S.-O.).

AU DELA D'ANET, la voie ferrée laisse, sur la rive dr. de l'Eure, *Saussay* : papeterie; ruines d'une chapelle du XIIe s. et d'une abbaye appelée la Maison-des-Eaux, entourées de larges fossés.

96 k. *Croth-Sorel*. *Croth*, séparé par l'Eure de Moussel, est tout près de la station; la papeterie mécanique de Moussel,

prenant aux eaux de l'Eure sa force motrice, est la première établie en France (1815); sur la place, statue d'Ambroise Firmin-Didot, par F. Charpentier. Dans le voisinage, la chapelle Saint-Roch est le but d'un pèlerinage. *Sorel*, à 2 k. S.-O., sur la rive dr. de l'Eure, est dominé par un plateau sur les rebords duquel subsistent les ruines d'un *château* qui appartint aux comtes de Dreux et qui, vendu en 1549 à la famille Séguier, fut reconstruit peu après par celle-ci; de la construction de la Renaissance il reste un **portail* isolé, à fronton circulaire surmonté de statues accroupies.

100 k. *Marcilly-sur-Eure* (hôt. *de l'Abbaye*, T.C.F.). Ruines de l'*abbaye du Breuil-Benoît*, fondée pour des Cisterciens, en 1137. De l'église il reste la nef (XIIe s.); châsse du XIVe s. avec reliques de St Eutrope. Le manoir abbatial (XVIe s.) a été converti en château.

104 k. *Saint-Georges-Motel*, où se raccorde la ligne d'Evreux (p. 241). L'église romane (XIIe s.) renferme une verrière, arbre de Jessé, du temps de Louis XII, et des fonts baptismaux.

On franchit l'Avre. A g. *Montreuil* : église des XIe, XIIIe et XVe s., avec restes de vitraux; aqueduc de 30 arches pour le canal portant à Paris les eaux de l'Avre. — Au hameau de *Cocherelle*, curieux dolmen dans la cour d'un moulin et chapelle de N.-D.-de-la-Ronde (XIIe s.), servant d'habitation, dans la forêt de Crotais.

108 k. *Fermaincourt*. — 109 k. *Les Osmeaux-Abondant*. — La voie ferrée franchit les deux bras de la Blaise.

113 k. **Dreux** (buffet), p. 456.

117 k. *Garnay* : aux environs 2 grosses buttes anciennes entourées de fossés. — 121 k. *Aunay-Tréon*. On longe à dr. le bois des Aises, rendez-vous de chasse de Mme de Pompadour. — 132 k. *Saint-Sauveur-Châteauneuf*. *Châteauneuf* (hôt. *de l'Ecritoire*, T.C.F.), ch.-l. de c. de 1,335 hab., ancienne capitale du petit pays de Thimerais, est situé près de la forêt (4,568 hect.) qui porte son nom. — On traverse un vaste plateau.

156 k. *Chartres* (buffet), p. 491.

21. — DE ROUEN A SERQUIGNY (CAEN)

CHEMIN DE FER : Etat, 61 k. de Rouen-Orléans à Serquigny en 1 h. 10 par express, 3 à 4 h. par omnibus (horaires d'avant-guerre); 9 fr. 55, 6 fr. 45, 4 fr. 20. Cette ligne est suivie par les trains express qui relient directement Rouen à Caen et au Mans. Ces trains se dirigent, au delà de Serquigny, sur Mézidon (p. 265), où ils se dédoublent, d'une part vers Caen (151 k. de Rouen, p. 265-266), d'autre part vers Argentan, Alençon et le Mans (270 k. de Rouen, p. 352).

ROUTE : Il y a deux routes de Rouen à Caen : la plus directe, 131 k., est la route nationale 138, par : 7 k. *Petit-Couronne*; 25 k. *Bourgthéroulde*; 41 k. *Brionne*; à 6 k. au delà, on prend à dr. la route nat. 13; 82 k. *Lisieux* (p. 253); — la plus pittoresque, 135 k., par : 7 k. *Petit-*

Couronne; 49 k. *Pont-Audemer*; 74 k. *Honfleur*, d'où l'on suit la côte jusqu'à l'embouchure de l'Orne; 89 k. *Trouville*; 106 k. *Houlgate*; 110 k. 5. *Cabourg*; 120 k. 5. *Sallenelles*.

La ligne sort de Rouen (gare d'Orléans) par le faubourg Saint-Sever. — 3 k. *Petit-Quevilly* (p. 80). — 5 k. *Grand-Quevilly* (p. 80). — 9 k. *Petit-Couronne* (p. 80). — 11 k. *Grand-Couronne* (p. 267). — 15 k. *La Bouille-Moulineaux* (p. 267), bifurc. pour Elbeuf-Dreux (p. 267). Après un tunnel, la ligne se dirige à l'O. à travers la forêt de la Londe (p. 14); petit tunnel avant la station de (20 k.) *la Londe*, où se raccorde la ligne d'Oissel (p. 14). On sort, un peu plus loin, de la forêt.

27 k. *Bourgthéroulde* (hôt. *de la Corne-d'Abondance*, T.C.F.), ch.-l. de c. de 613 hab., à 3 k. 5 S.-E., n'a conservé de son château, détruit en 1794, que le pavillon d'entrée et le colombier. L'*église* possède une tour du XVe s. et des vitraux Renaissance.

A 5 k. S.-O., près de *Bosguérard-de-Marcouville*, chêne de la Vierge-de-la-Mésangère, dont le tronc a 5 m. 70 de tour et qui est âgé de 400 ans; contre le tronc est une statue vénérée de la Vierge.

Des voitures de corresp. relient la station de Bourgthéroude à (5 k. N.-O.) Bourg-Achard et (12 k. N.-O.) Routot. — *Bourg-Achard* (hôt. : *de la Poste*, T.C.F.; *du Cheval-Noir*), 1,150 hab., sur le plateau de Roumois, possède une *église*, en partie du XVe s. qui dépendait d'un prieuré de Bénédictins : vitraux et stalles du XVe s.; fonts baptismaux en plomb, du XIIe s.; siège prioral en bois sculpté du XVIe s.; 4 bas-reliefs représentant la légende de St Eustache.

Routot (hôt. *du Commerce*, T.C.F.), ch.-l. de c. de 752 hab., a une église du XIIe s., avec fenêtres romanes, portail de la fin du XVe s. et stalles du XVIIIe. — Entre Bourg-Achard et Routot, au village de *Bouquetot*, se voit une aubépine dont le tronc a 2 m. 20 de tour. — A 3 k. N. de Routot est *la Haye-de-Routot* : église romane; au cimetière, if-chapelle dont le tronc a 9 m 45 de tour et autre if ayant 8 m. 20.

Au delà de Bourgthéroulde, le ch. de fer dessert (35 k.) *Saint-Léger-Boissey*. A 4 k. S.-E. *Boissey-le-Châtel*, ruines du château de Tilly; château moderne de style Renaissance. — On traverse un tunnel de 840 m., dans la forêt de Montfort.

42 k. **Glos-Montfort** (buffet), bifurcation importante, est une station isolée sur la lisière de la forêt de Montfort. A 500 m. S.-O., village de Glos-sur-Risle dans la vallée de la Risle. Montfort-sur-Risle est à 3 k. N.-O., dans la même vallée et est desservi par la station de Montfort-Saint-Philbert (p. 275).

DE GLOS-MONTFORT A PONT-L'EVÊQUE (ch. de fer départemental, 49 k.). — 13 k. *Saint-Georges-du-Vièvre*. — 20 k. *Lieurey*. — 31 k. *Cormeilles* (hôt. *de Rouen*, T.C.F.), ch.-l. de c. de 1,159 hab., sur la Calonne, avec des foires et des marchés très importants. Ligne de Bernay, p. 252. — 36 k. *Bonneville-la-Louvet*. — 41 k. *Les Authieux-sur-Calonne*. L'église Saint-Nicolas est romane. L'ancienne église Saint-Meuf a une porte sculptée et des statues anciennes. Une maison ancienne est dite manoir de Brancas. — 49 k. *Pont-l'Evêque* (p. 280).

DE GLOS-MONTFORT A HONFLEUR, p. 274-279.

Au delà de Glos-Montfort la ligne se dirige vers le S. et

remonte la vallée de la Risle. — 45 k. *Pont-Authou*, d'où l'on pourrait visiter, à 2 k. S.-E., le Bec-Hellouin (p. 243).

50 k. *Brionne* (hôt. : *du Havre*, T.C.F.; *de France*), ch.-l. de c. industriel de 3,272 hab., avec filatures de coton et de laine, dans la vallée de la Risle, au confluent du ruisseau des Fontaines. Philippe Auguste s'empara de Brionne en 1194; mais les Anglais reprirent la ville et la ruinèrent en 1421. Les protestants, puis le duc d'Aumale, la pillèrent en 1502. Église des XIIIe, XVe, XVIe et XIXe s. : retable et statue de St Jérôme, du XVIIe s., provenant de l'abbaye du Bec. Clocher du XIIe s., reste de l'église Saint-Denis. Sur la colline dominant la ville, restes d'un donjon roman. Sur une éminence à l'O., butte appelée Tombeau-du-Druide. Sur une autre colline, camp antique du Vigneron; au pied, ruines du prieuré de Saint-Gilles.

56 k. *La Rivière-Thibouville* (hôt. *du Soleil-d'Or*, T.C.F.), hameau avec filatures de laine; chapelle du XIIe s.; restes d'un château féodal. A 500 m. au S., le hameau du Val possède une grande raffinerie. Un peu en deçà de la station, château du XVIIe s., avec beau parc. A *Fontaine-la-Sorel*, église avec clocher roman. — A 5 k. O. de la station, *Boisney* a une église romane : pierres sépulcrales du XVe s. et autels provenant de l'abbaye du Bec; au cimetière, 2 ifs séculaires.

On aperçoit bientôt à g. *Nassandres* (3 k. N.-E. de Serquigny, *V.* ci-dessous) dont dépend la chapelle de Saint-Eloi, romane, but de pèlerinage : sur l'autel, croix en bois sculpté, du XVe s. Près de cette chapelle, une petite construction romane est englobée dans une maison du XVIe s., qu'habitèrent Chateaubriand et Mme Récamier. — On franchit la Charentonne.

61 k. *Serquigny* (buffet; p. 248), où on rejoint la ligne de Paris à Caen. Pour la suite de l'itinéraire vers Caen, p. 249 à 266.

22. — DE ROUEN A HONFLEUR, PAR GLOS-MONTFORT

CHEMIN DE FER : 86 k., Etat; 13 fr. 45, 9 fr. 05, 5 fr. 90. Départ de la gare Rouen-Orléans; certains trains partent de Rouen-Rive-Droite et passent par Oissel. On change toujours à Glos-Montfort. — On peut se rendre par Glos-Montfort de *Paris à Honfleur*, mais il n'y a pas de services directs, et le trajet est très long, quel que soit l'itinéraire choisi : de Paris on peut atteindre Glos-Montfort par 3 itinéraires différents : 1° 210 k. par Oissel (ligne de Paris à Rouen, p. 1 à 14) où l'on bifurque pour Glos-Montfort (p. 13); 2° 200 k. par Evreux (ligne de Paris à Caen, p. 233 à 231) où l'on bifurque pour Glos-Montfort; 3° 213 k. par Serquigny (ligne de Paris à Caen, p. 233 à 248) où l'on bifurque pour Glos-Montfort (p. 272-274). Pour l'itinéraire normal et le plus rapide de Paris à Honfleur, p. 270-283.

ROUTE : 74 k. par la route nat. 138 : 7 k. *Petit-Couronne*; 13 k. *Moulineaux*; 15 k. on prend à dr. la route nat. 180 et on monte sur le plateau; 23 k. *Bourg-Achard*; 49 k. *Pont-Audemer*: forte côte; 58 k. 5. *Saint-Maclou* à 100 m.; 68 k. 5. *Fiquefleur*. — Une route plus longue de 3 k. et plus intéressante, se détache à *Toutainville* (5 k. au delà de Pont-Audemer, 54 k. de Rouen) à dr., descend la vallée de la Risle par (68 k. de Rouen) *Foulbec*, atteint l'estuaire de la Seine près de *Berville-sur-Mer* et rejoint la route directe à Fiquefleur (*V.* ci-dessus).

42 k. de Rouen à *Glos-Montfort*, p. 273. — La ligne de Pont-Audemer descend, au N.-O., la vallée verdoyante de la Risle.

46 k. *Montfort-Saint-Philbert*, station qui dessert à dr. *Montfort-sur-Risle* (hôt. *du Grand-Soleil-d'Or*, T.C.F.,) ch.-l. de c. de 590 hab., dans un joli site, sur la lisière de la *forêt de Montfort* (2,049 hect.). Le bourg est adossé à une colline escarpée, d'où la vue s'étend, en aval, au delà de Pont-Audemer, et en amont jusqu'à Brionne. Eglise en partie du XIe s. Ruines imposantes de l'ancien *château* des XIe et XIIe s., qui fut au moyen âge une des principales places fortes de Normandie : détruit en partie par Jean sans Terre, en 1203, il servit, par la suite, de repaire aux brigands qui infestèrent la région jusqu'à l'époque napoléonienne. — *Saint-Philbert-sur-Risle* est à g., avec un château des XVe et XVIe s.

48 k. *Appeville*, sur la Risle : l'église gothique de 1518, avec joli clocher, a été bâtie par l'amiral d'Annebault, de même que le château de la Renaissance, 1522-1546, en ruine. — 49 k. *Condé-sur-Risle*. — 53 k. *Corneville-Saint-Paul*. A dr. *Corneville-sur-Risle* (hostellerie *des Cloches*, avec joli carillon, T.C.F.), appelée, depuis la célèbre opérette de Planquette, *Corneville-les-Cloches* : église du XVe s., avec portail du XIIe; bâtiment du XVIIe s., reste d'une abbaye; manoir Renaissance, servant de ferme; reste du château d'Origny, du début du XVIIIe s., servant de grange.

58 k. **Pont-Audemer**, ville de 6,123 hab. (les *Pontaudemériens*), ch.-l. d'arrond. de l'Eure, au confluent de la Sébec, ou ruisseau de Tourville, et de la Risle, qui y devient navigable et forme un port, pour aller se jeter dans la Seine à 14 k. au delà.

Omnibus de ville.
Hôtels : — *du *Pot-d'Etain*, pl. du Pot-d'Etain, T.C.F.; *du Lion-d'Or*, r. Gambetta; *du Chemin-de-Fer*, à la gare (simple); *du Commerce*, pl. du Vieux-Marché (simple).
Poste : — r. Sadi-Carnot (doit être transférée pl. du Pot-d'Etain).

Autogarages : — *Daniel*, r. Jules-Ferry, magasin de vente pl. du Pot-d'Etain; *Magot*, r. Alfred-Canel, magasin r. Gambetta.
Bateau : — pour *le Havre*, tous les 2 ou 3 j. : s'adresser au port.
Comité d'initiative de Pont-Audemer et de la basse Risle.

Histoire. — Pont-Audemer doit son origine (VIIe ou VIIIe s.) et son nom à un leude franc, Audomar, Odomer ou Omer, qui fit jeter sur ce point du cours de la Risle un pont auprès duquel vinrent se fixer des industriels et des marchands. Plus tard, un autre seigneur assura la sécurité du pays par la construction d'un château fort. La ville appartint, au XIe et XIIe s., aux comtes de Meulan, puis revint à la Couronne; Philippe Auguste lui accorda une charte communale.

Industrie. — Pont-Audemer possède d'importantes tanneries, une papeterie, une fonderie, des scieries, une filature de coton, etc.

En sortant de la gare on tourne à dr. et, dépassant un petit square orné d'un gracieux *monument du Souvenir Français*, par E. Leroux (1899), on gagne le 2e passage à niveau du ch. de fer. Laissant à g. la rue Jules-Ferry, qui mènerait à l'église Saint-Germain (p. 278), on traverse la voie à la place aux Vaches : à g., boulevard Pasteur, qui gagne directement le port sur la Risle (p. 277); à dr., restes d'un ancien couvent de Cordeliers, occupé par une tannerie. Continuant tout droit, on arrive à la place du Pot-d'Etain.

On prend au fond de cette place la rue Gambetta, la principale de la ville, où sont les hôtels, et qui amène à la place Victor-Hugo, où la *chapelle de l'hospice* a un bel autel en bois du XIVe s. On continue dans la même direction, par la rue Thiers, qui franchit un bras de la Risle sur un pont d'où l'on a une vue pittoresque, à dr., sur des *maisons anciennes* que baigne la rivière. La rue Thiers aboutit à une grande place, dite rue de la République, où l'on trouve à dr. l'église Saint-Ouen.

L'église Saint-Ouen, inachevée, date du XIe s. pour le chœur, puis des XVe et XVIe s. Elle a une porte double, entre 2 *tours* gothiques. Celle de dr., à peine amorcée, offre une charmante fenêtre double, avec balustrade, dont les fines sculptures indiquent la transition de l'art gothique et de celui de la Renaissance.

L'église, bizarre d'aspect, est faite de deux tronçons différents. Tandis que la *nef, des XVe et XVIe s., très haute, appartient au plus riche gothique flamboyant, le vieux chœur roman du XIe s., aux cintres bas et nus, n'a pas été reconstruit. Un énorme et médiocre tableau, le Sacrifice d'Abraham (XIXe s.), occupe le mur qui surmonte l'entrée du chœur.

La NEF, aux arcades élancées, aux sveltes piliers, est surchargée d'ornements. Un magnifique triforium court au-dessus des arcades, surmonté de petites fenêtres. Aux piliers sont accrochées des consoles de la Renaissance; les statues qu'elles portent sont modernes et sans valeur. L'*orgue* a des boiseries du XVIIe s., avec sculptures et personnages en relief. Chaire Louis XIII. Belle cloche de 1522.

CHŒUR. — Bas et trapu, il a conservé quelques chapiteaux romans, à dr. et à g. de l'autel; d'autres ont été ornementés à la Renaissance.

BAS-COTÉ DR. — Les bas-côtés ont de beaux pendentifs. — Au bas du bas-côté dr., chapelle des fonts baptismaux : grille de bois et beau *baptistère* de la Renaissance, en pierre sculptée; armoire Louis XIII en bois sculpté et doré; 2 portes de pierre ajourée, de style flamboyant. Les fenêtres des différentes chapelles du bas-côté dr., comme celles du bas-côté g., ont d'admirables **vitraux* de la Renaissance, d'un merveilleux coloris et en grande partie bien conservés; plusieurs ont été malheureusement détruits par un incendie en 1913, notamment la Mise au tombeau, dans la 3e chap.; à la 5e, Mort de la Vierge. — A la chapelle à dr. du chœur, tableau de St Pierre, du XVIIe s.

BAS-COTÉ G. — A l'entrée du bas-côté, petite tribune gothique, en pierre ajourée. — 1re chap. : 2 petits bas-reliefs de marbre blanc, du XVIe s., dont l'un figure la Trinité, sont encastrés dans la muraille; vitrail de 1551, Martyre de St Sébastien. — 2e chap. : vitrail de l'Adoration du Christ; tableau du XVIIe s., Adoration de l'Enfant Jésus; à cette chapelle et aux suivantes, charmantes niches sculptées de la Renaissance. — 3e chap. : vitrail ancien. — 4e chap. : vitrail ancien; retable en pierre, du XVIe s., figurant le Christ, la Vierge et St Jean; au-dessus, groupe de la Mort du diacre St Vincent, sur un soubassement de la Renaissance. — 5e chap. : vitrail ancien ; restes de fresques du XVIe s., la Passion. — 6e chap. : **vitrail* de 1556, un des plus remarquables, représentant l'Adoration de Dieu par l'humanité : en haut, Moïse, le Christ et les travailleurs de la terre ; en bas, les Saints et les Martyrs : au carré de dr., St Nicolas et les enfants dans la fournaise.

Continuant à suivre la rue de la République, on laisse à g. la rue des Pâtissiers avec maisons anciennes, puis on trouve à g. l'hôtel de ville et, en face, la *bibliothèque* municipale, dont la façade a un buste de Canel, et où est installé un petit *musée* : s'adresser au concierge ; pourboire.

La bibliothèque, léguée à la ville par M. Canel, renferme des ouvrages intéressants pour l'histoire de la Normandie. — Le musée contient quelques tableaux, des moulages, des gravures, une collection d'objets préhistoriques.

La rue de la République aboutit au bras principal de la Risle. En face de soi on a le pont sur la Risle, qui précède la place Vallemont, dominée par des hauteurs boisées et d'où part la route de Quillebeuf, Lillebonne et le Havre. A dr., le quai de la Tour-Grise remonterait la Risle vers la place d'Armes : restes d'un couvent de Carmes fondé en 1471, auj. tannerie.

On tourne à g. par le quai de la Poissonnerie, suivi du quai de la Prison près d'une écluse, puis du quai Félix-Faure : celui-ci amène au bassin des Yoles, qui constitue le *port maritime* dans un charmant paysage.

Le port, où remonte la marée, est distant de 14 k. de l'embouchure de la Risle, qui se jette dans la Seine au point où commence l'estuaire de celle-ci, 10 k. avant Honfleur. Ce port eut jadis plus d'importance, mais a décru par suite de l'envasement du lit de la rivière, dont le tirant d'eau maximum n'est plus que de 3 m. 50. Il a 1 k. de quais et son mouvement est de 30,000 tonnes env. ; il exporte surtout des peaux tannées et des pommes à cidre et trafique principalement avec l'Angleterre.

Du quai Félix-Faure on prend la petite et pittoresque rue Bailly, 1re à g. après l'écluse (pas d'écriteau), bordée de vieilles maisons devant lesquelles coule une dérivation de la rivière, et qui amène à la rue Notre-Dame-du-Pré.

Dans cette rue à dr., caisse d'épargne et, derrière celle-ci, dans l'impasse N.-D.-du-Pré, *ruines* de l'ancienne *église N.-D.-du-Pré* ou *du Saint-Sépulcre*, mutilées en 1893, de style gothique primitif (fin du XIIe s.), auj. propriété privée.

Continuant la rue de la Licorne, qui fait suite à la rue Bailly, on arrive à la rue Sadi-Carnot. On y laisse à g. la sous-préfecture, et on trouve à dr. une vieille maison à poutres sculptées du XIVe s., et la poste qui occupe au no 16 un ancien hôtel du XVIIIe s. On arrive à la place triangulaire du Vieux-Marché : à dr., maison de pierre et brique, de l'époque Louis XV.

De la place du Vieux-Marché une courte rue, à g., ramène à la place Victor-Hugo, d'où l'on regagne la place du Pot-d'Etain et le passage à niveau du ch. de fer, par la petite rue des

Carmélites, parallèle à la rue Gambetta : restes d'un couvent de Carmélites, occupé par la Chambre de commerce et la prison.

Du passage à niveau on peut aller visiter à 700 m. l'église Saint-Germain, à Saint-Germain-Village (*V.* ci-dessous).

On prend au passage à niveau du ch. de fer, dans la direction opposée à Pont-Audemer, la rue Jules-Ferry, route de Honfleur et de Lisieux, qui amène à *Saint-Germain-Village*, petite commune suburbaine.

A 700 m. du passage à niveau, l'**église Saint-Germain*, romane et gothique, date, dans ses parties les plus anciennes, du XIe ou XIIe s. Elle a été remaniée du XIIIe au XVe s., puis amputée de son ancien portail et de 8 m. de nef au XIXe s. Le portail a été refait de nos jours, en style roman. A la base du toit de la nef et de celui des bas-côtés, cordons de petites têtes romanes. La tour est du XIIIe s. et de style gothique. L'intérieur de l'église, plafonnée en bois, est roman, à voûtes en berceau, et très simple d'aspect. Seuls le chœur et ses transepts ont des fenêtres gothiques. Chaire sculptée Louis XIII. A la fenêtre du fond du chœur, *vitrail* en grisaille, du XVe s., à petits personnages, figurant la Légende de Saint-Germain-d'Auxerre. Les vitraux des petites fenêtres de l'église sont modernes (1903), en grisaille et de style ancien. — A côté de l'église se détache le petit chemin de la Justice, qui monte au *mont du Gibet*, où se dressaient les anciennes fourches patibulaires, par un chemin tournant en haut duquel l'on jouit d'un magnifique panorama.

Pointe de la Roque (intéressante excursion : route 13 k. N.-O.; voiture de louage, 10 à 15 fr.). — On sort de Pont-Audemer par le pont sur la Risle et la place Vallemont, où l'on tourne à g., pour suivre la vallée. — 2 k. A dr., restes du *château de Saint-Mards* (XIIe s.) : tour et chapelles converties en maison d'habitation. — 8 k. On laisse une bifurc. à g., vers Foulbec (*V.* ci-dessous). — 10 k. 5. Bifurc. où l'on peut prendre, à dr. ou à g., la route circulaire, qui passe, à dr., à Saint-Samson-sur-Roque. — 12 k. Un chemin conduit, par le village du Castel, à la pointe de la Roque.

13 k. La *pointe de la Roque*, falaise de 56 m., de 95 m. vers la dr., s'avance comme un éperon à l'extrémité du vaste marais Vernier (p. 100), à 1 k. de la Seine : 2 phares, l'un à la pointe même, l'autre dans le marais, au bord du fleuve. La vue est magnifique. On découvre vers la dr. Quillebeuf (8 k. à vol d'oiseau), au delà du marais Vernier, et la pointe de Tancarville (4 k. 5 à vol d'oiseau) sur l'autre rive de la Seine. Vers la g., on voit tout l'estuaire du fleuve vers Honfleur (à g.; 14 k.) et le Havre (à dr.; 24 k.).

Au retour on peut suivre la même route jusqu'à (5 k. de la pointe, 18 k. de Pont-Audemer) la bifurc. de dr., qui passe de l'autre côté de la vallée de la Risle, à *Foulbec* (19 k.) : église à portail roman; au cimetière, if centenaire. A Foulbec on prend à g. la route de Toutainville (21 k. 5), station du ch. de fer de Honfleur (p. 279); on arrive par (28 k.) l'église de Saint-Germain-Village (*V.* ci-dessus) à (29 k.) Pont-Audemer.

De Pont-Audemer au Havre (bateau 2 ou 3 fois par sem., 30 k.; l'heure varie avec la marée : s'adresser au port). — On descend la vallée de la Risle, bordée à dr. de hauteurs boisées, à g. de prairies marécageuses. — 11 k. La rivière fait un coude vers la g., près de Saint-Samson-de-la-Roque, à dr., voisin de la pointe de la Roque (*V.* ci-dessus), et l'on côtoie à dr. l'extrémité du marais Vernier (p. 100). — 14 k. La Risle rejoint la Seine. A dr., on voit, sur l'autre rive du fleuve, la pointe de Tancarville (p. 111); on passe, à g., devant Berville. Puis on dépasse, à g., Honfleur et la Côte de Grâce, pour joindre le Havre, à dr. (p. 112).

De Pont-Audemer a Quillebeuf (route 14 k. N.; voit. publ., 2 fois par j.). — On sort de Pont-Audemer par le pont sur la Risle et la place

Vallemont. — 2 k. On laisse à dr. une bifurc. vers la forêt de Brotonne et Caudebec; 6 k. Forge des Trois-Cornets. — 8 k. *Sainte-Opportune*, à 104 m. d'alt. : croix ancienne au cimetière. Au-dessous de Sainte-Opportune s'étendent le marais Vernier et la Grande-Mare (p. 100). — 12 k. Saint-Léonard, où l'on arrive à la Seine.

14 k. 5. *Quillebeuf* (p. 99) : bac sur la Seine; jonction avec la route de Lillebonne, le Havre et Rouen.

DE PONT-AUDEMER À CAUDEBEC, p. 108.

DISTANCES PAR LA ROUTE, de Pont-Audemer à : Alençon, 113 k.; Bernay, 31 k.; Caen, 82 k.; Caudebec, 26 k. (bac sur la Seine); Evreux, 67 k.; le Havre, 56 k., par 14 k. 5 Quillebeuf (bac sur la Seine); Lisieux, 38 k.; Louviers, 55 k.; Paris, 167 k.; Pont-l'Evêque, 29 k.; Rouen, 49 k.

Au delà de Pont-Audemer le ch. de fer continue à suivre le flanc g. de la vallée de la Risle. — 62 k. *Toutainville*, dans un site gracieux, a des villas, parmi de grands arbres, sur les bords de la Corbie, affluent de la Risle. La voie s'éloigne de la Risle, pour remonter le vallon de la Corbie, puis celui d'un affluent. — 65 k. *Saint-Maclou*, à 2 k. 5, à dr. : château du XVIIIe s.; église des XIe et XIIe s.

71 k. *Beuzeville* (hôt. *de la Poste*, T.C.F.), ch.-l. de c. de 2,562 hab., près des sources de la Morelle. Sur la place principale, fontaine en briques. L'église, du XIIIe s., de style ogival, a été en partie reconstruite. — 74 k. *Quetteville*, où l'on rejoint la ligne de Pont-l'Evêque à Honfleur (p. 283). — 83 k. *La Rivière-Saint-Sauveur* (p. 283).

86 k. *Honfleur* (p. 284).

23. — DE PARIS A TROUVILLE-DEAUVILLE ET A HONFLEUR

CHEMIN DE FER : *De Paris à Trouville-Deauville*, Etat, 220 k. en 3 h. env. par rapide (1re cl.) ou express (1re et 2e cl.), en 5 h. env. par train direct (toutes classes; horaires d'avant-guerre) : 34 fr. 40, 23 fr. 20,

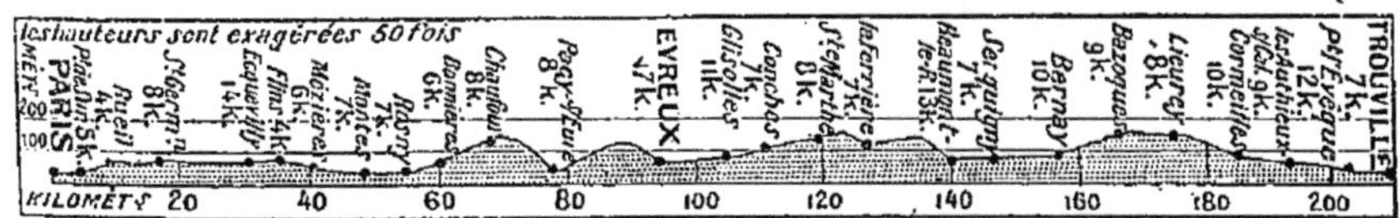

15 fr. 15. Billets d'aller et retour ordinaires donnant droit au retour facultatif par Caen, Honfleur ou le Havre (transport entre Trouville et ces trois localités à la charge du voyageur), 51 fr. 55, 37 fr. 15, 24 fr. 20; les billets de bains de mer sont actuellement suspendus. — *De Paris à Honfleur*, Etat, 233 k. en 5 h. env. par express : 36 fr. 40, 24 fr. 55, 16 fr. Aller et ret. de saison ordinaires donnant droit au retour facultatif par Caen, Trouville ou le Havre (transport entre Honfleur et ces trois localités à la charge des voyageurs) et utili-

sables, à l'aller et au retour, par Lisieux et Pont-l'Evêque, ou par Glos-Montfort et Pont-Audemer, 54 fr. 60, 39 fr. 30, 25 fr. 65; les billets de bains de mer sont actuellement suspendus.

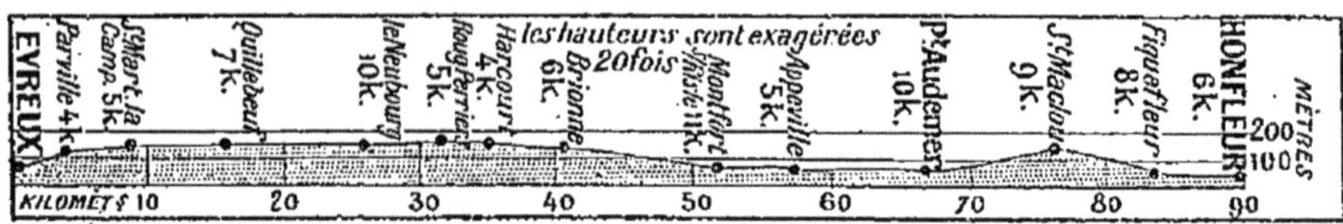

ROUTE : *De Paris à Honfleur*, 183 k., par : 94 k. *Evreux* (p. 233); côte, puis parcours en plaine; 115 k. *Le Neubourg*; descente à (131 k.) *Brionne*, dans la vallée de la Risle, qu'on suit, le long du ch. de fer, jusqu'à (157 k.) *Pont-Audemer*; de Pont-Audemer à Honfleur, p. 275. — *De Paris à Trouville-Deauville*, 198 k. par Evreux et Pont-Audemer, V. ci-dessus; après Honfleur, on suit la côte, par (192 k.) *Villerville*.

194 k. de Paris à *Lisieux*, p. 233 à 253. — Au delà de Lisieux, la ligne de Trouville passe sous la ville par un tunnel de 1 k. env. — 193 k. *Le Grand-Jardin*, halte de Lisieux (p. 260). On descend la vallée de la Touques. On aperçoit à g. le clocher d'Ouilly-le-Vicomte (p. 261), à dr. le château de Bouttemont (p. 261), et à g. Coquainvilliers (p. 261).

201 k. *Le Breuil-Blangy*. Cette station dessert, près de la voie à dr., *le Breuil-en-Auge* : à l'église, en partie des XIIIe et XVe s., lutrin en bois sculpté de la Renaissance; château offrant 2 pavillons, en bois sculpté, du temps de François Ier. C'est le centre le plus considérable pour la fabrication du fromage dit de Pont-l'Evêque. — A 6 k. N.-E., *Blangy-le-Château* (hôt. *Delosanne*, T.C.F.), ch.-l. de c. de 560 hab., au confluent du Douet et du Chaussey : dans l'église, du XVe s., verrière du XVIe s. (Arbre de Jessé) et retable en bois sculpté daté de 1708, représentant la Nativité; débris d'un château fort du XIIe s.; à l'angle de la Grande-Rue et de la route de Lisieux, maison du XVe s.

203 k. *Fierville-les-Parcs*. Au hameau des *Parcs-Fontaines*, église du XVIe s., avec un beau retable du XVIIe s.; bel if au cimetière. Au N.-O., *Pierrefitte* a une église du XIIIe s., avec peintures du XVIIIe s., et bas-reliefs du XVIe s. Au N.-E., *Manneville-la-Pipard* a une église des XIIe et XVIe s., avec restes de vitraux et bénitier du XIIIe s. A l'O., château de Betteville avec chapelle du XVIe s.

208 k. **Pont-l'Evêque** (hôt. : *du Bras-d'Or*, T.C.F.; *de l'Aigle-d'Or*; *du Lion-d'Or*; *de la Gare*, simple; *de la Place-du-Calvaire*, simple), ch.-l. d'arrond. du Calvados de 2,973 hab. (les *Pontépiscopiens*), est situé à la jonction de la Touques et de la Calonne, au milieu de prairies.

Histoire. — Cette petite ville, qui doit son nom à un pont qu'un des premiers évêques de Lisieux y fit jeter sur la Touques, est renommée pour ses fromages, dont, en 1230 déjà, Guillaume de Lorris parlait dans le « Roman de la Rose ». La valeur des fromages vendus annuellement sous le nom de « Pont-l'Evêque » est de 2 millions de francs environ.

A Pont-l'Évêque sont nés le jurisconsulte *Thouret*, membre de l'Assemblée Constituante, mort sur l'échafaud le 22 avril 1794, et l'amiral *Hamelin* (1796-1864).

Ayant descendu la rampe de la gare, on suit à g. la rue du Long-Clos, puis à dr. la rue Ménars, aboutissant à la Grande-Rue-Saint-Michel, qu'il faut prendre à g. Cette rue a des *maisons anciennes*, soit tapissées d'ardoises, soit à poutres apparentes (xve-xvie s.). On passe devant la place de la Mairie, qu'on laisse à g., puis, après avoir franchi un bras de la Touques, on trouve l'église à dr., en retrait.

L'*église Saint-Michel* (xve-xvie s.) est de style flamboyant; l'extérieur a été en partie restauré. On l'aborde par son flanc dr.; une balustrade ajourée court au-dessus des fenêtres flamboyantes du rez-de-chaussée, surmontées chacune d'une gargouille sculptée; les contreforts de la nef sont surmontés de pinacles à crochets. Une autre petite balustrade entoure l'abside à sa base. Une grosse tour carrée, à contreforts, a une toiture en ardoises.

L'intérieur est de la belle période flamboyante; les piliers n'ont pas de chapiteaux. Aux bas-côtés, principalement aux deux chapelles à dr. et à g. du chœur, gros *pendentifs* sculptés aux clefs de voûte (Renaissance).

Le plus bel ornement de l'église consiste dans ses **vitraux* des xvie et xviie s. Il y en a 6 au chœur; le vitrail de la fenêtre supérieure centrale est d'une admirable richesse de coloris. — Au bas-côté g., 3e fenêtre, un charmant vitrail de 1619 figure la Vierge entourée des symboles de ses litanies. A la 5e fenêtre, partie supérieure, restes de vitraux du xvie s.

Continuant la Grande-Rue on passe devant la salle des fêtes, à g., puis devant le n° 68, où se trouve l'ancien *hôtel dit de Mlle de Montpensier*; entrée sous la voûte. C'est une construction en pierre et brique, de style Louis XIII, avec de grandes toitures et un petit porche à colonnes; la crèche et le bureau de bienfaisance y sont installés.

On arrive ensuite à un 2e pont, sur un autre bras de la Touques : pittoresques maisons anciennes; à g. la *sous-préfecture*, ancien hôtel de Brilly, joli pavillon Louis XV en pierre et brique, avec fronton ornementé. A côté, au n° 106, maison ancienne, avec gueules de goules. Presque en face, à dr., sur une petite place, à côté du palais de justice, une fontaine a été dédiée à Léonce de Brossard, par sa ville natale (1848).

Au delà on trouverait un 3e pont sur la Touques; à dr., maisons anciennes pittoresques, surplombant la rivière.

A 3 k. E. *Saint-Julien-sur-Calonne* a une église du xvie s., avec tour élégante : au chœur, autel, retable orné des statuettes des Apôtres, stalles, lutrin; statues de St Bardon et de St Vigor; tombes du xvie s.; vitraux en grisaille; statue de St Julien (xvie s.). Le château, avec étages en encorbellement, est de la Renaissance.

A 6 k. O. **Beaumont-en-Auge** (hôt. *du Havre*) est situé sur une colline (128 m.) d'où l'on découvre une belle vue sur la vallée de la Touques. Il y existait, avant 1790, un prieuré dans les bâtiments duquel fut installé par les moines, au XVIIIe s., un collège spécialement destiné aux études militaires, et d'où sortirent Laplace et Caulaincourt. Il subsiste des restes de ce prieuré, notamment l'*église*, devenue paroissiale, des XIe, XIIIe et XIVe s., avec fonts baptismaux du XVe s. et restes de grisailles du XIIe s. Un petit monument, avec des vers de Chênedollé, a été érigé à l'astronome *Laplace*, né à Beaumont (1749-1827), dans la ferme du Cerisier, appartenant à ses parents et dont il fut propriétaire. Beaumont a un *musée* dans lequel le peintre Krug, natif du lieu, a réuni des toiles de J.-P. Laurens, Puvis de Chavannes, Bonnat, Guillemet, Muller, Feyen-Perrin, Noël, Krug, ainsi que du colonel Langlois (né à Beaumont ; 1789-1870), dont la statue, par Decorchemont, se voit près de l'église.

DE PONT-L'EVÊQUE A CORMEILLES ET GLOS-MONTFORT, p. 273 en sens inverse ; A HONFLEUR, p. 283.

DISTANCES PAR LA ROUTE, de Pont-l'Evêque à : Bernay, 43 k.; Cormeilles, 18 k.; Caen, 44 k.; Falaise, 57 k.; Honfleur, 16 k.; Lisieux, 17 k.; Louviers, 78 k.; Mézidon, 31 k.; Paris, 200 k.; Pont-Audemer, 28 k.; Trouville, 12 k.; Villers-sur-Mer, 21 k.

La voie franchit la Calonne; on voit à g. Pont-l'Evêque entouré de prairies. Plus loin, à dr. *Saint-Melaine* : église romane. On passe à *Coudray-Rabut* : clocher des XIIe et XIIIe s. Sur la dr., forêt de Touques et *Saint-Martin-aux-Chartrains* : église avec statue équestre de St Martin, du XVIIe s., sous le porche, et chœur roman; château du XVIIe s. On traverse *Canapville* : *manoir* type des constructions rurales, en bois, du XVe s.

217 k. *Touques* (hôt. *de la Marine*), bourg de 1,137 hab., traversé par une longue rue et renfermant quelques vieilles maisons en bois du XVIe s., est situé sur la rive dr. de l'embouchure de la Touques, et possède un petit port de cabotage.

Au moyen âge ce bourg avait une grande importance, qu'il dut sans doute à son voisinage du château de Bonneville, où Guillaume le Conquérant résidait fréquemment. Après la mort de ce prince, Guillaume le Roux s'embarqua à Touques, pour aller se faire sacrer roi d'Angleterre, en 1086. Touques eut ses gouverneurs jusqu'en 1789.

On visitera les églises *Saint-Thomas*, dont la première pierre a été posée par Thomas Becket, et *Saint-Pierre*, qui ne sert plus au culte et dont les parties les plus remarquables sont du XIIe s. A la mairie, deux bombardes de 3 m. de long, se chargeant par la culasse, datent de la guerre de Cent Ans. A l'entrée de Touques, du côté de Pont-l'Evêque, le *haras*, qu'on ne visite pas, appartient à la famille de Rothschild; il renferme le *manoir de Meautrix* ou *Maulry* (XVIe et XVIIe s.), dont la porte de Pont-l'Evêque, flanquée de deux corps de bâtiment, est imposante. A l'intérieur, jolie salle, avec médaillons sculptés.

A 1 k. 5 env. S.-E., *Bonneville-sur-Touques*, sur les collines de la rive dr., est dominé par les ruines d'un *château*, qu'on visite (50 c.) sauf quand il est habité. Il en reste l'enceinte, cinq tours et le donjon ; Guillaume le Conquérant y séjourna. Il semble avoir été reconstruit à la fin du XIIe s. Un puits communique avec un long souterrain. Jolie porte à colonnettes. Le cimetière renferme deux ifs séculaires.

On dépasse, à dr., le château de l'Epinay, du XVIe s.
220 k. *Trouville-Deauville* (buffet), p. 293.

LA LIGNE DE HONFLEUR se sépare à (208 k.) *Pont-l'Evêque* de celle de Trouville, en montant à l'E. par la tranchée de Saint-Melaine. A dr., verdoyante vallée de la Calonne; à g., *Surville* : dans l'église, du XVIe s., 4 stalles sculptées du XVIIe s., provenant de l'abbaye du Val-Richer (p. 262); plus loin, sur un coteau, château de Drumard. A dr., *Launay-sur-Calonne* : l'église, du XIIIe s., domine, sur une motte élevée, l'emplacement de l'ancien château; dans les murs du chœur, tombes, avec statues couchées, du XVIe s. — La voie s'élève; à dr., vue étendue sur la vallée. La ligne, s'éloignant de la rivière, décrit une courbe et continue à monter.

217 k. *Saint-André-d'Hébertot* : église avec tour romane et chapelle du XVe s.; au cimetière, tombe du chimiste *Vauquelin* (1763-1829), né dans le village. En son honneur a été élevée, en 1849, à l'embranchement des routes de Pont-Audemer et de Cormeilles (2 k. 5 du château), une borne commémorative, avec une inscription. — Le *château d'Hébertot*, qu'on ne visite pas, est situé au fond d'un vallon, que dominent des collines couvertes de sapins, et entouré de douves, d'arbres séculaires, de charmilles, de bosquets et de pelouses. La partie la plus ancienne est un donjon Louis XIII (1612), auquel s'appuie le corps principal du château, qui date de Louis XV et qui a été augmenté d'un bâtiment moderne, avec tourelle. Le fils du chancelier d'Aguesseau épousa Mlle de Nolent qui en était propriétaire, d'où le nom de château d'Aguesseau que porte aussi le château.

On monte, jusqu'au milieu du tunnel d'Hébertot, long de plus de 3 k., point culminant de la ligne. — 221 k. *Quetteville* (hôt. *de la Poste*). *Eglise* avec tour du XIIIe s.; statues, porte et fonts baptismaux du XVIe s. Château Louis XIII du Mesnil-Cordelier. Bifurc. pour Pont-Audemer, p. 279.

La voie descend le vallon boisé de la Morelle. A g., village et château (1767) d'*Ablon* : église romane, remaniée au XVe s., avec cuve baptismale de la fin du XVe s.; fabrique de dynamite. — On commence à apercevoir la baie de la Seine, et la voie vient bientôt longer le rivage à distance : belle vue sur le fleuve, l'embouchure de la Morelle, Fiquefleur, Saint-Sauveur, Harfleur et son clocher, le Havre et les phares de la Hève.

230 k. *La Rivière-Saint-Sauveur* (hôt. : *de la Gare*, T.C.F.; *Au chant des Oiseaux*, café-rest., pens. de famille, cour champêtre et jeux), 1,526 hab., avec une usine de matières plastiques, à l'embouchure de la rivière d'Orange, que l'on y franchit. — On atteint le faubourg Saint-Léonard, où est située la gare de Honfleur.

233 k. *Honfleur* (p. 284).

24. — HONFLEUR ET LE LITTORAL DE HONFLEUR A TROUVILLE

(*V. la carte, p. 302.*)

HONFLEUR, port de pêche et de commerce, ch.-l. de c., ville de 9,298 hab., est bâti en face du Havre, sur la rive g. du large estuaire de la Seine et au débouché du petit vallon de la Claire. C'est une vieille ville normande, que son manque de vraie plage, la côte étant vaseuse, a sauvée des défigurations modernes. Elle offre, avec ses anciennes maisons couvertes d'ardoises, ses bassins intérieurs, ses voiles, ses navires, ses pêcheurs, un aspect unique parmi les ports normands. Honfleur joint à cet attrait, qui y amène de nombreux artistes, le voisinage de la Côte de Grâce à laquelle s'adosse la ville et qui, couverte d'arbres, commande un admirable panorama.

Aussi le mouvement des touristes est-il considérable à Honfleur. On y vient en excursion de Trouville et du Havre : la traversée par bateau est très douce. On y séjourne volontiers, soit dans la ville, soit plutôt dans les hôtels de la Côte de Grâce, qui jouissent du calme de la campagne. Les ressources sont abondantes et on peut vivre à tous prix.

Omnibus de ville : — Bureau à l'hôtel du Cheval-Blanc.

Commissionnaires : — des bateaux aux hôtels du centre, aux voit. ou à l'omnibus : 25 c. par gros colis (60 kilog.), 10 c. petit colis ; — en ville, 50 c. (60 kilog.) ; 30 c., 25 c., 15 c., par petit colis, selon poids.

Hôtels : — En ville (toute l'année) : *du Cheval-Blanc* (Pl. *a* C2), quai Beaulieu, T.C.F. (30 ch. ; gar., chauff.) ; *d'Angleterre* (Pl. *b* C2), bd Carnot, sur la mer (chauff.) ; *de la Paix*, r. Prémord et pl. Hamelin, près du port (simple ; 18 ch.) ; *du Soldat-Laboureur*, r. Saint-Léonard ; *Moderne*, quai Lepaulmier (14 ch.) ; *de la Gare*, route Neuve ; *du Bras-d'Or*, r. de la République ; *Bellevue*, r. Victor-Hugo.

Hors de la ville : — **Saint-Siméon* (Pl. *c* A3), route de Trouville, T.C.F. (vue sur l'estuaire de la Seine ; cuisine renommée ; verger normand).

Sur la Côte de Grâce (tous bien situés, avec grand jardin et verger) : *du Mont-Joli* (Pl. *d* B4), T.C.F. (toute l'année ; 18 ch. ; gar.) ; *de la Renaissance* (Pl. *e* A4), en face de la chapelle (toute l'année ; rest. à la carte ; cour champêtre, gar., tennis) ; *du Havre* (Pl. *f* B4), derrière la chapelle (rep. à prix fixe et à la carte ; gar.) ; *de la Grande-Cour* (1er avr.-1er oct. ; 20 ch. ; arrangements pour familles, gar.).

Pensions de famille : — à Honfleur : *Mlles Gouley*, r. des Buttes 34 : — Côte Vassal : *Villa-ferme des Ifs*, champêtre ; etc. ; s'adresser au syndicat d'initiative.

Restaurants : — aux hôtels ; petits cafés restaurants *du Havre*, *aux Touristes*, pl. Hamelin.

Agence de location : — *Grente* r. de la République, 44 : renseignements au syndicat d'initiative.

Poste : — r. de la Ville, derrière l'hôtel de ville.

Banques : — *Banque de France* cours de la République ; *Société Générale*, r. Prémord ; *Comptoir d'Escompte*, r. du Dauphin.

Voitures de place : — stationnement, pl. de la Lieutenance, près du quai des bateaux du Havre. — Tarif de ville : l'h. 3 fr., 4 fr. en dehors de l'octroi ; la nuit 5 fr. ou 6 fr. ; — Tarif des excursions *Mont-Joli*, *Côte de Grâce*, 5 fr. (1 chev.), 10 fr. (2 chev.), aller par la route de Pont-l'Evêque, ret. pa

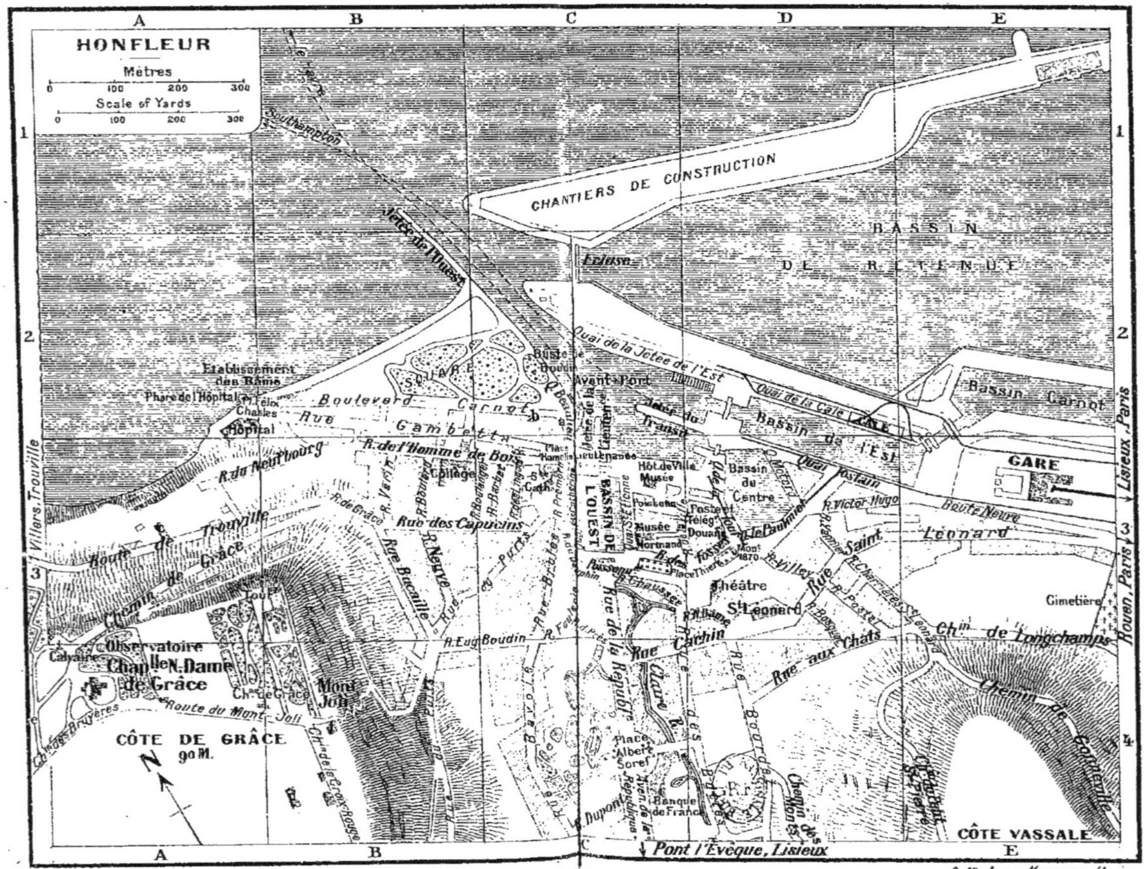

HONFLEUR

Mètres

0 100 200 300

Scale of Yards

0 100 200 300

CHANTIERS DE CONSTRUCTION

BASSIN DE RETENUE

Écluse

Jetée de l'Ouest

Southampton

Le Havre

Quai de la Jetée de l'Est

Quai de la Cale

Bassin de l'Est

Bassin Carnot

Bassin du Centre

Bassin de l'Ouest

GARE

Établissement des Bains

Phare de l'Hôpital

Hôpital

Boulevard Carnot

Rue Gambetta

R. du Neubourg

R. de l'Homme de Bois

Rue des Capucins

Rue Bucaille

R. Neuve

Rue du Puits

Rue Brûlée

R. Eug. Boudin

Route de Trouville

Chemin de Grâce

Observatoire

Calvaire

Chaplle N. Dame de Grâce

Mont Joli

Route du Mont Joli

Chin de la Croix Rouge

CÔTE DE GRÂCE 90 M.

Hôt. de Ville

Musée

Poste Télég.

Douane

Théâtre

St Léonard

Rue Cachin

Rue de la République

Rue aux Chats

Rue Saint Léonard

R. Victor-Hugo

Quai Lepaulmier

Place Albert Sorel

Banque de France

Chin de Longchamps

Cimetière

Chemin de Gonneville

CÔTE VASSALE

Villers, Trouville

Lisieux, Paris

Rouen, Paris

Pont l'Évêque, Lisieux

J. Hermann delt

6-18 Imp. Monrocq, Paris.

la route de Trouville; *Mont-Joli*, *Côte de Grâce*, *Pennedepie*, 8 fr. et 15 fr.; *Villerville*, par la route directe 12 fr. et 20 fr., par la Côte de Grâce 15 fr. et 20 fr., par Saint-Gatien et la Croix-Sermet 15 fr. et 20 fr.; *Trouville*, 20 fr. et 30 fr.; *Pont-l'Evêque*, 20 fr. et 30 fr.; ces prix s'entendent pour l'aller et ret., avec séjour de 1 h. — Voit. à la journée, de 25 à 35 fr.

Loueurs de voitures : — *Bucaille*, r. Cachin, 8; *Coutance*, r. de la République, 55; *Deloison*, r. Cachin, 6; *Feuillet*, cours de la République.

Loueurs d'autos : — *Verneuil*, pl. Thiers (gar.).

Services d'autos : — pour *Trouville* (2 fr. 10) par Villerville (1 fr. 25), plusieurs fois par j. : départ du quai Beaulieu.

Bateaux : — pour *Le Havre*, en 35 à 45 min. : 2 fr., 1 fr. 50, 1 fr.; 2 à 3 fois par j.

Excursions en mer : — l'été, notamment à Trouville (*V.* affiches); — promenades en mer par chaloupes et crevettiers, s'adresser au syndicat d'initiative.

Bains de mer : — bd Carnot (juillet à fin sept.); cabine 40 c., costume 30 c. à 75 c.

Bains chauds (eau douce et eau de mer): — *Ruffin*, pl. Hamelin, 14, et bd Carnot.

Cinéma : — pl. Augustin-Normand.

Société du Vieux-Honfleur.

Syndicat d'initiative : — pl. de l'Obélisque, 9, renseignements gratuits.

Histoire. — Honfleur n'est connu, comme ville et port maritime, que depuis le XIIIe s., époque où il fut entouré d'une enceinte fortifiée. En 1346 Edouard III, roi d'Angleterre, s'empara de la ville, où il s'embarqua après la conclusion du traité de Brétigny (1360). Battus sous les murs de Honfleur en 1387, les Anglais reprirent cette ville en 1418 et y laissèrent une garnison qui ne capitula qu'en 1449. C'est dans le port que mit à la voile, en 1457, l'expédition de la noblesse normande contre l'Angleterre.

La paix favorisa le commerce de Honfleur, ses marins devinrent célèbres. En 1503-1505, Paulmier semble avoir atteint les terres australes, où l'avait guidé le vol des oiseaux. L'année suivante, le capitaine Denis débarqua sur les côtes du Brésil, au lieu appelé depuis Port-des-Français par les Portugais, et aborda ensuite à Terre-Neuve, dont il prit possession au nom de la France. La décadence de Honfleur fut due surtout aux guerres de la Ligue. Cependant, après la paix de Vervins (1598), ses marins recommencèrent leurs expéditions. C'est de Honfleur et avec des marins honfleurais que Champlain partit pour ses explorations au Canada (1603-1607). Les Honfleurais créèrent des comptoirs à Java, à Sumatra, à Achem et, sur les côtes de Terre-Neuve, un établissement pour la pêche à la morue.

De 1684 à 1690 les fortifications furent rasées. Duquesne, envoyé à Honfleur, en 1668, par Louis XIV, décida la création d'un bassin à flot, terminé en 1684 et agrandi de 1720 à 1725 (le bassin actuel de l'Ouest). Louis XIV ordonna également (1672) la construction de vastes magasins à sel, destinés à la préparation du poisson. Mais la perte de 28 navires honfleurais, capturés par les Anglais qui, en outre, prirent possession de Terre-Neuve, les hostilités d'Amérique et le développement du Havre déplacèrent l'ancien commerce de la cité, qui se vit réduit au cabotage.

A Honfleur sont nés : le navigateur *Paulmier de Gonneville* (*V.* ci-dessus); le navigateur et cosmographe *Pierre Berthelot* (1600-1638), devenu carme déchaussé, et martyrisé à Sumatra; le corsaire *Doublet* (1655-1728); les amiraux *Motard* (1771-1852) et *Hamelin* (1768-1839); l'économiste *Le Play* (1806-1882); le peintre *E. Boudin* (1824-1898); l'historien *Albert Sorel* (1842-1906); l'humoriste *Alphonse Allais* (1854-1905).

Industrie et Commerce. — Honfleur possède des chantiers de construction de navires, d'importantes scieries mécaniques, une fonderie, des corderies et diverses fabriques.

Le *quai Beaulieu*, où abordent les bateaux du Havre et d'où partent les autos de Trouville, est l'endroit le plus animé de Honfleur. On y arrive de la gare par les quais Le Paulmier et de la Tour qui contournent les bassins du port.

Le **port** de Honfleur (*V.* le plan) couvre 15 hect. — A l'*avant-port* (800 m. de quais), qui assèche à marée basse, où stationnent les bateaux du Havre et qui abrite de nombreux voiliers faisant la pêche ou le cabotage, succèdent quatre bassins à flot, où les écluses retiennent l'eau à toute marée. C'est d'abord le *Vieux-Bassin*, ou bassin de l'Ouest, encastré dans les maisons (*V.* ci-dessous). Puis viennent le *bassin du Centre*, avec 400 m. de quais, et le *bassin de l'Est*, long de 300 m., large de 72, et couvrant 2 hect. Après le bassin de l'Est et s'avançant jusqu'au delà de la gare, le *bassin Carnot* couvre pareillement 2 hect., sur 400 m. de long et 60 m. de large. Enfin, au delà de ces bassins et de leurs quais, un immense *bassin de retenue*, couvrant 58 hect., a été conquis sur la baie de la Seine par une digue qui s'avance jusqu'à l'entrée du port; au bord de ce bassin sont installés les chantiers de construction de navires.

Le mouvement du port est de 300,000 tonnes env. Il importe surtout les charbons anglais et les bois de construction venant des pays scandinaves. L'exportation se compose d'œufs, volailles, beurre, céréales, légumes et fruits, à destination de l'Angleterre. Le trafic des voyageurs entre Honfleur et le Havre est de 200,000 env. par année.

En suivant le quai dans la direction de la mer, on arriverait à la place Augustin-Normand et au boulevard Carnot, bordant un square, avec le buste de *E. Boudin*, peintre honfleurais. Au delà du square s'allonge la *jetée de l'Ouest*, estacade longue de 200 m., avec un feu fixe rouge, qui marque l'entrée du port : vue magnifique sur le Havre et l'estuaire de la Seine.

En continuant sur la g., en longeant la mer, on arrive à la petite *plage* de bains : sable vaseux; on se baigne un peu après le flot, lorsque l'eau s'est reposée. La plage est voisine de l'ancien phare et de la place Félix-Chaslos où est l'hôpital. La petite chapelle de l'hôpital, du XVe s., est située en bordure de la place : à l'intérieur, tableau ancien, Jésus et les petits enfants; à dr. du chœur, chapelle des religieuses, avec de grandes grilles de bois et tableau ancien, Descente de croix. Au-dessus s'élève la Côte de Grâce (p. 289).

En suivant le quai Beaulieu dans la direction de la ville, on voit en face de soi la **Lieutenance**, petit îlot isolé de vieilles constructions pittoresques, couvertes de tuiles brunes, avec tourelles d'angle. C'est le reste d'un castel du XVIe s., ancienne résidence du lieutenant du roi à Honfleur, d'où son nom. Dans ces constructions est enclavée la porte de Caen, reste des anciens remparts. Sur un des murs de la Lieutenance, face à la mer, inscription à la mémoire du navigateur Samuel Champlain (*V. Histoire*, p. 258).

A dr. de la Lieutenance est l'étroite et petite place Hamelin, bordée de restaurants et d'hôtels, d'où se détache à l'O. la rue Gambetta, qui a des *maisons anciennes*, à poutres apparentes. Au n° 84 de la place, maison natale de l'humoriste Alphonse Allais; au n° 16, maison natale de l'amiral Hamelin.

De la place Hamelin on monte, par la rue Prémord, à la

place du Marché, où est la curieuse église Sainte-Catherine.

L'église Sainte-Catherine est un édifice gothique d'une originalité unique en son genre. Construite par les charpentiers de navires de Honfleur, elle est entièrement en bois (fin du XVe s.) avec des soubassements de pierre, et appartient au style flamboyant; sa double abside est surmontée d'une flèche, longue et fine. Un portail du XVIIIe s. en défigure la façade principale. Son ancien *clocher* pittoresque, dont la base est entourée d'une maison d'habitation, est séparé de l'église par une petite place; il est également en bois et étayé par des poutres recouvertes d'ardoises.

L'intérieur a l'aspect d'une halle; il se compose de 2 nefs parallèles, accotées l'une à l'autre, et que séparent des piliers de bois sur des soubassements en pierre; chaque nef est accompagnée d'un bas-côté. A la tribune de l'orgue, panneaux sculptés du XVIe s., figurant des musiciens; et plafond à pendentifs. Sous la tribune, remarquable statue d'évêque, en bois sculpté et peint. Dans la nef de g. : bénitier creusé dans un chapiteau; Ste Catherine, toile attribuée à *Zurbaran*, une Annonciation (abîmée), de beaux bois sculptés de la Renaissance, deux statues d'anges à l'autel; Jésus au Jardin des Oliviers, toile attribuée à *Jordaens* (1654). Dans le chœur qui est à l'extrémité de la nef de dr., aigle formant lutrin, bronze du XVe s.; autel en bois sculpté et doré; deux consoles; le Portement de croix, attribué à *Erasme Quellin*.

Revenu à la Lieutenance, on trouve à dr. le *bassin de l'Ouest* ou *Vieux-Bassin*, créé sous Louis XIV, par Duquesne (1668-1684), agrandi de 1720 à 1725; c'est un des restes les plus curieux des vieux ports normands. Il est bordé de hautes *maisons* de l'époque, revêtues d'ardoises, aux étages en saillie, tassées les unes contre les autres; quelques-unes atteignent sept étages, avec seulement deux fenêtres de façade. Le soir, le reflet, dans l'eau, des maisons éclairées forme un joli tableau.

Au N.-E. du bassin de l'Ouest, en face de l'avant-port, l'hôtel de ville abrite la Bourse, le tribunal de commerce et le musée municipal.

Le **musée municipal** est gratuit le dim. et le jeudi, de 13 h. 30 à 16 h. 30; les mercredi et vendredi, mêmes heures, 50 c. par pers.; les autres j. et heures, 1 fr. par pers.; catalogue 50 c. Il contient quelques bons tableaux.

Au 1er étage, la salle des mariages, occupée par le commandement belge et interdite au public pendant la guerre, est consacrée à des tableaux d'artistes honfleurais : portraits et paysages de *Boudin*; bons petits tableaux de *Hamelin* (types de pêcheurs et moulières).

Au 2e étage, GRANDE SALLE : de dr. à g. : *Nozal*, Paysage; *Paul Sain*, Bords de rivière; *Cartier*, Boulogne-sur-Mer; *Renouf*, Sur la digue à Guernesey; *Ribot*, Vieille Normande; *Renouf*, Pont de Brooklyn; *E. Boudin*, Etude de cheval; *Larche*, Bords de quai; *Dupérelle*, la Lieutenance; *Gauthier*, Poissons; **Tattegrain*, Pêcheuses au petit jour; *L. Leclerc*, le Vieux-Bassin à Honfleur; *Mercié* (d'après), Vénus au bain; *Vidal*, Jeune Breton; *Simonnet*, Vallée de la Seine; *Corcos*, Femme au bord de la mer; *Heinskerque*, Tabagie; **P. Mignard*, portrait d'homme; **Van Dyck*, Tête de vieillard; *Ecole de Mignard*, l'Amour endormi;

A. Leleux, Repos sous les arbres; **Court*, M. Barrière, le général Heymès; *Sébastien Bourdon*, St Sébastien.

Les petites salles renferment des dessins, tableaux et moulages.

En longeant le bassin de l'Ouest par le quai Saint-Etienne, on voit bientôt l'ancienne et petite *église Saint-Etienne*, de style gothique (nef du xvᵉ s., chœur du xviᵉ), avec un porche de bois et un clocher recouvert d'écailles de bois. A l'intérieur est installé en partie le pittoresque musée du Vieux-Honfleur.

Le ***musée normand du Vieux-Honfleur** (50 c. par pers.) est consacré à l'histoire et à l'art de la Normandie. Dans la vaste nef de l'église Saint-Etienne sont réunis des bustes et portraits de Honfleurais célèbres, des dessins, des estampes, et divers documents sur la ville, des armes, un canon du xviᵉ s., un retable à colonnes torses du xviiᵉ s., provenant de l'église Sainte-Catherine, des bâtons de corporations.

On sort de l'église et dans la rue de la Prison, on trouve à dr., l'entrée d'un groupe de *maisons en bois* du xviᵉ s. qui contiennent les collections du musée normand. Dans la cour, puits curieux avec sa roue dentée, qui a été transporté là et reconstruit pierre par pierre.

Dans le bâtiment à g., au rez-de-chaussée, objets divers provenant du tombeau d'une Romaine qui était tourneuse de boutons; dans l'escalier, une Vierge du xvᵉ s. en pierre, puis des épis de faîte du xviᵉ s. en terre cuite émaillée du Pré d'Auge, des coffres, des faïences anciennes, un Ecce homo de la chapelle du château d'Angerville.

Dans la cour de dr., au rez-de-chaussée, prison de la vicomté de Roncheville, avec des cachots qui servaient encore il y a quelques années. Intérieur d'un marchand de pacotille. — Au 1ᵉʳ ÉTAGE, intérieur d'un paysan cauchois. Deux salles consacrées aux corsaires et aux négriers : lettres de course, modèles de vaisseaux, coffres de capitaines, armes. Très important registre, le seul connu, d'échantillons d'étoffes de Rouen qui servaient à payer pour la traite des nègres. Au même étage, dans diverses salles, des bijoux, des ornements d'église du xviᵉ s., des vêtements et des broderies Louis XV, des uniformes du 1ᵉʳ Empire, une armoire de mariage, de riches costumes de théâtre du xviiᵉ s., ayant servi aux élèves de l'école militaire de l'abbaye de Beaumont. Sur l'un d'eux, on lit « Britannicus ». — Au 2ᵉ ÉTAGE, reconstitution parfaite d'*intérieurs normands* avec des objets authentiques : une chambre de bourgeois, une cuisine de paysans et de marins, un intérieur de pêcheur, un atelier d'imprimeur où l'on remarque une ancienne presse, qui peut encore tirer des gravures sur bois : on n'en connaît que deux en France.

Continuant à suivre le quai Saint-Etienne, on tourne à g. à son extrémité, pour gagner la place Thiers où se trouve le théâtre et sur laquelle on a élevé en 1913 un monument aux morts pour la patrie, œuvre du sculpteur Maurice Charpentier; à g. de la place, rue de la Ville avec la poste.

De la place Thiers la rue Notre-Dame conduit à l'*église Saint-Léonard*; son beau portail flamboyant (xviᵉ s.) est surmonté d'un clocheton octogonal du xviiiᵉ s. : au centre, curieuse statue de St Léonard des Chaînes, entre deux enfants qu'enchaîne à lui sa protection.

L'intérieur, entièrement décoré de peintures, a été reconstruit au xviiᵉ s., en style gothique, comme l'église primitive, détruite à cette époque par un incendie. A l'entrée : grandes coquilles servant de bénitiers. Au bas-côté g., bas-relief : Jésus chassant les marchands du temple. Au chœur, fresque moderne par *Krug*, figurant la Translation des reliques de St Léonard par l'évêque de Bayeux; beau lutrin de cuivre, de 1791, exécuté à Villedieu : un aigle tient un serpent dans ses serres.

En sortant de l'église, on prendra en face la rue Cachin qui aboutit à la rue de la République où sont les magasins : elle se prolonge à g. par l'avenue de la République, route de Pont-l'Evêque et de Lisieux, plantée d'arbres séculaires. En la suivant à dr. on revient directement au Vieux-Bassin, ou bien, en tournant à g. par la rue du Dauphin, à la place de l'Obélisque, ornée d'un obélisque en pierre et à l'église Sainte-Catherine.

La ***Côte de Grâce** est la promenade classique de Honfleur. A la place de l'Obélisque on prend la rue du Puits jusqu'à la rue des Capucins (1re à dr.), qui offre au n° 25 une maison de 1627, et qui est continuée par la rue de Grâce. A l'octroi, on laisse à dr. la route de Trouville, pour monter à g., sous de magnifiques ombrages, le chemin de Grâce qui s'élève sur la *Côte de Grâce*.

1 k. On arrive au sommet du plateau, dominant de 89 m. 23 l'estuaire de la Seine. Du calvaire moderne, qui a remplacé une croix de 1628, détruite dans un éboulement du sol, et voisin d'une table d'orientation du Touring-Club, se déroule un *admirable *panorama* : tandis que les pentes boisées de la Côte de Grâce dévalent jusqu'à la Seine, on voit la mer vers la g. et, en face de soi, le Havre, dominé par les coteaux d'Ingouville et de Graville; vers la dr., à la suite du Havre, on aperçoit Harfleur et la côte de Tancarville. Un peu à l'O. du calvaire, un sentier en lacets redescendrait directement à la route de Trouville. L'esplanade, avec bancs, ombragée d'ormes et d'autres arbres séculaires, entoure la chapelle N.-D.-de-Grâce.

La *chapelle N.-D.-de-Grâce*, but de pèlerinage, fut fondée, dit-on, par Robert le Magnifique, père de Guillaume le Conquérant, à la suite d'un vœu fait pendant une tempête; le monument primitif fut rebâti au XVIe s. après un éboulement, puis au XVIIe s. (1606). Un petit porche couvert en dôme et surmonté d'une tourelle à campanile précède la chapelle : de chaque côté de la tourelle, 2 bas-reliefs figurent l'Annonciation et la Visitation; entre les deux, statue de N.-D. de Grâce.

L'intérieur, où se voient un autel de bois sculpté et doré et, à l'angle g. de l'entrée du chœur, la statue de la Vierge vénérée, est entièrement tapissé d'ex-voto : cœurs, plaques de marbre, tableaux de naufrages, naïfs et cocasses, petits navires sous vitrines, béquilles. Vitraux modernes (1917) représentant 4 épisodes de l'histoire de la chapelle.

Face à la chapelle, qu'entourent des boutiques de petits marchands, une courte allée conduit à un reposoir, où se dit la messe les jours de pèlerinage. La principale assemblée a lieu le dimanche et le lundi de la Pentecôte : le lundi matin, messe pour les marins. Aux abords de l'esplanade se trouvent des hôtels (p. 284), entourés de jardins et vergers.

Au delà de la chapelle, on trouve à dr. la route de Barneville : par un embranchement à dr. de cette route, avant Barneville, on pourrait redescendre sur la route de Trouville. Il faut tourner à g. pour rentrer à Honfleur, par la route qui passe devant l'hôtel du Havre, puis devant le *château de la Côte de Grâce*, entouré d'un jardin et d'une grille. Ce château, ancienne propriété du colonel de Perthuis, donna l'hospitalité à Louis-Philippe, du 26 au 28 février 1848 (plaque); c'est de là que le roi et la reine, chassés de Paris par la révolution et réfugiés d'abord à Trouville, partirent un soir pour s'embarquer à Honfleur sur un bateau qui les conduisit au Havre; du Havre le navire anglais *Express* les emporta en exil.

Au delà du château, on arrive au point de vue du *Mont-Joli* : vue sur Honfleur et l'estuaire de la Seine; à dr. hôtel du Mont-Joli. A g., la villa Foucher-Lepelletier, précédée d'une grille que flanquent deux tourelles crénelées, néogothiques, est surmontée d'une rotonde blanche, à dôme et à campanile, qui signale au loin Honfleur et la Côte de Grâce.

Si l'on est en voiture, il faut revenir sur ses pas ou regagner la route de Pont-l'Évêque en passant devant l'hôtel du Mont-Joli. A pied, on descend, au-dessous du point de vue, par un raidillon en zigzag qui ramène à Honfleur, à la rue du Puits, que l'on suit vers la g.

Fatouville-Grestain (route 21 k. 5 E., aller et ret.). — Départ par la gare, et à dr. la route de Rouen, qui longe à dr. le cimetière Saint-Léonard, puis passe sous le ch. de fer. — 3 k. La Rivière-Saint-Sauveur (p. 283). On traverse la vallée de la Morelle. — 5 k. 5. *Fiquefleur-Équainville*, église romane. — 6 k. 5. Jobles, dans le val Anglais. 8 k. 5. *Grestain*, ruines d'une abbaye bénédictine, fondée au XIe s., près des Roches à Gervais. Remontant le vallon sauvage de la Vilaine, dominé à l'E. par le mont Courel (90 m.), on passe près du château de la Pommeraye (XVIIe s.) avant d'atteindre la chapelle de Saint-Moin, dont la fontaine a la réputation de guérir les maladies de peau. On laisse à g. la route de Berville-sur-Mer, pour prendre celle de Pont-Audemer. 10 k. Carbec. — 11 k. 5. *Phare de Fatouville* (128 m. d'alt.), à feu blanc avec éclat rouge toutes les 3 min., d'une portée de 21 milles 5. — 13 k. *Fatouville-Grestain* : église avec porte latérale du XIe s. De Fatouville, on regagne la route côtière à (15 k.) Jobles. — 21 k. 5. *Honfleur*.

De Honfleur au Havre en bateau, p. 131 en sens inverse; a Pont-Audemer et a Rouen, p. 274 à 270 en sens inverse.

Distances par la route, de Honfleur à : Cabourg, 36 k. 5; Caen, 57 k.; Évreux, 89 k.; Houlgate, 32 k.; Lisieux, 37 k.; Paris, 183 k.; Pont-Audemer, 25 k.; Pont-l'Évêque, 16 k.; Rouen, 74 k.; Trouville, 15 k.; Villerville, 9 k.

De Honfleur, la *route côtière, très belle et recommandée, conduit, en 15 k. O.-S.-O., à Trouville, par Criquebeuf, Villerville et Hennequeville; services d'autos, p. 285.

Il y a une autre route également desservie par les autos, plus longue, éloignée de la mer, mais qui traverse la forêt de Touques. — On quitte Honfleur par la rue, la place et l'avenue de la République (route de Pont-l'Évêque), et l'on remonte le vallon de la Claire. — 4 k. Équemauville. — 10 k. 5. *Saint-Gatien*, à 151 m. d'alt., sur la lisière de la forêt de Touques ou de Saint-Gatien (p. 300) d'où l'on pourrait descendre à Villerville (*V.* ci-dessous) et que l'on traverse ensuite, pour redescendre sur Trouville. — 20 k. *Trouville* (p. 293).

Du quai Beaulieu, pour suivre la route côtière, on gagne l'église Sainte-Catherine, d'où l'on monte la rue des Capucins, puis la rue de Grâce; à l'extrémité de celle-ci, près du bureau d'octroi, on laisse à g. le chemin de la côte de Grâce (p. 289), pour suivre la route de Trouville. Cette route longe à g. les escarpements des Fontes, passe entre des villas et devant l'hôtel Saint-Siméon; à dr., rest. champêtre du Clos-Joli.

2 k. 5. *Vasouy*, sur une colline couverte de la plus luxuriante végétation. L'église a une nef du XIIe s. et un portail avec beaux panneaux de porte, du XVIe s. Le château, au bas de la côte, s'élève au milieu d'un parc.

5 k. *Pennedepie*, dans la verdure, à 500 m. de la mer : église bâtie par les Templiers, en partie refaite; dans le fond du vallon, moulin du XVIe s. A g., propriété de Blosseville, charmant chalet Guttinger et fontaine Virginie, entourée de mousse et de verdure. A dr., banc de rochers du Ratier, que l'on aperçoit tout entier à marée basse. A g., route de Touques (8 k.). — 6 k. 5. *La Planche-de-Pierre*, hameau.

7 k. 5. *Cricquebœuf* : charmante *église* du XIIe s., revêtue de lierre, située près d'un étang dans l'enceinte d'un vieux manoir. A 1 k. de l'église, près de la mer, un marais offre aux botanistes plusieurs plantes intéressantes, entre autres : le Rumex maritimus, le Samolus valerandi, le Scirpus glaucus, le Rottbolla filiformis et le Chrithmum maritimum ou perce-pierre, qui croît entre les galets et la grève, et des algues rares. Au-dessous de la route, près de la mer, ancienne poterie devant laquelle un banc vaseux contient des fossiles.

9 k. **Villerville**, bourg de 1,036 hab., station balnéaire fréquentée, s'étage pittoresquement au-dessus de la mer, entouré d'une campagne verdoyante.

Gares : — à *Trouville*, 6 k. S.-O. (p. 293); à *Honfleur*, 9 k. E.-N.-E. (p. 284); service d'autos pour les deux gares (p. 285 et 294).

Hôtels : — *Belle-Vue*, bien situé, sur la mer, T.C.F. (1er ordre, à Pâques et l'été, remis à neuf, rest.; 30 ch.; jardin, bains, gar.); *des Parisiens*, Grande-Rue, dipl. T.C.F. (toute l'année; gar.; tennis); *de la Plage*, r. des Bains, 20 (toute l'année; jardin, gar.); *Continental*, r. des Bains, 16 (l'été; 25 ch.; gar., jardin, vue sur le Havre); *des Bains* (café-rest.; gar.).

Pension de famille : — *Beau-Rivage* (cuisine soignée, parc bordant la mer, gar.).

Restaurants : — *Champêtre*, route de Trouville (gar.); *Guichard*, route de Trouville (location de voit.); *de la Poste*, route de Trouville.

Agences de location : — *Goumy*, route de Trouville; *Pasquier*.

Loueurs de voitures : — *Blacher*, r. de Bauville; *Guichard*, route de Trouville.

Bains de mer : — cabine 60 c. — Bains de mer chauds et bains de varech.

Casino : — théâtre, concerts, petits-chevaux.

Syndicat d'initiative : — *M. Lecerf*, pharmacien, Grande-Rue : renseignements gratuits.

L'église est située sur la route de Honfleur à Trouville; de style gothique, elle a été en grande partie reconstruite; il ne reste d'ancien qu'une partie du chœur.

Près de l'église commence la Grande-Rue, continuée par la rue des Bains, qui descend en pente rapide à la plage. La *plage*, de sable, galets et rochers, a des cabines et possède un petit casino. La falaise, coupée à pic au-dessus de la plage et reposant sur des bancs de glaise peu résistants, a dû être étayée par des murs de soutènement et protégée par des brises-lames, dits « épis ». Vue superbe sur le Havre; bains à la corde : les lames sont ordinairement très fortes. La plage, dominée par une large digue cimentée, avec cabines, se prolonge jusqu'à une ceinture de rochers nommée la Moulière.

La mer se retire à plus de 1 k. Sur tous les rochers couverts de varech, qui émergent le long de la côte, on recueille des moules à marée basse, notamment sur le *banc du Ratier*, sorte d'îlot rocheux et vaseux, à 3 k. en mer; il découvre à mer basse, on s'y rend en barque.

Saint-André-d'Hébertot, par Saint-Gatien et la forêt de Touques (38 k. ou 38 k. 5 S.-E. selon route, aller et ret.). — De l'église de Villerville on va rejoindre la route de Honfleur à Touques, qu'il faut suivre à dr. Au delà d'une ferme dite la Bergerie, on rencontre (3 k. 5) le carrefour de la Croix-Sonnet, où se réunissent les routes de Trouville, de Touques, de Honfleur et de Saint-Gatien; on prend cette dernière à g., pour gagner (8 k. 5) Saint-Gatien et (17 k.) Saint-André-d'Hébertot (p. 283), desservi par une station de la ligne de Pont-l'Évêque à Honfleur et d'où l'on pourrait aussi regagner Trouville par le ch. de fer.

De Saint-André-d'Hébertot on continue par (23 k. 5) *le Theil* : église avec fonts baptismaux du XIVe s. — 25 k. 5. *Fourneville* : église du XIIIe s.; château du XVIe s., avec façade en encorbellement, porte sculptée et belle cheminée. Le village est bâti sur les versants d'un étroit vallon où naît le ruisseau d'Orange, qui va se jeter dans la Seine près de Honfleur. — 28 k. On tourne à g., à la ferme du Plain-Chêne, pour gagner, en laissant deux routes à g., le hameau du Vivier (30 k.), d'où l'on peut revenir par deux routes différentes : suivant la bifurc. de g., on passe à (31 k.) Saint-Philbert, hameau où l'on rejoint vers la dr. la route de Saint-Gatien à Villerville (38 k.). Si l'on suit au contraire la bifurc. de dr. on laisse à dr., peu après la bifurc., un chemin qui conduirait en 10 min. env. à la ferme de *Mont-Saint-Jean*, ancienne possession des Templiers et dont les bâtiments actuels ne paraissent pas remonter plus loin que le XVIIe s.; de la ferme on retomberait ensuite directement sur la route. On gagne (33 k. 5) *Barneville-la-Bertrand* : église avec un clocher roman; au chœur, tableau votif de l'école flamande, de 1650; château du XVIIIe s. De Barneville on rejoint (36 k.) la route de Honfleur à Trouville, que l'on prend vers la dr. — 37 k. *Cricquebœuf* (p. 291). — 38 k. 5. *Villerville*.

En quittant Villerville, la route laisse à g. un calvaire de granit, et s'élève entre des bois, pour redescendre ensuite dans un vallon boisé, où est le hameau de Grand-Bec. On remonte ensuite à 123 m. d'alt. puis on redescend.

12 k. *Hennequeville* (restaurants), dépendance de Trouville, avec des villas, une plage de bains et des cabines, où deux avenues descendent de la route de Villerville; la végétation

est magnifique. De hautes falaises calcaires stratifiées, toutes crevassées, et appelées les Creuniers, sont riches en fossiles.

Après (14 k.) Lieu-Godet, on descend une côte, et on arrive à (15 k.) *Trouville* (*V.* ci-dessous) par le boulevard d'Hennequeville.

25. — TROUVILLE, DEAUVILLE

TROUVILLE, station balnéaire célèbre, port de pêche et de commerce, ch.-l. de c. de 6,190 hab., est situé sur la rive dr. de la Touques, en bordure de la mer et sur le versant de riantes collines. Deauville (p. 297), sur la rive g. de la Touques, en est comme le prolongement.

Trouville réunit les publics les plus divers, depuis la haute et riche société qui habite de somptueuses villas ou loge dans des hôtels de grand luxe, jusqu'à la clientèle populaire qui trouve une foule d'hôtels plus simples, de petits restaurants et de guinguettes, analogues à ceux de la banlieue de Paris. Aussi la cohue est-elle grande pendant les mois d'été. Deauville, par contre, demeure plus aristocratique.

Les distractions sont nombreuses : casino et jeux de hasard, concerts, représentations théâtrales par les troupes de Paris, sports divers. Les courses (1re quinzaine d'août), sur l'hippodrome de Deauville, sont suivies par tous les sportsmen de Paris. Les régates ont lieu au commencement d'août et durent une semaine env.

Gare : — buffet; prix des billets de Paris, p. 279.

Omnibus : — *de ville* : de la gare ou du bateau à domicile et vice versa, 75 c., avec 30 kilog. 1 fr., par 10 kilog. en sus 10 c.; — *de famille* (sur demande) : 1 à 3 pers. avec 30 kilog., 3 fr.; 4 à 6 pers., 5 fr.; — omnibus et autos des hôtels.

Hôtels : — les tarifs sont suspendus pendant la période des courses; prix à débattre; majoration de 30 à 40 0/0 env.

A la gare : *Terminus*, T.C.F. (rep. à prix fixe et à la carte); *Frascati* (toute l'année; 50 ch.; terrasse).

En ville : Hôtels de grand luxe : *des Roches-Noires* (Pl. *a* E1), r. d'Orléans, sur la mer (15 mai au 30 sept.; 300 ch.; asc., jardin); *Trouville-Palace* (Pl. *b* D2), sur la mer (l'été; 250 ch.; 30 salons, 80 salles de bains); *de Paris* (Pl. *c* D2), sur la mer (juin à fin sept.; 250 ch.; 80 salles de bains; asc., jardin).

Confortables : *Bellevue* (Pl. *d* D2), pl. du Casino (l'été; 120 ch.; asc., jardin); *du Bras-d'Or* (Pl. *e* D2), r. des Bains, 65 (l'été; 120 ch.; gar., jardin); *du Helder* (Pl. *f* D2), pl. du Casino (ouv. à Pâques; 40 ch.); *de la Plage* (Pl. *g* D2), pl. du Casino (l'été; rep. à prix fixe et à la carte, 65 ch.; asc.); *du Louvre* (Pl. *h* D2), r. de la Mer, 32-36, près de la poste, T.C.F. (l'été; 65 ch.; cuisine soignée, confort moderne, bains); *Régina* (Pl. *i* D2), r. Ch.-Mozin, 23-25, T.C.F. (l'été; rep. à la carte, 30 ch.; bains); *d'Angleterre* (Pl. *j* D2), r. de la Plage, 26; *Tivoli* (Pl. *k* D2), r. des Bains et r. de la Mer, T.C.F. (toute l'année; 72 ch.; bains, chauff., gar., grand jardin); *de la Digue*, près de la jetée des Anglais, sur la mer (l'été).

Plus simples : *Central* (Pl. *l* D2), quai Vallée; *des Bains* (Pl. *m* D3), r. des Bains, 6-8 (l'été); *Tortoni*, quai Tostain, 38 (12 ch.; salle de rest. au 1er); *du Commerce*, quai Joinville, 48; *de France*, quai Joinville, 34 (toute l'année; hôt. meublé pendant la guerre; chauff., gar.); *Trianon*, r. Carnot, 28 (Pâques à oct.; 36 ch.; remis à neuf, eau courante dans les ch., annexe avec jardin, bains); *du Rocher*, r. de Pont-l'Evêque (rep. à prix fixe).

Modestes : quai Joinville, etc.

Hors la ville : — *Touring-Hôtel*, bd d'Hennequeville, près de l'octroi de Honfleur, T.C.F. (toute l'année; 16 ch.; gar., jardin).

Pensions de famille : — *villa Marie-Louise*, r. Carnot, 5 (30 ch.); *villa Violetta*, r. d'Isly, 16 (9 ch.); bains, terrasse, jardin); *villa Windsor*, r. Saint-Michel, 4 (Pâques à oct.; 16 ch.; eau courante, bains, jardins, en face du casino-salon).

Restaurants : — *de la Jetée-promenade* (à la carte); *du Casino-Salon* (orchestre symphonique); *Topsy*, sur les planches (thé).

Tea-rooms : — *Lipton's tea*, r. de Paris, 24; *Normandy*, pl. Bon-Secours; *Duval*, id.

Agences de location : — *Emile Couyère*, r. Carnot, 2, à Trouville, et pl. Morny à Deauville; *Jeanne-d'Arc*, r. de la Mer, 21; *Desmoulins*, r. Victor-Hugo, 13; *François*, r. Victor-Hugo, 12; *Mme Jeanneau*, r. d'Orléans, 4; *Catel*, r. d'Orléans, 14.

Poste : — r. Victor-Hugo, 20.

Banques : — *Crédit Lyonnais*, *Société Générale*, r. Victor-Hugo; *Comptoir d'Escompte*, pl. du Casino.

Voitures de place : — tarif de jour, en 1918 (5 h. à minuit 30) : la petite course (de la place de l'Hôtel-de-Ville à la gare, et vice-versa) 1 fr.; la course ordinaire à 1 chev. 1 fr. 50, à 2 chev. 3 fr.; de la Jetée-promenade à la gare, et vice-versa, 2 fr. à 1 chev., 3 fr. à 2 chev.; de la gare en ville, et vice-versa, 1 fr. 50 à 1 chev., 2 fr. à 2 chev.; avec bagages, 2 et 3 fr. L'heure, en ville, jour ou nuit, 3 fr. et 4 fr.

Tarif de nuit (minuit 30 à 5 h.) : la course en ville, 3 fr. à 1 chev., 4 ou 5 fr. à 2 chev.; de la gare en ville et vice-versa, 3 et 5 fr.; avec bagages 3 fr. 50 et 6 fr.

Tarif entre Trouville et Deauville : la course de jour, 2 et 3 fr., l'heure 3 et 4 fr.; de minuit 30 à 5 h., la course 3 et 5 fr., l'heure 5 et 6 fr. Les jours de courses à Deauville, les prix peuvent être doublés, de 11 h. à 18 h. — Tarif des excursions, p. 271 : pour les voitures d'excursions, s'adresser au Comité d'initiative, au casino.

Taxi-autos : — divers tarifs; demande aux chauffeurs.

Service d'autos : — pour *Honfleur* (par Villerville ou Saint-Gatien), 2 fr. 10; *Villers-sur-Mers* (l'été), 1 fr. 50.

Service de voitures : — pour *Villerville*, 1 fr.; — l'été, pour *Villers-sur-Mer*.

Bateaux : — pour *le Havre*, 2 à 4 fois par j., selon saison, heures d'après la marée : 3 fr. 25, 2 fr., 1 fr. 25. — Pour les promenades en mer s'adresser au port (l'heure, 5 fr.).

Bac : — sur la Touques, entre Trouville et Deauville, 5 c.

Bains de mer : — abonnement : cabine de luxe, 2 fr. 50; cabine à flot, 1 fr.; cabine ordinaire, 50 c. Garde de costume, 25 c. — Abonnement aux chaises : 1 mois, 3 fr. 50; 12 j., 2 fr., 8 j., 1 fr. 25.

Sans abonnement : cabine de luxe, 3 fr.; cabine à flot, 1 fr. 25; cabine ordinaire, 60 c.; cabine de domestique, 30 c. Costume, 50 c.

Etablissement hydrothérapique : — au casino municipal.

Casino municipal : — entrée, du 15 juin au 13 juillet, 1 fr.; du 14 juillet au 15 sept., 3 fr.; du 16 au 30 sept., 1 fr. Abonnements au théâtre et au music-hall, simples ou combinés.

Casino-salon : — sur la plage.

Tennis : — sur la plage.

Comité d'initiative : — bureau de renseignements gratuits au casino municipal; secrétaire polyglotte.

Si l'on arrive à Trouville par le bateau du Havre on débarque, à marée basse, à la jetée-promenade ou jetée des Anglais (p. 295), située à 15 min. env. du centre de la ville, au delà de l'hôtel des Roches-Noires (*V.* le plan). A marée haute, on débarque au quai Vallée, près de la place de l'Hôtel-de-Ville, où se trouve le casino municipal; y prendre l'itinéraire ci-dessous.

Arrivant à Trouville par le chemin de fer, on laisse à g.

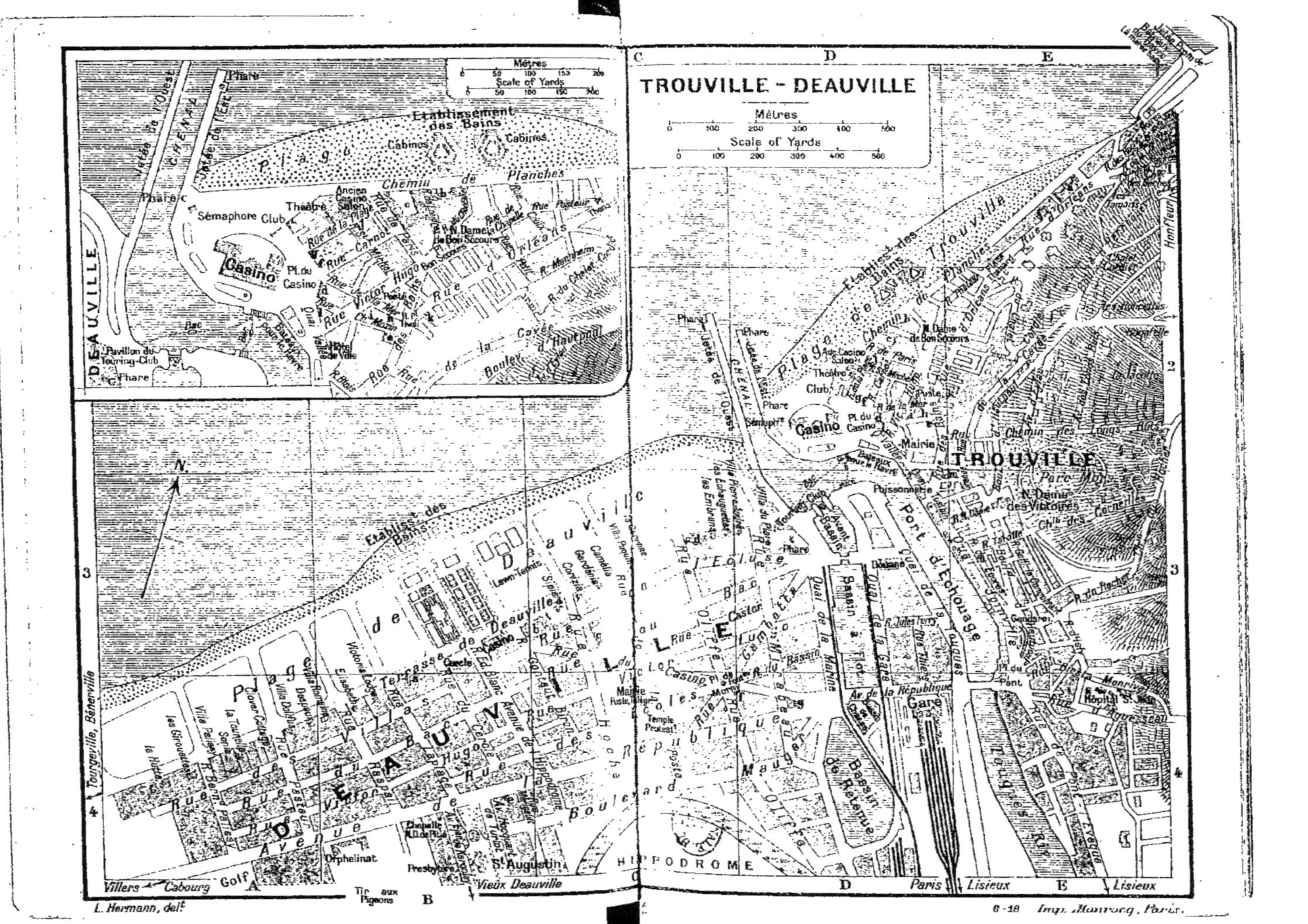
TROUVILLE - DEAUVILLE
Mètres
Scale of Yards
DEAUVILLE
Casino
Sémaphore Club
Théâtre
Établissement des Bains
Cabines
Chemin de Planches
Rue Victor Hugo
Rue Carnot
Rue d'Orléans
Boulev. d'Hautpoul
Pavillon du Touring-Club
Phare
Jetée de l'Ouest
Jetée de l'Est
CHENAL
TROUVILLE
Port d'Échouage
Bassin à Flot
Bassin de Retenue
Gare
HIPPODROME
Plage de Deauville
Plage de Trouville
St Augustin
Orphelinat
Golf
Villers — Cabourg
Tourgeville, Bénerville
Vieux Deauville
Paris
Lisieux
Honfleur
Tir aux Pigeons
L. Hermann, delt
Imp. Monrocq, Paris.

Deauville (p. 297). On tourne à dr. pour franchir le pont sur la Touques, puis tourner à g. par le quai Joinville où sont les hôtels, restaurants, cafés et guinguettes, et qui longe le *port*.

Le port de Trouville, origine du pays, se compose d'un port d'échouage, dans le lit de la Touques, rivière poissonneuse, qui assèche à marée basse, découvrant de vastes vasières. Un bassin à flot et un bassin de retenue se trouvent sur le territoire de Deauville. Le port d'échouage a 1 k. de long env.; le bassin à flot a 11,000 m². de superficie et 745 m. de quais; port de commerce, il reçoit surtout des charbons anglais et des bois du Nord; port de pêche, il abrite une nombreuse flottille, montée par un millier de pêcheurs, et fait l'expédition du poisson. Des chantiers de construction de navires et des fabriques de cordages complètent l'industrie maritime de Trouville.

Au quai Joinville fait suite le quai Tostain, d'où la rue Notre-Dame, à dr., monterait à *l'église N.-D.-des-Victoires*, moderne, de style byzantin.

A l'intérieur : beau maître-autel de marbre; fresques par Baranton, Vie de J.-C.; tableau ancien, de l'école italienne, au bas du bas-côté dr.; copie de la Pêche miraculeuse de Poussin, au transept g.

Le quai Tostain amène à la *poissonnerie*, où la vente à la criée est, chaque matin, un des spectacles pittoresques de Trouville.

A la suite, le quai Vallée, où se trouvent à dr. l'hôtel de ville, construit en 1913, à g. l'accostage des bateaux du Havre à marée haute, et le bac de Deauville (p. 297), conduit à la place du Casino.

Sur la place du Casino, bordée de beaux hôtels, se trouve à g. le *casino municipal*, inauguré en 1912 : vaste édifice, d'aspect monumental, il renferme salle de théâtre et salle de concerts, salons de jeux, et un important établissement hydrothérapique, d'eau de mer et d'eau douce.

Au delà du casino on arrive à la mer. On trouve à g. la *jetée de l'Est*, en charpente à claire-voie, qui marque l'entrée du port, et qui est parallèle à la jetée de l'Ouest, située sur le territoire de Deauville. Longue de 220 m., elle est fréquentée par les touristes, surtout le soir, et porte un phare à feu blanc. En face de soi on voit le Havre, à g. Deauville.

A dr. s'étend la **plage** sur une longueur de 1 k., toute de sable fin et en pente très douce; on y pêche l'équille, à marée basse, aux grandes marées. La mer se retire à 1 k. env. et des cabines roulantes conduisent alors les baigneurs jusqu'à l'eau. Grande affluence, très élégante, pendant la saison, ainsi que sur le promenoir, dit *les Planches*, qui longe la plage. Suivant le bord de la plage vers la dr., on passe près du *Casino-Salon*, et on trouve l'établissement de bains, les hôtels de Paris et Trouville-Palace.

Au delà on atteint le vaste hôtel des Roches-Noires, puis (15 min. env. de la place du Casino) la *jetée-promenade* ou *jetée des Anglais* (entrée, 10 c.). Cette jetée, construite par une compaguie anglaise, est en fer et longue de 300 m. env., avec des bancs et un restaurant. C'est une agréable promenade, surtout le soir. Les rochers voisins sont couverts de moules.

Les hauteurs verdoyantes qui dominent la mer sont couvertes de riches villas.

Si l'on veut voir les plus belles propriétés, on adoptera l'itinéraire suivant. De la digue, par la rue des Roches-Noires, on gagnera le carrefour où se détache à g. la route de la Corniche : du calvaire, belle vue sur la plage, la mer et Deauville. Cette route, continuée par le boule-

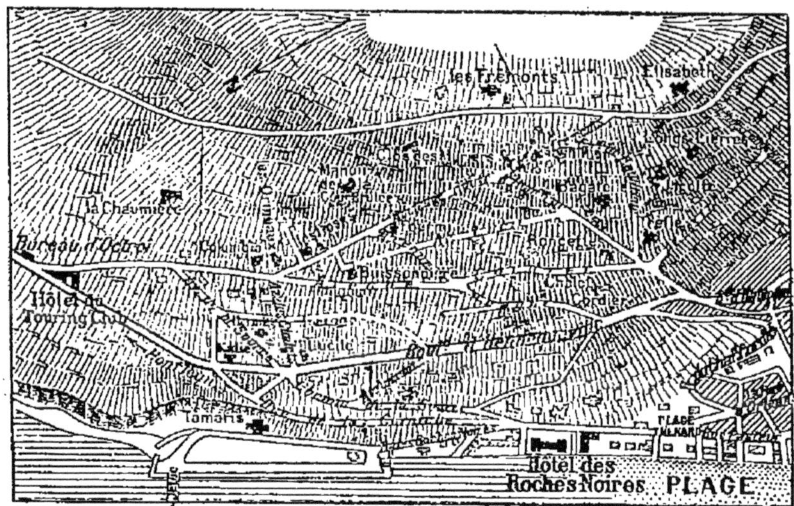

vard d'Hennequeville ou route de Honfleur, monte assez rapidement jusqu'à l'hôtel du Touring-Club. En face de l'octroi, tourner à dr. : on longe à g. les belles villas de la Chaumière, à dr. Belle-Vue, Daisy, Italienne, à g. Columbia, Clos-des-Ormeaux, Manoir de la Cour-Brûlée, Clos-des-Mûriers, Bagatelle. Après avoir contourné à dr. les jardins de la villa des Roncettes et du chalet Cordier, une des plus anciennes villas de Trouville, on arrive au carrefour du boulevard d'Hautpoul. Par les lacets de la rue Chalet-Cordier on atteint la rue d'Orléans (*V.* ci-dessous). Cette promenade demande 1 h. env.

Revenant vers la ville, on suit, derrière l'hôtel des Roches-Noires, la rue d'Orléans, d'où la rue de la Chapelle amène à l'église N.-D. de Bon-Secours, dans le centre de Trouville.

L'*église N.-D.-de-Bon-Secours* est entièrement moderne; le portail est de style Renaissance.

La chapelle du Sacré-Cœur, à g., de style gothique, a été construite en ex-voto par les réfugiés pendant la guerre franco-allemande de 1870-71. A g. Adoration, toile; à dr., chapelle du fond, belle tapisserie, le Christ à la Colonne; en remontant, Sainte Famille d'*Andrea del Sarto*; à l'entrée, reproduction de St Christophe.

On arrive, au delà, à un carrefour où l'on trouve : à dr. la rue de Paris, qui ramènerait à la plage et aux bains; à l'angle de la rue de Paris, la rue Victor-Hugo, où est la poste, qu'on doit transférer en face de la mairie; à l'angle de la rue Victor-Hugo, la rue des Bains, étroite, mais une des plus vivantes de Trouville, qui ramène aux quais de la Touques et à la poissonnerie.

Si l'on veut se rendre à Deauville, on remontera le quai vers la dr., jusqu'au bac sur la Touques, qui se trouve au delà de la cale des bateaux du Havre.

On peut encore signaler à Trouville, au n° 5 de la rue des Rosiers, la maison qui servit de refuge à Louis-Philippe, en 1848 : c'est de là qu'il parvint à gagner Honfleur (p. 284), où il s'embarqua pour le Havre et l'Angleterre.

DEAUVILLE, sur la rive g. de la Touques, en terrain plat, doit son origine et sa vogue au duc de Morny, qui s'y installa sous le second Empire, aux côtés du prince Demidoff, du docteur Oliffe, médecin de l'ambassade d'Angleterre, du marquis de Massa et du banquier Laffitte; les plus anciennes villas datent de cette époque. La facilité d'établir un champ de courses voisin contribua au choix du lieu, où tout fut à créer.

De ce côté, au lieu des hautes collines de la rive dr., s'étendent de vastes prairies et une plaine sablonneuse unie, fermées seulement au loin par le petit massif de hauteurs appelé mont Canisy. Une magnifique plage de sable de 3 k. s'étend depuis la Touques jusqu'aux falaises de Bénerville qui se rattachent à ces hauteurs. Dans cette grande plaine la jeune cité balnéaire a pu étaler à l'aise ses avenues spacieuses.

Deauville est un centre balnéaire aristocratique, aux voies droites et soignées, aux riches habitations, entourées de jardins luxueusement entretenus. Le contraste est complet entre ce séjour somptueux et paisible et la foule, un peu mêlée, de Trouville. L'animation est très grande au moment des courses.

Gare : — même gare que Trouville; — prix des billets de Paris, p. 279.

Omnibus de ville : — de ou pour la gare; mêmes prix que ceux de Trouville (p. 293).

Hôtels : — à la gare, p. 293.

De grand luxe : *Royal* (Pl. *a* B3-4) (rep. à la carte, 300 ch. avec bains); *Normandy* (Pl. *b* B-C3), r. Gontaut-Biron et r. de l'Écluse (l'été; rep. à la carte; 300 ch. avec bains).

Confortables : *Splendid* (Pl. *c* C3), r. de l'Écluse (77 ch.); *de la Terrasse* (Pl. *d* C3), sur la mer (l'été; rep. à prix fixe, 80 ch.; jardin, gar., tennis); *de Jouvence* (Pl. *e* B4), av. de la République (janv. à oct. jardin).

Plus simples : *du Siècle* (Pl. *f* C1), pl. de Morny (toute l'année; 8 ch.; café-rest.); *de l'Europe* (Pl. *g* D4), av. de la République, 38 (1er mars-1er nov.; grill-room, 75 ch.; bains, eau chaude et froide, jardin).

Agences de location : — *Emile Couyère*, pl. de Morny; *G. Bernard*, r. de l'Hippodrome; *Desmoulins*, en face de la mairie; *Lalonde*, r. Mirabeau, 70.

Poste : — r. de la Poste, près de la mairie.

Banques : — *Crédit Lyonnais*, r. du Casino; *Comptoir d'Escompte*, av. de l'Hippodrome; *Société Générale*, r. de Gontaut-Biron.

Voitures de places : — p. 294; tarifs des excursions, p. 299.

Taxi-autos : — demander tarifs aux chauffeurs.

Location de voitures, chevaux et autos : — *Paris-Agence*, r. du Casino, 83 (voitures et autos); *Guiot*, r. du Bac, 41 (voit., chevaux de selle.

Bac : — pour Trouville, 5 c.

Bains de mer : — cabine ordinaire, 60 c.; abonnement de dix, 5 fr.; costume, 50 c.; abonnement aux chaises : 1 mois, 3 fr.; 15 j., 2 fr.

Casino : — 7 j. en août, 40 fr.; 15 j., 70 fr.; 1 mois, 130 fr.; saison, 200 fr.; le théâtre est compris dans ces prix.

Sports : — *Courses*, à l'hippodrome, 2e quinzaine d'août, la grande attraction de Deauville, event sportif de tout 1er ordre; — *golf*, av. de la République; — *tir aux pigeons*, av. du Coteau, derrière l'église (nombreux concours et prix); — *polo*, à l'hippodrome; — *tennis* (saison 100 fr., août 60 fr., juill. ou sept. 25 fr., 15 j. 35 fr. ou 15 fr., 7 j. 20 fr. ou 10 fr., promeneurs 1 fr.); — *sociétés sportives* : Tennis-club; Rallye-Deauville; — *Pavillon des sports*, quai de la Touques, près du phare.

Syndicat d'initiative : — r. des Bains, près de la plage : renseignements gratuits.

De la gare, laissant à dr. Trouville et son port (p. 295), on tourne vers la g. pour passer entre le bassin à flot à dr. et le bassin de retenue à g., et prendre la rue du Casino, qui amène à la place de Morny. Une fontaine y a remplacé la statue du duc de Morny, fondateur de Deauville sous Napoléon III. C'est le centre des approvisionnements et des boutiques. Par la rue Gambetta, à g., on gagnerait la salle des Fêtes, ancien temple protestant moderne, de style roman.

Continuant la rue du Casino, et laissant à g. la rue Victor-Hugo, avec la mairie et la poste, on arrive à la terrasse de Deauville (*V.* ci-dessous).

De Trouville, on se rend à Deauville par le bac (p. 295). Arrivé sur l'autre rive, et ayant passé sur l'écluse ou sur un pont tournant l'entrée du bassin à flot, on trouve le phare de Deauville, tour carrée en briques, à bandes rouges et blanches alternées (feu rouge); voisin du phare est le pavillon des Sports. Au delà, vers la dr., en longeant le chenal d'entrée du port, on irait à la *jetée de l'Ouest*, en charpente à claire-voie, parallèle à la jetée de l'Est, située sur le territoire de Trouville. Longue de 570 m., elle porte un phare à feu vert.

On suit vers la g., au delà du pavillon des Sports, le large boulevard dit **terrasse de Deauville**, long de 1,600 m., bordé de belles villas et parallèle à la mer. Celle-ci, qui s'est retirée de 150 m. env. depuis un demi-siècle, en est aujourd'hui séparée par des dunes herbeuses, où il était interdit de bâtir, afin de ne pas obstruer la vue des villas dont le flot venait jadis baigner le pied. La même servitude défendait d'y tracer des jardins dont les arbustes dépassent 1 m. de haut. Mais de nouveaux lais de mer se sont formés et ils viennent d'être vendus par l'État aux propriétaires côtiers avec faculté de construire. Une nouvelle terrasse, partant de la jetée de l'Ouest et allant jusqu'à Bénerville, sera élevée en bordure de la mer.

Suivant la terrasse de Deauville (*V*, le plan) on y remarque successivement l'hôtel de la Terrasse, la belle villa qui fait l'angle de la rue de la Poste, puis le Normandy-Hôtel, construit dans le style des vieilles hôtelleries normandes, et auquel fait suite le *casino*. Celui-ci, d'aspect monumental, a été inauguré en 1912 et offre diverses attractions, théâtres, concerts, jeux. En face du casino, des parterres à la française, qui ont valu à Deauville le surnom de « Plage fleurie », et un tennis précèdent la *plage*, toute de sable, avec établissement de bains, café-glacier, pâtisserie et pavillon de la Presse, où l'on peut faire sa correspondance.

Continuant à suivre la terrasse au delà du casino, on dépasse la rue Edmond-Blanc.

La rue Edmond-Blanc, suivie de l'avenue de l'Hippodrome, bordée de galeries couvertes et de magasins, amènerait (10 min. env.) au *champ de courses*, qui a une piste de 2,400 m. et est établi dans les prairies de la rive g. de la Touques.

Proche de l'hippodrome, l'église de Deauville, précédée d'un square, est moderne, de style roman : vitraux de Champigneulle; fresques par Bordier et Gérard, Vies de St Augustin et de St Laurent. Au delà de l'église, par l'avenue du Coteau, on monterait en 10 min. env. au *Vieux-Deauville*, d'où l'on a une vue étendue et où l'église Saint-Laurent a conservé une abside romane.

On rencontre ensuite : le Royal-Hôtel ; la villa Lodge, de style anglais gothique, avec une tourelle à créneaux; la villa Elisabeth, de même style, la plus ancienne de Deauville; la villa Romaine, en pierre et brique, avec bustes et statues de style néo-romain (époque de Napoléon III); le Clover-Cottage, de style normand.

La villa Palissy (époque de Napoléon III), à l'angle de la rue du même nom, est une des plus curieuses. Elle est de style pompéien ; ses murs sont revêtus de terres cuites émaillées et de faïences : petits masques tragiques, frontons à palmettes, charmante frise d'enfants, d'après un dessin de Barrias qui lui valut, en 1865, le grand-prix de Rome ; la galerie extérieure est ornée de peintures sur lave, figurant des têtes de femmes, par Jollivet et Boulanger. Un peu plus loin, dans la rue Bernard-Palissy, la villa Vanderbilt, ou la Chaumière, est couverte de chaume et a de vastes écuries de courses. Puis viennent, sur la terrasse, 5 villas de style normand, parmi lesquelles la villa des Girouettes, la Hutte, à M. Achille Fould, et la Folie.

La terrasse se termine, après un coude de la route, à *Tourgéville*, où se trouvent un grand manoir moderne, en pierre de taille, de style néo-gothique, et un petit établissement de bains à bon marché; le centre communal de Tourgéville est à 4 k. S. de la mer (p. 302).

On gagnerait au delà, par la route, la petite station balnéaire de Bénerville (2 k.; p. 303), et à 6 k., Villers-sur-Mer (p. 303).

ENVIRONS DE TROUVILLE-DEAUVILLE.

Les *voitures de place* se payent depuis 25 fr. (1 cheval) et 50 fr. (2 chevaux) la journée. A l'heure (dans un rayon de 30 k.) : 4 fr. la 1re h., 3 fr. heures suivantes; 5 fr. et 4 fr., 2 chevaux. Après 15 ou 20 k. de marche, le cocher a droit à 1 heure de repos payée. — Excursions tarifées en 1918 : Bénerville : 5 fr. : le mont Canisy : 12 fr. ; Bonneville, sur-Touques : 8 fr. (1 chev.) et 12 fr. (2 chev.); Bonneville-sur-Touques-avec retour par la forêt, 12 fr. et 16 fr. ; Saint-Arnoult, 8 fr. et 12 fr. ; Villerville, 12 et 16 fr. ; Villerville-Cricquebœuf, par la forêt, 15 fr. ; Honfleur et la Côte de Grâce, 20 fr. et 25 fr. ; Villers-sur-Mer, 12 fr. et 15 fr. ; Houlgate et Dives, 20 fr. et 25 fr. ; Cabourg et le Hôme, 25 fr. et 30 fr.

De grandes *voitures d'excursion*, contenant 30 à 40 personnes, partent chaque matin, pendant l'été, pour une promenade dont l'itinéraire est indiqué par affiches, et rentrent à Trouville avant 18 h. Le prix des places varie de 4 à 8 fr. suivant l'excursion.

Pour les *autos*, pas de tarif, prix à débattre.

1° Vallon de Callenville, par le mont Roty (1 h. 45 env., à pied, aller et ret.). — Après avoir suivi la route de Honfleur au delà de la villa Bagatelle, on prend à dr. une route offrant une vue magnifique qui contourne la villa des Frémonts et laisse à g. la ferme de la Grande-Cour, puis la villa du Mont-Roty. La route, inclinant ensuite brusquement à dr., longe la ferme du Mont-Roty ; on la quitte bientôt pour suivre à dr. un chemin qui va aboutir à une charmante route ombragée. Celle-ci ramène à Trouville en dominant à g. le vallon de Callenville, rempli d'une verdure luxuriante.

2° Saint-André-d'Hébertot, par Saint-Gatien et la forêt de Touques (route 17 k. S.-E., ou station du ch. de fer de Honfleur, à Saint-André-d'Hébertot). — Départ par le quai Joinville, que l'on suit dans la direction de la gare ; on y prend à g., à son extrémité et à l'entrée de la route de Pont-l'Evêque, la rue d'Aguesseau. Bordée d'abord de chalets et de villas, elle gravit une longue côte : on y rencontre la villa des Annelles, entourée d'un parc splendide ; à g. et au sommet (1,200 m. S.-E. de Trouville) s'élève l'ancien *château d'Aguesseau* (Louis XIII). A g., villa des Fougères. La route continue à monter au milieu des arbres : belle vue. — 4 k. Carrefour de la Croix-Sonnet, où l'on croise la route de Touques à Honfleur, sur un vaste plateau couvert de pommiers et de vergers. On ne tarde pas à entrer dans la *forêt de Touques* ou *de Saint-Gatien* (2,800 hect.), qui forme un certain nombre de petites propriétés particulières ; elle a encore 28 à 29 k. de tour et 8 à 10 k. dans sa plus grande longueur. Ses belles allées et ses taillis offrent d'agréables promenades. Le botaniste pourra récolter dans cette forêt de nombreuses plantes rares, entre autres l'*Impatiens noli me tangere* (Impatiente, n'y touchez pas), qui croît sous les aunaies, près d'Englesqueville, l'*epilobium spicatum*, vulgairement nommé laurier de St Antoine, qui s'élève avec majesté sur le bord de ses routes, et le *wahlenbergia hederacea*, plante des plus gracieuses, rare en Normandie. — 8 k. *Carrefour Saint-Philbert* : fermes où l'on vend des rafraîchissements et du lait ; statue de N.-D. des Bois, encadrée de verdure et élevée par les bûcherons ; on croise la route de Honfleur à Touques.

9 k. 5. *Saint-Gatien*, à 151 m. d'alt., sur la lisière de la forêt. Au delà on débouche sur la route de Honfleur à Pont-l'Evêque. On la suit un instant à dr., puis on prend à g. Après avoir dépassé quelques cultures, la route rentre dans la forêt. Un peu plus loin, au delà d'une clairière, on longe à g. le petit bois de la Frémonderie ; à dr., la belle vallée de la Calonne forme une mer de verdure. On passe à côté du petit manoir de Trianon ; belles futaies.

16 k. *Saint-Benoit-d'Hébertot*, où l'on croise la route de Pont-l'Evêque à Rouen, par Beuzeville. Suivant la route en face, on passe à côté de l'église. Après avoir tourné à g. entre deux haies, on atteint à dr. une porte précédant une belle avenue, à l'extrémité de laquelle est le petit château de Mac-Cartan : belle vue ; demander l'autorisation

pour entrer. De là on peut descendre à pied par un ravin boisé très pittoresque à Saint-André.

17 k. *Saint-André-d'Hébertot* (p. 283).

3° Touques et Bonneville (route 4 k. 5 S.-E.; station du ch. de fer de Paris, à *Touques*; retour facultatif par la forêt de Touques, 16 k. au total. Voit., *V.* ci-dessus). — Départ par le quai Joinville et la route de Pont-l'Evêque. Celle-ci, remontant la rive dr. de la Touques, parallèlement au ch. de fer, longe à g. le château de la Roseraie. — 3 k. *Touques* (p. 282). Au delà de Touques on prend à g. la route de Bonneville. — 4 k. 5. *Bonneville-sur-Touques* (p. 282). — De Bonneville on peut revenir par le même chemin; sinon, on atteint au bout de 1 k. 5 (6 k. de Trouville), à 124 m. d'alt., l'entrée de la forêt de Touques (ci-dessus, 2°). On traverse la forêt pour joindre (9 k.) la route qui vient de Saint-Gatien et qui à g., ramène à Trouville (16 k.).

4° Ruines du prieuré de Saint-Arnoult et du château de Lassay, mont Canisy, Tourgéville et Bénerville (route 15 k. S.-O. aller et ret.; station du ch. de fer de Paris, à *Touques*, qui est distant de 1 k. de Saint-Arnoult; station du ch. de fer de Cabourg, à *Tourgéville*). — En partant de Deauville on gagne directement Saint-Arnoult (3 k.) par la route qui passe entre l'église et le champ de courses.

On part de Trouville par le quai Joinville et la route de Pont-l'Evêque. — 3 k. *Touques* (p. 282). — 3 k. 5. On bifurque à dr., pour croiser la Touques, le ch. de fer de Paris, puis celui de Cabourg.

5 k. *Saint-Arnoult*. On prend un chemin ombragé qui amène aux ruines pittoresques de l'église (XIe-XVe s.) et du *prieuré de Saint-Arnoult* (pourboire au gardien). Ces ruines, situées dans un beau massif d'arbres, recouvrent une crypte avec des ossements. A côté des ruines, deux fontaines sont un but de pèlerinage, celle de Saint-Clair pour les maux d'yeux, celle de Saint-Arnoult pour la débilité des enfants.

On reprend ensuite le chemin ombragé, qui monte sur le sommet du *mont Canisy*, où il se perd dans les herbages. Le mont Canisy, haut de 100 m., commande un superbe panorama vers la mer et vers les terres. Il était couronné par le *château de Lassay*; celui-ci avait été bâti en trois mois sous Louis XIV, par le comte de Médaillan, marquis de Lassay, pour recevoir Mlle de Montpensier. Le comte de Lauraguais, ayant hérité par sa mère du château et du domaine, y donna des fêtes splendides en l'honneur de Mme du Barry et plus tard de Sophie Arnould. Il ne reste du château que des ruines : deux hauts pans de murs avec portes bouchées, fenêtres (celle de l'E. avec balcon), œil-de-bœuf et fronton. A l'intérieur de la paroi O. subsiste un reste d'escalier en pierre.

Du mont Canisy on gagne *Tourgéville* (8 k. de Trouville, par la route, p. 302) et on continue la route de Villers-sur-Mer jusqu'au (10 k.) hameau de Pré-du-Houx : Villers est à 4 k. au delà. On tourne à dr. — 11 k. On coupe le ch. de fer à la station de Blonville (p. 302). — 12 k. On atteint la route côtière qui va à g. à Villers (3 k.) et qu'on prend à dr.

13 k. *Bénerville* (p. 303). — 15 k. Petits bains de Tourgéville (p. 299) et terrasse de Deauville. — 17 k. Trouville.

5° Bénerville, Blonville et Villers-sur-Mer (ch. de fer, ligne de Cabourg, p. 302; — route 8 k. S.-O.; voiture de louage, tarif p. 299; l'été, services d'autos, 1 fr. 50, et de voitures). — La route traverse Deauville, se rapproche de la mer, gravit le mont Canisy et descend vers (4 k.) Bénerville (p. 303). Nouvelle descente en pente rapide sur (5 k.) Blonville (p. 303). Puis la route se dirige en ligne droite à travers la plaine vers (8 k.) Villers (p. 303).

De Trouville a Caen : — *A. Par la route* : 46 k. Cette route accidentée, traverse la chaîne de hautes collines, atteignant 147 m. d'alt., qui sépare la vallée de la Touques de celle de la Dives; belles vues. — 3 k. Touques (p. 282); 7 k. Tourgéville (V. ci-dessous); 15 k. Croix-d'Heuland (p. 307). — 22 k. On croise le ch. de fer près de la gare de Brucourt-Varaville (p. 317), dans la vallée de la Divette; 30 k. Bavent (p. 317); 35 k. Hérouvillette; 38 k. Sainte-Honorine-la-Chardonnette, d'où l'on descend vers Caen.

B. Par le chemin de fer; Etat, 55 k. en 2 h. env. (8 fr. 60, 5 fr. 80, 3 fr. 80); p. 302 à 312 et 340-341 en sens inverse.

De Trouville au Havre (bateau, 14 k. N.-E.; trajet en 40 min. env.; heures et prix p. 131). — On peut revenir par le bateau de Honfleur, et de Honfleur à Trouville par le service d'autos (p. 285). On s'embarque à Trouville, à marée haute, près de l'hôtel de ville; à marée basse, à la jetée des Anglais. On aborde au Havre, au Grand-Quai (p. 121).

De Trouville à Rouen. — Des billets mixtes seront délivrés, de nouveau, après la guerre, l'été, de Trouville à Rouen et retour; aller par ch. de fer de Trouville à Rouen; retour par bateau de Rouen au Havre et du Havre à Trouville, ou vice versa (prix d'avant-guerre : 16 fr. 40, 14 fr. 20, 9 fr. 80, selon classes). — Trajet en bateau de Rouen au Havre, p. 93.

De Trouville a Villerville et Honfleur, p. 290 à 293 en sens inverse.

Distances par la route, de Trouville à : Cabourg, 19 k. 5; Caen, 46 k.; Evreux, 108 k.; Honfleur, 15 k.; Houlgate, 15 k.; Lisieux, 29 k.; Paris, 205 k. par (38 k.) Pont-Audemer; Pont-l'Evêque, 12 k.; Rouen, 87 k.; Villers, 8 k.; Villerville, 6 k.

26. — LE LITTORAL DE TROUVILLE-DEAUVILLE A CABOURG

Chemin de fer : Etat, 23 k.; 3 fr. 60, 2 fr. 45, 1 fr. 60.

Route : 19 k. 5, par : 8 k. *Villers* (p. 303); 15 k. *Houlgate* (p. 307); 17 k. 5. *Dives* (p. 312).

De Trouville, la ligne refoule vers Paris pendant 2 k., puis bifurque à dr. On s'éloigne de la vallée de la Touques pour contourner le mont Canisy (p. 301). — 6 k. *Tourgéville*, halte. Le village, à 600 m. S.-E., a une église avec nef des XIIIe-XIVe s., remaniée au XVIIIe s.; le chœur est du XIIe s.; au bas-côté dr., plaque en marbre noir, de 1645, consacrée à la mémoire des seigneurs de Glatigny; leurs armoiries sont sculptées dans la pierre de la 1re arcade.

A 4 k. N., petite plage de Tourgéville (p. 299) où l'on se rend de préférence par Trouville.

De Tourgéville on va visiter, par une route de 2 k. 5 S.-E. suivie d'un chemin de piétons (500 m. à dr.), l'ancien *château de Glatigny*, auj. converti en ferme. Il a une façade de bois, ornée de sculptures du début du XVIe s., et 2 ailes en pierre et brique (1612) : jolies lucarnes et gracieux épis de plomb; la tourelle de la porte d'entrée est de même époque.

Le chemin de fer se rapproche de la mer.

8 k. *Blonville-sur-Mer*, station desservant : à 2 k. au S. le vil-

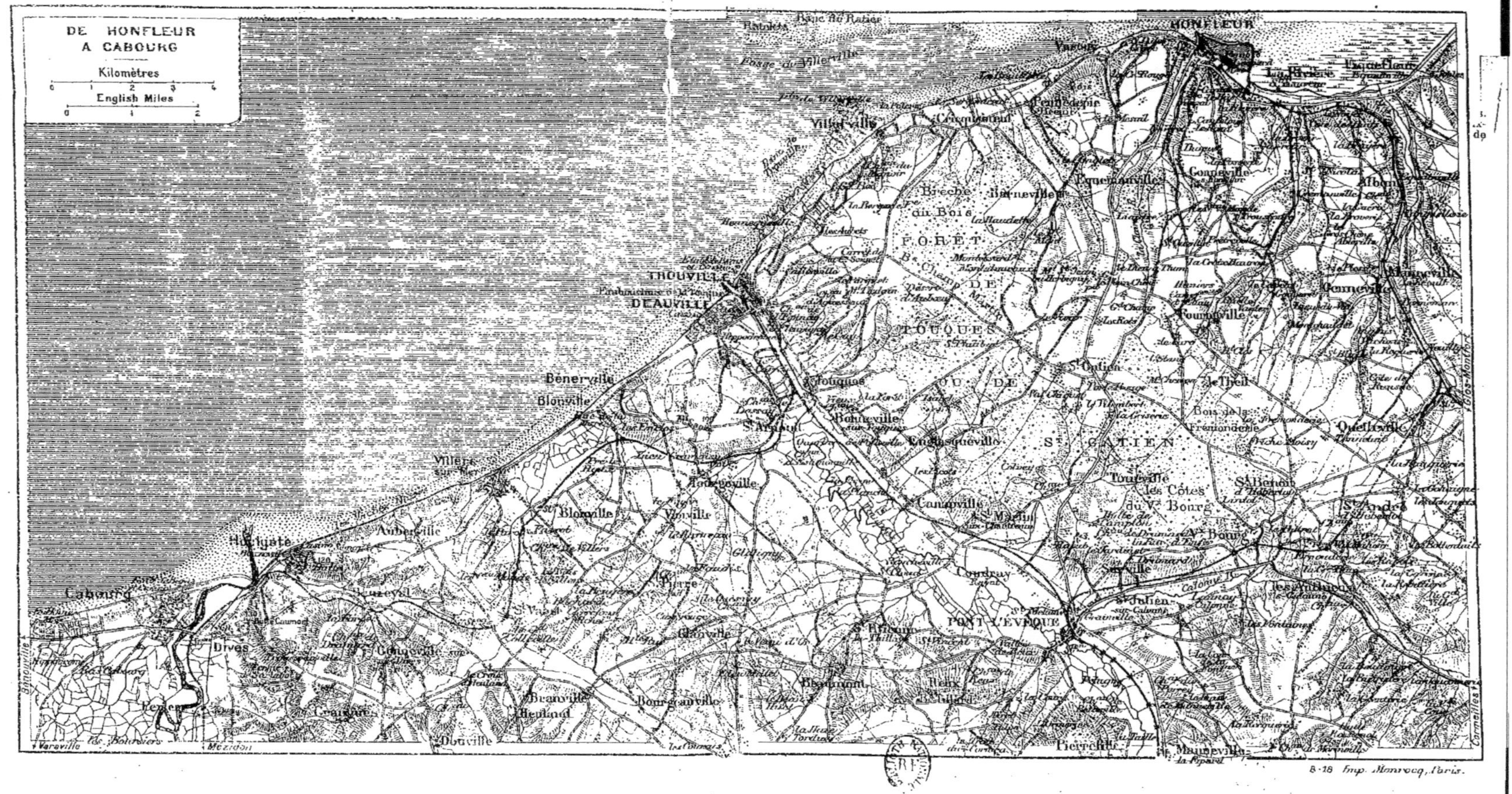
DE HONFLEUR
A CABOURG
Kilomètres
0 1 2 3 4
English Miles
0 1 2
HONFLEUR
TROUVILLE
DEAUVILLE
Bénerville
Blonville
Villers sur Mer
Houlgate
Cabourg
Dives
Villerville
Criquebœuf
Pennedepie
Vasouy
Équemauville
Barneville
FORÊT
DE
TOUQUES
Touques
Bonneville sur Touques
St Arnoult
Canapville
St Martin
Tourville
les Côtes du Vx Bourg
Vx Bourg
St Gatien
St Benoît d'Hébertot
St André
Beuzeville
Quetteville
Le Theil
St Julien sur Calonne
Pont-l'Évêque
Coudray-Rabut
Beaumont
Reux
Glanville
Pierrefitte
Manneville la Pipard
Bourgeauville
Branville
Heuland
Douville
Grangues
Gonneville
Auberville
Blonville
Vauville
Tourgéville
Gonneville
Fourneville
Genneville
Ablon
Banc du Ratier
Varaville
Mézidon
Carmeilles
Glos-Montfort
Bénouville
8-18 Imp. Monrocq, Paris.

lage de Blonville, dont l'église, avec une nef ogivale, chœur et clocher du XIIe s., est bâtie sur un coteau; — à dr., les deux petites stations balnéaires de Blonville et de Bénerville.

Les **bains de Blonville et de Bénerville** sont à 1 et 2 k. N.-O. et N.-E.; l'été, voiture de corresp. et voiture de louage.

Omnibus : — l'été pour la gare de Blonville, 50 c.

Hôtels : — *de la Terrasse* (21 ch.; gar., jardin); *Normandy* (tennis, jardin, cabines); *Hoinville* ou *Rendez-vous-des-Chasseurs* (prix modérés).

Pension de famille : — *La Ferronnière*.

Agences de location : — *Bourachot*; *Hoinville*; — à l'hôt. *de la Terrasse*; — chalets meublés à louer.

Service d'autos : — l'été, arrêts à Blonville et à Bénerville du service d'autos Trouville-Villers.

Voitures publiques : — l'été, arrêts à Blonville et à Bénerville du service de voitures Trouville-Villers.

Les *Bains de Blonville*, distants de 2 k. du centre communal de Blonville-sur-Mer, s'étendent le long de la route de Trouville à Villers-sur-Mer, parmi des prairies, et accotés aux derniers renflements du mont Canisy (p. 301) qui atteint ici 112 m. d'alt. C'est une petite station balnéaire de formation récente, avec une belle plage de sable. On y trouve des cabines, un petit casino et, pendant l'été, les principales fournitures nécessaires à la vie. La mer se retire à 500 m.

De la plage de Blonville, laissant à g. la route de Villers, on tourne à dr. dans la direction de Trouville, pour s'élever par les pentes du mont Canisy.

2 k. (de la gare). *Bénerville* (hôt. *de la Plage*, simple) autre petite station balnéaire avec plage de sable, composée de villas et de chalets, éparpillés pittoresquement sur une falaise de 30 m. de haut, offrant une très belle vue. On s'approvisionne soit à Deauville, soit à la plage de Blonville, où est également la poste. L'église tapissée de lierre, du XIe s., est isolée au-dessus de la route; au maître-autel, retable Louis XIV; à dr. dans la nef, statue de St Christophe portant le Christ sur ses épaules. Au cimetière, ancien sarcophage monolithe.

Après Blonville, le ch. de fer s'éloigne légèrement de la mer.

11 k. **Villers-sur-Mer**, 1,432 hab., est une station balnéaire fréquentée, aristocratique et calme, avec une belle plage. Villers est remarquable par la végétation de son vallon, où les villas s'entourent de beaux jardins. La vie y est plutôt chère.

Billets: — 231 k. *de Paris* en 4h. env. par express, 36 fr. 10, 24 fr. 35, 15 fr. 90; aller et ret. ordinaires (les billets de bains de mer sont actuellement suspendus), 54 fr. 15, 39 fr., 25 fr. 40.

Omnibus de ville : — 50 c.; avec 30 kilog., 70 c.; au-dessus, 15 c. par 10 kilog.; la nuit, 60 c. et 80 c. — Omnibus des hôtels.

Hôtels : — *des Herbages* (Pl. *a* C1), au bord de la mer (l'été; terrasse, jardin); *du Casino* (Pl. *b* C2), r. du Casino (l'été; jardin, tennis); *de la Plage*, sur la digue (meublé); *Williams-Hôtel* (Pl. *c* C1), r. du Casino, T.C.F. (l'été; 28 ch.); *de France et Beauséjour* (Pl. *d* C2), r. de la Mer, T.C.F. (l'été; ch. 5 à 10, pens. dep. 15); *du Grand-Balcon* (Pl. *e* C1), r. du Casino (l'été; vue de la mer); *des Pavillons*, r. Paris-d'Illins (l'été); *du Bras-d'Or* (Pl. *f* C1-2), r. du Casino

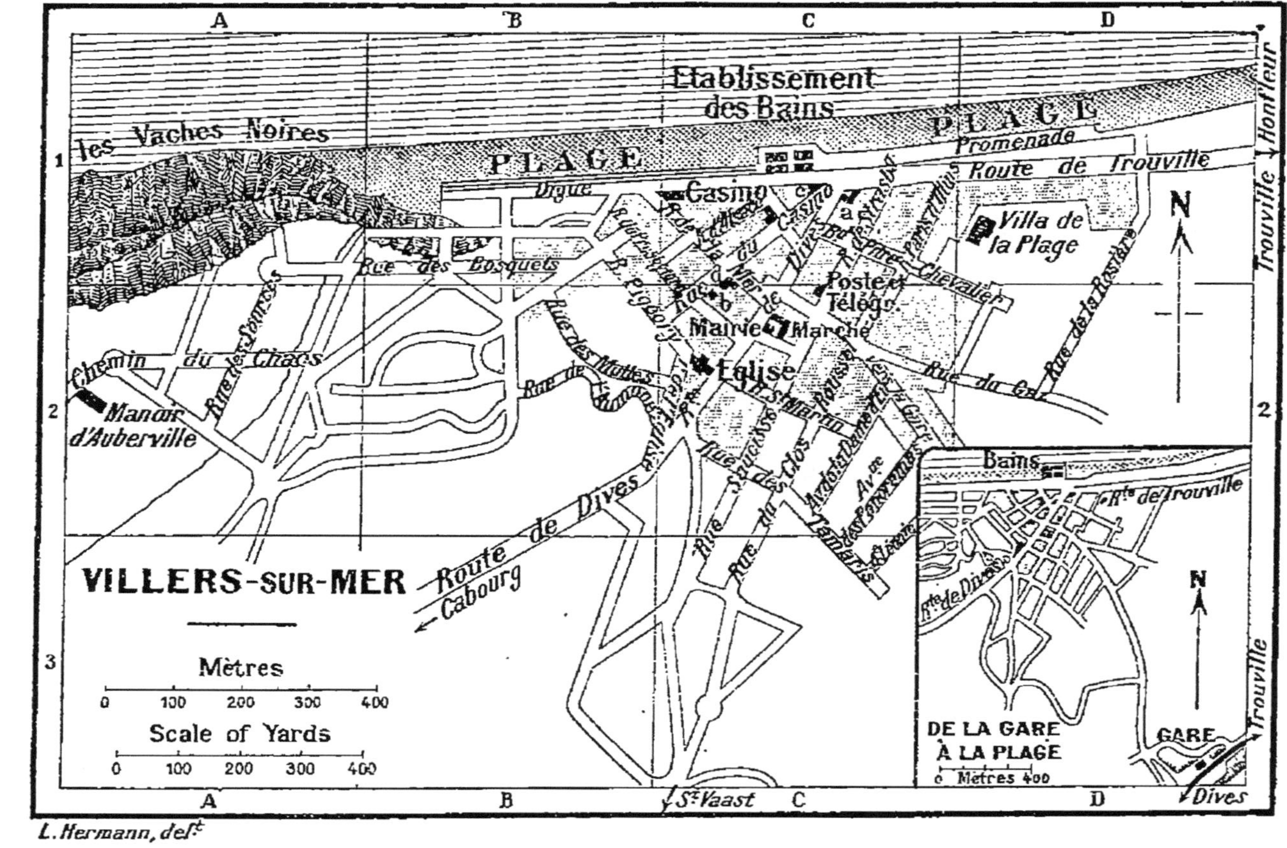

VILLERS-SUR-MER
Mètres
0 100 200 300 400
Scale of Yards
0 100 200 300 400
les Vaches Noires
Etablissement des Bains
PLAGE
PLAGE
Promenade
Route de Trouville
Digue
Casino
Villa de la Plage
Rue des Bosquets
Poste et Télég.
Mairie
Marché
Eglise
Chemin du Chaos
Rue des Sources
Manoir d'Auberville
Rue de la Gare
Rue de la Rosière
Route de Dives
Route de Cabourg
St. Vaast
Trouville
Honfleur
Dives
DE LA GARE À LA PLAGE
Mètres 400
Bains
Rte de Trouville
Rte de Dives
GARE
N
L. Hermann, delt.

(l'été); *de Paris* (Pl. *g* Cl), r. du Casino; *du Centre*, av. de la Gare.
Près de la gare: *de la Gare*(jardin).

Agences de location : — *E. Bunel*, r. de Strasbourg; *Agence générale* (G. Duprez), r. de Dives; *Bazin*, r. du Casino.

Poste : — r. de Strasbourg.

Loueurs de voitures, chevaux, ânes : — *Duprez*; *Cullmann*; pas de tarif : on traite de gré à gré.

Loueurs d'autos : — *Lemarchand*; *Demizel*.

Promenades en mer : — s'adresser à l'Établissement de bains; 2 fr. par pers. et par heure jusqu'à 3 pers.; 1 fr. par pers. en plus jusqu'à 6; chaque heure en plus, 50 c. par pers.

Bains de mer : — bain complet, 1 fr. 50; cabine, 60 c.; costume, 50 c. Location d'espaces réservés sur la plage, pour y installer tente ou cabine privée, 10 fr. le m. carré, pour la saison.

Bains chauds : — établissement municipal, r. de la Mer (eau douce et eau de mer).

Casino : — (hôpital militaire pendant la guerre).

Marché : — le vendredi; t. l. j. pendant la saison.

Tandis que la route de Trouville-Deauville amène directement à la plage et que celle de Houlgate aboutit à l'église, la gare de Villers est située à 1 k. 5 S.-E. du bourg.

De la gare on gagne la belle avenue de la Gare qui traverse la rivière. Elle est ombragée de grands arbres et bordée de villas (Maison-Verte, Larries, etc.) entourées de parcs et de jardins. A son arrivée dans Villers, elle laisse à dr. la rue de Strasbourg, où est la poste, et parvient à la place du Bourg, centre de la station balnéaire.

A dr. de la place, la rue de Dives gagnerait l'hôtel des Herbages et la mer. A g. de la place, la même rue amènerait au marché, à la mairie et à l'église que l'on aborde par son arrière-face. L'*église* est moderne, de style gothique, avec une belle tour imitée de celle de Dives; les vitraux, par Duhamel-Marette, portent les noms des donateurs. Dans un petit square à g., monument aux morts pour la patrie, érigé par le Souvenir français.

Au delà de la place du Bourg, la rue de la Mer croise la rue du Casino et aboutit au *casino* qui est en bordure de la mer et de la plage : théâtre, cercle, petits-chevaux.

La *plage* est de sable, avec une petite bande de galets et bordée d'une belle digue-promenade, pavée de briques. A l'O., elle se termine aux sombres falaises rocheuses des Vaches-Noires; divers chemins amènent au faîte de la falaise, parsemée de villas.

Entre Villers et Houlgate s'étend une ligne de falaises sombres et accidentées, appelées les **Vaches-Noires*, très pittoresques, et intéressantes pour les géologues. Ces falaises, argileuses jusqu'aux deux tiers de leur hauteur (étage oxfordien du jurassique) et marneuses à leur sommet, offrent de beaux et abondants fossiles, notamment de magnifiques ammonites souvent pyritées (*ammonites cordatus*, et *perarmatus*, la rareté de la région), des huîtres (*ostrea dilatata*), des trigonies, térébratules, pectens, etc.; on peut s'en procurer des spécimens à Villers, Houlgate et Dives. Les rochers que baignent la mer sont couverts de moules; on y trouve également une quantité considérable de brêmes : pêche en juin et juillet.

A l'E. de la plage, on trouve l'*établissement de bains*, au delà duquel se prolonge, sur 500 m., la digue, dallée, bordée de villas, éclairée à l'électricité et garnie de bancs; des escaliers descendent à la grève où sont de nombreuses cabines de bains. La route de Trouville, d'abord parallèle à la digue, longe ensuite la mer jusqu'à Blonville (p. 303). On pêche la crevette à marée basse, et les moules du côté des Vaches-Noires.

On doit élever un monument de l'Heure, œuvre du statuaire Leduc : le méridien de Greenwich, substitué au méridien de Paris pour l'heure légale française, passant à Villers-sur-Mer.

Environs. — **1° Le Château** (2 k. 7 S.-E.). — On s'y rend par l'avenue de la Gare, qu'on laisse à g. à 1 k. de Villers, pour passer sous le ch. de fer. Le *château de Villers*, dont on peut visiter le parc en s'adressant au concierge, est une magnifique résidence de style Louis XIII, au milieu de belles pelouses, d'où l'on aperçoit le Havre, Trouville, les hauteurs d'Hennequeville et les falaises des Vaches-Noires. Du côté S. il est précédé d'une avenue d'épicéas gigantesques. Ce château appartenait, au XVIIIe s., au marquis de Brunoy, célèbre par ses folles dépenses et ses excentricités. Le bois du château a 1 k. carré env. On y voit les restes d'une motte féodale, défendue au S. par un fossé en demi-lune, et formant auj. une sorte d'observatoire. Signalons, dans le bois, la belle fougère royale, *osmunda regalis*.

2° De Villers à Houlgate, le Désert (promenade recommandée). — *A*. Par la route (7 k. S.-O.). Départ par la rue ou route de Dives, qui passe derrière l'église et s'élève à 110 m. par une côte très dure de 2 k. en longeant à g. le grand domaine des Pelouses. A mi-côte, on laisse à g. (écriteau) le chemin aux Loups, conduisant au bois Lurette, à Préfontaine et aux Bruyères. — 3 k. *Auberville* (*V.* ci-dessous *B*). Après avoir laissé à dr., à la *ferme Marie-Antoinette* (restaurant select), la route de la Corniche (p. 310) et un chemin conduisant aux Vaches-Noires (*V.* ci-dessous, *B*), on descend dans la vallée du Drochon, en contournant la Butte de Houlgate (7 k.), pente de 8 0/0 et tournants dangereux.

B. Par la falaise (chemin de piétons; 2 h. env.). — Départ par la rue ou route de Dives, où l'on prend, à dr., au 1er carrefour après l'église, la rue de l'Aumône, qui monte entre des jardins et des villas; ensuite la première rue à g. conduit à un carrefour, d'où l'on suit une route bordée un instant de poteaux télégraphiques. — 15 min. Carrefour avec rond de verdure au centre; une pancarte indique à dr. la route de la ferme du Manoir (300 m.), qui longe à g. le parc du *manoir d'Auberville*. Le chemin, très joli, ombragé et dominant la mer à dr., passe bientôt devant l'ermitage du Manoir (collations) et contourne à g. un vallon boisé. A une bifurcation on s'engage à dr. dans un chemin entre deux haies qui suit la falaise. — 40 min. On débouche sur un chemin plus large, qu'on suit à dr., pour gagner en quelques pas la petite église d'Auberville et la *ferme du Chaos*, où l'on s'adresse (pourboire) pour accéder, au delà d'une barrière, dans un pré où sont disposés des bancs d'où l'on domine le Désert et la côte.

Le *Désert* est un vaste chaos qui domine les Vaches-Noires (p. 305) et qui est constitué par l'éboulement de la falaise. Sous l'action continue de l'infiltration des eaux, les couches successives ont glissé pour se disloquer en tous sens : d'un côté, des surfaces tourmentées sont recouvertes de graminées dont la fraîcheur est entretenue par des sources; de l'autre, sur la face déclive bordant la mer, sont des pentes à pic.

On a trouvé dans ces falaises des plantes, des coquilles de mollusques et de grands vertébrés fossiles : téléausaures, ichtyosaures, etc.

55 min. Après avoir quitté la ferme du Chaos, on reprend la route qui passe devant la *ferme de la Cour-Verger* (collations), d'où un large chemin à dr. va rejoindre (1 h.) la route de la Corniche, sur laquelle, à dr., on rencontre bientôt (1 h. 25) la grande ferme de la Corniche (p. 311), puis à dr. le chemin du Sémaphore (p. 311), qui traverse un petit bois de pins : jolie vue sur Houlgate. — 2 h. env. Houlgate (*V.* ci-après).

3° **Saint-Pierre-Azif et Beaumont-en-Auge** (11 k. 5 S.-E.). — Départ par l'avenue de la Gare, que l'on suit jusqu'à la gare, pour y croiser le ch. de fer (1 k. 5). — 2 k. 5. On laisse à g. la route de Tourgéville et Bénerville. — 6 k. A dr., chemin de (1 k.) *Saint-Pierre-Azif*, dont l'*église* a une nef du XVe s., un chœur du XIIe et une sacristie du XVIIe. A l'intérieur, statue tombale du XIVe s.; plusieurs bons tableaux de l'école flamande, Christ au Calvaire, la Vierge et l'Enfant, St Jérôme; quelques beaux fragments de vitraux. Une source est captée pour l'alimentation de Trouville.

Revenu à la route, on continue à la suivre, pour dépasser à dr. le château du Quesnay ou de Vauville (XVIe s.), et *Glanville*, dont l'église a un chœur du XIIe s. et un retable du XVIIe s. On franchit un ruisseau au moulin du Quesnay. — 11 k. 5. Beaumont-en-Auge (p. 281).

4° **La Croix d'Heuland** (route 6 k. 5 S., ou station du ch. de fer à *Gonneville-Saint-Vaast*, à 1 k. 8 de la Croix d'Heuland). — Départ par l'avenue de la Gare, que l'on suit pendant 1 k. env. Au carrefour des trois routes qui précède le ch. de fer, on prend la route de dr., qui croise bientôt (2 k.) la voie ferrée, passe aux hameaux du Bois-de-Villers et de Buchard, puis rejoint la route de Caen, que l'on suit vers la g.

6 k. 5. La *Croix d'Heuland* (2e moitié du XVIe s.), près de laquelle est un restaurant. Cette croix, appelée aussi croix de Rollon ou de la Mare-aux-Pois, en a probablement remplacé une plus ancienne. Suivant une des nombreuses légendes dont elle est l'objet, Rollon, afin de montrer le respect de ses sujets pour les lois, suspendait au bras de la croix des joyaux et des bijoux, qui y demeuraient sans être volés.

On peut revenir à (7 k.) Villers par (1 k. 8) la gare de Gonneville-Saint-Vaast, où l'on croise la voie ferrée, et Auberville. — De la croix part une autre belle route, qui conduit à (7 k.) Houlgate (p. 311-312), d'où l'on regagnerait Villers par le ch. de fer.

DISTANCES PAR LA ROUTE, de Villers à : Cabourg, 10 k.; Caen, 31 k. par Cabourg; Houlgate, 7 k.; Lisieux, 35 k. par Pont-l'Évêque, 30 k. par (10 k.) Annebault; Paris, 220 k.; Pont-l'Évêque, 18 k.; Trouville, 8 k.

Au delà de Villers, le ch. de fer s'éloigne de la mer, dans une contrée accidentée. — 14 k. *Gonneville-Saint-Vaast*, halte. La voie descend bientôt dans la vallée du Drochon, qu'elle suit jusqu'à la mer.

20 k. **HOULGATE**, 1,261 hab., une des plus brillantes stations balnéaires de Normandie, mondaine et animée, s'appuie d'un côté à la falaise des Vaches-Noires, dont les chalets escaladent les pentes, et s'ouvre de l'autre sur les rivages plats de l'embouchure de la Dives (rive dr.). Une ceinture de collines verdoyantes entoure Houlgate, et un ruisseau, le Drochon, y débouche d'un petit vallon. L'ensemble est pittoresque. La vie est plutôt chère.

Houlgate eut pour origine une petite commune du nom de Beuzeval : celle-ci prit ensuite le nom de Beuzeval-Houlgate, pour devenir finalement Houlgate tout court.

Billets : — 210 k. *de Paris*, en 3 h. 30 par express; 37 fr. 50, 25 fr. 30, 16 fr. 50; aller et ret. ordinaires (les billets de bains de mer sont actuellement suspendus), 56 fr. 25, 40 fr. 50, 26 fr. 40.

Omnibus de ville : — 50 c.; avec 30 kilog., 75 c.; la nuit, 50 c. et 90 c.; au-dessus de 30 kilog., 15 c. par 10 kilog.; omnibus des hôtels.

Hôtels : — DE 1er ORDRE : *Grand-Hôtel* (Pl. *a* D2), r. Baumier, près de la mer, T.C.F. (l'été; 240 ch.; grands garages, entre 2 vastes jardins); *Royal et Beauséjour* (Pl. *b* C2), r. des Bains, près de la mer, T.C.F. (l'été; eau courante dans les ch.; gar., grand parc); *Casino* (Pl. *c* C2), r. de la Mer (l'été; 100 ch.; construit en 1913, asc.).

PLUS SIMPLES : *Bellevue* (Pl. *d* C2), r. des Bains, près de la mer, T.C.F. (fermé); *de la Mer et des 4-Tourelles*, route de Cabourg (hôpital militaire pendant la guerre); *de Paris*, r. des Bains, près de la mer (toute l'année; 25 ch.); *Saulet*, r. du Marché, près de la gare (25 ch. à 3); *des Sports*, r. des Bains; *du Centre*, r. des Bains.

Restaurant : — *brasserie Royale*, r. des Bains.

Confiserie-pâtisserie : — *Plateaux*, r. des Bains.

Agences de location : — *J. Lecointre* (agence Centrale), r. des Bains; *Vimard*, r. des Bains.

Poste : — bd Saint-Philbert.

Voitures de place : — dans le bourg, la course, 1 fr.; l'h., 3 fr.; — hors du bourg, la 1re h., 4 fr.; heures suivantes, 3 fr.

Omnibus-tram : — de Houlgate (Grand-Hôtel) à Cabourg (Grand-Hôtel) 70 c., par Dives 35 c.

Autobus : — même trajet et mêmes prix : le service ne fonctionnait pas en 1918.

Loueurs de voitures, chevaux et ânes : — *Vve Auvray*, r. du Nord; *Plante*, r. du Marché; pas de tarifs, on traite de gré à gré. — École d'équitation, r. du Marché.

Loueur d'autos : — garage *Fontaine*, route de Trouville (autos d'excursion).

Excursions en mer : — l'été, pour le Havre, Trouville, les plages de Caen (annoncées par affiches).

Bains de mer : — *Grands-Bains*, près du casino : cabine, 60 c.; bain complet, 1 fr. 60; location de terrain sur la plage, 11 fr. le m. carré, pour la saison; tentes, 94 fr. la saison; grandes tentes ou cabines, 150 fr.; — *Petits-Bains*, près du Kursaal-Plage : cabine, 50 c.; bain complet, 1 fr. 50.

Bains de mer chauds : — aux Grands-Bains; aux Petits-Bains, 1 fr. 75.

Casino : — (hôpital militaire pendant la guerre).

Kursaal-Plage : — entrée 50 c.

Marché : — t. l. j. en saison.

Sporting-Club : — rond-point de la Corniche (6 courts de tennis, escrime, tir, croquet).

Renseignements gratuits : — la mairie publie chaque année un livret illustré.

On prend, en face de la gare, l'avenue de la Gare, qui amène en quelques pas à la rue du Marché; à dr., la poste.

Suivant vers la g. la rue du Marché, on arrive à la rue des Bains, parallèle à la mer, qui va à g. vers Cabourg. Prenant vers la dr. cette rue bordée de nombreux magasins et hôtels, on laisse à dr. la rue de l'Eglise, qui mène à l'église, moderne, de style gothique, et l'on arrive à la rue de la Mer, en face du Grand-Hôtel.

Tournant à g. par la rue de la Mer, on débouche sur la plage, entre l'hôtel du Casino et le *casino* de Houlgate, ou

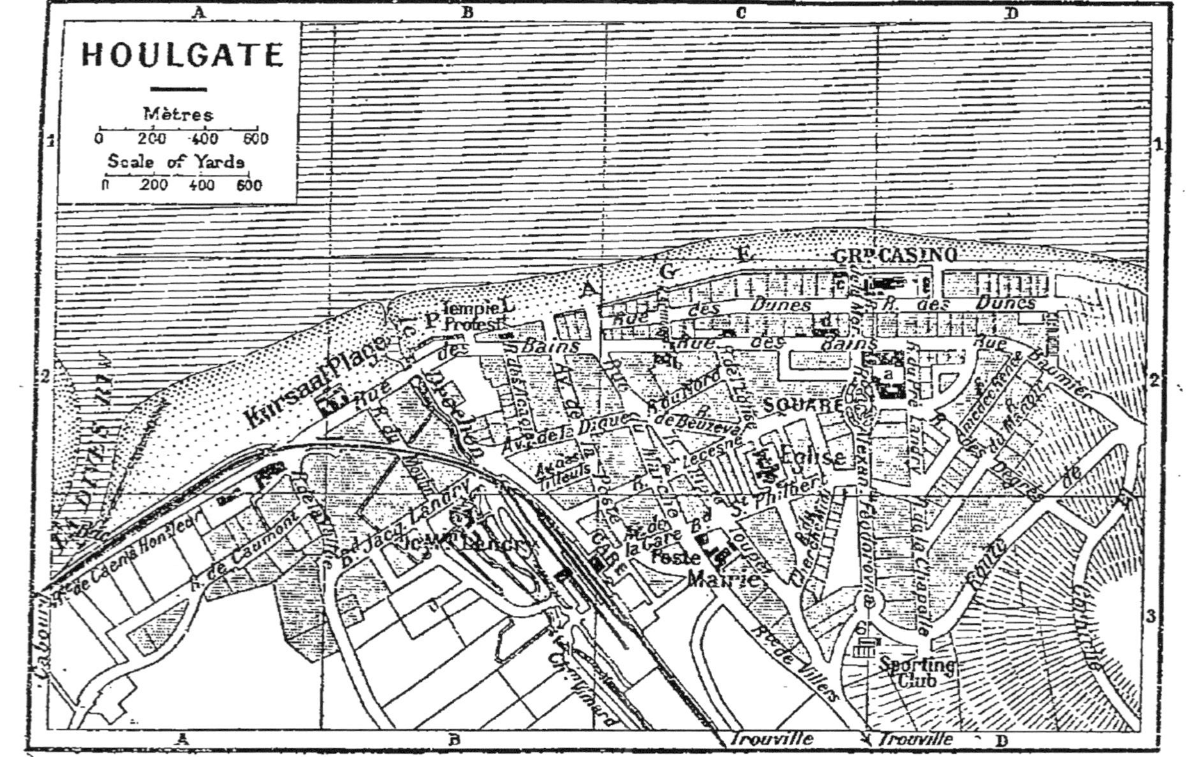
HOULGATE
Mètres
0 200 400 600
Scale of Yards
0 200 400 600
Kursaal Plage
Rue des Bains
Temple Protest.
Rue des Dunes
R. des Dunes
Rue des Bains
Gd Casino
Square
Eglise
Poste
Mairie
Gare
Sporting Club
Rue Baumier
R. de Caumont
Bd. Jacq. Landry
Rte de Villers
Trouville
Cabourg

Grand-Casino, qui a une terrasse sur la mer : café-restaurant, théâtre, petits-chevaux.

La *plage*, où se trouve un premier établissement de bains, dits *Grands-Bains* ou Bains du Casino, est superbe, avec du sable fin et de nombreux coquillages. Les baigneurs y pêchent la crevette grise et, aux basses mers des grandes marées, l'équille; on y tend aussi, avec l'aide des pêcheurs du pays, à marée descendante, de vastes filets où se prennent en abondance des poissons plats : soles, limandes, turbots, carrelets. La mer se retire à plus de 1 k.

De la plage on voit à g. l'embouchure de la Dives, dans des dunes de sable, et la bande de terre de Cabourg; en face on découvre le Havre et le cap de la Hève. A dr. on aperçoit à l'horizon, au delà de Trouville, la pointe de Villerville; plus près, du même côté, sont les falaises grisâtres des *Vaches-Noires* (p. 305), à la base desquelles se trouvent, à marée basse, de nombreux bancs de moules. En suivant, à marée basse également, le rivage dans cette direction, on gagnerait (5 k.) Villers-sur-Mer (p. 303). — La plage se termine au delà du casino, à des escaliers qui montent au sémaphore et à la Butte de Houlgate (*V.* ci-dessous).

Du casino, suivant la plage vers la g. (au S.-O.), par une promenade pavée en brique, avec éclairage électrique et bancs, on retrouve la rue des Bains, qui laisse à dr. le temple protestant, tapissé de lierre, traverse sur un pont la petite rivière du Drochon, et l'on arrive au *Kursaal-Plage*, autre casino de Houlgate, avec concerts et jeux divers, près d'un second établissement de bains, dits *Petits-Bains* ou Bains du Kursaal, près de l'embouchure de la Dives. La plage est en pente douce, et il y a très peu de vagues.

La rue des Bains se termine à la voie ferrée, qui se dirige de Houlgate vers Dives et Cabourg. La *digue-promenoir* (2 k. jusqu'à Dives; 4 k. jusqu'à Cabourg; p. 314) est contiguë et parallèle au ch. de fer, coupé par plusieurs petits passages de piétons la mettant en communication avec la route de Dives.

La rue de la Valette, qui se détache de la rue des Bains à l'endroit où celle-ci coupe le ch. de fer, amènerait, à g., au boulevard Jacques-Landry; on y voit, à dr., le Moulin Landry, ancien moulin communal de Houlgate, transformé en villa par son propriétaire, le maire Landry.

Environs. — **1° Butte de Houlgate, Bois de Boulogne** (1 et 2 k. E., route et chemin de piétons). — On peut, à pied, monter directement sur la Butte de Houlgate : soit par les escaliers qui sont à l'extrémité de la plage, au delà du casino; soit par la rue Baumier qui fait suite à la rue des Bains, au delà du Grand-Hôtel, et qui s'élève en pente raide.

En voiture, il faut prendre, à l'extrémité de la rue des Bains, à l'angle du Grand-Hôtel, la rue Alexandra-Feodorowna, qui passe près d'un petit jardin public, pour amener au pavillon des sports ou *Sporting-Club* : tennis, croquet, etc. Là on trouve à g. la *route de la Corniche*, qui s'élève sur la Butte de Houlgate par un long circuit. A mi-côte, d'une petite plate-forme munie de bancs, **vue magnifique* sur le littoral formant un demi-cercle, de la côte du pays de Caen à l'O., au delà de Ouistreham, jusqu'au Havre et Tancarville au N.-E., au delà de Trouville-Deauville; Villers est caché par les Vaches-Noires; on a Houlgate à ses pieds, près de l'embouchure de la Dives.

La *Butte de Houlgate*, boisée de pins, avec des chalets, s'élève à 120 m. d'alt. Le bois, en partie morcelé, est dit *Bois de Boulogne*. Un réservoir, alimenté d'eau de source, fournit Houlgate d'eau potable.

Par un chemin de piétons, on gagne ensuite, en 5 à 10 min. env., le *sémaphore*, à 120 m. d'alt., sur le faîte de la falaise; il est voisin de la *ferme de la Corniche* (restaurant). — On peut ensuite (200 m. du sémaphore) regagner la route qui vient d'Auberville, pour rentrer à Houlgate en passant près de l'*église* du *Vieux-Beuzeval*, qui offre un porche du XIIe s., restauré, et qui est voisine du cimetière.

Si l'on continuait au contraire à suivre le faîte de la falaise, on irait vers le chaos du Désert, Auberville et Villers (p. 306-307 en sens inverse).

2° **De Houlgate à Cabourg** (ch. de fer, 3 k., p. 312; omnibus-tram et autobus, p. 279; voit. de place, 3 fr.). — A pied (3 k. 5 O.) on peut suivre la digue-promenoir du ch. de fer jusqu'à l'embouchure de la Dives, où on trouve un bac (5 c.) pour passer sur l'autre rive; on suit une étroite bande de sable jusqu'à Cabourg.

Les voitures suivent la route de Dives, parallèle au ch. de fer. — 2 k. Bifurc., au monument aux morts de 1870-71, où on laisse à dr. la route directe de la gare de Dives-Cabourg.

2 k. 5 *Dives* (p. 312); on passe devant l'Hostellerie de Guillaume-le-Conquérant (p. 313) et on laisse à g. la rue de Lisieux, qui irait à l'église.

3 k. On coupe le ch. de fer et la Dives, un peu au delà de la gare de Dives-Cabourg, où l'on prend l'itinéraire de Cabourg (4 k. 5), p. 314.

3° **Butte Caumont et colonne de Guillaume le Conquérant** (20 min. S.-O. à pied). — Dans la rue de la Vallée, près du passage à niveau du ch. de fer, s'embranche à dr. la rue de Caumont, qu'il faut gravir. Au delà de la villa des Feux, un chemin à dr. conduit au *phare*, à feu fixe rouge, à 45 m. d'alt., d'où l'on monte, avec de beaux points de vue sur la mer à dr., et le vallon de Beuzeval à g., par la crête de la falaise au sommet de la *colline* ou *butte Caumont* (130 m.), portant le château moderne de Mme Foucher de Careil. Du haut de ce belvédère naturel on découvre : à dr., la mer, les jetées et les phares du Havre; en face, l'embouchure de la Dives et les cheminées de la vaste usine métallurgique (p. 316); à g., Cabourg, l'embouchure de l'Orne et Ouistreham.

En revenant sur ses pas et en continuant à monter la rue de Caumont, on trouve, à une centaine de m. plus loin, la *colonne de Guillaume le Conquérant*, érigée en 1861 par l'archéologue normand Arcisse de Caumont, pour rappeler le départ de Guillaume et des barons normands à la conquête de l'Angleterre (p. 312). En continuant l'ascension de la colline, on découvre un magnifique panorama sur la mer et la vallée de Beuzeval. Arrivé au sommet, on domine la vallée de la Dives et l'on aperçoit au loin les collines de Vire, de Falaise et, la plus élevée, celle du Plessis-Grimoult. — On peut revenir à Houlgate par Dives.

4° **Croix d'Heuland et ferme Sarlabot** (15 k. S.-E. et S., aller et ret.). — Départ par la gare, au delà de laquelle on laisse à g. la route de Villers, pour s'élever peu à peu. — 3 k. On passe sur le ch. de fer. — 4 k. On croise la route d'Auberville à Gonneville. — 6 k. 5. On atteint la route de Trouville à Caen, près de la *Croix d'Heuland* (p. 307); on prend à dr.

8 k. On laisse à dr. une route qui rentrerait directement à Houlgate,

— 8 k. 5. On prend la bifurc. de dr.; 9 k. on laisse à dr. la route de Gonneville-sur-Dives; 10 k. on laisse à g. la route de Grangues (p. 317).

11 k. 5. Un poteau, à dr., indique le chemin de *Trousseauville* (500 m.), dont l'*église*, ruinée et envahie par le lierre, offre un aspect pittoresque; elle appartient à Mme Foucher de Careil : pour visiter s'adresser à une ferme, près du chemin. Au pied du mamelon qui porte ces ruines, sur un chemin public, encaissé dans la verdure, la *fontaine Saint-Laurent* est un but de pèlerinage pour les maux d'yeux; les croyants suspendent aux buissons voisins le linge avec lequel ils ont mouillé leurs paupières. — On revient à la route.

12 k. *Ferme de Sarlabot* (restaurant; p. 317), à g. — 13 k. Bifurc. La route de g. conduirait à Dives (2 k.; *V.* ci-dessous). On prend la route de dr. qui revient à Houlgate (15 k.) par la butte Caumont (*V.* ci-dessus, 3°).

DE HOULGATE A CAEN PAR DOZULÉ-PUTOT, p. 339-340.

DISTANCES PAR LA ROUTE, de Houlgate à : Caen, 29 k.; Deauville, 15 k.; Paris, 229 k.; Pont-l'Évêque, 22 k.; Trouville, 17 k.; Villers, 7 k.

Au départ de Houlgate, le ch. de fer longe à g. la route de Cabourg et à dr. la mer jusqu'à l'estuaire de la Dives dont il remonte la rive dr.

23 k. *Dives-Cabourg*, bifurc. pour le Hôme et Franceville (p. 341), station desservant Dives, à 700 m. à l'E., et Cabourg, à 1 k. au N.-O.

Dives-sur-Mer est un gros bourg de 3,614 hab., jadis cité plus importante et ancien port, d'où la mer s'est retirée. C'est une des promenades ordinaires de Cabourg et de Houlgate, et l'on y trouve des locations meublées, à meilleur compte que dans les deux centres balnéaires voisins; elles sont surtout une ressource dans le fort de la saison.

Billets : — *de Paris*, p. 314.

Omnibus de ville : — de ou pour la gare, 30 c.; avec 30 kilog., 50 c.; la nuit, 50 et 75 c.; 10 c. par 10 kg. en plus.

Omnibus-tram et autobus : — pour le Grand-Hôtel de Cabourg (35 c.) et le Grand-Hôtel de Houlgate (35 c.).

Hôtels : — A la gare, p. 314. — A Dives : **Hostellerie de Guillaume-le-Conquérant*, route de Houlgate, T.C.F. (de tout 1er ordre; toute l'année); *des Voyageurs*, r. du Marché, T.C.F. (toute l'année; 20 ch.; gar.); *de Normandie*, route de Houlgate (fermé). *V.* aussi : rest. de la Ferme-Sarlabot, p. 317.

Locations meublées : — chambres et logements chez l'habitant.

Spécialités : — *Grandin*, poteries normandes.

Histoire. — Dives était jadis un port de mer important qui fut, en 1066, le théâtre d'un grand événement historique : c'est là que Guillaume le Bâtard, duc de Normandie, s'embarqua pour la conquête de l'Angleterre, avec une armée composée de 50,000 hommes d'armes et de 200,000 varlets. Un monument commémoratif a été élevé sur la butte Caumont (p. 311).

Depuis le moyen âge, la mer s'est retirée de 2 k. et les vastes prairies qui bordent le cours actuel de la Dives, augmenté lui aussi de ces 2 k., ont remplacé l'anse où se rallièrent les vaisseaux de Guillaume. En outre, l'estuaire de la Dives se barrait d'un cordon de sables, qui constitue aujourd'hui la pointe de Cabourg.

Le chenal de la rivière a été déblayé et un nouveau port a été reconstitué près de Cabourg (p. 316).

La route qui vient de Cabourg et de la gare passe devant la mairie et la poste à g., et aboutit à un carrefour où se trouve à dr. l'*hostellerie de Guillaume-le-Conquérant*, qui est la principale curiosité de Dives : à la façade, plaque commémorative (1905); vieille enseigne.

C'est un hôtel installé pittoresquement dans une maison du XVIe s., restaurée et agrandie. La *cour intérieure*, où l'on peut entrer, offre un joli décor avec ses verdures, ses constructions normandes et ses épis de faïence. A l'intérieur de la maison, nombreux objets de curiosité : bahuts, faïences, cuivres, étains, tapisseries, gravures; cheminées sculptées; fauteuil qui aurait appartenu à Mme de Sévigné, qui habita Dives, d'où elle a daté plusieurs lettres.

Au même angle du carrefour commence la rue de Lisieux, qui est la principale de Dives et qui aboutit à l'église.

L'**église*, joli monument de style flamboyant (XIVe-XVe s.), a été élevée sur les ruines d'une église du XIe s., qui semble avoir été détruite en 1336 par le roi d'Angleterre, Édouard III, et dont il subsiste quelques restes au transept g. A la façade, *portail* flamboyant, en partie effrité, déparé, à son faîte, par un ornement malencontreux du XVIIe s.; porte double aux fines sculptures; à dr. du portail, tour inachevée. Le flanc g. de l'église est le plus pittoresque, avec son *porche* ornementé, ses pinacles, ses gargouilles, ses belles fenêtres flamboyantes et sa rose. L'église est dominée par une tour centrale, carrée et peu élevée, avec balustrade au sommet.

A l'intérieur, au-dessus de la porte principale, liste des guerriers notables qui prirent part à l'expédition d'Angleterre. Au bas-côté dr., tableau moderne d'une Religieuse en prière, par G. de Dramard ; jolie chapelle des fonts baptismaux, restaurée, avec tribune et escalier. Au bas-côté g., Baptême du Christ, tableau moderne de Jullien. Au transept g. Christ miraculeux, trouvé dans la mer : on fit pour lui pendant deux ans, dit-on, des croix qui étaient toujours trop grandes ou trop petites, jusqu'à ce que des pêcheurs en aient ramené une sur le rivage, sur laquelle il s'adapta parfaitement; un vitrail, au-dessus, figure cette légende.

Un peu en deçà de l'église s'ouvre, sur la rue de Lisieux, la rue Louis-Philippe qui laisse à g. une *maison* du XVe s., restaurée, et aboutit à la place du Marché, sur laquelle s'élèvent les vieilles et curieuses *halles* (XIVe-XVIe s.), construites en bois de châtaignier.

De l'autre côté de la place du Marché, dans une cour où on peut entrer, *ancienne gendarmerie*, avec toits à pignon et tourelle en encorbellement, reste de l'abbatiale de Sainte-Marie-du-Hibou, fondée vers le XIIe s. et qui dépendait de l'abbaye des Bénédictins de Troarn; une gendarmerie y fut aménagée au XIXe s.

De Dives à Cabourg, p. 314. — Dives s'appuie à l'est à la butte Caumont (p. 311). — De Dives à Houlgate, p. 311.

CABOURG, 1,957 hab., est, comme sa voisine Houlgate, une station élégante et mondaine, très vivante. Elle a été créée de toutes pièces, au bord d'une magnifique plage de sable, dans un site plat. Ses avenues, tirées au cordeau, rayonnent en éventail autour du casino comme centre; elles sont bordées de belles et riches villas entourées de jardins. La vie y est chère dans son ensemble, mais on y trouve de nombreuses ressources et des hôtels de prix moyens et même modestes.

Au plus fort de la saison, principalement en août, nombre de baigneurs se logent, dans des conditions plus modestes, soit à Dives (*V.* ci-dessus), où conduisent plusieurs services publics, soit à la petite plage du Home (p. 341), qui est, en quelque sorte, le prolongement de Cabourg à l'O., les deux plages se faisant suite.

Billets : — 243 k. *de Paris*, en 3 h. 30 par express : 37 fr. 95, 25 fr. 65, 16 fr. 70; aller et ret. ordinaires (les billets de bains de mer sont actuellement suspendus), 56 fr. 95, 41 fr., 26 fr. 75. Les billets sont valables par Trouville ou par Mézidon.

Omnibus de ville : — Omnibus des hôtels.

Hôtels : — DE GRAND LUXE : *Grand-Hôtel* (Pl. *a* B-C1), sur la mer (l'été; 300 ch., dont 200 avec salles de bains).

CONFORTABLES : *des Ducs-de-Normandie* (Pl. *b*, C1), sur la mer (l'été); *Cabourg-Hôtel*, av. du Casino (20 ch.: gar.); *du Grand-Balcon* (Pl. *c* C1), av. de l'Embarcadère (rest.); *du Casino* (Pl. *d* B2), av. de la Mer, T.C.F. (fermé).

PLUS SIMPLES : *du Nord* (Pl. *e* B2), av. de la Mer, T.C.F. (l'été; 35 ch.); *Beau-Séjour*, av. du Port, proche de la mer (l'été); *des Deux-Mondes*, av. de Trouville (l'été: 25 ch.); *du Marché*, av. de Pont-l'Évêque (toute l'année; 20 ch.; jardin); *de la Poste*, pl. de la Mairie; *de la Descente des Voyageurs*, av. de la Mer.

A la gare : *de la Gare* (toute l'année); *de l'Ouest*; *de la Terrasse*, entre la gare et Cabourg.

V. aussi à Dives-sur-Mer (p. 312).

Cafés : — *de Paris*, *Parisien*, av. de la Mer; *de la Terrasse*.

Agences de location : — *Cl. Cavé*, près du Grand-Hôtel; *Jacquette*, av. de la Mer; *agence Parisienne*, av. de la Mer, 23.

Poste : — av. de la Mer, en face de la mairie; — cabines téléphoniques au Grand-Hôtel et à l'hôt. du Nord.

Omnibus-tram : — du Grand-Hôtel de Cabourg à Houlgate (Grand-Hôtel), 70 c. (par Dives, 35 c.).

Autobus : — mêmes trajet et prix; service suspendu en 1918.

Voitures de place : — l'heure, à Cabourg et environs, 3 fr.

Loueurs de voitures : — *Ch. Bégoz*, av. de la Mer; *Josse*, idem; *Cady*, av. de l'Embarcadère.

Excursions en mer : — l'été, pour le Havre, Trouville, la côte de Caen (*V.* affiches).

Bains de mer : — cabine, 60 c.; bain complet, 1 fr. 50.

Bains de mer chauds : — établissement Sicard.

Casino : — entrée : de 9 h. à 19 h., 1 fr.; de 20 h. à minuit, 1 fr.; la journée entière, 1 fr. 50. — Abonnements.

Garden-Tennis : — près de l'église: spectateurs, 1 fr.; joueurs, 3 fr.; réduction par abonnements.

Courses : — en août.

De la gare de Dives-Cabourg (Etat), voisine de la gare des ch. de fer départementaux (p. 341), on prend à dr., puis on tourne bientôt à dr. pour croiser la voie ferrée, et franchir la Dives sur un pont de pierre de 5 arches avec le ch. de fer départemental dont on suit les rails jusqu'à l'avenue de la Mer.

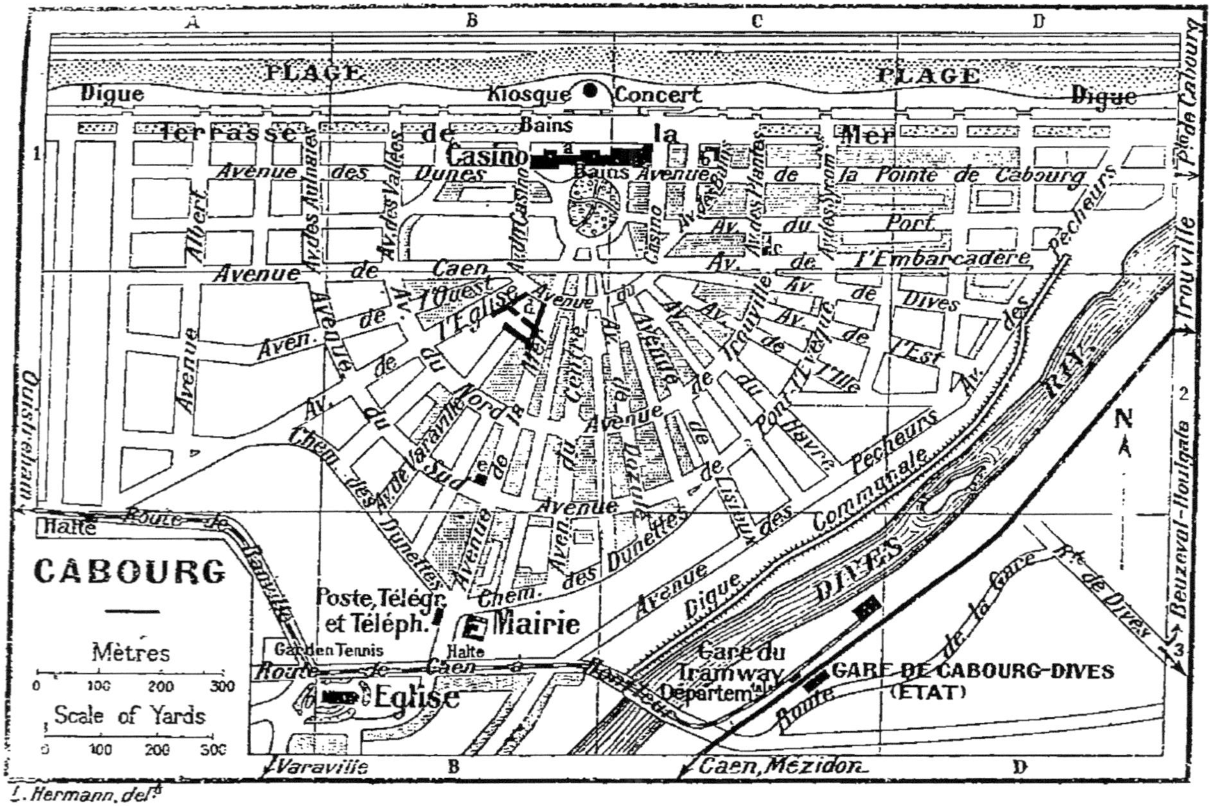

CABOURG
Mètres
0 100 200 300
Scale of Yards
0 100 200 300
PLAGE
PLAGE
Digue
Kiosque
Concert
Digue
Terrasse de la Mer
Bains
Casino
Bains
Avenue des Dunes
Avenue de la Pointe de Cabourg
Albert
Av. des Aulnaies
Av. des Vallées
Av. du Casino
Casino
Av. des Bains
Av. des Plantes
Av. des Sycom.
Av. du Port
Av. de l'Embarcadère
Av. des Pêcheurs
Avenue de Caen
Av. de l'Ouest
Avenue de l'Eglise
Avenue du Centre
Avenue de Trouville
Av. de Dives
Av. de l'Est
Av. de l'Ille
Av. du Pont l'Evêque
Av. des Pêcheurs
Aven. de la Mer
Avenue du Nord
Av. du Sud
Av. de Varaville
Chem. des Dunettes
Avenue Pozzi
Avenue de Lisieux
Avenue du Havre
Avenue de la Mer
Aven. des Dunettes
Chem. des Dunettes
Avenue des Pêcheurs
Digue Communale
DIVES
RIV.
N
Ouistreham
Halte
Route de Ranville
Poste, Télégr. et Téléph.
Mairie
Garden Tennis
Halte
Route de Caen à Honfleur
Eglise
Gare du Tramway Départem.
GARE DE CABOURG-DIVES (ETAT)
Route de la Gare
Rte de Dives
Varaville
Caen, Mezidon
Beuzeval-Houlgate
Trouville
Pte de Cabourg
L. Hermann, del.

Du pont on voit à dr. une immense *usine électro-métallurgique* (on ne visite pas) qui occupe des milliers d'ouvriers. Elle travaille le minerai de cuivre et fabrique notamment des tubes sans soudure, des lames et des fils de cuivre et de laiton.

Plus loin en aval, sur la rive g., est le *port de Dives*, jadis bien plus avancé dans les terres (p. 312), et que fréquentent surtout des navires anglais et norvégiens. Il exporte des bestiaux, volailles, beurre, cidre, pommes à cidre et pommes de terre; il importe des vins, charbons et bois du Nord. Deux phares, dont l'un dans les terres, sur la butte Caumont (*V.* ci-dessous), indiquent l'entrée de la Dives aux navigateurs.

On atteint, peu après, l'avenue de la Mer, à dr.; halte du ch. de fer départemental de Caen. — Si l'on continuait la route de Caen, on trouverait l'église de Cabourg, bâtie en 1848, en style gothique : elle a conservé, de l'église qu'elle a remplacée, quelques statues anciennes de St Roch, St Hubert, St Sébastien. L'église est entourée d'un petit square, avec calvaire moderne en granit. Au delà, à l'angle des routes de Caen et de Ranville, entrée du garden-tennis.

Prenant à dr. l'avenue de la Mer, principale artère de Cabourg, plantée de tilleuls et bordée de magasins, on trouve d'abord la poste, qui fait face à la mairie. On aboutit ensuite à la vaste *place du Casino*, centre de Cabourg, et d'où rayonnent en éventail treize avenues : là stationnent les voitures de place; c'est aussi le point de départ de l'omnibus-tram et des autobus pour Dives et Houlgate. Le milieu de la place est occupé par un square, au delà duquel s'élèvent les bâtiments monumentaux du casino et du Grand-Hôtel.

Le *casino*, avec théâtre, concerts, bals, petits-chevaux, fait face à la mer, que borde la **terrasse**, haute et belle digue cimentée dominant la plage, sur 1,500 m. de long, avec bancs, éclairage électrique et escaliers descendant à la mer. De là on aperçoit à dr. Houlgate, les Vaches-Noires et la pointe de Villerville, au loin le Havre; à g., la côte de Caen. Sur un rond-point en avant du Grand-Hôtel, kiosque de concerts.

La *plage*, où se trouve l'établissement de bains, est de sable fin et en pente très douce. Elle s'étend vers la dr. jusqu'à la pointe de Cabourg, cordon de dunes qui barre l'embouchure de la Dives (2 k.); bac pour Houlgate. Vers la g., elle rejoint celle du Home (2 k.; p. 341).

A marée basse, la mer se retire à 500 m. en face du casino, à 1 k. 5 à l'embouchure de la Dives.

Environs. — **Butte Caumont et ferme de Sarlabot** (5 k. du casino de Cabourg à la ferme de Sarlabot; 2 k. en plus pour la butte Caumont, omnibus-tram et autobus jusqu'à Dives, 35 c. Prolongement facultatif de l'excursion à Trousseauville et à la croix d'Heuland, avec retour par Houlgate : 21, 23 ou 24 k., aller et ret., pour l'ensemble de l'excursion). — Départ par l'avenue de la Mer et la route de la gare, que l'on continue à suivre au delà du ch. de fer.

2 k. *Dives* (p. 312). On prend, à l'angle de l'hostellerie de Guillaume-le-Conquérant, la rue de Lisieux qui amène à l'église. On quitte Dives en longeant le flanc de l'église, par la route de Pont-l'Évêque.

4 k. Bifurc. : la route de dr. mène (1 k.) au sommet de la *butte Caumont* (p. 311). On continue la route de Pont-l'Évêque.

5 k. A dr. de la route, *ferme de Sarlabot*, avec de beaux ombrages (rest. 1er ordre, à la carte, collations, téléphone avec Cabourg et Houlgate).

5 k. Un poteau indique, à g. de la route, le chemin de Trousseauville (500 m., p. 312). On continue la route de Pont-l'Évêque. — 9 k. On laisse à dr. la route de *Grangues* (1 k.), village dans un joli vallon, avec un château de 1703 et une *église* en partie des XIIIe et XIVe s. où l'on voit une jolie porte romane et un tabernacle du XVe s. Continuant la route de Pont-l'Évêque, on laisse encore 3 routes à dr. et à g. — 10 k. 5. La *Croix d'Heuland* (p. 307). De là à Houlgate (16 k. 5), p. 311-312, et de Houlgate à Cabourg, p. 311.

Brucourt et Varaville (ch. de fer, ligne de Mézidon, station de Brucourt-Varaville : Brucourt est à l'E., 3 k.; Varaville à 4 k. à l'O.; — ligne de Caen par Dozulé-Putot, station de Bures, pour le bois de Bavent). — 19 k. S. et S.-O., aller et ret. pour Brucourt et Varaville, par la route. Départ par la route de la gare et par Dives (2 k.). — 2 k. 5. Église de Dives. On prend, devant la façade principale, la route de Brucourt. — 3 k. On voit à g., à 400 m. env. de la route, la *ferme de Saint-Cloud*, qui occupe les restes d'un manoir du XVe s. : sablières sculptées; grille en fer forgé. — 4 k. 5. On laisse à dr. la route de *Périers-en-Auge* (1 k.), dont l'*église* est en partie du XIIe s. : à l'intérieur, retable en chêne avec tableau de l'Annonciation, autel en bois sculpté du XVIIe s., statue vénérée de St Firmin, fonts baptismaux du XIIe s. — 5 k. 5. On croise la route de la gare de Brucourt-Varaville, à dr., par où l'on peut gagner immédiatement Varaville.

7 k. 5. *Brucourt* : à l'église, fonts baptismaux du XVIe s. On revient sur ses pas à la route de la gare (9 k. 5), que l'on prend à g. — 10 k. *Gare de Brucourt-Varaville*, où l'on croise le ch. de fer et où l'on s'engage sur la chaussée de Varaville. — 10 k. 5. On passe sur la Dives. La chaussée de Varaville traverse les vastes herbages conquis sur les anciens marais de la Dives et de la Divette qui y rayonnent en nombreux canaux.

14 k. *Varaville* (hôt. *Lebâtard*, T.C.F., jardin) a une église avec chœur du XIIIe s. Près de l'église est la motte d'un ancien château féodal; le château actuel date du XVIe ou XVIIe s. Varaville fut au IXe s. exposée aux incursions des pirates normands, qui remontaient le cours de la Dives; au Xe s., le chef danois Harald s'y établit quelque temps. En 945, le roi de France, Louis d'Outremer, vint à Varaville, où il passa la Dives avec une partie de son armée; le reste des troupes, arrêté par le reflux de la mer qui avait grossi la rivière, fut taillé en pièces par les Normands sur la chaussée de Varaville.

De Varaville on pourrait continuer vers (2 k. S.-O.) *Petiville* : château ancien, avec beau parc; croix sculptée au cimetière. — On atteindrait ensuite (3 k. 5) *Bavent*, qui a une église en partie romane et un château du XVIIe s. En face de Bavent (2 k. 5 E.) se dresse le mamelon isolé (33 m. d'alt.) qui porte le village de Robehomme. — A 3 k. S.-O. de Bavent, par la route d'Hérouvillette, on peut aller visiter la *tuilerie normande* du *Mesnil*, où le public est admis et où se fabriquent notamment ces épis de terre cuite émaillée qui ornent le faîte des maisons normandes. — A 1 k. 5 S. de Bavent, par la route de Bures et à dr. de celle-ci, commence le *bois de Bavent*, but fréquent d'excursion, qui s'étend sur 2 k. env. de large et 3 k. de long, et qui est percé de belles avenues. On peut ensuite revenir à Bures (3 k. de Bavent, station du ch. de fer de Caen à Dozulé-Putot et Cabourg, p. 339-340).

De Varaville on revient directement par une route qui traverse les herbages de la Dives et de la Divette, passe près du Home-sur-Mer (p. 341), à g., et rentre à Cabourg (19 k. 5).

De Cabourg a Caen, par Dozulé-Putot, p. 339-340; par le Home et Bénouville, p. 340-341, en sens inverse.

Distances par la route, de Cabourg à : Caen, 25 k.; Lisieux, 32 k.; Luc-sur-Mer, 27 k.; Paris, 233 k.; Pont-l'Evêque, 23 k.; Trouville, 21 k.

27. — CAEN ET SES ENVIRONS

CAEN (pron. *Can*), ville de 46,934 hab. (les *Caennais*), ch.-l. du départ. du Calvados, est situé sur l'Orne, à 16 k. de la mer; une dérivation de l'Orne, la Petite-Orne, reçoit le Grand et le Petit-Odon, qui arrosent des prairies.

Caen, centre important de tourisme, est le point d'accès des nombreuses stations balnéaires de la rive gauche de l'Orne, de Ouistreham à Courseulles; c'est également le point de départ de multiples excursions dans l'intérieur du pays.

Mais Caen est avant tout une des villes d'art de Normandie et ne peut être comparée qu'à Rouen par ses magnifiques églises, si nombreuses qu'un certain nombre s'effritent faute d'entretien, et, abandonnées, servent à divers usages profanes, publics ou privés. Caen, surnommé l' « Athènes normande », est le chef-lieu d'une académie qui comprend les cinq départements de la Normandie et la Sarthe; c'est une ville intellectuelle, avec son université, ses sociétés savantes, les collections de ses musées, son passé brillant d'écrivains, d'artistes et de savants.

Enfin le développement industriel moderne de Caen est de premier ordre. Tout un quartier nouveau de fabriques et d'usines, hérissé de cheminées, croît autour de son port, de son bassin à flot et du canal qui relie la ville à la mer. La ville est le centre du nouveau et important bassin métallurgique de Normandie (p. 321).

Gares : — *de l'Etat* (buffet), la principale, av. de la Gare : lignes de Paris, Cherbourg et autres embranch. de l'Etat; les trains du ch. de fer de Caen à la mer (ligne de Courseulles, *V.* ci-dessous) s'y raccordent; — *départementale*, en face de la gare de l'État : ch. de fer du Calvados, lignes de Courseulles, de Bénouville-Ouistreham, et de Falaise par Bretteville; — *Saint-Pierre*, près du bassin à flot, station de la ligne de Bénouville (*V.* ci-dessus); — *Saint-Martin*, (buffet) au delà de la place Saint-Martin, station de la ligne de Courseulles (*V.* ci-dessus).

Omnibus de ville : — *Drouin*, r. Moisant-de-Brieux, 11 (fait le service de la gare).

Hôtels (on parle anglais dans les principaux; prix augmentés pendant les courses) : — près de la gare de l'Etat : *de France* (Pl. *e* D4), r. de la Gare, 6 (40 ch.; bains, chauff., boxes, gar., fosse); petits hôt.-rest. modestes av. de la Gare.

En ville : **d'Angleterre* (Pl. *a* C2), r. Saint-Jean, 79-83, T.C.F. (remis à neuf, confort moderne; 100 ch.); **de la Place-Royale* (Pl. *b* C2), pl. de la République (70 ch.; asc.); *Moderne et de Londres* (Pl. *c* C2), bd Saint-Pierre (80 ch.), tous trois de 1er ordre. — Plus simples : *d'Espagne* (Pl. *d* C2), r. Saint-Jean, 71-75 (chauff., gar.); *du Centre et de la Victoire* (Pl. *f* C2), pl. du Marché-au-Bois (32 ch.; chauff., gar., jardin); *Saint-Michel* (Pl. *g* D4), r. de

Vaucelles, 37; *de Normandie* (Pl. *h* C2), r. Saint-Pierre, 25 (51 ch.; gar.).

Pensions de famille : — *Family House*, Mme Decaëns, r. Basse, 8 (11 ch.; bains); *Normande*, r. de Geôle, 56 (20 ch.).

Restaurants : — *Pépin-Chandivert*, r. Saint-Jean, 20-24, dans l'ancien hôtel de Than (1er ordre; concert, jardin); *du Faisan-Doré*, simple, bd Saint-Pierre, 12; nombreux petits rest. à prix fixe près de Saint-Pierre.

Cafés : — *du Grand-Balcon*, r. Saint-Pierre, 50; *Chauffrée*, *des Touristes*, bd Saint-Pierre; *brasserie Chabert*, r. Saint-Jean, 71-75 (à l'hôt. d'Espagne).

Poste : — bureau central, r. de l'Hôtel-de-Ville.

Bains : — *de la Ville*, r. Daniel-Huet; *Catillon*, r. Saint-Louis, 14.

Banques : — *Banque de France*, r. Saint-Louis, 21; *Crédit Lyonnais*, pl. de la République, 20; *Comptoir d'Escompte*, pl. de la République, 13; *Société Générale*, pl. du Théâtre, 2.

Voitures de place : — stations : gares de l'État et Saint-Martin; pl. de la République; bd Saint-Pierre; pl. Fontette; pl. de l'Ancienne-Boucherie; — plus de tarifs, prix à débattre.

Taxi-autos, dits de luxe : — stations : pl. de la République, r. de Bayeux, pl. Fontette; gare de l'État; — tarif (il est affiché pl. de la République): 1 fr. 50 le k., minimum de perception, 3 fr., 5 fr. de 23 h. à 7 h.

Trams électriques : — Gare État à Gare Saint-Martin (disque jaune); Gare État à rue Bicoquet (disque vert); Gare État à la Maladrerie (disque rouge); Pont de Courtonne (gare Saint-Pierre) à Venoix (disque jaune à diagonale bleue); Pont de fer de Vaucelles au boulevard Leroy (disque bleu).

Tarifs : 15 c. en 1re cl. ou plate-forme arrière; 10 c. en 2e cl. ou plate-forme avant; 5 c. pour chaque changement de ligne ou de section, avec correspondance.

Locations d'autos : — *Garage Caennais* (Bence), bd Bertrand; *Bédouelle-Voisin*, quai de Juillet, 6.

Bateaux : — pour *Le Havre* (p. 339); après la guerre, pour *Newhaven*, en correspondance avec Londres, s'adresser r. Guilbert, 58.

Théâtre : — bd du Théâtre.

Cinémas : — *Omnia Pathé*, av. Albert-Sorel; *Gaumont*, r. de l'Engannerie.

Courses : — le jeudi de l'Ascension; 1er dim. d'août, et les 3 j. suivants pour les demi-sang; le dernier jeudi de septembre et les 3 j. suivants.

Spécialités : — *poteries* normandes en céramique émaillée; *tripes* à la mode de Caen et *andouillettes*; *sablés* de Normandie.

Syndicat d'initiative du Calvados : — r. de Bernières, 10.

Histoire. — Caen, l'antique *Cadomus*, dont le nom semble venir d'une forme celtique *Catumagos* (signifiant « champ du combat »), était une petite ville ouverte avec un port, lorsque Guillaume le Bâtard, duc de Normandie, réunit, en 1061, un concile qui promulgua pour la province ecclésiastique de Rouen la trêve de Dieu. Il fonda, avec son épouse Mathilde, aux deux extrémités de la ville, les abbayes de Saint-Étienne, ou abbaye aux Hommes, et de la Trinité, ou abbaye aux Dames : c'était le rachat de l'irrégularité qu'ils avaient commise pour s'être mariés malgré leur parenté sans la dispense papale. Devenu, en 1066, roi d'Angleterre et dès lors connu dans l'histoire sous le nom de Conquérant, Guillaume fit de Caen sa résidence favorite; il l'entoura d'une enceinte et s'y fit bâtir un château.

Comme lui, ses successeurs favorisèrent Caen. Les bourgeois achetèrent de Jean sans Terre une confirmation de leur charte communale de 1203, l'année qui précéda la reprise de la Normandie par Philippe Auguste. L'historien de ce prince, Guillaume le Breton, vante la prospérité de Caen, ses belles maisons, ses remparts, son site, ses campagnes, et ajoute que la ville le cède à peine à Paris.

Cette richesse attira sur Caen l'armée du roi d'Angleterre, Édouard III, débarquée en Normandie en 1346. La ville, surprise presque sans défenseurs, succomba après une héroïque résistance. Les maisons et les établissements publics furent livrés au pillage; une centaine de navires, dont les Anglais s'emparèrent à Ouistreham et à Caen, emportèrent une énorme quantité de draps, de vaisselle d'or et d'argent, de bijoux et d'objets d'art.

Les Anglais revinrent en 1417; Henri V prit Caen une seconde fois: 2,000 bourgeois périrent dans l'assaut, 20 ou 25,000 personnes s'expatrièrent, plusieurs églises furent en partie détruites et le pillage rappela celui de 1346. La ville resta sous le joug de l'étranger, Henri V aima le séjour du château de Caen et le fit embellir. Sous Henri VI, en 1432, le régent, duc de Bedford, jeta les bases de l'Université, qui fut complétée plus tard par Charles VII et Louis XI. En 1434, 30,000 paysans attaquèrent la ville, avec la connivence des bourgeois, pour l'arracher à l'étranger; ils furent taillés en pièces, et la ville ne fut recouvrée par la France qu'après la bataille de Formigny, en 1450.

Caen souffrit encore pendant les XVIe et XVIIe s., notamment des pillages et destructions qu'y commirent les calvinistes en 1562 et 1563, des pestes de 1584, de 1592 et de 1626, et des troubles de la Fronde.

Après avoir été le siège d'une généralité aux XVIIe et XVIIIe s., Caen devint, en 1790, le ch.-l. d'un des cinq départements de la Normandie.

La Révolution y fut acceptée avec enthousiasme. En 1793, l'Université de Caen ayant protesté contre la journée du 31 mai, les Girondins restés libres, Barbaroux, Buzot, Guadet, Louvet, Pétion, etc., se réfugièrent dans cette ville, qui devint le centre du fédéralisme insurgé contre la Convention. Les députés girondins levèrent des troupes et firent arrêter Romme et Prieur, commissaires de la Convention. Cette armée fut surprise, le 13 juillet, près de Vernon, et le commissaire Robert Lindet entra à Caen sans éprouver de résistance. C'est alors que résidait chez une vieille parente, sur l'emplacement de la maison portant auj. le n° 148 de la rue Saint-Jean, Charlotte Corday, qu'impressionnèrent vivement les malheurs des Girondins et les atrocités de la Terreur : elle partit de Caen par la diligence, le 9 juillet, pour mettre à exécution son projet de tuer Marat.

A Caen, que Mme de Sévigné a appelé « la source de tous nos plus beaux esprits », sont nés : le compositeur *Auber* (1782-1871); les poètes *Jean Bertaut* (1552-1611), *François de Malherbe* (1555-1628), *Regnault de Segrais* (1625-1701) et *Malfilâtre* (1732-1767); le fabuliste *Le Bailli* (1758-1832); l'écrivain *de Bois-Robert* (1592-1662); l'érudit *Daniel Huet*, évêque d'Avranches (1630-1721); l'acteur *Mélingue* (1808-1875); les peintres *Jean Restout*, dit le Vieux (1663-1702), et *Robert Tournières* (1676-1752); le graveur *Michel Lasne* (1596-1667); *André Graindorge*, tisserand, inventeur des toiles damassées (XVIe s.); le mathématicien *Pierre Varignon* (1654-1722); le capitaine *Vauquelin*, un des meilleurs marins de la guerre de Sept Ans (1726-1763); les généraux *Moulins*, membre du Directoire (1752-1810), et *Decaen* (1769-1832) qui fut le dernier gouverneur de l'Ile de France, auj. l'île Maurice; *Doulcet de Pontécoulant*, conventionnel, sénateur et pair de France (1766-1853).

Industrie et Commerce. — Caen fabrique des poteries normandes (céramiques émaillées, tuiles et épis de toitures), des meubles (spécialité de meubles en pitchpin), des vêtements, sacs, dentelles, produits chimiques, et possède d'importantes scieries (moulures et bois découpés).

Caen tend de plus en plus à devenir une ville maritime, grâce à sa position, au cœur d'une vaste région agricole, à une faible distance de centres manufacturiers dont elle est le port naturel. Les carrières de la belle pierre de Caen font d'importantes exportations et les mines de fer, situées à proximité, dans la vallée de l'Orne, envoient annuellement 120,000 tonnes de minerai sur les quais de la ville.

Caen doit aussi sa prospérité à sa campagne, d'une grande richesse, tant par la culture des céréales, que par l'élevage du cheval.

Enfin Caen est devenu récemment le centre d'un important *bassin métallurgique*. Les mines de fer de Normandie, exploitées en partie depuis le moyen âge, avaient été abandonnées au milieu du XIXe siècle. Quelques années avant la guerre de 1914, 21 concessions avaient été accordées, la plupart à des Allemands, dont 14 dans le Calvados : 6 étaient déjà exploitées, à May-sur-Orne, Jurques, Saint-Rémy (sociétés françaises), Barbery, Soumont, Saint-André-sur-Orne (sociétés allemandes); les 8 autres concessions portaient sur les mines de Bully, Maltot, Urville, Gouvix, Estrées-la-Campagne, Perrières, Monpinçon, Ondefontaine. Il y avait enfin des concessions importantes dans la Manche, à Bourberouge et Diélette (société allemande), p. 423 ; et quatre dans l'Orne : Halouze, Larchamps, Mont-en-Gérôme, la Ferrière-aux-Etangs. Depuis la guerre, des sondages ont été entrepris dans les environs de Saint-Martin-de-Blangy, Plessis, Littry, ancienne mine abandonnée (p. 391), Saint-Froment.

La guerre, qui nous privait du bassin métallurgique de Briey, amena une recrudescence d'activité considérable. 12 concessions sont en pleine exploitation ; la production est montée de 140,000 tonnes à 750,000. La Société normande de métallurgie, fondée par M. Schneider, associée aux Forges et Aciéries de la marine, intensifia l'exploitation des mines de Soumont, construisit une voie ferrée reliant le bassin minier à la gare et au port de Caen, et entreprit la construction d'un port privé sur le canal de Caen à la mer (p. 337). Des établissements gigantesques furent créés à Colombelles, sur l'Orne (4 k. N. de Caen), où le premier haut-fourneau, le plus grand de France, fut allumé au début de 1917.

Pour le port et le canal de Caen à la mer, p. 337.

Orientation et emploi du temps. — Les grandes artères de Caen ont la forme d'un T, dont la gare de l'Etat occupe à peu près la base, la place Saint-Pierre (centre de la ville), le sommet, l'abbaye aux Hommes et l'abbaye aux Dames les deux extrémités des branches. Si l'on est pressé, on prendra à la gare une voiture ou un tram pour la place Saint-Pierre, où l'on visitera l'église du même nom (p. 323), en jetant un coup d'œil sur les hôtels de la Bourse (p. 324) et de Than. De là on se rendra (tram) à l'abbaye aux Hommes (p. 327), d'où l'on reviendra par Saint-Pierre à l'abbaye aux Dames (p. 335 ; tram) pour regagner ensuite la gare par le port (p. 337).

Si l'on arrive à Caen par le bateau du Havre, on aborde au quai de Juillet, d'où on gagne vers la dr. la place Alexandre-III. On y rejoint l'Itinéraire I, ci-dessous.

ITINÉRAIRE I : LE CENTRE : PLACE ET ÉGLISE SAINT-PIERRE. — En sortant de la gare de l'Etat, on voit en face la gare départementale des chemins de fer du Calvados (p. 318). Tournant à dr., on descend l'avenue de la Gare, bordée de restaurants et guinguettes, dans un faubourg de Caen d'aspect peu avenant, pour trouver, en bas de cette avenue, la rue de la Gare.

Si l'on prenait vers la g. la rue de la Gare, puis la rue d'Auge, vers la dr., où on voit au n° 19 une maison ayant appartenu à l'historien De Bras, aux n°s 116-118 une maison du XVIIIe s., au n° 120 une belle tour d'escalier, on trouverait un peu plus loin l'*église Saint-Michel-de-Vaucelles*. Cette église a une *tour* du XIIe s., avec pyramide à quatre pans du XVIIe s., et une façade en style jésuite, avec tour à coupole, de 1780. A la voûte du chœur, qui est en majeure partie des XVe et XVIe s., peintures décoratives de la Renaissance ; la nef et les bas-côtés sont du XVIe s. : clefs de voûte de la Renaissance, ornées de sujets sculptés. Du côté N. de l'église, une *chapelle*, formée dans un ancien porche délicatement ouvragé, renferme une sculpture du XVIe s. figurant le Père Eternel et le Christ crucifié.

Prenant vers la dr. la rue de la Gare, on passe sous le pont du ch. de fer et on arrive au bord de l'Orne, au pont des Abattoirs. A dr. commence le port de Caen (p. 337).

Passant le pont des Abattoirs et, laissant à dr. le quai de Juillet où accostent les bateaux du Havre, on remonte l'Orne vers la g., par le cours de Juillet, pour arriver en quelques pas à la place Alexandre-III. Sur cette place, à l'entrée du cours de Juillet, *monument aux mobiles du Calvados* (1870-71), par le sculpteur Le Duc et l'architecte Nicolas. En face, *caserne Hamelin*, dont la façade sur la place Alexandre-III est de 1735, avec une belle porte Louis XV; la face en bordure du quai et l'arrière-face sont de style néo-romain, de l'époque Louis XVI (1785). Entre la caserne et la rue Saint-Jean, bureaux de l'Etat-Major, où il faut s'adresser avec une pièce d'identité, pour l'autorisation de visite du château (p. 335).

Sur l'arrière-face de la caserne Hamelin on trouverait de vastes prairies avec le champ de courses, le cours Sadi-Carnot à dr., et le Grand-Cours à g., en bordure de l'Orne, avec de beaux arbres.

A la place Alexandre-III on prend vers le N. la longue **rue Saint-Jean**, qui amène au centre de la ville. On y voit au n° 220, une belle porte Louis XV; au n° 214, l'*hôtel de Beuvron* (fin du XVIe s.) où sont installés des services municipaux; au n° 209, l'emplacement de la maison natale du poète Malfilâtre; aux nos 206, 198, 158, des *maisons anciennes*, à pignon, du XVIIe s.; au n° 148, l'emplacement de la maison où séjourna Charlotte Corday (*V. Histoire*). On arrive à l'église Saint-Jean, à dr.

L'*église Saint-Jean* est un édifice flamboyant, engagé dans un pâté de maisons. La belle *tour* carrée de la façade, avec porche, est du XIVe s.; le reste de l'église a été rebâti à la suite des dégâts causés par le terrible siège de 1417 (*V. Histoire*). Les travaux s'arrêtèrent, vers 1520, aux couronnements de la *tour centrale* qui est demeurée inachevée. On n'osa pas terminer les deux autres tours de la façade, à cause du peu de consistance du terrain; le sol marécageux avait déjà fléchi sous la tour de l'O., qui est sensiblement penchée.

L'intérieur est du XVe s., avec de larges arcades aiguës; belle balustrade de style flamboyant portée par une corniche au-dessus des grandes fenêtres. Buffet d'orgue de 1770. La tour centrale forme une belle lanterne à l'entrée du chœur. Au bas-côté g., dans la partie supérieure des fenêtres, restes de vitraux du XVIe s. Au transept dr., autel du XVIIIe s.

A l'angle de l'église Saint-Jean s'ouvre la rue des Carmes : jolie vue sur le flanc dr. de l'église et sur la tour centrale. On y trouve au n° 38, l'hôtel de Tilly, du XVIIIe s.; aux nos 42-44, l'hôtel de l'Intendance, auj. Chambre de commerce, du XVIIIe s. : les Girondins proscrits y séjournèrent, en juin 1793. — De l'autre côté de l'église Saint-Jean, la rue Guilbert offre aux nos 15 et 17 deux hôtels du XVIIIe s.; au n° 20, un hôtel du XVIIe s., à clefs sculptées; au n° 27, un vieux *manoir* du XVIe s., ancienne maison de l'historien De Bras.

CAEN

Tramways

Mètres
0 100 200 300

Scale of Yards
0 100 200 300

Arromanches, Creully
Courseulles
Jardin d. Plantes
Courseulles Luc-s-Mer
Cherbourg Bayeux
Tram. vers Venoix
Vire
Raccordement Caen à la Mer
Cherbourg
Vire
Laval
Ouistreham
Luc-s-Mer, Dives
Trouville
Paris
Falaise
Lisieux, Evreux, Paris
Gare de Ch. de fer de Falaise, Cabourg, Ouistreham, Luc Langrune et Courseulles
vers la Caserne d'Artillerie
Falaise, Alençon

A
B
C
D
E
1
2
3
4

Tram vers la Maladrerie
Orphelinat
Rue de Bayeux
Caponière
Caserne de la Remonte
le Bon Sauveur
Cirque Orania
Prairie
Tribunes
HIPPODROME
Cours Grand
ORNE
Gare St. Martin
Cimetière
St Nicolas
École de Dressage
Rue St Martin
PLACE ST MARTIN
St Julien
Anc. Couv. des Bénédictines
Château
Caserne Lefèvre
Rue de Geôle
Rue du Vaugueux
R. des Cordes
R. St Anne
St Sépulcre
PLACE ST GILLES
Rue Segrais
Anc. Egl. St Gilles
R. des Chanoines
Hôtel Dieu
la Trinité ou Abbaye aux Dames
Route de Ouistreham
Av. Croix Guérin
Lycée
St Etienne
St Etienne le Vieux
Musée des Antiquités
Préfecture
Place Gambetta
Théâtre
Musée Langlois
Gendarmerie
Cours Circulaire
Hôpital St Louis
St Sauveur
St Pierre
Hôtel de Than
R. de l'Engannerie
Rue Guilbert
St Jean
Rue des Carmes
Douane
BASSIN ST PIERRE
Canal de Caen à la Mer
Avenue Victor Hugo
Place d'Armes
Rue Neuve du Port
Caserne Hamelin
PORT
Q. Amiral Hamelin
Cours Caffarelli
Cours Montalivet
St Michel de Vaucelles
Gare de l'Etat

L. Hermann del.
6-18 Imp. Monrocq, Paris.

Continuant la rue Saint-Jean, on rencontre, au n° 144, en face de la cour du Grand-Manoir, à g., la maison natale de Daniel Huet, évêque d'Avranches; au n° 133, deux médaillons de la Renaissance; au n° 100, l'hôtel d'Aubigny (fin du XVIe s.), défiguré sur la rue, mieux conservé sur la cour; au n° 94, une *maison en bois* (XVe s.), avec étages en encorbellement.

Au n° 101 de la rue Saint-Jean s'ouvre la rue de l'Engannerie, où l'on voit, au n° 7, la maison défigurée du poète Segrais, qui l'habita de 1670 à sa mort (1701) et y avait réuni une collection d'art. Au delà de cette maison, au n° 9, intéressant *hôtel Marcotte*, du XVIIIe s., occupé auj. par le Bureau de bienfaisance; jolie cour; s'adresser au concierge, pourboire. Le salon a conservé sa belle décoration de boiseries dorées Louis XV : charmants dessus de portes; aux panneaux des murs, peintures décoratives de style chinois, à la mode à cette époque.

Reprenant la rue Saint-Jean, on rencontre : au n° 75, une maison en pierre, du XVIe s.; au n° 37, au fond d'un passage, une maison du début du XVIe. — Aux nos 20-24, impasse au fond de laquelle est le bel **hôtel de Than*, occupé auj. par le restaurant Pépin-Chandivert. C'est un charmant spécimen de la Renaissance française; il semble avoir été construit vers 1520 ou 1525; sa décoration sculpturale a subi quelques remaniements à la fin du XVIe s. On remarque surtout les magnifiques lucarnes de la cour, à colonnettes et à flèche, avec la salamandre sculptée au fronton, et de petits mascarons au linteau de la croisée. Des médaillons se voient sur les murs, entre les fenêtres. A g. à la tourelle d'angle a été ajouté au XVIIIe s. un porche carré, surmonté d'armoiries. Enfin d'autres lucarnes se trouvent sur l'arrière-face, donnant sur un jardin : on les voit, soit dans ce jardin, soit du boulevard Saint-Pierre. — Au n° 19 de la rue Saint-Jean (1re maison de la rue), maison en bois, du début du XVIe s.

La rue Saint-Jean aboutit au boulevard Saint-Pierre, et, au delà de celui-ci, à la *place Saint-Pierre*, qui est le centre de Caen, et où s'élève l'église du même nom.

L'*église Saint-Pierre, élevée sur la place d'une église romane dont on retrouve quelques piliers sous la tour, a été amorcée au XIIIe s., en style gothique; elle fut continuée aux XIVe et XVe s., pour se terminer au XVIe s. dans le style Renaissance. Malgré cette dualité de styles, elle n'en constitue pas moins un monument de premier ordre par la beauté de l'exécution. L'église n'a pas d'orientation liturgique : son abside, au lieu d'être tournée vers l'Orient, selon l'usage, regarde le S.-S.-E. Il en est de même, à Caen, pour cinq autres églises : Saint-Sauveur, Saint-Gilles, Vieux-Saint-Étienne, Saint-Sépulcre et la Trinité ou abbaye aux Dames.

Le *portail principal*, sur la petite place du Marché-au-Bois, du côté opposé au boulevard Saint-Pierre, date du début du XIVe s. Il a reçu, au XVe s., de riches encadrements à jour de style flamboyant, et est surmonté d'une belle rose; il est privé de ses statues.

La **tour*, à sa dr., justement célèbre, fut commencée au XIIIe s. et terminée vers 1317, date d'un précieux document qui nous donne le nom du trésorier Jean Langlois, chargé de surveiller et de payer les ouvriers. Elancée, d'une élégante et sobre ornementation, avec ses hautes lucarnes aux fines colonnettes, et ses clochetons légers émergeant d'un chemin de ronde, protégée par une balustrade en encorbellement, elle dresse sa flèche de pierre dentelée à 78 m. de haut. Cette tour fixa le type du clocher normand, que l'on retrouve également, durant tout le XVe s., dans les clochers bretons les plus célèbres.

A la base de la tour, sur le flanc dr. de l'église, est un porche du XIVe s., maladroitement restauré en 1608 et 1825. Les flancs dr. et g. de l'église sont du XVe s. et de style flamboyant, avec de nombreux pinacles et gargouilles et de légers arcs-boutants. Une balustrade court à la base du toit de la nef et une autre au-dessus des chapelles des bas-côtés.

L'***abside* de l'église, œuvre de la Renaissance, est à elle seule un véritable monument architectural. Hector Sohier, un des plus grands artistes de cette époque, eut sans doute une part aux travaux de l'abside autour de laquelle cinq chapelles rayonnent. On y remarque les curieux contreforts à candélabres qui ont fait école à Caen et à Falaise, les délicates arabesques, les médaillons, et les fenêtres, gothiques et à réseaux flamboyants dans la partie haute, à plein cintre et sans meneaux dans les chapelles. Cette abside, une des œuvres les plus populaires de l'art du XVIe s., baignait autrefois dans un petit bras de l'Orne, qui a été couvert en 1862 et remplacé par le boulevard Saint-Pierre. Des restaurations et quelques adjonctions ornementales ont eu lieu en 1909.

NEF. — La majeure partie de la nef, très claire, et cinq travées des grandes voûtes sont gothiques, du début du XIVe s.; le reste des grandes voûtes a des pendentifs et des rinceaux qu'y a placés la Renaissance. Bel orgue du XVIIIe s. Au chapiteau du 3e pilier à g., sujets tirés des fabliaux ou des romans de chevalerie. — Les bas-côtés sont de style flamboyant (XVe).

CHŒUR. — Son ornementation de la Renaissance est remarquable. Ce ne sont que pendentifs, niches, statuettes, une véritable dentelle de pierre. Magnifique *clef de voûte* centrale. Les chapelles communiquent entre elles par de larges arcades en plein cintre. Le système de leurs voûtes est intéressant avec leurs *plafonds* soutenus par des arcs ajourés: c'est un essai de fusion de l'ancien art gothique avec l'art nouveau. A la 1re chapelle de g. du pourtour du chœur, charmante porte de la sacristie. Aux chapelles absidales, jolies niches pour les saintes huiles, l'une de la Renaissance, les autres gothiques.

Le flanc de l'église Saint-Pierre est bordé par un square et par la place Saint-Pierre.

Aux nos 6-10 de cette place, l'**hôtel de la Bourse*, ancien hôtel d'*Escoville*, a été bâti de 1535 à 1540 pour Nicolas Le Valois d'Escoville, un des derniers alchimistes et l'homme le plus riche de Normandie, par un architecte inconnu (peut-être Blaise Le Prestre) de la Renaissance, qui a subi une influence italienne. Il est en cours de restauration, pour abriter le Tribunal de commerce et la Chambre de commerce. A l'extérieur, il a de grands toits d'ardoises, dernier souvenir des toits gothiques, des colonnes appliquées à sa façade et des fenêtres à frontons. Mais la *cour intérieure* surtout, où on peut entrer, est intéressante, avec ses trois corps de logis. Celui qui est en face, en entrant, offre à dr. une loggia, éclairant un remarquable escalier que couronnent deux lanternes à jour. Le corps de logis en retour d'équerre, à dr., présente, dans des entre-colonnements, les statues de David tenant la tête de Goliath et de Judith tenant la tête d'Holopherne, surmontées de bas-reliefs figurant la Délivrance d'Andromède par Persée et l'Enlèvement d'Europe.

ITINÉRAIRE II : QUARTIER OUEST : L'ABBAYE AUX HOMMES, LES MUSÉES. — A l'O. de l'église Saint-Pierre s'ouvre la **rue Saint-Pierre**, une des principales de Caen.

A l'entrée de la rue Saint-Pierre, à dr., se détache la rue de Geôle; son côté dr. bordait autrefois le château et une des tours de celui-ci, dite tour des Prisonniers : d'où son nom. On y peut voir : au n° 17, la maison des Nollent, où l'on distingue encore des bas-reliefs au linteau de la porte et des médaillons; au n° 31, la *maison des Quatrans*, à poutres apparentes, habitée de 1380 à 1390 par Jean Quatrans, tabellion de Caen, et refaite au XVIe s. : dans la cour, tour de 1511; en face, maison à pignon; plus loin, le temple protestant occupe une ancienne église de Bénédictines, du XVIIe s.

En continuant au delà la rue de Geôle, on monterait au beau *jardin des plantes*, ou jardin botanique, fondé en 1736. On y visite des serres, avec orchidées et plantes rares. A l'intérieur du bâtiment principal, collection d'herbiers et bibliothèque. Tombe de Desmoueux, professeur de botanique. Curieuse statue du poète *Malherbe*, costumé en Homère : elle avait été faite par ordre du poète Segrais, pour orner sa maison de la rue de l'Engannerie (p. 323).

Suivant la rue Saint-Pierre, on remarque : aux n°s 18-20, deux *maisons anciennes*, en bois, précédées et suivies de plusieurs maisons à pignons, notamment au n° 28; aux n°s 52-54, deux *maisons* en bois, du XVIe s., avec de nombreuses statuettes, parmi lesquelles un St Michel terrassant le Dragon au n° 54, 1er étage, pilier central; au n° 80, l'ancienne auberge de la Croix-de-Fer, du XVe s., à côté de l'église Saint-Sauveur.

A g. de la rue Saint-Pierre s'ouvre la rue de Strasbourg, qui offre au n° 6, un *hôtel* du XVIIe s., avec croisées et épis de plomb; entrer dans la cour; elle communique avec la place de la République (p. 334). Dans la rue De-Bras, la 1re à dr. dans la rue de Strasbourg, se trouvent : au n° 2, la caisse d'épargne (1909); aux n°s 64 et 66, deux maisons à lucarnes, du XVIIe s.

L'*église Saint-Sauveur*, gothique et Renaissance, s'appelait jadis Notre-Dame-de-Froide-Rue et son entrée principale donne encore sur la rue Froide. Elle se présente sur la rue Saint-Pierre par son *abside double, du même art que l'abside de l'église Saint-Pierre, qu'elle imita : l'abside de la nef N. est probablement aussi l'œuvre d'Hector Sohier; l'autre, avec ses fenêtres festonnées et chargées de ciselures, ne peut remonter au delà de la seconde moitié du xve s. Les sculptures des meneaux sont modernes (1905). Entre deux fenêtres du mur S. se dessine une sorte de cage d'escalier, qui est en réalité le reposoir d'un reliquaire. Le reste de l'église est gothique, des xive et xve s. Le *clocher*, gothique avec sa flèche de pierre, est également inspiré par celui de Saint-Pierre. La porte de la rue Froide, de style flamboyant, a des vantaux de même style (xve s.).

L'intérieur manque d'unité; deux nefs. l'une du xive s. à g., l'autre du xve s. à dr., sont accolées. La plus étroite communique avec la grande nef par une arcade gothique large et hardie. Le plafond a une charpente de bois. Sous la tribune de l'orgue, à g., débris de vitraux anciens. Les autres vitraux de l'église sont modernes.

Le chœur a des ornements sculptés de la Renaissance; les statues sont modernes. — Au maître-autel, Assomption, par Molchnecht (xixe s.).

Si l'on continuait la rue Froide au delà de l'église Saint-Sauveur, on y trouverait, à dr., l'étroite rue de la Monnaie, où l'on peut visiter de curieux restes d'édifices de la Renaissance, construits pour son usage personnel par Étienne Duval de Mondrainville, grand trafiquant du xive s. Ce sont : 1°, à g. au n° 12, un grand pavillon, dit *hôtel de Mondrainville*, terminé en 1549; c'était quelque chose d'analogue aux « casinos » italiens, c'est-à-dire un pavillon isolé, destiné à servir aux jeux et aux fêtes; 2°, à dr., n° 3, l'*hôtel* dit *de la Monnaie*, qui était le véritable hôtel de Mondrainville, avec tour sur la rue, flanqué d'une tourelle à encorbellement, et, au centre de la façade, d'une autre petite tourelle décorée de médaillons et surmontée d'un lanternon.

La rue de la Monnaie aboutit à la rue des Teinturiers, qui présente quelques maisons à lucarnes et une fontaine du xviiie s., et dans laquelle la ruelle de l'Ancienne-Halle aboutit à une impasse : au fond de l'impasse, porte de la Renaissance, ouvrant sur des constructions de même époque défigurées, ayant appartenu à Étienne de Mondrainville.

Enfin, au n° 33 de la rue Froide, maison à lucarne, du xve s.; au n° 35, maison à lucarne de la Renaissance. La rue Froide aboutit à l'Université (*V.* ci-dessous).

Reprenant la rue Saint-Pierre, on arrive à la petite place Malherbe. Au n° 126 de la rue Saint-Pierre, *maison* où Malherbe naquit, en 1555; elle fut rebâtie par lui, en 1582, et a été défigurée de nos jours. Laissant à dr. la rue Arcisse-de-Caumont, où est le musée des antiquaires normands (p. 330), on continue par la rue Ecuyère. Au n° 9, belle maison Renaissance; au n° 42, maison du xve s., dont la porte est ornée de sculptures gothiques : c'était la demeure de Bureau de Giberville, lieutenant du bailli de Caen, sous Charles VII; au n° 44, hôtel du xviiie s.

On arrive à la place Fontette, où se trouve à dr. le *palais de justice* (1784-1787), en style néo-grec, avec un péristyle à colonnes; statues de la Force et de la Loi, par L. Falconnier. Sur la face opposée de la place, restes de décoration architecturale de même époque; 2 maisons, de même époque également, avec lucarnes ornementées, à l'entrée de la rue Guillaume-le-Conquérant.

A l'E. du palais de justice, sur la place Saint-Sauveur, s'élève la statue d'*Elie de Beaumont* (1798-1874), en bronze, par Louis Rochet. L'ancienne *église du Vieux-Saint-Sauveur*, bâtie aux XIIIe, XIVe et XVIe s., sert de halle au blé. Elle a sur la place une façade du XVIIe s.; le reste de l'église est encastré dans des maisons. La nef sert à la halle; le chœur est divisé en logements.

Au delà du Vieux-Saint-Sauveur, la rue Saint-Sauveur amènerait à l'*Université*. Celle-ci occupe un édifice commencé en 1701 et auquel ont été adjoints de vastes bâtiments modernes (1903) qu'occupe la bibliothèque universitaire. Les statues de Malherbe, par Dantan aîné, et de Laplace, par Barre, décorent le devant de la façade principale sur la cour. Au 2e étage, *muséum d'histoire naturelle* : entrée, r. Pasteur; t. l. j. de 9 h. à 11 h., le dim. de 13 h. à 15 h., 50 c. Il renferme : une *collection d'oiseaux*, avec belle série de paradisiers et d'oiseaux-mouches et diverses autres collections zoologiques; une galerie d'ethnographie et d'anthropologie : crânes des diverses races humaines, restes des civilisations aztèque et péruvienne, instruments, armes et costumes des peuples océaniens rapportés par Leclanché, Desplanches et Dumont d'Urville. — Au delà de l'Université, dans la rue des Cordiers (no 6), *hôtel de Colomby*, époque Louis XIII avec tourelle en encorbellement et beaux épis de faîte.

De la place Saint-Sauveur, dans l'axe de la statue d'Elie de Beaumont, part l'avenue de Courseulles, qui monte à la place Saint-Martin. A dr. de cette place, *promenade Saint-Julien*, où se tient le marché aux bestiaux, et à l'extrémité de laquelle s'élève l'église Saint-Julien (XVe-XIXe s.). Au delà, on trouverait le jardin des plantes (p. 325). De la place Saint-Martin, près de laquelle est le lycée de jeunes filles, l'avenue de Courseulles monte à la gare Saint-Martin (buffet; ch. de fer de Courseulles, p. 342) et conduit à l'école de dressage, un des principaux établissements hippiques de France.

De la place Fontette, on continue devant soi par la rue Guillaume-le-Conquérant : au no 10, couloir aboutissant à une entrée de l'église Saint-Etienne. On arrive à la petite place du Lycée, à g., ornée d'un obélisque de granit, sans inscription, élevé à la mémoire du duc de Berry. Sur cette place se trouvent l'église Saint-Etienne et le lycée Malherbe.

L'****église Saint-Etienne** ou de l'**abbaye aux Hommes** fut fondée, entre 1062 et 1066, par Guillaume le Conquérant, en rachat de l'irrégularité de son mariage avec la reine Mathilde, qu'il avait épousée malgré leur proche parenté et sans la dispense papale; en même temps et pour la même cause, Mathilde faisait bâtir à Caen l'église de la Trinité et l'abbaye aux Dames (p. 335). L'église Saint-Etienne fut commencée en style roman; on suppose que les plans primitifs ont été fournis par Lanfranc, qui gouverna l'abbaye de 1066 à 1070. La consécration de l'église eut lieu en 1077 et, dix ans après, Guillaume y était enseveli. Une vingtaine d'années après la mort du Conquérant, les voûtes de la nef, inachevée, furent élevées en style gothique. Puis, près d'un siècle plus tard, le chœur, jugé trop petit, fut refait, dans le style du XIIIe s., par l'architecte Guillaume. Du XIIIe s. également, ou du XIVe, sont les flèches des tours de la façade. Quelques remaniements de détail eurent lieu aux XIVe et XVe s. En 1562 et 1566, les protestants dévastèrent l'église, qui croula en partie.

Une réfection générale était devenue nécessaire : elle fut entreprise, au début du XVIIe s., par Jean de Baillehache, prieur claustral, homme d'une énergie et d'un goût artistique supérieurs. Les travaux durèrent de 1609 à 1626; avec un respect du passé bien rare à cette époque, ils furent exécutés dans un si scrupuleux respect du style original qu'il faut aujourd'hui une attention soutenue pour reconnaître les parties refaites.

La *façade* principale, qui donne sur la place du Lycée, est romane et percée de trois portes et dix fenêtres en plein cintre: complètement dépourvue d'ornements, elle est grandiose et sévère. A dr. et à g., deux magnifiques **clochers* élèvent leurs flèches de pierre à 90 m. du sol; leur base est romane, jusqu'à la naissance des flèches : celles-ci, encadrées de clochetons effilés, appartiennent à l'art gothique normand; elles sont du XIIIe s. ou du début du XIVe. De la tour centrale il ne reste que la base, coiffée d'un petit clocher moderne; elle portait jadis, une superbe flèche du XIIIe s., haute de près de 120 m. L'abside présente un bel aspect, avec ses chapelles rayonnantes, ses arcs-boutants, la superposition de ses toitures et les clochetons gothiques qui l'encadrent.

L'église étant encastrée dans les maisons et dans le lycée Malherbe, c'est de la place du Parc (p. 330) qu'on peut voir cette abside dans son ensemble. S'adresser au sacristain (pourboire) pour la visite de la sacristie, du chœur et des tribunes.

L'intérieur, robuste et sévère, n'offre pas l'unité de l'église de la Trinité, toute romane. Ici la nef, sauf ses voûtes, et le transept seuls sont romans; le chœur, fort beau, est gothique. L'église est longue de 110 m.; la hauteur des voûtes est de 24 m.

La NEF est assez obscure, les fenêtres ayant été en partie murées ou extérieurement obstruées. Ses colonnes romanes et ses arcades en plein cintre sont peu ornementées. Large triforium à arcades géminées qui servait de promenoir aux religieux de l'abbaye; une balustrade y a été ajoutée, de style gothique. Les voûtes de la nef, ajoutées au cours du XIIe s., sont sexpartites, avec arc doubleau coupant les nervures diagonales : système qui précéda la voûte sur croisée d'ogives. Leur établissement nécessita le remaniement complet des fenêtres hautes. Aux trois 1res travées du bas-côté N. est accolée la *chapelle Halleboul*, commencée en 1315, détruite en 1562 puis restaurée. *Orgue* d'une grande puissance, établi en 1741 par les frères Lefèvre, de Rouen, reconstitué de nos jours par Cavaillé-Coll; le buffet en est soutenu par 2 grandes cariatides.

TRANSEPT DR. — La *sacristie*, établie dans une des plus jolies chapelles du chœur (XIIIe s.), a des portes en chêne sculpté et renferme un portrait de Guillaume le Conquérant, copié en 1608, sur une fresque de l'abbaye. — Tour-lanterne au carré.

TRANSEPT G. — Grand cadran d'horloge, de 1743, entouré de boiseries.

CHŒUR. — Le chœur a été refait au XIIIe s., à la place du chœur roman primitif. C'est, après celui de l'église de la Trinité de Fécamp, le plus ancien exemple de chœur gothique normand. Les tribunes prennent jour extérieurement par de petites roses, analogues à celles de Notre-Dame de Paris. Lutrin en fer forgé. Stalles de 1622, dans lesquelles sont encastrées quelques panneaux du XVe s. Très beau *maître-autel* Louis XIV, avec Anges adorateurs attribués à *Coysevox*, de grands flambeaux en cuivre ciselé et un bas-relief en cuivre figurant le Christ descendu de la croix. A dr. et à g. de l'autel, charmantes crédences Louis XIV.

Au pavé du chœur, devant le maître-autel, épitaphe moderne de Guillaume le Conquérant, inhumé à cette place en 1087. Deux événements dramatiques marquèrent ses funérailles. Un des assistants, Ascelin, poussa soudain « la clameur de haro », déclarant que le terrain sur lequel avait été bâtie l'église était celui de sa maison paternelle, que le duc lui avait prise de force, sans la payer : la cérémonie fut suspendue et une enquête, faite aussitôt sur place, prouva la vérité de son dire; alors les prélats et les barons présents se cotisèrent pour lui payer ce qu'il réclamait. Lorsqu'on fut sur le point de descendre le corps dans la tombe, on s'aperçut que celle-ci était trop étroite, et comme on faisait effort pour l'y introduire, une odeur si horrible se répandit que les officiants à demi asphyxiés, mais ne pouvant fuir, abrégèrent la fin de la cérémonie. Le tombeau du Conquérant fut profané par les Huguenots, au XVIe s., puis pendant la Révolution, et ses restes jetés au vent.

Pourtour du chœur. — Les chapelles semi-circulaires de l'abside communiquent entre elles, comme celles de la basilique de Saint-Denis, près de Paris, dont elles reproduisent les dispositions.

A l'extérieur de l'abside, le sacristain fait voir l'épitaphe latine de l'architecte Guillaume, qui éleva le chœur de l'église.

Le *lycée Malherbe*, beau monument de style Louis XIV, contigu à l'église Saint-Etienne, occupe l'ancienne abbaye aux Hommes. C'est un vaste édifice de grand style, reconstruit de 1704 à 1724, par un religieux-architecte de l'abbaye. Le lycée y est installé depuis 1804. S'adresser au concierge; pourboire.

On visite le *parloir*, avec cheminée et portes à trumeaux, de l'époque Louis XV; le beau *cloître*, de style ionique; sous une de ses galeries, horloge ancienne; le *réfectoire*, long de 30 m., qui a une voûte de pierre ornementée et dont les murs sont garnis de belles boiseries de l'époque de Louis XIV et de Louis XV; on y voit 9 tableaux de Lépicié, Jean Restout, Bonnet-Dauval et de l'école française du XVIIIe s., ainsi que 2 dessus de portes; le dessus de porte qui est au mur d'entrée est une toile de 8 m. 50 sur 4 m. et de belle facture, par *Lépicié*, représentant l'arrivée en Angleterre de Guillaume le Conquérant, et récemment restaurée, ainsi que deux dessus de porte du XVIIIe s., la Pêche et la Moisson; — le grand *escalier*, avec des fers forgés de l'époque de Louis XIV; il est d'une largeur et d'une hardiesse admirables; — la *chapelle*, ancienne salle du Chapitre, avec de belles boiseries et une chaire sculptée, face à l'autel; aux deux extrémités de la salle, 2 grandes peintures : l'une, *Moïse frappant sur le rocher, attribuée à *Mignard*; l'autre, Passage de la Mer Rouge, attribuée à *Sébastien Bourdon*. — La *sacristie*, voisine de la chapelle, a aussi de belles boiseries, une peinture de *Lebrun*, Moïse tuant un Egyptien pour venger les filles de Jéthro, et, en face, une fresque en trompe-l'œil, à la mode italienne du XVIIe s. Des bâtiments de l'ancien monastère il reste deux tours gothiques, découronnées, et deux corps de logis de même style, dans l'un desquels est la salle dite des Gardes, très mutilée.

L'École normale des filles occupe, près du lycée Malherbe, un autre bâtiment gothique du XIIIe s., qui dépendait aussi de l'ancienne abbaye et qui a été restauré de nos jours, avec goût.

Si, de la place du Lycée, on reprenait la suite de la rue Guillaume-le-Conquérant, on arriverait à la place de l'Ancienne-Boucherie.

De cette place, par la venelle Sainte-Blaise et la rue Bicoquet, où l'on voit à l'angle des deux rues une porte de l'Aumônerie de Saint-Etienne des XIIe-XIIIe s., on monte à l'ancienne *église Saint-Nicolas*, auj. désaffectée, servant de magasin à fourrage, et entourée par le cimetière. C'est un monument roman construit en 1083, par les Bénédictins de Saint-Etienne, pour l'usage de leurs vassaux. Elle est en partie couverte de lierre et offre un aspect pittoresque avec son triple portail roman sur la rue, flanqué d'une tour gothique, du XIVe ou XVe s., son abside à fenêtres en plein cintre et sa tour centrale, toute trapue.

De la place de l'Ancienne-Boucherie, la rue Caponnière, à g., offre au n° 6 la maison natale du général Decaen, au n° 16 au fond de la cour une maison « à la tête de mort », puis passe entre la caserne de la remonte, l'École normale d'instituteurs et la maison de Bon-Sauveur, qui renferme l'asile d'aliénés et l'école de sourds-muets. Derrière Bon-Sauveur, l'*église Saint-Ouen*, qui sert de chapelle paroissiale, date du XVe s.

De la place du Lycée on revient sur ses pas, par la rue Guillaume-le-Conquérant, jusqu'à la place Fontette, d'où l'on gagne à dr. la place du Parc. Sur cette place, plantée d'arbres, que borde le jardin du lycée Malherbe et d'où l'on a une belle vue sur l'abside de l'église Saint-Etienne (p. 328), s'élève la *statue* en bronze *de Louis XIV*, en costume d'empereur romain, par Petitot (époque de Louis-Philippe).

Sur la demi-lune de la place du Parc, à g., s'ouvre la rue Arcisse-de-Caumont qui passe devant le Vieux-Saint-Etienne.

L'*église du Vieux-Saint-Etienne* (s'adresser au concierge, pourboire), auj. désaffectée, sert de dépôt à la voirie; elle est fermée les dim. et fêtes. C'est un beau spécimen, très délabré, de l'architecture anglo-normande du XVe s., avec élégante tour octogone à deux étages, formant lanterne à l'intérieur. Quelques parties de l'église, notamment le très beau porche méridional, datent de la Renaissance. A un contrefort de l'abside est appliquée une statue équestre, romane, mutilée.

La voûte de la nef a des clefs de voûte sculptées, avec blasons. Au bas-côté g., charmante chapelle renfermant, ainsi que le chœur, de nombreux fragments de sculptures.

Presque en face, dans la rue Arcisse-de-Caumont (n° 33), le **musée des antiquaires normands** est installé dans l'ancien collège du Mont, des XIVe-XVIIe s., dont les bureaux de la préfecture occupent une partie. Il a été fondé par la Société des antiquaires de Normandie et contient quelques pièces appartenant à la Société française d'archéologie. Le musée est public les jeudi et dim., de 14 h. à 16 h.; les autres j. et heures, s'adresser au gardien, pourboire. Conservateur, M. Huart.

Cour. — Façade d'une maison à lucarnes du XVIe s., située autrefois rue des Capucins: porte de l'ancien hôtel-Dieu, bâti sous Henri II d'Angleterre; frontons (XVIIe s.) provenant de la maison de Malherbe.

Rez-de-chaussée. — SALLE DU PILOBI. — De dr. à g., fragment d'une mosaïque trouvée dans la forêt de Brotonne; poids romains en pierre; meules romaines. Chapiteaux et fragments antiques trouvés à Vieux. Tronçon d'un aqueduc romain (environs de Bayeux). Tronçons sculptés de fûts de colonnes (fin du IIIe s.). Conduits de chaleur antiques, provenant de Vieux. Sarcophages gallo-romains et mérovingiens. Pierres tumulaires du XIIIe au XVe s., notamment celle de Jean Malherbe († 1440). Buste d'A. de Caumont. Inscription espagnole de 1581, provenant des anciennes murailles de Caen. *Pilori* en bois, de 1755. Chaînes et instruments de torture. Colonnes du XIIe s. *Retable* (XVe s.) de Cirfontaine, en pierre peinte et sculptée. Croix en pierre (XIIe s.). Clef de voûte (XVe s.).

SALLE DE LA CHEMINÉE. — Fragments de statues provenant du château. Sarcophage du XIIIe s. Plaques de cheminées. Statue d'Évangéliste (XVIIIe s.) provenant de Saint-Pierre de Caen. Panneaux en pierre du XVIe s. Fragments du XVe s. (Vieux-Saint-Sauveur). Belle cuve baptismale romane. Chapiteau de l'abbaye de la Trinité. Cheminée (XVIe s.) en pierre, avec cariatides et bas-reliefs, d'une maison de la rue Saint-Jean. Bas-reliefs en bronze modernes, par Etex. Fragments d'une voûte de l'église Saint-Sauveur. Partie de plafond en pierre sculptée d'une ancienne maison. Partie supérieure d'une porte de maison (XVIe s.) de la rue du Vaugueux. Statues de saints du XVIe s. Lucarne du XVIe s. Moulages.

1er **Étage**. — Sur le palier de l'escalier, *retable* sculpté, de la fin du XVe s., avec traces de peintures, provenant de Lion-sur-Mer; vieux coffres et bahut sculpté; filet brodé en reprises, dit « ouvrage de lacis » (XVIe s.); carreaux de faïence; épis faîtiers en faïence (XVIe et XVIIe s.).

SALLE DU TRÉPIED. — Chasuble du XVIe s., destinée à l'office des morts. Cuirasse et casque du XVIe s. Cloche de l'église d'Urville (1538). Vitrine : croix, ciboires et reliquaires du moyen âge; dans la vitrine plate au-dessous, urnes cinéraires, objets divers trouvés dans les tombeaux des abbesses de la Trinité de Caen, et fragments de statuettes du XVIe s. Chasuble du XVIe s. Vitrine : suaire de Besançon (XVIe s.), médailles, tryptique en émail de Limoges, couvercle d'encensoir du XIIIe s., lanterne à main de la fin du XVIIe, chandelier antique. Cuirasse et casque du XVIe s. Buffet du XVIIe s. Vitrine de faïences. Vitrine : chasuble du XVIe s., peinture sur cuir du XVIIe s., fragment de tenture, cartes à jouer de l'époque Louis XVI, bandes brodées du XVIe s., assignats. Vitrine centrale : plaques et fibules mérovingiennes; *bijoux mérovingiens* trouvés dans une sépulture, près d'Airan, à 20 k. de Caen. Au-dessus de la vitrine, trépied romain en bronze, trouvé à Giberville.

Vitrine au milieu de la salle : silex taillés, figurines égyptiennes et gallo-romaines, coupe dite de Guillaume le Conquérant (travail italien du XVIe s.), reliquaires, broc en grès, boîte à hosties, râpes à tabac en ivoire, assiette en étain (travail allemand du XVIe s.), clefs, serrures, sceaux, jetons et médailles.

Du musée des antiquaires, on continue la rue Arcisse-de-Caumont jusqu'à la place Malherbe (p. 326), à l'entrée de laquelle la 1re rue à dr. amène à l'église de la Gloriette, en retrait à dr.

L'*église Notre-Dame-de-la-Gloriette*, ou église des Jésuites, a été bâtie de 1684 à 1687; la première pierre a été posée par le poète Segrais. Elle appartient au style dit de la Renaissance romaine : façade à colonnes et à fronton triangulaire.

L'intérieur est en forme de basilique romaine, avec pilastres. Une belle balustrade en fer forgé court autour de l'église, aux tribunes et au grand orgue. Dans les croisillons, aux autels, deux tableaux anciens : Apparition du Christ à Madeleine, par *Jeaurat*, à dr.; Annonciation, à g. A la voûte centrale, fresques modernes, par *Lerolle* (1901).

Au chœur : de chaque côté, magnifiques *grilles* en fer forgé et doré; à la voûte, Assomption moderne, par *Perrotin*; superbe *maître-autel* du XVIIIe s., en bronze ciselé et doré, Adoration du Christ dans son berceau par la Vierge et par St Joseph, avec baldaquin à 6 colonnes de marbre, provenant de l'église de la Trinité; un beau groupe d'Anges supporte une couronne au-dessus de l'autel. Derrière l'autel, 3 tableaux en relief, en terre cuite dorée, figurant l'Annonciation, l'Adoration des mages et la Purification. Aux murs, lambris au-dessus desquels sont des reliquaires flanqués d'anges en terre cuite. Joli petit orgue, du XVIIe s.

Au delà de l'église de la Gloriette on longe à dr. les bâtiments de la préfecture (p. 334) et l'on trouve à g. l'hôtel de ville.

L'*hôtel de ville*, que l'on aborde par son arrière-face, est un vaste monument, ancien séminaire des Eudistes, élevé au XVIIe s., qui a reçu de nombreuses adjonctions modernes. La cour intérieure est ornée de parterres et d'un joli bronze d'Arthur Le Duc, Centaure et Bacchante. La façade principale, qui donne sur le square de la place de la République (p. 334), est du XVIIe s., avec l'entrée monumentale, à colonnes et à fronton courbe, de l'ancienne chapelle.

La *salle du Conseil municipal* est décorée de peintures et de médaillons figurant des Normands célèbres et les bienfaiteurs de Caen.

L'ancienne CHAPELLE est divisée en 2 étages. Au rez-de-chaussée, salle de concerts et de bal; au 1er étage, bibliothèque.

La *bibliothèque*, installée dans l'ancienne chapelle des Eudistes et dans des bâtiments datant de 1860, compte env. 120,000 vol., de nombreux manuscrits, en partie des XVe et XVIe s., et une collection d'autographes. Trois vastes salles sont décorées de 63 portraits, notamment ceux de Malherbe, de Bras, Segrais, Samuel Bochart qui exerça le ministère paroissial à Caen, Daniel Huet, La Rue, et celui du professeur Jacques Crevel, peint par Tournières. Deux médaillons vitrés, placés dans la 1re salle dite De Bras, renferment les raretés typographiques. On remarque encore : une collection de livres aux armes de divers personnages et de familles nobles; des aquarelles, précieuses pour l'histoire locale; quelques bustes, dont un est l'œuvre de l'acteur Mélingue.

L'hôtel de ville renferme le ***musée de peinture et de sculpture,** public les jeudi et dim., de 10 h. à midi, et de 13 h. à 16 h. ou 17 h., selon saison; les autres jours, mêmes heures, 50 c. Catalogue de 1913, 1 fr. 75. Conservateur, M. Ménégoz. Le musée a son entrée dans la cour intérieure.

1er **Etage.** — PALIER. — *Aligny*, Reddition de Châteauneuf-Randon; *Abel de Pujol*, le Vieillard et ses enfants; *Pottin*, Lady Cath, Douglas se faisant rompre le bras pour sauver Jacques Ier; *Durupt*, le Mauvais Riche.

1re SALLE. — Au-dessus de la porte : *Destape*, Phare de Berneval. De dr. à g. : *H.-J. Forestier*, Funérailles de Guillaume le Conquérant; *G. Sauvage*, Meurtre de Gaudry, évêque de Laon; *Portrait (fin du XVIe s.) de Guillaume le Conquérant et de la reine Mathilde, sa femme; *James Bertrand*, Cendrillon; *Courbet*, Marine; *Brascassat*, Vache au pâturage; **Lépine*, Rue du vieux Montmartre; *Giraud*, Procession de la Circoncision, au Caire; *Tattegrain*, Grande marée d'octobre; *Ed. Krug*, Martyre de Ste Symphorose; *Binet*, Lisière de la forêt d'Eu; *Alb. de Balleroy*, Hallali; *Harpignies*, Chasse à courre. — Sculpture : *Mme Lefèvre-Deumier*, Virgile enfant; *De Blezer*, buste.

2e SALLE. — *Ed. Krug*, Feyen-Perrin sur son lit de mort; *H. Lanoue*, les Lavoirs d'Albano; *De Balleroy*, Joseph emmené en captivité; *Em. Perrin*, Mort de Malfilâtre; *Horace Vernet*, le Frère Robustien; *Ary Scheffer*, Dr Duval; **Bonnat*, Dr Tillaux; Fondation de Carthage, tapisserie flamande du XVIIIe s., d'après *Ch. Coypel*; *Couture*, Damoclès;

Lucien Mélingue, Henri III au château de Blois; *F. Giraud*, l'acteur Mélingue; *Serrur*, le Mauvais Riche; *baron Desvès*, Charlotte Corday dans sa prison; *Gaston Mélingue*, les Vendeurs de chair humaine : Au centre : vitrine de médailles de *Chaplain*; *Constant*, Bacchus enfant (marbre).

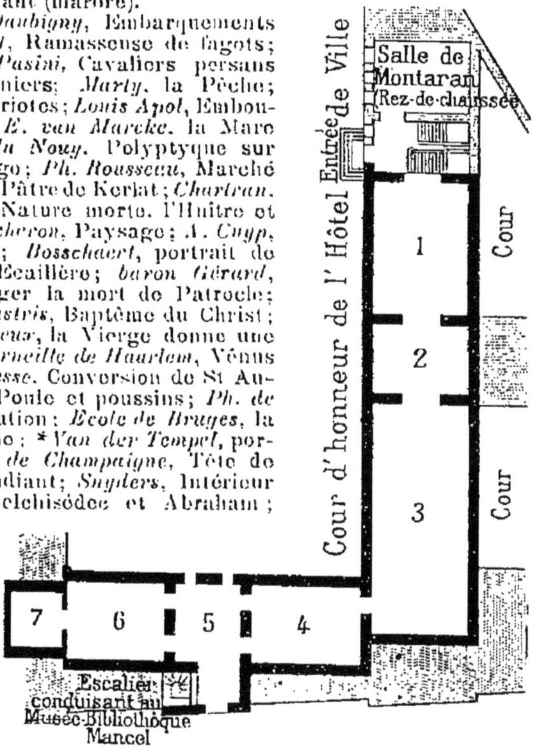

3e SALLE. — *Karl Daubigny*, Embarquements des filets; *O. Tassaert*, Ramasseuse de fagots; *Lematte*, la Veuve; *Pasini*, Cavaliers persans ramenant des prisonniers; *Marty*, la Pêche; *Jeanron*, les Petits Patriotes; *Louis Apol*, Embouchure de la Meuse; *E. van Marcke*, la Mare aux pies; *Lecomte du Nouy*, Polyptyque sur l'œuvre de Victor Hugo; *Ph. Rousseau*, Marché au XVIIIe s.; *Luminais*, Pâtre de Kerlat; *Chartran*, le Cierge; *Th. Ribot*, Nature morte, l'Huître et les Plaideurs; *F. Moucheron*, Paysage; *A. Cuyp*, Paysage et animaux; *Bosschaert*, portrait de femme; — *Victoor*, Écaillère; *baron Gérard*, Achille jurant de venger la mort de Patrocle; *Stevens*, la Danse; *Zustris*, Baptême du Christ; *Erasme Quellyn le Vieux*, la Vierge donne une étole à St Hubert; *Corneille de Haarlem*, Vénus et Adonis; *G. de Lairesse*, Conversion de St Augustin; *Hondekoeter*, Poule et poussins; *Ph. de Champaigne*, Annonciation; *École de Bruges*, la Vierge et Ste Catherine; **Van der Tempel*, portrait de femme; *Ph. de Champaigne*, Tête de Christ; *Jordaens*, Mendiant; *Snyders*, Intérieur d'office; **Rubens*, Melchisédec et Abraham; *Van der Meulen*, Passage du Rhin; *Ph. de Champaigne*, Vœu de Louis XIII, la Samaritaine; *J. Restout*, Lavement des pieds. — Sculpture : *P. Gayrard*, Daphnis et Chloé (marbre); *Decorchemont*, Offrande à Pan; *Delaplanche*, la Musique.

4e SALLE. — *École italienne*, Apollon et Marsyas; **Andrea del Sarto*, St Sébastien; *P. Véronèse*, Judith; *Panini*, Réception des cordons bleus; *Le Pérugin*, St Jérôme; *P. Véronèse*, Jésus donnant les clefs à St Pierre; *Albane*, Tête de Vierge; *Lanfranc*, Tête de St Pierre; **Tintoret*, la Cène; *Panini*, Paysages; *Tiepolo*, Ecce Homo; *Tintoret*, Descente de croix; *Cima da Conegliano*, la Vierge, St Georges et St Roch (triptyque); **Le Pérugin*, Mariage de la Vierge (ce chef-d'œuvre appartenait, avant la Révolution, à la cathédrale de Pérouse); **P. Véronèse*, Tentation de St Antoine; **Carpaccio*, Madone, enfants et saints dans un paysage (autrefois au musée du Louvre); *Guerchin*, la Vierge et l'Enfant; **Vital de Bologne* (XIVe s.), Madone; *P. Véronèse*, Départ des Hébreux de l'Égypte. — Sculpture : *Tony Noël*, Méditation; *J. Guillaume*, Roulland, maire.

5e SALLE. — *Van Bloemen*, Paysages; *Lanfranc*, Tête d'Apôtre; *École de Ribera*, Couronnement d'épines; *Zurbaran* (?), Ste Claire prenant le voile. — Sculpture : *Scharneweck*, Jeune pêcheur à la tortue; buste en bronze de Roulland, maire.

6e SALLE. — *Inconnu*, Mme de Sévigné; *Oudry*, Chiens et sangliers; *Nic.-Blaise Lesueur*, David devant l'arche; **Rigaud*, Marie Cadenne, femme du sculpteur Desjardins; *Fontenay*, Jeune femme; *Rigaud*, Villeroi, maréchal de France; *Restout*, Un Prémontré; *Tournières*, Deux personnages à table, Un magistrat, le graveur Audran; *Lebrun*, Baptême du Christ. — Sculpture : *Moreau-Vauthier*, Baigneuse (marbre); *Etex*, Nizzia; *Le Duc*, buste en grès du poète breton Yann Nibor.

7e SALLE ou cabinet (*collection Lefébure de Sancy*). — Camées et miniatures, émaux, médaillons, orfèvrerie. Tapisserie. 2 beaux épis de faîtière, en faïence, du XVIe s. Médailles de *Chaplain*. Dessins, gravures et aquarelles.

On revient à la 5e salle pour entrer à dr. dans un cabinet de dessins et aquarelles, d'où un escalier monte à la *collection Mancel*, ouverte les dim., mardi et jeudi, de midi à 16 h., fermée du 15 août au 1er mardi d'oct. Donnée en 1875, par M. Mancel, ancien libraire, elle comprend des manuscrits, des livres rares, des tableaux, quelques objets d'art et 60,000 gravures.

Rez-de-chaussée. — A dr., *collection Chibourg*, léguée en 1900 par la veuve d'un capitaine au long cours, originaire de Caen : émaux, porcelaines, bronzes, ivoires, meubles, tentures et soiries de Chine et du Japon. — A g., *collection de Montaran*. De dr. à g. : *Gudin*, Etudes; *Ary Scheffer*, Etude; *Nic. Huet*, Pastorale; *Franck* et *Breughel de Velours*, Ste Famille; *Van Dyck*, Portrait d'homme; *P. Mignard*, la Vierge, sous les traits d'Anne d'Autriche; *Mlle Vigée* (Mme Vigée-Lebrun), Jeune fille avec des fleurs; *Boucher*, Nymphes et Amour; *Van der Helst*, portrait de femme; *Le Guide*, Enfant endormi sur une tête de mort.

La façade principale de l'hôtel de ville donne sur la belle *place de la République*, ancienne place Royale, où sont les principales banques. Au centre de la place est un square, avec le *monument Demolombe*, par E. de Laheuderie, et 2 petits groupes de bronze, Enfants dénicheurs mordus par des serpents, par A. Lechesne; kiosque à musique. Au n° 23 de la place, hôtel d'Aumesnil, de l'époque Louis XIII.

Si de la place de la République on prenait la rue Auber, à l'angle g. de l'hôtel de ville, on arriverait à la place Gambetta, bordée à dr. par la préfecture qu'entoure un vaste parc. Au delà de la préfecture, la place Gambetta donne, à dr., sur le boulevard Bertrand; à g. on gagnerait le cours Circulaire, bordant les prairies de Caen et le champ de courses.

Sur la place Gambetta, face à la préfecture, s'ouvre la rue Daniel-Huet, où se trouve, au n° 2, le *musée Langlois*, public les jeudi et dim., de 11 h. à 16 h.; les autres j., s'adresser au concierge, pourboire. Ce musée se compose de tableaux de batailles, paysages, monuments d'Orient, vues d'Egypte, exécutés par le colonel Langlois (époque du Directoire et du 1er Empire), qui les a légués à la ville.

Du musée Langlois on regagnerait ensuite la place Gambetta, où l'on prendrait, à dr., le boulevard du Théâtre; celui-ci passe devant le théâtre (1838), qui renferme la statue d'Auber, par Delaplanche, et ramène au boulevard Saint-Pierre.

De la place de l'Hôtel-de-Ville on gagne, du côté opposé à l'hôtel de ville, le boulevard Saint-Pierre, que l'on prend vers la g. et qui ramène à la place et à l'église Saint-Pierre.

ITINÉRAIRE III : LE QUARTIER NORD ET EST; LE CHATEAU, L'ABBAYE AUX DAMES, LE PORT. — Le portail principal de l'église Saint-Pierre, à l'opposé du boulevard Saint-Pierre, donne sur la petite place du Marché-au-Bois, où l'hôtel de la Victoire occupe une maison du XVIIe s. Au fond de la place, une courte rue monte au château.

Le *château* de Caen doit sa fondation à Guillaume le Conquérant (*V. Histoire*); il avait été renforcé, par Henri Ier d'Angleterre, d'un puissant donjon, détruit en 1793 par ordre de la Convention. Une caserne l'occupe auj.; demander un permis de visiter aux bureaux de l'Etat-major, pl. Alexandre-III (p. 322).

Le château, dont l'entrée est moderne, a conservé l'ancienne porte de campagne, accompagnée de tours rondes, et plusieurs autres tours et courtines du XVe s. L'enceinte renferme les restes de la *salle de l'Echiquier*, romane, où siégea le tribunal de ce nom durant une grande partie du XIIe s., et la petite *église Saint-Georges*, du milieu du XVe s.

Du château on redescend à la place du Marché-au-Bois, où l'on prend vers la g. la rue Montoir-Poissonnerie : en se retournant, belle vue sur le clocher de Saint-Pierre; aux nos 10 et 12, maisons en bois, de la Renaissance; à g., rue Porte-au-Berger, avec des maisons anciennes. On arrive à la rue des Chanoines; au no 27, ancienne tourelle en saillie.

A l'entrée de la rue des Chanoines, on pourrait aller voir à g. en quelques minutes, l'ancienne *église du Saint-Sépulcre*, auj. transformée en magasin. C'est un édifice du XVIIIe s., sans grand intérêt, au flanc dr. duquel subsistent les restes d'une fenêtre et d'une porte romanes.

La rue des Chanoines conduit à la place de la Reine-Mathilde, où s'élèvent l'église de la Trinité, l'hôtel-Dieu et, à l'entrée de la place, à g., l'ancienne église Saint-Gilles.

L'****église de la Trinité** ou de **l'abbaye aux Dames**, ordinairement fermée de midi à 14 h., sauf le dim., fut fondée entre 1062 et 1066, par la reine Mathilde, femme de Guillaume le Conquérant, en même temps que l'église Saint-Etienne et l'abbaye aux Hommes (p. 327). La première abbesse de l'abbaye aux Dames fut la propre fille de Guillaume et de Mathilde. L'église, plus gracieuse, moins sévère, mais moins imposante que Saint-Etienne, est romane dans son ensemble; seules les voûtes de la nef et une chapelle sont gothiques. Une restauration importante fut effectuée, de 1851 à 1861, par l'architecte Ruprich-Robert. Le grand portail se compose d'une porte en plein cintre, avec bas-relief de la Trinité, surmontée de trois étages de fenêtres. Il est flanqué, à dr. et à g., de deux belles tours, massives, sans lourdeur cependant, grâce à leur parure de fines et longues colonnettes. Leur étage supérieur et la balustrade qui les couronne sont de l'époque de Louis XIV; elles étaient autrefois surmontées de deux flèches, détruites pendant la guerre de Cent Ans. La tour centrale, surmontant la croisée du transept est couronnée d'une balustrade ajourée et est coiffée d'un petit clocher.

Nef. — L'intérieur forme un grand vaisseau, puissant et robuste d'aspect. Les arcades de la nef sont romanes, en plein cintre, plus élancées que celles de l'abbaye aux Hommes; belle ornementation de lignes crénelées. Aux chapiteaux des colonnes, figures grimaçantes, palmettes, têtes de chevaux et ornements divers, tous variés. Les grandes arcades sont surmontées d'un étage de petites arcades, figurant une fausse galerie entre deux cordons ornementaux, et soutenant de courtes colonnes où s'appuient les fenêtres. Les voûtes de la nef, sur croisée d'ogives, qui datent du début du XIIe s. (1100 à 1110 env.), sont au nombre des premières de ce style que l'on trouve en Normandie. Au bas de la nef, 2 tableaux de l'école flamande : Adoration des Mages, à dr.; Massacre des Innocents, à g. Chaire du XVIIIe s., provenant de l'église Saint-Gilles; le dais est moderne.

L'église est coupée en deux : l'autel est devant le carré du transept. Pour la visite du chœur et des croisillons, qui servaient de chapelle aux religieuses de l'hôtel-Dieu, s'adresser au concierge de l'hôtel-Dieu (*V.* ci-dessous) : 50 c. par pers. au bénéfice des hospices.

Transept g. — Charmante *chapelle* gothique, du XIIIe s., aux fins piliers et aux fines nervures, surajoutée à l'œuvre primitive.

Chœur. — Il est entièrement roman sans déambulatoire, avec une abside en cul-de-four et deux étages de fenêtres, avec colonnes. Au plafond, fresques du XVIIe s., à demi effacées. Au milieu du chœur, le *mausolée de la reine Mathilde* (✝ 1083) se compose d'une dalle de marbre, avec épitaphe en caractères du XVe s., encastrés dans un tombeau moderne. Au pavé du chœur, pierre tombale d'Anne de Montmorency (✝ 1388).

Crypte. — Sous le chœur, intéressante *crypte* romane, dont la voûte est soutenue par 36 colonnes trapues, à chapiteaux sculptés.

L'*hôtel-Dieu* occupe les bâtiments de l'ancienne abbaye aux Dames, reconstruite vers 1704 par un religieux-architecte de l'abbaye aux Hommes. Ils sont de style Louis XIV, avec un grand escalier d'ordre dorique. Intérieurement ils encadrent, sur trois côtés, une cour qui s'ouvre sur l'ancien parc de l'abbaye. On remarque dans le parc un labyrinthe de charmilles, sur une petite butte d'où l'on découvre une belle vue sur Caen. Pour la visite, s'adresser au concierge; carte d'entrée, 50 c., donnant droit à la visite du chœur de l'église de la Trinité, *V.* ci-dessus.

L'*église Saint-Gilles* est à peu près abandonnée; très effritée et amputée de son chœur, elle sert aux pauvres de la ville qui y reçoivent, chaque dimanche, un pain après la messe : s'adresser au sacristain de la Trinité, pourboire. Elle offre un mélange des styles roman et gothique. Extérieurement, une galerie flamboyante court le long des bas-côtés, tandis qu'aux murs de la nef on voit la dent de scie romane. Le porche appartient à l'époque de transition; le plein cintre roman s'y encadre d'ornements gothiques. Le clocher, à flèche de pierre quadrangulaire, abrite les cloches de l'église de la Trinité.

La nef est romane à sa base, ainsi que les bas-côtés, avec de petites colonnes basses; les voûtes sont gothiques (XIIIe et XVe s.).

Au S.-E. de l'église de la Trinité une courte venelle amène, à dr., à la rue Basse.

Si l'on suivait vers la g. (recommandé), pendant 5 à 10 min. env., la rue Basse, qui offre au n° 88 une maison du XVIIe s., on arriverait au curieux **manoir des Gens d'Armes*, ancienne maison de plaisance bâtie vers 1510, pour un nommé Gérard de Nollent. Ce pittoresque logis, auj. converti en ferme (on peut visiter), se composait d'une enceinte de murs, reliant quatre tours, et au milieu de laquelle était une maison d'habitation. Celle-ci, reconstruite en partie sous Louis XIII, subsiste ainsi qu'un mur crénelé et 2 tours à plate-forme, avec fenêtres grillées. Sur la plate-forme de la plus grosse tour sont placées deux statues en pierre, représentant des hommes d'armes dans une attitude menaçante, qui ont fait donner à l'hôtel le nom de tour ou manoir des Gens d'Armes. La face extérieure de cette tour est ornée d'arabesques et de médaillons. D'autres médaillons se voient aux créneaux de la courtine. — Non loin de là se trouve le canal de Caen à la mer (*V.* ci-dessous). — On revient sur ses pas.

Prenant vers la dr. la rue Basse, on la suit jusqu'à la 3e rue à g., qui amène à l'entrée du port; à g. la *gare Saint-Pierre*, station des chemins de fer du Calvados (ligne de Bénouville, p. 340), en face du bassin Saint-Pierre qui s'ouvre dans son milieu, au N.-E., sur le canal de Caen à la mer, et communique au S.-E. avec l'Orne.

Le *canal de Caen à la mer*, ou canal de l'Orne, terminé en 1857, est long de 15 k.; il a un tirant d'eau qui varie de 5 m. 50 à 5 m. 65, maintenu par d'incessants dragages. Il est établi tantôt dans l'ancien lit de la rivière, tantôt parallèlement à elle, et débouche dans la mer à Ouistreham (p. 343). Des projets d'élargissement et d'approfondissement du canal le rendront accessible aux navires de gros tonnage.

Le **port** de Caen, auquel ce canal donne accès, se compose de 4 bassins : le bassin en rivière d'Orne, le bassin Saint-Pierre, puis, plus en aval, le Nouveau Bassin ou bassin de Calix et le bassin des Hauts-Fourneaux, ces 2 derniers en construction. Le port est en pleine prospérité. Son tonnage, qui était en 1913 de 1,126,000 tonnes, le plaçait au 8e rang des ports français. L'augmentation considérable du trafic dans les années qui ont précédé la guerre, est due surtout à l'exportation des minerais de fer (46 0/0 du tonnage) exploités au sud de Caen dans les vallées de l'Orne et de la Laize et entre ces deux cours d'eau (p. 321). L'exportation comprend en outre la pierre blanche dite de Caen, l'huile de colza, les fruits de table, fromages, beurres salés et volailles. La pierre de Caen va en Angleterre, en Belgique et en Hollande; le fer, pour majeure partie, allait en Allemagne avant la guerre. A l'importation, houilles anglaises et bois du Nord; depuis la guerre, greuse et blé. — Un nouveau projet d'agrandissement du port, qui porte spécialement sur l'élargissement et l'approfondissement du canal, a été déclaré d'utilité publique par décret du 1er février 1917.

Un service quotidien de passagers relie le port (quai de Juillet) au Havre (p. 339).

Du bassin Saint-Pierre, au N.-O., on remonte à g. le boulevard Saint-Pierre. Celui-ci passe près de la *tour Guillaume-Le-Roy*, reste des anciens remparts, et que baignait autrefois un bras de l'Orne, barré le soir par une chaîne; les restaurations qu'elle a subies lui ont enlevé en grande partie son cachet. — On se retrouve à l'église Saint-Pierre.

Du bassin Saint-Pierre, on peut retourner directement à la gare de l'État par le quai Vendeuvre et la rue Neuve-du-Port, au S.-O.; on franchit l'Orne et on regagne la rue et l'avenue de la Gare.

Environs de Caen.

Venoix, à 3 k. S.-O. de Caen (sortie de la ville par les rues Caponnière et des Capucins), a d'importantes carrières de pierre.

Mondeville, à 4 k. E. (sortie de Caen par la rue d'Auge), possède une église des XIIe et XVe s., un village gaulois et un cimetière chrétien gallo-romain récemment mis à jour.

Louvigny, à 6 k. S.-O. (sortie de Caen par le chemin de Louvigny, qui remonte la rive g. de l'Orne), offre un château du XVIIe s. Ces trois villages sont des lieux de plaisir très fréquentés le dimanche, grâce à leur agréable situation au bord des prairies et au pied des coteaux de la vallée de l'Orne.

Ifs (station du ch. de fer du Calvados, ligne de Falaise, 6 k.; 75 c., 65 c., 40 c.; route 5 k. S.) est remarquable par son *clocher* à flèche du XIIIe s. : la base en est romane, ainsi que les parties les plus intéressantes de l'*église*; chaire en pierre, du XVIIe s., avec les figures du Christ et des Evangélistes.

Fontaine-Etoupefour (ch. de fer Etat, station de Verson, à 1 k. env.; 1 fr. 40, 95 c., 60 c.; route 8 k. S.-O.), charmante promenade dans la vallée de l'Odon, par (3 k.) Venoix, et (4 k. 5) *Bretteville-sur-Odon* : importantes carrières, église romane ruinée, bâtiment d'habitation et grange du XVe s., restes d'un prieuré. — 6 k. 5. *Verson* (p. 365).

8 k. L'église de Fontaine-Etoupefour présente une façade curieuse du XIIe s. Le *château* (s'adresser à la ferme, à l'extrémité d'une allée d'arbres), avec de magnifiques avenues, offre un pavillon d'entrée de la fin du XVe s., d'un effet pittoresque, et une cour carrée entourée d'eau, au fond de laquelle se voient deux corps de logis, du temps de Henri IV.

Ardenne (route 5 k. N.-O.; prendre, place Saint-Pierre, le tram électrique de la Maladrerie, 15 c., sortant de Caen par la rue de Bayeux). — On longe à g. la prison de Beaulieu, qui s'élève sur l'emplacement d'une léproserie fondée en 1161, par Henri II d'Angleterre; elle est située au milieu d'un gros hameau appelé, à cause de cette origine, *la Maladrerie*. Le tram s'arrête au n° 94 de la rue du Général-Moulin, qui est la route de Bayeux. A g. du n° 93 (3 k. de la place Saint-Pierre) s'ouvre la rue de la Délivrande, qu'il faut suivre.

Au premier grand croisement de routes, on prend à g. pour gagner Ardenne, qu'il est très facile de distinguer; à dr., belle vue sur les clochers de Caen. A l'extrémité d'une avenue, on pénètre, par une entrée du XVIIe s., dans l'ancienne *abbaye d'Ardenne* ou Ardaine, de l'ordre des Prémontrés, fondée vers 1122, rebâtie depuis, et occupée auj. par deux fermes, auxquelles il faut successivement s'adresser. L'**église*, sans transept, ni abside, ni clocher, est un édifice imposant bâti en deux fois, au XIIIe s., avec retouches aux XVe et XVIe s. : elle a la forme d'un rectangle et offre un type très pur de l'architecture gothique normande, influencée ici particulièrement par la cathédrale de Bayeux. On remarque aussi, dans la seconde ferme, une belle *porte* charretière, des restes de bâtiments voûtés et une grange aux dîmes du XIIIe s.

Lasson (route 10 k. N.-O.; sortie de Caen par la place Saint-Martin, les rues Saint-Martin, de l'Académie et Saint-Gabriel; si l'on est en voiture, on peut, en inclinant à g. et avec un détour de 2 k. à peine, combiner cette course avec celle d'Ardenne). — 4 k. (de la pl. Saint-Martin). A 800 m. à g., Ardenne (V. ci-dessus); on voit à dr. *Saint-Contest*, où on visite l'église (p. 342). — 5 k. 5. Bifurc. A 800 m. à g., *Authie* : église des XIIe et XIIIe s. — 9 k. *Rosel*, dans une charmante situation, sur la Mue, qu'on y franchit; l'église des XIIe, XIIIe et XVe s., a une flèche quadrangulaire en pierre.

10 k. *Lasson* a une *église* qui conserve quelques parties romanes et un clocher du XVIIIe s., qui est une imitation gauche mais caractérisée d'un clocher normand du XIIIe s., avec ses tourillons et sa flèche en pierre. — Le **château*, qu'on visite, œuvre remarquable de la Renaissance, a été bâti par Hector Sohier ou par un de ses élèves. La façade, du temps de François Ier, présente deux corps de logis dont l'un forme saillie sur l'autre. Au-dessus du second ordre, un encorbellement prononcé porte, dans une frise ornée de cartouches, une inscription énigmatique : SPERO LACON BY ASSES PERLEN; la meilleure explication est celle qui en a été donnée par Léon Palustre : « J'espère que Lasson est assez joli ! » Une tourelle octogonale, située à l'une des extrémités, renferme l'escalier. La grande salle est décorée de peintures allégoriques sur bois, de *Lebrun*, représentant les neuf muses; belle cheminée en bois sculpté, avec peinture allégorique et plaque à blason de grande valeur; on remarque aussi les cuisines; à côté, bel escalier François Ier. Un parc anglais, de 60 hect., est baigné par la Mue : il est entouré d'une ancienne grille en cuivre et fer forgé.

Thaon, intéressante église, est à 3 k. N. de Lasson; — la station de Bretteville-Norrey (p. 389), à 6 k. S.-O.

De Caen au Havre (16 k. dans la rivière de l'Orne et 33 k. en pleine mer; bateau, 49 k. N.-E. en ligne directe; trajet en 3 h. env. : 6 fr. et 4 fr.; aller et ret. valable 4 j., 8 fr. et 6 fr.; 40 kilog. gratuits, en sus, 1 fr. 50 par 100 kilog.; buffet à bord). — Les départs ont lieu 1 fois par j. : l'heure varie avec la marée. On peut combiner l'emploi du bateau et du ch. de fer, en se rendant au Havre par bateau, puis du Havre à Trouville par bateau également, et de Trouville à Caen par ch. de fer.

On embarque au quai de Juillet et l'on prend soit l'Orne, soit le canal de Caen à la mer (p. 337), qui sont parallèles et coulent parmi des prairies ombragées de grands arbres. — 10 k. Escale de l'écluse et pont tournant de *Ranville*, proche de la station de Bénouville (p. 340), du chemin de fer du Calvados de Caen à Cabourg et de Caen à Riva-Bella. — 16 k. Escale de *Ouistreham*, à l'embouchure de l'Orne (p. 343).

Le vapeur, ayant gagné la mer, se tient à proximité des côtes. On dépasse successivement à dr. Cabourg, Houlgate et Villers; puis on passe devant Trouville, dont les villas s'étagent au-dessus de la mer. Ensuite on laisse à dr. les rochers de Villerville, la côte de Grâce aux pentes boisées, Honfleur et l'embouchure de la Seine, pour aborder au Havre, au Grand-Quai (p. 121).

De Caen a Cabourg, par Dozulé-Putot, *V.* ci-dessous; a Cabourg, par Bénouville, p. 340; a Falaise et a Argentan, p. 352; a Flers, p. 362; aux Bains de mer de la côte de Caen, p. 342; a Bayeux et a Cherbourg, p. 389.

Distances par la route, de Caen à : Avranches, 95 k.; Bayeux, 28 k.; Bernay, 84 k.; Cabourg, 23 k.; Courseulles, 19 k.; Domfront, 78 k.; Falaise, 35 k.; Langrune, 16 k.; Lisieux, 47 k.; Ouistreham, 13 k.; Paris, 215 k.; Pont-l'Evêque, 45 k.; Saint-Lô, 58 k.; Trouville, 45 k.; Vire, 59 k.

28. — DE CAEN A CABOURG

A. — Par Dozulé-Putot.

CHEMIN DE FER : État, 32 k.; 5 fr., 3 fr. 40, 2 fr. 20. On change généralement à Dozulé-Putot.

ROUTE : 23 k. par : 9 k. *Hérouvillette*; 17 k. *Varaville*, où on prend à g.

La ligne se dirige vers l'E. — 6 k. *Giberville*, halte desservant aussi Mondeville à 2 k. 4 O.-N.-O. (p. 338). — 7 k. *Démouville*, halte : église des XIIIe et XIVe s., beau porche. — 10 k. *Sannerville-Banneville*, halte. *Sannerville*, au N., a une église avec clocher du XIVe s. A *Banneville-la-Campagne*, au S., l'église a un chœur du XIVe s. Un petit château pittoresque est entouré d'un beau parc; à l'entrée de celui-ci a été remontée une porte de l'abbaye de Troarn (*V.* ci-dessous).

13 k. *Troarn*, ch.-l. de c. de 593 hab., sur un plateau et sur le penchant d'un coteau dominant la Dives. On y voit les restes de l'**abbaye de Saint-Martin-de-Troarn*, fondée au milieu du XIe s. par un comte de Montgomery et occupée par les Bénédictins : salle capitulaire; chartrier, entrée monumentale des XIVe-XVe s. — On descend dans la vallée de la Dives, dite vallée d'Auge (p. 265). — 16 k. *Bures*, halte : mottes et vestiges d'un château dans lequel Mabile de Bellême, fameuse pour ses crimes, fut assassinée en 1082 pendant qu'elle prenait un bain. On franchit la Dives. — 18 k. *Basseneville*, halte.

24 k. *Dozulé-Putot*, bifurc pour Mézidon, p. 265. — De Dozulé-Putot à Cabourg, p. 266.

B. — Par Bénouville.

CHEMIN DE FER : départemental du Calvados, 25 k. en 2 h.; itinéraire plus pittoresque que ci-dessus *A*.

ROUTE : 24 k. par la rive dr. de l'Orne, par : 10 k. *Ranville*, où on prend à g. et 500 m. plus loin à dr.; 14 k. 5. *Sallenelles*; 19 k. *Le Home*.

La ligne, traversant Caen, franchit l'Orne et longe bientôt à dr. le bassin Saint-Pierre (p. 337) qu'elle contourne par le N. — 1 k. *Caen-Saint-Pierre*, station desservant le centre de Caen (p. 337). Le ch. de fer longe désormais la rive g. du canal de Caen à la mer, bordé de grands arbres, au delà duquel coule parallèlement l'Orne dans les prairies. — 2 k. *Calix*, faubourg de Caen. — 4 k. *Hérouville-Colombelles*. A *Hérouville*, église du XIe s. A *Colombelles*, à dr., église romane et château moderne : hauts fourneaux (p. 321). On dépasse à g. Beauregard, à l'entrée du vallon du Dan. — 7 k. *Blainville*, avec une église romane, remaniée. — Un peu avant la station de Bénouville, on aperçoit à g. le beau *château de Bénouville*, du XVIIIe s., avec péristyle à colonnes, de style néo-grec (1 k. env. de la station).

10 k. *Bénouville* (buffet), bifurc. pour Ouistreham-Luc (p. 343),

station proche de l'écluse et pont tournant de Ranville (escale du bateau de Caen au Havre, p. 339). Église des XIIIe et XVIe s. La voie traverse le canal et l'Orne. — 11 k. *Ranville*, à 1 k. au S. : château et église moderne avec tour ancienne détachée de la façade. On descend la rive dr. de l'Orne. — 13 k. *Amfreville-Ecarde*. A Amfreville, château. — 15 k. *Sallenelles* (hôt. *du Rendez-vous-des-Chasseurs*), sur l'estuaire de l'Orne, où l'on va chasser les oiseaux de mer sur le banc des Oiseaux (*V.* ci-dessous). On longe quelques instants, à g., l'estuaire de l'Orne.

18 k. *Merville*, station desservant le village de ce nom, à 2 k. au S., et au N. la petite station balnéaire de Franceville.

Franceville (hôt. *du Chalet-du-Cycle*, T.C.F.; chalets à louer) a été fondé par une société qui a tracé des avenues et bâti des chalets, parmi des dunes boisées de quelques pins. Les principaux approvisionnements, la poste, le médecin et le pharmacien sont à Cabourg. La plage est de sable, avec des cabines. Elle se prolonge pendant 3 k. à l'O. jusqu'à la pointe de Merville où est une redoute avec champ de tir de la garnison de Caen, et qui commande l'embouchure de l'Orne, faisant face à Ouistreham et à Riva-Bella (p. 344). La mer, à cette pointe, se retire à 1 k. 5, découvrant de vastes bancs sablonneux, dits bancs de Merville; l'un d'eux porte le nom de *banc des Oiseaux*, à cause des oiseaux de mer, mauves, goélands, alouettes marines, macreuses, abondants dans ces parages. On va y chasser de Franceville et de Sallenelles (*V.* ci-dessus), en se faisant de préférence accompagner par quelqu'un du pays.

A 2 k. 5 S.-O. de Franceville, *Merville* est le centre communal. On y voit une tour ruinée, reste d'un château dont dépendait le manoir actuel. Celui-ci est précédé d'un fossé plein d'eau, près duquel on trouve l'*astralagus bayonensis*, une des plantes les plus rares de Normandie.

Au delà de Merville, le ch. de fer longe la côte, mais la mer est cachée par le cordon de dunes; petit bois de pins.

20 k. *Le Home-Sainte-Marie* et 21 k. *Le Home-Varaville*, desservant également le Home-sur-Mer.

Le Home-sur-Mer (hôt. : *de la Plage*; *Sainte-Marie*, en bordure de mer; *de la Gare*, simple; chalets à louer; agences, poste à Cabourg) est une petite station balnéaire, banlieue modeste de Cabourg, d'où viennent presque tous les approvisionnements.

La *plage* est de sable, avec des cabines; on y pêche la crevette et l'équille. Les chalets sont épars sur les dunes de la côte. En arrière du cordon de dunes s'étendent de vastes herbages, arrosés par les petits bras de la Dives et de la Divette. On y voit le champ de courses de Cabourg : courses en août. Ces herbages s'étendent jusqu'à Varaville (4 k. S.; p. 317). En suivant la grève vers l'E., il y a 3 k. jusqu'au casino de Cabourg; à l'O., il y a 2 k. jusqu'à la petite station balnéaire de Franceville (*V.* ci-dessus).

24 k. Halte de *Cabourg* (p. 314), à l'extrémité de l'avenue de la Mer. On franchit la Dives. — 25 k. *Dives-Cabourg*, près de la gare du ch. de fer de l'Etat (p. 312).

29. — DE CAEN A COURSEULLES LES BAINS DE MER DE LA COTE DE CAEN

(*V. la carte, p. 379.*)

A. — Par Douvres-la-Délivrande.

Chemin de fer : départemental de Caen à la mer, 31 k. La ligne se raccorde directement à Caen à la gare de l'État; pendant la saison, à certains trains, des wagons font le trajet de Paris à Courseulles sans transbordement.

Route : directe pour Courseulles, 19 k. par (10 k.) *Colomby*; 2 k. de plus en prenant une route, plus à l'O., par (9 k.) *Cairon* et (14 k.) *Fontaine-Henri* (p. 351). La route côtière de 25 k. passe par (14 k.) *Douvres-la-Délivrande* et suit la mer vers l'O. à partir de (17 k.) la plage de *Luc*.

De la gare État de Caen, la ligne contourne la ville et ses prairies par un long détour. — 6 k. *La Maladrerie*, faubourg de Caen (p. 338). — 7 k. *Caen-Saint-Martin* (buffet), gare desservant la partie N. de Caen (p. 327). — 10 k. *Couvrechef*. A 4 k. O., *Saint-Contest*, dont l'église, en majeure partie romane, a été démontée pierre à pierre et reconstituée fidèlement. — 12 k. *Cambes*, avec une église des XIIIe et XVe s., où est la tombe de l'abbé de La Rue, historien de Caen († 1835).

15 k. *Mathieu*, avec une église romane, est la patrie de Jean Marot, père du poète Clément Marot et poète lui-même, et celle du chimiste Rouelle († 1770). A 3 k. E. au delà, *Périers-sur-le-Dan* où se voient les ruines pittoresques d'une nef romane dans la verdure et le lierre. A 1 k 5 à l'O. de la station, *Anguerny*, dont l'église a un clocher roman, avec flèche du XIVe s.

20 k. **Douvres-la-Délivrande** (hôt. *Notre-Dame*, à la Délivrande; café-rest. *Caignon*, idem; pension du *Couvent de la Vierge-Fidèle*, pour dames, route de Cresserons), station desservant les deux bourgs de Douvres et de la Délivrande.

A 1 k. à dr. de la station, *Douvres* est un ch.-l. de c. de 1,376 hab.; l'*église*, en partie du XVe s. est flanquée d'une belle tour romane avec flèche gothique du XIIIe ou XIVe s. De l'autre côté du ch. de fer, la Baronnie est un bâtiment de ferme, du XIIIe s., qui dépendait d'un manoir appartenant aux évêques de Bayeux.

A g. de la station, *la Délivrande*, où sont les hôtels et qui dépend de Douvres, est le principal des deux bourgs; sur une place, à l'extrémité de la Grande-Rue, se trouve la chapelle de la Délivrande.

21 k. *Chapelle-de-la-Délivrande*, station desservant la *chapelle Notre-Dame de la Délivrande*, but célèbre de pèlerinage. C'est un édifice moderne avec 2 tours à flèche, de style gothique, bâti de 1854 à 1880, sur les dessins de l'architecte Barthélemy; nom-

breuses sculptures. La chapelle actuelle en a remplacé une autre, qui passe pour avoir été fondée au VIIe s., par St Regnobert; détruite par les pirates normands, elle fut reconstruite en 1050, par Baudouin, seigneur de Roviers : cette nouvelle chapelle fut richement dotée par les évêques de Bayeux, qui avaient coutume de s'y rendre en pèlerinage avant de prendre possession de leur siège épiscopal; les protestants la pillèrent en 1562. La *statue de la Vierge* vénérée, sauvée du pillage de 1562, puis enlevée à la Révolution, fut rendue à la chapelle sous Napoléon Ier. On lui attribue une origine miraculeuse : des moutons l'auraient fait découvrir à des bergers. Elle est placée auj. à l'entrée du chœur et est entourée de fleurs, de cierges et d'ex-voto.

Le ch. de fer continue à descendre le petit vallon du ruisseau de Luc. — 23 k. *Luc-sur-Mer*, bifurc. pour Ouistreham et Bénouville (p. 346). La ligne se rapproche de la mer. — 24 k. *Langrune* (p. 347). — 26 k. *Saint-Aubin-sur-Mer* (p. 348). — 28 k. *Bernières-sur-Mer* (p. 349). — 31 k. *Courseulles* (p. 350), bifurc. pour Asnelles, Arromanches et Bayeux (p. 379-381).

B. — Par Bénouville et Ouistreham.

CHEMIN DE FER : départemental du Calvados, 24 k. jusqu'à Luc; 8 k. de Luc à Courseulles.

ROUTE : 30 k. par : 4 k. *Hérouville*; 13 k. *Ouistreham*; 24 k. *Luc-sur-Mer*; plus longue que les précédentes (p. 342), elle est en revanche plus pittoresque, en permettant de suivre la vallée de l'Orne jusqu'à Ouistreham, et toute la côte de Ouistreham à Courseulles.

10 k. de Caen à *Bénouville*, p. 340. Continuant à suivre le canal, on voit à g. Ouistreham et son église, à dr. le port et le phare.

15 k. **Ouistreham** (escale du bateau de Caen au Havre, p. 339), gros bourg de 1,574 hab. et port de mer sur la rive g. de l'embouchure de l'Orne, forme avec Riva-Bella, qui lui est attenant et où est la plage, une station balnéaire familiale très fréquentée. La vie y est facile et les approvisionnements nombreux; on y trouve toutes sortes de locations meublées.

Billets : — *de Paris*, 40 fr. 30, 27 fr. 50, 18 fr.; billets d'aller et ret. ordinaire (les billets de bains de mer sont actuellement suspendus) 62 fr. 10, 44 fr. 95, 29 fr. 40.

Hôtels : — *de l'Univers*, T.C.F. (gar., jardin); *de la Marine* (20 ch.; gar.); *des Familles*.

Restaurants : — *du Parc-aux-Huîtres* (Chauffrée), près de la jetée; nombreux restaurants à tous prix.

Agence de location (pour Ouistreham et Riva-Bella) : — *Morin et Quéruel*.

Bateau : — escale du bateau de Caen au Havre et à Newhaven (p. 339).

Promenades en mer : — l'été, annoncées par affiches.

La gare est située près du port et d'un groupe de maisons parmi lesquelles sont les hôtels.

L'avenue Michel-Cabieu, bordée d'arbres, longue de 600 m., gagne le bourg que domine le clocher. Une maison porte une plaque commémorative en l'honneur de Michel Cabieu, qui, dans la nuit du 12 juillet 1762, repoussa une attaque des Anglais contre Ouistreham. L'*église Saint-Samson*, quoique très restaurée, est un intéressant monument de style anglo-normand, qui date, en majeure partie, du début du XIIe s.; au bas-côté dr., bénitier du XVIIIe s., en pierre, formé par un dauphin. De l'église, une rue de 1 k. 5 conduit au N. à Riva-Bella.

Le *port*, situé à l'E., dans l'embouchure de l'Orne, à l'extrémité du canal de Caen à la mer, fut surtout florissant du XIe au XIVe s. C'est auj. une escale pour les navires se rendant à Caen, et l'avant-port de Caen; un appontement est réservé aux yachts. Il est éclairé par un phare et deux autres feux; on y passe le canal sur un pont tournant; l'écluse abrite un bassin à flot. L'avant-port a 43,050 m. de superficie et est protégé par deux jetées, la jetée de l'Est et la jetée de l'Ouest. Toute la rade assèche à 3 k. à marée basse. Station de torpilleurs.

En bateau, on peut aller au banc des Oiseaux (p. 341) ou traverser l'estuaire de l'Orne pour rejoindre le ch. de fer départemental de Caen à Cabourg, à la station de Merville, voisine du petit centre balnéaire de Franceville (p. 341).

Au delà de Ouistreham, le ch. de fer, suivant la route, arrive en quelques minutes à Riva-Bella.

16 k. **Riva-Bella**, bourg balnéaire dépendant de Ouistreham, est composé de chalets, d'hôtels et de restaurants.

Billets : — *de Paris*, même prix que pour Ouistreham (*V.* ci-dessus).

Hôtels : — *de la Plage*, r. de la Mer, 1-5, sur la mer, T.C.F. (hôpital militaire pendant la guerre); *du Chalet*, r. de la Mer, T.C.F. (en partie hôpital militaire pendant la guerre; quelques chambres); *du Chemin-de-Fer*, près de la gare (gar.); *de la Terrasse*, à l'angle de la r. de la Mer (l'été; 30 ch.; terrasse, jardin).

Restaurants : — *Duvey*, r. de la Mer; etc.

Agences de location : — *Lacroix*, r. de la Mer; *Morin et Quéruel*, près de la gare.

Poste : — à Ouistreham; — télégraphe à Ouistreham, et au sémaphore de Riva-Bella.

Bains de mer : — bain complet : 1 fr.

Bains chauds : — bains d'eau de mer et d'eau douce; bains de varech; 10 fr. les 6 bains (linge compris).

Casino : — *Kursaal* (fermé pendant la guerre).

De la gare, la large avenue de la Mer conduit à dr. vers la mer. La *plage*, de sable, découvre à 2 k. à marée basse; on y trouve un établissement de bains, chauds et froids, et de nombreuses cabines, ainsi qu'un petit casino dit le Kursaal : jeux divers. Des fêtes ont lieu durant la saison.

La plage aboutit à l'E. à l'embouchure de l'Orne et au port de Ouistreham (*V.* ci-dessus); à l'O., elle s'étend jusqu'à (1 k. 5) Colleville (*V.* ci-dessous).

Au delà de Riva-Bella, le ch. de fer continue à suivre la route de terre, à peu de distance de la mer, dans un pays plat et dénudé.

18 k. *Colleville*, petite station balnéaire en formation, avec quelques chalets disséminés sur la grève (agences de location à Ouistreham, p. 343). Le village de *Colleville-sur-Orne*, à 2 k. 4 S.-O. de la station, a une église des XIe, XIIe et XVe s.

19 k. **Hermanville-sur-Mer** (restaurants : *de la Gare*; *du Casino*; agences de location à Lion, *V.* ci-dessous; poste et tennis près de la gare), qui dépend de Lion-sur-Mer, est un des centres les plus élégants de cette côte. C'est une réunion de jolies villas de style normand, à tuiles brunes, bordant une belle promenade interdite aux cyclistes. La *plage*, située dans la brèche d'Hermanville et où on pêche la crevette grise entre Hermanville et Colleville, est réunie à celle de Lion (1 k.) par une petite terrasse qui, bordant la grève, est munie de bancs et éclairée le soir.

A 1 k. 5 au S. de la station, le village d'Hermanville est situé sur une légère éminence. L'église a une nef romane, très restaurée, avec modillons à figures grimaçantes, et un chœur gothique, du milieu du XIIIe s.; le clocher est du XIIe s.

20 k. **Lion-sur-Mer**, petit port de pêche et centre balnéaire, 1,099 hab., se divise en deux parties : le haut-Lion, l'ancien bourg où se trouve l'église, desservi directement par une halte du chemin de fer, qui fait suite à la station, et le bas-Lion, qui est le bourg balnéaire. Les hôtels et les locations meublées se tiennent dans des prix moyens et modestes.

Billets : — *de Paris*, 41 fr. 45, 28 fr. 35, 18 fr. 55; billets d'aller et retour ordinaires (les billets de bains de mer sont actuellement suspendus), 64 fr. 40, 46 fr. 45, 30 fr. 50.

Hôtels : — *Grand-Hôtel*, sur la mer (l'été; 50 ch.; gar.); *de la Plage*, sur la mer, T.C.F. (l'été; gar.); *du Calvados*, sur la mer (toute l'année; 30 ch.); *Bel-Respiro*, r. de Paris (neuf, pens. de famille, prix modérés; bains chauds, tennis, gar., jardin).

Agences de location : — *Casanave*, r. de Paris, 20; *Bellin*, r. de Paris, 3.

Poste : — r. Carnot.

Bains de mer : — cabines et costumes.

Casino : — entrée, 25 c.

La gare est au bas-Lion, à la rue Carnot où est la poste, et d'où la rue de Paris à dr. conduit à la plage. La *plage* est de sable fin, avec une petite bordure de galets; on y trouve un établissement de bains, un *casino*, une digue-terrasse de 3 k. avec bancs. A marée basse, au delà du sable, les *roches de Lion* découvrent jusqu'à 1 k. du rivage, se poursuivant sans interruption vers Luc et Langrune, jusqu'à Courseulles : on y pêche crabes, crevettes, moules et coquillages. A l'E., la terrasse relie Lion à Hermanville (*V.* ci-dessus). Sur la route d'Hermanville, église évangélique.

A g. du ch. de fer, sur une petite colline, se trouve le haut-Lion, habité par des cultivateurs. L'*église* a une nef refaite de nos jours, dans le style roman; le chœur est gothique, du XIIIe s. Le *château*, qu'on ne visite pas, a de hautes toitures élégantes, des fenêtres à croix de pierre, des tourelles en encorbellement, des lucarnes et des frises de la Renaissance; il est entouré d'un parc.

ENVIRONS. — 1° Outre la route côtière, une route directe de 8 k. S.-E., passant par le bourg d'Hermanville (p. 345), par Colleville-sur-Orne et par Saint-Aubin-d'Arquenay, relie Lion-sur-Mer à Bénouville (p. 340). — 2° De Lion-sur-Mer à *Caen*, 14 k. S., par la route directe, qui passe par le bourg d'Hermanville (p. 345), par Beuville et par *Biéville-sur-Orne* : église des XIIe et XVe s., château de la fin du XVIe s. — 3° Joli circuit automobile de 40 k. par : 5 k. S.-O. *Douvres-la-Délivrande* (p. 342); 13 k. *Fontaine-Henri* (p. 351); 19 k. *Creully* (p. 351); 28 k. *Courseulles*, d'où l'on revient à Lion par la route côtière.

Au delà de Lion-sur-Mer la ligne, continuant à longer la côte, qui se relève légèrement, dessert la halte du haut-Lion, puis celle du Petit-Enfer, qui précède Luc-sur-Mer.

24 k. **Luc-sur-Mer**, où l'on rejoint le chemin de fer de Caen à la mer (p. 343), 1,236 hab., est une station balnéaire fréquentée et familiale. Grand choix de locations meublées à tous prix; approvisionnements faciles.

Billets : — *de Paris*, 40 fr. 55, 27 fr. 65; 18 fr. 25; — billets d'aller et retour ordinaires (les billets de bains de mer sont actuellement suspendus), 61 fr. 30, 44 fr. 25, 22 fr. 20.

Hôtels : — *de la Belle-Plage*, sur la mer (l'été; gar., jardin, tennis); *Bertrand* ou *des Familles*, sur la mer, T.C.F. (l'été; 70 ch.; salles de bains, gar., grand jardin); *du Soleil-Levant*, sur la mer, T.C.F. (toute l'année); *du Petit-Enfer*, sur la mer (toute l'année; 60 ch.; gar., terrasse, jardin).

Restaurants : — *Emonin*, sur la plage; *du Commerce*, près de la gare.

Agences de location : — *Emonin*, près de la plage; *Désiré-Anne*, r. de la Mer, 36.

Poste : — bd de la République.

Loueur de voitures : — *Levain*, r. de la Mer.

Bains de mer : — cabine, 40 c.; bain complet, 1 fr. 20 et 1 fr. 30.

Bains chauds : — dépendance du casino : eau de mer et eau douce, 1 fr.; bain de varech, 1 fr. 30.

Casino : — fermé provisoirement depuis la guerre.

Syndicat d'initiative.

Les deux gares du chemin de fer de Caen à la mer et du chemin de fer du Calvados sont voisines. Un peu en arrière est un carrefour où arrive la route de Caen.

Si l'on remontait, à dr. de ce carrefour, du côté opposé à la mer, l'avenue de la Mer, ou route de Caen, on arriverait (1 k. env.) au *Vieux-Luc*, où est une vaste église moderne, inachevée, de style roman. Le clocher, du XIIe s. avec parapet du XIVe, est isolé dans le cimetière, où se trouve également une petite croix ornée de 1662, intéressante, de style Renaissance.

A g. du carrefour, laissant l'avenue Carnot, plantée d'arbres, qui va à Langrune (1 k. 7, p. 347), on prend la rue de la Mer, artère centrale de Luc, où sont les agences de location et les magasins. A dr., dans la rue de la Mer, on trouve la chapelle de la Mer, où l'on dit la messe pendant l'été, puis le boulevard de la République avec la poste. On débouche ensuite sur la plage entre un groupe d'hôtels et de chalets-magasins : articles de bains de mer; pâtisseries.

A dr. on trouve un petit square et la *pierre au poisson*, table de marbre où se fait la vente à la criée. Au delà, du même côté est le laboratoire de zoologie maritime, dépendant de la Faculté des sciences de Caen.

La *plage*, formée de sable et de petits cailloux, est bordée d'une digue-promenoir asphaltée, de 1,200 m. de long sur 10 m. de large. On y trouve, vers l'O., les cabines de l'établissement de bains et d'hydrothérapie, le casino, en brique, avec restaurant, jeu de petits-chevaux, bals, concerts, puis l'hôtel de la Belle-Plage. Au delà on gagnerait Langrune (1 k.; *V.* ci-dessous). A marée basse, roches de Lion, p. 345.

En suivant la grève, à marée basse, vers l'E., on arrive à de petites falaises jaunâtres, percées de grottes, et qui servent d'abri contre le vent ou le soleil. Au delà, on gagnerait Lion-sur-Mer (3 k.; p. 345).

ENVIRONS. — 1° 16 k. S. de Luc-sur-Mer à *Caen* par la route directe : 1 k. le Vieux-Luc (p. 346), 3 k. Douvres-la-Délivrande (p. 342), 8 k. 5. Mathieu; 12 k. Epron; — 23 k. S.-E. par la route côtière : 3 k. 5. Lion-sur-Mer (p. 345); 4 k. 5. Hermanville (p. 345); 8 k. Riva-Bella (p. 344); 9 k. Ouistreham (p. 343); 13 k. Bénouville (p. 340); 15 k. Blainville (p. 340); 18 k. 5. Hérouville.

2° 11 k. S.-O. de Luc-sur-Mer à *Fontaine-Henri* par : 3 k. Douvres-la-Délivrande (p. 342); 7 k. 5. Basly : à 1 k. S N.-O., *Bény-sur-Mer*, avec maisons de campagne et église romane dont la tour, détruite par la foudre au XVIIIe s., a été reconstruite dans le même style. Pour Fontaine-Henri, p. 351. De Fontaine-Henri, on peut revenir par : 17 k. Creully, 26 k. Courseulles (p. 350) et la route côtière; circuit complet de 33 k.

Au delà de Luc-sur-Mer le ch. de fer du Calvados, à voie étroite, longe la mer parallèlement au ch. de fer de Caen à la mer (p. 343) à voie normale.

25 k. **Langrune**, une des plus anciennes stations balnéaires de ce littoral. On peut s'y loger et y vivre à prix modérés. La région est plate.

Billets : — *de Paris*, 40 fr. 70, 27 fr. 75, 18 fr. 35; — billets d'aller et retour ordinaires (les billets de bains de mer sont actuellement suspendus), 61 fr. 50, 44 fr. 45, 29 fr. 35.

Hôtels : — *Grand-Hôtel* (Cauvin), sur la mer (toute l'année; 60 ch.; terrasse, gar.); *de la Mer*, *du Petit-Paradis*, sur la mer (fermés pendant la guerre).

Agences de location : — *Duhour*, r. de la Mer; *Le Breton*, r. de Luc, 22.

Poste : — r. de la Mer.

Bains de mer : — cabines et costumes; bains de mer chauds.

Casino : — à l'hôtel du Petit-Paradis (fermé provisoirement depuis la guerre).

De la gare, la rue de la Mer conduit à dr. au vieux bourg et à l'église. L'*église* est un intéressant édifice gothique du XIIIe s.

Elle a une belle tour, formant intérieurement lanterne jusqu'au 2ᵉ étage, avec de longues fenêtres à fines colonnettes; le clocher, en pierre ajourée, forme pyramide et est flanqué de clochetons; il a été restauré de nos jours. A l'intérieur de l'église, crédences sculptées. Près de l'église, une maison à porte gothique était jadis une ferme appartenant aux Templiers.

A g., la rue de la Mer amène à la plage, où elle débouche entre le Grand-Hôtel et l'hôtel de la Mer.

La *plage*, de sable mêlé de quelques cailloux, est bordée par une digue asphaltée, à deux étages; à l'étage supérieur sont rangés les maisons et les hôtels; à l'étage inférieur, les cabines de bains. La mer se retire à 1 k. à marée basse, découvrant une bande de rochers tapissés de varech; chasse aux crustacés. A l'E., on gagne Luc (1 k. 5; p. 346); à l'O. on va à Saint-Aubin (1 k. 5; *V.* ci-dessous).

Mêmes excursions que de Luc-sur-Mer (p. 347). — Si l'on gagne Saint-Aubin par la route qui part de l'église de Langrune, on passe, après avoir croisé le ch. de fer, près d'un *oratoire* gothique, en forme de porche, abritant une statue de la Vierge.

27 k. **Saint-Aubin-sur-Mer**, 790 hab., port de pêche, est une station balnéaire dépendant autrefois de Langrune et devenue auj. plus importante.

Billets : — *de Paris*, 40 fr. 95, 28 fr., 18 fr. 50; — billets d'aller et retour ordinaires (les billets de bains de mer sont actuellement suspendus), 61 fr. 90, 44 fr. 85, 29 fr. 60.

Hôtels : — *de Paris*, sur la plage (l'été; 20 ch.; grand jardin); *de la Terrasse*, entre la route et la mer (hôpital militaire pendant la guerre); *Belle-Vue*, sur la mer, T.C.F.; *Saint-Aubin*, à l'entrée de la route de Bernières (gar., jardin, terrasse); *de la Marine et des Voyageurs*, r. Pasteur, 25 (toute l'année); *Beau-Séjour*, r. Pasteur, 58 (20 ch.; jardin, jeux).

Locations meublées : — prix un peu plus élevés qu'à Langrune.

Agences de location : — *Thomas. Quiquemelle*, Grande-Rue, 33; *Roger-Godard*, r. Pasteur, 52; *Simonot*, r. Pasteur.

Poste : — Grande-Rue, 12.

Loueurs de voitures et d'autos : — *Levain*, av. de la Gare; *Désannais*.

Bains de mer : — cabines et costumes.

Casino : — fermé provisoirement depuis la guerre.

La courte avenue de la Gare aboutit à la Grande-Rue, où se trouvent la mairie, la poste et un square. La Grande-Rue est parallèle à la mer, ainsi que la rue Pasteur : plusieurs petites rues relient l'une et l'autre à la plage. L'église est moderne, du style gothique, avec un fin clocher de pierre.

La *plage*, de sable mêlé de galets, est dominée par une digue-terrasse, longue de 1,200 m. env., au pied de laquelle sont les cabines, et qui est bordée de villas et de bazars. On trouve aussi sur la digue le *casino* avec café-restaurant, spectacles divers, petits-chevaux, ainsi que la pierre à poisson, où se fait la vente à la criée. Une petite jetée sert de promenade favorite aux baigneurs.

La mer se retire à 1 k. à marée basse, découvrant une première bande de rochers tapissés de goémons et de varechs, qui se rattache à la grande ligne côtière des roches de Lion. Au delà émerge un autre banc de roches, large de 1 k., long de 1 k. 5, dit les *Essarts de Langrune* : on s'y rend en barque pour y pêcher crevettes, moules et crabes.

En suivant la plage à l'E., on gagne la plage voisine de Langrune (1 k. 5; p. 347).

En suivant la plage à l'O. on va à Bernières (2 k.), en passant près de *Rive-Plage*, station balnéaire en formation : quelques villas, s'adresser à l'agence de Bernières. Du même côté, une petite falaise, dite le *Câtel*, a fourni de nombreux fossiles; on y a trouvé les vestiges d'un ancien camp, dit longtemps le camp romain.
Mêmes excursions que de Courseulles (p. 350 et 351).

29 k. **Bernières-sur-Mer**, station balnéaire, avec un certain nombre de chalets. On y loge également chez l'habitant.

Billets : — *de Paris*, 41 fr. 25, 28 fr. 20, 18 fr. 65; — billets d'aller et retour ordinaires (les billets de bains de mer sont actuellement suspendus), 62 fr. 40, 45 fr. 15, 29 fr. 80.
Hôtels : — *de la Belle-Plage*, r. de la Gare (toute l'année; jardin); *du Centre*; café-rest. *Blanchard*, avec chambres, Grande-Rue, 50.
Agences de location : — *Le Calonnec*, pl. de l'Église; *Letellier*, Grande-Rue, 48.
Poste : — Grande-Rue, 55, en face de l'église.
Bains de mer : — cabines à louer, au mois ou à la saison.

A 500 m. de la gare, vers le S., se trouve le vieux bourg de Bernières, qui semble avoir eu jadis une certaine importance. L'**église* est une des plus intéressantes des environs de Caen : construite au début du XIIe s., puis reprise au milieu du XIIIe, elle appartient aux styles roman et gothique. Son clocher, du XIIIe s., est haut de 67 m., percé d'élégantes ouvertures gothiques et terminé par une pyramide de pierre; en avant, est un joli porche de même époque.

La nef est romane avec de curieux chapiteaux et des voûtes ogivales; le chœur se termine en carré, avec un maître-autel du XVIIe s., à colonnes torses; dans la chapelle, qui est en haut du bas-côté g., tableau sur bois du temps de Charles IX, figurant le Crucifiement.

En face de l'église s'ouvre la cour d'honneur d'un *château* de la Renaissance, entouré d'un parc, et dont la tourelle centrale renferme un bel escalier.

A dr. de la gare on gagne la mer en quelques pas. La *plage* est de sable et de galets; chacun y loue sa cabine. On y vend le poisson à la criée. La mer se retire à 2 k. du rivage, découvrant d'abord une bande sablonneuse de 500 m., puis les rochers dits *Iles de Bernières*, formant un banc énorme de 3 k. 5 de long, de 1 k. 5 de large. Les baigneurs vont y pêcher les crustacés et spécialement la grosse crevette.

En suivant la grève à l'E. on va à Saint-Aubin (2 k.; p. 348); à l'O. on gagne Courseulles (2 k. 5; *V.* ci-dessous).
Mêmes excursions que de Courseulles (p. 350).

31 k. **Courseulles**, station terminus du ch. de fer de Caen à la mer, tandis que le ch. de fer du Calvados continue (p. 381-378), dans un pays plat et dénudé, à l'embouchure de la Seulles, est un gros bourg et port de 4,300 hab., dont un certain nombre (300 env.), appartiennent à la religion réformée. C'est en même temps une petite station balnéaire, simple et familiale, connue surtout par ses huîtres, que l'on y vient manger en partie de plaisir. On y loge dans quelques chalets et en meublé, chez l'habitant, à des prix modérés.

Billets : — *de Paris*, 41 fr. 70, 28 fr. 50, 18 fr. 90; — billets d'aller et retour ordinaires (les billets de bains de mer sont actuellement suspendus), 63 fr. 15, 45 fr. 65, 30 fr. 20.

Hôtels : — *de Paris*, près de la gare, vers la mer; *des Étrangers*, près de la gare, à l'entrée du bourg (hôpitaux militaires pendant la guerre).

Restaurants : — *des Parcs* ou *Chédeville-Marc* (quelques chambres); *de la Maison-Blanche* ou *Simonne*, tous deux près de la gare.

Huîtres (vente et expédition) : — *Héroult jeune*.

Agences de location : — *Joly*, r. de la Mer, 30; *Mme Divet*, r. de la Cohorte, 11.

Poste : — r. de la Mer, 45.

Bains de mer : — location de cabines.

De la gare, tournant à dr., on trouve une courte rue qui amène à la mer et à la plage. La *plage*, sablonneuse, avec quelques galets, est bordée de quelques villas et d'une rangée de cabines. La mer se retire à 1 k. à marée basse et l'on atteint alors, vers la dr., les rochers dits îles de Bernières (*V.* ci-dessus). A l'E., en suivant les dunes de la côte, on gagnerait Bernières (2 k. 5; p. 349). A l'O., on trouve l'embouchure de la Seulles et l'entrée du port, entre deux jetées en bois, avec un petit phare et un grand calvaire.

Le *port*, où l'on accède par un étroit chenal balisé, dit la Fosse de Courseulles, est accessible à d'assez gros navires; il importe des bois du Nord et des charbons; il exporte des huiles végétales. S'enfonçant profondément dans le rivage, par le lit de la Seulles, il se termine à un *bassin à flot* de 380 m. de long, sur 56 m. de large, où une écluse retient l'eau à marée basse. Du port on aperçoit, du côté du bourg, le château de Courseulles et ses grands toits d'ardoise (*V.* ci-dessous).

Si de la gare on tourne à g., on voit les *parcs aux huîtres*, qui existent depuis le XVIIIe s., et on trouve la rue de la Mer, la principale du bourg, qu'elle traverse dans toute sa longueur en passant devant la poste, pour arriver à la place de la Mairie.

A g. de cette place, route de Bernières (2 k. 5) et entrée, fermée, du *château* de Courseulles, de l'époque Louis XIII, entouré d'un parc : grands toits d'ardoise, fenêtres à frontons ornementés. De l'autre côté de la place de la Mairie, la rue de la Mer se continue par la rue de l'Eglise, jusqu'à l'église, qui a un clocher à dôme rond et qui possède un Christ en ivoire du XVIIIe s. Au delà, route de Caen (19 k.).

ENVIRONS. — **Bois des Roches** (2 k. 5 env. S.-O.). C'est un cirque de rochers hauts de 20 m., situés près de Banville et dans lesquels sont percées des niches, d'une destination inconnue. Dans le voisinage est un camp romain, sur une éminence calcaire formant presqu'île, défendue par la rivière de Seulles et par un ravin; elle ne se rattache aux plateaux voisins que par un isthme barré au moyen d'un rempart.

Fontaine-Henri et Lasson (14 k. S.; on combine souvent l'excursion de Fontaine-Henri avec celle de Creully, 35 k. aller et ret.; *V.* ci-après). — 3 k. 7. *Reviers* : église avec tour du XIIIe s.; chapelle Sainte-Christine, du XIIe s., convertie en grange. On remonte la vallée de la Mue, où l'on rencontre le moulin, enfoui dans la verdure, et la pittoresque église, revêtue de lierre, de *Moulineaux*.

7 k. *Fontaine-Henri* (rest. *Jouanne*), agréablement situé sur la rive g. de la Mue, doit son surnom à Henri de Tilly, un de ses seigneurs, mort en 1298, et s'appela longtemps Fontaine-la-Henri. L'église est un charmant édifice des XIIe et XIIIe s. — Le *château*, dont les fondations et les caves datent du XIIe s., fut commencé par les ancêtres de Henri de Tilly et continué par lui; il fut modifié considérablement à l'époque de la Renaissance par les Harcourt, héritiers des Tilly, qui l'ont possédé de 1400 à 1575. Sa façade présente un aspect agréable des époques de Charles VIII, Louis XII, François Ier et Henri II. Les sculptures bien conservées, les grands toits du pavillon et des tourelles, la cheminée énorme qui domine une partie de l'édifice en font l'originalité. La chapelle, bâtie à la fin du XIIIe s. par Henri de Tilly, fut également modifiée à la Renaissance. Le public est autorisé à voir la façade du château et à visiter seulement la chapelle, le vendredi de 13 h. à 18 h.

Fontaine-Henri est à 7 k. E. de Creully (*V.* ci-après). La route qui y conduit parcourt un vaste plateau cultivé, d'où l'on a une belle vue, et traverse la vallée de la Thue à Pierrepont (*V.* ci-dessous).

De Fontaine-Henri, la route de Lasson continue vers le S. — 9 k. *Thaon*, près du débouché du ruisseau de Chironne dans la vallée de la Mue. L'*église*, romane, ne sert plus au culte, mais elle est soigneusement conservée pour son intérêt archéologique : tour du début du XIIe s., terminée par un toit en pierre à 4 pans. A côté subsiste la chapelle d'une ancienne léproserie.

12 k. *Cairon*, avec une église romano-gothique, isolée. — On arrive enfin à *Lasson* (p. 339), à 2 k. S.-O. de Cairon, par Rosel (1 k. 5); raccourci de 1 k. pour les piétons qui, de Cairon, doivent gagner directement Lasson sur la rive g. de la Mue. De Lasson on revient d'ordinaire par Creully (12 k. N.-O. de Lasson), en passant par (6 k.; raccourci de 3 k. pour les piétons) *le Fresne-Camilly*, église des XIIe et XIIIe s., château, et (9 k.) *Pierrepont* : à l'église, portail roman et sculpture du XIIe s.

Creully, Saint-Gabriel et Brécy (9 ou 10 k. S.-O. jusqu'à Creully). — On va à Creully : soit par la route de Bayeux, qui passe à (4 k.) Banville et à (8 k.) *Tierceville* : église des XIIe, XIVe et XIXe s.; importantes carrières de pierres; soit par (3 k. 7) Reviers (*V.* ci-dessus) et (5 k. 8) *Amblie* au confluent de la Thue et de la Seulles. L'*église* d'Amblie a une nef romane, un bas-côté moderne, un autre gothique, une façade O. du XIIIe s. et un chœur en partie du XVe. Le château, moderne, est entouré d'un joli parc traversé par la Thue. Le château des Planches, fin du XVIIIe s., est précédé d'une avenue de vieux ormes. Près d'Amblie les carrières d'Orival sont exploitées depuis plusieurs siècles.

9 k. ou 10 k. *Creully* (hôt. *Saint-Martin*, T.C.F.), ch.-l. de c. de 612 hab., est situé sur une hauteur dont la Seulles baigne la base. L'*église*, du XIIe s., avec voûtes à nervures, renferme le tombeau (XVIIe s.) d'Antoine III de Sillans, seigneur de Creully, et, dans un caveau sépulcral, quelques fragments de tombeaux; s'adresser au sacristain.

Le *château*, dont l'entrée et la visite sont rigoureusement interdites, et qui offre à un angle une grande colonne romane, est composé de constructions de toutes les époques, depuis le XIIe jusqu'au XVIe s. Le château appartenait en 1108 à Robert de Kent, fils naturel de Henri Ier; au XIVe s., il fut pris par les Anglais, puis repris par les Français, et passa, vers le début du XVIe s., dans la famille des Sillans. Plus tard il devint la propriété du ministre Colbert, dont l'un des descendants, Edouard Colbert, le possédait en 1750. — Le château proprement dit, du XVIe s., est bâti sur des caves romanes voûtées à nervures. Ce qu'on appelle le donjon n'est qu'une haute tourelle d'escalier du XVe s. La tour carrée est couverte d'un toit. De la terrasse du 2e étage on voit de près une élégante cheminée à moulures du XIVe s. Les ruines, couvertes de lierre, de l'enceinte extérieure datent en partie du XIIe s.

A 500 m. N.-O. de Creully, hameau de *Creullet* : château en partie des XIVe, XVe et XVIe s., dont la chapelle a été transformée en écurie.

A 3 k. S.-O. de Creully, *Saint-Gabriel* possède les restes du *prieuré de Saint-Gabriel*, fondé au XIe s. par Richard, seigneur de Creully, et qui a compté le cardinal de Guise parmi ses commendataires. Ils dépendent de trois propriétés différentes; il faut, pour visiter les bâtiments claustraux s'adresser à la ferme, pour l'église au garde champêtre, pour la tour à la maison d'école. L'entrée (XIIe s.) se compose de deux portes, dont la plus grande offre un arc surbaissé et des colonnettes. Les autres parties intéressantes sont : le manoir (XVe-XVIIe s.); un joli pavillon du XVe s. défiguré par des restaurations; la tour, auj. beffroi de la commune, et les débris de l'église, dont il ne reste plus que le *chœur* roman, avec voûtes à nervures, récemment restauré et fort remarquable, auj. propriété de l'Etat.

A 1 k. 8 S.-O. de Saint-Gabriel, à *Brécy*, l'ancien *château*, très intéressant, fut construit au XVIIe s. par François Mansart, pour la famille Le Bas, à laquelle il était apparenté : somptueux portail avec vantaux de chêne sculpté; vastes parterres à la française; charmant puits à colonnettes; riches balustrades. Tout auprès, les ruines de l'*église* de Brécy (XIIe-XVe s.), avec leur parure de lierre et leurs ombrages, offrent un aspect pittoresque.

A 2 k. 8 S.-E. de Creully, *Lantheuil* a un beau *château* Louis XIII, précédé de douves alimentées par le ruisseau de Manneville, qui fournit d'eaux les jardins. Cette petite rivière baigne un vallon dont l'un des côtés est planté de hêtres séculaires formant un bois de 2 k. de long, percé d'avenues.

De Courseulles a Asnelles et Bayeux, p. 378 à 381 en sens inverse.

30. — DE CAEN A ARGENTAN (LE MANS)

Chemin de fer : Etat, 68 k. en 1 h. 30 par express, 2 h. par omnibus (horaires d'avant-guerre); 10 fr. 65, 7 fr. 15, 4 fr. 70. Les express continuent jusqu'au Mans par Surdon et Alençon (p. 487).

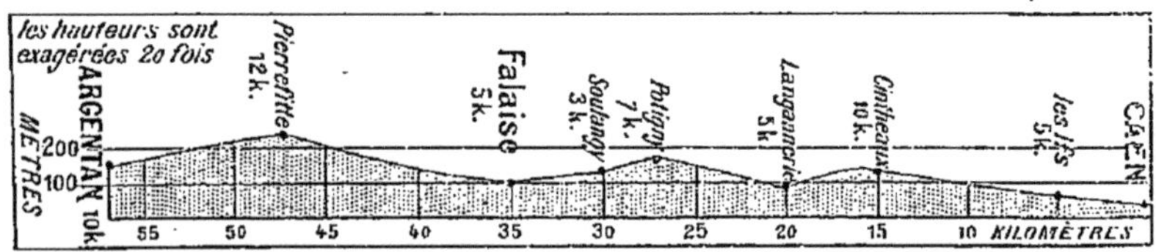

Route : 57 k., montée en ligne droite et en pente douce jusqu'à 183 m. d'alt., et plaine, par (15 k.) *Cintheaux*; descente pour franchir le Laizon à 139 m.; montée à 152 m.; 29 k. *Soulangy*; descente rapide avant (35 k.) *Falaise*; montée en ligne droite, région ondulée, jusqu'à 236 m.; 47 k. *Pierrefitte*; après (52 k.) *Occagnes*, descente vers la vallée de l'Orne.

On suit la ligne de Paris (p. 266) jusqu'à : 24 k. **Mézidon**, bifurc. pour Cabourg-Trouville (p. 265). On parcourt une plaine vaste et fertile, baignée par la Dives. A dr., *Percy-en-Auge*, à 3 k. S. de la gare de Mézidon : manoir des XVIe et XVIIe s., église du XIIIe s. A g., *Thiéville*, 4 k. S.-E. de Percy : près de l'église, du XIIIe s., manoir des XIVe et XVIIe s.

31 k. **Saint-Pierre-sur-Dives** (omn. à la gare; hôt. : *du Dauphin*, r. de Falaise, T.C.F.; *de France*, pl. du Marché; loueurs de voit.), remarquable par son église, un des plus beaux édifices gothiques du Calvados, est un ch.-l. de c. de 2,302 hab., à 800 m. à l'E., sur la rive dr. de la Dives.

Histoire. — Saint-Pierre était, au XIe s., un château féodal appelé Epinay, que venait de faire bâtir Guillaume, frère de Richard II, duc de Normandie. Ce château fut donné par Lesceline, veuve de Guillaume, à des religieuses qui, mal vues par les populations du voisinage, se retirèrent à Lisieux et laissèrent la place à des Bénédictins du Mont-Sainte-Catherine, près Rouen. La nouvelle maison monastique fut érigée en abbaye vers 1050; la fondatrice y fut inhumée en 1058. Plus tard des donations l'enrichirent et ce fut avec le concours de tous les habitants du pays que fut bâtie l'église romane, dont il reste une tour. L'abbaye subsista jusqu'en 1790.

La station est reliée à la ville par le boulevard Collas, qui franchit trois bras de la Dives. On suit ce boulevard jusqu'à ce que l'on rencontre à g. une courte rue allant à l'église, dont on ne voit que le portail, l'édifice étant entouré par la gendarmerie, l'hôtel de ville, les bâtiments de l'abbaye et des habitations; mais on peut avoir de jolies vues sur l'extérieur en pénétrant dans la cour de la mairie et des maisons voisines.

L'***église**, construite en 1067, puis rebâtie vers 1145, n'a conservé de cette époque qu'une tour, une jolie porte latérale et une partie du transept dr. Le reste fut réédifié au XIIIe et au XIVe s. et de 1501 à 1538. Le portail (XIIIe s.), surmonté d'une grande fenêtre du XVe s., est flanqué de deux tours carrées, l'une, à g., du XIVe s., l'autre romane, avec étage supérieur et flèche en pierre du XIIIe s. La triple nef, avec triforium et arcs-boutants, est des XIVe et XVe s. Le transept, avec tour centrale de la fin du XIIIe s., a conservé quelques fragments romans aux piliers de la tour. Deux chapelles carrées flanquent les croisillons à l'E. Le chœur, avec déambulatoire et 5 chapelles rayonnantes très profondes, est d'une belle architecture du milieu du XIIIe s.

Les voûtes de la grande nef et des bas-côtés sont du XVIe s. : à la maîtresse voûte, armoiries des prédécesseurs de l'abbé Jacques de Silly; gnomon composé d'une ligne méridienne tracée obliquement dans le dallage de la nef, accompagnée des signes du zodiaque et correspondant à un trou ménagé dans une fenêtre à dr. — Au transept dr., restes de l'église romane. — Au transept g., enfeu qui passe pour avoir contenu le tombeau du comte d'Artichant. En face, 2 tableaux anciens, dont l'un représente une Procession autour de l'abbaye. L'abside est entourée de 5 chapelles profondes, isolées les unes des autres (XIIIe s.); chapelle absidale de N.-D. de l'Epinay, nom primitif de Saint-Pierre-sur-Dives; dans la 2e chap. à dr. de la chapelle de la Vierge, restes de fresques. — Chœur avec *stalles* à baldaquins continus du XVe s., délicatement sculptées. *Carrelage* émaillé du XIIIe s., un des plus beaux et des mieux caractérisés de cette époque.

L'ancienne *salle capitulaire* (XIIIe s.), accolée au transept S., est divisée en 2 nefs par une épine de colonnes supportant des voûtes aux ramifications savantes. Il reste de l'abbaye, à dr. de l'église, deux ailes de bâtiments refaits au XVIIe s. et convertis en habitations. — A g. de l'église, la rue de l'Eglise conduit à la place de la Mairie, au fond de laquelle on suit à dr. la rue de Falaise. A g. de celle-ci, la rue du Marché donne accès à un vaste champ de foire, en partie entouré de marronniers, où subsistent de curieuses *halles*, à trois nefs en charpente, avec pignons en maçonnerie, construites au XIIIe s. par les moines de l'abbaye.

37 k. *Vendeuvre-Jort*. Du haut d'un remblai qui précède la gare on découvre le château (1751) de *Vendeuvre* entouré d'un beau parc; église en partie de la 1re époque gothique. A g., près de la voie, château de Pont-de-Jort; dans le lointain, église (XIIe et XIIIe s.) de *Jort*.

Perrières, à 4 k. S.-O. de la station, sur une colline couronnée de pins, possède les restes d'un *prieuré* : porte d'entrée du XIIIe s.; église en partie romane; la partie la plus intéressante est une grange aux dîmes.

Courcy, à 3 k. E. de Jort, a conservé les ruines d'un château du XIIe s., et une *église* avec chœur de transition, renfermant une crédence à double piscine du XIIIe s. et une chaîne en fer, primitivement en argent, ex-voto d'un ancien croisé, à laquelle on attribue la vertu de guérir les enfants rachitiques. Les habitants de Courcy sont appelés « Aléniers », sans doute d'après une ancienne fabrication d'alênes.

On dépasse, à g., *Ailly*, dont le château est précédé d'une avenue de marronniers plantés en 1700.

43 k. *Coulibœuf* (hôt.-rest. : *de l'Ouest* ou *Fanton*, terrasse; *de la Gare*, gar.), a une église, du XIIIe s., avec un portail très ornementé. Coulibœuf dépend de la commune de *Morteaux-Coulibœuf* (hôt. *Durand*, T.C.F.), ch.-l. de c. de 654 hab., sur la rive g. de la Dives, à 2 k. env. : château avec parc traversé par la petite rivière de Cantercine.

Un embranchement de 8 k. O. (Etat, 1 fr. 25, 85 c., 55 c.) relie Coulibœuf à Falaise, en parcourant une plaine fertile entre les vallées de l'Ante, au N., qu'il franchit, et de la Traine, au S.

De Caen on peut également aller à Falaise par le ch. de fer départemental.

De Caen a Falaise par le chemin de fer du Calvados (46 k. en 3 h. env.). — La gare, à Caen, est en face de la gare de l'Etat; la ligne monte au S. sur le plateau. — 2 k. *La Demi-Lune*. — 4 k. *Cormelles*.

— 6 k. *Ifs* (p. 338). — 9 k. *Saint-Martin-de-Fontenay* (rest. *Maurice*), dont l'église est en partie romane.

12 k. *Fontenay-le-Marmion*. Église en partie du XIIIe s. avec clocher roman. Ancien château de la famille de Marmion, converti en ferme : restes romans ; bâtiments des XVe et XVIe s. ; porte et cheminée sculptées : colombier. Débris d'un tumulus en pierres sèches, à 2 k. O.

On descend vers le pittoresque vallon de la Laize et *Laize-la-Ville*, à 2 k. 5 de Fontenay : église en partie du XIIe s.; carrières de marbre, — 16 k. *Fresney-le-Puceux* : église à portail roman; château bâti en 1580, par Pierre d'Harcourt, avec un parc accidenté de 100 hect.; ferme avec ancien colombier.

19 k. *Bretteville-sur-Laize* (hôt. *des Voyageurs*, T.C.F.), ch.-l. de c. de 791 hab., dans la vallée de la Laize, entre deux collines dont l'une, celle de l'O., est couverte par la forêt de Cinglais, vaste de 1,965 hect. Église en partie du XIIIe s.; ancienne maison de justice; nombreuses tanneries; mines de fer; château de la Bijude, entouré d'un parc créé dans une forêt qui porte le nom de bois d'Alençon. A 1 k. N.-E., *Quilly* a une église avec clocher roman, et un château de la Renaissance avec entrée Louis XIV et magnifiques épis de plomb. Source Yvette, ferrugineuse, dans la forêt.

La Laize, bordée de jardins et de prairies, est dominée à dr. par le magnifique parc du château d'Outrelaize (XVIe s.). — 21 k. *Gouvix* : église du XIIIe s., à porte romane. — 23 k. *Urville-Languannerie* : ancien manoir d'Urville, en partie détruit, avec tombes du XIVe s. dans la chapelle. — 26 k. *Saint-Germain-le-Vasson* : château du XVIe s., converti en ferme. — 30 k. *Fontaine-le-Pin* : commanderie de Templiers, du XIIe s., convertie en ferme.

32 k. *Potigny-la-Brèche-au-Diable*. A *Potigny*, église de la fin du XIIe s.; château de la fin du XVIe s. A 1 k. S., *Bons*, où on voit une église du XIIIe s. et deux pavillons d'un château ayant appartenu à Turgot. — A 1 k. 5 E., la *Brèche-au-Diable*, déchirure du sol au fond de laquelle le Laizon bondit dans la gorge sauvage de Saint-Quentin, entre des roches de granit. Dominant la brèche à l'E., le *tombeau de Marie Joly*, actrice de la Comédie-Française, morte à 37 ans en 1798, est couvert d'inscriptions prétentieuses et placé au sommet d'un rocher, appelé mont Joly, d'où on découvre un vaste horizon du côté de Potigny : pour visiter le tombeau, demander les clefs à l'hôtel Marie-Joly, près de la chapelle de Saint-Quentin-de-la-Roche (XIIIe s.) qu'avoisine un bel if.

35 k. *Ussy* (hôt. *du Commerce*), célèbre par ses pépinières d'arbres fruitiers et forestiers dont les plants s'exportent dans toute l'Europe et en Amérique, et qu'on peut visiter. Cette industrie est due à Turgot, qui l'y établit lorsqu'il créa le parc du château de Bons (*V.* ci-dessus). Comme on manquait de plants, « Turgot, dit M. Ardouin-Dumazet, fit essayer à Ussy des semis de chênes et d'arbres forestiers. Ces essais réussirent admirablement; on montre encore un cèdre issu des semis ordonnés par le grand ministre. Il y a des cultures partout autour d'Ussy, mais surtout dans un joli vallon descendant à la Laize, vallon sinueux aux pentes bien dessinées, arrosé par un joli ruisseau; les pépinières s'y étendent pendant 4 k., transformant en jardin ce délicieux coin de l'Hiémois. » *L'église* d'Ussy date du XIIIe ou du XIVe s.; bel if au cimetière. Le manoir (XVIe s.), avec tour hexagonale contenant un escalier en spirale, renferme une grande salle ornée d'une belle cheminée et de soliveaux sculptés. Un autre manoir, entouré de fossés, est occupé par la ferme du Post; enceintes fortifiées du Châtellier. Près de la ferme, menhir de 6 m. de haut, dit pierre de la Hoberie.

37 k. *Villers-Canivet* : dans l'église, du XIVe ou du XVe s., beau pupitre en fer. A 2 k. 5 au S. ancienne *abbaye de Villers*, fondée, au bord d'un étang, dans la première moitié du XIIIe s. et auj. convertie en ferme; on y pénètre par une belle allée d'arbres.

40 k. *Saint-Pierre-Canivet-la-Tuilerie.* La voie débouche dans le val d'Ante, dont elle longe en corniche le flanc g.; on a une belle vue d'ensemble sur la ville et le château de Falaise, qui domine l'autre versant. Après avoir coupé en tranchée les escarpements du mont Mirat, on franchit l'Ante, on contourne à g. le rocher du château et l'on entre à Falaise par les allées du Grand-Cours. — 44 k. *Falaise-le-Château.* — 46 k. *Falaise-Etat* (*V.* ci-dessous).

Falaise, ch.-l. d'arrond. du Calvados, de 6,847 hab. (les *Falaisiens*), est bâtie au-dessus de la vallée de l'Ante, étranglée entre les escarpements du mont Mirat et le promontoire rocheux qui porte le château. L'aspect de la ville est pittoresque, à l'O., du côté de la vallée, au fond de laquelle s'égrènent dans la verdure les faubourgs du Val-d'Ante et de Saint-Laurent. Du côté opposé, à l'E., la ville s'élève vers un plateau, où elle se relie au faubourg de Guibray, qui forme comme une petite ville distincte.

Omnibus : — à la gare.

Hôtels : — *du Grand-Cerf*, r. de Caen, T.C.F. (18 ch.: bains, gar.); *de Normandie*, r. de l'Amiral-Courbet, T.C.F.; *de la Croix-Verte*, r. de la Pelleterie; *de la Gare*, r. d'Argentan, près de la gare.

Location d'autos : — garage *Baloud*, r. Lebaillif.

Poste : — r. de l'Abbatiale; recette auxiliaire, r. Saint-Gervais (librairie Colleville).

Banque : — *Société Générale*, pl. Saint-Gervais.

Cinéma : — pl. de la Bourse.

Spécialités : — tripes et andouilles; sablés.

Histoire. — Falaise a dû son importance aux premiers ducs de Normandie, qui fortifièrent la ville et en firent une de leurs principales résidences. Le duc Robert le Magnifique, également connu sous le nom de Robert le Diable, y séjourna souvent, et ce fut dans le château que, de lui et de la jeune Arlette, fille d'un pelletier, naquit un fils naturel, dit Guillaume le Bâtard, qui devait devenir Guillaume le Conquérant : celui-ci fut le bienfaiteur de sa ville natale, qu'il agrandit, embellit, dota de privilèges, et où il créa les foires de Guibray. Les sièges qu'a subis Falaise du XIIe au XVIIe s. sont nombreux. Les plus célèbres sont : celui de 1417, soutenu pendant 47 j., mais vainement, contre Henri V d'Angleterre; celui de 1450, qui la rendit aux rois de France; celui de 1590, dans lequel Henri IV triompha des Ligueurs.

Outre Guillaume le Conquérant († 1087), sont nés à Falaise : les cinq frères *Lefèvre de la Boderie*, qui brillèrent dans les sciences ou dans les armes au XVIe s.; le poète *Vauquelin de la Fresnaye* (1535-1607), et son fils, le poète *Nicolas des Yveteaux* (1567-1649), nés au château de la Fresnaye; le poète *Antoine de Montchrestien* († 1621); le naturaliste *de Brébisson* (1798-1872).

Industrie et Commerce. — La bonneterie et la tannerie sont les deux principales industries de Falaise. Mais la ville est surtout célèbre en Normandie par la *foire de Guibray*, qui se tient du 8 au 24 août, depuis le XIe s. Autrefois plus considérable, c'était la « foire de Beaucaire » de la région; auj. c'est surtout un marché au chevaux, où se pressent les marchands de la Basse-Normandie, du Merlerault et du Perche.

Des courses de chevaux ont lieu sur l'hippodrome de Guibray.

En sortant de la gare, on tourne à g. pour déboucher dans la rue d'Argentan qui monte à g. vers le faubourg de Guibray (p. 359) et qu'on descend à dr. vers le centre de la ville; à dr., château, avec parc incliné vers un beau vallon. On trouve bientôt à g. la rue de l'Abbatiale où est la poste, puis on croise une voie qui s'appelle à g. rue de l'Amiral-Courbet et passe devant la sous-préfecture, à dr. rue Victor-Hugo.

La rue d'Argentan, au delà, débouche sur la place Saint-Gervais, où se trouve l'église du même nom.

L'**église Saint-Gervais*, commencée au XIe s., consacrée en 1134, en présence de Henri Ier, duc de Normandie, est surmontée d'une tour centrale romane, avec toit à quatre pans et lucarnes. On remarque extérieurement : les crochets et les fleurs qui encadrent le pourtour des fenêtres; la galerie qui règne à la hauteur du toit; les arcs-boutants du chœur, de la Renaissance, rappelant, comme ceux de la Trinité, le style de l'abside de Saint-Pierre de Caen; des gargouilles, des salamandres sculptées. On entre par le côté S., le grand portail étant aveuglé.

Nef romane à dr., retouchée au XIIIe s. à g.; chapelles, avec débris de vitraux du XVIe s. — Chœur de style gothique du XVIe s., présentant une forte déviation à dr. Au déambulatoire, le long des murs et des piliers, niches ouvragées jadis garnies de statues, clefs de voûte avec pendentifs, ainsi que dans le chœur et litre funèbre avec armoiries. — *Pierres tumulaires* dans les chapelles, au chœur, et surtout au transept g., avec inscriptions et figures gravées, et incrustées de marbre blanc. Au transept g., outre les pierres tumulaires, tapisserie ancienne.

La place Saint-Gervais est reliée, par la rue de Brébisson, à la porte Lecomte (restes de tours) et au *faubourg Saint-Laurent*, situé dans la vallée d'Ante et sur les flancs des coteaux qui la ferment au S. et au N. Par un escalier on monte à l'*église*, bâtie dans la verdure, sur un promontoire de grès schisteux : porte romane au-dessous de 2 fenêtres du XIIIe s.; Descente de croix, curieux tableau de 1621; chœur mutilé.

De la place Saint-Gervais on gagne l'église de la Trinité en suivant, face au portail d'entrée, une des deux rues parallèles : soit à dr. la Grande-Rue-Saint-Gervais où on voit au n° 84 une maison du XVe s., en bois, à 4 étages, un peu délabrée; soit à g. la rue de la Pelleterie, où est le palais de justice à la façade Louis XV, et qui rejoint la précédente près d'une fontaine à pyramide en pierre.

L'**église de la Trinité* appartient au style gothique : transept et croisée du XIIIe s., nef et bas-côté dr. du XVe s., bas-côté g., chœur et déambulatoire du XVIe. La *façade*, très ornée, offre, au lieu de portail, une chapelle triangulaire, celle des fonts baptismaux, qui en masque la partie inférieure. On entre dans l'église soit par le côté S., soit par le portail N., précédé d'un porche Renaissance très mutilé. La tour centrale, moderne, renferme un beau carillon. On remarque encore à l'extérieur : la grande hauteur de la nef centrale au-dessus du bas-côté; les grandes dimensions des pinacles; au chevet, un contrefort sculpté de la Renaissance, du style d'Hector Sohier; le tunnel par lequel la rue Blacher passe sous le déambulatoire; les fenêtres ornées de fleurs et de crochets; la balustrade en pierre qui règne sur le pourtour de l'église.

Au-dessus des piliers du chœur, galerie à arcatures et balustrade du xvie s. Au transept, nombreuses *pierres tombales* analogues à celles de Saint-Gervais (*V.* ci-dessus). Chœur restauré, du gothique Renaissance. Au déambulatoire, surélevé, statues de saints et évêques dans des niches; chapelle absidale à belle voûte à nervures et pendentifs.

Le pignon O. de l'église donne sur la place Guillaume-le-Conquérant, où s'élève la *statue* équestre, en bronze, de *Guillaume le Conquérant*, par Rochet (1851); autour du piédestal ont été placées, en 1875, les petites statues en bronze des 6 premiers ducs de Normandie : Rollon, Guillaume Longue-Epée, Richard sans Peur, Richard le Bon, Richard III, Robert le Magnifique père de Guillaume. Au fond de la place s'élève l'hôtel de ville, de 1785, avec une façade à péristyle d'ordre dorique.

De la place adjacente de Belle-Croix ou de la Poissonnerie, avec fontaine, une ruelle mène à la porte Philippe-Jean, arcade donnant sur le val d'Ante et d'où l'on peut aller à la fontaine d'Arlette (p. 359).

Entre l'hôtel de ville et la gendarmerie un chemin monte vers la porte du château.

Le ***château** du xiie s., bâti sur un promontoire de grès quartzeux, a conservé son enceinte, avec 12 tours et deux portes, flanquées chacune de deux autres tours. Il appartient à la ville; la loge du gardien est à dr. de l'entrée, pourboire.

La grande porte, par laquelle on pénètre dans cette enceinte, est percée entre deux petites tours et ombragée par un tilleul colossal; elle donne accès, par un couloir, à une cour où s'élève à dr. le collège, moderne, contigu à l'ancienne chapelle castrale (xiie s.). En suivant au S. le rempart, qui domine la promenade du Cours, on trouve à son extrémité la brèche qui livra passage à Henri IV, voisine de la tour de la Reine; à côté, porte d'un souterrain. De là on aperçoit en face le mont Mirat (p. 360) et ses rochers dominant la vallée d'Ante. On gagne, par une magnifique avenue de tilleuls séculaires, le donjon qui est isolé par des fossés profonds du reste de l'enceinte.

Le *grand donjon*, roman, construit à l'extrémité du promontoire, en regard des rochers du mont Mirat, restauré en 1869 par Ruprich-Robert, offre une masse carrée d'un aspect pittoresque, vide et à ciel ouvert à l'intérieur, et ajourée, sur les faces, de charmantes fenêtres romanes géminées; intéressants chapiteaux. On monte à l'intérieur.

Dans les murs, épais de 3 m. 50, ont été pratiquées une chapelle et une petite chambre avec alcôve où, selon la légende, Arlette fut reçue par le duc Robert le Magnifique et où naquit Guillaume le Conquérant. Le gardien ne manque pas de montrer la fenêtre par laquelle le prince aperçut pour la première fois la jeune fille lavant son linge au bord de la rivière; il signale aussi le cachot d'Arthur de Bretagne, qui n'était probablement qu'une chambre de guet.

En avant du grand donjon, le *petit donjon*, accolé au précédent, est une tour carrée plus petite, de même style et également découronnée. On remarque les hauteurs des fenêtres très étroites.

Le grand donjon se relie à la *tour Talbot*, haute de 35 m., récemment restaurée, qui passe pour avoir été ajourée pendant l'occupation anglaise, mais qui paraît remonter au XIIIe s.

Le 1er étage renferme les oubliettes; en face de l'entrée, un puits fournissait l'eau à tous les étages, au moyen de larges ouvertures. Au milieu du 3e étage se voit un trou correspondant avec les oubliettes; le 4e, qui servait de chambre aux gouverneurs, a une cheminée et des fenêtres carrées : magnifique panorama. Le haut de l'escalier (130 marches) aboutit à une plate-forme.

En sortant du château, on pourra visiter la fontaine d'Arlette, par un des itinéraires suivants :

1° Descendre, derrière l'hôtel de ville, à la promenade du Cours, bordée d'ormes séculaires, qui passe à g. devant l'hôpital général (1687-1754) et aboutit à dr. au pied de la colline du château : belle vue sur le château ; on tourne à dr. pour gagner la base du rocher. — 2° De la place Guillaume-le-Conquérant, à l'extrémité opposée à l'hôtel de ville, prendre à g. la petite rue Philippe-Jean (plaque indicatrice) qui passe sous l'ancienne *porte Philippe-Jean*, à arc de la Renaissance, puis tourner à dr. : c'est l'itinéraire le plus court. — 3° De la place Saint-Gervais (p. 357), prendre la rue des Cordeliers, dans le prolongement, vers la g., de la rue d'Argentan ; à g., maison du XVIe s. à façade sculptée. On passe sous la **porte des Cordeliers* ou porte Ogive, à arc brisé du XIIIe s. et flanquée d'une tour ronde, et on descend à g. à la fontaine. — Si l'on a le temps, on ira par l'itinéraire 1° pour revenir par le 3°, ou inversement.

La *fontaine d'Arlette*, au pied du rocher qui porte le donjon, est à quelques pas au delà du chemin qui longe le pied de la colline, près d'une tannerie et derrière un lavoir. Elle est surmontée d'un écusson en fer aux armes des ducs de Normandie, avec la double inscription un peu effacée : « *Arlette's well*, Fontaine d'Arlette ». Elle n'offre aucun intérêt en dehors du souvenir légendaire qui s'y rattache : c'est à cette fontaine, suivant la tradition, qu'Arlette, mère du Conquérant, aurait été vue pour la première fois par le duc Robert (p. 356 et 358).

Pour aller au faubourg de Guibray, on revient vers la gare par la rue d'Argentan et on continue à monter tout droit; à g., après avoir dépassé le ch. de fer, on trouve le jardin public et le champ de foire; au fond, caserne.

Guibray, situé sur un plateau qui domine Falaise à l'E., et jadis célèbre par sa foire (p. 356), est formé de longues rues qui aboutissent à la place Reine-Mathilde. C'est un faubourg industriel, où retentit le bruit des métiers servant à la fabrication des tricots et que l'on aperçoit par les baies ouvertes du rez-de-chaussée. Ces métiers sont concentrés dans une seule rue; le reste du faubourg est calme et solitaire, avec quelques vieilles maisons ayant conservé leurs boutiques anciennes, aux grands bancs de pierre qui servaient d'étalages pendant les foires.

L'*église*, romane, a une tour centrale et des contreforts à pinacles du XVe s., une abside en cul-de-four présentant deux rangs superposés d'arcatures romanes, et, à l'O., sous un porche du XVe s., un beau portail roman à curieux chapiteaux.

On remarque, dans le transept dr. et surtout dans le chœur, des pierres tombales avec dates et inscriptions. Au XVIIe s. le chœur a été défiguré par un placage qui a toutefois respecté les chapiteaux romans. Au-dessus du maître-autel, vaste groupe du XVIIIe s., l'Assomption.

C'est au champ de courses de Guibray qu'ont lieu les courses de Falaise.

Promenades. — Le *mont Mirat* ou *Myrrha*, à l'O. de la ville, où l'on se rend par la rue Philippe-Jean (*V.* ci-dessus) et la rue du Val-d'Ante au delà de l'Ante, est une jolie promenade qui peut se combiner avec la fontaine d'Arlette (*V.* ci-dessus); poteaux indicateurs et bancs T.C.F. Très belle *vue du sommet, classé parmi les sites artistiques, vaste plateau dont le rebord surplombe l'Ante en face du château. Grotte des Fées, sous deux roches escarpées. — A 1 k. O. de Falaise, *château de Longpré* avec tourelles à toits pyramidaux; le bâtiment au fond de la cour, du XVIe s., a été remanié en 1752 et 1770. — A 3 k. S.-E. du faubourg de Guibray, *la Hoguette*, avec une église ruinée (XIIIe s.) et d'autres restes, notamment une salle voûtée (XIIe s.), de l'abbaye de Saint-André-en-Gouffern, fondée par les Prémontrés, en 1140. — A 4 k. N., le *château de Versainville*, du XVIIIe s., où on se rend par la route de Lisieux, est entouré d'un parc de 16 hect.; l'ancien château féodal, avec porte gothique, est occupé auj. par le fermier. Le chœur et la tour de l'église datent du XVe s.

Brèche-au-Diable, et tombeau de Marie Joly; retour par Ussy et Villers-Canivet (circuit recommandé : route 26 k. N.-O.; voit. de louage, 10 à 15 fr.; ch. de fer départemental jusqu'à la station de Potigny, p. 355, à 1 k. de la Brèche-au-Diable). — Sortant de Falaise par la place Saint-Gervais et la route de Caen, plantée de beaux ormes, on laisse à dr. le château de Mesnil-Riant, dont la terrasse domine le val d'Ante, avec calvaire moderne, puis à g. le château d'Aubigny (XVIIe s.). — 2 k. 5. *Aubigny*, avec une église renfermant six statues agenouillées des comtes d'Aubigny et deux belles pierres tombales à effigies, du XVe s.; bel if au cimetière. — 3 k. 5. A g., Saint-Pierre-Canivet (p. 356). — 5 k. A g. *Soulangy* : église du XIIIe s., avec tour rectangulaire à toit en batière. Après avoir laissé à g. la route de Potigny (p. 355) on parvient à un calvaire près duquel le chemin bifurque. Prenant à dr., on arrive à une seconde bifurc., où l'on tourne à g. pour s'engager dans un chemin aboutissant à l'hôtel Marie-Joly. Pour le tombeau de Marie Joly (8 k. 5) et la Brèche-au-Diable, p. 355.

On revient sur ses pas pour prendre à dr. la route de (12 k.) Bons (p. 355), puis à dr. la route de (16 k.) Ussy (p. 355). On revient au S.-E. par (18 k. 5) Villers-Canivet (p. 355). — 20 k. On laisse à dr. le chemin de l'ancienne abbaye de Villers (p. 355).

23 k. *La Jalousie*, hameau près duquel s'ouvre un sentier allant aboutir (25 à 30 min. aller et ret.), à travers le bois de la Tour ou du Roi, à une allée d'ormes à l'extrémité de laquelle se trouve la *fontaine bouillante* qui dégage des vapeurs de formol, et d'où l'on aperçoit le *château de la Tour* (2e moitié du XVIIIe s.), entouré de magnifiques avenues et d'un parc. Cette demeure, qu'habita la belle Mme de Séran, était alors visitée par une foule de littérateurs et de beaux esprits, notamment Marmontel, à qui l'on attribue des vers gravés sur une pierre, près de la source d'un ruisseau. — La Jalousie est à 3 k. de (26 k.) Falaise.

De Falaise a Flers (ch. de fer, Etat, 49 k. S.-O.; 7 fr. 65, 5 fr. 15, 3 fr. 35). — On contourne Falaise à dr. — 6 k. *Saint-Martin-de-Mieux*, halte. A 2 k. 5 N.-O. *Noron* : église avec nef du XIe s. et, auprès, chapelle ruinée; ruines de la chapelle, XIIIe s., de l'ancien château de Bures. — 10 k. *Martigny* : église du XIIIe s. à 3 k. N.; à Bafour, ancien manoir près de la gare.

15 k. *Ménil-Vin.* Une charmante excursion consiste à gagner par (3 k. S.) *Ménil-Hermei*, où l'on voit l'ancien manoir de la Cour (XVIe s.) et le beau chêne de la Carrière sur les collines de Bohain, le menhir de la Rousselière (4 k.), le château de la Forêt-Auvray, puis la Roche-d'Oitre, d'où l'on peut revenir par (4 ou 5 k.) la gare du Mesnil-Villement (*V.* ci-dessous). Le *château de la Forêt-Auvray* (XVIe s.), auquel on accède par une belle avenue d'arbres, est situé dans la vallée profonde et sinueuse de l'Orne, sur la rive g. de la rivière, qui est dominée par des rochers, roche du Meunier, Bec-du-Corbin, ou par de hautes collines revêtues de sapins et de chênes. Dans la cour d'une ferme voisine se voit le chêne du Ré ou du Roi (8 m. de tour) ainsi appelé en souvenir de Henri IV, qui séjourna au château.

Au delà d'un tunnel de 150 m. on descend, par le vallon de la Baise, vers la vallée de l'Orne et on franchit à g., à son débouché, le vallon de Boulair. — 21 k. *Le Mesnil-Villement-Pont-de-Vers.* Le Mesnil-Villement, à 1 k. 8 E.-N.-E., possède une église des XIIIe et XVe s. A 3 k. au delà, *Rapilly* a une église avec nef romane et chœur gothique; un tabernacle du XVe s. sert de bénitier. Au S. du Mesnil, *les Isles-Bardel* ont un château entouré d'un parc aux arbres magnifiques : un sapin a 7 m. 50 de tour.

On franchit l'Orne. — 24 k. *Le Ménil-Hubert-Pont-d'Ouilly*, station près du confluent de l'Orne et du Noireau. Près du Ménil-Hubert-sur-Orne, à la Caumière, ruines d'un village détruit pendant la guerre de Cent Ans. *Pont-d'Ouilly* (hôt. : *de la Grâce-de-Dieu*, T.C.F.; *de la Poste*, T.C.F.) est un hameau important sur la route de Falaise à Condé, dans un site pittoresque au confluent de l'Orne et du Noireau, près des vallées de la Rouvre et de la Vère, à l'entrée de la « Suisse Normande » (p. 362) : centre d'excursions; filatures de cotons cardés. — On remonte la vallée pittoresque du Noireau. — 27 k. *Cahan.*

29 k. **Berjou**, bifurc. pour Caen, *V.* ci-dessous en sens inverse. De Berjou à Flers, p. 364.

DISTANCES PAR LA ROUTE, de Falaise à : Alençon, 60 k.; Argentan, 22 k.; Bayeux, 76 k.; Bernay, 73 k.; Caen, 35 k.; Domfront, 57 k.; Flers, 40 k.; Lisieux, 50 k.; Mézidon, 26 k.; Mortain, 73 k.; Paris, 220 k.; Pont-l'Évêque, 57 k.; Saint-Lô, 85 k.; Vire, 54 k.

AU DELÀ DE COULIBŒUF, on franchit l'Ante, puis la Traine. — 48 k. *Fresné-la-Mère.* A 3 k. S.-S.-E. *Pertheville* a une église en partie du XIIIe s. et un château du XVIe.

57 k. *Montabart* (hôt. *Lelièvre*, T.C.F.). A 5 k. 5 N. *Vignats* : restes de l'abbaye de Sainte-Marguerite; dans le clocher de l'église, cloche allemande, de 1519. *La Cheminée-au-Loup*, à 4 k. N.-E. à pied, est une gorge pittoresque, au confluent de deux ruisseaux, le Risbec et la Philène : curieux rochers, grotte aux Fées, brèche appelée Venelle-au-Loup.

A dr., château de Cui (XVe s.); à g., *Occagnes* avec une église de transition. On franchit l'Orne, bordée de prairies, et on voit à g. Argentan, dominé par les deux tours de Saint-Germain.

68 k. *Argentan* (buffet), p. 468.

D'ARGENTAN A PARIS, p. 455 à 468 en sens inverse; A GRANVILLE, p. 472 à 486; A ALENÇON, p. 487 à 490 en sens inverse.

31. — DE CAEN A FLERS (LAVAL)

CHEMIN DE FER : État, 66 k. ; 10 fr. 30. 6 fr. 95, 4 fr. 55. La ligne continue sur Domfront, Mayenne, Laval.

ROUTE : 60 k. On sort de Caen par le faubourg de Vaucelles ; montée, par 4 k. *Fleury-sur-Orne* (ancien *Allemagne*) ; 10 k. *May-sur-Orne* ; descente brusque, pour passer le vallon de la Laize ; montée, entre les forêts de Grimbosq et de Cinglais, par (17 k.) *Saint-Laurent-de-Condel*, jusqu'à 166 m. : descente rapide à (25 k.) *Thury-Harcourt* et dans la vallée de l'Orne, que l'on suit parallèlement au ch. de fer pendant 7 k. env. : traversée de la rivière : pays accidenté : à 247 m., descente vers (41 k.) *Saint-Denis-de-Méré* et (46 k.) *Condé-sur-Noireau* ; au delà, altitude moyenne de 200 m. et traversée de la Vère.

De Caen (gare de l'État), la voie remonte la vallée de l'Orne ; on franchit six fois la rivière entre Caen et la station de Croisilles-Harcourt. — 9 k. *Feuguerolles-Saint-André*. A 1,200 m. à l'O., *Feuguerolles-sur-Orne* a une église du XIIe s. avec fonts baptismaux de 1685. A 600 m. à l'E., *Saint-André-sur-Orne* (rest. *Maurice*, entre Saint-André et Saint-Martin-de-Fontenay) : l'église, des XIIe, XIIIe et XIVe s., a été remaniée ; curieuse colonne ionique du XVIIe s. dans le cimetière.

Vieux, à 3 k. S.-O. de Feuguerolles, a une église avec chœur du XIIIe ou XIVe s. et nef plus ancienne : grand autel de 1685 et deux petits autels de 1679. Vieux, où ont été découverts d'importants restes gallo-romains, doit son nom aux *Viducasses*, peuple dont cette localité était, à l'époque gauloise et aux premiers temps de la domination romaine, le centre administratif ; son nom primitif était *Arigenua* ou *Arigenus*. En l'an 238, le 16 déc., sous le règne de l'empereur Gordien III, une statue y fut érigée à l'un de ses citoyens les plus éminents : le piédestal est conservé à l'hôtel de ville de Saint-Lô sous le nom de « marbre de Torigni » (p. 453).

A 2 k. 5 S.-E. de Vieux, à l'entrée du vallon de la Guigne, *Bully* a une église au curieux portail roman.

14 k. *Mutrécy*, village à 2 k. S. : *église* du XIe s., intéressant spécimen de l'architecture dite en arête de poisson, avec, dans le mur S., une belle porte murée et, à l'intérieur, des crédences gothiques.

Le ch. de fer côtoie la rive dr. de l'Orne, qui décrit des courbes pittoresques, entre des collines rocheuses et boisées. On traverse, sur sa lisière, la forêt de Grimbosq (600 hect.). Près d'une boucle de l'Orne qu'ils dominent, *rochers* et *chapelle Sainte-Anne*, à 3 k. S. de la station de Mutrécy. On entre dans la région appelée depuis quelque temps *Suisse Normande*, nom revendiqué également par le pays de Mortain (p. 482).

22 k. *Grimbosq*. — Tunnel du Hom (220 m.).

28 k. *Croisilles-Harcourt*, station desservant : à 3 k. à l'O. *Croisilles*, église du XIIIe s., avec peintures murales, carrières de pierre à chaux ; — et, 500 m. au S.-E. (omn. 30 c.), **Thury-Harcourt** (hôt. *de la Poste*, T.C.F. ; rest. ; voit. d'excurs.), ch.-l. de c. de

1,065 hab., sur un promontoire dominant le confluent de l'Orne et l'un de ses affluents. Pour aller à Thury-Harcourt, on tourne à g. en sortant de la gare et l'on croise la voie au 2e passage à niveau afin de monter au château, que l'on aperçoit sur une terrasse, puis au bourg. Ce *château* date en grande partie du XVIIe s.; la partie qui domine la vallée de l'Orne est du XVIIIe s. Le parc forme une admirable promenade. Simple baronnie sous les ducs normands, puis marquisat, Harcourt fut érigé en duché-pairie (1700) par Louis XIV, en faveur de Henri d'Harcourt, pour ses faits de guerre. L'église, avec nef romane, présente une importante façade du XIIIe s.; chœur restauré au XVIIIe s. Bon centre d'excursions.

Environs. — 1° On fera une jolie promenade de 6 k. en contournant la *boucle du Hom* (N.-O.) que forme l'Orne, coin très pittoresque avec rochers escarpés, l'anfractuosité de la Chambre-aux-Prêtres et les ruines d'un ancien pont : on s'y rend en franchissant l'Orne à côté de la gare et en prenant toujours à dr.

2° Le *mont Aigu* (4 k. 5 S.-O.), auquel on accède par la côte de Saint-Bénin, à la suite du pont près de la gare (*V.* ci-dessus), offre des vues ravissantes; du mont Aigu on aperçoit Caen par temps clair.

3° On fera un joli circuit de 14 k. S.-E. et S. par (3 k.) *Esson*, église du XVe s. restaurée avec Vierge ancienne dans une niche extérieure de l'abside; on atteint à l'O., 5 k., *la chapelle de Bonne-Nouvelle*, reconstruite (pèlerinage, jolie vue); on suit la route au S. le long des rochers de la Goule-d'Aulne et de la rivière pour prendre à dr. le chemin du (8 k.) *pont de la Mousse*, près d'un moulin, entre des rocs escarpés; on monte, sur la rive g. de l'Orne aux Mesliers (9 k. 5) pour voir le panorama, et on revient directement par la route de Caen.

4° Un autre circuit de 25 k. N. et N.-E. permet de visiter, en prenant à dr. après le pont de la gare (*V.* ci-dessus) et en franchissant deux fois l'Orne : 3 k. (à dr.) le *château de Martinbosq*, les vaux de Neumer; on prend à g. à (7 k.) Goupillières, puis à dr. (9 k.) *Troismonts* offre un vieux château abandonné et une église à chaire sculptée; on revient par Goupillières, où on tourne à g. puis à dr., pour passer sur la rive dr. de l'Orne, franchie au (12 k. 5) pont de Brieux; (15 k. 5) *les Moutiers-en-Cinglais* où est un ancien prieuré; on tourne à g. pour aller voir (17 k.) la remarquable église gothique de *Saint-Laurent-de-Condel*, et on revient sur ses pas par les Moutiers et tout droit par (22 k.) Croisilles.

La voie traverse deux fois l'Orne; charmants paysages. A g., sur l'autre rive, chapelle de Bonne-Nouvelle (*V.* ci-dessus). — 34 k. *Saint-Remy* : église romane; mines de fer.

37 k. **Clécy-bourg** (hôt. : *de la Place*, T.C.F.; *Petite-Suisse*, gar., jardin; rest. *Champis* et *Moreau*; maisons et ch. meublées; voit. d'excurs.), bourg de 1,094 hab., et bon centre d'excursions dans la Suisse Normande. Église du XVe s.; manoir de Placy, du XVIe s. La station est au *Vey* : église en partie romane, château du XVIe s. Clécy est sur la rive g. de l'Orne, à 1,400 m. O.

Environs. — 1° Le *pain de Sucre*, 3 k. au N. du Vey, où l'on se rend par un chemin qui prend à g. avant l'église du Vey, offre un très beau panorama.

2° Les *rochers de la Cambronnerie*, le viaduc de la Lande et les superbes **rochers du Parc* s'échelonnent sur la rive dr. de l'Orne, en amont du

Vey (3 k.) : on s'y rend de Clécy en prenant à dr. après le pont sur l'Orne.

3° Un circuit de 18 k. E., en continuant tout droit au delà du Vey, conduit à (6 k. 5) *Saint-Clair*, ancienne chapelle et panorama; on prend à dr., et 2 k. plus loin encore à dr.; 9 k. château de la Pommeraye dont on visite le parc; *ruines du château Ganne* près d'un tumulus romain et d'une ancienne voie romaine; retour par (13 k.) le Bô et les rochers du Parc.

4° L'*Eminence*, 4 k. O., où l'on se rend par le hameau de Grand-Camp, offre une vue superbe s'étendant jusqu'à la mer; on peut revenir par *la Villette* (3 k. de plus à l'O.), église intéressante avec statues anciennes.

5° De l'*auberge de Bellevue*, 5 k. 5 S., sur la route de Condé-sur-Noireau, on a un panorama étendu.

La voie franchit l'Orne au moulin de la Lande. — 42 k. *La Lande-Clécy*. Au delà du tunnel des Goulles, long de 1,744 m., on débouche dans la vallée du Noireau que l'on franchit et dont on remonte la vallée.

46 k. **Berjou**, bifurc. pour Falaise, p. 361. — 51 k. *Pont-Erembourg* (bons petits rest. et hôt.), au débouché de la pittoresque vallée de la Vère, qui remonte au S. vers Flers (p. 475).

53 k. **Condé-sur-Noireau** (hôt. *du Lion-d'Or*, T.C.F.), ch.-l. de c. de 5,604 hab., au confluent de la Drouance et du Noireau, est un centre cotonnier important.

De la gare, une avenue plantée d'arbres conduit à l'*église Saint-Martin*, composée d'une nef moderne de style roman, et d'un chœur des XIIe et XVe s.; à la porte principale, St Martin, bas-relief par Le Harivel-Durocher; au chevet, verrière, dont la partie supérieure, du XVe s., représente le Crucifiement. Au delà, l'avenue débouche à dr. dans la rue Saint-Martin, qui vers son extrémité se nomme rue du Vieux-Château; le long de la rivière, place avec le Cercle.

Au delà du pont, la rue du Vieux-Château aboutit, après la halle à g., à la place Dumont-d'Urville, où s'élève la *statue*, en bronze, du célèbre navigateur, né à Condé en 1790 : au piédestal, bas-reliefs figurant des épisodes de sa vie.

La rue qui s'ouvre à dr. au fond de la place mène à l'*église Saint-Sauveur*, moderne, à l'exception des piliers du chœur, du XVe s.; bénitier formé d'une coquille donnée par Dumont-d'Urville.

On compte à Condé 70 filatures hydrauliques de coton, 250,000 broches et 5,000 ouvriers. Il y a plus de 15,000 tisserands à domicile dans les environs. Les foires, notamment celle de la Saint-Gilles (1er septembre), sont très importantes.

58 k. *Caligni*. — 62 k. *Cerisi-Belle-Etoile* (p. 475). — 66 k. *Flers* (buffet), p. 474.

DE FLERS A ARGENTAN, p. 472-474 en sens inverse; A VIRE ET GRANVILLE, p. 475-486; A DOMFRONT, p. 475.

32. — DE CAEN A VIRE

Chemin de fer : Etat, 75 k.; 11 fr. 70, 7 fr. 90, 5 fr. 15.

Route : même parcours que le ch. de fer, à travers le Bocage, par : 25 k. *Villers-Bocage*; 35 k. *Jurques*; 45 k. 5, traversée de la profonde vallée de la Souleuvre; ondulations jusqu'à Vire.

De Caen-Etat le ch. de fer franchit l'Orne, puis un bras de l'Odon. — 5 k. *Louvigny* (p. 338). On franchit l'Odon près de Bretteville (p. 338). — 9 k. *Verson*, avec une église des XIIIe et XVe s.; à côté de l'église, manoir du XVIe s.

18 k. *Noyers* : église des XIIIe, XVIe et XVIIIe s.; grange aux dîmes, XVIe s. A 7 k. S.-E., *Evrecy* (aub. *Larue*, T.C.F.), ch.-l. de c. de 543 hab., sur le penchant d'un coteau de la rive g. de la Guigne : église gothique, avec chœur des XIIIe s., à côté de laquelle sont les ruines d'une chapelle du XVe s. — On découvre à g. une belle vue sur la vallée de l'Odon.

27 k. *Villers-Bocage* (hôt. *des Trois-Rois*, T.C.F.), ch.-l. de c. de 1,141 hab., dans une charmante contrée boisée, près d'un petit ruisseau, l'Ecanet, qui non loin de là va tomber dans la Seulline. Sur la place de la Halle, *statue de Richard Lenoir* (1765-1839), célèbre industriel né dans le canton, à Epinay. En avant de l'église, moderne, qui a une tour avec statue de St Martin, un jardin est rempli de grands ifs bizarrement taillés, simulant des fauteuils, des dolmens, des arcs de triomphe. Le mercredi, marché des vaches laitières, un des plus importants de France.

Ce bourg doit son surnom à la région naturelle qui l'entoure, le **Bocage**, pays auquel ses granits, ses grès rouges, ses schistes, ses plateaux arides semés de grands blocs de rochers, ses maisons construites en matériaux sombres donnent une physionomie particulière. Les champs y sont plus maigres que dans les régions voisines, les animaux plus petits, les sites plus pittoresques. Le hêtre, le châtaignier et le pommier sont les arbres que l'on y rencontre le plus souvent.

34 k. *Aunay-Saint-Georges*, station desservant à dr. *Saint-Georges-d'Aunay*, église du XIIIe s., et à g., à 2 k. 8 O., *Aunay-sur-Odon* (hôt. *de la Place*, T.C.F.), ch.-l. de c. de 1,670 hab. : tanneries et mégisseries, grand commerce de moutons et de gigots renommés. A 2 k. N.-O., restes d'un château du XIe s., pris en 1141 par Geoffroy Plantagenet. A 2 k. N.-E., reste de l'abbaye d'Aunay, de l'ordre de Cîteaux, fondée en 1131.

40 k. *Jurques* : dolmen appelé pierre d'Yallan ou de Gargantua; mines de fer importantes. — 49 k. *La Besace*, bifurc. pour Balleroy (p. 378) et Bayeux (p. 366).

63 k. *Guilberville*, bifurc. pour Saint-Lô (p. 453); le bourg est à 4 k. à l'O. On laisse à g. la forêt l'Evêque et la voie atteint 233 m. d'alt. — 31 k. *La Ferrière-Harang*.

36 k. *Le Bény-Bocage* (hôt. *des Voyageurs*, T.C.F.), à 204 m., à 1 k. à l'E., sur une chaîne de collines en partie couvertes de bruyères, d'où l'on voit Vire et Saint-Sever; château ruiné;

église de style gothique, de 1630. A 1 k. 8 S.-O. de la station, *Carville* a une église du XVe s. — 44 k. *La Graverie*, où l'on rejoint la Vire dont on remonte la vallée.

48 k. *Vire* (buffet), p. 476.

De Vire a Flers et Argentan, p. 472 à 476 en sens inverse; a Granville, p. 484-486; a Mortain, p. 481.

33. — BAYEUX ET SES ENVIRONS

Chemin de fer : de Paris à Bayeux, Etat, 269 k. en 4 h. 30 à 5 h. (horaires d'avant-guerre); 42 fr. 05, 28 fr. 35, 18 fr. 50. — Description de l'itinéraire de Paris à Caen, p. 233 à 266; de Caen à Bayeux, p. 389-390.

Route : de Paris à Bayeux, 243 k. : de Paris à Caen, 215 k., p. 233; de Caen à Bayeux, p. 389.

BAYEUX, ch.-l. d'arrond. du Calvados, 7,638 hab. (les *Bayeusains*), ancienne capitale du Bessin, siège d'un évêché, est situé dans une plaine verdoyante, arrosée par la rivière d'Aure. C'est un centre de tourisme et l'une des villes les plus intéressantes de Normandie : la cathédrale est une des plus belles de France, et la « tapisserie de la reine Mathilde » constitue une curiosité unique en son genre. Bayeux, qui n'est à vol d'oiseau qu'à 7 k. 5 de la mer, est le point d'accès des petites plages du Bessin (p. 378 et suivantes).

Omnibus de ville. — Omnibus de l'hôtel du Luxembourg.

Hôtels : — *du Luxembourg* (Pl. *a* B2), r. des Bouchers, T.C.F. (30 ch.; chauff., bains, jardin); *du Lion-d'Or*, r. Saint-Jean, 71 (25 ch.); *de la Gare*, en face de la gare (jardin); *du Chemin-de-Fer*, à l'entrée de la rue Sadi-Carnot (simple).

Restaurant : — *Lepetit*, r. Bienvenue, près de la cathédrale (bon).

Poste : — r. Laitière.

Spécialités : — *dentelles* de Bayeux et *antiquités* : Lefébure, impasse Prudhomme (près de la bibliothèque); — *poterie d'art*, r. Saint-Martin, 39.

Syndicat d'initiative : — salle de lecture à la bibliothèque; pour renseignements, s'adresser au concierge du musée, ou écrire au président.

Histoire. — Bayeux est d'origine gauloise et portait, sous les premiers empereurs romains, le nom d'*Augustodurum*. C'était alors la capitale des *Baiocasses*, peuple dépendant d'abord des Viducasses et qui, vers la fin du IIIe s., absorba ces derniers. La ville prit alors le nom de la population dont elle était le centre administratif et eut bientôt un évêché qui paraît avoir été fondé par St Exupère vers 360. A l'époque des grandes invasions, il s'y établit une colonie saxonne qui rendit de grands services à Chilpéric et à Frédégonde dans leurs guerres contre les Bretons. Un grand nombre de Normands se fixèrent à Bayeux dès le début du Xe s. et leur langue y fut longtemps parlée. Au moyen âge et pendant les guerres religieuses du XVIe s., Bayeux subit divers sièges et essuya des calamités nombreuses, qui n'eurent qu'une portée locale.

A Bayeux sont nés : — le chroniqueur et poète *Alain Chartier* (1392-1433); les peintres *P.-F. Delauney* (1759-1789) et *Robert Lefèvre* (1755-1830); l'archéologue *Arcisse de Caumont* (1802-1873).

Industrie et Commerce. — Bayeux fait un grand commerce de bes-

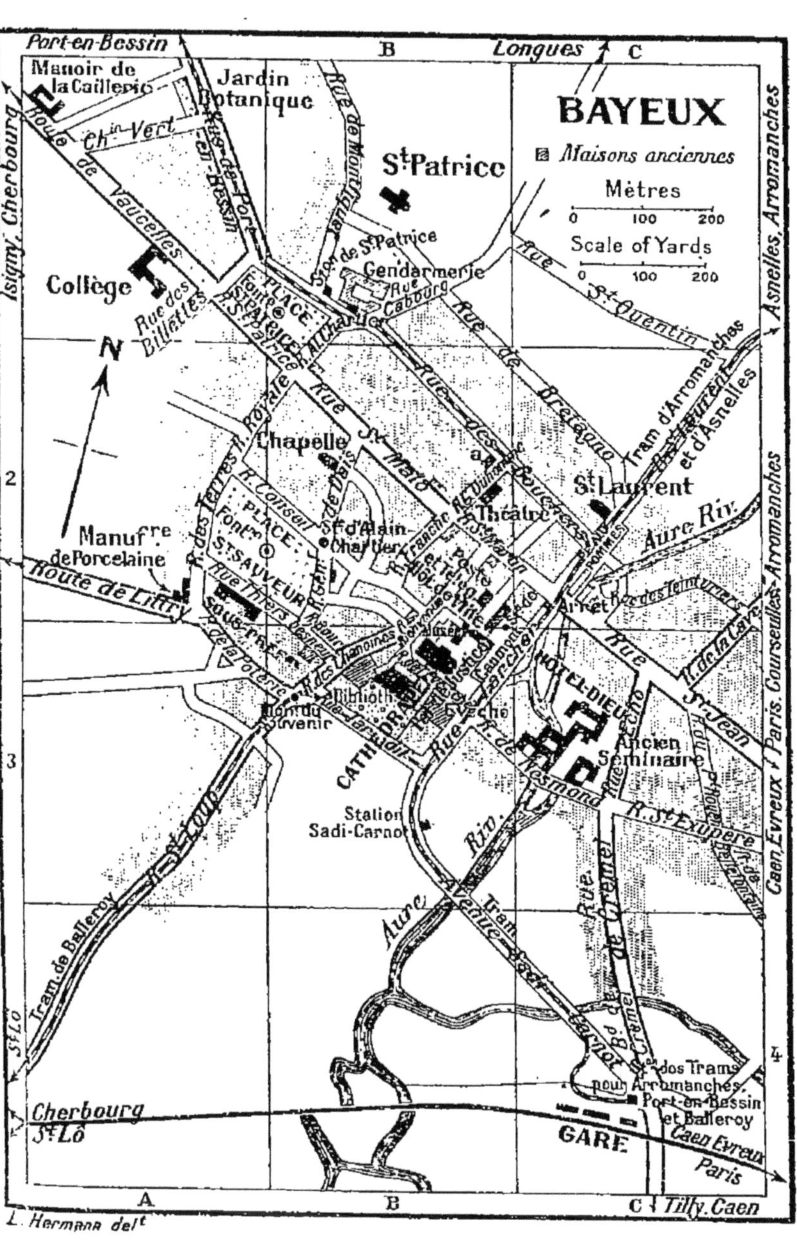
BAYEUX
Maisons anciennes
Mètres
0 100 200
Scale of Yards
0 100 200
Port-en-Bessin
Longues
Manoir de la Caillerie
Jardin Botanique
St Patrice
Gendarmerie
Collège
Chapelle
Théatre
St Laurent
Manufre de Porcelaine
Route de Littry
Place St Sauveur
Bibliothque
Evêché
Cathédrale
Hôtel-Dieu
Ancien Séminaire
Station Sadi-Carnot
Aure Riv.
Rue St Jean
Rue St Quentin
Rue de Bretagne
Rue St Malo
Route de Vaucelles
R. St Loup
Tram de Balleroy
Avenue Sadi Carnot
Rue de Cremel
Rue Larcher
R. de Nesmond
R. St Exupère
Tram d'Arromanches
Asnelles, Arromanches
Isigny, Cherbourg
Caen, Evreux, Paris, Courseulles, Arromanches
Cherbourg
St Lô
GARE
Caen Evreux Paris
Tilly. Caen
Ste des Trams pour Arromanches, Port-en-Bessin et Balleroy
A
B
C
2
3
4
N
L. Hermann delt

tiaux et de beurre, qui s'expédie, salé, jusqu'en Amérique. Marchés et foires importants. Fabrique de porcelaine à feu.

De la gare de l'Etat, qui fait face à la gare des chemins de fer départementaux, l'avenue Sadi-Carnot descend vers des prairies, traverse l'Aure en offrant à dr. une vue sur la cathédrale, et atteint la ville en 5 min. env. Au delà de la station Sadi-Carnot des chemins de fer départementaux, on tourne à dr. par la rue Larcher, qui amène à l'abside de la cathédrale; au n° 41 de la rue Larcher, à dr., maison avec jolie façade de l'époque Louis XIV.

Si l'on continuait à suivre la rue Larcher, on passerait devant les jardins de l'hôtel de ville (p. 375) et l'on gagnerait directement le centre de la ville, les rues Saint-Jean à dr. (p. 375) et Saint-Martin à g. (p. 375). Si l'on prenait la rue de Nesmond, la 1re à dr. dans la rue Larcher, on trouverait l'hôtel-Dieu et, y attenant, l'ancien séminaire, avec jolie *chapelle* du XIIIe s., remarquable par la disposition de son chœur, prototype du chœur de l'église de Tour-en-Bessin (p 377).

On gagne à g. la cathédrale, par la rue de l'Evêché, qui en longe le flanc dr. et qui passe devant la belle *porte* du second évêché (XVIIIe s.), désaffecté, où sont installés la bibliothèque et la tapisserie de la reine Mathilde (p. 374).

A l'angle de la rue de l'Evêché et de la rue des Chanoines, à g., une maison est surmontée d'une curieuse *cheminée* du XIIIe s., qui se termine par un cône de pierre percé de trous : cette cheminée passe, à tort, pour la lanterne des morts d'un ancien cimetière; pour la voir, reculer sur la place du parvis. La rue des Chanoines, où est, au n° 17, la maison natale de l'archéologue Arcisse de Caumont, aboutit à la place au Bois : au centre, monument aux morts pour la patrie, par Le Duc.

La ****cathédrale Notre-Dame** est un des types les plus complets du style gothique normand; seules les arcades longitudinales de la nef et les 2 tours de l'O., romanes, sont les restes d'une basilique romane élevée au début du XIIe s. à la suite d'un incendie allumé en 1107, par le roi d'Angleterre Henri Ier, assiégeant Bayeux, et qui avait consumé une autre église romane plus ancienne, consacrée trente ans avant, en 1077. Au début du XIIIe s. (de 1206 à 1231) les travaux furent repris en style gothique, sous l'impulsion de l'évêque Robert des Ableiges. De cette époque datent les voûtes de la nef, les bas-côtés, le chœur et le transept, le triple portail de la façade, les flèches des tours, le portail qui est au transept dr. et peut-être l'amorce de la tour centrale. Ces travaux se poursuivirent jusqu'à la fin du XIIIe s., époque où (vers 1280) on commença les chapelles des bas-côtés; elles furent terminées, en majeure partie, au XVIe s. Enfin, au XVe s., en style flamboyant, s'éleva la tour centrale.

Le **portail principal* se compose d'une grande porte, de style gothique (XIIIe s.), défigurée au XVIIIe s., flanquée de 2 portes latérales de même style et bien conservées avec tympans sculptés à personnages et de deux autres portes murées. De chaque côté du portail s'élèvent deux magnifiques **tours* romanes (XIIe s.) ornées de petites fenêtres et d'une frise en dents de scie; les flèches sont gothiques (XIIIe s.). La hauteur totale est de 75 m. Joli carillon. Sur la face latérale de la tour de dr., est gravée, en belles lettres de la fin du XIIIe s., l'épitaphe latine, irrévérencieuse, d'une femme inconnue.

Le **flanc droit* de la cathédrale, en bordure de la rue de l'Evêché, est le plus beau, avec les hautes fenêtres de la nef, les fines arcatures et les pinacles sculptés (XIVe s.) des chapelles latérales; petit porche à 2 ouvertures de la première moitié du XIIIe s., avec vantaux en bois de châtaignier, du XIVe s.; celui de g. est masqué par un tombeau. Le grand *porche du transept* (1re moitié du XIIIe s.) est orné, au tympan, de sculptures relatives à l'histoire de Thomas Becket; il est surmonté d'une belle fenêtre et encadré de deux fins clochetons. L'*abside*, couronnée d'une rangée de petites arcatures, est remarquable par les nombreuses fenêtres, étroites et profondes, des chapelles du chœur.

Au-dessus de la croisée du chœur s'élève la **tour centrale*, haute à son faîte de 80 m. Cette tour que portent, à l'intérieur de l'église, 4 piliers d'origine romane, fut construite au XVe s., sous Louis XI en style flamboyant, par les ordres de Louis d'Harcourt, patriarche de Jérusalem et administrateur du diocèse de Bayeux. En 1714 elle avait été coiffée d'une coupole de style néo-classique. Mais, vers le milieu du XIXe s., l'ensemble de la construction s'étant mis à fléchir, il fut proposé de jeter bas la tour et toute la partie du transept attenante. Les habitants de Bayeux et un certain nombre d'archéologues se révoltèrent contre cet acte de vandalisme. C'est alors, en 1857, que l'ingénieur Flachat entreprit de reprendre en sous-œuvre les vieux piliers romans, opération périlleuse et hardie, qui réussit au delà de toute espérance. En même temps la coupole du XVIIIe s. fut remplacée par une autre en fonte et bronze, avec un second étage octogonal, le tout en style flamboyant, comme le reste de la tour : quoique l'on puisse reprocher à l'œuvre moderne quelque maigreur de ligne, elle n'en reste pas moins remarquable.

L'ascension de la tour est fatigante (360 marches), mais intéressante : s'adresser au sacristain, pourboire. Du balcon, quelque peu vertigineux, qui couronne la coupole métallique, on découvre une vue immense qui s'étend jusqu'à la mer. Eviter de faire cette ascension par un soleil ardent, à cause de la chaleur que concentre le métal, ou par grand vent.

On entre dans la cathédrale par le portail principal.

A l'intérieur, qui a 3 nefs, la cathédrale mesure 102 m. de long; la hauteur des voûtes est de 24 m. En entrant, sous l'orgue, charmantes sculptures de la porte de g.; beaux *vantaux*, en bois sculpté et doré (XVIIIe s.), de la grande porte. L'orgue cache, à la grande fenêtre, des *vitraux* du XVe s., offerts par la corporation des cuisiniers de Bayeux. On descend quelques marches.

NEF. — La nef présente un aspect magnifique, avec ses *arcades romanes* aux énormes piliers fuselés (XIIe s.), différentes d'ouverture; elles sont richement ornementées en dents de scie et en lignes crénelées; de fines sculptures, figurant des nattes de corde, couvrent les murs; on voit de petits personnages en bas-relief entre les arcades. Au-dessus de cette base romane court un triforium gothique (XIIIe s.), d'où s'élancent les fines colonnettes encadrant les grandes fenêtres et supportant les voûtes. Curieuses sculptures en culs-de-lampe à la base des grandes colonnettes. Au-dessus de la 5e arcade à g., balcon de pierre, merveilleusement sculpté. Les fenêtres ont perdu, sauf deux débris, leurs vitraux anciens et sont garnies de médiocres verrières modernes. *Chaire* en chêne sculpté, style Louis XVI (1787).

BAS-CÔTÉ DR. — 1re chapelle : tableau d'autel du XVIIe s., Massacre des Innocents; belle grille de fer forgé, du XVIIIe s. — 2e chap. : à l'autel, tableau de Ste Philomène, par Théodelinde (1838). — 3e chap. : belle grille de fer forgé (XVIIIe s.). Vantaux anciens de la porte du petit porche. — 4e chap. : à l'autel, tableau du XVIIe s., figurant St Exupère (1er évêque de Bayeux) délivrant une possédée. — 5e chap. : peintures de style ancien, refaites.

Le transept et le déambulatoire sont en contre-bas du chœur et des nefs. Les croisillons ont une élégante ornementation de colonnettes à filets et d'arcatures d'une finesse remarquable.

TRANSEPT DR. — Les croisillons, comme le chœur (XIIIe s.), appartiennent au style gothique normand. Magnifique fenêtre et balcon à jour; au-dessus de la porte, remarquer la rose. **Peintures murales* du XVe s., restaurées : 1o (premier autel) Salutation angélique (au-dessus, le symbole de la Trinité); 2o (deuxième autel), en bas, Légende de St Nicolas; au-dessus, Christ entre la Vierge et St Jean, deux saints évêques et deux clercs; en haut, Meurtre de Thomas Becket (moderne).

CARRÉ DU TRANSEPT. — Les piliers romans primitifs qui supportent la tour centrale (p. 369) ont reçu, au XIIIe s., un revêtement gothique.

CHŒUR (s'il est fermé, s'adresser au sacristain; pourboire). — *Stalles* en chêne, de la Renaissance (1588-1589), avec panneaux et dais sculptés, soutenues par des chimères ailées. A l'entrée, à dr., est le siège de l'évêque, moderne; à g., stalle du grand-chantre, formée avec les restes d'un trône épiscopal du XVIIIe s. et ceux de l'ancienne chaire du célébrant (1588). Magnifique *maître-autel* en marbre, de style Louis XIV, avec ornements, chandeliers et croix en bronze ciselé et doré, par Philippe Caffieri (1771). Derrière le maître-autel, les colonnes gothiques, supportant les 2 étages d'arcades du chœur, ont été malencontreusement cannelées au XVIIIe s., époque où l'on a placé les grilles du pourtour. Aux voûtes, noms des 21 premiers évêques du diocèse et médaillons peints de plusieurs d'entre eux.

CRYPTE (s'adresser au sacristain; entrée, à dr. et à g., dans le pourtour du chœur). — Sous le chœur s'étend une intéressante crypte romane, du XIe s., reste de l'église primitive, restaurée au XVe s.; débris de peintures de cette époque. Elle a des piliers cylindriques bas et trapus, aux curieux chapiteaux; l'autel est moderne. Plusieurs évêques de Bayeux y sont inhumés.

POURTOUR DU CHŒUR. — On remarque les **grilles* en fer forgé et doré, du XVIIIe s., qui enveloppent le chœur. — 3e chapelle : au-dessus de l'autel, peintures du XVe s., Martyre de St Blaise, et du XVIe s., Visitation, restaurées. — 4e chap. : au-dessus de l'autel, *peinture* murale du XVe s., refaite : 2 scènes de l'Histoire de St Eloi. — Chapelle absidale : *pierres tombales*, en mosaïque, de Ch. Didiot, évêque de Bayeux (1865), et, en marbre noir, de l'évêque Hugonin. — Chapelle Saint-Pantaléon (la suivante) : à dr. et à g., au mur supérieur, peintures murales, en grisaille, encadrant 2 scènes de l'Histoire de St Pantaléon (XVIe s.).

TRANSEPT G. — Sur l'autel, tableau du XVIIIe s. : Résurrection. — *Sacristie du chapitre*, du XIIIe s., restaurée.

SALLE DU TRÉSOR (recommandé, s'adresser au sacristain), ancienne bibliothèque : armoire du XIIIe s., primitivement ornée de peintures sur cire, auj. détériorées; armure de l'homme d'armes qui accompagnait l'évêque dans les cérémonies; bâton cantoral donné par St Louis, avec la « bête de St Vigor », dragon portant le cierge pascal à la procession du samedi saint; siège épiscopal du XVIe s.; coffret d'ivoire, plaqué d'argent, portant une inscription arabe en caractères koufiques, dont voici le sens : « Au nom de Dieu clément et miséricordieux; sa justice est parfaite et sa grâce attire les cœurs »; chasuble, étole et manipule de St Regnobert (?); calice de Mgr de Nesmond, frère de lait de Louis XIV; sceaux d'argent du chapitre.

BAS-CÔTÉ G. — 1re chapelle : belle grille de fer forgé (XVIIIe s.); *retable* en pierre, du XVIIe s., d'un travail un peu grossier, mais curieux, dont les sculptures figurent la Vierge glorieuse, accompagnée du soleil et de la lune et entourée des symboles de ses litanies; au faîte de l'encadrement, le Père Eternel; dans l'encadrement, David, Salomon, Abraham, Isaïe. Dans cette chapelle, entrée de la salle capitulaire (*V.* ci-dessous). — 2e chapelle : retable en bois sculpté, du XVIIe s., avec intéressant tableau central, figurant la Bonne Mort.

SALLE CAPITULAIRE (s'adresser au sacristain). — Cette salle gothique, des XIIe et XVe s., a été ajoutée en excroissance à la cathédrale, au N. de la façade. *Dallage* en briques émaillées, figurant au centre un labyrinthe. Fresques du XIIIe s., figurant Notre-Dame de Bayeux. Christ en ivoire, qui passe pour avoir appartenu à la princesse de Lamballe, l'amie infortunée de Marie-Antoinette. Deux volets peints, du XVIe s., provenant d'un ancien jubé de la cathédrale. Tableaux et portraits.

En face du flanc droit de la cathédrale, **l'ancien évêché** renferme, avec la célèbre tapisserie de la reine Mathilde, la bibliothèque, un petit musée archéologique et les locaux du syndicat d'initiative. Entrée libre t. l. j. de 9 h. à midi et de 14 h. à 17 h. ou 18 h. suivant la saison. L'entrée des bâtiments est au fond de la cour à g.; par derrière, square public donnant rue Tardif. Dans la cour, nombreux débris lapidaires : cippe romain, colonnes antiques, cercueils mérovingiens, couleuvrines offertes à la ville par François Ier.

Au rez-de-chaussée, quelques tableaux. A dr. de l'entrée, galerie du syndicat d'initiative, avec documents, tableaux, écritoire pour les touristes et vitrines contenant des dentelles de Bayeux. A g., bibliothèque de 30,000 vol. A la suite, *ancienne chapelle* de l'évêché, qu'on visite, et où l'on a transporté les belles **pierres tombales*, avec statues couchées, du seigneur de Sainte-Croix et de sa femme (XVIIe s.), provenant de la chapelle Saint-André de l'église de Ryes (p. 379); *cloche* en bronze de l'église de Fontenailles, la plus ancienne à date certaine (1202) qui soit connue. A côté, *galerie des évêques*, avec portraits des anciens prélats.

On monte au 1er étage; la concierge accompagne, pourboire. On entre dans la salle au milieu de laquelle une vitrine, offrant un double développement et hermétiquement fermée, renferme la ****tapisserie de la reine Mathilde**, figurant l'histoire de la conquête de l'Angleterre par les Normands.

C'est une bande de toile bise, longue de 70 m., avec peu de coutures, où sont jetés à l'aiguille des points de laines de couleur, la toile même servant de fond. Outre le sujet principal qui se déroule sans interruption, elle est bordée, en haut, d'une frise d'animaux.

Cette vaste broderie, dite à tort tapisserie, chantée par les trouvères et rappelée par tous les historiens de la Normandie, a été appelée parfois l'œuvre de la princesse Mathilde; elle semble avoir été inspirée par l'un des évêques de Bayeux, Eudes de Canteville, demi-frère de Guillaume, ou son successeur; elle est l'œuvre d'ouvriers anglo-saxons. 58 scènes s'y déroulent, depuis le moment où Edouard le Confesseur prend la résolution de léguer son royaume d'Angleterre au duc de Normandie, jusqu'à la victoire de Hastings; les fortifications, les vaisseaux, les armes et les costumes de l'époque y sont fidèlement et naïvement retracés, les sujets sont expliqués par une légende latine que nous traduisons ci-dessous.

Cette broderie, le spécimen le plus ancien des tentures dont on ornait les églises aux grandes solennités, fut donnée par Mathilde à Eudes, son beau-frère, évêque de Bayeux de 1049 à 1097. Elle appartint à la cathédrale jusqu'à la Révolution.

1° Le roi Edouard le Confesseur ordonne à Harold d'aller apprendre au duc Guillaume qu'il sera un jour roi d'Angleterre.

2° Harold est en marche.

3° On voit une église; Harold met pied à terre pour prier.

4° Harold est en mer.

5° Il est poussé par les vents sur les terres du comte Guy de Ponthieu.

6° Harold s'avance sur le rivage.

7° Guy se saisit de Harold.

8° Guy conduit Harold à Beaurin; tous deux sont à cheval, l'oiseau au poing.

9° Pourparlers entre Guy et Harold.

10° Guillaume, informé du message d'Edouard le Confesseur, a envoyé des émissaires vers le comte de Ponthieu, pour le prier de relâcher Harold.

11° Guy ne s'étant pas rendu à cette invitation, deux autres envoyés, deux cavaliers bardés de fer, le menacent au nom du duc Guillaume.

12° Un messager vient trouver le duc Guillaume.

13° Guy amène Harold à Guillaume. L'action se passe à Eu.

14° Guillaume a conduit Harold dans son palais. La scène est en deux tableaux : dans le premier l'escorte est à la porte du château de Rouen : dans le second on voit une grande salle pleine de personnages. C'est l'audience de cérémonie que Guillaume accorde à l'envoyé d'Edouard le Confesseur.

15° Un lettré, un docteur, un clerc, présentent à Harold Edwige, fille de Guillaume, qui lui a été promise.

16° Conan, duc de Bretagne, ayant déclaré la guerre à Guillaume, celui-ci invite son hôte à prendre les armes avec lui; ils vont s'embarquer pour le Mont-Saint-Michel.

*17° Arrivés à la rivière du Couesnon, les hommes et les chevaux s'enfoncent dans les sables mouvants. Harold sauve les Normands.

18° L'armée de Guillaume marche vers Dol; les Bretons prennent la fuite.

19° Attaque de Dinan.

20° Le duc de Bretagne offre en hommage au duc de Normandie les clefs de la ville, au bout d'une lance.

21° Guillaume arme Harold chevalier sur le champ de bataille.

22° Guillaume se rend à Bayeux.

*23° C'est dans Bayeux que Harold est appelé à prêter serment de fidélité à Guillaume.

24° Harold a fait ses adieux à Guillaume; il repasse la mer.

25° Edouard écoute le récit de l'ambassade en Normandie.
26° Mort d'Edouard le Confesseur.
27° Edouard parle aux hommes de sa cour.
28° Des gens du palais soignent son cadavre.
*29° Harold prend la place de son beau-frère Edouard; on lui donne la couronne royale.
30° Couronnement de Harold.
31° Le peuple lui rend hommage et se réjouit.
32° Les Mages du temps, à la vue d'une étoile toute particulière, présagent des malheurs à Harold.
33° Harold se barde de fer pour résister à Guillaume.
34° Des amis de Guillaume vont apprendre au duc les événements qui se sont passés après la mort d'Edouard.
*35° Guillaume fait construire une flotte pour passer en Angleterre.
36° On tire les vaisseaux à la mer.
37° On porte des armes aux navires. Un char est chargé de vin et d'armes.
*38° Guillaume est arrivé à Pevensey.
39° Les chevaux sortent des navires; on monte en selle.
40° Les cavaliers se dirigent vers Hastings.
41° Un chevaucheur de la suite de Guillaume, nommé Wadar, surveille les cuisiniers de l'armée.
42° Les viandes cuisent, les serviteurs de table remplissent leurs fonctions avec ordre.
43° Guillaume et ses barons sont assis à une table qui figure un sigma (Σ).
44° On tient conseil à Hastings.
45° On creuse un fossé autour du camp fortifié.
46° Un chef s'approche de Guillaume et l'entretient à l'oreille, des mouvements d'Harold.
47° On brûle une maison qui gênait les mouvements de l'armée.
*48° Guillaume marche à la rencontre de Harold.
49° Sur sa route, Guillaume interroge un chef de troupe qui lui indique l'endroit où l'ennemi va se montrer.
50° Ce même chef de troupe, laissé libre par Guillaume, court prévenir Harold de l'approche de l'armée normande.
51° Guillaume harangue les Normands; la bataille s'engage.
52° Mort des frères du roi Harold. Lewine et Gyrd.
53° L'action continue ensuite avec fureur.
54° L'évêque de Bayeux, Odon, frère de Guillaume, encourage les combattants.
*55° Le duc Guillaume, que l'on croyait blessé, reparaît, lève son casque et rassure ses soldats.
*56° L'armée de Harold est taillée en pièces.
57° Harold meurt les armes à la main.
58° Et ce jour-là, 14 octobre 1066, les Anglais prirent la fuite, et la bataille de Hastings fut remportée par Guillaume, désormais surnommé le Conquérant.

A la base de la vitrine, armes anciennes, poteries romaines, sculptures et marbres du moyen âge. Autour de la salle, quelques tableaux, dont deux portraits de conventionnels. Cotte de mailles d'un chevalier anglais, trouvée sur le champ de bataille de Formigny.

On regagne la façade de la cathédrale, longée par la rue Bienvenue, où subsiste au n° 6 une jolie *maison* ancienne, à corbeaux sculptés (XVIe s.).

Contournant la cathédrale vers le N., on voit à g. une arcade romane encastrée dans un mur, et on arrive à une petite place, dite Cour des Tribunaux, où s'élève un opulent *platane*, arbre de la Liberté, planté le 30 mars 1797 et dont les rameaux touchent presque le sol. A g. de cette place, sous une voûte qui communique avec la rue de la Chaîne, entrée du musée de peinture.

Le **musée de peinture** est installé dans des bâtiments des XIIIe et XVe s., occupés autrefois par le premier évêché de Bayeux; il est intéressant. Il est public le dim. et le jeudi, de 13 h. à 16 h. ou 17 h., selon la saison; les autres jours ou heures, s'adresser au concierge, pourboire.

1re SALLE OU SALLE GÉRARD, renfermant les tableaux légués par le baron Henri Gérard, qui fut député de l'arrond. de Bayeux de 1881 à 1902. — *Foubert*, Corot, Millet; *Cabat*, le Soir; *Mouchot*, Rue du Caire; *Le Goût-Gérard*, Concarneau; *Brascassat*, Taureau; *Drolling*, Duc de Nemours; **Fromentin*, le Nil; *Horace Vernet*, Camoëns, dans un naufrage, sauve son manuscrit des *Lusiades*; *Moteley*, Eglise de Clécy (Calvados); **Baron Gros*, Sapho; *Ulmann*, Caton expulsé du Sénat; *J.-L. David*, le Philosophe; *Tassaert*, Nativité; *Baron François Gérard*, le docteur Suberbielle, Hylas et la Nymphe, le docteur Dubois; *Chaplin*, Rue d'Auvergne; *Fleury*, Rue de Naples.

2e SALLE, occupant l'ancien salon de l'évêché, qui a conservé ses belles *boiseries* et sa cheminée Louis XV. — Sculpture : *Croisy*, Psyché abandonnée; *Oudiné*, la Famille, le Sommeil; *Le Duc*, buste de Yann Nibor. — Plusieurs portraits : le chanoine Bouisset, l'évêque de Nesmond (1629-1715), l'abbé de Rancé.

3e SALLE OU SALLE DOUCET. — Médailles. Faïences. Beau *cabinet* de marqueterie de la Renaissance italienne. Divers tableaux : Bataille des Amazones, de l'école flamande; portraits. *Dessins par *Henri Monnier* : Mme Prudhomme, M. Prudhomme, Secret de Polichinelle.

4e SALLE. — *Tapisserie des Gobelins* (XVIIe s.), provenant de l'ancien évêché, ainsi qu'au corridor d'entrée. — Sculpture : *Oudiné*, Ingres, Flandrin. — Tableaux : *Ecole primitive italienne*, Vierge et Sainte; *Ecole italienne* (attribué à *Bartolo* de Sienne), St J.-Baptiste (peinture sur bois); *Ecole primitive italienne*, St Jean et un évêque (sur bois), Adoration des mages (sur bois); *Niccolo Alunno*, Descente de croix (sur bois); *Panchet*, dit *Bellerose*, petits panneaux figurant notamment des vues de Bayeux.

GRANDE SALLE. — *Delauney*, son portrait, en 1781 et 1789 (2 pastels); *Inconnu* (d'après Sébastien Bourdon), la Charité romaine; *P. Mignard* (attribué à), Princesse de la maison royale; **Inconnu*, Mort de Cléopâtre (peinture italienne, sur bois); *Durupt*, le duc de Guise et la marquise de Noirmoutier (1832; école romantique); *Santerre* (attribué à), un Gentilhomme; *Biva*, Après le coucher du soleil; *Cain*, Mort des Montagnards; *Vélasquez* (?), Moine méditant sur la mort; *Desoria*, Sacrifice d'Iphigénie; *Ecole italienne*, Vierge et Saintes (sur bois); *Ecole espagnole*, Paysan ivre; *Jean Broc*, la Magicienne (copié à Venise); **Porbus le Vieux* (de Bruges), Bal costumé sous Charles IX (très intéressant tableau; les principaux personnages sont inscrits au bas du tableau : Porbus, l'auteur; le roi Charles IX; Henri, duc de Guise; Catherine de Médicis; le duc d'Anjou, futur Henri III; le duc d'Alençon, frère du roi; Elisabeth, sœur du roi, femme de Philippe II, roi d'Espagne; Marguerite de Navarre, sœur du roi, femme de Henri IV; Charles de Lorraine, cardinal; Marie Touchet, maîtresse du roi); *Cignani*, Sainte Famille; **Moreau le Jeune*, les Vœux accomplis (beau dessin, plume et sépia, dans un cadre ancien; la légende est écrite de la main du peintre, 1782 : le duc d'Angoulême enchaîne le Temps, au pied du buste de la comtesse d'Artois; le duc de Berry lui prend son sablier; Mademoiselle lui coupe les ailes; Mme de Lorges offre à la princesse un cœur enflammé; M. de Cheylus, évêque de Bayeux, s'avance au devant du comte et de la comtesse d'Artois, à qui le dessin fut offert, pour leur fête); *Robert Lefèvre*, Bacchante; *Verdier*, Visite à la petite morte (Morbihan); *Gobert* (attribué à), Mlle de Conti; *Ecole française*, Vierge à la grappe; *Le Couteulx de Vertron*, Cathédrale de Bayeux (le peintre, entreposeur des tabacs à Bayeux, a copié un dessin de Maugendre; ce tableau nous montre la coupole qui terminait, au XVIIIe s., la tour centrale de la cathédrale); *Philippe de Champaigne* (attribué à), St Pierre et St Paul; *Grimbelot*, Portrait présumé de l'acteur Lekain; *Inconnu*, Esaü vend son droit d'aînesse; *Pezant*, Matinée d'hiver; *Leroux*, Samson et Dalila; *Adler*, Usine; *Le Carpentier*, Forgeron; *Raoux*, la Liseuse, Marie F. Perdrigeon (morte à 17 ans, en 1734; peinte l'année d'avant, en costume de Vestale); *Breughel de Velours*, Chasse au cerf sous Henri III; *De Troy*, l'abbé Servien; *Miger*, Phrosine et Mélidor (époque romantique).

Le *palais de justice*, que le même concierge fait visiter, est attenant au musée et faisait aussi partie des anciens bâtiments de l'évêché, dont il renferme la grande salle et la chapelle.

La grande salle est devenue auj. salle des pas-perdus; on y voit un grand tableau (XVIIe s.) de la Bataille de Formigny et des fragments du monument aux morts pour la patrie élevé à Caen, par Le Duc. La salle du Tribunal a conservé un plafond ancien. — La *chapelle* sert de salle du Conseil. Elle est de forme octogonale et date de la Renaissance (1516). La décoration a été refaite dans son ensemble, mais le *plafond, avec peintures anciennes, est fort beau; deux portes sculptées, dont l'une est de 1575, l'autre moderne. Quelques tableaux : copie du Jugement de Salomon, de Rubens; St Paul sur le chemin de Damas, tableau ancien; Charlemagne dictant ses Capitulaires, par *Jacques Léman* (1859).

Au delà de la voûte sous laquelle sont l'entrée du musée et celle du palais de justice, laissant la rue de la Chaîne à g., on prend en face de soi la rue Laitière où est la poste à g., et à dr. l'*hôtel de ville* qui occupe un édifice carré du XVIIIe s., à fronton triangulaire, se rattachant au groupe de monuments qui composaient le premier évêché. Dans le jardin public, derrière l'hôtel de ville, et qui donne sur la rue Larcher, statue en marbre de l'archéologue *Arcisse de Caumont*, par Le Harivel-Durocher (1876).

La rue Laitière débouche dans la rue Saint-Martin. Celle-ci, vers la dr., laisse à dr. la rue Larcher, qui ramènerait à la gare en passant devant le jardin de l'hôtel de ville (*V.* ci-dessus) et qui est suivie par le tram d'Arromanches et d'Asnelles (p. 378 et 381); elle est prolongée par la rue Saint-Jean.

La rue Saint-Jean (route de Caen) passe devant la halle aux grains et conduit en 1 k. à l'*église Saint-Exupère*, qui possède un maître-autel Louis XV et, dans des châsses, les reliques des premiers évêques de Bayeux : celles-ci attirent de nombreux pèlerins, ainsi que les tombeaux des prélats, qui sont dans la crypte.

Vers la g., la rue Saint-Martin est prolongée par la rue Saint-Malo : c'est l'artère la plus vivante de la ville, et en même temps le quartier le plus riche en maisons anciennes. Rue Saint-Martin, on remarque au n° 3 un curieux passage avec porte de 1784; au n° 6, une maison Louis XIV; une *maison* en bois du XVe s., à l'angle de la rue des Cuisiniers qui conduit à la cathédrale et qui offre au n° 37 une porte du XVIIIe s.

A la jonction des rues Saint-Martin et Saint-Malo, la rue

Genas-Duhomme, à dr., conduit au théâtre et à l'hôtel de Luxembourg; à g. la rue Franche a au n° 1 une maison ancienne, au n° 5 un *manoir* du XVe s., avec tourelle de pierre et fenêtre à croisillon, et au n° 7 l'hôtel de la Crespellière (Louis XV).

Dans la rue Saint-Malo on voit au n° 4 le bel *hôtel du Fresne*, des XVe-XVIe s., dont la façade de bois est ornée de figurines de saints et de saintes, et au n° 62, dans la cour Courquemaron, le petit *manoir d'Argouges Gralot*, de la Renaissance, avec 2 fenêtres ornementées.

En continuant la rue Saint-Malo (route de Cherbourg), on trouverait à l'angle de la rue Alain-Chartier, à dr., la maison natale d'Alain Chartier, à l'entrée de la place Saint-Patrice où se tient le marché. Sur cette place, fontaine du Moutier, sculptures de Guillot; station Saint-Patrice du ch. de fer de Port-en-Bessin (p. 382); l'ancien couvent de la Charité (XVIIIe s.) est occupé en partie par la gendarmerie. Du même côté de la place, une esplanade, bordée par la rue de Montfiquet où sont 2 petits manoirs anciens dont l'un fut celui des Montfiquet, précède l'église Saint-Patrice.

L'église Saint-Patrice, moderne et sans style, avec une façade inachevée, a conservé de l'église qui l'avait précédée un élégant clocher de la Renaissance (1544) dont les clochetons supérieurs ont été rajoutés de nos jours; au chœur, belles stalles en chêne sculpté, et au transept g. joli tableau d'*Antoine Restout* figurant l'Annonciation.

Au delà de la place Saint-Patrice, par la rue de Port-en-Bessin, on trouverait (500 m. env.; arrêt du ch. de fer départemental) le joli *jardin botanique*, public, qui renferme le buste de Charlemagne Delamare. Derrière le jardin botanique (Pl. A1), le *manoir de la Caillerie*, de 1647, restauré, est au n° 56 de la rue Saint-Patrice. Par cette même rue on regagnerait à dr., en passant devant le collège, ancien couvent d'Ursulines (XVIIe et XVIIIe s.), la place Saint-Patrice et la rue Saint-Malo.

En face de la cour Courquemaron on prend la rue du Général-de-Dais, où l'on voit au n° 11 un charmant petit *manoir* Renaissance, au n° 13 une belle porte du XVIIe s., au n° 10 un hôtel Louis XV, et au n° 16 une vieille maison avec toit en ardoises.

On débouche sur la place Saint-Sauveur ou du Château, entourée de tilleuls, en passant à côté de la statue du poète *Alain Chartier* (1386-1449) par Tony-Noël et Le Duc (1898). Au centre de la place, une fontaine est surmontée de la statue de la ville de Bayeux.

Du côté de la place opposé à la statue d'Alain Chartier, la *manufacture de porcelaine*, qu'on visite le mercredi, de 13 h. à 16 ou 17 h., selon la saison, occupe un ancien couvent de Bénédictins (1646); l'entrée est sur la route de Littry. On y fabrique de la porcelaine dure, blanche ou décorée, allant au feu.

A l'angle S.-E. de la place, la rue Bourbesneur passe devant la **maison du Gouverneur* (n° 10), une des plus remarquables de Bayeux, avec fenêtres ornementées et haute tourelle carrée dans la cour; elle débouche dans la rue des Chanoines (p. 368) qui conduit à g. à la cathédrale, et qui à dr., par la rue Tardif à g., ramène à la gare.

ENVIRONS. — Jolie promenade en voiture (10 fr. env.) à 9 k. 6 S., à *Juaye-Mondaye*, par 2 k. Saint-Loup-Hors (V. ci-dessous), 4 k. Guéron

(*V.* ci-dessous) et 8 k. le château de Juaye (1740), où on tourne à g. pour descendre vers l'Aure que l'on franchit. De l'ancienne abbaye de Mondaye, de l'ordre des Prémontrés, fondée en 1212, il reste notamment une belle *église* de 1720, avec peintures d'Eustache Restout (oncle du célèbre Jean Restout), prieur de l'abbaye, qui avait été aussi l'architecte du monument.

Tour-en-Bessin (route 6 k. O.). — Départ de Bayeux par la place Saint-Patrice et la rue du même nom ou route d'Isigny; à dr. manoir de la Caillerie (p. 376). — 2 k. *Vaucelles*, avec une église des XIIe et XIIIe s., bien restaurée, et un château Louis XIII. On franchit la Dromme. La route, bordée de trembles, se développe en ligne droite. A g., avenue menant au hameau de *Cussy* dont l'église, ruinée, date du XIIIe ou XIVe s.

6 k. *Tour-en-Bessin* ou *Tour*. L'*église*, à 500 m. à dr., sur la route de Port-en-Bessin, a une nef romane, dont les bas-côtés inégaux ont été supprimés en 1751 : la façade offre une magnifique porte romane. Le transept, du début du XIIIe s., est surmonté d'une belle tour de l'époque, avec sa flèche en pierre. A l'intérieur, le chœur rectangulaire, à angles abattus, est un chef-d'œuvre de la 1re moitié du XIVe s., dont le chevet affecte une ordonnance unique et élégante : des arcades à jour y sont disposées de manière à ménager deux absidioles latérales et le sanctuaire au milieu; l'ensemble des piliers, des arcs et des voûtes qu'ils supportent, des balustrades régnant au bas des fenêtres à légers meneaux, est d'un effet merveilleux. On remarque aussi dans l'église deux crédences, et des arcatures ornées de bas-reliefs : à g., le Jugement dernier et l'Enfer; à dr., les douze mois de l'année.

A dr. de la route d'Isigny, à l'extrémité d'une avenue de chênes, château de Tour (XVIIIe s.).

En continuant la route au delà de Tour, on trouve, à 9 k. 5 (de Bayeux), *Mosles*, à dr., avec une église des XIIIe et XIVe s. On arriverait à (16 k. 5) Formigny (p. 385), ou, en tournant à dr. à 13 k. 5, à Saint-Laurent-sur-mer (19 k.; p. 386).

Château de Balleroy. — *A*. Par le ch. de fer départemental (*V.* ci-dessous). — *B*. Itinéraire routier : 16 k. S.-O. par : 2 k. Saint-Loup-Hors (*V.* ci-dessous), 7 k. Subles (*V.* ci-dessous), 11 k. La Tuilerie, où on prend à g., et 13 k. Castillon (p. 378). Il est recommandé de revenir (2 k. de plus) par le rond-point de la forêt des Biards (longue de 9 k., large de 6), appelé l'Embranchement, et *Vaubadon*, dont le château date de 1779, à 3 k. 5 de la Tuilerie. — A 6 k. O. de l'Embranchement, par une belle avenue de la forêt, *Cerisy-la-Forêt*, dans le vallon d'Esques, a une intéressante *église* du XIe s., du style roman normand le plus caractérisé; c'était jadis l'église d'une abbaye fondée en 560 par St Vigor, évêque de Bayeux, et reconstituée en 1030 par Robert Ier, duc de Normandie. — Description du château de Balleroy, p. 378.

De Bayeux a Balleroy et a la Besace (ch. de fer départemental du Calvados, 42 k.; pour Balleroy, 16 k.). — On sort de Bayeux par la rue Saint-Loup et la route de Balleroy. On croise le ch. de fer de Cherbourg après l'arrêt (2 k.) de *Saint-Loup-Hors*, dont l'église des XIIe-XIVe s. a une tour romane à flèche quadrangulaire du XIIe s. et renferme un retable provenant de l'ancien couvent des Cordeliers et une belle crédence du XIIIe s. On domine à g. la vallée de l'Aure. — 4 k. *Guéron* : église romane avec chœur remarquable; bel if dans le cimetière; château Louis XII; manoir du Mesnil, de même époque, converti en ferme. — 7 k. *Subles-Agy*, dans la vallée de la Dromme. A *Subles*, église de transition : porte-cloche à deux baies, lancette primitive au portail; à l'intérieur, fonts pédiculés du XIIIe s.; à l'autel, Ste Anne du XIVe s., Vierge du XVe s.; dans la nef, bas-relief de St Martin, XVIe s. Ateliers de céramique; on visite.

10 k. *Noron-la-Poterie* : église à nef du XIe s.; auprès, chapelle ruinée; ruines de la chapelle (XIIIe s.) de l'ancien château de Bures; fabriques de poteries et de céramique artistique. — 11 k. *Tronquay-la-Tuilerie*. — 13 k. *Castillon* occupe un promontoire triangulaire, défendu par des vallons escarpés et par la Dromme, et tire son nom d'une enceinte retranchée, qui renferme le château, l'église et une petite agglomération de maisons.

16 k. **Balleroy** (hôt. : *de la Place*, T.C.F., rep. à la carte, pens. au mois, prix modérés; *de France*, T.C.F.), ch.-l. de c. de 1,015 hab., à 500 m. de la gare, sur un coteau qui borde la rive dr. de la Dromme. Du bourg, une courte avenue mène au château : on visite, le mercredi, de 14 h. à 17 h. Le ***château**, bâti de 1626 à 1636 par Mansart, est flanqué de pavillons et de tours, et entouré de fossés profonds. L'intérieur est décoré de peintures attribuées à Lemoine ou à Nicolas Mignard, de tapisseries des Gobelins (scènes d'après Boucher) et d'Aubusson; beaux meubles Louis XIII et Louis XIV; intéressantes porcelaines. Des arbres magnifiques et des jardins à la française avec parterres en « broderies de buis », environnent cette résidence princière. D'un sapin isolé, sur la route de Bayeux, à 1 k., on a une belle vue sur le château, les ombrages du parc d'où émerge la flèche de l'église, et la forêt des Biards (p. 377). Balleroy est aussi desservi par une ligne partant du Molay-Littry (p. 391).

20 k. *Planquery*. A g., *Foulognes*, église romane. — 23 k. *Cormolain*. — 31 k. *Caumont*, ch.-l. de c. de 985 hab. — 40 k. *Saint-Ouen-des-Besaces* : à l'église, porte romane.

42 k. *La Besace* ou *Saint-Martin-des-Besaces* (hôt. *de la Croix-Blanche*, T.C.F.), où l'on rejoint la ligne de Caen à Vire (p. 365).

De Bayeux a Courseulles, V. ci-dessous; a Arromanches, p. 381; a Port-en-Bessin, p. 382; a Grandcamp et Isigny, p. 385; a Cherbourg, p. 390; a Caen, p. 389-390.

Distances par la route, de Bayeux à : Caen, 28 k.; Creully, 14 k.; Falaise, 61 k.; Isigny, 32 k.; Paris, 243 k.; Saint-Lô, 35 k.

34. — LE LITTORAL DE COURSEULLES A ISIGNY

I. — De Bayeux à Courseulles.

Chemin de fer : départemental du Calvados, 23 k.

Route : 23 k., route suivie par le ch. de fer départemental.

De la gare départementale, en face de celle de l'Etat, le train traverse la ville, desservant d'abord la station Sadi-Carnot, puis (1 k.) la halte de la rue Larcher, la plus centrale. Le tram sort de Bayeux par la rue Saint-Laurent.

2 k. *Saint-Vigor-le-Grand*, où un prieuré, fondé sous les fils de Clovis, renfermait le tombeau de St Vigor, évêque de Bayeux, mort dans la première moitié du VIe s. Il en reste notamment une belle porte charretière, bien conservée, et une grange du XIIIe s., qui a été transformée en chapelle, et remaniée, par les religieuses de N.-D. de la Charité. Le chœur de l'église paroissiale renferme un siège en marbre rouge, sans ornement, sur lequel les évêques de Bayeux venaient s'asseoir avant de

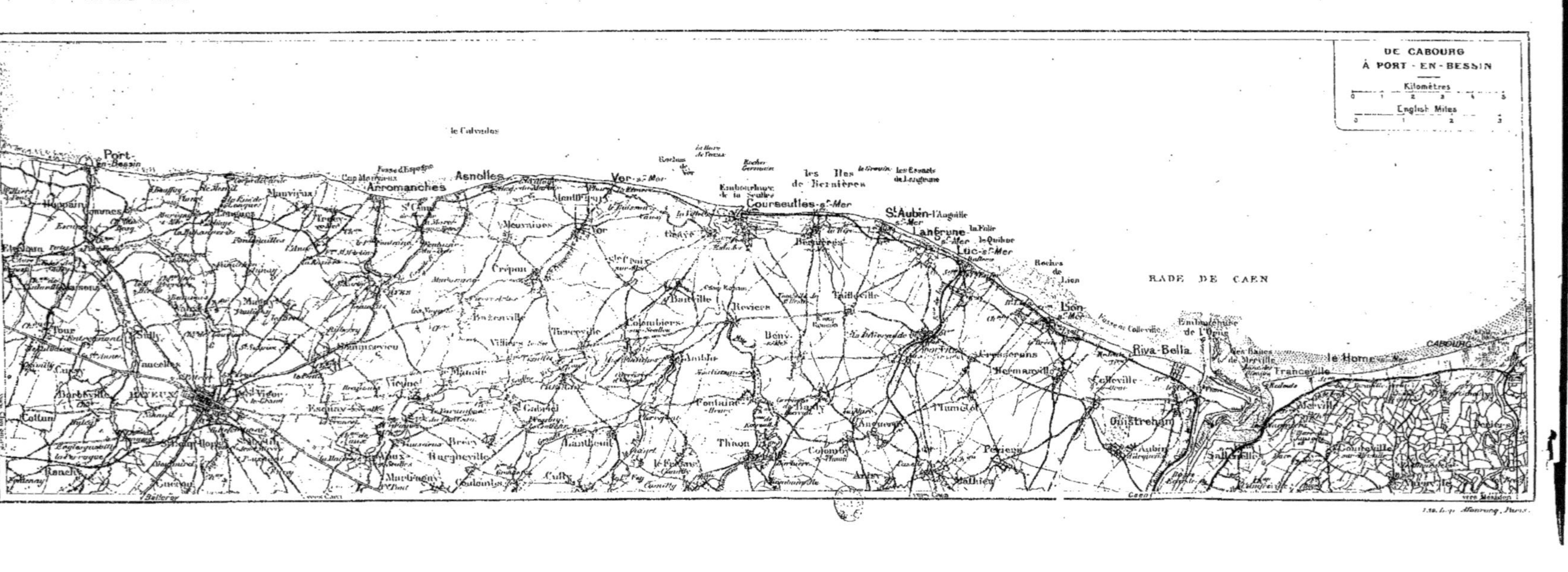

DE CABOURG
À PORT-EN-BESSIN
Kilomètres
0 1 2 3 4 5
English Miles
0 1 2 3
le Calvados
RADE DE CAEN
Port-en-Bessin
Arromanches
Asnelles
Ver-s-Mer
Courseulles-s-Mer
les Iles de Bernières
St Aubin-s-Mer
Langrune
Luc-s-Mer
Lion-s-Mer
Riva-Bella
Ouistreham
le Home
Franceville
Cabourg
Bayeux
Crépon
Tierceville
Colombiers-sur-Seulles
Reviers
Thaon
Périers
Hermanville
Colleville
Bény
Douvres
Tailleville
Merville
Cresserons
Plumetot
Mathieu
Gabriel
Sully
Tour
Vaux
Brécy
Cully
Creully
Anguerny
Vienne
Manoir
Cottun
Ranchy
Colomby
St Aubin d'Arquenay
Sallenelles
Banville
Meuvaines
Ryes
Magny
Manvieux
Tracy
St Côme
Villiers-le-Sec
Saint Vigor-le-Grand
Esquay-sur-Seulles
Fontaine-Henry
Beuville
Amblie
Lantheuil
Martragny
Bucéels
Cambes
Anisy
Basly

prendre possession de leur évêché, et qui remonte, dit-on, à Odon, frère utérin de Guillaume le Conquérant.

5 k. *Sommervieu*. L'église a un chœur de la fin du XIIIe s. et une porte romane. A dr. de la route, le château (XVIIIe s.) avec belle grille, ancienne propriété des évêques de Bayeux, a été en partie reconstruit au XIXe s. pour servir de petit séminaire, désaffecté auj.; chapelle moderne, en style gothique.

8 k. *Ryes* (rest. *Arthur-Marie*, T.C.F., à la station), ch.-l. de c. de 359 hab., arrosé par la petite rivière de la Gronde, possède une église isolée à 500 m. de la station dont les parties les plus remarquables datent des XIe et XVIe s.; le chœur a des fenêtres originales. En se rendant à l'église, on voit à g. la ferme du Pavillon, du début du XVIIIe s.

9 k. *Ryes-Embranchement*, bifurc. pour Arromanches (p. 381), halte en plein champ.

11 k. *Saint-Côme-de-Fresné*, petit village sur le flanc de la hauteur, descend en pente douce vers la mer jusqu'à St-Côme-la-Plage-d'Or qui continue à l'O. la plage d'Asnelles (*V*. ci-dessous); les falaises, à l'O., commencent le relèvement de la côte vers Arromanches. On voit à mi-côte sa pittoresque église, romane et du XIIIe s. Au delà, la route et le ch. de fer atteignent la mer.

13 k. **Asnelles,** 329 hab., petite station balnéaire, dite *Asnelles-la-Belle-Plage*, a de belles propriétés entourées de jardins et des installations plus modestes. On trouve au bourg les principaux approvisionnements. La côte est plate.

Billets : — *de Paris*, 44 fr. 50, 30 fr. 35; 19 fr. 85; billets d'aller et retour ordinaires (les billets de bains de mer sont actuellement suspendus), 67 fr. 95, 49 fr. 40, 32 fr. 30.

Hôtels : — *des Bains*, sur la mer (l'été; bains de mer chauds, jardin, tennis); *Belle-Plage*, sur la mer (l'été; bains chauds, tennis).

Agence de location : — *Mlle Barba*, r. de la Marine.

Bains de mer : — cabines et costumes. *Bains de mer chauds*, aux hôtels.

Si l'on tourne à dr., un peu en deçà de la gare, par la rue Édouard-Vatin où se trouvent la mairie et la poste, on gagne le *bourg* proprement dit entouré de prairies. L'église, romane, avec un chœur gothique, a été en grande partie reconstruite; au maître-autel, retable Louis XV. Le cimetière entoure l'église.

A g. de la gare, la rue Vatin conduit au bourg balnéaire, où se trouvent les hôtels et la plage. La *plage*, de sable fin et résistant, s'étend sur une longueur de 1 k.; c'est une des plus belles de la région. On y voit une petite digue et un établissement de bains.

La mer se retire à 500 m. à marée basse, laissant de larges flaques d'eau; on pêche la crevette, l'équille, la seiche, etc. Les habitants retirent de la mer, pour engraisser leurs terres, une sorte de tourbe nommée *gourban*.

A 2 k. en mer, on voit émerger, aux grandes marées, un groupe de récifs long de 1 k., large de 500 m., dit *le Calvados*, et qui a donné son nom au département. Le nom de ce récif serait, a-t-on dit, celui d'un vaisseau, le *Salvador*, qui y échoua et qui aurait fait partie de la célèbre flotte espagnole, connue sous le nom de l'« Invincible Armada ». Mais cette opinion manque de fondement. Elle n'a d'autre base que le nom de Calvador, que de vieilles cartes anglaises donnent à ce récif.

En suivant la plage vers l'E. on gagnerait Ver-sur-Mer (5 k.; *V.* ci-dessous). — Vers la g. on va à Arromanches (3 k.; p. 381), soit par la grève à marée basse, soit en gravissant le faîte de la falaise, près de Saint-Côme (*V.* ci-dessus).

Au delà d'Asnelles le ch. de fer et la route longent la côte et ses vastes grèves. — 14 k. *Meuvaines*, à 2 k. à dr. avec une église romane, du début du XIIe s. : statue grossièrement taillée aux arcatures de la façade.

18 k. **Ver-sur-Mer**, 753 hab., petite station balnéaire, sur une grève plate, adossée à un coteau et entourée de marais où les roseaux poussent en abondance. On y trouve un certain nombre de villas, avec arbres et jardins, et de petites maisons.

Billets : — *de Paris*, 47 fr. 55, 32 fr. 60, 21 fr. 25; billets d'aller et retour ordinaires (les billets de bains de mer sont actuellement suspendus), 73 fr. 05, 53 fr. 25, 34 fr. 75. — La voie la plus directe passe par Caen (ch. de fer de Caen à la Mer jusqu'à Courseulles; de Courseulles à Ver-sur-Mer, ch. de fer départemental du Calvados).

Hôtels : — *Villa des Arts* (gar.; jardin); *de Paris*, r. de la Mer (au bourg), fermé pendant la guerre.

Agence de location : — *Monceaux*, sur la plage.

Loueurs de voitures : — *Lepage*, au bourg; à l'hôtel de Paris.

Bains de mer : — cabines à louer.

A 600 m. à dr. de la station, du côté opposé à la mer, le bourg de Ver-sur-Mer s'étend tout en longueur, dans un vallon du petit ruisseau de Provence. L'*église* a un beau clocher roman, du XIIe s., à 4 étages décorés d'arcades et avec un toit de pierre; à l'intérieur la nef, reconstruite, a conservé quelques ornements romans. Près de l'église, ferme de la Jurée, du XIVe s. Sur la hauteur du mont Fleury, à dr. de la route du bourg, s'élève le phare, haut de 13 m., à 42 m. d'alt., et dont le feu correspond avec celui du phare de la Hève, près du Havre. Il est voisin de l'hôtel du Chalet-du-Phare.

A g. de la station s'étend le bourg balnéaire, sur l'emplacement du petit hameau de la Rivière, qu'il a absorbé. Le ruisseau de Provence s'y jette dans la mer. On remarque une reconstitution du hameau du Petit-Trianon de Versailles, dont les maisonnettes se louent en meublé.

La *plage* est de sable, avec quelques cailloux. Elle découvre à 1 k. à marée basse, laissant à nu des rochers et des flaques d'eau où l'on se livre à la pêche : crevettes, crabes, etc. On atteint vers la dr. les récifs dit les *roches de Ver*, où la récolte des coquillages est abondante.

De la plage on gagne, à l'O. Asnelles (5 k.; p. 379); à l'E. on va à Graye (3 k.).

22 k. *Graye*. Le village est à 1 k. à dr. A g., en bordure de

la mer, une petite station balnéaire, dépendance de Courseulles, est en formation; quelques chalets. — On traverse le port de Courseulles, situé dans l'estuaire de la Seulles.

23 k. *Courseulles* (p. 350), où l'on rejoint la ligne du ch. de fer de Caen à la mer, qui se continue, parallèlement à la ligne côtière, vers Saint-Aubin et Luc-sur-Mer (p. 346-350).

II. — De Bayeux à Arromanches.

Chemin de fer : départemental du Calvados, 13 k. — *De Paris*, 44 fr. 50, 30 fr. 35, 19 fr. 85; billets d'aller et retour ordinaires (les billets de bains de mer sont actuellement suspendus), 67 fr. 95, 49 fr. 40, 32 fr. 30.

Route : 11 k. par (6 k.) *Ryes* en suivant la route que longe le ch. de fer départemental; 9 k. par la route directe qui laisse à dr. Saint-Vigor et, à 5 k., Magny.

La ligne d'Arromanches se détache à *Ryes* (9 k.; p. 379) de celle d'Asnelles-Courseulles et se dirige droit au N. vers la mer.

13 k. **Arromanches**, 335 hab., petit port de pêche et station balnéaire familiale, assez fréquentée, au fond d'un étroit vallon, dans une dépression de la falaise qui l'enserre, à dr. et à g., et le protège des vents d'E. et d'O. On trouve quelques villas et des locations meublées chez l'habitant. Les marchands du bourg fournissent ce qui est nécessaire à la vie, et il est facile de compléter ses approvisionnements à Bayeux. Le poisson est abondant.

Hôtels : — *de l'Etoile-du-Nord*, r. de la Batterie, sur la mer, T.C.F. (fermé pendant la guerre); *Grand-Hôtel*, sur la mer, T.C.F. (l'été; rep. à prix fixe et à la carte; chauff., jardin, tennis); *de la Marine*, r. de la Marine et sur le quai; café-rest. *Daligaux*, avec chambres, près du port.

Agence de location : — *Mme Paris-Loisceleur*.

Poste : — à la mairie.

Loueur de voitures : — *Lecouvreur*, route de Saint-Côme, à l'entrée du bourg.

Casino : — à la salle des fêtes, dépendant de l'hôtel de l'Etoile-du-Nord.

Bains de mer : — cabines et costumes; bains de mer chauds.

De la gare on voit à dr. l'église, moderne, de style roman. Une petite avenue plantée d'arbres descend au bourg et amène à la rue de la Batterie, où l'on prend à dr., pour tourner ensuite à g. en face de l'hôtel de l'Etoile-du-Nord et arriver à la cale. Le *port*, dit la cale, offre un maigre abri aux barques de pêche, tirées sur le rivage à l'aide de cabestans.

Les marins d'Arromanches se livrent, au large, à la pêche du hareng et du maquereau, qui est abondante. Ils vont pêcher le congre jusque sur les côtes de Portsmouth. Ils pêchent également, autour d'Arromanches, le homard et autres gros crustacés.

Après la digue, un escalier descend à la *plage* : petit établissement de bains chauds, location de cabines, et villas avec escaliers descendant à la mer. La plage, de sable avec quelques galets, est très favorable à la pêche de la crevette, équille, moules et « crevuche » ou écrevisse de mer; intéressante flore marine.

Le creux d'Arromanches se termine, de ce côté, à la haute falaise de Tracy et au cap Manvieux, qui sépare Arromanches de Port-en-Bessin. Au pied de cette falaise, les récifs de la *Fosse d'Espagne*, qui découvrent à 1 k. à marée basse, doivent leur nom au naufrage supposé d'un navire de l'Invincible Armada, qui se serait perdu non loin de là, sur l'écueil du Calvados (p. 379). On voit émerger celui-ci aux grandes marées, à 2 k. 5 en mer, vers la dr., entre Arromanches et Asnelles.

D'Arromanches à Asnelles, 3 ou 4 k. E., p. 380.

D'Arromanches à Port-en-Bessin. — A pied, par le chemin de la falaise, à l'O., qui en suit le faîte, 10 k. env. en tenant compte des vallonnements du terrain. A 7 k. d'Arromanches, entre le hameau du Mesnil (66 m. d'alt.) et celui du Bouffay, la falaise offre des éboulis pittoresques, dits *le Chaos*.

Par la route, 11 k. O. On suit la rue de Bayeux jusqu'au carrefour de la Brèche de Tracy, où est une maison de convalescence américaine, et on gravit la falaise. Un peu avant Tracy (1 k. 6), on laisse la route de Bayeux pour prendre à dr. On parcourt un haut plateau bocager. — 3 k. *Manvieux*, dont l'église a un clocher du XIIIe s.; fontaine pétrifiante. — 5 k. Carrefour de la Croix-de-Manvieux. On laisse à 500 m. à g. *Fontenailles*, hameau dont l'église, qui ne sert plus au culte, a un chœur roman; demander la clef dans une maison voisine. Du même côté, belle vue sur une immense plaine d'arbres, à l'extrémité de laquelle on aperçoit les clochers de la cathédrale de Bayeux. Courte descente.

6 k. *Longues* (café-rest. *Albert-Marie*), où l'on visite, en se faisant accompagner, les restes de l'abbaye de Sainte-Marie-de-Longues, fondée pour les Bénédictins en 1168, et auj. convertie en ferme. Ces restes sont de diverses époques, XIIIe, XIVe, XVe et XVIIe s.; on remarque surtout ceux de l'église, le chœur et l'un des transepts.

7 k. *Marigny-sur-Mer*, hameau avec une église récemment restaurée, à nef et à chœur romans : intéressant bas-relief à une porte latérale S.; au cimetière, dont l'entrée est du XIVe s., bel if. De Marigny on peut gagner (1 k. au N.) le hameau du Mesnil, voisin des beaux éboulis de rochers de la falaise, dits le Chaos (*V.* ci-dessus).

9 k. 5. *Commes*, dont l'église a un chœur gothique du XIIIe s., une nef et une tour romanes; château du Bosq, à 500 m. à g. de la route. Descente rapide avec tournants brusques. On laisse à g. la route des Fosses du Soucy (*V.* p. 383) et on continue à dr. jusqu'à la route de Bayeux qu'on prend à dr. — 11 k. Eglise de Port-en-Bessin (p. 383).

III. — De Bayeux à Port-en-Bessin.

Chemin de fer : départemental du Calvados, 10 k.; — *de Paris*, 44 fr., 29 fr. 95, 19 fr. 55; billets d'aller et retour ordinaires (les billets de bains de mer sont actuellement suspendus), 66 fr. 95, 48 fr. 60, 31 fr. 70.

Route : 10 k. N.-O.; itinéraire du ch. de fer, qui suit la route.

Le ch. de fer suit, dans Bayeux, la même voie que la ligne d'Asnelles et Arromanches, jusqu'à la station de la rue Larcher (p. 378). Au delà de la rue Saint-Martin, la voie tourne, à la place aux Pommes, par la rue des Bouchers et dessert, 1 k. 5, la station de Bayeux-Saint-Patrice, sur la place du même nom

p. 376). On sort de Bayeux par la rue de Port-en-Bessin et l'on passe devant le jardin botanique (2 k.; halte, p. 376).

4 k. *Sully*, où se trouve, près de la station, le champ de courses de Bayeux. Le village est à 400 m. à g., sur le bord de la Dromme, avec une église à tourillon du xve s.; bel if au cimetière. Au delà de l'église, sur l'autre rive de la Dromme, ferme de Baissy, avec pavillon d'entrée, de la Renaissance.

On dépasse à dr. le château de Sully, moderne, avec une tour ronde ancienne, et beau parc. — 6 k. *Maisons*, à g., sur la Dromme. Le *château* (des xve, xvie et xviie s., restauré), qu'on voit de la route, à g., un peu après la station, a un pavillon à grands toits, une petite tour centrale avec un lourd clocheton; il est précédé d'un joli bassin encadré de balustres, dit le Miroir. — On franchit l'Aure au pont Fatu, un peu avant son confluent avec la Dromme.

8 k. *Commes*, station desservant le village du même nom, à 2 k. à dr. (p. 382). Du même côté, à dr. de la route, le *mont d'Escures* est surmonté de la butte de Cavalier, ancien poste d'observation, dit vulgairement le Camp romain : on domine de là tout le pays. A 500 m. à g. de la station, par la route d'Etreham, les **fosses du Soucy* sont des excavations souterraines où disparaissent les rivières de la Dromme et de l'Aure réunies.

Ces petits gouffres naturels sont au nombre de quatre : la fosse Tourneresse, la fosse Gripposulais, la Grande-Fosse, qui est la plus vaste, et la Petite-Fosse, la plus profonde. Les eaux, qui y disparaissent en tourbillonnant, vont rejaillir à Port-en-Bessin et se jeter dans la mer, après un cours souterrain de 3 k. Lors des grandes eaux, une partie de la rivière, dépassant les fosses qui ne suffisent pas à son absorption, inonde les prairies avoisinantes et, à 1 k. au delà, à g. de la route d'Etreham, va rejoindre le cours de l'Aure-inférieure, rivière longue de 32 k., qui va se jeter dans la Vire à Isigny. C'est surtout en hiver et au printemps, ou lors des grandes pluies, que le spectacle des fosses du Soucy est intéressant.

10 k. **Port-en-Bessin**, port de pêche de 1,456 hab., pittoresque, dans un creux de falaises, à l'embouchure de la Dromme. C'est aussi une petite station balnéaire familiale, assez rudimentaire. La plage est médiocre, avec une petite bande de sable, au fond de l'avant-port, ce qui a valu à Port-en-Bessin d'être un des rares ports normands de la côte qui ait conservé son aspect local. On trouve au bourg des locations meublées et toutes les fournitures nécessaires; le poisson, les crevettes et les coquillages sont abondants. Les prix sont modérés.

Hôtels : — *de la Marine*, en face de la poissonnerie; *du Lion-d'Or*, sur le quai du port; *du Nord*, idem; *du Soleil-Levant*, Grande-Rue.

Agence de location : — s'adresser à M. Vrard, pharmacien.

Bains de mer : — pas d'établissement de bains; *bains de mer chauds*, quai Baron-Gérard.

Loueurs de voitures : — aux hôtels.

Le ch. de fer s'arrête près du port, au quai Félix-Faure. A

g., une rampe ombragée de trembles conduirait à l'église, moderne, de style roman.

Suivant le quai Félix-Faure, en bordure du *port*, qui s'enfonce profondément dans les terres et qui découvre des vasières grises à marée basse, on arrive au bord de la mer, au pont tournant. Par celui-ci on passerait sur la rive dr. du port, au quai Baron-Gérard : établissement de bains chauds. Adossée à la falaise, de ce même côté, la *tour Vauban*, basse et ronde, est la dernière trace d'un projet de création de port militaire à Port-en-Bessin, projet ébauché au XVIIe s., repris au XVIIIe et au XIXe s., mais resté sans suite. Les bassins auraient été creusés dans la vallée, en arrière du pays.

Tournant à g., par le quai Letourneur, on y laisse à g. la Grande-Rue et l'on arrive à la poissonnerie, où se fait la vente à la criée.

En face de soi on a l'*avant-port*, sorte de bassin circulaire, large de 500 m., encerclé de deux longues *jetées* de granit, l'une de 425 m., l'autre de 455 m., qui s'avancent en arc de cercle comme deux antennes, et qui forment son seul abri : la jetée de l'O. a souvent à souffrir des coups de mer; elle a été fortement endommagée le 21 février 1917. A pleine eau, la mer arrive presque au ras des jetées et l'aspect est charmant des barques de pêche qui sortent ou rentrent à pleines voiles; à basse mer, le sable, un peu vaseux, entremêlé de rochers et de goémons, a des trous d'eau où la pêche aux crevettes est abondante. De l'extrémité des jetées (curieux écho), la vue s'étend sur toute la côte : à l'O. sur la côte de Saint-Laurent et de Vierville, jusqu'à la pointe de la Percée (13 k.); à l'E. vers le cap Manvieux (8 k.), qui cache Arromanches, et vers le rivage au delà d'Asnelles (14 k.).

Il n'y a pas de plage ni de cabines; on se baigne librement, de chaque côté de l'avant-port et dans l'avant-port, en se déshabillant chez soi, ou dans les anfractuosités de la falaise.

Les *falaises* qui encadrent Port-en-Bessin sont intéressantes à parcourir, soit sur leur faîte, soit à leur base à marée basse. D'une roche calcaire très tendre, elles s'éboulent continuellement en fragments énormes, ou se découpent, sous l'action de la pluie et des eaux, en pitons, en aiguilles et en pans de mur pittoresques.

Par la route qui s'élève sur la falaise de g. et passe devant un petit phare et la petite chapelle du Feu signalant l'entrée du port, on monte (1 k. O.) au *sémaphore* : à 64 m. d'alt., il commande un superbe panorama. A la chapelle les piétons suivront de préférence le chemin côtier bordant la falaise. On pourrait, au delà du sémaphore, gagner à pied, par le sentier pittoresque de la falaise, Sainte-Honorine-des-Portes (2 k. 5 env.). En voiture, il faudrait rejoindre, du sémaphore, la route de Saint-Laurent-sur-Mer, qui passe près de Sainte-Honorine (V. ci-dessous).

DE PORT-EN-BESSIN A SAINT-LAURENT-SUR-MER (route 11 k. O.; ch. de fer départemental projeté). — On quitte Port-en-Bessin par la route de Bayeux bordée de peupliers. Après l'église on tourne à dr. pour gagner par une côte de 1 k. un plateau ombragé. — 2 k. 1. A g., *Huppain*, avec une église à nef et à clocher romans.

2 k. 7. Une route, à g., conduirait à 1 k. à *Villiers-sur-Port*, hameau où se voient les **ruines du prieuré* qui se composent d'une église à demi effondrée, romane et gothique, des XIIe et XIVe s., avec clocher de pierre, et de bâtiments de ferme, des XIIe, XVe et XVIe s.

4 k. A g. de la route, château de Grandval. On descend dans la valleuse de Sainte-Honorine-des-Pertes.

4 k. 8. *Sainte-Honorine-des-Pertes* (petit hôtel; rest.) est à 500 m. à dr. de la route, avec une église du XIIIe s., remaniée au XIXe. A 600 m. au delà de l'église, la valleuse de Sainte-Honorine débouche sur la mer, dans un site pittoresque, avec quelques chalets.

6 k. A 500 m. à dr. de la route, *chapelle Saint-Siméon*, dominant la mer, but de pèlerinage, le dim. de la Trinité, et voisine d'une source incrustante. La route continue dans un paysage verdoyant.

8 k. *Colleville-sur-Mer* (p. 386). — On dépasse, à g., en contournant la clôture du parc, le château de Colleville (XVIIIe s.); beau paysage de vergers, de vieux arbres et de fermes normandes. — 11 k. Saint-Laurent-sur-Mer (p. 386).

De Port-en-Bessin à Arromanches, 10 et 11 k. E., p. 382 en sens inverse.

IV. — Du Molay-Littry à Grandcamp et Isigny.

CHEMIN DE FER : départemental du Calvados, 42 k. — Description de l'itinéraire de Bayeux au Molay-Littry, p. 390.

ROUTE : 37 k. par : 11 k. *Saint-Laurent-sur-Mer* (V. ci-dessus), 13 k. 5 *Vierville*, 24 k. *Grandcamp*, où la route tourne vers le S. en s'éloignant du littoral. La route, rejointe par le ch. de fer départemental à la Poterie, à 3 k. du Molay-Littry, confond, à partir de là, son itinéraire avec celui de la voie ferrée.

Du *Molay-Littry* (p. 390), où la gare départementale est voisine de celle de l'État, on longe d'abord la ligne de Cherbourg pendant 1 k. 5, pour passer alors au-dessus d'elle. — 5 k. *Saonnet-la-Poterie*. A *Saonnet*, église avec chœur roman et château moderne de style Renaissance. — 8 k. *Rubercy* : à l'église, en partie du XIIIe s., fonts baptismaux de 1577; ancien manoir du XVIe s., avec cheminée sculptée.

11 k. *Trévières* (hôt. : *de la Place*, T.C.F.; *du Lion-d'Or*; *Saint-Aignan*), ch.-l. de c. de 969 hab., près du confluent de la Tortonne et de l'Aure; beurre renommé. L'église, moderne, de style roman, a conservé de l'ancien édifice la tour centrale, auj. en bas de la nef, octogonale et à flèche; autel de E. de Laheudrie, en marbre blanc avec bronzes. — A 1 k. 6 S.-O., sur la Tortonne, le Beau-Moulin a conservé sa façade de 1684 : c'est auj. un établissement industriel.

15 k. *Formigny* (hôt. *du Lion-d'Or*, T.C.F.) est célèbre par la bataille que, le 18 avril 1450, le connétable de Richemont et le comte de Clermont gagnèrent sur les Anglais, commandés par Thomas Kiriel. Pour consacrer le souvenir de cette victoire, qui assura la reprise de la Normandie, le comte de Clermont, en 1486, fit ériger, à 600 m. env. de la bifurcation de la route de Saint-Laurent, au bord d'un ruisseau et à l'endroit dit le

Val, une charmante petite chapelle dédiée à « Monsieur Sainct Loys, chef et protecteur de la couronne de France »; elle a été restaurée par Louis-Philippe, aux descendants de qui elle appartient; la clef est à l'hôtel du Lion-d'Or. Sur le coteau qui domine la chapelle, l'archéologue Arcisse de Caumont a fait ériger en 1834 une borne haute de 2 m. portant une inscription. Enfin, en 1903, un *monument* plus important, œuvre de Le Duc et Nicolas, a été élevé en face de la mairie de Formigny, par la municipalité, à l'aide d'une souscription publique.

L'église de Formigny (XIIe, XIIIe et XIVe s.), gothique avec nef romane, a un beau clocher du XIIIe s.; à la porte O., statue équestre de St Martin, de 1601. — Foire importante le 1er mardi de juillet, avec « montre » la veille.

A 6 k. O., *Deux-Jumeaux* a une intéressante *église* abbatiale, édifiée à la fin du XIe s., avec nef du XIVe s. et divers remaniements au XVe s. où on remplaça par une chapelle le croisillon S. De l'édifice roman primitif subsistent le chœur carré avec abside circulaire voûtée en cul-de-four, la croisée et les murs N. du transept.

19 k. **Saint-Laurent-sur-Mer**, à dr. de la gare, village de 269 hab., dont dépend, à 1 k. 5, la petite station balnéaire familiale et fréquentée, dans un joli site, de *Saint-Laurent-Plage-d'Or*. Près de l'église, une vaste ferme ancienne offre un joli portail gothique du XIVe s. et un ancien colombier.

Billets : — *de Paris*, par le Molay-Littry, 47 fr. 55, 32 fr. 60, 21 fr. 25; billets d'aller et retour ordinaires (les billets de bains de mer sont actuellement suspendus), 73 fr. 05, 53 fr. 25, 34 fr. 75; — les mêmes, par Isigny : 52 fr. 35; 35 fr. 90, 23 fr. 45; aller et retour ordinaires, 80 fr. 50, 58 fr. 75, 38 fr. 40.

Hôtels : — *de la Plage*, T.C.F.; *des Bains* (gar.); tous deux à la plage.

Agence de location : — *Furon*.

Poste : — à la plage.

Bains de mer : — cabines de location.

De Saint-Laurent-sur-Mer, centre où se font les approvisionnements, la route gagne le vallon du Covidul, qui se jette dans la mer à Saint-Laurent-Plage-d'Or. De belles sources jaillissent dans la vallée; celle du moulin ruiné d'Engranville forme cascade, près de la mer.

Les villas s'échelonnent le long de la vallée et s'adossent aux falaises herbeuses, qui bordent la plage, située au lieu dit les Moulins. Cette *plage*, très belle, à faible inclinaison, avec une petite bordure de galets, est de beau sable dur et résistant, de couleur fauve, ce qui lui a valu son nom; on y pêche l'équille et la crevette.

La mer ne se retire pas à plus de 500 m., ce qui facilite le bain. Le climat est doux dans son ensemble, et de nombreuses espèces florales, fuchsias, lauriers, broméliacées, prospèrent en pleine terre, dans les jardins.

A 3 k. E., **Colleville-sur-Mer**, à 1 k. 5 de la mer, où l'on descend par un frais vallon ombragé de chèvrefeuilles et clématites, avec de belles sources, est une petite station balnéaire en formation, avec quelques chalets. Au bourg, près de la route, *église* avec tour romane, à 6 étages; curieux bas-relief au tympan de la porte S.; à l'intérieur, nef et chœur du XIIe s., restaurés et remaniés. Château du XVIIIe s.

La route continue vers (6 k. 5) Sainte-Honorine-les-Portes (p. 385) et (11 k.) Port-en-Bessin (p. 383).

Au delà de Saint-Laurent le ch. de fer et la route tendent à se rapprocher de la mer.

21 k. **Vierville-sur-Mer**, 355 hab., dans de belles campagnes, à 600 m. de la mer, au bord de laquelle se forme une petite station balnéaire, fréquentée par quelques artistes.

Billets : — *de Paris*, par le Molay-Littry, 47 fr. 95, 32 fr. 95, 21 fr. 40; billets d'aller et retour ordinaires (les billets de bains de mer sont actuellement suspendus), 73 fr. 95, 53 fr. 85, 35 fr. 15; — les mêmes, par Isigny: 52 fr. 05, 35 fr. 65; 23 fr. 30; aller et retour ordinaires, 79 fr. 80, 58 fr. 25, 38 fr.

Hôtels : — *Piprel*; *Merlin*; tous les deux au bourg.

Agence de location : — *A. Coste.*

Casino : — à la plage, soirées familiales (dépendance de l'hôt. Piprel).

En venant de la station, on voit à dr. l'église du bourg, défigurée, mais avec belle flèche en pierre, du XIIIe s., et un château du XVIIe s. On descend à g. à la plage, vers laquelle s'inclinent des falaises couvertes d'herbes. La *plage* est de beau sable, avec une petite bordure de galets. On y pêche la crevette, l'équille, les crabes et les moules.

En suivant la grève vers l'O., on peut gagner (2 k. 7) la pointe de la Percée (*V.* ci-dessous). A l'E. la route de Saint-Laurent-Plage-d'Or (2 k.), sous le nom de boulevard de Gauvigny, forme au bord de la mer une jolie *promenade* avec bancs, bordée de belles villas adossées à la falaise et habitées la plupart par leurs propriétaires.

A 1 k. S.-O. du bourg, le *château de Vaumicel*, pittoresque, transformé en ferme, est un ancien manoir de la Renaissance, avec tours et tourelles couvertes de lierre. A 1 k. S.-O. de Vaumicel, par un chemin de traverse, à 1 k. 5 par la route, *Louvières* a une église en majeure partie du XIIIe s. : la tour centrale a une flèche moderne, reproduisant la flèche ancienne; au transept, chapelle du XVe ou XVIe s. A 1 k. 7 N.-O. de Louvières, *Asnières* a une église romaniée au XIIIe s., avec flèche de cette époque.

Au delà de Vierville le ch. de fer et la route courent sur un haut plateau. — 23 k. *Louvières* dessert le village de ce nom (*V.* ci-dessus), situé à 2 k. 5 au S.

A 1 k. au N. de la station (pas de chemin tracé), s'avance en mer la *pointe et raz de la Percée*, où se termine la longue ligne sablonneuse des plages de Vierville et de Saint-Laurent, et où commence la ligne de falaises rocheuses qui va vers Grandcamp.

24 k. *Englesqueville-la-Percée*, village à 1 k. 7 au S., qui doit son nom à la pointe de la Percée (*V.* ci-dessus). L'église est du XIIe et surtout du XIIIe s. A 2 k. S.-O. du bourg, le château de Beaumont a été défiguré au début du XVIIe s. et a conservé une chapelle romane. Château d'Englesqueville (fin du XVIe s.), qu'on voit à g.

26 k. *Saint-Pierre-du-Mont*; la station est à 1 k. de la mer : église construite du XIe au XIVe s., remaniée de nos jours; château de la fin du XVIe s. — 28 k. *Cricqueville-en-Bessin*, à 2 k. 6 au S., a une église du XIIIe s. avec portail du XIVe et un château du XVIe s. Après une courte montée on descend vers Grandcamp, où le ch. de fer a une gare et deux arrêts.

31 k. **Grandcamp-les-Bains** est un gros bourg de pêche de 1,774 hab. et une station balnéaire familiale, fréquentée, au terme de la côte du Calvados. La campagne environnante est fort belle. Le bourg offre toutes les ressources nécessaires à la vie; le poisson est abondant. Au mois d'août ont lieu des régates et des courses de chevaux.

Billets : — *de Paris*, par le Molay-Littry, 49 fr. 65, 34 fr. 30, 22 fr. 40; billets d'aller et retour ordinaires (les billets de bains de mer sont actuellement suspendus), 77 fr. 25, 56 fr. 65, 35 fr. 95; — par Isigny, 50 fr. 40, 34 fr. 20, 22 fr. 30; aller et retour ordinaires, 76 fr. 50, 55 fr. 35, 36 fr. 10.

Hôtels : — *Grandcamp-Hôtel*, T.C.F., sur la mer (l'été); *de la Plage*, sur la mer; *du Cheval-Blanc*, Grande-Rue, T.C.F. (toute l'année).

Café-restaurant : — *Ledunois* (avec quelques ch.).

Agence de location : — au bureau de tabac *Le Cavé*, Grande-Rue.

Poste : — Grande-Rue.

Loueurs de voitures : — *Sophie*, rue des Bains; *Le Gigan*, Grande-Rue.

Bains de mer : — cabines à louer.

Casino : — café-casino.

Promenades en mer : — l'été, indiquées par affiches.

Grandcamp se compose principalement de la Grande-Rue (route d'Isigny), parallèle à la mer, où est la poste, et qui traverse le bourg dans toute sa longueur (1 k.). L'église, moderne, de style roman et inachevée, se trouve à l'extrémité du bourg. Un peu plus haut, rue des Bains, ancienne église entourée du cimetière.

La Grande-Rue communique par plusieurs rues transversales avec les quais du port, appelés le perré, d'où se détachent des épis, moitié pierre, moitié bois. Une petite estacade en bois s'élève près de la *cale* en plan incliné, où s'échouent les canots, appelés « picoteux », qui font le va-et-vient entre la terre et les bateaux de pêche; ceux-ci demeurent amarrés à une certaine distance. Outre les poissons, ils pêchent le homard.

La *plage* est de sable et de galets; on y trouve des cabines. Des rochers, couverts de varechs, apparaissent à marée basse; pêche aux crevettes, crabes, moules, équilles. L'ancien fort Samson a été transformé en parc aux huîtres. Non loin du phare est un petit café-casino.

Les grandes marées découvrent un vaste plateau de roches calcaires sous-marines, signalées par des bouées et dites les *roches de Grandcamp*. Elles s'étendent jusqu'à 2 k. 5 du rivage, sur une longueur de 8 k., commençant à l'E. vers la pointe du Hoc, se terminant à g. dans la baie des Veys.

Au delà de Grandcamp le ch. de fer s'éloigne de la mer. — 33 k. *Maisy*. L'église a un chœur du XIIIe s. et une belle tour du XIVe, à flèche de pierre; à l'intérieur, fonts baptismaux de 1663. Château de la Tonnellerie, de l'époque de Louis XIV. — 35 k. *Géfosse-Fontenay*. L'église a une nef et un chœur du XIIIe s., une tour centrale du XIVe ou XVe s. Château de la fin du règne de Louis XIV. — 37 k. *Cardonville*, à 1 k. à l'E. — 40 k. *Osmanville*, avec une église romane et un petit château du XVe s., où l'on rejoint la route de Bayeux à Isigny. — 42 k. *Isigny* (p. 394).

35. — DE CAEN A CHERBOURG.

CHEMIN DE FER : Etat, 131 k., en 4 h. env. par train omnibus, en 2 h. 30 à 3 h., par express (horaires d'avant-guerre); 20 fr. 45, 13 fr. 80, 9 fr.

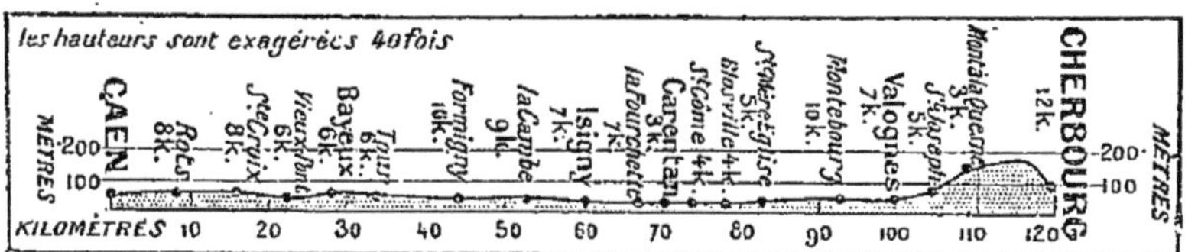

ROUTE : 120 k., par : 11 k. *Bretteville-l'Orgueilleuse*; 22 k. *Le Vieux-Pont*; forte côte; 28 k. *Bayeux*; traversée des vallées de la Dromme et de l'Aure et montée vers (41 k.) *Formigny*; après (53 k.) *la Cambe*, descente dans la vallée de l'Aure inférieure; 60 k. *Isigny*; on croise le ch. de fer de Neuilly à Isigny près de la station de *Pont-du-Vey*, puis la Vire en amont de son estuaire; 70 k. *Carentan*; 83 k. *Sainte-Mère-Eglise*; 93 k. *Montebourg*; 100 k. *Valognes*; montée continue jusqu'à 117 m., puis descente rapide sur Cherbourg.

230 k. de Paris à *Caen*, p. 233 à 266. Le ch. de fer traverse l'Orne et ses prairies; vue à dr. sur Caen.

248 k. *Carpiquet*, avec une église du XIVe ou XVe s.; 2 portes de même époque, à l'entrée d'une ferme. — On franchit la Mue, petit affluent de la Seulles, en amont des *Rots*, à 4 k. N.-O. de la station précédente : intéressante église du XIIe s., avec sculptures, agrandie aux XIVe et XVe s.; chapelle de l'Ortial, du XIIIe ou XIVe s. On voit à g. le clocher de Norrey.

253 k. *Bretteville-Norrey* (à la gare, hôt. : *de l'Ouest*; *de la Gare*), station desservant Bretteville-l'Orgueilleuse à 700 m. au N., et Norrey à 1 k. au S. *Bretteville-l'Orgueilleuse*, que traverse la route de Caen à Bayeux, a une église avec clocher des XIIIe et XIVe s., restaurée; au portail principal, curieuses sculptures romanes, reproduisant celles du petit portail de g.

A 4 k. N.-O. de la station, *Secqueville-en-Bessin* a une *église* de la fin du XIe s., avec clocher haut de 50 m., à trois étages d'arcatures romanes; la flèche de pierre est du XIIe s. Cette tour servit, en 1105, de refuge à Robert Fitz-Hamon, partisan du roi d'Angleterre Henri Ier, poursuivi par les soldats de Robert, duc de Normandie; on alluma du feu sous la tour pour le forcer à se rendre. Le chœur, reconstruit plusieurs fois, est du XVIIe s., sauf le mur du chevet qui date du XIVe s. — A 3 k. O. de

Bretteville, *Putot-en-Bessin* a une église du XIIIe s., avec haut clocher du XIVe s.; 2 manoirs du XVIIe s. — A 6 k. N.-E. de Bretteville, beau château de Lasson (p. 339).

Norrey possède une charmante **église*, un des types du gothique normand du XIIIe s. La flèche de la tour, qui est haute de 47 m., n'a pas été exécutée. Au flanc g., joli porche à demi ruiné. A l'abside, 2 petits clochers, en forme de pyramides sectionnées par leur milieu, et jolies sculptures restaurées.

La nef est très simple et date du début du XIIIe s.; elle est plus basse que le chœur et insignifiante à côté de lui. — Le *chœur*, du milieu du XIIIe s., ainsi que le transept, est remarquable et fait le principal intérêt de l'église. Il est d'une fine et riche élégance, avec ses grands arcs, son triforium, ses longues colonnettes et ses piliers à chapiteaux sculptés. Au pourtour du chœur surtout, on remarque des frises décoratives, en pierre sculptée et ajourée, restaurées, d'une grâce exquise : fleurs, vigne, oiseaux, petites têtes, sujets divers, à g. le Massacre des Innocents. A la chapelle absidale de dr., autel du XIIIe s.

A 2 k. 5 de Norrey, château du Mesnil-Patry, de 1610, avec un bel escalier.

259 k. *Audrieu*, à 1 k. 2 au S. L'*église* a un transept roman et des chapelles à toitures élancées, en pierre, du XIIIe s., un chœur du XIIIe ou XIVe s. et une élégante tour centrale dont la flèche est inachevée. Au N. de l'église, château de la Motte, avec chapelle du XIIIe s.

Tilly-sur-Seulles (hôt. *du Nord*, T.C.F.), à 5 k. S.-O. (voit. de corresp., 60 c.), est un ch.-l. de c. de 855 hab., dans une vallée boisée, avec église du XIe s., reprise aux XIIe ou XIIIe s., tour centrale du XIVe, porche du XVe. Restes de la chapelle Notre-Dame-du-Val (fin du XIIe s.). Château du XVIIIe s. A 3 k. 7 S.-E. de Tilly, *Fontenay-le-Pesnel* a élevé un petit monument (1911) à la mémoire du poète Segrais, avec médaillon en relief, œuvre du statuaire Eugène Bénet.

A 2 k. 3 N.-O., bois et château de *Ducy-Sainte-Marguerite* : *église* avec tour romane terminée au XIIIe s. par une flèche d'une grande élégance, chœur du XVe s. et beau tabernacle. A 2 k. 6 O. de Ducy, *Condé-sur-Seulles* a une église du XIIIe s. et un château moderne. — A 3 k. O., sur la Seulles, *Chouain* a une église des XIIe et XIIIe s., près de laquelle un château Louis XIII a été converti en ferme; dans le fond d'un vallon, château de Belval, du XVIIe s., entouré de fossés.

La voie franchit la Seulles et traverse Condé-sur-Seulles (*V.* ci-dessus).

269 k. **Bayeux** (p. 366); bifurc. pour Asnelles et Arromanches (p. 378 et 381), pour Port-en-Bessin (p. 382), pour Balleroy (p. 377). Après la gare, vue à dr. sur les clochers de la cathédrale. On franchit l'Aure, puis la Dromme, près de *Ranchy*, dont l'église est en partie du XIIe s.

278 k. *Crouay*, à 2 k. N.-E., avec une église du XIIIe s. où l'on voit une statue équestre de St Martin, du XVe s., et des fonts baptismaux du XVIe s. A 1 k. 5 à l'E., sur une colline, église, avec tour octogonale, de *Cottun*.

283 k. **Le Molay-Littry** (hôt. *de la Gare*, T.C.F.). *Le Molay* est à 1 k. au N., sur la rive g. de la Siette, avec un château

du XVIIIe s. remanié au XIXe. *Littry* (voit. de corresp. et station du ch. de fer départemental de Balleroy) est à 3 k. 5 au S., avec une église à clocher du XIIIe s., restaurée en 1905. Le centre principal de Littry est maintenant *la Mine* (hôt. : *Duval*; *du Commerce*), que l'on rencontre à 1 k. de la gare, sur la route de Littry; mines de houille. La Mine est aussi desservie par le ch. de fer départemental de Balleroy (*V.* ci-dessous).

Saon, à 3 k. 8 N.-E. de la gare, a une église renfermant l'intéressant tombeau (1616) de Robert Davaynes et de Jeanne Daché, sa femme, avec leurs statues couchées.

Du Molay-Littry a Balleroy (ch. de fer départemental du Calvados, 11 k.). — 1 k. *La Mine-de-Littry* (*V.* ci-dessus). — 3 k. *Les Petits-Carreaux*, station desservant le vieux bourg de Littry (*V.* ci-dessus). On traverse la forêt des Biards (p. 377). — 6 k. *L'Embranchement*, station à la lisière de la forêt des Biards. à un carrefour de sept routes, que croise la route de Bayeux à Saint-Lô (p. 377). 8 k. — *Balleroy-le-Pont*, au pont sur la Dromme, à 500 m. de Balleroy, que l'on gagne par un détour de 3 k. — 11 k. *Balleroy* (p. 378), bifurc. pour la Besace et pour Bayeux.

Du Molay-Littry a Grandcamp et Isigny, p. 385.

Au delà du Molay-Littry, on franchit la Siette et l'Esques, en laissant à dr. *Cartigny-l'Epinay*, avec une église en partie du XIIIe s. On côtoie les rivières du Croc et du Rieu; agréables paysages.

296 k. **Lison** (buffet; à la gare, petit hôtel-rest. *Adam*, neuf); bifurc. pour Saint-Lô et Coutances (p. 447); service d'autos projeté pour Grandcamp, s'informer. Le village est à 3 k. de la gare.

Après avoir franchi le Rieu, on suit la rive dr. de l'Elle jusqu'à son embouchure dans la Vire. Celle-ci serpente, plus à g., dans de vastes prairies et communique avec la Taute par le canal de Vire-et-Taute (12 k. de long), qui sert surtout au transport des sables, chaux et tangues marines.

302 k. **Neuilly**, dit *Neuilly-la-Forêt* ou *Neuilly-l'Evêque*. L'église, des XIIe et XIIIe s., sur une colline, est flanquée d'un clocher moderne. Le *château*, des XIVe et XVe s., fut fondé au XIe s. et donné à Odon, évêque de Bayeux et frère de Guillaume le Conquérant : dès cette époque, il servait de maison de campagne aux évêques de Bayeux; ils s'y réfugiaient aussi en temps de guerre; le château soutint plusieurs sièges célèbres contre les Anglais. Le hameau de Saint-Lambert, au confluent de l'Elle et de la Vire, possède un moulin célèbre et un ancien port qui servit jadis de repaire aux pirates normands.

De Neuilly a Isigny-sur-Mer (ch. de fer, Etat, 8 k. ; 1 fr. 25, 85 c., 55 c.).

L'embranchement d'Isigny descend la vallée de la Vire. — 6 k. *Pont-du-Vey*, halte qu'un pont sur la Vire, à g., relie à 2 k., au village des Veys.

8 k. **Isigny-sur-Mer** (hôt. : *de France*, r. Emile-Demagny, dipl. T.C.F.; *du Commerce*, même rue; poste, r. Demagny; *Société Générale*, près de la poste; loueur de voit., *Leboucher*; bateau

pour le Havre, 1 fois par sem.), ch.-l. de c. de 2,591 hab., port de commerce sur l'Aure inférieure, près de sa jonction avec la Vire et à 2 k. 5 de la mer. Isigny donne son nom aux beurres de toute la partie de la Normandie comprise entre Bayeux, Barfleur et Coutances; son port n'en exporte pourtant que 1 million 1/2 de francs env., tandis que Saint-Vaast, Carentan et Cherbourg en expédient pour plusieurs millions. Il se fait aussi à Isigny un commerce considérable de moules. Les foires sont importantes.

En sortant de la gare de l'Etat, on voit à g. la gare départementale de Grandcamp, Vierville et Saint-Laurent. En face, on a l'*hôtel de ville*, ancien château du XVIIIe s., que précède une place plantée de tilleuls et que longe une rue allant au port. A l'entrée de la place se trouvent la halle aux grains et le marché aux bestiaux, d'où la courte rue de l'Hôtel-de-Ville conduit à la place Gambetta et à la rue Emile-Demagny, ancienne Grande-Rue.

La rue Emile-Demagny, où sont à g. les deux hôtels, mène à g. au pont, à dr. à la poste et à l'église. L'*église* est un joli édifice datant du XIIIe s. dans ses parties les plus anciennes, et en grande partie reconstruit de nos jours; la tour est du XVIe ou XVIIe s.; au transept g., la chapelle Saint-Joseph, avec colonnettes et voûtes à nervures élégantes, est du XIIIe s.

Le *port*, bordé de quais, reçoit des navires de 300 à 400 tonnes; outre son exportation de beurres, il importe des bois de Norvège, débités dans d'importantes scieries mécaniques. Il est situé dans le lit de l'Aure inférieure, endiguée jusqu'à son confluent avec la Vire (1 k.; suivre, d'Isigny, la rive dr. du chenal). La Vire est elle-même canalisée jusqu'à son embouchure dans la mer (1 k. 5), puis pendant 2 k. encore, dans la baie des Veys, jusqu'à la pointe ou roche du Grouin.

La baie des Veys, qui reçoit la Vire et la Douve ou rivière de Carentan, large de 5 à 6 k., profonde de 7 ou 8, découvre à mer basse d'immenses bancs de sable, qui se terminent au N.-E., aux roches de Grandcamp. La baie forme, à marée haute, une immense nappe d'eau entourée d'arbres. On y remarque, notamment à l'embouchure de la Vire, de curieux échos. Le fond de la baie formait autrefois, vers la terre, un delta marécageux dont le sol a été, depuis 1856, conquis à l'agriculture, comme la baie du Mont-Saint-Michel. Ces terres, transformées en pâturages particulièrement fertiles, valent jusqu'à 5,000 fr. l'hectare. Enfin, des rives de la baie on extrait la tangue, sorte de sable tourbeux qui sert d'engrais.

D'ISIGNY A GRANDCAMP ET LE MOLAY-LITTRY, p. 385 à 388 en sens inverse.

AU DELA DE NEUILLY la voie franchit la Vire, bordée de vastes prairies, puis passe dans la vallée de la Taute, qu'elle franchit.

314 k. **Carentan** (hôt. : *d'Angleterre*, r. Holegatte, T.C.F.; *du Commerce*, T.C.F.; *du Soleil-Levant*, près de la gare), ch.-l. de c. de 3,987 hab. et port de commerce, au confluent de la Douve et de la Taute, au milieu de vastes prairies marécageuses. Un canal de 8 k. relie Carentan à la mer. La ville a une église intéressante.

Histoire. — La ville de Carentan, dans laquelle on a vu à tort l'ancienne cité gallo-romaine de *Crociatonum*, car son nom dérive d'un type celtique *Carentomagos*, fut rebâtie après les invasions des barbares et subit au moyen âge plusieurs sièges, dont le dernier date de 1574. Le roi d'Angleterre, Edouard III, la livra aux flammes en 1346, quelques jours avant la bataille de Crécy. En 1679, un incendie y détruisit plus de 500 maisons.

A Carentan est né le jurisconsulte *Elie de Beaumont* (1732-1786), avocat au Parlement de Paris, célèbre par son « Mémoire pour les Calas ».

Industrie et Commerce. — Carentan est le plus grand marché pour les beurres de toute la Normandie; il s'en expédie jusqu'en Amérique. C'est en outre le centre de la région qui produit le cheval trotteur, demi-sang.

En sortant de la gare on voit à g. l'école supérieure, installée dans un ancien couvent de femmes (début du XVIIe s.), puis on se trouve sur la vaste place du Marché.

Sur le côté g. de cette place s'ouvre la rue Holegatte amenant à la *mairie*, grande construction en pierre et brique de style Louis XIII, encadrant une cour rectangulaire, avec buste de la République sur une petite colonne. Du même côté de la place, rue des Prés, on trouve la poste et une porte de la Renaissance, en face de l'institution Saint-Joseph.

Sur le côté dr. de la place du Marché, qui se continue par le Boulevard, s'ouvre la *rue* ou *place de la République*, avec quelques maisons anciennes, ayant à leur rez-de-chaussée des arcades gothiques et des porches à piliers; presque toutes ces maisons ont été défigurées.

Au fond de la place de la République, à g., la courte rue de l'Eglise amène à l'église.

L'**église*, que l'on aborde par son flanc dr. offrant un joli porche sculpté, a été bâtie du XIIe au XVIe s. et présente extérieurement un bel ensemble du style flamboyant; elle porte un magnifique *clocher central*, en forme de pyramide ajourée, en pierre, richement ornementé, avec dais et clochetons. La grande et belle fenêtre du transept est surmontée de la statuette de St Michel terrassant le dragon. Au-dessus du bas-côté court une balustrade; au pignon des chapelles, des statuettes figurent des anges jouant de divers instruments de musique. Le portail principal date du XIIe s.; il appartient au style de transition, roman-gothique, où apparaît encore la dent de scie romane; il est surmonté d'une fenêtre aveuglée. Au flanc g. de l'église, qui donne sur une petite esplanade plantée de tilleuls, on remarque des gargouilles sculptées et, à la base des arcs qui encadrent les fenêtres de l'abside, de petits personnages sculptés, joueurs de biniou.

A l'intérieur le monument présente moins d'unité. La nef, qui est du style gothique des XIVe et XVe s., est plus basse que le chœur, qui date des XVe et XVIe s. Buffet d'orgue du XVIIIe s. et chaire sculptée du XVIIe s.; près de la chaire, contre un pilier, curieuse épitaphe d'un prêtre (1660). A la 4e fenêtre du bas-côté dr., *vitrail* ancien, en partie restauré. Les autres vitraux anciens (XIVe-XVe s.) qui ornaient l'église sont mutilés.

Le carré du transept, qui supporte le clocher, est la partie la plus ancienne de l'église; il date du XIIe s. et, avec ses chapiteaux romans, appartient au style de transition. Une arcade en plein cintre encadre le chœur. — Le chœur (xve-xvie s.), aux lignes élancées, est flamboyant; le fond en est obstrué par un vaste et mauvais retable en bois, du xviiie s. *Clôture* et jolies *stalles* sculptées, à personnages, de la Renaissance. — A la 2e chapelle de g. du pourtour du chœur et au pan de mur qui précède de ce côté la chapelle absidale, *peintures sur bois* anciennes et naïves. — Au transept g., jolie niche de pierre ajourée, couvrant le lavabo pour les saintes huiles.

Derrière l'église, vers la dr., la rue du Bassin-à-Flot, suite de l'avenue Qui-qu'en-grogne, conduit au *port* en quelques minutes. Celui-ci, situé à l'entrée du canal de 8 k. qui relie Carentan à la mer, est majestueux d'aspect, dans son encadrement de grands ormes séculaires : expédition de beurres, œufs, volailles, légumes pour l'Angleterre et pour l'Amérique.

Une route de 10 k. N.-E. conduit à *Isigny*. Sortant de la ville par les rues du Château et Forteron, on franchit deux bras de la Taute. — 1 k. Saint-Hilaire-Petitville. La route court à l'E.. à travers une campagne dont les herbages sont entourés de hautes haies d'aubépine, dominées par des frênes et des ormes. On longe à dr. le petit castel à tourelles de Banville, situé près du point de croisement de la route de Catz (400 m. à g.) à Saint-Pellerin (1 k. à dr.). Au hameau des Rosiers, on commence à descendre vers la Vire, dont le regard embrasse la belle vallée de prairies. Après avoir passé la rivière, on croise, près de la halte des Veys, le ch. de fer départemental de Nouilly, pour arriver à Isigny (p. 391) par une belle avenue.

De Carentan a Carteret, p. 429.

La gare de Carentan dessert Sainte-Marie-du-Mont, petite station balnéaire à 16 k. N. (voit. publ., l'été, jusqu'au bourg, 1 fr.).

On sort de Carentan par la route de Sainte-Mère-Eglise, qui traverse de grandes prairies arrosées par les bras de la Douve. — 3 k. 6. On quitte la route de Sainte-Mère-Eglise pour prendre à dr. celle de Sainte-Marie-du-Mont, en laissant à g. *Saint-Côme-du-Mont* : église des xiie et xve s., avec flèche de pierre du xive s.; fonts baptismaux du xiie s. — 6 k. On laisse à dr. Angoville-au-Plain et l'on passe le ruisseau du Pont. — 7 k. 4. *Vierville*, dont on aperçoit à dr. l'église (xiie s.) au portail roman. — Après avoir dépassé à g. l'habitation appelée le Manoir, on traverse le ruisseau de Thouave.

10 k. **Sainte-Marie-du-Mont** (hôt. *du Soleil-du-Midi*), 1,148 hab., sur une petite hauteur de 31 m. offrant une vue très étendue, à 4 k. des grèves de la Vire et de la Taute.

L'**église* est romane, avec chœur et transept du xive s. et petit porche de la fin du xve s., mais les fenêtres et les voûtes de la nef ont été refaites au xive s. Plusieurs chapiteaux offrent des sculptures intéressantes. La tour, carrée et du xive s. dans sa partie inférieure, octogone dans sa partie supérieure, se termine par une coupole moderne : du haut de la tour, très beau panorama. A l'intérieur, chaire Henri III; à g. du maître-autel, statue funéraire en marbre de Henri aux Espaules (début du xviie s.).

Derrière l'église, restes d'un *château* : grande porte ronde avec poterne; bâtiments à tourelles du XVe s. entourant une cour. Sur la place, devant l'église, maison dont la façade offre, encastrés dans la muraille, quatre panneaux de bois sculptés.

En sortant du bourg pour aller à la mer, on découvre la côte de Grandcamp. — 11 k. 5. Près d'un calvaire en granit, on croise la route de (3 k. à g.) Audouville-la-Hubert.

16 k. *Plage de Sainte-Marie*, belle grève de sable fin, sans galets ni rochers; les prairies s'étendent jusqu'au bord de la mer. On aperçoit à dr. Grandcamp et les falaises de la Pointe du Hoc; à g. émergent les îles Saint-Marcouf, au delà desquelles apparaît au loin l'hémicycle de la rade de la Hougue. Les habitants des environs, notamment de Valognes, viennent faire de temps en temps sur cette plage ce qu'ils appellent « une partie de mer ». Sur la grève sont disposées quelques maisonnettes où se déshabillent les baigneurs, qui apportent généralement leurs provisions. On ne trouve au hameau de *la Madeleine*, voisin de la plage, que de petits cafés-restaurants; chapelle, but de pèlerinage. — A 1 k. au delà de la chapelle de la Madeleine, la redoute d'Audouville contribue à la défense du mouillage de la Hougue.

Au delà de Carentan le ch. de fer traverse un canal inachevé, creusé sous Napoléon Ier, puis franchit la Douve parmi de vastes pâturages marécageux, si peu élevés au-dessus du niveau de la mer qu'il a fallu, pour les protéger, construire un pont-écluse dont les cinq portes se ferment d'elles-mêmes au flot et s'ouvrent au jusant. A dr., *Carquebut* et son église en partie romane. On quitte la vallée de la Douve pour remonter celle du Merderet.

326 k. *Chef-du-Pont-Sainte-Mère-Eglise*, avec une église romane.

L'Ile-Marie, à 2 k. 3 S.-O., ancienne paroisse appelée aussi le Home, a un ancien château du maréchal de Bellefonds, qui y fut exilé. L'église, construite par le maréchal, renferme une Vierge à la Chaise de *Jules Romain*, donnée par le grand Dauphin, fils de Louis XIV.

De Chef-du-Pont a Pont-l'Abbé et a Sainte-Mère-Eglise : ch. de fer départemental, desservant à g. *Pont-l'Abbé* (7 k., asile d'aliénés) et à dr. *Sainte-Mère-Eglise* (3 k. 3 N.-E.; hôt. *du Grand-Turc*), ch.-l. de c. de 1,264 hab., au milieu de beaux pâturages; commerce de beurre. L'église, du XVIe s. avec bénitier sculpté de l'époque et lutrin du XVIIIe s., est précédée d'une place avec une croix du XVIe s., sur une colonne milliaire romaine.

332 k. *Fresville*, à dr.; carrières de calcaire.
335 k. *Montebourg-Etat*.

A 1 k. 5 S.-O. de la gare de Montebourg-Etat, *le Ham* a une église d'une ancienne abbaye de Bénédictins, avec nef et portail du XIIe s. et chœur du XIIIe; au cimetière, croix du XVIe s. et statues anciennes.

De Montebourg-Etat a Saint-Martin-d'Audouville (ch. de fer départemental, 8 k.; service interrompu pendant la guerre). — La ligne, se dirigeant au N.-E., dessert d'abord *Montebourg* (hôt. : *du Midi*, T.C.F.; *du Nord*), ch.-l. de c. de 1,831 hab., sur le penchant de la butte du mont Castre portant au sommet les vestiges d'un castrum ou camp romain, qui a donné son nom à la colline; le signal du mont Rouyoux, à 1 k. N.-O. du précédent, est à 117 m. d'alt. L'église, avec clocher pyramidal en pierre, date du XIVe s. De l'ancienne abbaye. fondée par Guillaume le Conquérant, il reste le logis abbatial (XVIIe s.), Sur la place, statue de Jeanne d'Arc. Fabriques de coutils et tanneries; marchés importants. — Aux environs de Montebourg : à 2 k. S.-O., croix sculptée (XVIe s.) d'Eroudeville; à 2 k., *Saint-Floxel* avec une église à tour romane, dont le patron fut un des premiers apôtres du Cotentin.

Au delà de Montebourg le ch. de fer atteint (8 k.) *Saint-Martin-d'Audouville*, station de la ligne de Valognes à Barfleur (p. 399).

343 k. **Valognes** (omn.; hôt : *du Louvre*, r. des Religieuses, T.C.F., bon, voit. de louage; *de la Gare*, près de la gare, simple), 5,649 hab. (les *Valognais*), ch.-l. d'arrond. de la Manche, sur le Merderet, au centre de la presqu'île du Cotentin, petite ville déchue, jadis siège d'une vicomté, a conservé de beaux hôtels particuliers, habités autrefois par toute une petite noblesse provinciale; l'église est intéressante.

Histoire. — Valognes a remplacé une ville gallo-romaine, dont le nom, avec les deux variantes *Alauna* et *Alaunia*, est devenu d'une part *Alleaume* (faubourg de la ville, *V.* ci-après), et de l'autre Valognes. La ville, place forte au moyen âge sous l'autorité directe des ducs de Normandie, puis des rois de France, se donnait, au XVIIe et au XVIIIe s., comme une des gardiennes du bon ton, comme un « petit Paris ». Lesage a ridiculisé ces mœurs dans son *Turcaret*.

A Valognes sont nés : *Landry*, poète du XIIe s.; *Pierre Le Tourneur*, traducteur de Shakespeare (1736-1788); le médecin *Vicq d'Azyr* (1748-1794); les érudits *Dacier* (1742-1833), *Emile Burnouf* (né en 1812), *Léopold Delisle*, paléographe et historien (1826-1915); le chimiste *Pelouze* (1807-1867).

Industrie et Commerce. — Important établissement pour l'exportation des beurres frais et salés. Fours à chaux, dans le faubourg d'Alleaume. Le lundi, marché aux bestiaux.

De la gare de l'Etat, voisine de la gare départementale de Saint-Vaast et Barfleur (p. 398), une avenue d'ormes descend à dr., vers la rue Thiers. On rencontre dans cette rue le collège, à g., ancien séminaire, qui date de 1654, et l'ancien théâtre, devenu la *bibliothèque*.

La bibliothèque, qui compte 20,000 vol. dont 250 incunables, renferme : un *sarcophage* en pierre, découvert à Lieusaint en 1859 et couvert d'une dalle en deux morceaux, offrant une arête prismatique; à la tête de ce sarcophage avait été placée la moitié d'une base de colonne retournée, sur le bord de laquelle on lit : SUNNOVIRA. Autre sarcophage, du IVe ou du Ve s., provenant de Saint-Floxel (*V.* ci-dessus); couvercle du tombeau de Richard de Réviers, fondateur de l'abbaye de Montebourg; autel du VIe s., provenant de l'église du Ham (p. 395).

Continuant la rue Thiers, on arrive à la vaste place du Château, voisine de la gare Valognes-ville, du ch. de fer de Barfleur; à dr., la rue du Château, en dessous de laquelle subsistent des souterrains voûtés de l'ancien château, amène à la place Vicq-d'Azyr, bordée à dr. par l'église.

L'**église* date des XVe, XVIe et XVIIe s. et appartient à plusieurs styles. La nef est surmontée, à son centre, d'une *tour* assez singulière, avec dôme de pierre à arêtes dentelées : c'est le seul dôme gothique existant en France, si l'on peut appeler gothique une construction dont le principe est emprunté à l'art gréco-romain et dont les détails seuls appartiennent à l'architecture attardée du XVe s. Au portail principal, beau *porche* flamboyant : sa double arcade ogivale est supportée par une colonne de la Renaissance; les vantaux sculptés de la porte sont aussi de la Renaissance. Sur le flanc dr. de l'église s'élève le clocher, à flèche de pierre. C'est de ce côté qu'on voit le mieux le dôme central et les doubles balcons à jour qui courent le long de l'édifice.

L'intérieur, gothique, est simple et élégant d'aspect, avec d'harmonieuses proportions. Les piliers de la nef, cylindriques et sans chapiteaux, sont surmontés d'un triforium, situé plus haut au carré du transept qui porte la lanterne de la tour centrale. Belle *chaire* sculptée du XVIIe s. Au transept dr., à la retombée des voûtes, culs-de-lampe représentant les symboles des 4 Évangélistes. — Le chœur a de belles arcades gothiques, auxquelles s'appuient de magnifiques *boiseries* du XVIe s. : grilles de clôture, stalles et tabourets. Les stalles du fond du chœur sont inférieures (XVIIe s.). — Au bas-côté g., dans une chapelle malencontreusement rajoutée en excroissance au XVIIe s., tableau de la Cène, par Le Goubert (1709); Prière à la Vierge, par Laynaud (1853). — L'église n'a rien conservé de ses vitraux anciens.

A l'extrémité de la place Vicq-d'Azyr, près de l'abside de l'église, se trouve un carrefour de trois rues : la rue Carnot, à g., où la *sous-préfecture* est installée dans un ancien hôtel du XVIIIe s., à fronton triangulaire; un peu plus loin, la poste; cette rue croise la rue Saint-Malo menant à une place plantée d'ormes au milieu de laquelle se dresse un grand calvaire moderne; — la rue des Religieuses, en face, la principale de Valognes, où l'on trouverait l'hôtel du Louvre et où l'*hospice* occupe une ancienne abbaye de Bénédictins, du XVIIIe s., avec cloître entourant une cour intérieure; — la rue de l'Officialité (p. 398).

Au faubourg d'*Alleaume*, qui occupe l'emplacement de la ville antique d'*Alauna*, se voient des ruines, revêtues de lierre, connues sous le nom de *Vieux-Château*. Pour s'y rendre, prendre entre les n°s 58 et 59 de la rue des Religieuses un chemin qu'on suit sur 500 m. env.; après avoir croisé un autre chemin, on voit des ruines à g., au bord du chemin, à l'embranchement de celui d'Alleaume.

En suivant à g., à partir du Vieux-Château, le chemin d'Alleaume, on peut aller visiter dans une propriété privée les *arènes* et le *balnéaire*. Le village d'Alleaume se montre sur un monticule; on y parvient après avoir franchi un ruisseau près d'un moulin. Dans le mur extérieur de l'*église* (XVIe ou XVe s.), un bas-relief roman représente l'Agneau pascal avec deux apôtres; dans l'église, la chapelle N.-D.-de-la-Vie, à g. du sanctuaire, renferme une Vierge miraculeuse, autrefois but de pèlerinage fréquenté.

En face de l'église, la rue des Capucins ramène au calvaire de Valognes et à la rue Carnot.

Prenant au chevet de l'église de Valognes, vers la dr., la rue de l'Officialité, on y remarque au n° 1, une maison du XVIIIe s.; au n° 19, une petite porte en pierre sculptée, de la Renaissance (XVIe s.); au n° 27, un grand porche voûté du XVe s. Puis on arrive à un carrefour.

Si l'on suivait vers la g. la rue Saint-Sauveur, qui passe sur une petite rivière près d'une vieille tourelle, on trouverait le bel *hôtel de Beaumont*, de style Louis XV, avec parc.

Suivant au contraire, vers la dr., la rue du Tribunal, on rencontre la rue Wéléat (1re à g.), qui est bordée par l'*hôtel de ville*, monument Louis XIV, avec perron décoré de colonnes et petit beffroi. A côté est le tribunal (Ier Empire).

Par la rue du Tribunal on peut ensuite regagner directement la rue Thiers et la gare.

DE VALOGNES A SAINT-VAAST-LA-HOUGUE ET BARFLEUR, V. ci-dessous.

Au delà de Valognes la voie franchit trois fois la Douve. — A dr., sur un coteau, *Brix* a les ruines d'une forteresse, démantelée au XIIIe s., et dont les matériaux servirent, au XIVe, à la construction de l'église actuelle, et un hêtre de 7 m. de tour; c'est le berceau des Bruce, qui donnèrent à l'Ecosse l'illustre Robert Bruce.

113 k. *Sottevast*, avec un château du XVIIIe s.; bifurc. pour La Haye-du-Puits et Coutances (p. 425). La voie, entre des coteaux boisés, franchit plusieurs fois la Douve, dans une vallée étroite, puis le Mauvasson.

120 k. *Couville* (voit. de corresp. pour Flamanville et Diélette, p. 423-424), à 1 k. 5 à g. : à l'église, ancien autel de l'abbaye de Blanchelande et fonts baptismaux romans. — La voie, après avoir atteint 168 m. d'alt., descend vers Cherbourg.

125 k. *Martinvast* (p. 414). — La voie se rapproche de la vallée de la Divette, franchit deux fois cette rivière, traverse un petit tunnel et une tranchée; elle longe enfin, dans le vallon de Quincampoix, la base des montagnes du Roule et d'Octeville, aux assises de grès quartzeux et couronnées par des forts (p. 413).

131 k. *Cherbourg* (p. 405).

36. — LE LITTORAL DE VALOGNES A BARFLEUR

CHEMIN DE FER : départemental, 36 k. — Les billets de bains de mer pour les stations desservies par cette ligne sont actuellement suspendus; s'informer.

ROUTE : 25 k., route directe qui traverse le plateau, par (15 k.) *Quettehou*. La route côtière, suivie par le ch. de fer, est plus pittoresque.

De la gare départementale de Valognes, située en face de celle de l'Etat, le ch. de fer de Barfleur dessert d'abord, à 1 k. 5, *Valognes-ville*, station située à proximité de la place du

Château (p. 396) puis traverse de gracieux vallons. — 5 k. *Tamerville*, qui a une église romane, avec clocher octogonal du XIIe s.; au transept, statue de St Jacques et Pietà du XVIe s. On voit au loin, sur la dr., le mont Rouyoux (117 m.; p. 396), qui domine Montebourg. — 9 k. *Saint-Martin-d'Audouville-Vaudreville*, bifurc. pour Montebourg (p. 396).

14 k. *Lestre-Quinéville*, gare isolée, desservant la petite station balnéaire de Quinéville, située à 3 k. S.-E. (omnibus de l'hôtel Moderne).

De la gare, on prend une route laissant Lestre à 1 k. 5 à dr. et traversant le hameau de Bourg-de-Lestre (1 k.). On descend ensuite vers le vallon verdoyant de la Sinope, où on pêche la truite, et que l'on franchit sur un petit pont de pierre. Du pont, on voit à dr., sur un mamelon, les ruines, enveloppées de lierre, de la chapelle Saint-Michel (XIIe ou XIIIe s.). A 2 k., on laisse à dr. une route qui monte sur la colline portant l'église de Quinéville, pour poursuivre vers la mer.

Quinéville-Plage forme une petite station balnéaire, fréquentée surtout par les habitants des campagnes et des petites villes voisines. On y trouve un bon hôtel et des locations meublées; on s'approvisionne au village.

Hôtels : — *Moderne*, T.C.F. (l'été; omnibus à la gare, aux trains de Paris, 50 c.); *de la Plage*, à la mer.
Restaurants (avec ch. meublées) : — *Gouhier*; *Gauthier*.

Agence de location : — *Agnès Roland*.
Bains de mer : — location de cabines et costumes.

La plage borde une grande grève de sable en pente fort douce, se prolongeant, d'une part au delà de l'embouchure de la Sinope jusqu'à la Hougue, de l'autre jusqu'aux bancs des Veys, sur une longueur totale de 20 k. Les cabines, appartenant pour la plupart à des particuliers, sont de véritables maisons de planches; les gens de la campagne y viennent en charrettes, y cuisinent et y couchent. Leur affluence est grande surtout les jours de grandes marées, où l'on pêche la crevette; la plage ressemble alors à un véritable campement. On trouve vers l'O. l'hôtel Moderne. Les boutiques d'approvisionnement sont dans des cabanes en bois. Quelques barques de pêche viennent parfois mouiller en face de Quinéville. Les bains se prennent à marée haute, car au reflux la mer se retire à plus de 1 k.

Le village est un peu en arrière de la plage, sur une colline d'où l'on découvre une vue étendue : au S., vers les îles Saint-Marcouf (*V.* ci-dessous), la baie des Veys et Grandcamp; au N., vers Morsalines et Saint-Vaast-la-Hougue. C'est des hauteurs de Quinéville que Jacques II d'Angleterre assista à la bataille navale de la Hougue, qui anéantit ses espérances (p. 401). L'église est moderne, de style gothique, avec une flèche de pierre; de l'église primitive elle a conservé un bas-côté roman (à dr. du chœur), en partie refait, surmonté de l'ancien petit clocher roman. Dans le cimetière, en face du portail de l'église, mausolée Frappoli-Dieudonné, par Nicole, en marbre blanc.

Un peu avant l'église, en venant de la plage, s'ouvre une belle futaie, où on entre aussi du cimetière, précédant le château, du XVIIIe s., en style néo-grec, qu'entoure un beau parc. Dans cette futaie, un petit monument creux, du XIIe s., est dit la Grande-Cheminée : c'est la cheminée d'une maison disparue ou l'ancien four banal du château.

Le *château de Tourville* est à 3 k. 5 N.-O. de Quinéville et à 1 k. de la station de Lestre-Quinéville; l'enclos est traversé par la Sinope.

Les Gougins, château de Fontenay et Saint-Marcouf. — En suivant la grève de Quinéville vers le S., par un chemin de sables, on arrive d'abord (1 k. 5) au petit village de Fontenay, faisant face aux roches de Saint-Floxel, qui découvrent à mer basse et où l'on recueille crabes et coquillages. On atteint ensuite, à 3 k., le village des *Gougins*, où une église moderne a remplacé l'ancienne chapelle N.-D.-de-Bon-Secours, dont elle a conservé l'autel et les statuettes de bois.

En continuant à longer la mer, on arrive, 4 k. 5, à la *plage de Saint-Marcouf*, de sable, et où des rochers découvrent à marée basse. Quelques chalets commencent à se bâtir au bord de la grève. Le village de Saint-Marcouf est à 3 k. de la mer.

Une route de 8 k. O. et S. conduit de Quinéville à Saint-Marcouf, en passant par (5 k. 6) *Fontenay-sur-Mer*. A 1 k. au delà de ce village (6 k. 5 de Quinéville), s'ouvre, à dr. de la route, une avenue de 1 k., conduisant au *château de Fontenay*, du XVIIe s., ancienne résidence des grands baillis du Cotentin, entouré d'un parc magnifique. — *Saint-Marcouf*, village de 632 hab., où l'on trouve quelques logements meublés, est situé sur le versant d'une petite colline. L'église, des XIIe et XVe s., est bâtie sur une crypte romane et à côté d'une fontaine voûtée, du XIVe s.; elle a des fonts baptismaux carolingiens. Église et fontaine sont un but de pèlerinage et dédiées à St Marcouf, abbé normand du VIe s. A 3 k. du bourg s'étend la plage de Saint-Marcouf (*V.* ci-dessus).

A 8 k. de ce rivage émergent les *îles Saint-Marcouf*; on peut s'y rendre, soit avec un bateau pêcheur, soit de Saint-Vaast-la-Hougue (p. 401) par le cotre qui fait le service du pilotage. Ces îles, inhabitées en temps de paix, sont au nombre de trois : l'île du Large, la principale ; l'île de Terre et le rocher Bastin. L'île du Large est occupée par un fort rond, en blocs énormes de granit, dont les murs ont une épaisseur de plusieurs mètres, et avec un phare à feu permanent. L'île de Terre renferme un ancien fort carré, entouré d'un fossé plein d'eau. En 1793, les Anglais s'établirent dans ces îles et en firent un poste militaire qui rendait les communications par mer presque impossibles entre Cherbourg et le Havre.

Au delà de Lestre-Quinéville le ch. de fer se rapproche de la mer. — 17 k. *Aumeville-Crasville*. La station est à 1 k. à l'O. de la mer; Aumeville et Crasville sont à 1 et 2 k. à l'O.

20 k. **Morsalines** (petits restaurants avec ch.; pour les locations s'adresser au secrétaire de la mairie), village de 265 hab., voisin de la mer, et petite station balnéaire.

Morsalines est entouré de verdure et offre un charmant aspect. Les ressources y sont peu nombreuses et ses petites maisons sont d'ordinaire retenues longtemps à l'avance. Les principaux fournisseurs sont à Quettehou, station suivante (2 k. 5 par la route), ou à Saint-Vaast-la-Hougue (5 k.). — Une route descend de la station à la plage, située, à 1 k., au lieudit le « Rivage »; les maisons, reliées entre elles par de petites sentes, sont protégées contre les lames par des galets entassés et des pieux. La grève, de sable noir avec des trous d'eau, offre une belle vue du fort pittoresque de la Hougue (p. 403) qui ferme la baie de Morsalines. Toute celle-ci assèche à marée basse et le flot se retire à 2 k. de la rive; parc aux huîtres.

22 k. *Quettehou* (hôt. : *du Soleil-Levant*, pl. du Champ-de-Foire, T.C.F., voit. d'excurs., jardin, cabines à la mer; *du Commerce*, T.C.F.; *de l'Agriculture*), ch.-l. de c. de 1,104 hab., au bas d'une colline que couronne l'église, reçoit pendant l'été le trop plein des baigneurs de Saint-Vaast-la-Hougue. Il y a une petite plage, à 1 k. du bourg, au fond de la baie de Morsalines. L'église, du XIIIe s., isolée à 300 m. du bourg, en retrait de la route de Valognes, a une tour carrée, un bas-côté du XVe et un portail de la Renaissance; elle renferme une jolie piscine à dr. du maître-autel et, au bas de la nef, un tableau de la Flagellation; à g. du chœur est accolée une chapelle moderne. Du cimetière qui l'entoure, vue de Saint-Vaast et du fort de la Hougue.

A 2 k. O. de Quettehou se trouve le bois du Rabey, où se voit un charme séculaire, dit Arbre de la Fée.

24 k. **Saint-Vaast-la-Hougue** (pron. *Saint-Vâ*), petite ville et port de 2,540 hab., station balnéaire familiale fréquentée, est situé sur une presqu'île. Saint-Vaast offre un aspect pittoresque très particulier, avec ses quais de granit, l'île de Tatihou qui lui fait face, et ses forts, ses remparts, ses bastions de pierre, construits par Vauban. C'est un des petits ports de la côte normande qui ont conservé le plus de caractère.

Les hôtels sont peu nombreux et, d'ordinaire, remplis durant l'été; on se loge surtout chez l'habitant, ou en maison meublée; les prix sont peu élevés, mais les locations se font assez tôt dans la saison. On trouve tous les approvisionnements nécessaires. Le poisson est abondant; les parcs fournissent des huîtres.

Le climat, plutôt doux, sauf par vents d'est et de nord-est, commence à se rapprocher de celui de la Bretagne; les figuiers poussent en pleine terre, dans les jardins un peu abrités.

Hôtels (toute l'année) : — *de France*, Grande-Rue, T.C.F.; *de Normandie*, Grande-Rue, T.C.F.; *de la Gare*, près de la gare (vue sur la mer); *café du Commerce*, sur le quai du port (avec chambres).

Restaurants : — plusieurs petits restaurants à la gare et sur les quais.

Pension de famille : — *Mlle Blouin*, r. Joly.

Agence de location : — s'adresser au *syndicat d'initiative*, à la librairie Laurent, Grande-Rue, qui fournit tous renseignements sur séjour.

Loueurs de voitures : — *Bidault*; *Jeanne*.

Poste : — Grande-Rue.

Bateau pour : — *le Havre*, de 2 à 4 fois par mois (*V.* les horaires). — *Bateaux à voiles* : s'adresser aux marins du port.

Bains de mer : — location de cabines et costumes.

Régates : — vers le 15 août.

Histoire. — La rade de la Hougue a donné son nom au funeste combat naval du 29 mai 1692. Louis XIV ayant projeté de rétablir Jacques II sur son trône, sa flotte se disposait à faire une descente en Angleterre sous les ordres de Tourville, dont les vaisseaux devaient se joindre à l'escadre du comte d'Estrées; mais celle-ci fut dispersée par une tempête, à sa sortie de Brest. Réduit à ses seules forces, l'amiral Tourville, qui avait reçu l'ordre de combattre à tout prix, livra bataille, au large de Cherbourg, le 29 mai, avec ses 44 vaisseaux, aux 90 navires des flottes anglaise et hollandaise, fortes de 41,000 hommes et de 7,000 canons. Le combat fut désastreux. Une partie des vaisseaux français s'échappa par le passage de la Déroute, entre la terre et Jersey. Mais une autre partie fut obligée de doubler la pointe de Barfleur et de se réfugier à la Hougue, où la flotte ennemie la poursuivit. Voyant l'impossibilité de sauver ses vaisseaux, Tourville les fit échouer : 200 chaloupes ennemies, bien armées, les assaillirent et y mirent le feu (31 mai).

Longtemps, aux grandes marées, émergèrent sur les écueils voisins de Tatihou les épaves de la flotte; les habitants allaient y arracher des morceaux de bordage, des débris d'ancres, des chaînes, des boulets.

De la gare on voit à dr. la baie de Morsalines et la double tour du fort de la Hougue, voisin de la plage (*V.* ci-après). Suivant, à g., la rue Joly, on voit à g. la villa de Louis Lacombe, compositeur de musique († 1884) : une inscription rappelle son souvenir et celui de sa femme, la cantatrice Andrée Lacombe, dite Andréa Favel († 1902). On gagne le bourg et on arrive à la place de la République.

A g. s'ouvre la Grande-Rue, route de Quettehou, Valognes et Cherbourg, où sont les hôtels de France et de Normandie, ainsi que les principaux fournisseurs; la rue Trésor à dr. mène à l'église, moderne, de style gothique.

De la place de la République, à dr. et en face de soi on retrouve la mer et on arrive au *port* situé sur la rade. En pleine eau, la mer vient battre les quais et forme une vaste nappe d'où émerge, en face, l'île de Tatihou, avec ses anciens ouvrages fortifiés; elle emplit, vers la g., la vaste baie de Réville, fermée par la pointe de Saire et bordée d'arbres qui semblent baigner dans la mer; au fond de la baie, clocher de Réville. A marée basse, le flot se retire à 2 k. du rivage, découvrant jusqu'à Tatihou une vaste surface vaseuse, entremêlée de rochers et de varechs, où s'échouent les bateaux; vers la g. toute la baie de Réville assèche sur une longueur de 3 k. Deux digues de granit, dont l'une de 500 m. de long, portant un phare, s'avancent dans la rade.

Le port abrite un poste de torpilleurs; il reçoit des navires de commerce et des barques de pêche. Il importe surtout des charbons d'Angleterre et des bois du Nord. Service régulier avec le Havre. Des chantiers de construction sortent des sloops de pêche et des cotres de plaisance.

A g. du port est le quai Vauban, où se fait la vente du poisson à la criée. A dr., en suivant le quai Tourville, à l'amorce de la grande digue, on trouve la *chapelle des Marins*, romane, avec frise de petites têtes sculptées, et dont l'abside est peinte en blanc, pour servir de signal aux navires.

La *plage* est au delà de la gare, sur l'autre face de la presqu'île de Saint-Vaast, du côté de la pleine mer. On s'y rend par une digue bordée par une jetée de granit, et longue de 1 k., qui relie à la terre le fort de la Hougue. Une seconde plage se trouve à l'extrémité du quai Vauban. Toutes deux sont de sable caillouteux.

Le *fort de la Hougue*, appuyé du côté du large sur des récifs, commande, sur sa face opposée, la baie sablonneuse de Morsalines (p. 400). C'est un énorme et pittoresque donjon, élevé sur une butte et se composant d'une grosse tour, doublée d'une tourelle. Il fut construit sur les plans de Vauban, par ordre de Louis XIV, à la suite du désastre de la Hougue (*V. Histoire*, p. 401-402). Divers ouvrages fortifiés, qu'on ne visite pas, l'entourent et renferment dans leur enceinte un grand bâtiment du XVIIe s. Un sémaphore est tout près du donjon, et un phare à l'extrémité S. du fort. Belle vue sur Quinéville et son clocher, au S., et sur toute la côte jusqu'à l'embouchure de la Vire.

ENVIRONS. — **1° Ile de Tatihou** (1 k. de la terre). — On y va en barque, à pleine mer; à basse mer, on s'y rend à pied, ou en voiture légère, par la grève, en contournant d'importants *parcs à huîtres*, produisant annuellement 25 millions de mollusques.

L'île de Tatihou, longue de 1 k., large de 500 m., présente un aspect pittoresque avec sa *citadelle* déclassée et son donjon du XVIIe s., à la Vauban, qu'occupe aujourd'hui le *muséum de zoologie maritime*. Celui-ci, qui dépend du muséum de Paris, offre, dans son *musée*, les spécimens desséchés des animaux marins, poissons, mollusques, crustacés, coquillages, qui se rencontrent sur le littoral de la Manche. Il comprend aussi un *aquarium*, avec de vastes viviers, pour les étudier vivants. Les abords de l'île abondent en crevettes.

2° Iles Saint-Marcouf (13 k. S.-E. de Saint-Vaast). — On s'y rend, soit avec un pêcheur, soit par le cotre qui fait le service du pilotage : prix à débattre. Ces îles sont en face de Saint-Marcouf (p. 400).

3° Morsalines (route 5 k. S.-O., ou station du ch. de fer de Valognes, p. 400). — A pied, on s'y rend (3 k.) en longeant le rivage de la baie de Morsalines et en passant par l'ancien moulin du Dic (1 k.), voisin de la petite plage de Quettehou (p. 401).

4° La Pernelle (route 7 k. N.-O., ou station de Réville du ch. de fer de Barfleur, 3 k. 5 de la Pernelle). — La route passe par Quettehou (2 k. 5; p. 401). — 4 k. 5. Ruines pittoresques de l'ancienne *église de Rideauville*. — 7 k. *La Pernelle*, avec une église pittoresque, dans une situation magnifique d'où l'on découvre une **vue* étendue; dans une maison du bourg, cheminée de la Renaissance.

5° Réville et le Val de Saire (route 23 k. N.-E. et N.-O., aller et ret.; on peut utiliser le ch. de fer de Barfleur, stations de Réville, d'Anneville et de Valcanville, *V.* ci-après). — La route court au pied d'un talus qui masque la mer et bordée de tamaris, avec bancs, longe la baie de Réville jusqu'à l'embouchure de la Saire. A 3 k., laissant à dr. (1 k., p. 404) la plage de Jonville et la pointe de Saire (2 k.), on gagne (4 k.) *Réville* (p. 404). On passe près d'un grand calvaire moderne, puis on croise le ch. de fer. — 7 k. *Anneville-en-Saire*, dans la vallée de la Saire, aux belles prairies, que remonte la route. — 8 k. 5. On laisse à dr. (500 m.) la station de Valcanville. — 11 k. *Valcanville*, dans un paysage pittoresque. La route remonte de près la rive dr. de la Saire, dominée sur sa rive g. par des hauteurs boisées portant un ancien camp romain, et le château de

Pépinvast, moderne : ce château précédé d'avenues de charmilles, de hêtres et d'épicéas, entouré d'un parc, a pour dépendance un haras situé sur une colline dominant le val de Saire.

14 k. 5. *Le Vast*, dans un site charmant. L'église, du XIVe ou XVe s., a conservé un vitrail du XVe s., au-dessus du maître-autel. Le château de la Germonière est entouré d'un parc traversé par la Saire et sa vallée. — 15 k. *Les Fours-Boisnel*, hameau d'où un chemin, à g., monterait au château de Pépinvast (1 k.; *V.* ci-dessus), puis au camp romain (500 m. env. au delà du château).

20 k. 5 *Quettehou* (p. 401), d'où l'on regagne Saint-Vaast (23 k.).

De la gare de Saint-Vaast le train refoule, pour contourner Saint-Vaast et prendre la direction du nord. La voie court à travers des vergers et des jardins; vers la g., au flanc de collines verdoyantes, on aperçoit l'église pittoresque de la Pernelle (p. 403). On franchit la Saire.

29 k. *Réville* (au bourg, quelques logements meublés; cafés-restaurants), bourg de 1,327 hab., dans une nature verdoyante, à 1 k. de la mer. L'église, bâtie sur une motte, a une nef romane, avec chapiteaux historiés assez frustes; au bas-côté dr., Jésus au temple, par Fouace; le chœur et la fine flèche de pierre du clocher sont du XVe s. Au cimetière, tombe en marbre blanc, avec statue couchée, de Mlle Fouace, par son père.

A 1 k. S.-E. du bourg, une petite station balnéaire est en formation autour du hameau de *Jonville*, où se trouve la plage, de sable, avec quelques chalets appartenant pour la plupart à des particuliers, sur la baie de Réville : celle-ci se prolonge jusqu'à Saint-Vaast, qu'on voit à dr. ainsi que l'île de Tahitou. A 1 k. au delà de Jonville, la pointe de Saire, entourée de récifs, ferme à g. la baie et marque le commencement de la côte plus rocheuse de Barfleur.

A 1 k. 9 N. de Réville, au hameau de Craville, *manoir de la Cravillerie*, flanqué d'une tour hexagonale à laquelle est adossée une échauguette; à 2 k. N.-E. manoir du Houguet, avec tourelles rondes.

Au delà de Réville, la voie s'éloigne de la mer. — 31 k. *Anneville-en-Saire*, à g., dans la belle vallée de la Saire. — 32 k. *Valcanville-Anneville*. Valcanville est à 3 k. à g., dans la vallée de la Saire (*V.* ci-dessus). — 34 k. *Montfarville*, bourg de 119 hab., à 500 m. à dr. : dans l'église, belle Vierge du XIVe s., et peintures modernes par Fouace.

36 k. **Barfleur**, bourg de 1,238 hab., port de pêche et de cabotage et petite station balnéaire familiale, au tournant de la presqu'île du Cotentin. On y trouve surtout des logements meublés, chez l'habitant, et de petites maisons, à prix modérés. Ces diverses locations sont retenues, assez tôt dans la saison, par les Cherbourgeois, qui forment la principale clientèle de Barfleur. Le poisson est abondant. La côte est rocheuse et sauvage. En arrière du bourg s'étendent des prairies.

Hôtels : — *du Phare*, T.C.F., bon; *du Port*, T.C.F.; *de la Gare*.

Restaurants : — *Moderne* (simple), près de la gare; plusieurs restaurants avec chambres et pension.

Agence de location : — s'adresser à la mairie ou au notaire.

Poste : — route de Valognes.

Histoire. — C'est sur un écueil entre Barfleur et Gatteville qu'eut lieu, en 1120, le célèbre naufrage de la *Blanche-Nef*, navire qui portait toute la famille de Henri Ier, roi d'Angleterre. Des 300 passagers, il n'en échappa qu'un seul, le boucher Bérold, pour raconter le désastre au roi, qu'on ne vit plus jamais sourire.

Barfleur, pittoresque d'aspect, est bâti autour d'une petite anse intérieure, protégée par 2 jetées, et que bordent les maisons du bourg construites en granit. L'*église*, située sur une pointe de terre qui protège l'entrée du port, date du XVIIe s. et a une grosse tour carrée, terminée par une balustrade; au transept dr. au-dessus de l'autel, joli petit groupe en pierre, figurant une Pietà; au chœur et au transept, boiseries de l'époque.

Le *port*, d'où la mer se retire à marée basse, abrite des caboteurs et de nombreuses barques de pêche. Des cabines, entre le bourg et le phare, bordent une plage de sable, galets et rochers.

Gatteville, phare de Gatteville et pointe de Barfleur (ch. de fer départemental de Cherbourg, station de Gatteville, à 500 m. du bourg; route 2 k. 5 N.-O. de Barfleur à Gatteville; 1 k. de Gatteville à la pointe et au phare). — 1 k. 5 (par la route). On traverse le petit ruisseau du Pont-au-Fèvre, à son embouchure dans l'anse de Grabet. De là, on peut : soit longer la côte, à pied, par un chemin sablonneux, jusqu'à la pointe et au phare (2 k.); soit continuer par la route.

2 k. *Gatteville* (hôt. : *café-restaurant Le Couls*, toute l'année; à la gare, café-rest. *Fortis*), bourg de 900 hab. et petite station balnéaire, encore assez rudimentaire, dans un site sauvage et dénudé. On loge principalement chez l'habitant. L'*église* date du XIIe s., dans ses parties les plus anciennes; elle a été en grande partie reconstruite au XVIIe s.; à l'intérieur, reliquaire en pierre du XVe s., Trinité sculptée du XVIe s. A côté de l'église, une petite chapelle est peut-être l'église primitive. Du cimetière qui entoure l'église, vue sur Gatteville et le phare.

3 k. 5 *Phare de Gatteville*, à la pointe de Barfleur, sur un banc de récifs; une chaussée de granit y donne accès. C'est une colonne de granit de 27 m. de tour à sa base, de 18 m. au faîte, haute de 71 m., y compris la lanterne; la portée du feu est de 90 k. Du sommet du phare s'adresser au gardien; rémunération), la vue est admirable : on distingue, le soir, les feux de l'île de Wight. Près de là, l'ancien phare, construit au XVIIIe s., haut de 27 m., a été transformé en sémaphore. La *pointe de Barfleur* ou de Gatteville forme, avec ses dangereux écueils et les courants violents du raz de Barfleur ou raz de Gatteville, l'extrémité N.-E. de la presqu'île de Cotentin.

Vers la g. les récifs qui bordent la côte font place à du sable et l'on trouve des grèves propices au bain, dans l'*anse de Gattemare* (2 k. du phare), voisine de l'étang du même nom, qu'un cordon de dunes sépare de la côte.

De Barfleur a Cherbourg, p. 414-415 en sens inverse.

37. — CHERBOURG ET SES ENVIRONS

CHERBOURG, ville de 43,731 hab. (les *Cherbourgeois*), ch.-l. d'arrond. de la Manche, port militaire et port de commerce, est situé sur la côte N. de la presqu'île du Cotentin. Sentinelle avancée sur la Manche, son importance maritime est de premier ordre, tant au point de vue de la défense nationale que comme point de relâche de nombreuses lignes transatlantiques, Cherbourg est adossé à la montagne du Roule (p. 412), rocheuse et abrupte, occupée en partie par un fort, et d'où l'on a une vue d'ensemble magnifique sur la ville, sa rade et son port.

C'est un centre de tourisme important et, comme le Havre, une station balnéaire offrant en même temps les avantages d'une grande ville. Sa plage, cependant, a une clientèle plutôt locale; aux environs sont de petites stations balnéaires très simples, principalement Barfleur (p. 404) et Landemer (p. 418). La campagne qui se trouve en arrière de Cherbourg est verdoyante et fort belle.

La presqu'île de la Hague (p. 415), grandiose et sauvage, offre des excursions de premier ordre.

Omnibus de ville : — 1 fr. avec 30 kilog., 1 fr. par 100 kilog. en plus; — omnibus des hôtels.

Hôtels (dans la plupart on parle anglais) : — A LA GARE : *Moderne*, T.C.F. (chauff.).

EN VILLE : 1er ordre : *du Casino* (Pl. *a* D2), sur la plage, T.C.F. (hôpital militaire pendant la guerre); **de l'Amirauté et d'Europe* (Pl. *b* C3), quai Alexandre-III, 16 (chauff.); *de France* (Pl. *c* C3), r. du Bassin, 41, T.C.F.; *de l'Aigle et d'Angleterre* (Pl. *d* C2), quai de Caligny.

Plus simples : *du Louvre et de la Marine* (Pl. *e* B2), r. de la Paix, 28-30, T.C.F. (vue sur la mer); *du Nord* (Pl. *f* B2), r. de la Paix, 32 (vue sur la mer, jardin); **de l'Etoile* (Pl. *g* C3), r. Gambetta, 7 (chauff.); *de Paris et Weymouth* (Pl. *h* C3), quai Alexandre-III, 10.

Restaurants et Cafés : — *Café de l'Amirauté*, quai Alexandre-III, 18-20 (soupers); *café-restaurant de Paris*, quai de Caligny, 40; *café-restaurant du Louvre*, pl. de la République, 6-10 (chambres); *café du Théâtre*, pl. du Château; *du Grand-Balcon*, quai du Bassin.

Agences de location (pour Cherbourg et les environs) : — *Mme Forget*, r. de la Bucaille; *Jeanne*, r. Emile-Zola.

Poste : — r. de la Fontaine, 54, au coin de la rue Gambetta.

Banques : — *Crédit Lyonnais*, r. du Bassin; *Société Générale*, r. de la Fontaine.

Voitures de place : — supprimées depuis la guerre.

Taxi-autos : — réquisitionnés pendant la guerre.

Trams électriques : — réseau urbain, desservant la gare, le centre de la ville et le port militaire, 10 c. et 15 c.; — réseau hors les murs : *Querqueville* (p. 417); *Tourlaville*; départ pl. du Château.

Loueurs de voitures : — *Faisant*, r. de l'Ancien-Quai, 10, et r. Emmanuel-Liais, 56; *Rouffet*, r. de la Bucaille, 11.

Services publics d'autobus : — pour *Jobourg* et *Auderville* (p. 417), et pour *Biville* et *Vauville* (p. 419-420; service suspendu depuis la guerre), départ r. de l'Ancien-Quai, près de la pl. du Château; pour *Flamanville* et *Diélette*, départ r. des Halles, près de la pl. du Château.

Bateaux à vapeur : — services pour le Havre, Aurigny et Guernesey, Southampton et Liverpool, l'Espagne, l'Amérique (tous suspendus pendant la guerre).

Bains de mer : — cabines et costumes.

Théâtre : — pl. du Château (théâtre et cinéma).

Cinémas : — *Eldorado*, pl. de la République; *Omnia-Pathé*, r. de la Paix.

Jeux floraux (académie poétique de la Manche).

Histoire. — Cherbourg, qui occupe l'emplacement présumé de *Coriallo*, port des « Unelles », à l'époque gauloise, fut dès la fin du XIe s. le siège de l'abbaye de Notre-Dame-du-Vœu, fondée par la reine Mathilde,

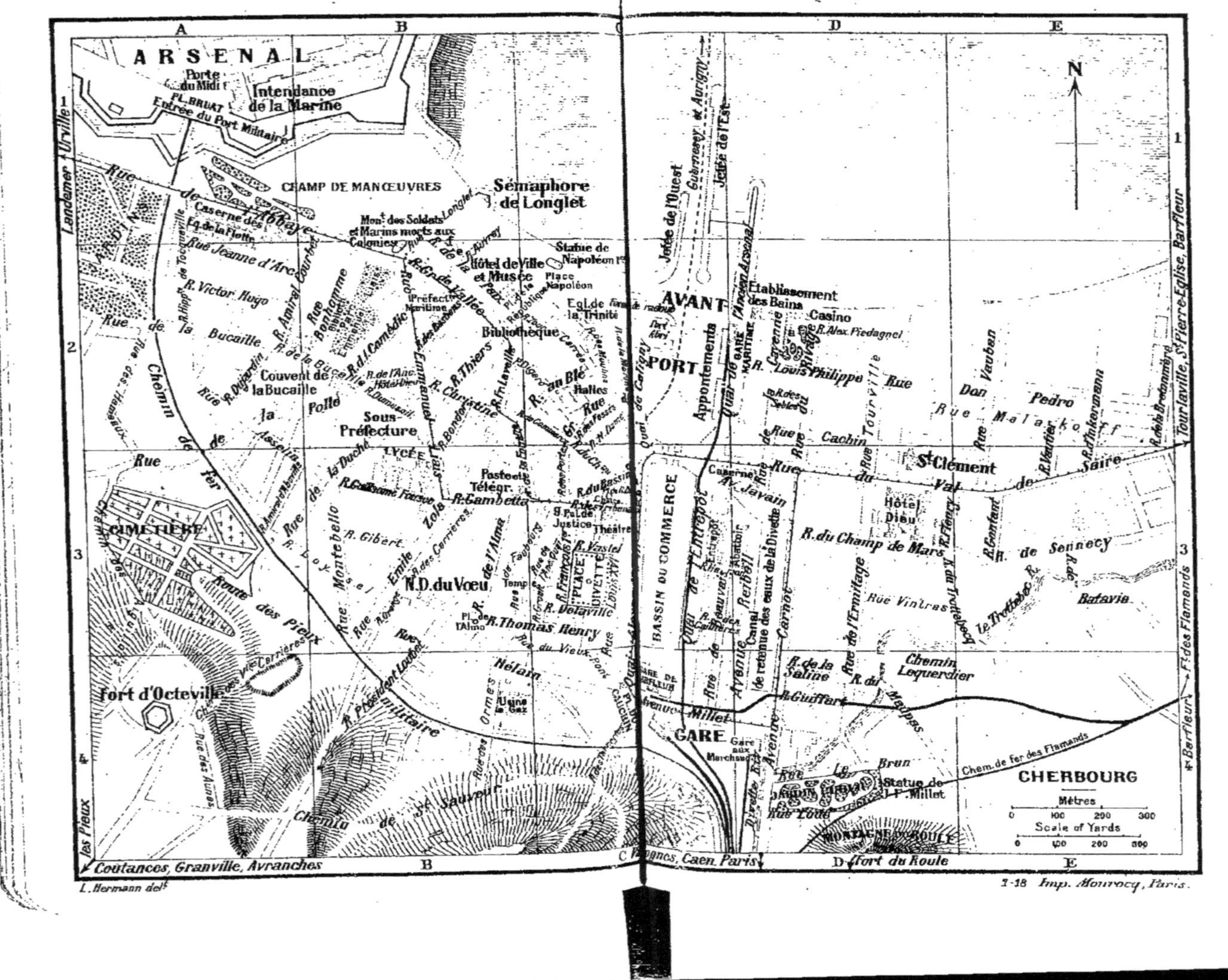
CHERBOURG
Mètres
0 100 200 300
Scale of Yards
0 100 200 300
ARSENAL
Porte du Midi
Intendance de la Marine
Pl. Bruat
Entrée du Port Militaire
CHAMP DE MANŒUVRES
Sémaphore de Longlet
Caserne des Eq. de la Flotte
Rue de l'Abbaye
Mont des Soldats et Marins morts aux Colonies
Hôtel de Ville et Musée
Statue de Napoléon Ier
Place Napoléon
Eg. de la Trinité
Bibliothèque
AVANT PORT
Apponteme nts
Jetée de l'Ouest
Jetée de l'Est
Guernesey et Aurigny
Quai de l'Ancien Arsenal
Gare Maritime
Etablissement des Bains
Casino
R. Alex. Piedagnel
R. Louis Philippe
Rue Tourville
Rue Don Pedro
Rue Vauban
Rue Malakoff
R. d'Inkermann
R. Vautier
R. de la Bretonnière
St Clément
Rue du Val de Saire
Hôtel Dieu
R. du Champ de Mars
R. de Sennecy
Batavia
Le Trottebec
Rue Vintras
Rue de l'Ermitage
Chemin Lequerdier
R. de la Saline
R. Guiffart
Rue Le Brun
Statue de J. F. Millet
Montagne du Roule
Fort du Roule
Chem. de fer des Flamands
Ft des Flamands
Barfleur
Tourlaville, St Pierre-Eglise, Barfleur
BASSIN DU COMMERCE
Quai de l'Entrepôt
Avenue Reibell
Canal de retenue des eaux de la Divette
Avenue Carnot
Avenue Millet
GARE
Gare aux Marchandises
Valognes, Caen, Paris
Coutances, Granville, Avranches
Les Pieux
Landemer, Urville
JARDINS
Rue Jeanne d'Arc
R. Victor Hugo
R. Amiral Courbet
Rue Bonhomme
Rue de la Bucaille
R. Dujardin
Couvent de la Bucaille
R. de l'Anc. Hôtel Dieu
R. d. l. Comédie
R. Thiers
R. Christine
R. Gr. de Vallée
Rue de la Paix
Préfecture Maritime
Rue Emmanuel Liais
Halles
Rue au Blé
Quai de Caligny
Sous Préfecture
Lycée
Postes et Télégr.
R. Gambetta
R. Bondor
Pal. de Justice
Théâtre
Place Divette
R. Vastel
R. Delaville
R. François Ier
N. D. du Voeu
R. de l'Alma
R. Thomas Henry
Rue du Vieux Pont
Rue Hélain
Usine à Gaz
Rue des Ormes
R. Gibert
Rue Montebello
Rue Emile Zola
Rue de la Duché
R. Président Loubet
Rue de la Polle
Chemin de fer militaire
CIMETIÈRE
Route des Pieux
Fort d'Octeville
Chemin des Vieilles Carrières
Chemin de St Sauveur
Rue des Aunes
Rue des Hameaux
L. Hermann delt
2-18 Imp. Monrocq, Paris.

femme de Guillaume le Conquérant. Il devint en même temps un port militaire dont Philippe Auguste fit une des clefs de la France du côté de la Grande-Bretagne.

Sous Louis XIV, Vauban entreprit, en 1686, d'importants travaux de défense. C'est le 29 mai 1692 que Trouville livra aux Anglo-Hollandais, au large de Cherbourg, la bataille navale qui se termina par le désastre de la Hougue (p. 402). Sous Louis XVI les fortifications du port, élevées par Vauban, furent démantelées, pour être remplacées par de nouvelles. Dans l'intervalle, les Anglais profitèrent de l'occasion pour venir brûler tous les vaisseaux mouillés en rade et s'emparer de la ville (1768).

C'est à Cherbourg qu'aborda, le 30 nov. 1840, la frégate *Belle-Poule*, rapportant de Sainte-Hélène les cendres de Napoléon.

Depuis, la plupart des chefs d'État ont visité le port, où débarquèrent en 1896 l'empereur et l'impératrice de Russie, en 1907 le roi d'Angleterre et les souverains du Danemark, ceux de Suède en 1908.

Les travaux du port et de sa défense, repris sous le Ier Empire et sous Louis-Philippe, furent complétés en 1858. En 1889, 17 millions furent à nouveau votés pour l'amélioration du port et consacrés surtout aux digues, qui le protègent contre les flots du large. De nouveaux travaux sont en cours d'exécution.

Industrie et Commerce. — Outre le mouvement du port militaire et celui du port commercial, escale de nombreuses lignes transatlantiques, et dont le mouvement annuel était, avant la guerre, de 100,000 passagers env., Cherbourg possède des fabriques de machines agricoles, de chaudières et de navires, des dépôts de bois du Nord et d'Amérique, des cidreries, des fabriques de meubles normands. Cherbourg abrite également un certain nombre de barques de pêche, pour la pêche du maquereau et du congre. La ville est devenue, pendant la guerre, une importante base anglaise, puis américaine, avec de vastes camps aux environs.

En sortant de la gare de l'État, située au pied de la montagne et du fort du Roule (p. 412), on trouve la petite place du Cauchin, suivi du quai Alexandre-III.

A dr. de la place, avenue Millet, où se trouvent la gare départementale de Barfleur (p. 414) et le point terminus du tram d'Urville (p. 417). Au delà, on irait au jardin public (p. 412).

On suit le quai Alexandre-III, bordé à dr. par le *bassin du Commerce*, qui couvre 6 hect. et où se perdent les deux petites rivières de la Divette et du Trottebecq. De petites rues, à g., font communiquer le quai avec la place Divette, où se tiennent les foires.

Au delà de la place Divette à l'extrémité de la rue Thomas-Henry église N.-D.-du-Vœu, bâtie de 1850 à 1864, en style roman, avec 2 flèches de pierre : au faîte du pignon de la façade, statue de la Vierge érigée en accomplissement d'un vœu fait par les paroissiens en 1870 ; à l'intérieur, verrières de Didron et, dans le transept, pierre tombale du XVIe s.

Le quai Alexandre-III, où sont les hôtels de l'Amirauté et de Paris, aboutit à l'écluse et au pont tournant qui séparent le bassin du Commerce de l'*avant-port* : là accostent en temps de paix les bateaux, automobiles ou à voiles, qui conduisent en rade, aux cuirassés et aux transatlantiques (p. 412). C'est le coin le plus animé de Cherbourg. Un peu plus loin, sur le quai de Caligny, accostage du bateau d'Aurigny et de Guernesey (p. 415) et *buste* colossal, en bronze, par *David d'Angers*, du colonel Antoine de Bricqueville.

Passant à dr. le pont tournant, puis suivant à g. le quai de l'Ancien-Arsenal, dont l'élargissement est à l'étude, on y trouverait la *gare maritime transatlantique*, reliée par un embranchement à la gare de l'Etat et à la ligne de Paris; à la descente du train les voyageurs sont conduits par de petits vapeurs jusqu'aux transatlantiques; ceux-ci se tiennent en rade. Au delà, on arriverait à la *jetée de l'Est*, en granit, longue de 450 m., qui fait face à la *jetée de l'Ouest*, longue de 450 m.; toutes deux marquent l'entrée du port.

Vers la dr. on rencontre la *plage* de bains avec bande de cailloux, puis sable, et pourvue d'une estacade; on y trouve un établissement de bains, en bois, de style mauresque : cabines et costumes, bains de mer chauds. Voisin de la plage est l'ancien casino, fermé depuis la guerre.

L'église Saint-Clément, où l'on se rendrait par la rue de Tourville, est moderne (1856) : en forme de basilique romaine, elle renferme, en haut des bas-côtés, 2 tableaux anciens de l'école espagnole.

On revient ensuite au pont tournant et au quai Alexandre-III.

Prenant à g. la rue du Bassin, on arrive en quelques pas à la place du Château, où s'élèvent la fontaine Mouchel et le *théâtre*, moderne (1882), construit par de Lalande avec bustes de Molière, Corneille et Boïeldieu : la salle est ornée de peintures par Clairin et Wauthier; au foyer, peintures de Richomme et Haquette. Le musée Le Véel est attenant au théâtre, à dr.

Le *musée Le Véel* renferme des objets d'art et de curiosité, légués à la ville par le sculpteur A. Le Véel, né à Briquebec. Il est public le dim., de 9 h. à midi, et de 13 h. 30 à 16 h.; tous les j. en s'adressant au concierge, pourboire.

Au rez-de-chaussée : buste du donateur du musée, par lui-même; lit Henri II; au-dessus, belle tapisserie; faïences de Strasbourg et de Nevers; curieux chou formant soupière. Dans une vitrine, seringue ancienne, en ivoire. Parmi les tableaux : *Ecole flamande*, Homme lutinant une femme; singulier tableau de Chats et Singes.

Dans l'escalier, médaillon du peintre Millet. — Au 1er étage : belle terre cuite de *Clodion*, un enfant; dans une vitrine, peigne espagnol en écaille, et râpes à tabac anciennes en ivoire travaillé; poupée d'essayage du XVIIIe s., époque de Marie-Antoinette; meubles anciens. — Dans le cabinet attenant à la salle, *reliques de Napoléon* à Sainte-Hélène : cordon de sonnette de sa chambre, fragment de son cercueil; clefs de Cherbourg, présentées à Napoléon.

La rue des Tribunaux, qui longe le théâtre et le musée Le Véel, mène à la *rue Gambetta*, artère centrale de Cherbourg.

On y tourne à dr. par la rue de la Fontaine, au coin de la poste, puis on continue par la rue François-Laveille que suivent les rails du tram, pour passer devant la bibliothèque à g., et arriver à la place de la République, ancienne place d'Armes. Sur cette place où s'élèvent un kiosque à musique et un obélisque avec fontaine (1817) se trouve l'*hôtel de ville*, dans un bâtiment exigu, et renfermant le musée.

Dans l'escalier de l'hôtel de ville (s'adresser au concierge) : tableau de *Maurice Orange*, les Défenseurs de Saragosse ; — dans la salle du Conseil : cheminée sculptée du XVIe s., provenant de l'abbaye du Vœu ; tableau représentant la Revue de l'escadre du Nord par le tsar Nicolas II et le président Félix Faure.

Le musée de peinture et de sculpture renferme un certain nombre d'excellents tableaux, surtout anciens, et est dit *musée Henry*, du nom de son fondateur, Thomas Henry, qui l'organisa en 1834. Il est public le dim., de 10 h. à midi et de 14 h. à 16 h. ou 17 h., selon saison ; le jeudi de 14 h. à 16 ou 17 h. ; tous les j. en s'adressant au concierge, pourboire.

Dans l'escalier, *Lefèvre*, la Muse éplorée (statue, plâtre).

1er étage, sur le palier, en face de l'entrée de la 1re salle, SALLE DES FAIENCES, avec de beaux spécimens, sous vitrines, de Rouen, Delft et Saxe ; aux murs, dessins de vaisseaux de l'époque de Louis XIV.

1re SALLE (collection Le Véel) : — sculptures, bustes, médaillons, 4 bas-reliefs par *Clodion*, en terre cuite : l'Astronomie et la Géométrie, l'Architecture et la Géographie, la Peinture et la Sculpture, la Musique. Urne antique en marbre. *Fougères*, Fabiola ; *Blanchard*, Ste Famille. Au-dessous, à côté des Clodion : *Bertin*, deux petits paysages ; *Joseph Vernet*, Paysage ; *Fouace*, Déjeuner en carême ; *Morel Fatio*, le prince Napoléon visite Cherbourg.

GRANDE SALLE. — *Porbus*, François II, de Médicis, et sa fille ; *Wyck*, Intérieur rustique ; *Hanneman*, Dame hollandaise ; *Caravage*, Mort d'Hyacinthe ; **Greuze*, le baron Denon ; *Cranach*, Deux électeurs de Saxe ; *Mallet*, Geneviève de Brabant ; *Murillo*, Christ au calvaire ; **N. Poussin*, Environs de Rome ; *Franck le Jeune*, Jésus-Christ ; **Antoine Coypel*, Don Quichotte ; *Petitjean*, Remparts de Flessingue ; *Mol*, Ensevelissement du Christ ; *Moteley*, la Hague ; *Léonard de Vinci*, son portrait ; *Jacques Van Loo*, Mélancolie ; *Largillière*, deux portraits d'homme ; *Hubert Robert*, Ruines ; *Ribera*, un Philosophe ; *Philippe de Champaigne*, un Homme d'église ; *Pannini*, le Colisée ; **Téniers*, les Singes au cabaret ; *Ecole hollandaise*, plusieurs toiles d'animaux ; *Girodet*, portrait d'homme ; *Boilly*, Houdon dans son atelier ; *Simon Vouet*, Cérès foule aux pieds les attributs de la guerre ; *Le Brun*, Assomption ; *Rigaud*, le financier Monmartel et sa femme ; *Chardin*, Nature morte ; *Mallet*, les Parques filent à l'hymen des jours embellis de fleurs ; **N. Poussin*, la Vierge pleure sur le corps de Jésus ; **Jordaens*, Adoration des rois ; *Ghirlandajo*, la Vierge et l'Enfant ; *Roger van der Weyden*, Jésus descendu de la croix (triptyque). Divers tableaux de *Primitifs*, dans un grand triptyque.

Au milieu de la salle : *Lefèvre*, Marguerite à l'église (statue).

Au delà de la place de la République se trouve la place Napoléon, où s'élève la *statue* en bronze *de Napoléon*, à cheval, par A. Le Véel (1857) ; l'empereur a le bras à demi levé vers la mer ; sur le piédestal sont inscrites ces paroles : J'AVAIS RÉSOLU DE RENOUVELER A CHERBOURG LES MERVEILLES DE L'ÉGYPTE.

A dr. est l'église de la Trinité. En face de soi on voit se développer la rade et les digues qui lui servent d'abri. Vers la g., on découvre l'arsenal et ses chantiers de constructions.

L'église de la Trinité est un élégant monument de style

flamboyant. Commencée en 1423, sous la domination anglaise, terminée en 1504, elle a été restaurée de nos jours et surmontée, vers 1825, d'une lourde tour carrée. Sur son flanc S., hérissé de pinacles, s'ouvre un beau *porche,* dont le réseau de sculptures est d'une infinie délicatesse; à la voûte, magnifique pendentif, avec figurines. Au delà du porche, belle fenêtre flamboyante.

La nef, défigurée, a été décorée de peintures modernes. A g., à la balustrade, curieux *bas-reliefs* anciens, figurant la Danse macabre et la Vie de Jésus-Christ. — Chaire sculptée par Fréret (XVIIIe s.). — En bas du bas-côté dr., peinture de Langlois. — Aux piliers du carré des transepts, charmantes niches sculptées du style flamboyant (XVe s.); dans l'une d'elles, au 1er pilier de dr., côté dr., épitaphe d'un curé (XVIIIe s.) et, au-dessus, tableau de l'Adoration des Mages. A dr. et à g., sur la face de ces piliers qui regarde le chœur, 2 *retables* à petits personnages de marbre, dans deux encadrements gothiques. — Le chœur, gothique, est bien conservé. Grand *maître-autel* Louis XV, avec beau tabernacle doré et personnages sculptés en trompe-l'œil : Baptême du Christ. — Au bas-côté g., chapelle de la Vierge, avec tableau des Saintes-Femmes au tombeau, attribué à *Philippe de Champaigne.*

La *rade* de Cherbourg n'est pas, comme celle de Brest, un abri naturel; elle a été créée artificiellement à l'aide d'une longue *digue* (p. 412). C'est là que les grands transatlantiques relâchent sans toucher terre; les passagers y sont transbordés par des vapeurs. Du rivage, on voit la digue et ses forts.

Suivant le rivage vers l'O., on arrive au sémaphore de l'Onglet. Celui-ci précède le champ de manœuvres, vaste esplanade plantée d'arbres, au delà de laquelle se trouvent l'arsenal et le port de guerre. Contournant vers la g. le champ de manœuvres, en longeant les maisons, on arrive au *monument des soldats et marins morts aux colonies*, voisin de la rue de l'Abbaye, où se trouve, au n° 9, l'entrée du parc Emmanuel-Liais.

Le **parc Emmanuel-Liais** est public de 8 h. au coucher du soleil; on visite les serres, le dim., de 14 h. à 18 h. en été, à 17 h. en hiver; les autres jours, demander l'autorisation au secrétariat de l'hôtel de ville. Ce beau jardin, célèbre dans le monde botanique, mérite une visite, même du simple touriste. Il porte le nom de son donateur, savant et astronome, ancien maire de Cherbourg, qui y est né en 1826, et dont on voit la statue, près de l'entrée, par Marcel Jacques.

Le parc est planté presque entièrement d'arbres et de végétaux exotiques, d'un bel effet décoratif; ils prospèrent en pleine terre, bien abrités des grands vents du large et grâce à la température relativement douce de Cherbourg. On remarque principalement des mimosas, des magnolias, araucarias, cyprès, thuyas, palmiers-chamœrops, dracénas, lauriers, camélias, myrtes, aloès et rhododendrons. Les allées sont d'un dessin pittoresque. Au pied d'une tour, qui semble être un ancien observatoire, un bassin est orné de nymphéas. — Les **serres*, qui ont beaucoup souffert pendant l'hiver 1916-1917, sont consacrées aux végétaux exotiques; elles renferment notamment des bananiers et ananas, dont les fruits arrivent à maturité, des poivriers, vanilliers, arbres à thé, bégonias et orchidées rares, de magnifiques palmiers de toute sorte, des cocotiers, caféiers et cacaoyers, ainsi que de belles fougères arborescentes. Dans la serre chaude, on remarquera les népenthès, curieuse plante carnassière, dite vulgairement « gobe-mouches », dont les feuilles se terminent par une sorte d'urne, munie d'un couvercle mobile et où viennent se prendre les insectes : beaucoup ont péri au cours de l'hiver 1917.

Dans le parc Liais, un bâtiment moderne abrite la *bibliothèque* de la Société des sciences naturelles et mathématiques de Cherbourg; elle est toute scientifique et comprend env. 80,000 vol.

Dans le bâtiment en bordure de la rue de l'Abbaye, ancienne maison d'Emmanuel Liais, est installé le MUSÉE D'HISTOIRE NATURELLE ET DE NUMISMATIQUE, public le dim. de 10 h. à midi; le dim. et le jeudi, de 14 h. à 17 h. en été, de 13 h. à 16 h. en hiver.

Le *musée d'histoire naturelle* comprend des roches et fossiles de la région, une collection d'oiseaux, des coquillages et une partie ethnographique : momie égyptienne, armures anciennes, objets divers provenant des îles Marquises.

Le *musée de numismatique* comprend : le fonds ancien (monnaies grecques et romaines; monnaies et médailles chinoises); la collection Fauvet (monnaies romaines, dites Impériales, trouvées dans le pays); le *legs Conseil du Mesnil, qui en forme la plus riche partie. Cette dernière collection est surtout remarquable par l'absence de vides dans ses diverses séries, ce qui lui donne une valeur marchande inestimable. La série française comprend : 1°, une suite de monnaies royales, des Gaulois à nos jours : près de 1,600 pièces, dont 100 en or; les médailles commémoratives; les monnaies du sacre; celles frappées par nos rois comme souverains de pays étrangers; les médailles des prétendants Charles X de Bourbon, roi de la Ligue, Napoléon II, Henri V, le comte de Paris; — 2°, une suite de 900 monnaies provinciales, dont 27 en or, frappées par les barons, par les évêques, par les communes, et qui, complétée par les jetons des Etats provinciaux, retrace l'histoire féodale de la France, seigneurie par seigneurie, province par province.

Continuant la rue de l'Abbaye, on longe à g. la caserne des Equipages de la flotte, pour tourner ensuite à dr. et pénétrer dans l'*arsenal* et le *port militaire*. La visite est interdite pendant la guerre.

On passe une première porte, puis on traverse sur un pont des fossés pleins d'eau. On arrive dans une grande cour, dite place Bruat, où l'on a en face de soi la grille intérieure. Le permis de visiter, en temps de paix, se délivre de 13 h. 45 à 14 h. 45 (sauf dim. et fêtes) dans le bâtiment de g. (bureaux du Commissariat et de la Majorité), sur la présentation de pièces d'identité, prouvant que l'on est Français; le port est rigoureusement fermé aux étrangers; un marin accompagne, rémunération d'usage. La visite dure 1 h. 30 à 2 h. env., mais on peut l'abréger en la bornant aux points les plus intéressants.

Le port militaire et l'arsenal forment comme une petite ville à part, isolée dans son enceinte fortifiée. On visite : le *musée des Modèles*, renfermant des plans en relief du port et de la digue; des réductions de navires construits à Cherbourg; la pierre du tombeau de Napoléon à Sainte-Hélène; — la *direction de l'Artillerie*, où se voit une collection de canons anciens, ayant chacun leur histoire; l'un d'eux provient de la flotte de Tourville, détruite au désastre de la Hougue (p. 402), et a été immergé durant plus d'un siècle et demi; — la *salle d'Armes*, avec des armes de toutes sortes, disposées d'une façon plus ou moins bizarre, en trophées, corbeilles, rosaces, colonnes, palmiers.

L'*avant-port* a été inauguré en 1813, en présence de l'impératrice Marie-Louise; il communique avec la rade par une passe de 64 m. de large. Ensuite ont été creusés le bassin à flot de Charles X (1829) et le bassin Napoléon III (1858). L'ensemble couvre 22 hect. En 1910, on a construit au N.-O. du port la *jetée du Homet* : une voie ferrée qui contourne l'arsenal à l'O. va jusqu'à son extrémité; libre accès sur le quai entre l'arsenal et la mer. — Sept forts défendent les approches du port militaire, du côté du large, et forment l'entrée des passes de la rade. Deux autres forts défendent l'entrée des bassins intérieurs.

Les ateliers et chantiers de construction, où on construit des sous-marins, occupent env. 4,000 ouvriers.

On visite enfin un navire, cuirassé ou croiseur-cuirassé, désigné par l'autorité maritime.

Du port militaire, la rue de l'Abbaye conduirait à l'hôpital de la Marine, voisin de l'ancien hôpital, auj. caserne, qui occupe l'ancienne *abbaye du Vœu*, fondée par la reine Mathilde, femme de Guillaume le Conquérant : il subsiste une salle capitulaire du XIIIe s. et des caves du XIIe s. Au delà, route d'Urville, Landemer et cap de la Hague (p. 417).

On revient en ville, à pied ou par le tram qui passe rue de l'Abbaye.

ENVIRONS. — **1° Promenade en rade, la digue et visite d'un transatlantique** (les promenades en rade sont interdites pendant la guerre; en temps de paix, bateau automobile, au quai Caligny, près du pont tournant, départ deux fois par j., env.; bateau à voile, au quai Caligny, départ à toute heure). — La *rade*, qui forme artificiellement le port de Cherbourg et qui couvre 1,500 hect., est constituée par une *digue*, distante du rivage de 3 à 4 k. La construction de cette digue fut commencée en 1776; interrompue par la Révolution, elle fut reprise en 1802, par ordre de Napoléon Ier, et a été terminée en 1853. Cet immense barrage de granit, véritable travail cyclopéen, est long de 3,700 m.; il s'étend entre la pointe et le fort de Querqueville à l'O., prolongés eux-mêmes par une petite digue de 100 m. env., et l'île Pelée à l'E. Il englobe la ville, le port militaire et 12 k. de rivage. La digue est défendue par 3 forts, dont l'un au centre, tous munis de phares; on aborde dans 4 petits ports, dont deux aux forts extrêmes et deux au fort central. On peut y débarquer et y circuler librement en temps de paix, sauf dans le périmètre des forts : vue admirable sur la mer et sur Cherbourg. A chaque extrémité de la digue, deux passes larges, l'une de 500 m. entre la digue et l'île Pelée, l'autre de 1 k., entre la digue et la pointe de Querqueville, permettent de pénétrer dans la rade.

Cette rade sert souvent d'abri aux cuirassés de l'escadre. En temps de paix, les grands transatlantiques étrangers y font escale, sans s'approcher davantage du rivage; souvent même, quand la mer est calme, ils s'arrêtent au delà de la digue; les passagers y sont transportés, du port de commerce et de la gare maritime, par des vapeurs spéciaux, dits transbordeurs. On peut les visiter en demandant la permission, avant le départ, à leurs agences respectives.

2° Montagne et fort du Roule (promenade à faire de préférence à la fin de la journée, à l'heure du soleil couchant). — On s'y rend de la gare par l'avenue Millet (p. 407) qui débouche dans l'avenue Carnot qu'on prend à dr., et où l'on trouve aussitôt à g. le *jardin public* : on y voit, au bord d'une petite pièce d'eau, un portail du XIIIe s., provenant de l'ancienne abbaye du Vœu (p. 412); au delà, et à l'extrémité du jardin, *monument* du peintre *Millet* (1814-1875), par Chapu et Bouteiller.

Du jardin public, on monte en 15 à 20 min. par le sentier; 5 min. de plus par le chemin des voitures. On prend la rue Lude, qui longe au S. le jardin public : le 1er chemin à dr., celui des voitures, traverse un

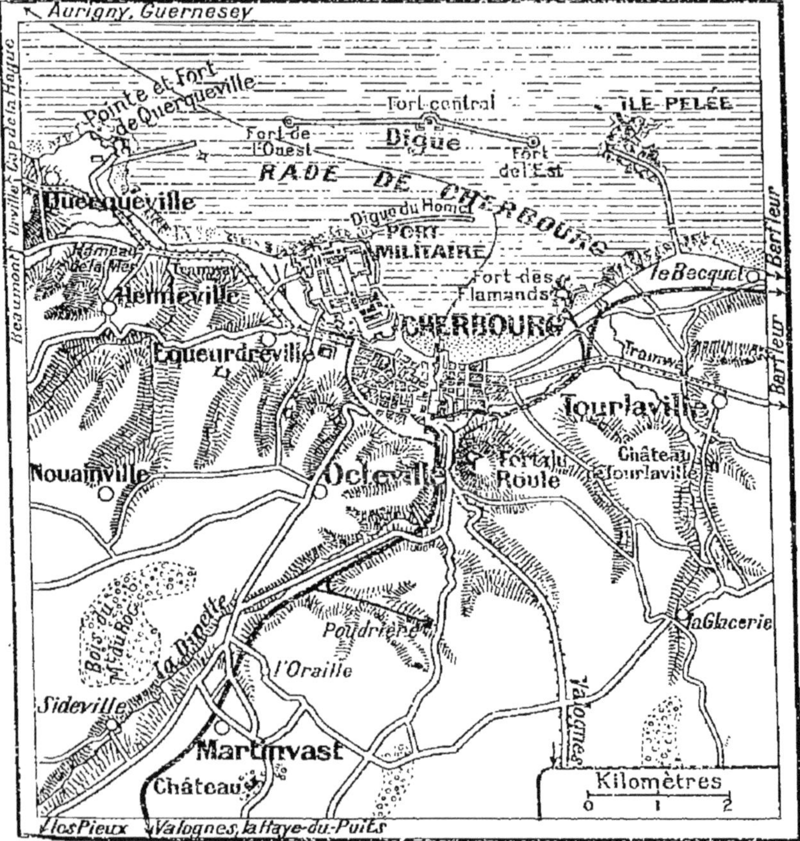

L. Hermann, del.

petit embranchement de ch. de fer militaire et monte par de grands lacets à travers les bruyères; belles vues. En continuant la rue de Lude, après le passage à niveau, un petit chemin pour piétons monte sur la dr. le long d'un mur, puis zigzague en s'élevant sur les pentes rocheuses; lacets caillouteux assez raides : ce chemin et le sommet sont théoriquement interdits au public pendant la guerre.

La *montagne du Roule* dresse à 112 m. d'alt. et presque à pic sa paroi rocheuse, de grès quartzeux déchiqueté ; des touffes de bruyères rouges et quelques pins s'y accrochent. Elle est couronnée à son faîte par un fort, construit en 1854; on ne visite pas. De l'esplanade qui précède le fort et des divers points de la montagne, on découvre un admirable *panorama sur Cherbourg, ses bassins et sa rade; on a la gare à ses pieds.

3° **Château et haras de Martinvast** (on visite le parc, le dimanche, de midi à 18 h.; route 8 k. S.-O.; voit. de louage, 8 fr. env., ou station du ch. de fer de Paris). — Le ch. de fer et la route remontent la pittoresque vallée de la Divette, bordée de roches rougeâtres revêtues de bruyères et de fougères. Des lavoirs, des tanneries, de petites usines se pressent le long de la rivière, dominée par des villas, par la Roche-qui-Pend et par le Château d'eau, où se filtre l'eau de la rivière servant à l'alimentation de Cherbourg. Au débouché de la vallée de Quincampoix, on laisse à dr. un moulin, puis à g. le hameau de l'Oraille où un amas de rochers, dit la Roche à Trois-Pieds, est regardé comme un dolmen.

8 k. *Martinvast* possède une église du XIe s. avec Vierge du XVe s. dans le transept. Au S. de l'église est le **château*, appartenant à la comtesse de Pourtalès. Edifié aux XIVe et XVe s., il a été en partie rebâti de nos jours dans le style du XIIIe; le donjon est du XIe s. Ce château, avec son haras, est « un domaine de royale allure. Il rappelle par son architecture, son site, les pelouses et les massifs fleuris du parc qui l'entoure, les habitations des grands seigneurs anglais. Les eaux abondent, s'amassent en étang, ruissellent en cascades au milieu de rochers couverts de hêtres et de chênes. Dans de beaux herbages paissent les étalons du haras. »

4° **Château de Tourlaville** (route 5 k. E.; on s'y rend par un tram, qui suit la route de Barfleur jusqu'à Tourlaville). — 4 k. *Tourlaville* (hôt. *Léon-Gambetta*, T.C.F.), où s'arrête le tram, bourg de 7,879 hab., a une église du XIVe s., flanquée à g. d'une grosse tour carrée, entourée de beaux arbres et située sur une hauteur rocheuse, d'où l'on découvre Cherbourg. A l'église, on quitte la route de Barfleur pour prendre une route à dr.

5 k. Le **château de Tourlaville*, qu'on voit de la route, est entouré de fossés pleins d'eau, que l'on passe sur un pont de 3 arches. C'est une imposante construction de la Renaissance, aux nombreuses tourelles et aux toits en poivrière, avec des fenêtres à croisées de pierre, à encadrements et à frontons ornementés. Le salon de Henri IV est orné de peintures mythologiques, avec maximes et devises. Près du château ruines d'une tour d'un château plus ancien. Le parc, magnifique, a un étang, où se reflète le château, des futaies et des eaux vives.

On pourrait, au delà du château, continuer pendant 2 k. 5, à travers un joli paysage, jusqu'au village de *la Glacerie*, qui doit son nom à la première fabrique de glaces établie en France, par Colbert. De la Glacerie, une route de 6 k. ramène directement à Cherbourg.

De Cherbourg a Barfleur (ch. de fer départemental, 31 k.; route 27 k. N.-E.). — La gare départementale de Barfleur est en face de celle de l'Etat, côté du départ. — 4 k. *Les Flamands*, station près de la mer et voisine du fort des Flamands – 6 k. *Le Becquet*, halte d'où l'on voit, à 1 k. 5 en mer (à l'O.), l'*île Pelée* et son fort. L'île Pelée est reliée à la terre par une digue qui marque, de ce côté, l'extrémité de la rade de Cherbourg. Le Becquet est un petit port de cabotage : expédition de pommes de terre, choux et choux-fleurs pour l'Angleterre. On y trouve une petite *plage*, de gros sable, où les habitants de Cherbourg viennent en partie de plaisir et pêchent la crevette.

9 k. *Bretteville*, près de la mer : côte rocheuse, batterie, patrie du chevalier *de Bretteville*, célèbre marin (1635-1674). A 1 k. S.-E., par la route qui rejoint celle de Cherbourg-Barfleur, au hameau de la Forge, allée couverte, dans le champ du Clos-des-Pierres. — La voie passe

parmi les rochers du cap de Maupertus. — 12 k. *Maupertus*, à 1 k. à dr., avec 2 *menhirs*, l'un la Grande-Pierre, à 350 m. env. de l'ancienne église; l'autre, la Petite-Pierre du Clos-Neuf. On continue à contourner la côte, qui se relève vers le N. : belle vue en arrière, sur Cherbourg; puis on s'éloigne de la mer.

15 k. *Fermanville* (hôt. *Goneslain*; logements meublés chez l'habitant), 1,155 hab., très modeste station balnéaire, fréquentée par les habitants de Cherbourg, petite plage et rochers; crevettes. Petit monument de la meunière-poète, *Marie Ravenel* (1811-1893). — A 2 k. N. s'avance en mer le *cap Lévi*, entouré de récifs, aux dangereux courants, avec un phare. Toute cette côte est pittoresque et sauvage. — Le ch. de fer s'élève et s'éloigne de la mer; il franchit la vallée de Carneville sur un *viaduc* en pierre, de 20 arches, long de 250 m., haut de 31 m. : belle vue.

20 k. *Saint-Pierre-Eglise* (hôt. *du Commerce*, T.C.F.), ch.-l. de c. de 1,733 hab., sur la route de terre de Cherbourg à Barfleur. *Eglise* avec tour carrée, en partie du XIIIe s., et jolie porte romane; à l'intérieur, refait au XVIe s., maître-autel du XVIIIe s. *Château* du XVIIe s., où naquit le célèbre *abbé de Saint-Pierre*, écrivain et philanthrope (1658-1743): c'est une imposante construction, que précèdent des avenues de grands arbres et qu'entoure un beau parc. Dans les environs, 2 *menhirs* : la Pierre-Longue, à 250 m. env. de la ferme du Plat-Doué; la Haute-Pierre, au village de Hacouville. — Une route de 4 k. N. relie Saint-Pierre-Eglise à la mer. Elle passe par (3 k.) *Cosqueville*, à g., avec une église romane et menhir de la Pierre-Plantée (200 m. env. de l'église). Ce menhir forme, avec ceux de Saint-Pierre, ce qu'on appelle « le Mariage des Trois-Princesses ». Petite plage, de sable et rochers.

22 k. *Varouville-Réthoville*. — 24 k. *Néville*, à 1 k. à g. et à 1 k. de la mer. — 26 k. *Tocqueville-Gouberville*. — 27 k. *Ranville*. — 29 k. *Gatteville* (p. 405). On voit à g. la pointe et le grand phare de Gatteville. — 30 k. *Quénanville*, hameau au bord de la mer.

31 k. *Barfleur* (p. 404); bifurc. pour Valognes (p. 398 à 404).

DE CHERBOURG A AURIGNY ET GUERNESEY (service suspendu pendant la guerre) : bateau à vapeur (ponton d'embarquement au quai de Caligny), de l'Alderney-Steam-Packet C^{o}; 90 k. de Cherbourg à *Guernesey*, en 5 à 6 h. avec escale à *Aurigny* (40 k.); départ, d'ordinaire, le mercredi après-midi. Pour Aurigny, p. 553.

De Cherbourg à *Guernesey* : prix d'avant-guerre, 10 sh. (12 fr. 50) et 7 sh. (8 fr. 75); aller et ret., val. 2 mois : 15 sh. (18 fr. 75) et 10 sh. (12 fr. 50). De Cherbourg à *Aurigny* : 6 sh. (7 fr. 50) et 4 sh. (5 fr.); aller et ret., val. 2 mois : 9 sh. (11 fr. 25) et 7 sh. (8 fr. 75). L'été, billets d'aller et retour, du jour au lendemain, et excursions, à prix réduits. Pour Guernesey, p. 550.

DISTANCES PAR LA ROUTE, de Cherbourg à : Barneville, 37 k.; Bricquebec, 23 k.; Caen, 120 k.; Coutances, 97 k.; la Haye-du-Puits, 60 k.; Lessay, 68 k.; Paris, 335 k.; les Pieux, 20 k.; Saint-Lô, 78 k.; Saint-Pierre-Eglise, 18 k.; Valognes, 21 k.

38. — PRESQU'ILE DE LA HAGUE

La presqu'île de la Hague, qui s'avance dans la Manche où elle forme la pointe extrême du Cotentin, présente des sites sauvages et pleins de grandeur, de vastes landes couvertes de bruyères et de genêts où paissent des moutons de « pré salé » dits *bercats*, de larges vallonnements aux lignes amples et

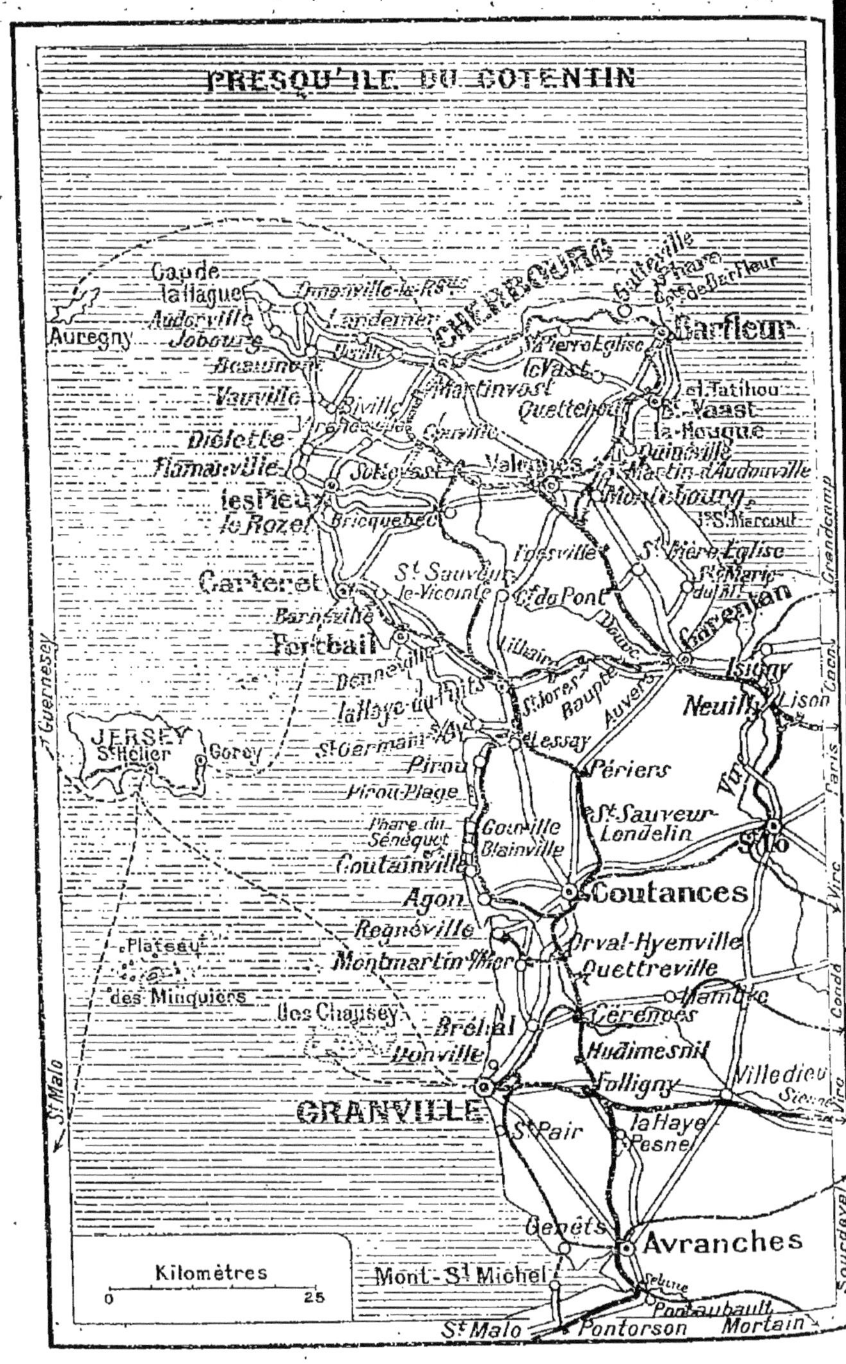
PRESQU'ILE DU COTENTIN
CHERBOURG
Barfleur
Aurigny
Jersey
St Hélier
Gorey
Guernesey
Carteret
Portbail
Coutances
Granville
Avranches
Mont-St Michel
Pontorson
St Malo
Mortain
Valognes
Carentan
Isigny
St Lô
Villedieu
Lessay
Périers
St Vaast la Hougue
les Pieux
Bricquebec
Dielette
Flamanville
Vauville
Beaumont
Jobourg
Auderville
Gouville
Blainville
Coutainville
Agon
Regnéville
Montmartin s/Mer
Bréhal
Donville
St Pair
Genêts
Plateau des Minquiers
Iles Chausey
Kilomètres
0
25

majestueuses et, sur sa côte, de magnifiques rochers dont les plus célèbres sont ceux du Nez-de-Jobourg (p. 421). Ces rochers granitiques, ces landes rougeâtres et l'austérité générale du paysage évoquent plutôt la Bretagne que la Normandie.

Encore peu fréquentée, la presqu'île n'est desservie que par un certain nombre d'autobus (*V.* ci-dessous). Il faut, en dehors de ces services, avoir recours aux voitures de louage, ou aux taxis-autos.

On y trouve quelques petites stations balnéaires, dont la principale est Landemer sur la côte N. (p. 418), réunie à Cherbourg par un tram à vapeur. Les beaux paysages qui entouraient Flamanville et Diélette ont été quelque peu gâtés par une exploitation industrielle à la suite de la découverte de mines importantes.

1° Cap de la Hague.

Deux itinéraires conduisent de Cherbourg au cap de la Hague, où ils se rejoignent tous deux. On peut aller par l'un et revenir par l'autre, de préférence en taxi-auto (quand ceux-ci seront rétablis) car la double course est trop longue pour une voiture. Toutefois, si l'on veut faire un choix entre les deux itinéraires, c'est l'itinéraire II, desservi par l'autobus d'Auderville, qu'il faut suivre, vers Beaumont et *Jobourg*, point le plus intéressant de la presqu'île. Aux touristes désireux de visiter en détail cette intéressante région, nous conseillons de coucher soit à Omonville-la-Rogue (p. 419), soit à Auderville (p. 421), soit à Beaumont (p. 420). On y trouve de petits hôtels très simples, mais suffisants.

I. De Cherbourg au cap de la Hague, par Urville, Landemer, Gréville et Omonville-la-Rogue (route 31 k. N.-O.; tram jusqu'à Gréville, 15 k., s'arrête provisoirement à Querqueville depuis la guerre; le tram ne prend pas les bagages; voiture de louage, 30 à 40 fr. env.). — Le tram a son terminus en face de la gare de l'Etat, côté du départ; il traverse ensuite la ville, où on peut le prendre en cours de route.

La route et le tram sortent de Cherbourg par la rue de l'Abbaye, qui passe devant l'arsenal; on traverse ensuite (2 k.) le faubourg d'*Equeurdreville*, où habitent de nombreux ouvriers du port de guerre, et qui a pris une grande extension depuis la guerre. A dr. le petit polygone, dont on a rasé les arbres, est devenu une vaste gare de triage.

4 k. *Hameau-de-la-Mer*, où se détache, à g., la route de la Hague par Beaumont. — 5 k. On laisse à dr. la pointe et le fort de Querqueville, à g. le château. Sur le polygone de Querqueville ont lieu les *courses* de chevaux du Cotentin; le 2e samedi de juillet s'y tient la foire de Sainte-Claire.

6 k. *Querqueville*, gros bourg de 2,044 hab. L'église renferme une chaire et un lutrin, en bois sculpté, du XVIIe s. Au cimetière, à côté et à g. de l'église, *chapelle Saint-Germain*, qui passe pour le monument religieux le plus ancien du départ. de la Manche : de style roman (Xe ou XIe s.), elle a un transept arrondi, en appareil dit en arête de poisson et des restes de fresques.

7 k. 5. On traverse le ruisseau des Castelets.

Une route à g., de 2 k., conduit à la chapelle Sainte-Claire, but de pèlerinage le 2e samedi de juillet, et à *Nacqueville* dont le château, du XVIe s., a une belle poterne gothique.

10 k. *Urville-Hague*, lieu de villégiature des Cherbourgeois, qui y ont des villas, et petite station balnéaire, à l'issue du vallon de la Biale, avec une plage de sable. C'est à Urville que, le 7 août 1758, débarquèrent les Anglais, pour venir piller Cherbourg. — 10 k. 5. On longe à g. la ferme de Dur-Ecu, ancien manoir.

12 k. **Landemer** (hôt. : *Voisin*; *Millet*; quelques chalets à louer, s'adresser aux agences de Cherbourg, p. 406), la plus agréable station balnéaire des environs de Cherbourg, se compose exclusivement d'un certain nombre de villas et de ses deux hôtels, bien situés : ils sont à prix modérés, mais pleins, d'ordinaire, durant l'été. Il n'y a aucune ressource matérielle; toutes les fournitures, sauf le poisson, abondant et à bon compte, viennent d'Urville ou de Cherbourg. Landemer occupe le beau vallon verdoyant, incliné vers la mer, du ruisseau le Hubilant; ses pentes atteignent 87 m. d'alt. La *plage* est de sable, bordée de petits galets; on y pêche la crevette et l'équille.

La route de la Hague contourne le vallon de Landemer et s'élève en pente rude, en dominant la mer; le paysage devient magnifique. Puis la route s'éloigne de la mer.

15 k. *Gréville* (auberge), où s'arrête le tram, petit village rustique, à 143 m. d'alt. L'*église*, du XIIe s., est du style de transition, roman-gothique. A l'intérieur, les voûtes ogivales se mêlent au berceau roman; quelques-uns des piliers ont gardé leurs têtes romanes, grimaçantes, notamment à g. de l'autel; à la chapelle de la Vierge, à dr. de l'autel, les nervures des voûtes reposent sur 4 culs-de-lampe figurant les 4 Evangélistes; autel à retable, du XVIIIe s.; quelques statues anciennes, d'un travail naïf. Au-dessus du portail central, **Vierge* gothique, remarquable statue en pierre de la fin du XIIIe s., découverte en 1900 derrière un vieux retable.

Près de l'église, à dr. de la route, *statue de Millet*, par Marcel Jacques. Le célèbre peintre des paysans (1814-1875) est né sur le territoire de Gréville, au hameau de Gruchy (1 k. N.-E.), où une plaque commémorative a été placée sur sa maison natale.

Une route de 1 k. 5 N.-E., passant par le hameau de Gruchy (*V.* ci-dessus), conduit de Gréville à la mer, qui est dominée par des falaises hautes de 50 et 60 m. Ces falaises, très dentelées, sont creusées de trous abrupts, ou fosses, par lesquels des ruisselets viennent se perdre dans la mer. Le *rocher du Câtel-Vendon* ou Grand-Castel est surtout remarquable : c'est une énorme pointe de granit, s'avançant dans la mer et près de laquelle débouche un ruisselet qui serpente parmi les roches et les bruyères. A la base du rocher s'ouvre une caverne, dite trou de Sainte-Colombe.

16 k. On laisse à g. la route de Beaumont (p. 420; 4 k.), puis une longue et rapide descente conduit dans le val Ferrand ombreux, avec un vieux moulin à dr., et arrosé par la Sabine; on coupe le fossé de Hague-Dicke (p. 420). — 18 k. 5. *Eculleville*,

petit village, où on laisse à dr. le château de l'Epinedue. La route gravit le mont Pali (109 m. d'alt.), puis descend, en laissant à g. Digulleville, par un vallon boisé, au débouché duquel on voit la mer.

21 k. *Omonville-la-Rogue* (hôt. *Vérité*, T.C.F.; quelques maisons meublées), petit village de pêcheurs, à 600 m. de la mer. L'église est du XIIe s. La fontaine de la Maladrerie est voisine des débris d'un ancien lazaret, d'où son nom. Le port est à 600 m., au hameau du Hable; il est formé par un môle et abrité par des rochers.

D'Omonville la route continue, à une certaine distance de la mer, franchit la falaise de la *pointe de Jardeheu* (côte dure), passe au hameau de la Rivière (22 k. 5), puis descend rapidement vers la mer, pour contourner l'*anse de Saint-Martin* parsemée de roches à formes bizarres. — 25 k. Moulin Renet, au fond de l'anse de Saint-Martin, situé sur un ruisseau que l'on pourrait remonter pendant 500 m. env. pour voir les rochers du Val-ès-Jehan. Après avoir laissé à dr. le tout petit port du Pont-des-Vaux, une nouvelle côte ramène sur le plateau. — 26 k. 5. Danneville, à 60 m. Vers la dr., fort et pointe des Herbeuses. A l'ancienne chapelle Sainte-Pernelle on tourne à g. et on traverse le hameau de Bel-aux-Martins.

29 k. *Auderville* (p. 421; autobus pour Cherbourg), où l'on rejoint la route de la Hague par Beaumont (p. 420).

31 k. *Cap de la Hague* (p. 422).

II. DE CHERBOURG AU CAP DE LA HAGUE, PAR BEAUMONT, JOBOURG ET AUDERVILLE (route 30 k. N.-O.; services publics d'autobus pour Beaumont et Auderville, départ quotidien, 6 fr. aller et ret. pour Auderville, r. de l'Ancien-Quai, 10; voiture de louage, 30 fr. à 40 env.; 25 à 30 fr. pour Jobourg). — Le départ de Cherbourg a lieu, comme ci-dessus, par la rue de l'Abbaye, l'arsenal et le faubourg d'Equeurdreville.

4 k. *Hameau-de-la-Mer*, où on laisse à dr. la route de la Hague par Landemer (p. 418). Traversant (5 k. 5) le ruisseau du Roulant, on remonte ensuite la vallée du ruisseau de Lucas. — 7 k. 5. On laisse à g. la route de *Tonneville* (1 k.), dont le vieux manoir est célèbre dans les légendes de la Hague. On traverse le bois de Bigard. — 12 k. *Le Bacchus*, auberge; arrêt de l'autobus.

Biville (6 k. S.-O.; autobus de Cherbourg pour Biville et Vauville, service interrompu depuis la guerre). — Du Bacchus la route de Biville, pittoresque et accidentée, passe d'abord (1 k.) à Sainte-Croix-Hague (170 m.), et franchit (2 k.) le ruisseau de Claire-Fontaine; à 2 k. en aval à g., dans la lande du Bienheureux, croix et *fontaine* miraculeuse. — 4 k. Le Haut-Biville, hameau.

6 k. *Biville* (hôt. *des Pèlerins et Touristes*), à 125 m. et à 1 k. 5 de la mer. Le village est sur un plateau d'où l'œil embrasse les dunes de la côte, les falaises de Flamanville au S. et découvre l'île anglaise d'Aurigny. L'*église* est un but de pèlerinage : fête principale les 18 et 19 oct. avec messe de minuit. Elle date du XIIIe-XVIe s. et présente d'intéressants bas-reliefs au-dessus de la porte principale et aux murs

du chœur; à l'intérieur, pierre tombale en marbre, avec effigie en relief, du XVIIIe s., et bas-reliefs du XVIe s. L'église conserve les reliques du bienheureux Thomas Hélye († 1257), aumônier de St Louis, dans un luxueux tombeau de marbre blanc à colonnettes, dans le chœur, qui a remplacé, en 1910, une tombe en marbre, de 1786, reléguée dans une chapelle latérale. Dans une autre chapelle, à g., on voit la chasuble et l'étole données au bienheureux par St Louis, et un manipule du XVe s. On peut demander à voir un calice du XIIIe s., de même origine. — A l'extrémité du village, à dr., le chemin des Processions monte en 20 min. au calvaire, d'où l'on a une vue superbe sur la côte et les îles anglo-normandes.

De Biville on pourrait regagner directement Beaumont par une route de 6 k. N., passant par Vauville (3 k. ; V. ci-dessous).

Au delà du Bacchus, la route traverse en ligne droite, durant 5 k., de hauts plateaux, couverts de bois, de landes et de bruyères, aux vastes vallonnements et aux grandes lignes.

16 k. On laisse à dr. un chemin, traversant la *lande de Saint-Nazaire*, où se tiennent annuellement 3 foires pittoresques, et qui conduirait à Gréville (3 k. de la bifurc.: p. 418).

18 k. *Beaumont* (hôt. : *de la Poste*, T.C.F.; *des Voyageurs*; *Olivier*, T.C.F.), simple village et ch.-l. de c. de 621 hab., à 163 m., est formé d'une longue rue. A l'extrémité de celle-ci est l'église (XVe s.), de style gothique, sauf sa tour ronde. On peut trouver à Beaumont (pas toujours, s'adresser aux hôtels) une voiture de louage pour Jobourg.

De Beaumont à Vauville et à Biville (route 3 et 6 k. S.; excursion recommandée, dans une nature sauvage, aux beaux paysages). — A l'église de Beaumont on quitte la route de la Hague, pour bifurquer à g. La route descend vers la mer, par un ravin de prairies et de landes, d'un grand caractère.

2. k. Un sentier, à dr., monte sur une lande, de 134 m. d'alt. : *vue* magnifique, sur la baie de Vauville, le village de Jobourg, à dr., et les falaises de Diélette et Flamanville, sur l'horizon, à g. Là se trouve l'*allée couverte des Pouquelets*, à demi écroulée : il peut être difficile de la trouver seul, car le sentier s'efface à chaque instant dans la lande.

A g., sur le faîte opposé du ravin, on aperçoit les bâtiments, pittoresquement situés, de l'ancien *prieuré de Saint-Hermel*, avec une chapelle du XIIIe s. — 2 k. 5. On arrive à la mer, au hameau de la Rue. Des dunes de sable bordent le rivage.

3 k. *Vauville* (quelques maisons meublées), petit village avec peu de ressources, sur l'*anse de Vauville*, largement ouverte (17 k.) entre la pointe de Jobourg au N.-O. et le cap de Flamanville au S. *Église* construite du XIIe au XVe s., avec bas-côté roman, nef couverte en bois et chœur gothique; maître-autel, sculpté et doré, du XVIIIe s. Près de l'église, manoir des XVe et XVIe s. Un peu au delà de l'église, étang de Vauville, long de 2 k., voisin de la mer.

Au delà de Vauville une route de 3 k. conduit à Biville (p. 419).

La route de la Hague passe près de l'église de Beaumont.

19 k. 3. Château de Beaumont, à g., auj. délabré et précédé de futaies. A dr. de la route, à la hauteur de l'allée qui conduit au château, commence la *Hague-Dicke*, retranchement très ancien, de 6 à 7 m. de haut, avec fossé, qui existe encore sur une longueur de 2 k. 6 et qui, primitivement, coupait la

presqu'île de la Hague d'une côte à l'autre; on croit qu'il remonte aux premières invasions des pirates normands et leur servait d'abri contre la poursuite de l'ennemi, en cas de retraite et d'embarquement précipité.

On traverse ensuite la *lande de Jobourg*; plusieurs côtes assez dures. Les hauteurs, à g. de la route, atteignent 180 m. d'alt. Du même côté, à 1 k. 5 avant Jobourg, 7 ou 8 *tombelles* antiques émergent du sol et sont encombrées d'ajoncs et de bruyères. Des deux côtés de la presqu'île on découvre la mer; à dr. on aperçoit les gros rochers de l'anse Saint-Martin.

23 k. 5. *Carrefour de Bel-Air*, avec une croix de pierre, précédant le petit village de *Jobourg* (auberge-rest. *Mme Groult*, au bureau de tabac, rep. sur commande, chambres), et où s'embranche, à g., la route de la pointe de Jobourg.

Pointe, Sémaphore, Grottes et Nez de Jobourg (route 3 k. 5 S.-O.; excursion très recommandée). — Du carrefour de Bel-Air, en suivant les poteaux du télégraphe, la route, qui devient bientôt très médiocre, passe (1 k. 5) au petit hameau de Dannery et ne traverse que des champs pierreux, dans une nature désolée. Elle s'arrête un peu avant le sémaphore.

3 k. 5. *Sémaphore* de Jobourg, situé sur une falaise de 128 m. à pic, d'où l'on découvre une vue admirable. Vers la g. on voit s'avancer en mer le promontoire rocheux, taillé en lame de couteau, dit **Nez de Jobourg**, à l'extrémité duquel émergent en mer les récifs des Bréquets; au delà se développe la petite baie du *Moulinet*, aux rochers pittoresques, puis largement toute l'anse de Vauville, vers Vauville et Biville (p. 419), jusqu'aux falaises de Diélette et au cap de Flamanville (18 k. à vol d'oiseau, p. 424). Vers la dr., où sont les restes d'un ancien camp romain, s'arrondit la *baie d'Ecalgrain*, aux pentes tapissées de bruyères. Au delà de cette baie la côte s'aplatit vers le cap de la Hague. En face de soi, on voit Aurigny.

Deux itinéraires ont été jalonnés par le T.C.F. : l'un par le sentier du T.C.F., l'autre par le sentier des Voidries. La visite des falaises demande 2 h.

Du sémaphore, un câble d'acier permet de descendre à la base de la falaise à marée basse; descente très raide : éviter de la faire par un grand soleil, car la réverbération de la chaleur contre les parois rocheuses est intense; on peut se faire accompagner par le gardien du sémaphore, rémunération. On trouve une petite grève de galets diversement colorés et une série de *grottes* d'un accès plus ou moins facile : Grande et Petite-Eglise, grotte du Lion, Trou des Fées. Partout se dressent des rochers magnifiques.

Du sémaphore de Jobourg, on revient sur ses pas jusqu'au carrefour de Bel-Air, pour reprendre la route de la Hague.

Un bon marcheur pourrait, du sémaphore, gagner la baie d'Ecalgrain par le sentier de la falaise, puis rejoindre, sur l'autre versant de la baie, la route de la Hague, à Auderville (4 k. 5 env.; recommandé).

24 k. On traverse Jobourg (*V.* ci-dessus). — 25 k. 5. On laisse à dr. un chemin vers Omonville-la-Petite. A g. de la route, sur un mamelon de 140 m., dominant la baie d'Ecalgrain (*V.* ci-dessus), est un tumulus.

28 k. *Auderville* (hôt. *du Soleil-Levant*, dipl. T.C.F.) petit village où l'on rejoint la route de la Hague par Landemer,

Gréville et Omonville-la-Rogue. A l'église, cuve baptismale en pierre, du XVe s. Auderville domine le petit port de *Goury*, le seul de toute la côte, depuis Diélette. Il sert de refuge aux bateaux pris par le mauvais temps dans le Raz Blanchard.

30 k. **Cap de la Hague**, pointe de terre basse qui forme l'extrémité de la presqu'île de la Hague et du Cotentin, avec un sémaphore. A 1 k. de la côte, entre le cap et le port de Goury, sur un écueil dit le Raz, s'élève un phare haut de 47 m.

Le cap de la Hague est séparé par le dangereux détroit du *Raz Blanchard*, de l'île anglaise d'Aurigny, distante de 16 k. C'est dans le Raz Blanchard que, le 8 juin 1912, au cours de manœuvres d'escadre, le sous-marin français *Vendémiaire* fut coulé dans la brume, par 24 m. de fond, avec 24 hommes d'équipage et officiers, par le cuirassé *Saint-Louis*; une croix de granit a été élevée en 1913, entre le sémaphore et e port de Goury, en mémoire de ce sinistre.

2° — DIÉLETTE, FLAMANVILLE ET LES PIEUX.

ROUTE : 23 k. S.-O. de Cherbourg à *Diélette*; 2 k. 5 de Diélette à *Flamanville*; 6 k. de Flamanville aux *Pieux*; 20 k. des Pieux à Cherbourg; soit au total 51 k. 5, pour l'ensemble de l'excursion. — Voiture de louage, 35 à 40 fr.: taxis-autos, p. 406. Autobus journalier de Cherbourg à Flamanville par Diélette, 4 fr. aller et ret. On pourrait aussi utiliser le ch. de fer (ligne Cherbourg-Caen) jusqu'à la station de *Couville* (p. 398), à 15 k. 5 de Diélette; une voiture publique relie Couville à Flamanville et continue d'ordinaire jusqu'à Diélette.

On part de Cherbourg : — soit par la route d'Octeville (2 k.), qui s'élève à 148 m. d'alt. et amène au hameau du Pont (4 k.); — soit par la route de Paris où l'on bifurque à dr., à 1 k., au delà de la gare de Cherbourg, pour rejoindre la route précédente au hameau du Pont (5 k.) : cette route qui remonte, sans grande pente, la vallée de la Divette, est la meilleure.

5 k. Le Pont, hameau. — 5 k. 5. On laisse à g. la route de Martinvast (1 k. 5; p. 414). — 6 k. On laisse une autre route à g. vers Martinvast. — 11 k. 5. *Virandeville*, avec une église du XIVe s., un donjon, seul reste d'un ancien château, et un château du XVIIe s.

A *Theurteville-Hague* (2 k. N.), 2 menhirs, situés dans le vallon du Néret, à 600 m. env. de l'église, sont dits les *Pierres-Tournantes*, parce que, selon la tradition, ils tournent trois fois sur eux-mêmes, à minuit, durant la nuit de Noël; ils sont distants l'un de l'autre de 20 m.

13 k. On passe un pont sur la Divette. — 15 k. Bifurc. où on laisse à g. le château de Sotteville, du XVIIe s., avec parc et belle avenue, et où l'on prend à dr. la route de Diélette.

Si l'on continuait la route droit devant soi, on passerait à Benoîtville (17 k. 5, p. 425), pour atteindre les Pieux (20 k.; p. 425).

17 k. Helleville. — 19 k. 5. Bifurc., au hameau de la Petite-Siouville, où on laisse à g. la route de Flamanville (4 k. 5;

p. 424). — 20 k. On laisse une route à g. — 21 k. 5. On laisse à dr. *Siouville*, avec son église blanche. Le village est situé sur une falaise dominant une grève de sable, bordée de petites dunes revêtues de pâturages. On contourne le mont Saint-Gilles : belle descente vers la mer avec vue de Diélette; au carrefour des Monceaux on laisse à g. la route des Pieux, en face celle de Flamanville et on prend à dr. le chemin du port.

23 k. **Diélette** (petits hôt.-rest., simples : *des Voyageurs* ou *Paris*, gar., chev. et voit. à louer; *Miséré*, gar., terrasse sur la mer; *du Commerce*; *de la Falaise*; quelques petites maisons meublées), à l'embouchure de la rivière du même nom. Petit port de relâche, dépendant de Flamanville, créé à l'extrémité S. de l'anse de Vauville pour servir de refuge aux navires dans le « Passage de la Déroute », c'est le seul port de la côte, avec celui de Goury (p. 422), voisin du cap de la Hague. La localité est appelée, par ses mines de fer, à prendre une grande extension.

La situation de Diélette, qui est en même temps une minuscule station balnéaire, serait magnifique si les belles falaises qui l'avoisinent étaient demeurées intactes. Les ressources sont peu nombreuses et les approvisionnements médiocres.

Le petit *port*, profond, est protégé par 2 jetées et signalé par deux phares. La plage est entre les deux jetées, dans le fond du petit port. Vers la dr., au N., on voit s'arrondir largement l'anse de Vauville, jusqu'au cap ou Nez de Jobourg, qui ferme la baie (15 k. à vol d'oiseau). Vers la g. se développent les falaises de Flamanville (*V.* ci-dessous). Face à la côte, le passage de la Déroute (*V.* l'origine de ce nom, p. 402) sépare le Cotentin des îles anglaises de Sercq et Guernesey.

Les *mines de fer*, à minerai très riche, d'une teneur moyenne de 56 0/0, commençaient à être mises en exploitation avant la guerre par une société allemande, dont le principal bailleur de fonds était le baron Thyssen. Des travaux considérables avaient été faits. L'entrée du puits était sur le rivage, au lieu dit la Cabotière. Les installations, mises sous séquestre en 1914, ont été fortement endommagées par la mer; on s'efforce (1918) de remettre la mine en activité. A 300 m. du puits, dans un vallon, au lieu dit Guerfa, était la centrale électrique, avec les ateliers et bureaux. Une grande cité ouvrière, dont la moitié est restée inachevée, était également en construction.

On aura une idée de l'installation en faisant l'excursion des **falaises de Flamanville*. Ces falaises, qui commencent au S. de Diélette et se développent sur une longueur de 6 k. env. à vol d'oiseau, vers le cap de Flamanville et l'anse de Sciotot (p. 424), sont de nature granitique, avec de magnifiques escarpements. Transformées en carrières, dont deux sont encore en exploitation, elles sont malheureusement mises en pièces et débitées morceaux par morceaux. On suivra les rails du ch. de fer des mines jusqu'à l'entrée du puits et l'on continuera par le sentier des douaniers qui passe au-dessus de l'usine. Le minerai était conduit par un trottoir roulant à des câbles aériens, supportés par 4 énormes pylones de fer, qui le menaient à 1 k. en mer, à l'extrémité d'une jetée en maçonnerie où accostaient les vapeurs sur lesquels on le chargeait.

Au delà, au-dessous de la 1re cabane de douaniers qu'on rencontre, la caverne dite le *trou Baligan* s'enfonce à près de 100 m. sous terre, mais il est difficile d'aller jusqu'au bout. D'après la légende, un énorme serpent y avait établi sa demeure : St Germain, débarquant d'Angleterre, transforma le monstre, d'un seul regard, en un gros rocher qui en a gardé la figure. Le sentier contourne ensuite les criques, bordées à leur base de beaux rochers de granit amoncelés, de l'*anse de Biédal*, et le cap de Flamanville (V. ci-dessous) : belle excursion, mais longue et fatigante, 16 à 20 k. de Diélette à l'anse de Sciotot, en suivant les sinuosités de la côte. Les falaises, dont la hauteur varie de 70 à 100 m., laissent souvent entrevoir des abîmes à pic. « Les rochers qui les soutiennent, dit le comte d'Osseville, sont noirs à leur base, puis vont en s'éclaircissant jusqu'au sommet, rougeâtres d'abord, puis d'un blanc grisâtre. Ces derniers, dont les masses semblent indépendantes les unes des autres, et qui forment le couronnement de cet édifice naturel, sont groupés et accidentés de la plus merveilleuse manière; ils offrent une diversité d'aspects grandioses. »

De Diélette, la route de Flamanville part du carrefour des Monceaux et s'élève, par la montée de la Jalousie, à 68 et 75 m.

25 k. 5 (de Cherbourg; 2 k. 5 de Diélette), **Flamanville**, bourg de 1,157 hab., dont dépend Diélette, à 70 m. d'alt. et à 1 k. 5 de la mer, avec une église de 1671 renfermant la châsse et les reliques de Ste Réparate.

Le *château*, du XVIIe s. (1654-1660), a été élevé sur les ruines d'un manoir plus ancien, dont il reste des pans de mur et deux tours revêtues de lierre. Construit en granit, il a sa façade sur une vaste cour d'honneur, encadrée de 2 pavillons, dont l'un contient l'orangerie. A l'extrémité g. s'élève la chapelle, de 1659. On visite le parc; s'adresser au jardinier, pourboire. Un jardin potager a remplacé les anciens fossés. Trois étangs sont pleins de poissons. Dans le parc, où des plantes du midi prospèrent en pleine terre, s'élève le pavillon de Jean-Jacques Rousseau en forme de tour : du sommet, beau panorama; il fut construit pour le célèbre écrivain, en 1778, par le marquis de Flamanville, qui le lui offrit; mais Jean-Jacques préféra à cette retraite trop lointaine celle d'Ermenonville, près de Paris. Joli bosquet qui accompagne un ruisseau sur 1 k. et demi.

Cap ou Nez de Flamanville. — Un chemin médiocre, de 1 k. 5, accessible surtout aux piétons, conduit directement de l'église de Flamanville à la côte, d'où l'on gagne ensuite, vers la dr. (1 k. env.), le sémaphore et le cap. Il vaut mieux, en voiture, de l'église de Flamanville, continuer la route qui vient de Diélette, pour passer devant le château. A l'extrémité du parc, au poteau indicateur du T.C.F., on tourne à dr. et une route carrossable de 1 k. 5 env. amène à la mer. Le sémaphore et le cap sont à 500 m. à dr.

Le *cap* ou *Nez de Flamanville* s'élève à 90 m. au-dessus des flots; il s'y trouve un sémaphore : dans l'enclos, dolmen dit la Pierre-au-Rey ou au Roi. Les magnifiques falaises qui le forment rejoignent, au N., Diélette. De ce côté on découvre, en mer, au delà de l'anse de Vauville, le cap ou Nez de Jobourg (17 k. à vol d'oiseau); vers le S. on voit l'anse de Sciotot (V. ci-dessous), la pointe du Rozel et la côte vers Carteret.

Du sémaphore à l'anse de Sciotot, par le chemin côtier (à pied), 2 k. env. En voiture, on revient prendre la route au château de Flamanville.

Anse de Sciotot et le Rozel (route 2 k. 5 et 6 k. 5 S.-E.). — De l'église de Flamanville on continue la route qui vient de Diélette, pour passer devant le château. La route se transforme en une belle allée ombragée comprise entre le parc à g. et un bois à dr. A 500 m., à l'extrémité du parc, on laisse à dr. la route du cap de Flamanville (*V.* ci-dessus), pour descendre vers la mer.

2 k. 5. On arrive à l'*anse de Sciotot*, qui s'appuie, à dr., aux falaises de Flamanville. La route borde la mer et la côte devient sablonneuse.

4 k. 5. *Sciotot*, hameau, à l'entrée duquel on pourrait regagner directement les Pieux, par une route, à g., de 3 k. Sciotot est dominé par les hauteurs dites *la Roche à Coucou* (135 m.). — 5 k. Saint-Vast, hameau. La route s'éloigne de la mer.

6 k. 5. *Le Rozel*, petit village sans ressources, dans un vallon verdoyant, à 1 k. 5 de la mer. L'église date du XVe s., avec une chapelle moderne. Le château, du XIIIe ou XIVe s., renferme une collection de miniatures sur émail et des tableaux. — A 2 k. 8 au delà de l'église du Rozel, *pointe du Rozel*, haute de 70 m., dominant des sables et quelques récifs. Au delà, vers le S., côte, dunes et cap de Carteret (11 k. 5 à vol d'oiseau).

Du Rozel on peut regagner directement les Pieux (4 k. de l'église).

De Flamanville, la route des Pieux s'embranche en deçà de l'église, à g. en venant de Diélette. — 27 k. (de Cherbourg; 1 k. 5 de Flamanville). On traverse la vallée de la Diélette. — 28 k. 5. On laisse à dr. une route vers l'anse de Sciotot (*V.* ci-dessus). — 29 k. Aux-Anglais, hameau à dr. de la route.

31 k. 5. *Les Pieux* (aub. *des Voyageurs*, T.C.F.), ch.-l. de c. de 1,323 hab., à 3 k. de la mer, sur une hauteur de 133 m. d'où l'on découvre une immense étendue de pays, la mer et les îles anglaises. L'église a un clocher à flèche de pierre. Des Pieux à Carteret, p. 434 en sens inverse.

Des Pieux on reprend la route de Cherbourg. — 34 k. 5. *Benoîtville*, avec une église du XIIIe s., sur la rive g. de la Diélette. — 36 k. 5. Bifurc. où on laisse à dr. le château de Sotteville, à g. la route de Diélette (p. 423) que l'on a suivie à l'aller. A partir de ce point on suit, à rebours, le même itinéraire qu'à l'aller, par Virandeville (40 k.) et le hameau du Pont (46 k. 5), où les deux routes, de dr. ou de g., ramènent à Cherbourg : la route de dr. arrive (51 k. 5) par l'avenue Carnot; la route de g., qui passe à Octeville, amène en ville (50 k. 5), à la rue de la Poudrière et à la rue Gambetta.

39. — DE CHERBOURG A COUTANCES

CHEMIN DE FER : Etat, 92 k. en 2 h. 30 env.; 11 fr. 40, 9 fr. 70, 6 fr. 35.

ROUTE : 77 k. Départ par la route de Paris, que l'on suit jusqu'à (20 k.) *Valognes*; montées et descentes; 35 k. *Saint-Sauveur-le-Vicomte*; 45 k. *La Haye-du-Puits*; 53 k. *Lessay*; traversée de la lande de Lessay; 66 k. *Montsurvent*.

19 k. de Cherbourg à *Sottevast*, p. 398.

26 k. **Bricquebec** (hôt. *du Vieux-Château*, T.C.F.), ch.-l. de c. de 2,816 hab., dans une contrée de collines boisées. A Bricquebec

est né le sculpteur *Le Véel* (1821-1905), dont on voit les œuvres et divers dons au musée de Cherbourg (p. 409).

En venant de la gare on suit la rue principale, dans laquelle on laisse à g. la poste; puis on aperçoit la petite statue du général Le Marois (1837), dont le modèle est de Canova, encadrée par la masse du château.

Le **château* date du XIVe s. et l'hôtel du Vieux-Château en occupe le corps de logis principal. La porte d'entrée a été restaurée. Le donjon octogonal, à 4 étages, bâti sur une motte haute de 18 m., renferme un petit musée : histoire naturelle, monnaies. Les murs d'enceinte sont flanqués de tours carrées, en partie du XIe s. Des souterrains, dont la voûte est soutenue par quatre rangées de piliers alternativement cylindriques et octogones, étaient probablement destinés à servir de caveau mortuaire.

Que l'on traverse la cour du château ou que l'on contourne le donjon, à dr., on arrive au champ de foire, où se tient la foire aux chevaux, le 23 sept., et à l'église, édifice moderne de style gothique. Sur un des côtés du champ de foire s'ouvre une promenade où quatre rangées d'arbres plusieurs fois centenaires forment une belle perspective.

Un *monument mégalithique*, énorme monolithe couché à plat sur le sol, se voit près de Bricquebec, sur la colline des Grosses-Roches, entre deux galeries peu éloignées.

A 2 k. N., *couvent de Trappistes* (1824), dit prieuré de Notre-Dame-de-Grâce de la Trappe, avec une fabrique de fromages renommés. — A 4 k. S.-E., ermitage de Sainte-Anne. — De Bricquebec on peut faire l'intéressante excursion (22 k. O.; voit. de louage, 25 fr. env.) de Diélette, par les Pieux et Flamanville (p. 425).

36 k. *Néhou*. On traverse la Seye.

40 k. *Saint-Sauveur-le-Vicomte* (hôt. *des Voyageurs*, T.C.F.), ch.-l. de c. de 2,266 hab., sur la rive dr. de la Douve. C'est la patrie du romancier *Barbey d'Aurevilly* (1808-1889), dont le buste, par *Rodin*, a été inauguré en 1909 en face de l'hôtel de ville.

En quittant la gare on tourne à dr., pour suivre ensuite à g. la rue principale, qui longe à g. l'*église*, des XIVe et XVe s., en grande partie refaite : à l'intérieur, fonts baptismaux du XIVe s. et Ecce homo, en pierre, de grandeur naturelle. Près de l'église se voient deux ifs énormes, dont l'un a 2 m. de diamètre. Plus loin, à g. on trouve l'entrée du château. Le vieux *château*, qu'on visite, sert, depuis 1691, d'hospice et d'orphelinat. On remarque la cuisine, au rez-de-chaussée, dont la voûte repose sur une colonne centrale. On découvre une belle vue du sommet du donjon, haut de 24 m. du côté des fossés : deux belles salles. — De l'ancienne *abbaye*, à 500 m. du bourg, fondée en 1080, il ne reste que le logis abbatial, du XVIIe s., occupé par la maison mère des sœurs hospitalières de la Miséricorde.

47 k. *Saint-Sauveur-de-Pierrepont*, entre des prairies marécageuses parcourues par un petit affluent de la Douve. Eglise avec chœur et portails romans; dans le chœur, 2 bas-reliefs du

x^e ou xie s. : attributs des Evangélistes. — On traverse *Saint-Nicolas-de-Pierrepont* (1 k. de Saint-Sauveur), dont l'église a une tour carrée, semblable à une forteresse, un saint-sépulcre du xvie s. et un retable à colonnes.

53 k. *La Haye-du-Puits*, où l'on croise la ligne de Carteret à Carentan, p. 430 (hôt. : *de Champagne*; *de la Gare*; *du Commerce*, T.C.F.), ch.-l. de c. de 1,435 hab., fait un important commerce de beurre et de bestiaux. — De la gare on tourne à g., pour prendre bientôt à dr. la rue principale du bourg. A g. se dresse une vieille tour carrée, à mâchicoulis, couverte de lierre, ancien *donjon* du château qui appartenait, au milieu du xie s., à Turstin Haldup, fondateur de l'abbaye de Lessay. De l'autre côté de la rue, en bordure d'un petit étang, subsistent les restes d'un autre *château*, du xvie s., avec un haut pavillon flanqué d'une tourelle à pans, qui a conservé une porte de la Renaissance. On atteint ensuite le centre du bourg, où l'église est moderne, de style gothique : elle est décorée de fresques et a conservé, au transept g., un tombeau du xvie s., avec personnages sculptés.

A 3 k. N.-E., restes de l'*abbaye de Blanche-Lande*, fondée en 1155 : l'église, romane, avait été en majeure partie reconstruite par les religieux, au xviie s., dans son style primitif. — A 4 k. E., Lithaire (p. 429) et 3 k. au delà, camp de César (p. 429-430).

58 k. *Angoville*, à 1 k. 6 au S.-O., d'où l'on peut se rendre, à 4 k. au delà, à la petite plage de *Saint-Germain-sur-Ay*, desservie aussi par Lessay (*V.* ci-dessous).

62 k. **Lessay** (hôt. *Manautines*, T.C.F.), ch.-l. de c. de 1,162 hab., près de l'Ay, à 1 k. 5 du fond de l'estuaire dit havre de Saint-Germain (*V.* ci-dessous).

L'avenue de la gare aboutit à la rue principale qui, à dr., conduit à la place où se détache au fond la route de Pirou, et à l'église. Lessay doit son origine à une abbaye de Bénédictins fondée, vers 1040, par Richard Turstin ou Turstin Haldup, vicomte de Cotentin, et dont il reste l'**église*, beau spécimen de l'architecture romane et récemment restaurée. Au-dessus de la porte du bas-côté dr., Christ du xive s. La tour, carrée, percée de 4 fenêtres, est surmontée d'un dôme moderne.

A l'intérieur, grandes voûtes de la fin du xiie s.; triforium roman au transept et au chœur; le carré du transept est supporté par un élégant massif de colonnettes. En haut des 2 bas-côtés, 6 *stalles* (xive s.) de l'abbaye de Blanche-Lande : statuettes en bois d'abbesses et d'abbés. En bas du bas-côté g., statuettes du xive s.; débris d'un tombeau.

A côté de l'église, les anciens bâtiments de l'abbaye, dits le château, sont entourés d'un beau parc.

Saint-Germain-sur-Ay, à 5 k. 7 O.-N.-O. par la route, 5 k. par un chemin de traverse, est un petit port de cabotage, sur le *havre de Saint-Germain*, formé par l'estuaire de l'Ay, qui s'enfonce vers Lessay à 6 k. dans les terres. Il assèche entièrement à marée basse; la mer se retire à 2 et 3 k. de la côte, bordée de vastes grèves de sable. Une minuscule station balnéaire y est en formation, plage à 500 m.; toutes les ressources viennent de Lessay. L'église est romane, du XIe s., avec fonts baptismaux de l'époque.

Lande et foire de Lessay. — Au S. de Lessay s'étend la vaste et curieuse *lande de Lessay* (5,000 hect.), traversée dans toute sa longueur par la route de Coutances, en ligne droite durant 11 k. Cette lande semée d'ajoncs rabougris et de bruyères, et où croît çà et là une herbe courte et drue, est un véritable désert, animé seulement aux abords de Lessay par des troupeaux d'oies qui constituent un élevage important; quelques plantations de pins chétifs n'atteignent des proportions normales que dans le beau domaine du Buisson : ce domaine, aux superbes massifs de pins maritimes, auxquels se mêlent le pin sylvestre et le sapin, forme une oasis cultivée, longue de 2 k. 5, vers le N.

Les landes de Lessay sont célèbres par la grande *foire* dite *de Lessay* ou *de Sainte-Croix*, qui s'y tient chaque année les 12, 13 et 14 sept., près de Lessay, des deux côtés de la route de Coutances. Cette foire fut instituée au XIIIe s. par les moines bénédictins de Lessay, qui en retiraient de gros revenus. On peut voir encore à la mairie de Lessay un parchemin, revêtu du sceau de Louis XIV, renouvelant à l'abbaye la concession et le privilège de cette foire. Les tentes des nombreux marchands et débitants sont disposées par « rues » : rues des cuisiniers, rue des débits ou cafés, rue des bazars, etc.; mais la foire doit surtout son importance au commerce des chevaux, qu'on y amène par milliers. Le Calvados y achète les chevaux nés dans la Manche pour en faire l'élevage. La location de l'emplacement des tentes est perçue par la commune de Lessay. La foire proprement dite est en décadence et c'est surtout comme réjouissance champêtre qu'elle attire de très loin de nombreux visiteurs.

Si l'on suit la route de Coutances, on pénètre sur la « queue » de la lande, domaine de la foire, où de petits terrassements indiquent l'emplacement des diverses tentes. A dr. se voit le corps de garde servant à la police de la foire; puis on passe (3 k.) au hameau du *Buisson* : église moderne; calvaire. Laissant à dr. le domaine du Buisson (*V.* ci-dessus), ainsi que des chemins allant à Créances et à Pirou, on dépasse (8 k.) à g. le hameau du Château-Rouge. La route, au delà, monte au hameau du Bingard, situé sur une hauteur (80 m.) d'où l'on aperçoit une grande partie de la lande et la mer. A 11 k. de Lessay on sort de la lande. Coutances est à 10 k. au delà.

DE LESSAY A PIROU-PLAGE, COUTAINVILLE ET COUTANCES : p. 443 à 445 en sens inverse.

69 k. *Millières*, avec des carrières de pierre à bâtir.

72 k. *Périers* (hôt. *de la Croix-Blanche*, T.C.F.), ch.-l. de c. de 2,453 hab. Après avoir suivi la courte avenue de la gare, on atteint l'*église*, vaste édifice gothique des XIVe et XVe s. : le clocher (XVe s.) a une flèche moderne; à l'intérieur, au chœur, 3 belles verrières. Au delà de l'église on parvient à une vaste place où se tiennent marchés et foires, et communiquant par une petite rue à dr. avec la halle aux grains d'où partent les routes de Carentan, de Coutances, de Lessay. Au sortir du bourg par la route de Carentan, calvaire moderne. Sur une promenade plantée d'arbres, école d'agriculture.

78 k. *Saint-Sauveur-Lendelin* (hôt. *Lechevallier*, T.C.F.), ch.-l. de c. de 1,358 hab., à 1 k. de la rive g. de la Taute : église du XIIIe ou XIVe s., agrandie de nos jours. — A g., *Cambernon*, à 6 k.

N.-E. de Coutances, a une église en partie du XIVe s. Haute et longue tranchée.

92 k. *Coutances* (buffet), p. 435.

40. — DE CARENTAN A CARTERET

CHEMIN DE FER : État, 43 k. en 2 h. 20 env.; 6 fr. 70, 4 fr. 55, 2 fr. 95.

ROUTE : 46 k. par une montée jusqu'à (6 k.) *Auvers*, d'où on descend pour franchir le canal d'Auvers avant (9 k. 5) *Baupte* ; montée, puis plateau vallonné ; 24 k. *La Haye-du-Puits* ; 35 k. *Ourville*, où l'on descend vers la mer ; 37 k. *Port-Bail* ; 43 k. 5. *Barneville*.

314 k. de Paris à *Carentan* (p. 392). La ligne de Carteret se dirige à l'O. — 320 k. *Auvers*, halte. — 323 k. *Baupte*, au bord de vastes marais où l'on franchit le canal d'Auvers.

Coigny et Franquetot (route 4 k. 3 N.-O.). — En sortant de la gare on franchit la Sèves pour gagner le village de Baupte. Du pont le regard embrasse l'immense étendue de prés marécageux, appelés marais de Gorges, où pait en été un nombreux bétail. — 2 k. 6. A l'entrée de Coigny, la route se transforme en une superbe *avenue* bordée d'une quadruple rangée de grands chênes, plantés vers le milieu du XVIIIe s. par le premier maréchal et duc de Coigny, pour donner accès au château de Franquetot. Au commencement de cette allée imposante, qui ne se développe plus que sur une longueur de 1 k. et demi, une partie des arbres ayant été abattus pendant la guerre, s'ouvre à g. l'entrée de l'école pratique d'agriculture et de laiterie de Coigny, installée dans l'ancien *château* du même nom, qui conserve un certain caractère avec son pavillon à tourelle, plusieurs tours, et ses douves profondes. Dans le petit musée on remarque une fort belle cheminée.

Au delà de l'école la route passe au village de Coigny et se prolonge jusqu'au *château de Franquetot*, d'un beau caractère, parmi la végétation puissante qui l'environne. Les ducs de Coigny, dont l'un fut maréchal, lieutenant-général sous Louis XIV et Louis XV, vainqueur à Parme et à Guastalla, ont séjourné à Franquetot jusqu'à la mort du dernier d'entre eux. Le château est occupé, depuis 1913, par le grand séminaire du diocèse de Coutances et Avranches. L'écurie a été transformée en chapelle. Une partie des meubles ayant appartenu aux ducs de Coigny ont été vendus en 1913 ainsi que le vaste domaine environnant. Dans la chapelle primitive reposent plusieurs des anciens seigneurs; dans les anciens appartements du rez-de-chaussée, belle cheminée de marbre rouge. Un nouveau bâtiment a été construit dans le parc pour loger les séminaristes.

327 k. *Saint-Jores*. Dans l'église, restes d'un retable en pierre sculptée du XVIe s. : scènes de la Passion. A 3 k. N., *Prétot* (hôt. *Trébert*, T.C.F.) a un château du XVIe s., avec chapelle de style flamboyant.

331 k. *Lithaire*, station desservant la Poterie, hameau à 1 k. au N., le Plessis à 5 k. S.-E. et Lithaire à 3 k. 5 S.-O., sur une route qui s'embranche à g. sur celle de la Haye-du-Puits.

A 1 k. S.-E. de la station, en coupant à travers la lande, ou en suivant pendant 2 k. la route du Plessis, qui passe au pied, s'élève une haute butte (122 m. d'alt.) où se trouvent les restes d'un ancien camp, romain ou gaulois, dit le *camp romain* ou camp de César. On découvre de ce point une vue magnifique sur de vastes landes de bruyère rouge.

Aux environs de Lithaire : à 3 k. N.-O., chapelle de l'ancien *prieuré de Brocquebœuf* (XVe s.), servant de bâtiment d'exploitation : belle cheminée, dans la chambre du prieur; — ruines d'une maladrerie (XVe ou XVIe s.); — ruines d'un château du XIVe s., au sommet d'une colline : belle vue; — sur la pointe d'un rocher au N. du bois de la Pleso, pierre branlante, appelée Logan de Lithaire.

337 k. *La Haye-du-Puits* (p. 427), où on croise la ligne de Cherbourg à Coutances.

345 k. **Denneville.** Le village (519 hab.) est à 3 k. de la gare, à g. de la station, et la mer à 3 k. au delà du village, à Denneville-plage. L'église a conservé, à la voûte de la chapelle du transept g., des fresques anciennes.

Billets : — *de Paris*, 53 fr. 90, 36 fr. 40, 23 fr. 70; aller et ret. ordinaires (les billets de bains de mer sont actuellement suspendus), 80 fr. 85, 58 fr. 20, 37 fr. 95.

Hôtel : — *de la Plage*, au bord de la mer (toute l'année).

Denneville-plage est une très petite station balnéaire en formation, au bord de dunes herbeuses appelées « mielles », où s'élèvent quelques maisonnettes et un petit hôtel. Les ressources sont à peu près nulles et la plupart des fournitures viennent de Portbail (7 k.). La plage est de sable, mêlé de cailloux; la mer y découvre à 1 k. 5 du rivage et l'on y pêche la grosse crevette, dite « bouquet ». Un bois de pins offre un abri contre le vent et le soleil. A 2 k. 5 au S.-E., petit havre de Surville; à 3 k. au N., havre de Portbail; en mer, on découvre Jersey.

347 k. *Saint-Lô-d'Ourville*, à g., se compose d'une grande rue, dans la vallée de l'Olonde. A 1 k. 5 O., pittoresques ruines de l'église isolée d'Omonville, dont le clocher, le transept et la nef sont envahis par le lierre.

348 k. **Portbail**, bourg de 1,486 hab. et port de cabotage, dont dépend une petite station balnéaire, à 2 k. au delà. L'approvisionnement est facile et le poisson abondant.

Billets : — *de Paris*, 54 fr. 40, 36 fr. 70, 23 fr. 95; aller et ret. ordinaires (les billets de bains de mer sont actuellement suspendus), 81 fr. 55, 58 fr. 75, 38 fr. 30.

Omnibus : — de la gare au bourg et à la plage.

Hôtels : — au bourg : *des Voyageurs*, T.C.F. (voit. d'excurs.); *d'Angleterre*; *au Soleil-Couchant*; *du Nord*.

A la plage : *de la Mer* (maison de convalescence de soldats belges pendant la guerre).

Restaurant : — *Fossey*.

Loueur de voitures : — *Fossey*, au bourg.

Bains de mer : — cabines à louer.

Courses : — le dim. après le 15 août, sur l'hippodrome des Pins.

En entrant dans Portbail on tourne à dr., pour trouver l'*église Saint-Martin*, primitivement romane, avec un porche de cette époque; à l'intérieur, les voûtes ont été refaites en style gothique, au XIVe et XVe s.

L'église donne sur une esplanade plantée d'arbres, où est la poste. Au delà, à dr., on arrive à la place principale où sont les hôtels et l'église Notre-Dame. L'*église Notre-Dame* a une tour carrée à mâchicoulis, du XVe s., peinte en blanc pour servir de signal aux navires; à l'intérieur, 2 statues du XVIe s., dans la chapelle de g.; à l'abside, chapiteaux romans, avec animaux symboliques et personnages.

Au delà de Notre-Dame, on passe sur un pont de pierre de 13 arches, continué par une chaussée empierrée et traversant le *havre de Portbail*, où se jette, à dr., la rivière de l'Olonde. Le *port* abrite des bateaux de pêche et des caboteurs qui commercent avec Jersey, principalement pour les fourrages. On continue à suivre une route sans abri, qui passe devant l'hôtel de la Mer et le champ de courses, pour amener à la mer.

2 k. du bourg. *Plage de Portbail*. La plage est de sable, avec un ancien sémaphore et quelques chalets; on y pêche la crevette. La clientèle est familiale. De nombreuses cabines bordent la grève, la plupart appartenant à des particuliers. Un certain nombre d'entre elles constituent de véritables maisonnettes de planches; leurs propriétaires y couchent et y cuisinent. Le rivage est dénudé, sauf un bois de pins, enclos dans la villa des Pins, colonie scolaire de Saint-Germain-en-Laye. En face de la côte on découvre Jersey.

Si l'on traverse en barque le havre de Portbail, on peut gagner au S., à travers des dunes, la plage de Denneville (3 k.: p. 430); par la route, 4 k. 5 de Portbail-bourg à Denneville-bourg, en passant par Ourville; de Denneville-bourg à Denneville-plage, 3 k.

De Portbail-bourg à Barneville-bourg (*V.* ci-dessous), 7 k. par la route; même distance de Portbail-plage, en coupant les dunes et les landes par des chemins de traverse. De Portbail-plage, en suivant la côte au N.-O. dans le sable, on atteindrait (6 k.) Barneville-plage (p. 432).

353 k. *Saint-Georges-de-la-Rivière*, à 500 m. à dr., au pied de coteaux qui dominent la mer; celle-ci est à 2 k. à g. de la station.

355 k. **Barneville**, ch.-l. de c. de 884 hab., dont dépend la station balnéaire, la Plage de Barneville.

Billets : — *de Paris*, 55 fr. 45, 37 fr. 45, 24 fr. 40; aller et ret. ordinaires (les billets de bains de mer sont actuellement suspendus) 83 fr. 20, 59 fr. 90, 39 fr. 05.

Omnibus.

Hôtels : — à la gare (entre la mer et le bourg) : *de la Gare* (toute l'année; voit. d'excurs.).

Au bourg : *de Paris*, pl. de l'Église (voit. d'excurs., gar.); *des Voyageurs*; *d'Angleterre*.

A la plage : *de la Plage*, café-rest.; *Moderne*, T.C.F. (fermé).

Agences de location : — *Descroix*, chalet Montplaisir et villa Georgette; à l'hôtel de la Gare.

Bains de mer : — cabines, 12 à 30 fr. par mois; pour un bain, 30 c.

La gare est située entre le bourg (1 k. à dr.) et la plage (1 k. 7 à g.). Tournant à dr., on suit une belle route, plantée de peupliers, qui monte vers *Barneville-bourg*. Celui-ci est adossé à une ligne de coteaux de 48 m. env., qui protège le pays des vents du nord et lui assure un climat relativement doux; les chênes verts et les figuiers prospèrent dans les jardins. On trouve au bourg les principaux fournisseurs.

L'*église* (XIe-XIIe s.) est romane dans son ensemble, avec une

corniche de petites têtes sculptées; elle est flanquée d'une grosse tour carrée du XVe s., à mâchicoulis. La nef a conservé les anciennes arcades romanes, avec ornements en dents de scie et curieux *chapiteaux; les voûtes ont été refaites en partie de nos jours, dans le style gothique. Tableau du couronnement de Ste Cécile, par La Lyre (1898); au bas de la nef, St Pierre, par L. Ternisien.

Les coteaux auxquels s'adossent Barneville offrent quelques ombrages et de beaux points de vue; Saint-Jean-de-la-Rivière (2 k. S.-E.) et Saint-Georges-de-la-Rivière (2 k. 7), par la route de Portbail, sont d'agréables buts de promenades. Portbail-bourg est à 4 k. au delà de Saint-Georges (p. 430). — De Barneville à Carteret, 3 k. O. par la route (p. 434).

De la gare, tournant à g., on gagne la mer par une route qui traverse, sur une chaussée empierrée, une lagune issue du havre de Carteret : belle vue à dr. sur Carteret et son cap.

1 k. 7 de la gare (2 k. 7 du bourg). *Plage de Barneville*, villégiature familiale assez fréquentée, sur de petites dunes herbeuses, dites « mielles ». On y trouve un certain nombre de chalets et de maisonnettes et, pendant l'été, des succursales des fournisseurs du bourg de Barneville. La côte est dénudée. La plage, bien plane, est de sable mêlé de rocaille; la mer se retire à 1 k. 5; pêche aux crevettes et chasse aux crabes. La plupart des cabines se louent au mois ou à la semaine; certaines d'entre elles ont des lits. En mer, en face, on découvre Jersey.

Si l'on suit la grève au S.-E., on atteint (6 k.) Portbail-plage (p. 431). Au N.-O., on atteint, au bout de 1 k. 4, le havre de Carteret : il faut, pour gagner Carteret, passer en barque à marée haute, sur des pierres à marée basse.

357 k. **Carteret**, petit port (service pour Jersey) et station balnéaire en voie de développement, dans un site accidenté et pittoresque. On y trouve les ressources nécessaires, de bons hôtels et des villas. Carteret, tourné vers le midi, est abrité des vents du nord; le climat, sous l'influence du Gulf-Stream, est relativement doux et se rapproche de celui de la Bretagne.

Billets : — *de Paris*, 55 fr. 80, 37 fr. 65, 24 fr. 55; aller et ret. ordinaires (les billets de bains de mer sont actuellement suspendus), 83 fr. 65, 60 fr. 25, 39 fr. 25.

Omnibus (l'été) : — pour le bourg et pour le bateau de Jersey.

Hôtels : — à la gare : *Terminus* (fermé).

Au bourg : *de la Mer*, T.C.F. (fermé); *d'Angleterre*, T.C.F. (toute l'année; gar., terrasse sur le havre); *de la Marine* (toute l'année), les 2 derniers r. de Paris.

Pension de famille : — *château de Carteret*, r. Faudemer, sur le havre (parc).

Restaurants : — *de la Gare*; *de la Digue*, près de la jetée.

Agences de location : — s'adresser au syndicat d'initiative.

Poste : — r. de Versailles.

Loueurs de voitures : — s'adresser au syndicat d'initiative; à l'hôt. d'Angleterre.

Bateau : — pour Jersey (p. 435).

Bains de mer : — établissement *Parion*, sur la plage, avec bains chauds et restaurant; cabine 50 c., bain complet 1 fr. 25.

Excelsior-cinéma : — r. de la Poste.

Syndicat d'initiative : — bureau de renseignements gratuit près de la gare (timbre pour réponse).

Près de la gare est la *chapelle Saint-Louis*, du XIIe s., avec nef et tour de 1740 et flèche de pierre : devenue église paroissiale en 1686, et pittoresque parmi la verdure qui l'entoure, elle a été abandonnée pour l'église neuve, vaste bâtisse inachevée, de style gothique, qui se trouve en deçà de la gare, sur la route de Barneville : sous le maître-autel, de style Louis XV, statue couchée de St Germain.

Gagnant de la gare le bourg de Carteret, on rencontre, à dr., l'hôtel du Commerce, à g. l'hôtel d'Angleterre, puis celui de la Marine. On arrive à l'entrée du havre de Carteret, qui s'enfonce profondément dans les terres et où se jette la rivière de la Gerfleur; celle-ci conserve son lit et son cours à marée basse, alors que la mer se retire à 2 k.; on y pêche la crevette. En passant en bateau, ou sur des pierres à marée basse, sur la pointe sablonneuse qui fait face à Carteret, on va à Barneville-plage (p. 432).

La route bifurque. Celle de g. longe le havre de Carteret, d'où on découvre à g., en arrière, le village de Barneville et, de l'autre côté de l'estuaire, Barneville-plage; elle conduit (1 k.) au port avec quai et jetée, où est le bureau des bateaux de Jersey (p. 435), voisin de la douane. Du port, passant sur l'autre côté de la dune, couverte de bruyères et d'ajoncs, on gagne la *plage*, qui se trouve en contre-bas de la route, dans une petite anse rocheuse et pittoresque. La grève, bordée de cabines et d'un établissement de bains, est de sable entremêlé de rochers; assez rapide par endroits, quelques précautions peuvent être nécessaires. Au delà de la plage, les falaises de Carteret, granitiques, sont curieusement déchiquetées par la mer et percées de *grottes*, auxquelles on accède par la grève à marée basse, et dont les principales sont l'Escalier du Géant, le Trou du Serpent, la Grotte des Fiancés.

De la plage, un escalier monte à la rue de la Corniche qui se continue vers le cap de Carteret et les ruines de la vieille église, en contournant la falaise, par le chemin des douaniers, assez vertigineux, avec rampes en fer aux passages dangereux.

Pour aller au cap, on prend la rue de la Poste et le boulevard Germain qui s'élève sur la falaise.

800 m. Carrefour des Cinq-Chemins; poteaux du T.C.F. De là un chemin conduit, à 800 m., à la *Vieille-Eglise*, ruines informes qui semblent indiquer l'emplacement primitif de Carteret; elle fut abandonnée, en 1686, pour la chapelle Saint-Louis (*V.* ci-dessus). Voisine de l'église est la fontaine de Saint-Germain.

Au carrefour, laissant le chemin de dr. qui conduirait aux dunes dites « mer de sable » (p. 434), on prend le chemin de g., qui, entre les haies, mène à la *roche Biard* située dans un champ (3e barrière à dr.), point culminant du *cap de Carteret* d'où l'on jouit d'une *vue admirable. Tandis que vers le N. s'étendent les dunes de Hatainville et la mer de sable (p. 434), vers le S. on découvre toute la côte vers Barneville, Porbail, Regnéville, et

jusqu'à Granville. Du côté des terres on aperçoit de nombreux clochers. En mer, on voit l'île de Jersey, distante de 25 k., dont on distingue par temps clair les vallonnements; entre la côte et Jersey, îlots rocheux des Ecrehous.

Environs. — **1° De Carteret à Barneville.** — De Carteret à Barneville-bourg (p. 431), route de voitures de 3 k. E., sortie par l'avenue de la gare jusqu'au carrefour Boudet où on tourne à dr.; de Barneville-bourg à Barneville-plage, 2 k. 7 S.-O. A pied, de Carteret à Barneville-plage (1 k. 4) en passant l'estuaire de Carteret, à marée haute en bateau, à marée basse sur des pierres plates, à la hauteur de l'hôtel d'Angleterre. On parvient ainsi à la grève sablonneuse qui borde la mer jusqu'à la plage de Barneville (p. 432).

2° Vallon des Dunes et Mer de sable, Hatainville, Moitiers-d'Allonne et Masse de Romont (route 8 k. N.-O. et N.-E., aller et ret.). — Départ de Carteret par le chemin des Douits qui laisse la gare et la chapelle Saint-Louis à dr.

La route remonte le charmant *vallon des Dunes*, arrosé par un clair ruisseau où pousse du cresson. Le contraste est curieux entre les deux versants du vallon; à dr., des collines vertes où, de place en place, la roche perce le sol; à g. s'élèvent de hautes dunes de sable blanc, éblouissant, qui s'étendent jusqu'à Hatainville, sur une longueur de 3 k. et à des altitudes de 58, 55 et 52 m. Ce sont les « Mielles de Carteret », dites encore la *Mer de sable*. Leur ascension est pittoresque; sur leur autre versant on découvre la mer.

2 k. 7 (de la gare de Carteret). *Hatainville*, hameau d'où l'on pourrait gagner la mer, vers la g., par une route de 2 k. On tourne à dr., par la route de Moitiers. — 4 k. *Moitiers-d'Allonne*, avec 2 églises paroissiales voisines l'une de l'autre, ressortissant, avant la Révolution, de deux fiefs différents. Depuis 1908, une seule sert au culte. De Moitiers, on pourrait continuer à g. vers les Pieux et Flamanville, *V.* ci-dessous, 3°.

A Moitiers on tourne à dr., par la route de Barneville. — 5 k. A g. de la route s'élève la *Masse de Romont*, butte haute de 90 m., dont il faut faire l'ascension. Du sommet on découvre le littoral, par-dessus le vallon des Dunes; du côté des terres, on voit jusqu'à Coutances : on peut, par temps clair, distinguer les clochers de la cathédrale. On pourrait descendre, au N.-E. de la Masse de Romont, par le moulin de la Roque, suivre le ruisseau et gagner la route qu'on prendrait à dr.

6 k. 5. Carrefour Boudet, où on laisse à g. la route de Bricquebec et celle de Barneville, pour tourner à dr. — 8 k. Gare de Carteret.

3° De Carteret aux Pieux, Diélette, Flamanville et le Rozel (route accidentée, 47 k. 5 N. et N.-O., aller et ret.). — Départ de Carteret par l'avenue de la gare bordée de peupliers; après le passage à niveau, au carrefour Boudet tourner à g. pour monter, par une côte de 1 k. à (4 k.) Moitiers-d'Allonne et atteindre 78 m. d'alt. près du hameau de Maudenaville. — 11 k. La Mare-du-Parc, hameau; à g. route de Surtainville, à dr. route de Bricquebec. On aperçoit le clocher de Pierreville, à dr. — 13 k. *Saint-Germain-le-Gaillard*, à 500 m. à dr.; à g. un poteau du T.C.F. indique la route allant au château de Rozel et à la mer. La route atteint ensuite 98 m. d'alt., descend près du moulin le But dans un vallon encaissé, puis monte aux Pieux par une côte très raide de 1 k. 5 (200 m. à 10 0/0).

17 k. *Les Pieux* (p. 425). — 22 k. 5. *Diélette* (p. 423). — 25 k. *Flamanville* (p. 424). On suit la route du Rozel, qui gagne et longe l'anse de Sciotot (p. 424).

31 k. *Le Rozel* (p. 425). — 32 k. On bifurque à g. — 33 k. On bifurque à dr. — 33 k. 5. On coupe une route, pour continuer droit devant soi. —

35 k. On rejoint la route de Carteret, près de Pierreville. — 42 k. 5. On laisse à dr. la route de Hatainville. — 43 k. 5. Moitiers-d'Allonne (p. 434, 2°). — 47 k. 5. Gare de Carteret.

4° **De Carteret à Bricquebec** (route 17 k. N.-E.). — Départ de Carteret par la gare et la route de Barneville, jusqu'au carrefour Boudet, où on laisse à dr. la route de Barneville, à g. celle de Moitiers-d'Allonne, pour continuer tout droit et remonter la vallée de la Gerfleur.

2 k. 7. Bifurc. où l'on pourrait aller voir à dr. (400 m. env.) le *château Grafard*, vieux manoir Renaissance converti en ferme. — 3 k. 5. Poteau T.C.F. : à 1 k. 2 à g., les 3 moulins du Bosquet (122 m.), vue panoramique. — 7 k. Les Quatre-Barrières, où l'on peut prendre à g. le chemin du Grand-Breuil, et à 1 k. (poteau T.C.F.) tourner à g. : on voit à 100 m. l'*allée couverte des Roques* (19 m. de long). — 12 k. On laisse à dr. la route (600 m.) du château de Malassis. On descend ensuite sur Bricquebec entre des pentes boisées. — 17 k. *Bricquebec* (p. 425).

5° **De Carteret à Jersey** : bateau t. l. j. pour le port de Gorey, de fin mai à début d'octobre, heures selon la marée 7 fr. 55 et 5 fr. 05; aller et ret. valable 1 mois, 11 fr. 25 et 7 fr. 50. Billets directs de Carteret à Saint-Hélier (ch. de fer de Gorey à Saint-Hélier) : 8 fr. 20 et 5 fr. 70; aller et ret., val 35 j., 18 fr. 50 et 8 fr. 75; le transport des bagages du bateau au ch. de fer est inclus dans ces prix. S'informer si le service est rétabli. Il n'y a pas de douane à Jersey, mais l'introduction des chiens est interdite.

La distance entre Carteret et *Gorey* est de 25 k.; la traversée dure de 1 h. 30 à 2 h. Gorey est un charmant petit port, dominé par les ruines du château de Montorgueil (p. 519).

Un ch. de fer (10 k. en 25 min.; 90 et 70 c.) relie Gorey à *Saint-Hélier*, capitale de l'île. Pour Saint-Hélier et ses hôtels, p. 517.

Distances par la route, de Carteret à : Caen, 121 k.; Cherbourg, 39 k.; Paris, 331 k.; Portbail, 9 k.; Saint-Lô, 63 k.; Valognes, 29 k.

41. — COUTANCES ET SES PLAGES

Voies d'accès : ch. de fer, 344 k. de Paris par *Lison* (p. 391) où on change de train; 53 fr. 75, 36 fr. 30, 23 fr. 65. — Route 306 k. par : 243 k. *Bayeux* (p. 233 et 389) et 278 k. *Saint-Lô* (p. 447).

COUTANCES, ch.-l. d'arrond. de la Manche, est une petite ville bourgeoise et un peu morte, de 6,599 hab. (les *Coutançais*), dans une belle situation sur un mamelon de granits syénitiques de 76 m. (93 m. au-dessus de la mer) dont la cathédrale occupe le point culminant, et baignée par les ruisseaux de Guerney et de Bulsard auxquels se réunit la Soulle. La cathédrale, dont on voit de loin les superbes clochers, est un de nos plus beaux monuments religieux. Le jardin public et deux autres églises, surtout Saint-Pierre, méritent une visite.

Omnibus de ville — Omnibus des hôtels.

Hôtels : — à la gare : *de la *Gare*, dipl. T.C.F.; *de l'Ouest* (simple; terrasse); — en ville : *des Trois-Rois*, pl. Milon, 6; *de France*, r. Saint-Nicolas, 27, T.C.F. (fermé pendant la guerre).

Café-restaurant : — *Savary*, pl. de la Poissonnerie; plusieurs cafés pl. du Parvis et pl. Saint-Nicolas.

Poste : — r. Saint-Dominique, 12.

Banques : — *Société Générale*, r. Daniel; *Comptoir d'Escompte*.

Loueurs de voitures : — à l'hôtel des Trois-Rois; *Perrée*, r. de l'Ouest, 19.

Histoire. — Coutances, l'antique *Cosedia*, capitale des Gaulois Unelles, s'appela plus tard *Constantia*; du nom de Constance Chlore, qui la fortifia. Coutances devint alors le ch.-l. d'un diocèse comprenant le *Constantinus pagus*, appelé plus tard le *Costentin* ou *Cotentin*.

La ville fut prise et reprise aux cours des guerres des fils de Guillaume le Conquérant, durant la guerre de Cent Ans et pendant les guerres de religion. Son gouverneur, le comte (plus tard maréchal) de Matignon, la sauva par sa modération, en 1572, des fureurs de la Saint-Barthélemy. Depuis cette époque son histoire n'offre d'autre événement que la révolte des Nu-Pieds, au XVIIe s., causée par la création de la gabelle en basse Normandie (p. 530).

A Coutances sont nés : l'helléniste *Louis Leroy*, dit *Regius* († 1577); le médecin et astrologue *Jean Brohon* (XVIe s.); l'astronome *Legentil de la Galaisière* (1725-1792); le contre-amiral *Jean-Marthe-Adrien l'Hermite* (1766-1836), qui se distingua dans la guerre de l'indépendance d'Amérique et pendant les guerres de la République et de l'Empire.

Industrie et Commerce. — Coutances a des fabriques de parchemin et de toiles ouvrées. Au faubourg du Pont-de-Soulle sont plusieurs tanneries et mégisseries. L'arrondissement exporte, chaque année, plus de deux millions de douzaines d'œufs. Deux grandes foires, les 28 mars et 30 sept.

La gare de l'Etat, à 10 min. env. du centre de la ville, est voisine de la gare départementale (p. 443); on prendra un omnibus si l'on veut éviter la montée. On suit en face l'avenue de la Gare qui traverse sur un remblai le vallon de Guerney.

En contre-bas, à g., on voit l'*hôtel-Dieu*, fondé en 1209. Il comprend un ancien prieuré de chanoines, avec tour et flèche de pierre, du XVe s. Une autre flèche, moderne, domine l'ensemble des bâtiments, reconstruits en majeure partie de nos jours.

L'avenue de la Gare aboutit à un rond-point où des rampes montent au boulevard Legentil-de-la-Galaisière, planté d'arbres. On peut aussi prendre à dr. le chemin de la Gare, suivi de la rue de la Croûte, qui s'élèvent en pente douce.

Le boulevard Legentil est dominé par la masse carrée du *lycée*, à fronton grec, ancienne maison des Eudistes; la chapelle est du XVIIe s.

Le boulevard et la route se rejoignent presque à la place Duhamel, à laquelle fait suite le boulevard Jeanne-Paynel. Celui-ci doit son nom à Jeanne Paynel, ou Paisnel, héroïque compagne de Louis d'Estouteville, chef de 119 chevaliers normands qui défendirent le Mont Saint-Michel contre les Anglais. La rue Siméon-Luce, à g., très raide, monterait directement à la cathédrale. En contre-bas du boulevard et de la rue de la Croûte, s'étend le champ de foire, ou place de la Croûte.

A g. du boulevard Jeanne-Paynel, tandis que les voitures continuent la rue de la Croûte pour entrer en ville par un détour, s'ouvre le *jardin* ou *place Le-Brun* : statue de Le Brun, duc de Plaisance, grand maître de l'Université et pair de France

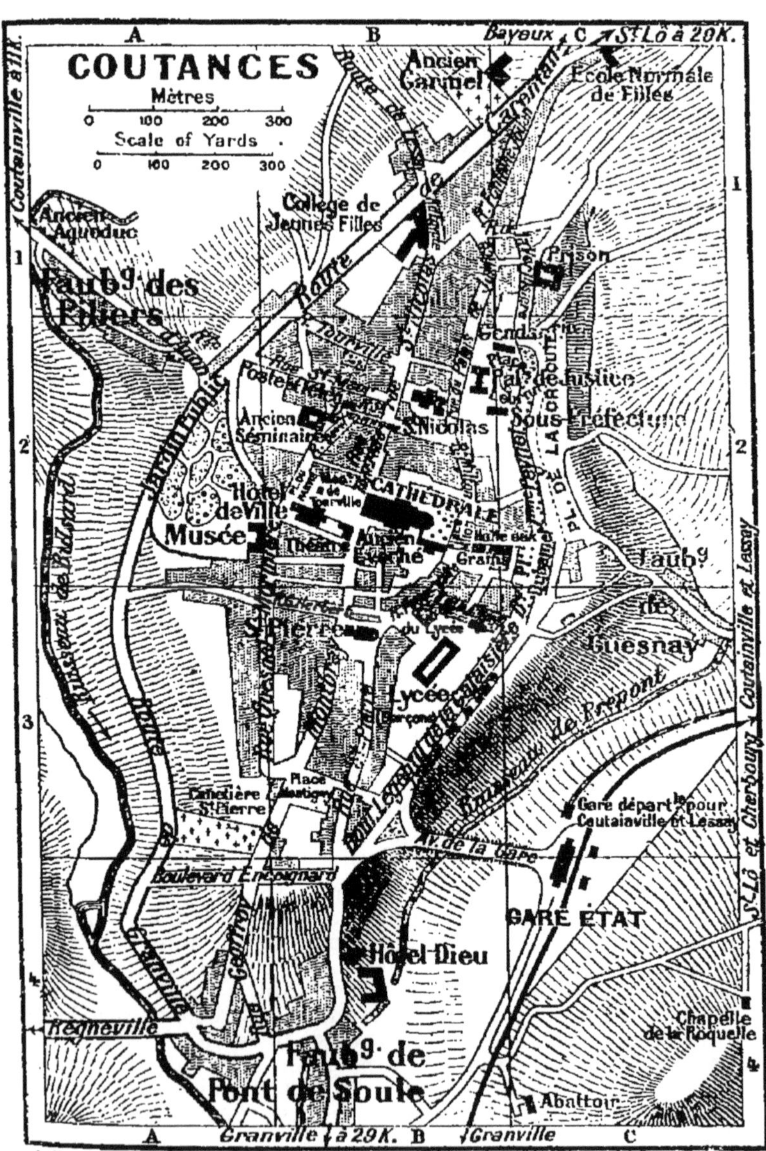
COUTANCES
Mètres
0 100 200 300
Scale of Yards
0 100 200 300
A
B
C
1
2
3
Bayeux
St Lô à 29K.
Coutainville à 11K.
Ancien Carmel
École Normale de Filles
Collège de Jeunes Filles
Ancien Aqueduc
Faubg des Piliers
Prison
Gendarmerie
Palais de Justice
Sous-Préfecture
Ancien Séminaire
St Nicolas
Hôtel de Ville
Musée
Théâtre
CATHÉDRALE
Ancien Évêché
PL. DE LA CROUTE
Faubg des Guesnay
St Pierre
Lycée
Place Mastigny
Cimetière St Pierre
Boulevard Encoignard
Av. de la Gare
Gare départ pour Coutainville et Lessay
GARE ÉTAT
Hôtel-Dieu
Regneville
Faubg de Pont de Soulle
Chapelle de la Roquelle
Abattoir
Granville à 29K.
Granville
St Lô et Cherbourg
Coutainville et Lessay
Boulevard de Brepont
L. Hermann delt

sous la Restauration, bronze par Etex. Le jardin, où sont de beaux cèdres, est bordé par trois bâtiments carrés, de style néo-grec. Celui de dr. est occupé par la gendarmerie, celui de g. par la sous-préfecture; ils sont, l'un et l'autre, de 1848. Le bâtiment central, de 1730, abrite le palais de justice.

Traversant le jardin et passant derrière le palais de justice, on prend la rue Tourville, qui amène à la rue Saint-Nicolas, artère centrale de Coutances; à dr. hôtel d'Angleterre; à g. hôtel de France. Suivant vers la g. la rue Saint-Nicolas, on y trouve presque aussitôt à g., l'église du même nom.

L'église Saint-Nicolas, à la façade petite et sans caractère, a été édifiée du XIIIe au XVIIIe s. et manque d'unité. Le portail est la partie la plus ancienne. Nu et rustique d'aspect, il provient d'une ancienne chapelle, qui précéda l'église, et appartient au XIIIe s.; il est de l'époque de transition du roman et du gothique, avec un porche gothique, deux étages de petites fenêtres en plein cintre et une petite croix de pierre au pignon. La tour centrale qui surmonte le carré du transept, en forme de dôme, est lourde et peu gracieuse. C'est la partie la plus moderne; elle ne date que du XVIIIe s. La tour carrée, qui domine la porte de l'O., est de la même époque.

La nef appartient au XVIe s. et au style flamboyant; les grandes arcades sont supportées par des piliers monocylindriques, sans chapiteaux. Au-dessus court un petit triforium. Chaire de la fin du XVIe s. — Les bas-côtés, ainsi que le chœur, appartiennent comme style au gothique normand du XIVe s.; en réalité, ils ne datent que du XVIIe s. et c'est un exemple de pastiche d'art rétrospectif, assez rare à cette époque; les corniches seules trahissent le XVIIe s. Au transept dr., tableau du Christ, par Gomez. La lanterne qui surmonte le carré du transept est du XVIIIe s.; elle est complètement nue. La petite colonnade, qui court à sa base et qui la rattache au style de l'édifice, est de 1873. — Le chœur, pastiche gothique du XVIIe s., est très allongé. On y retrouve le triforium à colonnettes qui court le long de la nef. Au pourtour, pendentifs de la fin du XVIe s. A la chapelle absidale, belle *statue* en albâtre, la Vierge à l'Enfant (XIVe s.). En travers de l'entrée du chœur, Christ en croix du XVIIIe s. — Au transept g., tableau de St Sébastien (auteur inconnu); retable en bois sculpté.

On continue la rue Saint-Nicolas, qui devient bientôt rue Tancrède, pour arriver à la place du Parvis et à la cathédrale.

La ****cathédrale**, admirable édifice gothique, est du XIIIe s.

Notre-Dame de Coutances n'est pas moins célèbre par les discussions passionnées auxquelles a donné lieu sa véritable date que par la beauté de son style, qui en fait un des édifices gothiques les plus remarquables de Normandie. Au sujet de la date du monument actuel, qui n'est consignée dans aucun document historique, deux systèmes, depuis 1830, ont été émis, énergiquement défendus, et ont conservé longtemps des adeptes, malgré les réfutations qui en ont été faites par A. de Caumont, L. Vitet, A. de Dion et A. Saint-Paul. D'après le premier système, le plus ancien, la cathédrale actuelle serait encore celle qui avait été bâtie vers 1090 par l'évêque Geoffroy de Montbray; d'après l'autre système, l'édifice du XIe s. aurait duré jusqu'à la seconde moitié du XIVe, et celui que nous voyons auj. ne daterait que des règnes de Charles V et de Charles VI. En pénétrant dans l'église on s'aperçoit aisément que le style du XIIIe s. est là dans son unité, dans sa plénitude et dans une fraîcheur que n'aurait su rendre, un siècle plus tard, l'imitation la plus adroite. Le noyau des tours O. est encore roman, comme l'indiquent une porte, des fenêtres murées et plusieurs voûtes; ce sont là les restes de l'édifice bâti par Geoffroy de Montbray, et l'on y voit combien la cathédrale du XIe s. était différente par son style de l'église actuelle. Si l'on passe ensuite aux chapelles N. de la nef on voit que ces chapelles sont d'un style gothique un peu plus avancé que le bas-côté adjacent, qu'elles y ont été pratiquées après coup et que, d'après plusieurs inscriptions contemporaines, elles furent dotées, sinon construites, par l'évêque Jean d'Essey, de 1251 à 1274. Donc la cathédrale actuelle fut construite longtemps après le XIe s. et un peu avant 1251. Il est aujourd'hui admis que cette œuvre est due pour la plus grande partie au long épiscopat de Hugues de Morville (1208-1238). Peut-être le chœur n'était-il pas encore entièrement terminé lorsque Jean d'Essey fondait ses chapelles.

La *façade* n'a qu'un portail au centre; les petites portes, à dr. et à g., ne conduisent qu'à l'étage inférieur des tours.

La porte de g. est dite *porte de St Lô*, en souvenir d'une femme aveugle que, suivant la tradition, St Lô, évêque de Coutances au VIe s., aurait guérie lorsqu'il entra pour la première fois dans l'église pour en prendre possession : en souvenir de ce miracle, pendant longtemps, les évêques, lorsqu'ils venaient prendre possession de leur siège, s'arrêtaient pieds nus au seuil de cette porte et prêtaient serment à genoux. La porte sert encore pour la première entrée et la sépulture des évêques.

Au-dessus du portail est une grande fenêtre gothique précédée d'une esplanade ou large galerie, et surmontée de la « galerie des roses », d'une grande richesse ornementale avec colonnettes et arcades à 3 figures, que surmonte une troisième galerie bordée par une balustrade.

Le portail est flanqué de deux *tours*, romanes à l'origine, rhabillées et surélevées au XIIIe s., restes d'une église antérieure consacrée vers 1090 par l'évêque Geoffroy de Montbray. Octogonales dans leur partie supérieure, elles sont flanquées de nombreux clochetons supportés par des colonnettes d'une grande hardiesse qui encadrent des ogives extrêmement étroites, de 18 m. de haut. Elles se terminent pas deux flèches de pierre dont la pointe est à 77 m. au-dessus du sol. — Sur les flancs latéraux de l'édifice s'ouvrent deux beaux porches, surmontés d'une terrasse, qui ont conservé au-dessus de la porte des débris de sculptures romanes; par une disposition assez rare, ils sont percés à la travée de la nef qui suit les tours. Le porche de dr. a été restauré, au XVIIe s., sous l'épiscopat de ce Claude Auvry qui, avant d'être évêque de Coutances, fut le fameux chantre de la Sainte-Chapelle de Paris, pris par Boileau pour le héros de son *Lutrin*. — La tour centrale, dite *le Plomb*, qui s'élève sur le carré du transept, est octogonale, a 57 m. de haut et est flanquée de tourelles sur les quatre faces diagonales; ses arêtes et ses parois sont garnies de crochets qui présentent la forme d'une fleur épanouie. Une terrasse la termine; une vue très vaste se déroule de son sommet : s'adresser au sacristain, rémunération.

NEF. — L'intérieur long de 95 m., haut de 28, fait grande impression. L'ornementation, simple et élégante, appartient à l'art le meilleur du XIIIe s. Au-dessus des arcades de la nef se développe un triforium, surmonté de belles roses sculptées; au-dessus du triforium court une seconde galerie; entre les arcades, de fines colonnettes fusent du sol jusqu'aux voûtes. Monumental *buffet d'orgue*, à cariatides, du XVIIe s.

BAS-CÔTÉ DR. — Les chapelles des bas-côtés sont séparées par des entre-colonnements à jour, d'une extrême finesse. Dans plusieurs d'entre elles, charmantes niches et lavabos pour les saintes huiles. — 2e chap. : au-dessus de l'autel, restes de fresques du XVe s. — 6e chap. : sculptures en ronde-bosse, assez mutilées, du XVIe s : *haut-relief* du XVIe s., à g. dans une niche, figurant le Baiser de Judas.

CROISILLON DR. — Autel de la Vierge (époque Louis XIII). Débris de vitraux anciens, ainsi qu'au croisillon g. — Les deux croisillons, très courts, s'arrêtent à la hauteur des chapelles de la nef.

CARRÉ DU TRANSEPT. — Il est encadré de faisceaux de fines colonnettes. La tour centrale forme une magnifique *lanterne*, à deux étages, avec une galerie où l'on passe en faisant l'ascension de la tour.

CHŒUR. — Le chœur est remarquable par la hauteur de ses gros piliers et la petitesse relative des arcs qu'ils supportent. *Vitraux* du XIIIe s., mutilés ou restaurés dans le pavage, dalle tumulaire, à effigie, d'un chanoine du XVIe s. Beau *maître-autel* Louis XV, en marbres de couleur, orné de sculptures et de statues.

POURTOUR DU CHŒUR. — Double déambulatoire, séparé par de gros piliers à chapiteaux. — 1re chapelle : *fresque* du XIVe s., restaurée. — 2e chap. : devant l'autel, tombe du XIIIe s. — Chapelle absidale, très profonde : tombes modernes d'évêques. — 4e chap. après la chapelle absidale : *statue tumulaire* d'un évêque (XVe s.).

Sur le flanc dr. de la cathédrale, une impasse conduit à l'ancien évêché, construit à la fin du XVIIIe s.

Devant la cathédrale s'étend la place du Parvis, où se tient le marché et au centre de laquelle s'élève la *statue de Tourville*, le célèbre amiral, par E. Hutin : sur le piédestal de pierre, bas-reliefs consacrés aux Morts pour la patrie.

La place est bordée à g. par l'hôtel de ville, vaste édifice moderne (1907), auquel sont adjointes la caisse d'épargne et la *bibliothèque* renfermant de précieux incunables et une bible polyglotte du cardinal Ximénès.

Au fond de la place, à dr., on gagnerait la rue Saint-Dominique, où est la poste; à côté, ancien séminaire et chapelle gothique d'un ancien couvent de Dominicains.

Au fond de la place, à g., on trouve l'arrière-face de l'hôtel de ville, qui était son ancienne façade, et la rue Quesnel-Morinière, où sont l'entrée du musée et du jardin public (p. 441 et 442).

On continue, au delà du grand portail de la cathédrale, la rue Geoffroy-de-Montbray, qui fait suite à la rue Tancrède et descend vers l'église Saint-Pierre. A g., au n° 25, vieux passage voûté; derrière, à dr., tourelle du XIVe s. Quelques maisons anciennes en pierre (XVIe-XVIIe s.) dans la rue Geoffroy-Herbert, à dr.

L'**église Saint-Pierre*, de style flamboyant, remaniée à la Renaissance, fut ruinée pendant les guerres des XIVe et XVe s. et rebâtie vers 1500, par les soins de l'évêque Geoffroy-Herbert, pour subir ensuite diverses adjonctions. A la façade, petit portail Renaissance. La tour qui surmonte le portail principal est, dans son ensemble, du gothique flamboyant (XVIe s.); elle a été surmontée d'un dôme de la Renaissance, à lanterne élégante. Sur les pans dr. et g. de la tour ont été appliqués 2 cadrans de pierre, à colonnettes et à fronton, l'un de 1550, l'autre de 1694. L'énorme *tour centrale*, qui s'élève sur le carré du transept, est octogonale, avec 4 tourelles aux petites faces diagonales, et appartient tout entière à la Renaissance; une toiture de pierre, en pyramide, la surmonte.

L'intérieur est sobre d'aspect, avec ses grosses colonnes sans chapiteaux; seul un balcon, ornementé dans toute la richesse du gothique flamboyant, court autour de la nef, du transept et du chœur, où il diffère de dessin. Chaire du XVIIe s., provenant de l'abbaye de la Lucerne (p. 520). Au-dessus de l'orgue, reste d'un vitrail ancien. — Au croisillon dr., *vitraux* du XVIe s., au-dessus de l'autel de la Vierge, et restes aux fenêtres supérieures, ainsi qu'au croisillon g. — Au carré du transept, la tour centrale forme une superbe lanterne, offrant, au-dessus des arcades gothiques qui la supportent, une décoration de colonnes de la Renaissance. — Au chœur, 4 fenêtres ont conservé leurs *vitraux* du XVIe s.; la fenêtre centrale est moderne. Stalles sculptées, du XVIe s. — A la chapelle absidale, la fenêtre de dr. et celle de g. ont conservé leurs beaux *vitraux*, anciens pour les motifs principaux (XVIe s.).

De l'église Saint-Pierre on revient sur ses pas pour prendre la rue Geoffroy-Herbert, 1re à g., puis à dr. la rue Quesnel-Morinière, où se trouvent, au n° 2, le musée et l'entrée du jardin public.

Le *musée* occupe l'ancien hôtel de J.-J. Quesnel-Morinière, qui en a fait don à la ville, ainsi que du jardin y attenant. Peu important, il renferme cependant quelques bonnes œuvres, anciennes et modernes, de peinture et de sculpture. Il est public le dim. et le jeudi de 10 h. à midi et de 14 à 17 h., 16 h. en hiver; les autres j. 1 fr. pour plusieurs personnes.

1re SALLE. — Au-dessus de la porte, Satyres et Bacchantes, par *Richue*, — *Quesnel*, 1852 (curieuse allégorie de Napoléon III et du coup d'Etat); *Stella*, Moïse sauvé des eaux; **Joseph Vernet*, Marine; *Ecole de Poussin*, Mort de Polyxène; *Bertin*, plusieurs paysages, de style ancien; *Quinard*, Tancrède égaré (époque romantique); *Rigo*, Bonaparte; *Quesnel*, 1830 (allégorie); *Point*, Cavalier arabe. — Parmi les sculptures, œuvres nombreuses de *Le Duc* (Centaure et Bacchante; monuments funéraires); *Etcheto*, Démocrite; *Cavelier*, Gluck.

2e SALLE. — **Antoine Coypel*, Jacob se plaignant à Laban; *Perrin*, Cyrus condamné à périr; *R. Lefèvre*, le prince Le Brun. — Au plafond, qui a conservé son ancienne décoration, fresque médiocre du XVIIe s.: la Foi, l'Espérance et la Charité.

3e SALLE. — Nombreux portraits. Parmi les toiles originales: *Asselin*, Dame noble (1789), en bonnet normand; *Canzi*, Baronne l'Hermitte, Mme Anne et sa sœur; *Mlle de la Pelletrie*, sa mère; *Leroux*, Bélisaire demande l'aumône; *Quesnel*, Vieilles Normandes. *Hadrien, beau bronze antique.

4e SALLE: objets d'antiquité: curieux souliers de fer. — 5e SALLE: gravures (curieuse gravure en couleur de l'Incendie de Granville par les

Vendéens ; Bataille de la Hougue ; Portrait de Tourville). Petites têtes antiques, en marbre. — 6° SALLE : jolies *statuettes* de bois, du XVIe s.

Le *jardin public, ancien jardin de l'hôtel Morinière (3 hect.), est une des curiosités de Coutances; entrée sous une porte, rue Morinière. Il est remarquable par ses arbres, beaux cèdres, sapins et chênes verts, son bon entretien et son dessin, qui est dans le style des jardins français du XVIIe s., à étages superposés. On y rencontre d'abord à dr. des serres et une orangerie, puis on domine la perspective de l'allée de l'obélisque, où on descend par des rampes bordées de charmilles. L'obélisque est en granit et porte une inscription en l'honneur du donateur du jardin. Vers la dr. est la jolie allée des Tilleuls. En bas, à g., se trouve le labyrinthe, formé de charmilles. Le jardin se termine par un petit bois, aux frais ombrages, qui descend vers la route de Granville à Carentan et la vallée du ruisseau de Bulzard ; porte vers la dr. du bois.

Si l'on sortait du jardin public par cette petite porte et si l'on prenait, en face de soi, la rue de Saint-Malo-de-la-Lande, ou route d'Agon, qui traverse le faubourg des Piliers, on trouverait (5 min. env.) l'ancien *aqueduc* de Coutances, construit en 1322, détruit en partie par les protestants, au XVIe s., puis restauré et définitivement abandonné. Il subsiste cinq arches ogivales envahies de lierre, sur seize dont se composait l'aqueduc. De l'aqueduc, un petit sentier, à dr., monterait au cimetière, d'où l'on a une belle vue.

ENVIRONS. — 1° La *Chapelle de la Roquelle*, qui date du XVIe s., est située à 1 k. E. de Coutances, sur un mamelon couvert de sapins, d'où l'on a une vue charmante.

2° *Gratot* est à 4 k. N.-O. ; on y va par la route de Saint-Malo-de-la-Lande et le faubourg des Piliers (*V.* ci-dessus). L'*église*, des XVe et XVIe s., a un clocher des XIIIe et XIVe s. ; à l'intérieur, fonts baptismaux du XVe s., pierres tombales des seigneurs d'Argouges et de Gratot, du XVe s., la plupart mutilées. Le *château*, des XVe et XVIe s., transformé en ferme, est pittoresque ; on remarque une fine tourelle de la Renaissance, avec fenêtre à croisée de pierre. Sur une hauteur, l'ermitage de Saint-Gerbold date du XVe s.

3° La *lande de Lessay* (p. 428) est au N.-O. On entre dans la lande, à 11 k., au hameau de Bingard, à 80 m. d'alt., d'où l'on aperçoit une grande partie de la lande et la mer. La route file ensuite, en ligne droite, pendant 10 k., vers Lessay (21 k., p. 427).

4° *De Coutances à Granville, par la route* (28 k. S.-O.). — On quitte Coutances par le faubourg de Pont-de-Soulle, où l'on franchit la Soulle. — 1 k. Saint-Pierre-de-Coutances. On croise le ch. de fer et l'on atteint 80 m. d'alt. — 7 k. Hyenville (p. 454), où l'on joint la vallée de la Sienne, que l'on traverse pour en côtoyer la rive g. — 9 k. Carrefour où on laisse à g. Quettreville. On s'éloigne de la Sienne et la route file en ligne droite, pendant 8 k. 5, à une alt. moyenne de 50 à 60 m. — 13 k. 5. *Muneville-sur-Mer*, à 4 k. de la mer. Dans l'église romano-ogivale, Vierge de 1343. — 14 k. 5 et 16 k. 5. On passe deux petites rivières. — 17 k. 5. Bréhal (p. 522); 20 k. Coudeville. — 22 k. et 23 k. 5. On laisse à dr. deux routes vers Bréville (p. 522). — 25 k. On dépasse à dr. Donville (p. 519). — 28 k. Granville, où l'on arrive à la plage (p. 516).

DE COUTANCES A SAINT-LÔ ET LISON, p. 447 à 454 en sens inverse ; — A FOLLIGNY (Granville), p. 454.

Distances par la route, de Coutances à : Avranches, 54 k.; Bayeux, 64 k.; Caen, 91 k.; Cherbourg, 77 k.; Granville, 29 k.; la Haye-du-Puits, 37 k.; Lessay, 21 k.; Mortain, 71 k.; Paris, 300 k.; Saint-Lô, 28 k.; Valognes, 57 k.; Vire, 58 k.

De Coutances à Coutainville et Lessay.

Chemin de fer : départemental, 37 k.

Route : même itinéraire; la voie ferrée suit la route; une route directe, par la lande, mène en 21 k. de Coutances à Lessay (p. 428).

La gare départementale, à Coutances, est voisine de celle de l'Etat. On franchit la Soulle sur un viaduc en ciment armé, long de 60 m., construit contre celui de la ligne de l'Etat. — 1 k. *Saint-Pierre-de-Coutances,* dans la vallée de la Soulle. — 5 k. *Bricqueville-la-Blouette* : église des XIIe et XIIIe s., remaniée.

6 k. *Pont de la Roque.* Ce pont, de 10 arches en pierre, au confluent de la Soulle et de la Sienne, a remplacé un pont antique dont les fondations ont été conservées; il est entouré de prairies où paissent des moutons « prés-salés ». La mer y monte de 5 m. aux grandes marées.

En quelques min., on peut aller visiter à g. du pont, sur la commune de Montchablon, un *camp romain* qui commandait la rivière; belle vue. Il y avait là jadis un château fort détruit au XVIe s.

9 k. *Heugueville,* à dr., avec une église romane, remaniée en style gothique. — On côtoie à g. l'estuaire de la Sienne.

11 k. *Tourville.* L'*église* est située sur un mamelon d'où l'on a une belle vue sur l'estuaire de la Sienne; elle possède une cloche qui eut pour parrain le célèbre amiral de Tourville.

Un chemin qui se détache de la route de Coutances par le plateau au N.-E., près de l'ancienne chapelle des Jacquets, de 1474, conduit au *manoir de la Vallée* (3 k. N.-E. de Tourville), où naquit Tourville (1642-1701).

A 3 k. N., *Saint-Malo-de-la-Lande* est un ch.-l. de c. de 308 hab., avec une église du XIVe s. et un menhir.

13 k. *Agon* (hôt. *Burnel*), 1,717 hab., à égale distance (2 k.) entre l'estuaire de la Sienne et la mer, est un petit *port* de pêche et de cabotage avec sémaphore, qui arme pour la pêche de la morue et fait en outre le commerce des ardoises et du varech desséché ou « pailleule ». Petite station balnéaire médiocre. C'est le centre communal de Coutainville. L'église est du XVe s. — A 4 k. S., la longue pointe d'Agon, sablonneuse, avec un phare, marque l'embouchure de la Sienne et fait face à Regnéville (p. 446). La mer découvre à 4 et 5 k., à marée basse.

15 k. **Coutainville,** station balnéaire familiale, très fréquentée, offre des ressources assez abondantes, un hôtel, des guinguettes et toutes sortes de locations meublées. Sa clientèle est surtout normande; les habitants de Coutances y viennent en grand nombre.

Billets : — *de Paris* (par Lison et Coutances), 56 fr. 10, 37 fr. 85, 24 fr. 70 ; aller et ret. ordinaires (les billets de bains de mer sont actuellement suspendus), 84 fr. 15, 60 fr. 60, 39 fr. 50.

Hôtel : — *Beau-Rivage*, T.C.F. (l'été; hôpital militaire pendant la guerre).

Cafés-restaurants : — *Lucolo* ; *Bertrand*.

Cafés : — *de Paris*; *de la Terrasse*; *du Balcon*.

Agence de location : — *Agence moderne*; *Legallais*, sur la plage.

Bains de mer : — cabines (30 c.) et paravents en paille.

Casino : — au chalet des fêtes.

Poste : — à la plage, l'été; — à *Agon* (1 k. 7).

Loueur de voitures : — près de la gare.

Tennis : — 2 courts.

L'ancien village, ou *Coutainville-bourg*, est situé sur une ligne de petites collines, d'où l'on domine les friches de la côte et d'où, par temps clair, on découvre Jersey. On y voit un petit manoir du XVIe s., à tourelle, avec chapelle du XVe, berceau de la famille de Costentin à laquelle appartenait Tourville.

Les *Bains de Coutainville* s'étendent en bordure d'une vaste grève de sable, entremêlé de galets et de varechs; des rochers plats émergent à marée basse; la côte est dénudée. La mer, très belle à marée haute, se retire à 3 k. du rivage.

De la gare, la rue Amiral-Tourville mène à la place centrale d'où se détachent deux grandes rues, parallèles à la mer. Une digue, dite promenoir Jersey-et-Chausey, longe la grève : on y trouve quelques belles villas, de nombreuses maisonnettes et des cahutes en planches, des boutiques de fournisseurs, des bazars d'objets balnéaires, etc.

La *plage* a quelques cabines, mais la plupart des baigneurs se déshabillent chez eux. Des paillotes plates, en forme de paravents, appuyées sur des perches, et que l'on transporte avec soi sur la plage, servent d'abri contre le vent et le soleil. Le chalet des fêtes tient lieu de casino. A l'extrémité de la plage, petit bois de sapins. Pêche à la crevette. La pêche au varech, par les paysans d'alentour, se fait principalement à la marée montante : hommes et femmes, tout habillés, entrent dans l'eau jusqu'à la ceinture et, à l'aide de grands râteaux, récoltent le varech, qui est employé comme engrais.

Les principales promenades se font : vers la *mare de Lessay* riche en carpes et anguilles, entourée de roseaux, et qui se trouve entre Coutainville et Agon; vers Agon (1 k. 7 S.-E.) et la pointe d'Agon (4 k. au delà; p. 443), qui fait face à Regnéville (p. 446). Vers le N. on gagne Blainville (2 k.; *V.* ci-dessous).

En mer on découvre, vers la dr. le phare du Sénéquet (*V.* ci-dessous) et Jersey; vers la g. on aperçoit les îles Chausey.

Au delà de Coutainville le ch. de fer continue à se tenir à distance de la mer, côtoyant des prairies humides.

18 k. *Blainville*, agréable village avec de belles villas. L'église, du XVe s., a un clocher des XIIe et XVe s.; la flèche octogonale est moderne. Une route de 2 k. relie le village à la mer, où se trouve le havre de Blainville, qui abrite un certain nombre de bateaux de pêche.

19 k. *Gonneville*, avec un petit manoir du XVIe s., voisin d'une chapelle du XVe s., but de pèlerinage. — 20 k. *Linerville*.

21 k. *Gouville*. Une route de 2 k. relie le village à la mer. Face à la grève, dite *Gouville-Plage*, on voit émerger le *phare du Sénéquet*, distant de 3 k. de la côte. On peut le gagner à pied, à marée basse, parmi les flaques d'eau.

24 k. *Anneville-sur-Mer*, petit port de refuge. — 26 k. *Geffosses*, avec une église en partie du XIIIe s. — 28 k. *La Gringorerie*.

29 k. Halte de **Pirou-Plage** (billets de Paris, 58 fr. 30, 39 fr. 35, 25 fr. 65; aller et ret., 87 fr. 40, 62 fr. 95, 41 fr. 05), halte, en pleins champs, voisine du vieux manoir de Pirou, pittoresque et converti en ferme.

On suit, vers la g., la route de la mer jusqu'au hameau de *la Barberie*, à 2 k. à l'O., où est *Pirou-Plage* (hôt. *Coispel*; *Mme Félix* prend des pensionnaires; quelques chambres et maisonnettes à louer, prix très modéré), petite station balnéaire, des plus rudimentaires, sur des dunes ou « mielles », où pousse une herbe d'un vert bleuâtre. Des maisonnettes, la plupart en bois, forment une sorte de campement d'été. Les habitants des campagnes et des bourgs voisins viennent à Pirou en partie de plaisir avec leurs voitures, et apportent leurs provisions dans des guinguettes qui leur fournissent la table et la boisson. Les baigneurs qui séjournent à Pirou s'approvisionnent, à l'aide de leurs bicyclettes, à Lessay (6 k.; p. 427), soit même à Périers (15 k. N.-E. de la plage; p. 428) par une route qui traverse la lande de Lessay (p. 428). La plage est de sable légèrement caillouteux. La mer, belle à marée haute, se retire à 1 k. 5. On pêche la grosse crevette aux grandes marées.

En suivant la côte vers le N. pendant 1 k., on atteint une tour carrée en pierre, dite *l'écran du télégraphe*. En arrière on voit (1 k.) l'église et le village de Pirou (*V.* ci-dessous).

A la halte de Pirou-Plage on trouve une route, à dr., qui traverse la lande de Lessay (p. 428), croise (4 k. 5) la route de Lessay à Coutances et atteint (7 k.) la Feuillée puis Périers (13 k.; p. 428).

32 k. *Pirou-bourg* : église en partie du XIIIe s. avec 2 chapelles du XVIe s. Une route de 2 k. relie le village à la mer.

34 k. *Créances*, à 3 k. de la mer, environné de cultures maraîchères importantes, notamment de melons d'eau, qui approvisionnent de légumes les marchés du Cotentin. Une route de 2 k. mène à la mer, où une petite station est en formation sous le nom de *Printania-Plage*.

37 k. *Lessay* (p. 427), où on rejoint la ligne de Coutances à Cherbourg.

De Coutances à Regnéville.

Chemin de fer : État, 16 k., par *Orval-Hyenville*, où on change de train; 2 fr. 50, 1 fr. 70, 1 fr. 10.

Route : 9 k. 5 par : 6 k. le *pont de la Roque* (p. 443), après lequel on prend à dr.

On suit d'abord la ligne de Folligny. — 7 k. *Orval-Hyenville* (p. 454). La petite ligne de Regnéville rebrousse vers Coutances, puis s'oriente à l'O.

13 k. **Montmartin-sur-Mer**, ch.-l. de c. de 857 hab., à 3 k. 4 de la mer et de la plage du même nom. Le bourg est sur une hauteur d'où l'on découvre Coutances et Granville. L'église, à tour carrée, a été remaniée; elle a conservé un porche intérieur, gothique, et des charpentes en bois; un vaste retable surmonte le maître-autel. Anciens fours à chaux, carrières de marbre et de pierre.

Billets : — *de Paris* (par la ligne de Paris-Granville, changement de train à Folligny et à Orval-Hyenville), 341 k., 53 fr. 30, 35 fr. 95, 23 fr. 45; aller et ret. ordinaires (les billets de bains de mer sont actuellement suspendus), 79 fr. 90, 57 fr. 55, 37 fr. 50.

Hôtels : — *de la Gare*, T.C.F.; *des Voyageurs*; *Robillard*.

Restaurants et *buvette*.

Loueurs de voitures.

Locations meublées : — s'adresser au maire.

Poste : — au bourg.

Du bourg, où sont les hôtels, où on loge et où se trouvent tous les fournisseurs, une route de 3 k. 4 conduit à la mer.

La *plage* se compose d'une vaste grève de sable fin, appuyée à de petites dunes herbeuses; vue très étendue sur Granville, la côte bretonne, les îles anglo-normandes. Quelques maisonnettes servent de pied-à-terre à leurs propriétaires qui partent du bourg le matin, pour y revenir le soir. Le pays est dénudé. La mer se retire jusqu'à 5 k. du rivage; on pêche la crevette en abondance. On remarquera les curieuses pêcheries de poisson, établies sur ces sables à l'aide de claies et de fascines, qui départagent le littoral entre les propriétaires riverains; on y circule à l'aide de bateaux plats.

De Montmartin dépendent *Hautteville* (2 k. 5 S.-O. du bourg) et *Annoville* (1 k. 5 au delà). On y trouve quelques locations meublées (s'adresser aux maires) et de petits hôtels-auberges; la plupart des fournitures viennent de Montmartin. Les deux plages de Hautteville et d'Annoville, distantes des deux bourgs de 1 k. 8 et 2 k., font suite au S. à celle de Montmartin.

Au delà de Montmartin le ch. de fer se rapproche de la mer.

16 k. **Regnéville** (billets de Paris, par Folligny et Orval-Hyenville, 53 fr. 75, 36 fr. 30, 23 fr. 65; aller et ret., 80 fr. 65, 58 fr. 05, 37 fr. 85; hôt. *Tasse-Boullot*, T.C.F.; quelques petits rest. avec ch.; logements chez l'habitant; fournisseurs à Montmartin, 3 k.), petit port de cabotage, sur le havre du même nom, formé par l'estuaire de la Sienne qui s'enfonce de 4 k. dans les terres. C'est aussi une toute petite station balnéaire, très rudimentaire, dans un pays complètement dénudé.

Le petit *port* de Regnéville fait un commerce de foins, luzerne, grains et avoine, avec Aurigny et Guernesey; il est malheureusement ensablé par les dunes du littoral qui subit un affaissement lent et régulier (2 m. par siècle env.). Des bateaux se livrent aussi à la pêche du maquereau. Parc à huîtres.

Une grosse *tour* à demi éventrée, à dr. de la route en venant de Coutances, dont on distingue encore les ogives, est le reste d'un ancien château, qui datait du XIIIe s. et qui fut fortifié par Charles le Mauvais. D'autres bâtiments, en bordure de la route, ont été convertis en maison d'habitation.

L'*église*, du XIVe s., refaite en partie de nos jours, a un clocher découronné de sa flèche, dont il ne reste que les fléchettes. A l'intérieur, à g. de l'entrée, fonts baptismaux de marbre (XVIIIe s.), dont le couvercle porte une croix et un serpent; charpentes en bois; quelques statues anciennes, recouvertes d'un badigeon moderne; à dr. de l'autel, jolie niche gothique, à colonnettes, pour les saintes huiles.

La *plage* est de sable et galets; on y pêche le lançon (équille) et la crevette. On ne s'y baigne qu'à marée haute. A marée basse, la mer se retire à 5 et 6 k. du rivage, vidant tout l'estuaire de la Sienne et découvrant une vaste surface, mi-sable, mi-vase, formant une « tangue » que l'on vient chercher de fort loin, comme engrais pour l'agriculture.

A 1 k. 5 en face de Regnéville, de l'autre côté de l'estuaire de la Sienne, pointe d'Agon, où l'on peut se faire passer en bateau et d'où l'on pourrait gagner à pied, dans le sable, Agon et Coutainville (4 et 5 k. N.; p. 443).

42. — DE LISON A SAINT-LO ET FOLLIGNY (GRANVILLE)

CHEMIN DE FER : État, 76 k. de Lison à *Folligny*, en 2 h. 30 env.; 11 fr. 90, 8 fr., 5 fr. 25. De Folligny à Granville, 14 k. (p. 486).

ROUTE : 70 k. de la gare de Lison à *Granville*, en remontant au S. à travers des ondulations, la vallée de la Vire jusqu'à (14 k.) *Saint-Lô*, où on prend vers l'O. la route nationale 172; forte montée au sortir de Saint-Lô, puis plateau et quelques ondulations; on laisse à g. (11 k. 5) *Marigny*, à 1 k.; descente et montée avant (42 k.) *Coutances*; de Coutances à Granville, p. 454.

De *Lison*, station de la ligne Paris-Cherbourg (296 k. de Paris, p. 391), l'embranchement de Saint-Lô se dirige à l'O. puis au S. et franchit l'Elle.

6 k. *Airel*, à dr., sur la rive dr. de la Vire, dont on remonte la vallée. A 3 k. O., sur la rive g. de la Vire, *Saint-Fromond* a une église, avec stalles sculptées des XVe et XVIe s., et les ruines pittoresques du château de la Rivière. — 8 k. *La Meauffe*, à 1 k. à dr. sur la Vire.

11 k. *Pont-Hébert*, sur la Vire, que le ch. de fer longe de près. A 3 k. 7 N.-O., dans la vallée de la Terrette, château de Terre : appartements du XVIIe s. avec boiseries et tapisseries. A 3 k. au S., la voie passe près de *Rampan*, dont on aperçoit à g. le vieux château, transformé en ferme. Puis, au delà d'un château ancien, restauré, on franchit la Vire.

19 k. **SAINT-LO**, ville de 11,855 hab. (les *Laudiens* ou plus couramment les *Saint-Lois*), ch.-l. du départ. de la Manche, est bâti sur une colline rocheuse, dont l'une des faces domine la Vire; deux ruisseaux abondants, le Torteron et la Dolée, la baignent au S. et au N. La ville offre, sur divers points, un aspect pittoresque; elle possède une église de premier ordre, un bon musée, un important haras de l'armée, et mérite de retenir quelques heures le touriste. On peut faire également d'agréables promenades dans la vallée de la Vire.

Omnibus : — des hôtels.

Hôtels : — à la gare : **de l'Univers* (Pl. *a* B4), r. de Bourg-Buisson, T.C.F.(chauff., gar.); *de la Gare* (café-rest.); — dans la ville haute : *de Normandie* (Pl. *b* B2), r. du Neufbourg, 5 (chauff.).

Restaurants : — *Ferdinand*, r. du Neufbourg, 22; petits rest., r. Torteron et r. de Bourg-Buisson.

Cafés : — *du Grand-Balcon*, r. Torteron, 32; *des Glaces*, r. du Neufbourg, 17.

Poste : — r. Carnot, 19.

Banque : — *Comptoir d'Escompte*, pl. des Beaux-Regards, 6.

Loueur de voitures : — *Duhamel*, r. Torteron, 9.

Autogarage : — *Fétille*, r. de Bourg-Buisson, 14.

Histoire. — Saint-Lô porta d'abord le nom de *Briovera*, qui signifiait en langue celtique « Pont-sur-Vire ». *St Laud* ou *Lô* (en latin *Laudus*), évêque de Coutances, y naquit au VIe s.; après sa mort (566) une partie de ses reliques y fut apportée, et plus tard la ville prit son nom. Les évêques de Coutances eurent longtemps la juridiction temporelle, aussi bien que spirituelle, sur Saint-Lô, qu'ils fortifièrent au XIIe s., et qui, sous la suzeraineté des rois de France, devenue au XIIIe s. une suzeraineté effective, prit rang parmi les places de guerre les plus importantes de la Normandie. Les calvinistes s'en rendirent maîtres en 1562; les catholiques la reprirent en 1574 et y massacrèrent 3,000 personnes. Pendant la Révolution, Saint-Lô s'appela *Rocher-de-la-Liberté*. La ville devint le ch.-l. de la Manche en 1800, succédant à Coutances.

A Saint-Lô sont nés : *Le Verrier* (1811-1877), célèbre astronome; *Octave Feuillet* (1812-1890), romancier et auteur dramatique.

De la gare, située dans la vallée de la Vire, la courte rue de Bourg-Buisson, où est l'hôtel de l'Univers, conduit au pont sur la Vire, rendez-vous des pêcheurs à la ligne, et qui offre une jolie vue : à dr. la rivière entre les maisons a un aspect pittoresque; à g., sur la hauteur verdoyante où s'étage la ville, s'élève un vieux bastion couvert de lierre, que dominent les flèches de Notre-Dame.

Au delà du pont s'étend à dr. la place des Alluvions, où se tient le marché aux bestiaux; à g. est l'hôpital, dont la *chapelle*, du XIIIe s., borde la rue. On suit la rue Torteron, principale artère de Saint-Lô : à g., au delà du n° 32, une rampe monte, par la rue Porte-Torteron, à la place Gambetta et à l'église.

L'***église Notre-Dame**, ancienne collégiale, est un très bel édifice gothique du XVe et surtout du XVIe s. La magnifique façade offre un ensemble d'une belle harmonie. Des deux *tours*, celle de dr., de style flamboyant, date du XVe ou du XVIe s.; celle de g., d'un gothique plus simple, avec de belles fenêtres à colonnettes, est du XIIIe; toutes deux ont été couronnées, au XVIIe s., de hautes flèches de pierre. Le *portail* principal offre

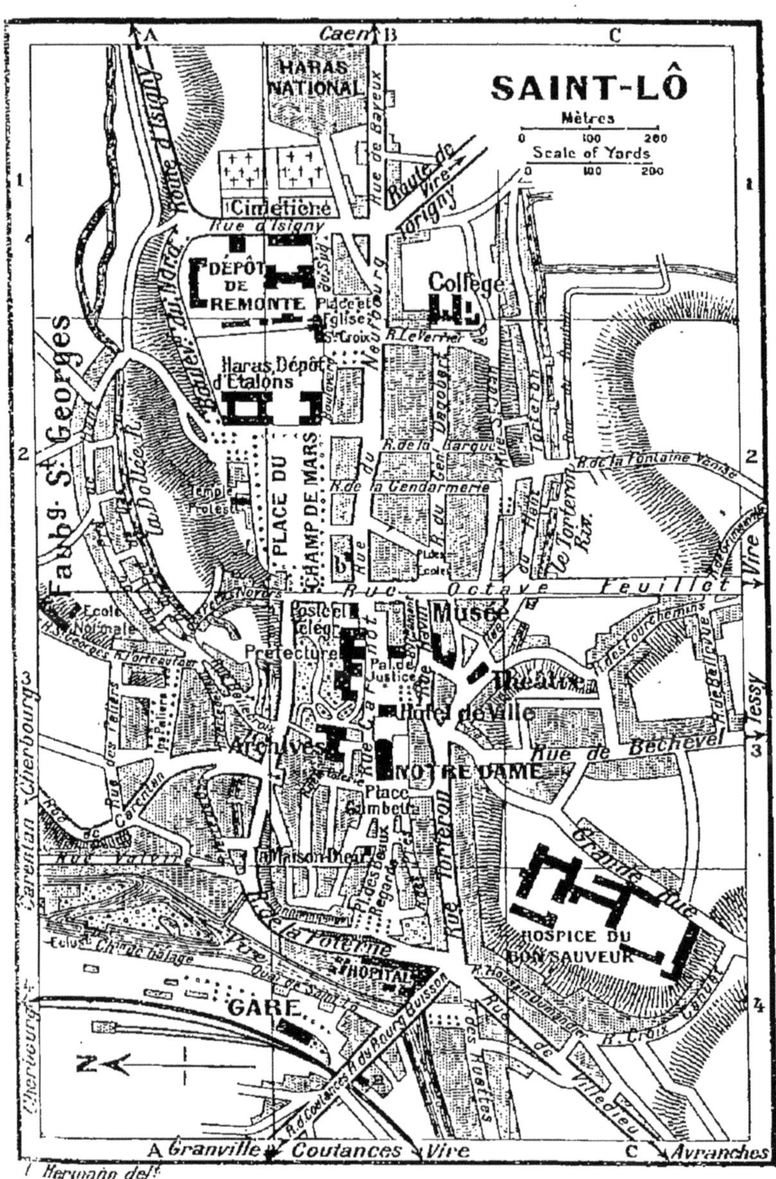

I. Hermann del.

3 portes sculptées; celle de g. a la voûte en plein cintre; elles sont accompagnées de niches sans statues. Au-dessus de ces trois portes, 3 grandes fenêtres sont précédées d'une balustrade. A g. du portail, de délicates arcatures flamboyantes du XVe s., ornées de personnages, sont presque entièrement effritées, par suite du manque de consistance de la pierre. A dr. du portail, une inscription en lettres gothiques constate qu'il a été élevé par Jehan de Momont, en 1464. Sur le flanc g. de l'édifice, au tournant de l'abside, *chaire* extérieure sculptée, du plus fin gothique flamboyant, qui servait à publier les actes de la juridiction épiscopale. Belles gargouilles, en partie mutilées.

L'intérieur, long de 74 m., large de 40 m., haut de 18 m., offre une impression de puissance, mais manque un peu d'unité, le chœur étant trop grand pour la nef. Celle-ci est soutenue à l'entrée par de gros piliers, et se referme auprès de l'orgue. — Aux bas-côtés dr. et g., restes de *vitraux* des XVe et XVIe s. A l'entrée de la nef, à g., Vierge vénérée, dite Notre-Dame-du-Pilier. Au bas-côté g., grande porte murée, de style flamboyant. — Une chapelle remplace le transept dr.; elle a des restes de vitraux du XVe s. Au tournant du chœur (porte de la sacristie), à trois fenêtres, restes de *vitraux* des XVe et XVIe s., en partie restaurés : le 1er représente le Martyre des Sts Crépin et Crépinien. — Le chœur, très vaste, à piliers cylindriques, a un double déambulatoire; à l'entrée est suspendu un grand Christ du XVIIIe s. *Lutrin* en cuivre repoussé, du XVIIe s., orné à sa base de grosses têtes d'anges; autel de marbre et stalles de même époque. Au pourtour du chœur, jolies niches sculptées. — A la chapelle absidale, tableau ancien de l'Adoration des bergers.

A l'O. de la place Gambetta, laissant à dr., au n° 4 de la rue du Poids-National, une maison double ancienne, en pierre et bois, ornementée de sculptures et à pignon gothique du XVe s., dite la *Maison-Dieu*, on gagne la place des Beaux-Regards, ornée d'une fontaine avec statue en bronze, la Laitière normande, par A. Le Duc, et terminée par une *terrasse* à balustres de granit, qui domine la Vire et des coteaux boisés. A g., une tour à mâchicoulis, garnie de lierre, dont on ne voit que l'arrière délabré, et des débris de remparts, couronnent un rocher schisteux. Par des allées ombragées en lacets, on pourrait descendre de la place à la rue de la Poterne, qui passe au pied de ce rocher (p. 452) et qui mène à g. à la rue Torteron, par où, à dr., on regagnerait la gare.

Revenant à la place Gambetta, on y prend, à g. de Notre-Dame, la rue Carnot, qui laisse à g. la rue la Pompe et les Archives, et amène à une grande place carrée, plantée de tilleuls vers la dr. et, de ce côté, formant terrasse; kiosque à musique. Sur cette place se trouvent la préfecture, grand bâtiment blanc, le palais de justice, de style néo-grec, et l'*hôtel de ville*, moderne et sans style.

Dans le vestibule du rez-de-chaussée (entrée libre), à dr., se voit le célèbre **marbre de Torigni*. C'est un piédestal, en marbre rouge, d'une statue érigée à Vieux (p. 362), à l'un de ses citoyens les plus éminents, en l'an 238, le 16 déc., sous le règne de l'empereur Gordien III. Sur trois faces de ce marbre sont gravées des inscriptions qui, malgré les mutilations rendant illisible une notable partie du texte, fournissent un ensemble de renseignements précieux, non seulement sur le personnage, mais encore sur le fonctionnement de l'assemblée générale des députés gaulois qui se tenait annuellement à Lyon. L'inscription dédicatoire gravée sur la face antérieure est conçue en ces termes : « A Titus Sennius Solemnis l'assemblée des Trois-Provinces de la Gaule a élevé ce monument. C'est le premier Gaulois qui obtient dans sa propre cité un pareil honneur. L'emplacement a été donné par le conseil des décurions de la cité libre des Viducasses. Le monument a été posé le 17e jour avant les calendes de janvier, sous les consulats de Pius et de Proculus. » Les inscriptions des faces latérales relatent les titres de Solemnis, qui fut prêtre à Rome et Auguste, et en cette qualité présida l'assemblée des Trois-Provinces. La statue qui surmontait le piédestal n'a jamais été retrouvée. Le piédestal fut apporté au château de Torigni (p. 453) par le comte Jacques de Matignon, à la fin du XVIIe s., et il y fut conservé jusqu'à la vente du château et de ses collections, en 1814; il est, depuis lors à sa place actuelle, surmonté d'un buste de *Le Verrier* par Pradier (1847).

A l'extrémité opposée du vestibule, statue en marbre de l'Indépendance italienne, par Fraccaroli, offerte en 1860 : « A la presse française libérale, l'Italie reconnaissante ».

L'hôtel de ville renferme également la *bibliothèque* (15,000 vol. env.).

Continuant à suivre la rue Carnot au delà de la place, on passe devant la poste (no 19) et on arrive à un carrefour. A dr. est la rue Octave-Feuillet; en face on a la rue du Neufbourg, où est l'hôtel de Normandie, route de Bayeux et de Caen; à g. est le Champ de Mars.

Gagnant le Champ de Mars, vaste esplanade entourée d'une double rangée de tilleuls et dont le côté g. domine la jolie vallée de la Dolée, on trouve à son extrémité les bâtiments de l'*ancien haras* relevant du ministère de l'Agriculture, et qui compte 130 étalons. — Un peu au delà, l'*église Sainte-Croix* a été rebâtie en 1860, dans le style roman : de l'ancienne église, dépendant d'une abbaye dont la fondation est attribuée à Charlemagne, subsiste à l'O. la **porte* principale, avec de curieuses sculptures romanes au-dessus du portail; au tympan de la porte, un bas-relief moins ancien figure St Lô guérissant une aveugle. — Au delà de l'église Sainte-Croix, sur la route de Bayeux, le *nouveau haras*, qu'on visite d'ordinaire, l'après-midi, dépend aussi du ministère de l'Agriculture; il a 300 étalons. — On revient sur ses pas, soit par le Champ de Mars, soit par la route de Bayeux et la rue du Neufbourg, jusqu'au carrefour de la rue Carnot.

Prenant, dans le sens opposé au Champ de Mars, la rue Octave-Feuillet, on y trouve à dr. le boulevard Clément, parallèle à la rue Havin qui le longe en contre-bas. Suivant celle-ci, on descend vers une fontaine avec petit monument à Léonor Havin, par A. Le Duc, et vers la rue des Halles à g., où est l'entrée du musée. Un peu plus loin dans la rue des Halles on voit le théâtre.

Le **musée**, installé, ainsi qu'une école de filles, dans une ancienne halle, possède de bons tableaux, anciens et modernes, des objets d'art et de curiosité. Il est public en temps normal les dim. et jeudi, de 13 h. à 16 ou 17 h., selon saison; les autres jours et heures (t. l. j. pendant la guerre), s'adresser au concierge, rue Havin, 13, pourboire.

1er Etage. — A g. sont 3 salles. — 1re salle : 8 belles **tapisseries* figurant les Amours de Gombaut et de Macée : la Chasse aux Papillons, le Jeu de Boules, la Danse, le Repas, les Fiançailles, la Noce, le Loup. Ces tapisseries, non datées, semblent être de la fin du XVIe s.; elles ont été exécutées d'après des cartons de Laurent Guyot avec des bordures différentes et quelques variantes. Une neuvième tapisserie, inférieure, figure la Mort de Gombaut et est de fabrication postérieure. — 2e salle : série de *portraits des Matignon*; — 3e salle : *tapisseries* du XVIIIe s.; meubles anciens; porcelaines et faïences.

A dr. sont les SALLES DE PEINTURE : — 1re SALLE : *F. Gérard* (copie par Robert Lefèvre), Louis XVIII; **Corot*, Homère dans l'île de Pathmos (ce tableau appartient à l'époque où le style du maître commence à évoluer de l'école ancienne vers sa propre personnalité); **D. Saint*, charmantes miniatures (XVIIIe s.; Directoire et 1er Empire); *Sorieul*, Guerres de Pologne; *Accard*, Jeune femme devant une glace; *Boudin*, Coucher de soleil; *Martinez*, la Vierge et l'Enfant (école espagnole); *Ecole française du XVIIIe s.*, Amilcar, frère d'Annibal, dépose devant le sénat de Carthage les anneaux des chevaliers romains tués à la bataille de Cannes; *Ecole française*, les Malheurs de la guerre (tableaux de concours pour le prix de Rome); *Dubois*, la Charité romaine (XVIe s. ou début du XVIIe); *Jordaens* (attribué à), la Femme entre le Vice et la Vertu; *Rupalley* (de Bayeux), H.-F. de Bricqueville (XVIIIe s.); *Véron*, Fontainebleau (le Nid d'Aigle); **Gros*, Eléazar refuse de sacrifier aux faux dieux (le peintre peignit ce tableau à 17 ans); *Rozier*, Villequier.

2e SALLE : *Lesrel*, l'Aurore; *Pichon*, Docteur Blanchet; *Gall*, Montagne d'Aubrac; *Carbillet*, Mariage de Ste Agathe; *Ecole des Primitifs*, Mort de la Vierge; *Rozier*, Dans l'île de Chausey; *Préault*, deux médaillons (bronze); *Le Véel*, médaillon (plâtre).

Dans les deux salles : minéralogie; briques romaines, **émaux de Limoges*; gravures. — On descend au rez-de-chaussée.

Rez-de-chaussée. — 2 *sarcophages* gallo-romains, dont l'un en plomb, orné de curieuses figures (trouvé à Lieusaint). Diverses collections d'histoire naturelle. *Coutan*, l'Amour (bronze). **Bustes* de Nicolas de Grimouville-Larchant († 1592) et de sa femme († 1618), provenant de leurs tombeaux qui étaient, à Paris, dans l'église des Grands-Augustins. *Statue* d'un roi de France, dans une niche gothique (XIVe s.). Dalle funéraire de Philippe Troussey, abbé de Blanchelande, tué par des soldats ligueurs, en 1590.

Au delà du musée, continuant à descendre la rue Havin, on retrouve la rue Torteron, par où l'on revient à la gare.

ENVIRONS. — En suivant la rue de la Poterne, qui s'embranche à l'entrée de la rue Torteron, entre l'hôpital et le rocher schisteux qui supporte un reste des anciens remparts, puis la rue Valvire, on peut suivre la rive dr. de la Vire, en une charmante promenade, au pied de coteaux boisés. On peut suivre également, sur la rive g. plus ensoleillée, le chemin de halage, qui passe près d'une écluse (pêche à la ligne) : on prend ce chemin avant le pont à g. en venant de la gare, ou derrière l'hôtel de la Gare. — On peut aussi, à l'opposé, remonter la Vire, vers la promenade dite de la Falaise, qui longe la rivière en amont de Saint-Lô (1 k. 5 env. du pont sur la Vire).

DE SAINT-LÔ A BALLEROY (route 22 k. N.-E.). — On sort de Saint-Lô par la ville haute, la rue du Neufbourg, et la route de Bayeux, qui passe devant le nouveau haras (p. 451). — 5 k. 6. On laisse à dr. la route de

Saint-Pierre-de-Semilly. — 13 k. 5. On entre dans la forêt des Biards (p. 377). — 19 k. Carrefour de l'Embranchement (p. 377), où l'on rejoint le tram de Molay-Littry à Balleroy et où l'on prend la 2e route à dr. — 22 k. *Balleroy* et visite de son château (le mercredi), p. 378.

De Saint-Lô a Vire (ch. de fer, Etat, 48 k. en 2 h. env.; 7 fr. 50, 5 fr. 05, 3 fr. 30). — La ligne remonte la vallée de la Vire. — 7 k. *Gourfaleur*. — 9 k. *La Mancellière*. — 12 k. *Condé-sur-Vire*, bifurc. pour Granville, p. 522.

17 k. **Torigni-sur-Vire** (hôt. : *Saint-Pierre*, T.C.F.; *d'Angleterre*; *du Cheval-Blanc*), ch.-l. de c. de 1,964 hab., à 90 m., a deux églises : Saint-Laurent, en partie du XIIe s.; Notre-Dame, des XIIe et XVe s., remaniée. L'*hôtel de ville*, ancien *château*, situé sur une place entourée d'arbres de trois côtés, fut construit dans la seconde moitié du XVIe s. par le maréchal de Matignon; il appartint sous Louis XIV à son arrière-petit-fils, pareillement maréchal de France, mais moins illustre. Les comtes de Matignon, dits aussi comtes de Torigni, étant devenus par mariage princes de Monaco, en 1715, prirent le nom de Grimaldi, qui était celui de l'ancienne maison de Monaco. Le château appartint aux princes de Monaco jusqu'à la Restauration. Il fut vendu alors à la ville avec ses collections, moins toutefois le célèbre « marbre de Torigni », acquis et conservé par les comtes de Matignon, et qui en 1814 fut apporté à Saint-Lô, où il est conservé à l'hôtel de ville (p. 450). Une partie des anciens jardins forme, autour d'un étang, une jolie promenade publique.

Au rez-de-chaussée, 1re salle : Mme de Colbert, par *Largillière*; Moïse sauvé des eaux, par *Dufresnoy*, d'après Poussin. — 2e salle (secrétariat) : Henriette de la Guiche et Françoise Daillon du Lude, par *Van Dyck*; tapisseries de Bruxelles (sujets tirés de l'Enéide); Introducteur des Ambassadeurs sous Louis XIV, par *Ph. de Champaigne* (ou *Van der Meulen*). — 3e salle : joli dessus de cheminée, Enlèvement de Déjanire, par *le Guide* (?); portraits de membres de la famille de Matignon, dont deux attribués à *Van Dyck*; tableau d'*Andrea del Sarto* ou de *Jules Romain*, Triomphe de Trajan.

Au 1er étage, 1re salle : portraits. — 2e salle (justice de paix) : portraits, dont un par *Van Dyck*; tapisserie des Gobelins. — Chapelle : portraits, dont un par *Largillière*: Assomption, par *Lebrun*; Adoration des bergers, par *Blanchard*; Résurrection de Lazare, d'après *Rubens*. — Grande galerie : au-dessus de l'entrée, Evanouissement d'Esther, attribué à *Poussin*; groupes en plâtre (Harde de cerfs; Mort de Roland à Roncevaux), par *Arthur Le Duc*; onze tableaux de *Claude Vignon* : annales de la famille de Matignon; au-dessus, vues de villes et bourgs peintes vers 1640; tapisseries anciennes.

Une route de 11 k. S.-O. (voit. de corresp. 1 fr. 50) relie Torigni à *Tessy-sur-Vire* (p. 522), en passant par *Domjean* : chapelle N.-D.-sur-Vire, but de pèlerinage; château de l'Angotière, appartenant aux descendants d'Alain Chartier.

Au delà de Torigni, le chemin de fer dessert : 26 k. *Guilberville*, bifurc. pour Caen (p. 365). — De Guilberville à Vire, p. 365.

Distances par la route, de Saint-Lô à : Alençon, 138 k.; Avranches, 56 k.; Bayeux, 35 k.; Caen, 58 k.; Carentan, 28 k.; Carteret, 70 k.; Cherbourg, 78 k.; Coutances, 28 k.; Falaise, 83 k.; Flers, 67 k.; Granville, 56 k.; Isigny, 28 k.; Paris, 278 k.; Torigni, 13 k.; Valognes, 58 k.; Vire, 38 k.

Au delà de Saint-Lô, la ligne remonte la rive g. de la Vire, et, après avoir franchi deux fois la rivière, s'engage dans un vallon latéral, arrosé par la Joigne. — 27 k. *Canisy* (hôt. *Lemoine*, T.C.F.), ch.-l. de c. de 659 hab., grand commerce de coutils. Château de la Motte, du XVIIe s., flanqué de tourelles à mâchicoulis.

32 k. *Carantilly-Marigny. Marigny* (voit. de corresp. 50 c., avec bag. 75 c.; hôt. : *de la Poste*, T.C.F.; *du Lion-Vert*), à 4 k. N., est un ch.-l. de c. de 1,159 hab., sur le Lozon; l'église a une belle flèche; motte de l'ancien château. — 35 k. *Cametours.*

Cerisy-la-Salle (hôt. *A la Grande-Auberge*, T.C.F.), à 5 k. S., est un ch.-l. de c. de 1,302 hab., sur la rive dr. de la Soule; château du XVIIIe s.; dans les environs, deux menhirs; carrières de granit.

40 k. *Belval.* Au sortir d'une tranchée, on découvre à dr., sur sa haute colline, la ville de Coutances, dominée par ses clochers.

48 k. **Coutances** (p. 435), buffet; bifurc. pour Cherbourg (p. 425-429) et Coutainville-Lessay (p. 443). — La ligne franchit la Soulle, dont elle domine ensuite la vallée, à dr. Puis elle s'en éloigne, pour gagner la vallée de la Sienne.

55 k. *Orval-Hyenville*, bifurc. pour Montmartin-sur-Mer et Regnéville (p. 446). Près de la station, la route de Coutances à Granville franchit la Sienne sur un *pont* de 7 arches, très ancien. *Hyenville* est à l'O., sur une colline de la rive g. de la Sienne : l'église (XIIIe-XVIe s.) renferme quelques pierres tumulaires. *Orval* est à 2 k. N.-O. : l'*église* a une tour et une nef romanes, avec un chœur du XVe s.; sous celui-ci, petite crypte romane, du XIe s.

Le chemin de fer remonte la vallée de la Sienne, aux belles prairies, et traverse un affluent, la Vanne. — 58 k. *Quettreville*, sur la rive g. de la Sienne. On traverse la rivière.

64 k. *Cérences*, bifurc. pour Granville et Condé-sur-Vire, p. 522 (hôt. *de Londres*, T.C.F.), bourg de 1,754 hab. A 3 k. 4 S., *Bourey* : à l'église, cuve baptismale du XIVe s. On s'éloigne de la Sienne. — 70 k. *Hudimesnil* : l'église a une tour et un chœur du XIVe s.; maison du XVIe s.

76 k. *Folligny* (buffet), où on rejoint la ligne de Paris à Granville (p. 486).

De Folligny a Avranches et Pontorson, p. 529.

TROISIÈME SECTION

DE PARIS A GRANVILLE ET AU MONT SAINT-MICHEL

PERCHE, BOCAGE, AVRANCHIN

---

43. — DE PARIS A GRANVILLE

Chemin de fer : État, 328 k. en 6 à 7 h. env. par express d'avant-guerre (toutes classes); 51 fr. 25, 34 fr. 60, 22 fr. 55; aller et ret., 76 fr. 90, 55 fr. 35, 36 fr. 10. — Pour la description détaillée de la route entre Paris et Dreux inclus, V. le Joanne : *Environs de Paris*.

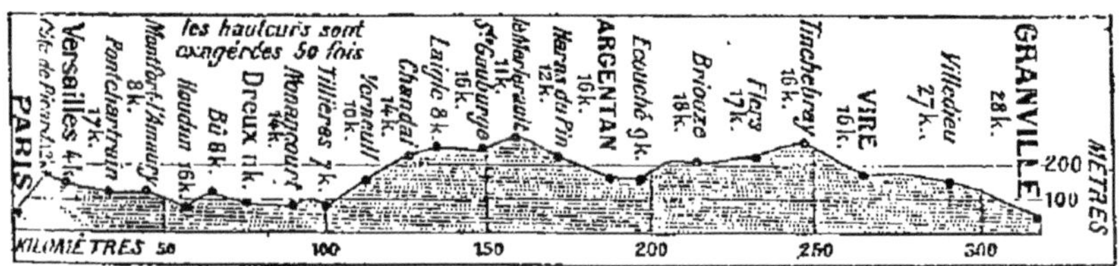

Route : 319 k. Départ par la Porte-Maillot et le Bois de Boulogne; 5 k. *Pont de Suresnes* et, sur 3 k., côte de Suresnes (103 m.); 12 k. *Ville-d'Avray*, et forte *côte de Picardie* (184 m.); descente; 16 k. *Versailles*; 20 k. *Saint-Cyr*; montée raide; 23 k. *Bois-d'Arcy*; descente rapide; 41 k. *Montfort-l'Amaury*; 49 k. Carrefour des Quatre-Piliers; belle descente; 57 k. *Houdan*; plaine; 70 k. *Brissard*; belle vue à la descente dans la vallée de l'Eure (92 m.); 76 k. *Dreux*; montée à 141 m.; 85 k. *Le Plessis-Remi*; descente dans la vallée de l'Avre; 90 k. *Nonancourt*; 111 k. *Verneuil-sur-Avre*; route en ligne droite sur un plateau (170-229 m.), coupé à (125 k.) *Chandai* par la vallée de l'Iton; 133 k. *Laigle*; vallée de la Risle; 149 k. *Sainte-Gauburge*; 154 k. *Planches*; montée à 300 m.; 165 k. *Nonant-le-Pin*, dans le vallon de la Gueuge; montée; 172 k. *Haras du Pin*; 180 k. *Silli-en-Gouffern*; belles vues; 185 k. *Urou*; descente dans la vallée de l'Orne; 188 k. *Argentan*; 212 k. *Saint-Hilaire-de-Briouze*; traversée des vallées de la Rouvre et d'un de ses affluents; 215 k. *Briouze*, bifurc. pour *Bagnoles-de-l'Orne*; 232 k. *Flers*; parcours accidenté; 264 k. *Vire*; route très pénible jusqu'à Villedieu; 291 k. *Villedieu*; 328 k. *Granville*.

Partant de la gare des Invalides, la voie longe la Seine à dr. jusqu'à la sortie de Paris où elle passe sous le viaduc du Point-du-Jour (ch. de fer de Ceinture); puis elle s'éloigne peu à peu du fleuve en s'élevant au-dessus de la plaine d'Issy-les-Moulineaux sur une série de beaux ouvrages d'art et s'engage dans le vallon de Val-Fleury, en passant sous le *viaduc* de Meudon ligne de Montparnasse à Versailles). Par un long tunnel sous la forêt de Meudon, on débouche près de Chaville et l'on rejoint la ligne de Montparnasse à Viroflay.

18 k. *Versailles*, gare des Chantiers. Au sortir d'un tunnel et d'une profonde tranchée, on découvre à dr. le *château de Versailles*, précédé de la pièce d'eau des Suisses. On longe à dr. le parc, puis, en contre-bas, la grande gare de triage dite des Matelots. — 27 k. *Saint-Cyr*; à dr., en contre-bas, l'Ecole militaire. On laisse à g. la ligne de Chartres et l'on parcourt un plateau aux larges ondulations. — 33 k. *Plaisir-Grignon*; à dr. ligne de Mantes. — 40 k. *Villiers-Neauphle-Pontchartrain*. — 45 k. *Montfort-l'Amaury*. — 63 k. *Houdan* : jolie vue à g. sur la ville et le donjon. — On franchit l'Eure pour atteindre la vallée de la Blaise.

82 k. **Dreux** (buffet; hôt. : **du Paradis*, T.C.F.; *de France*, T.C.F., *de la Gare*), ch.-l. d'arrond. d'Eure-et-Loir, de 10,692 hab., dans une vallée riante, dominée par la célèbre chapelle royale.

L'église Saint-Pierre, construite du XIIe au XVIe s., a une façade à l'O. à portail gothique très mutilé, 2 tours inégales, l'une de 36 m., l'autre de 16 m. A l'intérieur, restes de belles verrières anciennes (XVIe s.) et de peintures murales (XVe s.). — Le *beffroi* ou *hôtel Mélezeau* (1512-1537) est un intéressant édifice de la Renaissance : à l'intérieur, bibliothèque et objets d'antiquité.

La **chapelle Royale*, qu'on visite de 9 h. à midi et de 13 h. à 15 ou 18 h., selon saison, commencée en 1816, par la duchesse d'Orléans, terminée par Louis-Philippe, renferme les *tombeaux* de la famille d'Orléans. Dans le parc, attenant à la chapelle Royale, se voit l'ancien *donjon*.

De Dreux a Senonches (tram à vap., 41 k.). — 4 stations sans intérêt. — 21 k. *Vitray-sous-Brezolles* : ruines d'un château du XIIe s. — 24 k. *Brezolles* (hôt. *de l'Ecu-de-France*, T.C.F.), ch.-l. de c. de 862 hab., sur la Meuvette, près du confluent de la Gervanne. *Eglise* de la fin du XVe s., avec tour et façade remarquables. A l'E. de la Meuvette, étang de 66 hect., avec une île. — 27 k. *Crucey* : château de la Choltière, du XVIe s. — 32 k. *Louvilliers-les-Perches* : château féodal du Paradis, converti en ferme. — 35 k. *Le Mesnil-Thomas* : ancien château de la Salle, détruit en partie, entouré de larges fossés. — 41 k. *Senonches* (p. 462).

De Dreux a Rouen et a Chartres, p. 266-272; — a Evreux, p. 241; — a Maintenon, *V.* le Joanne : *Environs de Paris*.

En quittant Dreux, on croise la vallée de la Blaise et l'on découvre à dr. une très jolie vue d'ensemble sur la ville, que l'on contourne; on remarque dans la vallée l'église Saint-Pierre et le beffroi, et sur la hauteur la chapelle royale au milieu de l'ancienne enceinte du château. — Traversant un plateau en tranchées, la voie gagne la fraîche vallée de l'Avre qu'elle remonte jusqu'à Verneuil. — 91 k. *Saint-Germain-Saint-Remy*.

Saint-Remy-sur-Avre, entouré de prairies, a une église des XIIIe et XVIe s. avec beaux restes de vitraux, et un château de la fin du XVIIIe s. Importantes filatures. A Saint-Remy est né *Waddington*, homme politique et érudit (1826-1894). On franchit l'Avre.

97 k. *Nonancourt* (hôt. : *de France*, T.C.F.; *du Grand-Cerf*), ch.-l. de c. de 1,826 hab., petite ville ancienne, sur la rive g. de l'Avre, en face de *Saint-Lubin-des-Joncherets* sur la rive dr.

Nonancourt paraît devoir son origine à un château fort, construit en 1113 par le roi d'Angleterre Henri Ier, pour la défense de la Normandie contre les rois de France. Dans ce château, dont il subsiste des restes, fut signé, en 1189, entre Philippe Auguste et Richard Cœur de Lion, un traité qui réglait leur participation à la 3e croisade.

La ville qui présente encore sur le versant du coteau des restes de murailles d'enceinte, avec plusieurs petites tours, est traversée par la route de Dreux à Verneuil qui forme la rue Grande. Au no 46, une ancienne maison à pans de bois forme l'angle de la place des Halles, où l'on voit un bassin avec jet d'eau, une ancienne halle en bois et la façade de l'église.

L'*église* est un élégant vaisseau gothique du XVIe s. (1511), tout entouré à l'extérieur d'arcs-boutants et de curieuses gargouilles; à l'intérieur se déroule, tout autour de la nef, une claire-voie de grandes fenêtres flamboyantes avec de magnifiques *verrières de l'époque figurant les scènes de la vie de J.-C.; à la grande fenêtre centrale du chevet, les trois croix du Calvaire s'encadrent dans une originale division de meneaux. Au bas du bas-côté g., groupe en pierre de Ste Anne, XVIe s. A dr. du chœur, belle chapelle de la Vierge avec statue ancienne.

Une petite rue avec d'anciennes maisons de bois, qui franchit deux bras de l'Avre, conduit à Saint-Lubin, d'où l'on ira voir, en tournant à g., le château, du XVIIe s., et, à côté, l'*église Saint-Lubin* qui remonte au XIe s. mais a été complètement remaniée aux XVe et XVIe s.; la façade Renaissance flanquée d'une grosse tour carrée offre d'originales marqueteries en brique et en pierre; la nef, très pauvre, précède un chœur élégant de la dernière période gothique, dont les voûtes sont malheureusement restées inachevées, sauf aux deux premières travées des bas-côtés qui ont des pendentifs et des arcs sculptés. A l'entrée à g., fonts baptismaux du XIe s.; dans le chœur, trois verrières du XVIe s. et, à dr., belle *statue accoudée, en marbre blanc, du président de Gramont († 1628) par *N. Coustou*.

On pourra revenir à Nonancourt par un autre pont jeté sur l'Avre près du château et d'où l'on a une vue charmante sur la rivière bordée d'épais ombrages.

108 k. *Tillières-sur-Avre* (hôt. *de France*, T.C.F.; pour l'hostellerie du Bois-Joli, p. 458), 1,094 hab., sur la rive g. de l'Avre. De la gare, isolée sur le plateau, on débouche par une tranchée au-dessus du bourg où l'on descend soit directement par un sentier de piétons très raide, soit par la route de voitures qui décrit un lacet à dr. et accède à la *promenade du Château*.

Le château de Tillières était magnifiquement assis sur un ensemble de trois vastes terrasses étagées au flanc du coteau et soutenues par d'énormes murailles au-dessus de la vallée. La terrasse supérieure forme auj. une propriété privée. La terrasse intermédiaire est devenue une belle promenade publique plantée d'allées de tilleuls et dominant à son tour la troisième terrasse occupée par un potager et flanquée à l'angle d'une grosse tour ronde en grison à laquelle s'appuie une ancienne porte haute du bourg.

L'*église*, très modeste extérieurement, est célèbre parmi les artistes par la très rare et charmante disposition du plafond sur ogives qui couvre le *chœur, exécuté de 1535 à 1546 aux frais de Jean Le Veneur, évêque d'Évreux.

La voûte plate est portée à chaque travée par des arcs à tympans ajourés, disposés en étoile autour de quatre magnifiques clefs pendantes. Entre les nervures sont sculptés à profusion des personnages nus, des emblèmes mythologiques dans le goût de la Renaissance le plus gracieux, mais le plus païen. La chapelle de la Vierge, contiguë à dr., offre la même disposition et renferme une jolie fontaine en pierre sculptée surmontée d'une Pietà. Ce chœur, dont on remarquera aussi au dehors la riche décoration de niches et dais Renaissance, se soude à une large nef fort simple couverte d'un berceau brisé en charpente avec poutres blasonnées, éclairée à g. par des fenêtres du XVe s., et bordée à dr. d'un seul bas-côté où l'on voit aussi de jolies voûtes à pendentifs; en haut de la nef à g. s'ouvre une petite chapelle à curieuse voûte bombée, soutenue par quatre angelots.

A 800 m. N.-E. du bourg, l'**Hostellerie du Bois-Joli* (hôtel de luxe, prix très élevés; cuisine de 1er ordre; isolée au sommet de la côte qui domine la vallée de l'Avre, sur la route nationale de Paris (borne 104 k.), est un hôtel-restaurant de luxe, créé spécialement pour la riche clientèle voyageant en automobile et installé avec goût dans le décor à la fois recherché et rustique d'un ancien manoir de campagne normand.

118 k. **Verneuil-sur-Avre** (omn.; hôt. *du Saumon*, pl. de la Madeleine, T.C.F.; poste r. Thiers), ch.-l. de c. de 4,546 hab., une des petites villes anciennes les plus intéressantes de la Normandie, dans une large plaine entre l'Avre et un « bras forcé » dérivé de l'Iton.

Histoire. — Verneuil, qui fut jadis une cité beaucoup plus grande qu'aujourd'hui et compta, dit-on, jusqu'à 25.000 hab., dut son importance à Henri Ier, roi d'Angleterre et duc de Normandie, qui en fit une place forte considérable de 1119 à 1131; tout marcha de front : édifices militaires, églises, places, rues, maisons. Pour alimenter les fossés, le roi fit dériver par un « bras forcé » une partie des eaux de l'Iton. Par l'annexion de la Normandie à la France sous Philippe Auguste, Verneuil cessa d'être place frontière. Philippe Auguste octroya une charte à la ville, en 1205, ce qui n'empêcha pas les rois de France de donner certains droits féodaux à des seigneurs qui prirent le titre de comtes de Verneuil. En 1429, alors que la Normandie presque tout entière avait repassé sous le joug des Anglais, les troupes de Charles VII tenaient encore la place; mais la garnison ne put empêcher une armée franco-écossaise, qui marchait sur Ivry, d'être écrasée sous les murs de Verneuil, le 17 août, par le duc de Bedford, qui lui fit perdre 5,000 hommes. Cette défaite amena la reddition de la place et affermit la domination anglaise au nord de la Loire, jusqu'à la venue de Jeanne d'Arc. Verneuil fut repris, par assaut, en 1449, et devint ou redevint le ch.-l. du petit pays appelé les « Terres-Françaises », qui avait été constitué sous Philippe Auguste et réorganisé sous Louis XI, avec un capitaine royal pour gouverneur. Le 18 février 1800, le chef royaliste Louis de Frotté, qui avait été arrêté, quoique muni d'un sauf-conduit, par ordre de Bonaparte, et livré à une commission militaire, fut exécuté, avec quelques-uns des siens, aux abords de Verneuil, sur un emplacement que marque un bouquet de cyprès (près du passage à niveau, à g. de la route de Breteuil).

La rue de la Gare croise les *promenades*, plantées de tilleuls, établies sur les anciens remparts, franchit le « bras forcé » de l'Iton qui court dans les anciens fossés et conduit à la place de la Madeleine.

L'église de la Madeleine, des XIIe, XIIIe, XVe et XVIe s., est dominée par une magnifique **tour* flamboyante du début du XVIe s., haute de 60 m. et hors de proportions avec le reste de l'édifice, relativement modeste. Cette tour, du type de la fameuse tour de Beurre de la cathédrale de Rouen (p. 49), a une origine analogue : elle fut bâtie en majeure partie avec le produit des dispenses du carême. A g. de la tour, un porche du XVIe s. précède la nef et abrite un portail roman en grison; il offre extérieurement deux statues : celle de g., figurant Ste Anne en costume breton, est très curieuse. Par une disposition assez rare, l'église a un double transept.

La nef et les bas-côtés sont couverts en bois; le transept et le chœur sont voûtés. Dans la nef, la *chaire* est un curieux ouvrage de serrurerie du XVIIIe s.; buffet d'orgue de même époque. — Au bas-côté dr., 1re travée : Christ en croix et, au-dessous, Pietà, statues du XVIe s.; près du petit portail latéral, statuettes du XVIe s. (St Crépin, etc.). Au 1er croisillon dr., *monument* en marbre, avec bas-relief, *du comte de Frotté* et de ses compagnons, par *David d'Angers* (*V. Histoire*); *Mise au tombeau du XVIe s.; dans la fenêtre au-dessus, *vitrail* du XVIe s. : le Christ apparaissant à Madeleine; en haut, Jugement dernier. — Au 2e croisillon dr., dans la chapelle de la Vierge, *vitrail de la Croix* (XVIe s., restauré) et tableau du XVIIIe s., Résurrection de Lazare; les trois travées suivantes en haut du bas-côté, après le 2e transept, forment une chapelle absidale, avec *verrières* du XVIe s. (Vie et Passion du Christ; Arbre de Jessé), piscine du XVe s., une statuette du pape St Léon et statue polychrome de N.-D.-à-la-Pomme. — Dans le chœur, au chevet, vitraux modernes sans valeur représentant Ste Madeleine à la Sainte-Baume et, au-dessus, vitraux du XVIe s. : crucifixion, prophètes portant des philactères. — En haut du bas-côté g., chapelle avec statues de St Laurent, et de 2 anges porte-flambeaux; piscine du XVIe s.; *verrières* de la même époque, restaurées. — Au 2e croisillon g., chapelle du Sacré-Cœur : *verrières* du XVIe s.; statues de St Adrien et de N.-D.-de-Liesse. — Au 1er croisillon g., voûtes en anse de panier, XVIe s. A la fenêtre, *vitrail* en grisaille du XVIe s. Groupe moderne, par Haussaire, figurant la Nativité et faisant pendant à la Mise au tombeau du 1er transept dr. — Au bas-côté g., après le transept, 4e travée : statues de St Roch (XVIe s.) et de St Georges terrassant le dragon ; 2e travée : St Michel terrassant le dragon ; 1re travée : statue en pierre de St Jean.

A g. de l'église, la *mairie* renferme des portraits d'illustrations locales et un tableau du XVIIe s. : l'Entrée d'Henri IV à Verneuil. A dr. de l'église, dans la rue de la Poissonnerie, un joli portail en bois Renaissance accède à une cour où l'on peut voir une tourelle en bois avec sculptures (xve et xvie s.). De là, par la rue du Nouveau-Monde, on arrive à la rue de la Madeleine, où se voient, à l'angle de la rue du Canon, une *maison* du xvie s. avec tourelle d'angle et curieux appareil en damier, pierre tendre et silex sur soubassement en grès; puis à dr. une demeure du xviiie s. avec balcons en fer forgé, plusieurs maisons en bois (xve s.), en brique et silex (xviiie s.); une de ces maisons en bois a été librement restaurée pour servir de siège à l'active Société des Amis de Verneuil, qui a créé depuis quelques années un intéressant mouvement de renaissance artistique régionale.

En continuant la rue de la Madeleine on trouve sur la dr. la rue du Télégraphe, ainsi nommée d'après le télégraphe Chappe jadis installé sur la tour (xvie s.) de l'ancienne *église Saint-Jean*, transformée en halle au blé. De Saint-Jean on peut prendre la rue des Trois-Maillets, la rue animée des jours de marché (lundi et vendredi), puis descendre la rue Thiers; au carrefour de la route de Granville, on voit une maison normande ayant des parties anciennes; à 150 m. de là, dans la rue des Tanneries, jolie maison de bois de la Renaissance. Continuant la rue Thiers, où se trouve la poste, on tourne à g. dans la rue Notre-Dame : à l'angle de la rue du Pont-aux-Chèvres, belle *maison* à tourelle de la fin du xve s. Devant cette maison s'ouvre la rue de l'Église-Notre-Dame.

L'église Notre-Dame est de plusieurs époques : le chœur roman, du xiie s., avec trois chapelles absidales modernes, est construit en grison; le clocher central est surmonté d'une belle flèche en ardoise qui a été ornée de couronnes et de clochetons. Le transept et les chapelles latérales du chœur sont une élégante reconstruction gothique des xve-xvie s., avec de riches voûtes à pendentifs. La courte nef a été défigurée par des remaniements et une laide façade de goût classique a été refaite au xviiie s.

Au bas-côté dr., près de l'orgue, bénitier à piédestal roman; Vierge en bois peint. — Au bas-côté g., cuve baptismale romane, statue d'ange en bois, remaniée; chap. du Sacré-Cœur : autel avec panneaux anciens et tabernacle Renaissance. — A la croisée, statues en pierre, du xvie s., de St Christophe, à dr., et de St Denis (?) à g. — Au transept dr. : rose avec vitrail ancien; statues en pierre des xve-xvie s., restaurées : St Nicolas, St Jacques (autrefois dans l'église Saint-Jacques détruite en 1793); Ste Geneviève, statuette en bois. — Grande chapelle absidale : St Fiacre, Ste Barbe, Ste Suzanne, œuvres d'imagiers locaux.

Au transept g. : vitrail moderne et, au-dessus, rose avec débris de vitraux anciens; belle statue de St Michel (xviie s. ; les ailes, le bouclier et la lance ont été malheureusement ajoutés). — Grande chapelle absidale : copie d'un vitrail de Conches; derrière l'autel de la Vierge traces de fresques, ange céroféraire (xvie s.), tableau ancien, St Alexis. — Dans le chœur : voûtes domicales intéressantes; dans les arcades au-dessus du maître-autel, statues du xvie s. — Dans le déambulatoire, reliquaires, belle statue de St Denis; dans la chapelle de St Joseph derrière le chœur : petite Vierge en albâtre (travail anglais), statues de St Joseph et de St Robert, statuette de St Roch. — Dans la sacristie, panneaux du xvie s.

En quittant l'église Notre-Dame par le portail du XVIIIe s. on passe devant le clos des Bénédictines où se trouve l'ancienne *église de Saint-Nicolas* : chœur du XVe s. ; reste de la nef du XIIe s. mais défiguré en 1792, et réservé au chœur des Religieuses.

Au delà du couvent on arriverait, en traversant les promenades, au cimetière : porte du XVIe s., croix gothique avec porte-livres en grès de 1529.

On revient sur ses pas pour suivre la rue Notre-Dame; à g. la rue du Pont-de-l'Arche, où l'on peut voir de curieux vestiges des fortifications intérieures qui divisaient la ville en trois enceintes distinctes, conduirait à la rue Gambetta, qui a une jolie maison de bois restaurée en 1914.

La rue Notre-Dame amène à l'ancienne *église Saint-Laurent*, avec un portail du XVIe s., occupée par un atelier de charronnage. En face s'élève la tour Grise.

La ***tour Grise** (1120), haute de 35 m., est un des plus beaux donjons cylindriques qui aient été construits au XIIe s.; il est dû au roi d'Angleterre Henri Ier. Son architecture s'éloigne du type ordinaire des donjons normands rectangulaires à contreforts, et est particulièrement originale. Les murs ont près de 4 m. d'épaisseur. Le nom de la tour lui vient de ce qu'elle est faite de poudingue ou « grison », pierre brune et rocailleuse du pays. Malheureusement le caractère de cette belle ruine a été profondément altéré, vers 1880, par la fantaisie d'un original qui, l'ayant acquise, l'a surmontée d'un affreux couronnement moderne et, sous prétexte d'en faire un musée, a encombré ses belles salles voûtées d'un fatras sans valeur et les a fait barbouiller de soit-disant peintures et inscriptions moyenâgeuses (entrée 50 c.).

De Saint-Laurent, on reviendra vers la Madeleine et la gare par la rue du Canon où se trouvent de jolies maisons de bois du XVe s. malheureusement défigurées, plusieurs maisons des XVIe-XVIIe et XVIIIe s., spécialement celle d'Artus Fillon le promoteur de la construction de la tour de Beurre de la Madeleine (plaque commémorative) et l'ancienne chapelle de l'Hôpital convertie en salle des conférences.

On peut faire une agréable promenade sur les **remparts**, convertis en promenades, qui entourent la ville; de nombreux restes de fortifications sont reconnaissables. Sur la levée qui réunit la route de Laigle à la route de Mortagne on trouve le *fort du Goulet*; derrière le couvent des Bénédictines, au lieu dit « la Gueule d'Enfer », on reconnaît une ancienne porte de la ville; ensuite la trace très visible des fortifications que baigne aux pieds la rivière d'Avre. On arriverait ensuite à la tour Grise, dont les fortifications se continuent très visiblement et vont se butter dans l'ancienne chapelle de N.-D.-de-Grâce, rue de Paris, occupée aujourd'hui par un serrurier. En continuant on peut reconnaître sur la g. les traces de la tour Saint-André qui domine le commencement des promenades de ce côté. On arriverait ainsi à la Fosse-Porte devant laquelle s'ouvre l'avenue de la Gare.

L'*école des Roches*, à 3 k. O., a été fondée en 1899, par l'économiste E. Demolins, dont on voit le buste par Lenoir (1910), sur le modèle de l'école anglaise de Bedales. Elle occupe un domaine de 65 hect., avec collège central et plusieurs maisons de famille.

Sources de l'Avre. — C'est en aval, à 2 k. env. de Verneuil, et à 155 m. d'alt., que l'Avre, fortement diminuée à son passage dans cette ville par des pertes souterraines, reparaît tout entière par plusieurs jaillissements abondants. Une grande partie des sources a été captée en 1892, par la Ville de Paris, au moyen d'un aqueduc dont une branche s'empare aussi, à 4 k. S.-E. de Verneuil, d'un bel affluent, la Vigne. Cet aqueduc, long de 134 k., apporte dans la capitale 100,000 m. cubes d'eau par jour, ce qui diminue de plus de moitié le débit de l'Avre dans son cours inférieur.

De Verneuil a la Loupe (ch. de fer, Etat, 39 k. S. en 1 h. 15 env.) — On traverse l'Avre. — 8 k. *Boissy-le-Sec*, ancien château du XIVe s.

16 k. **La Ferté-Vidame** (hôt. *Saint-Jean*, T.C.F.), ch.-l. de c. de 881 hab., près de la forêt de ce nom, à 244 m. d'alt.

La Ferté-Vidame a compté parmi ses seigneurs le duc de Saint-Simon, père du célèbre *Saint-Simon*; ce dernier, après la mort du duc d'Orléans (1723), se retira dans sa terre de la Ferté, où il écrivit ses Mémoires. Mme de Valentinois, héritière de la maison de Saint-Simon, céda la terre de la Ferté au marquis de Laborde, qui, en 1767, fit démolir le vieux château, du moyen âge et de la Renaissance, et construisit sur son emplacement celui dont on voit auj. les ruines : il a été saccagé en 1793. Vendue en 1784 au duc de Penthièvre, la terre de la Ferté appartint ensuite à la duchesse d'Orléans. Pendant la Révolution, le domaine de la Ferté fut confisqué et vendu. Il fut restitué en 1814 à la famille d'Orléans. En 1845 et 1846, Louis-Philippe consacra un million à la reconstruction du nouveau château et à l'amélioration du parc, admirablement percé, dont les eaux forment six étangs et alimentent le moulin de Lamblore.

En sortant de la gare on tourne à g., pour suivre ensuite à dr. une route qui se continue par la Grande-Rue de la Ferté, bourg moderne, formé de maisons basses en brique. La Grande-Rue aboutit à la grande grille du château. A dr. de cette grille, la rue du Temple mène à l'*église*, de 1660, avec caveau funéraire de la famille de Saint-Simon, et à la place Saint-Simon, sur laquelle s'ouvre l'entrée du château : on obtient généralement l'autorisation de se promener dans le parc. Traversant une cour et passant à g. sous un portail, on se trouve sur la terrasse du *nouveau château*, long édifice en brique avec 3 pavillons, dont l'un au centre. En tournant le dos au château on a devant soi les pièces d'eau bordées de balustres, à g. les ruines de l'ancien château parées de végétation et derrière lesquelles s'étendent de vastes étangs. — Outre le voisinage de sa belle forêt, la Ferté a une ceinture de superbes avenues plantées de grands arbres. La *forêt de la Ferté* (3,715 hect.) fait suite à celle de Senonches.

24 k. *La Framboisière*. A 2 k. S S. au bord d'un étang, *Tardais* a les restes du château de la Tour, du XVe s., converti en ferme.

28 k. *Senonches* (hôt. : *des Voyageurs*, T.C.F.; *des Trois-Marchands*), ch.-l. de c. de 1,828 hab., a une église, en partie de la fin du XIIe s., et un *château* des XVe et XVIIe s. Ce château est attenant à un donjon carré, à contreforts, du milieu du XIIe s., avec fenêtres romanes. — Après être sorti de la *forêt de Senonches*, on franchit l'Eure.

35 k. *Fontaine-Simon*, à dr. : maisons du XIVe s.; château ruiné de la Ferrière. On passe, avant de le joindre, sous le chemin de fer de Paris au Mans.

39 k. *La Loupe*, p. 491.

De Verneuil a Evreux, p. 241-242.

128 k. *Bourth* (pron. *Bour*; hôt. *Marchand*, T.C.F.) : dans l'église, stalles sculptées (XVe s.). A 3 k. S.-O., *Chaise-Dieu-du-Theil*, prieuré de Fontevrault, auj. ferme-presbytère. Le pays devient plus accidenté. La voie, traversant la forêt de Laigle et (137 k.) *Saint-Martin-d'Ecublei*, descend dans la vallée de la Risle. A dr., Saint-Sulpice-sur-Risle (p. 464). On franchit la Risle, et on a une jolie vue à g. sur Laigle.

141 k. **Laigle** (buffet; omn.; hôt. : *de la Gare, du Paradis*, à la gare; **du Dauphin*, pl. de la Halle, dipl. T.C.F., chauff.; *de l'Aigle-d'Or*, r. de Bécanne, chauff.; poste r. Gambetta), ville industrielle de 5,698 hab. dans la vallée de la Risle. Fabriques d'aiguilles et d'épingles, quincaillerie.

Histoire. — Laigle, qui s'écrivit longtemps *L'Aigle*, doit ce nom à un nid d'aigle qui aurait été trouvé au XVe s., sur l'emplacement du château fort que son premier seigneur y éleva et qui fut détruit au XVe s. — A Laigle est né le manufacturier *Mouchel* qui, sous la Restauration, introduisit en France la fabrication des aiguilles à coudre.

De la gare, une avenue, à g., aboutit à la rue de la Gare, qui prend ensuite le nom de rue du Tribunal. Celle-ci, après avoir franchi trois bras de la Risle, amène à la place Boislandry, où se trouvent la salle des fêtes et un petit jardin public. Au fond de la place, à g., la rue Gambetta, où est la poste, conduit à la rue de Bécanne, qui conduit à g. à l'église Saint-Martin.

L'**église Saint-Martin* a une modeste nef centrale du XIIe s., à laquelle ont été ajoutées, aux XVe et XVIe s. deux larges nefs latérales de la plus grande richesse, surtout celle de dr. (XVIe s.). A la même époque fut élevée la grosse et belle tour carrée qui est à g. du portail, et qui est flanquée d'une tourelle octogonale : de style flamboyant, elle offre une riche ornementation sculptée, gargouilles, dais et statues, qui annonce la Renaissance. Elle se termine par un toit d'ardoise, en forme de fer de hache, de la Renaissance, avec 2 statues de plomb. A dr. du portail, la tour de l'Horloge, peu élevée, du XIIe s., est flanquée d'une flèche aiguë de date postérieure. Sur la face latérale, qui donne place Saint-Martin, dais ornementé, de la Renaissance, dont les niches ont perdu leurs statues. Au chevet, la nef centrale se termine par une abside arrondie entre les murs droits des nefs latérales, ajourées de grandes fenêtres flamboyantes.

L'intérieur est surtout remarquable par ses vitraux. — Au bas-côté dr., voûtes à nervures, avec pendentifs et cartouches sculptés. Vitraux anciens (XVIe s.) dans la partie supérieure des fenêtres latérales. A la fenêtre du fond (autel de St Joseph), le *vitrail* (XVIe s.) est entier. — A l'autel du chœur, retable sculpté et doré du XVIIe s., avec tableau de la Mise au tombeau (même époque). — Au bas-côté g., **vitraux* des XVe et XVIe s. : à la 1re travée, St Nicolas et une Vierge Mère de Douleur; en bas St Hubert; à la 2e travée, Arbre de Jessé. En haut du bas-côté, au-dessus de l'autel de la Vierge, vitrail du Crucifiement (XVIe s.).

L'église est bordée par la place Saint-Martin : à dr., dans une cour pittoresque, petite maison Renaissance qu'on peut visiter en s'adressant au marchand de meubles voisin; au fond de la place s'élève l'ancien château, en pierre et brique, attribué à Mansart, et dont l'ancienne cour, auj. publique, est ombragée d'arbres séculaires. A dr., la rue Saint-Jean monte à la place de la Halle.

En bas de la place de la Halle, à g., la rue Saint-Jean conduit à l'*église Saint-Jean-Baptiste*, remaniée à la fin du xve s. et sans grand intérêt. La tour carrée de l'édifice est coiffée d'un clocheton d'ardoise et a conservé quelques sculptures, parmi lesquelles on distingue St Jean portant sa tête. L'intérieur, couvert en bois, a été défiguré; grand retable d'autel, du xviie s., avec peintures de cette époque. — Face au flanc dr. de l'église, la petite rue du Parc amène à la promenade du Parc, qui sert de champ de foire.

On revient à la place Saint-Martin par la rue des Emangeards où se trouve un vieil *hôtel*, auj. pensionnat de jeunes filles.

A 5 k. E. s'étend la *forêt de Laigle*, qui couvre 900 hect. On s'y rend par la place de la Halle et la route de Verneuil, qui (3 k. 7) croise le ch. de fer de Mortagne.

Vallée de la Risle et Saint-Sulpice-sur-Risle (route 3 k. N.-E.). — De la place Saint-Martin on prend, à g. de l'entrée du château, la rue du Pont-du-Moulin, qui franchit la Risle et aboutit, près d'une fabrique, à la rue du Moulin, continuée à dr. par la rue Saint-Barthélemy, route de Rugles. Traversant un faubourg ouvrier, on dépasse le cimetière où se trouve l'*église Saint-Barthélemy*, du xiie s., ordinairement fermée. — 1 k. On croise le ch. de fer, puis on suit la vallée de la Risle, à flanc de coteau. — 3 k. *Saint-Sulpice-sur-Risle* a une *église* du xiiie s. : vitraux de même époque, dans la sacristie; banc d'œuvre orné de boiseries du xvie s. Prieuré de la Renaissance, restauré. Dolmen et petit manoir de Jarrier. — On pourrait ensuite continuer à suivre la vallée de la Risle jusqu'à Rugles (6 k. de Saint-Sulpice; p. 246).

De Laigle a Mortagne (ch. de fer, Etat, 41 k. en 1 h. 30 env.; 6 fr. 40, 4 fr. 30, 2 fr. 80). — 7 k. *Saint-Ouen-sur-Iton*. On franchit l'Iton. — 18 k. *Randonnai-Irai*. On traverse l'Avre et l'on parcourt les belles chênaies de la *forêt du Perche* (3,227 hect.).

26 k. *Tourouvre* (hôt. *de France*, T.C.F.), ch. l. de c. de 1,592 hab.; verrerie. **Eglise Saint-Gilles*, avec charpente en bois revêtue de peintures; bénitiers en pierre, du xve s.; lutrin en bois sculpté, du xviie s.; stalles du xve s.; épitaphe de 1570, à la mémoire d'Alexandre de la Vove, dans le chœur à dr.; retable du maître-autel (xviie s.) portant les armes de la famille de la Vove : au centre, Adoration des mages, bonne peinture de la fin du xve s.; restes de vitraux du xvie s.; vitraux modernes, figurant : 1° Julien Mercier et 80 familles de Tourouvre partant, vers l'année 1650, pour le Canada; 2° Honoré Mercier, 1er ministre du Canada, venant, le 31 mai 1891, prier dans l'église de Tourouvre. — Une assez notable portion de Canadiens français descendent de familles parties de Tourouvre et de la région environnante, sous Louis XIV, quand Colbert était ministre; ces familles percheronnes ont fortement influé sur les mœurs et aptitudes de la colonie naissante.

A 2 k. 5 S.-E. de la station, une jolie route qui, partant de la place de Tourouvre, descend dans la vallée et laisse à g. le petit château de Bellegarde (xvie s.), conduit à *Autheuil* : *église* du style roman le plus orné. — A 12 k. S.-E. de Tourouvre (voit. publ. : 1 fr. 25) Longny (p. 492).

32 k. *Feings*, halte : ruines de la chartreuse de Val-Dieu, du xiiie s., près de plusieurs étangs. — 34 k. *Villiers-sous-Mortagne*, halte. — 41 k. *Mortagne* (p. 494).

De Laigle a Conches, p. 246.

Distances par la route, de Laigle à : Alençon, 63 k.; Argentan, 53 k.; Breteuil, 22 k.; Evreux, 54 k.; Mortagne, 30 k., par la Trappe de Soligny; Paris, 133 k.; Verneuil, 22 k.

Au delà de Laigle on franchit deux fois la Risle. — 147 k. *Rai-Aube*, station située entre *Rai-sur-Risle*, qui a une église avec tour du XIIIe s. et un vaste bâtiment du XVe s., de destination inconnue, et *Aube-sur-Risle* : usine à cuivre; château de Bois-thorel, moderne. A 1 k. 6 N.-O., *Beaufai* : vieux château. — 152 k. *Saint-Hilaire-Beaufai* : château. On traverse la Risle.

157 k. *Sainte-Gauburge-Sainte-Colombe* (buffet; hôt. : *de la Gare*, à la gare, simple; *de France*, dans le village, modeste), bourg de 1,373 hab.; importante tréfilerie de zinc et de plomb.

Courtomer (hôt. *de la Croix-Verte*, T.C.F.), à 12 k. S.-O. (voit. publ., 1 fr. 60), est un ch.-l. de c. de 848 hab., avec un château du XVIIIe s., bâti sur le plan de l'hôtel des Monnaies, de Paris. Dans le bois d'Ecuenne, curieuse fontaine Saint-Jacques.

De Sainte-Gauburge a Mortagne (ch. de fer, Etat, 36 k.; 5 fr. 65, 3 fr. 80, 2 fr. 50). — La ligne s'élève vers le S. dans une région verdoyante. — 7 k. *Le Rendez-Vous*, halte près de la forêt de Moulins, au N.-E. — 10 k. *Moulins-la-Marche* (hôt. : *de France*, T.C.F.; *du Dauphin*), ch.-l. de c. de 956 hab., à 1 k. 6 au S., sur le territoire duquel les Fossés-le-Roi sont des restes de retranchements exécutés en 1158 par Henri II, roi d'Angleterre. — 15 k. *Bonsmoulins*. A 1 k. 4 O., château de Houssay.

19 k. *Soligny-la-Trappe* (hôt. *du Cheval-Blanc*, modeste mais propre), à 800 m. S.-O. de la station : tourner à dr. à l'extrémité de la petite avenue, puis, au calvaire, du XVIIIe s., à g. L'église, précédée, du côté de l'abside, d'une petite terrasse qui offre une vue étendue sur la région boisée, a, sur la façade O., un portail roman avec chapiteaux et dents de scie.

A 4 k. N.-E., ***abbaye de la Grande-Trappe**, dans un joli site entre des forêts et des prairies coupées d'étangs qui se déversent dans l'Iton. On s'y rend de Soligny en continuant tout droit au delà du calvaire (de la gare, au calvaire on tourne à dr., *V.* ci-dessus). — Les bâtiments actuels, entourés de champs et de pâturages, occupent l'emplacement d'une abbaye fondée, vers l'an 1140, par Rotrou III, comte du Perche : celui-ci, dès 1132, avait fait construire en cet endroit un premier oratoire, qui a subsisté, après le naufrage de la *Blanche-Nef* où avaient péri sa femme et son beau-frère Guillaume (p. 405). Le monastère prit le nom de Notre-Dame-de-la-Maison-Dieu et fut affilié, sept ans plus tard, à l'ordre de Cîteaux. Après avoir été plusieurs fois dévastée par les guerres du moyen âge, l'abbaye, réformée en 1662 par l'abbé de Rancé, fut vendue, à la Révolution, comme propriété nationale, et presque entièrement détruite. En 1815, quelques-uns des anciens Trappistes revinrent s'y installer et y élevèrent de nouveaux bâtiments. Le monastère fut reconstruit à partir de 1884, en style gothique. Dans le couvent est une *hôtellerie* pour hommes (rep. maigres), une chocolaterie, exploitée par une Société, et un ancien orphelinat transformé en hôpital pendant la guerre. — L'abbaye est la maison mère de l'ordre des Trappistes, dont la demande d'autorisation est encore en instance, et qui compte 19 couvents en France et 72 dans le monde entier. Les hommes seuls sont admis à visiter.

L'entrée principale est formée par un portail avec 3 portes en plein cintre, que surmonte, en médaillon, un groupe en fonte, la Vierge abritant sous son manteau les principaux saints de l'Ordre; à g. et à dr., statues de St Benoît et de St Bernard. Au-dessous du groupe se voient les armoiries de Citeaux, de la Grande-Trappe et de dom Étienne. A g. de l'entrée est le magasin des objets de piété.

Le portail franchi, on se trouve dans une vaste cour, bordée de bâtiments du XVIIe s.; sur celui de g., aux murs, écussons mutilés du duc de Penthièvre, qui eut là ses écuries.

Après avoir passé un second portail datant de l'abbé de Rancé, au fond de la cour, on laisse à dr. la chocolaterie puis l'église. On sonne au fond à g. à la porte de l'abbatiale, derrière laquelle se trouve un moulin du XVIIe s. Un père vient ouvrir et fait visiter successivement : la salle de communauté; la chapelle des religieux, très ornementée de vitraux, de peintures, de statues d'apôtres en terre cuite polychromée, d'armoiries, et qui contient, dans une centaine de reliquaires, 800 reliques de saints et de bienheureux; le cloître; le tombeau des supérieurs, qui contient les restes de l'abbé de Rancé, de dom Augustin de Lestranges, dom J.-M. Hercelin et dom Timothée; au milieu de l'enceinte des cloîtres est le préau, sorte de petit jardin, orné d'une statue en marbre blanc de la Vierge Mère, donnée en 1817 par Mme Adélaïde, sœur du roi Louis-Philippe; le réfectoire, très vaste, et dont la double voûte ogivale est supportée par 6 colonnes monolithes en pierre de Vernon : chaire du lecteur en pierre, tables en marbre noir. On peut voir dans une cellule des tableaux intéressants, peints par un moine. On visite ensuite l'église. L'église (1890), avec beau clocher à flèche en pierre, a été construite dans le style du XIIIe s. par Tessier : sculptures par Almazio, vitraux en grisailles par Hucher, du Mans, maître-autel en pierre avec colonnettes de marbre, clefs de voûtes avec des armoiries peintes. La grande nef est divisée en deux parties : la plus rapprochée du chœur pour les religieux profès, la seconde pour les frères convers. Au 1er étage sont les dortoirs divisés en compartiments où chaque religieux a sa couchette sur une paillasse très dure; au 2e, la bibliothèque (20,000 vol.), contenant un très beau missel in-folio sur parchemin, un manuscrit allemand de la 1re moitié du XVIe s. avec miniatures et lettres ornées de figures grotesques, etc.

Au delà de Soligny-la-Trappe, la ligne dessert (24 k.) *Lignerolles* et (29 k.) la *Jarretière*. — 36 k. *Mortagne* (p. 494), où l'on rejoint le ch. de fer d'Alençon à Condé-sur-Huisne.

De Sainte-Gauburge a Bernay, p. 252; — a Lisieux, p. 263.

162 k. *Planches*. — A dr., à 2 k. 6 N.-O., *les Authieux-du-Puits* ont un château, à la naissance d'une vallée qu'arrose la rivière Saint-Martin.

168 k. *Le Merlerault* (pron. *Mèlerault*; hôt. : *Sainte-Barbe*, dipl. T.C.F.; *du Lion-d'Or*), ch.-l. de c. de 1,270 hab., sur le bord de la rivière des Authieux ou ruisseau de Saint-Martin, au centre de gras pâturages. Sur la place, l'*hôtel de ville* avec halles au rez-de-chaussée, d'un aspect monumental, est du XVIIe s. L'*église*, en partie romane, est flanquée d'une tour du XIVe s. A l'intérieur : chapelle Saint-Jean, richement décorée; baptistère à couvercle de bronze, repoussé en médaillons; retable du maître-autel et tabernacle du XVIIe s. Le Merlerault est la patrie du professeur Labbé (1832-1916).

Les herbages des environs du Merlerault sont favorables à l'*élevage des chevaux*; la race chevaline anglo-normande y est plus spécialement répandue. L'élevage de la race percheronne commence à remplacer, sur certains points de la région, la race anglo-normande.

Montmarcé, à 3 k. S.-O., a gardé les ruines d'un théâtre romain.

173 k. *Nonant-le-Pin* (hôt. *de l'Etoile*, T.C.F.), station qui doit son nom au village de Nonant et à celui du Pin (8 k.; *V.* ci-dessous). *Nonant* est au pied d'un coteau, sur le bord de la Gueuge. On y voit une église du XVIIe s. avec boiserie sculptée du XVIIe s. et tabernacle en bois doré, à figurines; elle est précédée d'un orme remarquable, de 5 m. 50 de tour. Beau château moderne bâti sur l'emplacement de la forteresse des marquis de Nonant, dont il reste les fossés, une tour et une chapelle du XVe s. Dans un herbage de la ferme du Plessis se voit un chêne dont le tronc a 6 m. 60 de tour.

Saint-Germain-de-Clairefeuille, à 2 k. N.-E., a une *église* des XIVe et XVe s.; le chœur est séparé de la nef par une arcade en bois surmontée d'une boiserie du XVe s., avec frise en forme de dais, remplie par 12 panneaux peints, dans le style de la vieille école flamande : Annonciation, Nativité, Adoration des Mages, Résurrection de Lazare.

Haras du Pin (route 7 k. N.-O.; voit. de louage, 8 fr. env.). — La route, qui parcourt un plateau, domine à g., au delà de la vallée de la Gueuge, un immense horizon. Elle passe devant le château de la Roche avec beau parc, puis devant une écurie d'entraînement.

7 k. Le *haras du Pin* (1,129 hect.) a 350 étalons; visite le dim.; les autres j. s'adresser au garde. En face est l'hôtel *Tourne-Bride* (T.C.F.). Le haras a été fondé en 1714, au centre des contrées qui se consacrent à l'élevage des chevaux : le Perche, le Merlerault, le Cotentin. De la direction relèvent les départ. de l'Orne, Calvados, Seine-Inférieure, Seine et Seine-et-Oise. École d'élèves officiers pour les haras. Les écuries, avec beau manège, sont distribuées sur deux lignes symétriques et parallèles, à dr. et à g. du *château* qui sert de résidence aux directeurs. Construit au centre de l'établissement, à l'extrémité d'immenses avenues, ce château occupe une situation grandiose et pittoresque, sur une terrasse dominant la vallée de l'Ure; sa cour d'honneur, dite cour Colbert, et ses deux ailes lui donnent une apparence seigneuriale. Dans l'axe du château s'ouvre à travers la forêt une magnifique allée, appelée avenue Louis XIV. L'*hippodrome*, avec piste de 2,000 m., où se donnent des courses à la fin de juillet, est à 3 k. du haras, sur un plateau entouré de bois; on y arrive par une large avenue bordée de grands arbres. — Un service d'autos relie le haras du Pin à Argentan (14 k. 5 O.), d'où se fait aussi l'excursion (p. 471).

A 1 k. au delà du haras, se trouve (8 k. de Nonant) le village du Pin-au-Haras, dont dépend le haras. On pourrait ensuite regagner Argentan (13 k. du village), par le Bourg-Saint-Léonard (3 k. 5) et la forêt de Gouffern.

A 4 k. 5. N.-E. du haras, *Exmes* (hôt. *du Point-du-Jour*, T.C.F.), ch.-l. de c. de 464 hab., est l'antique *Oximum* et la capitale primitive de l'ancien pays d'Hiémois, à la source du Ronlecrotte. Eglise du XIIe au XVIIe s.; ruines d'un château, belle vue; chêne de Blangy, arbre énorme dont le tronc offre une statue de St Laurent (but de pèlerinage) au-dessus d'une source.

Au delà de Nonant-le-Pin on dépasse, à g., *Marmouillé* : vue magnifique du haut de la butte de Bonnevent, où se voient une tombelle et plusieurs pierres levées; galeries souterraines d'où s'extrait du sable.

182 k. **Surdon** (buffet; devant la gare, *Au petit Terminus*, café-rest., terrasse; hôt. *de la Gare*, modeste), bifurc. pour Alençon et le Mans, par où l'on fait la visite recommandée de Sées et de sa cathédrale (p. 487).

186 k. *Almenèches*, à 2 k. au N., possédait autrefois une abbaye de Bénédictines, fondée au VIIe s. par St Evroult, qui eut pour abbesse Ste Opportune, et dont il reste une belle *église* de la Renaissance renfermant 2 *bas-reliefs* en pierre sculptés en 1679 et 1681 par Chauvel, moine de Pilly. Ste Opportune est spécialement vénérée dans la chapelle du Pré-Salé : pèlerinage le lundi de Pâques. A 3 k. N.-E., beau tumulus près d'un ancien camp romain.

Mortrée (hôt. *du Commerce*, T.C.F.; voit. publ. 80 c.), à 6 k. S., est un ch.-l. de c. de 1,098 hab. La route passe (5 k. de la gare) au *château d'O* qui occupe trois côtés d'un carré entouré d'un étang. L'aile N., qui se compose de deux tourelles inégales encadrant la porte latérale, d'un corps principal et d'une tourelle en encorbellement, date de la 1re moitié du XVIe s.; l'aile S., ornée de médaillons de la Renaissance à l'exception d'une tour crénelée, est postérieure. La façade principale date de 1770. Dans la cour, promenoir Renaissance, colonnes sculptées et charmante porte du XVe s. avec médaillon sculpté. Le château a perdu son ancien ameublement. — Le dernier des d'O fut un des mignons de Henri III.

A 4 k. S.-E. de Mortrée, *château de Clérai* (XVIe ou XVIIe s.), entouré de douves remplies d'eau, flanqué d'une tour avec lanterne à jour et précédé d'une pièce d'eau. — A 6 et 7 k. O. de Mortrée, Saint-Christophe-le-Jajolet et château de Sassy (p. 471).

On franchit l'Orne et le Don près de leur confluent.

197 k. **Argentan** (buffet), ch.-l. d'arrond. du départ. de l'Orne, ville de 6,870 hab., sur l'Orne, près du confluent de l'Ure, a deux églises intéressantes.

Omnibus de ville.
Hôtels: — **des Trois-Marie*, r. de la Chaussée, 51, T.C.F. (gar.); *de Normandie*, r. de la Chaussée, 57 (gar.); — simples : **du Cheval-Blanc*, bd Carnot, 44, dipl. T.C.F.; *de France*, bd Carnot, 34 (près de la gare.)
Poste : — pl. du Château.

Banques : — *Comptoir d'Escompte*, bd Carnot, 37; *Société Générale*, r. Lautour-Labroise.
Théâtre : — pl. de l'Hôtel-de-Ville (provisoirement fermé).
Cinéma : — *Médicis*, pl. de l'Hôtel-de-Ville.

En sortant de la gare, on trouve le boulevard Carnot qu'on suit à g.; au n° 33, *école dentellière*, où se perpétue la tradition du point d'Alençon, du point d'Argentan, du point Colbert et du point de France. On arrive à la rue de l'Orne qui, à dr., traverse deux bras de la rivière du même nom, puis devient rue de la Chaussée; au deuxième pont, à dr., sur l'Orne, vieille maison remaniée, transformée en établissement de bains.

La rue de la Chaussée monte à la place Henri-IV, sur laquelle, à dr., une maison en saillie est portée par deux arcades du XVe s. En haut, à dr., la place se continue par la rue Saint-Germain, où une curieuse horloge, dite le *cadran suspendu*, avec blason aux armes d'Argentan, est suspendue en travers de la rue; à l'angle de la rue de la Vicomté, maison de la Renaissance, à fenêtres ornementées. En bordure de la rue est l'église Saint-Germain.

L'***église Saint-Germain**, bel édifice flamboyant, avec remaniements de la Renaissance, fut commencée en 1424 et achevée en 1641. Sur la rue Saint-Germain, beau *porche latéral*, du XVe s., avec 2 hautes arcades surmontées de pignons aigus, et présentant la plus fine ornementation du gothique flamboyant; les dais ajourés ont, pour la plupart, perdu leurs statues; sous le porche, 2 jolies portes, aux vantaux de bois sculpté. Au-dessus de ce porche s'élève une *tour* du XVIIe s., légèrement penchée, de 53 m. de haut, terminée par une double galerie découpée à jour et par une coupole. A la croisée du transept la *tour centrale*, gothique, de 40 m., avec couronnement de la Renaissance, forme lanterne à l'intérieur. Contournant l'église dont l'abside est de la Renaissance, on a, de la petite place Saint-Germain, une bonne vue d'ensemble de l'édifice. On entre par le porche latéral de la rue Saint-Germain.

NEF. — La nef, gothique, a des piliers fuselés, sans chapiteaux et un double triforium, surmonté d'une claire-voie flamboyante; les voûtes ont de nombreuses nervures, avec belles clefs à pendentifs. Au bas de la nef, le Mariage mystique de Ste Catherine, par *Navarello*, peintre espagnol. Important *buffet d'orgue*, en bois sculpté, de la Renaissance.

BAS-CÔTÉ DR. — Au dernier pilier de la nef, avant le transept, Pietà, statue du XVIe s., sous un dais en pierre sculptée du XVe s. et sur un autel moderne.

TRANSEPT DR. — 3 *verrières* du XVe s., l'une à la 1re fenêtre du bas, à dr., Portement de croix et Ste Véronique, les deux autres aux fenêtres supérieures, Adoration des mages. *Peinture sur bois*, de 1602, figurant l'Adoration des mages. Autel de St Mansuet, martyr, avec retable et tableau du XVIIe s. — Les croisillons se terminent en forme d'abside, avec 2 étages de 3 fenêtres, séparés par 2 rangées d'arcatures.

CARRÉ DU TRANSEPT. — Belle lanterne. Au dernier pilier du bas-côté g., dais sculpté du XVe s., avec statue moderne. A mi-hauteur du pilier se détache un âne accroupi et tout harnaché. Plus bas, une inscription gothique constate que ce pilier a été élevé, en 1488, par le « bon masson » Jehan le Moyne.

CHŒUR. — A 3 fenêtres, restes de vitraux anciens, surtout à la dernière fenêtre de g. Belle *grille* en fer forgé, du XVIIe s. Autel Louis XIV, avec tabernacle en bois doré, à petits personnages. *Stalles* sculptées du XVIe s. Un vaste retable du XVIIe s. défigure le chœur.

POURTOUR DU CHŒUR. — Double déambulatoire du XVIe s.; le déambulatoire extérieur est de style Renaissance, avec 2 étages de colonnettes aux piliers, voûtes à fortes nervures entrelacées et belles clefs à pendentifs. A dr., Pietà ancienne, en pierre, et restes de vitraux anciens.

TRANSEPT G. — Débris de vitraux anciens. Niche du XVe s. renfermant un bénitier.

BAS-CÔTÉ G. — Dans la chapelle qui est en bas du bas-côté, inscription funéraire et médaillon de Marguerite de Lorraine, fondatrice du monastère de Sainte-Claire d'Argentan.

Contournant l'abside de l'église, on trouve la place Saint-Germain. Celle-ci communique, à dr., avec la place du Marché d'où l'on aperçoit, dans un jardin entouré de grilles, le buste de *Mézeray* (1610-1683), historien, né à Ry, près d'Argentan; à dr., la chapelle Saint-Nicolas (XIVe s.), ancienne chapelle du château, a été convertie en habitation.

Passant devant la chapelle qu'on laisse à dr., on trouve en contre-bas la place du Château; à g. est la poste, sur le square. L'ancien *château*, auj. tribunal et prison, date du XVIe s.; autrefois beaucoup plus considérable, il est flanqué de deux tours carrées; au centre est une tourelle d'escalier hexagonale.

Le château précède le large boulevard Mézeray, planté d'arbres, qui monte à la place Mahé, où l'on voit à g. un pan de murs de l'ancien donjon du château, et à laquelle fait suite la place de l'Hôtel-de-Ville, où sont l'hôtel de ville et le théâtre.

L'hôtel de ville, vaste édifice sans intérêt, renferme la bibliothèque et le *musée*, peu important, où sont quelques tableaux originaux, le Pas de Gavotte par *Viger*, la Seine à Saint-Denis par *Lapostolet*, des copies, quelques objets d'antiquité et de jolies faïences; s'adresser au concierge, pourboire.

Sur l'arrière-face de l'hôtel de ville s'étend le champ de foire, dont une caserne ferme la perspective. A g. de l'hôtel de ville, la rue de la Fontaine mène à la petite place du Collège, avec buste en bronze de *Levavasseur*, littérateur et archéologue (1819-1896), par E. Leroux.

On revient sur ses pas, par la rue de l'Hôtel-de-Ville, qui ramène à l'abside de Saint-Germain et à la rue Saint-Germain.

Face au portail latéral de l'église Saint-Germain s'ouvre la rue de la Vicomté, que l'on descend; en bas de la rue, à dr., une courte ruelle conduit à la *tour Marguerite*, à 3 étages, couronnée de mâchicoulis et surmontée d'une toiture conique, reste des anciennes fortifications de la ville. On peut y monter: pourboire au gardien.

La rue de la Vicomté amène à la rue de la République, que l'on prend à g., et où la rue Saint-Martin, 1re à dr., conduit à l'église du même nom, que l'on aborde par l'abside.

Aux n°s 19 à 29 de la rue Saint-Martin, on voit, à l'intérieur des immeubles, la vieille église *Notre-Dame-de-la-Place*, gothique, transformée en habitations et écuries.

L'**église Saint-Martin*, remarquable par ses vitraux anciens, date de la fin du XVe s.; elle appartient au gothique flamboyant, avec remaniements de la Renaissance. Sa belle tour octogonale à contreforts est surmontée d'une mince et élégante flèche de pierre gothique. Belle abside à contreforts et balustrades sculptés; gargouilles. L'église est entourée d'un jardinet, qui occupe la place de l'ancien cimetière. On entre par la rue Saint-Martin, derrière le chœur.

L'intérieur est, dans son ensemble, de la dernière période du style gothique, avec nombreux *pendentifs* aux clefs de voûte. Un triforium de la Renaissance court autour de la nef et du chœur. — Le chœur est en partie défiguré par un vaste retable du XVIIe s. Au-dessus du triforium, 7 belles *verrières*, du XVIe s. Un autre vitrail de même époque se trouve derrière le chœur. — Au bas-côté g., dans la chapelle Saint-Roch, statue du saint et débris de sculptures sur bois, du XVIIe s.

Au delà de l'église, petite place plantée de tilleuls, où au n° 62 de la rue Saint-Martin, l'ancien hôtel de Raveton, du XVIIIe s., auj. recette des finances, offrit asile à Charles X partant pour l'exil.

On revient sur ses pas, par la rue Saint-Martin, à la rue de la République, qui ramène, à dr., au boulevard Carnot et à la gare. — La rue du Griffon, face à la rue Saint-Martin, remonterait au contraire en ville, à la place Henri-IV.

Environs. — 1° La *chapelle Saint-Roch*, où conduit un chemin de piétons, de 2 k. 4 N., est un but de pèlerinage; on y voit 2 peintures sur bois du xviie s. Elle est située en face d'un monticule de 273 m.

2° *Sarceaux* (route 3 k. S.-O.). — Départ par la route d'Ecouché qui, faisant suite à la rue de l'Orne et à la rue Saint-Jacques, croise le ch. de fer un peu au delà de la gare. — 2 k. On bifurque à g. — 3 k. *Sarceaux* a un château des xve et xvie s. A 1 k. O. env. se voient *l'ormeau de Malabri* et *l'épine de Malabri*, deux curieux phénomènes végétaux : l'épine mesure 2 m. de tour.

3° A 9 k. S.-E., à dr. de la route qui conduit à (14 k.) Mortrée (p. 468), *Saint-Christophe-le-Jajolet* a une petite église moderne où a été remis en honneur le culte de St Christophe comme patron des voyageurs, automobilistes, cyclistes, etc.; statue monumentale du saint; depuis 1911, un pèlerinage original, avec procession d'autos et cycles fleuris, a lieu le dim. précédant le 25 juillet, fête patronale de St Christophe. Le village est dominé par le beau *château de Sassy* (xviie), appartenant au duc d'Audiffred-Pasquier, et situé sur des terrasses étagées à balustrades de pierre; le domaine comprend le bel *étang de Vrigny* (54 hect.). — Sées (p. 487) est à 8 k. au delà de Mortrée.

4° *Le haras du Pin et Chambois* (14 k. 5 E. pour le haras du Pin, desservi généralement par un autobus, de la gare d'Argentan; 15 k. N.-E. pour Chambois, voit. publ. 2 fr.). — Départ par la route de Trun (V. ci-dessous), qu'on laisse à g., 500 m. après la sortie de la ville. — 1 k. 4. On laisse à g. la route directe de Chambois. — 7 k. On traverse la lisière de la *forêt de Gouffern*, en laissant à g. un étang. — 8 k. *Silly-en-Gouffern*, petit village à dr.

10 k. 5. *Bourg-Saint-Léonard*, bifurc. d'où l'on va visiter, à 4 k. par la route de dr., le haras du Pin (p. 467). On prend pour Chambois la route de g., qui passe devant l'église de Bourg-Saint-Léonard et devant un château Louis XV, souvent visité par le fabuliste Florian. — 14 k. 7. On laisse à dr. la route de Fel. — 15 k. *Chambois* (hôt. *du Commerce*, T.C.F.), avec un *château des xiie, xive et xviiie s., dont le donjon, à contreforts, est en entier du xiie s., moins les créneaux qui ont été refaits au xve s. Intéressante église romane, avec tour à flèche de pierre, à quatre pans, de la fin du xiie s.

On revient à Argentan par une route directe, passant à *Aubry-en-Exmes* (18 k.), minuscule village, où se voit une tour crénelée, de forme ronde, du temps de Louis XIII, entourée de douves et surmontée de trois étages carrés. — 2 k. 5. On entre dans la forêt de Gouffern, que l'on traverse durant 2 k. — 23 k. Crennes, hameau. — 27 k. *Argentan.*

D'Argentan a Trun (ch. de fer de l'Orne, 12 k. N.; la gare est voisine de celle de l'Etat). — On sort d'Argentan par la rue de la République. On traverse la forêt de Gouffern avant (7 k.) *Bailleul* : le village est à 1 k. à l'O.; à 1 k. 4 au delà, château de Moncel; tombeau du maréchal Lebœuf et de sa femme. A 1 k. 5 à l'E., château de Tertu et chapelle ancienne. — 9 k. *Villedieu-les-Bailleul.* — 12 k. *Trun* (hôt. *Sainte-Barbe*, T.C.F.), ch.-l. de c. de 1,383 hab. L'église a un clocher du xve s.: chapelle de l'hôpital, du xive s. A 3 k. N.-O., *Fontaine-les-Bassets* : dolmen de la Pierre-Levée, sur la route de Fontaine à Ommoy, en face d'un bosquet.

D'Argentan a Carrouges (ch. de fer de l'Orne, 31 k. S.-S.-O.; — la route directe, de 22 k., continue droit au S., au delà de Boucé, par le Menil-Scelleur). — Le ch. de fer, avec la route, passe sous la ligne de Granville et traverse une vaste plaine. — 6 k. *Fleuré*; 12 k. *Boucé*. La ligne tourne à l'O. — 15 k. *Vieux-Pont*. — 20 k. *Rasnes* (hôt. *Saint-Pierre*, T.C.F.). *Château* de 1719 avec tour carrée à longues baies et à créneaux, du début du XVIe s.; la cour d'honneur est entourée en partie de communs magnifiques; le parc a été tracé par Le Nôtre. — 24 k. *Saint-Martin-l'Aiguillon*; 28 k. *Sainte-Marguerite-de-Carrouges*.

31 k. **Carrouges** (hôt. : *Saint-Pierre*, T.C.F.; *des Voyageurs*), ch.-l. de c. de 789 hab. et petit centre d'excursions, est situé sur une colline; de l'église, belle vue. Elevage des oies; station d'étalons.

A 1 k. 4 S.-O. du bourg, le *château de Carrouges*, qu'on ne visite pas, est possédé par la famille du comte Le Veneur depuis 1450. C'est un vaste édifice, des XVe, XVIe et XVIIe s., peu élevé, avec de grands toits et entouré de larges fossés, bordés de balustres. Il est précédé d'un haut pavillon d'entrée, flanqué de tourelles rondes, appelé le Châtelet. A mi-chemin entre le bourg et le château, à g., au bord de la route, la ferme du Chapitre a une chapelle du XVe s. servant de grange, derrière laquelle le cimetière de la famille Le Veneur renferme des inscriptions tumulaires du XVIe s.

Les environs de Carrouges, très pittoresques, offrent d'agréables promenades, parmi lesquelles la route de Sées (26 k. E.; p. 487) qui suit d'abord le plateau, d'où l'on domine à dr., par-dessus les haies, tout le panorama de la vallée. Elle traverse des vallées et des ravins charmants, puis entre (5 k.) dans le *bois de Goult*, partie de la forêt d'Ecouves, abondant en beaux paysages. A 9 k. 5, au petit village de la Lande de Goult, on trouve à g. une route de 3 k. 5, conduisant à la *butte de Goult* (402 m.) qui, couronnée par la chapelle Saint-Michel et par des restes de constructions romaines, commande un horizon d'où émergent 28 clochers.

D'ARGENTAN A CAEN, p. 352 à 361 en sens inverse.

DISTANCES PAR LA ROUTE, d'Argentan à : Alençon, 45 k.; Bernay, 68 k.; Briouze, 27 k.; Caen, 56 k.; Domfront, 53 k.; Dreux, 111 k.; Falaise, 22 k.; Flers, 45 k.; Laigle, 55 k.; Lisieux, 58 k.; Mortagne, 58 k.; Paris, 188 k.; Verneuil, 77 k.; Vimoutiers, 30 k.; Vire, 73 k.

Au delà d'Argentan on franchit l'Orne, puis la Cance.

207 k. *Ecouché* (hôt. *de la Renaissance*, T.C.F.), ch.-l. de c. de 1,222 hab., dans une plaine fertile comprise entre l'Orne et ses affluents, la Cance et l'Udon. On y remarque une belle église flamboyante et Renaissance. Dans la chapelle de l'hospice est un retable du XVIIe s. — Dans les environs, à 1 k. 4 N.-O., *Sérans* a un château du XVIIe s.; de là on visite les sites du Mesnil-Glaise (5 k. N.-O., pèlerinage) et de la Courbe, 1 k. plus loin. Elevage de juments.

218 k. *Les Yveteaux-Fromentel*, station à égale distance (1 k. env.), des deux villages qui lui donnent leurs noms. Fromentel est un hameau de la commune des *Yveteaux*, où on voit un ancien manoir; bel if; dans l'église, lambrissée et parquetée en chêne, retable doré et peint, épitaphes d'anciens seigneurs, reliques de Ste Florentine et de St Taurin.

A 8 k. N. *Putanges* (hôt. *du Lion-Vert*, T.C.F.) est un ch.-l. de c. de 543 hab., dans une agréable situation, sur l'Orne. A *Fresnai-le-Buffard*, à mi-chemin de Putanges, dolmen de la Pierre-des-Bigues.

La voie franchit la Rouvre, puis son affluent à Pointel.

226 k. **Briouze** (buvette; petits cafés-rest. devant la gare; au bourg, hôt. *de la Poste*, T.C.F.), ch.-l. de c. de 1,624 hab. Le gros du bourg est au S. Sur la place, église moderne de style gothique, monument aux morts pour la patrie, par Morel (1895), et ancienne halle en bois avec petite tour d'horloge. Sur une petite place attenante, hôtel de ville à arcades. De l'ancien château, il reste un pavillon, une chapelle servant d'écurie et un long souterrain. — De l'autre côté de la voie ferrée, au N., dans le cimetière, petite *église Saint-Gervais*, du XIe s., remaniée; sur un contrefort de l'abside a poussé un if touffu. A côté, couvent de religieuses avec maison de retraite et école ménagère.

A 4 k. N., hêtre de la Cannetruche, à deux troncs distincts dont la réunion forme portail. — A 7 k. S. et S.-O., *forêt du Mont-d'Hère*, dont le point culminant, le mont Charlemagne, a 346 m.; belle vue. On peut y visiter : un menhir au bord de la route de la Sauvagère à Bellou, les trois fontaines de Charlemagne, un camp romain. Au S. du mont d'Hère, près du village de la Laudière, sont de nombreux monuments mégalithiques dont le plus remarquable est le dolmen de la Bertinière. — Jolie excursion, à 8 k. N.-O., aux *Tourailles* : site pittoresque, vieux pont romain sur la Rouvre, pèlerinage, vieille maison où fut assassiné en octobre 1621 l'auteur dramatique Monchrestien; et à *Cramesnil* (6 k. N., 2 k. S.-E. de Tourailles) : monuments mégalithiques.

DE BRIOUZE A COUTERNE (ch. de fer, État, 30 k.; 4 fr. 70, 3 fr. 15, 2 fr. 05). — La ligne laisse à dr. le marais du Grand-Hazé et se dirige vers le S. — 8 k. *Lonlay-le-Tesson*.

14 k. **La Ferté-Macé** (hôt. : *du Cheval-Noir*, T.C.F.; *du Grand-Turc*, T.C.F.; *de Normandie*), petite ville industrielle sans intérêt, sur une hauteur, entre deux vallons verdoyants. Tissages mécaniques, teintureries et blanchisseries de coton, fabrique de mèches, scieries, fabriques de galoches et de boissellerie. — De la gare, voisine d'un monument aux morts pour la patrie, une route à g. descend à la rue d'Hautvie, à dr., qui conduit à la place du Marché, où est l'église, vaste édifice moderne, de style roman, avec 2 flèches gothiques : cette église en a remplacé une autre, dont il reste à dr. de la façade deux travées servant de sacristie et surmontées d'une tour romane, de la fin du XIe s. Au delà de la place, à l'entrée de la rue de la Barre, à dr., l'hôtel de ville renferme un petit *musée* : s'adresser au concierge, pourboire. Dans le vestibule : l'Avare surpris, statue par *Mériot*; au 1er étage, tableaux, portraits, lithographies de *Léandre*.

En quittant la Ferté-Macé, le train fait deux fois tête à queue; on voit à dr. la Ferté, dominée par les deux flèches de son église. — On traverse bientôt l'extrémité de la forêt de la Ferté.

23 k. **Bagnoles-Tessé-la-Madeleine**, gare qui dessert la station thermale de Bagnoles (p. 509). La voie échancre la forêt de Bagnoles, et descend la vallée de la Vée, qu'elle croise en aval du château de Couterne, à dr.

30 k. *Couterne* (p. 506), où on rejoint la ligne d'Alençon à Domfront.

Au delà de Briouze, la voie laisse à g. le marais du Grand-Hazé. — 233 k. *Bellou-en-Houlme* (hôt. *des Voyageurs*, T.C.F.), à 3 k. 3 au S.; ferme-école de Dieulefit. — 238 k. *Messei* (hôt. *du Cheval-Blanc*, T.C.F.) à 2 k. S.-O., ch.-l. de c. de 1,026 hab. avec les ruines d'un château fort du Xe s., desservi de plus près par une halte de la ligne Flers-Domfront (p. 475).

243 k. **Flers** (buffet; hôt. : *du *Gros-Chêne*, pl. de la Gare, T.C.F., 32 ch., chauff., gar., jardin; *de l'Ouest*, Grande-Rue, T.C.F., plus simple; hôt. et rest. modestes à la gare et pl. du Marché; poste, r. Thiers; cinéma, r. de la Chaussée), ville industrielle de 13,610 hab., sur un coteau dominant le Noireau, a un ancien château pittoresque. Filatures, teinture et blanchiment du coton et du fil, tissage. Courses à la Lande-Patri (p. 475).

Si l'on ne veut voir que le château, qui est la seule curiosité de Flers, on s'y rendra directement de la gare en prenant à g. la rue Nationale, puis à dr. la rue Schnetz, dans laquelle on trouvera l'entrée à g.

La rue de la Gare conduit à la Grande-Rue; au carrefour, prendre à g. la rue Saint-Germain, qui conduit à la place du Marché, où sont la halle et les églises; marché important le mercredi. L'ancienne église Saint-Germain, sans intérêt, est très délabrée et menace ruine; elle renferme 3 tableaux de Schnetz. A côté, une grande église, de style gothique, est en construction.

En passant entre l'ancienne et la nouvelle église, on arrive à la place Gambetta, au delà de laquelle on laisse à dr. la rue Thiers, où est la poste, pour atteindre la place Centrale. De cette place, la rue de Paris, à dr., conduit à l'église Saint-Jean-Baptiste, construite par Ruprich-Robert dans le style roman, et qui a des vitraux modernes de Lorin. En face de Saint-Jean-Baptiste, la rue Saint-Jean descend à la place du Champ-de-Foire, vaste quadrilatère ombragé d'arbres; kiosque à musique. Par la rue du Champ-de-Foire, puis à g. par la rue d'Athis, on revient à la place Gambetta, d'où on regagne la place du Marché.

De la place du Marché, la rue Jules-Gévelot conduit à la place ou square Delaunay, ornée d'une statue du Juif errant par Le Harivel-Durocher; à g., théâtre. Continuant au delà du square la rue Jules-Gévelot, on prend la 1re rue à g., rue du Château, prolongée par l'avenue de l'Hôtel-de-Ville, ombragée de grands arbres, qui conduit au château.

Le **château**, construit en équerre, dans une situation pittoresque, est entouré de trois côtés par un étang et par ses anciens fossés remplis d'eau, où croissent des nénuphars. La façade est de la fin du XVIIe s.; deux anciennes couleuvrines sont placées sur l'escalier. Par derrière, deux tours d'angle, rondes, du XVIe s., coiffées de toits en forme de cloches; à côté, des consoles ont la forme de mâchicoulis.

Le château, ainsi que le parc, appartient à la ville, qui y a installé la mairie, la Chambre de commerce, et un petit *musée*, ouvert au public de 14 h. à 17 h. : collections géologiques, monnaies, médailles, tableaux et sculptures. La *bibliothèque*, importante, ouv. le dim. de 13 h. à 16 h., le jeudi de 14 à 17 h., occupe un des communs de l'ancien château. L'orangerie a été incendiée en 1916. Dans la cour d'honneur, où l'on voit de superbes paons, un monument, œuvre de l'architecte Salez et du sculpteur A. Carlès, a été érigé à Jules Gévelot, ancien député et bienfaiteur de la ville.

Le *parc*, très ombreux, offre de jolies promenades, surtout aux bords du grand étang; barques, pour 6 pers., la demi-heure, 1 fr.; permis de pêche, 75 c. la journée, abonnements.

Sortant du château par la grande entrée de la cour d'honneur, en face de la façade, on franchit une belle grille du XVIIIe s., surmontée d'une couronne, et on suit la grande avenue, superbe allée de vieux hêtres. On débouche dans la rue Schnetz qui va à g. à la place du Marché, et qui à dr. puis par la 1re rue à g., rue Nationale, ramène à la gare.

EXCURSIONS : — dans la *vallée de la Vère*, par une route qui rejoint la rivière au Pont-de-Vère, à 4 k. 8 N., et qui descend le long de la rivière la ravissante vallée, pittoresque et boisée, formant par endroits des défilés rocheux, jusqu'à (14 k.) *Pont-Erembourg*, station de la ligne Flers-Berjou (p. 364); — aux *roches du Châtellier*, 8 k. S., sur la route de Domfront, station du ch. de fer (*V.* ci-dessous); — à *la Lande-Patri*, à 2 k. N.-O., champ de courses de Flers; ifs énormes, dont le tronc creux du plus gros peut contenir 18 personnes : un barbier y rasait jadis.

DE FLERS A DOMFRONT (ch. de fer, Etat, 23 k.; 3 fr. 60, 2 fr. 45, 1 fr. 60). — La ligne se dirige au S. — 5 k. *Messei*, halte à 1 k. du bourg de ce nom (p. 473). — 10 k. *Le Châtellier*; but d'excursion aux roches du Châtellier (*V.* ci-dessus). — 14 k. *Saint-Bômer-Champsecret*, station, desservant Saint-Bômer-les-Forges, à 4 k. à l'O., et Champsecret à 6 k. à l'E. La ligne descend la vallée de la Varenne dans une contrée accidentée et boisée. On passe dans le petit défilé dit « vallée des rochers », au pied des ruines du château de Domfront, à g. — 23 k. *Domfront* (p. 506).

DE FLERS A CAEN, p. 362-364, en sens inverse.

DISTANCES PAR LA ROUTE, de Flers à : Alençon, 78 k.; Bagnoles, 30 k.; Caen, 60 k.; Falaise, 40 k.; Lisieux, 90 k.; Mortain, 31 k.; Paris, 232 k.; Vire, 31 k.

Au delà de Flers on traverse le village de la Lande-Patri (*V.* ci-dessus). — 247 k. *Cerisi-Belle-Etoile*, à 3 k. N.-O. Le village est dominé à l'O. par le mont Cerisi (264 m.) : château du Mont et ruines d'une abbaye de Prémontrés fondée en 1215 par Hélène de Beaujeu et convertie en ferme. A 1 k. N. de Cerisi, rochers Saint-Pierre dans la vallée du Noireau.

254 k. *Montsecret-Vassy*. *Montsecret*, à 1 k. 4 à g., est desservi par une halte du ch. de fer des Maures (*V.* ci-dessous), *Vassy* (voit. publ.; hôt. *Saint-Pierre*, T.C.F.), à 6 k. au N. est un ch.-l. de c. de 2,038 hab., avec une église dont la tour et le chœur sont du XIIIe s.

A 2 k. N.-O., château de Vassy; — à 4 k., curiosité végétale, dite le chêne-parapluie; — à 7 k. N.-O., *Estry*, où un if a 10 m. de tour.

DE MONTSECRET-VASSY AUX MAURES (ch. de fer départemental, 20 k.). — 3 k. *La Motteite*, halte desservant Montsecret. — 5 k. *Frênes*.

8 k. **Tinchebray** (hôt. *du Lion-d'Or*, T.C.F.), ch.-l. de c. industriel, de 3,800 hab. C'est un des plus grands centres pour la quincaillerie, qui se fait non seulement dans les usines, mais par de nombreux ouvriers en chambre : articles de serrurerie, outils pour les différents corps de métiers, fourches, pièges à animaux nuisibles. Il faut citer aussi la ferronnerie artistique, flambeaux, lustres, coffrets en fer forgé, et la fabrication des peignes et chausse-pieds en corne, des boutons de nacre.

De l'*église Saint-Remy* il reste le chœur (XIIe s.), un transept fortifié (des XIIe et XIIIe s.) et une tour centrale romane. Ancienne église N.-D.-du-Moutiers, XIIe et XIIIe s. Une église moderne, de style gothique, dépendait du collège Sainte-Marie, transformé en une importante chocolaterie, qu'on peut visiter. — Les environs de Tinchebray ont été le théâtre d'une victoire remportée en 1106 par Henri Ier, roi d'Angleterre, sur Robert Courte-Heuse, duc de Normandie, qui tomba aux mains de son vainqueur et dut lui abandonner son duché.

15 k. *Le Paillot*, halte. — 20 k. *Les Maures*, où l'on rejoint la ligne de Vire à Mortain (p. 481).

261 k. *Viessoix* : tombes anciennes dans l'église; patrie de Michel Le Tellier, confesseur de Louis XIV. A g., *Vaudry* : église romane; au cimetière, croix de granit et tombe de 1627.

271 k. **Vire** (buffet), ville de 6,298 hab. (les *Virois*), très bien tenue, ch.-l. d'arrond. du Calvados, dans une situation pittoresque, est bâtie en amphithéâtre sur une éminence escarpée que la Vire environne de trois côtés. La gare est située sur la commune de Neuville, où se voient, à 400 m. au N., une église à nef romane avec tour de 1620, imitée du XIIIe s., et une ferme, ancien manoir seigneurial.

Omnibus de ville :

Hôtels : — **Saint-Pierre* (Pl. *a* C2), r. du Calvados, 58, dipl. T.C.F. (gar., chauff.); *du Cheval-Blanc* (Pl. *b* C2), près de la tour de l'Horloge (30 ch.; gar.); *du Cours-de-Neuville*, près de la gare; *du Chemin-de-Fer* (gar.).

Restaurants : — *Lebourg*, r. du Calvados; *Duhamel*, r. Girard.

Poste : — r. des Hauts-Chemins, près du jardin des plantes.

Banques : — *Comptoir d'Escompte*, r. d'Aignaux, 11; *Société Générale*, r. Chênedollé.

Spécialité : — *andouilles* de Vire.

Syndicat d'initiative : — 27, r. Girard (renseignements gratuits pour Vire, Mortain et la région).

Histoire. — Vire fut un bourg sans importance jusqu'à la construction de son château par Henri Ier d'Angleterre, au début du XIIe s. Ce fut, pendant le reste du moyen âge, une place de guerre, relevant directement des ducs de Normandie, puis des rois de France. Vire était considéré comme la capitale du Bocage normand.

A Vire sont nés : *Olivier Basselin* (XVe s.), qui réunit et arrangea les chansons satiriques de la vallée des Vaux-de-Vire (p. 480) d'où est venu le nom du « vaudeville »; les deux poètes *Lechevalier d'Aignaux* (XVIe s.), auteurs de traductions en vers de Virgile et d'Horace; l'astronome *Duhamel* (1624-1706); *Castel*, poète et naturaliste (1758-1832); le poète *Chênedollé* (1769-1833); le botaniste *Turpin* (1775-1840); *Octave Gréard*, universitaire, de l'Académie française (1828-1904).

Industrie et Commerce. — Vire possède une manufacture de drap, une fabrique de bonneterie, deux filatures de laine. La taille et l'exploitation du granit occupent un grand nombre d'ouvriers. Les carrières de Montjoie et de Gatmot sont curieuses à visiter.

En quittant la gare, située à 1 k. du centre de la ville, on prend à dr., puis on suit à g. l'avenue de la Gare, qui devient la rue du Calvados, longue voie montant à la ville. — A dr. la rue d'Aignaux longe le collège, ancien couvent de Bénédictins fondé en 1650, avec des tableaux anciens dans la chapelle (XVIIe s.), et aboutit à la place du Champ-de-Foire, d'où l'on découvre une vue étendue.

La rue du Calvados se termine à un carrefour sur la crête

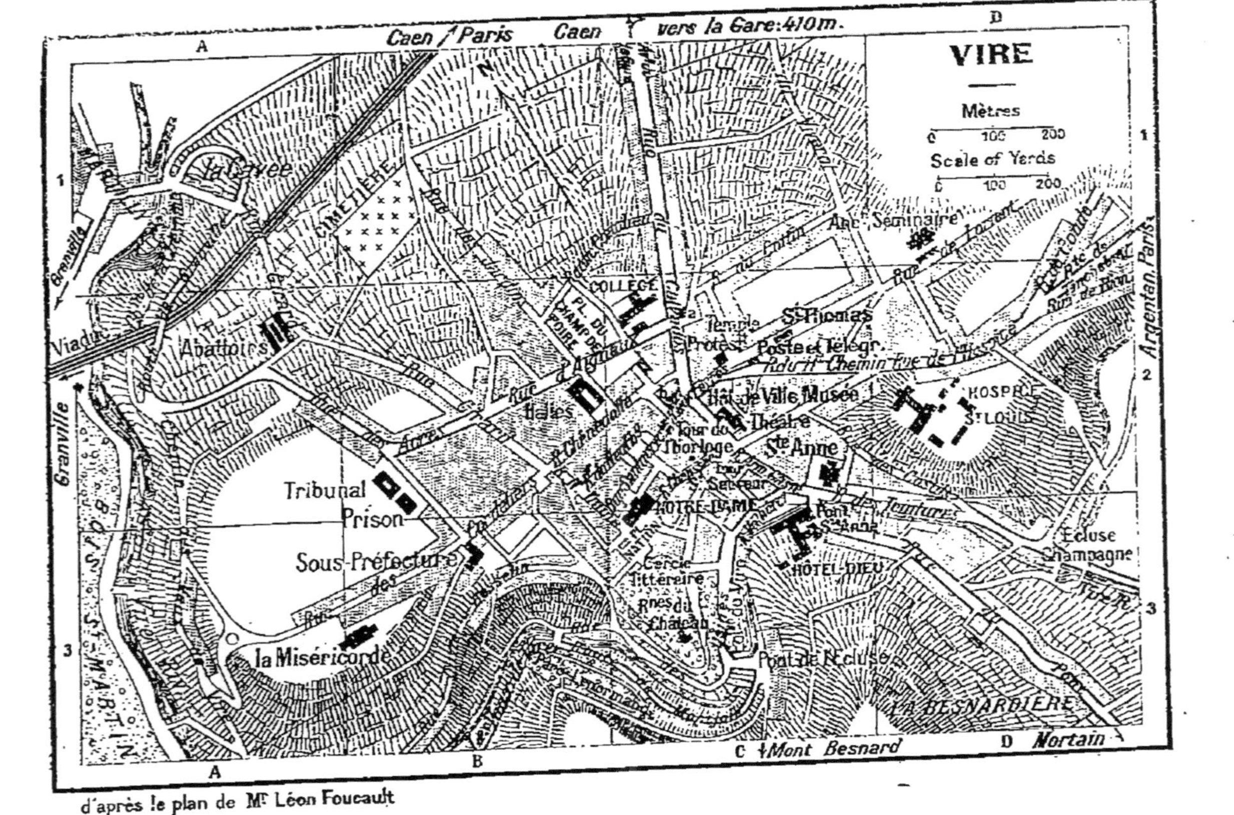

d'après le plan de Mr Léon Foucault

de la colline qui porte la ville. De là la rue aux Fèvres va à g. à la petite église Saint-Thomas, et conduit à dr. à la tour de l'Horloge.

L'*église Saint-Thomas*, qui a un clocher de 1700, a été tellement restaurée qu'on y reconnaît à peine le style roman de sa première construction. A l'arcade du porche, chapiteaux sculptés. A l'intérieur, chaire faite en 1847 avec des débris de boiseries du XVIe s., qui entouraient le chœur de l'église Notre-Dame; plusieurs dalles tumulaires.

La **tour de l'Horloge*, dite encore la Porte-Horloge ou le Beffroi, est une tour carrée de 1480, haute de 33 m., supportée par une *porte* gothique du XIIIe s. avec statue de la Vierge, de 1698, et flanquée de deux autres tours en partie masquées par des constructions; la cloche qui sonne les heures est de 1499. Cette porte faisait partie de l'enceinte de la ville, dont elle était la principale entrée; elle était munie de pont-levis et de herses, dont les traces sont encore visibles.

Passant sous la porte, on suit la rue Saulnerie, où on prend à dr. la rue du Neufbourg : à l'entrée, *maisons* à façade de la Renaissance, dont la mieux conservée est le n° 6; au n° 20, *hôtel d'Aignaux*, XVIIe s., avec écusson sculpté, entre des lions accroupis. On aboutit à la rue Notre-Dame : au n° 21, maison, remaniée, du XVIe s., avec échauguette. A l'angle de cette rue et de la rue Chênedollé, fontaine de 1781.

La rue Notre-Dame mène à la place Nationale, ornée d'une *fontaine*, avec buste de *Chênedollé* en marbre, par Le Harivel-Durocher (1866), et d'un monument commémoratif de la Révolution. Là s'élève l'église Notre-Dame.

L'**église Notre-Dame* a été construite du XIIe au XIVe s. Lourde et de style sévère, en granit, elle offre une belle abside, avec sculptures, engagée dans des maisons. Le carré du transept est surmonté d'une tour carrée.

A l'intérieur, 5 nefs à piliers cylindriques; grande nef très haute. A la place du triforium, rangée de fenêtres, pour la plupart murées. Orgue provenant de l'abbaye d'Aunay. Chaire en bois sculpté, de 1643. En travers de la nef et précédant le carré du transept, arc en bois, du XVIIe s., portant un Christ. Transept irrégulier, terminé par 2 chapelles inégales; à dr., groupe sculpté moderne sur l'autel, Consolatrix afflictorum. — Le chœur a, à l'entrée, des piliers fuselés affreusement peinturlurés. Maître-autel (1840) en cuivre; stalles et lutrin du XVIIIe s., en bois doré (époque Louis XIV). — Au pourtour du chœur, au fond et à dr., vaste chapelle de 1764, avec bel autel de la Renaissance et tableau, Adoration des bergers, de Vignon. A la chapelle absidale : autel en pierre du XVe s.; clef de voûte à écusson armorié; jolie balustrade moderne. A g., *porte de la Petite-Poissonnerie*, en granit sculpté (XVe s.), avec 2 bénitiers — Au transept g., dans la chapelle Saint-Pierre, autel du XVIIe s.

De la place Nationale on gagne la *place du Château*; à l'entrée, à dr., cercle littéraire. Cette esplanade, établie sur l'emplacement de l'ancien château, est bordée d'une triple allée de tilleuls et forme un promontoire escarpé qui s'avance dans la vallée de la Vire. On domine à dr. au-dessus de deux tours des anciens remparts, les Vaux-de-Vire (p. 480) et la ville à g. A l'extrémité du promontoire un massif de rochers granitiques porte les restes du **château*, élevé au XIIe s. par Henri Ier d'Angleterre, détruit par ordre de Richelieu : on monte sur une terrasse d'où l'on a une jolie vue, à g. et à dr., sur la vallée sinueuse et encaissée de la Vire entre des hauteurs verdoyantes, à g. sur le quartier de l'hôtel-Dieu et de Sainte-Anne. En face du château, de l'autre côté de la Vire, est le parc Lenormand (p. 481). Si l'on descend du château, par une rampe, à la rue du Valhérel, on aperçoit derrière un massif de maisons la *tour aux Raines* (XIIIe s.), ainsi nommée d'après les grenouilles qui peuplaient l'eau de ses douves.

Revenant à la place Nationale, on y prend la rue Chaussée, qui offre d'anciennes maisons à porches et la *tour Saint-Sauveur*, reste d'une porte fortifiée. On arrive à la place de l'Hôtel-de-Ville, où s'élève la statue de *Castel*, par Debay (1869).

L'*hôtel de ville*, des XVIIe et XVIIIe s., voisin du théâtre, est situé au fond d'une cour dont la grille d'entrée est flanquée de fontaines monumentales. Il renferme la bibliothèque et le musée.

La *bibliothèque*, ouverte tous les j., sauf le dim., comprend de nombreux volumes, des manuscrits et une riche collection d'ouvrages concernant la région. On y voit aussi : un plan de Paris, dit « de Turgot »; un plan de Rome du XVIIIe s.; la gravure du Jugement dernier, par *Jean Cousin*; le Siège de la Rochelle, par *Callot*. — Dans le petit escalier montant directement de la bibliothèque au musée : collection de panonceaux; forces à tondre les draps, tympan (maquette), par *Leroux*, figurant la Vierge bénissant deux paysans.

Le **musée** est public les jeudi, dim. et jours fériés; les autres j. s'adresser au concierge, pourboire.

1re SALLE. — *Poelenburg*, Diane et ses compagnes sortant du bain; *Éc. italienne primitive*, Annonciation; *Inconnu*, Ste Anne apprenant à lire à la Vierge (jolie petite peinture sur cuivre); *Chardin*, Nature morte; *Subleyras*, quatre jolies petites toiles : St Sébastien, St Michel terrassant le dragon, une Communion, Apparition de la Vierge; *Le Sueur*, Moine; *Van der Neer*, Clair de lune (sur bois); **Théod. Rousseau*, 2 études; *Martin de Vos*, Jésus sommeillant dans la barque (peint sur ardoise); *Poussin*, Bacchanale; *Rubens*(?), Samson et le lion; *Bloemaert*, quatre petits panneaux sur bois (la Création): *Paul Huet*, Gouffre; *Durupt*, Boissy d'Anglas se découvrant devant la tête de Féraud, Mort de Pierre le Cruel; **Daubigny*, Paysages (dont un représente la Butte Montmartre); **Corot*, Paysages (Provins) Forêt de Fontainebleau); *Troyon*, deux petits paysages: *Nic. Caucourt*, Thomas Pichon, fondateur de la bibliothèque de Vire, qui épousa Mme Leprince de Beaumont, dont on voit plus loin le *portrait, attribué à *Nattier*; Vierge, de l'*école byzantine*, dans un petit retable du XVIe s.; *E. Toudouze*, Paysage (Environs de Dourdan); *Éc. flamande*, Adoration des mages (sur cuivre); *Moralès*, le Christ portant sa croix; *Van der Meulen*, Combat de cavalerie, Jugement au Parlement.

Dans des vitrines : le Christ mis au tombeau par des anges, bas-relief en cuivre par *Sansovino*; médailles; terre cuite égyptienne émaillée, trouvée au Caire en 1810; spatule d'augure découverte à Cività Vecchia; haches en silex et en bronze; poteries antiques; objets de l'époque franque; collection de bijoux, surtout normands (belles châtelaines); Christs byzantins; émail de Limoges; verrerie de Nuremberg (1415 et 1420), verres de Venise et de Bohême; portrait de Jean Le Houx, auteur de chansons attribuées à tort à Olivier Basselin ; tabatière en cristal caillouté de Venise, fabrique de Murano (XVIe s.); boîte à mouches de fabrication allemande; boîtes à tabac à fumer hollandaises; beau Christ en bronze, provenant de Savigny-le-Vieux (Manche).

Consoles et meubles Louis XIV et Louis XV. — Sculpture : *statue mutilée de Henri de Matignon, attribuée à *Coysevox*; buste de Turpin, par *David d'Angers*.

2e SALLE. — Céramique. Collection de clefs et serrures. Carreaux émaillés, concernant la région de Vire, du XIIIe s. et des siècles suivants. Canons pris pendant la guerre d'Espagne, en 1823. Collection de sceaux et cachets. Pots à beurre et à graisse virois, en grès. *Médaillons en terre cuite de Louis XVI et de Marie-Antoinette, par le célèbre *Nini*.

3e SALLE. — Coiffures et chaussures viroises; objets de toilette. Guidon de la compagnie écossaise des gardes de Louis XIV. Tapis en velours de Gênes; tapis persan du XVIIe s.; guipures anciennes.

4e SALLE ou *Salle Anatole-Costel*. — Minéralogie de la région; coquillages; reptiles; fruits du pays en cire coloriée. Spécimens de tiretaines, draps et papiers autrefois fabriqués à Vire. Ethnographie. Bustes de Virois notables.

5e SALLE. — 15,000 monnaies et médailles. Dessins originaux (botanique) de Turpin. *Dessins de *Corot*, *Daubigny*, *Véronèse* (les Noces de Cana). Portraits dessinés de Virois. Objets divers (grelots, horloge, etc.). Union de la Vierge avec les Prémontrés, belle copie de Van Dyck par *Eustache Restout*. Gouaches par *Bardin* et *Hubert Robert*; fusain (Environs de Vire) par *Levavasseur*.

Derrière le musée un *jardin public*, avec fontaine rustique, contient des fragments de sculpture, des pierres tombales, statues tumulaires (entre autres celle du Maréchal de Matignon, attribuée à Coustou, beau marbre de l'époque Louis XIV), la porte de l'église Sainte-Anne (XIVe s.), un bénitier roman.

Sur la place de l'Hôtel-de-Ville, la rue Armand-Gasté, formant le prolongement de la rue Deslongrais, qui est elle-même la continuation de la rue du Calvados, conduit à l'église Sainte-Anne, moderne, de style roman : au transept S., statue de Ste Anne, du XIVe s.; au transept N., Vierge en faïence italienne, du XVIIe s. Au delà, on arrive à l'hôtel-Dieu (1734).

A dr. de l'église Sainte-Anne, la curieuse *rue des Teintures* borde la Vire, qui, à g. de l'hôtel-Dieu, encaissée entre de vieilles maisons, forme un couloir pittoresque.

Le **mont Besnard* est en face du château, à 10 min. On descend de l'esplanade par une rampe à g., on franchit la Vire au pont de l'Écluse et on prend le chemin qui monte à dr.; belle vue à mi-côte sur Vire et le château. En appuyant toujours à dr., on arrive à une ravissante pelouse ombragée; jolie vue sur la vallée et sur le fouillis de verdure d'où émergent les ruines du château.

Les Vaux-de-Vire, vallon qui doit sa réputation à une tradition littéraire (p. 476) : route 4 k. aller et ret. — On prend, en face de l'hôtel Saint-Pierre, la rue d'Aignaux, continuée par la rue des Acres. Après avoir dépassé à dr. les abattoirs, on suit la route de Granville qui passe sur le chemin de fer (vue étendue), puis franchit la Vire pour entrer au (1 k. 6) hameau de Martilly (auberges; fabrique de draps).

Repassant la rivière, on prend à dr. le chemin de la Chesnaie, qui passe sous un viaduc du ch. de fer et se continue par le chemin des Vaux, qui domine la Vire dans un vallon encaissé. Ce chemin aboutit au (2 k. 9) *pont des Vaux*, au confluent de la Vire et de la Virène, près duquel est une fabrique de moules et une écluse.

On peut regagner Vire, soit par la rive dr. sans passer le pont, soit par la rive g. — Dans le premier cas on suit la rue Olivier-Basselin, à l'entrée de laquelle la maison du poète de ce nom. (*V. Histoire*; p. 476) est indiquée par une inscription. — En choisissant l'itinéraire de la rive g. on dépasse à dr. l'usine à gaz, à g. des chantiers de taillage de granit, on passe à dr. devant le *parc Lenormand*, public, ombreux et rustique, puis on franchit la Vire au pont de l'Ecluse d'où une rampe ramène au château.

De Vire a Caen, p. 364-366; — a Saint-Lô, p. 453.

Distances par la route, de Vire à : Alençon, 104 k.; Argentan, 73 k.; Avranches, 43 k.; Bayeux, 61 k.; Caen, 58 k.; Domfront, 40 k.; Falaise, 54 k.; Granville, 56 k.; Paris, 264 k.; Saint-Lô, 38 k.

De Vire à Romagny par Mortain (ch. de fer Etat, 41 k.; 6 fr. 40, 4 fr. 30, 2 fr. 80; route de Vire à Mortain, 23 k., très accidentée, par Sourdeval, précédé d'une belle descente, la Moinerie et la Tournerie).

La ligne de Mortain passe près d'un étang, puis franchit la Virène. — 11 k. *Saint-Germain-de-Tallevende*, à 1 k. à l'E. Dans l'église, curieux tableau Louis XIII. Dolmen du mont Savarin. — 18 k. *Les Maures*, bifurc. pour Montsecret-Vassy (p. 475-476).

24 k. *Sourdeval* (hôt. : *de la Poste*; *du Commerce*, T.C.F.; renseignements pour excursions à l'agence *Guasco*), ch.-l. de c. de 3,351 hab., sur une colline dominant le bassin où la Sée se forme par la réunion de plusieurs ruisseaux. Fabrication de couverts en aluminium ou en métal blanc et de soufflets. Eglise moderne, de style roman. Fontaine en granit, avec inscription. — A 7 k. N.-E., *Saint-Sauveur-de-Chaulieu* est situé au flanc d'une colline de 367 m., la *butte Brimballe*, aux versants de laquelle naissent cinq rivières se dirigeant vers chacun des 4 points cardinaux : la Sée, l'Egrenne, le Noireau, la Vire et son principal affluent; c'est l'un des points les plus élevés de la Basse-Normandie. — De Sourdeval à Avranches, p. 534-535.

La voie décrit d'immenses courbes, pour franchir le massif de collines (314 m.) qui sépare la vallée de la Sée et celle de la Cance. — 32 k. *Saint-Clément*, halte. On descend la jolie vallée de la Cance. A dr., mine de fer.

37 k. *Mortain-le-Neufbourg*, station établie à 1,500 m. N. de Mortain (omnibus). Les touristes arrivant par cette gare peuvent, en se rendant à pied jusqu'à la ville, visiter au passage deux des principales attractions de Mortain : la route, descendant la vallée de la Cance, laisse bientôt à dr. le chemin du Neufbourg (p. 484) et croise la rivière devant l'ancienne abbaye Blanche (p. 484) en amont d'une filature et d'une usine d'électricité. A 200 m. plus loin à dr. un sentier (poteau indicateur) aboutit au seuil supérieur de la Grande-Cascade; celle-ci est d'ailleurs plus belle à voir d'en bas (p. 484).

Mortain est aussi desservi par la gare secondaire de Mortain-Bion, située à 2 k. S. de la ville sur la ligne de Domfront (p. 508).

Mortain (hôt. : *de la Poste*, T.C.F., en face de l'église; *de la Croix-Blanche*, Grande-Rue), ville de 1,909 hab. (les *Mortainais*), ch.-l. d'arrond. de la Manche, est le centre d'une région pittoresque et accidentée, qu'on a cru bon de dénommer la « Suisse normande »; la même appellation est revendiquée par la région de Clécy (p. 362).

La ville s'allonge à mi-côte sur les versants gazonnés de la rive g. de la Cance, couronnés de pittoresques rochers granitiques. Au-dessous, la rivière coule enfouie dans une gorge profonde, entre de hautes roches granitiques.

Mortain est devenu pour ainsi dire une ville belge pendant la guerre, en raison de l'important hôpital militaire belge établi dans l'ancienne abbaye Blanche (p. 484). D'importantes carrières sont exploitées au-dessus et aux environs de la ville, et une mine de fer a été ouverte, en 1913, près de la gare de Mortain-Neufbourg.

Mortain est formé principalement d'une longue rue horizontale, où sont l'église, la mairie et le palais de justice. C'est la patrie de *Lerebours*, célèbre opticien (1765-1848), et du géologue *Ferdinand Fouqué* (1828-1904; inscription sur sa maison natale, rue du Bassin).

L'*église Saint-Evroult* est un bel édifice en granit de la 1re période gothique (XIIIe s.) à trois nefs et rond-point, mais sans transept; à dr. du chœur s'élève une tour, du XIVe s., avec toiture en bâtière et joliment ajourée sur toute sa hauteur par deux minces lancettes sur chaque face; sur le flanc dr. de la nef subsiste une curieuse porte romane à dents de scie, qui semble remonter à l'époque de la première fondation de l'église (1082). Les 58 stalles du chœur ont des miséricordes sculptées du XVe s. : pour les voir, relever les sièges.

ENVIRONS. — **1° Petite chapelle Saint-Michel** (25 min. env. S.-E.). — Suivant la Grande-Rue au S. de l'église, on prend à g. (poteau indicateur) une ruelle montante qui longe un couvent à chapelle moderne et aboutit sur la route que borde l'hospice dominé par une énorme tour à toit en bâtière. On continue à monter en face (poteau indicateur) par le chemin qui s'ouvre au coin de l'hospice et on atteint bientôt une nouvelle route horizontale (poteau indicateur) où l'on tournera à dr. Bientôt on voit s'ouvrir à g. (poteau indicateur) un charmant chemin gazonné, ombragé de sapins, qui monte, en longeant à dr. le cimetière, jusqu'à la *chapelle Saint-Michel*, entourée de blocs de rochers et située sur une colline de 314 m.; à l'intérieur, grossier bas-relief en bois colorié, représentant la Cène. De là on découvre une vue immense sur une véritable mer d'arbres, rayée par la route de Saint-Hilaire, se déroulant en ligne droite au S.-O. comme un ruban blanc; au loin, à l'O., à plus de 40 k. à vol d'oiseau, on voit la silhouette du Mont-Saint-Michel. — En face de la chapelle se développe à travers les sapins une charmante allée gazonnée, dans une sorte de parc naturel mêlé de rochers. En suivant cette allée on atteint la route qu'il suffit de descendre à g. pour regagner Mortain, mais auparavant on fera bien de monter, au delà de la route, jusqu'au sommet des pittoresques *rochers de la Montjoie* couronnant une haute falaise déchiquetée, au pied de laquelle sont exploitées de grandes carrières.

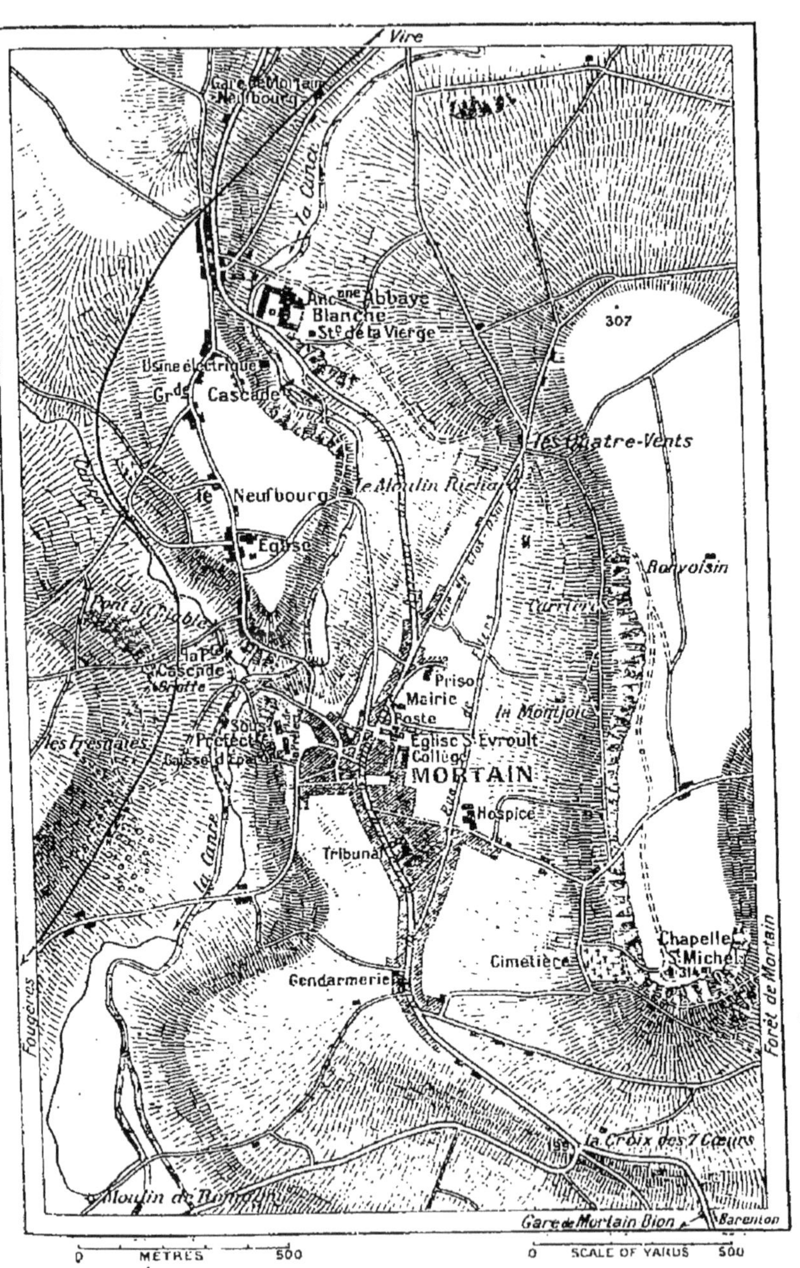
Vire
Gare de Mortain
Neufbourg
la Cance
Ancne Abbaye
Blanche
Ste de la Vierge
307
Usine électrique
Grde Cascade
les Quatre-Vents
le Neufbourg
le Moulin Richard
Eglise
Bonvoisin
Carrière
Pont du Diable
la Pte
Cascade
Grotte
Priso
Mairie
Poste
la Montjoie
les Fresnaies
Sous-Préfecture
Caisse d'Epargne
Eglise S. Evroult
Collège
MORTAIN
Hospice
Tribunal
la Cance
Chapelle
S. Michel
Cimetière
Gendarmerie
Fougères
Forêt de Mortain
la Croix des 7 Cœurs
Gare de Mortain Bion
Barenton
0 METRES 500
0 SCALE OF YARDS 500

2° **Ancienne abbaye Blanche** (15 min. N. sur la route de Mortain à la gare de Mortain-le-Neufbourg). — L'ancienne *abbaye Blanche*, monastère fondé en 1105 pour des religieuses bénédictines, et quelques années après affilié à Citeaux, occupé naguère par un petit séminaire, est devenue pendant la guerre un hôpital militaire belge. A g. des vastes bâtiments modernes subsistent l'ancienne salle capitulaire (XIIIe s.), servant de sacristie; la *chapelle*, de la fin du XIIe s., qui offre le plan cistercien très pur et de belles voûtes d'ogives primitives bombées (stalles du XVe s.; autels romans); une galerie de cloître romane longeant le flanc dr. de la chapelle; enfin, en avant de celle-ci, un autre bâtiment ancien dont le rez-de-chaussée offre une crypte à voûtes d'arêtes très délabrée.

On peut monter dans le parc, dont les rochers pittoresques se combinent avec les sapins pour offrir de charmants aspects. On y trouve un chemin de croix et un massif de rochers, surmonté d'une grande statue de la Vierge, en bronze doré. De l'extrémité supérieure du parc on peut aller rejoindre la route qui se déroule à flanc de colline jusqu'à l'hospice, et de là monter à la chapelle Saint-Michel (p. 482).

3° **Les Cascades et le Neufbourg** (charmante promenade circulaire d'1 h. env.). — On prend dans la Grande-Rue, la rue du Bassin, qui descend à la place de la Sous-Préfecture occupant la plate-forme d'un promontoire rocheux taillé à pic au-dessus de la gorge de la Cance. Prenant la route qui descend à g. de la caisse d'épargne neuve, on s'engage presque aussitôt à dr. dans un chemin qui descend entre deux murs, puis sous bois, au fond de la jolie vallée de la Cance. La rivière franchie (vue charmante), on voit à g. un beau massif rocheux avec une curieuse *aiguille* détachée, puis on passe à dr. une barrière pour remonter le petit « bout-du-monde », d'accès facile, au fond duquel se trouve la *petite Cascade*, formée par le Cançon, affluent de la Cance.

Un sentier bien aménagé permet de monter sur la rive g. jusqu'au sommet de la Cascade, au *pont du Diable*, où passe un chemin qui conduirait à g., en 10 min., au *point de vue des Fresnaies* : beau panorama d'ensemble sur Mortain. Prenant ce chemin à dr. on rejoint la route montante le long de laquelle s'égrènent les maisons du *Neufbourg*, étagées en face de Mortain sur une colline de 276 m., et son église, petit édifice du XIIe s. : porte romane, avec ornements en dent de scie; dans le transept, bénitier roman et fûts de colonnes antiques servant de piédestaux à des statuettes. En deçà de l'église un chemin à dr. (poteau indicateur) descend au moulin Richard, situé sur la Cance. Sans aller jusqu'au moulin, on tourne à g. (poteau indicateur) pour longer les rochers, puis franchir sous les arbres plusieurs petits bras de la Cance qui roulent en cascatelles au fond de la gorge boisée. On se trouve alors au pied et en face de (30 min.) la *grande Cascade*, où la Cance tombe du haut d'un beau ressaut rocheux. De là il faut revenir sur ses pas jusqu'au moulin Richard, d'où la route remonte sur la rive g. vers (45 min.) Mortain.

Au delà de la gare de Mortain-le-Neufbourg, le ch. de fer de Vire à Romagny contourne à g. le village du Neufbourg, puis longe à dr. le pittoresque ravin rocheux de la Cance. A g. belle vue d'ensemble sur Mortain.

41 k. *Romagny* où on rejoint la ligne d'Alençon à Avranches (p. 508).

Au delà de Vire, franchissant la pittoresque vallée de la Vire, où la voie laisse à g. les Vaux-de-Vire (p. 480), on parcourt une contrée boisée, sillonnée de cours d'eau qui serpentent dans des vallons pittoresques. — 280 k. *Mesnil-Clinchamps*, station desservant *Clinchamps* : église avec crypte et tour romane, belle chaire, et, au retable, Adoration des mages, tableau de 1700.

285 k. *Saint-Sever* (hôt. : *Moderne*, T.C.F.; *des Voyageurs*, T.C.F.), ch.-l. de c. de 1,472 hab., sur la lisière N. de la forêt de ce nom.

Le monastère qui a donné naissance à la ville fut fondé vers le milieu du VIe s. par *Sever*, qui, esclave chez un leude franc encore païen, convertit son maître, reçut de lui un terrain où il établit une communauté religieuse, pour en être enlevé en 565 par les habitants d'Avranches qui en firent leur évêque. Sever, cinq ans après, revint mourir dans son monastère, qui, grâce à son tombeau, devint un lieu de pèlerinage et fut érigé, à la fin du XIe s., en abbaye bénédictine.

De l'ancienne *abbaye* il reste un beau chœur, un transept et 2 travées de nef des XIIIe et XIVe s., avec remaniements des XVe et XVIIIe s., servant d'*église* paroissiale : vitraux des XIIIe et XVe s., petit autel du XIIIe s., stalles gothiques du temps de Louis XII. Les bâtiments monastiques, affectés auj. à divers services publics, datent de Louis XIV. Un clocher isolé du XVIIe s. est le reste de l'ancienne église paroissiale.

A l'O., sur la colline, petit *château* du XVIIIe s., avec un beau parc.

Dans la *forêt de Saint-Sever* (1,690 hect.), à 4 k. env., l'Ermitage est un ancien couvent de Camaldules, dont l'église (1776), pavée en partie de tombes en granit, renferme quelques bonnes peintures.

A 2 k. N.-O. de la gare de Saint-Sever, *Courson* a une église avec beau porche gothique, fonts baptismaux, tribune gothique et arc triomphal du XVIIe s. A côté de l'église, if ayant 5 m. de tour.

291 k. *Saint-Aubin-des-Bois*. La voie, franchissant la Sienne, traverse *Sainte-Cécile* : église des XVe et XVIe s.

298 k. *Villedieu-les-Poêles* (hôt. *du Louvre*, dipl. T.C.F.), ch.-l. de c. de 3,383 hab., dans une riante vallée, doit son surnom à l'industrie de la fabrication des poêles à frire, que la ville exerçait dans l'origine, mais qui s'est transformée de nos jours.

Villedieu façonne les ustensiles de cuivre les plus divers, uniquement travaillés au marteau. Beaucoup de ces ustensiles sont élégants : urnes, aiguières, modelées d'après l'antique ou la Renaissance, buires et vases de formes diverses. D'autres produits sont pour l'usage industriel : moules pour pâtissiers, cuillers, fourchettes, poêlons, batteries de cuisine, plats, braisières, turbotières, fontaines, chaudrons, veilleuses, arrosoirs, jardinières, bassines à confitures, marmites, alambics, chaudières et autres appareils à distiller, bassinoires, cruches, réchauds, bouillottes, pots à colle, cafetières, robinets, cloches, plateaux de balances. Il existe en outre à Villedieu une fabrique de toile en crin, servant à faire des tamis et des coussins, et des ateliers de peausserie pour cribles. Des dentellières confectionnent des mouchoirs, châles, dessus de lit, rideaux et garnitures. Enfin 8,000 à 10,000 kilog. de beurre sont apportés chaque semaine sur le marché, d'où ils sont expédiés à Vire, Isigny et Paris.

En sortant de la gare, on tourne à dr. pour croiser le ch. de fer au passage à niveau et gagner, par l'avenue de la Gare, la rue de Paris. « A mesure qu'on avance, on est frappé par les rumeurs et les bruits qui s'élèvent, tantôt mats, tantôt sourds, tantôt argentins. Bientôt c'est un vacarme étourdissant; de toutes les portes, de toutes les cours, des ruelles, s'élèvent des bruits de marteaux, des grincements de limes, des halètements de soufflets, des sifflements de métal en fusion. » (A.-Dumazet.)

La rue de Paris aboutit à la place de l'Eglise, où est l'hôtel du Louvre. L'*église* (xve ou xvie s.), en granit, offre à l'extérieur de nombreuses sculptures; elle renferme dans le transept dr. un curieux tableau à compartiments, Adoration du St-Sacrement, et des boiseries du xve s. Une courte rue fait communiquer la place de l'Eglise avec la place du Marché bordée par l'hôtel de ville : fontaine en fonte, colonne commémorative du centenaire de 1789.

Hambye est à 14 k. N.-O. (voit. de louage, 12 fr. env.). — De la place de l'Eglise on descend par la rue du Pont-Chignon vers la Sienne, que l'on franchit près d'une minoterie. — 5 k. A g., route de (8 k.) Gavray (p. 522). Forte descente. — 7 k. *Montaigu-les-Bois*, dont on contourne l'église (xive et xve s.), pour descendre vers un affluent de la Sienne. A dr., vue étendue, puis village de Sourdeval. En se dirigeant vers la Sienne, par une pente très rapide, on aperçoit à dr. les ruines de Hambye; puis on longe la rivière avant de la franchir sur un vieux pont pittoresque de 4 arches. Au delà du pont, on tourne à dr. pour se diriger vers les ruines qui se montrent en face. — 10 k. *Hambye* (p. 522).

Au delà de Villedieu on dépasse, à g., à 5 k., *la Lande-d'Airou* : joli portail de l'église, xvie s.; château du xviiie s. On franchit l'Airou. A dr., *le Tanu*, à 7 k. de Folligny : église avec chœur roman, portail du xive s., tour de 1658 terminée en mitre.

313 k. **Folligny** (buffet; hôt. **Declomesnil*, en face de la gare, T.C.F., neuf, électr., chauff.), gare importante, au croisement des lignes de Paris à Granville et de Lison à Lamballe. Le village est à 1 k. à g. Château du xvie s.

De Folligny a Coutances, p. 454; — a Avranches et Pontorson, p. 529.

La voie traverse *Saint-Jean-des-Champs*, à 3 k. E. de la station suivante : château de Pont-Roger, xviiie s. — 320 k. *Saint-Planchers* : dans l'église, Vierge du xive s. A 3 k. N.-O., *Anctoville* : église de style flamboyant, xiv-xve s., avec tour. — La voie descend dans la vallée du Bosq.

328 k. *Granville* (p. 513).

44. — DE PARIS A ALENÇON

Trois itinéraires par le ch. de fer. L'itinéraire A est en principe le plus direct; l'itinéraire B, kilométriquement le plus long, est en réalité le plus rapide, à cause du grand nombre des express qui circulent entre Paris et Le Mans; l'itinéraire C, bien qu'étant le plus court, est le plus mal desservi. — Par la route, l'itinéraire A est plus court et plus pittoresque.

A. Par Surdon.

CHEMIN DE FER : État, gare des Invalides, 211 k. ; 32 fr. 95, 22 fr. 25 14 fr. 50. On change de train à Surdon.

ROUTE : 208 k. par : 76 k. *Dreux* et 111 k. *Verneuil* (p. 455). Au delà, montée par la vallée de l'Avre jusqu'à 265 m., en passant par (120 k.) *Saint-Maurice*. Après le croisement de la route de Laigle à Longny, des-

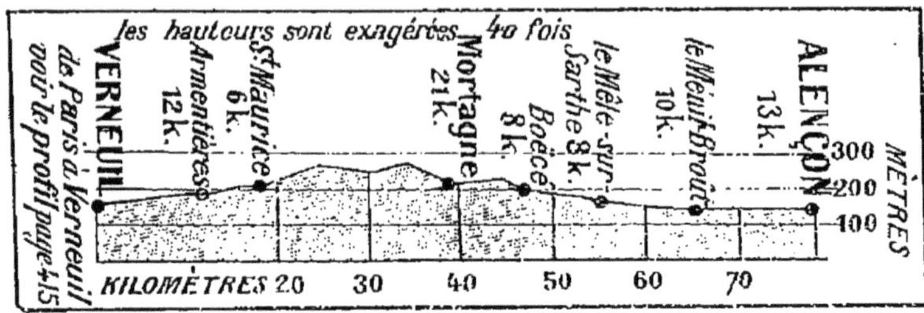

cente, au-dessous de *Tourouvre* (à dr.), dans le vallon de la Planche (200 m.). Nouvelle pente jusqu'à 269 m. : 150 k. *Mortagne* : montée de 2 k., suivie d'une belle descente ; 166 k. *le Mêle-sur-Sarthe* : 176 k. *le Ménil-Broût*, près de la forêt du même nom. En allongeant de 19 k., on pourra voir Sées et sa cathédrale : de Verneuil on continuera sur (133 k.) *Laigle* et (165 k.) *Nonant-le-Pin*, où on prend à g. On traverse le Don ; 187 k. *Sées*, où on franchit l'Orne, et parcours peu accidenté jusqu'à (208 k.) *Alençon*.

182 k. de Paris à *Surdon* (buffet), par la ligne Paris-Granville, p. 455 à 468. La ligne d'Alençon se dirige au S. à travers la plaine; on aperçoit bientôt à g. les clochers de Sées.

191 k. **Sées** ou *Séez* (pron. *Sé*; hôt. : *du Cheval-Blanc*, Grande-Rue, 30, T.C.F., 30 ch., gar. ; *de la Tête-Noire* ; poste, r. Grande, 15; loueurs de voit. et d'autos), sur l'Orne naissante, ch.-l. de c. de 3,922 hab. (les *Sagiens*), siège d'un évêché, est une petite ville déchue et silencieuse, remarquable par sa magnifique cathédrale.

Histoire. — Sées, l'ancienne cité des *Saii*, était ville épiscopale dès le IVe s.; le premier de ses évêques fut St Latuin ou Lain. Au Ve s. y fut fondée l'abbaye de Saint-Martin, que les Normands détruisirent au IXe s.; elle fut rétablie au XIe s. par un seigneur de Montgomery. Durant les guerres de religion, on raconte que le redoutable chef protestant Montgomery, qui pilla Sées en 1568 et en détruisit plusieurs monuments, épargna l'abbaye de Saint-Martin parce qu'elle avait été rétablie par un de ses ancêtres, et que même il punit de mort sur-le-champ un soldat qui tentait d'en incendier l'église.

En quittant le ch. de fer on passe, à g., devant un petit jardin public. A l'extrémité de la rue de la Gare, on prend la 1re rue à dr., puis à g. la rue Patin, laissant à g. les halles circulaires; la rue Patin est continuée par la rue Billy qui conduit à la place du Parquet, où sont la cathédrale, le collège, l'hôtel de ville et la statue, par Jules Droz (1852), de *Conté*, un des savants de l'armée d'Egypte et l'inventeur des crayons Conté, né à Saint-Cénery, hameau à 5 k. S.-E. : inscription emphatique.

La *cathédrale **Saint-Gervais et Saint-Protais** est un des plus beaux types de l'architecture gothique normande des XIIIe s. et XIVe s.; la tour centrale qui existait autrefois a été abattue. L'évêque Jean de Bernières, qui siégea de 1278 à 1292, passe pour avoir fait bâtir la majeure partie du monument. La nef serait son œuvre, ainsi que la plus grande partie du transept. La date de construction du chœur et des clochers se place entre 1290 et 1330. Cette cathédrale succédait à plusieurs autres édifices antérieurs, dont le dernier avait été involontairement incendié, en 1048, par l'évêque Yves de Bellème, qui tentait d'en déloger des aventuriers qui s'y étaient retranchés. La cathédrale est malheureusement peu solide, parce qu'elle est établie sur un sol composé de remblais successifs, correspondant à ses diverses reconstructions. Aussi, depuis son achèvement, vers le milieu du XIVe s., a-t-elle été presque toujours l'objet de travaux de consolidation, de restauration, de reconstruction. La dernière et la plus importante de ces restaurations a été commencée en 1870; dirigée successivement par les architectes Ruprich-Robert, Petitgrand et de la Rocque, elle s'est poursuivie jusqu'à nos jours. On peut dire que l'entretien et les réfections du monument ont coûté au moins quatre fois plus que la construction.

La *façade principale*, de style très élégant, remaniée à plusieurs reprises, a été alourdie, au XVIe s., par d'énormes contreforts. Elle est remarquable par les grandes dimensions du portail central, flanqué de 2 petites portes à arcs brisés très aigus, et par l'absence de rose; presque toutes les sculptures sont mutilées. La porte centrale remonte seule, dans son entier, au XIIIe s.; dans les sculptures du tympan on reconnaît encore le Couronnement de la Vierge et la Découverte des reliques de St Gervais et de St Protais. Le porche, qui abrite cette triple entrée, avance sur la façade proprement dite, qui a 2 étages d'arcades, dont les plus hautes se découpent sur le ciel. Les deux *tours*, ajourées de fines lancettes, et légèrement différentes de dessin, l'étaient aussi de hauteur : depuis les dernières restaurations modernes, les deux pointes de leurs flèches sont pareillement à 70 m. au-dessus du sol. Sur le flanc dr. de l'édifice, à la porte du transept, des sculptures restaurées figurent la Vie de la Vierge.

NEF. — L'intérieur, d'un aspect superbe, est en belle pierre blanche et actuellement en cours de restauration du côté g. La nef a d'énormes piliers cylindriques, auxquels est accolée, de travée en travée, une fine colonnette qui monte aux voûtes supérieures. Au-dessus des arcades, séparées par de petites roses ajourées, se développe un beau triforium, dont les arcs, élégamment sculptés, s'entrecroisent. Précédant le carré du transept, de chaque côté de la nef, un faisceau de colonnettes est soutenu, à 3 m. env. du sol, par une frise charmante, refaite : têtes d'hommes et de femmes, petits personnages en cul-de-lampe et animaux. Orgue de 1744, qui fut tenu, en 1789, par le célèbre compositeur Lesueur, alors maître de chapelle à Sées et âgé de 16 ans.

BAS-CÔTÉ DR. — En haut du bas-côté, une margelle moderne, de style roman, recouvre un puits.

TRANSEPT DR. — Le transept et le chœur ont de magnifiques roses. Au croisillon dr., beau *buste du Christ*, en marbre du XVIe s. Charmante statuette de la Vierge, en marbre du XIIIe s., dorures modernes. Les fenêtres du transept sont, comme celles du chœur, garnies en partie de *vitraux* anciens (XIVe-XVe s.), figurant des légendes diverses, des saints, des évêques, notamment Jean de Bernières (p. 448).

CHŒUR. — Le chœur est remarquable de légèreté et de clarté, avec l'ensemble de ses chapelles absidales. Il est droit dans l'axe de la nef, sans aucune inclinaison symbolique. Le maître-autel, du XVIIIe s., à double face, est placé au joint du transept; par derrière, bas-relief en marbre blanc, Découverte des reliques de St Gervais et de St Protais.

POURTOUR DU CHŒUR. — Les chapelles ont conservé des débris de vitraux anciens. A la chapelle absidale, Vierge en pierre, dite N.-D.-des-Champs, but de pèlerinage. En face de cette chapelle, statue tombale, en marbre, de l'évêque Trégaro († 1896), par E. Leroux.

TRANSEPT G. — Tombeau de l'évêque Rousselet († 1881), par E. Leroux. Dans la *sacristie*, 4 bas-reliefs figurent des scènes de la Vie de la Vierge.

Si, de la place du Parquet, passant à g. de l'hôtel de ville, on prenait à g., après le collège, la rue du Grand-Friche, on trouverait la chapelle de N.-D. de Sées, moderne (1858) et de style roman, en face d'une *maison* du XVIIe s. avec curieuse ornementation à la façade. A quelques pas, une petite tour des anciens remparts subsiste à l'angle de la route d'Argentan et de la rue des Fontaines. Celle-ci aboutit à la promenade dite le Cours et à l'école de dressage.

De la place du Parquet, la rue d'Argentré, à dr. de la cathédrale, mène à l'ancien *palais épiscopal*, bâti en 1778, qui possède une galerie de portraits des anciens évêques de Sées, et a été transformé en hôpital pendant la guerre. — On reprend, rue d'Argentré, la petite *rue du Vivier* qui, après avoir passé près de quelques arcades gothiques à g., restes des anciens bâtiments du Chapitre, longe l'Orne, couverte de lentilles d'eau et de plantes aquatiques, entre des arbres, formant un tableau pittoresque ; en se retournant, vue sur la cathédrale. On aboutit à une allée de tilleuls, dite avenue Saint-Benoist.

L'avenue Saint-Benoist conduit à la rue Saint-Martin, où l'on trouve à g. l'*église Saint-Martin*, flanquée d'une tour carrée et défigurée : tribune avec panneaux sculptés; 3 bas-reliefs, restaurés, en bois peint et doré, de la fin du XVIe s., représentant par de nombreux petits personnages la Vie de Jésus-Christ et de la Vierge. A côté l'ancien grand séminaire, centre de physiothérapie pendant la guerre, occupait les bâtiments, reconstruits au XVIIe s., de l'ancienne abbaye de Saint-Martin.

Suivant vers la dr. la rue Saint-Martin, on arrive à l'église Saint-Pierre, du XVIe s., remaniée, et qui offre une disposition bizarre : une nef unique, prolongée par 3 nefs sans chœur.

En face de celle-ci, l'hôtel-Dieu borde la rue Grande, qui relie la place Saint-Pierre à la cathédrale. Derrière l'église Saint-Pierre, la ruelle Saint-Pierre, puis la rue Saint-Pierre, à dr., ramènent à la place des Halles et à la gare.

Forêt d'Ecouves et Mortrée (route 33 k. 5 S.-O. et N.-O., aller et ret.; voit. de louage, 15 à 20 fr.). — Après avoir croisé le ch. de fer près de la gare de Sées, on tourne à dr. pour se diriger vers des collines boisées. A g., fontaine de Saint-Remy, fréquentée par les fiévreux; à dr., château de Fontainerian.

4 k. On entre dans la *forêt d'Ecouves* (7,531 hect.), appartenant à l'Etat. Située entre 208 et 417 m. d'alt., elle occupe un des points culminants de l'ouest de la France entre la Seine et la Loire; elle est sur le terrain silurien séparant les plateaux granitiques de la Basse-Normandie des terrains secondaires qui entourent le bassin parisien. — 5 k. On laisse à dr. la route de la Ferrière-Béchet et de Carrouges, pour prendre à g. celle de Pré-en-Pail. A dr. vue étendue : on aperçoit le château de Blanchelande et au loin le haras du Pin (p. 467), puis la verrerie du Gast. — 9 k. Carrefour de la Branloire, à 383 m. Des deux côtés de la route se déroulent de grandes lignes d'horizon. — 11 k. Carrefour de la Croix de Médavi, situé près du point culminant (417 m.) de la forêt. On y tourne à dr. par la route de Montmerrei. — On croise la route de Sées à Carrouges, puis, laissant à dr. la route directe de Mortrée, on descend la petite vallée de la Thouanne, que domine à g. (20 k.) le château de Blanchelande, sur une terrasse qui, avec le gracieux fond boisé coupé d'étangs, constitue un charmant paysage. — 21 k. *Montmerrei* : carrières de pierre à chaux.

25 k. *Mortrée* (p. 468) : à 1 k. 3 N., château d'O (p. 468). La route de Mortrée à Sées franchit l'Orne au moulin de la Roche, puis croise le ch. de fer. — 33 k. 5. *Sées*.

Butte de Boitron et Essai (route 21 k. S.-E., aller et ret.). — 8 k. 5. La *butte de Boitron*, haute de 225 m., domine le village du même nom et la petite vallée de la Vésone. Elle offre un vaste panorama. — 12 k. *Essai*, sur la Vésone, a une église à portail roman et les ruines d'un château, avec chapelle du XVe s. A 1 k. 5 O., *château de Bois-Roussel*, avec haras, habité en 1814 et 1815 par le comte Rœderer, sénateur et membre de l'Institut, qui y reçut une société littéraire dont les réunions firent donner à ce château le nom d'hôtel de Rambouillet du XIXe s. — 16 k. *Neauphe-sous-Essai*. — 21 k. *Sées*.

Au delà de Sées on aperçoit à dr. les coteaux boisés de la forêt d'Ecouves; on passe dans le bassin de la Loire. — 200 k. *Vingt-Hanaps*, village dont le nom est une singulière déformation de son nom ancien *Viennas*, qu'il portait au XIIe s. L'église renferme un curieux bénitier en granit. — La voie ferrée descend la rive dr. du Londeau, ruisseau qui baigne à g. Valframbert et le château de Serceaux.

211 k. *Alençon* (buffet), p. 498.

B. Par le Mans.

CHEMIN DE FER : Etat, gare Montparnasse, 267 k.; 41 fr. 70, 28 fr. 15, 18 fr. 35. On change au Mans. En temps ordinaire, 4 h. env. par express de Paris au Mans; 1 h. env. par express du Mans à Alençon.

De la gare Montparnasse, la ligne passe, avant (8 k.) *Meudon*, sur le viaduc de Val-Fleury : belle vue à dr.; puis on domine à dr. le vallon de *Sèvres*. — 17 k. *Versailles*, gare des Chantiers. Après un tunnel et une profonde tranchée, on voit à dr. le château de Versailles derrière la pièce d'eau des Suisses. — 27 k. *Saint-Cyr*, en contre-bas, à dr. La voie s'élève et traverse une grande plaine. — 48 k. *Rambouillet*, ch.-l. d'arrond. de

Seine-et-Oise, de 6,484 hab., à l'orée de la belle forêt domaniale du même nom. **Château* de la Renaissance, flanqué de 5 tours, où mourut François Ier, résidence favorite des présidents Loubet et Fallières; beau parc dessiné par Le Nôtre. — 69 k. *Maintenon* : **château* de la Renaissance, avec galerie de portraits, appartenant à la famille de Noailles.

De Maintenon a Dreux; a Auneau, V. le Joanne : *Environs de Paris.*

On franchit la Voise sur un viaduc et on remonte la vallée de l'Eure. On franchit l'Eure et on voit à g. la cathédrale avant la gare de Chartres.

88 k. **Chartres** (buffet; hôt. : **du Grand-Monarque*, T.C.F.; *de France*, T.C.F., tous deux pl. des Epars; omn. et voit. à la gare), ville de 24,103 hab., ch.-l. du départ. d'Eure-et-Loir, évêché, est célèbre par son admirable ****cathédrale** gothique, une des plus belles de France, à 10 min. de la gare : on remarquera particulièrement la *façade* grandiose et sévère, du XIIe s., avec les *clochers* inégaux, l'un très sobre, du XIIe s., l'autre, richement sculpté, de la Renaissance; les *porches* latéraux des XIIIe et XIVe s., avec un ensemble incomparable de sculptures et de statues; à l'intérieur, les *vitraux*, qui forment un ensemble unique, du XIIe au XVe s., et la fameuse *clôture du chœur*, en pierre sculptée, des XVI-XVIIe s., représentant des scènes de la Vie du Christ. On verra également, dans la basse ville, près de l'Eure, *l'église Saint-Pierre*, du XIIIe s., avec vitraux du XIVe et émaux de Léonard Limosin, la *porte Guillaume*, reste des fortifications du moyen âge, l'ancienne église Saint-André romano-gothique et plusieurs anciennes maisons en remontant vers la cathédrale et au delà : escalier de la reine Berthe (XVe s.), maison du Saumon (XVe s.), maison de Claude Huvé (XVIe s.)

De Chartres a Dreux, p. 272; — a Orléans, a Saumur, V. le Joanne : *Bords de la Loire et Sud-Ouest.*

Au delà de Chartres, on parcourt la vaste plaine de la Beauce, puis on se rapproche de l'Eure qu'on remonte de nouveau. — 106 k. *Courville* (hôt. *de l'Ecu-de-Bretagne*, T.C.F.), avec quelques maisons anciennes et 2 chapelles des XVIe-XVIIe s. A 8 k. S., beau **château de Villebon*, du XIVe s., remanié. La voie entre dans la région accidentée et verdoyante du Perche. — 114 k. *Pontgouin* : église Saint-Lubin, du XIIIe s.; tours et porte (XVIe s.) d'un ancien château des évêques de Chartres. On s'éloigne de l'Eure.

124 k. *La Loupe* (hôt. *du Chêne-Doré*, T.C.F., voit. de louage) : restes d'un château Henri IV; église du XVIe s.

De la Loupe a Longny et Mortagne (ch. de fer de l'Orne, 41 k.). — La voie traverse une contrée accidentée et verdoyante. — 4 k. *Fontaine-Simon* (p. 462), où on rejoint l'Eure qu'on remonte par *Menus* et *Neuilly-sur-Eure* jusqu'à (13 k.) *la Lande-sur-Eure*. Puis la voie tourne au S. — 17 k. *Moutiers-au-Perche-Les Grandes-Loges*; Moutiers est à 3 k. au S. On reprend la direction de l'O. — 19 k. *Le Mage*. On laisse à dr. la forêt de Longny et on descend vers Longny.

23 k. **Longny** (voit. publ. pour Boissy-Maison-Maugis, station de la ligne Condé-Alençon, p. 494; hôt. : *du Cheval-Blanc*, T.C.F.; *de France*; *Saint-Pierre*), est un ch.-l. de c. de 1,784 hab., dans une vallée qui débouche dans celle de l'Huisne. Le bourg est dominé par des hauteurs pittoresques et entouré de verdure. Sur la place s'élèvent l'église, le château, et la mairie au-dessus de la halle.

L'**église Saint-Martin* (XVe et XVIe s.) est flanquée, à dr. du portail, d'une haute tour carrée, avec tourelle hexagonale, consoles historiées portant de belles statues, statuette de St Martin, etc. A l'intérieur, la 6e travée du bas-côté est occupée par la chapelle de la Vierge : au retable, peinture sur bois du XVIIe s. avec, au centre, la Vierge au Rosaire; autour, 15 scènes de la Vie de Jésus et de la Passion. A l'entrée du chœur, à dr. et à g., deux autels en bois sculpté (XVIIe s.); dans le chœur, à dr., Adoration des bergers (école flamande).

Le *château* (XVIIe s.) a été en partie démoli pour faire place à une petite habitation dont dépend la plus grande partie du parc, entouré d'eaux vives qui y forment une belle pièce d'eau.

En suivant la rue de l'Église, qui commence sur la place entre la halle et la façade de l'église, puis en tournant à dr. vers son extrémité, pour prendre la rue de la Chapelle, on aperçoit sur une colline l'intéressante **chapelle Notre-Dame-de-Pitié*, à laquelle donne accès un escalier monumental. La chapelle, de la Renaissance, offre un charmant portail de 1549, avec statuette de la Mère de Douleur et médaillon figurant le Sacrifice d'Abraham : il est accolé à un grand pignon aigu qui s'appuie à dr. sur la tour du clocher, à g. sur un magnifique contrefort très orné. A l'intérieur, verrière de 1556 à g. du maître-autel, et sculptures des grandes arcades du transept. En avant de la chapelle s'étend le cimetière, à l'entrée duquel est un monument aux morts pour la patrie. — Belle vue, à l'E., du haut du monticule près duquel les Pierres de la Roche passent pour les restes d'un monument mégalithique. — Il se tient à Longny d'importantes foires de chevaux.

Au départ de Longny, le pays est très accidenté. On traverse un affluent de l'Huisne et, après (28 k.) *Saint-Victor-de-Reno*, à 2 k. au S., la belle forêt de Reno, où est une halte. — 34 k. *Saint-Mard-de-Reno*. — On franchit la ligne de Laigle avant (41 k.) *Mortagne* (p. 494).

DE LA LOUPE A VERNEUIL, p. 462; — A BROU, V. le Joanne : *Bords de la Loire et Sud-Ouest*.

Au delà de la Loupe, on voit à g. *Vaupillon*, avec la butte de son ancien château. La voie s'enfonce dans une tranchée longue de 4 k. et descend sur le versant de l'Huisne. — 135 k. *Bretoncelles*, dans la vallée de la Corbionne, affluent de l'Huisne.

141 k. **Condé-sur-Huisne** (buffet), près du confluent de la Corbionne. Bifurc. pour Mortagne et Alençon (p. 493). — On franchit l'Huisne, dont on descend la vallée jusqu'au Mans.

149 k. **Nogent-le-Rotrou** (buffet; omn. et voit. de place à la gare; hôt. : **du Dauphin*, 20 ch., gar., jardin; *du Chêne-Doré*, T.C.F.), ch.-l. d'arrond. d'Eure-et-Loir, ville de 8,279 hab., s'étale entre des prairies qu'arrosent l'Huisne et ses affluents, au pied et au flanc d'une haute colline. A visiter : l'*église Saint-Hilaire*, gothique (XIIIe-XIVe s.); l'*église Notre-Dame*, gothique, avec crèche à personnages du XVIIe s.; l'*hôtel-Dieu*, renfermant le *tombeau du duc et de la duchesse de Sully, par Boudin (1642); l'*église Saint-Laurent*, gothique, avec saint-sépulcre du XVe s.; quelques vieilles maisons; les restes de l'ancien *prieuré Saint-Denis* (XIIe-

XIIIe s.); et le *château *Saint-Jean*, qui domine la colline, avec son mur d'enceinte des XIIe-XIIIe s., son donjon massif du XIe s. et ses belles tours à mâchicoulis du XVe s. — De Nogent-le-Rotrou à Courtalain, *V.* le Joanne : *Bords de la Loire et Sud-Ouest.*

170 k. *La Ferté-Bernard* (omn.; hôt. : *Saint-Jean*, T.C.F.; *du Chapeau-Rouge*; *de la Gare*), ch.-l. de c. de 4,929 hab., a une *porte* fortifiée du XVe s. où est installée la mairie, l'**église Notre-Dame-du-Marais*, des XVe et XVIIe s., avec de magnifiques vitraux de la Renaissance, et d'anciennes *halles* monumentales en bois, de 1536. De la Ferté-Bernard à Mamers, *V.* le Joanne : *Bretagne.*

187 k. *Connerré-Beillé*; bifurc. pour Mamers, *V.* le Joanne : *Bretagne*; pour Courtalain et pour Saint-Calais, *V.* le Joanne : *Bords de la Loire.* — 205 k. *Yvré-l'Evêque*, près du plateau où se livra, le 12 janvier 1871. la bataille du Mans.

211 k. **Le Mans** (buffet; voit. de place; hôt. : **du Dauphin*, **de Paris*, *de France*, tous trois de 1er ordre; plus simples : *du Saumon*, T.C.F., 40 ch., chauff., gar.; *Moderne*, dipl. T.C.F., 20 ch.; *Continental*, à la gare, 42 ch.; trams électr.), ville de 69,361 hab., ch.-l. du départ. de la Sarthe, quartier général du 4e corps d'armée, est bâti sur la Sarthe près de son confluent avec l'Huisne. On visitera la ***cathédrale Saint-Julien**, romane et gothique, renfermant de nombreuses œuvres d'art; l'église de *la Couture*, romane et gothique, avec tableaux et tapisseries remarquables; le musée archéologique, et le musée de peinture qui renferme des tableaux de valeur; des maisons anciennes aux alentours de la cathédrale. — Du Mans à Angers, *V.* le Joanne : *Bords de la Loire*; à Rennes, *V.* le Joanne : *Bretagne.*

La ligne d'Alençon remonte la vallée de la Sarthe, qu'elle franchit. Principales stations : 231 k. *Montbizot*, à 4 k. de *Ballon* (tram), où on voit les ruines d'un château fort remarquable. — 241 k. *Vivoin-Beaumont* : Vivoin a une église du XIIIe s. et les restes d'un ancien prieuré; *Beaumont* (hôt. : *du Bâton-d'Or*, T.C.F.; *de la Poste*), à 1 k. 5 à l'O., est une petite ville pittoresque, avec beau pont suspendu sur la Sarthe, ruines d'un château du Xe s., église remaniée du XIIe s. et ancienne tombelle transformée en promenade. — 252 k. *La Hutte-Coulombiers*; bifurc. pour Sillé-le-Guillaume et pour Mamers, *V.* le Joanne : *Bretagne.*

267 k. *Alençon* (p. 498).

C. Par Condé-sur-Huisne et Mortagne.

CHEMIN DE FER : Etat, gare Montparnasse, 208 k.; 32 fr. 50, 21 fr. 95, 14 fr. 30. On change à *Condé*. Trajet très long, les rapides ne s'arrêtant pas à Condé; 3 h. env. de Condé à Alençon. — *N. B.* Pour la description plus détaillée de Paris à Chartres, *V.* le Joanne : *Environs de Paris*; de Chartres à Condé, *V.* le Joanne : *Bretagne.*

ROUTE : 208 k. par : 16 k. *Versailles* (p. 455); 26 k. *Saint-Cyr*, puis montée et vaste plaine légèrement ondulée; 46 k. *Rambouillet*; 86 k. *Chartres*, puis vaste plaine; 105 k. *Courville*. Le terrain devient plus accidenté; 169 k. *Mortagne*, où on rejoint la route A (p. 487).

141 k. de Paris à *Condé-sur-Huisne*, par la grande ligne du Mans (*V.* ci-dessus, *B*).

La ligne d'Alençon remonte la charmante vallée de l'Huisne. — 150 k. *Rémalard* ou *Regmalard* (hôt. *de la Poste*, T.C.F., jardin, voit. de louage), ch.-l. de c. de 1,562 hab. Église en partie des XIe et XVe s. Château de Voré, du XVIIe s., qui fut habité par le philosophe Helvétius. Dolmen du Bois de la Pierre.

155 k. *Boissy-Maison-Maugis* (hôt. *de la Gare et des Voyageurs*), relié à Longny (13 k. N., p. 492) par un service public.

163 k. *Mauves-Corbon*. A *Corbon*, vieux château de la Vove. A *Mauves*, à 1 k. S., église gothique et, au cimetière, tombeau de Dureau de la Malle, membre de l'Institut († 1807), exécuté d'après les dessins de Girodet et de Percier, avec une épitaphe par Delille.

171 k. **Mortagne** (hôt. : *du Grand-Cerf*, r. Sainte-Croix, 25, T.C.F.; *de la Gare*; *de l'Ouest*, à la gare; loueurs de voit. et d'autos), ch.-l. d'arrond. de l'Orne, de 3,728 hab. (les *Mortagnais*), est pittoresquement situé à 259 m. sur une colline au pied de laquelle jaillissent les sources de la Chippe.

Histoire. — Mortagne, l'antique *Mauritania*, fut avec Bellême et Nogent-le-Rotrou une des anciennes capitales du Perche. Il en est fait mention à la fin du Ve s. quand Ste Céronne vint se fixer près de là à l'endroit qui a conservé son nom. St Eloy y fonda en 654 un monastère. Le château fort, construit par les comtes du Perche, fut incendié par Robert, fils de Hugues Capet, en 997 et rebâti au sommet du plateau, sous le nom de fort Toussaint, par le comte Rotrou II. Pendant la guerre de Cent Ans Mortagne tomba deux fois aux pouvoirs des Anglais. Pendant la Ligue elle fut prise et reprise 22 fois. L'enceinte fortifiée qui entourait la ville fut morcelée et en grande partie démolie en 1780 : il n'en reste que des parties de murs et quelques tours comprises dans des propriétés particulières.

Mortagne, située au milieu de la contrée qui produit les *chevaux percherons*, a été de tout temps un des centres de ce commerce ; l'administration des haras et les étrangers, notamment les Américains, viennent y faire annuellement des achats d'étalons dont les prix dépassent souvent 10,000 fr. La principale foire est celle du 1er décembre. Mortagne est le siège d'une des plus anciennes sociétés de courses de France ; les réunions ont lieu en mai et en septembre.

En sortant de la gare, qui est à 1 k. de la ville, on suit l'avenue et on monte la rue de Bellême; au n° 20, maison où est né le graveur Chaplain. On prend à dr. la rue de la Sous-Préfecture, qui débouche dans la Grande-Rue, où est à g. la poste; en face une ruelle conduit à l'église.

L'**église Notre-Dame*, construite de 1494 à 1535 dans le style flamboyant, a été agrandie et remaniée en 1835. Elle était flanquée, à dr. du portail, d'une tour des XVIe-XVIIIe s., incendiée en 1887, reconstruite et écroulée en 1890, et partiellement réédifiée en attendant son achèvement projeté. Le portail latéral N., dit *porte des Comtes*, dont le couronnement a été abattu en 1797, est réputé par la richesse et la grâce de son architecture.

A l'intérieur, voûte Renaissance remarquable par sa légèreté et son ornementation. Orgues de Cavaillé-Coll. Au bas-côté g., restes de vitraux Renaissance, et vitraux modernes représentant trois comtesses du Perche. Dans le chœur, derrière l'autel moderne en marbre blanc, *boiseries du XVIIIe s. provenant de l'abbaye du Val-Dieu, ainsi que les stalles du chœur. La sacristie a des boiseries de même provenance.

Traversant le petit square voisin de l'église, on se trouve en face de la **porte Saint-Denis* : son arcade primitive, du XIIe s., a été surmontée au XVe s. d'un logis à deux étages. C'est le seul reste du fort Toussaint (p. 494), qui avait 3 portes fortifiées.

Dans ce monument est installé le *musée Percheron*, propriété de la Société d'histoire et d'archéologie; s'adresser au concierge, pourboire. Ce musée se compose d'objets divers, relatifs au Perche et à son histoire. Conservateur : M. Creste.

Fragments de mosaïques et de poteries gallo-romaines et objets mérovingiens provenant de fouilles faites aux environs. Grand relief des environs de Mortagne au 1/40,000^e. Plan de Mortagne place forte et ville ouverte. Scène de la Passion en bois sculpté (XVIIIe s.). Œuvres diverses des peintres mortagnais *Monanteuil* et *Lépine*, élève préféré d'Ingres; 2 portraits anonymes, époque Louis XV. Objets provenant de l'ancienne chartreuse du Val-Dieu (10 k. de Mortagne). Costumes percherons. Portraits, estampes, parchemins du XVIIIe s. Fossiles, oiseaux, etc.

A côté du musée se voit l'ancien *hôtel des comtes du Perche*, du XVe s., avec portail du XVIe. On passe sous la porte Saint-Denis et on gagne la Grande-Rue, qui descend à l'hôpital, ancien couvent fondé par Marguerite de Lorraine (XVe s.). Dans la chapelle, tombe de Pierre Catinat, père du maréchal; à g. de la porte de la sacristie, petit caveau contenant le cœur de René, duc d'Alençon et comte du Perche, époux de Marguerite de Lorraine. A côté de la chapelle, *cloître* remarquable, du XVe s.

On remonte vers la Grande-Rue, on tourne à dr. par la rue du Mail, puis on monte à g. la rue du Fort-Toussaint, pour arriver place du Palais, où se trouve le palais de justice construit sur l'emplacement de l'ancienne collégiale de Toussaint. La *crypte*, conservée, sert de cave; elle est intéressante : s'adresser à la concierge, pourboire. A g., en face de la maison d'arrêt, est la *maison de Henri IV* (XVIe s.) avec superbe façade sur le jardin; demander la permission de visiter.

Remontant le long de l'église, on traverse la place et par la petite rue Notre-Dame on arrive à la place d'Armes.

Si l'on suit en face le faubourg Saint-Langis on montera, en bas de ce faubourg, à l'hippodrome : beau panorama. On revient place d'Armes.

A côté de la place d'Armes est la place des Halles. En face des halles est l'hôtel de ville, derrière lequel le *jardin public* offre une terrasse, plantée de tilleuls, avec une vue superbe : à g., monument du graveur *Chaplain* (1914); Métamorphose de Neptune, groupe en bronze par *Frémiet*; on aperçoit à dr. le reste d'une tour d'enceinte.

On regagnera la gare par la rue Sainte-Croix, où l'on voit au n° 30 une maison Louis XIII, puis par la rue de Bellême et l'avenue de la Gare.

Loisé, à 1 k. 5 E., a une *église* des XVe et XVIe s., avec vitraux du XVIe et boiserie dans le chœur.

L'abbaye de la Grande-Trappe (p. 465), desservie par la station de Soligny de la ligne Mortagne-Sainte-Gauburge, est, par la route, à 14 k. N. de Mortagne (voit. de louage, 15 fr. env.). Après avoir descendu la Grande-Rue, on tourne à g. près de l'hôpital pour gravir une côte, en laissant à dr. la route de Tourouvre. A g., vue étendue; à dr., château de Mauregard. — On croise à niveau le ch. de fer de Sainte-Gauburge. — 8 k. *Lignerolles*. Au delà d'une montée offrant une vue très étendue à g., on descend à travers la forêt du Perche, où l'on croise la route de Tourouvre à Moulins-la-Marche. Parvenu à une éclaircie, on aperçoit à g. le clocher blanc et les bâtiments de la Trappe, où conduit un chemin qui se détache de la route à g. pour longer un étang (p. 465). — Au retour, on peut passer par *Prépotin*, à 3 k. S. de la Trappe, à l'O. de la grande route : église gothique fortifiée.

DE MORTAGNE A MAMERS PAR BELLÊME (ch. de fer, Etat, 39 k.; 6 fr. 10, 4 fr. 10, 2 fr. 70; — route accidentée de 25 k. par 1 k. Saint-Langis, 6 k. Parfondeval, 10 k. Saint-Jouin-de-Blavon et 22 k. Sure). — De Mortagne, la voie ferrée dépasse, à dr., le château de Prulay, rebâti vers 1770; jardins dessinés par Le Berthault. — 6 k. *Saint-Denis-sur-Huisne* : petit château avec tours du XVIe s. — 9 k. *Le Pin-la-Garenne*, dans un petit vallon : église de la fin du XVe s.: château de la Pélonnière, XVIe s., avec beau parc entouré d'eau. La voie traverse la *forêt de Bellême* (2,429 hect., hêtres et chênes). — 14 k. *La Herse*, halte qui dessert 2 maisons forestières près d'une source minérale (p. 497). — 19 k. *Bellême-Saint-Martin*, station desservant Bellême à g. et Saint-Martin à dr.

Bellême (hôt. : *Saint-Louis*, T.C.F.; *de France*; loueurs de voit.), ch.-l. de c. de 2,187 hab., est situé sur une hauteur de 224 m. d'alt. — Bellême était, au XIe s., une des places les plus fortes et le siège d'une des seigneuries les plus puissantes de la Normandie. Les comtes de Bellême, plus célèbres par leurs crimes que par leurs exploits, possédèrent presque tout le Perche depuis le début du XIe s. jusqu'au milieu du XIIe; ils prirent en 1082 le titre de comtes d'Alençon et, dès le XIIe s., cette ville devint la capitale de leurs domaines. Robert de Bellême, qui vivait sous Guillaume le Roux, duc de Normandie et roi d'Angleterre, passe pour avoir été un des ingénieurs militaires les plus habiles de son temps; on lui attribue la construction de plusieurs châteaux, notamment de ceux de Bellême, de Nogent-le-Rotrou, de Gisors. — A Bellême sont nés : *Jean Berthereau*, conseiller du roi (1743-1848); l'historien *Henri Martin* (1813-1884) et *Aristide Boucicaut*, le créateur à Paris des magasins du Bon-Marché, et à qui sa ville natale a élevé un monument (1913).

De la gare une avenue conduit à la rue d'Alençon, qui aboutit à l'*église Saint-Sauveur* (XVe s.), reconstruite de 1675 à 1710. A l'intérieur fonts baptismaux de 1684; à g., 2e chapelle, décorée de mosaïques, médaillons, sculptures, pilastres et vitrail aux frais d'Aristide Boucicaut; 3e chap. : copie, par *du Fresne* (1699), d'un tableau de Poussin, Jésus au pied de la croix, et le Christ marchant sur les eaux, esquisse, par *Eugène Isabey*; au maître-autel, la Transfiguration, par *Oudry*, père du peintre de chasses. — Derrière l'église, l'ancien bailliage sert d'hôtel de ville. Sur le côté droit de l'église est la place Saint-Sauveur, à l'extrémité de laquelle subsiste la *porte* fortifiée de l'ancien château (XIIe s.). Cette porte gothique faisait partie de l'enceinte qui entourait la ville et le donjon : le donjon fut élevé au XIe s., et l'enceinte au commencement du XIIIe s. Passant sous cette porte, on suit la rue Ville-Close, qui conduit à l'hospice, moderne : dans la chapelle, 2 statues en terre cuite du XVIIIe s. et Christ à la colonne, petite peinture sur cuivre de l'école flamande, XVIe s. Dans cette rue on laisse à dr. le boulevard des Promenades, qui domine la vallée et contourne la butte de l'ancien château, en avant de laquelle est une statue, Colin-Maillard, bronze par Le Harivel-Durocher. Il a existé à Bellême un autre château, dont la *chapelle*, dite *de Saint-Saintin*, subsiste sur une crypte, datant comme elle du XIe s. — Le boulevard va aboutir à la place au Blé, d'où l'avenue Carnot ramène à la gare.

A 1 k. N.-O., *Saint-Martin-du-Vieux-Bellême*, est un centre de fabrication de sabots de hêtre; derrière l'église des XIVe et XVe s., petit manoir du XVIIe s., à tourelle.

Si l'on suit au N., pendant 4 k., la route de Mortagne qui croise deux fois le ch. de fer et court en ligne droite dans la *forêt de Bellême*, on rencontre près de la station du ch. de fer (p. 496) les maisons forestières de la Herse et d'Hermousset. En face de cette dernière est l'entrée d'un petit parc, où la *source minérale*, carbonatée ferrugineuse, *de la Herse* remplit, au centre d'un rond-point entouré de sapins, plusieurs petits bassins; le principal est formé de pierres avec inscriptions latines datant de Louis XIV : APHRODISIUM DIIS INFERIS VENERI, MARTI ET MERCVRIO SACRVM (temple de l'amour, consacré aux dieux infernaux, à Vénus, à Mars et à Mercure). Dans la forêt, à l'O., 3 camps romains, dont un bien conservé, reliés par une voie romaine qui traverse la forêt.

Une route de 10 k. S.-E. par (5 k.) *Dame-Marie* où est une église du XVe s., dépendance d'un prieuré, convertie en ferme, conduit à (8 k.) *Saint-Cyr-la-Rosière* : *église* avec portail du XIIe s. et chapelle du XVIe renfermant un *Ensevelissement du Christ, attribué sans preuves à Germain Pilon, mais fort beau; château de Lagardière, XVIe s. — 9 k. *Clémencé* : chapelle de Notre-Dame, du XVe s., pèlerinage. — 10 k. *Sainte-Gauburge* (XIVe-XVIe s.), qu'il ne faut pas confondre avec le bourg homonyme (p. 465) : ancien *prieuré* avec les bâtiments monastiques : tourelle à cinq pans, cheminées sculptées du XVe s. dont l'une offre sur son manteau un bas-relief figurant la Création et la Chute du premier homme, plafond en chêne à poutres saillantes; petit manoir du XVIe s.; église, de la fin du XIIIe s. : piscine du XVe s., peinture de la fin du XVe s., tour du XIVe s. Dans le voisinage de Sainte-Gauburge, à la tour du Sablon, sur un monticule boisé de sapins, est une *nécropole dolménique* importante, au centre de laquelle est un dolmen appelé Pierre procureuse.

Au delà de Bellême le ch. de fer suit quelque temps la vallée de la Même; stations sans intérêt. On gagne la vallée de la Dive à (35 k.) Saint-Remy-des-Monts.

39 k. *Mamers* (hôt. : *du Cygne*, T.C.F.; *d'Espagne*; *du Commerce*; *des Trois-Lions*), ch.-l. d'arrond. de la Sarthe, petite ville de 5,658 hab., sans intérêt. Eglise Saint-Nicolas (XIVe et XVe s.); église Notre-Dame (XVe s.) agrandie et remaniée de nos jours; petit musée. — Pour plus de détails, ainsi qu'au delà de Mamers, V. le Joanne : *Bretagne*.

DE MORTAGNE A LAIGLE, p. 464; — A SAINTE-GAUBURGE, p. 465-466.

DISTANCES PAR LA ROUTE, de Mortagne à : Alençon, 39 k.; Argentan, 56 k., Bernay, 72 k.; Chartres, 83 k.; Domfront, 98 k.; Dreux, 72 k.; Evreux, 79 k.; Lisieux, 85 k.; Louviers, 106 k.; Rouen, 119 k.

Au delà de Mortagne le pays continue à être accidenté. — 175 k. *Les Carraux*. — 180 k. *La Mênière* : grand commerce de chevaux percherons. On franchit la Sarthe.

185 k. *Le Mêle-sur-Sarthe* (hôt. *du Cheval-Blanc*), ch.-l. de c. de 750 hab., dans une vallée fraîche. Eglise moderne. Ruines du *château* de Sully, qui appartiennent encore à ses descendants. Ecole de dressage, fondée vers 1840, qui est la plus ancienne de France.

Deux grandes solennités hippiques attirent au Mêle de nombreux visiteurs : le concours annuel de juments poulinières (8 oct.) et la foire de la Saint-André, la plus forte réunion de France pour les poulains de lait, qui se tient la veille de la foire de la Saint-André de Mortagne.

194 k. *Neuilly-le-Bisson*, sur la Vésone, que l'on y franchit. La station est située dans la forêt de Ménil-Broût. — 198 k. *Hauterive.* — 201 k. *Semallé* : châteaux; beaux herbages et fermes renommées.

208 k. *Alençon* (*V.* ci-dessous).

Alençon, ville de 17,378 hab. (les *Alençonnais*), ch.-l. du départ. de l'Orne, est situé à l'extrême limite S. du départ. de l'Orne et aux confins de celui de la Sarthe, au confluent de la Sarthe et de la Briante qui l'encerclent de leurs méandres. Alençon possède quelques monuments intéressants et de jolis environs.

Buffet : — à la gare.

Omnibus : — des hôtels.

Hôtels : — à la gare : *de la Gare*, av. du Président-Wilson, 40 (café-rest.); — en ville : *du *Grand-Cerf* (Pl. *a* C3), r. Saint-Blaise, 13, T.C.F. (chauff.); *de France* (Pl. *b* B3), r. Saint-Blaise, 1, T.C.F. (40 ch.; bains, chauff., gar.); — modestes : *de la Pyramide*, pl. de la Pyramide (chauff., gar.); *de l'Orne*, r. du Jeudi, 29 (18 ch.; gar.).

Café-restaurant : — *du Balcon*, r. du Cours, 15.

Cafés : — *Français*, *Renaissance*, r. Saint-Blaise, 2 et 4.

Poste : — r. du Jeudi.

Banques : — *Crédit Lyonnais*, r. Saint-Blaise, 8; *Société Générale*, r. Saint-Blaise, 11.

Voitures de place : — stations à la gare, r. du Cours, pl. de la Halle-au-Blé. Plus de tarif depuis la guerre.

Loueurs de voitures et d'autos : — *Garage Chevalier*, r. Saint-Blaise, 12; *Vannier*, av. du Président-Wilson, 20 (taxi-autos).

Cinéma : — *Familia*, r. Saint-Blaise, 6.

Courses de chevaux : — fin août.

Histoire. — Alençon fut chef-lieu d'un comté, puis d'un duché, donné sous les Valois en apanage aux fils de France. L'un des sièges que subit la ville est resté tragiquement célèbre. Alençon était tombé, en 1040, aux mains de Geoffroy Martel, comte d'Anjou; mais Guillaume le Bâtard, duc de Normandie (qui devait devenir plus tard Guillaume le Conquérant), ne tarda pas à vouloir reprendre la ville. Irrité par les cris « A la pel! A la pel! » (il avait pour mère la fille d'un pelletier de Falaise, p. 356) que les Alençonnais poussèrent à son approche, il fit couper les pieds et les mains à 30 prisonniers qu'il saisit, morts ou vifs, et il fit jeter ces membres ensanglantés par dessus les murs du château, en menaçant d'un pareil sort quiconque oserait lui résister. La ville, effrayée, ne tarda pas à capituler (1048).

A Alençon sont nés : *Gautier Garguille*, acteur et auteur comique (1574-1634); le pamphlétaire *Hébert*, rédacteur du *Père Duchesne* (1755-1794); *J. de la Billardière*, voyageur et botaniste (1755-1834); *Mlle Lenormand*, la cartomancienne bien connue (1772-1843).

Industrie et Commerce. — Les tulles et les **dentelles* dites *points d'Alençon* sont justement renommés. Cette dentelle est originaire de Venise : Colbert fit venir de cette ville une dame Gilbert, native d'Alençon et habile en cet art, en lui fournissant une avance de 150,000 fr. La dame Gilbert forma des ouvrières, monta la manufacture des points de France à Alençon et obtint un privilège exclusif

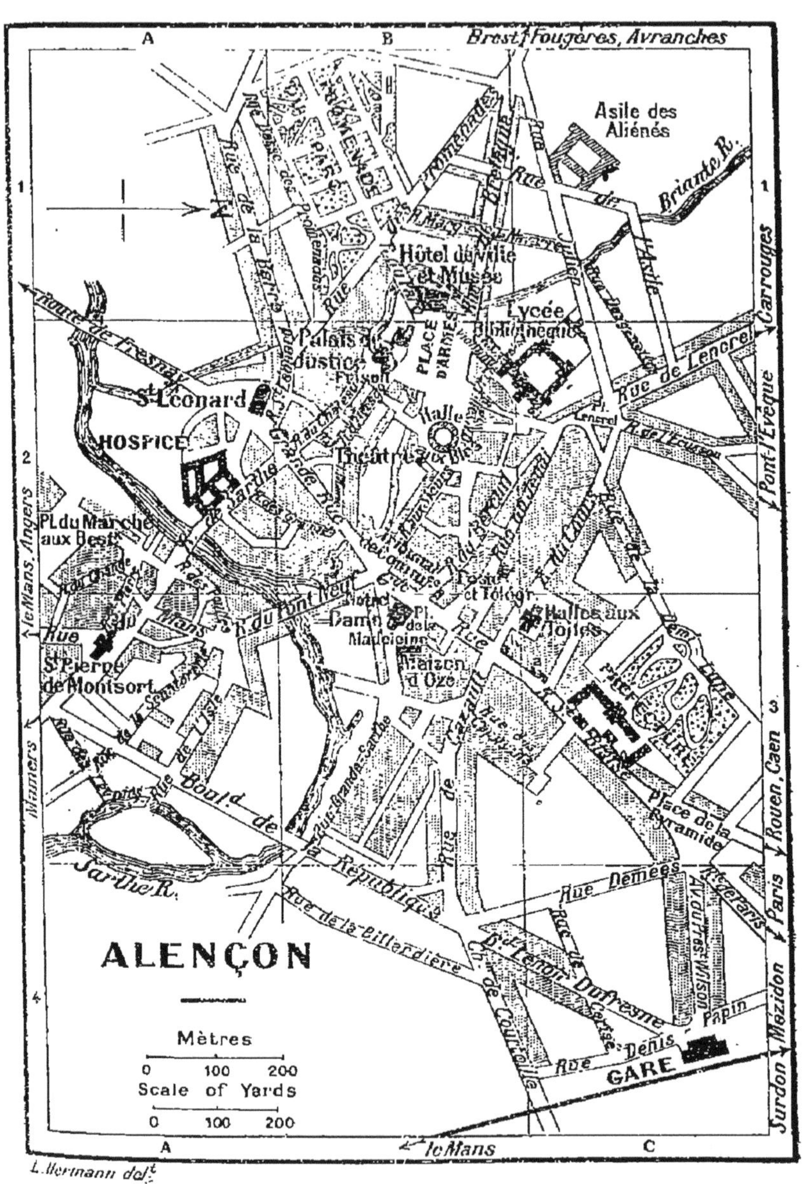

L. Hermann delt.

jusqu'en 1685. Jusqu'en 1812 la fabrication du point d'Alençon ne fit que prospérer; mais, depuis cette époque jusqu'à la fin du XIXe s. cette belle industrie était tombée en décadence. Ce n'est que récemment que s'est produite en sa faveur une intéressante réaction. Alençon possède à nouveau auj. son école dentellière, qui produit des œuvres charmantes. Outre la dentelle, la ville a des fabriques de toiles, dites toiles d'Alençon, et de bonneterie.

La région élève également des *chevaux* et la ville possède un dépôt de remonte : la principale foire se tient du 25 janvier au 4 février; un concours de poulinières a lieu du 7 au 8 oct.

Enfin les environs fournissent un beau granit, parmi lequel se trouve le quartz enfumé, dit diamant d'Alençon.

L'avenue du Président-Wilson aboutit à la place de la Pyramide. Là on laisse à dr. le champ de foire, bordé de belles allées de marronniers, et un calvaire moderne en granit par Hernot de Lannion, et l'on prend à g. la rue Saint-Blaise, qui longe à dr. la *préfecture*, en pierre et brique, de l'époque Louis XIII, entourant une vaste cour : c'est l'ancienne Intendance, fondée par Richelieu, qui avait rattaché à Alençon l'administration de 1,200 communes ou paroisses. En face, au n° 48, on peut visiter l'école dentellière de la Chambre de commerce.

Laissant à dr. la rue du Cours, où se trouve la halle aux toiles, de 1827, la rue Saint-Blaise devient la Grande-Rue, artère principale de la ville, qui amène à la place de la Madeleine, où se trouvent l'église Notre-Dame et le musée d'Ozé. A dr., rue du Jeudi, où est le nouvel hôtel des postes, en face d'un petit square.

L'église Notre-Dame offre à la façade O. un remarquable **portail* du XVe s., flanqué de deux élégantes tourelles et précédées d'un porche à trois pans offrant chacun une haute arcade à gable aigu et ajouré. Ce portail est d'une grande richesse ornementale. Au-dessus de l'arcade centrale, 6 statues représentent la Transfiguration; au faîte du triangle est le Père Eternel, coiffé d'une tiare. La nef et les bas-côtés appartiennent également au style flamboyant, avec des contreforts extérieurs ajourés et très ornés. Le transept, l'abside et la tour, terminée par une lourde coupole quadrangulaire, furent élevés, en 1744, sur les dessins de l'architecte Perronnet, dans le goût classique le plus lourd. La chapelle à dr. du chœur est bâtie sur une voûte sous laquelle passe une rue.

A l'intérieur on est frappé, comme à l'extérieur, par la juxtaposition des deux styles disparates du XVe et du XVIIIe s. — La nef offre un élégant triforium et une profusion d'ornementations, principalement aux voûtes à nervures (Renaissance, 1537). Au-dessus du triforium, beaux **vitraux* des XVe et XVIe s. figurant des sujets tirés de l'Ancien Testament. Buffet d'orgue de la Renaissance. Un autre vitrail, du grand portail, figure l'Arbre de Jessé. — Dans le chœur, du XVIIIe s., qui a été accolé, avec le transept, à l'édifice primitif, autel à baldaquin, de style Louis XV.

La **maison d'Ozé**, qui se trouve au fond de la place, est une belle demeure historique : on remarque les fenêtres à meneaux et, au toit, les épis de plomb. Elle fut élevée en 1450, par Jean du Mesnil, échevin d'Alençon, qui se signala dans la lutte de la ville contre les Anglais. Charles, duc d'Alençon, mari de Marguerite de Valois, sœur de François Ier, l'habita; Henri IV y descendit, en 1576. Les collections que contient la maison d'Ozé, où est installé le musée de la ville avec une école primaire, sont encore peu importantes. Visite gratuite, les dim. et jours de fête, de 13 h. à 16 h.; le jeudi, de midi à 16 h., 20 c.; les autres j., 50 c.

Au rez-de-chaussée, petit *musée de sculpture*. On y remarque une statue en marbre de Catherine de Nogaret, provenant de l'église Notre-Dame, un buste de Desgenettes, en marbre, par *David d'Angers*, une Tête de jeune fille morte après sa 1re communion, par *Le Harivel Durocher*, et des débris de sarcophages. — Au 1er étage, collection de minéralogie et d'histoire naturelle; oiseaux. Dentelles en point d'Alençon. — Au 2e, *musée archéologique* : costumes normands, avec figures de cire.

Face au porche de l'église Notre-Dame s'ouvre la rue du Bercail. On peut aller y voir, au no 6, le *tribunal de commerce* qui occupe une maison du XVIe s. avec tourelle octogonale et petit porche restauré. A l'intérieur (s'adresser au concierge, pourboire), la salle d'audience a conservé d'intéressantes *boiseries*, notamment une cheminée Louis XIII, à cariatides, malheureusement recouvertes d'un vernis brun.

Au delà de Notre-Dame, on laisse à g. la rue du Pont-Neuf, qui traverse la Sarthe et conduirait à l'église Saint-Pierre-de-Montsort, moderne, de style roman.

En continuant, en face, de suivre la Grande-Rue, on peut aller voir à la façade du no 97, un ancien *jacquemart* servant d'enseigne et provenant du château de la Ferté-Vidame, et plus loin l'*église Saint-Léonard*, commencée en 1489 par René, duc d'Alençon, terminée par Marguerite, sa veuve, qui en fit faire la dédicace en 1505 : c'est un élégant vaisseau de style flamboyant; au bas-côté g., vitraux modernes, par Claudius Lavergne.

A l'angle g. de la place Saint-Léonard, hôtel du XVe s. et, un peu plus loin à g., vieille maison d'artisans.

A dr. s'ouvre la rue aux Sieurs, par laquelle on gagne la halle au blé, vaste rotonde vitrée, puis la place d'Armes, belle esplanade sablée, sur laquelle se présentent sous un fort noble aspect l'hôtel de ville et le palais de justice.

L'*hôtel de ville*, avec sa façade cintrée, ses pilastres, ses balustres et son campanile, date de 1783. C'est un beau spécimen du style Louis XVI, aux lignes simples et sobres. L'horloge est encadrée d'un bas-relief figurant un faisceau de drapeaux. Dans la salle du conseil municipal, 2 tableaux de *Jollain* (1766) : portraits de Pierre de Valois et du comte de Rotrou, dans de magnifiques **cadres* en bois sculptés provenant de la chartreuse du Val-Dieu.

L'hôtel de ville renferme le **musée de peinture**, public les dim. et jours de fêtes, de 13 h. à 16 h.; tous les j. en s'adressant au concierge, rétribution. Il contient quelques bons tableaux.

Dans l'escalier : *Boudin*, Vache au pâturage et divers tableaux modernes.

Au 1er étage, SALLE NOBLESSE, à g. de l'escalier : à dr., *Delacroix*, Tribu arabe; *Inconnu*, Vierge (sur cuivre); *Monanteuil*, Tête de vieillard; *Joseph Vernet*, Plaisirs d'été. A g., 2 jolis intérieurs, de *Dermont* (XVIIe s). Dessins de *Monanteuil* (1775-1860), né à Mortagne et professeur de dessin à Alençon : types normands très réalistes, son portrait. Dessins et paysages de *Richard*.

En face de l'escalier, dans un vestibule : *Legros*, Invocation de St François; *P. Landon*, Paul et Virginie.

SALLE GODARD, à dr. du vestibule : de dr. à g., *Inconnu*, portrait de Juste Lipse; *Inconnu*, François, duc d'Alençon; *Courbet*, Sous-bois; **Géricault*, Naufragé; *Ch. Meynier*, les Soldats du 76e retrouvent leurs drapeaux à Innsbruck; *Desportes*, Têtes de chats; *Léandre*, Caricature d'un banquet, grand pastel (on voit l'ancien ministre Combes, le chansonnier Marcel Legay, etc.). — Dans des vitrines, à g., dessins de Poussin, de Claude Lorrain, de l'Ecole italienne; à dr., de Tulou.

GRANDE SALLE, à g. du vestibule : de dr. à g., *Gide*, Moines à l'étude; **Philippe de Champaigne*, la Trinité, Assomption; *J.-P. Laurens*, le duc d'Enghien; *Ecole hollandaise*, Judith; *Court*, Charlotte Corday; *Veyrassat*, Chevaux à l'abreuvoir; **Chardin*, deux Natures mortes (gigot et choux; poissons et chaudron); *Mme Vigée-Lebrun*, Mme de Polignac; *Ribera*, Christ portant sa croix; *Jollain*, les 4 Evangélistes; *Largillière* (?), le régent Philippe d'Orléans; **Jean Restout*, St Bernard et le duc d'Aquitaine (St Bernard, entouré de son clergé, présente l'hostie au duc, qui tombe foudroyé). — Au centre : **Jean Jouvenet*, Mariage de la Vierge (ce tableau, l'un des plus beaux du musée, formait autrefois le retable de l'église d'Alençon). — A g. : *Raphaël Collin*, Daphnis et Chloé; *Louis Duveau*, Viatique en Bretagne; *Mary Renard*, la Sarthe à Saint-Céneri; *R. Deygas*, Femme à la fontaine; *Court*, Nymphes et faunes.

Dans des armoires, *dessins* de Boucher, Jean Jouvenet, F. Le Moine, Lesueur, Restout, Greuze, Watteau, Fragonard et Géricault.

Voisin de l'hôtel de ville, un petit jardin public est orné du buste de *L. de la Sicotière*, homme politique et archéologue (1812-1895).

Le palais de justice, à g. de l'hôtel de ville, est de style néogrec; il est attenant à la prison, installée dans ce qui reste de l'ancien *château*. Le grand donjon, qui datait des XIe et XIIe s., a été détruit en 1840. Il subsiste la grande *tour au Chevalier*, et une énorme **porte* fortifiée, remaniée, encadrée de 2 tours crénelées à mâchicoulis (fin du XVe s.), adossée à un grand bâtiment avec fenêtres du XVe s. et meneaux; la Briante alimente les fossés.

Entre le palais de justice et l'hôtel de ville, la rue du Parc, qui croise la Briante, accède à la *promenade du Parc* : beaux ombrages, pelouses, bancs, kiosque à musique.

Vers la g. de la place d'Armes, la rue du Lycée conduirait au lycée, qui occupe un ancien couvent de Jésuites, dans la chapelle duquel est installée la *bibliothèque* publique : ouverte t. l. j. de midi à 17 h., elle a une grande salle garnie de 26 belles *armoires de chêne, provenant de la bibliothèque du Val-Dieu, et est décorée de *bas-reliefs en bois, figurant des Evangélistes, et attribués à Germain Pilon ou à Jean Goujon. Parmi les livres et manuscrits, nombreux incunables, et Rhétorique latine, écrite de la main de Bourdaloue.

Environs d'Alençon.

1° Forêt de Perseigne (route 8 k. S.-E. jusqu'à l'entrée de la forêt). — On sort d'Alençon par la route de Saint-Paterne (2 k.), qu'on laisse à dr., après avoir croisé le ch. de fer de la Hutte-Coulombiers. — 8 k. On entre dans la *forêt de Perseigne* (5,885 hect.), longue de 14 k. env., large de 5 k.; à la Croix-Samson, pavillon du T.C.F. Si l'on continue la route, on traverse la forêt pendant 5 k., puis on atteint (14 k. d'Alençon) le bourg de Neufchâtel. A 2 k. N.-E. de celui-ci, au delà d'un long étang, ruines de l'*abbaye de Perseigne* (XIIe-XIIIe s.), voisines du site pittoresque dit le *Val d'Enfer*. De là on regagne, par des routes forestières, la route d'Alençon.

2° Saint-Céneri, Saint-Léonard-des-Bois et Fresnay-sur-Sarthe (très belle excursion dans la région granitique et accidentée dite les « Alpes Mancelles » et sillonnée par la haute vallée agreste de la Sarthe). — Alençon est relié à Fresnay : 1° *par le chemin de fer de l'État*, 22 k., ligne du Mans jusqu'à (15 k.) la Hutte-Coulombiers, où l'on prend la ligne de Sillé-le-Guillaume; mais le tracé est très éloigné de la vallée de la Sarthe où sont Saint-Céneri et Saint-Léonard; 2° *par le tram départemental*, 24 k., qui passe plus près de la vallée et dessert : *Gesnes-le-Gandelin*, église XIIIe-XVe s.; *Moulins-le-Carbonnel*, qui n'est qu'à 3 k. de Saint-Céneri et peut servir de point d'accès; *Assé-le-Boisne*, église romane (beaux vitraux). — Mais c'est *par la route* (30 k.) décrite ci-dessous qu'on fera de préférence cette excursion : on sort d'Alençon à l'O. par la rue de Bretagne, continuée par une route droite plantée d'arbres. — 3 k. On bifurque à g. — 4 k. *Condé-sur-Sarthe*, où l'on descend vers la Sarthe. Mais la route s'en éloigne aussitôt pour courir sur les hauteurs de la rive dr. — 6 k. 7. On laisse à dr. la route de la Ferrière. Une descente rapide amène à Saint-Céneri; au bord de la route, buste du peintre *Paul Saïn* (1853-1908).

13 k. **Saint-Céneri-le-Gérei** (aub. *du Lion-d'Or*, T.C.F.), humble village rustique, fréquenté par les peintres et très pittoresquement situé sur la crête d'une presqu'île enveloppée par un beau méandre de la Sarthe qu'encadre, sur l'autre rive, un hémicycle de versants boisés; en aval débouche le vallon agreste du Sarthon.

St Céneri, ou mieux Séneri (le nom latin était *Serenicus*), et son frère étaient, selon la tradition, deux jeunes gens de Spolète, en Ombrie, qui vinrent mener dans le Nord-Ouest de la Gaule la vie d'ermite. Céneri laissa son frère à Saulges et s'établit à l'endroit où est le village dont il est auj. le patron vénéré. Il y mourut, croit-on, le 7 mai 669. Le village formé autour de son tombeau devint plus tard un bourg féodal, que posséda, au XIe et XIIe s., la puissante famille normande des Giroie, d'où, par altération, le surnom de la localité. Le château, auj. ruiné, joua un grand rôle pendant la guerre de Cent Ans, au cours de laquelle il fut plusieurs fois le théâtre des exploits d'Ambroise de Loré. Le fief eut au moyen âge le titre de baronnie.

L'*église*, romane, avec un beau clocher central à baies géminées et toiture en bâtière, est très joliment campée, en avant du village, sur un monticule formant l'extrémité du promontoire; la nef est défigurée, mais le chœur roman offre de très curieuses **fresques* du XIIIe s.; à l'entrée, cuve baptismale du XIIe s. L'abside domine à pic, vers l'E., le cours de la Sarthe, franchie au-dessous par un vieux pont en partie drapé de verdure (site charmant). Pour voir l'intérieur de l'église, on s'informera, dans le village, de la gardienne qui a les clefs et qui fait visiter également la *chapelle de Saint-Céneri* (XVe s.) isolée au pied du monticule, dans les prairies de la Sarthe, à l'endroit où se trouvait l'oratoire du bienheureux : dans le carrelage émerge un bloc de granit, dit le lit de St Céneri ; statue du saint avec la robe rouge de cardinal ; à côté, statue de St Mamert, qui tient ses entrailles dans ses mains. Dans le lit de la Sarthe une grosse pierre passe pour le tombeau de St Céneri.

Une route de 5 k. 5, qui monte sur le plateau de la rive g., relie directement Saint-Céneri à Saint-Léonard (très belles vues à la descente en arrivant). A pied, on pourrait suivre la Sarthe, qui serpente dans une gorge sauvage et qu'il faut plusieurs fois traverser sur des « chapelets » de grosses pierres ; c'est une charmante excursion, pittoresque et sans danger, mais qu'on ne devra pas entreprendre sans guide, car les sentiers sont souvent difficiles à reconnaître.

18 k. 5 (par la route). **Saint-Léonard-des-Bois**, l'ancien *Vendeuvre* (hôt. : *Touring-Hôtel*, T.C.F. ; *du Grand-Cerf* ; *de France* ; *du Cheval-Blanc*, T.C.F.), joli bourg de 1,051 hab., admirablement situé dans une boucle de la Sarthe et dans un cirque d'escarpements rocheux, gris et sauvages, qui ne manquent pas de grandeur : on remarque notamment le Haut-Fourché et Narbonne (210 m. ; 120 m. au-dessus de la vallée). L'*église* (XIIe-XIIIe s.), dédiée à un solitaire mort en 570, offre à dr. du chœur une chapelle du XIIe s. avec curieuses sculptures, et dans une absidiole, sous l'autel, un groupe de 14 personnages en bois sculpté représentant la Mise au tombeau de la Vierge (XVIe ou XVIIe s.). Dans le lit de la Sarthe, rocher connu sous le nom de lit ou tombeau de St Léonard. Dans les rochers, *grottes* dont l'une se nomme la Maison à la Belle. Au pied et au S.-O. de Narbonne, vallée de Misère, site désolé.

Au delà de Saint-Léonard, la route, après avoir suivi quelque temps la Sarthe, s'en éloigne et s'élève sur le plateau de la rive g. — 21 k. *Sougé-le-Ganelon*, à 159 m. ; près de l'église, logis de la Renaissance, dit le Prieuré.

30 k. **Fresnay-sur-Sarthe** (hôt. : *Chevalier*, T.C.F. ; *du Bon-Laboureur*, dipl. T.C.F. ; loueurs de voit.), ch.-l. de c. de 2,539 hab., dans un site pittoresque, sur un coteau rocheux de la rive g. de la Sarthe. De l'ancien *château*, situé sur un promontoire dominant la Sarthe, il reste une porte fortifiée et l'enceinte transformée en un charmant jardin public en terrasse sur la vallée. L'**église*, du XIIe s., est un fort beau spécimen du style de transition roman-gothique, avec une tour centrale surmontée d'une flèche du XVIIe s : le portail, roman, décoré de dents de scie et d'étoiles, a des vantaux de bois sculpté, du XVIe s. ; à l'intérieur, aux voûtes, peintures modernes sur fond d'or. Fresnay-sur-Sarthe est une station du ch. de fer de Sillé-le-Guillaume à la Hutte-Coulombiers (*V.* le Joanne : *Bretagne*).

De Fresnay-sur-Sarthe on peut revenir à Alençon par le ch. de fer ou le tram, ou continuer par la route : par une ligne droite de 6 k., on va rejoindre à la Hutte-Coulombiers la grande route du Mans à Alençon également toute droite sur 14 k. Deux autres routes, plus intéressantes et accidentées, à peu près d'égale longueur, rejoignent la route d'Alençon : l'une, par Saint-Ouen-de-Mimbré (3 k. de Fresnay) et (8 k.) Fyé ; l'autre, par Saint-Victeur (5 k. 5 de Fresnay) et (11 k.) le *Petit-Oisseau*, où l'on a découvert les restes d'un oppidum gaulois et d'une *ville gallo-romaine* détruite vers la fin du IIIe s., qui occupait une surface de 100 hect. près de la voie romaine de Caen au Mans : on a mis au jour les substructions d'un vaste théâtre et d'autres édifices.

D'ALENÇON A AVRANCHES, PAR DOMFRONT, *V.* ci-dessous.

DISTANCES PAR LA ROUTE, d'Alençon à : Argentan, 45 k. ; Bernay, 86 k. ; Domfront, 60 k. ; Evreux, 119 k. ; Flers, 71 k. ; Laigle, 65 k. ; Lisieux, 88 k. ; le Mans, 49 k. ; Mayenne, 61 k. ; Mortagne, 39 k. ; Paris, 189 k. ; Pont-Audemer, 113 k. ; Verneuil, 114 k. ; Vire, 100 k.

45. — D'ALENÇON A AVRANCHES

CHEMIN DE FER : Etat, 137 k.; 21 fr. 40, 14 fr. 45, 9 fr. 40.

ROUTE : 121 k., route accidentée avec longues pentes et beaux panoramas, par : 11 k. *Le Pont-Saint-Denis*, où l'on traverse la vallée du Sarthon; 23 k. *Pré-en-Pail*; 20 k. *Couptrain*, où l'on rejoint la vallée de la Mayenne; 41 k. *Couterne*, d'où se détache la route de Bagnoles (6 k.; p. 509); 49 k. *Juvigny-sous-Andaine*; 60 k. *Domfront*; 76 k. *Barenton*; 86 k. *Mortain*; 95 k. *Juvigny*; 113 k. *Saint-Osvin*.

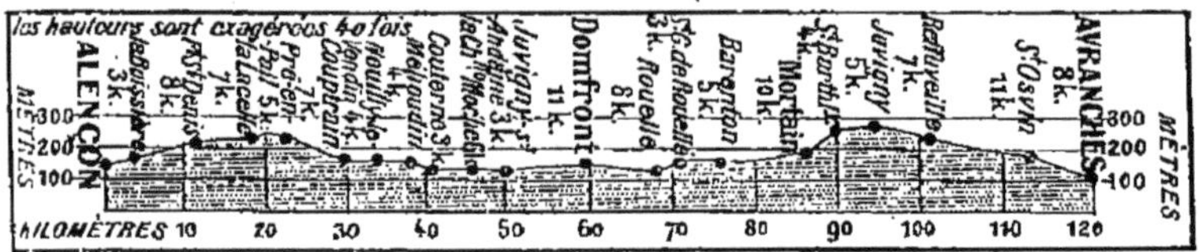

Au départ d'Alençon, la ligne d'Avranches se dirige vers l'O. — 3 k. *Damigni*, où l'on franchit la Briante.

5 k. *Lonrai*, à 1 k. N., avec un célèbre *haras*, dans un parc de 200 hect., entouré de murs : belles futaies; 60 boxes; élevage de vaches cotentines; troupeau de bœufs de la race dite d'angus, importée d'Ecosse. Le *château* (XVIIIe s.) est précédé, sur toute sa longueur, d'un portique à arcades se répétant sur la façade postérieure; à l'intérieur, belles salles ornées d'élégantes boiseries.

12 k. *Saint-Denis sur-Sarthon* (hôt. : *Taphorel*; *du Dauphin*, T.C.F.), est dominé au N. par la *butte Chaumont* (378 m.; vue immense), en partie couverte de bois dépendant de la forêt d'Ecouves. L'*église*, du style de transition, a un beau clocher et renferme des verrières de la Renaissance.

Le Sarthon franchi, on laisse à g. la *forêt de Multonne*, qui recouvre le mont Souprat (385 m.) et le mont des Avaloirs (V. ci-dessous). — 17 k. *Gandelain*. — 20 k. *La Lacelle*, à 1 k. 4 à dr. Château de la Lacelle, entre la gare et le bourg, à 330 m. d'alt. A 11 k. N., Carrouges (p. 472).

28 k. *Pré-en-Pail* (hôt. *de Bretagne*), ch.-l. de c. de 2,696 hab., ch.-l. de l'ancien pays de *Pail*. Eglise moderne, de style roman : à l'intérieur, fresques décoratives.

A 5 k. S.-E., ou 4 k. à pied par des chemins de traverse, le *mont des Avaloirs*, dont la route atteint le sommet, situé sur la lisière de la forêt de Multonne, est haut de 417 m. C'est le point culminant de tout le N.-O. de la France.

DE PRÉ-EN-PAIL A MAYENNE, *V.* le Joanne : *Bretagne*.

On parcourt un pays couvert de haies d'arbres et d'herbages. Belle vue à dr. — 36 k. *Saint-Aignan-Couptrain*. *Couptrain* (hôt. *Roger-Bellier*, T.C.F.; voit. publ. 50 c.), est à 1 k. N. C'est un ch.-l. de c. de 370 hab., près de la Mayenne. Dans l'église, fresques modernes et stalles de 1675.

La voie franchit la Mayenne, pour en descendre la rive dr. — 41 k. *Neuilly-Saint-Ouen*. A g. la Mayenne se grossit de l'Aisne, puis on traverse la Gourbe, à Méhoudin.

46 k. *Couterne* (hôt. : *Parisien*, T.C.F. ; *Saint-Pierre*), sur la rive dr. de la Mayenne, près du confluent de la Vée. Eglise moderne, de style gothique, à flèche de pierre ; à l'intérieur, ancien sarcophage à frise sculptée, du XVe s., servant de fonts baptismaux.

La *chapelle de Lignou* et le *château de Couterne* sont à 1 k. 2 et à 3 k. 2 N.-E. et N., par la route de Bagnoles (p. 512). — Le *château de la Bermondière*, où est mort Réaumur, est situé sur la rive g. de la Mayenne, au sommet d'une colline, à 2 k. 5 S.-E. — Le *château de Chantepie*, à 3 k. O., situé sur la rive g. de la Mayenne, date du XVIe s. : chapelle gothique ; orangerie et beau parc. — *Lassay* et le *château de Lassay* sont à 11 k. S.-O. (service d'auto et voit. publ. ; p. 512).

DE COUTERNE A BAGNOLES ET BRIOUZE, p. 473 en sens inverse.

Au delà de Couterne on franchit la Vée. On quitte ensuite la vallée de la Mayenne. — 52 k. *La Chapelle-Moche*. — 56 k. *Juvigny-sous-Andaine* (hôt. *des Voyageurs*, T.C.F.), ch.-l. de c. de 1,200 hab., sur un coteau, à 2 k. 5 de la forêt d'Andaine.

A 2 k. 5 N.-E., le *phare de Bonvouloir* est composé de 2 tours pittoresques, dont l'une est surmontée d'une tourelle, de la fin du XVe s., restes d'un ancien château. Dans l'enceinte du château subsistent une chapelle du XVIe s., convertie en ferme, et un puits de la Renaissance.

60 k. *La Baroche-sous-Lucé*, à 3 k. à g. — 66 k. *Saint-Front-de-Collière*, à 500 m. à dr., dont l'église a des restes romans. On traverse la Varenne.

69 k. **Domfront** (buffet ; omn. ; hôt. *de la Poste*, r. d'Alençon, T.C.F., gar., voit. à louer ; café-rest. *André*, près de l'église, location d'autos), petite ville de 4,819 hab. (les *Domfrontais*) d'aspect montagnard, ch.-l. d'arrond. de l'Orne, est bâti dans un site pittoresque, à 215 m. d'alt., sur la longue crête de grès armoricain qui court d'Alençon à Mortain ; cette crête est coupée à l'O. de la ville par une gorge profonde, où se faufile la Varenne et que domine de plus de 70 m. le promontoire rocheux portant l'ancien château.

Histoire. — L'emplacement de Domfront était, au VIe s., encore recouvert par la forêt du Passais. L'ermite *St Front* s'y étant établi vers 540, y bâtit une chapelle autour de laquelle ses disciples formèrent un village. Telle fut l'origine de Domfront (*Dominus Frons*, c'est-à-dire : seigneur Front). Vers 1011, Guillaume Ier de Bellême, seigneur d'Alençon, y fit construire une forteresse. Dès lors le village se développa rapidement et forma bientôt une ville qui devint la capitale du *Passais*. Une des places les plus fortes de la Normandie, elle fut plusieurs fois assiégée au XVIe s. ; le comte de Matignon la prit sur le fameux capitaine protestant Montgomery, qui, au mépris de la capitulation, fut livré au supplice par ordre de Catherine de Médicis.

A Domfront sont nés *Jean Courte-Cuisse*, théologien, évêque de Genève († 1422), et le ministre *de Marcère* (1828-1918), le dernier sénateur inamovible ; à Champsecret (p. 475), le dessinateur *Léandre*, qui y réside l'été. — Domfront a 11 foires animées.

De la gare la route se dirige à g. vers la colline qui porte

Domfront : la montée, longue et dure, demande 15 à 20 min.; on fera bien de prendre l'omnibus. On traverse le faubourg de la Tannerie, où sont quelques auberges; on passe devant l'*église Notre-Dame-sur-l'Eau*, située sur le bord de la Varenne, intéressant petit édifice roman du XIe s., remanié, avec une tour carrée sur la croisée. Pour visiter, s'adresser à l'hôpital en face.

A l'intérieur, nombreuses pierres tombales, dont l'une porte une statue couchée, qui passe pour être celle de Guillaume de Bellême, fondateur du château de Domfront et de l'église.

Passant la Varenne, on laisse une première route à g. qui suit le fond pittoresque de la vallée, puis un chemin, du même côté, qui aboutit à des escaliers et par lequel, à pied, on gagnerait directement les ruines du château. La route monte en serpentant, parmi des vergers et des jardins. Elle aboutit à la rue de la Sous-Préfecture, à l'extrémité de laquelle on prend, à g., la rue de la République qui amène à un carrefour. Là, on trouve à dr. la rue d'Alençon, route d'Alençon et route de Bagnoles, où est l'hôtel de la Poste. On suit, vers la g., la Grande-Rue. Celle-ci conduit à la place de la Liberté, ornée d'une fontaine en bronze surmontée d'une Diane chasseresse; à dr. le palais de justice, de style néo-grec, avec péristyle. Face au palais de justice, la rue de Godras conduit à la place de l'Église, où l'*église*, de 1749, renferme un bel autel Louis XV, de marbre rouge, un lutrin et un buffet d'orgue de même époque.

En face de l'église, la rue Saint-Julien, laissant à g. la poste au fond d'une petite place, conduit à l'hôtel de ville et à la **promenade du Château**. On entre par un pont d'une arche en pierre, jeté sur l'ancien fossé qui séparait le château des remparts de la ville et où passe auj. une route. A dr., pavillon du gardien qui fait visiter les casemates (pourboire). Contournant l'enceinte vers la g., on arrive à un petit belvédère d'où l'on jouit d'un vaste *panorama* sur une immense étendue de pays verdoyant; vers le S., la plus haute ondulation est le mont Margantin, haut de 370 m.; à g., dans l'axe de la ville, on voit la ligne bleue de la forêt d'Andaine. — Au milieu de l'esplanade se dressent les *ruines* imposantes de l'ancien *château*, qui occupait une position formidable et pour la possession duquel se livrèrent des luttes terribles (*V. Histoire*); il subsiste deux côtés, enguirlandés de lierre, de l'ancien donjon, qui était carré, et quelques vestiges de tours, avec des souterrains; la ville était elle-même entourée d'une enceinte fortifiée, avec 24 tours, dont il reste une douzaine, à moitié ruinées et, pour la plupart, engagées dans des constructions particulières. Continuant à suivre l'enceinte, on arrive à un autre petit belvédère sur une ancienne tour, d'où l'on domine, de 70 m. à pic, la gorge de la Varenne, dite le *val des Rochers*.

A 8 k. N.-O. (voit. publ.), une route qui gagne et remonte la vallée de l'Egrenne, conduit à *Lonlay-l'Abbaye*. De l'ancienne abbaye de Bénédictins, fondée en 1020, subsiste l'*église*, rebâtie en partie au XVIe s.

et qui a un portail flamboyant (XVIe s.). A l'intérieur, haut transept du pur roman (XIe s.), sculptures et chapiteaux romans du XIe s.; aux autels, *bas-reliefs*, en grès sculpté, moins anciens, notamment celui de l'*autel de la Compassion, représentant St Benoît; stalles du XVIe s. — En arrière de Lonlay s'étend la *forêt de la Lande-Pourrie*, qui rejoint celle de Mortain.

DE DOMFRONT A FLERS, p. 475; — A MAYENNE, *V.* le Joanne : *Bretagne*.

DISTANCES PAR LA ROUTE, de Domfront à : Alençon, 60 k.; Argentan, 56 k.; Bayeux, 89 k.; Caen, 78 k.; Falaise, 57 k.; Flers, 21 k.; le Mans, 100 k.; Mayenne, 35 k.; Mortagne, 98 k.; Mortain, 23 k.; Vire, 40 k.

Au delà de Domfront le ch. de fer traverse l'Egrenne. — 76 k. *Saint-Roch-Saint-Mars*. — 79 k. *Saint-Cyr-Saint-Georges*. — 85 k. *Barenton-le-Teilleul*. *Barenton* (voit. de corresp.; hôt. *de France*, T.C.F.), à 2 k. à dr., est un ch.-l. de c. de 2,131 hab., à 153 m.; dolmen de la Roche. A 5 k. 5 à g. (voit. de corresp.), le *Teilleul* (hôt. *de la Croix-Verte*), ch.-l. de c. de 1,945 hab., est la patrie de *Guillaume Morel*, savant imprimeur du XVIe s.

On voit à dr. les collines rocheuses que surmonte la chapelle de Mortain. — 94 k. *Mortain-Bion*, station reliée par des omnibus à Mortain (p. 481). — 97 k. *Romagny*, où l'on rejoint la ligne de Mortain-Vire (p. 484). — 101 k. *Fontenay-Milly*. Dans l'église de Fontenay (3 k. 5, à dr.), restes de vitraux du XVe s.

107 k. *Saint-Hilaire-du-Harcouët* (buffet; omn.; hôt. *de la Poste*, T.C.F.), ch.-l. de c. de 3,519 hab., jolie petite ville prospère, bâtie sur une légère éminence entre la Sélune et l'Airon, qui se réunissent à 1 k. 5 à l'O., et dominée par les deux hautes flèches de pierre d'une vaste église moderne, de style gothique. Restes d'un prieuré fondé en 1083, convertis en habitations.

DE SAINT-HILAIRE-DU-HARCOUET A FOUGÈRES, *V.* le Joanne : *Bretagne*.

113 k. *Isigny-le-Buat* (aub. *Isidore*, T.C.F.). On descend la vallée de l'Oir. — 119 k. *Pont-d'Oir*. A dr., petit manoir du Mongothier. On débouche dans la vallée de la Sélune.

126 k. *Ducey* (hôt. *du Lion-d'Or*, T.C.F.), ch.-l. de c. de 1,811 hab., sur la rive g. de la Sélune, traversée par deux ponts, dont un ancien et pittoresque. D'un château, bâti en 1624 par Gabriel II, fils de Montgomery, dans le style de la Renaissance, il reste un beau pavillon avec haute toiture d'ardoise et lucarnes. Un caveau dans les jardins renferme le tombeau de Gabriel II. Eglise moderne, de style gothique.

A 3 k. en amont de Ducey, le **barrage de la Roche-qui-Boit*, terminé en 1918 par la Société des Forces de la Sélune, est un magnifique ouvrage d'art, haut de 16 m., long de 127 m. à la crête, et le premier de ce genre en Europe construit tout en ciment armé sur des données entièrement nouvelles. Placé à un étranglement de la vallée de la Sélune, à l'issue d'une gorge granitique, ce barrage crée une chute de 12 m. 50 et fournit une force de 2,500 chevaux à la station hydro-électrique établie au pied de l'ouvrage et destinée à distribuer l'énergie électrique dans toute la région S. de la Manche; le réservoir soutenu par le barrage, et qui doit être mis en eau au début de 1919, aura

10 hect., contiendra plus de 4 millions de mètres cubes d'eau, et s'étendra sur près de 4 k. dans la vallée sinueuse de la Sélune, avec des largeurs variant de 30 à 200 m. Il formera ainsi une sorte de fjord encadré de collines boisées ou d'escarpements granitiques et deviendra une des attractions touristiques de la région, surtout si l'on y organise la pêche et le canotage comme il en est question.

La voie traverse deux fois la Sélune. — 131 k. *Pontaubault*, jonction avec la ligne de Pontorson (p. 535). — 137 k. *Avranches* (p. 530).

46. — BAGNOLES-DE-L'ORNE ET SES ENVIRONS

Voies d'accès : — *chemin de fer*, Etat, 248 k. de Paris, en 5 à 6 h. env. par Briouze, p. 455 à 473; quelques trains directs; 38 fr. 75, 26 fr. 15, 17 fr. 05; aller et ret. ordinaires (les billets de saison sont actuellement suspendus) 58 fr. 15, 41 fr. 85, 27 fr. 30; — *route*, 226 k. par 188 k. Argentan (p. 455); 197 k. Ecouché; 1 k. 3 plus loin, on prend à g.; 220 k. La Ferté-Macé.

Bagnoles-de-l'Orne, érigée en commune en 1913, est une station thermale réputée et coquette, pittoresquement située, à 163 m., dans la vallée de la Vée qui y forme un petit lac et traverse une jolie gorge entre des pentes boisées de sapins et hérissées de rochers : le site rappelle celui de Spa en Belgique. Cet agreste vallon de Bagnoles s'ouvre comme une cassure à travers la longue ride des grès armoricains qui court d'Alençon à Mortain. Le village de *Tessé-la-Madeleine* forme au S.-O. un prolongement de la station. Les environs sont accidentés et offrent de belles excursions.

Omnibus : — des hôtels.

Hôtels : — A Bagnoles : **des Thermes*, T.C.F., attenant à l'établissement thermal (1er ordre; l'été; 150 ch.); **Grand-Hotel*, en face de la gare (1er ordre; l'été; 250 ch.; asc., tennis); *de Paris*, T.C.F.; *de Normandie* (gar.); *de la Gare*; *de Bagnoles* (provisoirement fermé); — hors Bagnoles, à 1 k. 5 : *Elysée-Parc-Hôtel*, bd Christophe (1er ordre; réquisitionné pendant la guerre); — à Tessé (2 k. de la gare) : **Nouvel-Hôtel*, T.C.F. (1er ordre; l'été; 30 ch.; jardin, asc., bureau de poste); *Bel-Air* (l'été; jardin); **de la Madeleine*, pl. de l'Eglise (genre normand, coquet).

Pensions de famille : — bien tenues, avec parc ou jardin; la plupart ne sont ouvertes que l'été : — a Bagnoles : **Villa Christol* (1er ordre), pl. Méliodon; *Villa Saint-François*; *Le Castel*, pl. Centrale; *Villa du Lac*, près du lac (l'été; chauff., jardin); — a Tessé : *Pavillon Français* (1er ordre); **Javin* (confortable; bains, voit., autobus); *Villa Sans-Souci*; *Villa Beaumont*; *Villa Désiré*; *Villa Cordier* (parc, tennis); — aux Buards, à 1 k. au delà de Tessé : *Villa des Buards*, T.C.F., dans la campagne.

Café : — *de la Renaissance*, av. de la Gare.

Pâtisserie-confiserie : — *Gayot*, av. de la Gare.

Locations meublées : — à Bagnoles et à Tessé, *villas et appartements meublés*; — A Tessé, chambres et logements meublés, à prix modérés.

Agences de location : — *Leblanc*, près de la gare; *Foubert*, pl. Méliodon.

Poste : — à Bagnoles, près du

Grand-Hôtel; — à l'entrée de Tessé.

Banque : — *Comptoir d'Escompte*, attenant au casino.

Loueurs de voitures et autos : — *Lorgerie*, à Bagnoles : — à Tessé, s'adresser au presbytère.

Autos-cars : — excursions en forêt, à Alençon, Sées, Falaise, Domfront, Avranches, le Mont-Saint-Michel (ce service auj. interrompu, des ch. de fer de l'État, sera bientôt réorganisé; s'informer).

Etablissement thermal : — le tarif des bains, douches, massages, inhalations et pulvérisations est délivré gratuitement, sur place ou à Paris (r. Tronchet, 6). Eaux en boisson, vente à Bagnoles et à Paris. Abonnement de saison.

Casino : — (fermé pendant la guerre). Petits-chevaux, baccara.

Concerts : — tous les j., en la saison dans le parc.

Courses de chevaux : — en août, à l'hippodrome.

Golf : — à l'hippodrome.

En sortant de la gare, laissant à dr. le Grand-Hôtel et un chemin qui conduirait à l'hippodrome, on voit en face de soi le square de Contades, qui borde le joli petit *lac de Bagnoles*, formé par la Vée et entouré de villas et de jardins. On descend, vers la g., par l'avenue de la Gare, qui amène à un rond-point, ou place Méliodon, dominé par un square en terrasse et par la chapelle de Bagnoles.

En suivant, du rond-point de la Chapelle, le boulevard Christophe, on arriverait (1 k. 5 env.) à la vaste construction édifiée pour servir de maison de repos aux employés du Crédit Foncier et qui a été transformée en hôtel (Elysée-Parc-Hôtel).

Tournant vers la dr., on passe entre le lac à dr. et le *casino* à g., et l'on voit à g. une des entrées du parc public de l'établissement thermal, que l'on gagnerait directement par l'allée du Dante, belle et ombragée (p. 511).

Continuant la route, on passe sur le pont de la Vée, au déversoir du lac de Bagnoles dans la rivière, et l'on tourne à g., pour entrer dans le pittoresque défilé du vallon de Bagnoles. La route est bordée, à dr., par les pentes du parc du château de la Madeleine, couvertes de pins et d'éboulis de rochers de grès siluriens, et dominées par le Roc au Chien. A g. s'élève le parc de l'établissement thermal.

1 k. (de la gare). *L'établissement thermal*, auquel est attenant le vaste hôtel des Thermes, celui-ci en bordure de la route, est installé avec tout le confort moderne : salles de bains, de douches, de massage, piscine d'eau courante, buvette de la Grande-Source. Il s'adosse à la colline, englobée dans son parc, et est dominé, à dr., par des rochers, dont le principal est dit rocher du Capucin.

Les eaux. — Saison : 1er mai-1er oct.; le traitement est de trois semaines. Deux sources : la *Grande Source*, chaude (26°), qui débite 6,000 hectol. par 24 h., silicatée, sulfatée, chlorurée, sodique, phosphatée, radio-active avec traces d'arsenic, employée en boisson, douches, pulvérisations, et surtout en bains; la *source des Fées*, ferro-manganésienne, crénatée, azotée, froide (13°), employée seulement en boisson. On traite à Bagnoles les affections du système veineux, surtout les phlébites, les maladies des femmes, les rhumatismes, les dyspepsies, quelques affections du système nerveux. La source des Fées s'utilise pour les maladies où l'usage du fer est indiqué, comme l'anémie. Traitement des blessures de guerre.

Le *parc* de l'établissement (40 hect.), pris sur la forêt de la Ferté, est tout en bois : pins, hêtres, fougères, etc.; accidenté, il offre des chemins et des sentiers charmants et de magnifiques points de vue.

Pénétrant (entrée libre) dans la cour de l'établissement thermal, on trouve à g. l'*allée du Dante*, bordée par la Vée et où se trouve la source des Fées (buvette). Cette allée ombreuse, avec kiosque à musique et tennis, aboutit à la chaussée du lac de Bagnoles près du casino (p. 510). Si l'on monte, au contraire, un sentier derrière l'établissement thermal, on trouve la *chapelle*, de la fin du XVIIe s., où on dit la messe tous les jours pendant la saison : elle renferme une Descente de croix, peinte par *le Garofalo*, et donnée par le marquis de Somma-Riva en reconnaissance d'une cure faite à Bagnoles. — On s'élève ensuite (promenade recommandée) sur le faîte de la colline par un bon chemin forestier avec bancs, en appuyant vers la dr., et l'on arrive au-dessus du rocher du Capucin, à l'*abri Janolin* (232 m. d'alt.); il domine de 104 m. la vallée de la Vée et l'on découvre une vaste étendue boisée, rappelant les paysages vosgiens. On pourrait, en continuant au delà, sortir de l'enceinte du parc par une porte qui s'ouvre au milieu de prairies, vers Tessé-la-Madeleine et les Buards (*V.* ci-dessous).

Poursuivant la route au delà de l'établissement thermal, on continue à longer à dr. le mur du parc du château de la Madeleine et on atteint Tessé.

2 k. (de la gare). *Tessé-la-Madeleine*, où se trouvent le bureau central de la poste et l'église paroissiale, est tout en jardins, en villas et appartements meublés, en hôtels et en pensions de famille, dans un site verdoyant et tranquille. Au delà de la poste et un peu avant l'église (en venant de Bagnoles), une belle allée de sapins, à dr., monte vers l'entrée du *château de la Madeleine*, ou de la Roche-Bagnoles, moderne, en style Renaissance. Il est entouré d'un *parc* magnifique : cartes pour le visiter, aux hôtels de Bagnoles et de Tessé.

A 1 k. env. au delà de Tessé, en prenant la 1re route à g. après l'église, on atteint *les Buards*, petit hameau en pleine campagne, avec une pension de famille et des villas. Des Buards on pourrait regagner, de l'autre côté de la Vée, la forêt de la Ferté et l'une des entrées du parc de l'établissement thermal.

Environs de Bagnoles.

1° Les **forêts d'Andaine** (3,980 hect.) et **de la Ferté** (1,378 hect.), plantées principalement de chênes, hêtres, bouleaux et pins sylvestres, enveloppent Bagnoles. Elles sont giboyeuses, et les nombreux ruisseaux qui les arrosent sont peuplés de truites et d'écrevisses; la pêche en est louée par l'État à la Société propriétaire des bains.

La forêt d'Andaine est sillonnée de routes dont les principales aboutissent au *carrefour de l'Étoile* (6 k. 5 N.-O. de Bagnoles), d'où rayonnent 10 routes et qui est entouré de chênes et de hêtres séculaires, parmi lesquels le Fouteau de l'Etau. A 1 k. 3 N.-E. de l'Étoile, rendez-vous de chasse et ferme de l'Ermitage. Près de la fontaine du Château, la

Roche-au-Loup, offrant une belle vue du sommet, est une pyramide de grès quartzeux émergeant d'un chaos de rochers. Un sentier relie la gorge de la Roche-au-Loup à celle de la Roche-aux-Dames, à l'O., que parcourt le ruisseau l'Andainette et qu'avoisine un autre groupe de rochers, appelé la Roche-à-Susco et percé d'une caverne.

2° Saint-Ortaire (1 k. 5 N., à pied). — A l'extrémité de la courte avenue de la Gare on tourne à g., pour passer sous le ch. de fer et prendre à g. le chemin qui passe près de la gare des marchandises et derrière le champ de courses. On suit le chemin jusqu'à l'endroit où il tourne à g. pour repasser sous la voie ferrée. On se dirige alors à dr. vers le hameau du Bézier, où la *chapelle de Saint-Ortaire* est le but d'un pèlerinage le mardi de Pâques. St Ortaire vivait au XIe s. et mourut dans la forêt d'Andaine, près d'une fontaine qui passe dans le pays pour avoir des vertus curatives.

3° Le Gué-aux-Biches, à 2 k. N.-O., est un château moderne, avec vaste parc, appartenant à M. Christophe, fils de l'ancien directeur du Crédit Foncier.

4° Château de Couterne, chapelle de Lignou, Couterne et château de Lassay (2 k. 8, 5 k. et 17 k. 5, S. et S.-O.). — De Bagnoles on suit la route de Tessé-la-Madeleine, que l'on quitte, au delà de l'établissement thermal, pour prendre la 1re bifurc. de g., qui bientôt traverse la Vée, puis en remonte la vallée.

2 k. 8. *Château du Fai* ou *de Couterne* (on ne visite pas) précédé d'une belle avenue de hêtres et près d'un étang. C'est un édifice en briques à toits d'ardoises, entouré d'eau, construit au XVIe s. par le poète Jean de Frotté, chevalier de Marguerite de Navarre, et restauré à la fin du XVIIIe s.; il appartient encore à ses descendants. — Au delà du château on croise le ch. de fer.

5 k. *Chapelle de Lignou*, précédée d'une tour surmontée d'une statue dorée de la Vierge. Elle renferme une Vierge vénérée, qui attire de nombreux pèlerins et qui se trouvait primitivement dans un oratoire, à Lignou de Briouze : des faits criminels s'étant passés dans le voisinage, la Vierge, suivant la tradition, quitta sa demeure et fut découverte dans les rameaux d'une aubépine en fleurs, au lieu actuel, où lui fut érigée une chapelle. La chapelle ancienne, de l'époque romane, a été en grande partie refaite au XIXe s. Derrière la chapelle, qu'entoure un cimetière, une petite promenade plantée de hêtres offre une vue étendue. Un espace enclos de grilles renferme les tombes de la famille de Frotté. — De la chapelle, revenant sur ses pas, on pourrait, par la 1re route à dr., gagner Antoigny (3 k. ; p. 513).

6 k. *Couterne*, station de ch. de fer (p. 506). — 17 k. 5. *Lassay* (hôt. : *de Normandie*, T.C.F.; *de la Poste*), où se voit un *château* du XIVe s., avec 5 tours; les bâtiments d'habitation ont été remaniés au XVIe s. A 1 k. de Lassay, ruines pittoresques du château de Bois-Thibaut (XVIe s.); à 2 k., ruines du château de Bois-Frou : beau portail de la Renaissance.

5° Le Lit de la Gione (9 k. O. aller et ret.). — On gagne, par la route de Juvigny, la Croix-Gauthier, en granit, offrant une belle vue et située près du manoir du Lys de la Vallée (hôt.-rest.; thé à la mode). Au delà on parvient au sommet de la colline : très beau panorama. Derrière la croix, un sentier (600 m. env.) conduit au dolmen appelé le Lit de la Gione. En prenant en face de la croix le 1er sentier à g., on revient par le château de la Roche-Bagnoles et la route de Tessé.

6° Antoigny, gorges de Villiers, Saint-Antoine, Monceaux (25 k. 5 S.-E. et S. aller et ret.). — A l'extrémité de l'avenue de la Gare on tourne à g., pour passer sous le ch. de fer et entrer dans la forêt de la Ferté. — 1 k. 7. On prend une route à dr., qui continue à traverser la forêt dans sa longueur. — 4 k. On laisse une route à dr. qui gagnerait aussi Antoigny. — 5 k. On tourne à dr. pour suivre le vallon de la Maure, affluent de la Gourbe, et qui forme un bel étang, au bord duquel est une filature.

7 k. 5. *Antoigny* : dans l'église, on voit des retables ornementés, dont le principal encadre une copie de l'Assomption de Poussin. A dr. de l'église on prend un chemin rapide qui traverse la Gourbe (8 k.). — Après avoir gravi une butte, on tourne à g., pour traverser une ferme d'où plusieurs sentiers accèdent à un plateau couvert de bruyères : belle vue. Puis on parvient au bord d'un grand escarpement dominant les *gorges de Villiers*, aux blocs de rocs entassés, et dominées par des sapins sur l'autre versant. Un sentier descend au bord de la Gourbe, que l'on pourrait passer sur un tronc d'arbre pour aller voir, dans une dépression du bois de Magny, la chapelle Saint-Antoine, fondée au VIe s. par un ermite; pèlerinage.

On revient à Antoigny (13 k. 5). — D'Antoigny on vient reprendre (14 k.) la route de la Ferté-Macé à Méhoudin, que l'on suit vers la g.

15 k. 5. Une belle allée, longue de 1 k., à g. de la route, précède le *château de Monceaux*, ancienne capitainerie, construit sous Louis XV et incendié en 1793. Les communs, dans la cour, à dr., sont habités par les propriétaires; les bâtiments de g. par le fermier. Les *jardins* à la française sont fort beaux, avec leurs ifs et leurs charmilles, et s'inclinent vers la Gourbe.— 17 k. Méhoudin, où l'on prend à dr. la route de Couterne.

20 k. *Couterne* (p. 506), où l'on reprend la route de Bagnoles (25 k. 5) par le château de Couterne (ci-dessus 4°).

7° La Bertinière et Saint-Maurice (21 k. 5 N., aller et ret.). — De Bagnoles on remonte la vallée de la Vée. — 2 k. 8. *Saint-Michel-des-Andaines*. On suit la route de la Sauvagère, qui continue à remonter le vallon de la Vée. — 5 k. *Etang de la Forge*, qui était voisin d'anciennes forges. — 8 k. *La Sauvagère* : église avec clocher du XIVe s. On suit, pendant 1 k. 4, la route de la Ferrière, à g. de laquelle on prend le chemin de *la Bertinière*, dont l'allée couverte, appelée la *Grotte-aux-Fées*, a env. 15 m. de long sur 1 m. 50 de large. On revient à la Sauvagère (12 k.), pour y prendre la route de la Ferté-Macé. — 14 k. 5. *Saint-Maurice-du-Désert* : *château* du XVIIe s., avec ameublement de l'époque Louis XV, et entouré d'un beau parc. De Saint-Maurice, qui est à 4 k. de la Ferté-Macé (p. 473), on reprend la route de Saint-Michel-des-Andaines (19 k.). — 21 k. 5. *Bagnoles*.

8° De Bagnoles à Domfront : — ch. de fer de Bagnoles à Couterne et de Couterne à Domfront (p. 473 et 506); — route magnifique de 19 k. N.-O., qui traverse pendant 14 k. la forêt d'Andaine et passe au carrefour de l'Etoile (6 k. 5, p. 511). — Pour Domfront, p. 506.

De Bagnoles a Couterne et a Briouze, p. 473 en sens inverse.

Distances par la route, de Bagnoles à : Alençon, 47 k.; Argentan, 37 k.; Caen, 70 k.; Falaise, 38 k.; Mortain, 45 k.; Paris, 234 k.

47. — GRANVILLE ET SES ENVIRONS

Voies d'accès, et prix des billets de Paris, p. 455.

GRANVILLE, ville de 11,347 hab. (les *Granvillais*), port de pêche et de commerce, station balnéaire très fréquentée, occupe une situation pittoresque, qui l'a fait surnommer le « Monaco du Nord », sur un promontoire rocheux, dit Roc de Granville.

Au pied et au S. de ce rocher, qui porte la vieille ville, ou ville haute, s'est développée, autour du port, toute une ville moderne et commerçante, au débouché du vallon du Bosq.

Les ressources sont abondantes et on peut vivre à tous prix. Il y a plage et casino; le va-et-vient perpétuel des touristes et des baigneurs donne à Granville une grande animation. Le port est un des points d'embarquement pour les îles Chausey et pour Jersey, excursion classique, avec celle du Mont-Saint-Michel. La ville a un réseau complet d'égouts.

Granville, qui est, avant la Bretagne, la dernière ville maritime du littoral normand, est déjà d'aspect un peu breton. Sous plus d'un rapport, la vieille ville, ses rues étroites et les remparts qui l'entourent rappellent Saint-Malo. Comme à Saint-Malo, les marées atteignent une grande amplitude. La différence, en morte-eau, entre la pleine et la basse mer, est déjà de 4 m. 80 env.; aux grandes marées d'équinoxe, elle peut dépasser 14 m. Le climat est un des plus doux de Normandie; les figuiers sont nombreux dans les jardins.

De Granville dépendent quelques petites stations balnéaires : Donville, Saint-Pair, Jullouville, Carolles, etc.

Omnibus de ville.

Hôtels (en majorité ouverts toute l'année) : — près de la gare : *des Voyageurs*, montée du Calvaire (chauff.); *de la Gare* (chauff.; clientèle de marins).

En ville : de grand luxe : **Normandy* (Pl. *a* C1), sur la plage, T.C.F. (réquisitionné pendant la guerre); — confortables : *Grand-Hôtel* (Pl. *b* C2), r. Couraye, 15, T.C.F. (50 ch.; chauff., bains, gar.); *du Nord et Trois-Couronnes* (Pl. *c* B-C1), r. Le-Campion, T.C.F. (tennis); *Houlleyatte* (Pl. *d* C1), cours Jonville, 26 (omn., gar.); — plus simples : *d'Angleterre* (Pl. *e*, C2), r. Couraye (21 ch.; gar.); *de Paris*, r. du Dr-Letourneur (jardin, gar.); *Delarue*, sur le quai.

Restaurants : — *du Casino*, 1er ordre; café-rest. *de l'Univers*, r. des Juifs, 90, en face de la plage, plus simple; nombreux petits restaurants.

Cafés : — *Houssin*, *de l'Union*, *du Commerce*, tous rue Le-Campion.

Agences de location : — *Duclos*, route de Coutances, 5, près du casino; *Méquin*, route de Coutances, 4, près du casino; *Agence Granvillaise*, r. aux Juifs, 39.

Poste : — bureau central, r. Le-Campion, 9; bureau auxiliaire, montée du Calvaire près de la gare.

Banques : — *Banque de France*, cours Jonville; *Société Générale*, r. Le-Campion, 12.

Voitures de place : — stations à la gare, à la plage, au cours Jonville, au bateau de Jersey aux heures d'arrivée; — *tarifs* : du bateau à la gare, 3 fr.; l'heure en ville, 4 fr.; la journée, 30 fr. — Taxis-autos : demander tarif.

Loueurs de voitures : — *Lequeux*, r. Couraye, 67, et r. Le-Campion, 12; *Vidcoq*, route de Coutances.

Location d'autos : — *Modern-Garage*, r. Couraye, 100; *garage Duchêne*, r. Clément-Desmaisons.

Excursions collectives : — au *Mont-Saint-Michel*, par Genêts (p. 528), et excursions diverses : voir les affiches.

Bateaux : — pour *Jersey* et les *Iles Chausey* (p. 521 et 522); pour *Saint-Malo*, *Cancale* et divers points du littoral normand ou breton, s'adresser r. Le-Campion au bureau des Courtiers maritimes.

Bains de mer : — cabines et costumes.

Casino : — réquisitionné.

Théâtre et cinéma : — *Granville-Palace*, bd d'Hauteserves.

Syndicat d'initiative : — r. Couraye, 2, à la pharmacie (téléph. 80; renseignements gratuits).

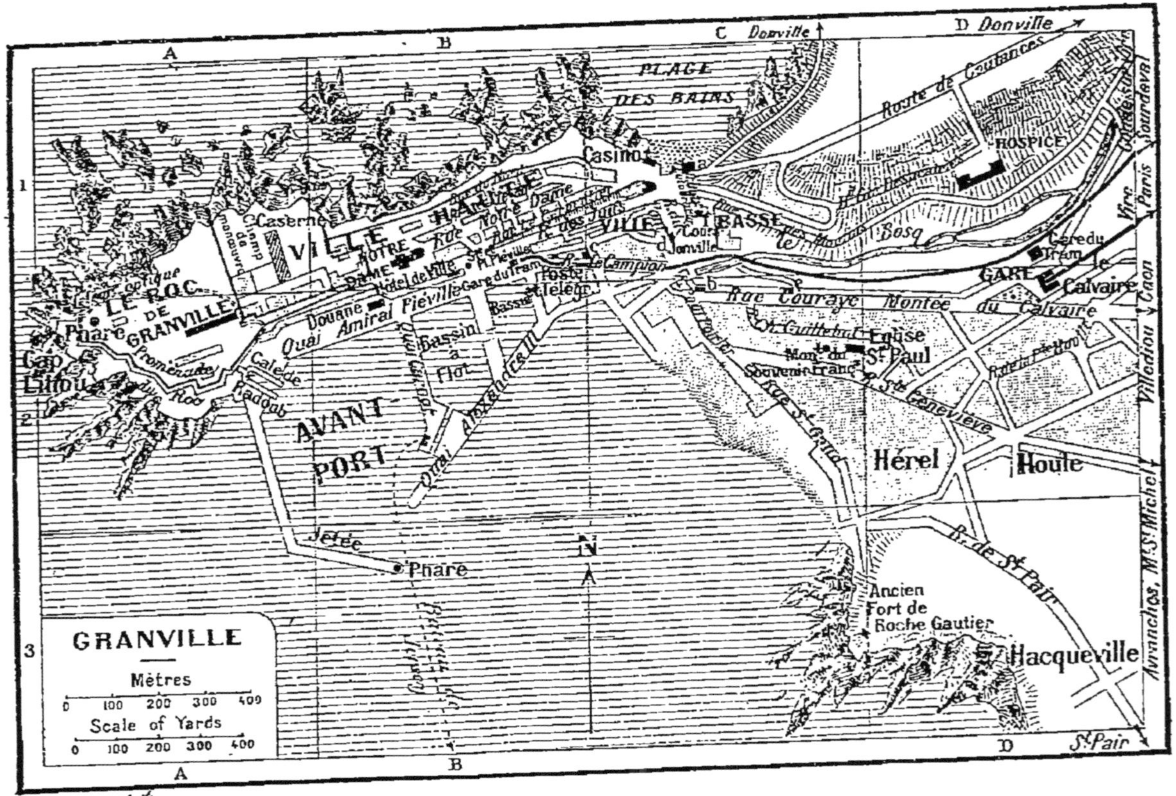

GRANVILLE
Mètres
0 100 200 300 400
Scale of Yards
0 100 200 300 400
LE ROC DE GRANVILLE
Phare
Cap Lihou
Promenade
Caserne
Champ de manœuvre
VILLE HAUTE
NOTRE DAME
Rue Notre Dame
Hôtel de Ville
PLAGE DES BAINS
Casino
VILLE BASSE
Cours Jonville
Douane
Quai Amiral Pléville
Gare du Tram
Poste Télégr.
Bassin à Flot
Calle de Radoub
AVANT PORT
Jetée
Phare
Quai Alexandre III
Rue Couraye
Montée du Calvaire
Église St. Paul
Mon.t du Souvenir Franç.
Rue St. Geneviève
Hérel
Houle
Ancien Fort de Roche Gautier
Hacqueville
R. de St. Pair
Route de Coutances
HOSPICE
Bosq
Gare du Tram
GARE
Calvaire
L. Hermann del.t

Histoire. — Une chapelle, construite au XIIe s. sur le rocher de Granville, fut l'origine de la cité actuelle. Mais les premiers ouvrages exécutés, pour compléter l'abri offert aux vaisseaux par la pointe du Roc, ne paraissent pas antérieurs au XVIe s. Après être resté quelque temps aux mains des Anglais, Granville fut reprise, en 1441, par des gentilshommes normands à la tête desquels était Louis d'Estouteville, gouverneur du Mont-Saint-Michel. En 1695 les Anglais bombardèrent à nouveau la ville. Les fortifications, démolies par ordre de Louis XIV, furent relevées en 1720 et augmentées en 1744. En 1793, Granville opposa une énergique résistance à l'armée vendéenne, forte de 20,000 hommes, commandée par La Rochejacquelein; celle-ci fut contrainte à lever le siège, comme le rappelle une inscription placée, en 1893, au-dessus de la Grande-Porte (p. 517). En 1803 les Anglais bombardèrent Granville; les habitants se défendirent avec courage.

Granville fut le point de départ de nombreux corsaires qui, pendant les luttes entre la France et l'Angleterre, causèrent à celle-ci de grands dommages.

A Granville sont nés : l'amiral *Pléville le Pelley* (1726-1805), mousse, corsaire, ministre de la Marine sous le Directoire; *Le Tourneur* (1751-1817), membre du Directoire; *Maurice Orange*, peintre (1867-1916).

Industrie et Commerce. — Construction de navires; salaisons de poissons; fabrication d'huile de foie de morue. Pour le port, p. 518. L'élevage des huîtres se pratique à Granville : de la même espèce que celles de Cancale, elles sont draguées par les pêcheurs granvillais dans la baie du Mont-Saint-Michel, puis déposées dans des parcs.

La gare de l'Etat est voisine de la gare départementale des ch. de fer d'Avranches par la côte (p. 523) et de Condé-sur-Vire (p. 522). Une courte avenue amène à la rue dite Montée du Calvaire, que l'on descend vers la dr., et qui devient bientôt rue Couraye : nombreux hôtels et restaurants.

A g. dans la rue Couraye, la rue Ch.-Guillebot monte à l'*église Saint-Paul*, vaste édifice moderne, de style roman, avec 3 tours inégales à la façade et une grosse tour-lanterne à coupole; l'abside est restée inachevée. A l'intérieur, 2 belles coquilles servent de bénitiers. Par derrière, petit square. L'église est bâtie sur une terrasse, qui précède un long escalier construit sur le roc; sur cette terrasse s'élève le monument aux morts pour la patrie, par Delteil.

La rue Couraye aboutit à un carrefour : à dr. le *cours Jonville*, planté d'arbres, bordé par la petite rivière du Bosq, est l'endroit le plus vivant de Granville; à g. la *rue Le-Campion*, rue principale de la ville basse, où est la poste, mènerait directement au port (p. 518).

Du cours Jonville, la rue Paul-Poirier puis à dr. la rue des Juifs, ou, au fond du cours, la rue du Docteur-Letourneur conduit à la plage. On laisse à dr. le buste du Dr Letourneur, maire de Granville (1846-1911), et la route de Donville (p. 519) et de Coutances; on passe entre le casino à g. et le monumental hôtel Normandy bâti sur une terrasse à dr., dans une petite tranchée qui coupe les rochers.

La *plage*, peu étendue, est de sable en majeure partie, avec quelques rochers, des galets et des varechs (pêche à l'équille ou lançon). Elle se modifie selon l'action de la mer et est tournée, au N., vers le Cotentin; la mer se retire à 1 k. Elle est dominée tout le long par une digue-promenade avec bancs, à l'ombre le matin, qui se développe sous l'hôtel et les rochers, et sur laquelle s'échelonnent les cabines. On y trouve un établissement de bains, des mâts de perroquets, des radeaux et un canot pour les baigneurs.

Du côté de la ville est le *casino* (fermé pendant la guerre), bel édifice adossé à la falaise avec café-restaurant, théâtre, cinéma et concerts; sa terrasse est bordée d'une digue que la mer vient baigner à marée haute.

Derrière le casino, un escalier, continué par un bon sentier avec bancs, monte sur la falaise, vers la ville haute. Du glacis des anciens remparts, on a en se retournant une **vue* superbe. Vers le N. par delà la plage, on découvre Donville, puis toute la côte du Cotentin, vers Regnéville (près Coutances) et Carteret; en mer, par temps clair, on voit Jersey. A l'opposé, on domine Granville, le port et les bassins à flot, l'église Saint-Paul avec ses coupoles; au delà, la station balnéaire de Saint-Pair et la côte jusqu'à la pointe de Carolles.

Franchissant les fossés des fortifications sur une petite passerelle, on aboutit à un carrefour où commencent les principales artères de la ville haute, vers laquelle on peut aussi monter du port par la place Pléville (p. 519).

La *ville haute*, qui est le vieux Granville, calme et sévère d'aspect, couronne la presqu'île rocheuse de ses maisons de granit; on remarque quelques vieilles boutiques d'artisans. A dr. du carrefour, la rue du Nord, malpropre, mais offrant un coup d'œil superbe surtout par les gros temps, longe l'ancien rempart en face de la pleine mer. A g., la rue Le-Carpentier suit le rempart du côté opposé, en dominant la ville basse et le port, jusqu'à la *Grande-Porte*, en contre-bas, par où on descendrait vers le port, et qui a conservé ses chaînes et son pont-levis : une inscription rappelle la conduite héroïque de l'officier municipal Clément Desmaisons et de ses administrés, pendant le siège de la ville par les Vendéens, en 1793 (*V. Histoire*, p. 516).

Entre les rues du Nord et Le-Carpentier, la rue Notre-Dame, parallèle aux deux précédentes, est l'artère centrale de la ville haute. A la hauteur du n° 16, une ruelle conduit à la mairie.

On voit à la mairie un petit *musée*, public les mardi, jeudi et samedi, de 15 à 17 h., le dim. de 10 h. à 11 h.; les autres j., s'adresser au concierge, pourboire. Quelques tableaux : les Corsaires, Bonaparte faisant exécuter des fouilles en Egypte. Portrait d'une centenaire et la Mort de Clément Desmaisons, par *Maurice Orange*; Marine, par *Isabey*; Paysage, par *Courbet*. Belle pendule de style Louis XVI. — Un petit musée d'histoire naturelle, souvent fermé, y est adjoint.

Continuant la rue Notre-Dame, on arrive à l'abside de l'église Notre-Dame et à la place du Parvis.

L'**église Notre-Dame* est bâtie sur le faîte du roc de Granville. Elle est construite en granit et a subi de nombreux remaniements. Primitivement romane, elle a été refaite en majeure partie, au XVIe s., dans le style flamboyant. De nouvelles réfections ont eu lieu au XVIIe s. La façade et les flancs de l'édifice ont une ornementation Louis XIII. La *tour* centrale, courte et carrée, avec 4 gargouilles à ses angles, se termine par une balustrade ajourée et une flèche de pierre, de style flamboyant : du sommet on jouit d'une vue magnifique (recommandé; s'adresser au sacristain, pourboire).

La nef est séparée en deux parties par le carré de la tour; la première est plus étendue que la seconde, et elle va en se rétrécissant vers le chœur; les deux arcs qui supportent la tour sont romans. Buffet d'orgue sculpté (XVIIe s.). Bénitier en granit, du XVe s., à g. en entrant. Chaire en bois sculpté. — Au transept dr., chapelle Saint-Nicolas, avec des ex-voto : ancres dorées, petits navires. — Le chœur, gothique, et plus large que la nef, a des restes d'arcades romanes, plus ou moins défigurées. Au déambulatoire, à g., tableau du XVIIe s., Assomption. — De nombreuses pierres tombales sont encastrées dans le sol de l'église.

Devant le portail de l'église se trouve un petit square, avec un monticule qui est le point culminant de Granville.

Du parvis de Notre-Dame, par la *poterne de la Porte-des-Morts* et l'escalier des Vaches-Noires, on descendrait au port, derrière la douane (*V.* ci-dessous).

Sortant de l'église par la façade, on descend à dr. du parvis, on passe sous une porte de ville dite porte de la Caserne, et, laissant à g. une partie intéressante des anciens remparts qui s'arrêtent ici, on contourne sur la dr. les casernes d'infanterie qui coupent de ce côté le pourtour de la presqu'île. On suit une route, en partie plantée d'arbres, qui domine le port à g. A l'extrémité, devant une barrière, on prend à dr. pour couper en diagonale le champ de manœuvres, en gagnant par la dr. le phare et l'extrémité du promontoire du **roc de Granville**.

A la pointe du rocher, ou *cap Lihou*, se trouvent un phare (47 m. d'alt.), un sémaphore dont les gardiens font visiter le phare (rémunération), et un poste de télégraphie optique. On aperçoit en mer, en face de soi, les îles Chausey, distantes de 16 k., et, par les temps clairs, en face à g., la côte de Cancale; plus à g., la pointe de Carolles cache le Mont-Saint-Michel. A marée basse émergent de partout de nombreux récifs.

Un bon sentier avec bancs, très pittoresque, dit **promenade du Roc*, un peu escarpé au départ et coupé d'escaliers, descend sous le cap à un rond-point et contourne le promontoire à g., puis des anses sauvages, en dominant à dr. la mer et les rochers. Il laisse en contre-bas la grotte Lihou, d'accès difficile, où l'on va seulement à marée basse : on peut s'y faire conduire par un gardien du sémaphore. On descend en pente douce vers le port, où l'on trouve d'abord, à dr., la cale de radoub et l'avant-port.

Le **port** de Granville s'adosse à la face S. du roc. Les maisons s'appuient à la falaise, contre laquelle elles sont plaquées à la file.

Le port fait surtout le commerce des charbons, phosphates, pyrites, bois et sel. Un grand nombre de bateaux se livrent à la pêche du poisson, dans les eaux littorales, et, à certaines époques de l'année, à celle des huîtres. Enfin les Granvillais arment des goélettes pour la pêche de la morue, à Terre-Neuve, Saint-Pierre et Miquelon.

L'*avant-port*, qui couvre 13 hect., assèche à marée basse et est protégé par une longue *jetée* de granit de 540 m., portant un phare à son extrémité. Il est longé par le quai Amiral-Pléville, d'où se détache, en face de la douane, le quai Carnot, qui sépare l'avant-port des bassins à flot et où se trouve l'accostage des bateaux de Jersey.

Puis on rencontre successivement les deux *bassins à flot*, où des écluses retiennent l'eau à marée basse, et l'on arrive à la place Pléville, avec square, où se voit la statue de l'*amiral Pléville le Pelley* (1726-1805), en bronze, par Jean Magrou (1907). On y trouve la gare départementale terminus des ch. de fer d'Avranches par la côte et de Condé-sur-Vire.

De la place Pléville on peut : soit rejoindre par une rampe la base du rempart et la rue des Juifs, où la Grande-Porte (p. 517) communique avec la ville haute, et où l'on regagnerait au contraire, vers la dr., la plage et le casino; — soit prendre à dr. la rue Le Campion (p. 516), qui ramène au cours Jonville, à la rue Couraye et à la gare.

Donville-les-Bains, petite station balnéaire tranquille, bourg de 1,115 hab., est en quelque sorte le prolongement de Granville vers le N.-E.

Gares : — Etat, à Granville (1 k. de l'entrée du bourg); omn. 1 fr.; — arrêt du ch. de fer départemental d'Avranches ou de Condé (p. 522 et 523).

Hôtels : — **de la Plage*, sur la falaise, T.C.F. (gar., jardin); *Méquin* ou *A ma campagne*, sur la route, T.C.F. (gar., jardin; simple); *Beauséjour*, sur la route (simple); *Couvert*, à la gare (rest. avec ch.).

Agence de location : — *Mlle Méquin*, à Granville (à la Tranchée).

Bains de mer : — cabines et buvettes sur la plage.

Tennis.

On se rend de Granville à Donville : — par le ch. de fer départemental (p. 522 et 523); — à pied ou en voiture : soit de la plage en prenant derrière l'hôtel Normandy (p. 516) la route de Coutances, pour bifurquer à g., à 1 k. 5 env., et descendre à la plage (2 k.); soit de la gare de l'Etat, en prenant à dr. la route qui descend dans un vallon, puis monte, entre une usine à dr. et une corderie à g., sur le plateau de Donville, où on atteint la route vers l'entrée du bourg (1 k.).

Le village, avec les villas entourées de jardins, s'étale sur un plateau élevé, le long et au N.-O. de la route de Coutances. La *plage*, à 500 m. au N.-O. de l'entrée du bourg, est très vaste et toute de sable, au pied de petites falaises : on y trouve un modeste établissement de bains et un grand nombre de cabines; la mer se retire à 1 k. L'*église*, à 1 k. au N. du centre du village, date en partie du XIIIe s. On trouve à Donville les principaux fournisseurs, ainsi qu'un bureau de poste.

La plage de Donville se continue au N. jusqu'à *Bréville*, que dessert une station du ch. de fer de Granville à Condé-sur-Vire (p. 522).

Excursions de Granville.

Pour la côte au S., Saint-Pair, Jullouville, Carolles, etc., p. 523, et suivantes.

1° Abbaye de la Lucerne (route 13 k. S.-E., voit. de louage, 15 fr. env.; on peut aussi prendre le ch. de fer de Granville à Folligny et de Folligny à La Haye-Pesnel-la-Lucerne, p. 529, station située à 6 k. de l'abbaye). — Départ de Granville par la montée du Calvaire et, à dr., la route d'Avranches, que l'on suit jusqu'à (9 k. 5) Saint-Pierre-Langers, où on bifurque à g., en passant devant l'église, par la route de la Haye-Pesnel, que l'on suit durant 1 k. — 10 k. 5. On bifurque à g., puis, presque aussitôt, à dr. — 12 k. 5. On bifurque à g. et on atteint la vallée du Thar.

13 k. L'*abbaye de la Lucerne* (en latin *Lucerna*, lampe), à la lisière de la forêt du même nom, fut fondée pour des Prémontrés, en 1164. Les restes sont englobés dans une propriété privée : on visite pendant juillet, août et sept., les mercredi et samedi, à partir de 14 h.; s'adresser au concierge, pourboire. Les ruines se composent du portail de l'ancienne église (XIe s.) : porte romane avec ornements en dents de scie; à la façade, arcs du style de transition roman-gothique; tour carrée gothique (XIVe s.). L'ancien prieuré a été transformé en maison d'habitation. — De l'abbaye à la gare de la Haye-Pesnel (6 k. E.), la route passe par le village de *la Lucerne-d'Outremer* (4 k.), où se voient un château moderne et, près de l'église, un bel if.

De l'abbaye on peut revenir à Granville par Saint-Léger (1 k. de l'abbaye) et (4 k. 5) Saint-Aubin-des-Préaux. — 7 k. On rejoint la route d'Avranches à Granville, que l'on suit à la dr. — 13 k. *Granville*.

2° De Granville au Mont-Saint-Michel (excursion de 1er ordre, indispensable). — *A*. Ch. de fer, Etat. de Granville à Folligny (changement de train) et de Folligny à Pontorson, d'où un tram à vap. conduit au Mont-Saint-Michel (p. 536).

B. — Route 47 k. 5 S.-E. Départ de Granville par la rue Couraye et la Montée du Calvaire. — 1 k. On bifurque à dr., par la route d'Avranches, qui file en ligne droite, durant 23 k., en passant par Saint-Pierre-Langers (9 k., *V*. ci-dessus, 1°) et Sartilly (14 k. 5; p. 529). — 24 k. On coupe le ch. de fer près de la gare d'Avranches. — 25 k. *Avranches* (p. 530). — 31 k. Pontaubault (p. 535). — 32 k. On bifurque à dr. et on croise le ch. de fer. — 36 k. Courtils. — 38 k. 5. On atteint le littoral de la *baie du Mont-Saint-Michel* et la route côtière. — 45 k. On rejoint la route et le tram de Pontorson au Mont-Saint-Michel.

C. — Par Genêts et par les grèves, 27 k. S.-E., itinéraire pittoresque et recommandé; l'été, voitures d'excursion partant, à Granville, de chez le loueur Lequeux (r. Couraye, 67); voiture de louage, 35 fr. On peut aussi se rendre à Genêts, soit par la route, soit par le ch. de fer départemental de Granville à Avranches (p. 523-528), et prendre une voiture à Genêts pour le Mont. — De Granville on gagne Genêts : soit par la route côtière (21 k.), qui passe par Saint-Pair (3 k. 5; p. 523), Jullouville 8 k.; p. 525), Carolles (11 k.; p. 526) et Saint-Jean-le-Thomas (15 k.; p. 527); soit, par la route d'Avranches, que l'on suit jusqu'à Sartilly (14 k. 5) pour y prendre à dr. la route de Genêts (22 k. 5). — 21 k., ou 22 k. *Genêts* (p. 528). Des voitures spéciales font le trajet de Genêts au Mont (p. 528).

Pour la description du Mont-Saint-Michel, p. 536.

3° **De Granville à Saint-Malo.** — *A*. Ch. de fer Etat, de Granville à Folligny (changement de train), de Folligny à Dol, par Pontorson (*V*. ci-dessus, 2°), et de Dol (changement de train) à Saint-Malo : 15 fr. 45, 10 fr. 45, 6 fr. 80 ; aller et ret. 3 j., 23 fr. 20, 16 fr. 70, 10 fr. 90.

B. — Route 90 k. S.-O., par *Avranches* (25 k. : ci-dessus, 2°) et Pontaubault (31 k. ; p. 535). — 32 k. 5. On laisse à dr. la route du Mont-Saint-Michel (*V*. ci-dessus, 2°). — 46 k. *Pontorson*. De Pontorson, 2 routes d'égale longueur (44 k.) conduisent à Saint-Malo ; l'une par Champ-Blot, Baguer-Pican, Dol, la Gouesnière-Cancale et Saint-Servan ; l'autre par Saint-Georges-de-Gréhaigne, le Vivier-sur-Mer, Saint-Benoît-des-Ondes et Paramé.

C. — Bateau à vap. l'été : excursions indiquées par affiches.

Pour la description de Saint-Malo, *V*. le Joanne : *Bretagne*.

4° **Iles Chausey** (bateau à vap. l'été, 16 k. en 1 h. env. ; toute l'année, service par bateau à voile du courrier postal : on traite de gré à gré. — L'archipel des îles Chausey, qui appartient à la France, forme un groupe d'îlots ou d'écueils d'un développement moyen de 12 k., séparé en deux parties inégales par le canal des Huguenans. Les roches qui constituent l'archipel sont de nature granitique, disposées par strates horizontales dans l'intérieur des terres et brusquement inclinées vers la mer. A marée basse on peut compter plus de 300 de ces îlots ; à marée haute il en émerge à peine une cinquantaine. Les grèves qui les séparent sont alors envahies par les eaux et transformées en un dédale de chenaux, peu praticables à cause des hauts-fonds. Le plus grand de ces îlots est la Grande-Ile (*V*. ci-dessous), au S.-O. Les autres îles présentant quelque végétation sont : *la Genetaie*, où se voit un dolmen ; *la Houllée* ; *la Meule* : source d'eau douce, vestiges d'un couvent ; *l'île aux Oiseaux*, à l'O. de la Grande-Ile ; au N., *l'Enseigne*, *l'île Plate* et *le Grand-Romont* ; à l'E., *l'île Longue*, *l'île d'Ancre* ou *d'Anneret*, avec une belle prairie, et *les Huguenans*. L'îlot le plus rapproché de Granville (11 k.), appelé *la Conchée*, n'a que 8 à 9 ares.

La *Grande-Ile* (hôt. : *des Iles*, juin à oct. ; *du Fort*, toute l'année), est celle que visitent les touristes. C'est la seule habitée. Elle couvre 55 hect. et a 1 k. 5 de long. On pénètre, pour débarquer, dans une baie circulaire appelée le *Sound*, où des canots viennent prendre les passagers. Les bords de la baie sont dominés par des éboulis de rochers rougeâtres, affectant les formes de prismes, de cônes et de pyramides, les uns nus et déchiquetés, les autres recouverts de varechs. A marée basse, le flot, en se retirant, laisse à nu un lit de mousses et d'algues marines qui donne à distance l'impression d'une prairie. On se baigne sur la *Grande-Grève* et dans *l'anse de Port-Marie*.

Un sentier qui part de la cale de débarquement conduit en quelques min. à *la Ferme*, qui est le centre du village et une merveille pour la splendeur de la végétation. Outre des champs de luzerne et de belles prairies, avec des bêtes à cornes et des chevaux, et un très beau jardin potager avec parc, les figuiers, les myrtes, un olivier, un chêne-liège et des bosquets nombreux contrastent avec l'aridité du reste de l'île, où le lapin de garenne est commun. Après avoir visité la Ferme on peut prendre un sentier moins large, qui traverse l'île du S. au N., sur une long. de 1 k. On traverse un bas-fond marécageux, puis, suivant un isthme sablonneux à l'entrée duquel est un petit pont rustique sous lequel coule un ruisseau ou source d'eau douce, on atteint le *Gros-Mont*, point culminant de l'île et de tout l'archipel : sémaphore. — Sur la partie la plus méridionale de l'île s'élèvent un fort déclassé, un phare (37 m. d'alt.), une chapelle, un presbytère et une école. Vers le milieu de la crique de *Port-Homard* subsistent des ruines d'un vieux château, qui fut un fort, et un couvent de Cordeliers.

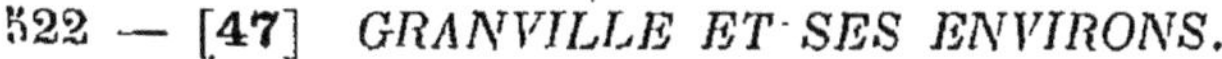

L'exploitation des carrières de granit, autrefois considérable, n'occupe plus que quelques ouvriers. La principale ressource des insulaires consiste dans la pêche du homard (10,000 env. par an) et de la grosse crevette ou bouquet : l'abondance de celle-ci y amène des pêcheurs de la côte du départ. de la Manche, de Blainville et d'Agon notamment, qui y séjournent 8 mois par an dans des masures près du rocher Tourette.

La faune marine de Chausey est très intéressante. C'est là que Milne-Edwards et Audouin entreprirent leurs remarquables recherches sur la circulation et le système nerveux des crustacés.

5° **Ile de Jersey** (bateau à vap., 55 k. en 2 h. 30 env.), p. 547.

De Granville a Cérences et Condé-sur-Vire (ch. de fer départemental, 67 k.). — La ligne part du port de Granville (place Pléville), a une halte au cours Jonville, et dessert ensuite la gare de l'État. — 3 k. et 4 k. *Donville*, à g., petit centre balnéaire, desservi par 2 stations successives (p. 519). — 6 k. *Longueville*. — 7 k. *Bréville*, à g., avec un château et une grève où l'on se baigne (p. 520). — 10 k. *Coudeville*.

12 k. *Bréhal* (hôt. *Drouet*, T.C.F.), ch.-l. de c. de 1,350 hab., ancienne baronnie, a une église moderne, surmontée d'une haute flèche. Une route de 4 k. 8 S.-O. relie Bréhal à la côte, en passant par le hameau de Saint-Martin (2 k. 4) et en traversant une lagune qui s'enfonce dans les terres, parallèlement à la mer, sur une longueur de 6 k. Une vaste *plage* de sable s'étend sur le rivage, d'où le flot se retire à 2 k.; quelques baigneurs.

13 k. *Chanteloup*, petit village avec un beau *château* de la Renaissance, qui a été attribué au célèbre architecte Hector Sohier, de Caen. A côté de ce château, tour d'enceinte et chapelle gothique, restes d'un autre château plus ancien. — 16 k. *Pont-au-Ferrey*.

19 k. *Cérences*, où on croise la ligne de Coutances à Folligny (p. 454). — 22 k. *Ver*. — 25 k. *Gavray* (hôt. *du Lion-d'Or*, T.C.F.), ch.-l. de c. de 1,382 hab., sur la Sienne, au pied d'une colline boisée. A 1 k. 5 en amont du pont de Gavray, camp romain de Châtel-Ogi. — 29 k. *Saint-Denis-le-Gast*, où est né l'écrivain Saint-Evremond en 1616. — 31 k. *Trouet*.

34 k. *Hambye* (hôt. *du Cheval-Blanc*, T.C.F.), où se voient les ruines de l'ancienne **abbaye*, de l'ordre de Saint-Benoît, fondée vers 1145 par Guillaume Pesnel. Elles sont situées dans deux propriétés. Dans la première, on visite la cuisine, la salle des Morts et une charmante salle capitulaire; dans la seconde, l'église et divers bâtiments dont l'un offre une porte romane. *L'église*, dont les ruines présentent un aspect imposant, paraît avoir été commencée à la fin du XIIe s. : le chœur, fort vaste, est un spécimen du plus ancien style gothique; les colonnes monocylindriques, à chapiteaux sculptés, de l'abside sont fort belles. — De Hambye à Villedieu-les-Poêles, 14 k. S.-E. (p. 486).

43 k. *Percy* (hôt. *du Cheval-Blanc*, T.C.F.), ch.-l. de c. de 2,532 hab. On descend dans la vallée de la Vire. — 56 k. *Tessy-sur-Vire* (hôt. *de France*, T.C.F.), a un château du XVIe ou XVIIe s., flanqué de tourelles. — 60 k. *Troisgots* avec une église, but de pèlerinage; belle vue sur la vallée de la Vire. On franchit la Vire sur un pont en ciment armé, de 26 m. d'ouverture.

63 k. *Condé-sur Vire*, où on rejoint la ligne de Vire à Saint-Lô (p. 453).

Distances par la route, de Granville à : Avranches 25 k.; Caen, 115 k.; Coutances, 29 k.; Paris, 319 k.; Saint-Lô, 53 k.; Saint-Malo, 90 k.; Vire, 56 k.

48. — DE GRANVILLE A AVRANCHES PAR LA CÔTE

Chemin de fer : départemental, 35 k.

Route : 31 k. par 3 k. 5 *Saint-Pair*; 8 k. *Jullouville*; 11 k. *Carolles*; 15 k. 5. *Saint-Jean-le-Thomas*; 21 k. *Genêts*. Au delà de Genêts on s'éloigne définitivement de la mer; 30 k. *gare d'Avranches*; 31 k. *Avranches-Ville*.

Le ch. de fer départemental d'Avranches a sa gare terminus au port de Granville (place Pléville) et une halte au cours Jonville, pour desservir ensuite la gare de l'Etat. — 5 k. *Donville*, desservie par les 2 stations de Donville-Blancs-Arbres et de Donville-Triage (p. 519). Croisant la ligne de Paris, on gagne, par un long circuit, la côte S. de Granville. — 6 k. *Saint-Nicolas*, avec des usines pour la fabrication de l'acide sulfurique et des engrais. On franchit la Saigne.

7 k. **Saint-Pair-sur-Mer**, bourg de 1,320 hab., station balnéaire familiale, très fréquentée, avec de nombreuses ressources en hôtels et en locations meublées. La plage est très belle et la proximité de Granville a contribué à son succès.

Omnibus : — en saison, à la gare de Granville.

Hôtels : — **des Bains et de la Plage* (l'été; gar., les tarifs peuvent être majorés en août); *de Saint-Pair* (toute l'année); **Nouveau-Saint-Pair* (toute l'année; gar., tonnelle); *Hachard*, T.C.F. (l'été; 8 ch.; rest.); *du Commerce*.

Restaurants : — quelques petits restaurants.

Agences de location : — *Legallais*; *Thomasse*. S'adresser aussi aux agences de Granville.

Loueurs de voitures : — à l'hôtel du Commerce; aux autres hôtels, pendant la saison.

Bains de mer : — cabines et costumes; bains de mer chauds.

Casino : — entrée 50 c. (sans le théâtre); abonnements 30 fr. la saison.

En voiture ou à pied, on se rend directement de Granville à Saint-Pair par une route de 3 k. 5 S.-E., ensoleillée l'été, mais offrant de beaux points de vue. On suit la rue Saint-Sauveur en laissant tous les chemins ou rues qui sont à g.; vue, en arrière, sur Granville et le port. Après l'usine à gaz à dr., la route monte, et laisse à dr. le petit promontoire rocheux de la *Roche-Gauthier* qu'on peut gagner en quelques min., et d'où l'on a une belle vue sur le port et Granville : c'est de là que les Vendéens canonnèrent la ville en 1793. La route descend vers une anse (1 k. 8), où est la petite *plage de Hacqueville*, modeste station balnéaire en formation, entre les pointes de la Roche-Gauthier au N.-O. et de la Crète au S.-E.; la mer y découvre des sables et rochers à 1 k. 5; quelques chalets à louer et logements chez l'habitant; s'adresser aux agences de Granville ou de Saint-Pair. — Après Hacqueville, forte montée sur un plateau d'où l'on voit Saint-Pair et sa vaste plage, vers laquelle on descend.

De la gare on descend vers la place principale du bourg, où sont les principaux fournisseurs, des hôtels, les agences de location, et au delà de laquelle est l'église.

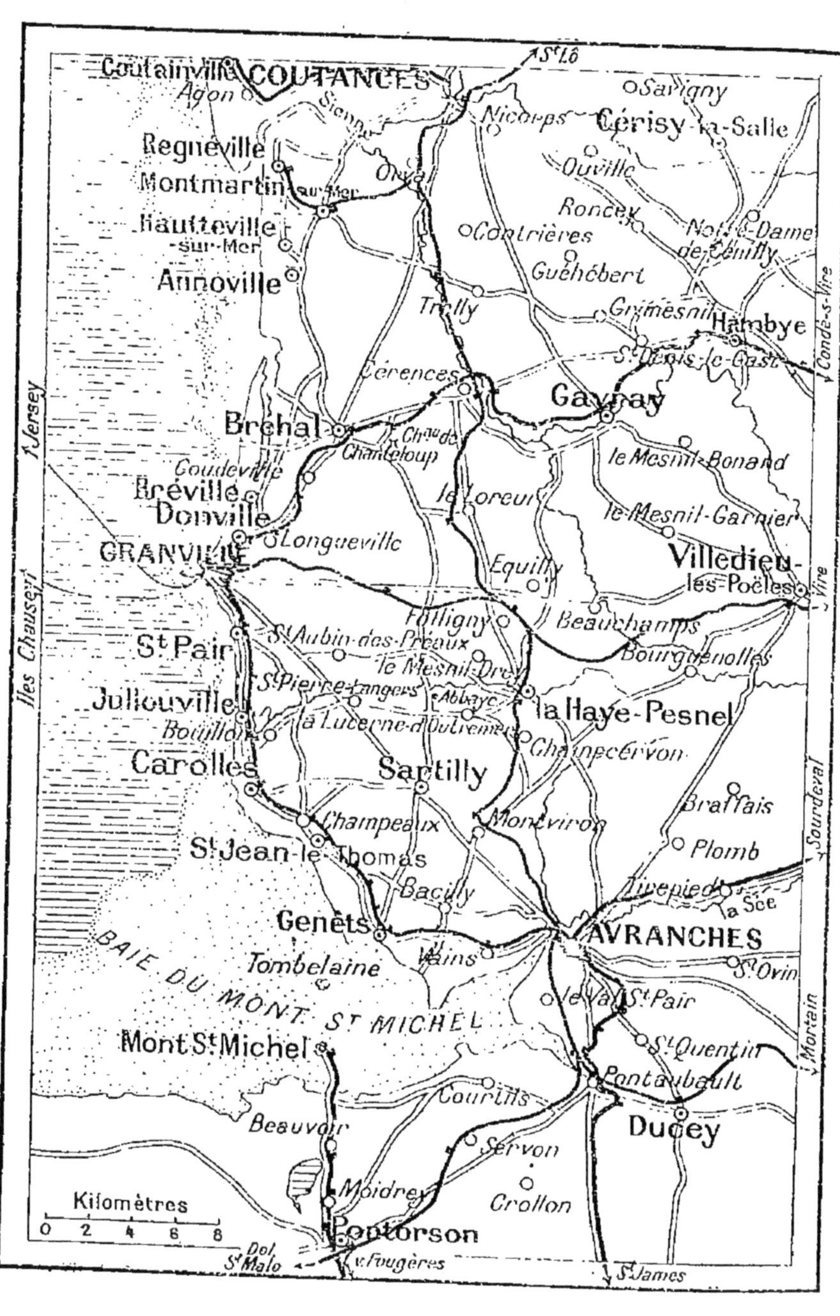

Coutainville
COUTANCES
St Lô
Agon
Sienne
Savigny
Nicorps
Cérisy-la-Salle
Regnéville
Montmartin-sur-Mer
Orval
Ouville
Roncey
Hauteville-sur-Mer
Contrières
Notre-Dame de Cenilly
Guéhébert
Annoville
Trelly
Grimesnil
Hambye
Condé-s-Vire
St Denis-le-Gast
Cérences
Gavray
Bréhal
Chaude Chanteloup
le Mesnil-Bonand
Coudeville
Bréville
Donville
le Loreur
le Mesnil-Garnier
Jersey
GRANVILLE
Longueville
Villedieu-les-Poëles
Equilly
Vire
Iles Chausey
Folligny
Beauchamps
St Pair
St Aubin-des-Préaux
Bourguenolles
le Mesnil-Drey
St Pierre-Langers
Abbaye
la Haye-Pesnel
Jullouville
la Lucerne-d'Outremer
Bouillon
Champcervon
Carolles
Sartilly
Braffais
Sourdeval
Champeaux
Montviron
Plomb
St Jean-le-Thomas
Bacilly
Tirepied
la Sée
Genêts
AVRANCHES
Vains
St Ovin
Tombelaine
BAIE DU MONT ST MICHEL
le Val St Pair
Mortain
Mont St Michel
St Quentin
Pontaubault
Courtils
Ducey
Beauvoir
Servon
Moidrey
Crollon
Kilomètres
0 2 4 6 8
Pontorson
Dol
St Malo
v. Fougères
St James

L'*église fut fondée en 540, sur l'emplacement du tombeau de St Gaud, par St Paterne ou St Pair, venu du Poitou pour évangéliser le pays auquel il a donné son nom. Primitivement romane, remaniée au XVe s., elle fut rebâtie presque entièrement en 1877 en style gothique. Son *clocher* de pierre en pyramide, flanqué de 4 clochetons, date du XVe s.

L'intérieur a une seule nef. A dr. et à g. du chœur, 2 chapelles, à 2 travées chacune, forment l'amorce d'un déambulatoire. Dans la chapelle de dr., grand crucifix en bois du XVIe s.; dans celle de g., sur un autel ancien à table de pierre, *statue de la Vierge* en pierre, dite N.-D. de Consolation, du XVe s., déparée par des peintures et dorures modernes. A l'entrée du chœur, on remarque les arcades et piliers romans, à chapiteaux sculptés, seul reste de l'église primitive; l'ancien déambulatoire a été en partie muré, en partie transformé en chapelles pendant la reconstruction (*V.* ci-dessus). A dr., au mur, bas-relief en terre cuite, Jésus sur le lac de Génésareth. Au pavé, pierres tombales. Au fond du chœur, jolis chapiteaux du XIIe s.; au centre, *tombeaux*, du XIVe s., de St Pair et de St Scubillion, qui vécurent au VIe s., statues modernes, dans une chapelle à g., sous une grande châsse vitrée, reliques de St Gaud, évêque d'Evreux au IVe s., et sa statue couchée en cire, moderne, avec des vêtements sacerdotaux.

Outre l'église, on voit à Saint-Pair la vieille *chapelle Sainte-Anne*, au bord de la route, qui semble une simple maisonnette, et la *fontaine de Saint-Gaud* qui sort des sables à quelques mètres de la mer.

Au delà de l'église on descend vers la *plage*; celle-ci est de beau sable, mêlé de coquillages. Elle est bien aménagée et pourvue d'un établissement de bains avec bains de mer chauds, de nombreuses cabines, cordes et mâts de perroquet. A marée basse, la mer découvre des rochers à 1 k. du rivage. La plage, d'où l'on a une vue magnifique sur Granville, est bordée par le *casino*.

A 1 k. au S. de la plage se trouve la petite *fontaine Sainte-Anne*, minérale, digestive, située sur la grève, à l'embouchure du Thar, petite rivière côtière qui vient de Jullouville. Elle passe pour avoir jailli d'un caillou que St Pair frappa avec son bâton.

Au delà de Saint-Pair le ch. de fer se rapproche de la côte, qu'il longe parallèlement à la route. On franchit le Thar.

11 k. **Jullouville**, station balnéaire de formation récente sur des petites dunes de sable, dans un pays jadis dénudé, planté auj. de pins et de jeunes arbres. On y trouve des locations meublées et les principaux approvisionnements, qui se complètent à Saint-Pair.

Hôtels : — *du Casino*, T.C.F. (30 ch.; bains, gar., jardin); *Chevalier* (30 ch.; gar., jardin et tennis); *des Bains*.

Agence de location : — *Mme Romain*.

Casino : — à l'hôtel du Casino; entrée gratuite, sauf pour les concerts et représentations.

Bains de mer : — location de cabines. Bains de mer chauds : 2 fr.

La station balnéaire de Jullouville se compose d'un certain nombre de chalets alignés en bordure de la mer, le long d'une vaste *plage* de sable. La mer se retire à 1 k. 5, en découvrant quelques rochers. Au N., on aperçoit Granville (7 k. à vol d'oiseau).

En suivant la côte dans cette direction on trouve, à dr., à 600 m. de la route, la *mare de Bouillon*, étang de 58 hect. Au delà on atteint la petite rivière côtière du Thar, qui sort de la mare pour aller se jeter dans la mer, vers Saint-Pair. — Au S., le rivage se relève et l'horizon est fermé par la pointe de Carolles (2 k.; *V.* ci-dessous). Cette pointe cache le Mont-Saint-Michel; on découvre au delà la côte bretonne.

Jullouville dépend de *Bouillon*, centre communal : une route de 1 k. 5 le relie à la route côtière de Jullouville. L'église a été remaniée au XVIIe s. Le village domine la mare de Bouillon (*V.* ci-dessus). Au delà de l'église, la route rejoint à Saint-Pierre-de-Langers (4 k.) la route intérieure de Granville (9 k. 5 à g.) à Avranches (15 k. 5 à dr.).

Au delà de Jullouville le ch. de fer s'éloigne un peu de la mer que la route continue à longer; le pays devient plus accidenté.

13 k. **Carolles** (halte de Carolles-Plage), station balnéaire familiale et fréquentée, en contre-bas de Carolles-Bourg, où l'on monte en 10 min. env. et que dessert la station suivante.

Carolles est également desservi par la gare de *Montviron-Sartilly*, située à 11 k. 5 de Carolles-Bourg, et station de la ligne Avranches-Folligny (p. 529). On pourrait se faire conduire en voiture de louage de cette gare à Carolles, en écrivant d'avance aux hôtels ou aux loueurs (10 à 12 fr. env.).

Hôtels : — A CAROLLES-PLAGE : *du Casino* (toute l'année; tennis); *de la Plage*, T.C.F. ; — A CAROLLES-BOURG : *des Bains*; *Bénit*.

Loueur de voitures : — *Bécherel*.

Agences de location : — *Charley*; *Lhotellier*; *Bénit*.

Casino : — à l'hôt. du Casino.

Bains de mer : — location de cabines.

Carolles-Plage s'étend au bord d'une vaste et belle *plage* de sable, où se construisent des chalets. Tous les fournisseurs sont à Carolles-Bourg. En se dirigeant vers le S. on trouve l'hôtel de la Plage, puis le Grand-Hôtel, avec casino. La plage est fermée de ce côté par la *pointe de Carolles*, haute de 74 m., d'où l'on découvre une vue magnifique vers le Mont-Saint-Michel (14 k. à vol d'oiseau) et sa baie, et vers la côte bretonne : on aperçoit Cancale et Saint-Malo par temps clair. Vers le N. on voit Jullouville et Saint-Pair; le roc de Granville ferme l'horizon.

Carolles-Bourg, centre communal, avec logements meublés, domine Carolles-Plage. La route y monte en 10 min. env. par un vallon rocheux, couvert de landes, bordé bientôt de villas et de jardins. L'*église*, entourée du cimetière, est pittoresque d'aspect : elle a une tour centrale du XIIe s., et date en partie du XIIIe s.; à l'intérieur, la nef est coupée par 2 arcades ogivales, portant la tour. Du bourg on peut gagner directement la pointe de Carolles (*V.* ci-dessus).

Aux environs, jolies promenades dans des vallons très verts, au sol granitique : vallée des Peintres, Port du Lude, carrières de granit.

Au delà de Carolles-Plage le ch. de fer contourne la gorge du Pignon-Butor et franchit la vallée du Repeux sur un viaduc en ciment armé, pour s'élever vers Carolles-Bourg. — 14 k. *Carolles-Bourg*, station desservant l'ancien village (*V.* ci-dessus). La ligne court sur des hauteurs qui atteignent 87 m. d'alt. et qui dominent la baie du Mont-Saint-Michel. — 17 k. *Champeaux*, à 1 k. à g.

19 k. **Saint-Jean-le-Thomas**, charmant village verdoyant, adossé à des hauteurs boisées. C'est un séjour calme et de pleine campagne, aimé des artistes; on peut s'y baigner, à certaines heures (*V.* ci-dessous). Le climat est doux et le pays bien protégé des vents du nord. On trouve à Saint-Jean, outre les hôtels et quelques villas, de petites maisons paysannes, avec jardinets et vergers; très nombreux pruniers. Les approvisionnements sont suffisants.

Saint-Jean-le-Thomas est également desservi par la gare de *Montviron-Sartilly*, située à 9 k., station de la ligne Avranches-Folligny (p. 529); écrire d'avance pour une voiture.

Hôtels : — AU BOURG : *Grande-Auberge*, T.C.F. (Pâques au 15 oct.; 30 ch.; gar., bains, eau chaude et froide à tous les étages, jardin); *Petite-Auberge* ou *Touche*; *de la Plage*; *rest. Dubois*; *Gauthier*; — SUR LA MER : *Villa Jeanne-d'Arc* (jardin).
Agence de location : — *Lebreton*.
Bains de mer : — cabines.
Voitures : — à l'hôtel Touche.

De la gare on descend vers le bourg par la Grande-Rue et l'on passe devant l'église. L'*église*, à dr., est une ancienne église romane, défigurée, avec une grosse tour carrée et un porche gothique; elle est entourée par le cimetière, où l'on remarque une tombe en forme de dolmen et un if énorme. Peu après l'église, la route bifurque : celle de dr., qui s'élève sur les flancs boisés des hauts coteaux auxquels s'adosse Saint-Jean, va à Carolles.

On suit la route de g. qui, au bout de 1 k., aboutit au rivage et à la plage. La *plage*, où sont quelques cabines, se compose d'une immense étendue de sable plat, légèrement vaseux, mais résistant, ou *tangue*, sur lequel le flot recule, à marée basse, à 5 k. 5. On ne peut se baigner qu'à marée haute; la mer n'est jamais bien profonde.

Au N.-O., la côte se relève presque aussitôt à 87 m. d'alt., dominée par la route de Carolles : superbe panorama. Au S.-E., la côte se continue, plate et bordée de dunes, vers le petit cap, dit Bec d'Andaine (6 k.), voisin de Genêts (*V.* ci-dessous). Sur les vastes grèves de la baie du Mont-Saint-Michel émerge l'îlot de Tombelaine (7 k. 5 à vol d'oiseau ; p. 546); le Mont-Saint-Michel est à 2 k. 5 au delà de Tombelaine.

On voit encore à Saint-Jean les *ruines* d'un *château* féodal, ayant appartenu aux Montgomery, démantelé par ordre de Philippe Auguste.

Au delà de Saint-Jean-le-Thomas, le ch. de fer s'éloigne de la mer, qu'il perd de vue. — 22 k. *Dragey*, avec l'ancien manoir de Poterel, et qu'une route de 2 k. 8 à l'O. relie à la côte. — 23 k. *Tissey*, hameau. On se rapproche à nouveau du rivage.

25 k. **Genêts** (hôt. : *des Voyageurs*, T.C.F. ; *du Mont-Saint-Michel*; *de la Gare*; voit. pour le *Mont-Saint-Michel*, s'adresser aux hôtels), village où se pratique l'élevage des oies et des moutons, point d'accès du Mont-Saint-Michel par les grèves. Les ressources sont peu nombreuses; cependant on peut prendre pension dans l'un des trois petits hôtels, ou s'installer en meublé avec une grande simplicité. C'est un endroit intéressant surtout pour les artistes. Le centre le plus proche est Avranches (10 k.), auquel Genêts se rattache plus directement qu'à Granville.

Genêts, où aboutissait autrefois une voie romaine, a conservé, malgré un certain mouvement de touristes se rendant au Mont-Saint-Michel, un aspect de grande rusticité.

De la gare on gagne, dans le bourg, la jolie petite *église* gothique, du XIVe s., avec tour à gargouilles et à balustrade; vieux porche.

A l'intérieur, la nef est couverte en bois. Quelques tableaux anciens. Dans une vitrine, Vierge habillée à la mode espagnole. Au transept dr., vitrail moderne, par Ch. Champigneulle. Maître-autel à baldaquin du XVIIe s.

Au delà de l'église on atteint une petite rivière qui coule sur un lit de cailloux. Elle vient se perdre dans les vastes *grèves*, que l'on découvre tout à coup et d'où surgit la merveilleuse silhouette du Mont-Saint-Michel (6 k. à vol d'oiseau). Au premier plan, vers la dr., on découvre l'îlot de Tombelaine (3 k. 5; p. 546). Au bord de ces grèves, faites de sable légèrement vaseux et où campent souvent des nomades, paissent des moutons dits « prés-salés » ; des troupeaux d'oies s'ébattent dans le lit et sur les berges de la rivière.

La mer se retire à 14 k. de distance; elle remonte ensuite, principalement aux grandes marées, avec une incroyable rapidité. Le spectacle de ces grèves, avec ou sans eau, est impressionnant surtout au coucher ou au lever du soleil; nous ne saurions trop conseiller à ceux qui admirent les beaux et sévères spectacles de la nature de coucher un soir à Genêts.

DE GENÊTS AU MONT-SAINT-MICHEL : 6 k. env. par les grèves. On trouve à Genêts des voitures spéciales, montées sur de grandes roues, qui conduisent au Mont-Saint-Michel; elles sont précédées par un homme à pied, qui reconnaît les gués et les passages difficiles, où les touristes ne sauraient s'aventurer seuls sans danger. Genêts est également le point de transit des excursions qui viennent de Granville (p. 520); les touristes y changent de voitures. — Pour la description du Mont-Saint-Michel et de sa baie, p. 536.

Bec d'Andaine (route 2 k. O., ou à pied en suivant la grève vers l'O.), C'est un petit cap, où on trouve des dunes de sable et l'on peut se baigner à marée haute.

Saint-Léonard (route 5 k. 5 E. et S.-E.; station du ch. de fer d'Avranches, V. ci-dessous; on s'y rend de préférence en suivant à pied la grève au S.-E.), est un simple hameau de pêcheurs dont l'église auj. convertie en ferme, date de l'époque romane (XIIe s.) et dépendait autrefois d'un prieuré de Prémontrés. — En continuant à suivre la côte pendant 1 k. 6 au delà de Saint-Léonard, on arriverait au petit cap, dit le

Grouin du Sud, qui marque l'embouchure de la Sée, ou rivière d'Avranches, et de la Sélune, dans la baie du Mont-Saint-Michel. On pêche le saumon dans ces deux rivières, qui viennent se perdre parmi les grèves de la baie.

Au delà de Genêts on perd la mer de vue. — 28 k. *Bacilly*. — 30 k. *Vains-Saint-Léonard*, station desservant Saint-Léonard, à 1 k. 5 à dr. (p. 528). — 32 k. *Vains*. — 33 k. *Marcey*. On traverse l'estuaire de la Sée et on coupe la ligne d'Avranches à Pontorson, sur un double viaduc courbe, de 90 m., en ciment armé.

35 k. *Gare d'Avranches*, voisine de celle de l'Etat (p. 530).

49. — DE PARIS A PONTORSON (MONT-SAINT-MICHEL)

Chemin de fer : Etat, 354 k. de Paris à *Pontorson* ; 55 fr. 30, 37 fr. 35, 24 fr. 35.

Route : 322 k. E. par la route de Granville (p. 455) jusqu'à (291 k.) *Villedieu-les-Poêles*, où on prend à g., avant le bourg, une route ondulée ; belle descente en vue d'Avranches avant de franchir la Sée ; 301 k. *Avranches*, dont on contourne le plateau à g., si l'on veut éviter la montée dans la ville. Parcours plat ; 307 k. *Pontaubault* ; 308 k. 5, carrefour de 6 routes : à dr. bifurc. directe de 15 k. pour le Mont-Saint-Michel.

313 k. de Paris à *Folligny* (buffet), où on change de train (p. 480). La ligne d'Avranches se dirige vers le S.

318 k. *La Haye-Pesnel-la Lucerne*. *La Haye-Pesnel* (hôt. *de la Croix-d'Or*, T.C.F.), ch.-l. de c. de 1,124 hab., est à 500 m. à g., sur un coteau au pied duquel coule le Thar. Eglise avec clocher du XIIe s.; restes d'un château du XIe s. A 2 k. à dr., la Lucerne-d'Outremer, village dont dépend (6 k. N.-O.) l'abbaye de la Lucerne (p. 520).

Champcervon, à 2 k. 5 S., a une église du XIIe s., avec statue de St Martin. A 2 k. 5 S.-E. de Champcervon, *les Chambres* ont une église en partie romane; ancien manoir du Grippon, transformé en ferme.

On dépasse, à g., Champcervon (*V*. ci-dessus).

324 k. *Montviron-Sartilly*, un des points d'accès de Carolles (11 k. 5 N.-O. ; p. 526) et de Saint-Jean-le-Thomas (9 k. O. ; p. 527). *Sartilly* (voit. de corresp.; hôt. *du Lion-d'Or*, T.C.F.), ch.-l. de c. de 1,174 hab., est à 3 k. 7 N.-O., au croisement des routes de Carolles et de Granville-Avranches. L'église est moderne, de style gothique, avec un portail roman.

On dépasse à g. *Lolif* : vieux manoir.

La voie descend vers la vallée de la Sée; on aperçoit à dr., au loin, le Mont-Saint-Michel; très belle vue, en avant et à dr. puis à g., sur la colline escarpée d'Avranches, avant de traverser la Sée.

332 k. **Avranches**, vieille ville de 7,174 hab. (les *Avranchins*), ch.-l. d'arrond. de la Manche, occupe une magnifique situation, au-dessus la vallée et de l'estuaire de la Sée et face à la baie du Mont-Saint-Michel, sur une colline de 104 m. d'alt., formant un belvédère naturel d'où l'on découvre un des plus beaux panoramas de Normandie.

Omnibus de ville et des hôtels.

Tram pour la ville : — service interrompu pendant la guerre.

Hôtels : — À LA GARE : **Bonneau*, dipl. T.C.F. (chauff.); *de l'Ouest* (simple). — EN VILLE : *d'Angleterre* (Pl. *a* C2), T.C.F., r. des Courtils, 6 (50 ch.: bains, chauff., gar.); *de France et Londres* (Pl. *b* C2), r. du Docteur-Gilbert, 4-8 (bains, gar., chauff., jardin).

Restaurants : — *du Balcon*, r. de la Constitution, 17; *Lahile*, r. du Pot-d'Etain: *Veoury*, r. de la Constitution, 13.

Locations meublées : — s'adresser au syndicat d'initiative.

Poste : — r. Belle-Etoile.

Banque : — *Société Générale*, r. Louis-Millet, 1.

Loueurs de voitures : — *Briand*, r. Louis-Millet, 3; *Martinet*, pl. du Grand-Palet.

Loueurs d'autos : — *Briand* (*V.* ci-dessus); *Bonjon*, r. Louis-Millet, 13.

Syndicat d'initiative : — à l'hôtel Bonneau, ou chez M. Bergevin, joaillier, r. de la Constitution, 9.

Histoire. — Avranches s'appelait autrefois *Ingena*; c'était la capitale des Gaulois *Ambibari*, devenus plus tard les *Abrincatui* ou *Abrincates*, d'où est venu le nom d'Avranches. La ville fut, de 511 à 1790, le siège d'un évêché qu'illustra, à la fin du XVIIe s., le savant Daniel Huet.

C'est à Avranches et dans ses environs qu'éclata, le 16 juillet 1639, la terrible *révolte des Nu-Pieds*, paysans armés contre la gabelle. Après le meurtre de Poupinel, lieutenant particulier du bailliage de Coutances, pris pour un officier de la gabelle, les insurgés établirent leur quartier-général sous les murs d'Avranches. « Leur mystérieux général, Jean Nu-Pieds, fit afficher des ordres du jour dans toutes les paroisses, défendant, sous peine de la vie, d'y souffrir aucun monopolier. Une bande de 400 à 500 hommes, détachée d'Avranches, alla, tambour battant, à Pontorson et à Mortain, dont elle rançonna les habitants et brûla plusieurs maisons.... Un lieutenant-colonel improvisé, La Basilière, transmettait les ordres de l'invisible général Jean Nu-Pieds. Venait ensuite le prêtre Morel, vicaire dans l'un des faubourgs d'Avranches; sous le nom de capitaine des Mondrins, il s'était rendu redoutable par son audace. » (A. Gilbert, *Villes de France.*) Gassion, après avoir pacifié Caen, marcha sur Avranches pour livrer bataille aux rebelles; ils ne se rendirent qu'à la dernière extrémité et furent complètement exterminés.

Industrie et Commerce. — Importantes mégisseries; pépinières et industrie des fleurs : on peut visiter les établissements horticoles.

La gare de l'Etat est voisine de la gare départementale des ch. de fer (ou trams) de Granville par la côte (p. 523-529) et de Sourdeval (p. 534); le train électrique pour la ville doit être rétabli; prendre l'omnibus pour éviter la montée.

Le tram et la route de voiture s'élèvent en ville (1 k. 5), par un long lacet vers la g. La route rejoint le chemin de piétons du tertre Fouqué (p. 532), en contre-bas de la plate-forme de la sous-préfecture, à g., où montent des raidillons (p. 533). On longe plus loin à g. les jardins de l'Evêché, par la rue Louis-Millet qui conduit place Littré.

Le *jardin de l'Evêché*, planté de belles allées de tilleuls, est orné de la statue du *général Valhubert* (né à Avranches, tué à

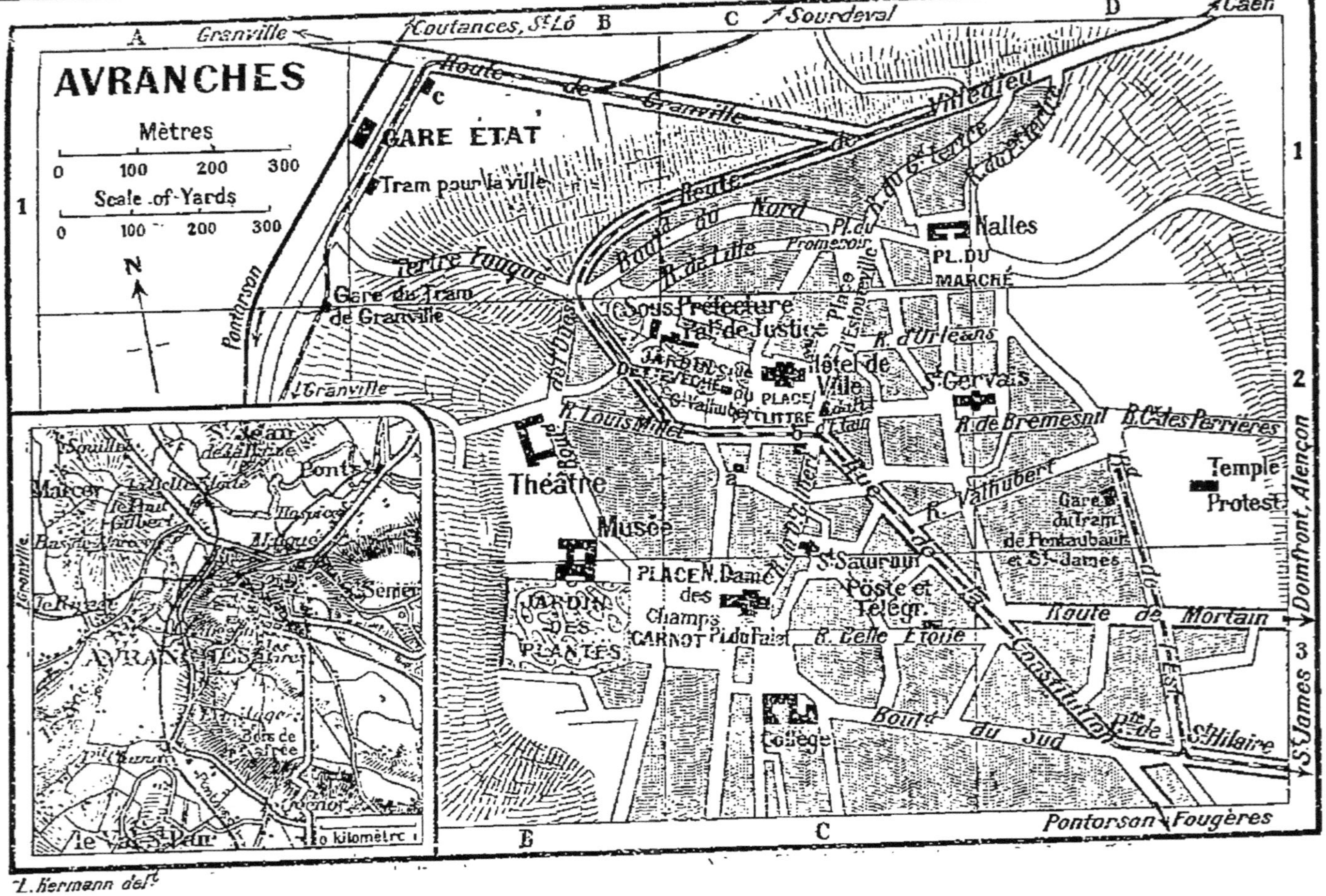

AVRANCHES

Mètres
0 100 200 300
Scale of Yards
0 100 200 300
N

Granville
Coutances, St Lô
Sourdeval
Caen
Pontorson
Route de Granville
GARE ETAT
Tram pour la ville
Gare du Tram de Granville
Tertre Fouqué
Route de Villedieu
Boul^d du Nord
R. de Lille
Pl. du Promenoir
Place d'Estouteville
Halles
PL. DU MARCHÉ
Sous Préfecture
Pal. de Justice
Hôtel de Ville
PLACE LITTRE
R. d'Orléans
St Gervais
R. de Bremesnil
R. C^{tes} des Perrières
R. Louis Millet
Boul^d des Vannes
Théâtre
Musée
Jardin de l'Évêché
PLACE N. Dame des Champs
CARNOT
Pl. du Palais
JARDIN DES PLANTES
St Saturnin
Poste et Télégr.
R. Belle Étoile
R. Valhubert
Gare du Tram de Pontaubault et St James
Temple Protest.
Rue de la Constitution
Route de Mortain
Boul^d du Sud
R^{te} de St Hilaire
Collège
Domfront, Alençon
St James
Pontorson, Fougères
A B C D
1 2 3

St Jean de la Haize
Pontis
Marcey
Le Haut Gilbert
Hospice
Bas de Marcey
Le Ruisse
AVRANCHES
Bois de la Mère
le Val St Père
1 kilomètre

L. Hermann del^t

Austerlitz, 1764-1805), en marbre, par Cartelier (époque de Louis-Philippe). Il est dominé par les hauts et pittoresques bâtiments du palais de justice, ancien évêché (p. 534).

A pied, on monte directement en ville (montée très dure) par un raidillon escarpé, dit tertre Fouqué, que l'on trouve à dr. de la gare; peu après l'entrée du raidillon, croix de pierre ancienne. On retrouve la route et le tram en contre-bas de la plate-forme de la sous-préfecture, avant la place Littré, où conduit la rue Louis-Millet, à dr.

La place Littré, centre d'Avranches, est bordée par l'hôtel de ville, monument moderne et sans style, devant lequel se tient le marché. Il renferme la *bibliothèque* publique : intéressants manuscrits provenant en partie de l'abbaye du Mont-Saint-Michel, dont le Livre Vert de l'abbaye, du XIIIe s., le *Sic et Non* d'Abélard (XIIe s.) et une bible enluminée du XVe s.

A dr. de la place Littré et à l'angle de la rue de la Constitution, on prend la rue du Docteur-Gilbert, qui passe devant la petite *église Saint-Saturnin*, reconstruite de nos jours en style gothique : le portail actuel reproduit le portail primitif, du XIIIe s.; au transept g., au-dessus d'une petite tribune où il faut monter, bas-relief en pierre du XVe s., figurant le Massacre des Innocents et la Fuite en Égypte. On aboutit à l'église N.-D.-des-Champs, dont la façade donne sur la vaste place Carnot, en face du jardin des plantes.

A pied, on se rendra directement à la place Carnot par le boulevard de l'Ouest, qu'on prendra en haut du tertre Fouqué, à dr.

L'*église Notre-Dame-des-Champs* est un grand monument moderne, en granit, de style gothique, dont les deux tours sont inachevées; la façade est flanquée de 2 tourelles qui la déparent.

A l'intérieur, importante décoration de vitraux modernes. Au bas-côté dr., en haut et à g., Pietà, groupe en marbre, oratoire des morts pour la patrie (1914-1918). Au transept dr., dans une grande châsse vitrée, statue moderne en cire, habillée et couchée, de Ste Philomène. Au transept g., buste en marbre de l'abbé Barenton, ancien curé; à g., tableau (genre généalogique) des Franciscains célèbres, fait à l'occasion du 7e centenaire de St François d'Assise (1881).

Sur le flanc dr. de l'église est la place du Palet, où commence la rue Belle-Etoile, qui conduit à la poste. Au delà de la place du Palet, le collège, ancienne école Centrale sous le Directoire, date de 1780.

Le **jardin des plantes**, principale curiosité d'Avranches, dépendait anciennement d'un couvent de Capucins, fondé en 1618, qui se voit à dr. du jardin et qui est occupé auj. par le musée. Le jardin est planté de belles fleurs et de beaux arbres, dont un cèdre du Liban, à dr., contemporain de celui du jardin des plantes de Paris; au centre, volière et bassin. Au fond est la *terrasse*, dominant de 104 m. la vallée et l'estuaire de la Sée; table d'orientation T.C.F. : on découvre un magnifique **panorama* sur la baie du Mont-Saint-Michel, sur le Mont lui-même, qui se profile nettement sur l'horizon, et sur la côte bretonne vers Cancale. — Au-dessus de la terrasse a été transporté le portail roman (XIe s.) de l'ancienne chapelle Saint-Georges-de-Bouillé. En dessous de la terrasse s'étend le jardin d'horticulture de la Société des jardiniers (on visite, sur demande).

Tournant le dos à la terrasse, on trouve vers la g. le musée.

Le *musée* est installé dans l'ancien couvent des Capucins, dont dépendait autrefois le jardin et qui fut occupé jusqu'en 1904 par des Ursulines. Il remplace l'ancien musée, brûlé avec l'évêché, en 1899 (p. 534); il est peu important. S'adresser au concierge; pourboire.

Le musée occupe la chapelle du couvent. — Nombreux tableaux de *Lesrel*, peintre avranchin : Mort de Henri Regnault, un Pillage sous Henri IV; un tableau de *Maurice Orange*; *Anglade*, Etude de mer; *Grün*, Intérieur breton; *Philippoteaux*, Retraite de Russie; *Van de Velde*, Souvenir d'inondation. Portraits de Napoléon III, de l'Impératrice Eugénie, du Maréchal de Mac-Mahon. Moulages provenant du musée du Trocadéro. Médailles. Oiseaux. *Vitrine* renfermant des objets des XVe et XVIe s., bronzes, bibelots, etc., provenant du musée de Cluny. Curieux fichus anciens d'Avranches. Vieux bahuts.

Sortant du jardin des plantes, on traverse à nouveau la place Carnot, vers la g., et on regagne la place Littré.

A l'angle de la place Littré et à g., en tournant le dos à l'hôtel de ville, s'ouvre la rue de la Constitution, sans intérêt, la principale d'Avranches. Elle est suivie par le tram urbain qui y rejoint, à la rue de l'Est, le ch. de fer départemental (ou tram) de Pontaubault et Saint-James. — A l'entrée de la rue de la Constitution, à g., la rue du Pot-d'Étain conduit en quelques minutes à l'*église Saint-Gervais*, qui a une façade et une tour de granit, modernes, de style Renaissance, et qui renferme dans son trésor une *châsse* en vermeil, moderne, contenant le crâne ou chef de St Aubert, évêque d'Avranches, fondateur du Mont-Saint-Michel

Derrière l'hôtel de ville, à dr., une *tour* ronde couronnée de lierre, et, un peu plus loin, à l'entrée de la place d'Estouteville à g., un gros *donjon* avec créneaux et mâchicoulis, enclavés dans des immeubles (propriété privée), sont les restes de l'ancien château fort. La place d'Estouteville est le rendez-vous des voitures de paysans les jours de marché.

Au delà de la place, par le boulevard du Nord on redescendrait vers la gare; de la barrière blanche qui le borde, belle vue sur la campagne.

Tournant vers la g., à l'extrémité de la place d'Estouteville, par la rue de Lille, on passe, en face du n° 30, devant une grande et lourde construction, qui était l'ancien Chapitre, et l'on arrive à la plate-forme de la sous-préfecture.

La *plate-forme de la sous-préfecture* est bordée par la sous-préfecture, de style néo-grec. On y voit un monument aux morts pour la patrie; des canons garde-côtes y ont été installés pendant la guerre. Vers la dr. est une *pierre tombale* sur laquelle Henri II, roi d'Angleterre, fit amende honorable pour le meurtre de l'archevêque Thomas Becket, le 22 mai 1172.

Cette pierre tombale, curieux souvenir historique, était placée devant une des portes de l'ancienne cathédrale d'Avranches, construite de 1090 à 1122, et qui s'élevait jadis sur cette plate-forme. Le vieil édifice roman s'écroula partiellement en 1796 ; ses derniers débris disparurent en 1836. Ses cloches furent partagées entre les trois paroisses de la ville et deux paroisses de la campagne, qui les possèdent encore.

On découvre de la plate-forme une **vue* magnifique, presque aussi belle que du jardin des plantes : on est ici plus élevé, mais l'horizon est moins découvert à g., où l'on aperçoit le Mont-Saint-Michel ; en face, on voit fuir le long ruban, blanc et droit, de la route d'Avranches à Granville.

En arrière de la terrasse, aussitôt après la sous-préfecture, est l'entrée du *palais de justice*, dont l'arrière-face donne sur les jardins de l'Evêché, en contre-bas (p. 530). Il est installé dans l'ancien évêché, qu'occupèrent les évêques d'Avranches jusqu'en 1790. Cet édifice, qui avait été aménagé à la fin du xve s. par l'évêque Louis de Bourbon, fut incendié en 1899, avec le musée qui y était installé. Seuls restèrent debout les énormes murs, datant en partie de l'époque romane, la tourelle d'angle, à escalier tournant, que l'on voit encore, et la salle des pas perdus, ancienne chapelle des xive-xve s. Le reste du monument a été reconstruit, en style gothique, tel qu'il paraît avoir été au xve s.

On regagne la plate-forme de la sous-préfecture d'où, par de petits chemins bordés de charmilles, on redescend à la route de la gare, en face du raidillon du tertre Fouqué (p. 532).

A 5 k. 4 E. d'Avranches, *Saint-Loup* a une intéressante église romane. A 2 k. 5 S., *le Quesnoy* : écuries et orangerie d'un ancien château. A 3 k. 3 S.-O., *le Val-Saint-Pair* a, dans l'église, des restes de vitraux du xviie s., au transept.

D'Avranches au Mont-Saint-Michel. — Ch. de fer, Etat, d'Avranches à Pontorson (*V.* ci-dessous) et tram à vap. de Pontorson au Mont (p. 536). — Route 22 k. 5 S.-O., par 6 k. Pontaubault (p. 535) et (7 k. 5) le carrefour de 6 routes, où l'on prend la bifurc. de dr., qui coupe bientôt le ch. de fer et gagne la côte au delà de (11 k. 5) Courtils. — Par Genêts et les grèves, ch. de fer départemental (ligne de Granville), 10 k., station de Genêts, et env. 6 k. S.-O. (p. 528). Description du Mont-Saint-Michel, p. 536.

D'Avranches a Saint-James (tram à vap., 21 k.). — La gare de Saint-James est dans la ville haute, au boulevard de l'Est. — 7 k. *Pontaubault* (p. 535), où l'on franchit la Sélune. — 12 k. *Juilley*. A l'église, bas-relief de St Martin. Dans le mur extérieur du cimetière est encastrée une pierre tombale en granit, avec effigie en relief. — 16 k. *Saint-Senier-de-Beuvron* : manoir des xive et xvie s. A 2 k. S., beau château moderne de Chassilly, avec chapelle du xvie s.

21 k. *Saint-James* (hôt. *Saint-Jacques*, T.C.F.), ch.-l. de c. de 2,624 hab., sur une hauteur dominant d'env. 60 m. la vallée du Beuvron. *Eglise* gothique en partie des xve et xvie s. ; à l'intérieur, portail roman de l'église primitive et belle Vierge du xive s. au-dessus de l'autel. A l'entrée du cimetière, portail du xiiie s. provenant d'une église démolie. Débris d'un château bâti par Guillaume le Bâtard, avant la conquête de l'Angleterre. A l'E., en face de la ville, château de la Paluelle, qui remplaça au xvie s. le vieux château fort comme résidence des seigneurs de Saint-James. Saint-James a une importante et curieuse industrie locale : la fabrication des lampions et lanternes vénitiennes.

D'Avranches a Sourdeval (ch. de fer départemental, 38 k.). — La gare départementale pour Sourdeval est la même que pour Granville et fait face à la gare de l'Etat. On remonte la vallée de la Sée. — 2 k. *Ponts-sous-Avranches* : église en partie des XVe et XVIe s. — 6 k. *Saint-Brice-Apilly*. A Saint-Brice, église romane, avec chœur et vitraux du XVIe s. — 9 k. *Tirepied* : motte féodale : à 3 k. O., château de Crux, du XVIIIe s., à côté de débris plus anciens. On franchit la Sée sur un pont en ciment armé. — 12 k. *Vernix* : à l'église, portail roman. — 3 stations sans intérêt.

16 k. *Brécey* (hôt. *du Soleil-Levant*, T.C.F. ; bon rest. *Boutlier-Arondel*, pl. de la Mairie), ch.-l. de c. de 2,200 hab., pays de chasse et de pêche. Ruines d'un château des XIIe et XIVe s. ; distilleries de kirsch : grandes foires. — 18 k. *Pont-Roulland*. — 19 k. *La Brehairie*. A dr., *les Cresnays* : dans l'église, du XVIIIe s., pierres tombales de l'église primitive ; ancien presbytère du XVIe s. : le Logis des Cresnays offre quelques restes d'un château du moyen âge. — 4 stations sans intérêt. — 29 k. *Chérencé-le-Roussel*. De ce point à Sourdeval, la vallée de la Sée est très pittoresque. — 4 stations sans intérêt.

38 k. *Sourdeval-la-Barre* (p. 481).

D'Avranches a Granville par la cote, p. 523 à 529 en sens inverse.

Distances par la route, d'Avranches à : Caen, 95 k. ; Dinan, 67 k. ; Coutances, 54 k. ; Fougères, 41 k. ; Granville, 25 k. ; Mortain, 36 k. ; Paris, 301 k. ; Pontorson, 21 k. ; Rennes, 82 k. ; Saint-Lo, 56 k. ; Saint-Malo, 68 k. ; Vire, 33 k.

Au delà d'Avranches la voie ferrée se dirige vers le S.

338 k. *Pontaubault* (hôt. *Salmon*, à la gare), sur la rive g. de la Sélune que franchit un vieux pont pittoresque de 11 arches. Dans l'église, remaniée au XVIIIe s., dalles tumulaires.

De Pontaubault a Domfront et Alençon : p. 504 à 509 en sens inverse ; — a Saint-James : V. ci-dessus.

On franchit la Sélune, dont l'estuaire va se perdre, à dr., dans la baie du Mont-Saint-Michel.

346 k. *Servon-Tanis*. *Servon* a une **église* en partie du XVIe s. A l'intérieur, fonts baptismaux romans ; couverture en bois du chœur, avec peinture du XVIe s. ; devants d'autels ornés d'arabesques ; panneaux peints, dans la sacristie, avec une belle tête de Christ ; chaire du XVIIIe s. ; fragments de vitraux. Le *château* (XVIe s.) offre une élégante porte, du style de transition (XIIe s.), et une tourelle d'escalier hexagonale (XVIe s.). — *Tanis* a une église en partie du XIIe s. : fonts baptismaux romans en granit ; l'ancienne chapelle de Saint-Côme, romane, sert de grange.

354 k. **Pontorson**, ch.-l. de c. de 3,022 hab., sur la rive dr. du Couesnon canalisé, petit port, est le point de départ de l'excursion du Mont-Saint-Michel. Le mouvement des touristes y est considérable pendant l'été.

Hôtels : —**de Bretagne*, dipl. T.C.F. Grande-Rue (25 ch. ; gar., voit. d'excurs., jardin) ; *de l'Ouest*, T.C.F., Grande-Rue (25 ch. ; gar., voit.) ; *de la Gare*.

Restaurants : — nombreux autour de la gare, et à tous prix.

Tram : — pour le *Mont-Saint-Michel*, p. 536.

Loueurs de voitures : — à la gare et aux hôtels.

Histoire. — Pontorson eut jadis un château, dont il ne reste rien, et que défendit Du Guesclin ; sa sœur Julienne y déjoua une attaque nocturne des Anglais, qui avaient gagné ses chambrières : ces perfides servantes furent cousues dans des sacs et jetées dans le Couesnon. Près du pont, du Guesclin eut un de ses duels les plus célèbres.

De la gare, une courte avenue débouche dans la Grande-Rue, rue du Couesnon, formée par la grande route d'Avranches à Dol qui traverse Pontorson tout droit. Descendant cette rue, on passe devant la poste à g., puis devant l'hôtel de Bretagne à dr., et l'on prend, quelques maisons après, la rue Saint-Michel (pas d'écriteau); à l'angle, maison à piliers. On aboutit à une place où sont la mairie et les halles, et à l'extrémité de laquelle on aperçoit l'église.

L'*église*, du XIIe s., appartient au style roman, avec chapelles ajoutées au XVe s. A la façade, grand portail roman flanqué de tourelles avec clochetons rapportés; on entre, sur le côté, par une petite porte romane, avec figures grotesques.

A l'intérieur, en haut du bas-côté g., chapelle avec important retable en pierre de la Renaissance, très mutilé, et qui représente des scènes de la Passion : tous les personnages sont décapités; au-dessus, vieux saints de bois; sous la fenêtre de g., bas-relief de même époque que le retable, mutilé également, et représentant l'Ascension.

De Pontorson au Mont-Saint-Michel, *V.* ci-dessous; — a Fougères et Vitré a Antrain et Rennes, a Dol, Saint-Malo, Dinan et Dinard, *V.* le Joanne : *Bretagne.*

Distances par la route, de Pontorson à : Avranches, 21 k.; Caen, 124 k.; Cherbourg, 153 k.; Dinan, 51 k.; Dol, 19 k.; Laval, 91 k.; Mortain, 48 k.; Paris, 322 k.; Saint-Malo, 45 k.

50. — LE MONT-SAINT-MICHEL

Chemin de fer : Etat, deux itinéraires de Paris à *Pontorson* : *A*, par *Folligny*, p. 520, 354 k.; 55 fr. 30, 37 fr. 35, 24 fr. 35; aller et ret. ordinaires (les billets de saison sont actuellement suspendus), 82 fr. 95, 59 fr. 75, 38 fr. 95, retour facultatif, avec arrêt autorisé, par Granville. — *B*, par *Le Mans*, *Vitré* (où l'on change de train) et *Fougères*. Cette voie est surtout employée par les touristes qui font un voyage en Bretagne, ou le combinent avec un voyage en Normandie. Les prix des billets simples sont les mêmes que par Folligny; pour la description du trajet, *V.* le Joanne : *Bretagne.*

Route : de Paris à *Pontorson*, p. 520. — De Pontorson au *Mont-Saint-Michel*, 9 k. N. Tram à vapeur, 11 k. En été, des voitures publiques, à prix variables, desservent le Mont-Saint-Michel, concurremment avec le tram.

Le tram est parallèle à la route, qu'il rejoint après avoir contourné Pontorson. Il dessert les stations de Moidrey, Beauvoir et la Caserne, au delà de laquelle la voie s'engage sur le remblai appelé la *digue*, longue de 1 k. 5 qui relie le Mont-Saint-Michel au continent depuis 1879. A g., le Couesnon, endigué et canalisé, coule lentement; au delà de la rivière s'étendent les *polders*, terres d'une étonnante fertilité reprises par l'agriculture sur le domaine de la mer à l'aide de procédés de dessèchement, et qui, s'ils n'étaient arrêtés, menaceraient d'arriver jusqu'au Mont. Aux polders succèdent des grèves, envahies par l' « herbu » que paissent des moutons dits « prés-salés ».

La *baie du Mont-Saint-Michel*, un des parages les plus curieux des mers françaises, située à la jonction de la Normandie et de la Bretagne, mesure 22 k. de large, de Cancale à Granville, et s'enfonce dans les terres d'une profondeur de 23 k. La marée montante y recouvre avec une grande rapidité l'immense étendue des grèves, formées de « tangue » grisâtre, et transforme toute la baie en une nappe d'eau qui pénètre au loin dans les embouchures des rivières, jusqu'au pied de la colline d'Avranches et jusqu'aux quais de Pontorson. Au reflux, les eaux se retirent avec la même rapidité, jusqu'à 12 k. du rivage, laissant à nu la grande plage déserte, et formant, çà et là, des fondrières où il est dangereux de s'engager.

Le tram, qui suit la route, dépose les voyageurs à l'extrémité de la digue, au pied du rempart qui encercle le village du Mont et auquel elle s'appuie, enterrant à demi deux tours de l'enceinte qu'il importe de dégager. Pendant l'été surtout, une nuée de garçons et de bonnes d'hôtels, de guides et de pisteurs divers s'abat sur les touristes. Les gardiens qui font visiter l'abbaye ne sont qu'à l'abbaye même : suivre jusque-là notre itinéraire.

Le ****MONT-SAINT-MICHEL** (hôt. : **Poulard*, T.C.F., jardin; plus simples : *Duval*, T.C.F.; *Du Guesclin*, 20 ch., gar.; *Confiance*, 14 ch., gar.; *de la Croix-Blanche*, 10 ch.; rest. nombreux; spécialité d'*omelettes*), une des principales curiosités monumentales et pittoresques de la France, est un îlot rocheux formant une colline granitique arrondie de 900 m. de circuit, haute de 78 m. à la plate-forme de l'église. Le sommet de la colline est occupé par l'ancienne abbaye, que dominent la flèche effilée, moderne, de son église, et la statue dorée de St Michel; au-dessous de l'abbaye sur les flancs S. et E. du Mont, est étagé le village, de 232 hab., avec ses vieilles maisons à pignons pointus, serrées les unes près des autres et encerclées de remparts. Malgré quelques fâcheuses constructions modernes, c'est une évocation saisissante du moyen âge. A l'O., le roc est nu, mais le flanc N. qui regarde la pleine mer est couvert par les ombrages du Petit-Bois.

On peut visiter le Mont en 3 ou 4 heures. Mais nous ne saurions trop recommander d'y coucher afin de contempler, du haut des remparts, le lever et le coucher du soleil, et surtout l'admirable spectacle de la marée montante. On doit noter que le flot n'arrive jusqu'au Mont qu'en temps de vive eau, c'est-à-dire de pleine ou de nouvelle lune; si l'on peut choisir une époque de grande marée et de clair de lune, on aura d'inoubliables impressions.

Histoire. — Le Mont-Saint-Michel s'appela d'abord le *Mont Tombe*. C'était jadis, en effet, comme son voisin, l'îlot de *Tombelaine* (diminutif du précédent), une de ces « tombes de la mer » où, selon la mythologie celtique, les âmes étaient transportées après leur mort par une barque invisible, pour y dormir leur dernier sommeil. Au début du VIIIe s., le monde catholique s'émut d'une apparition de l'archange St Michel, dont St Aubert, évêque d'Avranches, aurait été favorisé, en 708. Sur l'ordre qu'il aurait reçu de St Michel, le prélat creusa, en contre-bas de la pointe du Mont Tombe, un oratoire, qui fut remplacé au Xe s., par l'église carolingienne, laquelle, à son tour, servit de soubassement à la basilique romane (XIe s.). L'oratoire primitif était imité de celui qu'on voyait creusé, en Italie, dans le mont Gargano, sur lequel le saint aurait également apparu. En 1137, un abbé du Mont-St-Michel éleva aussi une chapelle priorale sur l'îlot de Tombelaine. Celui-ci a toujours conservé son nom, tandis que l'île principale s'appelait successivement Saint-Michel-en-

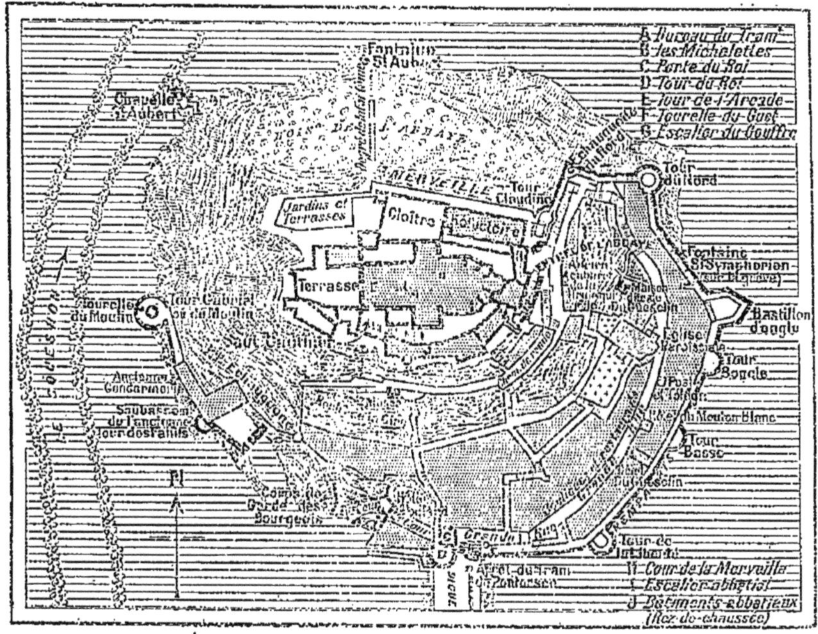

Tombe, Saint-Michel-en-Mer, Saint-Michel au Péril de la Mer, Saint-Michel-du-Mont et, plus simplement, le Mont-Saint-Michel.

Quelques chapelains furent attachés par St Aubert à son oratoire, qui ne tarda pas à devenir un lieu de pèlerinage. Lors des invasions normandes on fortifia la colline, qui échappa ainsi au pillage. Ces invasions, en forçant un certain nombre de familles du continent à chercher dans l'île un refuge, donnèrent lieu à la formation du bourg. En 966, Richard Ier, duc de Normandie, installa sur le Mont des bénédictins pour desservir le pèlerinage, et l'abbaye fut constituée.

Le Mont-Saint-Michel appartint aux ducs de Normandie. En 1203, le roi de France envoya pour le reprendre une expédition; celle-ci, ne pouvant s'emparer de l'abbaye par escalade, y alluma un incendie et une partie des anciens bâtiments furent détruits. Philippe Auguste dédommagea royalement les religieux, qui commencèrent aussitôt la reconstruction et édifièrent ce qu'on appelle aujourd'hui la Merveille

(p. 542). Quelques années après fut entrepris un système complet de fortifications, dont l'exécution fut poursuivie au moyen d'une offrande considérable faite par St Louis, dans une visite à l'abbaye, en 1254. Le Mont-Saint-Michel de plus en plus devint une abbaye militaire qui eut, sous les ordres de l'abbé, gouverneur reconnu par le roi de France, une garnison entretenue aux frais communs du roi et du monastère.

Comme ces fortifications n'eussent pas suffi à préserver le Mont durant la seconde partie de la guerre de Cent Ans, on construisit de nouveaux remparts : enceinte continue, renforcée de tours, bastions et échauguettes. En 1423, les Anglais, maîtres de Tombelaine, s'y retranchèrent; ils se préparaient à attaquer l'abbaye, lorsque à l'instigation du duc de Bretagne, les Malouins armèrent une flottille qui les chassa. Les Anglais revinrent et tentèrent, en 1434, un assaut : vigoureusement repoussés, ils abandonnèrent dans leur fuite deux bombardes, encore conservées près de la porte de la ville (p. 540).

A cette période malheureuse succéda pour les religieux une ère de prospérité. La dévotion à St Michel, que Jeanne d'Arc avait contribué à propager, attira au Mont plus de pèlerins et, par suite, plus de dons que jamais; le nombre des aubergistes et des marchands augmenta considérablement. Louis XI mit le comble au prestige du monastère en instituant, en 1469, l'Ordre royal de chevalerie dit de Saint-Michel : les premières assises furent tenues dans la salle appelée depuis lors salle des Chevaliers.

Les guerres de religion furent, pour le Mont, comme l'avait été la guerre de Cent Ans, une période de misères et de périls. Mais l'abbaye résista encore à tous les assauts, particulièrement à celui de 1577, qui faillit réussir, et à celui de 1591, qui coûta au capitaine de Montgomery plusieurs de ses meilleurs soldats et n'eut pas plus de succès.

Peu à peu, cependant, les mœurs des religieux s'étaient relâchées. La vie à moitié militaire qu'ils menaient, et surtout le régime abusif de la *commende*, qui livrait les revenus du monastère à des abbés qui n'avaient de l'abbé que le nom, furent les principales causes de cette décadence; on dut les remplacer, en 1622, par des religieux réformés de la congrégation de Saint-Maur, qui occupèrent le Mont-Saint-Michel jusqu'en 1790. Les rois de France y enfermèrent, notamment au XVIIIe s., plusieurs victimes des lettres de cachet.

Après la Révolution, le monastère devint maison de détention; cette affectation, maintenue jusqu'en 1863, donna lieu à des mutilations regrettables du monument. Enfin les bâtiments de l'abbaye et les remparts devinrent, en 1874, la propriété des Monuments historiques. Une restauration générale fut commencée par l'architecte Corroyer; poursuivie par Petitgrand, qui a édifié la flèche actuelle, et, depuis 1898, par M. Paul Goût, elle n'est pas encore terminée.

Industrie. — Les pêcheurs du Mont-Saint-Michel se livrent principalement à la pêche du saumon, dans les rivières qui traversent les grèves. La pénurie d'eau douce se fait péniblement sentir sur le Mont pendant la saison sèche : il n'y a que la petite fontaine Saint-Aubert et l'eau de pluie recueillie dans les citernes. La propreté des habitants laisse fort à désirer; les ordures sont projetées sur la grève et les remparts eux-mêmes sont souillés d'immondices.

La *Société des Amis du Mont-Saint-Michel* a pour but de protéger le Mont contre les actes de vandalisme qui le menacent trop souvent. Son siège est à Paris, r. Montmartre, 147. Le bureau des Guides Joanne, bd Saint-Germain, 79, reçoit également les adhésions.

En arrivant, on a devant soi la tour de l'Arcade et la tour du Roi; une passerelle en bois amène à la *porte de l'Avancée*, la seule ouverte dans le rempart, et par laquelle on entre en ville.

Aux grandes marées, la mer arrive jusqu'au seuil de cette porte et la franchit même. On se trouve alors dans une 1re cour, où l'on voit : à g., le Corps de Garde et l'Avancée, muraille crénelée; à dr., le bureau du tram, ainsi que des boulets de pierre et les Michelettes, deux bombardes abandonnées par les Anglais en 1434 (*V. Histoire*, p. 539).

Franchissant une 2e porte, *porte du Boulevard*, on pénètre dans une seconde cour, dite cour du Boulevard, où se trouve l'hôtel des Etablissements Poulard, qui a succédé à l'ancien hôtel de la Mère Poulard, aux légendaires omelettes. Par une 3e porte, dite **porte* ou *logis du Roi*, surmontée d'une maison qui sert de mairie, on entre dans la ville proprement dite. La porte du Roi (xve s.) a conservé sa herse de fer, ses mâchicoulis et un bandeau ondé avec des saumons, figurant les armoiries de la ville.

A cet endroit, on peut abandonner la Grande-Rue pour prendre à dr. un escalier de pierre, montant le long de la curieuse maison de l'Arcade et de la tourelle du Guet, et aboutissant immédiatement au chemin de ronde des remparts. Suivant ceux-ci vers la g. en haut de l'escalier, on arriverait également à l'abbaye (p. 541). — Nous conseillons cependant de monter la Grande-Rue, dont l'aspect est des plus curieux. Au retour on descendra par le rempart.

Prenant en face de soi la **Grande-Rue*, unique artère de la ville, on monte par une pente fort raide, entre des maisons à pignons et à façades surplombantes, la plupart des xve et xvie s.; toutes les boutiques sont occupées par des aubergistes, marchands de cartes postales, de faïences et de souvenirs divers. Le pavé est usé et glissant. On passe devant la poste à dr., avant d'atteindre la petite église paroissiale.

L'*église paroissiale* remonte au viiie s.; le chœur, sous lequel est percé un passage voûté avec escalier, a été rajouté au xvie s. A g. de la porte d'entrée, statue de Jeanne d'Arc, sans valeur.

A l'intérieur, devant le chœur, rangée de pierres tombales encastrées dans le sol : sur la 8e est gravé en creux un énorme ver de terre. Dans le chœur, à dr. et à g., deux fauteuils en bois sculpté, sont l'œuvre de prisonniers enfermés dans l'abbaye qui, au dernier siècle, servait de lieu de détention.

Dans le bas-côté dr., statue tombale décapitée; *Vierge Noire*, dite Notre-Dame de Mont-Tombe, érigée dans la crypte des Gros-Piliers (abbaye) en 1863, en souvenir de Notre-Dame-de-Sous-Terre et de *N.-D.-des-30-cierges*, qui étaient vénérées dans le monastère avant la Révolution. Chapelle Saint-Michel, ornée de nombreux ex-voto : épée du général Lamoricière, offerte au saint par son possesseur; on remarque un St Michel et un autel lamés d'argent, modernes et d'abord placés dans l'abbaye. Ces divers objets de piété furent transférés ici lors de la reprise du monument par l'Etat, en 1886.

Au bas de la nef, à l'opposé du maître-autel actuel, le rocher affleure. A côté, une cuve baptismale monolithe (xiiie s.); au milieu de la nef, entre les arcades, grand Christ en bois sculpté (xviie s.); dans la petite chapelle, près de la porte, importants fragments d'un vitrail du xve s.

Au delà de l'église apparaissent, à g., quelques jardins en escaliers, plantés d'arbres verts et de giroflées. Sur le pilier de la porte du premier jardin après l'église, on lit *logis Tiphaine* et on voit au-dessus la *maison*, très restaurée et apocryphe, que *Du Guesclin* aurait fait bâtir, en 1366, pour sa femme, Tiphaine Raguenel. Dans un mur du jardin suivant, un portail roman est un reste de la première cité. On voit en même temps surgir dans le ciel les immenses bâtiments de l'abbaye et les clochetons de son église.

Continuant à monter la Grande-Rue, qui est maintenant entrecoupée de marches, on arrive à un palier avec une croix. Au-dessus de la haute muraille que l'on a en face de soi, l'œil embrasse dans son ensemble l'énorme construction à 3 étages appelée « la Merveille » et que l'on visitera tout à l'heure; c'est là que se trouvent superposés le cloître, le réfectoire des moines, la salle des Chevaliers, le cellier et l'aumônerie.

La bifurc. de dr. et celle de g. conduisent à l'entrée de l'abbaye, que défend une enceinte de murailles crénelées.

Visite de l'abbaye. — L'**abbaye, visible de 8 h. à 18 h. du 1er juin au 15 sept., de 9 h. à 11 h. et de midi à 16 h. le reste de l'année, avait pour toute communication avec l'extérieur la porte fortifiée qui s'ouvre sous le donjon ou *Châtelet*, entre deux hautes et étroites tourelles en cul-de-lampe (fin du XIVe s.), et d'où part un escalier intérieur à pic, dit *escalier du Gouffre*. Montant cet escalier, on arrive à la *salle des Gardes*, du XIIIe s., voûtée, avec une vaste cheminée; à dr. est une petite cour, avec la loge des gardiens qui font visiter le monument.

La visite se fait par groupes et dure une heure env.; elle est gratuite, mais une légère rémunération au gardien qui accompagne est d'usage. On attend d'ordinaire dans la salle de l'Aumônerie, par où se termine également la visite (p. 544). Diverses parties de l'abbaye étant en cours de restauration, l'itinéraire se trouve parfois modifié.

Par un escalier de 90 marches, dit *escalier abbatial* ou *Grand-Degré*, on monte à la plate-forme de l'église dont on contourne à dr. le chœur; à g., s'élèvent les hautes constructions sévères, intérieurement ruinées, des *bâtiments abbatiaux*, demeure des anciens abbés, commencés vers 1250, continués au XIVe s.; ils sont reliés à l'intérieur de l'église par deux *ponts* jetés au-dessus du Grand-Degré; le premier, en pierre, crénelé; le second, en bois, entièrement couvert. Plus haut, à dr., est la citerne de l'*Aumônerie*, gothique et élégante (début du XVIe s.), récemment reconstituée. En haut de l'escalier est la plate-forme ou terrasse du *Saut-Gauthier*, du nom d'un prisonnier qui, dans un accès de folie, se précipita dans le vide (78 m. d'alt.): vue magnifique sur la côte dans la direction de Pontorson.

Sur la plate-forme s'ouvre un portail latéral (XIIIe s.), accédant à la nef de l'église dont la façade, rajoutée au XVIIIe s. dans le style néo-classique, est en retrait de la façade primitive, les premières travées de l'église s'étant écroulées. Sur l'emplacement de ces travées s'étend le *parvis*, formant une seconde terrasse d'où la vue s'étend à l'O. jusqu'au Mont-Dol et aux falaises de Cancale; au pied du Mont le lit du Couesnon se creuse à travers les grèves jusqu'à la pleine mer.

Du parvis, on passe sur le flanc N. de l'église devant le primitif *dortoir des moines*, roman, du XIe s., avec fenêtres remaniées au XIIIe, et où est en formation un musée archéologique.

On y a réuni déjà diverses curiosités trouvées au cours des travaux de restauration de l'abbaye : statuettes, vases, monnaies, débris de vitraux et de carrelages, fragments d'étoffes, ossements, retable en albâtre du XVe s. et objets découverts dans les sépultures de l'abbé Robert de Thorigny et de son successeur, qui étaient sous les dalles de la plate-forme précédant l'église.

On entre ensuite dans le cloître à l'étage supérieur de la « Merveille ».

La Merveille, dont on a vu extérieurement la formidable façade à 3 étages, commencée en 1203 à l'aide d'un subside de Philippe Auguste, et terminée en 1228, représente le monastère proprement dit. C'est là que vivaient les religieux, n'ayant pour spectacle que la vue de la mer et de ses grèves. L'architecture de « la Merveille » résume dans ses qualités les plus robustes et les plus gracieuses l'art normand du XIIIe s.

Le **cloître**, universellement célèbre, occupe la moitié O. de l'étage supérieur, dont le réfectoire forme la partie E. Il fut achevé en 1228 et restauré, de 1877 à 1881, par l'architecte Corroyer. Véritable bijou, il forme un rectangle long de 25 m. sur 14 de large. Il est orné de 227 colonnettes, dont 90 décorent les murailles latérales, et 137, en granit rouge poli, forment une double colonnade à jour. Entre les arceaux qui reposent sur ces colonnettes sont des sculptures, rosaces, bas-reliefs, inscriptions, frise de petites roses et de feuilles d'acanthe, d'une infinie délicatesse et d'une merveilleuse variété. On y remarque : vis-à-vis de la porte d'entrée, dans l'entre-colonnement, 2 petites têtes d'abbés, restaurées; dans la frise, en face de la fenêtre qui ouvre au couchant sur la mer, 4 autres têtes, peut-être celles d'artistes ayant travaillé au cloître, d'une charmante expression. On voit encore dans le cloître, à dr. de la porte d'entrée, le lavatorium, où chaque samedi les cuisiniers de semaine, et, le jeudi saint, l'abbé, lavaient les pieds des moines en signe de charité.

A l'angle N.-O. du cloître, une tourelle renferme le *Chartrier* : pour le visiter, une permission est nécessaire; petit musée occupant 2 étages.

De plein pied avec le cloître, l'ancien *réfectoire* des moines, de 1225, est une vaste salle, éclairée par 59 fenêtres, longues et étroites, et couverte d'un ample berceau en bois restauré. Les bénédictins de St Maur y avaient établi deux étages de cellules, aujourd'hui heureusement disparus. On voit dans le mur de dr. la chaire, en pierre, d'où se faisait la lecture à haute voix pendant le repas. Un trou circulaire servait à monter les denrées, de la salle de l'Aumônerie (p. 544) à l'étage supérieur. — Repassant par le cloître, on revient dans l'église.

L'**église**, commencée en 1020, fut terminée en 1135; il reste de cette époque la nef et le transept, de style roman, restaurés de nos jours. Le *chœur* fut construit, de 1450 à 1521, dans le style flamboyant, sur l'emplacement de l'ancien chœur roman écroulé; au-dessus des arcades du chœur, beau triforium. Dans la 1re chap. de dr. un bas-relief représente les quatre Evangélistes; dans la 1re chap. de g., deux autres figurent Adam et Eve chassés du Paradis et la Descente du Christ aux Enfers. Ces 3 bas-reliefs sont du XVIe s., ainsi que deux petites portes voisines.

Prenant dans la 2e chap. de dr., où on voit une jolie crédence sculptée dans le mur, un escalier à vis, on s'élève jusqu'à la *plate-forme* extérieure *de l'abside* : la vue s'étend à l'E. et au N. sur Avranches, Genêts, la pointe de Carolles qui masque Granville. On remarque les énormes arcs-boutants qui contiennent les murs du chœur. Sur l'un d'eux passe hardiment un escalier de pierre aux rampes ajourées, dit *escalier de dentelle*, qui mène à la balustrade supérieure (permission spéciale nécessaire). — L'ensemble de l'église est dominé par une *flèche* moderne, que surmonte un St Michel doré terrassant le Démon, par Frémiet. La statue, haute de 2 m. 50, pèse 800 kilog., et la pointe de l'épée sert de paratonnerre; elle est à 74 m. au-dessus du sol de l'église, soit 152 m. au-dessus du niveau de la mer.

Redescendant dans l'église, on visite, au-dessous, les salles qui restent de l'abbaye primitive, du XIe au XIIIe s. D'abord une grande pièce aux piliers épais et trapus, dénommée ordinairement le *promenoir des Moines* (XIe s., remanié au XIIe), parce qu'elle servit de préau de récréation à partir du XIIIe s. : c'était le réfectoire primitif; les cuisines sont à côté, vers le Nord; — des cachots sans jour, construits par les moines, qui avaient droit de haute et basse justice sur leurs terres; ils servirent comme lieux de punitions disciplinaires pour des prisonniers politiques ou de droit commun au XIXe s.; — la *crypte de l'Aquilon, aumônerie primitive* (XIe s., remaniée au XIIe); — la *crypte de l'Ouest*, dénommée à tort par les écrivains romantiques *Charnier des Moines*, et qui n'est autre qu'une partie de l'église carolingienne (Xe s.), renforcée et agrandie au XIe s. pour servir de substruction à l'église supérieure, et dédiée durant tout le moyen âge à N.-D.-sous-Terre; — la chapelle *de St Etienne* ou chapelle mortuaire, dont les dispositions actuelles remontent au XIIIe s.; — le *Grand Escalier*, qui va du quartier de l'*Hôtellerie* à l'église; — enfin, les soubassements du Saut-Gauthier, maintenant occupés par une immense roue en bois qui servait, au siècle dernier, à monter les vivres aux prisonniers : on plaçait dans la roue cinq ou six d'entre eux, qui la faisaient tourner comme une roue d'écureuil, enroulant autour d'un treuil le câble qui passait par la brèche ouverte sur le vide; c'est par cette brèche, que Barbès tenta inutilement de s'évader. — Dans l'un des sous-sols de l'Hôtellerie on montre, dans la muraille, une niche qui aurait contenu une cage où aurait été enfermé, en 1745, le gazetier

Dubourg, qui avait écrit contre Louis XV : cette tradition est sans fondement.

On traverse ensuite la *chapelle* souterraine *Saint-Martin*, crypte du transept Sud, qui servit longtemps de citerne, et, par un corridor noir, on gagne la *crypte des Gros-Piliers* (XVe s.), qui soutient de ses énormes colonnes, de 5 m. de tour, le chœur de l'église supérieure. Dans les angles de cette crypte sont deux citernes contenant 1,200 tonnes d'eau. La crypte du transept Nord était consacrée à *N.-D. des 30 cierges* : traces de peintures à la voûte.

Puis on rentre dans « la Merveille », par la *salle* dite *des Hôtes*, qui se trouve sous le réfectoire. Cette salle, bâtie vers 1213, longue de 35 m., est divisée en 2 nefs par d'élégantes et hautes colonnes, avec chapiteaux ornés de feuillages, d'où partent vers la voûte huit nervures. On y voit deux vastes cheminées. C'était probablement le Chapitre. Lorsqu'au XVIIe s. le réfectoire supérieur fut transformé, cette salle servit elle-même aux moines de réfectoire provisoire. Vers l'extrémité Est, s'ouvre la jolie chapelle de *Ste Madeleine*, dite du *Benedicite*.

On passe dans la **salle des Chevaliers**, située sous le cloître. Elle fut bâtie de 1215 à 1220 et a, comme la salle des Hôtes, deux grandes cheminées; sa longueur est de 26 m., sa largeur de 18. Elle est divisée en 4 nefs, de largeur inégale, par 3 rangs de colonnes cylindriques avec beaux chapiteaux; clefs sculptées à la voûte. Cette salle portait primitivement le nom de *Scriptorium* ou salle de travail; elle devint salle des Chevaliers, après l'institution des chevaliers de l'Ordre de Saint-Michel (par Louis XI, en 1469), qui y tinrent leurs premières assises.

A l'étage inférieur de la « Merveille », sont le *cellier*, sous la salle des Chevaliers, et l'*aumônerie*, sous la salle des Hôtes. Le cellier a 3 nefs, et ses piliers carrés supportent les colonnes de la salle des Chevaliers; on l'appela par ironie Montgomerie, depuis la tentative infructueuse faite par Montgomery, en 1591, de s'emparer par surprise du Mont-Saint-Michel (p. 539). L'aumônerie, où se termine la visite, a 2 nefs; c'est là que les moines recevaient les indigents assistés par eux. Cette salle servait aux approvisionnements; on remarque l'énorme cylindre, pratiqué dans la maçonnerie, par où les denrées étaient montées, à l'aide d'un treuil, jusqu'au réfectoire supérieur des moines (p. 542).

On sort par la petite cour où est le logis du gardien, dite *cour de la Merveille*. A l'angle extérieur de la « Merveille », élégante tourelle des *Corbins*. On se retrouve dans la salle des Gardes et à l'escalier du Gouffre.

De l'abbaye on peut aller visiter le *musée du Mont-Saint-Michel*, musée privé (1 fr. par pers.). Il faut alors, en sortant, tourner à dr. et suivre à mi-côte la petite ruelle (écriteaux indicateurs), qui aboutit au musée bâti sur les rochers de la Gire. — On y voit : un panorama de bataille sur les grèves du Mont; des figures en cire représentant divers personnages dont le souvenir est lié à l'histoire de l'ancienne abbaye, ainsi que les détenus célèbres dans leurs cellules; des armes, médailles, instruments de chasse, vieux coffres-forts, statuettes, miniatures, albâtres; quelques tableaux; une collection de cadrans et de coqs de montres.

Du musée on peut redescendre directement au tram, par des escaliers. Sinon on revient à l'abbaye, afin de faire le tour des remparts.

Tour des Remparts. — Sortant de l'escalier du Gouffre, on passe sous l'arcade de la Barbacane, qui s'ouvre en face, et on prend la ligne des **remparts**. Quelques marches que l'on monte amènent à la tour Claudine, accolée à la base de la « Merveille », et d'où l'on redescend à l'échauguette du Nord, puis à la *tour du Nord* (1255-1260), qui fait l'angle du rempart. C'est de cette tour qu'on a la plus belle **vue* sur la pleine mer : à l'horizon, par temps clair, on aperçoit les îles Chausey, dont le phare, à éclats, brille le soir; c'est ici qu'il faut venir pour jouir du spectacle de la marée montante (p. 537).

Le rempart tourne ensuite vers la dr. et le chemin de ronde est entrecoupé de marches; un peu avant le second palier, à dr., restes de l'enceinte du XIVe s. Puis on rencontre un bastillon d'angle, que suit la tour Boucle; cafés. On rencontre ensuite la tour Basse, et la tour de la Liberté. Après avoir passé sous la toiture qui protégeait le guet et qui recouvre le sommet de la tour de l'Arcade, on redescend par un escalier, à dr., à la porte de la ville. Si l'on continuait à suivre plus loin le rempart, on trouverait des escaliers qui remontent au musée et à l'abbaye.

Tour du Mont. — Il reste, si l'on dispose d'un temps suffisant, à faire à pied le tour extérieur du Mont (30 min. env.); durant la pleine mer il peut se faire en bateau (1 fr. par pers.). A pied, on parcourt assez facilement les grèves à l'O. et au N. du Mont. A l'E., il faut traverser des filets d'eau. Si l'on ne veut pas se déchausser, il vaut mieux alors revenir sur ses pas par le même chemin, le parcours effectué étant d'ailleurs le plus pittoresque. Il faut aussi éviter de se laisser couper le chemin par la marée montante : s'enquérir, avant de partir, de l'heure du flot.

Sortant de l'enceinte, on tourne vers la dr. et on voit, au bord de la grève, le bâtiment de la gendarmerie, construit en 1828 pour loger le détachement de soldats envoyé dans l'île quand l'abbaye servait de prison; sur cet emplacement s'élevaient jadis les Fanils ou magasins de bouche de l'abbaye. Puis on rencontre la *tour Gabriel*, bâtie en 1534 et surmontée en 1627 d'une petite tourelle, destinée à servir de moulin à vent. Plus loin on longe des escarpements à pic, et l'on atteint le petit promontoire rocheux où s'élève la pittoresque *chapelle Saint-Aubert* (XIIIe ou XIVe s.).

Franchissant les rochers en bas de l'escalier qui conduit au seuil de la chapelle, on aperçoit bientôt un autre petit édicule carré. C'est le *puits* ou *fontaine Saint-Aubert*, source d'eau douce trouvée, dit-on, au VIIIe s. par St Aubert, en quête d'eau pour les prêtres qu'il avait établis au Mont; fortifiée au XIIIe s., cette fontaine alimenta l'abbaye jusqu'au XVe s.; on y descendait par un petit escalier à pic, à demi ruiné. Ce côté du Mont est couvert d'arbres et de taillis. En se reculant un peu sur la grève, on aperçoit dans son ensemble, au-dessus du bois, toute la face latérale de « la Merveille » : les longues et étroites fenêtres que l'on voit à l'étage supérieur sont celles du réfectoire des moines; le mur qui suit est celui du cloître, et les deux cheminées de pierre qui le surmontent sont celles de la salle des Chevaliers.

Continuant à suivre la grève, on trouve, là où le rempart recommence à plonger dans la mer, la fontaine Saint-Symphorien, qui coule goutte à goutte de la muraille même. C'est à cet endroit que l'on est parfois obligé de s'arrêter et de revenir sur ses pas, car des ruisseaux coulent plus ou moins nombreux, à travers la grève. Dans ce parcours, sur le pan de mur qui suit la tour Basse, on remarque un bas-relief sculpté, représentant un lion héraldique avec un écusson sous la patte : ce sont les armes de Robert Jollivet, 30e abbé du Mont.

L'îlot granitique de **Tombelaine** est à 3 k. N. env. du Mont-Saint-Michel : guide indispensable, pour indiquer dans les sables les passages sûrs; à pleine mer, on peut s'y rendre en bateau : prix à débattre, de 5 à 10 fr. Les pêcheurs du Mont sont des guides sûrs; pour se renseigner sur l'état de la grève et sur l'heure de la marée, on peut se rapporter à leurs indications. — Cet îlot atteint 56 m. d'alt. et se trouve à égale distance du Mont et du continent; il a la pittoresque silhouette d'un fauve accroupi. Il portait une chapelle construite en 1137, dédiée à Sainte-Marie-la-Gisante, avec un prieuré desservi par trois moines de l'abbaye. Au XVIIe s., le fameux surintendant Fouquet posséda Tombelaine et en transforma le prieuré en château; après sa disgrâce (1666), le tout fut rasé par ordre de Louis XIV. Il n'y reste plus que quelques ruines broussailleuses. On peut continuer ensuite (3 k. 5) jusqu'à Genêts (p. 528).

51. — LES ILES ANGLAISES DE LA MANCHE

Les *îles anglaises de la Manche*, ou *îles anglo-normandes*, désignées par les Anglais sous le nom de « Channel-Islands », sont situées à quelques lieues des côtes de France, dont elles dépendent géographiquement. Elles sont au nombre de 4 : Jersey, Guernesey, Sercq et Aurigny; autour d'elles s'étendent une infinité d'îlots rocheux. Leur visite se combine d'ordinaire avec un voyage en Normandie ou en Bretagne. Par leurs beautés naturelles, l'originalité des mœurs, la douceur du climat, elles séduiront les touristes comme elles avaient séduit Victor Hugo qui les appelait des « jardins de la mer ».

Histoire. — Habitées primitivement par les Ligures et les Celtes, dont la religion y a laissé de nombreux mégalithes, ces îles furent conquises par César, puis reprises par les pirates normands. Au VIe s. Childebert, roi des Francs, s'en empara et en fit hommage à St Sampson, évêque de Dol, pour qu'il les convertît au catholicisme. En 856 les Normands reviennent avec Hastings. Plus tard elles furent englobées par le duc Rollon dans les possessions de Normandie, dont elles suivirent les destinées. Depuis 1154, sauf une interruption de 3 années au cours desquelles Louis XI gouverna Jersey, les îles appartiennent à l'Angleterre.

Constitution. — Les îles se gouvernent elles-mêmes. L'assemblée délibérante, qui porte le nom d'États, comprend, sous la présidence du bailli, nommé par le souverain anglais : 12 jurés, 12 recteurs anglicans; 12 connétables ou maires élus pour 3 ans et 14 députés. Dans chacun des bailliages de Jersey et de Guernesey, le roi d'Angleterre est représenté par un lieutenant-gouverneur, commandant des forces militaires.

Langue. — Le français est la langue officielle; cependant les villes parlent presque exclusivement l'anglais et le domaine de notre langue est entamé à la campagne; cette évolution est due au mouvement touristique anglais qui s'abat chaque année sur les îles, bien qu'il soit un peu contrebalancé par le mouvement assez important des touristes français.

Monnaies. — A Jersey la monnaie anglaise a cours légal. La monnaie française est acceptée partout, sauf à la poste qui n'accepte que l'or français et refuse même les sous du pays; on trouve difficilement parfois le change des billets de banque; Jersey et Guernesey frappent des sous et émettent des billets de banque qu'on fera bien de refuser.

Climat. — Le climat est généralement doux grâce à l'influence du Gulf-Stream, mais il est sujet à de brusques variations, à des pluies diluviennes et à des brumes marines. Le froid ne descend jamais au-dessous de quelques degrés et la neige est très rare.

Epoque de voyage. — La meilleure époque pour visiter les îles est avril et mai. Alors tout est en fleur et les étrangers sont encore peu nombreux. Il n'y a pas de douane à l'arrivée; au retour la douane française est très sévère : les allumettes sont interdites, 20 cigarettes ou 10 cigares sont tolérés à la condition d'être déclarés. Les appareils photographiques et les bicyclettes doivent être déclarés au départ de France; l'introduction des chiens est interdite.

JERSEY

Voies d'accès : — 1° *De Granville*, 55 k. en 2 h. 30, bateau à vap. une, deux ou trois fois par semaine; aller et ret. valable 1 mois, avec faculté de retour par Saint-Malo. — Le bateau part du quai Carnot, passe entre la côte et les îles Chausey, groupe d'îlots dont le principal, la Grande-Ile, est seul habité (p. 521), et aborde à Saint-Hélier.

2° *De Carteret*, 28 k. en 1 h. 30, t. l. j. de juin à oct.; aller et ret. valable 1 mois. Le vapeur passe près des rochers des Ecrehou et aborde à Gorey où l'on prend le train pour Saint-Hélier.

3° *De Saint-Malo*, 61 k. en 2 h. 40, bateau à vap. une, deux ou trois par sem.; aller et ret. valable 1 mois, avec faculté de retour par Granville.

Jersey, la plus importante et la plus peuplée des îles anglo-normandes, compte 51,530 hab., dont 6,000 Français. Sa superficie est de 116 k. carrés. La plus grande longueur, de la pointe de la Rocque au cap Grosnez est de 19 k., sa largeur moyenne de 9 k. Son ossature est granitique. La partie N. forme une haute barrière rocheuse avec une succession de baies sinueuses terminées par des promontoires; la côte O. est formée par une grève sablonneuse; la côte E. est la plus riante.

Saint-Hélier, 27,866 hab., capitale de l'île de Jersey, est situé dans une cuvette formée par un cercle de collines que terminent à dr. les escarpements du Fort Régent. C'est une petite ville de province anglaise, très vivante et très prospère.

Hôtels : — français : **de la Pomme-d'Or*, sur le port (112 ch.); *de l'Europe*, Mulcaster Street; *Continental*, Hill Street (40 ch.); *Palais-de-Cristal*, King Street, 45 ch.; *de la Boule-d'Or*, Conway Street; *Bellevue*, sur l'Esplanade; *Esplanade-Hotel*, sur l'Esplanade. — anglais : *Royal*,

David Place ; *Grand-Hôtel*, sur l'Esplanade (100 ch.) : *Royal Yacht*, sur le port ; *British Hotel*, Broad Street (40 ch.) ; *Southampton* et *Tithereigh's*, sur l'Esplanade ; etc., etc. — Il y a en outre de nombreuses pensions de famille françaises et d'innombrables « boarding-houses ».

Poste : — Broad Street, 13.

Voitures de place.

Chars à bancs d'excursion : — tous les j., pendant l'été ; ils s'arrêtent aux hôtels et l'hôtelier y retient les places. Le départ a lieu vers 11 h., le retour vers 17 h. 30 ; un autre départ a lieu souvent vers 14 h. 15. La visite de l'île se partage en 3 ou 4 excursions.

Vice-consulat de France : — Church Street, 2, de 10 h. à midi et de 14 à 16 h.

Bureau de renseignements : — Halkett Place, 45.

A l'extrémité du port on arrive à la place du Weighbridge ou du Poids-Public, où se trouvent à g. la gare du Western-Railway (ligne de Saint-Aubin et La Corbière) et à dr. la *statue de la reine Victoria* par le sculpteur français Wallet. On prend, près de la statue, Mulcaster Street qui passe, à g., devant l'*église paroissiale*, du style gothique anglais du XIVe s., entourée de son vieux cimetière. Au delà s'élève le vaste édifice de la *Cour Royale*, dite aussi la « Cohue », construit en 1674, et qui renferme outre les tribunaux, la salle du Parlement jersiais et la bibliothèque publique (20,000 vol. et nombreux documents sur l'histoire insulaire). La façade donne sur la place Royale où s'élève la *statue de George II* (1683-1760). Hill Street, qui fait suite à Mulcaster Street, aboutit à la place de Snow Hill ; à dr. gare de l'Eastern-Railway pour Gorey.

Descendant Snow Hill vers la g., on laisse à dr. La Motte Street, quartier anglais et quartier des étrangers, pour prendre à g. *Queen Street* qui est, avec *King Street*, qui lui fait suite, la grande rue vivante de Saint-Hélier : elle est, le soir, le promenoir favori d'une partie de la population. A dr. s'ouvrent Halkett Place, rue régulière et large, puis New Street sur laquelle se voit à g. l'*église* catholique *de Saint-Thomas*, la plus belle des îles anglaises, construite en 1888 dans le style du XIIIe s. En prenant à g., une courte rue mène à Broad Street où est un *obélisque* à la mémoire de *P. Le Sueur* (1811-1853), maire de Saint-Hélier. On arrive au carrefour de Charing Cross et on continue tout droit par York Street où se trouve l'*hôtel de ville* contenant au 1er étage un petit musée de peinture (s'adresser au concierge, pourboire ; un tableau de *David*, la Repasseuse). A l'extrémité, la *Parade* est une vaste place-promenade où s'élèvent la *statue du général Don*, gouverneur de l'île de 1805 à 1814, et le *buste de Ph. Baudains*, connétable de Saint-Hélier. Au delà on continue jusqu'au *parc du Peuple*, qui escalade une colline couronnée par un belvédère d'où la vue est belle sur la baie de Saint-Aubin. On regagne la ville par l'Esplanade qui longe la mer.

A mer haute on se rend du port en canot (60 c.) au *château Elisabeth*, situé sur un rocher, à 1,400 m. de la côte. Sur un autre rocher, relié à ce dernier par un brise-lames, une construction en ruines passe pour être le reste de l'ancien ermitage de St Hélier.

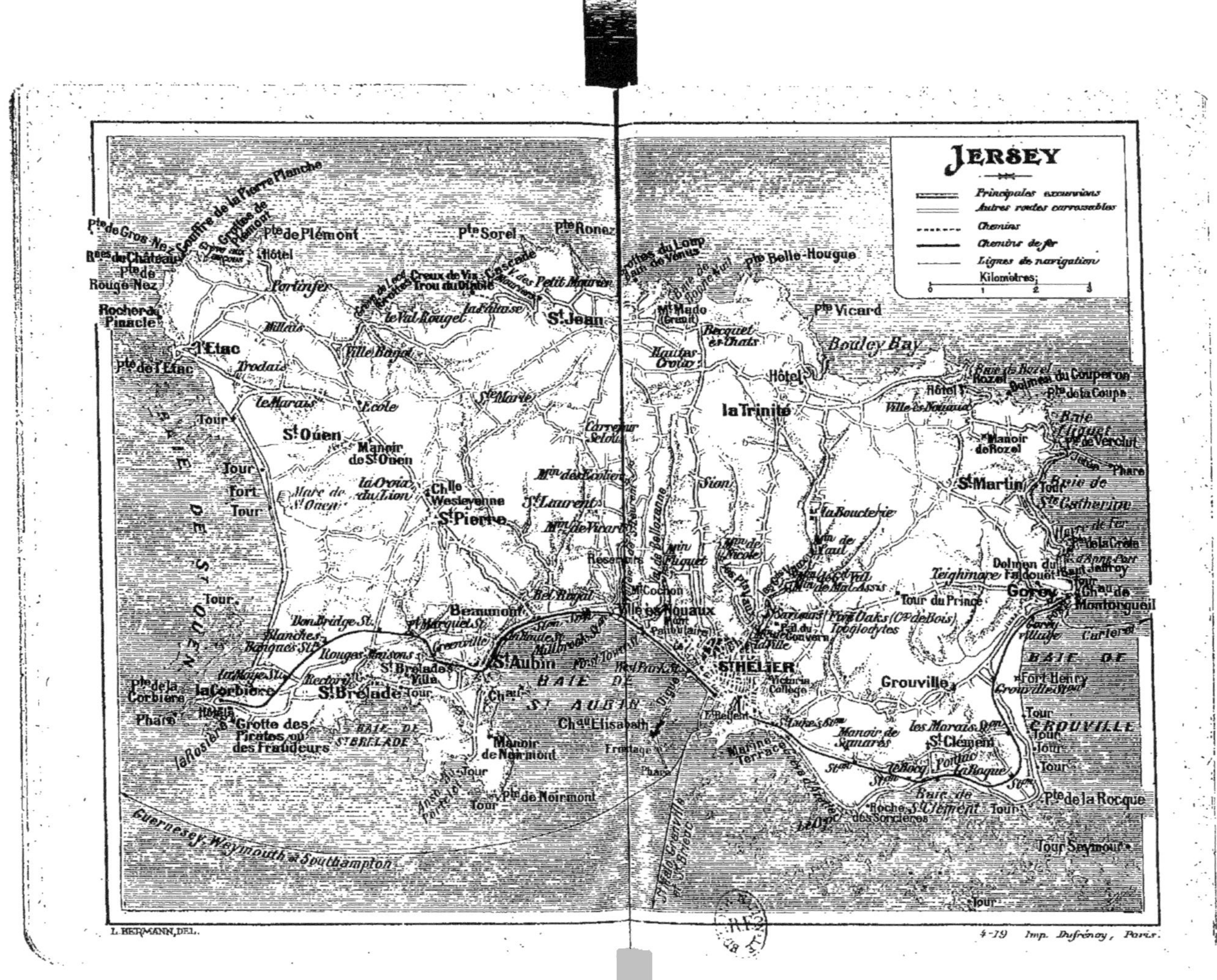

L. HERMANN, DEL.
4-19 Imp. Dufrénoy, Paris.

EXCURSIONS. — **1° Le Nord-Ouest.** On longe la baie de Saint-Aubin jusqu'à Beaumont, 4e station de la ligne du ch. de fer, et l'on prend la route de Plémont qui s'élève dans un charmant vallon. On passe à (7 k.) *Saint-Pierre* et à 10 k., au carrefour de l'Ecole, il est conseillé d'abandonner la route directe pour se diriger à g. vers la vaste *baie de Saint-Ouen* qui occupe toute la face O. de l'île et qui se termine au hameau de *l'Etac* près de la pointe du même nom; rochers magnifiques. On regagne la route directe et l'on atteint (15 k.) la **pointe de Plémont* formée de falaises de plus de 100 m. de haut. A g. de l'hôtel un sentier et des escaliers descendent à la *grève aux Lançons* sur laquelle s'ouvrent la grotte de la Cascade et la Grande-Grotte qu'on visite à marée basse. En suivant le sommet de la falaise à l'O., on va en 30 min. à la *pointe de Gros-Nez*, point extrême de l'île au N.-O., site sauvage avec vue sur Guernesey et les autres îles.

On revient sur ses pas par la route pendant 2 k. 5 pour prendre à g. la route qui redescend à la mer à (17 k.) la *grève de Lecq* où des guides conduisent à la grotte (traversée fatigante). — 20 k. Hameau de *la Falaise* d'où un sentier descend à un entonnoir enserré entre des murailles de 100 m. de haut, au fond duquel une trouée de la falaise livre passage à la mer : c'est le **Trou du Diable.* La route continue par les Mouriers jusqu'au (26 k.) Wolf-Caves-Bungalow où l'on paie 30 c. pour descendre visiter la *grotte du Loup* dans laquelle une sorte de vasque de rocher s'appelle *Bain de Vénus.* On revient à (34 k.) Saint-Hélier par les carrières du Mont-Mado, les *Hautes-Croix* et *Sion* où sont enterrés quelques proscrits de France du coup d'Etat du 2 déc. 1851.

2° Le Nord-Est et l'Est. — On sort par le Val-Plaisant. A 6 k. *La Trinité* a une église du XIIe s., restaurée. Les voitures s'arrêtent 1 k. plus loin à l'hôtel de Bouley-Bay, sur la hauteur qui domine la **baie de Bouley*, entourée de falaises qui atteignent 148 m.; la foule y est nombreuse l'été. — 10 k. 5. *Baie de Rozel*, port de pêche dans un site désert. La route monte et laisse à g. un chemin allant au *dolmen du Couperon* autour duquel 23 pierres levées sont disposées en ellipse. A 12 k. *La Ville-ès-Nouaux*; on prend la route de g. qui descend à la *baie Fliquet*, séparée par une jetée longue de 1 k., de la *baie de Sainte-Catherine* qu'on longe jusqu'à Gorey. — 17 k. 5. **Gorey-Pier** (*British Hotel*; *Elfine Hotel*), charmant petit port où aborde le bateau de Carteret (p. 435), au pied du *château de Montorgueil*, campé sur un promontoire rocheux. Ce castel date du XIIe s. et porte ce nom depuis qu'il résista vaillamment à un assaut de Du Guesclin; on y visite (60 c.) la chapelle et la cellule de Charles II et du puritain Prynne condamné pour avoir diffamé la reine, et l'on monte à la plate-forme du donjon d'où l'on découvre un immense panorama (par temps clair, les flèches de la cathédrale de Coutances).

Gorey est relié à Saint-Hélier par ch. de fer (10 k.). Par la route on revient par (21 k.) la *Tour-du-Prince*, Five-Oaks où l'on voit les grottes des Troglodytes (60 c.) et (23 k.) *Saint-Saviour*. Le ch. de fer dessert : 1 k. *Grouville*, villégiature avec golf et champ de courses; 4 k. *La Rocque*, à 500 m. de la pointe de ce nom, entouré de récifs; 5 k. 5. *Pontac*; 9 k. *Saint-Luke's*, station pour les bains de Saint-Clément sur la *Grève d'Azette* : on peut y visiter Marine-Terrace, maison qu'habita Victor Hugo de 1852 à 1855 avant de se retirer à Guernesey.

3° Le Sud-Ouest (Western-Railway, 11 k. 5). — Le ch. de fer et la route longent la baie de Saint-Aubin. — 4 k. 5. *Beaumont*; route de Plémont (*V.* ci-dessus). — 6 k. **Saint-Aubin** (hôt. : *Sommerville*; *Terminus*; *Albion House*, etc.), ancienne capitale de l'île, station balnéaire, bien située avec un petit port et, sur un rocher à 600 m. en mer, un fort déclassé du XVIIIe s. — 7 k. *Greenville*. De la station, une route passant devant Saint-Brelade's Villa, habitée en 1890 par le général Boulanger avec son amie Mme de Bonnemain, mène à *Saint-Brelade* dont l'église daterait de 1111 et la chapelle des Pêcheurs de l'an 800. — 11 k. 5. *La Corbière* (*Pavillon-Hotel*), près de la pointe de ce nom, qui apparaît comme un chaos de rochers avec une série d'îlots granitiques; un de ces récifs pyramidaux porte un phare qu'on peut atteindre à basse mer sur une chaussée maçonnée. A dr. s'étend la baie de Saint-Ouen (*V.* ci-dessus).

GUERNESEY

Voies d'accès : — 1° *De Jersey*, 50 k. en 1 h. 30 par les bateaux de la ligne de Southampton ou de Weymouth, service journalier, sauf le dim., l'été, et d'oct. à fin mai t. l. 2 j.; aller et ret. valable 1 mois. — 2° *De Cherbourg*, 90 k. par Aurigny, toute l'année le mercredi. — 3° *De Saint-Malo*, une fois par sem. — Ces 2 dernières voies sont peu employées.

Guernesey, la seconde en importance des îles anglo-normandes, a une population de 47,000 hab. Sa plus grande longueur est de 15 k. 5 du S.-O. au N.-E.; sa largeur maxima est de 10 k. 5. Elle a 6,500 hect. de superficie.

Saint-Pierre-Port, 18,052 hab., capitale de l'île, a un aspect curieux et pittoresque, semblable à une vieille ville normande, dont les maisons se superposent en amphithéâtre jusqu'au faîte des collines auxquelles elles s'adossent.

Hôtels : — français : *de France*, pl. de la Plaiderie. — Anglais : *Old Government House*, Anne's Place (90 ch.); *Gardner's Royal*, Glategny Esplanade (125 ch.); *Channel Island*, id. (40 ch.); *Crown*, North Esplanade; *Yacht*, High Street. Nombreuses pensions de famille, presque toutes anglaises.

Poste : — Smith Street.

Voitures de place : — pas de tarif fixe. Les chars à bans font des excursions dans l'île. — *Omnibus* pour Saint-Martin, Cobo, la Forêt.

Consulat de France : — Le Marchant Street, 7, de 10 h. à 15 h.

Les bateaux abordent à la jetée Saint-Julien du nouveau port; en face s'allonge la jetée du *château Cornet* qui aboutit au récif portant la forteresse de ce nom (XIIIe s.). Arrivé à la tour de l'Horloge on laisse à dr. l'esplanade de Glategny pour suivre à g. l'esplanade du Nord. Presque aussitôt à dr. une courte rue amène à *Pollet Street*, la rue centrale, avec son prolongement High Street, aboutissant à la place de l'Église. L'*église Saint-Pierre*, gothique, du XIVe s., a été restaurée de nos jours. A g. au commencement du quai Albert, on voit la *statue du prince-consort Albert*, mari de la reine Victoria. Derrière l'église, est la façade monumentale des nouveaux marchés, à dr., sous des arcades, le marché français (produits importés de Normandie et de Bretagne) et la *bibliothèque Guille-Allès* ouverte t. l. j. de 9 h. à 21 h. : elle contient 70,000 vol., un petit musée de gravure, peinture, histoire naturelle et ethnographie.

Par Bordage Street, les marches de Tower Hill et la rue Haute-Ville on va (n° 38) à *Hauteville House*, maison qu'habita Victor

Hugo durant son exil, de 1856 à 1870 : on visite t. l. j., sauf le dim. Entièrement meublée et décorée par le poète, elle est pleine de tous les objets qui lui ont appartenu et ornée de ses dessins et de ses sculptures; elle a été pieusement conservée telle qu'elle était il y a 48 ans. C'est là qu'il écrivit *la Légende des*

Siècles, les Misérables, les Travailleurs de la Mer et *l'Homme qui rit.*

Revenu à l'église Saint-Pierre, on reprend High Street jusqu'à Smith Street, qui s'élève vers une petite place où sont la chapelle gothique moderne de *Saint-Paul* et la *Cour Royale*, du XVIIIe s., qu'on peut visiter (pourboire). Continuant à monter par Lower-Saint-James Street, on arrive à l'*église Saint-Jean*, de 1818. Le *collège Elisabeth*, qui lui fait face, appartient au sty e du gothique romantique de 1825. Tournant à dr., on descend College Street et l'on remonte par Candie Road vers les *jardins de Candie* (le soir, entrée 60 c.) où est une statue de la reine Victoria. Attenant aux jardins, la *bibliothèque Candie* ou *Priaulx* est ouverte de 10 h. 30 à 21 h. En face une rue, bordée d'un côté par le cimetière et de l'autre par l'arsenal, mène à la *tour Victoria* haute de 30 m., construite en 1848; du sommet (s'adresser au concierge de l'arsenal), belle vue sur la ville et la mer. Revenu au carrefour de College Street, on descend à g. l'avenue Saint-Julien où se voit à dr. le monument aux Guernesiais morts dans la guerre du Transvaal, et l'on arrive à la tour de l'Horloge.

Le tour de l'île. — En sortant par la rue Haute-Ville, on suit la route de Saint-Martin; on passe en vue du fort George, et on laisse à g. une route descendant à la *baie de Fermain*. En continuant par Soumarez

Road on laisse un peu plus loin la route de la pointe de Jerbourg qui passe devant la *colonne Doyle*, haute de 30 m., élevée à la mémoire du lieutenant-gouverneur (1750-1834); on a une belle vue du sommet. A dr. une bifurcation de 500 m. mène à *Saint-Martin*, lieu de villégiature (hôtels) avec une église du XIIe s. (omn. de Saint-Pierre-Port). Revenu à la grande route on prend le chemin du hameau du Vallon où on laisse la voiture pour descendre à la **baie du Moulin-Huet* encadrée par de beaux rochers bizarrement dentelés; c'est un des plus beaux sites de l'île. Elle est séparée par la pointe d'Icart de la *baie du Petit-Bot* où l'on va le plus économiquement en prenant l'omnibus de Saint-Pierre-Port à la Forêt. A 1 k. 5 par le chemin de la falaise on arrive à la *pointe de la Moye* et au **Gouffre*, admirable chaos de rochers. On rejoint la route de Pleinmont qui détache à g. un sentier pour la caserne du *Creux-Mahié*, longue de 70 m., large de 20, haute de 15, passe à (12 k.) *Torteval* et parcourt la *pointe de Pleinmont* dont les falaises atteignent 100 m.; à 1 k. en mer, les rochers des Hanois portent un phare. On retrouve partout ici le souvenir des *Travailleurs de la Mer* de V. Hugo : la « maison hantée » se dresse au S. au sommet de la falaise.

La côte N.-O., que longe la route, est plate, sablonneuse et bordée de récifs. On contourne la *baie de Rocquaine* : à g., sur un îlot qu'une digue relie à la terre, le château de ce nom passe pour avoir été un lieu de rendez-vous des sorcières aux XVIe et XVIIe s. On atteint (19 k.) l'*Erée*, village avec un hôtel; on y voit le dolmen du Creux-des-Fées. En mer, l'*île de Lihou*, entourée de récifs, est reliée à la terre par une chaussée de 650 m. En reprenant la route, on passe près du dolmen dit *tombeau de Catéoroc* et de la chapelle Sainte-Apolline et on longe les baies de Pérelle, de Vazon et de Cobo; celle-ci est reliée directement à (6 k.) Saint-Pierre-Port par un service d'omnibus, 30 c. La route côtière continue à contourner les rivages de l'île qui ne présentent plus grand intérêt.

Un tram électrique va (4 k., 20 c.) de Saint-Pierre-Port à **Saint-Sampson**, la seconde ville de l'île, avec un petit port animé, et une église de 1111. A g. de la voie on aperçoit les ruines du *château des Marais*, du XIe s., construit par Robert le Diable, et un peu plus loin, la *colonne de Saumarez*, élevée à la mémoire de l'amiral de ce nom (1757-1836). De Saint-Sampson, si l'on veut faire le tour N. de l'île, on passe au pied du château de Valle, ruiné, qui domine le petit port de *Bordeaux*, et on arrive à la *baie de l'Ancresse*, bordée de vieilles tours et parsemée de dolmens; on revient à la route de Saint-Sampson par l'église du Valle (XIIIe s.) et Doyles-Road.

SERCQ

De Guernesey, bateau à vap. t. l. j. l'été, sauf le dim., en 1 h., aller et ret. le même jour; hors saison, 2 ou 3 fois par sem. Le bateau passe près des îles de *Herm* et de *Jethou*.

Sercq, longue de 5 k. et large de 2 k. 5, est encerclée de falaises formidables qui s'y découpent en creux et en baies; son altitude atteint 114 m. Il faut 2 jours pour visiter à loisir les beautés naturelles de l'île, mais à la rigueur une journée suffit.

On aborde au *Port-Creux* (quelquefois à l'aide de canots) et par un tunnel on gagne la route montant au carrefour de l'hôtel Bel-Air, d'où partent les itinéraires.

1° En continuant tout droit on arrive au carrefour de *la Vauroque*. Si l'on poursuit, on va, en passant devant l'obélisque Pilcher, élevé à la mémoire de ce naufragé († 1868), au promontoire de la Longue-Pointe, d'où un sentier descend au *Havre-Gosselin* : là le bateau de Guernesey accoste lorsque l'état de la mer ne permet pas de débarquer au Port-Creux. En face de soi, on voit *l'île Bréchou* que sépare de la terre le dangereux passage du Gouliot : les grottes du Gouliot sont riches en zoophytes, notamment en holoturies. En tournant au S. au carrefour de la Vauroque, on va à **la Coupée*, isthme étroit, élevé de 90 m. qui fait communiquer le Grand-Sercq au Petit-Sercq. C'est un des plus beaux sites de l'île. En revenant, on prendra à dr. la route de Dixcart qui passe devant les hôtels Stock et Dixcart et aboutit à la vallée Baker, au-dessus de la *baie Dixcart* : à dr. sur la grève, arche naturelle de rocher. Cette baie est séparée par la pointe du Château de la *baie Derrible*, où s'ouvre le *Creux Derrible*, gouffre et cheminée naturelle qui du faîte de la falaise descend jusqu'au niveau de la mer. Des sentiers ramènent à l'hôtel Bel-Air.

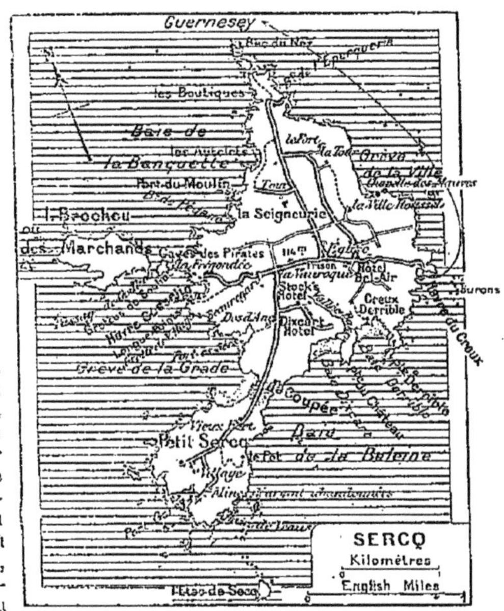

2° Au bout de 300 m. sur la route de la Vauroque, prendre la route de dr. : on passe devant l'église et on arrive à *la Seigneurie*, construite en 1730 et entourée de jardins, qu'on visite le lundi, de 11 à 17 h. Plus loin un chemin à g. descend au port du *Moulin*, petite baie d'aspect féerique, avec des rocs hauts de 100 m. A dr. les rochers des *Autelets* surgissent pittoresquement des flots. La route principale, à laquelle on revient, aboutit, à l'extrémité de l'île, à la *pointe du Bec-du-Nez*, au delà de laquelle s'échelonnent en mer une chaîne de récifs. On visite, à g. de la pointe, les *grottes des Boutiques*.

AURIGNY

De Guernesey, bateau à vap. 2 fois par sem., d'ordinaire le mardi et le samedi, 32 k. en 2 h. 30; aller et ret., valable 2 mois. L'été, excursion tous les jeudis et ret. le même jour.

De Cherbourg, bateau de Guernesey, avec escale à Aurigny; aller et ret. valable 2 mois.

Aurigny (*Auregny* en anglais), la plus septentrionale des îles anglo-normandes, est aussi la plus rapprochée de la France :

16 k. du cap de la Hague. De forme allongée, elle mesure 6 k. dans sa plus grande longueur et 2 k. de large. Elle atteint 101 m. d'altitude. Elle est formidablement fortifiée.

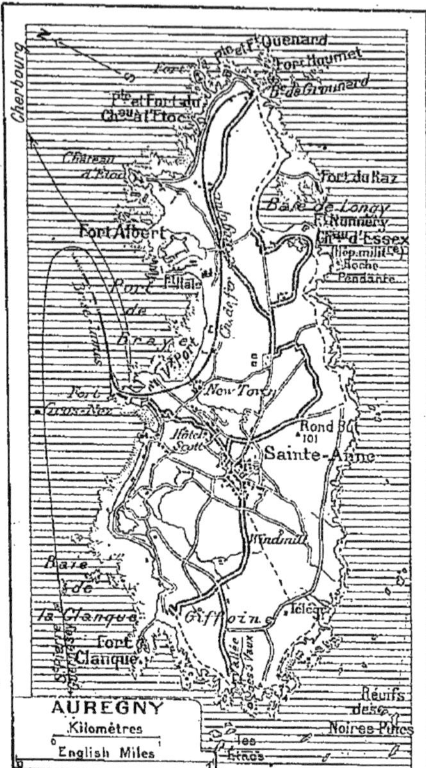

Du port de *Braye* où l'on débarque, près de la pointe et du fort de Gros-Nez (ch. de fer stratégique jusqu'au fort Quénard) on laisse à g. le Vieux-Port puis l'agglomération moderne de *New-Town*, pour suivre la route qui monte, à 1 k. 5, à **Sainte-Anne**, la seule ville de l'île (hôt. : *Scott*; *Bellevue*; *Commercial*). L'église moderne, est de style gothique; la porte Albert a été érigée en mémoire de la venue du prince-consort, mari de la reine Victoria.

Une route conduit, vers le N.-E., à la *baie de Longy*, au S. de laquelle on voit, sur des falaises, un hôpital militaire, construit sur l'emplacement du château d'Essex : devant soi, dans les flots, surgit l'énorme rocher pyramidal de la *Roche-Pendante*. — Une route tracée à l'O. de l'île mène de Sainte-Anne à une baie rocheuse où, à 300 m. du rivage, s'élève le *fort Clanque* qu'une digue relie à la terre : en face de soi, *île Burhou*. En contournant la côte à g. on atteint la *vallée des Trois-Vaux*, d'où une route de 2 k. ramène directement à Sainte-Anne.

INDEX ALPHABÉTIQUE

C

D

N

789-17. — Coulommiers. Imp. PAUL BRODARD. — 4-19.

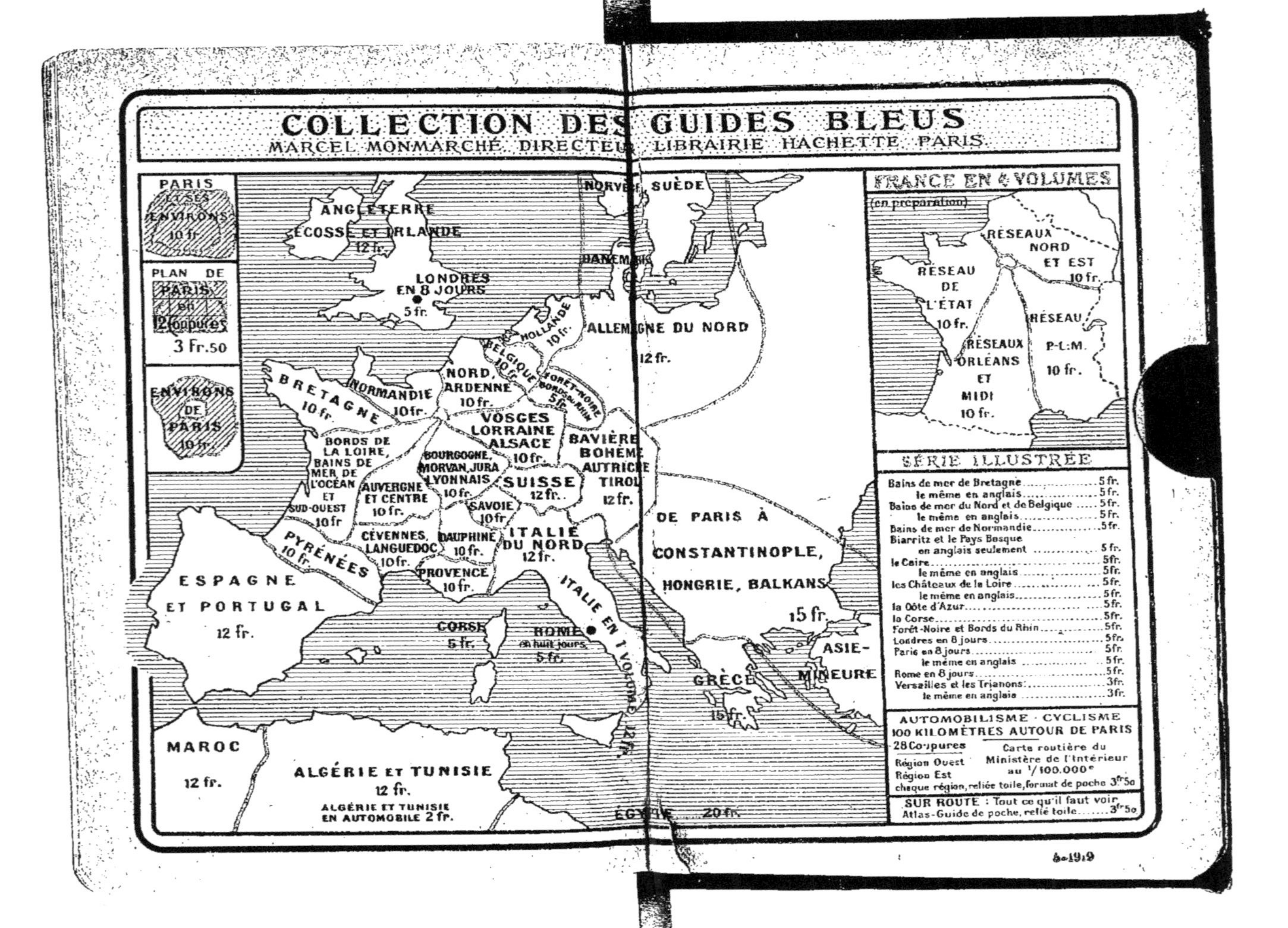
COLLECTION DES GUIDES BLEUS
MARCEL MONMARCHÉ DIRECTEUR LIBRAIRIE HACHETTE PARIS
PARIS ET SES ENVIRONS 10 fr.
PLAN DE PARIS en 12 Coupures 3 Fr.50
ENVIRONS DE PARIS 10 fr.
ANGLETERRE ÉCOSSE ET IRLANDE 12 fr.
LONDRES EN 8 JOURS 5 fr.
NORVÈGE SUÈDE
DANEMARK
HOLLANDE 10 fr.
BELGIQUE 10 fr.
ALLEMAGNE DU NORD 12 fr.
BRETAGNE 10 fr.
NORMANDIE 10 fr.
NORD, ARDENNE 10 fr.
FORÊT-NOIRE BORDS DU RHIN 5 fr.
VOSGES LORRAINE ALSACE 10 fr.
BAVIÈRE BOHÊME AUTRICHE TIROL 12 fr.
BORDS DE LA LOIRE, BAINS DE MER DE L'OCÉAN ET SUD-OUEST 10 fr
AUVERGNE ET CENTRE 10 fr.
BOURGOGNE, MORVAN, JURA LYONNAIS 10 fr.
SUISSE 12 fr.
SAVOIE 10 fr.
CÉVENNES, LANGUEDOC 10 fr.
DAUPHINÉ 10 fr.
ITALIE DU NORD 12 fr.
PYRÉNÉES 10 fr.
PROVENCE 10 fr.
DE PARIS À CONSTANTINOPLE, HONGRIE, BALKANS 15 fr.
ESPAGNE ET PORTUGAL 12 fr.
CORSE 5 fr.
ROME en huit jours 5 fr.
ITALIE EN 1 VOLUME 12 fr.
GRÈCE 15 fr.
ASIE-MINEURE
MAROC 12 fr.
ALGÉRIE ET TUNISIE 12 fr.
ALGÉRIE ET TUNISIE EN AUTOMOBILE 2 fr.
ÉGYPTE 20 fr.
FRANCE EN 4 VOLUMES (en préparation)
RÉSEAUX NORD ET EST 10 fr.
RÉSEAU DE L'ÉTAT 10 fr.
RÉSEAU P-L-M. 10 fr.
RÉSEAUX ORLÉANS ET MIDI 10 fr.
SÉRIE ILLUSTRÉE
Bains de mer de Bretagne ..... 5 fr.
le même en anglais ..... 5 fr.
Bains de mer du Nord et de Belgique ..... 5 fr.
le même en anglais ..... 5 fr.
Bains de mer de Normandie ..... 5 fr.
Biarritz et le Pays Basque
en anglais seulement ..... 5 fr.
le Caire ..... 5fr.
le même en anglais ..... 5fr.
les Châteaux de la Loire ..... 5fr.
le même en anglais ..... 5fr.
la Côte d'Azur ..... 5fr.
la Corse ..... 5fr.
Forêt-Noire et Bords du Rhin ..... 5fr.
Londres en 8 jours ..... 5fr.
Paris en 8 jours ..... 5fr.
le même en anglais ..... 5fr.
Rome en 8 jours ..... 5fr.
Versailles et les Trianons ..... 3fr.
le même en anglais ..... 3fr.
AUTOMOBILISME · CYCLISME
100 KILOMÈTRES AUTOUR DE PARIS
28 Coupures
Région Ouest
Région Est
Carte routière du Ministère de l'Intérieur au 1/100.000e
chaque région, reliée toile, format de poche 3fr50
SUR ROUTE : Tout ce qu'il faut voir.
Atlas-Guide de poche, relié toile 3fr50
6-1919

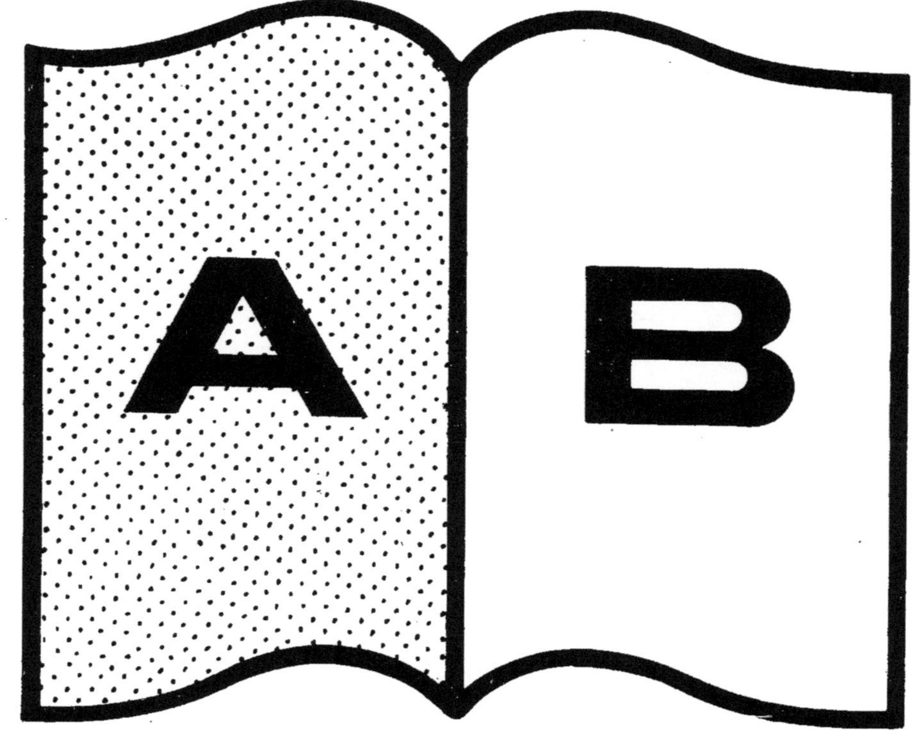

Contraste insuffisant

www.ingramcontent.com/pod-product-compliance
Ingram Content Group UK Ltd.
Pitfield, Milton Keynes, MK11 3LW, UK
UKHW020303200726
13857UKWH00001B/70

9 782012 924192